AF642418

Josef Högemann
Roland Hertwig
Peter Große

Die V 160-Familie

Band 3

Die Serienlokomotiven der Baureihe 218

EISENBAHN KURIER
VORBILD UND MODELL

EK-VERLAG

Titel
218 284 (Bw Kempten/Allgäu) wartet am 29. April 1975 im Bahnhof Aulendorf in Oberschwaben auf neue Einsatzaufgaben. Noch im selben Jahr wechselte die Lok zum Bw Haltingen. Begonnen hatte sie ihre Laufbahn 1973 beim Bw Regensburg.
AUFNAHME: WALTER HANOLD/ARCHIV JÖRG SAUTER

Rücktitel
Eine Zweigstrecke der Volmetalbahn Hagen (Westf) – Dieringhausen führt ab Meinerzhagen durch das Listertal zu den Steinbrüchen in der Nähe des Ortes Krummenerl. Produziert wird hier vor allem Bahnschotter, der in der Regel in Ganzzügen abgefahren wird. Am 9. November 1983 begegnet uns die Hagener **218 145** mit einem Leerzug nach Krummenerl im Bereich des früheren Bahnhofs Valbert. AUFNAHME: JOSEF HÖGEMANN

ISBN: 978-3-8446-6014-2

EK-Verlag GmbH – Lörracher Str. 16 – 79115 Freiburg
www.eisenbahn-kurier.de

Unser Gesamtverzeichnis erhalten Sie kostenlos unter Tel. 0761-70 310 0 oder unter service@eisenbahn-kurier.de

Bearbeitung/Gestaltung: Silvia Teutul, Jörg Sauter, Christian Wolf
Bildbearbeitung: Sabine Ressel, Sandra Schnellbach, Jens Gutjahr, Rico Schreiber

Alle Rechte, auch die des auszugsweisen Nachdrucks, vorbehalten. © EK-Verlag 2019 – Printed in Germany

Inhaltsverzeichnis

218 481-0
DB

Vorwort

Im ersten Band der Trilogie über die Baureihenfamilie V 160 wurde beschrieben, wie mit der V 160 eine Lokbaureihe geschaffen wurde, die vielseitig einsetzbar war und dadurch zahlreiche Dampflokbaureihen der noch jungen Deutschen Bundesbahn ersetzen konnte. Im Laufe der Jahre erlaubte es der technische Fortschritt, diese Baureihe immer weiter zu entwickeln, so dass neue Familienmitglieder entstanden, die in Band II vorgestellt wurden. Ziel war es, eine Lok zu finden, die eine mit der V 160 (ab 1968: 216) vergleichbare Traktionsleistung hatte und Reisezüge elektrisch beheizen konnte. Dabei entstanden zunächst die Versuchslokomotiven der Baureihen V 162 und V 169. Mit zeitlicher Verzögerung folgten die Vorserienlokomotiven der Baureihen 217 und 218^0 sowie die der Baureihe 210. Da man während der mehrjährigen Erprobungszeit dieser Baureihen der V 160-Familie den Traktionswechsel von Dampf- auf Diesellokomotiven nicht unterbrechen wollte, wurden als Übergangslösung Diesellokomotiven mit Dampfheizanlage weitergebaut, die die Baureihenbezeichnung 215 erhielten. Die Versuchsphase zeigte, dass mit der Baureihe 218 die optimale Diesellok mit elektrischer Zugheizanlage gefunden worden war. Daher wurde nur noch diese Baureihe in Serie gebaut.

Den Serienlokomotiven der Baureihe 218 ist dieser dritte Band der Trilogie gewidmet. Er zeigt, dass auch nicht alle Serienlokomotiven identisch waren, sondern zwischen den Bauserien etliche Unterschiede auftraten. So wurden technische Fortschritte genutzt, die während der langen Bauzeit dieser Baureihe erzielt werden konnten.

Dieses Buch konnte nur dank der Unterstützung durch zahlreiche DB-Dienststellen erstellt werden. Daher sei an dieser Stelle den beteiligten DB-Mitarbeitern für ihre Hilfe und Geduld gedankt, speziell den Herren vom Archiv des DB Museums. Dank gebührt auch den zahlreichen Eisenbahnfreunden, die Daten, Umlaufpläne oder Bildmaterial für das Buch zur Verfügung gestellt haben. Umfangreiches Archivmaterial stellte uns dankenswerter Weise Stefan Lauscher zur Verfügung. Auch Matthias Michaelis hat viel zum Buch beigetragen. Er ist mit Textbeiträgen im Buch vertreten und hat viele wertvolle Beiträge zum Technikteil beigesteuert. Für den Technikteil haben auch Martin Dürkop, Christian Gerber und die Firma IMS hilfreiche Anregungen gegeben. Hans Backes und Peter Jauch gebührt Dank für ihre Unterstützung beim Betriebsmaschinendienst, ebenso Markus Inderst und Joó Ferenc für ihre wertvollen Hinweise aus Österreich und Ungarn. Gedankt sei auch Michael Fuhry und Klaus J. Ratzinger für die Zusammenstellung der Farbgebungsstatistik sowie Jürgen Hörstel und Norbert Lippek für ihre Mitwirkung am Kapitel über die Unfälle.

Josef Högemann
Roland Hertwig
Peter Große

Bild 1 (linke Seite)
Am 2. April 2005 begegnet uns die RB 36444 im schönsten Abendlicht zwischen den Bahnhöfen Höchst (Odenw) und Groß-Umstadt Wiebelsbach. Die Darmstädter **218 481** verfügt über Zusatzscheinwerfer.

Aufnahme: Josef Högemann

1 Entwicklung und Bau der 218-Serienlokomotiven

In den ersten beiden Bänden über die V 160-Familie ist die Entwicklungsgeschichte dieser Familie dargestellt worden. Hierbei wurde gezeigt, dass die bewährte Grundkonzeption der Baureihe 216 bei den Nachfolgebaureihen beibehalten wurde. Allerdings war die Höchstgeschwindigkeit der 216 von 120 km/h für den Einsatz auf Hauptstrecken zu niedrig und musste in den Nachfolgebaureihen erhöht werden. Eine größere Höchstgeschwindigkeit erforderte eine bessere Bremsanlage. Dies wurde durch den Einbau einer hydrodynamischen Bremse gelöst. Das größte Problem stellte jedoch die sukzessive Umstellung des DB-Reisezugwagenparks auf elektrische Heizungen dar. Dafür benötigte die DB Diesellokomotiven mit elektrischer Zugheizanlage. Der zur Erzeugung des Heizstroms benötigte Generator musste angetrieben werden, ohne dass dadurch die Traktionsleistung reduziert wurde. Dies erreichte man bei den Baureihen 210 und 219 dadurch, dass bei Bedarf zusätzliche Leistung durch eingebaute Gasturbinen geliefert wurde. Bei der Baureihe 217 wurde ein zweiter Motor für den Betrieb des Generators genutzt. In den Vorserienloks der Baureihe 218 wurde ein anderer Weg beschritten. In diese Fahrzeuge wurde ein leistungsstarker Motor eingebaut, der in der Lage war, nicht nur die für die Traktion benötigte Leistung zur Verfügung zu stellen, sondern gleichzeitig auch noch den Generator für den Heizstrom anzutreiben. Im Betrieb zeigte sich, dass die Vorserienloks der Baureihe 218 am wirtschaftlichsten fuhren. Daher wurden ab 1971 nur noch Lokomotiven dieser Baureihe in Serie beschafft. Nach den zwölf Vorserienlokomotiven 218 001 bis 218 012 entstanden bis 1979 insgesamt 398 Serienmaschinen: 218 101 bis 218 398 sowie 218 400 bis 218 499. Durch Umbau aus der 215 112 entstand noch 218 399. Nach dem Ausbau der Gasturbinen aus den acht Lokomotiven der Baureihe 210 kamen durch Umnummerierung noch 218 901 – 908 dazu. Es existierten also insgesamt 419 Lokomotiven der Baureihe 218. Damit gehörten mehr als 50 % der 808 Lokomotiven umfassenden V 160-Familie zur Baureihe 218.

Nachfolgend sei ein Überblick über alle Loks der Baureihe 218 gegeben:

Vorserie (zwölf Lokomotiven)

Betriebsnrn.	Hersteller	Baujahre	Fabriknummern	Anzahl
218 001 – 012	Krupp	1968 – 1969	4958 – 4969	12

1. Bauserie (70 Lokomotiven)

Betriebsnrn.	Hersteller	Baujahre	Fabriknummern	Anzahl
218 101 – 135	Krupp	1971 – 1972	5122 – 5156	35
218 136 – 150	Henschel	1971 – 1972	31538 – 31552	15
218 151 – 170	Kr.-Maffei	1971 – 1972	19527 – 19546	20

Bild 2
Die Baureihe 218 wurde zum Teil von Krauss-Maffei gefertigt. Im August 1971 befinden sich zahlreiche Lokomotiven dieser Baureihe in den Werkhallen in München-Allach im Bau.

AUFNAHME: KRAUSS-MAFFEI, SAMMLUNG HELGE HUFSCHLÄGER

Bild 3
218 246 war eine von Krauss-Maffei gefertigte 218 der 2. Bauserie. Am 6. September 1973 unternahm sie eine Werkprobefahrt nach Oberaudorf.

AUFNAHME: KRAUSS-MAFFEI, SAMMLUNG HELGE HUFSCHLÄGER

2. Bauserie (128 Lokomotiven)

Betriebsnrn.	Hersteller	Baujahre	Fabriknummern	Anzahl
218 171 – 218	Krupp	1972 – 1974	5185 – 5232	48
218 219 – 248	Kr.-Maffei	1972 – 1973	19586 – 19615	30
218 249 – 283	Henschel	1972 – 1974	31726 – 31760	35
218 284 – 298	MaK	1973	2000096 – 2000110	15

3. Bauserie (100 Lokomotiven)

Betriebsnrn.	Hersteller	Baujahre	Fabriknummern	Anzahl
218 299 – 332	Krupp	1974 – 1976	5292 – 5325	34
218 333 – 360	Kr.-Maffei	1974 – 1975	19701 – 19728	28
218 361 – 388	Henschel	1974 – 1975	31819 – 31846	28
218 389 – 398	MaK	1975 – 1976	2000111 – 2000120	10

4. Bauserie (100 Lokomotiven)

Betriebsnrn.	Hersteller	Baujahre	Fabriknummern	Anzahl
218 400 – 434	Krupp	1976 – 1978	5366 – 5400	35
218 435 – 462	Henschel	1976 – 1978	32029 – 32056	28
218 463 – 489	Kr.-Maffei	1976 – 1978	19778 – 19804	27
218 490 – 499	MaK	1978 – 1979	2000121 – 2000130	10

Umbauten von 210 und 215 zu 218

Betriebsnrn.	Hersteller	Baujahre	Fabriknrn.	Herkunft
218 399	Krupp	1975	5401	1975 ex 215 112
(ursprünglich	Kr.-Maffei	1970	19482)	

Betriebsnrn.	Hersteller	Baujahre	Fabriknrn.	Herkunft
218 901 – 908	Krupp	1970 – 1971	5075 – 5082	1980/1981 ex 210 001 – 008

Umbauten von 218^4 zu 210^4 und Rückbau

Einige 218 trugen zeitweilig andere Baureihenbezeichnungen. So wurden zwölf 218^4 im Jahr 1996 im IC-Verkehr Hamburg – Berlin mit einer Höchstgeschwindigkeit von 160 km/h eingesetzt. Sie wurden in die Baureihe 210^4 umgezeichnet, behielten aber ihre Ordnungsnummern. In den Jahren 1998/1999 erfolgte sukzessive die Rückumzeichnung.

Betriebsnrn.	Umbau	neue Betriebsnrn.	Rückbau
218 430 – 434	1996	210 430 – 434	1998/1999
218 456 – 462	1996	210 456 – 462	1998/1999

Umzeichnungen von 218 in 218^8

In den Jahren 2004 bis 2007 wurden 19 Serienlokomotiven der Baureihe 218 an DB Fernverkehr verkauft, um dort vor allem als Abschlepplokomotiven für ICE zu dienen. Sie wurden als Unterbaureihe 218^8 geführt.

Betriebsnrn.	Umzeichnung	neue Betriebsnrn.
218 159 … 394	2004 – 2007	218 810 … 839

Hinweis: Die Unterbaureihen 218^0 und 218^9 sind bereits im Band 2 der V 160-Trilogie behandelt worden. Der vorliegende Band 3 beschränkt sich ausschließlich auf die 218-Serienlokomotiven. ❑

Bild 4
218 489 war die letzte von Krauss-Maffei gebaute 218. Wie alle 218 der 4. Bauserie war sie schon bei der Auslieferung ozeanblau/beige lackiert. Hier ist sie am 20. September 1978 in Donauwörth bei ihrer Abnahmefahrt zu sehen.

AUFNAHME: KRAUSS-MAFFEI, SAMMLUNG HELGE HUFSCHLÄGER

2 Technik der 218-Serienlokomotiven

2.1 Gesamtübersicht

Die 218-Serienlokomotiven wurden von der Firma Krupp in Zusammenarbeit mit dem Bundesbahn-Zentralamt München entwickelt. Sie sind für Reise- und Güterzüge auf Haupt- und Nebenbahnen bestimmt und gelten somit als „Mädchen für alles". Die Ausrüstung mit Vielfachsteuerung ermöglicht den Einsatz in Doppeltraktion und im Wendezugbetrieb. Ein Parallelbetrieb der elektrischen Zugheizanlagen bei Doppeltraktion ist ebenfalls möglich. Auch sind die Lokomotiven mit einer hydrodynamischen Bremse und Zugfunkeinrichtung ausgerüstet.

Die 218-Serienlokomotiven wurden mit verschiedenen Motortypen zweier Hersteller (MTU und S. E. M. T. Pielstick) ausgeliefert und ab den neunziger Jahren remotorisiert, wobei auch Motoren amerikanischer Produktion (Caterpillar) zum Einbau kamen. Die verschiedenen Motortypen haben unterschiedliche Leistungen. Unabhängig von der Motorleistung können aber nicht mehr als 2.020 PS vom Getriebe aufgenommen werden, von denen 1.658 PS am Zughaken für die Traktion zur Verfügung stehen.

Motoren bei der Auslieferung:

- **MTU 12 V 956 TB 10:** 2.500 PS bei 1.500 min^{-1}, zum Teil bis Mitte der siebziger Jahre auf 2.150 PS, zum Teil auf 2.400 PS reduziert;
- **MTU 12 V 956 TB 11:** 2.800 PS bei 1.500 min^{-1}, bei der Auslieferung vorübergehend auf 2.500 PS reduziert;
- **Pielstick 16 PA 4 V 200:** 2.800 PS bei 1.500 min^{-1};

Die Daten der 218-Serienloks im Überblick:	
Länge über Puffer:	16.400 mm
Gesamtachsstand:	11.400 mm
Drehzapfenabstand:	8.600 mm
Drehgestellradstand:	2.800 mm
Größte Höhe über SO:	4.275 mm
Größte Breite:	3.136 mm
Treibraddurchmesser:	1.000 mm
Kleinste befahrbare Krümmung:	R = 100 m
Dienstmasse bei ⅔ Vorräten:	79,1 t
Achslast bei vollen Vorräten:	20,2 t
Höchstgeschwindigkeit:	im Schnellgang: 140 km/h im Langsamgang: 90 km/h[1)]
Kleinste Dauergeschwindigkeit:	im Schnellgang (in höchster Fahrstufe): 28 km/h im Langsamgang: 18 km/h
Betriebsvorräte:	Dieselkraftstoff: 3.465 l Sand: 400 kg Kühlwassermenge: 1.300 l
Getriebe:	Voith L820 brs oder MTU K 252 SUBB
Übertragbare Leistung:	2.020 PS bei 1.500 min^{-1}

1) Die Höchstgeschwindigkeit im Langsamgang wurde in den siebziger Jahren auf 100 km/h heraufgesetzt.

Bild 5 – Unmittelbar nach ihrer Abnahme am 28. April 1971 erreichte die von Krupp gefertigte **218 101** als erste Serien-218 ihre zukünftige Heimatdienststelle Flensburg, wo sie wenige Tage später fotografiert wurde. AUFNAHME: ROLF WIESEMEYER

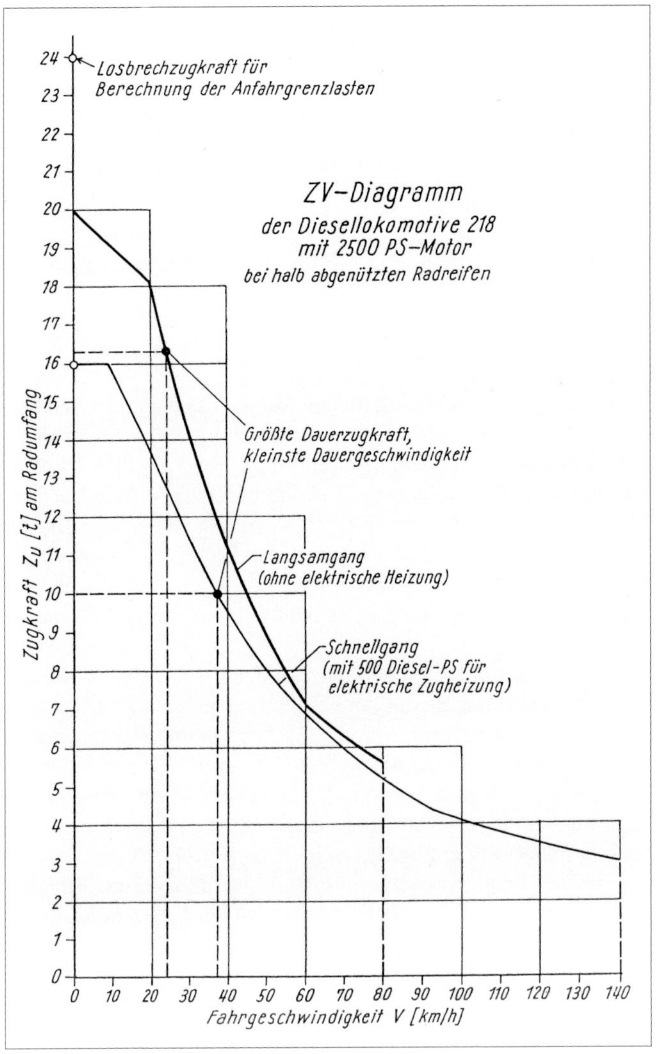

Bild 6 – Z-V-Diagramm der 218 mit 2.500-PS-Motor.
ZEICHNUNG: DEUTSCHE BUNDESBAHN, SAMMLUNG PETER GROẞE

Elektrische Heizung:

Generatordrehzahl:	1.660 – 3.000
Leistung:	400 kVA
Heizspannung:	1.000 V
Heizfrequenz:	16 ⅔ Hz

2.2 Fahrzeugteil

2.2.1 Untergestellrahmen

Wegen der Forderung nach großer Leistung bei niedrigem Gewicht mussten die Aufbauten des Lokkastens in die tragende Konstruktion mit einbezogen werden, um den Rahmen leichter dimensionieren zu können. Das führte dazu, dem Lokkasten der 218 etwa 40 bis 50 % der tragenden Funktion bzw. der Last- und Beanspruchungsanteile zuzuordnen. Dank der Längs- und Querrippen, die Kästen bilden, ist die Konstruktion biege-, torsions- und knickfest.

Auf der Unterseite des Untergestellrahmens sind zwei sogenannte Laternen angebracht, an denen die Drehzapfen für die Drehgestelle hängen. Die Puffer sind an den Stirnblechen des Untergestellrahmens angeschraubt. Es handelte sich um die üblichen Puffer nach UIC-Merkblatt 828 V mit 620 mm Länge, 75 mm Hub und flach gewölbten Puffertellern. Aus Gewichtsgründen verzich-

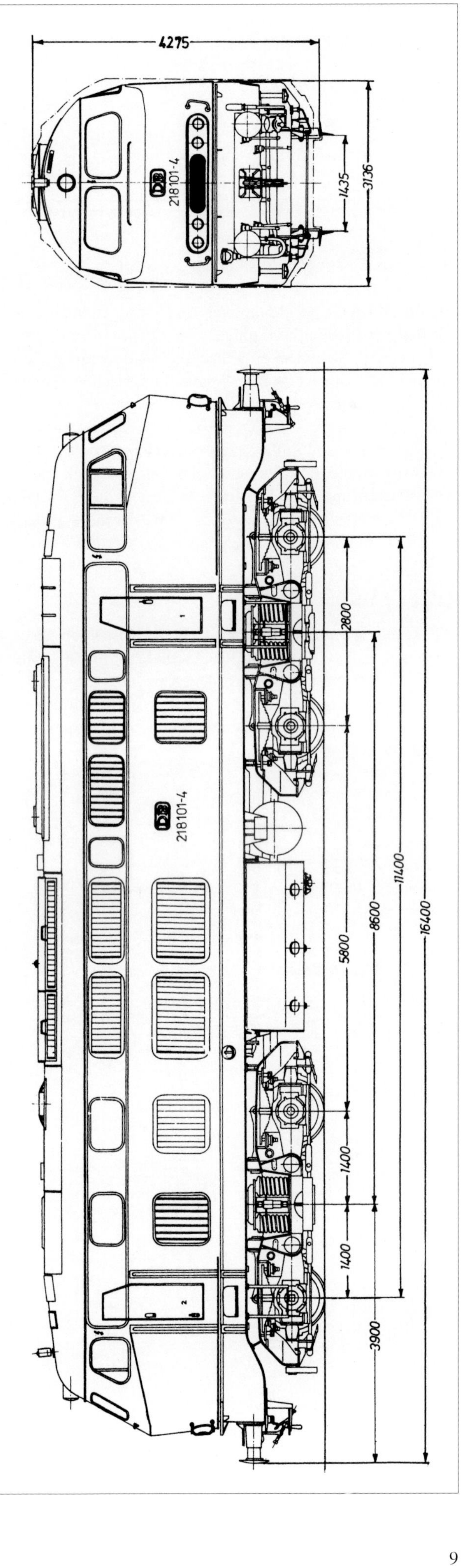

ZEICHNUNG: STEFAN LAUSCHER

Bild 7 – Seiten- und Stirnansicht einer 218 der 1. Bauserie (noch ohne Hutzen).

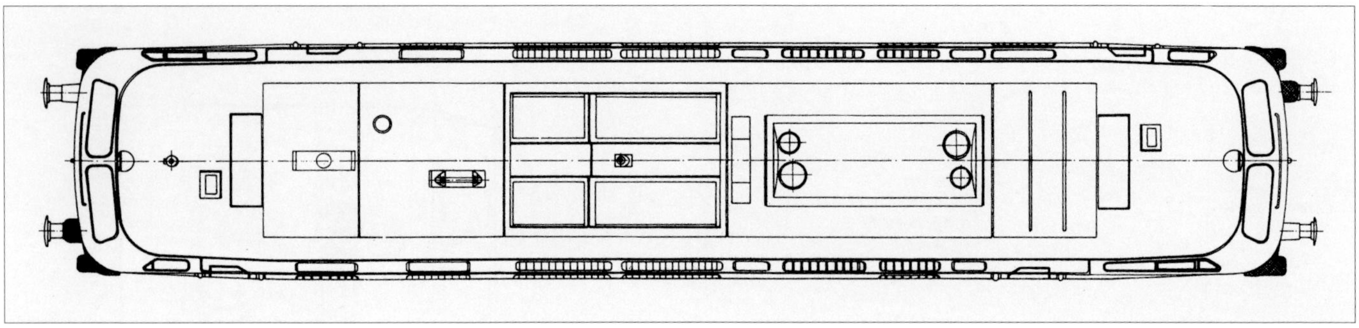

Bild 8 – Dachansicht einer 218 der 1. Bauserie. ZEICHNUNG: STEFAN LAUSCHER

tete die DB bei den Lokomotiven der V 160-Familie auf den Einbau von Verschleißpufferbohlen.

Unter den Stirnblechen sind Stützflächen zum Anheben der Lok mit Hilfe einer Traverse. Weitere Stützflächen zum Anheben befinden sich beidseitig auf Höhe der Drehzapfen.

Der Rahmen der 218 trägt die gesamte Antriebsanlage (Motor, Getriebe, Kühl- und Lüfteranlage), den Heizgenerator, die elektrische Ausrüstung, die Hilfs- und Nebenbetriebe sowie die Behälter für Kraftstoff und Luft. Der Rahmen ist aber nicht so stabil, dass er die genannten Teile allein tragen könnte. Er muss – wie anfangs erwähnt – durch die Aufbauten unterstützt werden.

2.2.2 Aufbauten

Die Aufbauten wurden auf den Untergestellrahmen geschweißt. Dazu wurde ein Gestell aus Hut-, U- und Z-Profilen gebildet, auf das Bleche geschweißt wurden. Die Aufbauten tragen wesentlich zur Festigkeit des Fahrzeugteils bei. In den Seitenwänden befinden sich Aussparungen für Fenster, Türen und Lüftungsgitter.

Im Innern ist der Kastenaufbau durch schall- und wärmeisolierende Zwischenwände aufgeteilt in Führerraum 1, den Lichtanlassmaschinenraum, Motorraum, Kühler-, Getriebe- und Heizgeneratorraum sowie Führerraum 2. Dadurch, dass – wie bei den Baureihen 210, 215, 217 und 219 – ein gegenüber der 216 um 40 cm längerer Lokkasten gewählt wurde, konnten zwei durchgehende Seitengänge im Lokkasten untergebracht werden. Sie gewährleisten eine gute Zugänglichkeit aller im Aufbau plazierten Fahrzeugteile.

Da die Führerräume bei den Loks der V 160-Familie verhältnismäßig kurz sind, ist auf der Lokführerseite kein Platz für eine Außentür. Sie ist daher in den Maschinenraum verlegt worden. Auf der in Fahrtrichtung linken Seite hingegen konnte sie im Führerraum untergebracht werden. Entsprechend asymmetrisch sind auch die Seitenfenster in den Führerräumen. Auf der Lokführerseite befindet sich ein breites Schiebefenster, durch das sich der Lokführer – ohne Aufstehen – hinauslehnen kann, um Rangier- oder Abfahrtsaufträge zu beobachten. Auf der linken Seite ist vor der Außentür nur ein schmales Klappfenster angebracht.

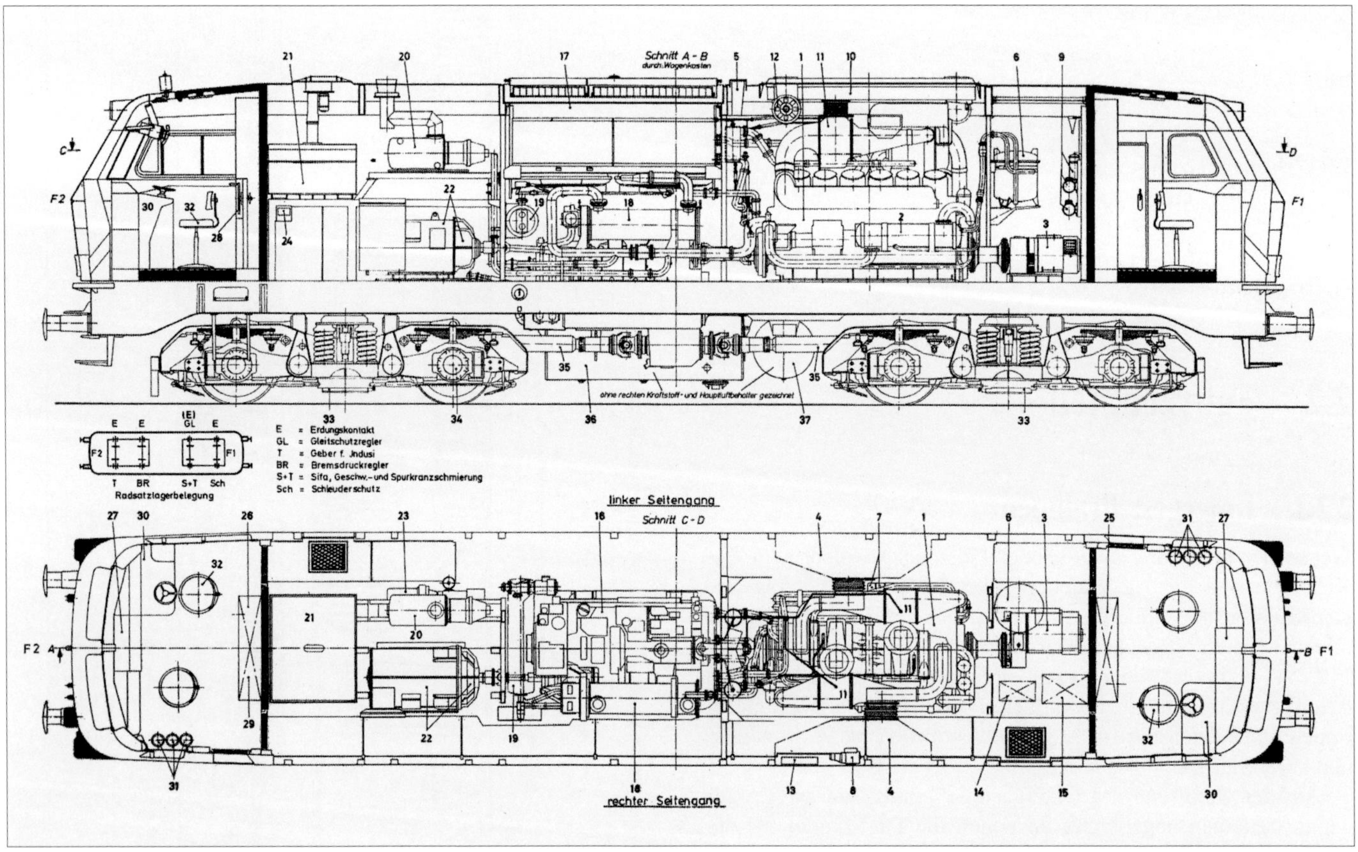

Bild 9 – Übersicht über die Bauteile der 218: 1 – Dieselmotor; 2 – Motorschmierölwärmetauscher; 3 – Lichtanlassmaschine; 5 – Kühlwassermessbehälter; 8 – Schmierölvorpumpe; 10 – Auspuffschalldämpfer; 11 – Ladeluftkühler; 12 – Maschinenraumlüfter; 16 – Flüssigkeitsgetriebe mit hydrodynamischer Bremse; 17 – Dachkühleranlage; 18 – Getriebeölwärmetauscher; 20 – Vorwärm- und Warmhaltegerät; 21 – Batteriekasten; 22 – Heizgenerator mit Flüssigkeitskupplung; 23 – Luftpresser; 28 – Handbremse; 32 – Führersitz; 33 – Indusimagnet; 34 – Radsatzgetriebe; 35 – Gelenkwelle; 36 – Kraftstoffbehälter; 37 – Hauptluftbehälter. ZEICHNUNG: DEUTSCHE BUNDESBAHN, SAMMLUNG CHRISTIAN GERBER

Bild 10
Hier sieht man sehr schön die asymmetrisch gestalteten Seiten der 218. Bei der linken Lok erkennt man die Lokführerseite an dem langen Schiebefenster. Bei der rechten Lok befindet sich vor der Außentür lediglich ein kurzes Klappfenster.

Bild 11 – Stirnfenster der 218 im Vergleich. Die meisten 218 sind mit gummigefassten Stirnfenstern ausgeliefert worden, so auch 218 233, die bei DB Fernverkehr die neue Betriebsnummer **218 824** erhielt.

Bild 12 – 218 448 hingegen hat Stirnfenster mit Aluminiumrahmen. Auf den Bildern sieht man auch gut den Griff auf dem linken Kontrastbalken, den alle 218 nachträglich als Aufstiegshilfe erhalten haben. Auch haben sie nun zwei Steckdosen im oberen Stirnwandbereich. (Bei der Auslieferung hatten sie nur eine.) AUFNAHMEN (3): JÜRGEN HÖRSTEL

Auf den Stirnseiten findet man zwei gewölbte Stirnwandfenster, die bei einigen 218 der vierten Bauserie schon bei der Auslieferung in Aluminiumrahmen gefasst waren, während die übrigen 218 mit in Gummi gefassten Stirnfenstern abgeliefert wurden. Etliche 218 erhielten nachträglich Aluminiumrahmen.

Hinter den Stirnfenstern befindet sich auf der jeweils in Fahrtrichtung rechten Seite das Führerpult mit allen zum Fahren und Überwachen nötigen Geräten. Am markantesten ist der Fahrschalter. Hierbei handelt es sich um ein Kfz-Lenkrad, das bei VW beschafft wurde. Bei ihm wurde die Hupe durch den Schnellaus-Knopf ersetzt. Mit diesem Fahrschalter können die 15 Fahrstufen geschaltet werden. Die Bauteile der Führerräume sind dem Bild 13 auf Seite 12 zu entnehmen.

Im Laufe der Betriebszeit kam es zu einigen Änderungen. u. a. wurden EBuLa-Geräte eingebaut, um durch diese elektronischen Buchfahrpläne auf die gedruckten Exemplare sowie Hefte für die Langsamfahrstellen und andere Besonderheiten verzichten zu können. Ferner wurden die Geräte für den Zugfunk installiert. Bei den 218 mit Türsteuerungseinrichtungen wie TB 0, SAT oder TAV sind die nötigen Bedieneinrichtungen auf dem Führerstand zu finden, zusätzlich ein Türstellungsleuchtmelder. Einige Lokomotiven verfügen über eine Ausrüstung für die Fahrgastinformation. Auf ihren Führerständen findet man ein Gerät zum Steuern der Zugzielanzeige. Auch steht ein Mikrofon für Ansagen zur Verfügung.

Links vom Führerpult befindet sich ein Geräteschrank mit den elektrischen Geräten der Steuerungsüberwachung. Auf der Rückseite jedes Führerraums befindet sich ein weiterer Geräteschrank mit den elektrischen Geräten der Steuerung, in Führerraum 1 außerdem ein Thermofach. Im Führerraum 2 ist die PZB 90-Einrichtung untergebracht.

Jeder Führerraum war ursprünglich mit zwei frei beweglichen Sitzen für den Lokführer und den Zugbegleiter ausgestattet, bei denen es sich um recht einfache Drehschemel handelte. Ab 1983 wurde der Schemel für den Lokführer durch einen komfortableren Bremshey-Sitz ersetzt. Die Bremshey-Sitze in der 218 sind im Gegensatz zu denen in der 216 nicht frei beweglich, sondern fest im Führerraumboden verankert und nur mit Werkzeug zu entfernen. Um einen Durchtritt in den dahinter beginnenden Maschinenraumgang zu ermöglichen, kann jedoch die hintere Arretierung des Führersitzes mittels eines Fußpedals am Sitzfuß gelöst und der Sitz etwa 45° nach vorn geneigt werden.

Unter den sonstigen Führerraumeinrichtungen befinden sich u. a. die Druckluftscheibenwischer, die Scheibenwaschanlage, die Sonnenblenden an den Stirnwandfenstern und beim Schiebefenster, ein Handbremsrad sowie drei Feuerlöscher.

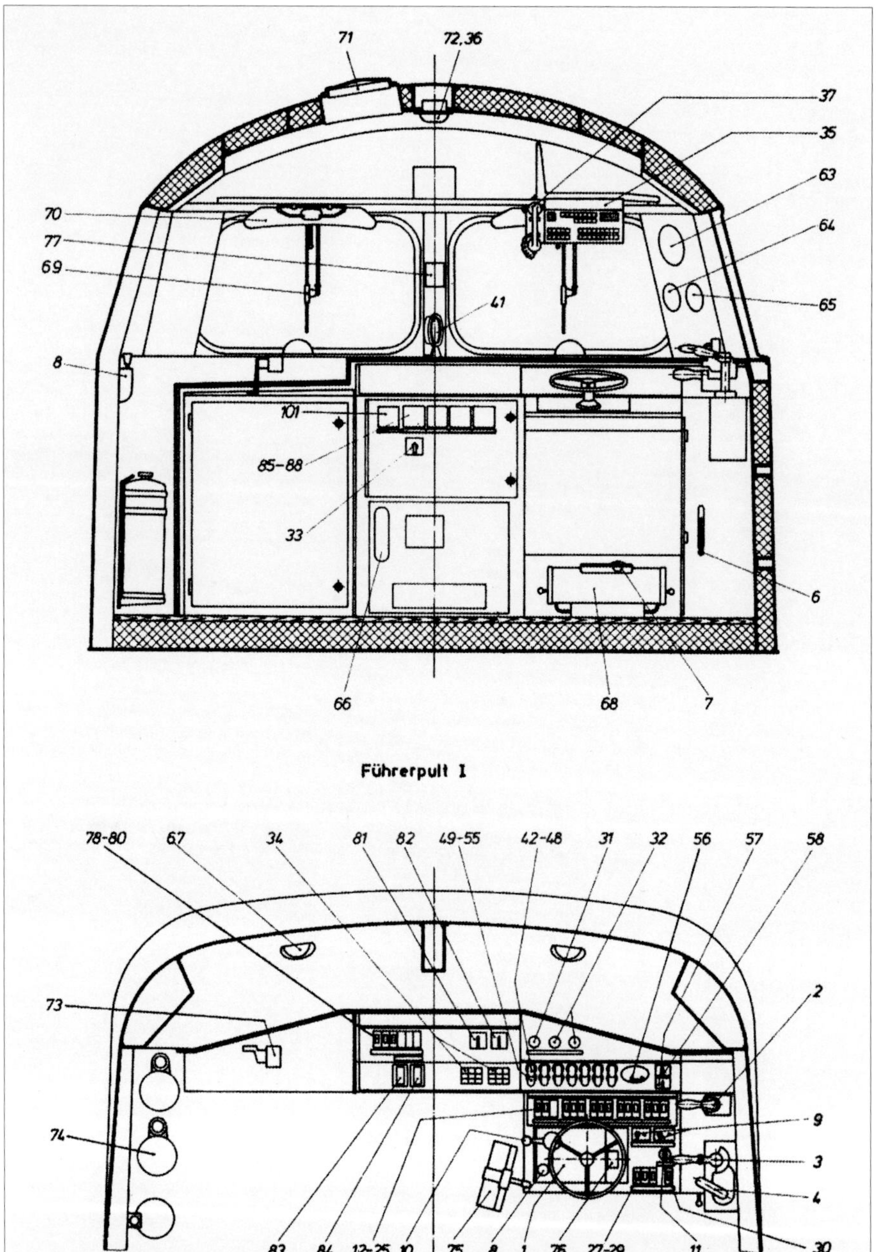

Bild 13
Skizzen der Führerraumeinrichtung der Baureihe 218. Die wichtigsten Teile sind kurz aufgeführt:
1 – Fahrschalter;
2 – Zusatzbremsventil Zb 3;
3 – Selbstregler D 5;
4 – Bremssteller;
6 – Notbremsventil;
7 – Sifa-Fußtaster;
8 – Sifa-Handtaster;
9 – Anstellventil Scheibenwischer;
10 – Richtungswender;
11 – Handventil Pfeife;
12-25 – Kippschalter, u. a. für Leistung, Signalleuchten und Sanden;
27-29 – Kippschalter Indusi,
42-55 – Leuchtmelder (Motor, Getriebe, Fahrtrichtung, PZB usw.);
56 – Geschwindigkeitsanzeiger.

Zeichnung: Deutsche Bundesbahn
Sammlung Christian Gerber

Bild 14
Der Führerstand von **218 309** im Jahr 1991. Der Fahrplanhalter, der mit einer Lampe ausgerüstet ist, ragt in den Raum. Er wurde später durch ein EBuLa-Gerät ersetzt. Noch recht neu ist das Zugfunkgerät, das unter der Decke hängt.

Aufnahme: Christian Gerber

Bild 15 – Leuchtmelder im Führerstand einer 218. AUFNAHME: CHRISTIAN GERBER

Zwischen den Führerräumen verlaufen auf beiden Lokseiten Seitengänge durch den Maschinenraum, von denen aus Quergänge zu den Bauteilen führen. Über den Hauptbauteilen sind im Dach abnehmbare Bleche angebracht, damit die Bauteile durch das Dach ein- und ausgebaut werden können. Zwischen den Gitterrosten des Seitenganges und dem Rahmendeckblech verlaufen die Rohrleitungen für Kühlwasser, Kraftstoff und Druckluft.

2.2.3 Drehgestelle

Der Rahmen wird durch zwei tiefliegende Drehzapfen in den Drehgestellen geführt. In den 218-Serienlokomotiven kommen zwei verschiedene Drehgestelltypen zum Einsatz. Die ersten beiden 218-Bauserien wurden mit Krupp-Drehgestellen ausgeliefert, wie sie in den Baureihen 215, 216 und 219 zu finden waren. Die 3. und 4. Bauserie waren bei der Auslieferung mit MaK-Drehgestellen bestückt. Dieser Drehgestelltyp war für eine Höchstgeschwindigkeit von 160 km/h entwickelt und 1968 zunächst in 216 184 getestet worden. Da er sich bewährte und auch deutlich leichter als das Krupp-Drehgestell war, fand er zunächst in der Baureihe 210 Verwendung. 1971 erhielten die Vorserienlokomotiven der Baureihe 217 MaK-Drehgestelle. Bei ihnen waren allerdings Scheiben- statt Klotzbremsen eingebaut. Die teureren Scheibenbremsen hatte man genommen, da die 217-Vorserienlokomotiven – anders als die Lokomotiven der Baureihe 210 – keine hydrodynamische Bremse besaßen, so dass die mechanischen Bremsen die gesamte Bremskraft übertragen mussten. Um den Verschleiß und die thermische Belastung der Radreifen zu verringern, wurden daher bei der Baureihe 217 Scheibenbremsen genutzt. Da alle 218-Serienlokomotiven mit einer hydrodynamischen Bremse ausgerüstet wurden, versah man die Drehgestelle mit den kostengünstigeren Klotzbremsen.

Krupp- und MaK-Drehgestelle haben Drehgestellrahmen aus geschweißten Kastenprofilen. Beim Krupp-Drehgestell befinden sich zwischen den beiden Längsträgern drei Querträger. In den

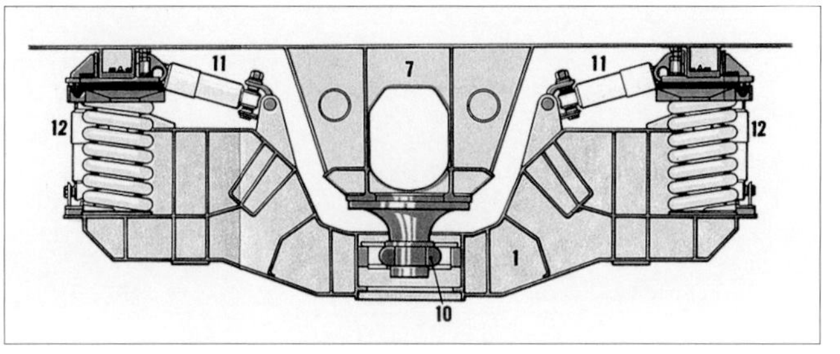

Bild 16 – Querschnitt durch die Drehgestell-Lagerung der Baureihe 218. 1 – Drehgestellrahmen; 7 – Drehzapfenturm am Lokrahmen; 9 – Drehzapfen mit Drehzapfenlager; 10 – Seitlicher Schwingungsdämpfer; 11 – Schraubenfeder zur seitlichen Abstützung.

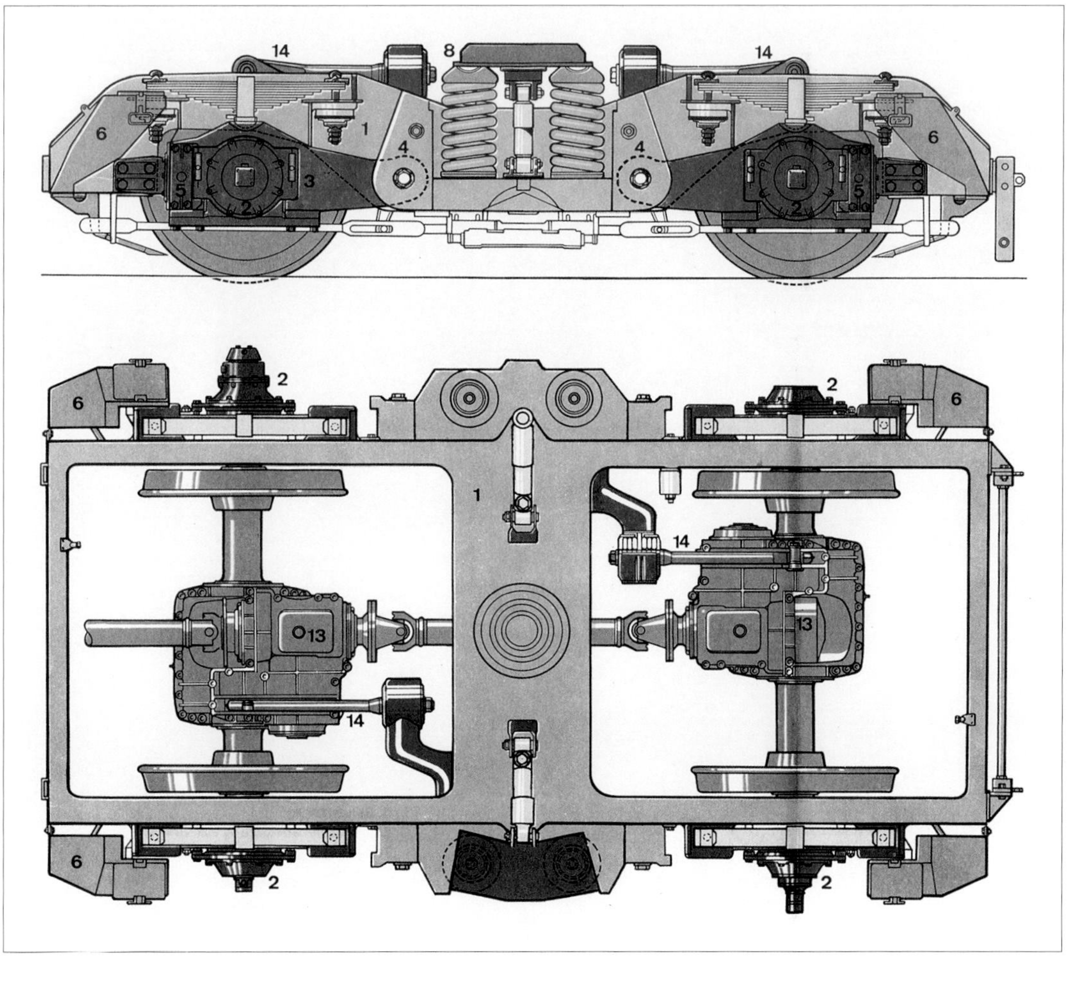

Bild 17
Bauteile des Krupp-Drehgestells.
1 – Drehgestellrahmen;
2 – Pendelrollenlager;
3 – Radsatzlenker;
5 – Radsatzlenkerführung;
6 – Sandstreuer;
8 – Schraubenfedern für die seitliche Abstützung;
12 – Achsgetriebe;
13 – Drehmomentstütze.

ZEICHNUNGEN (2): DEUTSCHE BUNDESBAHN, SAMMLUNG CHRISTIAN GERBER

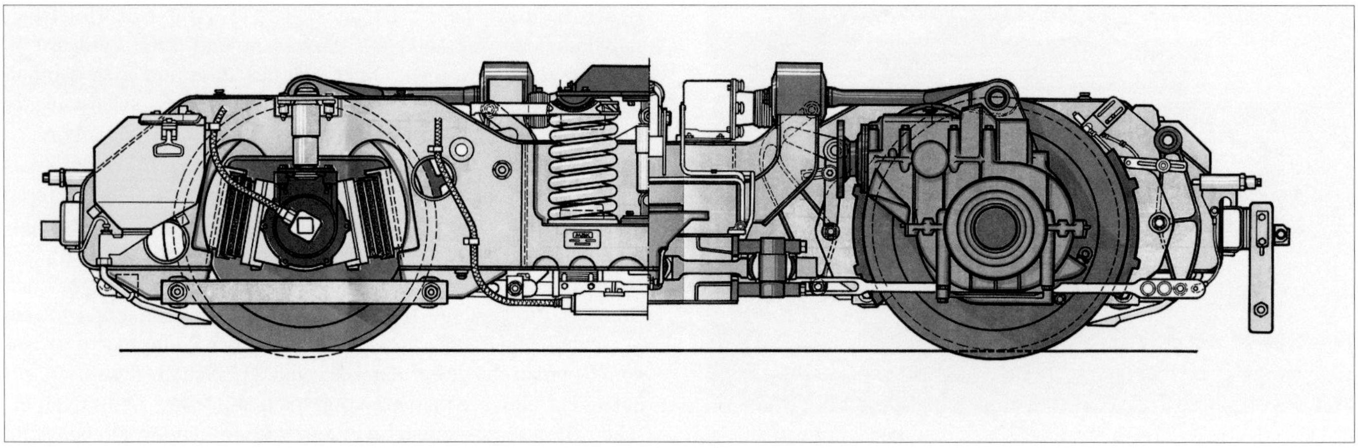

Bild 18 (oben)
Gesamtansicht des MaK-Drehgestells. Bei den Serien-218 war es bei den Loks ab der 3. Bauserie (ab 218 299) eingebaut.

ZEICHNUNG:
DEUTSCHE BUNDESBAHN,
SAMMLUNG CHRISTIAN WOLF

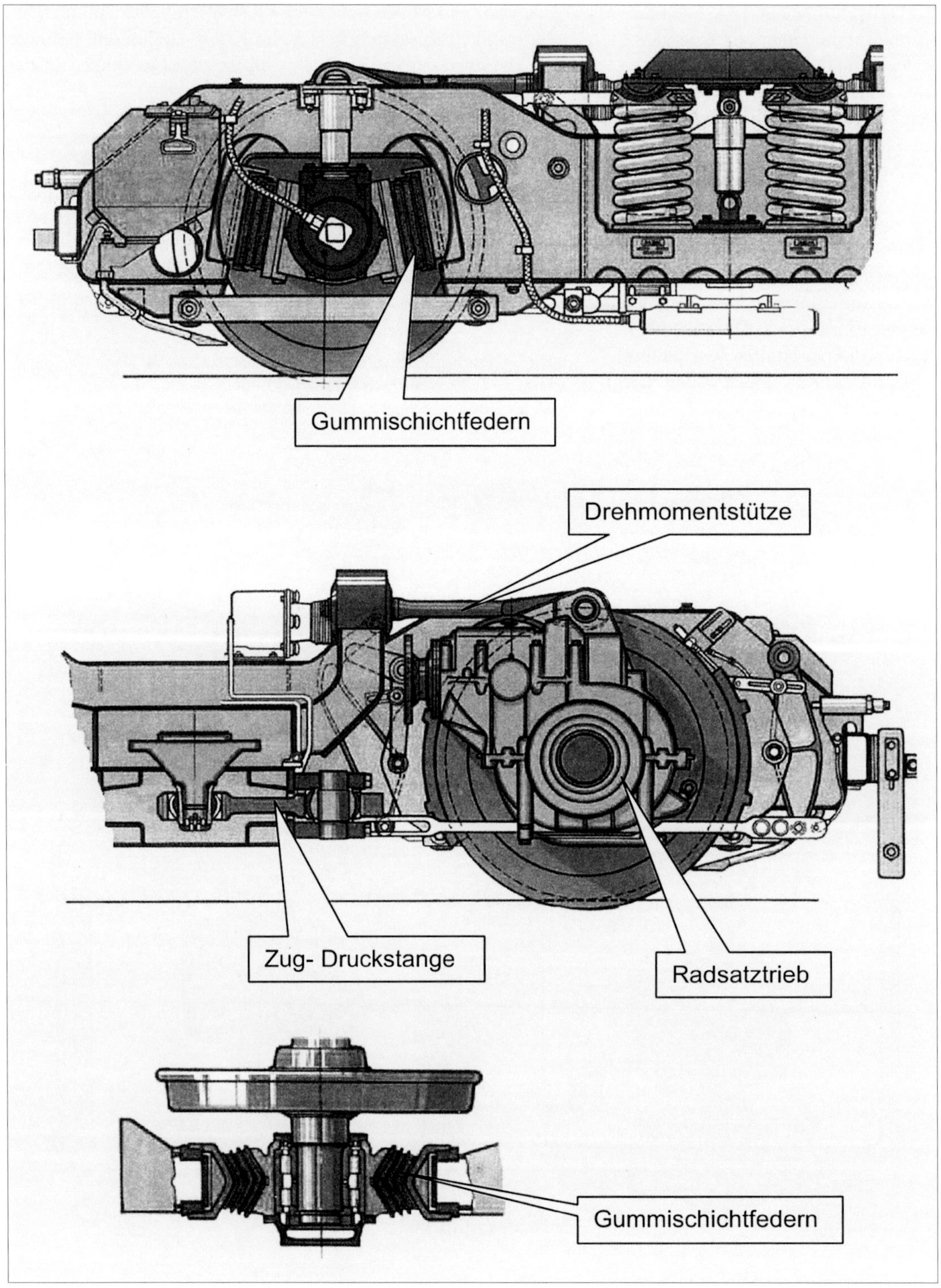

Bild 19 (links)
Bauteile des MaK-Drehgestells im Detail.

ZEICHNUNG:
DEUTSCHE BUNDESBAHN,
SAMMLUNG PETER GROßE

Bild 20 (oben)
So sieht das Krupp-Drehgestell von der Seite aus.

AUFNAHME: ROLAND HERTWIG

Bild 21 (rechts)
Blick auf ein ausgebautes MaK-Drehgestell von oben.

AUFNAHME: CHRISTIAN GERBER

Bild 22 – MaK- und Krupp-Drehgestell im direkten Vergleich. Beim MaK-Drehgestell (links) fallen die Metallgummi-Schichtfedern beiderseits des Radsatzlagers auf, beim Krupp-Drehgestell (rechts) die Blattfedern über dem Radsatzlager. AUFNAHME: MARTIN WALTER

mittleren Querträger ragt der Drehzapfen und dreht sich in einem Drehzapfenlager des Querträgers. In diesem Lager erfolgt also die Kraftübertragung zwischen dem Lokkasten mit seinen Zug-/Stoßeinrichtungen und dem Drehgestell.

Beim MaK-Drehgestell dreht sich der Drehzapfen in einem Drehzapfenlager, das nicht mehr direkt im Drehgestell-Rahmen gelagert ist. Vielmehr ist es mit einer Zug-Druckstange elastisch mit dem Drehgestellrahmen verbunden. Die elastische Verbindung wird durch Verwendung von Silentlagern (Gummi zwischen den Lagerringen am Drehzapfenlager und am Anlenkpunkt der Zug-Druckstange am Drehgestellrahmen) erreicht. Diese Maßnahme verbessert die Laufruhe des Fahrzeugs. Außerdem muss das Drehzapfenlager nicht mehr geschmiert werden. Beim Krupp-Drehgestell sind an den beiden Längsträgern vier Radsatzlenker befestigt. Sie führen die beiden Radsätze des Drehgestells, die in Pendelrollenlagern gelagert sind. Die Drehgestellrahmen stützen sich jeweils über vier zehnlagige Blattfedern auf den Radsatzlenkern ab. Das MaK-Drehgestell kommt ohne Radsatzlenker und Blattfedern aus. Hier sorgen Metallgummischichtfedern (Megi-Federn) für die elastische Lagerung der Radsätze und sorgen dabei für die Radsatzfederung und -führung.

Die Abstützung des Lokkastens auf den Drehgestellen erfolgt – unabhängig vom Drehgestelltyp –in zwei Punkten des Drehgestells über je ein Schraubenfederpaar (Flexicoil-Federung). Die Drehbewegung zwischen Drehgestell und Lokkasten erfolgt gleitstücklos über Gummielemente. Zur Dämpfung der vertikalen und seitlichen Bewegungen zwischen Lokkasten und Drehgestell sind hydraulische Stoßdämpfer eingebaut.

2.3 Motoren

2.3.1 Überblick

Die Baureihe 218 hat einen Heizgenerator mit einer Leistung von 360 kW, die kurzzeitig auf 400 kW gesteigert werden kann. Daher ist bei vollem Heizbetrieb eine Motorleistung von rund 500 PS für den Betrieb des Generators nötig. Damit eine Lok der Baureihe 218 für die Traktion noch rund 1.900 PS zur Verfügung hat, benötigt sie also einen Dieselmotor, der mindestens eine Leistung von 2.400 PS hat. Es dauerte bis zum Ende der sechziger Jahre, bis deutsche Motorenhersteller in der Lage waren, solch leistungsfähige Exemplare für den Einsatz in Lokomotiven zu bauen.

Die Maschinenfabrik Augsburg-Nürnberg AG (MAN) entwickelte einen Motor mit der Bezeichnung MAN V 6 V 23/23 TL und einer Leistung von 2.400 PS. Die Konkurrenz in Form der 1966 durch Fusion entstandenen Maybach Mercedes-Benz Motorenbau GmbH (MMB) konstruierte einen Motor mit der Bezeichnung MMB MC 1060, der eine vergleichbare Leistung hatte. Von den zwölf 218-Vorserienlokomotiven sollten je sechs mit einem MAN- und einem MMB-Motor ausgerüstet werden. Da der MMB-Motor nicht rechtzeitig einsatzbereit war, wurden alle zwölf Vorserienloks mit MAN-Motoren bestückt. Zur Erprobung auf breiterer Basis wurden auch die zehn Vorserienlokomotiven der Baureihe 215 mit diesem Motor ausgestattet. Vom MMB-Motor wurden nur vier Exemplare in zwei Versionen gebaut. Die DB bot MMB an, die vier Motoren der Typen MC 1060 und MC 1150 nach ihrer Fertigstellung für zwei Jahre zu mieten und in den Loks 218 005 und 012 zu erproben, in jeder Lok nacheinander je ein Motor MC 1060 und MC 1150.

Am 11. Juli 1969 gründeten die Daimler-Benz AG, als Mutterkonzern der MMB, und die Maschinenfabrik Augsburg-Nürnberg AG (MAN) zur Zusammenlegung ihrer Aktivitäten im Bereich der Dieselmotoren und Strahltriebwerke zwei Gesellschaften mit dem Namen Motoren- und Turbinen-Union (MTU) in München und Friedrichshafen, wobei die MTU Friedrichshafen GmbH für schnell laufende Motoren zuständig war. Hierhin wurde nun auch die Entwicklung für Großmotoren aus dem Daimler-Benz-Werk Stuttgart-Untertürkheim verlagert. Die Motorenprogramme, die von Mercedes-Benz, Maybach und MAN entwickelt worden waren, wurden nun von MTU vereinheitlicht. Die Motortypen erhielten neue MTU-Bezeichnungen. Der MMB-Motortyp MC 1150 erhielt noch die MTU-Bezeichnung MTU MC 12 V 956. Danach wurde von der Firma MTU die weitere Entwicklung dieses Motortyps eingestellt. Dafür entwickelte sie den MAN-Motor V 6 V 23/23 TL weiter, der nun mit der Typenbezeichnung MTU MA 12 V 956 TB 10 vermarktet wurde. Er wurde in acht Varianten gebaut und fand außer in Lokomotiven der ersten beiden 218-Bauserien (insgesamt 141 Motoren) auch in den acht Lokomotiven der Baureihe 210 und 20 Serienlokomotiven der Baureihe 215 Verwendung.

Im Einsatz traten beim MAN V 6 V 23/23 TL und seinem Nachfolger in Form des MTU MA 12 V 956 TB 10 bald kapitale Motorschäden auf. Die Motoren platzten unvermittelt, ohne dass überwachte Parameter zuvor auffällig wurden. Ferner bildeten sich Risse in den weichgelöteten Kühlnetzen der Ladeluftkühler und ungekühlten Einströmgehäusen der MAN N 28/17-Turbolader. Dank der Fusion von MMB und MAN gab es für die Turbolader-Probleme eine elegante Lösung. MTU nutzte den AGL 340-Turbolader, der für den MMB-Motor MC 1060 entwickelt worden war, und ersetzte damit die schadanfälligen MAN-Turbolader der Motoren. Die neuen Turbolader arbeiteten zuverlässig. Der Umbau der Motoren zog sich bis Anfang der neunziger Jahre hin. Die Risse in den Kühlnetzen wurden durch Hartlöten vermieden. Das Hauptproblem der kapitalen Motorschäden wurde hingegen erst durch einschneidende Veränderungen des Kolbendesigns sowie des Anschlusses des Kolbenkühlölkreises an den Hauptkühlkreis des Motors beseitigt, wodurch sich die thermische Haltbarkeit der Kolben verbesserte.

Währenddessen entwickelte MTU den MA 12 V 956 TB 10 weiter. Im Jahr 1973 kam das Nachfolgemodell in Form des MA 12 V 956 TB 11 auf den Markt. 218 198 war die erste Lok ihrer Baureihe, die mit diesem Motor ausgeliefert wurde. Die TB 11-Motoren hatten zunächst eine auf 2.500 PS reduzierte Leistung, die 1975 auf 2.800 PS bei 1.500 min^{-1} erhöht wurde. Der TB 11 bewährte sich gut, sodass bis 1978 insgesamt 207 Lokomotiven der Baureihe 218 bereits ab Herstellerwerk mit diesem Motor ausgeliefert wurden. Allerdings hatte er einen sehr hohen Schadstoffausstoß.

Die Deutsche Bundesbahn bemühte sich zu allen Zeiten, nicht von einem Lieferanten abhängig zu werden, da dieser sonst seine

Bild 23
Die 1973 probeweise mit einem Pielstick-Motor ausgerüstete **218 195** erreicht am 7. August 1982 mit einem Wendezug den Haltepunkt Wandsbeck Ost auf dem Weg nach Lübeck. Hier hat sich inzwischen viel verändert: Die Strecke wurde elektrifiziert, und der mittlerweile modernisierte Haltepunkt wurde 2005 in Hamburg-Tonndorf umbenannt.

AUFNAHME: BERND MELCHER

Erfahrungsbericht des Bahnbetriebswerks Hamburg-Altona

Da das Bw Hamburg-Altona 218 mit allen drei Motortypen im Bestand hatte, wurde es 1975 aufgefordert, einen Erfahrungsbericht anzufertigen. Aus diesem Bericht vom 30. Oktober 1975 soll nachfolgend zitiert werden.
Zur Beurteilung der Motoren wurden zwei Kriterien herangezogen: a) Schadenshäufigkeit und b) Reparaturfreundlichkeit im eingebauten Zustand.

„Am 1. Oktober 1975 waren im Bereich der BD Hamburg 50 Loks mit MTU MA 12 V 956 TB 10-, 6 Loks mit MTU MA 12 V 956 TB 11- und zwölf Loks mit Pielstick-Motoren im Einsatz. Alle Loks wurden unter gleichen Bedingungen im Reise- und Güterzugdienst eingesetzt.

Beurteilung der TB 10-Motoren
In einem Zeitraum vom 1. Oktober 1973 bis 1. Oktober 1975 traten an diesen Motoren 49 Triebwerkschäden (Kolbenfresser) auf. Das sind rund 100 % des Einsatzbestandes. Allein dieser hohe prozentuale Ausfall und die damit verbundenen hohen Reparaturkosten berechtigten zu einer Ablehnung durch den Betrieb. Daneben traten andere Schäden – vor allem in der Anfangszeit – auf, wie Ölwannenrisse, Ventilschäden aufgrund falscher Steuerwellen und lose Befestigungsschrauben an den Ölwannen. Ein Teil dieser Schäden konnte in Sonderaktionen durch die Firma MTU durch Konstruktionsänderungen behoben werden (Tausch der Steuerwellen, Einbau anderer Ölwannen). Nach wie vor treten aber Triebwerksschäden (Kolbenfresser) auf, die trotz vieler Bemühungen seitens der BD und der Bahnbetriebswerke nicht wesentlich verringert werden konnten. Der Motor ist m. E. für unsere Betriebsverhältnisse nicht geeignet. Die im Betrieb befindlichen Motoren sollten nur noch mit verminderter Leistung betrieben werden, um die extrem häufigen Schäden und die hohen Reparaturkosten in einigermaßen vertretbaren Grenzen zu halten.

Beurteilung der TB 11-Motoren
Auch dieser Motor hat die in ihn gesetzten Erwartungen noch nicht erfüllen können. Man kann allerdings feststellen, daß eine Anzahl an Schäden des TB 10 an diesem Motor nicht mehr auftraten, wie z. B. Ventilschäden und Ölwannenrisse. Wie dieser Motor sich hinsichtlich der Kolbenfresser verhält, kann noch nicht endgültig beurteilt werden. Bis zum 1. Oktober 1975 traten schon fünf Schäden dieser Art nach relativ kurzer Laufleistung auf. Weiterhin bleibt abzuwarten, ob die mehrfach aufgetretenen Zylinderkopfrisse durch den Tausch der Zylinderköpfe gegen Köpfe in verstärkter Ausführung beseitigt werden konnten. Im August dieses Jahres wurden von uns die ersten Motoren in ihrer Leistungsabgabe von 2.500 auf 2.800 PS heraufgesetzt. Diese Maßnahme stellt eine zusätzliche thermische Belastung dar und es bleibt auch hier abzuwarten, wie und ob überhaupt der Motor diese Veränderung längerfristig verträgt. Weitere Schäden an den TB 11-Motoren waren: schadhafte Düsen, gerissene Düsenhalter, verbogene Stößelstangen, undichte Einspritzleitungen, undichte Auspuffkrümmer und Wassereinbrüche.

Beurteilung der Pielstick-Motoren
Die ersten Pielstick-Motoren wurden am 15. Juni, 22. Juni und 3. Oktober 1973 ausgeliefert und dann eingesetzt. Bis zum heutigen Zeitpunkt liefen die Motoren recht zuverlässig. Ein in der Anfangszeit aufgetretener Triebwerksschaden bei der 218 196 ist auf den verkehrten Einbau der Geislinger Kupplung zurückzuführen. Dadurch traten Schwingungen auf, die die Befestigungsschrauben des Antriebsrades zu den Einspritzpumpen lösten. Ein weiterer Triebwerksschaden an der 218 197 am 31. Mai 1975 (Pleuellager ausgelaufen) ist durch Schmierölundichtigkeit an einer Ermeto-Verschraubung zurückzuführen. Beide Schäden sehe ich als Folgeschäden an, so daß man zum jetzigen Zeitpunkt von einem gesunden Triebwerk sprechen kann. Um die Betriebserprobung dieser drei Pielstick-Motoren besser bewerten zu können, wurden drei TB 11-Vergleichsmotoren bestimmt. Im direkten Vergleich dieser Motoren hinsichtlich der Stoffverbräuche und der Unterhaltung kann folgendes ausgesagt werden:

a) Der Ölverbrauch des Pielstick-Motors liegt erheblich höher.
b) Der Unterhaltungsaufwand des Pielstick-Motors ist geringfügig niedriger, obwohl der Motor vier Zylinder mehr besitzt. Durch die niedrige Bauweise des Motors ist die Zugänglichkeit zu den Zylinderköpfen erheblich besser als beim TB 10/11-Motor. Ein Zylinderkopftausch kann ohne Hebezeuge durchgeführt werden, so daß der Abbau des Daches sich erübrigt.

Zusammenfassung
Der TB 11-Motor stellt eine wesentliche Verbesserung im Betriebsverhalten gegenüber dem TB 10-Motor dar, wobei die Neigung zum Kolbenfresser weiterhin kritisch beurteilt werden muß. Den Pielstick-Motor halte ich für zuverlässiger als den TB 11-Motor, obwohl auch hier noch einige Schäden nicht vollständig behoben werden konnten (Reglermagnet, Kompensatoren). Nach Abstellung dieser Mängel halte ich den Pielstick-Motor für unseren Betrieb voll geeignet. Den Einbau dieser Motoren in weitere Tfz kann ich nur empfehlen."

Es folgt noch ein Vergleich des Zeitaufwandes für Tausch- und Reparaturarbeiten (jeweils in Stunden).

a) Motortausch
TB 10/11: 56
Pielstick: 80

b) Tausch der Einspritzdüsen
TB 10/11: 8
Pielstick: 16

c) Zylinderkopftausch
TB 10/11: 16 – 20
Pielstick: 10

d) Kolben- und Buchsentausch
TB 10/11: 36 – 40
Pielstick: 22 – 28

Da sich die BD Hamburg so deutlich für den Pielstick-Motor ausgesprochen hat, verwundert es nicht, dass alle 218 mit diesem Motortyp in der BD Hamburg stationiert wurden.

Hätte man diesen Erfahrungsbericht allerdings zu einem späteren Zeitpunkt aufgestellt, wäre er anders ausgefallen. Die MTU-Motoren „reiften" im Laufe der Zeit und wurden zuverlässiger. Dies zeigen Aufzeichnungen der Ausbesserungswerke Bremen und Nürnberg aus den Jahren 1989 bis 1991. Dort wurde die durchschnittliche ausbaufreie Laufleistung der verschiedenen Motoren (in Tausend km) notiert. Dabei ergab sich folgendes Bild:

Motortyp:	MTU 12 V 956 TB 10	MTU 12 V 956 TB 11	Pielstick
1989:	344	646	250
1990:	401	528	311
1991:	324	528	324

Nach rund 15 Betriebsjahren bildete der Pielstick-Motor das Schlusslicht. Der MTU-Motor 12 V 956 TB 11 zeigte die wenigsten Störungen.

Monopolstellung bei der Preisgestaltung ausnutzen konnte. Daher prüfte sie, ob anstelle der MTU-Motoren auch Motoren der Konkurrenz in die Baureihe 218 eingebaut werden konnten. Die Schadanfälligkeit der MTU-Motoren Anfang der siebziger Jahre beflügelte diese Suche. Die DB entschied sich für die Entwicklung eines französischen Unternehmens. Es handelte sich um den S.E.M.T.-Pielstick-16 PA 4 V 200-Motor der Societe d'Etudes de Machines Thermiques S.E.M.T. S.A. aus Villepinte, (nordöstlich von Paris), der von Klöckner-Humboldt-Deutz in Lizenz gefertigt wurde. Er besaß einige Bauteile, wie den Turbolader vom Typ BBC VTR 250, die auch in anderen DB-Baureihen zu finden waren. Dies erleichterte die Ersatzteilhaltung. Dieser Motortyp wurde zunächst in den Lokomotiven 218 195 bis 197 erprobt. Danach wurden noch 47 weitere 218 mit diesem Motortyp ausgeliefert.

Bei ihrer Auslieferung besaßen die Serienlokomotiven der Baureihe 218 folgende Motoren:

Bild 24
Bereits Anfang 1975 war **218 235** des Bw Mühldorf für kurzer Zeit probeweise mit Abgashutzen ausgerüstet. Das Erscheinungsbild der Lok mit diesen „Ur-Hutzen“ zeigt dieses seltene Bilddokument vom 14. Februar 1975 in München Hbf.

Bild 25 – Die „Ur-Hutzen“ der **218 235** im Detail. Die Hutzen waren silbern und besaßen einen roten Streifen. Die versetzte Anordnung ist insofern bemerkenswert, als dass 218 235 bereits ab Indienststellung den MTU-Motor MA 12 V 956 TB 11 besaß, bei dem die Abgasöffnungen eigentlich parallel angeordnet waren. AUFN. (2): PAUL MÜLLER

218 101 – 194: MTU MA 12 V 956 TB 10;
218 195 – 197: S.E.M.T. Pielstick 16 PA 4 V 200;
218 198 – 241: MTU MA 12 V 956 TB 11;
218 242 – 288: MTU MA 12 V 956 TB 10;
218 289 – 322: MTU MA 12 V 956 TB 11;
218 323 – 339: S.E.M.T. Pielstick 16 PA 4 V 200;
218 340 – 426: MTU MA 12 V 956 TB 11;
218 427 – 434: S.E.M.T. Pielstick 16 PA 4 V 200;
218 435 – 455: MTU MA 12 V 956 TB 11;
218 456 – 462: S.E.M.T. Pielstick 16 PA 4 V 200;
218 463 – 484: MTU MA 12 V 956 TB 11;
218 485 – 499: S.E.M.T. Pielstick 16 PA 4 V 200.

Alle 218-Motoren emittierten mehr Schadstoffe (u. a. Ruß) als die MTU-Motoren 16 V 652 TB 10, die in den meisten anderen Mitgliedern der V 160-Familie zu finden waren. Dies machte sich vor allem dann negativ bemerkbar, wenn hinter einer 218 klimatisierte Reisezugwagen liefen, deren Klimaanlagen die Abgase in den Wagen sogen.

Als erste Abhilfe experimentierte das Bw Mühldorf bereits Anfang 1975 mit Abgashutzen, die für kurze Zeit versuchsweise auf der 218 235 angebracht waren. 1981 wurden dann auf die Dächer von 20 Loks Abgashutzen in verschiedenen Versuchsvarianten gebaut, die die Abgase aus dem Nahbereich der Loks und

Bild 26
Ab 1981 wurden vom Bundesbahn-Zentralamt München auf der Baureihe 218 erneut verschiedene Prototypen von Abgashutzen getestet. Hier sieht man **218 298**, die am 23. Juni 1983 mit Abgashutzen auf Messfahrt war, die noch ein deutlich anderes Aussehen hatten als die der endgültigen Bauform.

AUFNAHME: JENS KOLBE

Wagen wegbeförderten. Gleichzeitig leiteten sie die Abgase an der Fahrleitung elektrifizierter Strecken vorbei, so dass diese weniger verrußte und erhitzt wurde. Die Hutzen wurden drei Jahre lang erprobt und messtechnisch überwacht. Da sie sich grundsätzlich bewährten, wurden ab 1984 alle Lokomotiven der Baureihe 218 damit ausgerüstet, wobei an der Entwicklung der Serienausführung wiederum das Bw Mühldorf maßgeblich beteiligt war.

Analog zum Straßenverkehr wurden für den Schienenverkehr Abgasnormen aufgestellt, die in unregelmäßigen Abständen verschärft wurden. Die ab 1993 geltende Norm konnte der MTU-Motor 12V956 TB 11 wegen seiner zu hohen Emissionen von giftigem Kohlenstoffmonoxid und unverbrannten Kohlenwasserstoffen nicht mehr erfüllen. Bei der Stickstoffoxid-Emission lag er nur knapp unter dem Grenzwert. Somit konnte er in seiner bisherigen Form nicht mehr für den Einbau in neue Lokomotiven oder zur Remotorisierung zugelassen werden. Die Firma MTU musste daher konstruktive Änderungen am Motor durchführen, die die Emissionen deutlich reduzierten, um den Motor weiterhin verkaufen zu können.

Bei den im DB-Bestand befindlichen Motoren wurden u.a. veränderte Kolben eingebaut. Auch wurde die Aufladung des Motors erhöht. Durch diese Maßnahmen wurde 86% weniger Ruß ausgestoßen. 84% weniger unverbrannte Kohlenwasserstoffe verließen den Motor. Auch konnte der Ausstoß an giftigem Kohlenstoffmonoxid um 63% gesenkt werden. Ein positiver Nebeneffekt der Abgasoptimierung war es, dass der Kraftstoffverbrauch um 8% reduziert wurde. Die so umgerüsteten Motoren erhielten einen weißen Anstrich. Um die Abgasoptimierung kenntlich zu machen, erhielt die Blockeinspritzpumpe einen gelben Strich.

An den von der Firma MTU zu jener Zeit neu produzierten TB 11-Motoren wurden noch weitere Verbesserungen vorgenommen. So wurde zum Beispiel der Motorregler R32p, der pneumatisch-hydraulisch arbeitete, durch einen elektro-hydraulischen ersetzt. Ein Stellmotor setzt die Steuerbefehle des elektronischen Motormanagements ECS-UNI um. Ab 1997 wurden 86 neue 12V956 TB 11 an die DB ausgeliefert, die eine blaue Farbgebung trugen. Durch diese Neubauten wurden die älteren Motoren in 218 124, 126, 170 bis 180, 190, 221, 228, 229, 232, 235, 245–248, 250, 252, 253, 255, 263, 265, 266, 269, 271, 273, 274, 276, 278, 282–284, 288, 290–293, 297–300, 308, 311, 313, 314, 319, 332, 335, 340, 342, 343, 361, 363, 364, 366, 371, 372, 379, 381, 384, 396, 413, 424, 426, 448, 449, 451, 455, 486, 491 sowie 496–498 ersetzt. Sechs Motoren dienten als Reserve.

Zeitgleich mit dem Bau der TB 11-Neubauten entwickelte MTU einen Nachfolger, der die Typenbezeichnung MTU 16V 4000R40 erhielt. Bei ihm war nicht nur die Zylinderzahl von 12 auf 16 erhöht worden, sondern es waren auch etliche Verbesserungen an den Einspritzvorrichtungen vorgenommen worden. Dank des Common-Rail-Verfahrens konnte der Kraftstoff effektiver genutzt werden. Dadurch verringerten sich die Schadstoffemissionen.

1998 wurde ein Motor dieses Typs in 218 495 erprobt. Danach wurden 80 Motoren MTU 16V 4000R40 beschafft und als Ersatz für ältere Motoren in die Baureihe 218 eingebaut.

Die Abgasturbolader der neuen MTU-Motoren wurden recht klein ausgeführt, dadurch treten beim Betrieb hohe Temperaturen auf. Dies führte bisweilen zu Lagerschäden und Motorbränden. Das konnte auch geschehen, wenn der Motor nach einer Zugfahrt zu schnell abgestellt wurde. Denn nun laufen die Turbolader ohne Lagerschmierung trocken noch bis zu 20 min weiter.

Nach der Jahrtausendwende entwickelte MTU den Motor weiter. Das Verdichtungsverhältnis, der Aufbau des Zylinderkopfes und der Kolben wurden verändert, wodurch die Abgasemissionen noch weiter reduziert werden konnten. 20 Exemplare dieses als MTU 16V4000 R41 bezeichneten Motortyps wurden durch die DB beschafft und ersetzten ältere Motoren in der Baureihe 218.

Zur Remotorisierung der Baureihe 218 wurden aber nicht nur MTU-Motoren genutzt. 1997 testete die DB in 218 112 einen Motor des amerikanischen Herstellers Caterpillar-Zeppelin vom Typ CAT 3516B DI-TA. Vom selben Hersteller stammten die drei Motoren des Typs CAT 3516B-HD, die in den Loks 218 329, 330 und 339 eingebaut wurden. Bei diesen Motoren entfielen die Schmierölvorpumpe und die Kraftstoff-Förderpumpe, da sie durch eine Pumpen-Düsen-Einspritzung den Kraftstoff selbst ansaugten.

Die CAT-Motoren bewährten sich gut, waren aber deutlich teurer als die MTU 4000er, weshalb die MTU-Motoren für die Remotorisierung genutzt wurden.

1997 ging die Anweisung an das Werk Bremen und die zuständigen Betriebshöfe, TB 10-Motoren auch ohne Defekt bei Erreichen der Laufleistungsgrenze auszutauschen. 350 Motoren neuester Bauart sollten die TB 10-, defekten TB 11- und Pielstick-Motoren ersetzen. Nachdem 166 neue Motoren (die erwähnten 86 MTU 12V956 TB 11 neu- und 80 MTU 16V4000 R40-Motoren) eingebaut waren, kam das Umdenken: Motoren, gleich welchen Typs, sollten aus Kostengründen nur noch bei schweren Schäden verschrottet werden, wenn eine Aufarbeitung nicht mehr in Frage kam. Auch TB 10- und Pielstick-Motoren wurden nun wieder unterhalten, neue Motoren (MTU 16V4000 R41) nur noch nach Bedarf bestellt.

2.3.2 MTU-Motoren der Baureihe 218

a) MTU MA 12V 956 TB 10

Wie im Kapitel 2.3.1 bereits beschrieben, wurden die ersten Serienlokomotiven der Baureihe 218 mit dem MTU-Motor MA 12V 956 TB 10 ausgeliefert. Hierbei handelte es sich um die Weiterentwicklung des MAN-Motors V6V 23/23 TL, der in Band 2 der V 160-Trilogie bereits ausführlich beschrieben worden ist. Deshalb soll er in diesem Band nur kurz vorgestellt werden. Die Typenbezeichnung enthält folgende Angaben:

MTU	Hersteller
MA	Konstrukteur (MAN); dieser Teil entfiel ab 1973 in der Typenbezeichnung
12	Gesamtzylinderanzahl
V	Zylinderanordnung
956	Inhalt eines Zylinders in Zentiliter (cl)
T	Abgasturboaufladung
B	Wasser-Ladeluftkühlung und Kolbenkühlung mit jeweils einem separaten Wärmetauscher
1	Lokomotivmotor
0	Konstruktionsstand 01.01.1969

Die Bezeichnungen „1“ und „0“ an achter und neunter Stelle des Typschlüssels wurden später vereint als „10 = Lokomotivantrieb“ geführt.

Ab Mitte 1970 wurde die erste, 111 Motoren umfassende Serie dieser Motoren geliefert. Acht Motoren (590 201 – 203, 205 – 207, 218 und 220) wurden für die Loks 210 001 – 008 benötigt, 20 (509 204, 208 – 217, 219 und 221 – 228) für die Lokomotiven 215 071 – 090 und 70 für die Loks 218 101 – 170. 13 Motoren dienten als Tauschmotoren.

Jeder Motor besaß zwei Abgasturbolader vom Typ MAN N 28/17, die hintereinander im Motorsattel liegend angeordnet waren. Beim Einsatz gab es schon bald große Probleme. Undichtigkeiten an den weichgelöteten Kühlnetzen der Ladeluftkühler, durch die bei Motorstillstand Kühlwasser in die Zylinder lief, führten beim neuerlichen Motorstart zum Wasserschlag und damit zum kapitalen Motorschaden. Außerdem neigten die einteiligen Vollschaftkolben der Anfangsphase unter anspruchsvollen Betriebsbedingungen

Bild 27 – Der MAN/MTU-Motor 12 V 956 TB 10 war ursprünglich in zahlreichen 218 der 1. und 2. Bauserie eingebaut. AUFNAHME: MATHIAS MICHAELIS

zum Festgehen. Abgerissene Kolben und Risse in den Einströmgehäusen der Turbolader hatten häufig schwere Schäden am gesamten Motor zur Folge. Abhilfe brachte später der Einbau anderer Turbolader und Ladeluftkühler. 1975 wurde die Vorserienlok 215 003 versuchsweise mit einem Turbolader AGL 340 ausgerüstet, der ursprünglich für den MMB-Motor MC 1060 entwickelt worden war. Dieser Umbau bewährte sich, so dass alle 12 V 956 TB 10-Motoren sukzessive mit dem Turbolader AGL 340 ausgerüstet wurden. Erst Anfang der neunziger Jahre war diese Umrüstaktion abgeschlossen. Im Gegensatz zum N 28/17, von dem zwei Exemplare auf einem Motor untergebracht waren, kam nun nur ein AGL 340 auf jeden Motor. Es gab also keine Platzprobleme. Um nicht mehr Rohrleitungen als nötig umbauen zu müssen, setzte man den AGL 340 außermittig auf den Motor.

Ab März 1974 wurde am Motor Nr. 590 263 eine Zylinderreihenabschaltung erprobt. Diese schaltete in den Fahrstufen 0, 1 und 2 die Treibstoffzufuhr zu den Zylindern der Reihe A ab. Dies sollte im Stand und beim Fahren mit geringer Last Treibstoff sparen und bei den Zylindern der Reihe B für bessere Verbrennung führen. Ab Dezember 1975 wurden alle Motoren des Typs MTU 12 V 956 TB 10 mit dieser Zylinderreihenabschaltung ausgestattet. Hierzu wurde zwischen dem Motorregler und der Einspritzpumpe der Zylinderreihe A ein Reguliergestänge eingebaut, das mittels Motorschmieröldruck arbeitete. Dieses Zubehör entfernte man jedoch später wieder. Es hatten sich kaum Einsparungen ergeben, dafür gab es aber beträchtliche Rauchentwicklung beim Anlassen und Aufschalten des Motors.

1973 endete der Bau des Motortyps MTU 12 V 956 TB 10, da MTU die verbesserte Version MTU 12 V 956 TB 11 auf den Markt gebracht hatte.

Technische Daten des Motors MTU MA 12 V 956 TB 10	
Wassergekühlter Viertakt-Motor mit Direkteinspritzung	
Länge:	2.612 mm
Breite:	1.650 mm
Höhe:	2.476 mm
Gewicht (trocken) inklusive Zubehör:	9.950 kg
Hubraum, je Zylinder:	9,56 l
insgesamt:	114,67 l
Zylinderzahl:	12 in V-Form im 50°-Winkel
Zylinderbohrung:	230 mm
Kolbenhub:	230 mm
Mittlere Kolbengeschwindigkeit:	11,5 m/s
Abgasturboaufladung:	mit Ladeluftkühlung
UIC-Nennleistung:	2.500 PS bei 1.500 min^{-1}
Nutzleistung:	2.400 PS bei 1.500 min^{-1}
Einspritzpumpen:	2 Bosch-Blockpumpen
Regelung:	Drehzahlregler (Woodward)

b) MTU 12 V 956 TB 11

Vom MTU 12 V 956 TB 11 wurden zwischen 1973 und 1979 insgesamt 215 Exemplare an die DB geliefert.

DB-Vertragsnrn.	Stückzahl	Motornummern
4.3119.1.0806	23	590637, 590643 – 590654, 590686 – 590695
4.3109.1.1812	80	590696 – 590775
4.3109.1.1412	9	590780 – 590788
4.3109.1.1413	2	590789 – 590790
4.3109.1.1828	50	590833 – 590882
4.3109.1.0421	4	590883 – 590886
4.3109.1.0426	6	590888 – 590893
4.3109.1.1828	20	590928 – 590947
4.3109.1.0432	9	590966 – 590974
4.3109.1.0435	2	590992 – 590993
4.2901.1.0133	10	590997 – 5901006

Der MTU-Motor 12 V 956 TB 11 war damit in weitaus größerer Stückzahl in der Baureihe 218 zu finden als alle anderen Motortypen. Daher soll er nachfolgend detailliert beschrieben werden:

Lagerung

Der Motor stützt sich über Konsolen, Schwingmetall-Schienen und Stützträger auf dem Rahmen ab. Die Schwingmetall-Schienen nehmen dabei die Stöße und Erschütterungen auf, die einerseits vom Fahrzeug auf den Motor, andererseits, vor allem beim Anlassen und Abschalten, vom Motor auf das Fahrzeug übertragen würden.

Technische Daten des Motors MTU MA 12 V 956 TB 11	
Wassergekühlter Viertakt-Motor mit Direkteinspritzung	
Gewicht (trocken) inklusive Zubehör:	10.010 kg
Hubraum, je Zylinder:	9,56 l
insgesamt:	114,67 l
Zylinderzahl:	12 in V-Form im 50°-Winkel
Zylinderbohrung:	230 mm
Kolbenhub:	230 mm
Abgasturboaufladung:	mit Ladeluftkühlung
Einspritzpumpen:	2 Bosch-Blockpumpen
Regelung:	Drehzahlregler (MTU R32p-2 DBR)
Einlassventile je Zylinder:	2
Auslassventile je Zylinder:	2
Kolbenbauart und Werkstoff:	Schaft aus Leichtmetall-Legierung, Boden aus Stahl
Obere Leerlaufdrehzahl:	1.575 min^{-1}
Untere Leerlaufdrehzahl, ohne Last:	640 min^{-1}
UIC-Nennleistung:	3.000 PS bei 1.500 min^{-1} (bis 1975 reduziert auf 2.500 PS)
Betriebsnutzleistung:	2.800 PS bei 1.500 min^{-1} (bis 1975 reduziert auf 2.400 PS)
Mittlere Kolbengeschwindigkeit:	11,5 m/s bei 1.500 min^{-1}
Ölinhalt:	500 l

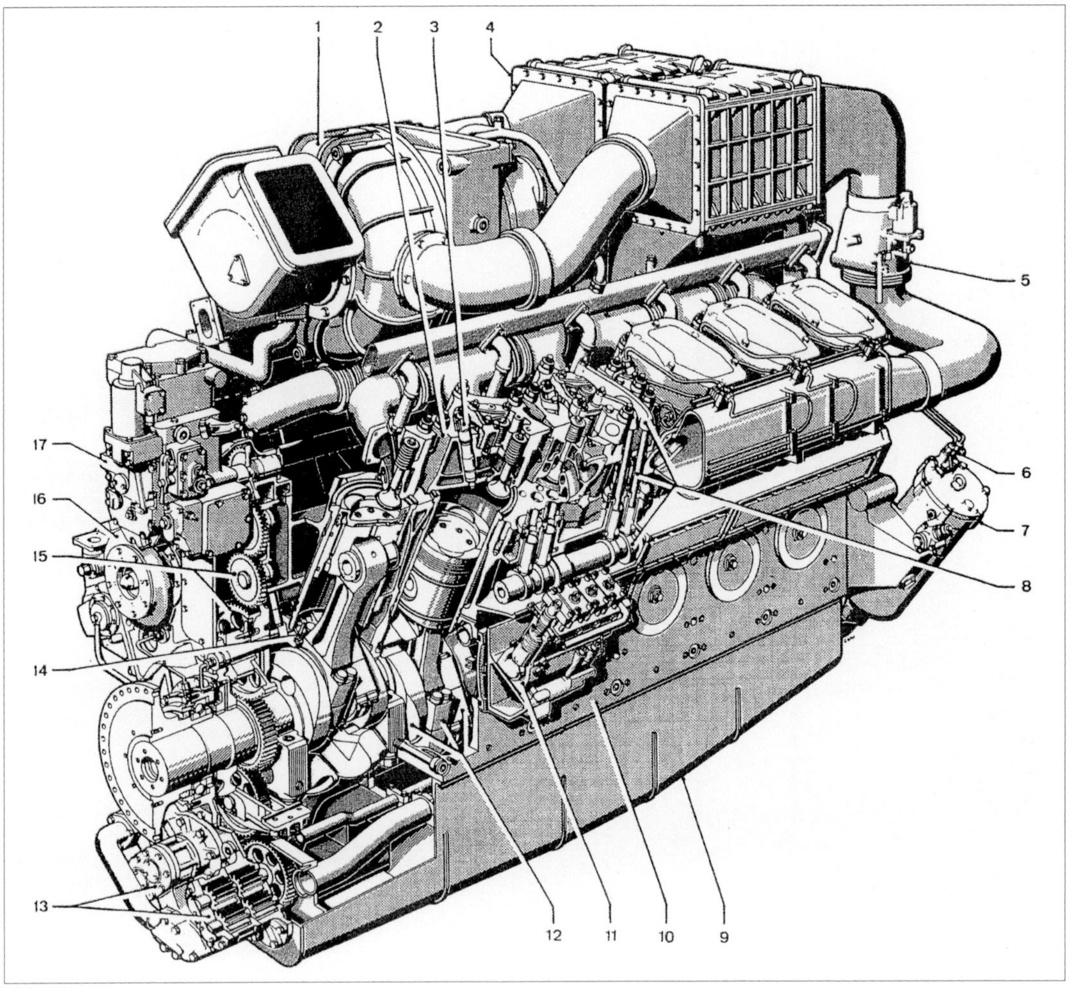

Bild 28
Übersichtszeichnung des Motors MTU 12 V 956 TB 11.
1 – Abgasturbolader;
2 –Kraftstoff-Einspritzdüse;
3 – Zylinderkopf;
4 – Ladeluftkühler;
5 – Schnellschlussklappe;
6 – Differenzdruckschieber;
7 – Motorenöl-Siebscheibenfilter;
8 – Motorsteuerung;
9 – Motorenölwanne;
10 – Kurbelgehäuse;
11 – Kraftstoff-Einspritzpumpe;
12 – Triebwerk;
13 – Ölpumpe;
14 – Kolbenkühlölspritzdüse;
15 – Rädertrieb;
16 – Ladeluftkühlwasserpumpe;
17 – Motorregler.

Kurbelgehäuse

Das größte Bauteil des Motors ist das **Kurbelgehäuse**. Es ist das Fundament des Motors, aus einem Stück gegossen und zur Versteifung mit Querwänden unterteilt. In ihm ist das Triebwerk gelagert. Auch trägt es die Befestigungspunkte für die Motorlagerung, Nebenaggregate und Zylinderköpfe. Nach oben ist es durch eine Trennwand vom Kühlwasserraum abgeschlossen. Der **Kühlwasserraum** wird seinerseits nach oben durch die Zylinderkopf-Auflage abgeschlossen. Die Öffnungen für die Zylinderlaufbuchsen sind in zwei Reihen zu je sechs Öffnungen angeordnet, wobei

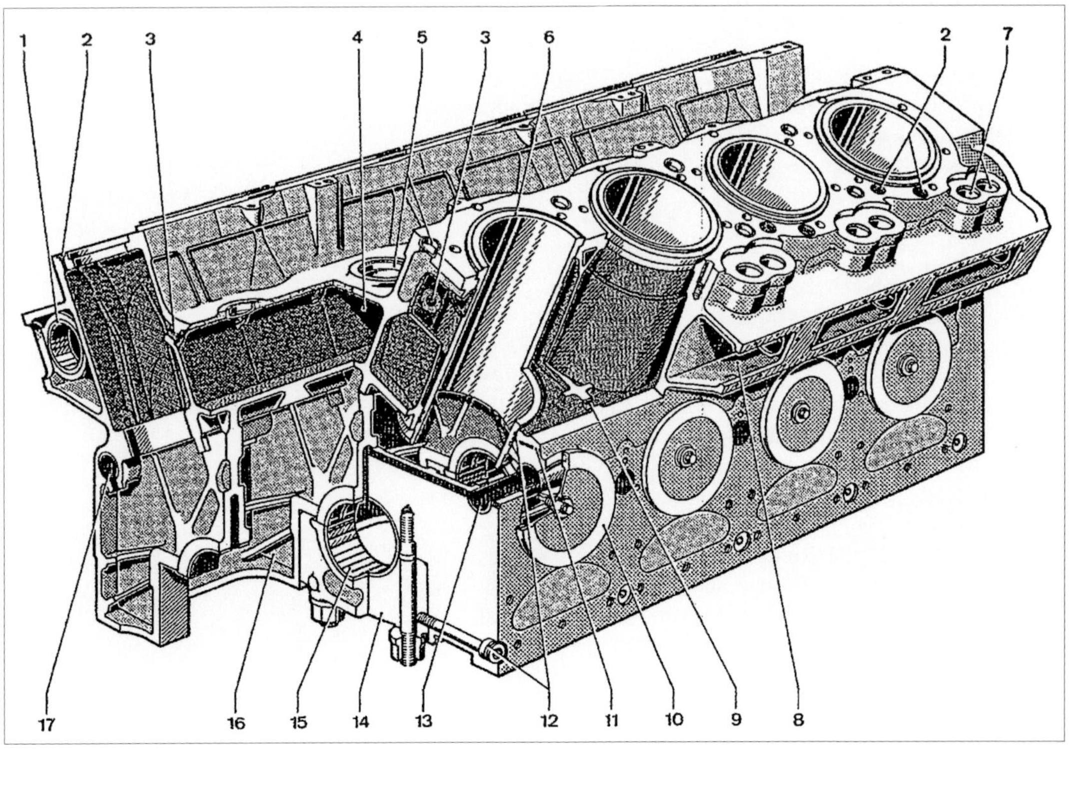

Bild 29
Kurbelgehäuse des Motors MTU 12 V 956 TB 11.
1 – Nockenwellenlager;
2 – Motorkühlwasserübertritt zum Zylinderkopf;
3 – Motorkühlwasserübertritt zur Zylinderlaufbuchse;
4 – Motorkühlwasser-Hauptkanal;
5 – Verschlussdeckel;
6 – Zylinderlaufbuchse mit Kreuzschliff, damit das Schmieröl gut verlaufen kann;
7 – Stoßstangen-Durchtritt;
8 – Nockenwellenraum;
9 – Motorkühlwasser-Übertritt;
10 – Schaulochdeckel;
11 – Kontrollbohrung;
12 – Dichtring;
13 – Triebwerksöl-Hauptkanal;
14 – Kurbelwellen-Lagerdeckel
15 – Kurbelwellen-Gleitlager
16 – Kurbelraum
17 – Kolbenkühlöl-Hauptkanal.

Zeichnungen (2): MTU, Sammlung Christian Gerber

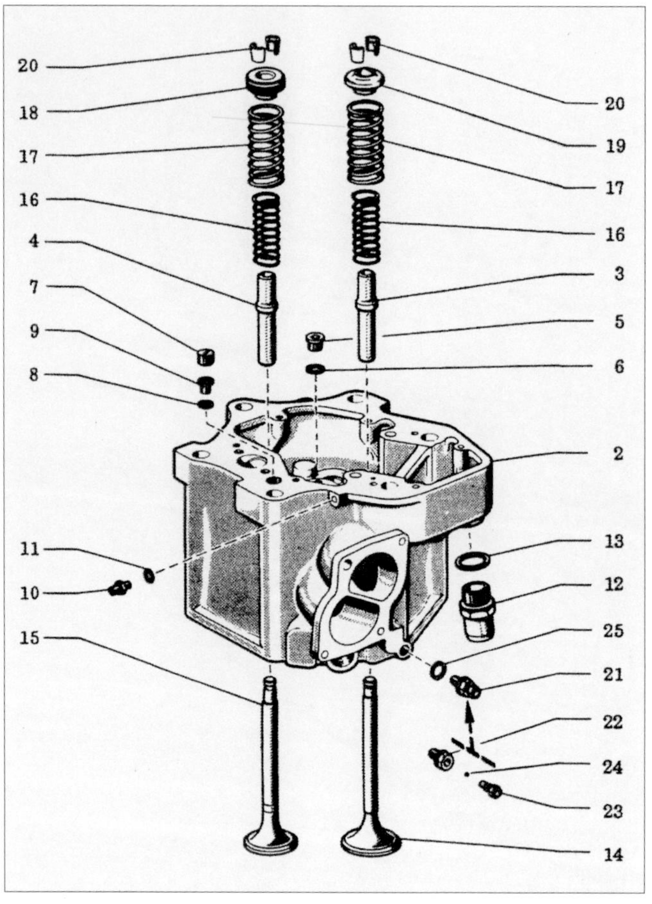

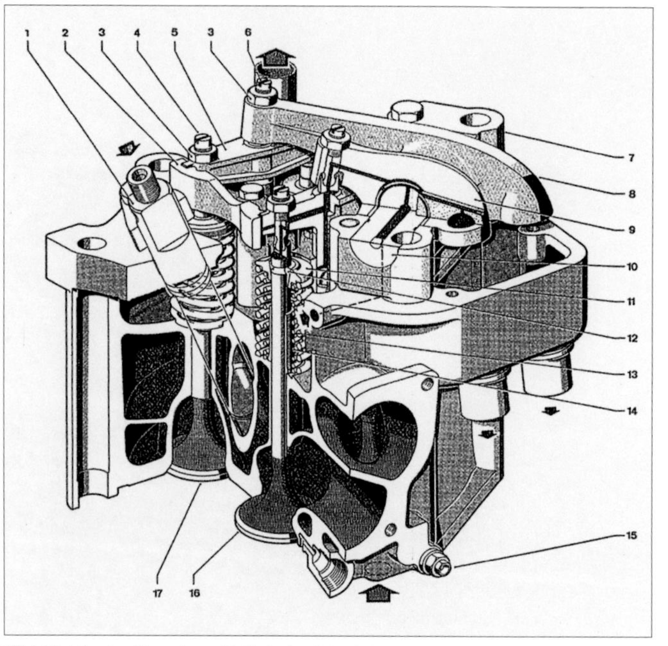

Bild 30 (oben) – Kompletter Zylinderkopf des Motors MTU 12V956TB11. 1 – 1 Düsenhalter; 8 – Kipphebel für Auslassventile; 9 – Kipphebel für Einlassventile; 16 – Einlassventil; 17 – Auslassventil.

Bild 31 (links) – Bestandteile des TB 11-Zylinderkopfs. 2 – Zylinderkopfgehäuse; 3 – Einlassventilführung; 4 – Auslassventilführung; 14 – Einlassventil; 15 – Auslassventil; 16 – innere Ventilfedern; 17 – äußere Ventilfedern; 18 – Rotocap.

Zeichnungen (2): MTU, Sammlung Christian Gerber

die Reihen im 50°-Winkel zueinander stehen. Die **Zylinderlaufbuchsen** sind von oben in das Kurbelgehäuse eingesetzt. Jede Zylinderlaufbuchse verschließt mit ihrem Bund den von ihr und dem Kurbelgehäuse gebildeten Wasserraum nach oben. Zur Abdichtung nach unten sind auf jede Zylinderlaufbuchse zwei **Dichtungsringe** aufgezogen. Die **Nockenwellenräume** sind links und rechts angeordnet und durch Schaulochdeckel verschlossen. In den durch die Querwände und Kurbelwellen-Lagerdeckel gebildeten Bohrungen sind **Gleitlager** eingesetzt, welche die Kurbelwelle aufnehmen. **Schaulochdeckel** auf jeder Längsseite des Kurbelgehäuses ermöglichen die Kontrolle des Triebwerkes. Über den Schaulochdeckeln liegt im Kurbelgehäuse auf jeder Motorseite ein **Verteilerrohr** für das Kolbenkühlöl und Triebwerksöl. Nach unten wird der Kurbelraum durch die **Ölwanne** abgeschlossen. Diese ist aus Stahlblech geschweißt und fungiert als Vorratsbehälter für das Motorenöl.

Triebwerk

Zum Triebwerk gehören die Kurbelwelle sowie die zwölf Kolben und Pleuel. Das Triebwerk wandelt den in den Zylindern durch die Kraftstoffverbrennung erzeugten Druck in Bewegungsenergie um.

Die **Kolben** des TB 11-Motors sind ölgekühlt und bestehen aus einem **Kolbenschaft** aus Leichtmetall und einem **Kolbenboden** aus Stahl. Das **Kolbenkühlöl** wird den Kolben in kontinuierlichem Strahl durch Düsen zugeführt. Es strömt durch den Raum zwischen Kolbenboden und Kolbenschaft und fließt dann ins Kurbelgehäuse.

Bei jedem Arbeitstakt werden die Kolben nach unten gedrückt und bewegen damit auch die an ihnen hängenden Pleuel in diese Richtung. Die **Pleuel** der linken und rechten Motorseite sind gleich. Die Pleuel zweier gegenüberliegender Zylinder wirken auf denselben Hubzapfen der Kurbelwelle. Hier wird die geradlinig wirkende Kraft der Pleuel in eine Drehbewegung der Kurbelwelle umgewandelt.

Die aus geschmiedetem Stahl hergestellte **Kurbelwelle** ist mit acht Gleitlagern im Kurbelgehäuse gelagert. Der Kurbelwelle wird aus dem Hauptölkanal Schmieröl zugeführt. Die Drehung der Kurbelwelle dient nicht nur dem Antrieb der Lok. Vielmehr werden von der Kurbelwelle auch über **Zahnräder** die Ölpumpen, die Kühlwasserpumpen, der Motorregler, die Nockenwellen, die Kraftstoff-Einspritzpumpen, der Drehzahlgeber und das Tachometer angetrieben. Die Zahnräder der Motorsteuerung, so genannte Stirnräder, sind in einem Räderkasten verbaut, der stirnseitig an das Kurbelgehäuse angeschraubt ist.

Auf die Kurbelwelle ist ein **Schwingungsdämpfer** aufgepresst, der unerwünschte Schwingungen der Kurbelwelle beim Drehen dämpfen soll. Sein Innenteil sitzt starr auf der Kurbelwelle und dreht sich entsprechend mit dieser. Sein Außenteil ist durch Federn mit dem Innenteil verbunden. Zwischen Innen- und Außenteil ist Öl. Die Federn und das Öl sorgen bei auftretenden Schwingungen für die gewünschte Dämpfung.

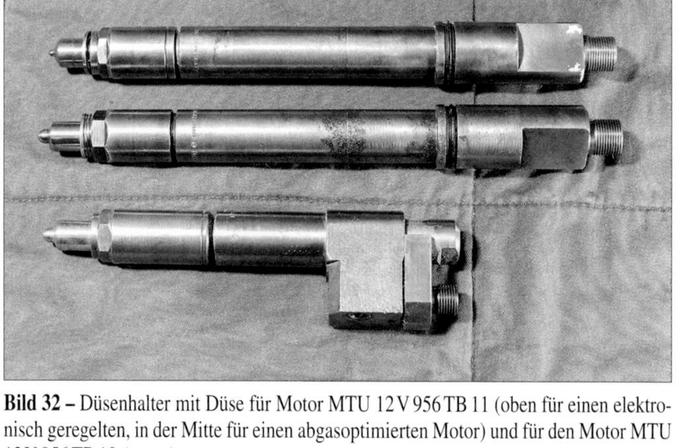

Bild 32 – Düsenhalter mit Düse für Motor MTU 12V956TB11 (oben für einen elektronisch geregelten, in der Mitte für einen abgasoptimierten Motor) und für den Motor MTU 12V956TB10 (unten).

Aufnahme: Christian Gerber

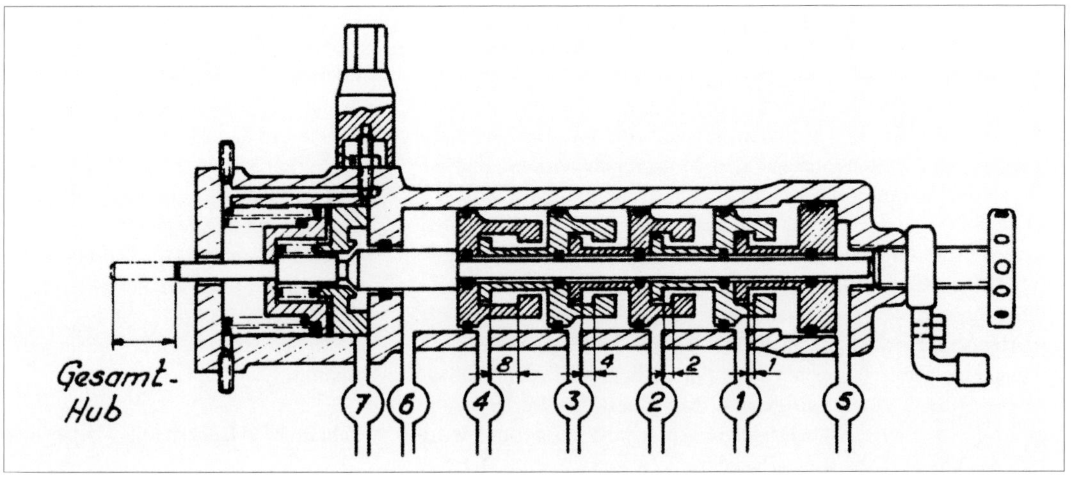

Bild 33
Skizze des Motorreglers des MTU 12V956TB11.

ZEICHNUNG: DEUTSCHE BUNDESBAHN, SAMMLUNG DIERK LAWRENZ

Zylinderköpfe

Die zwölf Zylinderköpfe sind auf dem Kurbelgehäuse befestigt und schließen den Zylinderraum nach oben ab. Die Zylinderköpfe bestehen aus Grauguss und haben jeweils **zwei Einlass- und Auslassventile**. Die Einlassventile haben einen größeren Teller als die Auslassventile und die Auslassventile einen dickeren Ventilschaft mit hitzebeständigerer Metalllegierung. Dadurch wird eine bessere Durchspülung und Luftfüllung erreicht. Die Auslassventile sind mit einer **Rotocap-Ventildreheinrichtung** versehen. Diese drehen bei laufendem Motor die Ventile und verhindern dadurch einseitiges Erwärmen und Ölkohleabsatz an den Ventilen. Das **Kraftstoffeinspritzventil** ist seitlich in den Zylinderkopf eingesetzt. Auf dem Zylinderkopf sind zwei Kipphebel für die Ventilbetätigung gelagert, ein langer für die Auslassventile und ein kurzer für die Einlassventile.

Motorsteuerung

Unter dem Begriff „Motorsteuerung" werden die Teile des Motors zusammengefasst, die das Ein- und Ausströmen der Ladeluft und der Abgase steuern.

Jede Zylinderreihe hat eine eigene, im Kurbelgehäuse-Oberteil gelagerte **Nockenwelle**. Diese steuert über die Kipphebel die Ein- und Auslassventile. Die beiden Nockenwellen werden von der Kurbelwelle mit Hilfe von Zahnrädern angetrieben.

Kraftstoff-Einspritzvorrichtung

Jede der beiden Zylinderreihen des Motors hat eine **Einspritzpumpe**. Die beiden Pumpen werden von der Kurbelwelle über Zahnräder und Zahnkupplungen angetrieben. Sie geben zum Einspritzzeitpunkt eine vom Belastungszustand des Motors abhängige Kraftstoffmenge ab. Der Kraftstoff gelangt über **Kraftstoff-Druckleitungen** zu den Einspritzdüsen, die per Düsenhalter seitlich an den Zylinderköpfen sitzen. Durch die **Einspritzdüsen** wird der Kraftstoff in den Verbrennungsraum gesprüht.

Motorregelung

Vom Führerraum aus wird über das Fahrschalterhandrad auf dem Führerpult der darunter liegende Fahrschalter in insgesamt 16 Stufen betätigt. Dieser leitet elektrische Impulse an fünf Magnetventile, die im Fahrdieselraum verbaut sind (der sogenannte 5-fach-Magnetventilblock). Diese steuern pneumatisch das 16-Stellungsregelgerät vom Typ Westinghouse 712-B3-02 mit Öldämpfung an, das wiederum den Drehzahlregler beaufschlagt. Beide Bauteile sind auf einer gemeinsamen Konsole stirnseitig an der Nebenabtriebsseite des Motors verbaut, wobei der Drehzahlregler durch den Steuerungsantrieb mechanisch von der Kurbelwelle angetrieben wird. Die Magnetventile steuern je Fahrstufe vordefinierte Kolbenhübe auf, um auf das 16-Stellungsregelgerät einzuwirken.

Der Triebfahrzeugführer bedient auf dem Führerstand das Fahrschalterhandrad, an dem sich nach unten eine Nockenwalze mit Nocken befindet. Damit wird ab Stufe 3 ein Magnetventil zum Übergang von der Minimaldrehzahleinstellung zur Drehzahlstufeneinstellung elektrisch erregt, dadurch für den erforderlichen Vorhub des im Bild gezeigten 16-Stellungs-Regelgerätes ein Fünffach-Magnetventilblock angesteuert, der sich im Dieselmotorraum auf dem linken Seitengang an der Wand zur Kühlerkammer befindet. Hier werden durch die vom Handrad im Führerstand eingelegten Fahrstufen fünf Magnetventile in unterschiedlicher Reihenfolge, je nach eingelegter Fahrstufe, angesteu-

Bild 34 – So sieht der Regler R 32 p-2 mit Drehzahlbegrenzung im eingebauten Zustand aus. AUFNAHME: CHRISTIAN GERBER

ert. Die Magnetventile öffnen und setzen Steuerluft frei, die in Folge das pneumatische 16-Stellungs-Regelgerät der Fa. Westinghouse-Bremsen (Typ Westinghouse 712-B3-02 mit Öldämpfung) betätigt. Dieses Regelgerät besitzt ein Gehäuse, in dem sich Bohrungen mit fünf Kolben befinden, die auf eine gemeinsame Kolbenstange und letztendlich auf den Motorregler wirken. Zudem ist es an den Schmierölkreislauf vom Dieselmotor angeschlossen. Das 16-Stellungs-Regelgerät fungiert gleichzeitig als Öldämpfer bei der Erhöhung der Dieselmotordrehzahl. Ein schlagartiger Drehzahlanstieg des Dieselaggregates würde im Turbolader Luftmangel hervorrufen, was wiederum eine stark schwarze Trübung der Abgase bewirken würde. Daher ist das 16-Stellungs-Regelgerät so eingestellt, das es bei schneller Bedienung des Fahrschalters von Stufe 3 nach 15 insgesamt 20 s dauert, bis die Drehzahl von 1.500 min^{-1} erreicht wird; diese Aufschaltverzögerung wird durch das Öl im 16-Stellungs-Regelgerät bewirkt.

Der Kolbenhub ist unterschiedlich (vgl. Bild 31 oben):
Hub bei Kolben 1: 1 mm,
Hub bei Kolben 2: 2 mm,
Hub bei Kolben 3: 4 mm,
Hub bei Kolben 4: 8 mm,
Hub bei Kolben 5: 7 mm.

Durch die Wahl der Fahrstufe am Fahrschalter (10) wird nun unterschiedlichen Kolben Druckluft zugeführt, wobei 16 unterschiedliche Kombinationen möglich sind. Beispiel: Sorgt der Fahrschalter für eine Belüftung der Kolben 1 und 5, so wird die Kolbenstange um 1 mm + 7 mm, also 8 mm vorgeschoben. Bei Belüftung der Kolben 1, 2 und 5 würde sich die Kolbenstange um 10 mm bewegen. Die größtmögliche Bewegung ergibt sich in der höchsten Fahrstufe bei der Belüftung der Kolben 1 bis 5 mit insgesamt 22 mm Bewegung der Kolbenstange. Die Kolbenstange verschiebt den Motorregler.

In den Stufen 0 – 2 erfolgt keine Drehzahlerhöhung, die Fahrstufe 1 dient zum feinfühligen Rangieren, zum Beispiel zum Heranfahren an den Wagenzug. Hierbei wird der Wandler im Getriebe zu 20 Prozent gefüllt. Die Fahrstufe 2 dient zum Einschalten des Getriebefüllmagneten (100 %-ige Wandlerfüllung beim Anfahren des Zuges).

In den Fahrstufen 3 – 15 liegen die Magnetventile wie folgt an Spannung:

Fahrstufe	Magnetventil	Kolbenweg im 16-Stellungsgerät (in mm)
3	5 + 1	7 mm + 1 mm = 8 mm
4	5 + 2	7 mm + 2 mm = 9 mm
5	5 + 1 + 2	7 mm + 1 mm + 2 mm = 10 mm
6	5 + 3	7 mm + 4 mm = 11 mm
7	5 + 1 + 3	7 mm + 1 mm + 4 mm = 12 mm
8	5 + 2 + 3	7 mm + 2 mm + 4 mm = 13 mm
9	5 + 1 + 2 + 3	7 mm + 1 mm + 2 mm + 4 mm = 14 mm
10	5 + 4	7 mm + 8 mm = 15 mm
11	5 + 1 + 4	7 mm + 1 mm + 8 mm = 16 mm
12	5 + 2 + 4	7 mm + 2 mm + 8 mm = 17 mm
13	5 + 1 + 2 + 4	7 mm + 1 mm + 2 mm + 8 mm = 18 mm
14	5 + 3 + 4	7 mm + 4 mm + 8 mm = 19 mm
15	5 + 1 + 3 + 4	7 mm + 1 mm + 4 mm + 8 mm = 20 mm
B	5 + 1 + 2 + 3 + 4	7 mm + 1 mm + 2 mm + 4 mm + 8 mm = 22 mm

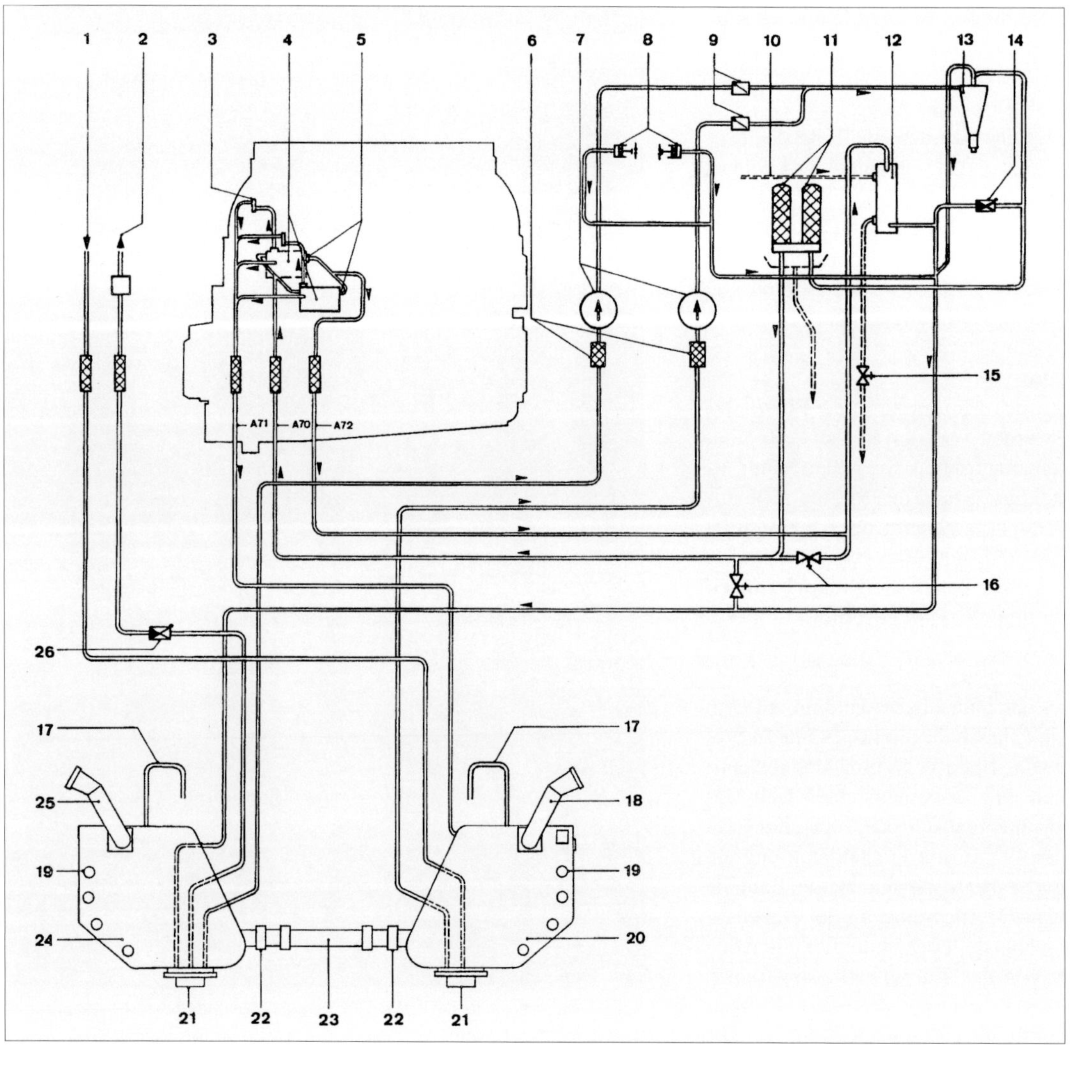

Bild 35
Kraftstoff-Leitungsschema der Baureihe 218.
1, 2 – Leitungen zum/vom Ölfeuerungsgerät;
3 – Kraftstoff-Einspritzdüse;
4 – Kraftstoff-Einspritzpumpe;
5 – Überströmventil;
6 – Spaltfilter;
7 – Kraftstoff-Förderpumpen;
8 – Druckwächter;
9 – Rückschlagkappe;
10 – Motorkühlwasserzulauf;
11 – Kraftstoff-Hauptfilter;
12 – Kraftstoff-Wärmetauscher;
13 – Gasabscheider;
14 – Rückschlagventil;
17 – Entlüftung;
18, 25 – Einfüllstutzen;
19 – Schauglas;
20, 24 – Kraftstoff-Hauptbehälter;
23 – Verbindungsleitung zwischen den Kraftstoff-Hauptbehältern.

Zeichnung: MTU,
Sammlung Christian Gerber

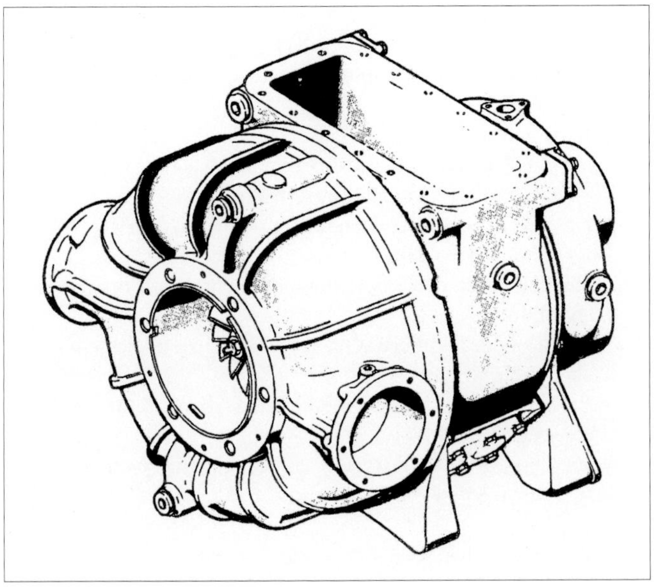

Bild 36 – MTU-Abgasturbolader AGL 340. Die Abbildung zeigt vorne das Gehäuse, hinter dem sich der Verdichter für die zugeführte Luft befindet. Auf der Rückseite ist schwach das Gehäuse zu sehen, in dem sich das Turbinenrad für die zugeführten Abgase befindet. Die Abgase werden nach dem Drehen des Turbinenrades durch das Abgas-Ausströmgehäuse in der Mitte der Abgasleitung zugeführt.

Die Fahrstufe „B“ war als „Booster“ vorgesehen, wenn starke Beschleunigung gewünscht war, wurde jedoch zur Schonung vom Dieselmotor nicht verwendet und durch Einbau eines Stiftes in Stufe 15 blockiert.

Die erwähnte Öldämpfungseinrichtung findet man bei den Nummern 7 und 8.

Der **Motorregler** stellt die zur Fahrstufe gehörende Drehzahl des Motors ein. Mit Hilfe eines Fliehkraftreglers hält der Motorregler anschließend die Drehzahl weitgehend konstant. Im Regler ist eine Füllungsbegrenzung eingebaut. Sie hat die Aufgabe, die Kraftstoffzufuhr zu begrenzen, wenn

- gestartet wird, damit der Motorstart nicht mit voller Füllung erfolgt,
- der Motor überlastet wird,

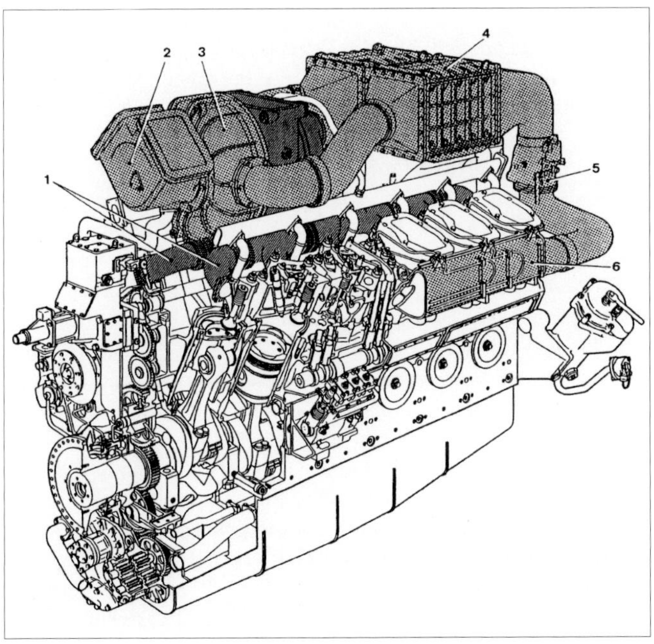

Bild 38 – Lage des Abgasturboladers und der beiden Ladeluftkühler im Motor MTU 12 V 956 TB 11. 1 – Abgasrohre; 2 – Luftansauggehäuse; 3 – Abgasturbolader; 4 – Ladeluftkühler; 5 – Schnellschlussklappe; 6 – Ladeluftzuführungsrohr.

Zeichnungen (3): MTU, Sammlung Christian Gerber

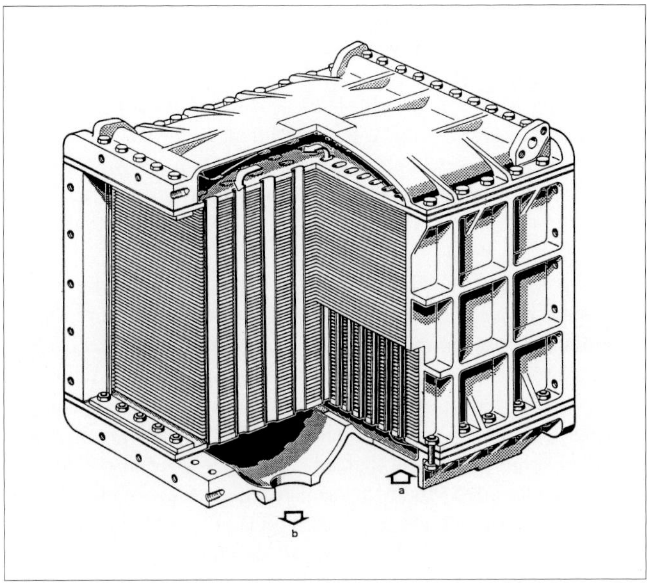

Bild 37 – Behr-Ladeluftkühler. Die Abbildung zeigt einen der beiden Ladeluftkühler. In dem Ladeluftkühler ist oben und unten ein Wasserkasten, durch den das Kühlwasser des Ladeluftkühler-Kreislaufes fließt. Durch den Kühlerblock in der Mitte strömt die verdichtete Luft und gibt an den Lamellen Wärme ab.

- die Ladelufttemperatur zu hoch ist,
- das Motorenöl-Filter stark verschmutzt ist.

Motoröl-Kreislauf

Der Motoröl-Kreislauf setzt sich aus zwei Kreisläufen zusammen, dem Triebwerksöl-Kreislauf und dem Kolbenkühlöl-Kreislauf. Triebwerksölpumpen fördern das Öl aus der Ölwanne in Wärmetauscher, von denen es zu Filtern gelangt. Von dort wird es den zu ölenden Bauteilen zugeführt.

Kraftstoffanlage

Die elektrisch angetriebenen Kraftstoff-Förderpumpen saugen den Kraftstoff über die Kraftstoff-Vorfilter aus den Kraftstoff-Hauptbehältern an. Anschließend drücken sie ihn durch Überdruckventile, Gasabscheider, Kraftstoff-Doppelfilter und Zulaufleitungen in die Saugräume der Kraftstoff-Einspritzpumpen. Wenn dort mehr Kraftstoff ankommt, als gerade den Einspritzdüsen zugeführt werden muss, fließt dieser über ein Überstromventil und den Kraftstoff-Wärmetauscher in einen Kraftstoff-Hauptbehälter zurück. Der Kraftstoff-Wärmetauscher hat die Aufgaben, eine unzulässige Erhöhung der Kraftstoff-Temperatur im Kraftstoff-Hauptbehälter sowie im Winter eine Flockung des Diesel-Kraftstoffes zu verhindern.

Luftzuführung zum Motor

In Dieselloks werden „aufgeladene“ Motoren genutzt. Damit der Motor eine möglichst hohe Leistung erbringt, wird ihm möglichst viel Kraftstoff und viel Sauerstoff zur Kraftstoffverbrennung zugeführt. Um die Sauerstoffmenge im vorgegebenen Zylindervolumen zu erhöhen, wird die Luft zunächst verdichtet und den Zylindern unter hohem Druck zugeführt. Das Verdichten der Luft erfolgt in einem **Abgasturbolader** des MTU-Typs AGL 340 mit Hilfe einer vom Motorabgas angetriebenen Turbine.

Wenn Luft verdichtet wird, erwärmt sie sich. Diesen Effekt kennt jeder Radfahrer vom Aufpumpen der Reifen. Warme Luft will sich ausdehnen. Dieser Effekt würde die Wirkung der vorangegangenen Verdichtung schmälern. Daher wird die verdichtete Luft zunächst durch zwei **Ladeluftkühler** wieder abgekühlt, bevor sie über zwei **Schnellschlussklappen** den Zylindern zugeführt wird. Mit diesen wird bei Störungen des Motorreglers (wenn es aufgrund eines Reglerschadens zu einem plötzlichen schnellen und starken Drehzahlanstieg des Dieselmotors auf unzulässige Werte kommt) die Luftzufuhr zu den Zylindern unterbunden und dadurch der Motor abgestellt. Dies geschieht schneller, als wenn die Kraftstoffzufuhr zum Motor unterbunden würde.

Es soll nicht unerwähnt bleiben, dass die dem Abgasturbolader zugeführte Luft zunächst in einem **Filter** gereinigt wird, damit angesaugter Staub nicht zum Verschleiß an Kolben und Zylindern beitragen kann.

Die von den Zylindern nach der Kraftstoffverbrennung ausgestoßenen Abgase werden dem Turbinenrad des Abgasturboladers zugeführt. Sie treiben das Turbinenrad an, das auf der selben Welle wie das Verdichterrad des Abgasturboladers sitzt und verdichten so – wie oben erwähnt – die Verbrennungsluft. Anschließend gelangen die Abgase durch das Ausströmgehäuse, zwei Abgaskompensatoren mit Abgasleitung und dem Schalldämpfer, der das dumpfe, basslastige Wummern des Motors etwas dämpft, ins Freie. Aufgrund der Größe und Höhe der Dieselmotoren MTU 12 V 956 TB 10/TB 11 konnte nur ein relativ kleiner Schalldämpfer eingebaut werden, weshalb die Motoren ein recht lautes, markantes, wummerndes Arbeitsgeräusch erzeugen. Der Pielstick-Motor und die ab 1999 eingebauten MTU-Motoren 16 V 4000 R 40/41 konnten aufgrund ihrer relativ niedrigen Baugröße mit einem deutlich größeren Abgasschalldämpfer versehen werden, weshalb diese Motoren relativ leise sind.

Die Abgasturboaufladung hat also den Vorteil, dass die Antriebsleistung für den Verdichter aus der sonst ungenutzten Abgasenergie im Turbinenteil gewonnen werden kann.

Schwingmetall-Kupplung

Die Kraftübertragung zwischen dem Motor und dem Getriebe erfolgt über ein elastisches Glied, der Schwingmetall-Kupplung. Das Primärteil der Kupplung ist mit der Kurbelwelle des Motors verbunden, das Sekundärteil mit der Gelenkwelle des Getriebes. Zwischen dem Primär- und dem Sekundärteil befindet sich die elastische Torsionsbuchse. Die Schwingmetall-Kupplung sorgt überdies dafür, dass die Schwingungen des Dieselmotors nicht auf das Getriebe übertragen werden. Eine weitere Aufgabe der Schwingmetallkupplung ist die Reduktion von Drehschwingungen der Kurbelwelle des Motors. Diese entstehen durch die getaktete Arbeitsweise eines Dieselmotors und belasten drehende Teile des Getriebes durch Torsionsbeanspruchung, die ungedämpft zu Wellenbrüchen führen können.

Anlasseinrichtung

Durch Betätigen des Anlassschalters werden die Motoröl-Vorpumpe, die elektrische Kraftstoffförderpumpe und die Kühlwasserumwälzpumpe eingeschaltet. Die Motoröl-Vorpumpe baut den nötigen Öldruck für die Startfreigabe auf. Bei Erreichen eines Öldruckes von 1,5 bar schließt der Motoröl-Druckwächter selbsttätig den Stromkreis zur Anlasslichtmaschine. Die Anlasslichtmaschine ist mit der Kurbelwelle des Motors verbunden. Beim Anlassvorgang dreht sie die Kurbelwelle und startet so den Motor. Hat der Motor gezündet und ist eine bestimmte Drehzahl erreicht, wirkt die Anlasslichtmaschine nicht mehr als Antrieb der Kurbelwelle, sondern als Generator für die Stromerzeugung.

Motorüberwachung

Wenn der Motor in Betrieb ist, werden bei ihm der Motoröldruck, der Kühlwasserstand, die Kühlwassertemperatur und die Motordrehzahl überwacht. Falls der Motoröldruck zu niedrig ist, sorgen der Motorregler und der Reglermagnet dafür, dass der Motor automatisch abgestellt wird. Dies geschieht auch bei zu hoher Motordrehzahl und zu niedrigem Kühlwasserstand. Bei zu hoher Kühlwasser- oder Ladelufttemperatur hingegen wird der Motor automatisch auf Leerlauf gestellt (bei den später zur Remotorisierung eingesetzten Dieselmotoren MTU 16 V4000 R40/R41 wird der Motor bei zu hoher Kühlwassertemperatur ebenfalls stillgesetzt). Genauer:

Der Motor wird selbsttätig stillgesetzt:

- durch das Kühlwasserstandsüberwachungsgerät, wenn der Kühlwassermindeststand unterschritten wird;
- durch das Öldrucküberwachungsgerät, wenn der Motoröldruck unter 1,5 bar fällt;
- Zusätzlich durch den Reglermagnet, wenn der Öldruck unter 0,3 bar fällt;
- durch das Öldrucküberwachungsgerät bei zu niedrigem Kolbenkühlöldruck;
- wenn die maximal zulässige Kühlwassertemperatur von 90 °C überschritten wird;
- wenn die Füll- und Entleerungsaufträge an das Getriebe nicht ausgeführt werden.

Der Motor kann nicht gestartet werden, wenn:

- die Kühlwassertemperatur < 40 °C (per Kaltstart zu überbrücken);
- die Kühlwassertemperatur < 15 °C (Kaltstart unwirksam).
- die Kühlwassertemperatur > 90 °C;
- der Kühlwassermindeststand unterschritten ist;
- durch Vorschmieren kein Öldruck von mindestens 1,5 bar aufgebaut wird;
- eine oder mehrere Überwachungseinrichtung(en) bereits angesprochen hat/haben.

Die Füllung wird begrenzt:

- auf ⅔ bei einer Kühlwassertemperatur von ≤ 60 °C;
- auf ⅔ bei einer Ladelufttemperatur von ≥ 58 °C nach dem Ladeluftkühler;
- auf maximal ⅔ durch den Differenzdruckschieber bei einem Differenzdruck ≥ 2,5 bar vor/hinter den Schmierölhauptfiltern;
- auf ⅔ beim Startvorgang durch die drehzahlabhängige Füllungsbegrenzung;
- bei gedrückter Motordrehzahl durch die drehzahlabhängige Füllungsbegrenzung;
- bei Überdrehzahl durch die drehzahlabhängige Füllungsbegrenzung;
- bei beginnendem Schleudervorgang für 0,2 s durch einen am Motorregler angebauten Schleuderschutzmagneten, der auf den Reglermagneten wirkt.

Motorkühlwasserkreislauf

Beim Motorkühlwasser handelt es sich um aufbereitetes Wasser. Beim stehenden Motor kann es im Vorwärm-Warmhaltebetrieb durch ein Vorwärmgerät erwärmt werden. Das Vorwärmen des Kühlwassers bei großen Dieselmotoren wie auch bei denen in der Baureihe 218 ist zwingend notwendig, um den Kaltstartverschleiß zu verhindern. Bei kaltem Motor ist u. a. das Schmieröl dickflüssig wie Honig, was zu Schmierfilmabriss sorgt. Bei wiederholten „Kaltstarts" steigt mit der Zeit die Gefahr von Kolbenfressern.

Eine Kühlwasserpumpe saugt das Kühlwasser an und drückt es durch das Vorwärmgerät und die Motorölwärmetauscher in den Motor. Nach Austritt aus dem Motor gelangt das Kühlwasser durch die Kühlanlage und den Getriebeölwärmetauscher zum Vorwärmgerät zurück.

Beim laufenden Motor wird das Motorkühlwasser durch die Kühlwasserpumpe umgewälzt. Die Pumpe saugt das Kühlwasser aus der Kühleranlage und dem Getriebeölwärmetauscher an und drückt es durch die Motorölwärmetauscher in die Kühlräume des Motors und Abgasturboladers.

c) Motor 12 V 956 TB 11 „neu“

Das Problem der Schadstoffemissionen

Die Baureihe 218 war die Baureihe innerhalb der V 160-Familie, die durch ihre hohen Schadstoffemissionen negativ auffiel. Dazu soll ein Blick auf die Abgase eines Dieselmotors geworfen werden. Sie haben gemäß DIN EN 590 allgemein folgende Zusammensetzung: Stickstoff ~ 73,8 %, Sauerstoff ~ 9,0 %, Wasser ~ 9,0 %, Kohlenstoffdioxid ~ 8,0 % und Schadstoffe ~ 0,2 %. Das Kohlenstoffdioxid schädigt zwar das Klima, zählt aber nicht zu den Schadstoffen. Unter den Schadstoffen findet man:

- Stickstoffoxide (NOx) ~ 86,0 %,
- Kohlenstoffmonoxid (CO) ~ 5,0 %,
- Kohlenwasserstoffe (HC) ~ 4,0 %,
- Partikel (vorwiegend Ruß) ~ 1,0 %,
- Schwefeldioxid (SO2) ~ 4,0 % (fällt bei Verbrennung von schwefelhaltigem Kraftstoff an).

Diesen Schadstoffen wurde Anfang der siebziger Jahre noch wenig Bedeutung zugemessen. Erst die zunehmende Erforschung der gesundheitsgefährdenden Wirkung der oben aufgeführten Schadstoffe beim Einatmen führten zu einer Sensibilisierung in der Bevölkerung. Durch die Politik wurden erste Abgasgrenzwerte festgelegt.

Vom ORE (Office de Recherches et d’Essais) bzw. ERRI (European Rail Research Institute, der Nachfolgeorganisation des ORE) wurden für Traktionsdieselmotoren von Schienenfahrzeugen folgende Grenzwerte empfohlen:

Jahr	NOx (g/kWh)	CO (g/kWh)	HC (g/kWh)	Schwärzung (Bosch)
1982	20	8	2,4	1,6 – 2,5
1993	16	4	1,6	1,6 – 2,5
1997	12	3	0,8	1,6 – 2,5

Die Grenzwerte für Schienenfahrzeuge waren – wie oben erwähnt – nur empfohlen. Dies unterschied sie von den Grenzwerten, die

Bild 39
Abgasoptimierter MTU-Motor 12 V 956 TB 11 auf dem Prüfstand.

Bild 40
MTU-Motor 12 V 956 TB 11 neu mit elektronischer Regelung. Rechts oben befindet sich der Elektronik-Kasten.

Aufnahmen (2): Christian Gerber

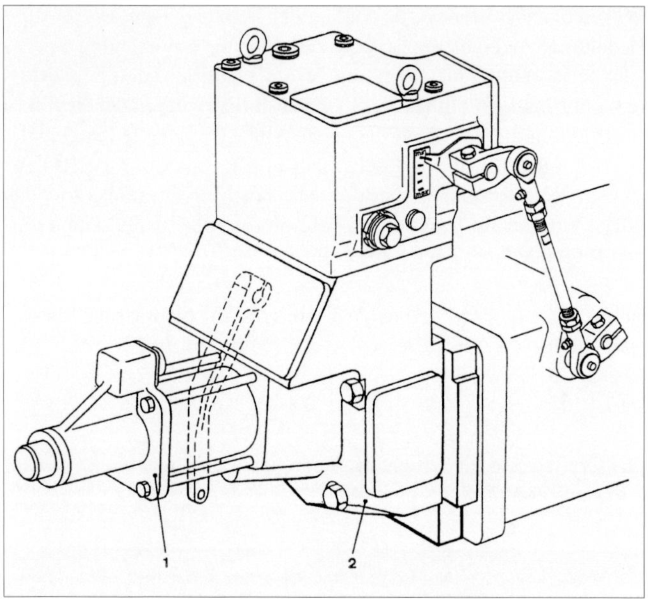

Bild 41 – Skizze des Reglerstellglieds des MTU 12V956TB11 neu. 1 – Elektrisches Stellglied; 2 – Hydraulischer Verstärker. ZEICHNUNG: MTU, SLG. CHRISTIAN GERBER

Bild 42 – Das Reglerstellglied am Motor MTU 12V956TB11 neu.
AUFNAHME: CHRISTIAN GERBER

die Europäische Gemeinschaft (EG), heute Europäische Union (EU), für Kraftfahrzeuge festlegte. Diese waren ab 1. Juli 1992 gesetzlich festgeschrieben, beginnend mit der Euro I-Norm, und wurden in den Folgejahren zunehmend verschärft.

Am 1. Januar 1994 wurde in Deutschland das Eisenbahn-Bundesamt (EBA) geschaffen. Es ist eine selbstständige deutsche Bundesoberbehörde im Bereich der Bundesverkehrsverwaltung und unterliegt der Aufsicht und den Weisungen des Bundesministeriums für Verkehr und digitale Infrastruktur (BMVI). Das EBA lässt neue und umgebaute Fahrzeuge für das deutsche Schienennetz zu. Bei allen Arten von Fahrzeugen (Lokomotiven, Triebzügen und Wagen) wird kontrolliert, ob die gesetzlichen Vorgaben und die anerkannten Regeln der Technik eingehalten werden. Hierzu gehört die Einhaltung der Abgasnormen. Daher wurde eine Schadstoffbilanz erstellt. Dabei wurden u. a. folgende Werte ermittelt:

Motor	Baureihe	NOx	CO	HC (g/kWh)
MTU 12 V 956 TB 10	210, 218	10,0	3,5	1,3
MTU 12 V 956 TB 11	218	15,8	5,2	1,7
MTU 16 V 652 TB 10	215-217	8,5	3,1	0,8

Diese Tabelle zeigt, dass der MTU-Motor 12 V 956 TB 11 weit mehr Schadstoffe emittierte als die anderen Motoren der V 160-Familie, auch weit mehr als sein Vorgänger MTU 12 V 956 TB 10. Vergleicht man seine Werte mit den empfohlenen Grenzwerten, sieht man, dass seine Schadstoffemissionen die Grenzwerte von 1997 weit überschritten, bei unverbrannten Kohlenwasserstoffen sogar um 112 %. Seine Zulassung für Remotorisierungen wäre also nicht möglich gewesen. Daher überarbeitete MTU den Motor.

Der Motor MTU 12V 956 TB 11 in der neuen Version unterscheidet sich von seinem Vorgänger in erster Linie dadurch, dass bei ihm die Motorregelung, -steuerung und -überwachung durch das **MTU-Motormanagementsystem ECS** vorgenommen wird.

Ein elektronischer Regler auf dem Führerstand gibt elektrische Impulse an ein **Reglerstellglied**, das am Motor angebaut ist. Dieses reguliert, hydraulisch verstärkt, über die Regulierübertragung die Kraftstoffeinspritzpumpen. Drehzahlgeber erfassen den Drehzahl-Istwert der Kurbelwelle und geben ihn an den elektronischen Motorregler im Motorsteuersystem.

Auf der rechten Seite der Regulierübertragung befindet sich eine Abschaltvorrichtung für die Zylinderabschaltung. Wenn der Motor unbelastet im Leerlaufbetrieb ist, werden automatisch die Kraftstoffpumpen der Zylinderreihe A abgeschaltet. Dadurch werden Emissionen des Motors reduziert, der Motorschmierölverdünnung durch Dieselkraftstoff vorgebeugt und der Motor im Leerlauf stärker belastet.

d) MTU 16V 4000 R 40 und R 41

1993 richtete sich die MTU neu aus. Damals näherten sich zwei Firmen an, die zwar mit der damaligen Daimler-Benz AG eine gemeinsame Muttergesellschaft hatten, sonst aber unterschiedlicher kaum sein konnten: MTU Friedrichshafen und Detroit Diesel Corporation. MTU Friedrichshafen konzentrierte sich damals vor allem auf das Geschäft mit Behörden, also DB, Zoll, Polizei, Grenzschutz, Militär. Das Ende des Kalten Krieges führte zu stark reduzierten Verteidigungsausgaben. Entsprechend wurden immer weniger Motoren für Rad- und Kettenfahrzeuge des Heeres und Schiffe der Marine benötigt. Bei der DB war die Diesellokbeschaffung ausgelaufen, so dass nur noch kleinere Motorstückzahlen für die Remotorisierung gekauft wurden. MTU musste sich also auch auf andere Anwendungsbereiche einstellen. Hierzu gehörten z. B. Motoren für Fähren, Yachten, Bordstromaggregate, Pumpen, Baumaschinen oder für stationäre Stromaggregate. Hinzu kam, dass die Globalisierung der Wirtschaft inzwischen so weit fortgeschritten war, dass man mit Produkten auf dem Weltmarkt konkurrenzfähig sein musste. Um weiter zu wachsen, musste sich MTU verändern, denn auf dem kommerziellen Weltmarkt hatten

Technische Daten der Motoren MTU 16V 4000 R 40 und R 41	
Wassergekühlter Viertakt-Motor mit Common-Rail-Einspritzsystem	
Länge:	2.875 mm
Breite:	1.405 mm
Höhe:	1.815 mm
Gewicht (trocken) inklusive Zubehör:	7.400 kg
Hubraum, je Zylinder:	4,06 l
insgesamt:	64,96 l
Zylinderzahl:	16 in V-Form im 90°-Winkel
Zylinderbohrung:	165 mm
Kolbenhub:	210 mm
Abgasturboaufladung:	mit Ladeluftkühlung
Nennleistung:	2.682 PS bei 1.800 min^{-1}
Ölinhalt:	230 l

Bild 43 – MTU-Motor 16 V 4000 R 41 neben der Lokomotive 218 416 kurz vor dem Einbau.

AUFNAHMEN (3): CHRISTIAN GERBER

international orientierte Anbieter mit breiter Produktpalette wesentlich bessere Chancen. Dort war die Detroit Diesel Corporation schon tätig und kannte die Gesetze, die dort herrschten: Niedrige Betriebskosten, kurze Lieferzeit und eine Wartungsfreundlichkeit der Motoren waren entscheidende Faktoren. Beide Unternehmen beschlossen, gemeinsam zwei neue Motorbaureihen zu entwickeln. Im September des Jahres 1994 schlossen sie einen Kooperationsvertrag zur Entwicklung und Fertigung der Baureihen 2000 und 4000. Der MTU 2000 wurde für den unteren Leistungsbereich 720 bis 1.790 kW (980 bis 2.430 PS) entwickelt, der MTU 4000 für Leistungen bis 4.300 kW (5.850 PS). Die MTU-Baureihe 4000 überzeugte die Fachwelt bei ihrer Weltpremiere im Oktober 1996 mit einer Vielzahl technischer Innovationen. Als erste ihrer Art waren die Dieselmotoren der Baureihe 4000 mit serienmäßiger Common-Rail-Einspritzung ausgestattet. MTU nutzte das Common-Rail-Verfahren also schon, als es gerade in der Automobilbranche eingeführt wurde. Dieses System ist von der MTU-Tochterfirma L'Orange entwickelt worden. Durch das Common-Rail-System werden alle Einspritzparameter, die die Verbrennung beeinflussen (Einspritzbeginn, -menge und -druck) elektronisch und drehzahlunabhängig geregelt. Im Vergleich zu den damals verfügbaren Systemen konnte dadurch ein wesentlich höherer Einspritzdruck von 1.400 bar erzielt werden. Dies war gerade bei niedrigen Drehzahlen wichtig, da dadurch besonders

Bild 44 – Neuer Zylinderkopf eines MTU-Motors 16 V 4000 R 40 mit seinen zwei Einlass- und Auslassventilen.

Bild 45 – Schadhafter Zylinderkopf eines MTU 16 V 4000 R 40. Die Ventilteller sind geschmolzen, das Zylinderkopfdach weist Einschläge der geschmolzenen Ventilteller auf.

niedrige Emissionen von Rußpartikeln ermöglicht wurden. Das Common-Rail-Verfahren reduziert aber nicht nur die Abgasemissionen erheblich, sondern auch den Verbrauch der Motoren: Dieser war 1996 um beachtliche zehn Prozent niedriger als bei vergleichbaren Konkurrenzprodukten.

Die Produktion der 4000er-Motoren begann 1997. Die DB beschaffte für die Remotorisierung der Baureihe 218 insgesamt 80 Motoren des Typs MTU 16 V 4000 R 40 und mindestens 20 des Nachfolgemodells R 41. Die Typenbezeichnung gibt Auskunft über die Zylinderzahl (16), deren Anordnung (V-förmig), die Motorenbaureihe (4000), den Verwendungszweck (R für Schienenfahrzeuge) und den Konstruktionsstand (40 bzw. 41).

Hauptunterschiede zum MTU 12 V 956 TB 11

Der MTU 16 V 4000 R 40 bzw. 41 ist viel kompakter als der TB 11. Er hat ein geringeres Volumen und ist beachtliche 2,6 t leichter. Auch hat er 16 statt 12 Zylinder, die allerdings einen deutlich kleineren Hubraum als die des TB 11 haben. Dadurch beträgt der Hubraum des gesamten Motors auch nur 64,96 l gegenüber 114,67 l beim TB 11. Seine Zylinder sind im 90°-Winkel statt im 50°-Winkel angeordnet. Der Nockenwellenraum ist im V des Kurbelgehäuses mittig angeordnet. Im Gegensatz zum TB 11 hat der MTU 16 V 4000 R 40/R 41 nicht zwei, sondern vier Abgasturbolader. Sie liegen zwischen den Zylinderbänken. Die von der kraftabgebenden Seite gesehen rechten Turbolader werden mit elektronisch gesteuerten hydraulischen Klappen je nach Bedarf zu- und abgeschaltet.

Komplett neu ist bei der MTU-Motorenbaureihe 4000 – wie schon erwähnt – das Common-Rail-Einspritzsystem. Es besteht im Wesentlichen aus der Hochdruckpumpe, dem Common-Rail, den Injektoren und der Überwachungs-, Steuerungs- und Regeleinrichtung

Die Hochdruckpumpe (1) erzeugt den Druck im Hochdruckspeicher, dem sogenannten „Common Rail“ (3). Die Injektoren (4) übernehmen die Zumessung der Kraftstoffmenge für die einzelnen Zylinder. Durch Stromzufuhr zu den Injektor-Magnetventilen wird der Einspritzvorgang ausgelöst. Das Einspritzvolumen ist abhängig vom anstehenden Druck und der Dauer der Stromzufuhr zu den Magnetventilen. Sowohl die Druckregelung als auch die Dauer der Stromzufuhr erfolgt durch das elektronische Motormanagement. Die Druckhöhe wird von einem im Speicher angebrachten Sensor (2) ermittelt. Entsprechend dem im elektronischen Motormanagement abgelegten Druckkennfeld wird der Volumenstrom der Hochdruckpumpe dem jeweiligen Drehzahl- und Lastpunkt des Motors angepasst. Neben diesen Funktionen übernimmt das Motormanagement die Steuerung des zeitrichtigen Einspritzbeginns unter Berücksichtigung der Zündfolge. Durch eine „intelligente“ Verknüpfung der Signale von den Kurbelwinkel- und Nockenwinkelsensoren (5) in der Motorelektronik ist eine redundante Ermittlung des Einspritzzeitpunktes sichergestellt.

Die Kraftstoffförderpumpe ist am Motor angebaut. Sie saugt den Kraftstoff über den Kraftstoffvorfilter an und drückt ihn über ein Rückschlagventil durch den Kraftstoffdoppelfilter zur Hochdruckpumpe. Die Hochdruckpumpe läuft kontinuierlich und hält das System unter Druck. Die Dosierung des Kraftstoffvolumens erfolgt durch Drosselung auf der Niederdruckseite. Es wird nur das zum Erreichen des jeweiligen Speicherdruckes erforderliche Volumen gefördert. Der Kraftstoff wird mit hohem Druck in den Hochdruckspeicher (Common Rail) eingespeist. Der Hochdruckspeicher ist so groß ausgelegt, dass die sich aufgrund der unterschiedlichen Zündabstände ergebenden Druckschwingungen im Rail keine größeren Fördermengenunterschiede zwischen den einzelnen Zylindern verursachen. Der Leckkraftstoff jedes Injektors wird über eine Sammelrücklaufleitung zurückgeführt. Am Common-Rail sind Absperrventile eingebaut, um den unwahrscheinlichen Fall der Dauereinspritzung eines Injektors zu verhindern.

Um Kraftstoff und damit auch Abgase einzusparen, haben die MTU-Motoren eine Zylinderabschaltung. Die Motoren der Typen 16 V 4000 R 40 und R 41 starten mit 16 Zylindern. Nach wenigen Sekunden schalten sie die Treibstoffzufuhr für jeden zweiten Zylinder auf den Seiten A und B ab, ab Fahrstufe 3 erhalten wieder alle 16 Zylinder Treibstoff. Bleibt ein Motor längere Zeit im Leerlauf, so erhalten zunächst je vier Zylinder der Seiten A und B Treibstoff. Ca. alle 6 – 8 min werden für wenige Sekunden alle 16 Zylinder mit Treibstoff beaufschlagt, bevor die acht Zylinder abgeschaltet werden, die zuvor gelaufen sind. Auf diese Weise erhält man eine gleichmäßige Wärmeverteilung im Motor. Die Zylinderabschaltung erfolgt durch das elektronische Motorenmanagement, das die Injektoren ein- und abschaltet.

Die Motortypen 12 V 956 TB 11 und TB 11 Neubau haben auch eine Zylinderreihenabschaltung. Sie dient dazu, der Motorschmierölverdünnung durch Dieselkraftstoff vorzubeugen und ihn im Leerlauf stärker zu belasten. Beim TB 11 „alt“ schaltet sie die komplette Motorseite A bereits beim Startvorgang ab. Aufgrund des Einspritzverfahrens (Blockeinspritzpumpe) ist dies nicht anders möglich. Der Motor startet nur mit den sechs Zylin-

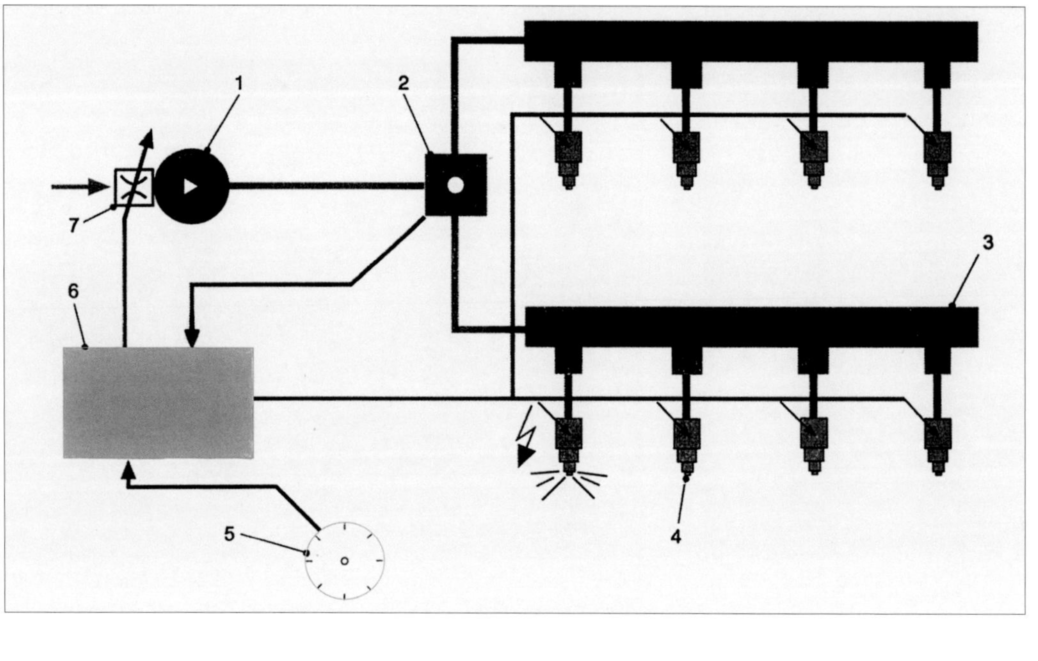

Bild 46
Skizze des Common-Rail-Einspritzsystems.
1 – Hochdruckpumpe mit Druckregelung;
2 – Drucksensor;
3 – Common-Rail (Hochdruckspeicher);
4 – Injektor;
5 – Winkelgeber;
6 – Überwachungs-, Steuerungs- und Regeleinrichtung;
7 – Kraftstoffzulauf (Niederdruck).

ZEICHNUNG: MTU, SAMMLUNG CHRISTIAN GERBER

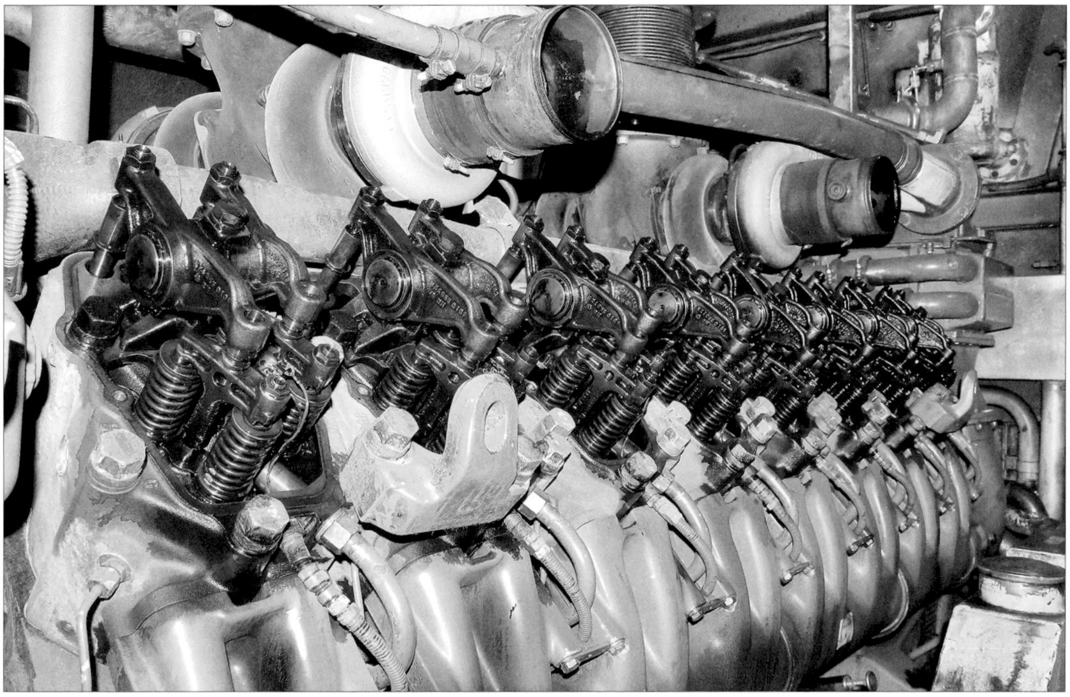

Bild 47
Blick auf den geöffneten Motor MTU 16 V 4000 R 40. Man sieht die Kipphebel für die Einlass- und Auslassventile sowie die Leitungen zu den Injektoren.

AUFNAHMEN (4): CHRISTIAN GERBER

Bild 48
Bosch-Einspritzblockpumpe beim MTU-Motor 12 V 956 TB 11 neu mit Zylinderreihenabschaltung.

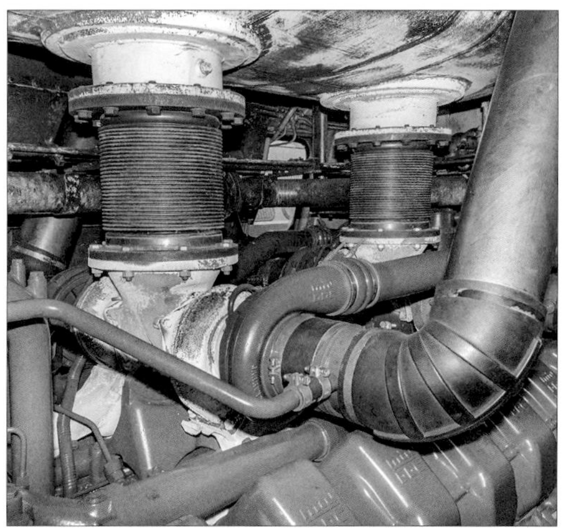

Bilder 49 und 50
Auffälliges Merkmal des MTU 16 V 4000 R 41 sind seine vier kleinen Abgasrohre (links). Beim 16 V 4000 R 40 (rechts) hingegen führen nur zwei Abgasrohre vom Turbolader zum Schalldämpfer. Zusätzlich sind hier gut die Ansauggeräuschdämpfer aus Kunststoff zu sehen. Da es bei Motorbränden der 4000er-Serie zum Schmelzen der Kunststoffrohre kam (sie wurden flüssig und dadurch in die Turbine gesaugt, was zum Verkleben der Verdichterräder und damit zu wirtschaftlichem Totalschaden führte), wurden sie später rückgebaut.

Bild 51
Sieht man sich den MTU-Motor 16 V 4000 R 40 im eingebauten Zustand an, fällt auf, dass es noch viel Platz im Motorraum der 218 gibt. Der Motor ist deutlich kleiner als der 12 V 956 TB 11 (vgl. Bild 50). Hier wird auch ersichtlich, warum beim Motor 12 V 956 TB 11 nur ein relativ kleiner Abgasschalldämpfer zum Einbau kommen konnte, während beim MTU 16 V 4000 R 40/41 ein großer Abgasschalldämpfer verbaut und das in 1 m von der Lok entfernte Arbeitsgeräusch von 114 dB auf 76 dB abgesenkt werden konnte.

Bild 52 – Im Vergleich hierzu füllt der MTU-Motor 12 V 956 TB 11 den Motorraum der Baureihe 218 gut aus.

dern der Seite B. Ab Fahrstufe 3 erhalten alle zwölf Zylinder Treibstoff. Der TB 11 Neubaumotor mit elektronischer Regelung startet mit allen zwölf Zylindern, um anschließend nach 5 Sekunden die Zylinderreihe A abzuschalten.

Bewährung und Weiterentwicklung des MTU 16 V 4000 R 40

Der Motortyp MTU 16 V 4000 R 40 wurde 1998 erstmals in der Lübecker 218 485 erprobt Da er sich anfangs gut bewährte, wurden insgesamt 80 Motoren dieses Typs beschafft. Im Laufe der Zeit traten dann jedoch Probleme auf. Die Motoren dieses Typs weisen – wie oben beschrieben – bei fast gleicher Leistung eine deutlich geringere Baugröße wie die TB 10-/TB 11-Motoren auf. Höhere Drehzahlen und höhere Drücke lassen wesentlich höhere Temperaturen entstehen. So berichteten viele Lokführer nach dem Abstellen der kleineren 4000er Motoren von großer Hitzeentwicklung und einem markanten „Hitze-Knistern" im Motorraum. Im Hochsommer können die Temperaturen im Motorraum durchaus 70° C erreichen. Sorgen bereiteten vor allem die zu kleinen Abgasturbolader. Die Lagerschmierung erfolgt durch Motoröl aus dem Ölsumpf, jedoch nur beim Betrieb des Motors. Wird der MTU-Motor 16 V 4000 R 40 nach einer Fahrt nicht lange genug laufen gelassen, sondern sofort abgestellt, drehen sich die Turbinen aufgrund der großen Hitze noch bis zu 20 min. ohne jegliche Schmierung. Hinzu kommt, dass beim Betrieb des Dieselmotors das Schmieröl sehr heiß wird (bei 90 °C ist es dünn wie Wasser, was keine vollständige Schmierung mehr gewährleistet). Mit der Zeit nehmen dadurch die Turbolader-Lager Schaden. Schadhafte Lager, die weiterliefen und irgendwann Funken schlugen, sorgten in der Vergangenheit mehrfach zum Entzünden des Öls. Dies führte zu schwarzen Abgasfahnen und Stichflammen aus den Abgashutzen. Wird dieses Ereignis nicht rechtzeitig erkannt, kann es bei langer Volllastfahrt in Stufe 15, wie bei 218 437 im Jahr 2008, zu einem schweren Lokbrand führen. 218 437 fiel nach dem Brand mit anschließendem Feuerwehreinsatz fast ein Jahr lang aus, da der gesamte Maschinenraum erneuert werden musste.

Zur weiteren Abgasreduzierung wurde der Motortyp MTU 16 V 4000 R 40 weiterentwickelt. Das Verdichtungsverhältnis, der Aufbau der Zylinderköpfe und der Kolben wurden dazu verändert. Der weiterentwickelte Motor erhielt die Bezeichnung MTU 16 V 4000 R 41.

Bild 53 – Größenvergleich der Kolben der Motortypen (v.l.n.r.) MTU 12 V 956 TB 11, Maybach MD 870, MTU 16 V 652 TB 10 und MTU 16 V 4000 R 40. Der Maßkrug links im Bild hilft die Größe einzuschätzen.

Bild 54 – Und so sieht es aus, wenn der 218-Motor nicht so läuft, wie er soll.

Aufnahmen (4): Christian Gerber

Bild 55
Der aus Frankreich stammende S.E.M.T.-Pielstick-Motor 16 PA 4 V 200 wurde in Deutschland von Klöckner-Humboldt-Deutz (KHD) in Lizenz produziert. Nach einem probeweisen Einbau in die Loks 218 195 - 197 wurden 47 weitere Maschinen (218 323 - 339, 427 - 434, 456 - 462 und 485 - 499) bei ihrer Fertigung mit diesem Aggregat ausgestattet.

AUFNAHME: SAMMLUNG MATTHIAS MICHAELIS

2.3.3 S.E.M.T. Pielstick 16 PA 4 V 200

Vorgeschichte des Motors

Gustav Pielstick (geb. 25. Januar 1890 in Sillenstede bei Wilhelmshaven) war ein deutscher Ingenieur, der sich bei der Firma MAN hauptsächlich der Konstruktion von Dieselmotoren für den Schiffbau widmete. Dabei war er so erfolgreich, dass er 1934 zum Direktor der MAN-Dieselmotorenabteilung aufstieg. Am Ende des Zweiten Weltkrieges setzte ihn die US-Militärregierung von diesem Posten ab. Kurz nach dem Kriegsende akquirierte die französische Regierung namhafte Ingenieure aus Deutschland, um die eigene Wirtschaft mit deren Fachkompetenz zu fördern. Unter den Technikern, die im Zuge dieses Anwerbeprozesses in Frankreich arbeiteten, war neben Gustav Pielstick z. B. auch Karl Maybach. Zur Bearbeitung unterschiedlicher Aufgabenstellungen entstanden mehrere Projektgruppen. So konnte Karl Maybach bis 1949 mit siebzig seiner Ingenieure Panzermotoren eigener Produktlinien weiterentwickeln. Für Gustav Pielstick rief man 1946 in Villepinte im Departement Seine-Saint-Denis die „Société d'Etudes de Machines Thermiques S.E.M.T. S.A." („Studiengesellschaft für thermische Maschinen") ins Leben. Bei der S.E.M.T. entwickelte er bis zum Eintritt in den Ruhestand im Jahr 1957 gemeinsam mit dem österreichischen Ingenieur Leonard Geislinger hoch aufgeladene Viertaktmotoren mit 8 bis 24 Zylindern und Leistungen zwischen 580 und 7.000 PS für Lokomotiven und Schiffe. Da die S.E.M.T. zunächst eine reine Entwicklungsstätte ohne eigene Fertigungskapazitäten war, wurden Pielstick-Motoren noch lange ausschließlich durch Lizenzinhaber (u. a. in Deutschland und Schweden) produziert, bevor in der Hafenstadt Saint-Nazaire ein eigenes Werk mit dem Namen „S.E.M.T. Pielstick" für die Produktion dieser Motoren in Betrieb ging. Heute gehört das Werk der MAN Diesel&Turbo SE.

Einsatz des Pielstick-Motors bei der DB

Der DB war daran gelegen, bei Großbauteilen ihrer Lokomotiven nicht von einem Hersteller abhängig zu sein, um keinem Preisdiktat zu unterliegen.

1964 bot die Firma Henschel der DB den S.E.M.T. Pielstick 16 PA 4 an, für den eine Henschel-Tochterfirma die Lizenz erworben hatte. Seinerzeit lief die Produktion der Baureihe V 160. Die DB zeigte Interesse und beauftragte die Firma Krupp, die für die Konstruktion der V 160-Familie federführend war, zu überprüfen, ob der Pielstick-Motor in der V 160-Familie erprobt werden könne. Die Firma Krupp erstellte daraufhin Unterlagen, in denen die Einbaumöglichkeiten in die V 160-Serienloks, in die Loks V 162 001 und 002 sowie in die geplante einmotorige Lok mit elektrischer Zugheizanlage (die spätere 218) dargestellt waren. Für die V 160-Serienloks fand Krupp heraus, dass die Umgestaltung des Motorraumes für den Einbau des Pielstick-Motors aufwendig wäre, was von der DB daher verworfen wurde. Da die Konstruktion der V 162 zu diesem Zeitpunkt schon weit fortgeschritten war und nicht verzögert werden sollte, verzichtete die DB auch darauf, in dieser Baureihe den Pielstick-Motor zu erproben. Für die geplante einmotorige Lok mit elektrischer Zugheizanlage war der Motor aber eine Option, da die Maße, das Gewicht und die Leistung passten. Als die Produktion der 218-Serienloks anlief, wurde der Motor S.E.M.T. Pielstick 16 PA 4 V 200 allerdings nicht von Henschel, sondern von Klöckner-Humboldt-Deutz (KHD) in Lizenz gebaut. Das Familienunternehmen Henschel war 1966 von den Rheinischen Stahlwerken übernommen und erheblich umstrukturiert worden. Der Lokbau lief nun unter dem Namen Rheinstahl-Henschel. KHD gab 1969 den Lokbau zugunsten von Rheinstahl-Henschel auf und konzentrierte sich stärker auf den Motorenbau.

Der Pielstick-Motor bot den Vorteil, dass er mit Abgasturboladern vom BBC-Typ VTR 250 ausgestattet war. Diese wurden auch bei den MTU-Fahrdieselmotoren der DB-Baureihen 212, 215, 216, 217, 221 und 290 verwendet. Die DB besaß schon ca. 1.100 Exemplare davon, was Synergieeffekte für die Ersatzteilhaltung und den Werkstättendienst mit sich brachte. Der Pielstick-Motor wurde zunächst in den 1973 ausgelieferten Loks 218 195 bis 197 erprobt. Die Kühlanlage dieser Loks war für den Motor MTU 12 V 956 TB 10 mit einer Leistung von 2.400 PS ausgelegt. Daher musste die Leistung des Pielstick-Motors auf 2.700 PS beschränkt werden, um nicht zu viel Wärme abzugeben und damit die Kühlanlage zu überlasten. Da sich der Pielstick-Motor bewährte, wurden weitere 218 ab Werk mit diesem Motortyp ausgeliefert. 1975 folgten die Loks 218 323 bis 339. Diese waren mit einer Kühlanlage der Bauart Behr in der „V-Form" ausgestattet, die eine größere Wärmemenge abführen konnte. Daher konnte in diesen Loks der Pielstick-Motor mit einer Leistung von 2.800 PS betrieben werden. Dies war auch bei allen weiteren mit Pielstick-Motoren ausgerüsteten 218 der Fall. Man fand den Motor noch in den Loks 218 427 bis 434, 456 bis 462 und 485 bis 499, also in insgesamt 50 Lokomotiven. Diese kamen ausschließlich in Norddeutschland zum Einsatz. Die ersten Loks waren im Bw Hamburg-Altona stationiert, ab 1977 waren alle Loks mit Pielstick-Motor im Bw Lübeck konzentriert. Nur wenige dieser Loks sind heute noch im Einsatz und keine davon mehr mit dem Pielstick-Motor. In den späten neunziger Jahren wurden ihre Pielstick-Motoren durch neue MTU- und Caterpillar-Motoren ersetzt. Klöckner-Humboldt-Deutz stellte daraufhin 1999 die Ersatzteillieferung ein. Die Museumslok 218 338 hat jedoch ihren Pielstick-Motor behalten. Für sie ist sogar noch ein Ersatzmotor vorhanden, so dass es noch ein Andenken an den ungewöhnlichen Motortyp gibt.

Beschreibung des Motors

Der Pielstick-Motor 16 PA 4 V 200 unterscheidet sich von den MTU-Motoren 12 V 956 TB 10 und TB 11 vor allem dadurch, dass er sechzehn anstatt zwölf Zylinder hat, daher die Zahl „16" in der Typenbezeichnung. Da die Zylinder im 90°- statt im 50°-Winkel angeordnet sind, ist der Motor deutlich flacher. Das „V" in der Typenbezeichnung verdeutlicht, dass die Zylinder V-förmig stehen. Die Buchstabenkombination „PA" steht für den Leistungsbereich, die Zahl „4" für den Konstruktionsstand und die Zahl „200" für die Zylinderbohrung.

Kurbelgehäuse

Das Kurbelgehäuse ist das Fundament des Motors und besteht aus Stahlplatten und Gussteilen, wobei letztere die Lagerwände bilden. Das Kurbelgehäuse ist als geschweißtes Tunnelgehäuse ausgebildet, in dem das Triebwerk gelagert ist. Auch trägt es die Befestigungspunkte für die Motorlagerung, die Nebenaggregate und Zylinderköpfe. Eine gesonderte Ölwanne ist nicht vorhanden, der Ölsumpf ist Teil des Kurbelgehäuses. Auf dem Kurbelgehäuse sitzen 16 gusseiserne Kühlmäntel. So kommt die Schweißkonstruktion des Kurbelgehäuses nicht mit dem Kühlwasser in Berührung, was Korrosion vermeidet. In jeden Kühlwassermantel ist eine Zylinderlaufbuchse eingesetzt. Der Steuerungsantrieb läuft stirnseitig als Zahnradgetriebe in einem Räderkasten, der von der Kurbelwelle angetrieben wird. Am Kurbelgehäuse sind je zwei Wasser- und Schmierölpumpen befestigt.

Technische Daten des Motors S.E.M.T. Pielstick 16 PA 4 V 200	
Wassergekühlter Viertakt-Motor mit Direkteinspritzung	
Gewicht (trocken) inklusive Zubehör:	10.100 kg
Hubraum	je Zylinder: 6,6 l
	insgesamt: 105,6 l
Zylinderzahl:	16 in V-Form im 90°-Winkel
Zylinderbohrung:	200 mm
Kolbenhub:	210 mm
Abgasturboaufladung:	mit Ladeluftkühlung
Einspritzpumpen:	2 Mehrzylinder-Pumpen
	der Bauart L'Orange in V-Form
Regelung:	Drehzahlregler (Woodward UG 8-L)
Einlassventile je Zylinder:	2
Auslassventile je Zylinder:	2
Kolbenbauart und Werkstoff:	Kolben aus
	Leichtmetall-Legierung,
Nenndrehzahl:	1.500 min^{-1}
Untere Leerlaufdrehzahl, ohne Last:	630 min^{-1}
UIC-Nennleistung:	2.800 PS bei 1.500 min^{-1}
Mittlere Kolbengeschwindigkeit:	10,5 m/s bei 1.500 min^{-1}

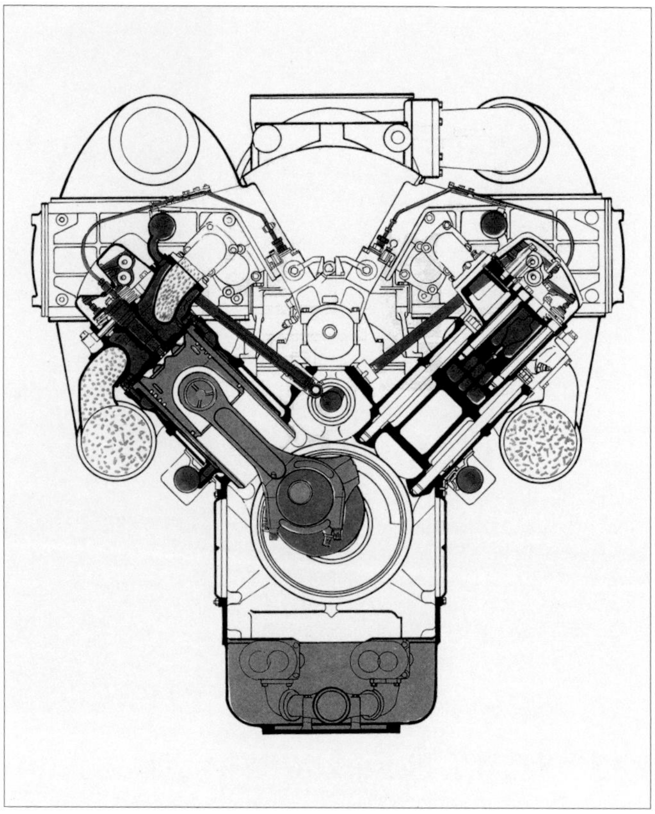

Bild 56 – Querschnitt durch den S.E.M.T.-Pielstick-Motor 16 PA 4V 200.
ZEICHNUNG: DEUTSCHE BUNDESBAHN, SAMMLUNG CHRISTIAN GERBER

Triebwerk

Zum Triebwerk gehören die Kurbelwelle sowie die 16 Kolben und Pleuel. Das Triebwerk wandelt den in den Zylindern durch die Kraftstoffverbrennung erzeugten Druck in Bewegungsenergie um.

Die Scheibenkurbelwelle verfügt dank ihrer kompakten Bauweise über eine hohe Steifigkeit. Allerdings kann man sie – anders als bei den MTU-Motoren – nicht nach unten aus- und einbauen, sondern muss sie im Reparaturfall stirnseitig herausziehen. Auf der Hauptkraftabgabeseite ist sie mit einer Schwingmetallkupplung und auf der Nebenkraftabgabeseite mit einem Schwingungsdämpfer bestückt. Die Kurbelwelle lagert in neun Gleitlagern.

Als einer der wenigen Motoren seiner Leistungs- und Gewichtsklasse ist der Pielstick-Motor nicht mit sogenannten „gebauten" Kolben bestückt, die aus einem Stahlboden und einem angeschraubten Leichtmetallschaft zusammengesetzt sind, sondern mit einteiligen Vollschaftkolben aus einer Leichtmetalllegierung. Generell sind gebaute Kolben aber thermisch belastbarer und im Verhalten besser kontrollierbar als vergleichbare einteilige, allerdings auch höher, schwerer und teurer. Die Kolbenbodenkühlung erfolgt durch Öl aus dem Motorschmierkreis.

Zylinderköpfe

Die 16 Einzelzylinderköpfe sind mit je einer Haube abgedeckt. In jedem Zylinderkopf sind zwei Einlass- und zwei Auslassventile angeordnet. Die Einspritzdüse sitzt unter der Zylinderkopfhaube. Die Auslasskanäle münden nach innen in den Motorsattel. Hieraus ergibt sich eine kompakte Abgasführung zu den Turboladern.

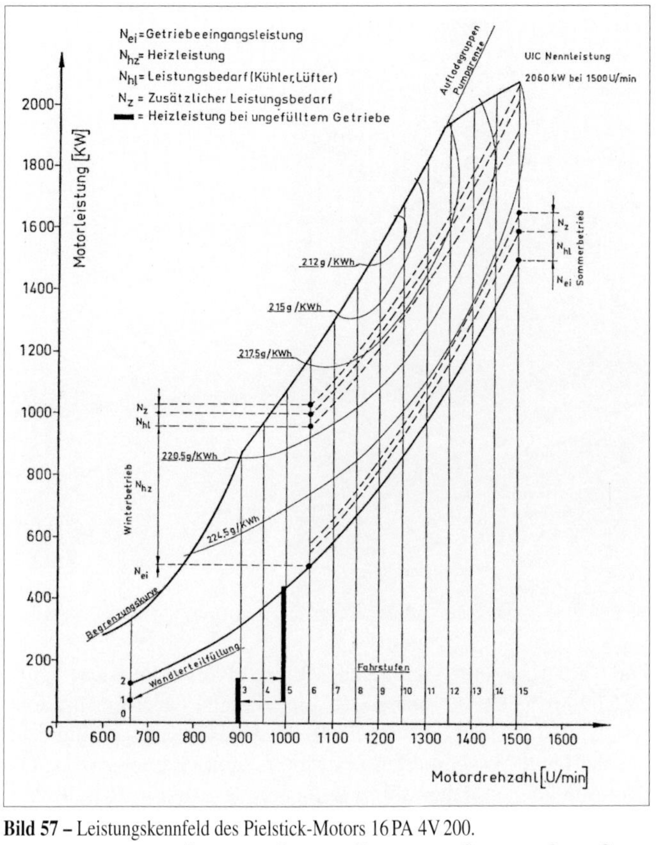

Bild 57 – Leistungskennfeld des Pielstick-Motors 16 PA 4V 200.
Zeichnung: Deutsche Bundesbahn, Sammlung Peter Große

Motorsteuerung

Unter dem Begriff „Motorsteuerung" werden die Teile des Motors zusammengefasst, die das Ein- und Ausströmen der Ladeluft und der Abgase steuern. Eine gleitgelagerte Nockenwelle ist zentral im Motorsattel angeordnet. Die Nockenwelle wirkt zur Ventilbetätigung über Rollenstößel und Stößelstangen auf jeweils vier Kipphebel pro Zylinderkopf.

Kraftstoff-Einspritzvorrichtung

Die Einspritzung erfolgt durch zwei Mehrzylinder-Pumpen der Bauart L'Orange in V-Form. Sie sind zentral im Motorsattel angeordnet und durch den Steuerungsantrieb mit der Kurbelwelle verbunden.

Motorregelung

Der Triebfahrzeugführer wählt auf dem Führerstand mit Hilfe des Fahrschalters die gewünschte Fahrstufe. Wie bei den MTU-Motoren 12 V 956 TB 10 und 12 V 956 TB 11 in der Ursprungsversion wird durch das Handrad über einen fünffachen Magnetventilblock das pneumatische 16-Stellungs-Regelgerät der Firma Westinghouse-Bremsen betätigt. Dieses wiederum stellt den Drehzahlregler Woodward UG 8-L. Ein Druckwächter überwacht bis Fahrstufe 5 einen Öldruck von 1,2 bar, in den Stufen 6 – 15 einen Öldruck von 2,8 bar. Wird vom Lokführer der Fahrschalter zu rasch in die Fahrstufen 6 – 15 geschaltet, stellt sich der Motor ab. Ein Schnellstart ist dadurch bei diesem Motor nicht möglich.

Der Drehzahlregler sorgt dafür, dass der Motor die zur Fahrstufe gehörende Drehzahl hat. Der Drehzahlregler hat auch Überwachungsfunktionen:

1. Startfreigabe beim Vorschmieren des Motors erst, wenn ein genügend hoher Öldruck vorliegt;
2. Abstellen des Motors bei nicht ausreichendem Motorschmieröldruck;
3. Abstellen des Motors bei Überdrehzahl;
4. Begrenzung der Füllung bei zu geringem Ladeluftdruck und bei zu hoher Ladelufttemperatur.

Aufladung

Die Aufladung erfolgt durch zwei radial angeordnete Abgasturbolader des BBC-Typs VTR 250 im Motorsattel. Im Gegensatz zu den entsprechenden Abgasturboladern in den Motoren der Typen MB 835 und MB 839 der DB sind die Turbolader vom Typ BBC VTR 250 am Pielstick-Motor nicht mit eigenen Ölreservoirs versehen, deren Füllstand durch beidseitig angebrachte Schaugläser kontrolliert werden muss. Vielmehr werden sie mit Öl aus dem Ölkreislauf des Motors versorgt.

Ladeluftkühlung

Der Ladeluftkühlung dienen zwei wasserdurchflossene Ladeluftkühler, die an den Nebenkühlkreis angeschlossen sind. Ihr Kühlwasser wird durch einen separaten Wärmetauscher geleitet.

Abgasanlage

Die S.E.M.T. Pielstick 16 PA 4 V 200-Motoren der DB verfügen bereits ab Werk über Abgasschalldämpfer, die über dem Motor im Lokdach zu finden sind. Da der Pielstickmotor deutlich flacher als die MTU 12 V 956 TB 10/TB 11-Motoren ist, konnte bei diesem Aggregat auch ein deutlich größerer Abgasschalldämpfer eingebaut werden, so dass die Schallemissionen gegenüber dem TB 11 geringer ausfallen. Als die Pielstick-Motoren in den damit ausgerüsteten Lokomotiven ab 1999 durch MTU 16 V 4000-Motoren ersetzt wurden, konnten die Abgasschalldämpfer nach geringfügigem Umbau weiterverwendet werden. Die Abgasschalldämpfer sind über Abgaskompensatoren an die Ausströmöffnungen der Abgasturbolader angeschlossen. Die runden Auspuffdüsen im Lokdach liegen diagonal versetzt am jeweiligen Ende des Schalldämpferkastens. Neben ihnen befinden sich die ebenfalls runden Ausströmöffnungen für die elektrisch betriebenen Maschinenraumlüfter. Es kamen verschiedene Schalldämpferversionen zum Einsatz, die sich durch eine gespiegelte Anordnung der Auspuffdüsen unterschieden. Als ab 1984 Abgashutzen an allen 218-Lokomotiven angebracht wurden, fielen diese Unterschiede augenscheinlich auf.

Luftfilter

In die oberen Lüfterjalousien im Fahrdieselmotor-Raum sind beidseitig ölbenetzte Luftfilterkassetten eingelegt. Durch sie wird die Luft über zwei flexible Faltenbalgkanäle von außen angesaugt.

Motorschmierung

Zwei parallel geschaltete Zahnradpumpen, die mit dem Steuerungsantrieb verbunden sind, versorgen das Schmiersystem des Motors. Dieses besteht aus drei Kreisläufen. Der Hauptkreislauf dient beim laufenden Motor zur Versorgung des Triebwerks, der Zylinderköpfe und der Turbolader. Der Warmhaltekreislauf dient zur Umwälzung des Öls während des Vorwärmens. Der Vorschmierkreislauf dient zum Öldruckaufbau auf 0,2 bar vor dem Anlassen des Motors.

Motorkühlung

Das verschlossene Motorkühlsystem besteht aus dem Hauptkreislauf (HK) und dem Nebenkreislauf (NK), die von der Hauptkühlpumpe und der Nebenkühlpumpe mit Wasser versorgt werden. Das Kühlwasser wird in Kühlerelementen wieder abgekühlt. Regelventilatoren saugen Luft aus dem Maschinenraum an und blasen sie durch die Kühlerelemente nach oben ins Freie. Die Anordnung der Regelventilatoren und der Kühlerblöcke ist bei den verschiedenen Bauserien der Baureihe 218 unterschiedlich.

Bild 58
Der CAT-Motor 3516B-HD im ausgebauten Zustand.

AUFNAHME: CHRISTIAN GERBER

2.3.4 Motoren von Caterpillar

Als in den neunziger Jahren die Remotorisierung der Baureihe 218 anstand, wollte die DB neben Motoren von MTU auch solche von Caterpillar testen. Die Caterpillar Inc. mit Sitz in den USA ist der weltgrößte Hersteller von Baumaschinen. Daneben stellt Caterpillar aber auch Diesel- und Gasmotoren her. Neben Motoren, die unter dem Markennamen „CAT" verkauft werden, erhält man von Caterpillar auch MaK- und EMD-Motoren, die von aufgekauften Unternehmen der Bahn- und Marinebranche produziert werden. So werden z. B. die von Caterpillar unter dem Markennamen „MaK" verkauften Motoren im ehemaligen MaK-, heutigen Caterpillar-Werk in Kiel sowie im Caterpillar-Werk in Rostock gefertigt. Der Vertrieb der Caterpillar-Produkte erfolgt in Deutschland durch die Firma Zeppelin Power Systems.

Für den Einbau in die Baureihe 218 kamen leistungsmäßig CAT-Motoren aus der 3516-Serie in Frage. Diese Serie gab es in unzähligen Varianten, die sich u. a. in der Zylinderzahl, der Umdrehungszahl, der Leistung und im Hubraum sowie im Gewicht unterschieden. Die DB wählte für ihren Test zwei Varianten aus – die Motortypen CAT 3516B DI-TA und CAT 3516B-HD.

Technische Daten der Motoren CAT 3516B DI-TA und CAT 3516B-HD	
Wassergekühlter Viertakt-Motor mit Direkteinspritzung	
Gewicht (trocken) inklusive Zubehör:	7.600 kg
Hubraum	je Zylinder: 4,9 l insgesamt: 78 l
Zylinderzahl:	16
Zylinderbohrung:	215 mm
Kolbenhub:	CAT 3516B DI-TA: 170 mm CAT 3516B-HD: 215 mm
Abgasturboaufladung:	mit Ladeluftkühlung
Einspritzpumpen:	keine klassische Einspritzpumpe
Regelung:	elektronisch gesteuerter Drehzahlregler Woodward 723
Nenndrehzahl:	1.800 min^{-1}
Untere Leerlaufdrehzahl, ohne Last:	650 min^{-1}
UIC-Nennleistung:	CAT 3516B DI-TA: 2.638 PS CAT 3516B-HD: 2.800 PS

Die CAT-Motoren haben keine Schmierölvorpumpen und Kraftstoffpumpen, da sie sich durch eine Pumpe-Düse-Einspritzung den Kraftstoff selbst ansaugen. Beim Anlassvorgang entfällt daher das lange Vorschmieren des Motors zum Öldruckaufbau. Die Motoren können daher durch Bedienen des Anlass-Abstellschalters sofort gestartet werden.

1997 wurde 218 112 mit einem CAT 3516B DI-TA ausgerüstet. Im selben Jahr erhielten 218 329, 330 und 339 je einen CAT 3516B-HD. Die Motoren bewährten sich und sind heute noch im Einsatz. Allerdings ist 218 112 inzwischen ausgemustert worden. Die weitere Remotorisierung der Baureihe 218 erfolgte jedoch mit MTU-Motoren, da diese einen niedrigeren Preis hatten.

2.3.5 „Sound" der Motoren

(Text von Matthias Michaelis)

Eisenbahnfreunde kennen es von den Fototouren. Sie stehen am Bahndamm und hören schon aus der Ferne ein kräftiges, tiefes, markantes Wummern einer 218. Oder sie haben es in Bahnhöfen wie Hamburg Hbf, Leipzig Hbf und München Hbf erlebt, wie eine Lok der Baureihe 218 den Bahnhof mit tiefem Wummern beschallte. Dieser wummernde Sound, dieses typische, bollernde und dröhnende Arbeitsgeräusch des Dieselmotors, gemischt mit seinem schrillen Pfeifen vom Abgasturbolader, dessen Frequenz so klingt, als ob man Fensterscheiben damit kaputt bekommen könnte, das alles wird noch einige Jahre in Erinnerung bleiben. Doch – Halt! Nicht jeder Motor einer 218 hat so laut gepfiffen, sondern manch einer eher wie ein „Rasenmähermotor" oder auch „Staubsaugermotor" geklungen. Da stellt sich doch die Frage, ob ein Lokführer – ohne in den Maschinenraum zu gehen – allein am Sound oder den Abgashutzen erkennen kann, welcher Motortyp in der jeweiligen 218 eingebaut ist. Ja, ich kann es, obwohl die Auswahl groß ist: MTU 12 V 956 TB 10, MTU 12 V 956 TB 11, MTU 12V 956 TB 11 neu, MTU 16 V 4000 R 40, MTU 16 V 4000 R 41, Caterpillar 3516B-HD, Caterpillar 3516 DI-TA, der 16 PA 4V 200. Lässt man die Ausrüstung der Führerstände mit entsprechenden technischen Einrichtungen zur Überwachung und Kontrolle der Maschinenanlage einmal außen vor, von der allein man die Maschinenanlagen enger eingrenzen oder identifizieren könnte, so gibt es weitere Unterscheidungskriterien.

Ein Bestandteil einer jeden Lokführerausbildung ist „das geschulte Ohr". Ein Lokführer muss „seiner" Maschine gut zuhören

Bild 59 – Anordnung der Abgashutzen beim TB 10-Motor (mit einem Turbolader)

Bild 60 – Anordnung der Abgashutzen beim TB 11-Motor.
AUFNAHMEN (2): CHRISTIAN GERBER

können. Dies ist vor allem dann wichtig, wenn Störungen vorliegen, beispielsweise, wenn das Dieselaggregat seinen Dienst verweigert und gar nicht erst starten möchte. „Was läuft denn gerade nicht? Kraftstoffförderpumpe? Schmierölvorpumpe?" fragt der neugierige Störsuchplan. Wenn die Kraftstoffförderpumpe nicht arbeitet, bekommt der Motor logischerweise keinen Kraftstoff und kann nicht starten. Arbeitet die Schmierölvorpumpe nicht, kann der zum Anlassvorgang notwendige Schmieröldruck nicht aufgebaut werden. Da beide Pumpen beim Anlassvorgang in einer bestimmten Reihenfolge laufen müssen, sollte man dies, wenn sie es nicht tun, hören und die entsprechenden Maßnahmen treffen. Einige 218 sind mit Caterpillar-Motoren remotorisiert worden, die weder eine Schmierölvorpumpe noch eine Kraftstoffförderpumpe besitzen. Die benötigen aufgrund ihrer Technik beides nicht mehr. Voilá, da hätten wir bereits Möglichkeit 1 zur Unterscheidung der Motortypen. Ja, ich erkenne, anhand vom Anlassvorgang schon, dass wir hier z. B. 218 329, 330 oder 339 mit Caterpillar-Dieselmotor haben!

Weiterhin kann das geschulte Ohr auch die Klangunterschiede der unterschiedlichen Motoren heraushören sowie auch anormale Geräusche, die sich anbahnende Schäden am Motor „anzeigen". Der Lokführer meldet das dem Lokleiter, der gibt das an die Werkstatt weiter, und sie kann das schadhafte Bauteil tauschen, um den Motor vor einem großen Schaden zu bewahren. 218, die gerade erst frisch von einer Generalüberholung aus dem Instandhaltungswerk Bremen mit Motoraufarbeitung zurückkehren, haben gut eingestellte TB 11-Motoren mit ruhigem, teils sogar blechernem Klang. Mit der Zeit wird aber das Wummern und Dröhnen kräftiger.

Ein weiteres Klang-Kriterium stellen die Abgashutzen dar. Diese sind innen mit schallschluckendem Material ausgekleidet. TB 11-Motoren ohne Hutzen dröhnen deutlich hörbar stärker!

Der MTU-Motor MTU 12V 956 TB 10 hat einen sehr satten, basslastigen Klang mit einem sehr schrillen Turboladerpfeifen. Optisch erkennt man das an den nicht ganz am Schalldämpferende, nämlich eine „Hutzenlänge" zur Lokmitte hin, versetzt montierten Abgashutzen. Der Grund ist fix erklärt: Die Maschinenraumlüfter, die beim Betrieb des Dieselmotors einen Unterdruck im Motorenraum erzeugen und damit die extrem heiße Abwärme nach außen abführen, um unzulässig hohe Temperaturen im Dieselmotorraum und dadurch das Ansprechen der Brandmeldeanlage verhindern, sind bei diesem Motortyp ganz am Schalldämpferende angebracht. Der kernige Sound vom TB 10 ist bemerkenswert. Dazu trägt auch der Woodward-Motorregler bei. Beim Anlassen startet der TB 10 mit einer kräftigen Startfüllung und dadurch verbundener schwarzer Abgaswolke.

Der aus dem TB 10 weiterentwickelte Motor MTU 12 V956 TB 11 sowie der ab 1999 gebaute und im schicken MTU-Blau gehaltene Neubau-TB 11 mit seinen elektronischen Reglern sind für den interessierten Eisenbahnfreund an den parallelen Abgashutzen erkennbar, die sich am hinteren Ende des Abgasschalldämpfers befinden. Die beiden Maschinenraumlüfter hingegen befinden sich am entgegengesetzten Ende des Schalldämpfers (vgl. Bild 60 oben).

Der TB 11 alt und der TB 11 neu sind optisch fast identisch (die Unterschiede liegen im elektronische Regler mit Stellmotor anstatt des MTU-Drehzahlreglers sowie im elektrischen Stromkabel für Messstellen). Durch die kleinen Unterschiede klingen beide Motoren etwas anders. Der TB 11-Neubaumotor klingt etwas fülliger. Schon beim Anlassvorgang kann man die Unterschiede deutlich hören: Während der „alte" TB 11 „abgasoptimiert" knackig, teils auch mit sichtbarer Abgasentwicklung leicht hin- und hersägend, zum Leben erwacht, besitzt der TB 11-Neubaumotor einen elektronischen Regler. Dadurch startet er recht träge, gleichmäßig und erreicht ohne großes „Sägen" sofort eine gleichmäßige Leerlaufdrehzahl. Er hat aber besonders im Sommer die unangenehme Eigenschaft, dass bei großer Wärme und dünnflüssigem Öl der Motor nicht oder nur sehr schlecht startet. Man benötigt dann oft mehrere Startversuche. Bei den dieselelektrischen Lokomotiven der Baureihe 232 hat man dieses Problem schon in den siebziger Jahren intelligent gelöst und ein Magnetventil eingebaut, das bei jedem Anlassvorgang pneumatisch mithilft, den Regler entsprechend weit genug mit aufzuziehen. Das wäre sicher auch beim TB 11 eine interessante Option gewesen.

Kommen wir zum „Betriebsklangvergleich" der zwei Brüder: der MTU-Drehzahlregler des alten abgasoptimierten TB 11 arbeitet rein mit Öldruck. Dazu ist er an den Schmierölkreislauf vom Dieselmotor angeschlossen. Ein 16-Stellungsgerät, das als Öldämpfer fungiert, soll beim Aufschalten der Traktionsleistung verhindern, dass der Abgasturbolader bei zu raschem Aufschalten aufgrund von Luftmangel stark schwarz raucht. Optimal ist der Öldämpfer eingestellt, wenn es bei raschem Aufschalten von Stufe 3 (1.070 min^{-1}) bis Stufe 15 (1.500 min^{-1}) 20 s dauert. Die Stärke dieser Öldämpfung, nämlich die Durchflussmenge des Öls im 16-Stellungsgerät, kann mittels einer kleinen Stellschraube eingestellt werden. Bei ungenauer Einstellung erhöht der Motor beim Aufschalten in Stufe 15 seine Drehzahl zu schnell. Dies führt dann dazu, dass der Abgasturbolader, der recht groß ist, nicht schnell genug mit der Drehzahl nachlaufen kann, so dass es jetzt zu Luftmangel und schwarzer Abgastrübung kommt. Bei der Lok 218 402 war dies zum Beispiel der Fall. Drehte man bei ihr das Fahrschalterhandrad zügig in die 15. Stufe, „explodierte" ihr Motor regelrecht!

Ähnliches kann man auch beim Heizbetrieb bemerken. Schaltete man die Zugheizung ein, kommt ein Relais „Drehzahlstufe 6" an Spannung. Nun wird sofort die Stufe 6 angesteuert, der Motor explodiert förmlich. War der Heizprüflauf des GTO-Heizumrich-

Bild 61
Auf dieser Aufnahme erkennt man links im Ansaugschacht zum Abgasturbolader den im Text beschriebenen Ansauggeräuschdämpfer eines alten, abgasoptimierten Motors MTU 12 V 956 TB 11. Bei den Neubaumotoren befindet sich hier nur ein Loch ohne Geräuschdämpfer.

AUFNAHME: CHRISTIAN GERBER

ters erfolgreich, kommt unter einem Heizstrom von 160 A das Relais „Drehzahlstufe 3" an Spannung. Der Motor brummelt dann schön mit seinen 920 min^{-1} vor sich hin. Steigt der Heizstrom auf über 160 A an, kommt jetzt ein Relais „Drehzahlstufe 5" an Spannung. Nun steigt die Motor-Drehzahl schlagartig auf 1.020 min^{-1} an. Schwankt die benötigte Heizenergie der Reisezugwagen um den Wert 160 A herum, so schwankt automatisch auch die Drehzahl des Dieselmotors zwischen 920 und 1.020 min^{-1}. Man hört ein „Sägen" des Motors.

Auch typisch für den alte abgasoptimierten TB 11-Motor ist das Sägen des Motors bei ausgeschalteter Zugheizung während des Anfahrens aus dem Stand. Beim Schalten von Stufe 2 in Fahrstufe 3 sägt er ein paar Sekunden lang, bevor die Drehzahl von 650 min^{-1} auf 920 min^{-1} langsam ansteigt. Der TB 11-Neubaumotor führt die Drehzahlerhöhung sehr gleichmäßig und ohne Sägen aus. Das größte Unterscheidungsmerkmal zwischen dem alten abgasoptimierten TB 11-Motor und dem neuen, elektronisch geregelten, ist das Turboladerpfeifen. Beim TB 11-Neubaumotor ist es extrem schrill und messerscharf, so dass es im Ohr schmerzen kann, wenn man unmittelbar neben der Lok steht. Eine Anfahrt mit den Lokomotiven 218 404 und 218 418 in Doppeltraktion vor einem Nachtzug aus dem Salzburger Hauptbahnof in Richtung München bleibt mir in Erinnerung. Da beide Maschinen mit dem TB 11-Neubaumotor ausgerüstet sind, klang die Anfahrt aufgrund des schrillen Pfeifens der Abgasturbolader wie der Start eines Flugzeuges.

Der alte abgasoptimierte TB 11-Motor hingegen pfeift deutlich leiser, aber dennoch hörbar. Wie kommt das? In der Verbrennungsluftansaugung vom alten TB 11 wurden Ansauggeräuschdämpfer eingebaut. Diese dämpfen das schrille Pfeifen deutlich. Auf sie wurde beim TB 11-Neubaumotor verzichtet, so dass man hier das Pfeifen ungedämpft hören kann. Hier muss man einschränkend festhalten, dass die Geräusche außerhalb der Lok lauter sind als auf dem Führerstand.

Die Baureihe 218 wurde auf den Führerständen bezüglich der Geräuschemissionen gegenüber ihrer Vorgängerin in Form der Baureihe 215 verbessert. Die Kraftstoffförderpumpen, die ja bei den 215 (225) unmittelbar an der Rückwand vom Führerstand 1 montiert waren, sind jetzt eine Zwischenwand weiter montiert. Während bei der 215 die Pumpen laut mit ihren heulenden Frequenzen den Führerstand beschallten, sind sie jetzt kaum noch zu hören.

Die MTU-Motoren TB 10/11/11-Neubau sind bei den Lokpersonalen wegen ihrer hohen Zuverlässigkeit, dem geringen Ölverbrauch, ihrer Bedienerfreundlichkeit und dem wummernden Sound sehr beliebt. Auch die Schifffahrt greift auf diese qualitativ hochwertigen Maschinenanlagen zurück, z.B. als Antrieb in Fährschiffen und Schnellbooten. Deswegen wurden sie auch mit Schnellschlussklappen ausgerüstet, die die Luft absperren, wenn der Motor droht, durch schlagartige Überdrehzahl durchzugehen, was zum Beispiel auf hoher See mit extremem Wellengang vorkommen kann. Diese Funktion können die Schnellschlussklappen aber auch im Eisenbahnbetrieb wahrnehmen, wenn ein Reglerschaden auftreten sollte.

Machen wir nun einen Sprung zu den neueren Maschinenanlagen vom Typ MTU 16 V 4000 R40/R41. Diese erkennt man meist an den versetzt angeordneten Abgashutzen auf dem Schalldämpfer. Während eine Hutze vorne ist, ist die zweite hinten auf der anderen Seite angeordnet. Es gab allerdings auch mindestens zwei Lokomotiven mit dem MTU 16 V 4000 R40-Motor, die parallele, schalldämpfermittig angeordneten Abgashutzen hatten: 218 485 und 218 441^{II}. Die 218 485 war das Baumuster und 218 441 ein Prototyp einer von Grund auf modernisierten und gegenüber den anderen 218 um sieben Dezibel leiseren Lokomotive. Im Vergleich zum Pielstick-Motor, dessen Abgashutzen ebenfalls versetzt angeordnet sind, kann jedoch ein deutlicher Unterschied erkannt werden. Die hintere Abgashutze der mit dem MTU 16 V 4000-Motor ausgerüsteten Lok ist am äußersten Ende des Schalldämpfers angeordnet.

Bei Lokomotivpersonalen sind die kleinen blauen MTU-16-Zylinder-Motoren der 4000er-Reihe unbeliebt. Da die Drehzahl gegenüber dem TB 11-Motor von maximal 1.500 min^{-1} auf 1.800 min^{-1} erhöht worden ist, entlockt er der Lichtanlassmaschine sehr unangenehme, rasselnde Geräusche. Hinzu kommt die blecherne Klangkulisse des im Vergleich zum TB 11 winzigen Motors, der im Motorraum fast zweimal Platz findet. Im Führerstand 1 sind die Lokführer einer hohen Lärmbelastung ausgesetzt, während es außen leise ist.

Aber es gibt auch beim MTU 4000-Motor Klangunterschiede. Die vier kleinen Abgasturbinen verursachen wegen ihrer hohen Drehzahlen ein doch recht starkes Pfeifgeräusch, das bei Betrieb der E-Heizung besonders kräftig zu hören ist. Dann arbeitet der Dieselmotor mit erhöhter Drehzahl und wird vom Heizgenerator belastet. Um dieses Geräusch zu dämmen, wurden in der Verbren-

Bild 62 – Größenvergleich: Links der MTU-Motor 16V 4000 R40, rechts der MTU-Motor 12V 956 TB 11. AUFNAHME: CHRISTIAN GERBER

nungsluftansaugung bei etlichen 218 Ansauggeräuschdämpfer aus Kunststoff eingebaut/nachgerüstet.

Beim MTU 16V 4000-Motor kommt es nach einer bestimmten Motorleerlaufzeit zur Aktivierung der Zylindergruppenabschaltung. Damit sollen die noch arbeitenden Zylinder stärker belastet werden, um der Schmierölverdünnung durch Dieselkraftstoff entgegenzuwirken. Um eine gleichmäßige Motortemperatur zu erhalten und zu verhindern, dass es in den Laufbuchsen zu großen Temperaturunterschieden und der damit verbundenen Gefahr von Laufbuchsenrissen kommt, werden die Zylindergruppen A und B vom elektronischen Motorenmanagement abwechselnd abgeschaltet. Diese Zylindergruppenabschaltung sorgt für ein nagelndes Motorengeräusch.

Die Caterpillar-Motoren sind die einzigen in der Baureihe 218 verbauten Motoren, die – wie beim Auto – direkt gestartet werden können, während alle anderen Motortypen durch die Schmierölvorpumpe vorgeschmiert werden müssen. Im Betrieb klingen die Caterpillar-Motoren ähnlich wie die MTU 16V 4000-Motoren, allerdings fehlt bei ihnen das Nageln beim Motorleerlauf. Auch haben sie dafür ein leicht basslastiges Arbeitsgeräusch. Ferner ist das Pfeifgeräusch der Abgasturbolader ausgeprägter. Es gibt ein interessantes Detail, in dem sich die beiden Caterpillar-Typen unterscheiden. In der 218 112 war der Cat 3516 DI-TA testweise eingebaut. Bei diesem Motor waren die Abgashutzen fast mittig nebeneinander auf dem Schalldämpfer montiert, während die Lokomotiven 218 329, 330 und 339 bei ihrem Cat 3516B-HD die Abgashutzen analog dem MTU 16V 4000-Motor versetzt angeordnet haben.

Die in der Baureihe 218 eingebauten Motoren von Societe d'Etudes de Machines Thermiques (S.E.M.T. Pielstick), von denen heute keiner mehr in Betrieb ist, hatten wiederum einen ganz eigenen Sound: ein eher tieffrequentes, grummelndes, brummendes Arbeitsgeräusch. Charakteristisch war auch eine schwarze Abgaswolke beim Anlassen.

Insgesamt betrachtet ist die Baureihe 218 eine der interessantesten deutschen Großdiesellokomotivbaureihen. Kaum eine Lok glich der anderen, besonders ab den neunziger Jahren, als die Motoren wahllos zwischen den Lokomotiven durchgetauscht wurden.

Doch damit nicht genug! Neben unterschiedlichsten Motorausrüstungen dürfen die unterschiedlichen Lüfteranlagen von Voith und Behr nicht vergessen werden, die im Zusammenspiel mit den verschiedenen Motortypen zu teils einmaligen Klangkulissen führten. Unvergessen bei Eisenbahnfreunden sind hier sicherlich die Voith-Lüfteranlagen, die in die Loks 218 002 – 006, 305 – 322 und 382 – 383 eingebaut worden sind. Sie erzeugen ein sehr lautes, an eine Sirene erinnerndes Heulen. Daher wurden die mit ihnen bestückten Loks beim Bw Mühldorf von den Lokführern als „Heuler" bezeichnet. Wenn die Lok dann noch, wie in 218 313, mit einem blauen TB 11-Neubaumotor bestückt ist, vor einem auf Grenzlast ausgelasteten Güterzug mit etwas über 20 km/h eine kräftige Steigung erklimmt und sich in das kräftige Wummern und Dröhnen noch ein schrill pfeifender Abgasturbolader und ein lautes, sirenenartiges Lüfterheulen einmischen, dann ist dies ein besonderes Klangerlebnis.

Ganz anders ist der Sound, wenn z. B. eine Lok wie 218 360 „zum Zuge" kommt: Eine Behr-Lüfteranlage in A-Form, dazu ein MTU 16V 4000 R41-Motor. Diese Lüfteranlage, bestehend aus je einem Lüfterrad für den Hauptkreis und dem Nebenkreis ist die leiseste aller Lüfteranlagen. Ein nur dezentes, dennoch aber hörbares Arbeitsgeräusch in Verbindung mit dem kleinen, blechern klingenden 16-Zylinder-Dieselmotor ergibt eine Geräuschkulisse wie bei einem Industriestaubsauger. Man meint, auf einer völlig anderen Baureihe zu sitzen. Wenn jedoch eine Lüfteranlage Behr in V-Form mit nur einem großen Lüfterrad und den 22 großen Kühlwasserkühlerelementen eingebaut ist, dazu dann noch der MTU 16V 4000 R40/41-Motor als Antrieb dient, wie z. B. bei 218 428, gestaltet sich der Sound wiederum völlig anders. Da der Motor mit 1.800 min^{-1} eine sehr hohe Drehzahl aufweist, läuft das riesige Lüfterrad deutlich schneller als beim TB 11-Motor mit „nur" 1.500 min^{-1}. Dann ist es auf dem Führerstand ziemlich laut. Man kann also wirklich aus der Lokführersicht sagen, dass man anhand des Klangs die technische Ausrüstung der Loks erkennen kann.

2.3.6 Anordnung der Abgasöffnungen/-hutzen

Wie schon im vorangegangenen Kapitel angedeutet besteht ein unmittelbarer Zusammenhang zwischen dem eingebauten Motortyp und der Anordnung der Abgasöffnungen bzw. -hutzen auf dem Lokdach. Nachfolgend werden die Lokdächer mit Hutzen gezeigt. Die anderen Öffnungen dienen als Luftauslässe von den Maschinenraumlüftern. (Der Führerstand 1 ist unten rechts.)

Bei den Lokomotiven ab der 2. Bauserie entfiel das Kühlwassermessgerät und damit der „Buckel“ auf dem Dach.

Bei den ersten 218-Serienlokomotiven, die mit dem Motortyp MTU 12V 956 TB 10 ausgerüstet waren und noch jeweils zwei MAN-Abgasturbolader besaßen, waren die Hutzen diagonal angeordnet. Nach dem Austausch der MAN-Abgasturbolader durch einen MTU-Abgasturbolader AGL 340 waren die Abgasöffnungen parallel zueinander.

Ab der zweiten Bauserie wurden in die 218 überwiegend Motoren des Typs MTU 12V 956 TB 11 eingebaut. Bei ihnen lagen die Abgasöffnungen auch parallel zueinander, jedoch in einer etwas anderer Position als beim Typ MTU 12V 956 TB 10.

Ein Teil der Baureihe 218 wurde mit Pielstick-Motoren ausgerüstet, deren Abgasöffnungen diagonal angeordnet waren, bei einem Teil der Loks allerdings spiegelbildlich zu den übrigen 218 mit Pielstick-Motoren. Eine ähnliche Anordnung der Abgasöffnungen wie bei den beiden Pielstick-Versionen wurde auch bei den Lokomotiven gewählt, die mit Caterpillar-Motoren oder MTU-Motoren der Typen MTU 16V 4000 R 40 und R 41 remotorisiert worden sind.

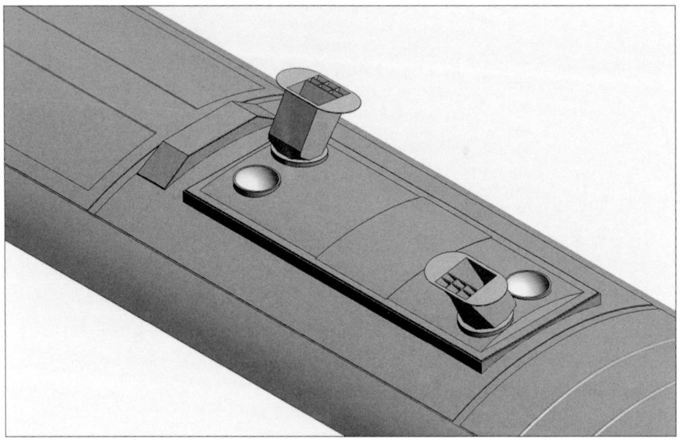

Bild 63 – Anordnung von Hutzen und Motorraumlüftern bei den 218 der 1. Bauserie mit Motor MTU 12V 956 TB 10, zwei MAN-Turboladern und Kühlwassermessbehälter.

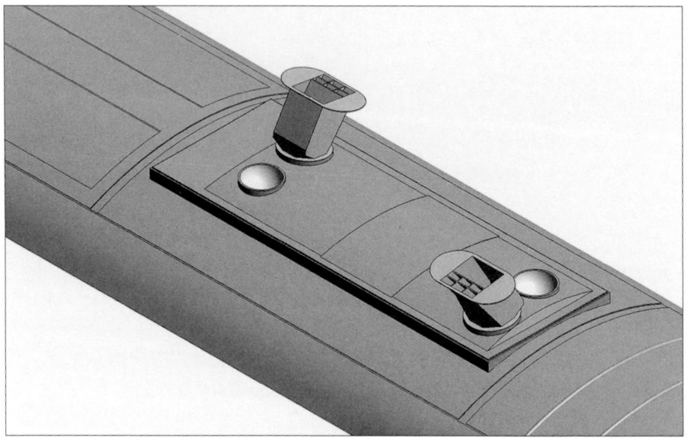

Bild 64 – Anordnung von Hutzen und Motorraumlüftern bei den 218 der 2. Bauserie mit Motor MTU 12V 956 TB 10, zwei MAN-Turboladern und ohne Kühlwassermessbehälter.

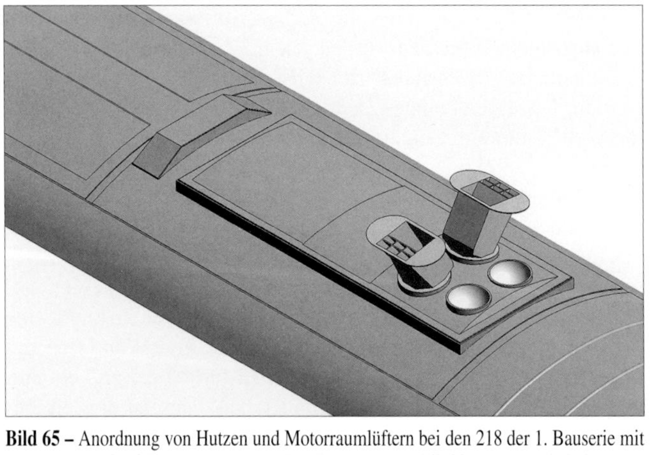

Bild 65 – Anordnung von Hutzen und Motorraumlüftern bei den 218 der 1. Bauserie mit Motor MTU 12V 956 TB 10, einem MTU-Turbolader und Kühlwassermessbehälter.

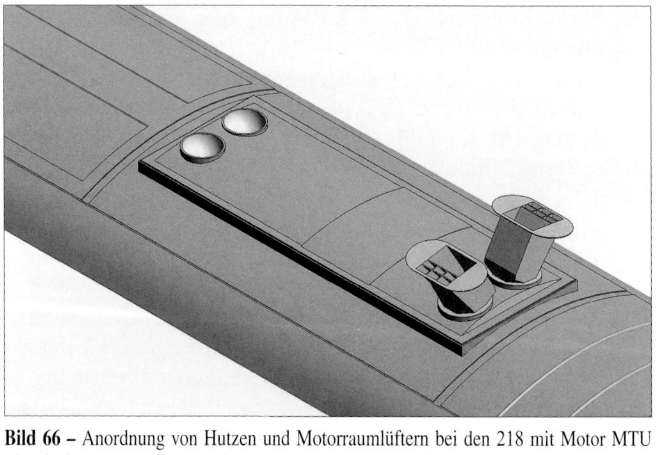

Bild 66 – Anordnung von Hutzen und Motorraumlüftern bei den 218 mit Motor MTU 12V 956 TB 11, einem MTU-Turbolader und ohne Kühlwassermessbehälter.

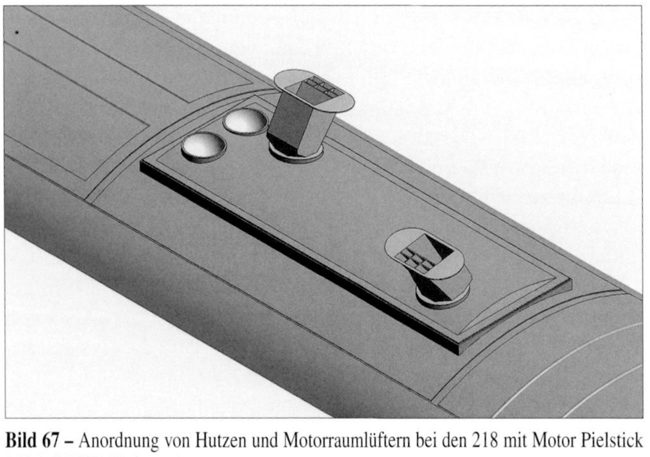

Bild 67 – Anordnung von Hutzen und Motorraumlüftern bei den 218 mit Motor Pielstick 16 PA 4V 200, Variante 1.

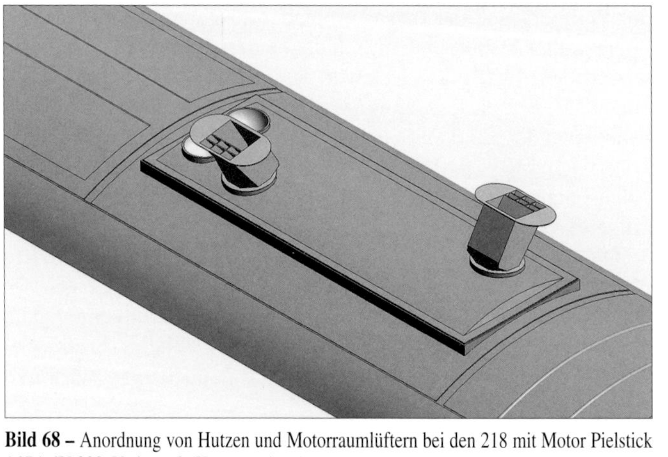

Bild 68 – Anordnung von Hutzen und Motorraumlüftern bei den 218 mit Motor Pielstick 16 PA 4V 200, Variante 2 (Hutzen spiegelverkehrt zu Variante 1).

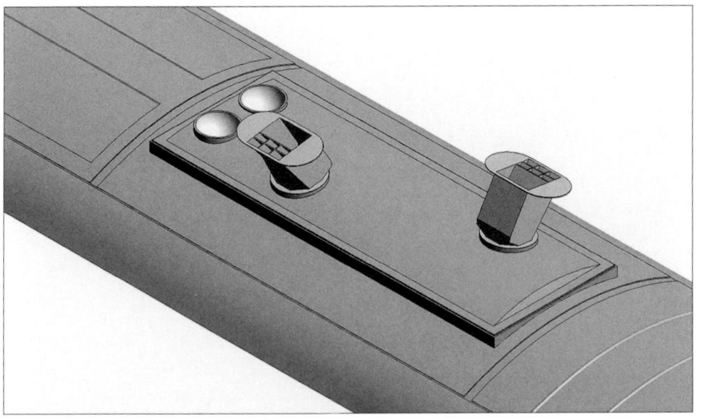

Bild 69 – Anordnung von Hutzen und Motorraumlüftern bei den 218 mit Motor MTU 16V 4000 R 40/R 41, Variante 1.

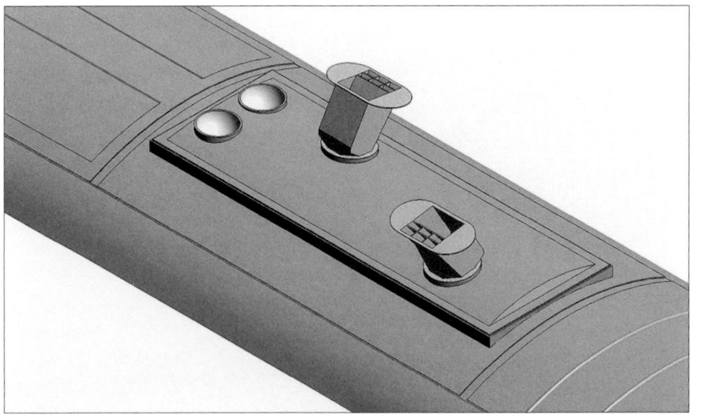

Bild 70 – Anordnung von Hutzen und Motorraumlüftern bei den 218 mit Motor MTU 16V 4000 R 40/R 41, Variante 2. ZEICHNUNGEN (8): SEBASTIAN HAAGER

2.4 Kühlanlage

In den Lokomotiven der Baureihe 218 findet man Kühlanlagen in zwei verschiedenen Bauformen. Je nach Anordnung der Kühlerteilblöcke werden sie als A-Form oder V-Form bezeichnet.

Bauform A

Das geschlossene Kühlsystem ist in einen Hauptkühlkreis und einen Nebenkühlkreis unterteilt. Im Hauptkühlkreis werden die Motorzylinder, das Motorschmieröl, die Abgasturbinen und das Getrieböl gekühlt. Die im Hauptkühlkreis anfallende Wärme wird über 16 Kühlerteilblöcke an die Außenluft abgeführt. Im Nebenkühlkreis werden die Ladeluft des Motors sowie das Öl der Lüfteranlage gekühlt. Auch wird beim Bremsen mit der hydrodynamischen Bremse die im Bremswärmetauscher anfallende Wärme abgeführt. Für den Nebenkühlkreis stehen zehn Kühlerteilblöcke zur Verfügung. Jeder Kühlkreis hat eine Kühlwasserpumpe, die vom Dieselmotor angetrieben wird. Im Hauptkühlkreis befindet sich zusätzlich eine elektrisch angetriebene Umwälzpumpe für den Vorwärm- und Warmhaltebetrieb. Sie dient aber auch dem fünfminütigen Nachkühlen nach dem Abstellen des Dieselmotors. Nach dem Abstellen wird sie über ein Zeitrelais, das sich im Führerstand 1 auf der Relaistafel im Schaltschrank 1 befindet, für 5 min eingeschaltet.

Zwischen dem Haupt- und Nebenkühlkreis befindet sich ein Mischventil als Verbindungsglied. Es ist bei Temperaturen unter 60 °C im Nebenkühlkreis geöffnet. So kann das im Hauptkühlkreis durch das Vorwärm- und Warmhaltegerät erwärmte Wasser auch in den Nebenkühlkreis gelangen.

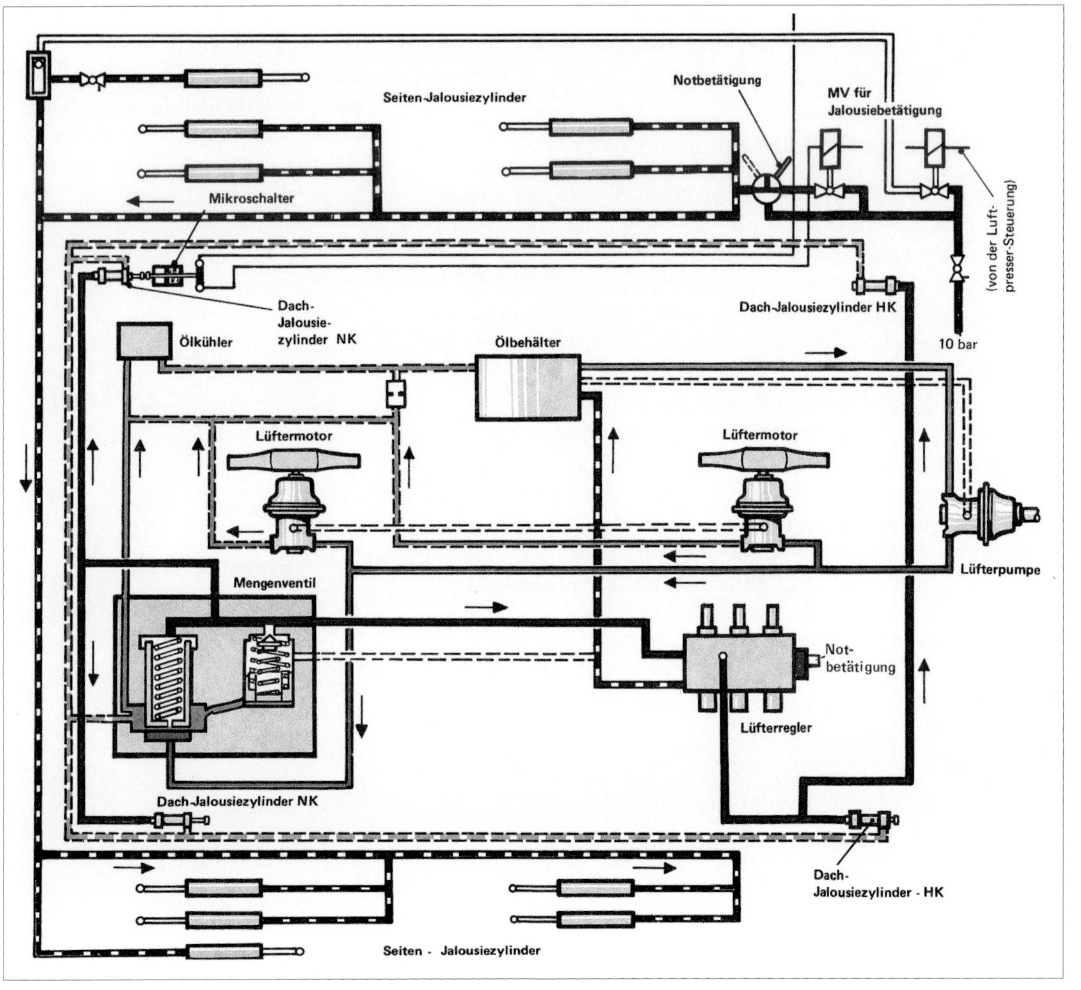

Bild 71
Steuerung der Behr-Lüfteranlage für Kühler der Bauform A.

ZEICHNUNG: DEUTSCHE BUNDESBAHN, SAMMLUNG PETER GROßE

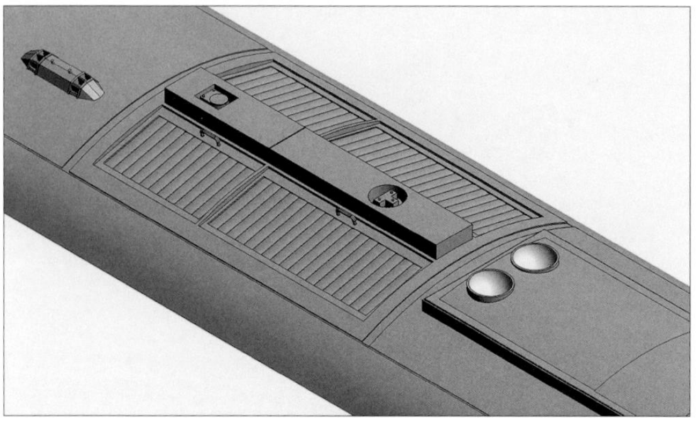

Bild 72 – An den quer angeordneten Jalousien auf dem Dach kann man erkennen, dass in der 218 eine Behr-Lüfteranlage mit Kühler in Bauform A eingebaut ist.

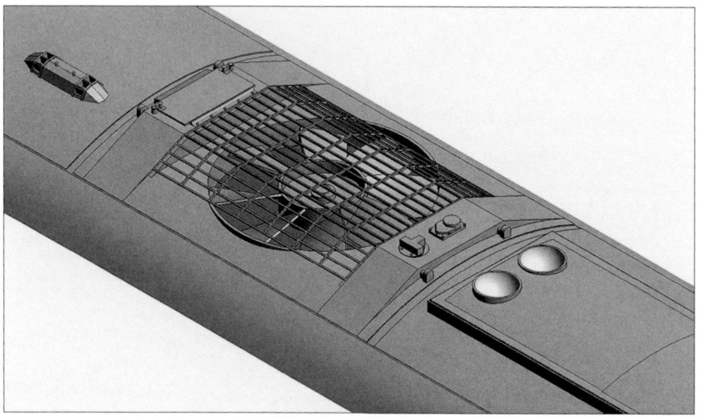

Bild 73 – Die Behr-Lüfteranlagen für Kühler in der Bauform V haben keine Dachjalousien, so dass man auf den großen Ventilator schauen kann. ZEICHNUNGEN (2): S. HAAGER

Bauform V

Die Bauform V ist die neuere Bauform und hat eine größere Kühlleistung. Bei ihr sind die Kühlblöcke des Haupt- und Nebenkühlkreises nicht mehr getrennt. Vielmehr sind alle Kühlblöcke Zweikreisblöcke. Bei ihnen durchströmt die Kühlluft zunächst den außen liegenden Blockteil für den Nebenkühlkreis, danach den innen liegenden Blockteil für den Hauptkühlkreis. Insgesamt sind 22 Zweikreis-Kühlerteilblöcke vorhanden. Diese Lüfteranlage stellt die leistungsfähigste Lüfteranlage aller V 160-Typen dar.

2.5 Lüfteranlage

Die von der Kühlanlage abgegebene Wärme muss durch eine Lüfteranlage aus der Lok herausbefördert werden. In die Baureihe 218 sind Lüfteranlagen der Hersteller Behr und Voith eingebaut worden.

Behr-Lüfteranlage für Kühler in Bauform A

Eine Lüfterpumpe, angetrieben über einen Abtrieb des Flüssigkeitsgetriebes, liefert Drucköl für den Betrieb der zwei Lüftermotoren, die die zwei direkt über dem Getriebe liegenden Ventilatoren der Kühlanlage antreiben. Die Drehzahl (und damit die Kühlleistung) der beiden Ventilatoren wird durch ein Ventil gesteuert. Dieses Ventil hat auch die Aufgabe, die beim Motorstart oder einer plötzlichen Drehzahlerhöhung auftretenden Druckspitzen zu verringern. Die Steuerung des Ventils erfolgt durch drei Thermostaten, die im Haupt- und Nebenkühlkreis untergebracht sind.

Über dem Haupt- und Nebenkühlkreis befindet sich je eine Dachjalousie. Diese Dachjalousien werden mit Drucköl betätigt, die Seitenjalousien der Lok hingegen mit Druckluft. Bei Anforderung von Kühlleistung der Ventilatoren wird über Mikroschalter zuerst das Öffnen der Dachjalousien bewirkt, anschließend öffnen die Seitenjalousien.

Diese Behr-Lüfteranlage mit Kühler in Bauform A wurde in die Lokomotiven 218 101 – 301, 303, 304, 340 – 381, 384, 385 und 389 – 396 eingebaut. Somit fand man sie in insgesamt 255 Loks dieser Baureihe.

Behr-Lüfteranlage für Kühler in Bauform V

Die Kühlluft wird durch einen Ventilator, der unter dem Dach angeordnet ist, durch die Kühlblöcke gesaugt und durch ein Gitter im Dach abgeführt. Dachjalousien gibt es bei dieser Bauform nicht. Die Drehzahlregelung des Lüftermotors übernimmt ein Regler, der seinerseits von einem Thermostaten im Hauptkühlkreis gesteuert wird. Wie bei der Bauform A wird der Lüftermotor für den Ventilatorantrieb mit Drucköl angetrieben, das eine vom Getriebe angetriebene Lüfterpumpe fördert. Durch Erhöhung der Dieselmotordrehzahl erhöht sich sodann auch die Drehzahl des Lüfterrades. Die Seitenjalousien werden mit Druckluft betätigt. Die Behr-Lüfteranlagen mit Kühler der Bauform V haben eine höhere Kühlleistung als die der Bauform A. Sie wurden in die Lokomotiven 218 302, 323 – 339, 386 – 388, 397 – 398 sowie 400 – 499 eingebaut, also in insgesamt 123 Loks.

Die Behr-Lüfteranlagen wurden in den letzten Jahren modernisiert. Die modernisierten Lüfteranlagen der Bauformen A und V besitzen nun an Stelle des Lüfterreglers mit thermostatischen Arbeitselementen einen programmierbaren elektronischen Lüfterregler und ein elektrisch angesteuertes Mengenventil. Bei der Bauform V erfolgt die Ölversorgung nun auch nicht mehr über das Getriebe, sondern über einen eigenen Ölkreislauf mit Behälter und eigenem Wärmetauscher. Um im Störungsfall eine Lüfternotschaltung durchführen zu können, musste bei der alten Bauform der Lokführer mit einem Imbus-Schlüssel händisch am Kühlwasserkühler die maximale Ölförderung einstellen, nach der Modernisierung braucht nur im Führerstand 1 im Steuerschrank 1 ein LSS (Leitungsschutzschalter) ausgelegt werden, und der Lüftermotor läuft mit maximaler Drehzahl.

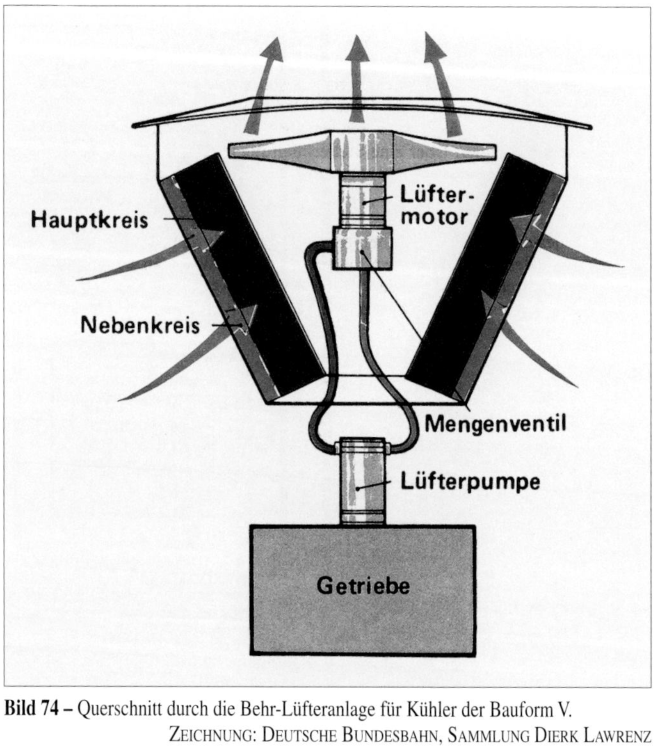

Bild 74 – Querschnitt durch die Behr-Lüfteranlage für Kühler der Bauform V.
ZEICHNUNG: DEUTSCHE BUNDESBAHN, SAMMLUNG DIERK LAWRENZ

Bild 75
So sieht der ausgebaute Kühler in V-Form aus.

AUFNAHME: CHRISTIAN GERBER

Voith-Lüfteranlage

Bei der Voith-Anlage werden zwei Ventilatoren über Gelenkwellen und Keilriemen von einem Abtrieb des Flüssigkeitsgetriebes angetrieben. Die Drehzahl der Ventilatoren (und damit deren Kühlleistung) ist abhängig von der Drehzahl des Motors und von der Ölfüllung in einem Regelgerät. Die Steuerung dieses Regelgerätes erfolgt durch je ein Feinregelventil im Haupt- und Nebenkühlkreis. Die Dachjalousien über den Ventilatoren öffnen sich, wenn ein bestimmter Staudruck erreicht ist. Die Seitenjalousien werden mit Druckluft betätigt.

Von der Voith-Lüfteranlage wurden lediglich 20 Exemplare in die Serien-218 eingebaut, wovon ausschließlich Loks der 3. Bauserie betroffen waren. Die Voith-Lüfteranlage fand in den Lokomotiven 218 305 – 322, 382 und 383 Verwendung.

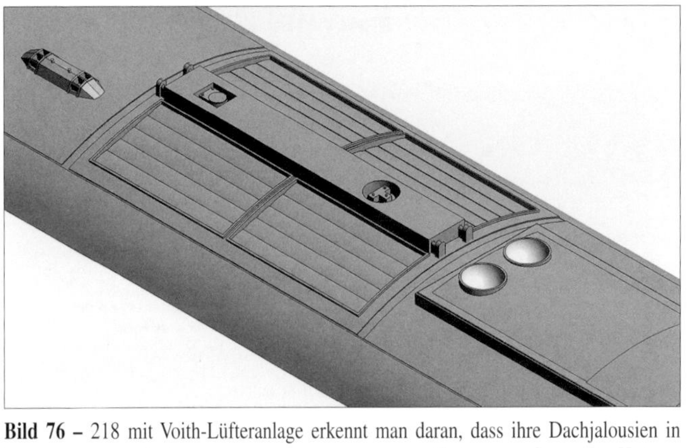

Bild 76 – 218 mit Voith-Lüfteranlage erkennt man daran, dass ihre Dachjalousien in Längsrichtung verlaufen. ZEICHNUNG: SEBASTIAN HAAGER

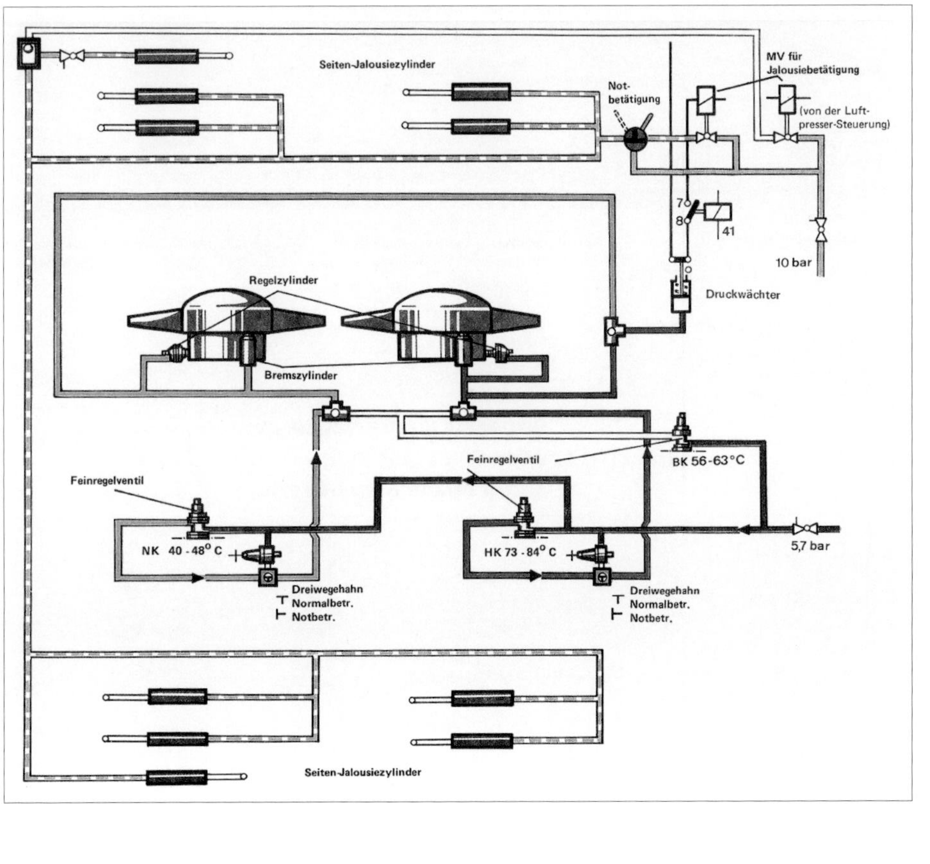

Bild 77
Steuerung der Voith-Lüfteranlage für Kühler der Bauform A.

ZEICHNUNG: DEUTSCHE BUNDESBAHN, SAMMLUNG PETER GROßE

Kuckuckslüfter

Bei der Baureihe 218 sind auf dem Dach mehrere sogenannte Kuckuckslüfter verbaut, wie man sie sonst von Reisezugwagen kennt. Sowohl die Anzahl als auch die Plazierungsorte dieser Lüfter waren bei den Serienloks der Baureihe 218 von Bauserie zu Bauserie verschieden:

- **Bauserie 1 (218 101 – 170):** insgesamt zwei Kuckuckslüfter auf den beiden zum Führerstand 2 zeigenden Dachabdeckungen.
- **Bauserie 2 (218 171 – 298):** insgesamt vier Kuckuckslüfter, davon zwei auf den zum Führerstand 2 zeigenden Dachabdeckungen sowie jeweils ein weiterer Lüfter über den Führerständen 1 und 2.
- **Bauserien 3 und 4 (218 299 – 398 und 400 – 499) sowie 218 399:** insgesamt vier Kuckuckslüfter, davon zwei auf der zum Führerstand 2 zeigenden Dachabdeckung sowie je ein weiterer links und rechts neben der Motorabdeckung.

17 Dachvarianten im Überblick

Fasst man alle Kombinationen aus verschiedenen Motorabdeckungen, Lüfteranlagen und Einbauorten der Kuckuckslüfter zusammen, so ergeben sich für die Baureihe 218 nicht weniger als 17 generell verschiedene Dachvarianten. Die meisten Unterschiede gibt es dabei innerhalb der Bauserie 3, da allein hier drei verschiedene Lüfteranlagen zum Einbau kamen und zugleich ein fließender Übergang in die Dachausführung bei Bauserie 4 erfolgte.

Doch selbst bei 17 Dachvarianten gab es noch weitere Ausnahmen. So existier(t)en – infolge von Austausch der Dachsegmente – vereinzelte Loks, die von den nachfolgend dargestellten Schemata der Kuckuckslüfter nochmals abwichen, z. B. 218 118, die vier Kuckuckslüfter analog der Bauserie 2 trug, oder auch 218 389, die aktuell nur zwei Kuckuckslüfter analog der Bauserie 1 besitzt. Ab Ende 2008 verkörperte 218 214 sogar eine Kombination der Bauserien 2 und 3 – sie hatten auf dem Dach insgesamt sechs Kuckuckslüfter wie einst die Pielstick-Probelok 218 197.

Dachvarianten bei der Bauserie 1 (218 101 – 170):

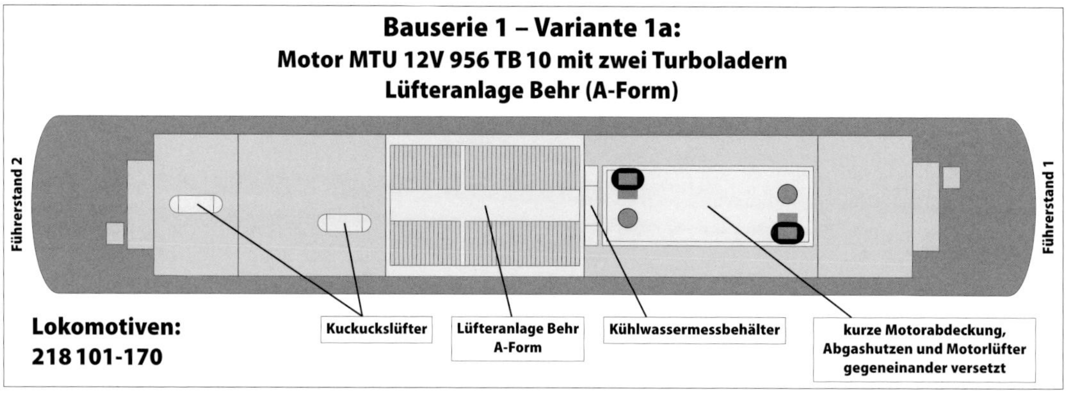

Bild 78
Dachschema für die 218 der 1. Bauserie mit Motor MTU 12 V 956 TB 10, zwei Turboladern und Lüfteranlage Behr in A-Form.

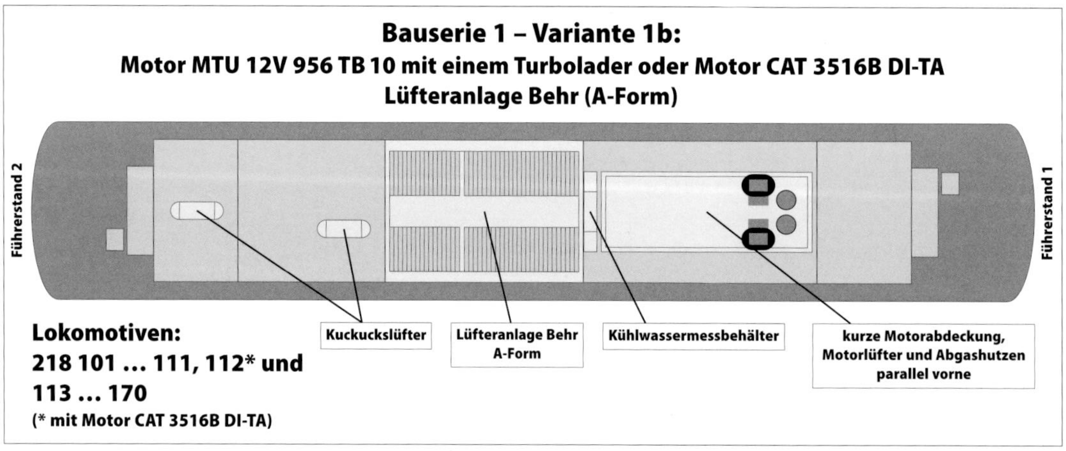

Bild 79
Dachschema für die 218 der 1. Bauserie mit Motor MTU 12 V 956 TB 10, einem Turbolader und Lüfteranlage Behr in A-Form. Das gleiche Dachschema besaß auch die versuchsweise mit dem CAT-Motor 3516B DI-TA ausgerüstete 218 112.

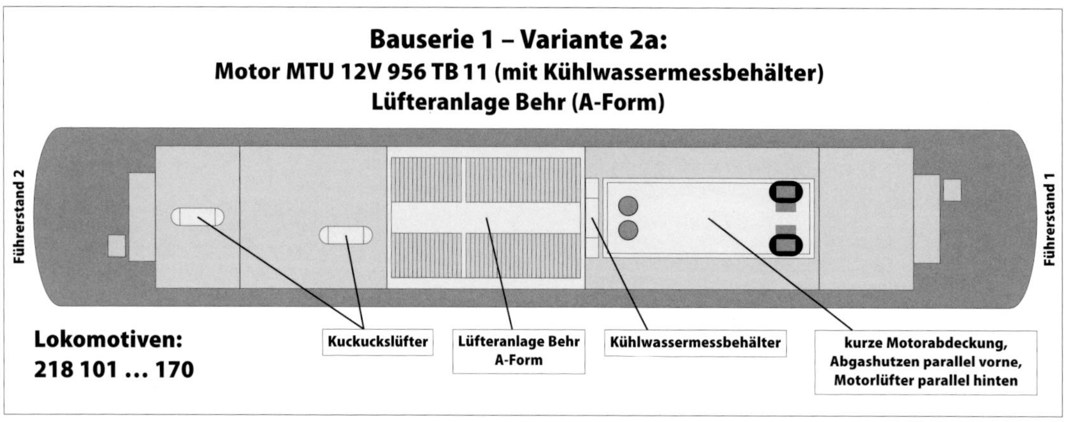

Bild 80
Viele 218 der 1. Bauserie wurden später auf den Motor MTU 12 V 956 TB 11 umgerüstet, woraus sich das hier dargestellte Dachschema ergab.

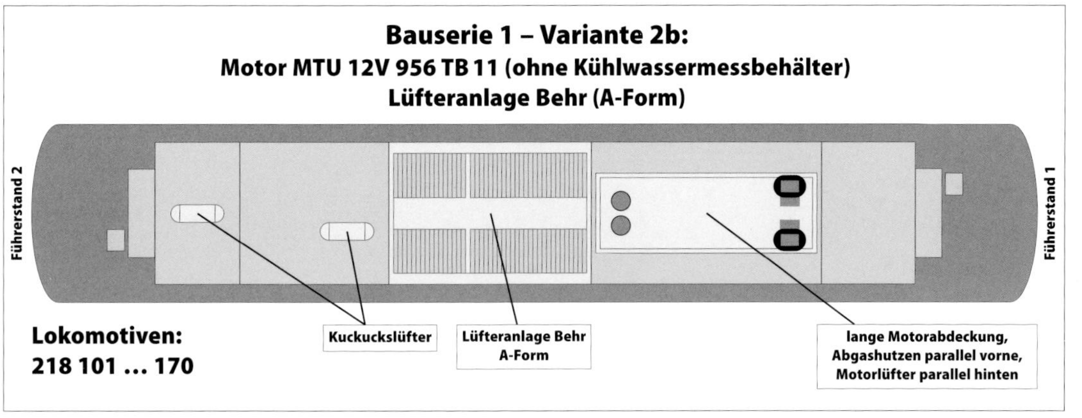

Bild 81
Einige der auf den Motor MTU 12 V 956 TB 11 umgerüsteten 218 der 1. Bauserie büßten den ursprünglichen Kühlwassermessbehälter ein und erhielten somit eine längere Motorabdeckung, so dass das Dachschema bei diesen Loks nochmals geringfügig anders ausfiel.

Dachvarianten bei der Bauserie 2 (218 171 – 288):

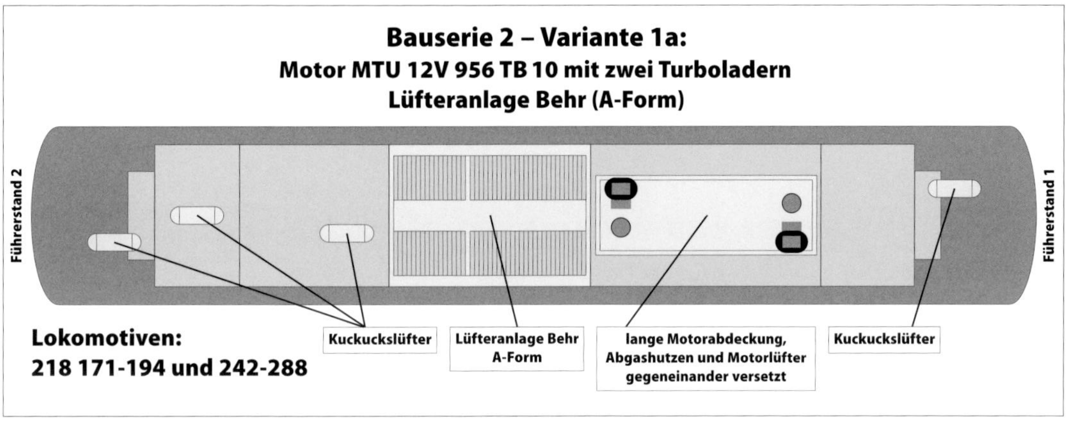

Bild 82
Ein Teil der 218 der 2. Bauserie wurde ebenfalls noch mit dem Motor MTU 12 V 956 TB 10 ausgeliefert, ferner erhielten diese Loks zwei weitere Kuckuckslüfter. Hier das Dachschema in der Version mit anfangs noch zwei Turboladern.

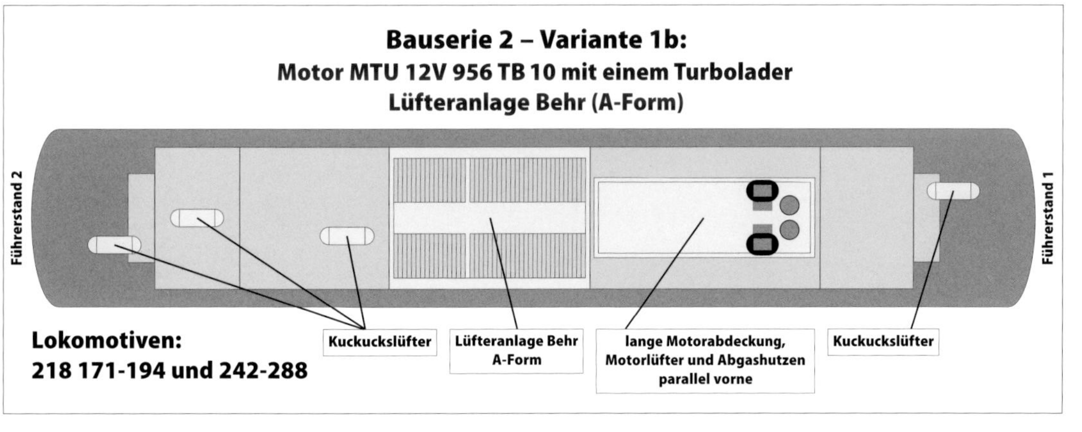

Bild 83
Dachschema für die 218 der 2. Bauserie mit dem Motor MTU 12 V 956 TB 10, aber nur noch einem Turbolader.

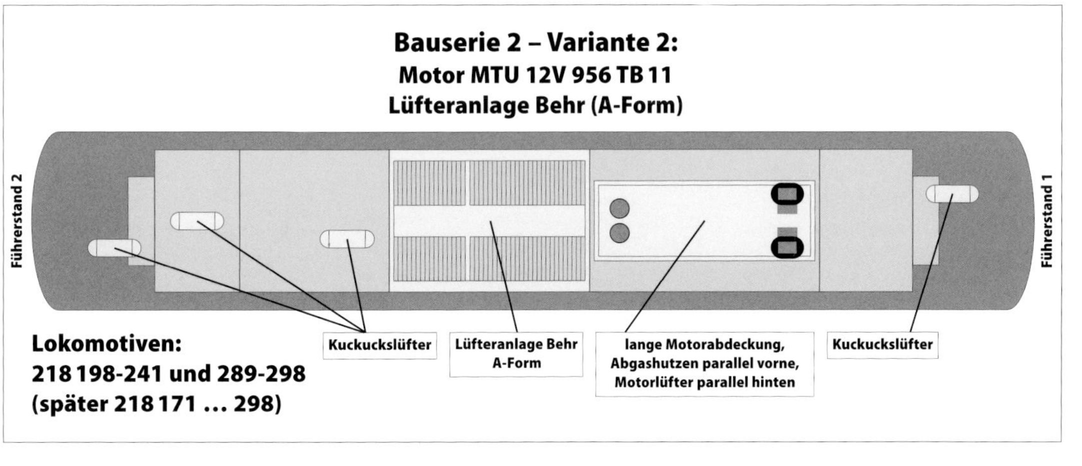

Bild 84
Insgesamt 54 Loks der 2. Bauserie wurden ab Werk bereits mit dem Motor MTU 12 V 956 TB 11 bestückt. Daraus resultierte für diese Loks das abgebildete Dachschema. Da später auch einige ursprünglich mit dem TB 10 ausgerüstete 218 der 2. Bauserie den TB 11 erhielten, traf dieses Schema dann auch auf jene Lokomotiven zu.

Zeichnungen (7): Christian Wolf

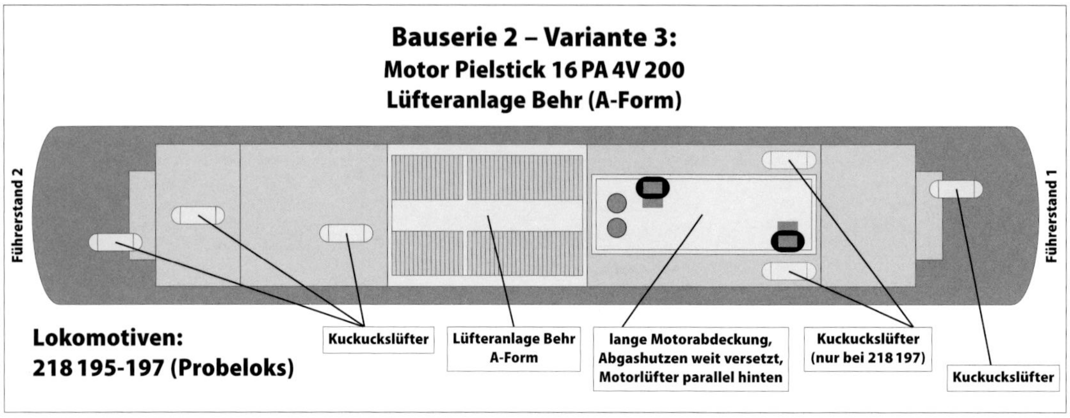

Bild 85
Die Lokomotiven 218 195 – 197 wurden ab Werk probeweise mit dem Motor Pielstick 16 PA 4V 200 ausgeliefert, weshalb diese Loks innerhalb der 2. Bauserie ein besonderes Dachschema besaßen. Die Lok 218 197 verfügte obendrein über insgesamt sechs Kuckuckslüfter, womit sie sich nochmals von 218 195 und 196 unterschied. Alle drei Loks wurden später auf TB 10-Motoren umgerüstet (vgl. Dachschema Bild 80), wobei 218 197 ihre sechs Kuckuckslüfter behielt.

Dachvarianten bei der Bauserie 3 (218 289 – 398) sowie Umbaulok 218 399:

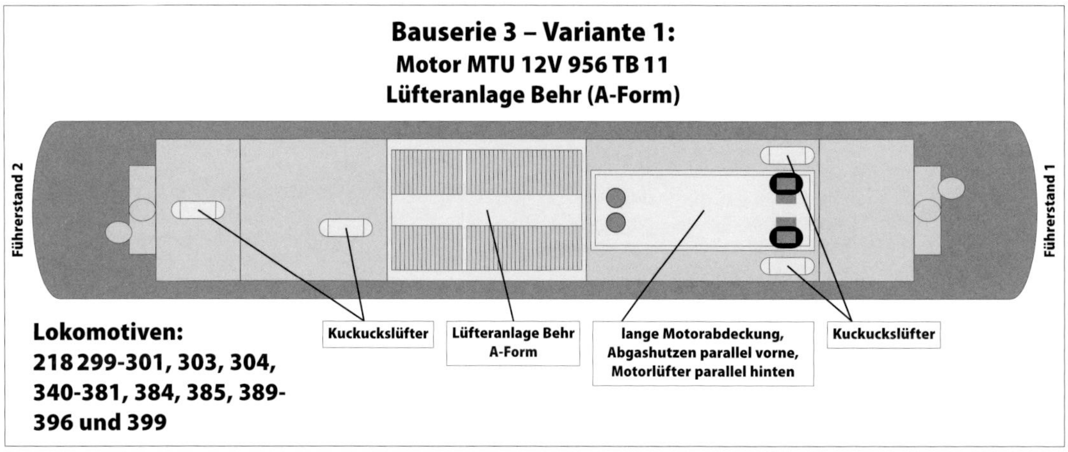

Bild 86
Auch die 218 der 3. Bauserie besaßen grundsätzlich vier Kuckuckslüfter – aber wiederum in einer anderen Anordnung als bei der Bauserie 2. Für die Loks mit TB 11-Motor und Behr-Lüfteranlage in A-Form galt das abgebildete Dachschema, welches so auch auf den Sonderling 218 399 zutrifft (einzige 218 mit diesem Dachschema und Krupp-Drehgestellen).

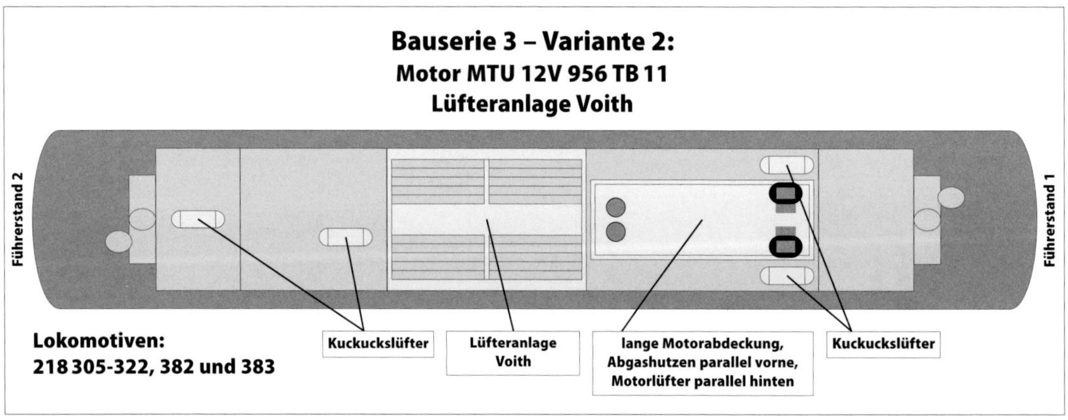

Bild 87
Lediglich 20 Loks der 3. Bauserie wurden mit der Voith-Lüfteranlage gefertigt. Alle diese Maschinen besaßen ursprünglich den TB 11-Motor.

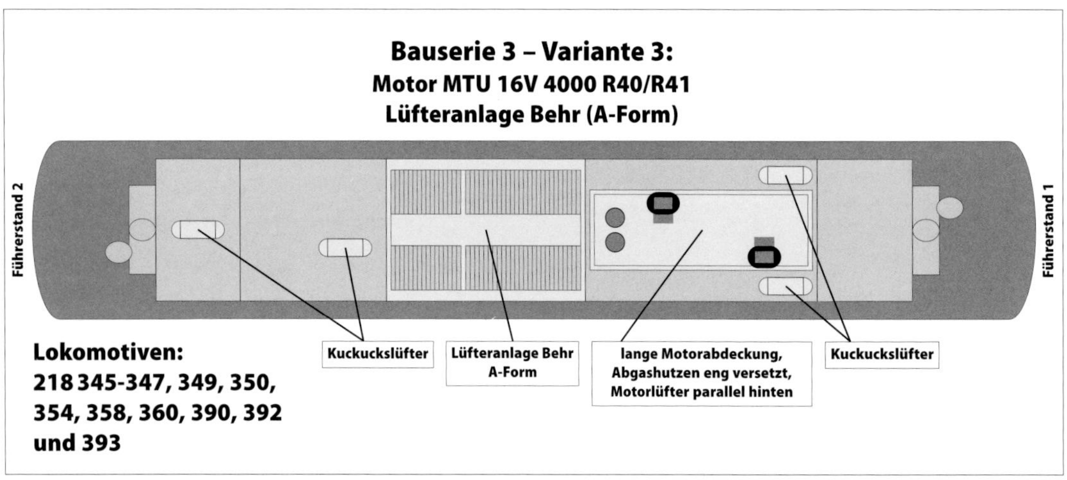

Bild 88
Innerhalb der 3. Bauserie wurden insgesamt elf ursprünglich mit dem TB 11-Motor und Behr-Lüfteranlage in A-Form bestückte 218 mit dem moderneren Motor MTU 16 V 4000 R 40/R 41 remotorisiert.

Bauserie 3 – Variante 4:
Motor MTU 16V 4000 R40/R41
Lüfteranlage Voith

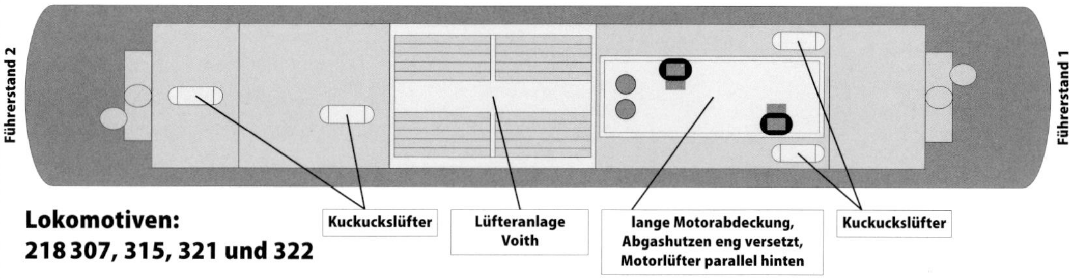

Lokomotiven:
218 307, 315, 321 und 322

Bild 89
Auch vier 218 aus der 3. Bauserie mit Voith-Lüfteranlage wurden mit dem Motor MTU 16V 4000 R 40/R 41 remotorisiert, so dass sich für diese Loks nochmals ein anderes Dachschema ergab.

Dachvarianten bei den Bauserien 3 und 4 (218 289 – 398 und 218 400 – 499):

Bauserien 3 und 4 – Variante 1:
Motor MTU 12V 956 TB 11
Lüfteranlage Behr (V-Form)

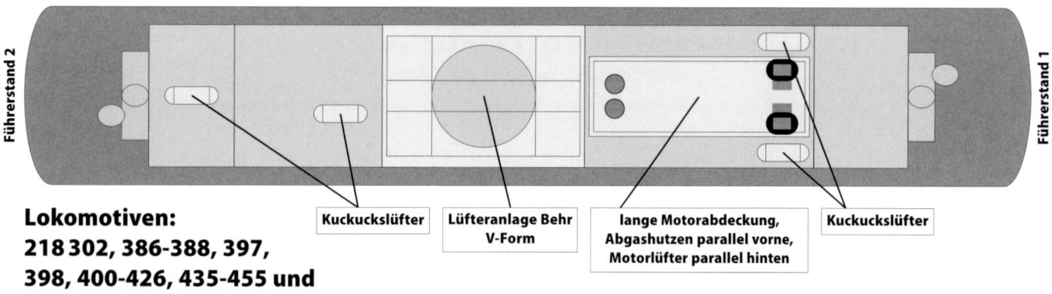

Lokomotiven:
218 302, 386-388, 397, 398, 400-426, 435-455 und 463-484 (später 302, 323 … 339, 386-388, 397, 398 und 400 … 499)

Bild 90
Einige 218 der 3. sowie sämtliche 218 der 4. Bauserie besaßen die Behr-Lüfteranlage in V-Form (großes Lüfterrad im Dach), die meisten davon in Kombination mit dem TB 11-Motor. Bei den Kuckuckslüftern gab es zwischen der 3. und der 4. Bauserie keinen generellen Unterschied mehr. Durch die Remotorisierung einiger Pielstick-218 mit dem TB 11 neu traf das hier dargestellte Dachschema später auf weitere 218 dieser beiden Bauserien zu.

Bauserien 3 und 4 – Variante 2a:
Motor Pielstick 16 PA 4V 200
Lüfteranlage Behr (V-Form)

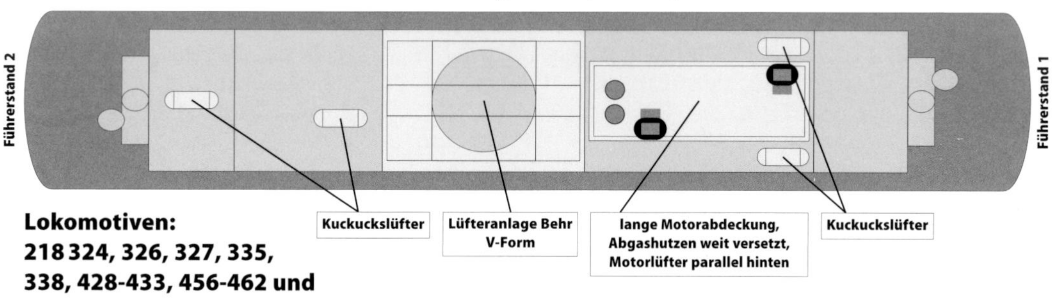

Lokomotiven:
218 324, 326, 327, 335, 338, 428-433, 456-462 und 485-499

Bild 91
Nach den drei Probeloks 218 195 – 197 aus der 2. Bauserie besaßen ab Herstellerwerk 47 weitere 218 aus den Bauserien 3 und 4 den Motor Pielstick 16 PA 4V 200, wobei es sich ausschließlich um Loks handelte, die über die Behr-Lüfteranlage in V-Form verfügten. Von diesen 47 Loks wiederum hatten 33 das hier abgebildete Dachschema.

Bauserien 3 und 4 – Variante 2b:
Motor Pielstick 16 PA 4V 200 (Abgashutzen spiegelverkehrt)
Lüfteranlage Behr (V-Form)

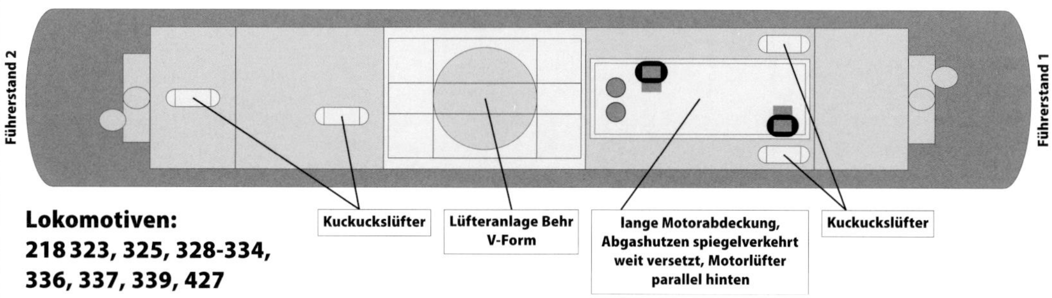

Lokomotiven:
218 323, 325, 328-334, 336, 337, 339, 427 und 434

Bild 92
Bei insgesamt 14 Pielstick-218 war die Anordnung der Abgashutzen hingegen genau spiegelverkehrt.

Zeichnungen (8): Christian Wolf

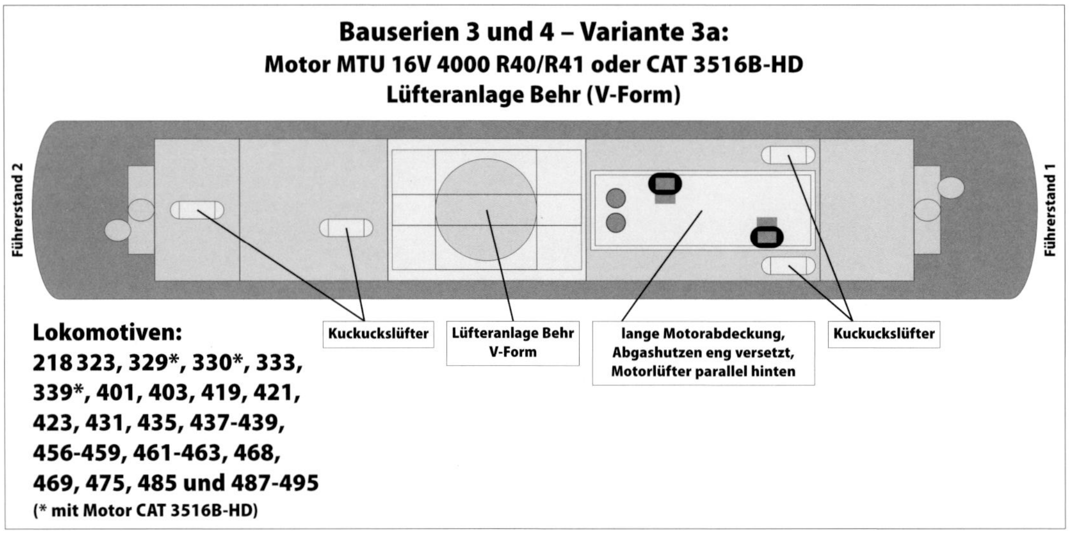

Bild 93
Zahlreiche 218 der 3. und 4. Bauserie, die ursprünglich mit der Behr-Lüfteranlage in V-Form und entweder dem Pielstick- oder dem TB 11-Motor ausgerüstet waren, wurden später mit dem neuen MTU 16 V 4000 R 40/R 41 remotorisiert. Das daraus resultierende, hier abgebildete Dachschema galt in gleicher Weise auch für die drei mit dem CAT 3516 B-HD remotorisierten 218 329, 330 und 339.

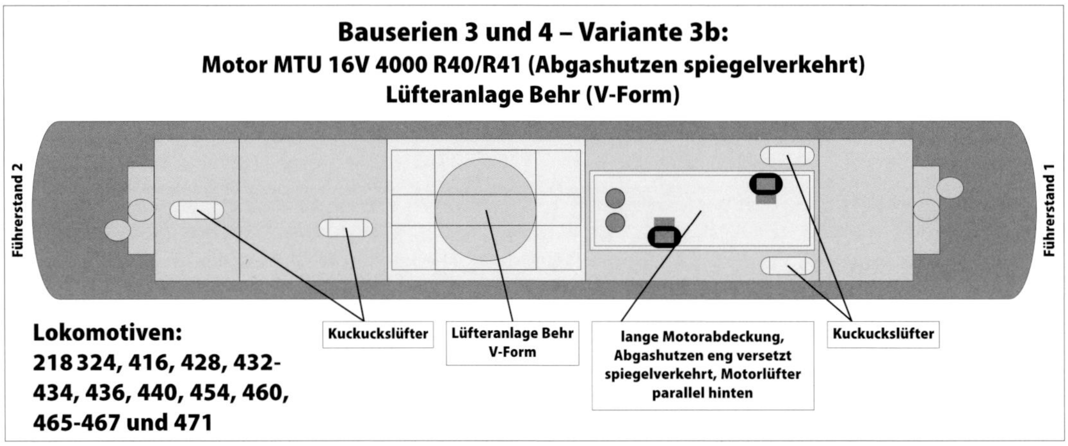

Bild 94
Auch bei einigen mit dem MTU 16 V 4000 R 40/R 41 remotorisierten 218 mit Behr-Lüfteranlage in V-Form war die Anordnung der Abgashutzen spiegelverkehrt ausgeführt. Insgesamt betraf dies 14 Lokomotiven.

Zeichnungen (2): Christian Wolf

2.6 Flüssigkeitsgetriebe

Insgesamt 264 Serienlokomotiven der Baureihe 218 wurden mit dem MTU-Getriebe K 252 SUBB und 134 Exemplare mit dem Voith-Getriebe L 820 brs ausgeliefert. Voith-Getriebe wurden in die Lokomotiven 218 112, 183, 189, 194, 196 – 218, 225, 232, 234, 235, 240 – 246, 267 – 270, 290, 303, 304, 306 – 308, 311, 312, 315 – 317, 319, 320, 322, 325, 326, 333, 335, 337, 343, 344, 346 – 349, 351, 353 – 355, 357, 358, 394, 400, 401, 414, 428 – 463, 468 – 470, 473, 474, 477, 479, 483 – 485 sowie 488 – 499 eingebaut. Alle anderen Maschinen waren mit dem MTU-Getriebe bestückt.

Getriebe von MTU und Voith konnten in den Lokomotiven der Baureihe 218 zunächst unabhängig vom eingebauten Motortyp verwendet werden. Dies änderte sich erst, als die Remotorisierung einiger 218 mit den MTU-Motortypen 16 V 4000 R 40 und R 41 erfolgte. Diese Motoren konnten nur mit dem Voith-Getriebe kombiniert werden.

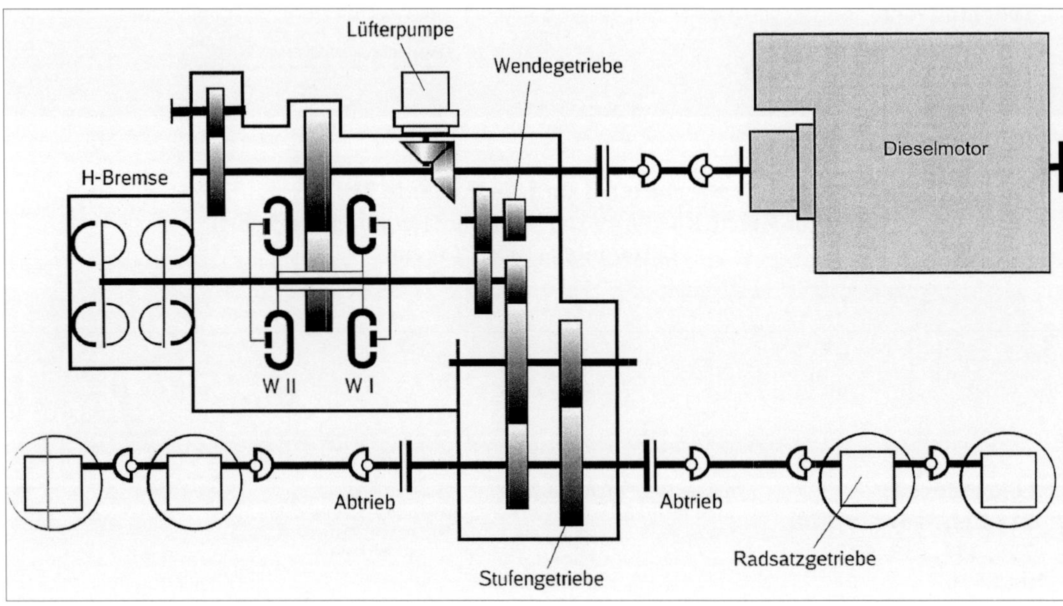

Bild 95
Schematische Darstellung der Anordnung von Dieselmotor und Getriebe bei der Baureihe 218.

Zeichnung: Deutsche Bundesbahn, Sammlung Peter Große

Bild 96
MTU-Getriebe K 252 SU BB im ausgebauten Zustand.

AUFNAHME: CHRISTIAN GERBER

Beide Getriebetypen haben zwei hydraulische Drehmomentwandler. Sie können eine Leistung von 2.020 PS bei 1.500 min^{-1} übertragen. Die Schaltpunkte von Wandler I auf Wandler II bei Fahrstufe 15 sind unterschiedlich. Beim MTU-Getriebe erfolgt das Umschalten im Schnellgang bei ca. 110 km/h und im Langsamgang bei ca. 70 km/h, beim Voith-Getriebe im Schnellgang bei ca. 100 km/h und im Langsamgang bei ca. 65 km/h. Auch die Betätigung der Wendeschaltung für den Fahrtrichtungswechsel sowie der Stufenschaltung vom Schnell- zum Langsamgang und umgekehrt ist etwas unterschiedlich.

MTU-Getriebe K 252 SU BB

Das MTU-Getriebe ist ähnlich ausgelegt wie das Voith-Getriebe L 820 brs. Der Stufensprung beträgt bei beiden Getrieben 1,55. Der Wirkungsgradscheitel des Wandlers II liegt bei Volllast bei etwa 130 km/h. Der Wandler I ist fünfkränzig, d. h. das Kraftübertragungsöl strömt aus der Pumpe in die Turbine, von dort durch Leitschaufeln in einen zweiten Turbinen-Schaufelkranz und von dort über Leitschaufeln wieder zur Pumpe zurück. Infolge dieser Anordnung nimmt der Wandler I beim Anfahren seine volle Nennleistung auf (das Voith-Getriebe nur 80 % der Nennleistung). Der Wirkungsgradverlauf des Wandlers I deckt sich praktisch mit dem des Voith-Getriebes. Bei einer Fahrgeschwindigkeit von 40 km/h im Schnellgang und 25 km/h im Langsamgang beträgt der Wirkungsgrad für beide Getriebe bei Volllast mehr als 75 %.

Steuerung des MTU-Getriebes

Die dem Getriebe zugeführte Antriebsenergie wird über den Wandler I oder II dem Wende- und Stufengetriebe und von dort über Gelenkwellen den Radsatzgetrieben zugeführt. In Stellung 2 des Fahrschalters schaltet der Füllmagnet und öffnet das Füllventil. Dort steht Steueröl bereit, wenn das Wende- und Stufengetriebe in Endlage ist und der Übertourungsschutz nicht angesprochen hat. Das bereitstehende Steueröl gelangt über einen Kolben am Schaltregler zur Hauptsteuerung und verstellt diese so, dass je nach Fahrgeschwindigkeit der Wandler I oder II mit dem von der Füllpumpe über den Wärmetauscher kommenden Öl gefüllt werden kann. Durch das Füllen des jeweils eingeschalteten Wandlers wird eine Verbindung zwischen An- und Abtrieb hergestellt.

Die weitere Gangschaltung erfolgt vollautomatisch durch den Schaltregler in Abhängigkeit von der Fahrgeschwindigkeit und der Motorleistung (Füllpumpendruck).

Wird die Höchstgeschwindigkeit der Lok im Schnellgang bzw. Langsamgang um rund 16 % überschritten, spricht der interne Übertourungsschutz des Getriebes an. Ausgehend vom Schaltregler, der die Übertourung wahrnimmt, wird mit Hilfe von Steuerschiebern der Füll- und Entleerungsschieber für Wandler II in seine Grundstellung gebracht. Dadurch entleert sich der Wandler II, und der Kraftfluss im Getriebe wird selbsttätig unterbrochen.

Das Getriebe kann erst wieder gefüllt werden, wenn zuvor die Fahrgeschwindigkeit auf ca. 8 km/h abgesenkt und dadurch die Füllsperre selbsttätig aufgehoben wird.

Im Gegensatz zum Voith-Getriebe wird beim MTU-Getriebe durch Ansprechen des Übertourungsschutzes keine Zwangsbremsung eingeleitet.

Wende- und Stufenschaltung des MTU-Getriebes

Die Wendeschaltung für die Fahrtrichtungswahl kann sowohl bei abgestelltem als auch bei laufendem Motor (untere Leerlaufdrehzahl), jedoch nur bei stehender Lok und entleertem Getriebe durchgeführt werden. Überwacht wird dies durch ein Tastventil. Bei laufendem Motor wird die Wendeschaltung mit Öldruck, bei stehendem Motor mit Druckluft betätigt. Sie bleibt auch bei abgestelltem Motor in Eingriff, so dass das Zustarten des Motors, z. B. bei Doppeltraktion, bei fahrender Lok bei jeder Geschwindigkeit zulässig ist. Auch für die Stufenschaltung für das Umschalten vom Schnell- in den Langsamgang und umgekehrt gilt, dass sie sowohl bei abgestelltem als auch bei laufendem Motor (untere Leerlaufdrehzahl) und entleertem Getriebe ausgeführt werden kann. Bei laufendem Motor wird sie durch Öldruck, bei abgestelltem Motor durch Druckluft betätigt. Eine Zahn-vor-Zahn-Stellung der Klauenkupplung wird durch eine pneumatische Dreheinrichtung selbsttätig beseitigt.

Voith-Getriebe L 820 brs

Das Gehäuse ist unter Verwendung von Stahlgussteilen geschweißt und wiegt in dieser Bauart 400 kg weniger als in der vorher gelieferten Version in Graugussausführung. Die hydrauli-

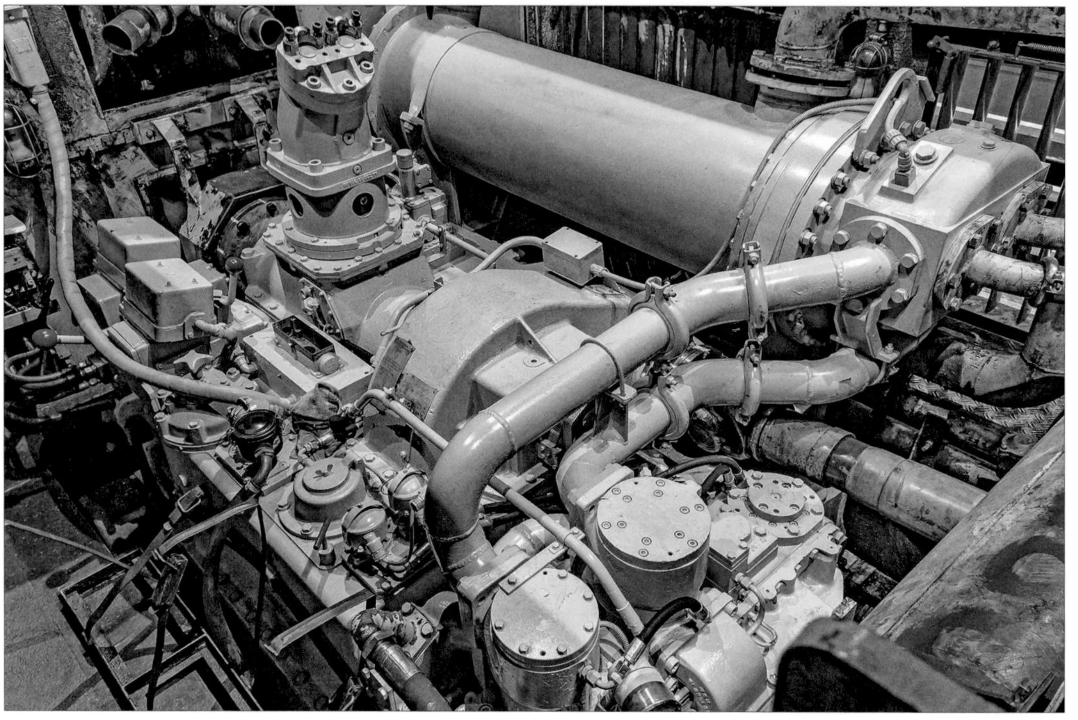

Bild 97
Voith-Getriebe L 820 brs in eingebautem, aber noch nicht angeschlossenem Zustand.

schen Kreisläufe sind gegenüber dem Getriebe L 821 rs etwas vergrößert worden, wodurch sich bei gleicher Leistungsaufnahme eine etwas geringere Wandlerpumpendrehzahl ergibt. Die Bauart der pfeilverzahnten Zahnräder wurde verbessert. Die Wandler sind so ausgelegt, dass der beste Wirkungsgrad des Wandler 2 bei Volllast im Schnellgang bei einer Geschwindigkeit von etwa 130 km/h liegt. Hierdurch hat das Getriebe bei ¼ Last und einer Geschwindigkeit von 100 km/h noch einen Wirkungsgrad von rd. 80 %. Der Stufensprung (Verhältnis Schnell- zum Langsamgang) beträgt 1,55 1.

Steuerung des Voith-Getriebes

Das Voith-Getriebe funktioniert weitgehend so wie das MTU-Getriebe. Es gibt aber folgende Unterschiede:

- Der Übertourungswächter wird wirksam, wenn die Höchstgeschwindigkeit der Lok im Schnell- bzw. Langsamgang um ca. 20 % überschritten wird. Beim Ansprechen des Übertourungswächters wird eine Zwangsbremsung eingeleitet und die Leistung über den Steuerstromdruckschalter abgeschaltet.
- Die Wendeschaltung kann sowohl bei abgestelltem als auch bei laufendem Motor (untere Leerlaufdrehzahl), jedoch nur bei stehender Lok und entleertem Getriebe, ausgeführt werden (ein Tastventil überwacht den Lokstillstand). Sie wird mittels Druckluft (Mindestdruck 4 bar) betätigt. Eine Verriegelung der Wendegetriebeendstellungen ist nicht vorhanden, der Wendeschaltkolben wird durch ein Federsprungschaltwerk in seinen Endlagen gehalten. Das Federsprungschaltwerk verhindert außerdem eine Mittelstellung des Wendeschaltkolbens.
- Die Stufenschaltung darf sowohl bei abgestelltem als auch bei laufendem Motor (untere Leerlaufdrehzahl), jedoch nur bei stehender Lok und entleertem Getriebe ausgeführt werden. Das Stufengetriebe hat zwei verriegelbare Endstellungen (Schnellgang/Langsamgang) und eine verriegelbare Mittelstellung (Abschleppbetrieb), in der die Sekundärteile von der Antriebswelle entkuppelt werden. Die Stufenschaltung wird bei den ersten drei Bauserien der Baureihe 218 von Hand durch Umlegen des Stufenschalthebels am Getriebe durchgeführt. Bei der vierten Bauserie geschieht dies durch ein Federschaltwerk.
- Eine Zahn-vor-Zahn-Stellung der Wendemuffe (bei der Wendeschaltung) bzw. der Schaltmuffe (bei der Stufenschaltung) wird durch eine pneumatische Verdreheinrichtung selbsttätig beseitigt.

Bild 98 – Größenvergleich zweier ausgebauter 218-Hauptbauteile, vorne rechts ein Voith-Getriebe L 820 brs, links dahinter ein MTU-Motor 12 V 956 TB 11.

Überwachung des Getriebes

Ein entscheidender Nachteil der dieselhydraulichen Kraftübertragung ist, dass beim Betrieb der Lokomotive – also beim Bewegen von Turbinen-, Pumpen- und Leitrad – das Öl an den Schaufeln und Radkörperwänden reibt. Innerhalb der Schaufelkränze kommt es zum Aufschäumen des Öls. Durch Reibungswärme kommt es zum Erhitzen des Kraftübertragungsöls, besonders, wenn die Lokomotive lange mit niedriger Geschwindigkeit fährt. Das Erhitzen führt zu Leistungsverlust. Daher muss auch eine dieselhydraulische Lokomotive nach spätestens 5 min die kleinste zulässige Dauerfahrgeschwindigkeit zwingend erreicht haben, da ansonsten das Kraftübertragungsöl aufkochen kann und sich dabei zersetzt. Es muss dann ausgetauscht werden. Damit das nicht passiert, überwacht ein elektronisches Überwachungsgerät die Öltemperatur. Bei zu hoher Temperatur leuchtet ein Störleuchtmelder auf.

2.7 Hydrodynamische Bremse

Wie Bild 95 auf S. 48 zeigt, ist am Flüssigkeitsgetriebe der Serien-218 eine hydrodynamische Bremse (H-Bremse) angebracht. Diese ist im Schnellgang nur bei einer Geschwindigkeit über 45 km/h und im Langsamgang nur bei einer Geschwindigkeit über 20 km/h wirksam. Sie unterstützt die Druckluftbremse der Lok und schont so Bremsklötze und Radreifen. Die H-Bremse besteht aus einem Rotor (ein doppelseitiges Pumpenrad), einem Stator (zwei starr am Gehäuse befestigte Turbinenräder) sowie einer Steuerung. Der Rotor ist über das Getriebe mit den Radsätzen verbunden und dreht sich daher in Abhängigkeit von der Fahrzeuggeschwindigkeit mehr oder weniger schnell. Beim Bremsvorgang wird Öl zwischen Rotor und Stator gepumpt. Der Rotor beschleunigt das Öl und wird dadurch selbst abgebremst. Der Stator bremst das Öl wieder ab. Die dabei auftretende Reibungswärme wird in einem Wärmetauscher an das Kühlwasser des Nebenkühlkreises abgegeben.

Durch Verstellen des Bremsstellers in die Stufen 1 bis 7 kann die Bremskraft reguliert werden. Die Magnetventile für Bremskraftregulierung werden entsprechend der vorgewählten Bremsstufe an Spannung gelegt und geben die anstehende Steuerluft zum 7-Stellungsgerät frei. Dieses sorgt für mehr oder weniger starken Öldruck in der H-Bremse. Je größer der Öldruck zwischen Rotor und Stator ist, desto größer ist die Bremsleistung. Die Bremsleistung ist durch die Kühlleistung des Wärmetauschers begrenzt. Die maximale Bremsleistung kann kurzzeitig bei ca. 2.940 kW liegen. Bei langen Gefällebremsungen liegt sie beim MTU-Getriebe bei ca. 1.180 kW und beim Voith-Getriebe bei ca. 1.320 kW.

2.8 Druckluft und Druckluftbremsanlagen

2.8.1 Drucklufterzeugung

Zur Drucklufterzeugung dienen zwei elektrisch angetriebene Luftpresser der Bauart Knorr VV 160/200 mit einer Leistungsaufnahme von jeweils 9,5 kW. Die Fördermenge je Luftpresser beträgt 1.180 l/min bei 2.000 min^{-1}. Der zweite Luftpresser arbeitet zur Schonung der Batterie nur bei laufendem Dieselmotor.

2.8.2 Druckluftverteilung

Die nachstehend aufgeführten Luftbehälter speichern die erzeugte Druckluft.

Anzahl	Behälter	Inhalt	Regeldruck
2	Hauptluftbehälter	je 400 l	8,5 – 10 bar
1	Hauptluftbehälter	200 l	8,5 – 10 bar
1	Vorratsluftbehälter	200 l	8,5 – 10 bar
1	Vorratsluftbehälter	25 l	8,5 – 10 bar
1	Sonderluftbehälter	100 l	8,5 – 10 bar
1	Sicherheitsbehälter	5 l	8,5 – 10 bar
1	Zusatzbehälter	25 l	7,5 bar
1	Hilfsluftbehälter	9 l	5 bar
2	Ausgleichsbehälter	je 5 l	3,4 – 5 bar
2	Zeitbehälter	je 25 l	0 – 0,5 bar
1	Steuerluftbehälter	40 l	5,7 bar

Die Druckluftbehälter haben folgende Aufgaben:

- **Hauptluftbehälter:** Führer- und Zusatzbremsventile, Scheibenwischer und Scheibenwaschanlagen, Sanden, Speisung von Vorrats-, Sonder-, Zusatz- und Sicherheitsbehälter, Bremsluft bei direkter Bremsung (Zusatzbremse).
- **Vorratsluftbehälter:** Bremsluft bei indirekter Bremsung (Führerbremsventil, Sifa, Indusi usw.).
- **Sonderluftbehälter:** Läutewerk, Pfeife, Spurkranzschmierung, Jalousiebetätigung und Speisung des Steuerluftbehälters.
- **Sicherheitsbehälter:** Umsteuerung von der Hoch- auf die Niedrigabbremsung.
- **Zusatzbehälter:** Steuerung der Auslassventile.
- **Hilfsluftbehälter:** Vorsteuerung des Bremszylinderdruckes im Druckübersetzer des Steuerapparates.
- **Ausgleichsbehälter:** Steuerung des Hauptluftleitungsdruckes über ein Führerbremsventil.
- **Zeitbehälter:** Angleichen von Überladungen der Hauptluftleitung über ein Führerbremsventil.
- **Steuerluftbehälter:** Drehzahlverstellung am Dieselmotor, Wandlerteilfüllung, Wendeschaltung, Dreheinrichtung am Getriebe, Steuerung der hydrodynamischen Bremse, Füllung der Heizgeneratorkupplung.

Bild 99
Eingebauter Luftpresser im Maschinenraum der Baureihe 218.

AUFNAHMEN (3): CHRISTIAN GERBER

2.8.3 Druckluftbremsen

Die Baureihe 218 ist mit einer mehrlösigen Druckluftbremse der Bauart KE mit den Bremsstellungen G, P, P2, R ausgerüstet. Die Betätigung des Steuerventils mit Druckübersetzer erfolgt durch die Führerbremsventile des Typs D 5 von Knorr. Die acht Bremszylinder der Lokomotive werden über den Druckübersetzer aus zwei Vorratsluftbehältern mit Bremsluft beaufschlagt. Der Bremskolbenhub beträgt 50 – 120 mm.

Fahrgeschwindigkeitsabhängig wird der Druckübersetzer vom Bremsdruckregler am Radsatzlager des Radsatzes 3 gesteuert. Bei Hochabbremsung in der Bremsartstellung P2 werden maximal 7,15 bar, in der Bremsartstellung R maximal 8,15 bar Bremszylinderdruck eingesteuert. Bei abnehmender Geschwindigkeit wird bei ca. 50 km/h auf Niedrigabbremsung umgeschaltet. Der maximal mögliche Bremszylinderdruck beträgt nun bei den Bremsstellungen P2 und R 3,8 bar.

Mit der indirekt wirkenden Druckluftbremse kann gleichzeitig auch die hydrodynamische Bremse betätigt werden. Hierzu ist das Führerbremsventil mit gekuppeltem Bremssteller zu bedienen.

Fällt die hydrodynamische Bremse aus, setzt sofort die entsprechend vorgesteuerte Druckluftbremse ein.

Sonstige Bremseinrichtungen

Zusatzbremse
Alle Lokomotiven haben zusätzlich zur durchgehenden, selbsttätig wirkenden Druckluftbremse eine direkt wirkende Druckluft-Zusatzbremse, deren Bremszylinderdruck durch ein Druckminderventil auf 3,6 bar begrenzt ist. Die Handbremse auf jedem Führerstand wirkt jeweils auf die rechten Räder des zugehörigen Drehgestells.

Notbremseinrichtung
Leicht erreichbare Notbremsventile in der Nähe des Führersitzes erlauben eine Schnellbremsung mit der durchgehenden Druckluftbremse ohne Betätigung des Führerbremsventiles.

Der Gleitschutzregler der 1. und 2. Bauserie steuert bei Beginn eines Gleitvorganges die beiden MTA-Ventile in Lösestellung. Dadurch werden bei einer Bremsung mit der indirekt wirkenden Bremse die Bremszylinder entlüftet. Ist der Gleitvorgang beendet, wird der vorher vorhandene Bremszylinderdruck wieder eingesteuert. Die Lokomotiven der 3. und 4. Bauserie haben elektronisch geregelten Gleitschutz.

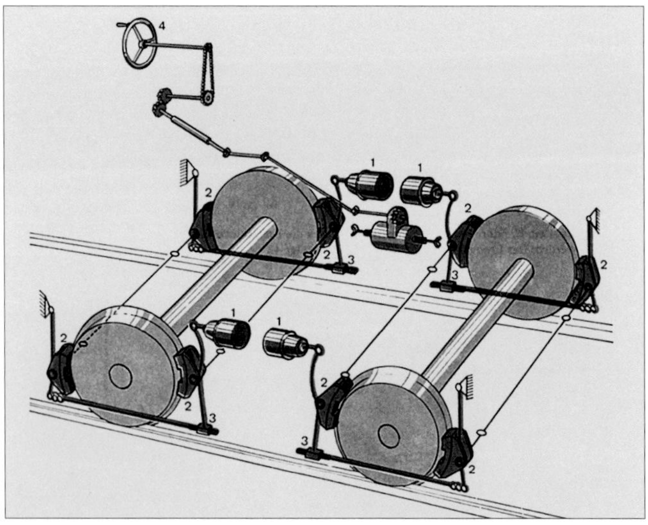

Bild 100 – Schematische Darstellung der Bremsgestängeanordnung. Es gibt pro Drehgestell vier Bremszylinder (1), die auf jeweils zwei Bremsklötze (2) wirken. Zusätzlich können die Bremsklötze mit der Handbremse (4) angelegt werden. Die Nachstelleinrichtung (3) sorgt für das optimale Anlegen der Bremsklötze in Abhängigkeit vom Abnutzungsgrad der Bremsklötze. ZEICHNUNG: DEUTSCHE BUNDESBAHN, SAMMLUNG DIERK LAWRENZ

2.8.4 Zusammenwirken der Druckluftbremse mit der hydrodynamischen Bremse

Die hydrodynamische Bremse kann sowohl allein mit dem Bremssteller (entkuppelt) als auch zusammen mit der indirekten Druckluftbremse durch den Hebel am Selbstregler D5 (gekuppelt) betätigt werden. Bei der Bedienung des Führerbremsventiles mit gekuppeltem Bremssteller zeigt die kombinierte Bremse abhängig von der Geschwindigkeit des Zuges folgende Wirkung:

Bremsartstellung	140/90 km/h bis 45/20 km/h	45/20 km/h bis 0 km/h
G	H-Bremse allein (einschaltverzögert)	Niedrigabbremsung durch die Druckluftbremse allein
P	H-Bremse allein (unverzögert)	Niedrigabbremsung durch die Druckluftbremse allein
P2	H-Bremse und Niedrigabbremsung	Niedrigabbremsung durch die Druckluftbremse allein
R	H-Bremse und Niedrigabbremsung	Niedrigabbremsung durch die Druckluftbremse allein

Fällt beim kombinierten Bremsen die hydrodynamische Bremse aus, setzt immer die der Bremsartstellung (G, P, P2, R) und der Geschwindigkeit (Hoch- und Niedrigabbremsung) entsprechende Abbremsung der Druckluftbremse ein. Gleiches gilt bei Ausfall der hydrodynamischen Bremse, wenn gleichzeitig eine Zwangsbremsung eingeleitet wird.

2.8.5 Bremsgestängeanordnung

Die Bremsgestängeanordnung ist Bild 96 (links) zu entnehmen. Es gibt pro Drehgestell vier Bremszylinder (1), die auf jeweils zwei Bremsklötze (2) wirken. Zusätzlich können die Bremsklötze mit der Handbremse (4) angelegt werden. Die Nachstelleinrichtung (3) sorgt für das optimale Anlegen der Bremsklötze in Abhängigkeit vom Abnutzungsgrad der Bremsklötze.

2.9 Hilfseinrichtungen

2.9.1 Vorwärm- und Warmhalteeinrichtung

Zum Vorwärmen und Warmhalten wird ein Gerät des Typs Webasto DBW 2075 oder Hagenuk K 32H genutzt, das sich im Heizgeneratorraum befindet. Ein Thermostat sorgt dafür, dass das Kühlwasser beim Vorwärmen auf eine Temperatur von 60 bis 66 °C und beim Warmhalten von 40 bis 46 °C gebracht wird. Das Vorwärmgerät wird mit Dieselkraftstoff betrieben, der dem Brenner durch eine Brennstoffpumpe mit einem Druck von 10 bar zugeführt wird. Zur Überwachung der Brennerflamme dient ein Fotowiderstand. Das Gerät ist recht leistungsfähig. So kann beispielsweise das Webasto-Vorwärmgerät eine Kühlwassermenge von 1.300 l um 1 °C pro Minute erwärmen. Dafür hat es eine Leistung von 300 kW. Bei Dauerbetrieb liegt sein Brennstoffverbrauch bei 17 l/h.

2.9.2 Schutzgerät

In die Lokomotiven 218 101 bis 170 wurde ab Werk das Schutzgerät S-Vv 3s 110 eingebaut. Das Gerät ist ab einer Geschwindigkeit von 3 km/h wirksam. Der Geber am Radsatz 1 rechts meldet dem Schutzgerät im Führerraum 1 Fahrgeschwindigkeit und beginnende Schleuder- oder Gleitvorgänge. Gemessen wird mittels einer kleinen Spannung. Ein rascher Spannungsanstieg am Achsgeber signalisiert einen beginnenden Schleudervorgang.

In den Fahrstufen 6 bis 15 erfolgt dann ein Schleuderschutz. Bei beginnendem Schleudern wird bereits 0,15 Sekunden nach Schleuderbeginn durch ein Hilfsrelais im Schutzgerät für die Zeit von ca. 0,2 Sekunden der Reglermagnet abgeschaltet. Hierdurch wird ein kurzer und rascher Leistungsrückgang erzielt. Gleichzeitig wird das Magnetventil „Schleuderschutz" erregt. Infolgedessen wird am Fünffachmagnetventilblock das Magnetventil 7 mm „Grundhub" spannungslos, was einen Drehzahlrückgang des Dieselmotors auf Stufe 6 (1.070 min^{-1}) zur Folge hat. Nachfolgend kommt es zum verzögerten Wiederansteigen der Motordrehzahl.

Bei Überschreitung der Höchstgeschwindigkeit um 10 km/h im Schnellgang und um 5 km/h im Langsamgang wird durch ein weiteres Hilfsrelais im Schutzgerät für die Dauer der Überschreitung das Magnetventil „Schleuderschutz" erregt, was die gleichen Abläufe wie beim Schleudern zur Folge hat (kurzzeitiges Herunterschalten der Leistung, langsames Hochfahren der Motordrehzahl).

Durch eine Geschwindigkeitsstufe im Schutzgerät wird beim Unterschreiten der Geschwindigkeit von 20 km/h beim Langsamgang und 45 km/h beim Schnellgang die hydrodynamische Bremse abgeschaltet.

Die Lokomotiven 218 171 bis 207 sowie 210 bis 298 wurden mit dem Schutzgerät S 6 W 2 ausgeliefert. Das Schutzgerät erfüllt die gleichen Aufgaben wie das Schutzgerät S-Vv 3s 110, enthält aber zusätzliche Einschübe für das automatische Sanden und die Kühlwasserstandsüberwachung.

Die Zusatzeinrichtung „Automatisches Sanden" bewirkt im Anschluss an einen vorausgegangenen und durch das Schutzgerät bereits abgefangenen Schleudervorgang ein zeitlich begrenztes Dauer- und Impulssanden, wodurch nachfolgende Schleudervorgänge verhindert werden sollen. Dazu beginnt 0,7 s nach Beendigung eines Schleudervorganges für 6 s ein Dauersanden, begleitet von einem 30 s währenden Impulssanden. In diesem Zeitraum wird abwechselnd für 1 s das Sanden ein- und für 1,5 s abgeschaltet. Bei einer Zwangs-, Not- oder Schnellbremsung sorgt das Schutzgerät für Dauersanden, das beim Erreichen einer Geschwindigkeit von weniger als 3 km/h abgeschaltet wird.

Damit die Lok nicht an ungeeigneten Stellen, wie z. B. in Weichen, sandet, kann der Triebfahrzeugführer mit dem kombinierten Taster/Schalter „Sanden" auf dem Führertisch in das automatische Sanden eingreifen.

Ab der Lok 218 299 wurden alle weiteren 218 mit dem Schutzgerät S 6 G 10 W 1 ausgerüstet. Es hat zusätzlich zu den beim Schutzgerät S 6 W 2 eingebauten Einschüben noch die drei Einschübe „Gleitsanden", „Gleitschutz Stufe I" und „Gleitschutz Stufe II".

Das Gleitsanden wird bei einer Bremsverzögerung von mehr als 2 m/s^2 eingeschaltet, um ein Gleiten der Räder und damit die Gefahr der Flachstellen-Bildung zu vermeiden.

Die Gleitschutz Stufe I wirkt bei einer Bremsverzögerung von mehr als 4 m/s^2. Neben automatischem Gleitsanden erfolgt eine Entlüftung der Bremszylinder der Lok.

Die Gleitschutz Stufe II hat die Aufgabe, nach einem Gleitvorgang die Bremszylinder der Lok rasch wieder mit Luft zu füllen, damit die Lok wieder mitbremsen kann.

Das Schnellbremssanden ist bei diesem Schutzgerätetyp entfallen. Die Lokomotiven 218 208 und 209 haben das leicht modifizierte Schutzgerät S 6 G 10 W 2.

2.10 Elektrische Anlage

2.10.1 Stromversorgung und Alarmanlage

Die Baureihe 218 ist mit einer 110-V-Gleichspannungsanlage ausgerüstet. Als Spannungsquellen stehen eine Batterie mit 200 Ah und die Lichtanlassmaschine des Fahrdieselmotors mit 27 kW zur Verfügung.

Die Batterie hat die Aufgabe, das Bordnetz bei Stillstand der Lichtanlassmaschine mit Strom zu versorgen. Auch muss sie die elektrische Energie zum Anlassen des Fahrdieselmotors liefern. Dazu muss der Batterie-Hauptschalter eingeschaltet sein.

Bei ausgeschaltetem Batterie-Hauptschalter bleiben nur die Einrichtungen für die Einfrier- und Brandwarnung sowie die Steckdosen und die Arbeitsbeleuchtung an Spannung. Die Frost-

Bild 101
Lichtanlassmaschine der Baureihe 218: links die ausgebauten Läufer, rechts das Gehäuse mit zwei getrennten Wicklungen, eine zum Anlassen des Dieselmotors und eine zur Stromerzeugung.

AUFNAHME: CHRISTIAN GERBER

warnung erfolgt durch das Ertönen einer Warnhupe, die bei einer Kühlwassertemperatur unter 10 °C ertönt. Zur Brandmeldung sind insgesamt sechs Wärmefühler an brandgefährdeten Stellen angebracht. Drei von ihnen befinden sich im Motorraum und sprechen bei Temperaturen über 140 °C an. Je einen Wärmefühler findet man im Lichtanlassmaschinenraum, im Batterieraum und bei der Heizgenerator-Kupplung. Die letztgenannten Wärmefühler sprechen beim Erreichen von 100 °C an. Wenn ein Wärmefühler anspricht, ertönen auf beiden Führerständen die Signalklingeln und es ertönt die Alarmhupe. Zusätzlich, werden die Maschinenraum- und Batterielüfter abgeschaltet.

Sobald der Motor in Betrieb ist, treibt er die Lichtanlassmaschine an. Nun ist diese für die Stromversorgung der Lok zuständig. Auch lädt sie die Batterie wieder auf. Ein Regler sorgt dafür, dass die erzeugte Spannung bei unterschiedlichen Motordrehzahlen konstant gehalten wird.

2.10.2 Innen- und Außenbeleuchtung

Auf jeder Stirnwand befinden sich fünf Leuchten für das Spitzen- und Zugschlusssignal. Im unteren Bereich sind vier, die waagerecht angeordnet sind. Die beiden äußeren Signalleuchten haben farblose und die beiden inneren rote Deckgläser. Die vier Signalleuchten sind von einem blanken Stahlblech umschlossen, in dessen Mitte sich das Ansauggitter für die Führerstandsheizgeräte befindet. Auf der Stirnseite oben ist die fünfte Signalleuchte. In allen Leuchten werden 125-V-Glühlampen verwendet. Im Innern der Loks sind diverse kleinere Leuchten angebracht (Führerraum-, Maschinenraum-, Instrumenten- und Schrankleuchten).

Die Schrankleuchten sind mit der Arbeitsbeleuchtung im Maschinenraum gemeinsam in einem Stromkreis verbunden. Dieser Stromkreis ist vom Batteriehauptschalter unabhängig, damit vom Werkstattpersonal Arbeiten bei Licht ausgeführt werden können, die nur im spannungslosen Zustand des Bordnetzes stattfinden können. Im Lichtmaschinen-, Dieselmotor- und Getrieberaum befinden sich die Maschinenraum-Leuchten am Dach, die Arbeitsleuchten in Kniehöhe.

Das Dreilicht-Spitzensignal dient nur zur Kenntlichmachung der Zugspitze und ist zu schwach, um als Fahrstraßenbeleuchtung zu dienen. Aufblendbare starke Scheinwerfer wurden von der DB bis 1992 abgelehnt, da sie angesichts der langen Bremswege von Eisenbahnfahrzeugen ohnehin nicht den gesamten Bremsweg ausleuchten können. Auf Drängen der Lokführer sind ab 1992 einige Triebfahrzeuge versuchsweise mit zwei zuschaltbaren Fernscheinwerfern mit 55-W-Halogenlampen pro Stirnseite ausgerüstet worden. In den Versuchsbetrieb wurden ab Juni 1992 auch einige Lokomotiven der Baureihe 218 einbezogen: 218 340 bis 345, 425, 426, 481 und 482. Obwohl Lokführer die Einrichtung durchaus begrüßten, wurden bis 2012 bei allen Lokomotiven die Zusatzscheinwerfer wieder entfernt.

2008 bekam 218 423 LED-Beleuchtung. In den äußeren beiden Leuchten jeder Stirnseite wurden LED-Lampen eingesetzt, die auf Weiß und Rot geschaltet und damit als Spitzen- und Schlusssignal genutzt werden können. Die inneren beiden Leuchten sind nun mit Halogenlampen für Fernlicht bestückt. 2009 erfolgte die entsprechende Umrüstung an 218 330. Im Gegensatz zu 218 423 wird das Fernlicht auch durch LED-Lampen erzeugt. Als 2011 im AW Bremen die Baumusterlok 218 441 (II) entstand, wurde in sie natürlich auch LED-Beleuchtung eingebaut. Weitere DB-Loks – wie z. B. die 218 460 „Conny“ der Westfrankenbahn und 218 477 der DB Netz AG – sowie einige von NE-Bahnen erworbene 218 (wie z. B. 218 480 von Railsystems RP) folgten.

2.10.3 Führerraumbeheizung

In den Lokomotiven der Baureihe 218 findet man heute zwei Typen an Führerraumheizgeräten, W 2005 (alte Bauart) und W 2024 (neue Bauart), deren Wirkungsweise weitgehend identisch ist. Die Warmwasser-Heiz- und Lüftungsgeräte können wahlweise im Frischluft- oder Umluftbetrieb arbeiten. Bei Frischluftbetrieb ist

Bild 103 (oben) – Die Lokomotive **218 345** gehörte – wie deutlich zu erkennen – zu den Lokomotiven, die mit zuschaltbaren Fernscheinwerfern ausgerüstet worden sind. Sie besaß außerdem Anbau-Schneeräumer. AUFNAHME: MARTIN WALTER

Bild 102 (links) – Die Lokomotive **218 460** der Westfrankenbahn hat LED-Beleuchtung. Dies erkennt man auch daran, dass nun die innenliegenden Scheinwerfer farblos sind und als Fernlicht genutzt werden können. AUFNAHME: CHRISTIAN GERBER

Bild 104
Heizgenerator der Baureihe 218, links komplett, rechts zerlegt.

AUFNAHME: CHRISTIAN GERBER

die Frischluftklappe geöffnet. Frischluft wird durch ein Gebläse zu einem Wärmetauscher geblasen und dort erwärmt. Die erwärmte Luft gelangt durch eine Öffnung in den Führerraum und durch Scheibenklardüsen an die Scheiben. Bei Umluftbetrieb wird anstelle von Frischluft Raumluft zum Wärmetauscher geblasen und nach dem Erwärmen dem Führerraum und den Scheiben zugeführt.

2.10.4 Elektrische Energieversorgung des Zuges

Für die Heizung des Zuges und seiner sonstigen Energieversorgung (Zugsammelschiene) besitzt jede Lokomotive der Baureihe 218 einen Heizgenerator, bei dem es sich um einen achtpoligen selbst erregten Drehstrom-Synchrongenerator der Firma Siemens handelt. Er ist elastisch auf dem Lokrahmen gelagert und wird vom Fahrdieselmotor über eine Flüssigkeitskupplung angetrieben. Seine technischen Daten:

Generatordrehzahl:	1.000 – 3.000 min^{-1}
Leistung:	400 kVA
Erzeugte Spannung:	1.000 V ~
Frequenz:	$16\frac{2}{3}$ Hz

Umrichter der Firma AEG

Der im Generator erzeugte Drehstrom wechselnder Frequenz wird in einem Umrichter der Firma AEG mit Hilfe von zwölf Thyristoren in Wechselstrom mit der Spannung 1.000 V und der Frequenz $16\frac{2}{3}$ Hz umgewandelt, der durch die Heizleitung dem Zug zugeführt wird. Die Frequenz wurde ab 2000 auf 22,5 Hz geändert.

Zum Einschalten der Heizung bedient der Triebfahrzeugführer im Führerstand den Heizanlagenwahlschalter. Mit diesem Schalter kann er die Heizanlage der eigenen Lok in Betrieb setzen. Bei Doppeltraktion muss er wählen, ob die eigene Lok, die zweite Lok oder beide Loks an der Zugheizung mitwirken sollen.

Beim Einschalten der Heizung zieht das Relais „Drehzahlstufe 6“ an. Die Drehzahl vom Dieselaggregat steigt jetzt auf 1.070 min^{-1}. Liegt nach dem Einschalten der Heizung der Heizstrom unter 160 A, fällt das Relais „Drehzahlstufe 6“ wieder ab und ein Relais „Drehzahlstufe 3“ zieht an. Die Dieselmotordrehzahl sinkt nun auf 920 min^{-1} ab. Erreicht der Heizstrom aber 160 A oder mehr, kommt ein Relais „Drehzahlstufe 5“ an Spannung, die Dieseldrehzahl nimmt den Wert 1.020 min^{-1} an.

Wenn der Lokführer beim Anfahren des Zuges das Fahrschalterhandrad aus der Stufe „0“ heraus bei eingelegtem Kippschalter „Leistung“ bedient, zieht immer, unabhängig vom aktuellen Heizstromverbrauch, das Relais „Drehzahlstufe 6“ an.

Der Heizanlage kann nur bei entleertem Getriebe die volle Leistung von 400 kVA bringen. Im Fahrbetrieb ist nur eine Heizleistung von max. 360 kVA möglich. Die Heizanlage wurde so gewählt, dass bei winterlichen Temperaturen acht Bn-Wagen zuverlässig beheizt werden können. Um den Heizumrichter vor Schäden durch Überlastung zu schützen, wird die Heizanlage bei Überlastung selbsttätig abgeschaltet.

Bei Doppeltraktion können – wie oben erwähnt – beide Lokomotiven an der elektrischen Heizung beteiligt werden. Um Frequenz- und Phasengleichheit der Heizströme beider Lokomotiven zu erhalten, betätigt der Taktgeber der führenden Lok über das Heizsteuerkabel auch den Umrichter der geführten Lok. Der Taktgeber der geführten Lok bleibt abgeschaltet.

GTO-Umrichter

Als die Baureihe 218 in den neunziger Jahren zunehmend vor klimatisierten Wagen eingesetzt wurde, war ein größerer Blindleistungsaustausch nötig, den die alten AEG-Umrichter nicht leisten konnten. Daher wurden bis 1995 zunächst die Lokomotiven 218 400 bis 419, 491 und 496 bis 498 versuchsweise mit GTO-Umrichtertechnik ausgestattet. Bei ihnen wird der vom Heizgenerator erzeugte Drehstrom von einem aus einer Drehstrom-Brückenschaltung bestehenden Gleichrichter gleichgerichtet. In diesen Gleichspannungszwischenkreis ist ein Filter in Form eines Kondensators geschaltet. Er dient der Glättung der Gleichspannung. Es schließt sich ein Wechselrichter aus GTO-Thyristor-Modulen an, die für die Erzeugung der gewünschten Wechselspannung sorgen.

Da sich die GTO-Umrichtertechnik bewährte, wurden ab 1999 weitere Lokomotiven auf diese Technik umgerüstet, zunächst waren dies 218 323 – 342, 422, 424, 425, 427, 429 und 446. Bei Fahrten in Doppeltraktion können nur Loks mit dem gleichen Umrichtertyp gemeinsam an der Zugheizung beteiligt werden.

2.10.5 Mehrfachtraktionseinrichtung/ Wendezugsteuerung

Konventionelle Ausrüstung

Für das Fahren in Mehrfachtraktion und mit Wendezügen sind alle 218 ausgerüstet. Die Mehrfachtraktionseinrichtung muss dafür sorgen, dass die geführte Lok, die nicht mit einem Lokführer besetzt ist, dieselben Steuerbefehle ausführt wie die führende, besetzte Lok. Sie erhält die Steuerbefehle über eine 36-polige Steuerleitung von der vorderen Lokomotive, wird also von dieser aus automatisch mitgesteuert. Mehrfachtraktion ist nicht nur mit Lokomotiven der V 160-Familie möglich, sondern auch mit denen der Baureihe V 100. Theoretisch sind Mehrfachtraktionen mit mehr als zwei Lokomotiven möglich. In Deutschland sind aber nur Doppeltraktionen zugelassen.

Wie oben erwähnt wurde, erhielten alle 218 ab Werk eine Ausrüstung für den Wendezugbetrieb. Die verwendete Steuerung bezeichnete man später als „Konventionelle Wendezugsteuerung (KWS)".

Bei der Fahrt mit einem Wendezugsteuerwagen an der Spitze steuert der Triebfahrzeugführer durch Bedienen des Steuergerätes auf dem Führerstand des Steuerwagens über die durchgehenden Steuerleitungen direkt das Anlassen, das Abstellen und die Leistung des Fahrdieselmotors, das Füllen und Entleeren des hydraulischen Getriebes, den Luftpresser, das Sanden der Lokomotive und die Fahrtwendeschaltung. Der Betriebszustand der Lokomotive ist durch die optischen und akustischen Meldeeinrichtungen und durch Übertragung von Messwerten auf dem Führerstand des Steuerwagens erkennbar. Die durchgehende Druckluftbremse wird durch ein Führerbremsventil auf dem Führerstand des Wendezugsteuerwagens bedient.

Für die Übertragung der Steuerbefehle vom Steuergerät im Steuerwagen auf die Lokomotivsteuerung ist die Lokomotive mit einer 36-adrigen Steuerleitung ausgerüstet. Die Steuerleitungen der Lokomotive werden in je einen hinter dem Pufferträger befestigten Kabelabzweigkasten geführt. Von dort aus gehen sie zu den unter den Pufferträgern befestigten Steuerstromkupplungen, und zwar in Fahrtrichtung rechts zu einem 36-poligen Steuerstromkupplungsstecker mit lederumhülltem Kabel und in Fahrtrichtung links zu einer 36-poligen Steuerstromkupplungsdose. Der Steuerstromkupplungsstecker wird bei Nichtbenutzung in eine Blinddose eingehängt.

Die Hauptluftbehälterleitung ist zu je zwei Schlauchkupplungen an den Lokomotivenden geführt. Die Unverwechselbarkeit der Hauptluft- und Hauptluftbehälterleitungskupplungen ist durch ihre Anordnung (Hauptluftbehälterleitung außen, Hauptluftleitung innen) und durch die Ausführung der Kupplungsköpfe sichergestellt.

ZWS, ZDS und FMZ

Die konventionelle Wendezugsteuerung hat den Nachteil, dass alle Befehle und Meldungen eine eigene Leitung benötigen und daher die 36-adrige Steuerleitung durch den gesamten Wendezug verlaufen muss. Schon ab 1978 nutzt die DB die Zeitmultiplexe Wendezugsteuerung (ZWS). Bei der ZWS werden die Befehle, Meldungen und Werte digital übertragen. Dafür sind nur zwei Adern des in jedem Reisezugfahrzeug vorhandenen UIC-Kabels nötig. Zwischen Lok und Steuerwagen werden 80-Bit-Datagramme mit Hilfe von Modems übertragen. Die Loks senden ein Datagramm mit ihrer Baureihenkennung, weil der Steuerwagen auf unterschiedliche Loks unterschiedlich reagieren muss. Ab 1996 sollten 218 auch neue Doppelstock-Wendezüge bespannen, deren Steuerwagen mit Zeitmultiplexer-Wendezugsteuerung (ZWS)

Bild 105 – Bei Fahrten in Doppeltraktion konnte nur die konventionelle Doppeltraktionseinrichtung genutzt werden. Die ZDS-Einrichtung, die einige 218 besitzen, funktioniert nur bei Sandwichbetrieb zuverlässig. **218 331** und eine Schwesterlok verlassen am 24. September 2000 mit IC 507 „Kaiserstuhl" (Puttgarden – Karlsruhe) den Lübecker Hauptbahnhof. Die beiden 218 werden den Zug bis nach Hamburg Hbf bringen.

Bild 106
Für den Wendezugbetrieb mit n-Wagen reichte die KWS-Ausrüstung der Baureihe 218. Zwischen Freiburg-Wiehre und Freiburg (Breisgau) Hbf schiebt **218 450** im Sommer 1998 den RE 2262 „Kleber-Express" (München Hbf – Freiburg/Breisgau Hbf).

AUFNAHMEN (2): JÖRG SAUTER

ausgerüstet waren und die entsprechend auch die Lokomotiven für den Einsatz mit diesen Steuerwagen benötigten. Die Umrüstung der 218 auf ZWS erfolgte hauptsächlich in den Jahren 2000 und 2001, wobei insgesamt 90 Lokomotiven umgerüstet wurden. Die konventionelle Wendezugsteuerung kann bei diesen Loks weiterhin benutzt werden. Da das digitale Datenübertragungsverfahren auch für den Betrieb in Doppeltraktion geeignet ist, erhielten die auf ZWS umgerüsteten 218 auch gleich eine ZDS-(Zeitmultiplexe Doppeltraktions-)Steuerung. Da bei Versuchsfahrten mit einer 218-Doppeltraktion, bei der beide Lokomotiven vor dem Zug waren, Fehlfunktionen aufgetreten sind, wird die ZDS-Einrichtung nur beim Fahren im Sandwich (Lok + Zug + Lok) genutzt. Bei Fahrten in Doppeltraktion muss weiterhin das 36-polige Steuerkabel verwendet werden.

Um weitere Befehle, wie beispielsweise jene zur seitenselektiven Türsteuerung, zu übertragen, erhielten die meisten auf ZWS umgerüsteten Fahrzeuge nachträglich als Erweiterung eine Frequenzmultiplexe Zugsteuerung (FMZ). Diese Steuerung überträgt auf demselben Aderpaar des UIC-Kabels wie die ZWS die erforderlichen Zusatzbefehle, die noch erwähnt werden.

2.11 Sicherheitseinrichtungen

2.11.1 Sicherheitsfahrschaltung (Sifa)

Bei den Lokomotiven der Baureihe 218 findet man Sicherheitsfahrschaltungen (Sifa) verschiedener Bautypen. Allen gemeinsam ist die Funktion: Wenn der Lokführer dienstunfähig wird, werden der Motor auf Leerlauf geschaltet, das Getriebe entleert und eine Schnellbremsung eingeleitet,

In die Baureihe 218 ist eine zeitabhängige, elektronische Sicherheitsfahrschaltung Bauart Es 70 der Fa. Deuta oder der Bauart E 44 s der Firma BBC eingebaut. Die Sifa arbeitet zeitabhängig mit zusätzlicher Zeitüberwachung. Bei richtiger Bedienung der Sifa ist eine Sifa-Taste zu drücken und in regelmäßigen Abständen nach jeweils ca. 30 s kurzzeitig loszulassen, sonst leuchtet nach 30 s ein blauer Leuchtmelder auf. Wenn man nun die Taste immer noch nicht loslässt, ertönt nach 2,5 s als letzte Warnung ein Summer. Zeigt der Lokführer immer noch keine Reaktion, erfolgt nach weiteren 2,5 s die Zwangsbremsung. Sie kann durch das Bedienen eines Sifa-Tasters jederzeit wieder aufgehoben werden.

Bei nicht gedrückter Taste ertönt nach 2,5 s der Summer, nach weiteren 2,5 s erfolgt die Zwangsbremsung. Bei nicht oder falsch bedienter Sifa wird as Getriebe entleert und der Dieselmotor auf Leerlaufdrehzahl gestellt. Außerdem wird die Hauptluftleitung entleert und dadurch eine Zwangsbremsung eingeleitet. Über das Sperrrelais besteht für den Fahrschalter Nullstellungszwang, d. h. ein erneutes Leitungsaufschalten ist erst wieder möglich, wenn der Fahrschalter vorher in die Nullstellung zurückgeschaltet und die Hauptluftleitung aufgefüllt worden ist.

2.11.2 Induktive Zugbeeinflussung (Indusi); PZB 90

In die Baureihe 218 war die Indusi-Fahrzeugeinrichtung I 60 eingebaut. Wie bei jeder Indusi-Bauform besaßen die Lokomotiven hierfür Fahrzeugmagnete in den Drehgestellen, die mit den im Maschinenraum untergebrachten Schwingkreisen für 500 Hz, 1.000 Hz und 2.000 Hz verbunden waren. Überfuhr die Lok einen an einem Hauptsignal befindlichen Gleismagneten, dessen Schwingkreis mit der Frequenz 2.000 Hz wegen der Signalstellung Hp 0 geschlossen war, so wurde dem entsprechenden Schwingkreis der Lok so viel Energie entzogen, dass über ein Relais die Schnellbremsung eingeleitet und der Motor auf Leerlauf geschaltet wurde. Wurde ein Gleismagnet mit einem geschlossenen Schwingkreis einer Frequenz von 1.000 Hz überfahren, was zum Beispiel an Vr 0 oder Vr 2 zeigenden Vorsignalen oder an Langsamfahrscheiben Lf 1 der Fall war, wurde dem entsprechenden Stromkreis der Lok so viel Energie entzogen, dass über ein Relais zunächst ein Zeitschalter in Betrieb gesetzt wurde. Drückte der Lokführer nicht innerhalb von vier Sekunden die Wachsamkeitstaste, so sprach die Zwangsbremsung an.

Der für den Betrieb der Indusi erforderliche Wechselstrom 220 V, 50 Hz wurde vom Wechselrichter der Lok erzeugt. Bei der elektronischen und daher verschleißarmen Anlage konnte die Geschwindigkeit je nach Zugart und Bremshundertstel verschieden eingestellt werden, wobei die Einstellungen O, M und U möglich waren.

Bei der Stellung U, die für Güterzüge gedacht war, erfolgte die Geschwindigkeitskontrolle hinter dem 1.000-Hz-Magneten des Vr 0 zeigenden Vorsignals nach 34 Sekunden. Dort durfte die Geschwindigkeit maximal 60 km/h betragen. Am 500-Hz-Magneten 150 m vor dem Hp 0 zeigenden Hauptsignal waren maximal 40 km/h erlaubt.

Bei Stellung M, die für Reisezüge gedacht war, durfte die Geschwindigkeit 26 s nach einem Vr 0 zeigenden Vorsignal nicht mehr als 50 km/h und 150 m vor einem Hp 0 zeigenden Hauptsignal nicht mehr als 75 km/h betragen.

Bis zum 13. Dezember 2003 mussten alle auf DB-Gleisen verkehrenden Triebfahrzeuge das 1996 eingeführte neue Zugsicherungssystem PZB 90 besitzen, das die Indusi I 60/I 60 R ablöste. Die Einführung der PZB 90 (punktförmige Zugbeeinflussung) diente der Harmonisierung der bei der Deutschen Bundesbahn und der Deutschen Reichsbahn eingesetzten Systeme, die sich während der deutschen Teilung unterschiedlich entwickelt hatten, sowie die Verbesserung der Geschwindigkeitsüberwachungsfunktionen zur Erhöhung der Betriebssicherheit bei Zügen. Die PZB 90 soll ein Anfahren eines Zuges gegen ein „Halt“ zeigendes Signal oder ein unzulässiges Beschleunigen zwischen dem Vorsignal und dem „Halt“ zeigenden Signal trotz Wahrnehmung der Vorsignalwarnstellung (z. B. bei Signalverwechslung) verhindern.

Die angestrebten Systemverbesserungen werden im Wesentlichen durch eine bedarfsorientierte Verdichtung der Streckeneinrichtung durch 500-Hz-Gleismagnete sowie durch eine zielgerichtete Verbesserung der im Fahrzeuggerät integrierten und durch die Beeinflussung der Streckeneinrichtungen ausgelösten Geschwindigkeitsüberwachungsfunktionen erreicht. Dazu wurden folgende wesentliche Verbesserungen der Geschwindigkeitsüberwachungsfunktionen umgesetzt:

- Verlängerung der Geschwindigkeitsüberwachung nach der 1.000-Hz-Beeinflussung auf 1.250 m und nach der 500-Hz-Beeinflussung auf 250 m.
- Restriktive Geschwindigkeitsüberwachung, d. h. Absenken der Geschwindigkeitsüberwachung bei Halt des Zuges bzw. bei niedriger Geschwindigkeit sowie bei einer 500-Hz-Beeinflussung während einer laufenden 1.000-Hz-Überwachung (Übergabe der Restriktion).
- Startprogramm für beginnende/wendende Züge, die bisher ohne Geschwindigkeitsüberwachung angefahren sind.

Auf diese Weise soll verhindert werden, dass Züge, die gegen ein Halt zeigendes Signal anfahren bzw. weiterfahren, bis zum Signal eine so hohe Geschwindigkeit erreichen, dass diese durch die dann erfolgende Zwangsbremsung (2.000-Hz-Beeinflussung) nicht mehr rechtzeitig vor dem nächsten Gefahrenpunkt zum Stehen gebracht werden können. Dies ist insbesondere dann wichtig, wenn nach der Einfahrt des Zuges in den Bahnhof die zugehörige Fahrstraße und damit der hinter dem Signal liegende Durchrutschweg aufgelöst wird, so dass sich andere Fahrzeuge in diesem Gefahrenbereich bewegen können.

Um von der normalen Geschwindigkeitsüberwachung (Vü1) auf die restriktive Geschwindigkeitsüberwachung (Vü2) umzuschalten, wird die Umschaltgeschwindigkeit (Vum) definiert. Befindet sich ein Zug mindestens 15 s unter der niedrigen Umschaltgeschwindigkeit (in der Regel 10 km/h), geht das System davon aus, dass der Zug hält. Dadurch werden auch sogenannte „Schleichfahrten“ im unteren Geschwindigkeitsbereich mit anschließender Beschleunigung frühzeitig erfasst.

Wie bei der Indusi 60 wurden die drei Programme „O“ (obere Zugart), „M“ (mittlere Zugart) und „U“ (untere Zugart) beibehalten. Die Überwachungsgeschwindigkeiten wurden aber drastisch abgesenkt. Entsprechend der im Zug vorhandenen Bremshundertstel stellt der Lokführer die entsprechende Zugart ein (bis 65 „U“, 66-110 „M“, ab 111 „O“). Folgt jetzt eine 1.000-Hz-Beeinflussung, muss innerhalb von 3 s die Wachsamkeitstaste bedient werden (bei modernen Fahrzeugen, z. B. der Baureihe 425 mit Multivehiclebus 1,5 s). Jetzt wird das Fahrzeug zeit- und wegabhängig überwacht. Das bedeutet, es laufen jetzt eine zeitabhängige Kurve (in s) und eine wegabhängige Kurve (700 m sowie weitere 550 m nach Ablauf der 1.000-Hz-Überwachung) kontinuierlich ab. Die Zeiten variieren je nach Zugart (O: 23 s, M: 29 s, U: 38 s). Nach diesen 700 m ist die 1.000-Hz-Überwachung abgelaufen. Jetzt schließen sich noch weitere 550 m an, in denen das System im Hintergrund prüft, ob noch eine 500-Hz-Beeinflussung wirksam wird, beispielsweise, ob der Lokführer auf ein „Halt!“ zeigendes Signal zufährt. Reagiert der Lokführer in diesem Fall nicht, obwohl das Signal noch auf „Halt!“ ist, bekommt er am 500-Hz-Magneten eine Zwangsbremsung bis zum Stillstand.

Treffen beide Überwachungskurven beim Ablaufen der 1.000-Hz-Überwachung aufeinander, weil der Lokführer nach z. B. 23 s in der oberen Zugart noch nicht auf 85 km/h abgebremst hat, erhält er auch eine Zwangsbremsung bis zum Stillstand.

Wenn nach Ablauf der 1.000-Hz-Beeinflussung innerhalb der nächsten 550 m ein wirksamer 500-Hz-Magnet am Gleis überfahren wird und sich jetzt eine 500-Hz-Überwachung anschließt, muss der Lokführer wieder je nach eingestellter Zugart „O“, „M oder „U“ bestimmte Geschwindigkeiten unterfahren. Hier unterliegt er jetzt allerdings keinem Zeitzwang, sondern einem Wegzwang. 153 m sind dies, in denen er von 65 auf 45 km/h („O“), 50 auf 35 km/h („M“) bzw. von 40 auf 25 km/h („U“) abbremsen muss.

Restriktive Überwachung

Steht ein Zug oder unterfährt er eine Umschaltgeschwindigkeit, wird die Überwachung „restriktiv“. Beim Beschleunigen schaltet sich ein „Startprogramm“ aktiv. Unabhängig vom eingestellten Programm („O“, „M, oder „U“) darf bei restriktivem Fahren bei einer 1.000-Hz-Beeinflussung höchstens 45 km/h und bei einer 500-Hz-Beeinflussung höchstens 25 km/h schnell gefahren werden.

Darüber hinaus ist die maximale Geschwindigkeit begrenzt, im Programm „U“ auf maximal 105 km/h, im „M“ max. 125 und im „O“ max. 165 km/h.

2.11.3 Elektronischer Buchfahrplan (EBuLa)

Der Arbeitserleichterung, der Einsparung von Papier, das zur Erstellung der deutschlandweiten Fahrzeiten- und Geschwindigkeitshefte notwendig war, aber auch der Sicherheit dient EBuLa. Die Abkürzung steht für „Elektronischer Buchfahrplan und Langsamfahrstellen“ und steht für ein System der Deutschen Bahn AG, das von deren IT-Tochter DB Systel entwickelt, gewartet und betrieben wird. Anfang 1994 wurde das Projekt „Elektronischer Fahrplan“ begonnen. Im Verlauf der Arbeit im Projekt wurde festgestellt, dass in dieses System auch die Übersicht der vorübergehenden Langsamfahrstellen und sonstigen Besonderheiten (La) integriert werden kann. Das System besteht aus einem Bordgerät im Führerraum zur Anzeige des Fahrplans sowie einem EBuLa-Funk-Server zur Übermittlung der Fahrplandaten.

EBuLa-Geräte wurden ab 1997 auf den Lokomotiven 155 128 und 217 015 erprobt und anschließend in großem Maßstab in die DB-Lokomotiven eingebaut. Sie ersetzten den bisherigen Buchfahrplan mit den Fahrzeiten- und Geschwindigkeitsheften, der im Führerraum der Triebfahrzeuge und Steuerwagen mitgeführt werden musste.

Bild 107 – So sah der Führerstand der **218 356** im Jahr 2009 aus. Das EBuLa-Gerät, dessen Monitor unterhalb der rechten Frontscheibe zu sehen ist, hat die Funktion des Fahrplanhalters übernommen. AUFNAHME: CHRISTIAN GERBER

In den Anfangsjahren des „Projektes EBuLa" mussten die Lokführer täglich zum Dienstbeginn in der Lokführer-Einsatzstelle mittels einer EbuLa-Karte an einem Terminal die gültigen Fahrplandaten herunterladen. Die Karte wurde dann in einen Schlitz ins EbuLa-Bordgerät auf der Lokomotive gesteckt, um die Fahrpläne abzurufen. Seit 2006 erfolgt dies per Datenfernübertragung über das Zugfunkgerät, das mit dem zentralen Server in Berlin gekoppelt ist.

2.11.4 Zugfunk

Der Sicherheit dient auch der Zugfunk, früher Zugbahnfunk genannt. 1960 wurden erstmals 80 Triebfahrzeuge, die auf der Strecke Würzburg – Nürnberg eingesetzt wurden, mit Zugbahnfunk ausgerüstet. Da der Funkverkehr (Wechselsprechverkehr) von allen Triebfahrzeugen mitgehört werden konnte, kam es zum Teil zu Missverständnissen. Auch wurden alle gerade nicht betroffenen Triebfahrzeugführer bei der Arbeit abgelenkt. Daraufhin wurde AEG-Telefunken 1968 damit beauftragt, ein Zugbahnfunksystem auf Selektivruf-Basis zu entwickeln. Dieses wurde in 150 Lokomotiven eingebaut. Zunächst wurden 1971 die Strecken Köln – Aachen und Lübeck – Puttgarden als Versuchsstrecken damit ausgerüstet. Da sich der Zugbahnfunk (Frequenzbereich 460 MHz) bewährte, wurde er ab Ende der siebziger Jahre flächendeckend eingeführt. Entsprechend erhielten alle DB-Triebfahrzeuge eine Zugfunkausrüstung. Sie bestand in erster Linie aus dem Sende- und Empfangsgerät, dem Stromversorgungsgerät, dem Haupt- und Nebenbediengerät, dem Lautsprecher und der Antenne. Inzwischen wurde der Zugfunk durch GSM-R ersetzt.

Im Jahr 2002 wurde die Entscheidung zur Einführung von digitalem Mobilfunk für Europas Bahnen gefällt. Kernstück ist der bahnspezifische digitale Mobilfunk GSM-R. GSM-R basiert auf dem europäischen GSM-Standard (Global System for Mobil Communications) und beinhaltet zusätzliche Leistungsmerkmale speziell für den Eisenbahnbetrieb (R für Railway). Das System ist europaweit nutzbar, da sich 32 Bahnnetzbetreiber entsprechend einigen konnten. Es werden die Frequenzbereiche 876,0 – 879,8 MHz und 921,0 – 924,8 MHz (das sind die Kanäle 955 – 974) benutzt. Somit stehen insgesamt 20 Kanäle mit einer Bandbreite von 200 kHz für die Kommunikation zur Verfügung.

Mit der neuen Technik ist das Personal an jedem Ort des Streckennetzes erreichbar – auch im Tunnel. Neben der betrieblichen Kommunikation können allgemeine Informationen für die Fahrgäste ebenso übertragen werden wie der Diagnosefunk und die Übertragung von Ortungsdaten als weitere Anwendungen.

Bei der Nutzung von GSM-R wählt sich die Anlage während der Fahrt den Kanal automatisch ohne Eingriff des Lokführers. Vorher musste der entsprechende Funkkanal zu Beginn und oft auch während einer Fahrt manuell am Zugbahnfunkgerät im jeweils besetzten Führerraum der Lokomotive eingestellt werden. Wurde dies vergessen, was insbesondere dann vorkam, wenn sich unterwegs der Kanal änderte, war der Zug nicht mehr über Funk erreichbar bzw. nur noch über Not- und Sammelrufe anzusprechen.

Nach Funktests auf den Streckenabschnitten Stuttgart – Bruchsal und Bitterfeld – Gräfenhainichen ging am 1. August 2002 die Schnellfahrstrecke Köln – Rhein/Main als erste nur auf GSM-R basierende DB-Strecke in Betrieb. Die ICE 3 wurden daher als erste für den Betrieb GSM-R entsprechend ausgerüstet. Danach begann die Ausrüstung der übrigen Triebfahrzeuge mit den GSM-R Endgeräten – sogenannten Cab Radios.

2.11.5 Türsteuerungen

Türblockierung ab 0 km/h (TB 0)

Zu den Sicherheitseinrichtungen gehört ferner die Einrichtung TB 0 (Türblockierung ab 0 km/h), die die Lokomotiven der Bau-

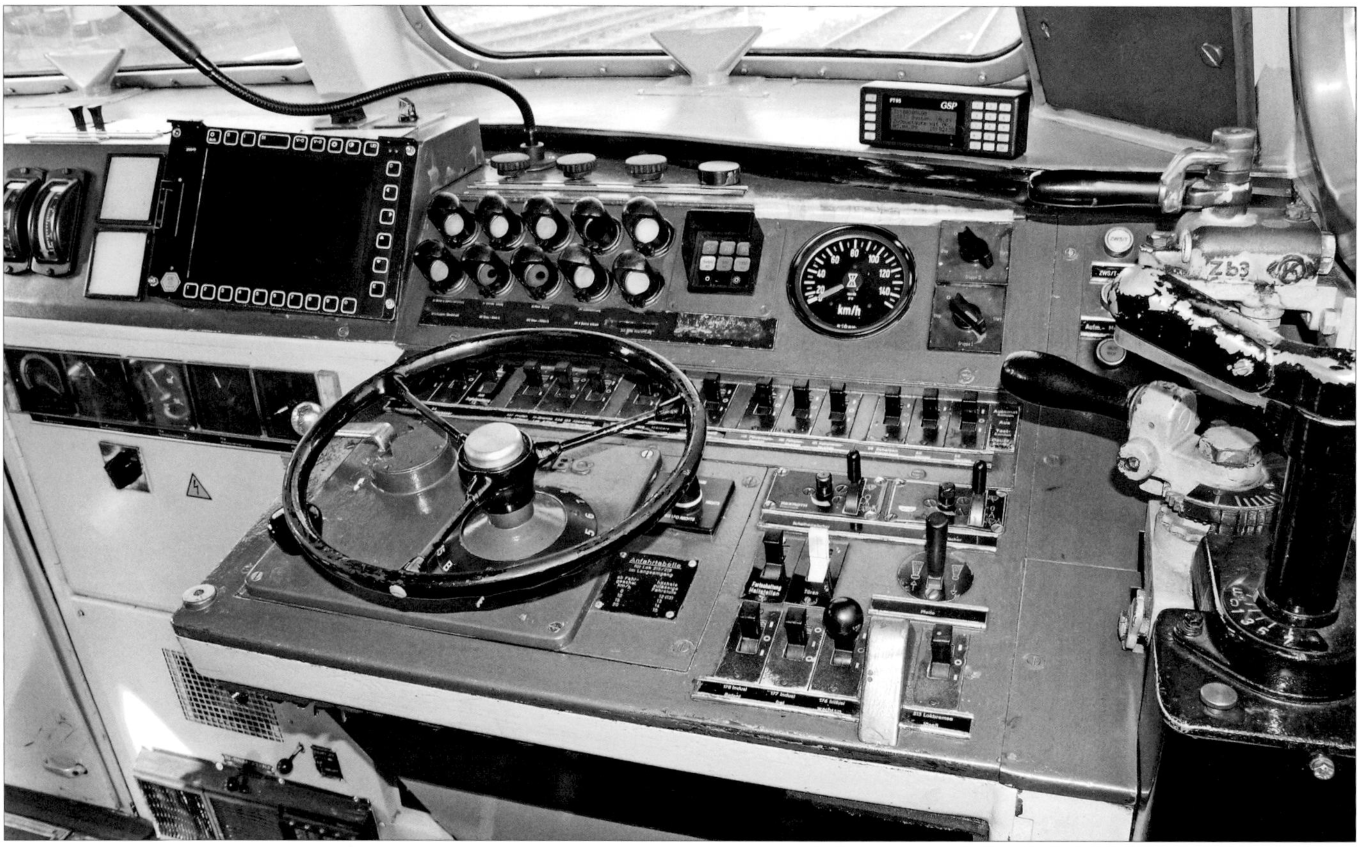

Bild 108 – Führerpult einer 218 mit Nahverkehrspaket. Auf dem Führerpult sind etliche Teile nachgerüstet worden. Auf der Ablage vor dem Stirnfenster sieht man das Schwanenhals-Mikrofon. Vor dem rechten Rand des Stirnfensters steht das Eingabegerät für die Fahrgastinformation (FIS). Rechts daneben befindet sich eine Halterung für ein Handy. Am linken Bildrand erkennt man noch das EBuLa-Gerät. Der weiße Kipphebel neben dem Fahrschalterhandrad dient der Türfreigabe (TB 0). AUFNAHME: CHRISTIAN GERBER

reihen 218 in den neunziger Jahren bekamen. Bei der Zugabfertigung galt es, die „Sicherheitslücke" zu schließen, die in der Zeit zwischen der Anfahrt des Zuges und dem Wirksamwerden der wagenautarken Türblockierung auftrat. Dabei galt es, für den Bestandspark mit teilweise geringer Restnutzungsdauer einen wirtschaftlich vertretbaren Kompromiss zu finden, der eine wirksame Erhöhung der Sicherheit nach sich zog. Dieser Kompromiss wurde mit der „Türblockierung ab 0 km/h – TB 0" gefunden.

Bei modernen Fahrzeugen ist es Stand der Technik, dass:

- die Einstiegstüren bereits bei der Anfahrt verriegelt sind,
- die Türbereiche so konstruiert sind, dass ein gewaltsames Öffnen bereits geschlossener und verriegelter Türen unterbunden wird, indem auf offen liegende Türgriffe bzw. -klinken, Trittstufen und Haltestangen verzichtet wird,
- ein unbefugtes Öffnen während der Fahrt verhindert wird und
- die Türfreigabe seitenselektiv erfolgt (seitenselektive Türsteuerung – „SST").

Seit Juli 2003 ist die TB 0-Einrichtung bei sämtlichen Reisezügen, die innerhalb des DB-Streckennetzes verkehren und ausschließlich aus DB-Wagen bestehen, Pflicht. Erkenntlich sind Fahrzeuge (sowohl Wagen und als auch Lokomotiven), die mit TB 0 ausgerüstet sind, an einer entsprechenden Kennzeichnung am Langträger.

Steht ein Zug am Bahnsteig, und die Türen werden „geschlüsselt", so werden die Schließzylinder durch die Magnetventile mit Schließluft beaufschlagt und die Türen dadurch geschlossen. Der Schließdruck wird auf den vollen in der Hauptluftbehälterleitung (HBL) anliegenden Druck erhöht. Bei aktiver TB 0 entweicht dieser Druck nicht mehr, sondern bleibt in der Schließvorrichtung. Durch den hohen Schließdruck werden die Türen auch wirklich geschlossen gehalten – ein Türenaufreißen bei anfahrendem Zug funktioniert hier nicht mehr. Bei Schwenkschiebetüren werden außerdem die Türgriffe „abgekoppelt" bzw. die Öffnungstaster abgeschaltet, d. h. sie sind wirkungslos.

Gesteuert wird die TB 0 über den Triebfahrzeugführer. Auf jedem Führerstand gibt es dazu einen separaten Schalter. Um die Türen bei einem normalen planmäßigen Halt oder auf Anweisung des Zugführers bei einem außerplanmäßigen Bahnsteighalt freizugeben, muss dieser Schalter betätigt werden – anderenfalls bleiben die Türen zu (es sei denn, dass das Personal eine Notentriegelung vornimmt). Dafür, dass der Triebfahrzeugführer das Freigeben nicht vergisst, sorgt ein akustisches Erinnerungssignal auf dem Führerstand. Es ertönt bereits bei ca. 30 km/h und fordert den Lokführer auf, den Taster nach „To" zu bedienen. (Bis der Schließdruck der Türen abgesunken ist, vergehen einige Sekunden. Würde der Lokführer den Taster erst kurz vor dem Stillstand des Zuges betätigen, könnten die Reisenden die Türen erst einige Sekunden nach dem Stillstand des Zuges öffnen).

Selbstabfertigung durch den Triebfahrzeugführer (SAT)

Einige 218 haben nachträglich die Ausrüstung für die „Selbstabfertigung durch den Triebfahrzeugführer (SAT)" eingebaut bekommen. Mit ihrer Hilfe kann – wie es der Name sagt – der Triebfahrzeugführer den Zug abfertigen, also die Funktion des Zugführers übernehmen. Der Zugbegleiter hat dann nur die Funktion des Kundenbetreuers. Mit der SAT-Ausrüstung kann der Triebfahrzeugführer – anders als mit der TB 0-Ausrüstung – die Türen des Zuges seitenselektiv freigeben. Damit kann er verhindern, dass Fahrgäste auf der dem Bahnsteig abgewandten Wagenseite aussteigen. Sind Türen des Zuges geöffnet, wird dies dem Triebfahrzeugführer durch einen blinkenden Leuchtmelder angezeigt. Zur Herstellung der Abfahrbereitschaft kann der Triebfahrzeugführer die Türen von der Lok aus schließen. Vor dem Schließen der Türen muss er sich jedoch per Augenschein davon überzeugen, dass keine Personen oder Gegenstände (wie z. B. Koffer oder Kinderwagen) eingeklemmt werden können. Ein Kundenbetreuer kann ihn bei dieser Aufgabe unterstützen. Diese Selbstabfertigung durch den Triebfahrzeugführer ist nur möglich, wenn alle Fahrzeuge des Zuges über eine Frequenzmultiplexe Zugsteuerung (FMZ) verfügen. Sie ist nicht möglich, wenn die Lok in der Mitte des Zuges läuft, Flügelzüge mit der zweiten Lok in der Zugmitte verkehren oder wenn Schleppfahrzeuge mitgenommen werden sollen.

Dem Zugschlusssignal ZG2 (zwei rot leuchtende Lampen) kommt beim Abfertigungsverfahren „SAT“ und beim nachfolgend beschriebenen „TAV“ außer der Anzeige des Zugschlusses eine weitere wichtige Aufgabe zu. Von der Lok wird über die Steuerleitung ein Signal mit der Frequenz von 165 kHz übertragen. Es dient der „Zugende-Erkennung“ und wird von dem Wagen, an dem das Zugschlusssignal eingeschaltet ist, zum Lokomotiv-Rechner zurückgeleitet. Ein vom Zugpersonal nicht eingeschaltetes Zugschlusssignal hätte zur Folge, dass die Türleuchtmelder ständig blinken. Wenn beim Zusammenrangieren zweier Zugteile vergessen wird, das Zugschlusssignal in der Zugmitte auszuschalten, ist der Zugteil hinter dem ZG2 nicht in der Überwachung. Der Lokführer würde in diesem Fall vom hinteren Zugteil keine Anzeige erhalten, auch nicht, wenn die Türen offen stünden.

Technikbasiertes Abfertigungsverfahren (TAV)

Das technikbasierte Abfertigungsverfahren ist das modernste Türschließverfahren. Hierbei befinden sich die Türen – wie auch beim SAT – üblicherweise im Automatikbetrieb. Nach dem Öffnen durch den Fahrgast schließen sie sich, wenn die Überwachungseinrichtung keinen Fahrgastwechsel mehr registriert, nach einiger Zeit selbständig. Das korrekte Schließen aller Türen wird dem Triebfahrzeugführer, der die Funktion des Zugführers hat, per Leuchtmelder angezeigt. Die Abfahrbereitschaft wird durch Entzug der Türfreigabe herbeigeführt.

Der Unterschied zwischen SAT und TAV: Wenn der Lokführer bei Erreichen des Bahnsteigs eine Seite vorwählt, auf der sich die Einstiegstüren der Wagen öffnen dürfen, muss der Lokführer den TB 0-Taster nach „To“ bedienen, um die Türen freizugeben. Nun wird eine Traktionssperre wirksam, die ein Fahren unterbindet. Bei Zurücknahme der Türfreigabe wird an der Lokomotive eine „Haltebremse + Traktionssperre“ wirksam. Das bedeutet, dass die direkte Lokbremse anlegt und – solange die Leuchtmelder „Türen offen“ blinken – keine Traktionsleistung aufgeschaltet werden kann. Erst wenn die Türen geschlossen sind, löst sich die Haltebremse und es kann angefahren werden. Beim TAV hat man also durch die „Haltebremse + Traktionssperre“ eine zusätzliche Sicherheit eingebaut, so dass der Zug bei offenen Türen nicht abfahren kann. Bei Störungen kann man die Sperre überbrücken.

Das Technikbasierte Abfertigungsverfahren kann nur angewandt werden, wenn alle Fahrzeuge des Zuges über die nötige Ausrüstung verfügen. Auf den hiermit ausgerüsteten 218 sind die Führerräume mit Betriebsartenwahlschaltern für das Umschalten zwischen TB 0, SAT und TAV, ferner mit Drehschaltern für die Wahl der Zugseite bei der Türfreigabe und mit Türstellungsleuchtmeldern für den Status der Türen, ausgestattet. Bei den Reisezugwagen findet man ein „a“ in der Gattungsbezeichnung.

2.11.6 Fahrgastinformationssystem

Einige vorrangig mit Doppelstockzügen eingesetzte 218 erhielten nachträglich eine Ausrüstung für die Fahrgastinformation. Von ihnen aus kann der Triebfahrzeugführer die Zugzielanzeige steuern. Auch hat er ein Mikrofon für Ansagen zur Verfügung.

2.12 Zusatzeinrichtungen

2.12.1 Spurkranzschmierung

Zur Verringerung des Spurkranzverschleißes werden die Spurkränze des in Fahrtrichtung ersten Radsatzes durch eine Spurkranzschmiereinrichtung Bauart Vogel mit Spurkranzfett besprüht. Die Einrichtung besteht aus dem Steuergerät mit Fettbehälter (im Motorraum rechts), dem Kontaktgeber am Radsatz 2 rechts und je zwei Düsen an den Radsätzen 1 und 4. Über ein Magnetventil wird nach je 75 Radumdrehungen kurzzeitig Druckluft auf die Fettpumpe und die beiden eingeschalteten Düsen geleitet.

2.12.2 Sandstreueinrichtung

Mit der Sandstreueinrichtung kann von Hand über je ein Magnetventil pro Fahrtrichtung die Druckluft in die Sandstreudüsen der vorauslaufenden Radsätze beider Drehgestelle geleitet werden.

2.12.3 Signaleinrichtungen

Um Warnsignale abgeben zu können, besitzen die Loks an jedem Lokende zwei mit Druckluft betätigte Doppelton-Membransignalschallgeber (Makrofone).

2.12.4 Anbau-Schneeräumer

Zur Schneebeseitigung auf ihren Strecken benutzen die deutschen Eisenbahnen seit jeher Schneeräumer, die auf eigenen Rädern rollen und – falls sie nicht selbstfahrend sind – von einem Triebfahrzeug geschoben werden. Für geringere Schneehöhen reichen aber auch Schneeräumer aus, die am Triebfahrzeug befestigt werden. Dies können Vorsatz-Schneepflüge sein, die nach jedem Räumeinsatz abmontiert werden müssen. Solche Schneepflüge können für Schneehöhen von bis zu 60 cm eingesetzt werden. Für Schneehöhen von bis zu 40 cm kann aber auch auf Anbau-Schneeräumer zurückgegriffen werden, die dauerhaft am Triebfahrzeug verbleiben können, da sie den freizuhaltenden Raum am Fahrzeugende („Berner Raum“) nicht einschränken. Solche

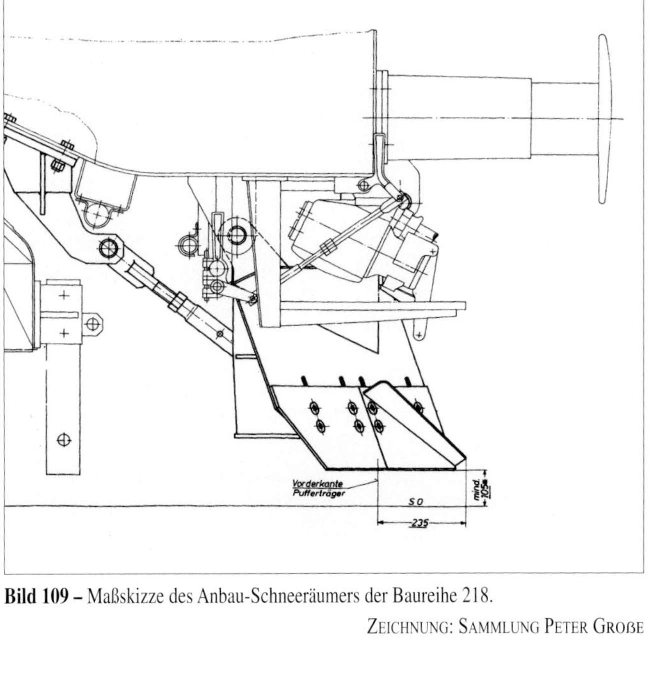

Bild 109 – Maßskizze des Anbau-Schneeräumers der Baureihe 218.

Zeichnung: Sammlung Peter Große

Bild 110
Die heutige EfW-Lok **218 455** hat nach ihrer DB-Zeit die Anbau-Schneeräumer behalten, die auf diesem Bild besonders gut zu erkennen sind.

AUFNAHME: MARTIN WALTER

Anbauschneeräumer fand man im DB-Bereich z. B. bei den Dampfloks der Baureihe 64 des Bw Weiden und der Baureihe 86 des Bw Hof. Auch einige Elloks der Baureihe E 44 des Bw Garmisch-Partenkirchen wurden zeitweilig mit solchen Anbauschneeräumern ausgestattet. Meist blieben diese Schneeräumer aber nur während der Wintersaison an den Fahrzeugen. Erst bei den Dieselloks ging die DB dazu über, Anbauschneeräumer ganzjährig an den Lokomotiven zu belassen. Auch wurde deren Zahl beträchtlich vergrößert. Eine Statistik vom 1. April 1987 wies 403 Dieselloks mit Anbauschneepflügen aus. Sie verteilten sich auf folgende Baureihen: 211 (112 Lokomotiven), 212 (83 Lokomotiven), 213 (2 Lokomotiven), 215 (1 Lokomotive), 216 (16 Lokomotiven), 218 (110 Lokomotiven), 221 (2 Lokomotiven), 260 (3 Lokomotiven) und 290 (61 Lokomotiven). Wie man sieht, waren innerhalb der V 160-Familie Anbauschneeräumer hauptsächlich bei der Baureihe 218 zu finden. Alle Anbau-Schneeräumer waren erst nachträglich angebracht worden, die meisten in den Jahren 1984 bis 1986. Erstaunlicherweise erhielten die Lokomotiven 218 111, 116, 123, 125, 171 – 184 sowie 186 zunächst nur einseitig einen Anbau-Schneeräumer, bevor in den Jahren 1984 bis 1986 ein zweites Exemplar nachgerüstet wurde.

Zumindest die nachfolgend aufgeführten 139 Lokomotiven haben zeitweilig Anbau-Schneeräumer getragen und tragen sie zum Teil noch heute:

218 106, 111, 116, 122, 123, 125, 166, 171 - 194, 198, 199, 208, 228 - 230, 242, 244, 245, 250 - 256, 261, 274 - 284, 289 - 299, 309 - 322, 329, 330, 340 - 349, 381, 407, 430 - 435, 449, 456 - 469, 471 - 473, 475, 476 und 485 - 499.

Es haben aber nie alle aufgeführten Lokomotiven zeitgleich Anbau-Schneeräumer besessen. Wenn Lokomotiven in Gegenden umstationiert wurden, in denen keine Behinderungen durch Schnee zu erwarten waren, wurden zum Teil die Anbau-Schneeräumer abgebaut und an anderen Loks angebracht.

Die Anbau-Schneeräumer sind höhenverstellbar und können auf eine Höhe zwischen 105 und 190 mm über Schienenoberkante abgesenkt werden. Ihre Anstrichfarbe war zunächst Schwarz (RAL 9005), ist aber später in Graubraun (RAL 9018) geändert worden. Ein Teil der Anbau-Schneeräumer ist mit gelben Dreiecken versehen worden.

2.13 Vielfalt bei vielen Bauteilen

In diesem Technik-Kapitel kann man an vielen Stellen lesen, dass sich die Lokomotiven der Baureihe 218 in zahlreichen Bauteilen unterschieden. Da wurden z. B. unterschiedliche Drehgestelle, Motoren, Getriebe und Kühlanlagen eingebaut. Damit wurden aber nur die größten Unterschiede genannt. Die Zahl der unterschiedlichen Bauteile ist noch weit größer. Dies soll ein Schreiben vom 4. März 1974 verdeutlichen, das vom Bundesbahn-Zentralamt München an die Ausbesserungswerke Bremen und Nürnberg gesandt wurde. Darin wurden die Ausbesserungswerke darüber unterrichtet, in welchen Bauteilen sich die Lokomotiven der 3. Bauserie gegenüber denen der 2. Bauserie unterschieden. Aus diesem Schreiben sei hier zitiert:

Betreff: Diesellok 218/3. Bauserie;
Hier: Bauartänderungen gegenüber 2. Bauserie

Aufgrund von Bau-, Werkstätten- und Betriebserfahrungen wurden bei der 3. Bauserie V 218 nachstehend aufgeführte konstruktive Änderungen gegenüber der 2. Bauserie berücksichtigt:

1. Megi-Triebdrehgestell anstelle Lenker-Triebdrehgestell mit:
1.1 Zugstangenanlenkung im Drehgestell mit elastischer Lagerung mittels Sphäribloc (Gummielement).
1.2 Gleitstückloser Kastenabstützung, in der Stützlager und Federteller ein Vulkanisationsteil ist. Fortfall des bisherigen Einklebens.
1.3 Änderung der Drehgestellaufhängung, Entfall der Seile; dafür längengenauere Schakenaufhängung.
1.4 Vollräder anstelle bereifter Radscheiben.
2. AK; Erweiterung der Einbaustufe I. Einbau der Zug-Stoß-Einrichtung mit Gummifederwerk. Ösenzughaken und Zughakenführung (nur bei 41 Lok der Serie). Aufhängung für DB-Gemischtkupplung am Untergestell rechts vorn, links hinten.
3. Batteriekasten, gepreßtes Bodenteil für alle Lokbaufirmen zugelassen (Beschränkung auf Fa. Krupp aufgehoben).
4. Verstärkte Zwischenwandtüren im Maschinenraum.

5. Verbesserte Innenisolierung der Einstiegtüren. Aus Rostschutzgründen Ersatz des Dispersion-Schallschluckes durch Schallschluck auf Bitumen- oder 2-Komponenten-Basis.
6. Fußbodenbelag in den Führerräumen in Mipolam-Ausführung mit genarbter Oberfläche (rutschfest).
7. Kokosmatten anstelle von Gitterrosten bei den Maschinenraum-Einstiegtüren.
8. Führersitz.
8.1 Umstellung im Laufe der 3. BS von Type FA 408 mit Kippeinrichtung auf FA 418 mit Parallelogramm-Wippe.
8.2 Befestigungslöcher im Führerraumboden für beide Typen generell um 70 mm in Richtung Führertisch verlegt (bedingt durch Einbausituation FA 418).
9. Im Maschinenraum zusätzlich zwei Kuckuckslüfter neben dem Auspuffschalldämpfer. Elektr. Motorraum-Lüfter nebeneinander wegen neuer Schalldämpferausführung.
10. Scheibenwaschanlage/Scheibenwischer.
10.1 Ersatz der Membranpumpen durch Strahlpumpen.
10.2 Verbessertes Spritzrohr.
10.3 Neues Anstellventil mit 3 Arbeitsstellungen und Mittelstellung.
10.4 Luft-Anschlußschraube am Scheibenwischerantrieb mit balligem Kopf.
11. Spurkranzschmierung; Anbau der Spurkranzschmierpumpe mit Fettvorratsbehälter am Untergestell neben dem Kraftstoffbehälter.
12. Einbau-Uhr ohne Diebstahlsicherung.
13. Neuanordnung des Kraftstoffgerüstes durch Versetzen von der Führerhausrückwand auf die Zwischenwand des Motorraumes und:
13.1 Entfall des Gasabscheiders.
13.2 Umstellung des Rückschlagventiles RHD 28-L auf Öffnungsdruck 2 bar + 0,1 – 0,2 (MTU-Nr. 590 180 0 132) und Überstromventil am Motor RHD 22-L auf 0,5 bar + 0,2 (MTU-Nr. 590 180 0032).
13.3 Ölstandsauge am Kraftstoffbehälter in neuer Ausführung mit Schutzkappe (Glasschutz) und reflektierender Sichtanzeige.
14. Kühlanlage.
14.1 Entfall des mechanischen Kühlwasserstandsmeßgerätes (Bayham), Ersatz durch elektronische Meßsonde (Meßwertgeber).
14.2 Entfall des Unter-/Überdruckmanometers.
14.3 Gestänge zum Rücksaugebehälter-Entschlammungshahn entfallen.
14.4 Notprüfhahn (Kühlwasserstandsprüfung) Querschnitte erweitert (NW 20 statt NW 8).
14.5 A 5-Leitung (Kühlanlage zum WP-Ladeluftkühlkreis) von 75 mm auf 90 mm erweitert. Eingebundene Rückschlagklappe mit 85 mm Durchgangsöffnung anstelle bisher 70 mm.
14.6 Abschlammhahn Ausgleichbehälter in A 7-Leitung (Ausgleichleitung HK) tiefer gesetzt. Entschlammungshahn A 8-Leitung (Ausgleichleitung Ladeluftkühlkreis) entfallen.
15. Motoreinbau.
Von den 100 Diesellok der 3. BS werden;
15.1.1 80 Lok mit MTU-Motor TB 11 und SMK 1301 im Hauptantrieb, 20 Lok mit Pielstick-Motor und Geislinger-Kupplung im Hauptantrieb,
15.1.2 70 Lok mit MTU-Getriebe K 252 SUBB, 30 Lok mit Voith-Getriebe L 820 Brs,
15.1.3 80 Lok mit Behr-Kühlanlagen mit hydrostatischem Lüfterantrieb, 20 Lok mit Voith-Kühlanlagen mit Voith-Regelkupplung ausgerüstet.

Der Einbau der Pielstick-Motoren ist in den letzten 13 Lok der Fa. Krupp und 7 Lok der Fa. Krauss-Maffei vorgesehen.

Im Zusammenhang mit dem Einbau des Pielstick-Motors wurden folgende Änderungen durchgeführt:
15.2 Doppelte Schraubenreihe in der lokseitigen Motorauflage.
15.3 Änderung der Auflage der Lichtanlaßmaschine.
15.3.1 Verlängerung der Auflagefläche.
15.3.2 Befestigungslöcher in der Auflage für Zusammenbau mit MTU-Motor bzw. Pielstick-Motor.
Unterschiedliche Länge der Zwischenhülse der BBC-Kupplung:
260 mm für MTU-Motoreinbau,
130 mm für Pielstick-Motoreinbau
15.4 Bei Einbau der BBC-Kupplung Ausführung „R 5" mit Pielstick Motor entfällt motorseitiger Anschlußflansch der BBC Kupplung, weil an diesem Motor schon ein Anschlußflansch zur Befestigung der Kupplungshälfte angeschraubt ist.
15.5 GWB-Gelenkwelle in Kurzausführung zwischen Motor-Getriebe mit Verschraubungen und Sicherungen (zwei Ausführungen MTU bzw. Pielstick).
15.6 Zusätzliche Bedienungs-(Wartungs-)Klappen in der Zwischenwand Motor-Kühler-Raum.
15.7 Neue Steuerleitung für Motor-Überdrehzahlschutz (Lufteinblaseeinrichtung in die Einspritzpumpe).
15 .8 Halter für Druckschalter zu 15.7 an der Zwischenwand Motor-/Lichtanlaßmaschinen-Raum.
15.9 Abdeckwanne unter Motorölwanne (Bilge) mit Befestigungskreuz anstelle Hutmuttern.
15.10 Abdeckung der BBC-Kupplung.
Zwei Ausführungen für MTU- bzw. Pielstick-Motor-Einbau.
15.11 Luftansaugbälge aus hochfesterem und elastischerem Material.
16. Die Schlauchleitungsverbindungen zu den Signalpfeifen entfallen; dafür Rohrverbindungen. Zuleitungen nach innen in den Tisch verlegt.
17. Belüftung der Apparateschränke.
17.1 Je 2 zusätzliche Lüfter in den Apparateschränken.
17.2 Sammelhaube mit Luftabführung und zusätzliche Seitenfilter in den Apparateschränken.
17.3 Dachklappe über den Apparateschränken mit Kuckuckslüfter.
17.4 Abdeckung des unteren Handbremskettenrades und der Schrankauflagerung zur Vermeidung von Fremdluftansaugung.
17.5 Schiebefenster: Untere Scheibenführung in Gummi-Samtschiene anstelle Alu-Schiene mit Kunststoffgleitern.
18. Elektrische Anlage.
18.1 Heizungssteuerungskupplungs-Anbau in Doppelausführung mit Änderung des Verteilerkastens. Kupplungen oberhalb der Pufferbohle.
18.2 Vierter Erdungskontakt, angeordnet an Radsatz 2. Der mechanische Knorr-Gleitschutzregler entfällt (siehe Punkt 18.7).
18.3 Neue Raderdeleitungen mit zusätzlichen Klemmstellen und Verteilerstellen zur Erzielung gleicher Leitungslängen.
18.4 Zusätzliches Stapa-Rohr 48 im Untergestellrahmen.
18.5 Umstellung der bisherigen Steckverbindungen der Fa. Fabeg auf Siemens-Indusi-Trenndose (außen) bzw. Harting-Stecker (innen).
18.6 Einbauvorbereitung für aufladbare Handlampe am Apparateschrank, Führerstand 2.

18.7 Krauss-Maffei-Schutzgerät S 6 G 10 W 1 anstelle S 6 W 2 mit erweiterter Funktion für Gleitschutz.
18.7.1 Zusätzliches Magnetventil für 18.7 (Gleitschutzregler).
18.8 Einbau eines neuen Klimators mit Rechtsbedienung.
18.9 Frostschutzhupe Stella B 31 (nach Zeichnung 2 Flb 000.0.75.020.003 Ausgabe 28.6.73) wieder zugelassen.
18.10 Ortsnetzanschlußstecker in der Ausführung CEE-Aufbau-Gerätestecker der Fa Geyer, 16 A.
19. Halterung (Tasche) für UIC-Verbindungskabel Lok-Lok neben Einstiegtür zum Maschinenraum.
20. Brandmeldeanlage Motorraum.
20.1 Lage der Wärmefühler der veränderten Einbausituation MTU TB 11 bzw. Pielstick-Motoren angepaßt.
20.2 Zuleitung zu den Wärmefühlern an den Motorraumlüftern mit elastischem Winkelstück und zusätzlicher Halterung.
20.3 Anschlußrohr mit Wärmefühler an den Motorraumlüftern aus der Lüfteröffnung in Richtung Motorraummitte herausgedreht.

Abweichend von diesem Schreiben wurden nicht, wie in Punkt 15.1.1 angegeben, 20, sondern nur 17 Lokomotiven der 3. Bauserie mit Pielstick-Motoren ausgestattet, dafür 83 statt 80 mit MTU-Motoren 12V 956 TB 11. Die Punkte 9 und 17.3 erklären, warum die verschiedenen 218-Bauserien unterschiedlich viele Kuckuckslüfter auf dem Dach haben.

Ein Grund für die vielen Unterschiede zwischen den Bauserien liegt darin, dass die Baureihe 218 über einen langen Zeitraum (rund 8 Jahre) gebaut worden ist. In diesem Zeitraum entwickelte sich die Technik weiter, und neue Entwicklungen sollten möglichst zeitnah in den Lokomotiven genutzt werden. Ein weiterer Grund ist in der hohen Stückzahl an Lokomotiven zu finden. Die DB wollte keiner Firma zu einer Monopolstellung verhelfen, um keinem Preisdiktat einer Firma zu unterliegen. Daher wurden die Aufträge aufgeteilt und z. B. ein Teil der Motoren bei MTU, der andere Teil bei Klöckner-Humboldt-Deutz (Pielstick-Motoren) beschafft.

2.14 Farbgebungen bei DB/DB AG

2.14.1 Purpurrot

1952 legte die DB fest, dass alle neuen Diesellokomotiven im Grundton Purpurrot zu lackieren waren. Die Farbaufteilung:

Dach, Tritte und Umlaufroste:	Weißaluminium RAL 9006
Lokomotivaufbau:	Purpurrot RAL 3004
Dach:	Betongrau RAL 7023
Oberer Lüfterbereich:	zunächst Steingrau RAL 7030
	später Schwarzgrau RAL 7021
Rahmenbereich:	Schwarzgrau RAL 7021
Drehgestelle:	Tiefschwarz RAL 9005
Anschriften:	Kieselgrau RAL 7032
	ab 1975: Elfenbein RAL 1014
Blitzpfeil:	Elfenbein RAL 1014

Mit dieser Farbgebung wurden die Lokomotiven 218 101 – 216 und 219 – 314, 340 – 352 und 361 – 375 ausgeliefert, zusammen also 239 Loks. Die purpurrote Farbgebung erhielt später auch 218 387 der DB-Tochter Kurhessenbahn, allerdings erst bei einer Hauptuntersuchung, die am 20. März 2008 beendet wurde. Sie war ursprünglich in Ozeanblau/Beige ausgeliefert worden. Darüber hinaus haben einige NE-Bahnen ihre 218 in Purpurrot lackieren lassen, worüber später berichtet wird.

2.14.2 Ozeanblau/Beige

Als ab 1974 die neue Farbgebung für Reisezugwagen eingeführt wurde, sollten alle Lokomotiven (mit einigen Ausnahmen, wie die IC- und S-Bahn-Lokomotiven) ebenfalls eine neue Farbgebung erhalten. Die Anfang 1974 ausgelieferten Lokomotiven 218 217 und 281 218 vom Bw Regensburg dienten als Versuchsträger neuer Farbverteilungen. 218 217 erhielt einen Anstrich ähnlich der TEE-Farbgebung in Purpurrot (RAL 3004)/Elfenbein (RAL 1014). Rahmen und Dach (mit Ausnahme der umbragrauen Dachabdeckung) waren ebenfalls purpurrot. 218 218 bekam eine den Schnellzugwagen entsprechende Farbgebung in Ozeanblau/ Elfenbein (umgangssprachlich auch als „Beige“ bezeichnet). Dabei wurden die unteren Bereiche des Lokkastens und der Rahmenbereich in Ozeanblau (RAL 5020) und die oberen Bereiche in Elfenbein (RAL 1014) umlackiert. Das Fahrwerk erhielt einen schwarzbraunen Anstrich (RAL 8022), der obere Lüftungsgitterbereich einen umbragrauen (RAL 7022). Der Blitzpfeil wurde purpurrot (RAL 3004) dargestellt.

Die Farbgebung der 218 218 setzte sich durch, so dass ab 1975 alle neu gebauten 218 diese Farbgebung erhielten. In Ozeanblau/Beige ausgeliefert wurden folgende Lokomotiven: 218 315 – 339, 353 – 360 sowie 376 – 499, also auch die aus der Unfall-Lok 215 112 neu aufgebaute 218 399. Die Lokomotiven 218 315 – 339, 353 – 360, 376 – 405, 435, 436 sowie 463 – 466 erhielten dabei ein Dach in Ozeanblau. Da die Dächer durch den ausgestoßenen Dieselruß schnell verschmutzten, ging man ab ca. Juli 1976 dazu über, die Dächer in Umbragrau zu lackieren, was bis zum Jahr 2000 bei fast allen Loks geschehen war. Die Lokomotiven 218 406 – 434, 437 – 462 und 467 – 499 hatten bereits ab Werk ein umbragraues Dach. Insgesamt waren 270 Lokomotiven der Baureihe 218 zeitweilig in Ozeanblau/Beige unterwegs. Heute ist es bei der DB nur noch 218 460 der DB-Tochter Westfrankenbahn. Sie hat bei einer Hauptuntersuchung, die am 29. Dezember 2016 beendet wurde, ihre Ursprungsfarbgebung zurückerhalten. Einige NE-Bahn-218 haben inzwischen ebenfalls diese Farbgebung erhalten.

2.14.3 Orientrot

Ein Nachteil der Farbgebung Ozeanblau/Beige war, dass man den Schmutz auf den in Beige gehaltenen Bereichen der Lok besonders gut sehen konnte, die Lokomotiven also häufig ungepflegt aussahen. Daher suchte die DB Mitte der achtziger Jahre eine neue Farbgebung. Zunächst wurden Farbstudien an den Elloks 111 068 und 111 069 durchgeführt. Im Mai 1987 gesellte sich 218 286 vom Bw Haltingen hinzu. Sie hatte einen Lokkasten in Orientrot (RAL 3031), von dem sich nur Kontrastflächen auf den Stirnwänden („Lätzchen“, Lichtgrau, RAL 7035) und die Lüftungsgitter (Graubraun RAL 8019) abhoben. Graubraun (RAL 8019) waren auch die Drehgestelle. Auf den Kontrastflächen war nun das DB-Emblem zu finden, über den Kontrastflächen, außermittig nach links versetzt, die Loknummer. Die Anschriften waren nun Verkehrsweiß (RAL 9016). Die 218 286 hatte noch eine pastellfarbene Ecke auf jeder Kontrastfläche sowie ein Dach in Orientrot. Auf diese beiden Besonderheiten verzichtete die DB, als sie 1987 die orientrote Farbgebung zur Standardfarbgebung für Lokomotiven erkor. Die Kontrastflächen waren nun komplett lichtgrau, das Dach umbragrau. 218 286 wurde später der Standardfarbgebung angepasst. 218 362 vom Bw Kaiserslautern war im August 1987 die erste 218 in der orientroten Standardfarbgebung.

Aus Umweltschutzgründen nahm man nun Lacke auf Wasserbasis. Nur waren diese nicht so alterungsbeständig wie ihre Vorgänger. Und so wurden sie durch Waschmittel, die relativ scharf

Bild 111 – Die meisten 218-Serienloks (insgesamt 239 Fahrzeuge) wurden in Purpurrot ausgeliefert. Die wenige Tage zuvor fertiggestellte **218 223** verlässt Ende September 1972 das Krauss-Maffei-Werk in München-Allach. Ihre Abnahme erfolgte am 28. September 1972, erste Heimatdienststelle war für die Lok das Bw Mühldorf (Oberbayern).
AUFNAHME: KRAUSS-MAFFEI, SAMMLUNG HELGE HUFSCHLÄGER

Bild 112 – Die purpurrote Farbgebung trägt **218 387** der Kurhessenbahn erst seit März 2008. Ursprünglich war sie in Ozeanblau-Beige in Dienst gestellt worden. Zwischenzeitlich trug sie auch die orientrote und die verkehrsrote Farbgebung.
AUFNAHME: CHRISTIAN GERBER

Bild 113
218 217 wurde in Purpurrot-Beige ausgeliefert. Diese Farbgebung setzte sich allerdings bei der Baureihe 218 nicht durch. Am 16. April 1985 weilte der Farbexot im Bw Nürnberg 1.

Aufnahme: Jens Kolbe

Bild 114
218 320 gehörte zu den Lokomotiven, die bei ihrer Auslieferung bereits ozeanblau-beige lackiert waren und dabei ein ozeanblaues Dach aufwiesen. Diese Farbgebung trug die Lok bis zu ihrer Ausmusterung. Ab 2004 stand sie im Dienst von DB AutoZug. Am 18. Mai 2005 war sie zusammen mit der Schwestermaschine 218 362 vor der erst wenige Monate alten Werkstatt in Niebüll abgestellt.

Aufnahme: Roland Hertwig

Bild 115
218 105 und **218 128** waren beide in Purpurrot ausgeliefert worden und haben bislang jeweils vier verschiedene Farbgebungen getragen. Die heutige Museumslok 218 128 hat ihre Farbgebung Ozeanblau-Beige mit umbragrauem Dach erstmals zwischen 1985 und 1994 besessen, bevor sie diese Farbgebung 2014 erneut bekam. 218 105 erhielt 2010 die Lackierung in Purpurrot-Beige. Die Lokausstellung der Kurhessenbahn am 2. September 2012 in Korbach ermöglichte den direkten Vergleich dieser beiden Farbgebungen.

Aufnahme: Matthias Michaelis

Bild 116
Da die Westfrankenbahn ihre Lok **218 460** wieder in Ozeanblau/Beige lackieren ließ, befindet sich nun wieder eine 218 in dieser Farbgebung im regulären DB-Bestand. Im Vergleich hierzu die verkehrsrote **218 419** im Hintergrund, aufgenommen am 1. April 2017 im Werk Mühldorf (Oberbayern).

AUFNAHME: CHRISTIAN GERBER

waren, da sie schließlich den Bremsstaub und den Betriebsschmutz bekämpfen mussten, zum Teil abgewaschen. Nach jeder Wäsche verschlechterte sich so der Lackzustand ein wenig. Die so verblasste Farbe wurde daher von Eisenbahnfreunde scherzhaft als „Schweinchenrosa" bezeichnet. Insgesamt 311 Loks der Baureihe 218 haben die orientrote Farbgebung getragen. 218 476 war im August 1997 die letzte Lok ihrer Baureihe, die im Werk Bremen diese Farbgebung erhielt.

2.14.4 Verkehrsrot

Im Oktober 1997 bekam 218 336 als erste ihrer Baureihe den verkehrsroten Anstrich nach dem neuen Farbkonzept der Deutschen Bahn AG:

Lokomotivaufbau (oberer Bereich):	Verkehrsrot RAL 3020
Lokomotivaufbau (Rahmenbereich und oberer Lüftungsgitter-Bereich, Dach):	Basaltgrau RAL 7012
Drehgestelle, Fahrwerk:	Tiefschwarz RAL 9005
Kontrastbalken, Handstangen, Tritte und Anschriften:	Lichtgrau RAL 7035

Der Blitzpfeil entfiel.
Insgesamt wurden 364 Lokomotiven der Baureihe 218 verkehrsrot lackiert.

2.14.5 Embleme und Anschriften

An den Stirnseiten und Seitenwänden waren bei allen purpurroten 218 im roten Bereich DB-Emblem und Loknummer zu finden. Im schwarzen Bereich standen Heimat-Direktion, Heimat-Bw, AW und die Revisionsdaten. Alle Angaben waren angeschrieben, Lokschilder gab es nicht.

Bei der Farbgebung in Ozeanblau-Beige (genau genommen: Elfenbein) wurde ein DB-Emblem in Ozeanblau auf den elfenbeinfarbenen Teil der Stirnseiten und Seitenwände gesetzt.

Als die orientrote Farbgebung aufkam, erhielten die umlackierten Lokomotiven ein orientrotes DB-Emblem im Latzbereich der Stirnseiten sowie auf den Seitenwänden.

Mit der Bildung der Deutschen Bahn AG im Jahre 1994 erhielten alle Lokomotiven – unabhängig von ihrer Farbgebung – das neue rote DB-Emblem auf alle vier Seiten. Die Direktionsangabe entfiel, dafür stand nun „GB Traktion" an den Lokomotiven. Auch wurde der Begriff „Bw" gestrichen, sondern nur der Beheimatungsort angeschrieben.

Diejenigen Lokomotiven der Baureihe 218, die von DB AutoZug im Syltverkehr eingesetzt wurden, waren alle verkehrsrot lackiert. Einige von ihnen erhielten zusätzlich auf dem vorderen Teil der Seitenwände die Beschriftung AutoZug SyltShuttle sowie ein Sylt-Symbol.

Bild 117
218 286 (Bw Haltingen) erhielt im Mai 1987 eine orientrote Versuchslackierung. Am 4. September 1987 war sie im Bw Nürnberg 1 zu sehen. Bei der späteren serienmäßigen Umlackierung der Lokomotiven in Orientrot verzichtete man u. a. auf die pastellfarbenen Verzierungen auf den Kontrastflächen. Auch wurde das Dach umbragrau lackiert.

AUFNAHME: JENS KOLBE

Bild 118 – Am 29. August 1998 legten die beiden orientroten **210 434** und **218 108** neben dem Lokschuppen von Westerland (Sylt) eine Pause ein. Wie zu erkennen, hat 218 434 nach ihrem Umbau zur 210[4] ihre orientrote Farbgebung behalten.
AUFNAHME: ROLAND HERTWIG

Bild 119 – In hervorragendem Pflegezustand präsentiert sich **218 433** am 3. November 2010 in ihrem Heimatwerk in Mühldorf (Oberbayern). Der Initiative des dortigen Personals war es zu verdanken, dass die Loks 218 433, 463 und 466 rote Verzierungen an den Anbau-Schneepflügen erhalten haben.
AUFNAHME: MATTHIAS MICHAELIS

Bild 120 – Ein Teil der 218 von DB Regio erhielt Aufkleber der Aufgabenträger des Nahverkehrs, in deren Auftrag sie fuhren. In Schleswig-Holstein besitzen die Kieler Loks daher Aufkleber von „NAH.SH“. Am 21. März 2016 war **218 453** allerdings von DB Regio an DB Fernverkehr vermietet und bespannte den IC 2073 nach Berlin, der hier gerade mit einer weiteren 218 Westerland (Sylt) verlassen hat. AUFNAHME: ROLAND HERTWIG

2.14.6 Sonderlackierungen

Oben wurde schon erwähnt, dass 218 217 in TEE-ähnlicher Farbgebung ausgeliefert wurde. Diese trug sie noch bis 2002, dann wurde sie in Verkehrsrot umlackiert. Die gleiche TEE-ähnliche Farbgebung erhielt 218 105 im April 2010, als sie schon im Dienst der Westfrankenbahn (WFB) stand. Damit passte sie gut zu den historischen TEE-Sonderzügen der DB, vor denen sie bisweilen eingesetzt wurde. Ihren Anstrich behielt 218 105 bis heute. Allerdings wurde sie inzwischen (im Mai 2016) an die Eisenbahnbetriebsgesellschaft Neckar-Schwarzwald-Alb (NeSA) verkauft.

1984 wurde der CityBahn-Verkehr auf der Strecke Köln – Gummersbach – Meinerzhagen eingeführt. Die Züge wurden aus modernisierten n-Wagen gebildet, die eine Farbgebung erhielten, die sich an der damaligen S-Bahn-Farbgebung (Kieselgrau RAL 7032/Reinorange RAL 2004) anlehnte. Als weitere Farben traten auf: Dach: Umbragrau RAL 7022, Lüfterband, Drehgestelle, Puffer und unterer Rahmenrand: Graubraun RAL 8019. Zehn 218 vom Bw Hagen 1 (218 134, 135, 137, 140, 142 – 146 sowie 148) wurden farblich entsprechend angepasst und als Zugloks der CB-Züge eingesetzt. Hierbei war der Lokkasten in Reinorange lackiert, über das oberhalb der Puffer ein breiter Streifen in Kie-

Bild 121
2010 gönnte die Westfrankenbahn ihrer **218 105** die TEE-Farbgebung in Purpurrot-Beige, damit sie zu den TEE-Wagen der Bahn passte. Diese Farbgebung trägt die Lok auch noch heute beim jetzigen Eigentümer, der Eisenbahn-Betriebsgesellschaft Neckar-Schwarzwald-Alb (NeSA). Am 6. Juni 2010 präsentierte sich die frisch umlackierte Lok in Mühldorf (Oberbay).

AUFNAHME: MATTHIAS MICHAELIS

Bild 122
218 137 ist die Vertreterin der Baureihe 218 im DB-Museum Koblenz-Lützel. Sie trägt seit 2012 die CityBahn-Lackierung, die sie während ihrer aktiven Dienstzeit zwischen 1984 und 1994 besessen hat und die sie als Museumslok seit 2012 wieder trägt. Insgesamt besaßen zehn 218 des Bw Hagen 1 diese Sonderlackierung.

AUFNAHME: MATTHIAS MICHAELIS

selgrau verlief. Lüfterbänder und Fahrwerk waren graubraun, das Dach war umbragrau. In dieser Farbgebung waren die Loks bis 1996 aktiv. Danach wurden sie in Orientrot umlackiert, denn aus der CityBahn war inzwischen ein Stadt-Express geworden und der Wagenpark mintgrün lackiert worden. Die 218 137 befindet sich seit dem 24. August 2011 im Bestand des DB Museums in Koblenz. Dort wurde die Lok wieder in die CityBahn-Farbgebung umlackiert, die am 29. September 2012 der Öffentlichkeit präsentiert werden konnte.

1995 schuf die DB AG den Touristikzug. Seine Wagen waren grün, gelb, blau und weiß gescheckt. Die Farben versinnbildlichten die Elemente Wasser (dunkelblau), Land (grün und gelb) sowie Luft (hellblau und weiß). 218 416 und 418 sowie 103 220 erhielten die gleiche Lackierung, um als Zugloks für den Touristikzug zu dienen. Ihm war aber kein großer Erfolg beschieden, so dass die umlackierten Loks selten vor diesen Zügen zum Einsatz kamen. 218 416 wurde bereits im Oktober 2000 verkehrsrot lackiert. 218 418 konnte die Sonderfarbgebung bis Anfang 2007 behalten.

Über die Sonderlackierungen, die die 218 der Tochterfirmen DB Bahnbau Gruppe und DB Netz tragen, wird bei deren Vorstellung geschrieben. Dies gilt auch für die Farbgebungen der nun in NE-Bahn-Diensten laufenden 218.

Bild 123 – Eine recht bunte Sonderlackierung trugen die Regensburger **218 416** und **218 418** ab 1995, damit sie farblich zum DB-Touristikzug passten. Am 2. Oktober 1995 warteten die beiden Loks in Dortmund auf neue Aufgaben.
AUFNAHME: JENS KOLBE

Bild 124 – Die Lok **218 391** der DB Bahnbau Gruppe trägt seit ihrer letzten Hauptuntersuchung im Juli 2015 eine gelbe Farbgebung mit lichtgrauen Kontrastbalken. Am 31. März 2017 ist sie auf der Strecke München – Kempten (Allgäu) bei Görwangs unterwegs zu ihrem nächsten Einsatz.

Bild 125 – Farbenfrohes Zusammentreffen in Stetten (Schwaben) am 25. März 2014: Die Bayernticket-Werbelok **218 467** begegnet mit ihrem Nahverkehrszug einem Messzug der DB Netz Instandhaltung, der mit der gelben **218 477** bespannt ist. Anders als die gelben 218 der DB Bahnbau Gruppe tragen jene von DB Netz Instandhaltung basaltgraue Kontrastbalken.

AUFNAHMEN (2): MARTIN WALTER

Bild 126 (links)
Die Kemptener **218 473** warb von Februar 2001 bis April 2005 für das Musical „König Ludwig II“ in Füssen. Daher war auf der Lokführerseite unterhalb des Führerstands-Seitenfensters das Schloss Neuschwanstein abgebildet. Am 27. März 2002 weilte die Lok im Werk Freiburg.

AUFNAHME: CHRISTIAN WOLF

Bild 127 (unten)
218 212 des DB Museums ist seit Herbst 2003 mit Zeichnungen des Sängers Udo Lindenberg versehen. Am 10. Oktober 2009 präsentierte sich die Lok in Mühldorf (Oberbay) zwischen 217 002 und 217 014.

AUFNAHME: CHRISTIAN GERBER

2.14.7 Werbeloks

Von Februar 2001 bis April 2005 warb die Kemptener 218 473 für das Musical „König Ludwig II“ in Füssen. Die Umgestaltung der Lok ging u. a. auf eine Initiative des Modellbahnherstellers Märklin zurück. Der Lokkasten (einschließlich Rahmen und Kraftstofftank) der zuvor orientroten 218 473 wurde hierbei in Dunkelblau umlackiert, der Lieblingsfarbe des bayerischen Märchenkönigs. Das Fahrwerk wurde tiefschwarz, das Dach basaltgrau gestrichen. Auf der Lokführerseite wurde unterhalb der (langen) Führerstandsseitenfenster ein Motiv des Schlosses Neuschwanstein aufgeklebt. Ferner erhielt die Lok zwischen Rahmen und Lokkasten einen goldenen Zierstreifen.

2013 wurde der Verkauf des 100.000.000. Bayern-Tickets gefeiert. Aus diesem Anlass war 218 467 aus Kempten vom 10. Oktober 2013 bis zum 13. August 2015 mit Werbefolien unterwegs, die von der österreichischen Künstlerin Gudrun Geiblinger entworfen worden waren. Auf einem Untergrund in verschiedenen Blautönen waren drei bekannte Touristenattraktionen aus Bayern zu sehen, die Wallfahrtskapelle St. Bartholomä am Königssee, das Schloss Neuschwanstein und der Hafen von Lindau. Ferner prangte mit großen Lettern ein Slogan auf der Lok: „Weil wir im Herzen alle Bayern sind“. Der Modellbahnhersteller Roco beteiligte sich an der Aktion und brachte ein Modell der Lok im Maßstab H0 auf den Markt.

Werbung für den Rocksänger Udo Lindenberg betreibt die 218 212 des DB Museums seit Herbst 2003. Daher wurde die Lok mit Zeichnungen des Sängers und dem Schriftzug „Sonderzug nach Pankow“ versehen. Mit entsprechend umgestalteten Reisezugwagen wurde sie zunächst am 3. Oktober 2003 für eine Sonderfahrt von Berlin-Friedrichstraße nach Magdeburg zu den zentralen Feiern zum Tag der Deutschen Einheit eingesetzt. Im Frühjahr 2004 nutzte Udo Lindenberg den Zug für eine Tournee durch ganz Deutschland. Seit dem 19. Juli 2005 ist die Lok z-gestellt. Derzeit steht sie im Bahnhof Amorbach. ❑

3 Umbauten der Baureihe 218

3.1 Umbau in die Baureihe 218^8 (Abschlepplokomotiven)

Für die ab den neunziger Jahren eröffneten Schnellfahrstrecken (SFS) der DB für Züge des Personenverkehrs, auf denen Fahrgeschwindigkeiten von wenigstens 250 km/h möglich sind (wie z. B. am 9. Mai 1991 Mannheim – Stuttgart, am 2. Juni 1991 Hannover – Würzburg oder am 25. Juli 2002 Köln – Rhein/ Main) mit ihren vielen Tunnelbauwerken und Steigungen bis zu 40 ‰, mussten neue Notfallsysteme eingerichtet werden. Auf Rettungszüge wie die Hilfszüge der DB Netz Notfalltechnik für die ersten Schnellfahrstrecken konnte bei letzterer verzichtet werden, da sich in den Tunneln der neuen Strecken im Abstand von 1.000 m Notausgänge und Querstollen befinden, längere Tunnel haben einen Rettungsplatz mit mindestens 1.500 m² Fläche.

Sollte ein Zug aus technischen Gründen auf freier Strecke oder in einem Tunnel liegenbleiben und muss abgeschleppt werden, kommen elektrische Triebfahrzeuge als Abschlepplokomotiven nicht in Frage, falls gleichzeitig die Fahrleitung gestört/zerstört ist. Die logische Folge bedeutet die Vorhaltung/Anschaffung von Brennkrafttriebfahrzeugen. Die damalige DB Reise & Touristik hatte das Problem im November 2002 durch Ankauf von sieben bei DB Cargo nicht mehr benötigten Lokomotiven der Baureihe 216 (216 096, 130, 131, 135, 146, 154 und 156), deren Fristen zwischen 2004 und 2008 abliefen, vorübergehend gelöst. Sie erhielten die neue Baureihenbezeichnung 226 unter Beibehalt ihrer Ordnungsnummern, 226 096 diente dabei als Ersatzteilspender. Das Werk Bremen richtete sie mit Ausbau der Dampfheizung und ihren Ersatz durch entsprechende Ausgleichsgewichte, Einbau einer Webasto-Standheizung, GSM-R Funk, Zug- und Stoßeinrichtungen von Ringfeder für den Einsatz als Abschlepplokomotiven her. Die Inbetriebnahme bei DB R & T erfolgte zum 1. Januar 2003 (siehe EK „Die V 160-Familie, Band 1").

Ein langes Einsatzleben war den 226 nicht beschieden. Alle Loks standen bereits 36 Jahre im Einsatz, so dass eine wirtschaftliche Erhaltung, bedingt auch durch den Rückgang der Baureihe 216 als Ersatzteilspender (2004 hatte DB Cargo lediglich noch neun Lokomotiven im Bestand) nicht mehr zu verantworten war. Die Beschaffung dieser Lokomotiven war im Grunde als Übergangslösung gedacht. Da bereits bei vier Maschinen zwischen März und Juli 2004 der Fristablauf drohte, suchte DB Fernverkehr (FV) schon im Jahr der Inbetriebnahme der ersten 226 nach einer Nachfolgerin und wurde bei der Konzerntochter DB Regio fündig.

Die beiden DB-Unternehmen waren sich bald über die Kaufbedingungen und Modalitäten zur Abgabe/Übernahme von (anfangs) insgesamt 14 Lokomotiven der Baureihe 218 einig, die im Durchschnitt sieben Jahre jünger und technisch moderner (stärker motorisiert und mit hydrodynamischer Bremse) als Baureihe 218^8 in den FV-Bestand eingereiht wurden. Im Herbst 2005 kam es zu einer Nachbestellung von zusätzlich sechs Lokomotiven durch FV, so dass letztlich 20 Loks übernommen wurden, von denen wiederum 19 tatsächlich in 218^8 umgebaut wurden (Übersicht über alle Loks im Einzelnen siehe Kapitel 7.1.2).

Bild 128 – Die Abschlepplokomotiven **218 839** (ex 218 317) und **218 834** (ex 218 367) ziehen den defekten ICE-T-Triebzug 411 065/565 am 1. Mai 2015 auf der Berliner Ringbahn auf Höhe des S-Bahnhofs Greifswalder Straße nach Berlin-Rummelsburg. Der Triebzug war ursprünglich als ICE 1627 Hamburg-Altona – München Hbf unterwegs, dessen Fahrt aber am Morgen in Karstädt schadbedingt zu Ende war. AUFNAHME: SEBASTIAN SCHRADER

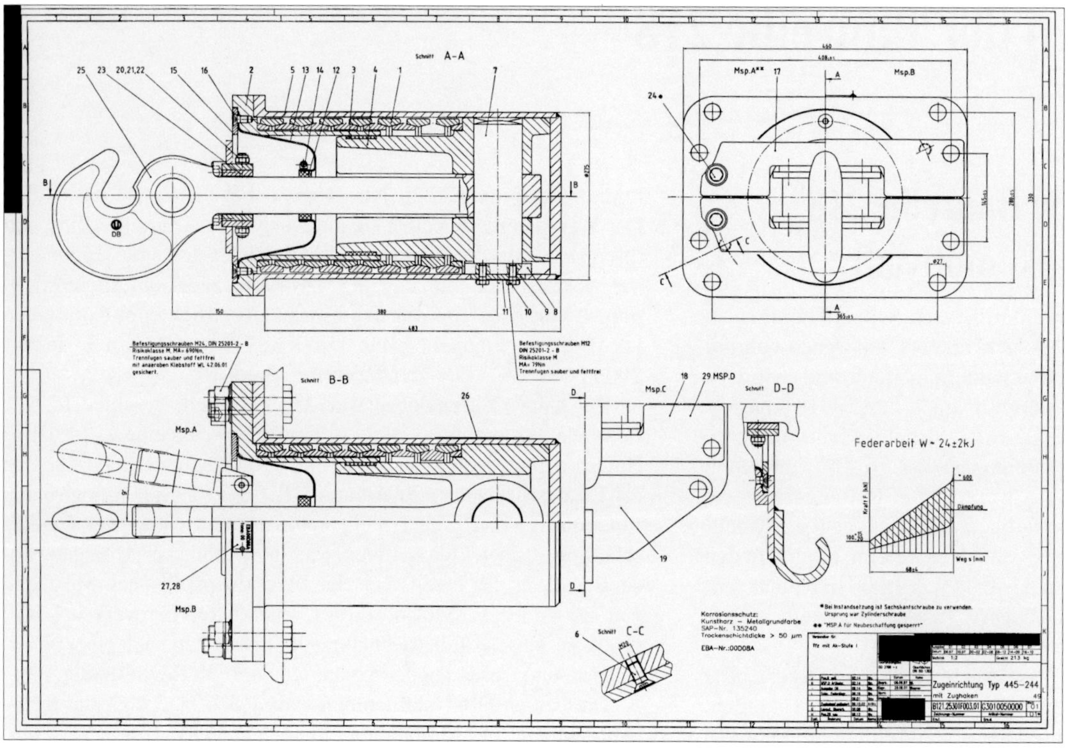

Bild 129
Schnittzeichnung der Zug- und Stoßeinrichtung Typ 445.

ZEICHNUNG: DEUTSCHE BAHN, SAMMLUNG PETER GROßE

Umbauarbeiten

Im Wesentlichen unterscheiden sich die 218^8 von den Serienlokomotiven durch eine geänderte Zug- und Stoßeinrichtung mit verstärktem Zughaken. Dieser muss in der Lage sein, auch Druckkräfte aufzunehmen, die durch die Übergangskupplung auf den Zughaken wirken. Bei herkömmlichen Fahrzeugen gehen die Druckkräfte über die Puffer auf den Rahmen über. Die Maschinen sind in der Regel mit der Scharfenbergkupplung Typ 10 (Schaku) der Voith Turbo Scharfenberg GmbH ausgerüstet, entwickelt von Karl Scharfenberg in der Waggonfabrik L. Steinfurt AG in Königsberg (Pr), die seit 2002 als Standard für Hochgeschwindigkeitszüge weltweit gilt, jedoch (noch) nicht für schwere Güterzüge geeignet ist, da keine hohen Zugkräfte übertragen werden können. Dieser Kupplungstyp zeichnet sich besonders durch seine hohe Festigkeit und den großen horizontalen und vertikalen Greifbereich aus. Er kann eine Druckkraft bis zu 1.500 kN und eine Zugkraft bis zu 1.000 kN übertragen, das Einbaumaß liegt bei 1.025 mm über Schienenoberkante (SOK). Nota bene: Voith hat eine neue Frachtkupplung Voith CargoFlex für Güterwagen entwickelt, die den hohen Belastungen im Güterverkehr angepasst und die auf der InnoTrans 2018 in Berlin vorgestellt worden ist.

Inzwischen sind etwa ⅔ der Lokomotiven der Baureihe 218^8 mit einer von der Schaku Typ 10 abweichenden Bauart ausgerüstet. Hierbei handelt es sich um eine modifizierte Übergangskupplung des Typs 40-SK-3682(2), mit welcher die Triebwagen-Prototypen der Baureihen $627^0/628^0$ ausgerüstet waren. Mit dieser Kupplungsvariante sind die folgenden Lokomotiven – zumindest zeitweise – ausgerüstet gesehen worden:

218 810 813 822 824 825 830 833 835 838

Die Vorwärmanlage Bauart Hagenuk wurde gegen die neuere Anlage K 32, die moderner und im Prinzip sehr einfach zu bedienen ist, getauscht. Des Weiteren sind die Lokomotiven mit vier Radvorlegern ausgerüstet, um einen Zug auf der Strecke oder beim Abstellen sichern zu können. Zu den Zusatzausrüstungen gehört neben der Handlampe eine Notausstiegsleiter. Ein eventuell vorhandenes Nahverkehrspaket (Fahrgastinformation, Zugzielanzeiger, Mikrofon für Ansagen) wird nicht mehr benötigt und ausgebaut. Hier ein Auszug der im Werk Bremen bei 218 824 erfolgten Arbeiten:

- Einbau Zug- und Stoßeinrichtung Typ 445-244;
- Drehgestelle mit automatischen Bremsgestängestellern (ABGS);
- Ersatz der Vorwärm- und Warmhalteanlage durch eine der Bauart Hagenuk K 32;
- Einbau Spurkranzschmierung REBS;
- Prüfung und Instandsetzung des Längsträgers;
- Handlampe und Notausstiegsleiter;
- Ausrüstung mit Radvorlegern;
- Asbestsanierung;
- Bestückung mit Handfeuerlöschern;
- GSM-R Update auf Software 04.00.10a und Freischaltung Roaming;
- Änderung der Ablassleitung der Ölfangwanne;
- Änderung der Hauptluftbehälterleitung (HLB);
- EBuLa-Bordgeräte in Kompaktbauform;
- ZEV-Steuerkabel;
- Einbau Frostwarnhupe JA 222 WD;
- Überwachung des Bremszylinderdrucks und der vollständig gelösten Handbremse;
- Temperaturgeführte Batterieladung bei Fremdeinspeisung;
- Inbetriebnahme EBuLa-Funk;
- Neue Fahrzeugnummer 218 824.

Wegen der besonderen Einsatzbedingungen der Abschlepplokomotiven verfügte DB Fernverkehr eine Ergänzung der Ausrüstungsliste. *„An den Fahrzeugen ist im Rahmen einer 50-Stunden-frist eine Erstausrüstung … vorzunehmen. Außerdem ist bei jeder weiteren planmäßigen Instandhaltungsstufe eine Kontrolle des Ausrüstungsstandes zu veranlassen. Eine Liste des Ausrüstungsstandes ist auf dem Fahrzeug auszulegen.“* Eine Auswahl aus dieser Liste:

- Im Führerstand (Fst): 2 Feuerlöscher W 8 und 4 Feuerlöscher P 12 je Fst, Verbandskasten mit Schutzhandschuhen, oranger Schutzhelm, 4 Fackeln, Brems-, Lok- und Vierkantschlüssel, Ölunfalltasche, Atemschutzmaske Selbstretter und Handlampe auf Fst 2, ein Fremdstromanschlusskabel zum Anschluss

Bild 130
218 824 (ex 218 233) mit Übergangskupplung vom Typ 10, Bauform 1.010.360. Mit dieser Kupplung können alle ICE abgeschleppt werden. Nachteil bei dieser Kupplung ist, dass diese keinen öffnungsfähigen Bügel hat und damit nicht für Abschlepplokomotiven mit mittlerem Rangiertritt über dem Zughaken verwendet werden kann. Aufnahme im Werk Seelze vom 26. August 2017.

AUFNAHME: WERNER NIMTZ

Bild 131
Spät am Abend des 27. Oktober 2008 rangierten die beiden 218-Abschlepploks **218 822** (ex 218 231) und **218 838** (ex 218 373) von DB Fernverkehr in Frankfurt (M) Hbf, bevor sie sich auf eine Lz-Fahrt nach Köln machten. 218 822 ist mit dem modifizierten Typ 40-SK-3682(2) der Übergangskupplung ausgerüstet.

AUFNAHME: MATHIAS OESTREICH

Bild 132 – Detailansicht der Kupplung Typ 10 an der Abschlepplok 218 839.

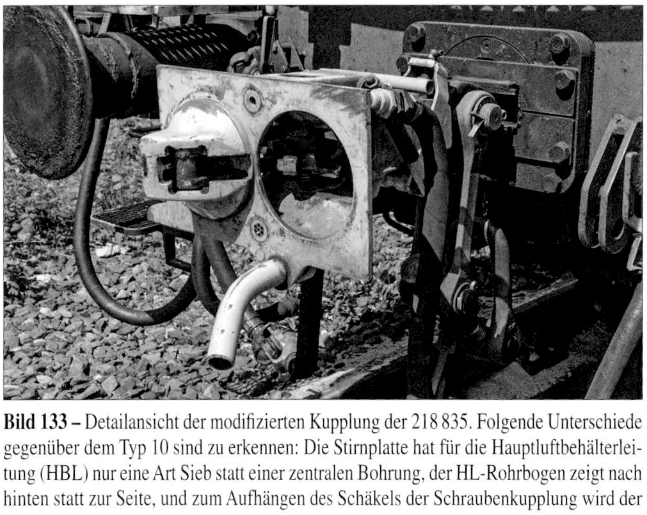

Bild 133 – Detailansicht der modifizierten Kupplung der 218 835. Folgende Unterschiede gegenüber dem Typ 10 sind zu erkennen: Die Stirnplatte hat für die Hauptluftbehälterleitung (HBL) nur eine Art Sieb statt einer zentralen Bohrung, der HL-Rohrbogen zeigt nach hinten statt zur Seite, und zum Aufhängen des Schäkels der Schraubenkupplung wird der fahrzeugseitige Haken benutzt. AUFNAHMEN (2): INGO WLODASCH

Bild 134 – 218 832 (ex 218 357) am 5. Januar 2014 im Warmhaltebetrieb abgestellt im Cargowerk Seelze und angeschlossen über das Fremdstromkabel an den Elektranten für 230-V-Erhaltungsladung rechts im Bild. Dieses Kabel gehört zur Ausrüstung der Lokomotive und muss vom Triebfahrzeugführer jeweils angeschlossen und bei Beginn eines Einsatzes wieder entfernt und im Führerstand 2 abgelegt werden. AUFNAHME: WERNER NIMTZ

an die Elektranten (Vorrichtungen zur Entnahme elektrischer Energie) für den Warmhaltebetrieb der Motoren.

- Im Werkzeugkasten und Zubehörschrank: Diverse Glühlampen und Sicherungen, Dichtringe, Schlosserhammer, Handfeger, Kehrschaufel, Ausgussstutzen für 20-Liter Kanister.
- Im Maschinenraum: Kondensatauffangbehälter, Bremsschlauch 5 bar, 18-poliges UIC-Kabel, Heizsteuerkabel, Ölkanister, Kunststoffeimer 10 l, Brechstange 700, Schlusssignal Zg 2 und vier Radvorleger.

Die Lokomotiven verließen das Werk in der Regel mit einer IS 030-Untersuchung mit Farbauffrischung oder ggf. mit neuem, verkehrsroten Anstrich (die 218 357 besaß bei Eingang im Werk noch Ozeanblau-Elfenbein). Um den Triebfahrzeugführern das sehr schwierige Ausbauen der Übergangskupplung aus dem ICE 3 zu ersparen, wurden einige Loks mit bereits fest aufgesetzten Abschleppkupplungen versehen.

Die Lokomotiven 218 810, 812, 822, 823, 831, 833, 835 und 839 waren mit Stand 4. September 2006 noch nicht mit ABGS ausgerüstet. Dies wurde mit Sonderzuführung zum Werk Bremen nachgeholt, bei 218 823 im Rahmen einer IS 700 vom 15. Dezember 2006 bis 7. März 2007.

Einem sofortigen Einsatz als Baureihe 218^8 mit den vorgesehenen Änderungen (Zugeinrichtung Typ 445-244, Vorwärmanlage K 32 neu usw.) stand jedoch die vorherige Bauartzulassung durch das Eisenbahn-Bundesamt (EBA) als *„Aufsichts- und Genehmigungsbehörde im Sinne des Allgemeinen Eisenbahngesetzes für die Eisenbahnen des Bundes"* entgegen. Denn nach § 32 Abs.1 EBO dürfen neue Fahrzeuge erst in Betrieb genommen werden, wenn sie abgenommen sind, dies gilt auch: *„... Werden an einem Fahrzeug Veränderungen vorgenommen unter Abweichung von diesen Zulassungsparametern, handelt es sich rechtlich gesehen um ein neues Fahrzeug. Daher sind wie neue Fahrzeuge solche Fahrzeuge zu behandeln, die aufgrund eines Umbaus die in der vorigen Abnahme festgelegten technischen Zulassungsparameter verlassen".*

Als Vertreterin der Baureihe 218 hatte die 218 399 mit Vorwärm- und Warmhalteanlage Bauart Hagenuk K 32 vom EBA die Abnahme erhalten. Im Bescheid heißt es u. a.: *„Hiermit erteile ich Ihnen die Abnahme nach § 32 EBO für die Lok 218 399-4 mit Vorwärm- und Warmhalteanlage Bauart Hagenuk K 32 ... Zur Verwaltungsvereinfachung gilt diese Abnahme auch für weitere Fahrzeuge der Baureihe 218, die mit dem Fahrzeug 218 399-4 in allen relevanten Bereichen übereinstimmen. Die Konformität dieser Fahrzeuge ist durch einen Konformitätsnachweis einer vom Eisenbahn-Bundesamt anerkannten Stelle nachzuweisen".*

Als Vertreterin der Baureihe 218 für die Zug- und Stoßeinrichtung Typ 445-244 hatte die 218 453 den Konformitätsnachweis geliefert. Damit war ein Konformitätsnachweis für die Baureihe 218 vorhanden, und die 218 810 ff. mit Zug- und Stoßeinrichtung Typ 445 und Vorwärmer Hagenuk K 32 konnten bei der neuen Gesellschaft sofort weiterbetrieben werden (Procedere der Zulassungsgenehmigungen durch das EBA siehe EK-Buch „Die V 160-Familie, Band 2").

Zur reibungslosen Abwicklung des Kupplungsvorganges wurden von FV entsprechende Richtlinien erstellt, darin heisst es u. a. für die Baureihen 403/412:

- *Nachbargleis sperren, Sichern des Zuges mit einer Vollbremsung;*

Konformitätsnachweis

eines Schienenfahrzeuges / einer Komponente ①

Bezeichnung Fahrzeugbauart / ~~Komponentenbauart~~ ① : **V-Lokomotive - BR 218.8**

Eigentümer des Fahrzeuges : **DB Fernverkehr AG**

Fahrzeug - / ~~Komponenten~~ - Nr. : **218 832 – 4 (alte Fzg.-Nr.: 218 357-2)**

Hersteller : **Kraus-Maffei** Fabrik - Nr. : **19 718** Baujahr : **1975**

Datum und Aktenzeichen der Bauart - Zulassung : **27.08.2002**
3119 Ted (218VorwärmK32)

Aktenzeichen des Konformitätsnachweises : ____________________

Datum der Abnahmeprüfung: **22.11.2005**

Der Konformitätsprüfung lagen nachstehend aufgeführte Unterlagen zugrunde :

Benennung (Zeichnung / Berechnung)	**Zeichnungs - Nr. bzw. Dokumentations Nr.**
Einbau nach Zeichnungen siehe Bescheid vom	....
10.04.2002 EBA (Bauartzulassung)	....
Bearbeitungskennz.: 1221/11101/32AZ3/0072/02	....

Wir

(Name / Firma) **DB Fahrzeuginstandhaltung GmbH**
D.W - Bremen

(Anschrift) **Am Wasserturm10**
28309 Bremen

erklären in alleiniger Verantwortung, daß das / ~~die~~① oben genannte Fahrzeug / ~~Komponente~~① mit dem / ~~der~~① gemäß vorgenannter Bauart - Zulassung geprüften Fahrzeug / ~~Komponente~~① in technischer Ausführung und Qualität übereinstimmt.

Bremen......................., **den 24.11.2005**
Ort Datum

~~**Der Landesbevollmächtigte für Bahnaufsicht**~~①	**Hersteller / Zertifizierungsstelle / Sachverständiger**	~~**Eisenbahn - Bundesamt**~~①
....	VS.	....
Dienstsiegel/Unterschrift	Stempel/Unterschrift	Dienstsiegel/Unterschrift

① Nicht Zutreffendes streichen

Bild 135
Konformitätsnachweis für die Lokomotive 218 832.

SAMMLUNG PETER GROßE

- *Im Fahrplan die Streckenneigung feststellen (Sägelinien), Anzahl der erforderlichen Radvorleger ermitteln und unter Mithilfe des Zugbegleitpersonals zur Sicherung des Zugs gegen unbeabsichtigte Bewegung auslegen;*
- *Standort feststellen und ein Hilfs-Tfz anfordern;*
- *Sind Reisende im Zug, dürfen die Einstiegstüren grundsätzlich nicht freigegeben werden;*
- *Schließen aller Seitenklappen und Bugklappen öffnen;*
- *Hilfs-Tfz nach dem Eintreffen bis auf etwa 5 m an den Tz heranfahren lassen;*
- *Zusammen mit dem Zub oder dem Tf der Hilfslok die Notkupplung in den Zughaken der Hilfslok einhängen und die Luftschläuche der HL und der HBL verbinden;*
- *Luftabsperrhähne an der Lokomotive noch nicht öffnen;*
- *Mit Hilfslok bis auf einen Meter heranfahren und Hilfskupplung justieren;*
- *Hilfslok mit maximal 2 km/h kuppeln lassen, Absperrhähne der Hauptluftleitung und Hauptluftbehälterleitung an der Hilfslok öffnen;*
- *Fahrzeuge mit Vollbremsung sichern;*
- *Bremsprobe durch den Tf der Hilfslok durchführen lassen;*
- *Bremsstellung der Hilfslok (wie bei der Baureihe 226) auf „P";*
- *Anfahren im Langsamgang mit Fahrstufe 2, anschließend Fahrstufe 8. Wenn sich der Zug in Bewegung setzt, stufen-*

weise weiterschalten je nach Schienenzustand und Leistungsbedarf;

- *Die zulässige Vmax beträgt 140 km/h, die Zugkraft von 400 kN darf nicht überschritten werden, AFB muss ausgeschaltet sein;*
- *Abschleppen im Fahrgastbetrieb ist nur in Ausnahmefällen zulässig;*
- *Bremsungen dürfen nur kombiniert durchgeführt werden, Bremsen mit Zusatzbremse oder dynamischer Bremse allein ist nicht zugelassen;*
- *Wenn der Tf des ICE eine betätigte Notbremse meldet, sind die Bestimmungen des Notbremsüberbrückungskonzeptes zu beachten.*

Beim Anfahren in Steigungen mit ein oder zwei Sägelinien sind zusätzlich folgende Hinweise zu beachten:

- *Zug mit Vollbremsung sichern;*
- *Zusatzbremse lösen, ggf. Federspeicher- oder Handbremse lösen;*
- *Zunächst Fahrstufe 2 einstellen, wenn Leuchtmelder „G" erloschen;*
- *Anschließend Fahrstufe 8 und Führerbremsventil in Fahrtstellung legen;*
- *Setzt sich der Zug in Bewegung, stufenweise weiterschalten (ggf. Sanden);*
- *Bei beginnendem Schleudern Leistung zurücknehmen;*
- *Scheitert der Anfahrversuch, mit Schnellbremung anhalten und Anfahrversuch wiederholen.*

Bemerkung eines Tf: *„Übrigens ist der ganze Kupplungsvorgang eine umständliche Angelegenheit. Vom Öffnen (Aufschrauben) der Bugklappe bis zum Abschluss des vollständigen Kupplungsvorganges (ohne Bremsprobe) dauert es mindestens 20 min".*

3.2 Umbau von 218^4 in 210^4 und Rückbau

Im Jahr 1992 plante die DB, Talgo-Schlafwagenzüge auch auf nicht elektrifizierten Strecken mit einer Höchstgeschwindigkeit von 160 km/h einzusetzen. Daraufhin wurde die 218 451 mit neuen Querdämpfern ausgerüstet und mit Messfahrten auf der Strecke Gütersloh – Neubeckum bei 160 km/h getestet. Die Ergebnisse waren zufriedenstellend. Anfang 1994 wurden mit dieser Lok weitere Messfahrten durchgeführt, bei denen das Bremsen und Beschleunigen getestet wurde. Auch diese Fahrten bewiesen, dass Lokomotiven der Baureihe 218 nach geringfügigen Umbauten mit 160 km/h betrieben werden konnten. Davon wurde 1996 Gebrauch gemacht.

Ab 29. September 1996 wollte die DB die vorherigen IC-Linien 7 Hamburg – Berlin und 8 Berlin – München zur neuen IC-Linie Hamburg – Berlin – München verknüpfen, die durchgehend elektrisch betrieben werden sollte. Als absehbar war, dass die Fahrdrahtlücke zwischen Falkensee und Berlin-Charlottenburg nicht mehr rechtzeitig geschlossen werden konnte, weil noch am neuen Bahnhof Berlin-Spandau und den Havelbrücken gearbeitet werden musste, ließ die DB zwölf Lübecker-218 im Instandhaltungswerk Bremen für das Fahren mit 160 km/h herrichten. Nur so konnten die für die elektrische Traktion festgelegten Fahrzeiten in der Übergangsphase eingehalten werden. Die DB wählte die Loks 218 430 – 434 und 218 456 – 462 aus. Sie gehörten zu den jüngsten 218, hatten alle MaK-Drehgestelle, Pielstick-Motoren und Voith-Getriebe. Man ging davon aus, dass diese Ausstattung die höhere Belastung bei 160 km/h am besten verkraften und das beste Laufverhalten zeigen könnte. Das Voith-Getriebe und die Radsatzgetriebe mussten nicht umgebaut werden. Allerdings

Bild 136 – Am 19. September 1996 war **218 433** auf dem Papier schon seit sechs Tagen in 210 433 umgezeichnet, an der Lok wurde dies allerdings erst wenige Tage später nachgeholt. Hier steht sie am genannten Tag – unterstützt von einer Schwesterlok – vor IC 634 nach Hamburg-Altona im Startbahnhof Berlin-Zoologischer Garten. Zehn Tage später, am 29. September 1996, begann der Zuglauf bereits in München Hbf. Ab diesem Zeitpunkt lief ein Steuerwagen hinter den Loks der Baureihe 210^4. AUFNAHME: ROLAND HERTWIG

Bild 137 – Ab dem 29. September 1996 lief der durchgehende IC-Verkehr München Hbf – Berlin-Zoologischer Garten – Hamburg-Altona. Zur Überbrückung der Elektrifizierungslücke im Raum Berlin halfen 210^4 aus. An die aus München kommenden Züge wurden im Bahnhof Berlin-Wannsee zwei 210^4 an das Zugende gehängt und bis zum Bahnhof Zoologischer Garten mitgeschleppt. Ab dort übernahmen sie bis Nauen die Zugförderung. Hier sehen wir die Situation im Bahnhof Berlin-Wannsee am 3. Oktober 1996. **210 434** und **210 460** sind an den Steuerwagen am Zugschluss des IC 806 nach Hamburg-Altona gekuppelt. Links im Bild stehen zwei Schwestermaschinen in Reserve. AUFNAHME: ROLAND HERTWIG

musste der Übertourungsschutz auf eine höhere Drehzahl eingestellt werden, um sein Eingreifen bei 160 km/h zu vermeiden. Die Gelenkwellen zwischen dem Voith-Getriebe und den inneren Radsatzgetrieben wurde durch eine andere Bauart ersetzt, die bei höheren Drehzahlen ruhiger lief. Die Radreifen wurden auf das Profil nach DIN 5573 umgestellt. Natürlich musste auch der Tacho die neue Höchstgeschwindigkeit anzeigen können, weshalb nun Tachos eingebaut wurden, die bis zu 180 km/h anzeigen konnten. Da das Radsatzlagerfett zu warm wurde, wurde es durch einen anderen Typ ersetzt. Nach Versuchsfahrten zwischen Rotenburg (Wümme) und Buchholz (Nordheide) mit bis zu 185 km/h konnten die umgebauten 218 die Zulassung für 160 km/h erhalten. Allerdings musste bei Geschwindigkeiten über 140 km/h aus Sicherheitsgründen ein Beimann auf der Lok mitfahren (PZB 90 gab es ja noch nicht). Die Umrüstung der zwölf ausgesuchten Loks erfolgte innerhalb weniger Tage im September 1996. Nach der Umrüstung wurde die Baureihenbezeichnung in 210 geändert.

Am 29. September 1996 lief der IC-Verkehr Hamburg – Berlin Zoo – München an. Wegen eingeschränkter Meterlast zwischen Nauen und Berlin Zoo durften zunächst nicht mehr als zwei Lokomotiven vor dem Zug sein. Daher fuhren die IC-Züge als Wendezüge, die von Hamburg bis Nauen mit dem Steuerwagen voraus fuhren. In Nauen setzten sich zwei Loks der Baureihe 210^4 vor den Steuerwagen und zogen den Zug bis Berlin Zoo, während die Lok der Baureihe 120 abgebügelt am Zugschluss mitlief. Sie übernahm die Zugförderung ab Berlin Zoo. In Süd-Nord-Richtung lief alles in umgekehrter Reihenfolge. Allerdings musste nun wiederum von Berlin Zoo bis Nauen der Steuerwagen hinter den Loks der Baureihe 210^4 laufen. Dies hatte zur Folge, dass die Wendezüge in den Endbahnhöfen Hamburg und München jeweils eine Dreiecksfahrt unternehmen mussten, um passend zu stehen. Einige Züge dieser IC-Linie hatten allerdings Kiel, Erfurt, Gera und Nürnberg als Start- und Zielbahnhöfe. Dort waren zum Teil Leerfahrten bis zu 140 km nötig, um die Züge vor der Rückfahrt zu wenden. Diese Dreiecksfahrten konnten allerdings ab 15. Dezember 1996 entfallen, als es möglich wurde, mit drei Loks an der Spitze zu fahren. Der Einsatz der 210^4 erfolgte in einem zweitägigen Umlauf mit durchschnittlich 369 km/Laufplantag. Dabei waren folgende Zugpaare zu bespannen: IC 708/709, 802/803, 806/807, 808/809 und 812/813 sowie EC 182/183.

Am 1. Juni 1997 wurde der elektrische Betrieb Falkensee – Berlin-Spandau – Berlin Zoo (18 km) aufgenommen. Damit hatte die Baureihe 210^4 ihre Mission erfüllt. Die Lokomotiven kehrten in den Planbetrieb der Baureihe 218 in Lübeck zurück. Dort wurde die heraufgesetzte Höchstgeschwindigkeit nicht mehr benötigt. Daher wurden die Loks bis Januar 1999 schrittweise wieder in die Serienausführung zurückversetzt und bekamen die Baureihenbezeichnung 218 zurück. Abschließend sei ein Blick auf die zeitweilig umgerüsteten Lokomotiven geworfen.

Tfz-Nr.	Einsatzzeitraum als 210^4
218 430-7	18.09.1996 – 05.12.1998 als 210 430-5
218 431-5	24.09.1996 – 30.12.1998 als 210 431-3
218 432-3	26.09.1996 – 11.11.1998 als 210 432-1
218 433-1	13.09.1996 – 29.10.1998 als 210 433-9
218 434-9	27.09.1996 – 29.12.1998 als 210 434-7
218 456-2	24.09.1996 – 11.11.1998 als 210 456-0
218 457-0	19.09.1996 – 14.10.1998 als 210 457-8
218 458-8	17.09.1996 – 24.09.1998 als 210 458-6
218 459-6	19.09.1996 – 26.10.1998 als 210 459-4
218 460-4	25.09.1996 – 19.10.1998 als 210 460-2
218 461-2	20.09.1996 – 28.12.1998 als 210 461-0
218 462-0	17.09.1996 – 10.01.1999 als 210 462-8

❑

4 Chronik der Baureihe 218

1967 – 1969

Die Anfänge der Baureihe 218 gehen auf das Jahr 1967 zurück. Seinerzeit wurde je eine Vorserie von zwölf Lokomotiven der Baureihen V 162 und V 164 bestellt. Beide Baureihen sollten elektrische Zugheizanlagen besitzen. Bei der V 162, der späteren 217, sollte der Generator für die Erzeugung des Heizstroms von einem zusätzlichen Dieselmotor angetrieben werden, bei der V 164, der späteren 218, hingegen vom Fahrdieselmotor. Im zweiten Halbjahr 1968 wurden alle zwölf Vorserienloks der Baureihe 217 (217 011 – 022) ausgeliefert. Je sechs von ihnen wurden in Hagen-Eckesey und in Regensburg beheimatet. Beide Bahnbetriebswerke erhielten auch je sechs Vorserienloks der Baureihe 218, die im Zeitraum von Mai 1968 bis Mai 1969 ausgeliefert wurden. Während die Erprobung dieser beiden Vorserien erfolgte, wurden – als Übergangslösung – Lokomotiven der Baureihe 215 gebaut, um kontinuierlich Dampflokomotiven auf nicht elektrifizierten Strecken ausmustern zu können. Die Erprobungsphase zeigte, dass der Einsatz der Baureihe 218 wirtschaftlich günstiger als der der Baureihe 217 war, so dass die Serienfertigung der Baureihe 218 beschlossen wurde.

1971

Am 28. April 1971 wurde mit der Lok 218 101 die erste Serienlok ihrer Baureihe abgenommen. Die von Krupp gefertigte Lok wurde dem Bw Flensburg zugewiesen. Bis zum Jahresende 1971 betrug der 218-Bestand bereits 44 Lokomotiven. In jenem Jahr wurden folgende Fahrzeuge ausgeliefert:

- **von der Fa. Krupp:** 218 101 – 104 (Bw Flensburg), 105 und 106 (Bw Regensburg) sowie 107 – 126 (Bw Flensburg);
- **von der Fa. Henschel:** 218 136 – 146 (Bw Hagen-Eckesey);
- **von der Fa. Krauss-Maffei:** 218 151 – 154 (Bw Regensburg) und 155 – 157 (Bw Hagen-Eckesey).

(Die Firma Krupp wird zuerst genannt, da sie für die Konstruktion der 218 verantwortlich war und die meisten 218 gebaut hat.)

Mit der Umstationierung der 218 104 von Flensburg nach Regensburg fand auch die erste Umbeheimatung einer 218-Serienlok statt. Somit waren am Jahresende 23 Loks in Flensburg, 14 in Hagen-Eckesey und sieben in Regensburg stationiert. In Flensburg verdrängten die neu gelieferten 218 erste Loks der Baureihe 215 und in Hagen-Eckesey die der Baureihe 216. Die in Regensburg stationierten 218 übernahmen Leistungen von Dampfloks der Baureihe 001 aus dem Bw Hof.

1972

Dank des Neuzuganges von 54 Lokomotiven wurde der Bestand an 218-Serienlokomotiven mehr als verdoppelt. Neu hinzu kamen folgende Maschinen:

- **von der Fa. Krupp:** 218 127 – 134 (Bw Hamburg-Altona), 135 (Bw Hagen-Eckesey) und 171 – 181 (Bw Hamburg-Altona);

Bild 138 – Im Jahr 1972 gelangten insgesamt 54 fabrikneue Serienlokomotiven der Baureihe 218 in den Bestand der DB. Zu ihnen zählte auch **218 169**, die von Krauss-Maffei gefertigt wurde und ihre Laufbahn beim Bw Regensburg begann. Sie war die nummernmäßig vorletzte Lok der ersten Lieferserie. Am 1. Juni 1973 ist sie erst knapp ein Jahr im Dienst, als sie mit einem Eilzug Hof Hbf erreicht hat. AUFNAHME: KLAUS GOTTSCHALL, ARCHIV CHRISTIAN WOLF

Bild 139
Am 26. August 1971 ist der „Heckeneilzug" E 1571 nach Trier mit **218 101** – der ersten Serienlok ihrer Baureihe – bespannt. Etwa in Höhe des damals noch aktiven Ausbesserungswerks in Glückstadt lässt der Lokführer den Zug bis zum Halt im nahe gelegenen Bahnhof nur noch ausrollen.

AUFNAHME: ULRICH BUDDE

- **von der Fa. Henschel:** 218 147 – 150 (Bw Hagen-Eckesey) und 249 – 254 (Bw Kempten);
- **von der Fa. Krauss-Maffei:** 218 158 –159 (Bw Hagen-Eckesey), 160 – 167 (Bw Karlsruhe), 168 – 170 (Bw Regensburg) und 219 – 229 (Bw Mühldorf).

Damit war die Baureihe 218 nun auch in Hamburg-Altona, Karlsruhe, Kempten (Allgäu) und Mühldorf (Oberbay) stationiert. In Hamburg-Altona ersetzten die 218er in Doppeltraktion die Dampflokomotiven der Baureihe 012 (01^{10} Öl) auf der Marschbahn nach Westerland (Sylt). Zusammen mit Flensburger 218 fuhren sie Autoreisezüge von Niebüll nach Sylt. Die Flensburger 218 waren nun in ganz Schleswig-Holstein und darüber hinaus bis Lüneburg und Padborg/DK im Einsatz. Im Bw Hagen-Eckesey wurde die Baureihe 215 komplett durch 218 ersetzt. Die Karlsruher 218 ersetzten die Baureihe 213 auf der Murgtalbahn (Strecke Rastatt – Freudenstadt), auf der sie dank ihrer hydrodynamischen Bremse im Steilstreckendienst eingesetzt werden konnten. Die Mühldorfer 218 übernahmen Leistungen im Großraum München, insbesondere auf den Strecken nach Bayrischzell und Lenggries.

An den Loks der Baureihe 218 traten Serienschäden am Getriebe bei der Stufen- und Wendeschaltung, der Befestigung der Zahnkränze und der Rollenlagerkäfige auf. Im Oktober 1972 leitete die Herstellerfirma Voith Abhilfemaßnahmen ein.

1973

1973 wurden 94 Lokomotiven der Baureihe 218 ausgeliefert – mehr als in jedem anderen Jahr. Damit wurde der Bestand nahezu verdoppelt. Geliefert wurden:

- **von der Fa. Krupp:** 218 182 – 214 (Bw Hamburg-Altona);
- **von der Fa. Henschel:** 218 255 – 281 (Bw Kempten);
- **von der Fa. Krauss-Maffei:** 218 230 – 245 (Bw Mühldorf) und 246 – 248 (Bw Regensburg);
- **von der Fa. MaK:** 218 284 – 298 (Bw Regensburg).

Auffällig ist einerseits, dass zu den bisherigen drei Lieferanten Krupp, Henschel und Krauss-Maffei nun auch MaK hinzugekommen war, andrerseits, dass die vielen neuen Loks nur auf die vier Bw Hamburg-Altona, Kempten (Allgäu), Mühldorf (Oberbay) und Regensburg verteilt wurden. Allerdings gab es 1973 auch schon etliche Umstationierungen, so dass auch Kaiserslautern mit Loks der Baureihe 218 versorgt wurde, wo durch sie Loks der Baureihe 220 ersetzt wurden. Zum Jahresende 1973 gab es dadurch folgende Verteilung der inzwischen 192 Loks der Baureihe 218:

BD Hamburg (73 Loks)
Bw Flensburg (44 Loks)
218 101 – 129, 171 – 174 und 177 – 187

Bw Hamburg-Altona (29 Loks)
218 175, 176 und 188 – 214

BD Wuppertal (20 Loks)
Bw Hagen-Eckesey (20 Loks)
218 130 – 149

BD Saarbrücken (12 Loks)
Bw Kaiserslautern (12 Loks)
218 150 – 159 und 169 – 170

BD Karlsruhe (9 Loks)
Bw Karlsruhe (9 Loks)
218 160 – 168

BD Regensburg (16 Loks)
Bw Regensburg (16 Loks)
218 233 und 284 – 298

BD München (62 Loks)
Bw Kempten (Allgäu) (33 Loks)
218 249 – 281

Bw Mühldorf (Oberbay) (29 Loks)
218 219 – 232 und 234 – 248

In Regensburg, Mühldorf (Oberbay) und Kempten (Allgäu) wurden durch die neuen 218 Lokomotiven der Baureihe 216 freigesetzt, die in nördlichere Direktionen gelangten.

Die Laufleistungen der 218 waren recht unterschiedlich. Während die hauptsächlich auf den Hauptstrecken in Schleswig-Holstein eingesetzten 218 der Bw Flensburg und Hamburg-Altona in ihren Umlaufplänen durchschnittlich 510 bzw. 611 km je Laufplantag (LpT) aufwiesen, brachten es die auf der Murgtalbahn eingesetzten 218 des Bw Karlsruhe lediglich auf 346 km je LpT.

Bild 140 – Die von Krauss-Maffei gebaute **218 354** begann ihre Laufbahn 1975 beim Bw Kempten. Sie trug ab Herstellerwerk bereits die damals neue DB-Farbgebung Ozeanblau/Beige. Am 3. Mai 1975 beschleunigt sie mit einem Eilzug nach Kempten aus Lindau Hbf. AUFNAHME: WALTER HANOLD, ARCHIV JÖRG SAUTER

1974

In jenem Jahr waren unter den 86 neu beschafften Diesellokomotiven der DB „nur" 46 der Baureihe 218, also weit weniger als im Vorjahr:

- **von der Fa. Krupp:** 218 215 (Bw Hamburg-Altona) sowie 216 – 218 und 299 – 313 (Bw Regensburg);
- **von der Fa. Henschel:** 218 282– 283 (Bw Kempten) und 361 – 373 (Bw Kaiserslautern);
- **von der Fa. Krauss-Maffei:** 218 340 – 351 (Bw Regensburg).

Damit gab es nun schon 238 Serien-218. Eine beträchtliche Zahl an Umstationierungen (vor allem aus Kaiserslautern nach Karlsruhe und Haltingen) sorgte dafür, dass die Verteilung zum Jahresende 1974 folgendes Bild aufwies: Flensburg (44), Hamburg-Altona (28), Hagen-Eckesey (20), Kaiserslautern (13), Karlsruhe (13), Haltingen (7), Regensburg (47), Mühldorf/Oberbay (27) und Kempten/Allgäu (39).

Wegen des Zuganges weiterer 218 endete 1974 die Beheimatung der Baureihe 215 beim Bw Karlsruhe. Lediglich die z-gestellte Unfall-Lok 215 112 war auf dem Papier noch hier stationiert. Mit Haltingen erhielt ein zweites Bw der BD Karlsruhe Lokomotiven der Baureihe 218. Auch hier wurde dadurch der 215-Bestand sukzessive abgebaut. In Kempten (Allgäu) hingegen wurde die Baureihe 216 von der 218 verdrängt.

Als ab 1974 die neue Farbgebung für Reisezugwagen eingeführt wurde, sollten alle Lokomotiven (mit einigen Ausnahmen, wie die IC- und S-Bahn-Lokomotiven) ebenfalls eine neue Farbgebung erhalten. Die Anfang 1974 ausgelieferten Lokomotiven 218 217 und 218 vom Bw Regensburg dienten als Versuchsträger neuer Farbverteilungen. 218 217 erhielt einen Anstrich ähnlich der TEE-Farbgebung: Purpurrot (RAL 3004)/Elfenbein (RAL 1014). 218 218 bekam eine den Schnellzugwagen entsprechende Farbgebung in Ozeanblau/Elfenbein (auch als „Beige" bezeichnet). Die Farbgebung der 218 218 setzte sich durch.

1975

1975 wurden 58 Loks der Baureihe 218 von der Industrie geliefert. Zusätzlich wurde die verunglückte 215 112 bei Krupp und im AW Nürnberg neu aufgebaut, als 218 399 eingereiht und am 31. August 1975 in Kempten stationiert. Unter den fabrikneuen Loks waren:

- **von der Fa. Krupp:** 218 314 – 315 (Bw Regensburg), 316 – 322 (Bw Kaiserslautern) und 323 – 331 (Bw Hamburg-Altona);
- **von der Fa. Henschel:** 218 374 – 388 (Bw Kaiserslautern);
- **von der Fa. Krauss-Maffei:** 218 333 – 339 (Bw Hamburg-Altona), 352 (Bw Regensburg) und 353 – 360 (Bw Kempten);
- **von der Fa. MaK:** 218 389 – 397 (Bw Kempten).

Alle Lokomotiven des Baujahres 1975 mit Ausnahme von 218 314 und 352 wurden in der neuen Farbgebung Ozeanblau/Beige ausgeliefert, auch die aus der Unfall-Lok 215 112 neu aufgebaute 218 399.

Am 8. Juni 1975 ereignete sich zwischen Warngau und Schaftlach auf der eingleisigen Strecke Holzkirchen – Lenggries ein Frontalzusammenstoß zweier Eilzüge, bei dem 41 Tote und 122 Verletzte zu beklagen waren. Bei den Zuglokomotiven handelte es sich um 218 238 und 243 des Bw Mühldorf (Oberbay), die beide schwer beschädigt wurden. Unter Verwendung vieler neuer Teile und der noch brauchbaren Teile der beiden Unfall-Lokomotiven wurde im AW Bremen eine neue 218 gebaut und als 218 238 bezeichnet. 218 243 wurde aus dem Bestand gestrichen.

Auch 1975 gab es zahlreiche Umstationierungen. Diese erfolgten hauptsächlich von Hamburg-Altona nach Flensburg und Regensburg sowie von Kempten (Allgäu) nach Mühldorf (Oberbay). Insgesamt gab es nun 296 Serien-218. Sie waren zum Jahresende folgendermaßen verteilt:

BD Hamburg (69 Loks)
Bw Flensburg (42 Loks)
218 101 – 129 und 175 – 187

Bw Hamburg-Altona (27 Loks)
218 188 – 198, 323 – 331 und 333 – 339

BD Essen (20 Loks)
Bw Hagen-Eckesey (20 Loks)
218 130 – 149

BD Saarbrücken (33 Loks)
Bw Kaiserslautern (33 Loks)
218 318 – 322 und 361 – 388

BD Karlsruhe (35 Loks)
Bw Haltingen (21 Loks)
218 155 – 159, 169 – 174 und 280 – 289

Bw Karlsruhe (14 Loks)
218 150 – 154 und 160 – 168

BD Regensburg (50 Loks)
Bw Regensburg (50 Loks)
218 199 – 218, 290 – 317, 346 und 347

BD München (89 Loks)
Bw Kempten (Allgäu) (50 Loks)
218 259 – 279, 340 – 345, 348 – 360, 389 – 397 und 399

Bw Mühldorf (Oberbay) (39 Loks)
218 219 – 242 und 244 – 258

Da die BD Wuppertal im November 1974 aufgelöst worden war, gehörte das Bw Hagen-Eckesey nun zur BD Essen.

In den Bw Haltingen und Mühldorf (Oberbay) wurden die Loks der Baureihe 215 im Jahr 1975 weitgehend durch 218 ersetzt. Im Bw Kaiserslautern wurde die Baureihe 216, im Bw Kempten (Allgäu) die Baureihe 221 komplett von der Baureihe 218 abgelöst.

1976

1976 wurden 31 Lokomotiven der Baureihe 218 von der Industrie geliefert. Unter den fabrikneuen Loks waren:

- **von der Fa. Krupp:** 218 332 (Bw Hamburg-Altona) und 400 – 411 (Bw Kempten);
- **von der Fa. Henschel:** 218 435 – 442 (Bw Kempten);
- **von der Fa. Krauss-Maffei:** 218 463 – 471 (Bw Kempten);
- **von der Fa. MaK:** 218 398 (Bw Kempten).

Die neuen 218 wurden also mit Ausnahme der 218 332 alle im Bw Kempten (Allgäu) stationiert, das dafür ältere 218 an andere Dienststellen, u. a. Mühldorf (Oberbay), weitergab. In Mühldorf wurden dadurch die letzten 215 (215 123 – 126) ersetzt und an die BD Köln abgegeben. Mit den aus dem Bw Haltingen umstationierten 218 276 und 277 erhielt das Bw Braunschweig seine ersten 218.

1977

Am 26. Oktober 1977 wurde bei der DB der Dampflokbetrieb eingestellt. Daher wurde in diesem Jahr letztmalig eine nennenswerte Zahl an neuen Dieselloks benötigt, um die letzten Dampfloks ersetzen zu können. Hierzu gehörten 30 Lokomotiven der Baureihe 218:

- **von der Fa. Krupp:** 218 412 – 419 (Bw Kempten) und 420 – 422 (Bw Regensburg),
- **von der Fa. Henschel:** 218 443 – 451 (Bw Kempten) und 452 (Bw Regensburg)
- **von der Fa. Krauss-Maffei:** 218 472 – 473 (Bw Kempten), 474 – 477 (Bw Mühldorf) und 478 – 480 (Bw Regensburg).

Wie zu erkennen, gelangten alle neuen 218 nach Süddeutschland, vor allem nach Kempten (Allgäu). Dies mag zunächst verwundern, da die letzten Dampfloks ja in Norddeutschland tätig waren (Bw Emden, Rheine, Gelsenkirchen-Bismarck und Duisburg-Wedau) und dort ersetzt werden mussten. Dies geschah aber durch umfangreiche Umstationierungen. So wurden diverse ältere Dieselloks aus Süddeutschland nach Norddeutschland umbeheimatet, was allerdings nicht nur aufgrund der neu gelieferten 218, sondern auch durch die Elektrifizierung der Schwarzwaldbahn im Bereich Villingen (Schwarzwald) – Konstanz möglich war.

Der 218-Bestand im Bw Braunschweig stieg von zwei auf 19 Lokomotiven. Mit ihnen konnten 216 u. a. auf der Heidebahn Hannover – Soltau (Han) – Buchholz (Nordheide) (– Hamburg) freigesetzt werden, die in Gelsenkirchen-Bismarck die ausgemusterten Dampfloks ersetzten. 218 des Bw Kempten (Allgäu) ersetzten Villinger 221, die ebenfalls die Reise in das Bw Gelsenkirchen-Bismarck antraten. 1977 erhielt das Bw Lübeck erstmals Lokomotiven der Baureihe 218. Damit wurde die Auflösung des einst bedeutenden Bw Hamburg-Altona vorbereitet, dessen Aufgaben schrittweise auf das Bw Lübeck verlagert wurden. Die 357 Serienlokomotiven der Baureihe 218 waren am Jahresende folgendermaßen verteilt:

BD Hamburg (79 Loks)
Bw Flensburg (48 Loks)
218 101 – 127 und 170 – 190

Bw Hamburg-Altona (16 Loks)
218 191 – 197, 252 – 257, 259, 338 und 339

Bw Lübeck (15 Loks)
218 323 – 337

BD Hannover (18 Loks)
Bw Braunschweig (18 Loks)
218 260 – 277

BD Essen (22 Loks)
Bw Hagen-Eckesey (22 Loks)
218 128 – 149

BD Saarbrücken (28 Loks)
Bw Kaiserslautern (28 Loks)
218 361 – 388

BD Karlsruhe (40 Loks)
Bw Haltingen (21 Loks)
218 150, 151, 155 – 159, 169 und 278 – 290

Bw Karlsruhe (19 Loks)
218 152 – 154, 160 – 168 und 291 – 297

BD Nürnberg (67 Loks)
Bw Regensburg (67 Loks)

218 198 – 240, 298 – 313, 317, 319, 420 – 422 und 478 – 480

BD München (103 Loks)
Bw Kempten (Allgäu) (59 Loks)

218 359, 360, 389 – 391, 394, 395, 397, 400 – 419, 435 – 452, 463 – 473, 475 und 477

Bw Mühldorf (Oberbay) (44 Loks)

218 241, 242, 244 – 251, 258, 314 – 316, 318, 320 – 322, 340 – 358, 392, 393, 396, 398, 399, 474 und 476

Da die BD Regensburg im Mai 1976 aufgelöst worden war, gehörte das Bw Regensburg nun zur BD Nürnberg.

1978

1978 ging die Lieferung von fabrikneuen Dieselloks an die DB ihrem Ende entgegen. Nun waren alle Dampflokomotiven ersetzt worden. Neue Diesellokomotiven wurden nun als Ersatz für ältere Diesellokomotiven benötigt. So schieden 1978 bereits einige 216-Vorserienlokomotiven und diverse 220 durch Ausmusterung aus. Ersatz kam in Form von 34 fabrikneuen 218:

- **von der Fa. Krupp:** 218 423 (Bw Regensburg), 424 – 426 (Bw Kempten) und 427 – 434 (Bw Lübeck);
- **von der Fa. Henschel:** 218 453 (Bw Regensburg), 454 – 455 (Bw Kempten) und 456 – 462 (Bw Lübeck);
- **von der Fa. Krauss-Maffei:** 218 481 (Bw Regensburg), 482 – 484 (Bw Kempten) und 485 – 489 (Bw Lübeck);
- **von der Fa. MaK:** 218 490 – 492 (Bw Lübeck).

Die neuen 218 setzten beim Bw Lübeck Loks der Baureihe 221 auf der Vogelfluglinie frei, ersetzten ausgemusterte 220 im norddeutschen Raum und ermöglichten es, schwere Züge auf der Vogelfluglinie und der Marschbahn in Doppeltraktion zu befördern. Das Bw Hamburg-Altona gab am 1. Oktober 1978 seine letzten 218 nach Lübeck ab und war fortan nur noch Einsatz-Bw für diese Baureihe.

1979

In jenem Jahr wurden mit den Lokomotiven 218 493 – 499 von MaK die letzten Loks ihrer Baureihe ausgeliefert. Sie waren zugleich die letzten Dieselloks, die die Deutsche Bundesbahn beschafft hat. Die sieben Lokomotiven wurden in Lübeck stationiert. Innerhalb von neun Jahren waren 398 Serienlokomotiven der Baureihe 218 in vier Bauserien gebaut worden. Krupp hatte 152, Henschel 106, Krauss-Maffei 105 und MaK 35 Lokomotiven gefertigt.

Zum Jahresende 1979 waren die 218 (inklusive der aus der Unfall-Lok 215 112 gefertigten 218 399) in folgenden Bw zu finden:

BD Hamburg (102 Loks)
Bw Flensburg (60 Loks)

218 101 – 127, 170 – 197 und 323 – 327

Bw Lübeck (42 Loks)

218 328 – 339, 427 – 434, 456 – 462 und 485 – 499

BD Hannover (35 Loks)
Bw Braunschweig (35 Loks)

218 242 und 244 – 277

BD Essen (18 Loks)
Bw Hagen-Eckesey (18 Loks)

218 132 – 149

BD Köln (5 Loks)
Bw Krefeld (5 Loks)

218 128 – 131 und 361

Bild 141 – Was macht eine 218 des Bw Kaiserslautern in Hamburg? Offensichtlich leistet **218 371** beim Bw Lübeck während der internationalen Verkehrsausstellung 1979 in Hamburg Lokhilfe. Am 18. Juni 1979 eilt sie mit dem D 338 durch Hamburg-Bergedorf in Richtung Hamburg-Stadtmitte. AUFNAHME: ULRICH BUDDE

Bild 142
Mit dem E 2643 hat **218 146** (Bw Hagen-Eckesey) am 7. November 1978 den 247 m langen Schellenstein-Tunnel an der oberen Ruhrtalbahn durchfahren und wird wenig später den Bahnhof Olsberg erreichen. Nach kurzer ebener Strecke im Bahnhofsbereich geht es sogleich wieder in eine lang anhaltende Steigung, die erst rund 7 km weiter östlich im Elleringhäuser Tunnel endet.

AUFNAHME: JOSEF HÖGEMANN

Bild 143
Kemptener Lokomotiven der Baureihen 210 und 218 waren regelmäßige Gäste in und um Ulm. So konnten am 29. September 1979 folgende Loks auf den Freiständen des Bw Ulm angetroffen werden: **218 446**, **218 468**, **210 005** und **218 440**.

AUFNAHME: AXEL-REINER DUPKE

BD Saarbrücken (27 Loks)

Bw Kaiserslautern (27 Loks)
218 362 – 388

BD Karlsruhe (39 Loks)

Bw Haltingen (22 Loks)
218 150 – 152, 155 – 159, 169 und 278 – 290

Bw Karlsruhe (17 Loks)
218 153, 154, 160 – 168 und 291 – 296

BD Nürnberg (66 Loks)

Bw Regensburg (66 Loks)
218 198 – 240, 297 – 309, 420 – 423, 452 – 453 und 478 – 481

BD München (106 Loks)

Bw Mühldorf (Oberbay) (45 Loks)
218 241, 310 – 322, 340 – 360 und 389 – 398

Bw Kempten (Allgäu) (61 Loks)
218 399 – 419, 424 – 426, 435 – 451, 454, 455, 463 – 477 und 482 – 484

Wie man sieht, waren die BD Hamburg und München mit jeweils mehr als 100 Loks die Haupteinsatzgebiete der Baureihe 218. 1979 wurden auch erstmals 218 im Bw Krefeld beheimatet. Sie sollten Krefelder 215 vor Eilzügen auf der Strecke Krefeld – Kleve – Nijmegen/NL ablösen. Der 218-Bestand im Bw Braunschweig wurde aufgestockt, um die Baureihe 220 im Reisezugdienst auf der Strecke Braunschweig – Goslar – Kreiensen zu ersetzen.

1980

Die Beheimatung der Baureihe 218 im Bw Krefeld endete im September 1980 nach nur rund einjähriger Dauer. Die Eilzüge Krefeld – Kleve – Nijmegen/NL wurden zwar weiterhin zum Teil mit 218 bespannt, nun aber mit denen des Bw Hagen-Eckesey.

Bild 144 (links)
Die Ammerseebahn am 21. Mai 1980: In Kürze wird **218 473** vom Bw Kempten (Allgäu) mit ihrem Umbauwagenzug den Haltepunkt St. Ottilien erreichen. Das Vorsignal gehört zum 1985 aufgelassenen Bf. Greifenberg.

AUFNAHME: ROLF WIESEMEYER

Bild 145 (unten)
Der planmäßig mit einer Ellok bespannte E 2683 wurde jahrelang über die Ammerseebahn geführt und erhielt auf dem fahrdrahtlosen Abschnitt Geltendorf – Weilheim (Oberbay) eine Kemptener 218 als Vorspann. Hier sehen wir **218 449** und 111 046 am 11. Juli 1981 bei der Einfahrt in den Bahnhof Wielenbach.

AUFNAHME: CLAUS-JÜRGEN SCHULZE

Die acht im Bw Flensburg stationierten 218 mit Pielstick-Motor (218 195 – 197 und 323 – 327) wurden nach Lübeck umbeheimatet, wo nun alle 50 Exemplare mit diesem Motortyp vereint wurden. Im Bw Lübeck lösten die Neuzugänge die letzten acht Lokomotiven der Baureihe 221 ab. Das Bw Flensburg erhielt als Ersatz für die nach Lübeck abgegebenen 218 die Lokomotiven 218 163 – 169 der BD Karlsruhe (Bw Karlsruhe und Haltingen). Die BD Karlsruhe wiederum erhielt als Ersatz 218 274 – 277 vom Bw Braunschweig sowie 218 297 – 299 vom Bw Regensburg. Die Braunschweiger 218 waren entbehrlich, da das Bw Braunschweig ersatzweise 216 vom Bw Trier zugewiesen bekam, die vornehmlich 218-Aufgaben im Güterverkehr übernahmen.

1981

In jenem Jahr erfolgten keine Umstationierungen oder nennenswerten Veränderungen. Allerdings wurden beim Bw Lübeck, das noch über 28 Lokomotiven der Baureihe 220 verfügte, einige Güterzugleistungen von der 218 auf die 220 übertragen, während umgekehrt Reisezugleistungen von der 220 auf die 218 übergingen. Dies lag daran, dass die Baureihe 220 zunehmend schadanfällig wurde, was im Güterverkehr weniger störte.

Zum Jahresende 1981 hatten die 218-Bw folgende Bestände: Flensburg (59), Lübeck (50), Braunschweig (31), Hagen-Eckesey (22), Kaiserslautern (28), Karlsruhe (18), Haltingen (21), Regensburg (63), Mühldorf/Oberbay (45) und Kempten/Allgäu (61).

In jenem Jahr erhielten die ersten 218 versuchsweise Abgashutzen. Dies diente einerseits dazu, die Abgase so abzuleiten, dass sie möglichst wenig in Reisezugwagen gelangten, andererseits dazu, bei Fahren unter Oberleitung den Fahrdraht möglichst wenig zu erhitzen und zu verrußen.

1982

1982 wurde der 218-Bestand beim Bw Flensburg erheblich aufgestockt. Das Bw erhielt 218 153 – 159 aus Haltingen, 160 – 162 aus

Karlsruhe sowie 242 und 244 – 246 aus Braunschweig. Mit 73 Lokomotiven hatte es nun den größten 218-Bestand der DB. Die Neuzugänge wurden benötigt, um die Dieseltriebzüge der Baureihen 612 und 613 („Eierköpfe“) bei der BD Hamburg zu ersetzen. Die in der BD Karlsruhe entstandene Lücke wurde durch 218 aus Kempten und Regensburg gefüllt. Dies war möglich, da vier als Sonderleistungsreserve in Ulm bereitstehende Kemptener 218 durch Ulmer 215 ersetzt wurden. Innerhalb der BD Karlsruhe kam es zum Austausch von 218 zwischen den Bw Karlsruhe und Haltingen.

1983

Mit Wirkung vom 1. Januar 1983 wurden einige Dienststellen umbenannt. Bei den 218-Bw betraf es die Bw Braunschweig, Hagen-Eckesey, Regensburg und Karlsruhe, die fortan Braunschweig 1, Hagen 1, Regensburg 1 und Karlsruhe 1 hießen.

Die acht Loks der Unterbaureihe 218[9] (ex Baureihe 210) wurden am 25. September 1983 von Kempten (Allgäu) nach Braunschweig umstationiert. Gemeinsam mit den 218-Serienloks sorgten sie dafür, dass die Dieseltriebzüge der Baureihen 612 und 613 beim Bw Braunschweig abgelöst wurden. Das Bw Kempten (Allgäu) erhielt als Ersatz für die abgegeben 218[9] Serienlokomotiven der Baureihe 218 aus den Bw Mühldorf/Oberbay (218 394 – 397) und Karlsruhe (218 475). 215 des Bw Ulm 1 übernahmen einige Güterzugleistungen von Kemptener 218.

1984

1984 traten nur im norddeutschen Raum Umstationierungen auf. Zur Ablösung eines Teils seiner Lokomotiven der Baureihe 220 erhielt das Bw Lübeck vom Bw Flensburg die Maschinen 218 242 sowie 244 – 246 und vom Bw Braunschweig 1 die Loks 218 247 – 258. Dadurch ergab sich folgende Verteilung:

BD Hamburg (135 Loks)
Bw Flensburg (69 Loks)
218 101 – 127 und 153 – 194

Bw Lübeck (66 Loks)
218 195 – 197, 242, 244 – 258, 323 – 339, 427 – 434, 456 – 462 und 485 – 499

BD Hannover (15 Loks)
Bw Braunschweig 1 (15 Loks)
218 259 – 273

BD Essen (22 Loks)
Bw Hagen 1 (22 Loks)
218 128 – 149

BD Saarbrücken (28 Loks)
Bw Kaiserslautern (28 Loks)
218 361 – 388

BD Karlsruhe (38 Loks)
Bw Haltingen (20 Loks)
218 150 – 152, 274 – 289 und 292

Bw Karlsruhe 1 (18 Loks)
218 290, 291, 293 – 299 und 476 – 484

BD Nürnberg (58 Loks)
Bw Regensburg 1 (58 Loks)
218 198 – 241, 300 – 307, 420 – 423, 452 und 453

BD München (102 Loks)
Bw Kempten (Allgäu) (61 Loks)
218 394 – 419, 424 – 426, 435 – 451, 454, 455 und 463 – 475

Bw Mühldorf (Oberbay) (41 Loks)
218 308 – 322, 340 – 360 und 389 – 393

Nach einer Unfallausbesserung bekam 218 137 als erste 218 einen Anstrich ähnlich dem der S-Bahnen in Reinorange/Kieselgrau. Gemeinsam mit modernisierten Silberlingen, die einen entsprechenden Anstrich erhalten hatten, wurde am 3. September 1984 der CityBahn-Verkehr auf der Aggertalbahn Köln – Marienheide – Meinerzhagen aufgenommen.

1985

1985 feierten die deutschen Eisenbahnen ihr 150-jähriges Bestehen. Bei Fahrzeugparaden, Ausstellungen und Sonderfahrten wurden allerdings nur ältere Baureihen als die Baureihe 218 gezeigt.

Die Loks 218 140, 142 – 146 und 148 des Bw Hagen-Eckesey erhielten nun ebenfalls den Anstrich in Reinorange/Kieselgrau und wurden im CityBahn-Verkehr auf der Aggertalbahn eingesetzt.

Im Laufe des Jahres wurden 18 Lokomotiven umstationiert, um Bedarfsänderungen gerecht zu werden. So erhielt das Bw Haltingen aus dem Bw Regensburg 1 die Loks 218 300 – 305, gab aber dafür 218 150 – 152 an das Bw Hagen 1 und 218 274 – 276 an das Bw Braunschweig 1 ab. Das Bw Braunschweig trennte sich dafür von den Loks 218 259 (an Lübeck) sowie 260 und 261 (beide an Flensburg). Flensburg gab im Gegenzug 218 153 und 154 an das Bw Hagen 1 sowie 244 an das Bw Lübeck ab. Das Bw Kempten (Allgäu) büßte 218 454 zugunsten Regensburgs ein. Am Ende der großen Tauschaktion war also der 218-Bestand im Bw Regensburg 1 um fünf Loks gesunken und im Bw Hagen 1 um fünf Loks gewachsen. Kempten und Flensburg hatten je eine Lok eingebüßt, Lübeck zwei Loks dazubekommen.

1986

Die Hagener 218 134 und 135 erhielten in diesem Jahr die Sonderlackierung Reinorange/Kieselgrau für den CityBahn-Einsatz. Am 31. Mai 1986 wurde allerdings der Personenverkehr auf dem Streckenabschnitt Meinerzhagen – Marienheide eingestellt, wodurch sich der Zuglauf der CityBahn-Züge verkürzte.

Auf der Strecke Hamburg – Lübeck wurde im Juni die Höchstgeschwindigkeit der Wendezüge auf 140 km/h erhöht. Um diese Geschwindigkeit halten zu können, wurden die Züge fortan mit 218 in Doppeltraktion bespannt.

Im Dezember 1986 wurde das neue Farbkonzept der DB vorgestellt, das eine orientrote Farbgebung für Lokomotiven vorsah. Es sollte aber noch bis 1987 dauern, bis die ersten 218 in diese Farbgebung umlackiert wurden. 1986 erfolgte erstmalig keine Umstationierung von 218 – ein Zeichen dafür, dass es keine nennenswerten Änderungen in den Einsatzgebieten gab.

1987

Die Haltinger 218 286 erhielt am 8. Mai 1987 als erste Lok ihrer Baureihe die neue orientrote Farbgebung. Allerdings unterschied sich diese noch von der späteren Regelausführung. So hatte diese Lok anfangs ein orientrotes Dach und pastellviolette Zierstreifen auf den „Lätzchen“. Die im Dezember 1987 als zweite 218 in Orientrot umlackierte 218 362 hatte diese Zierstreifen schon nicht mehr, auch hatte sie nun ein graubraunes Dach. Diese Variante entsprach fortan der Regelausführung für sämtliche Baureihen der V 160-Familie. 218 286 wurde später entsprechend angepasst.

Bild 146 – Bei Kotthausen schiebt **218 137** (Bw Hagen 1) am 29. April 1987 eine „City-Bahn“ nach Marienheide, bevor mit Beginn des folgenden Sommerfahrplans der Reisezugverkehr im Abschnitt Meinerzhagen – Marienheide und bald darauf auch zwischen Gummersbach und Marienheide eingestellt wurde. Zwischen Brügge (Westf) und Meinerzhagen fuhren sogar schon seit Ende Mai 1986 keine Reisezüge mehr. Damals war nicht zu erwarten, dass der SPNV viele Jahre später auf der Gesamtstrecke reaktiviert würde. Seit dem 10. Dezember 2017 ist der Schienenweg nach umfangreichen Baumaßnahmen wieder frei.

Bild 147 – Am 31. August 1988 war der Haltepunkt Heidenaab-Göppmannsbühl zwischen den Bahnhöfen Kirchenlaibach und Neusorg noch Blockstelle. **218 222** (Bw Regensburg 1) ist dort mit dem D 945 in Richtung Marktredwitz unterwegs.

AUFNAHMEN (2): JOSEF HÖGEMANN

Bild 148
Das Einsatzgebiet der Regensburger 218 erstreckte sich in den achtziger Jahren noch weit bis in den Norden Baden-Württembergs hinein. Mit E 3123 fährt **218 207** am 22. Oktober 1989 aus Tauberbischofsheim aus.

AUFNAHME: ALBERT SCHÖPPNER, ARCHIV JÖRG SAUTER

Im Jahr 1987 gab es nur geringfügige Umstationierungen. Das Bw Lübeck gab 218 244 an das Bw Flensburg sowie 218 245 – 253 an das Bw Braunschweig 1 ab. 218 394 und 395 wechselten von Kempten (Allgäu) nach Haltingen.

1988

Auch 1988 wuchs der 218-Bestand im Bw Braunschweig 1 an, indem es 218 255 vom Bw Lübeck sowie 218 277 und 278 vom Bw Haltingen erhielt.

1989

Der Fall der innerdeutschen Grenze am 9. November 1989 hatte auch Auswirkungen auf die Einsätze der Baureihe 218. Diese zeigten sich allerdings erst in den Folgejahren. Die Fluktuationen bei der 218-Verteilung waren geringfügig: Das Bw Haltingen gab 218 304 und 394 an das Bw Karlsruhe 1 ab. Ferner erhielt das Bw Regensburg aus Kaiserslautern 218 382 und 383. Damit ergab sich am Jahresende 1989 folgende Verteilung:

BD Hamburg (125 Loks)
Bw Flensburg (70 Loks)
218 101 – 127, 155 – 194, 244, 260 und 261

Bw Lübeck (55 Loks)
218 195 – 197, 254, 256 – 259, 323 – 339, 427 – 434, 456 – 462 und 485 – 499

BD Hannover (28 Loks)
Bw Braunschweig 1 (28 Loks)
218 242, 245 – 253, 255 und 262 – 278

BD Essen (27 Loks)
Bw Hagen 1 (27 Loks)
218 128 – 154

BD Saarbrücken (26 Loks)
Bw Kaiserslautern (26 Loks)
218 361 – 381 und 384 – 388

BD Karlsruhe (40 Loks)
Bw Haltingen (20 Loks)
218 279 – 289, 292, 300 –303, 305 und 395 – 397

Bw Karlsruhe 1 (20 Loks)
218 290, 291, 293 – 299, 304, 394 und 476 – 484

BD Nürnberg (55 Loks)
Bw Regensburg 1 (55 Loks)
218 198 – 241, 255, 306, 307, 382, 383, 420 – 423, 452 – 454

BD München (97 Loks)
Bw Kempten (Allgäu) (56 Loks)
218 398 – 419, 424 – 426, 435 – 451, 455, 463 – 475

Bw Mühldorf (Oberbay) (41 Loks)
218 308 – 322, 340 – 360, 389 – 393

1990

Dank der innerdeutschen Grenzöffnung kamen Lübecker 218 nun durchgehend auf den Strecken Hamburg – Büchen – Schwerin und Lübeck – Schwerin zum Einsatz.

Probleme bereitete der DB der steigende Schadstand der Baureihe 218. Er war von 6,1 % des Gesamtbestandes im Jahr 1984 auf 9,1 % im Jahr 1990 gestiegen. Dies lag weniger am zunehmenden Alter der Lokomotiven als an der Vergrößerung der Wartungsintervalle. So wurden Bauteile in vielen Fällen schadhaft, bevor die vorgesehene Wartung erfolgte. Hinzu kam, dass das Personal und die Ersatzteilhaltung in den AW stark reduziert worden waren.

1991

Die 218 des Bw Regensburg 1 bespannten nun Güterzüge auf der Strecke Regensburg – Hof – Reichenbach (Vogtland). Flensburger 218 stießen hingegen bis nach Wittenberge und Bad Kleinen in das DR-Gebiet vor. IR-Einsätze der 218 gab es nun zwischen Hannover und Magdeburg sowie zwischen Ulm und Lindau. Bei den Kemptener 218 entfielen die Leistungen nach Bad Wörishofen, Garmisch-Partenkirchen und Mittenwald.

1991 häuften sich die Beschwerden der Bw über ungewöhnlich lange AW-Aufenthalte ihrer Lokomotiven. Der Hauptgrund war, dass die AW nicht mehr genügend Ersatzteile zur Verfügung hatten, so dass die Lokomotiven im Durchschnitt zehn Tage lang im AW herumstanden, ohne dass an ihnen gearbeitet werden konnte.

1992

Auf Drängen der Lokführer sind ab 1992 einige Triebfahrzeuge versuchsweise mit zwei zuschaltbaren Fernscheinwerfern mit 55-W-Halogenleuchten pro Stirnseite ausgerüstet worden. In den Versuchsbetrieb wurden ab Juni 1992 auch einige Lokomotiven der Baureihe 218 einbezogen: 218 340 – 345, 425, 426, 481 und 482.

Zum Bespannen geplanter Talgo-Hotelzüge, die mit 160 km/h befördert werden sollten, benötigte die DB Diesellloks mit dieser Höchstgeschwindigkeit. In der ersten Augustwoche 1992 wurden Versuchsfahrten mit 218 451 zwischen Otting-Weilheim und Donauwörth, eine Woche später zwischen Kempten (Allgäu) und Lindau durchgeführt. Das Ergebnis war, dass die Geschwindigkeitserhöhung nicht ohne konstruktive Änderungen möglich war. 218 494 und 498 erhielten 1992 bei Krupp versuchsweise eine thyristorgesteuerte Heizungsanlage (GTO) eingebaut. Lübecker 218 kamen mit dem Zugpaar D 2235/2230 bis Rostock, Braunschweiger 218 vor Entlastungszügen bis Berlin.

Die Probleme mit den AW erreichten 1992 ihren Höhepunkt. Der Schadstand der Baureihe 218 war inzwischen auf 16,7 % des Gesamtbestandes angestiegen, hatte sich also innerhalb von zwei Jahren nahezu verdoppelt. Der massive Ersatzteilmangel führte zu immer längeren Ausfallzeiten der Lokomotiven in den AW. Die Bw hatten aufgrund des Lokmangels immer größere Probleme, die Zugförderung zu gewährleisten. Daraufhin bildete die DB im September 1992 Arbeitsgruppen, die die Wirtschaftsmittel und Ressourcen ermitteln sollten, die nötig waren, um den Schadstand der Brennkraft-Streckendiesellokomotiven bis spätestens 1996 auf 10 % des Bestandes zu senken. Die von den Arbeitsgruppen erarbeiteten Vorschläge wurden ab 1993 zum Teil umgesetzt und führten zu einer Verbesserung der Lage. Auch sorgten die Auslieferung der Verbrennungstriebzüge der Baureihen 628/928 sowie die Anmietung von 15 Lokomotiven der Baureihe 232 der DR zu einer Entspannung im Bereich der Zugförderung.

1993

In diesem Jahr erhielten die Lokomotiven 218 400 – 419 neue Energieversorgungsanlagen mit Thyristorsteuerung. Da die umgerüsteten Loks im Raum Nürnberg eingesetzt werden sollten, erfolgte eine Umstationierung von Kempten (Allgäu) nach Regensburg. Im Gegenzug wurden 218 222 – 241 von Regensburg nach Kempten umbeheimatet. Regensburger 218 kamen mit den Zügen IR 2063/D 2067 nun bis ins sächsische Zwickau.

In Schleswig-Holstein erfolgte ein erster Schritt zur Konzentration der 218-Unterhaltung in Lübeck, indem 17 Lokomotiven aus Flensburg (218 153, 156 – 162, 185 – 190 sowie 192 – 194) in die Hansestadt umstationiert wurden.

Am 16. Juni 1993 erfolgte die z-Stellung und am 30. November 1993 die Ausmusterung der 218 267 (Bw Braunschweig 1) nach einem schweren Unfall in Berlin-Wannsee.

1994

Am 1. Januar 1994 wurde die Deutsche Bahn AG gegründet. Dies wurde schon bald an den Lokomotiven dadurch sichtbar, dass ihr Bundesbahn-Emblem durch das schnörkellose Emblem der Deutschen Bahn AG ersetzt wurde. Auch waren die Lokomotiven nun nicht mehr Bahnbetriebswerken einer Direktion, sondern Betriebshöfen des Geschäftsbereiches Traktion und Werke zugeordnet.

Lübecker 218 übernahmen die Bespannung der IC-Züge Hamburg – Berlin in Doppeltraktion. Von Berlin aus kamen sie dreimal täglich vor IC-Zügen bis nach Magdeburg. Der Lübecker 218-Bestand wurde hierfür um 18 Lokomotiven vergrößert, von denen die Hälfte aus Flensburg kam (218 176 – 184), der Rest aus Haltingen, (218 282 – 286), Hagen (218 151 und 152) sowie Regensburg (218 194 – 196).

218 der Einsatzstelle Lübeck wurden aber auch für Nahverkehrsleistungen zwischen Kiel und Lübeck benötigt. Hier waren Triebzüge der Baureihe 628/928 häufig überbesetzt und mussten durch lokbespannte Züge ersetzt werden. Um Schienenbusse auf der KBS 718 Appenweier – Bad Griesbach zu ersetzen, wurde in den Hauptverkehrszeiten eine Haltinger 218 mit Wendezug eingesetzt.

218 199 verließ am 3. Februar 1994 als letzte im Werk (AW) Nürnberg ausgebesserte Diesellok die dortigen Werkhallen. Nunmehr war das Werk (AW) Bremen allein für die Unterhaltung der V 160-Familie zuständig. Zum Jahresende 1994 waren die 218 folgendermaßen verteilt:

GB Traktion und Werke (397 Loks)

Est Flensburg (42 Loks)

218 101 - 127, 154, 155 und 163 - 175

Est Lübeck (96 Loks)

218 151 - 153, 156 - 162, 176 - 197, 244, 254, 256 - 261, 279 - 287, 323 - 339, 427 - 434, 456 - 462 und 485 - 499

Bh Braunschweig (29 Loks)

218 147, 242, 245 - 253, 255, 262 - 266, 268 - 278 und 288

Bh Hagen (22 Loks)

218 128 - 146 und 148 - 150

Bh Kaiserslautern (25 Loks)

218 361 - 381 und 384 - 387

Bh Haltingen (19 Loks)

218 198, 199, 289 - 293, 305, 306, 388, 389, 396. 397 und 479 - 484

Bh Karlsruhe (16 Loks)

218 294 -304, 394, 395 und 476 - 478

Bh Regensburg (49 Loks)

218 200 - 221, 400 - 423 und 452 - 454

Bh Kempten (Allgäu) (56 Loks)

218 222 - 241, 398, 399, 424 - 426, 435 - 451, 455 und 463 - 475

Est Mühldorf (Oberbay) (43 Loks)

218 307 - 322, 340 - 360, 382 - 383 und 390 - 393

1995

Am 23. September 1995 endete bei der Est Flensburg des Bh Kiel die Beheimatung der Baureihe 218. Die Elektrifizierung der Strecke Hamburg – Flensburg/Kiel hatte die Dieselloks in Flensburg arbeitslos gemacht. Die letzten Lokomotiven wechselten zur Est Lübeck des Bh Hamburg Hbf, mit Ausnahme von 218 124 und 125 (nach Braunschweig) sowie 126 (nach Hagen). Lübeck gab seinerseits sechs 218 ab: 218 191 – 196 an Regensburg. In Lübeck waren am Jahresende 1995 mit 127 Maschinen mehr als doppelt so viele 218 stationiert wie in Kempten (Allgäu), dem zweitgrößten Standort dieser Baureihe. Lübecker 218 wurden häufig in Doppeltraktion eingesetzt. Außer vor den RE-Zügen Hamburg – Lübeck geschah dies z. B. bei allen Reisezügen der Vogelfluglinie, die mehr als acht Wagen hatten. Mit den Zugpaaren EC 176/177 und IC 875/874 kamen Lübecker 218 erstmals über den nördlichen Berliner Außenring bis nach Berlin-Lichtenberg. 218 des Bh Braunschweig bespannten Züge der „Rollenden Rast-

Bild 149 – Vor markanter Alpenkulisse wartet die Kemptener **218 438** am 3. Februar 1992 im Bahnhof Reutte in Tirol (ÖBB) an der Außerfernbahn auf den Gegenzug. Am Schluss des Messzuges läuft 753 002 der Versuchsanstalt (VersA) München mit.
Aufnahme: Markus Inderst

Bild 150 – Nach Verlassen des Gamburger Tunnels durchfährt **218 398** (Bw Kempten) am 1. August 1992 mit E 3121 (Aschaffenburg – Ulm) ohne Halt den Bahnhof Gamburg (Tauber) an der Taubertalbahn. Der Bahnhof war bereits zum damaligen Zeitpunkt nicht mehr besetzt, so dass die Signale des Hauptgleises für beide Richtungen stets auf „Hp 1" standen.
Aufnahme: Albert Schöppner, Archiv Jörg Sauter

stätte" Lehrte – Berlin. Probefahrten mit 218 251 vor Reisezügen und 218 288 vor Güterzügen der Rübelandbahn zeigten, dass die Baureihe 218 für den Einsatz auf dieser Steigungsstrecke geeignet war. 1995 erfolgte hier aber noch kein Einsatz.

218 400 – 404 erhielten im Werk Bremen eine Zeitmultiplex-Wendezugsteuerung (ZWS) und wurden vor IR-Wendezügen Ulm – Friedrichshafen – Lindau eingesetzt. 218 416 und 418 erhielten die Farbgebung des DB-Touristikzuges, um diesen auf nicht elektrifizierten Strecken bespannen zu können. Regensburger 218 übernahmen von der Baureihe 201 die Wochenendleistungen auf der Strecke Schönberg (Vogtl) – Schleiz im Grenzgebiet Sachsen/Thüringen. Nach einem schweren Unfall in Horst (Holstein) an der Strecke Hamburg-Altona – Kiel erfolgte am 30. Juni 1995 die z-Stellung der 218 127 (Est Flensburg) und am 30. November 1995 deren Ausmusterung.

1996

Da sich abzeichnete, dass bei der Aufnahme des elektrischen Betriebs auf der Strecke Hamburg – Nauen – Berlin-Zoologischer Garten die Oberleitung nicht lückenlos fertiggestellt sein würde, wurden im September 1996 zur Überbrückung des fahrdrahtlosen Abschnittes zwölf 218 der Einsatzstelle Lübeck (218 430 – 434 und 456 – 462) für eine Höchstgeschwindigkeit von 160 km/h ertüchtigt und in die Baureihe 210^4 umgezeichnet.

Fünf 218 wurden im Werk Bremen mit ZWS-/ZDS- und FMZ-Ausrüstung ausgestattet, um in Rheinland-Pfalz mit Doppelstockzügen eingesetzt zu werden.

Der Motorenhersteller MTU erhielt von der DB den Auftrag, 30 neue Motoren des Typs 12V 956 TB 11 für die Baureihe 218 zu liefern, die Motoren des Typs 12V 956 TB 10 ersetzen sollten. Bei älteren Motoren des MTU-Typs 12V 956 TB 11 begann der Umbau auf elektronische Steuerung, um eine Abgasoptimierung zu erhalten. 218 112 wurde im Werk Bremen probeweise mit einem Caterpillar-Motor remotorisiert.

Die RE-Leistungen der Relation Ulm – Friedrichshafen – Lindau gingen auf Kemptener 218 über, wodurch Ulmer 215 freigesetzt wurden.

1997

In Ulm wurden nun erstmals Lokomotiven der Baureihe 218 beheimatet (218 151 – 168 ex Lübeck und 400 – 404 ex Kempten). Regensburger 218 bespannten Wochenend-IC Passau – Pfarrkirchen – Mühldorf (Oberbay). Die mit Caterpillar-Motor ausgerüstete 218 112 weilte vorübergehend zu Versuchszwecken in Kempten (Allgäu).

1997 führte die DB die verkehrsrote Farbgebung ein. Die Lübecker 218 336 war die erste Lok ihrer Baureihe in dieser Farbgebung. Sie trug das neue Outfit ab dem 2. Oktober 1997, als sie das Werk Bremen nach einer Hauptuntersuchung verließ.

1998

Am 1. Januar 1998 wurde der DB-Geschäftsbereich (GB) Traktion und Werke aufgelöst. Die Triebfahrzeuge wurden nun den GB Fernverkehr, Nahverkehr und Cargo zugeordnet. Die komplette Baureihe 218 wurde dabei pauschal dem GB Nahverkehr zugeschlagen. Mit zeitlicher Verzögerung machte sich diese Aufteilung bemerkbar. Während die Lokomotiven der Baureihe 218 – als Universallokomotiven konzipiert – vor Zügen des Nah- und Fernverkehrs sowie vor Güterzügen eingesetzt worden waren, verlagerte sich ihr Einsatzbereich nun zunehmend auf Nahverkehrszüge. Auch die Betriebshöfe und Werke wurden nun auf die Geschäftsbereiche aufgeteilt.

Im September 1998 wurden erstmals einige Lokomotiven der Baureihe 218 in den neuen Bundesländern beheimatet, indem 16 Maschinen von Lübeck nach Stendal umstationiert wurden (218 101 – 111, 113 – 116 und 118).

Zwischen September 1998 und Januar 1999 erfolgte nacheinander der Rückbau aller Lokomotiven der Baureihe 210^4. Sie erhielten wieder ihre alten 218-Betriebsnummern zurück.

1999

Am 1. Juni 1999 wurden rückwirkend zum 1. Januar 1999 in einer zweiten Stufe der Bahnreform die Geschäftsbereiche für Fernverkehr, Nahverkehr, Güterverkehr, Fahrweg und Personenbahnhöfe in Aktiengesellschaften unter dem Dach einer Holdinggesellschaft umgewandelt. Die neu gegründeten Aktiengesellschaften übernahmen die Fahrzeuge der Geschäftsbereiche, aus denen sie hervorgegangen waren. Die Lokomotiven der Baureihe 218 waren nun Eigentum der DB Regio AG.

1999 lief die Auslieferung neuer Triebzüge der Baureihen 612, 643 und 644 auf vollen Touren. Sie setzten in großem Maße Loks der Baureihe 218 in bisherigen Diensten frei.

Erstmals wurden 218 auch in Rostock beheimatet. Dieser Einsatz währte allerdings nur kurz. Bis Juni 2001 hatte die letzte 218 das Werk Rostock schon wieder verlassen.

Nach einem Unfall im Bahnhof Immenstadt wurde 218 441 z-gestellt. Am Jahresende 1999 gab es folgende Verteilung der 218:

DB Regio (396 Loks + 1 z-Lok)

Lübeck (82 Loks)

218 112, 117, 154, 169 – 180, 182 – 186, 197, 248, 256 – 261, 282 – 287, 291, 323 – 339, 427 – 434, 456 – 462 und 485 – 499

Rostock (9 Loks)

218 202, 206, 208, 210 – 213, 215 und 218

Stendal (22 Loks)

218 101 – 111, 113 – 116, 118, 125, 153, 157, 181, 242 und 249

Braunschweig (35 Loks)

218 119 – 121, 124, 151, 152, 158, 187 – 192, 245, 246, 250, 252, 253, 255, 262 – 266, 268 – 276, 278 und 288

Hagen (25 Loks)

218 126, 128 –150 und 247

Kaiserslautern (27 Loks)

218 361 – 381, 386, 411, 412, 414, 415 und 417

Haltingen (15 Loks)

218 205, 289, 290, 292, 293, 388, 389, 396, 397 und 479 – 484

Karlsruhe (27 Loks)

218 199 – 201, 207, 219, 220, 238, 294 –304, 390 – 395 und 476 – 478

Regensburg (23 Loks)

218 123, 155, 159, 217, 221, 244, 251, 254, 385, 387, 406 – 410, 413, 416, 418, 421, 423 und 452 – 454

Mühldorf (Oberbay) (44 Loks)

218 198, 203, 209, 277, 288, 305 – 306, 308 – 322, 340 – 345, 347 – 360 und 383 – 384

Ulm (28 Loks)

218 122, 156, 160 – 168, 193 – 196, 204, 279 – 281, 307, 400 – 405, 420 und 422

Bild 151
Bizarre Felsformationen begleiten die Eisenbahn im Donautal. Um das Herabfallen von Gestein aufs Gleis zu verhindern, hat man an besonders gefährdeten Stellen Schutzvorrichtungen aus alten Schienen und Holzstämmen errichtet. So auch bei Thiergarten, wo uns am 31. Oktober 1996 der nur ein- bis zweimal in der Woche verkehrende französische Militärzug Dm 38616 mit **218 479** (Bh Haltingen) begegnet.

AUFNAHME: CARSTEN COX

Kempten (Allgäu) (59 Loks + 1 z-Lok)

218 214, 216, 222 – 237, 239 – 241, 346, 382, 398, 399, 419, 424 – 426, 435 – 440, 441z, 442 – 451, 455 und 463 – 475

2000

Am 5. November 2000 wurden alle Loks der Baureihe 217 von Regensburg nach Mühldorf (Oberbay) umstationiert. Dort übernahmen die DB Cargo gehörenden Maschinen die Güterzugleistungen, die zuvor von angemieteten 218 von DB Regio gefahren worden waren.

Ab November 2000 waren Lokomotiven der Baureihe 218 auch in Halberstadt beheimatet (218 101, 108, 109, 110, 111, 115, 153 und 242 ex Stendal sowie 218 151, 262, 268 und 270 ex Braunschweig). Sie blieben allerdings nicht lange hier. Im Juni 2003 verließ die letzte von ihnen diesen Standort.

Mit Beginn des Winterfahrplans 2000/2001 wurden zahlreiche 218 aus Braunschweig abgezogen und durch neu zugeteilte Os-

Bild 152 – Mit einer Übergabe aus Brilon Stadt nähert sich die Hagener **218 140** am 23. Oktober 2000 dem Bahnhof Brilon Wald. Damals wurde dieser Streckenabschnitt der früher bis Paderborn führenden Nebenbahn nur noch im Güterverkehr befahren. Heute gibt es hier auch wieder planmäßigen Reisezugverkehr.

nabrücker 624 ersetzt. 218 151, 262, 268 und 270 wurden nach Halberstadt, 218 152 und 159 nach Stendal, 218 278 nach Lübeck sowie 218 189 – 192, 263 – 266 und 275 – 277 nach Regensburg abgegeben.

2001

Im Jahr 2001 startete die DB eine Mittelstandsoffensive. Bahnstrecken geringer Bedeutung sollten durch größere Flexibilität und ortsnahe Aktivitäten attraktiver gemacht werden. Dazu wurden Regionetze ausgegliedert, um als Profitcenter wirtschaftlich weitgehend selbständig arbeiten zu können. Unter dem Dach der DB RegioNetz GmbH entstanden im Laufe der folgenden Jahre sieben Regionetze. Vier von ihnen übernahmen in der Folgezeit Lokomotiven der Baureihe 218 von DB Regio. 2001 war dies zunächst nur bei der Südostbayernbahn (SOB) der Fall. Sie hatte das Regionetz im Raum Mühldorf (Oberbay) übernommen, wodurch sie auch zur Eigentümerin des Werkes Mühldorf (Oberbay) wurde. Ihr gehörten damit alle in Mühldorf (Oberbay) stationierten 218. Wie noch beschrieben wird, kamen 218 später auch zu den Regionetzen Erzgebirgsbahn (EGB), Kurhessenbahn (KHB) und Westfrankenbahn (WFB).

Mit einer Verfügung des Eisenbahn-Bundesamtes (EBA) durften ab dem 1. Januar 2001 grundsätzlich keine Triebfahrzeuge

Bild 153
Bei Braunesumpf an der Rübelandbahn im Harz ist die Halberstädter **218 436** am 22. Juli 2001 mit einer Regionalbahn nach Elbingerode in die deutlich sichtbare Steigung eingefahren. In diesem Bereich gab es früher Zahnradbetrieb.

AUFNAHMEN (2): JOSEF HÖGEMANN

Bild 154 – Als am 19. Oktober 2002 diese Aufnahme bei Fürfurt entstand, war die Zeit der lokbespannten Züge auf der Lahntalbahn bereits weitgehend vorbei, und Triebzüge hatten die meisten Reisezugleistungen übernommen. Im Hintergrund ist das Fürfurter Bahnhofsgebäude zu sehen – heute nur noch Haltepunkt und Blockstelle, früher recht bedeutend mit Anschlussgleisen zu inzwischen längst aufgegebenen Industriebetrieben. Den Zug führt die Darmstädter **218 222**. AUFNAHME: ANDREAS CHRISTOPHER

mehr im Personenverkehr eingesetzt werden, die nicht über eine „Türblockierung 0 km/h“ (TB 0) verfügten (siehe Technikteil).

Ab Juni 2001 beheimatete das Werk Trier für rund zehn Jahre Lokomotiven der Baureihe 218, die hier Schwestermaschinen der Baureihe 215 freisetzten. Aus Hagen (Westf) kamen 218 128, 130, 131, 136 und 137, aus Regensburg 218 151 und 190 sowie aus Rostock 218 206 und 211 an die Mosel.

Die neu in Darmstadt beheimatete Baureihe 218 nahm den Schwestermaschinen der Baureihe 215 etliche Leistungen im ehemaligen Haupteinsatzgebiet Darmstadt bzw. Hanau – Wiebelsbach-Heubach – Eberbach ab. Darmstadt erhielt als Anfangsausstattung 218 215 aus Rostock, 218 125 aus Halberstadt, 218 249 und 272 aus Stendal, 218 269 – 274 aus Braunschweig, 218 123, 155, 244 und 277 aus Regensburg sowie 218 198 aus Kempten (Allgäu).

Am 9. Juni 2001 endete die Beheimatung der Baureihe 218 in Rostock. Sieben Loks (218 182, 183, 208 – 210, 212 und 213) wurden nach Leipzig Hbf Süd umstationiert, wo nun erstmalig Lokomotiven dieser Baureihe eingesetzt wurden. Zwei Loks (218 206 und 211) fanden in Trier eine neue Heimat, 218 215 in Darmstadt.

In Braunschweig endete die 218-Beheimatung nur vorübergehend. Die Loks fanden in Lübeck (218 119 – 121, 250, 252 und 253), Darmstadt (218 269 und 274), Regensburg (218 187, 245 und 246) sowie Kempten (218 124) neue Beschäftigung. 2004 gab es jedoch ein Comeback dieser Baureihe in Braunschweig.

2002

Bei der Baureihe 218 setzte ab 2002 langsam der Rückzug ein. Zahlreiche neue Triebwagen (Baureihen 640, 641, 642, 643, 644, 646, 648 und 650) ersetzten lokbespannte Züge. Zunehmend gingen die Aufgabenträger des Schienenpersonennahverkehrs (SPNV) dazu über, Dieselnetze auszuschreiben. Etliche verlor DB Regio an die private Konkurrenz. 2002 hatte dies aber noch keine nennenswerten Auswirkungen auf die Baureihe 218, da zunächst Lokomotiven der Baureihen 215 und 216 ausgemustert wurden. Bei der Baureihe 218 wurden nur 218 132 und 140 z-gestellt.

Für ein Jahr halfen ab Dezember 2002 Lokomotiven der Baureihe 218 im Werk Köln-Deutzerfeld aus, um einen Fahrzeugmangel zu überbrücken. Zunächst kamen 218 129 und 133 aus Hagen (Westf), die nach einem halben Jahr durch 218 114 und 116 aus Halberstadt ersetzt wurden.

Nach weiteren 218-Zugängen im Werk Darmstadt im Dezember 2002 übernahmen die Darmstädter 218 sämtliche 218-Leistungen in Hessen, die zuvor 218 des Werkes Kaiserslautern gefahren hatten. Neu im Darmstädter Bestand waren nun 218 415, 417, 420, 429, 446, 497 und 498 aus Kaiserslautern, 218 290, 292, 293 und 481 – 484 aus Haltingen, 218 159 aus Regensburg sowie 218 312, 317, 320, 382 und 398 aus Kempten (Allgäu).

2003

Im Juli 2003 endete die Stationierung der Baureihe 218 in Halberstadt aufgrund der Schließung des Werkes. Die letzten Maschinen wurden nach Stendal (218 101 – 107, 111, 113, 115, 118, 355, 447, 450, 453 und 466), Hagen (Westf) (218 153, 157 und 181), Köln-Deutzerfeld (218 114 und 116) sowie Karlsruhe (218 187) umbeheimatet. 218 242 und 268 wurden an DB Fernverkehr abgegeben.

Das gleiche Schicksal wie das Werk Halberstadt erlitt das Werk Hagen (Westf) im Dezember 2003. Wegen der Werkschließung wurden dessen letzte 218 zum Railion-Werk in Oberhausen (-Osterfeld Süd) umstationiert, das damit erstmals 218 be-

Bild 155
Eine Regionalbahn aus Halberstadt ist mit Zuglok **218 111** am 20. April 2005 in Elbingerode im Harz eingetroffen. Hier fahren heute keine Reisezüge mehr, und auch im Güterverkehr hat der Bahnhof an der Rübelandbahn heute kaum noch eine betriebliche Bedeutung. Gelegentlich werden hier vorübergehend nicht benötigte Güterwagen abgestellt.

AUFNAHME: JÜRGEN HÖRSTEL

kam (218 126, 134, 135, 138, 139, 143, 146, 148 – 150, 157, 213 und 247). 218 182 und 183 waren schon im Sommer 2003 von Hagen (Westf) nach Darmstadt gewechselt.

Das Werk Leipzig Hbf Süd verabschiedete sich ebenfalls von seinen Loks der Baureihe 218. Die Baureihe 218 sollte allerdings 2010 noch einmal nach Leipzig zurückkehren. 2003 gelangten 218 208 – 210 nach Stendal, 218 408 und 410 nach Ulm sowie 218 182, 183 und 213 nach Hagen (Westf). Dort blieben sie allerdings nur kurzzeitig, da das Werk Hagen (Westf) – wie oben erwähnt – am Jahresende geschlossen wurde.

DB Fernverkehr begann damit, seine Abschlepplokomotiven der Baureihe 216 durch solche der Baureihe 218 zu ersetzen. 2003 wurden 218 159 (spätere 810), 188 (spätere 812), 189 (spätere 813), 242 (spätere 820) und 268 (spätere 821) übernommen.

Ab 2003 wurden in großem Maße Lokomotiven der Baureihe 218 abgestellt und ausgemustert. In jenem Jahr betraf es folgende Maschinen :

z-Stellungen (18 Loks)

218 109, 110, 113, 129, 133, 142, 144, 152, 154, 173, 212, 244, 251, 258, 262, 274, 361 und 368

Ausmusterungen (11 Loks)

218 109, 110, 132, 140, 142, 144, 173, 203, 258, 285 und 441

218 212 (mit den Werbefolien „Sonderzug nach Pankow“) ging in den Bestand des DB Museums über.

2004

Im Juni 2004 verließen die letzten sieben 218 das Werk Kaiserslautern und wurden nach Trier umbeheimatet (sieben Jahre später sollte es umgekehrt laufen, als Kaiserslautern wieder 218er aus Trier erhielt). 2004 wurden nach dreijähriger Pause wieder 218 in Braunschweig beheimatet.

2004 wurden mehr 218 abgestellt als in allen anderen Jahren. Es kam zu z-Stellungen folgender Loks: 218 112, 115, 116, 118, 123 – 125, 134, 135, 143, 145 – 150, 167, 171, 172, 174, 179, 186, 207, 230, 238, 249, 250, 259, 264, 270, 272, 277, 280, 283, 284, 286, 289, 295, 296, 306, 312, 318, 323, 325, 328, 332, 334, 336, 382, 384, 394, 398 und 482 (53 Loks). Es wurden also keineswegs nur die ältesten 218 abgestellt. Vielmehr führten Fristabläufe oder nicht mehr ausgeführte Reparaturen zur z-Stellung. Ausgemustert wurden 2004 aber nur sechs Loks: 218 123, 152, 154, 262, 274 und 375.

DB AutoZug übernahm zur Ablösung der Baureihe 215 im Sylt-Verkehr eine erste 218 (218 320). Die S-Bahn Stuttgart bekam 218 191 als Abschlepplok für Triebzüge. DB Fernverkehr stockte seinen 218-Bestand mit 218 231 (spätere 218 822) auf.

Das Werk Kiel begann mit der Wartung von Lokomotiven der Baureihe 218, auch übernahm es die Disposition sämtlicher 218 der Einsatzstelle Lübeck.

Am Jahresende 2004 waren die 322 noch betriebsbereiten 218 folgendermaßen auf vier DB-Tochtergesellschaften verteilt (z-gestellte Lokomotiven sind nicht aufgeführt):

DB Regio (289 Loks)

Lübeck (99 Loks)

218 117, 119 – 121, 157, 169, 170, 175 – 178, 180, 181, 184, 185, 197, 208 – 210, 221, 248, 252, 253, 256, 257, 260, 261, 265, 266, 278, 282, 287, 291, 292, 315, 324, 326, 327, 329 – 331, 333, 335, 337 – 339, 345, 347, 349, 355, 356, 363 – 365, 367, 370, 371, 374, 375, 377 – 380, 383, 386, 399, 407, 413, 430 – 435, 453, 454, 456 – 463, 465, 466, 474, 485 – 495 und 499

Stendal (11 Loks)

218 101 – 107, 111, 307, 321 und 322

Braunschweig (14 Loks)

218 108, 158, 218, 255, 273, 447, 448, 450 – 452, 455, 464, 470 und 473

Oberhausen (8 Loks)

218 114, 126, 138, 139, 141, 153, 213 und 247

Trier (18 Loks)

218 128, 131, 136, 137, 151, 190, 206, 216, 217, 305, 362, 368, 408, 411, 412, 414, 424 und 425

Darmstadt (33 Loks)

218 155, 182, 183, 198, 211, 215, 222, 226 – 229, 232, 236, 269, 288, 290, 293, 317, 366, 369, 372, 415, 417, 420, 429, 442, 446, 449, 481, 483, 484, 497 und 498

Bild 156 – Die Niederländisch-Westfälische Eisenbahn führte einstmals von Gelsenkirchen-Bismarck über Dorsten und Borken ins niederländische Winterswijk. Von dort erreichte man die früher wichtigen Industriestädte in der Provinz Twente sowie über Zutphen Amsterdam und Zwolle. Heute endet der Schienenstrang in Borken. Am 23. April 2005 hat **218 213** von Borken kommend den Bahnhof Deuten erreicht, wo noch Formsignale anzutreffen waren. AUFNAHME: JOSEF HÖGEMANN

Haltingen (2 Loks)
218 396 und 397

Karlsruhe (25 Loks)
218 130, 187, 199 – 201, 205, 219, 220, 246, 294, 297 – 302, 390, 392 – 395 und 476 – 479

Regensburg (18 Loks)
218 192, 203, 237, 245, 254, 263, 271, 275, 276, 303, 304, 308 – 311, 359, 385 und 387

Ulm (33 Loks)
218 122, 156, 160 – 166, 168, 193 – 196, 204, 214, 279, 281, 343, 357, 360, 388, 389, 406, 409, 410, 427, 436, 438, 439, 443, 480 und 496

S-Bahn Stuttgart (1 Lok)
218 191 (Plochingen)

Kempten (Allgäu) (27 Loks)
218 202, 223 – 225, 233 – 235, 239 – 241, 313, 314, 316, 319, 340 – 342, 346, 373, 376, 381, 467 – 469, 471, 472 und 475

DB RegioNetz (26 Loks)
Südostbayernbahn/Mühldorf (26 Loks)
218 344, 348, 350 – 354, 358, 400 – 405, 416, 418, 419, 421 – 423, 426, 428, 437, 440, 444 und 445

DB Fernverkehr (6 Loks)
218 810 (ex 159), 812 (ex 188), 813 (ex 189), 820 (ex 242), 821 (ex 268) und 822 (ex 231)

DB AutoZug/Westerland (1 Lok)
218 320

Insgesamt 57 z-gestellte Lokomotiven warteten 2004 auf ihr weiteres Schicksal, das für fast alle von ihnen beim Schrotthändler endete. Es handelte sich um die folgenden Lokomotiven:

z-Stellungen (57 Loks)
218 112, 113, 115, 116, 118, 124, 125, 129, 133, 134, 135, 143, 145 – 150, 167, 171, 172, 174, 179, 186, 207, 212, 238, 244, 249 – 251, 259, 264, 270, 272, 277, 280, 283, 284, 286, 289, 295, 296, 306, 312, 318, 323, 325, 328, 332, 334, 336, 361, 382, 391, 398 und 482

2005

DB AutoZug baute eine neue Werkstatt in Niebüll. Dies hatte die Umstationierung seiner Lokomotiven von Westerland (Sylt) nach Niebüll zur Folge.

Im Dezember 2005 war beim Werk Stendal das Ende der 218-Stationierung gekommen. Die Vergabe von SPNV-Leistungen an die Connex-Tochter HarzElbeExpress (HEX) hatte zahlreiche lokbespannte Reisezüge von DB Regio im Harz und seiner Umgebung freigesetzt. Die Stendaler 218 wanderten an die Werke Lübeck (218 102 – 107, 307, 321 und 322) sowie Darmstadt (218 101 und 111) ab. Auch trennte sich die DB im Jahr 2005 von zahlreichen 218:

z-Stellungen (30 Loks)
218 114, 120 – 122, 180, 195, 198, 236, 245, 252, 254, 266, 273, 279, 281, 282, 287, 290, 294, 297, 300, 301, 309, 331, 335, 337, 338, 368, 820 und 821

Ausmusterungen (34 Loks)
218 113, 115, 118, 120, 122, 135, 146, 147, 149, 150, 167, 171 – 173, 186, 198, 230, 236, 242, 244, 250, 251, 268, 279 – 281, 294, 301, 309, 318, 337, 368, 820 und 821

Bild 157
In Sinsheim an der Strecke Mannheim – Heilbronn sind die Tage der Formsignale gezählt, als **218 478** am 25. Juli 2008 mit einer Regionalbahn den Bahnhof erreicht.

AUFNAHME: ANDREAS HARTMANN

Bild 158
Am 11. März 2007 überquert ein langer, mit **218 432** bespannter Sonderzug den Teutoburger Wald bei Hankenberge. Die Strecke des „Haller Willem" wird ansonsten nur von Triebzügen der NordWestBahn befahren.

AUFNAHME: JOSEF HÖGEMANN

Alle ausgemusterten Loks, die nicht an DB-Tochterunternehmen abgegeben wurden, landeten beim Schrotthändler. Die DB verkaufte seinerzeit noch keine 218 an NE-Bahnen, da sie damit Konkurrenz verhindern wollte. Erst rund zehn Jahre später sah DB Regio ein, dass sich auf diesem Weg die Konkurrenz nicht verhindern ließ. Vielmehr entgingen DB Regio hohe Summen, die ein Verkauf von ausgemusterten Lokomotiven eingebracht hätte.

DB Fernverkehr übernahm 2005 zehn weitere 218:
218 226 (spätere 823), 303 (spätere 837), 305 (spätere 830), 357 (spätere 832), 367 (spätere 834), 370 (spätere 835), 373 (spätere 838), 383 (spätere 833), 388 (spätere 836) und 394 (spätere 831).

Gleichzeitig schieden bei DB Fernverkehr auch schon zwei 218^{8} durch Ausmusterung aus:
218 820 (ex 242) und 821 (ex 268).

DB AutoZug deckte sich mit elf weiteren 218 ein:
218 157, 160, 162, 168, 181, 184, 190, 220, 227, 232 und 362.

2006

Auch 2006 ging die Ausdünnung des 218-Bestandes mit großen Schritten voran.

z-Stellungen (31 Loks)
218 119, 126, 169, 170, 175, 176, 178, 187, 197, 208, 225, 228, 246 – 248, 253, 255, 263, 265, 288, 291, 293, 298, 302, 308, 310, 320, 331, 353, 355 und 384

Ausmusterungen (34 Loks)
218 116, 119, 124, 125, 129, 133, 134, 139, 143, 145, 148, 169, 174, 180, 195, 207, 225, 228, 238, 245, 254, 264, 266, 282, 287, 289, 293, 295, 296, 300, 302, 306, 310 und 331

DB Fernverkehr übernahm 218 233 (spätere 824), 237 (spätere 825) und 317 (spätere 839). DB AutoZug erhielt 218 131, 182 und 183, und die DB Fahrwegdienste deckten sich mit 218 249 und 272 ein. 218 287, 304 und 391 wurden von der Deutsche Bahn

Bild 159
Am 2. Februar 2008 verlässt die Kemptener **218 472** den Bahnhof Garmisch-Partenkirchen mit dem RE 37957 in Richtung Murnau. Im Hintergrund das markante Wettersteingebirge.

AUFNAHME: CARSTEN COX

Gleisbau (DBG) übernommen. Das 2006 neu geschaffene RegioNetz Westfrankenbahn hatte zum Start 218 372 zur Verfügung.

Im Dezember 2006 endete der Planeinsatz der Baureihe 218 im Werk Oberhausen nach nur drei Jahren. Für 218 141, 153 und 213 hatte man noch in Regensburg, für 218 359 in Ulm Verwendung. 218 131 gelangte zu DB AutoZug,

2007

2007 wurden „nur" 20 Loks der Baureihe 218 z-gestellt und 17 ausgemustert.

z-Stellungen (20 Loks)

218 160, 168, 177, 183, 220, 227, 229, 232, 257, 269, 276, 278, 292, 299, 316, 327, 346, 351, 352 und 395

Ausmusterungen (17 Loks)

218 126, 175 – 177, 187, 227, 232, 246, 252, 283, 290, 297 – 299, 316, 332 und 335

Auch 2007 deckten sich DB-Tochtergesellschaften mit 218 von DB Regio ein: An DB AutoZug gingen 218 311, 313, 319, 340, 359, 363, 364, 371, 372 und 379 (zehn Loks), mit 218 227 und 232 schieden aber auch die ersten zwei 218 dieses Tochterunternehmens durch Ausmusterung aus. Die Kurhessenbahn bekam 218 221 und DB Fahrwegdienste 218 139 und 208. Die Deutsche Bahn Gleisbau beschaffte 218 125 und 277.

218 225 ging in den Bestand des DB Museums über und wurde an die Universität Karlsruhe als Dauerleihgabe abgegeben. Diese reichte sie an den Verein „Historische Eisenbahn Mannheim" weiter, der das Ausstellungsstück bis heute betreut und pflegt.

2008

Am 13. Dezember 2008 endete die 218-Beheimatung in Regensburg. 40 Jahre lang hatte diese Baureihe in Regensburg eine große Rolle gespielt. Die ersten 218-Vorserienloks waren im Mai 1968 hierher gekommen, die ersten Serienloks im Mai 1971. 2008 war nur noch ein Restbestand von zehn 218 in Regensburg. 218 138, 141, 153, 203 und 219 fanden in Kempten (Allgäu) neue Beschäftigung.

2008 wurden alle 215^9 von DB AutoZug z-gestellt und durch Lokomotiven der Baureihe 218 im Sylt-Verkehr ersetzt. Diese AutoZug-218 beförderten nun aber auch IC-Züge auf der Marschbahn. Dazu übernahm DB AutoZug weitere 26 Lokomotiven der Baureihe 218 von DB Regio: 218 117, 155, 185, 192, 213, 307, 314, 315, 321, 322, 341, 342, 344, 345, 365, 366, 369, 374, 376, 378, 380, 381, 385, 386, 389 und 397. Je eine 218 ging an die DB RegioNetze Kurhessenbahn (218 387) und Westfrankenbahn (218 105). Die Deutsche Bahn Gleisbau erhielt 218 261. Die DB Fahrwegdienste beschafften die z-gestellten Loks 218 222, 234, 239 und 240 für eine spätere Aufarbeitung. Dazu ist es aber nicht gekommen, so dass die Loks 2013 verschrottet worden sind.

Während 29 Lokomotiven eine neue Beschäftigung erhielten, sah es für viele andere 218 schlechter aus:

z-Stellungen (21 Loks)

218 107, 182, 201, 209 – 211, 219 – 222, 234, 235, 239, 240, 261, 271, 275, 338, 348, 354 und 358

Ausmusterungen (19 Loks)

218 112, 114, 121, 178, 179, 222, 235, 253, 257, 259, 269, 270, 276, 325, 327, 328, 336, 352 und 384

2009

Im Mai 2009 übernahm das Regio-Werk Frankfurt-Griesheim die letzten Darmstädter 218 (218 101 – 103, 108, 111, 128, 155, 215, 218, 415, 417, 420, 429, 442, 446, 449, 497 und 498). Im November 2009 stationierte das Werk Chemnitz der Erzgebirgsbahn erstmals eine 218 (218 324).

2009 wurden zwar 39 Lokomotiven der Baureihe 218 z-gestellt, aber nur vier ausgemustert. Man bewahrte die z-gestellten Lokomotiven nun lieber für einen späteren Verkauf auf, als sie verschrotten zu lassen. In der Tat fanden ab 2010 schon etliche seinerzeit z-gestellte Loks innerhalb der DB einen Käufer, viele andere warten auch heute noch darauf.

z-Stellungen (39 Loks)

218 101, 117, 131, 138, 141, 153, 155 – 158, 160 – 166, 181, 184, 185, 192, 194, 199, 201 – 205, 213, 215, 223, 224, 241, 260, 347, 349, 350, 365 und 378

Ausmusterungen (4 Loks)

218 138, 215, 260 und 348

Die Mühldorfer 218 348 wurde dem Verein „Freunde der historischen Eisenbahn" in Mühldorf (Oberbay) als Ausstellungslok zur Verfügung gestellt.

Zum Jahresende 2009 standen innerhalb des DB-Konzerns noch 190 Lokomotiven der Baureihe 218 bei insgesamt sechs Tochtergesellschaften im Einsatz (in der Liste sind keine z-Loks aufgeführt):

DB Regio (106 Loks)

Lübeck (8 Loks)

218 104, 329, 330, 339, 407, 413, 451 und 453

Kiel (1 Lok)

218 106

Braunschweig (8 Loks)

218 447, 448, 450, 452, 455, 470, 473 und 474

Trier (13 Loks)

218 136, 137, 151, 206, 216, 217, 408, 411, 412, 414, 424, 425 und 430

Frankfurt-Griesheim (18 Loks)

218 102, 103, 108, 111, 128, 218, 415, 417, 420, 429, 442, 446, 449, 476, 477, 479, 497 und 498

Haltingen (2 Loks)

218 326 und 396

Karlsruhe (7 Loks)

218 130, 392, 478, 480, 481, 483 und 484

Ulm (20 Loks)

218 193, 196, 343, 406, 409, 410, 427, 431, 432, 434, 436, 438, 439, 443, 456, 487, 491, 495, 496 und 499

S-Bahn Stuttgart/Werk Plochingen (1 Lok)

218 191

Kempten (Allgäu) (28 Loks)

218 214, 256, 333, 390, 393, 399, 435, 454, 457 – 462, 464, 467 – 469, 471, 472, 475, 485, 486, 488 – 490, 492 und 493

DB RegioNetz (28 Loks)

Erzgebirgsbahn/Chemnitz (1 Lok)

218 324

Bild 160 – Zwischen dem Jahr 2010 und Ende 2013 wurde der Abschnitt Reichenbach (Vogtland) – Hof der Sachsen-Franken-Magistrale elektrifiziert. Eine weitere Elektrifizierung nach Nürnberg oder Regensburg ist geplant, jedoch noch nicht endgültig beschlossen. Während der Baumaßnahmen wurden 175 km Gleis überspannt und zahlreiche Brücken um- oder neugebaut. Zu den abgerissenen Brücken zählte auch die niedrige Betonbrücke in Reuth (Vogtland). Die Leipziger **218 390** unterquert mit RE 3701 (Leipzig Hbf – Hof Hbf) am 3. Juli 2010 das Bauwerk. AUFNAHME: FELIX SERAPHIN

Bild 161 – Am früheren Haltepunkt Battenfeld an der heute nur noch dem Güterverkehr dienenden Nebenbahn Frankenberg – Battenberg Auhammer (– Raumland – Bad Berleburg) begegnet uns im Mai 2010 ein Ganzzug mit Rohholz, bespannt mit **218 387** der Kurhessenbahn. AUFNAHME: MANFRED RITTER

Kurhessenbahn/Kassel (1 Lok)
218 387

Westfrankenbahn/Schöllkrippen (1 Lok)
218 105

Südostbayernbahn/Mühldorf (25 Loks)
218 200, 356, 360, 400 – 405, 416, 418, 419, 421 – 423, 426, 428, 433, 437, 440, 444, 445, 463, 465 und 466

DB Fernverkehr (17 Loks)
218 810 (ex 159), 812 (ex 188), 813 (ex 189), 822 (ex 231), 823 (ex 226), 824 (ex 233), 825 (ex 237), 830 (ex 305), 831 (ex 394), 832 (ex 357), 833 (ex 383), 834 (ex 367), 835 (ex 370), 836 (ex 388), 837 (ex 303), 838 (ex 373) und 839 (ex 317)

DB AutoZug/Niebüll (31 Loks)
218 190, 307, 311, 313 – 315, 319, 321, 322, 340 – 342, 344, 345, 359, 362 – 364, 366, 369, 371, 372, 374, 376, 379 – 381, 385, 386, 389 und 397

DB Fahrwegdienste (4 Loks)
218 139, 208, 249 und 272

Deutsche Bahn Gleisbau (4 Loks)
218 261, 287, 304 und 391

2010

Am 31. Mai 2010 verließ mit 218 407 die letzte Lok ihrer Baureihe die Einsatzstelle Lübeck – einst DIE 218-Hochburg in Norddeutschland. Die letzten hier stationierten 218 waren zum Werk Kiel umstationiert worden. Von dort aus waren sie ohnehin schon seit 2004 disponiert worden.

Das Werk Leipzig Hbf Süd erhielt überraschend noch einmal Lokomotiven der Baureihe 218 zugewiesen. Diese wurden aber nur in geringem Maße im Plandienst eingesetzt und dienten in erster Linie als Reserve für defekte Triebzüge.

Im Juni 2010 gab die Erzgebirgsbahn ihre 218 324 ab und erhielt im Juli ersatzweise 218 430.

z-Stellungen (15 Loks)
218 103, 106, 111, 128, 151, 181, 190, 193, 196, 200, 214, 217, 218, 256, und 339

Ausmusterungen (24 Loks)
218 103, 111, 117, 128, 141, 166, 192, 194, 196, 211, 217, 218, 229, 247, 248, 256, 263, 284, 288, 312, 338, 361, 382 und 398

218 128 wurde dem „Verein zur Erhaltung historischer Lokomotiven“ und 218 217 dem DB Museum übergeben. 218 117 und 256 wurden an das in der Schweiz ansässige Unternehmen HEROS Helvetic Rolling Stock verkauft, was nur möglich war, da die DB Mitgesellschafter dieser Firma war. HEROS vermietete die beiden Loks an den Graz-Köflacher Bahn und Busbetrieb (GKB) in Österreich. Dort kamen beide 218 vor allem mit Doppelstockwagen im S-Bahn-Dienst zum Einsatz. 218 392 wurden von DB Netz und 218 399 von DB Systemtechnik Minden übernommen.

2011

Nach siebenjähriger Pause wurden wieder 218 buchmäßig in Kaiserslautern stationiert (218 408, 411, 412, 414, 424 und 425). Sie kamen vom Werk Trier, das damit seine 218-Beheimatung aufgab.

Der Mieteinsatz der beiden HEROS-Loks 218 117 und 256 bei der GKB endete im September bzw. November 2011, nachdem der Mietvertrag ausgelaufen war. 218 137 wurde an das DB Museum abgegeben und erhielt umgehend wieder ihre CityBahn-Farbgebung in Reinorange/Kieselgrau.

z-Stellungen (4 Loks)
218 104, 130, 137 und 324

Ausmusterungen (20 Loks)
218 106, 107, 137, 160, 162, 168, 170, 182, 183, 190, 193, 197, 200, 255, 278, 291, 354, 358, 365 und 395

Bild 162 – Während der Elektrifizierungsarbeiten an der Hochrheinbahn auf dem Gebiet des Schweizer Kantons Schaffhausen (Abschnitt Schaffhausen – Erzingen/Baden) gab es für die Haltinger 218 von März bis Oktober 2013 ein allerletztes Mal einen kleinen Planumlauf, in dem eine Lok mit einer n-Wagen-Garnitur als 611-Ersatz zwischen Basel Bad Bf und Erzingen (Baden) pendelte. Bei Laufenburg (Baden) direkt an der Schweizer Grenze schiebt **218 396** am 14. April 2013 den RE 20708 nach Basel. AUFNAHME: CHRISTIAN WOLF

2012

Am 1. Januar 2012 wurde von DB Fernverkehr die Beheimatung von Triebfahrzeugen in Werken beendet. Die Unterhaltung der Fahrzeuge wird seither bundesweit koordiniert. 218 477 wurde von DB Netz Instandhaltung übernommen. 2012 wurde der 218-Bestand weiter reduziert:

z-Stellungen (6 Loks)
218 374, 468, 477, 485, 822 (ex 231) und 823 (ex 226)

Ausmusterungen (19 Loks)
218 104, 130, 131, 151, 165, 181, 185, 199, 209, 210, 213, 221, 265, 273, 275, 286, 292, 320 und 823 (ex 226)

2013

218 390 wurde an die Mitteldeutsche Eisenbahn (MEG) verkauft. In jenem Jahr nahmen folgende Lokomotiven Abschied:

z-Stellungen (9 Loks)
218 108, 136, 206, 216, 360, 459, 475, 478 und 479

Ausmusterungen (14 Loks)
218 101, 136, 157, 158, 206, 216, 234, 239, 240, 271, 360, 374, 479 und 822 (ex 231)

2014

Im Januar 2014 verließen die letzten beiden 218 das Werk Haltingen (218 343 und 396). Sie hatten zuvor schon viele Jahre nur noch als Reserve und für Sondereinsätze gedient und kaum noch Planleistungen gefahren. Im Dezember 2014 endete in Kaiserslautern der Plandienst der Baureihe 218, da fortan neue Triebzüge vom Typ LINT 54 bzw. LINT 81 der Netinera-Tochter vlexx ihre Aufgaben übernahmen. 218 411, 414, 424 und 425 wurden somit nach Kempten (Allgäu) abgegeben, 218 412 kam nach Ulm. Lediglich 218 408 blieb noch bis zu ihrer z-Stellung als Reservelok in Trier. Wie in den Vorjahren wurde auch im Jahr 2014 der 218-Bestand weiter reduziert.

z-Stellungen (8 Loks)
218 102, 405, 437, 440, 447 – 449 und 462

Ausmusterungen (10 Loks)
218 102, 108, 184, 308, 324, 351, 437, 459, 475 und 478

218 308 wurde an HEROS, 218 486 an die S-Bahn Stuttgart und 218 449 an die DB Bahnbau Gruppe abgegeben. Mit 218 399 wurde erstmals eine 218 an eine NE-Bahn verkauft, an der die DB nicht beteiligt war. Allerdings lief diese Lok zuletzt bei DB Systemtechnik. DB Regio verkaufte zu diesem Zeitpunkt noch keine 218 an NE-Bahnen. Zum Jahresende 2014 gab es folgende Verteilung der betriebsfähigen 218:

DB Regio (69 Loks)
Kiel (9 Loks)
218 329, 330, 333, 339, 407, 413, 453, 470 und 473

Braunschweig (6 Loks)
218 396, 450 – 452, 455 und 474

Kaiserslautern (1 Lok)
218 408

Frankfurt-Griesheim (2 Loks)
218 417 und 497

Bild 163
Ganz am entgegengesetzten Ende der Bundesrepublik im Vergleich zur vorangegangenen Aufnahme (Bild 162 linke Seite) streben **218 363** und eine Schwesterlok am 17. Juli 2014 bei Gudendorf zwischen Meldorf und St. Michaelisdonn mit einem IC auf der Marschbahn gen Hamburg-Altona.

AUFNAHME: JOSEF HÖGEMANN

Karlsruhe (3 Loks)
218 480, 483 und 484

Ulm (26 Loks)
218 326, 343, 406, 409, 410, 412, 427, 431, 432, 434 – 436, 438, 439, 442, 443, 456, 464, 476, 481, 487, 491, 494 – 496 und 499

S-Bahn Stuttgart/Werk Plochingen (2 Loks)
218 191 und 486

Kempten (Allgäu) (20 Loks)
218 411, 414, 415, 420, 424, 425, 429, 446, 457, 458, 461, 467, 469, 471, 472, 488 – 490, 492 und 493

DB RegioNetz (27 Loks)

Kurhessenbahn/Kassel (1 Lok)
218 387

Westfrankenbahn/Schöllkrippen (1 Lok)
218 105

Südostbayernbahn/Mühldorf (25 Loks)
218 356, 400 – 405, 416, 418, 419, 421 – 423, 426, 428, 430, 433, 440, 444, 445, 454, 463, 465, 466 und 498

DB Fernverkehr (15 Loks)
218 810 (ex 159), 812 (ex 188), 813 (ex 189), 824 (ex 233), 825 (ex 237), 830 (ex 305), 831 (ex 394), 832 (ex 357), 833 (ex 383), 834 (ex 367), 835 (ex 370), 836 (ex 388), 837 (ex 303), 838 (ex 373) und 839 (ex 317)

DB AutoZug/Niebüll (29 Loks)
218 307, 311, 313 – 315, 319, 321, 322, 340 – 342, 344, 345, 359, 362 – 364, 366, 369, 371, 372, 376, 379 – 381, 385, 386, 389 und 397

DB Fahrwegdienste (4 Loks)
218 139, 208, 249 und 272

Deutsche Bahnbau Gruppe (5 Loks)
218 261, 287, 304, 391 und 449

DB Netz Instandhaltung (2 Loks)
218 392 und 477

HEROS Helvetic Rolling Stock (3 Loks)
218 117, 256 und 308

Mitteldeutsche Eisenbahn (1 Lok)
218 390

ELBA Logistik (1 Lok)
218 399

2015

2015 verließen die letzten beiden 218 das Werk Frankfurt-Griesheim (218 417 und 497). Sie hatten dort zuletzt nur noch als Reserve gedient, nachdem die letzten Planleistungen im Dezember 2014 entfallen waren. 2015 kam auch das endgültige Ende der 218-Beheimatung in Braunschweig. Nachdem im Dezember 2014 das Unternehmen Erixx den SPNV auf der Strecke Hannover – Bad Harzburg übernommen hatte, dienten die letzten 218 in Braunschweig nur noch als Reserveloks. Die Braunschweiger 218 474 fand bei der S-Bahn Hamburg ein neues Betätigungsfeld. Seit dem 24. Juli 2015 steht sie dem Werk Hamburg-Ohlsdorf – ausgerüstet mit Scharfenberg-Übergangskupplung – für Überführungsfahrten von S-Bahn-Zügen zur Verfügung. 218 471 wurde von DB Netz Instandhaltung übernommen. 2015 schieden folgende Loks der Baureihe 218 aus dem Betriebsbestand aus:

z-Stellungen (21 Loks)
218 339, 356, 405, 413, 440, 444, 445, 450, 451, 455, 457, 458, 461, 467, 469, 471, 472, 480, 489, 490 und 492.

Ausmusterungen (7 Loks)
218 347, 349, 353, 355, 378, 407 und 450

2016

Am 30. September 2016 kam es zur Verschmelzug von DB AutoZug mit DB Fernverkehr, womit alle AutoZug-218 zu DB Fernverkehr gelangten. Die Bestandsreduzierung der 218 fiel in jenem Jahr recht moderat aus:

z-Stellungen (2 Loks)
218 408 und 442

Bild 164 – Bei Martinszell (Allgäu) am Niedersonthofer See sind **218 496** (Werk Ulm) und **218 416** (Werk Mühldorf/Oberbay) am 14. Juni 2017 mit dem EC 196 in Richtung Lindau unterwegs. In den Wagenpark der SBB ist planmäßig ein Panoramawagen eingestellt. AUFNAHME: MARTIN WEHMEYER

Ausmusterungen (6 Loks)

218 339, 346, 350, 377, 393 und 482.

2016 bot DB Regio erstmals 218 Privatbahnen ohne DB-Beteiligung zum Verkauf an. Davon machten die EfW-Verkehrsgesellschaft (218 455), die ELBA Logistik (218 203, 214 und 241), die Lappwaldbahn (218 450 und 218 451) sowie Railsystems RP (218 469, 472, 480 und 490) Gebrauch. Die Mitteldeutsche Eisenbahn (MEG) übernahm mit 218 467 eine zweite 218 von DB Regio. Die Eisenbahn-Betriebsgesellschaft Neckar-Schwarzwald-Alb (NeSA) erwarb 218 105 der Westfrankenbahn.

2017

Es schieden 20 Loks der Baureihe 218 durch z-Stellung aus, wobei es sich überwiegend um Machinen von DB Fernverkehr handelte: 218 311, 313, 314, 319, 342, 359, 362 – 364, 371, 372, 376, 381, 386, 400, 402, 412, 466, 488 und 493. Die Loks 218 323 und 334 wurden nach 13-jähriger Abstellzeit ausgemustert, zusätzlich schieden 218 458, 461 und 489 durch Ausmusterung aus.

Auch 2017 deckten sich mehrere Privatbahnen mit 218 ein: die Brohltal-Schmalspureisenbahn (218 396), die Eisenbahngesellschaft Potsdam (218 125 und 218 277 von DB Bahnbau), die ELBA Logistik (218 117 und 218 256 von HEROS), HEROS (218 219), die MZ Eisenbahndienstleistungen (218 191), die Eisenbahn-Betriebsgesellschaft Neckar-Schwarzwald-Alb/NeSA (218 155) sowie Railsystems RP (218 319, 356, 400, 402 und 447). Power Rail übernahm die betriebsfähig aufgearbeitete 218 472 von Railsystems RP.

2018

Im Januar erwarb die Eisenbahnlogistik Vienenburg (ELV) die 218 139 der DB Fahrwegdienste und ließ an ihr im DB-Instandhaltungswerk Bremen eine Hauptuntersuchung durchführen.

Am 30. Januar 2018 wurde mit 218 431 erstmals eine Lok der Baureihe 218 im Werk Stuttgart beheimatet. Sie wurde im Abschlepp- und Arbeitszugdienst verwendet. Das Intermezzo währte aber nur kurz bis zum 18. Oktober.

Der Betriebsbestand an 218 aller DB-Tochterfirmen zusammen lag am 1. April 2018 bei 102 Lokomotiven und hatte somit nur noch rund 25 % seiner ursprünglichen Größe. An diesem Tag befanden sich noch folgende 218 im Betriebsbestand der DB:

DB Regio (42 Loks)

218 326, 329, 330, 333, 343, 406, 409, 410, 414, 415, 417, 420, 421, 425, 427, 429, 431, 434 – 436, 438, 439, 443, 446, 453, 456, 464, 470, 473, 474, 476, 481, 483, 484, 486, 487, 491, 494 – 497, 499 (beheimatet in Kiel, Ulm, Kempten, Karlsruhe und Stuttgart)

DB RegioNetz (17 Loks)

218 387 (Kurhessenbahn), 460 (Westfrankenbahn) sowie 401, 403, 404, 416, 418, 419, 421 – 423, 428, 430, 433, 452, 465 und 498 (Südostbayernbahn)

DB Fernverkehr (15 + 15 Loks)

218 307, 315, 321, 322, 340, 341, 344, 345, 366, 369, 379, 380, 385, 389 und 397 (in Niebüll) sowie 810, 812, 813, 824, 825 und 830 – 839 (bundesweit für Notfallkonzept)

DB Fahrwegdienste (3 Loks)

218 208, 249 und 272

DB Bahnbau Gruppe (5 Loks)

218 261, 287, 304, 391 und 449

DB Netz Instandhaltung (3 Loks)

218 392, 471 und 477

Mitteldeutsche Eisenbahn (2 Loks)

218 390 und 467

Ab Juni 2018 wechselten weitere 218 ihren Eigentümer. So erwarb die Eisenbahngesellschaft Potsdam (EGP) die 218 201, überführte sie am 25. Juni von Hamm nach Mukran und begann dort umgehend mit der Hauptuntersuchung, die am 25. Februar 2019 abgeschlossen wurde. Ferner gelangten 218 224 am 21. Oktober sowie 218 153 und 205 am 28. November zur EGP. Schon vorher – im September – übernahm die Eisenbahn-Bau- und Betriebsgesellschaft Pressnitztalbahn (PRESS) die Lokomotiven 218 444 und 448. Ihnen folgte zum Jahreswechsel noch 218 458. Railsystems RP beschaffte die Loks 218 466, 488, 489 und 492. Die RIS Sachsen kaufte am 13. November 2018 mit 218 468 ihre erste 218. Die AIXrail aus Aachen deckte sich am 19. Dezember gleich mit zwei 218 ein: 218 457 und 485. Ein besonderes Weihnachtsgeschenk erhielt das Unternehmen Train4Train aus Bodenwerder: Am 24. Dezember kam 218 163 in den Bestand.

Die von NE-Bahnen erworbenen 218 sind schon vor einigen Reise-Sonderzügen eingesetzt worden. Überraschend lief 218 447 von Railsystems RP ab dem 5. Mai 2018 aber einige Monate lang im Wechsel mit 218 469 wieder im planmäßigen Reisezugdienst. Im Auftrag der Stauden-Verkehrs-Gesellschaft (SVG), deren Lok 2143.21 (ex ÖBB) schadhaft geworden war, bespannte sie die ALEX-Züge zwischen Immenstadt und Oberstdorf.

218 480 und 490 von Railsystems RP wurden am 7. Oktober an DB Fernverkehr vermietet, um einen Lokmangel im Sylt-Verkehr zu überbrücken. Dieser Lokmangel war aufgetreten, da technische Defekte an den modernen Lokomotiven der Baureihe 245 die DB dazu veranlassten, diese einer Rollkur zu unterziehen. Daraufhin schickte die DB als Ersatz zahlreiche verfügbare 218 nach Niebüll. Im September 2018 kamen 218 470 (Kiel), 484 (Karlsruhe), 491 (Ulm), 494 (Ulm) sowie 218 825, 831, 835 und 836 (DB Fernverkehr), kurzzeitig auch 218 810. Ihnen folgten im Oktober die erwähnten 218 480 und 490 von Railsystems RP, 218 460 der Westfrankenbahn sowie 218 208 der DB Fahrwegdienste.

218 402 von Railsystems RP lief ab dem 19. Dezember im Mieteinsatz der Südostbayernbahn und bespannte u. a. Doppelstockzüge der Relation München Hbf – Mühldorf (Oberbay).

2019

Auch Anfang 2019 ging der Verkauf der Baureihe 218 durch die DB weiter. So wechselten am 6. Februar die Loks 218 376 und 218 381 sowie am 26. April die Lok 218 439 in den Bestand von Railsystems RP. ❑

Bild 165 – Hartnäckig hielten sich die Ulmer 218 über viele Jahre im „Schwarzwald-Umlauf“ Ulm – Neustadt (Schwarzwald) – Rottweil u. z., der eigentlich eine Ersatzleistung für die Baureihe 611 darstellte. Im Frühjahr 2018 wurde die Leistung sogar wieder täglich mit der Baureihe 218 gefahren. Bei Rötenbach (Baden) an der hinteren Höllentalbahn zieht **218 409** am 18. April 2018 den RE 22311 von Rottweil nach Neustadt (Schwarzwald). AUFNAHME: JÖRG SAUTER

5 Lebensläufe der Lokomotiven

Es ist nicht einfach, die Stationierungen von Lokomotiven lückenlos anzugeben. Diese findet man in verschiedenen Quellen. Da ist zunächst das Betriebsbuch der Lok. Darin sollten alle Stationierungen genauestens vermerkt sein. Doch leider ist dies nicht immer der Fall. Gelegentlich wurde die Eintragung einer Umstationierung im neuen Betriebswerk erst dann vorgenommen, wenn an der Lok Reparaturen oder Fristarbeiten vorgenommen wurden. Zum Teil geschah dies erst bei der Zuführung zum AW, zum Teil wurde es auch ganz vergessen. Daneben kam es auch immer wieder zu Übertragungsfehlern, bei denen schon einmal der Monat oder das Jahr um eins zu niedrig eingetragen wurden.

Seit 1969 wurden die Stationierungen EDV-mäßig dargestellt und monatlich im Beiblatt zum St10 „Änderungsmeldung zum Triebfahrzeugbestand" allen maschinentechnischen Dienststellen zugesandt. Sollte ein Triebfahrzeug umgesetzt werden, so hatte die abgebende Stelle im „Verwendungsnachweis der Triebfahrzeuge" an dem Tag der Abgabe ein „D" zu schreiben. Gleichzeitig musste die empfangende Stelle für diesen Tag ein gültiges Verwendungszeichen eintragen. Wurde aber z. B. eine falsche Triebfahrzeugnummer oder eine falsche Kontrollziffer eingetragen, oder waren beide Einträge korrekt, aber nicht am selben Tag, oder versäumte es die Dienststelle, den Verwendungsnachweis fristgerecht zur Datenerfassung zu geben, war das Fahrzeug in natura zwar umgesetzt worden, nicht aber in der EDV. Daher findet man sehr häufig Umbeheimatungen zum 1. eines (Nach-)Monats, denn beim damaligen System gab es EDV-mäßig keine Rückdatierung. Letztmalig erschien die „Änderungsliste" mit Stichtag 31. Dezember 1998. Jetzt hatten die Nah-, Fern- und Güterverkehrssparten eigene EDV-Systeme entwickelt, offizielle Listen wurden ab sofort nicht mehr ausgegeben. Umstationierungen werden mittels E-Mail verfügt und auch meist an dem Tag vorgenommen, an dem sie verfügt werden. Tatsächlich wechseln die Triebfahrzeuge häufig erst zum neuen Standort, wenn es die Betriebssituation erlaubt. So treten zum Teil Abweichungen von mehreren Monaten zwischen EDV-mäßiger und tatsächlicher Umstationierung auf, wobei einige nur leihweise Abgaben sind oder gar nur auf dem Papier stattfinden. Zwar tragen die Loks die Stationierung in der Beschriftung, doch beim Vergleich aller Angaben findet man häufig Differenzen. In diesem Buch wurden hauptsächlich die Daten genommen, zu denen die Umstationierungen verfügt wurden.

Die z-Stellungs- und Ausmusterungsdaten können zum Teil nach der Zerlegung der entsprechenden Lokomotiven beim Schrotthändler liegen. Die in diesem Buch benutzten Z-Stellungs- und Ausmusterungsdaten stammen alle aus offiziellen DB-Statistiken.

Die Lokomotiven sind nach ihren Betriebsnummern aufgelistet, die sie bei ihrer Auslieferung trugen. Am 1. Januar 2007 wurde ein nationales Fahrzeugeinstellungsregister (National Vehicle Register/NVR) beim Eisenbahn-Bundesamt (EBA) eingeführt. Mit zeitlicher Verzögerung erhielten nun alle Fahrzeuge eine zwölfstellige UIC-Fahrzeugnummer. Dahinter wurden der Ländercode und die Fahrzeughalterkennung angebracht.

Die **Fahrzeugnummer** (NVR-Nummer) setzt sich somit aus folgenden Bestandteilen zusammen:

1. + 2. Ziffer: Bauartcode (hier „92" für Diesellokomotive mit $V_{max} \geq 100$ km/h)
3. + 4. Ziffer: Ländercode (hier „80" für Deutschland)
5. Ziffer: freihändig vergebene Ausgleichsnummer, um die bisherige Prüfziffer auch nach dem neuen Nummernschema beibehalten zu können (bei der Baureihe 218 z. B. eine „1").
6.–8. Ziffer: Kennzeichung der Baureihe der Lok (hier also z. B. Baureihe 218)
9.–11. Ziffer: Ordnungsnummer
12. Ziffer: Prüfziffer

Sehen wir uns als Beispiel die 218 105 an: Die Lok wurde im Mai 1971 als 218 105-1 ausgeliefert. 2007 erhielt sie die NVR-Nummer 92 80 1218 105-1 D-DB. Durch den Verkauf der Lok im Jahr 2016 an die Eisenbahnbetriebsgesellschaft Neckar-Schwarzwald-Alb (NeSA) änderte sich nur die Fahrzeughalterkennung: 92 80 1218 105-1 D-NESA.

Verwendete Abkürzungen
i. D. Wiederinbetriebnahme nach vorhergehender Außerdienststellung
z Außerdienststellung
\+ Ausmusterung

Umbenennung von Stationierungsdienststellen
Bei einigen Dienststellen traten Umbenennungen auf. Dies hatte unterschiedliche Gründe. Mal wurde eine von zwei Dienststellen eines Ortes geschlossen, so dass die verbliebene den Ortsnamen bekommen hat.

Ein weiterer Grund: Mit Schreiben -21.211 Zao 179 des DB-Vorstandes vom 4. Juni 1981 wurde die Schaffung von Einheitsdienststellen verfügt. Anstelle von Bw, Bww, Kbw, Flm, Uw und Heizkraftwerken galt nur noch die Bezeichnung Bahnbetriebswerk (Bw) mit Durchnummerierung einzelner Werke innerhalb eines Ortes, z. B. Bw Hamburg 1, Bw Hamburg 2, Bw Hamburg 3, Bw Hamburg 4 usw. Diese Verfügung musste bis zum 1. Januar 1983 bundesweit umgesetzt werden. Einzelne Dienststellen begannen bereits zum 1. Januar 1982 mit der Umbenennung.

Bei den nachfolgend aufgeführten 218-Dienststellen traten vorübergehend Umbenennungen auf. Um bei den Lebensläufen zu verdeutlichen, dass keine Umstationierungen auftraten, wurde bei den genannten Dienststellen durchgehend nur der Ortsname ohne Zahl verwendet (nachfolgend dick gedruckt).

Braunschweig von 1964 bis 31.12.1976 und vom 01.01.1983 bis 31.12.1993 Braunschweig 1, in der übrigen Zeit Braunschweig

Hagen-Eckesey vom 01.01.1983 bis 31.12.1993 Hagen 1, ab 01.01.1994 Hagen (Westf)

Regensburg vom 01.01.1983 bis 31.12.1993 Regensburg 1

Es sind jeweils die Termine aufgeführt, von denen an die Loks in dem nach dem Datum aufgeführten Standort stationiert waren. Bis zur Bildung der Deutschen Bahn AG am 1. Januar 1994 waren die Lokomotiven in einem Bahnbetriebswerk (Bw) stationiert. Danach wechselten die Dienststellenbezeichnungen in schneller Folge: Bh/Werk/Einsatzstelle. Das erste Datum ist das Abnahmedatum. Falls die Lok während der Umbeheimatung im AW weilte, ist dies vermerkt.

Bild 166
Die von Krupp gebaute **218 107** war fast ihre gesamte Laufbahn in Norddeutschland zu Hause und verbrachte viele Jahre bei den Bw Flensburg und Lübeck. Mit dem E 3770 (Hamburg-Altona – Husum) fährt sie am 27. Juli 1989 im Bahnhof Heide (Holst) ein.

AUFNAHME: ALBERT SCHÖPPNER, ARCHIV JÖRG SAUTER

218 101-4 (Krupp, 5122)

28.04.71	Flensburg
24.09.95	Lübeck
28.09.98	Stendal
15.11.00	Halberstadt
02.04.01	Stendal
09.06.01	Halberstadt
01.07.03	Stendal
15.12.05	Darmstadt
11.05.09	Frankfurt-Griesheim
14.07.09	z-Stellung
17.07.13	+
17.07.13	Zerlegung durch Firma Scholz in Espenhain

218 102-2 (Krupp, 5123)

05.05.71	Flensburg
24.09.95	Lübeck
28.09.98	Stendal
10.06.01	Halberstadt
01.07.03	Stendal
11.12.05	Lübeck
17.12.08	Darmstadt
11.05.09	Frankfurt-Griesheim
29.01.13	S-Bahn Frankfurt (Main)
21.01.14	z-Stellung
03.06.14	+
06.14	Zerlegung durch Firma Steil in Trier

218 103-0 (Krupp, 5124)

10.05.71	Flensburg
24.09.95	Lübeck
28.09.98	Stendal
10.06.01	Halberstadt
01.07.03	Stendal
11.12.05	Lübeck
17.12.08	Darmstadt
11.05.09	Frankfurt-Griesheim
27.04.10	z-Stellung
15.07.10	+
07.10	Zerlegung durch Firma Steil in Trier

218 104-8 (Krupp, 5125)

17.05.71	Flensburg
22.06.71	Regensburg
27.05.72	Hamburg-Altona
11.08.72	Flensburg
24.09.95	Lübeck
28.09.98	Stendal
10.06.01	Halberstadt
01.07.03	Stendal
11.12.05	Lübeck
09.03.10	Kiel
24.05.11	z-Stellung
24.01.12	+
01.12	Zerlegung durch Firma TSR in Magdeburg

218 105-5 (Krupp, 5126)

25.05.71	Regensburg
16.06.72	Flensburg
24.09.95	Lübeck
28.09.98	Stendal
10.06.01	Halberstadt
01.07.03	Stendal
11.12.05	Lübeck
15.12.08	Schöllkrippen (Westfrankenbahn)
02.05.16	+
03.05.16	verk. an Eisenbahnbetriebsgesellschaft Neckar-Schwarzwald-Alb (NeSA) „218 105“, NVR-Nr. 92 80 1218 105-5 D-NESA

218 106-3 (Krupp, 5127)

02.06.71	Regensburg
27.05.72	Hamburg-Altona
11.09.72	Flensburg
24.09.95	Lübeck
28.09.98	Stendal
10.06.01	Halberstadt
01.07.03	Stendal
17.08.05	Lübeck
15.09.09	Kiel
09.09.10	z-Stellung
04.03.11	+
.11	Zerlegung durch Firma TSR in Magdeburg

218 107-1 (Krupp, 5128)

15.06.71	Flensburg
24.09.95	Lübeck
28.09.98	Stendal
10.06.01	Halberstadt
01.07.03	Stendal
11.12.05	Lübeck
10.04.08	z-Stellung
03.03.11	+
.11	Zerlegung durch Firma TSR in Magdeburg

218 108-9 (Krupp, 5129)

23.06.71	Flensburg
24.09.95	Lübeck
28.09.98	Stendal
15.11.00	Halberstadt
11.02.02	Stendal
25.02.04	Braunschweig
04.04.06	Lübeck
17.12.08	Darmstadt
11.05.09	Frankfurt-Griesheim
18.01.13	Mühldorf (Oberbay)
18.10.13	z-Stellung
25.04.14	+
22.04.14	Zerlegung durch Firma Scholz in Espenhain

218 109-7 (Krupp, 5130)

28.06.71	Flensburg
24.09.95	Lübeck
28.09.98	Stendal
15.11.00	Halberstadt
06.05.03	z-Stellung
30.06.03	+
29.09.03	Zerlegung durch Firma Scholz in Espenhain

Bild 167 – In Ratzeburg kreuzten sich früher die heute noch bestehende Hauptbahn Lübeck – Büchen und die infolge der deutschen Teilung stillgelegte und teilweise abgebaute Hauptbahn Bad Oldesloe – Hagenow Land. Als am 6. April 1990 die Flensburger **218 124** den Bahnhof Ratzeburg mit einem Eilzug in Richtung Büchen verlässt, wird das im Vordergrund verlaufende Gleis der alten Oldesloer Strecke noch bis Hollenbek im Güterverkehr genutzt. AUFNAHME: JOSEF HÖGEMANN

218 110-5 (Krupp, 5131)

06.07.71	Flensburg
24.09.95	Lübeck
28.09.98	Stendal
15.11.00	Halberstadt
06.05.03	z-Stellung
30.06.03	+
29.09.03	Zerlegung durch Firma Scholz in Espenhain

218 111-3 (Krupp, 5132)

13.07.71	Flensburg
24.09.95	Lübeck
28.09.98	Stendal
15.11.00	Halberstadt
01.07.03	Stendal
12.12.05	Darmstadt
11.05.09	Frankfurt-Griesheim
27.05.10	z-Stellung
16.07.10	+
07.11	Zerlegung durch Firma Steil in Trier

218 112-1 (Krupp, 5133)

26.07.71	Flensburg
24.09.95	Lübeck
23.10.96	Kempten (Allgäu)
12.11.97	Lübeck
07.07.04	z-Stellung
28.01.08	+
01.08	Zerlegung durch Firma TSR in Magdeburg

218 113-9 (Krupp, 5134)

02.08.71	Flensburg
24.09.95	Lübeck
28.09.98	Stendal
10.01.01	Halberstadt
01.07.03	Stendal
08.12.03	z-Stellung
09.12.05	+
12.05	Zerlegung durch Firma TSR in Magdeburg

218 114-7 (Krupp, 5135)

17.08.71	Flensburg
24.09.95	Lübeck
28.09.98	Stendal
10.01.01	Halberstadt
13.06.03	Köln-Deutzerfeld
14.12.03	Oberhausen
18.01.05	z-Stellung
25.10.08	+
10.08	Zerlegung durch Firma TSR in Magdeburg

218 115-4 (Krupp, 5136)

30.08.71	Flensburg
24.09.95	Lübeck
28.09.98	Stendal
15.11.00	Halberstadt
25.06.03	Stendal
13.01.04	z-Stellung
05.12.05	+
12.05	Zerlegung durch Firma TSR in Magdeburg

218 116-2 (Krupp, 5137)

06.09.71	Flensburg
24.09.95	Lübeck
28.09.98	Stendal
10.01.01	Halberstadt
13.06.03	Köln-Deutzerfeld
14.12.03	Oberhausen
16.06.04	z-Stellung
06.04.06	+
04.06	Zerlegung durch Firma TSR in Magdeburg

218 117-0 (Krupp, 5138)

15.09.71	Flensburg
24.09.95	Lübeck
04.11.06	Braunschweig
17.01.07	Lübeck
14.12.08	an DB AutoZug
18.12.09	z-Stellung
19.11.10	+
19.11.10	verk. an HEROS Helvetic Rolling Stock
12.11.10	bis 08.11 verm. an Graz-Köflacher Bahn u. Busbetrieb (GKB)
16.06.17	verm. an ELBA Logistik „218 117“
29.12.17	verk. an ELBA Logistik „218 117“, NVR-Nr. 92 80 1218 117-0 D-ELBA

218 118-8 (Krupp, 5139)

04.10.71	Flensburg
24.09.95	Lübeck
28.09.98	Stendal
10.06.01	Halberstadt
01.07.03	Stendal
13.01.04	z-Stellung
09.12.05	+
12.05	Zerlegung durch Firma TSR in Magdeburg

218 119-6 (Krupp, 5140)

05.10.71	Flensburg
24.09.95	Lübeck
23.05.98	Hagen (Westf)
19.12.99	Braunschweig
07.01.01	Lübeck
16.02.06	z-Stellung
03.11.06	+
11.06	Zerlegung durch Firma Steil in Köln

218 120-4 (Krupp, 5141)

11.10.71	Flensburg
24.09.95	Lübeck
23.05.98	Hagen (Westf)
19.12.99	Braunschweig
07.01.01	Lübeck
01.03.05	z-Stellung
28.11.05	+
11.05	Zerlegung durch Firma TSR in Magdeburg

218 121-2 (Krupp, 5142)

26.10.71	Flensburg
24.09.95	Lübeck
23.05.98	Hagen (Westf)
19.12.99	Braunschweig
07.01.01	Lübeck
16.04.05	z-Stellung
13.10.08	+
10.08	Zerlegung durch Firma TSR in Magdeburg

218 122-0 (Krupp, 5143)

17.11.71	Flensburg
24.09.95	Lübeck
23.05.98	Hagen (Westf)
30.05.99	Ulm
18.01.05	z-Stellung
05.11.05	+
07.11.05	Zerlegung durch Firma TSR in Magdeburg

218 123-8 (Krupp, 5144)

01.12.71	Flensburg
24.09.95	Lübeck
01.11.96	Regensburg
10.06.01	Darmstadt
12.01.04	z-Stellung
14.09.04	+
09.04	Zerlegung durch Firma Steil in Trier

218 124-6 (Krupp, 5145)

09.12.71	Flensburg
17.01.72	Hamburg-Altona
16.09.72	Flensburg
24.09.95	Braunschweig
07.01.01	Kempten (Allgäu)
15.04.03	Darmstadt
07.10.04	z-Stellung
13.11.06	+
11.06	Zerlegung durch Firma Steil in Köln

218 125-3 (Krupp, 5146)

20.12.71	Flensburg
24.09.95	Braunschweig
12.09.99	Stendal
01.03.01	Halberstadt
10.06.01	Darmstadt
15.07.04	z-Stellung
01.01.07	an Deutsche Bahn Gleisbau
11.07.17	verk. an Eisenbahngesellschaft Potsdam (EGP) „218 125", NVR-Nr. 92 80 1218 125-3 D-EGP

218 126-1 (Krupp, 5147)

29.12.71	Flensburg
17.01.72	Hamburg-Altona
27.09.72	Flensburg
24.09.95	Hagen (Westf)
14.12.03	Oberhausen
03.03.06	z-Stellung
08.11.07	+
11.07	Zerlegung durch Firma Steil in Köln

218 127-9 (Krupp, 5148)

19.01.72	Hamburg-Altona
27.09.72	Flensburg
30.06.95	z-Stellung
30.11.95	+
18.03.96	Zerlegung durch Fa. Klöckner nach Unfall in Horst

218 128-7 (Krupp, 5149)

30.01.72	Hamburg-Altona
01.11.72	Flensburg
24.09.77	Hagen-Eckesey
30.09.79	Krefeld
28.09.80	Hagen-Eckesey
10.06.01	Trier
01.04.08	Darmstadt
11.05.09	Frankfurt-Griesheim
04.02.10	Lübeck
26.05.10	z-Stellung
03.08.10	+, an Verein zur Erhaltung historischer Lokomotiven e. V.
08.10	bis 06.15 Standort SEM Siegen,
06.15	Standort Lokhalle Euskirchen

218 129-5 (Krupp, 5150)

16.02.72	Hamburg-Altona
04.12.72	Flensburg
04.10.77	Hagen-Eckesey
30.09.79	Krefeld
28.09.80	Hagen-Eckesey
15.12.02	Köln-Deutzerfeld
12.09.03	z-Stellung
02.03.06	+
02.03.06	Zerlegung durch Firma TSR in Magdeburg

218 130-3 (Krupp, 5151)

21.02.72	Hamburg-Altona
31.12.72	Flensburg
28.05.73	Hagen-Eckesey
30.09.79	Krefeld
28.09.80	Hagen-Eckesey
10.06.01	Trier
15.12.02	Karlsruhe
05.06.10	Kiel
01.07.10	Karlsruhe
25.03.11	z-Stellung
27.02.12	+
02.12	Zerlegung durch Firma Scholz in Espenhain

218 131-1 (Krupp, 5152)

20.03.72	Hamburg-Altona
19.01.73	Flensburg
12.03.73	Hagen-Eckesey
30.09.79	Krefeld
28.09.80	Hagen-Eckesey
10.06.01	Trier
13.07.05	Oberhausen
03.03.06	an DB AutoZug
05.12.09	z-Stellung
16.01.12	+
03.12	Zerlegung durch Firma TSR in Magdeburg

218 132-9 (Krupp, 5153)

09.04.72	Hamburg-Altona
16.01.73	Flensburg
28.05.73	Hagen-Eckesey
01.06.80	Krefeld
28.09.80	Hagen-Eckesey
04.12.02	z-Stellung
25.03.03	+
19.08.04	Zerlegung durch Firma TSR in Magdeburg

218 133-7 (Krupp, 5154)

23.04.72	Hamburg-Altona
15.02.73	Flensburg
29.05.73	Hagen-Eckesey
15.12.02	Köln-Deutzerfeld
23.07.03	z-Stellung
06.03.06	+
03.06	Zerlegung durch Firma TSR in Magdeburg

218 134-5 (Krupp, 5155)

23.05.72	Hamburg-Altona
01.11.72	Hagen-Eckesey
14.12.03	Oberhausen
25.02.04	z-Stellung
27.02.06	+
03.06	Zerlegung durch Firma TSR in Magdeburg

218 135-2 (Krupp, 5156)

06.06.72	Hagen-Eckesey
14.12.03	Oberhausen
28.10.04	z-Stellung
15.11.05	+
11.05	Zerl. durch Fa. TSR in Magdeburg

218 136-0 (Henschel, 31538)
29.07.71 Hagen-Eckesey
10.06.01 Trier
16.04.10 Schöllkrippen (Westfrankenbahn)
25.05.10 Mühldorf (Oberbay)
14.02.13 z-Stellung
13.05.13 +
06.13 Zerlegung durch Firma Scholz in Espenhain

218 137-8 (Henschel, 31539)
11.08.71 Hagen-Eckesey
10.06.01 Trier
01.05.11 z-Stellung
24.08.11 +, Abgabe an DB Museum Koblenz

218 138-6 (Henschel, 31540)
17.08.71 Hagen-Eckesey
14.12.03 Oberhausen
10.12.06 Regensburg
14.12.08 Kempten (Allgäu)
06.05.09 z-Stellung
15.09.09 +
09.09 Zerlegung durch Firma Steil in Trier

218 139-4 (Henschel, 31541)
02.09.71 Hagen-Eckesey
14.12.03 Oberhausen
01.12.06 z-Stellung
26.02.07 an DB Fahrwegdienste
11.08.17 z-Stellung
13.01.18 verk. an Eisenbahnlogistik Vienenburg (ELV) – Rainer Mühlberg „218 139-4“ NVR-Nr. 92 80 1218 139-4 D-ELV

218 140-2 (Henschel, 31542)
14.09.71 Hagen-Eckesey
04.12.02 z-Stellung
30.06.03 +
13.07.04 Zerlegung durch Firma TSR in Magdeburg

218 141-0 (Henschel, 31543)
03.10.71 Hagen-Eckesey
14.12.03 Oberhausen
10.12.06 Regensburg
14.12.08 Kempten (Allgäu)
14.11.09 z-Stellung
15.04.10 +, Zerlegung

218 142-8 (Henschel, 31544)
19.10.71 Hagen-Eckesey
18.03.03 z-Stellung
30.06.03 +
20.08.04 Zerlegung durch Firma TSR in Magdeburg

218 143-6 (Henschel, 31545)
02.11.71 Hagen-Eckesey
14.12.03 Oberhausen
02.08.04 z-Stellung
10.04.06 +
10.04.06 Zerlegung durch Firma TSR in Magdeburg

218 144-4 (Henschel, 31546)
11.11.71 Hagen-Eckesey
06.04.03 z-Stellung
30.06.03 +
24.08.04 Zerlegung durch Firma TSR in Magdeburg

218 145-1 (Henschel, 31547)
02.12.71 Hagen-Eckesey
06.01.04 z-Stellung
03.03.06 +
03.2006 Zerlegung durch Firma TSR in Magdeburg

218 146-9 (Henschel, 31548)
22.12.71 Hagen-Eckesey
14.12.03 Oberhausen
25.02.04 z-Stellung
15.11.05 +
28.11.05 Zerlegung durch Firma TSR in Magdeburg

218 147-7 (Henschel, 31549)
23.01.72 Hagen-Eckesey
01.12.93 Braunschweig
27.05.98 Hagen-Eckesey
06.01.04 z-Stellung
20.10.05 +
17.10.05 Zerlegung durch Firma Reuschling in Hattingen (Ruhr)

218 148-5 (Henschel, 31550)
13.01.72 Hagen-Eckesey
14.12.03 Oberhausen
06.01.04 z-Stellung
06.04.06 +
04.06 Zerlegung durch Firma TSR in Magdeburg

218 149-3 (Henschel, 31551)
13.02.72 Hagen-Eckesey
14.12.03 Oberhausen
09.07.04 z-Stellung
14.11.05 +
11.05 Zerlegung durch Firma TSR in Magdeburg

218 150-1 (Henschel, 31552)
28.03.72 Hagen-Eckesey
28.05.73 Kaiserslautern
14.05.74 Karlsruhe
17.12.76 Haltingen
02.06.85 Hagen-Eckesey
14.12.03 Oberhausen
13.02.04 z-Stellung
15.11.05 +
11.05 Zerlegung durch Firma TSR in Magdeburg

218 151-9 (Krauss-Maffei, 19527)
30.09.71 Regensburg
03.06.73 Kaiserslautern
20.07.74 Karlsruhe
10.11.77 Haltingen
02.06.85 Hagen-Eckesey
30.05.94 Lübeck
01.06.97 Ulm
25.09.97 Regensburg
25.05.98 Ulm
30.05.99 Stendal
21.11.99 Braunschweig
20.11.00 Halberstadt
21.01.01 Regensburg
10.06.01 Trier
02.09.10 z-Stellung
28.09.12 +
28.09.12 Zerlegung durch Firma Scholz in Espenhain

218 152-7 (Krauss-Maffei, 19528)
21.10.71 Regensburg
01.06.73 Kaiserslautern
28.05.74 Karlsruhe
23.05.82 Haltingen
02.06.85 Hagen-Eckesey
29.05.94 Lübeck
01.06.97 Ulm
25.09.97 Regensburg
25.05.98 Ulm
30.05.99 Stendal
21.11.99 Braunschweig
15.11.00 Stendal
01.03.01 Halberstadt
10.06.01 Stendal
09.08.03 z-Stellung
09.03.04 +
23.06.04 Zerlegung durch Firma TSR in Magdeburg

218 153-5 (Krauss-Maffei, 19529)
18.10.71 Regensburg
31.05.73 Kaiserslautern
22.04.74 Karlsruhe
23.05.82 Haltingen
16.09.82 Flensburg
02.06.85 Hagen-Eckesey
27.05.90 Flensburg
01.04.93 Lübeck
01.06.97 Ulm
26.09.97 Braunschweig
13.01.99 Stendal
15.11.00 Halberstadt
11.12.00 Stendal
10.06.01 Halberstadt
22.05.03 Hagen-Eckesey
14.12.03 Oberhausen
10.12.06 Regensburg
11.08.08 Kempten (Allgäu)
06.05.09 z-Stellung
22.10.18 +
28.11.18 verk. an Eisenbahngesellschaft Potsdam (EGP) „218 153-5“, NVR-Nr. 92 80 1218 153-5 D-EGP

218 154-3 (Krauss-Maffei, 19530)
03.11.71 Regensburg
03.06.73 Kaiserslautern
19.08.74 Karlsruhe
23.05.82 Haltingen
16.09.82 Flensburg

Bild 168
Mit dem E 2943 nach Braunschweig eilt die Hagener **218 147** am 26. Januar 1986 nahe der früheren Blockstelle Eschenthal gen Osten. Das hier noch kurz zuvor ein zweites Gleis gelegen hat, ist trotz der Schneedecke deutlich zu erkennen. Damals war nicht einmal sicher, ob die vor 1945 sehr wichtige Hauptbahn Schwerte – Warburg (– Kassel) in ihrem östlichen Teil überhaupt eine Zukunft haben würde.

AUFNAHME: JOSEF HÖGEMANN

02.06.85	Hagen-Eckesey
27.05.90	Flensburg
08.01.95	Lübeck
01.06.97	Ulm
25.09.97	Regensburg
24.05.98	Ulm
30.05.99	Lübeck
13.01.03	z-Stellung, Unfall bei Küren
19.08.04	+
19.08.04	Zerlegung durch Firma TSR in Magdeburg

218 155-0 (Krauss-Maffei, 19531)

29.11.71	Hagen-Eckesey
30.05.73	Kaiserslautern
26.08.74	Karlsruhe
23.09.74	Haltingen
23.05.82	Flensburg
08.01.95	Lübeck
01.06.97	Ulm
22.11.99	Regensburg
10.06.01	Darmstadt
15.12.08	lw. an DB AutoZug
03.04.09	Darmstadt
11.05.09	Frankfurt-Griesheim
03.11.09	z-Stellung
17.08.17	verk. an Eisenbahnbetriebsgesellschaft Neckar-Schwarzwald-Alb (NeSA) „218 155“, NVR-Nr. 92 80 1218 155-0 D-NESA

218 156-8 (Krauss-Maffei, 19532)

08.12.71	Hagen-Eckesey
12.03.73	Kaiserslautern
09.09.74	Haltingen
23.05.82	Flensburg
01.04.93	Lübeck
01.06.97	Ulm
14.07.09	z-Stellung

218 157-6 (Krauss-Maffei, 19533)

19.12.71	Hagen-Eckesey
29.05.73	Kaiserslautern
24.09.74	Haltingen
23.05.82	Flensburg
01.04.93	Lübeck
31.05.97	Ulm
30.05.99	Stendal
08.12.00	Halberstadt
25.01.01	Stendal
11.02.02	Halberstadt
22.05.03	Hagen-Eckesey
14.12.03	Oberhausen
12.12.04	Lübeck
19.12.05	an DB AutoZug
05.04.09	z-Stellung
01.09.13	+
2014	Zerlegung durch Firma Scholz in Espenhain

218 158-4 (Krauss-Maffei, 19534)

11.01.72	Hagen-Eckesey
29.05.73	Kaiserslautern
10.12.74	Haltingen
23.05.82	Flensburg
01.04.93	Lübeck
01.06.97	Ulm
30.05.99	Stendal
21.11.99	Braunschweig
15.11.00	Stendal
11.02.02	Halberstadt
16.12.02	Stendal

Bild 169
Am 8. Juli 1994 verlässt die Lübecker **218 156** den Hauptgüterbahnhof ihrer Heimatstadt mit einem Zug des kombinierten Ladungsverkehrs in Richtung Hamburg.

AUFNAHME: WOLF-DIETMAR LOOS

01.02.04 Braunschweig
26.10.05 Lübeck
04.05.07 Kempten (Allgäu)
20.05.07 Lübeck
23.03.09 z-Stellung
19.07.13 +
07.13 Zerlegung durch Firma Scholz in Espenhain

218 159-2/218 810-0 (Krauss-Maffei, 19535)

26.01.72 Hagen-Eckesey
28.05.73 Kaiserslautern
10.12.74 Haltingen
23.05.82 Flensburg
01.04.93 Lübeck
31.05.97 Ulm
22.11.99 Regensburg
15.12.02 Darmstadt
15.12.03 an DB Fernverkehr, Umbau in 218 810
25.03.04 i. D. Darmstadt
11.05.09 Frankfurt-Griesheim

218 160-0 (Krauss-Maffei, 19536)

03.02.72 Karlsruhe
23.05.82 Flensburg
01.04.93 Lübeck
01.06.97 Ulm
01.07.05 an DB AutoZug
18.01.07 z-Stellung
23.07.11 +
.11 Zerlegung durch Firma TSR in Magdeburg

218 161-8 (Krauss-Maffei, 19537)

08.02.72 Karlsruhe
23.05.82 Flensburg
01.04.93 Lübeck
01.06.97 Ulm
23.08.09 z-Stellung

218 162-6 (Krauss-Maffei, 19538)

15.03.72 Karlsruhe
23.05.82 Flensburg
01.04.93 Lübeck
31.05.97 Ulm
01.07.05 an DB AutoZug
09.12.09 z-Stellung
27.05.11 +
.11 Zerlegung durch Firma TSR in Magdeburg

218 163-4 (Krauss-Maffei, 19539)

02.03.72 Karlsruhe
01.06.80 Flensburg
08.01.95 Lübeck
31.05.97 Ulm
23.07.09 z-Stellung
24.12.18 verk. an Train4Train „218 163“, NVR-Nr. 92 80 1218 163-4 D-TFT

218 164-2 (Krauss-Maffei, 19540)

24.04.72 Karlsruhe
01.06.80 Flensburg
08.01.95 Lübeck
01.06.97 Ulm
15.12.09 z-Stellung

218 165-9 (Krauss-Maffei, 19541)

12.04.72 Karlsruhe
01.06.80 Flensburg
08.01.95 Lübeck
01.06.97 Ulm
12.02.09 z-Stellung
02.03.12 +
.12 Zerlegung durch Firma Scholz in Espenhain

218 166-7 (Krauss-Maffei, 19542)

29.03.72 Karlsruhe
01.06.80 Flensburg
08.01.95 Lübeck
01.06.97 Ulm
02.11.09 z-Stellung
30.04.10 +
04.10 Zerlegung durch Firma Scholz in Espenhain

218 167-5 (Krauss-Maffei, 19543)

13.04.72 Karlsruhe
01.06.80 Flensburg
24.09.95 Lübeck
31.05.97 Ulm
08.07.04 z-Stellung
08.11.05 +
11.05 Zerlegung durch Firma TSR in Magdeburg

218 168-3 (Krauss-Maffei, 19544)

02.05.72 Regensburg
21.02.73 Karlsruhe
01.06.80 Flensburg
24.09.95 Lübeck
31.05.97 Ulm
01.07.05 an DB AutoZug
01.02.07 z-Stellung
27.07.11 +
.11 Zerlegung durch Firma TSR in Magdeburg

218 169-1 (Krauss-Maffei, 19545)

04.05.72 Regensburg
03.06.73 Kaiserslautern
24.12.74 Haltingen
01.06.80 Flensburg
24.09.95 Lübeck
16.02.06 z-Stellung
02.03.06 +
09.03.06 Zerlegung durch Firma Steil in Köln

218 170-9 (Krauss-Maffei, 19546)

29.05.72 Regensburg
03.06.73 Kaiserslautern
23.11.74 Haltingen
25.09.77 Flensburg
24.09.95 Lübeck
06.01.06 z-Stellung
01.03.11 +
.11 Zerlegung durch Firma TSR in Magdeburg

218 171-7 (Krupp, 5185)

31.07.72 Hamburg-Altona
12.03.73 Flensburg
31.05.75 Haltingen
25.09.77 Flensburg

Bild 170
Nahe der Ortschaft Krempel an der Marschbahn eilen die Lübecker **218 175** und eine unbekannte Schwesterlok vor dem IC 831 aus Westerland (Sylt) in Richtung Hamburg. Im Vordergrund steht das Vorsignal des früheren Bahnhofs Lunden, der heute nur noch ein Haltepunkt ist.

AUFNAHME: JOSEF HÖGEMANN

24.09.95	Lübeck
18.06.04	z-Stellung
12.11.05	+
11.05	Zerlegung durch Firma TSR in Magdeburg

218 172-5 (Krupp, 5186)

07.08.72	Hamburg-Altona
02.08.73	Flensburg
31.05.75	Haltingen
25.09.77	Flensburg
23.09.95	Lübeck
06.07.04	z-Stellung
08.12.05	+
12.05	Zerlegung durch Firma TSR in Magdeburg

218 173-3 (Krupp, 5187)

28.08.72	Hamburg-Altona
04.06.73	Flensburg
14.08.75	Haltingen
25.09.77	Flensburg
24.09.95	Lübeck
14.11.03	z-Stellung
15.12.03	an DB Fernverkehr (als 218 811 vorgesehen)
21.03.05	+
07.07.05	Zerlegung durch Firma Steil in Trier

218 174-1 (Krupp, 5188)

11.09.72	Hamburg-Altona
26.08.73	Flensburg
14.08.75	Haltingen
30.05.76	Flensburg
24.09.95	Lübeck
30.12.04	z-Stellung
28.02.06	+
03.06	Zerlegung durch Firma TSR in Magdeburg

218 175-8 (Krupp, 5189)

04.10.72	Hamburg-Altona
01.06.75	Flensburg
24.09.95	Lübeck
31.12.06	z-Stellung
19.10.07	+
10.07	Zerlegung durch Firma Steil in Köln

218 176-6 (Krupp, 5190)

10.10.72	Hamburg-Altona
01.06.75	Flensburg
29.05.94	Lübeck
31.12.06	z-Stellung
08.11.07	+
11.07	Zerlegung durch Firma Steil in Köln

218 177-4 (Krupp, 5191)

31.10.72	Hamburg-Altona
31.08.73	Flensburg
29.05.94	Lübeck
11.12.05	Mühldorf
15.01.07	Lübeck
16.01.07	z-Stellung
24.10.07	+
10.07	Zerlegung durch Firma Steil in Köln

218 178-2 (Krupp, 5192)

06.11.72	Hamburg-Altona
30.09.73	Flensburg
29.05.94	Lübeck
31.12.06	z-Stellung
19.08.08	+
18.08.08	Zerlegung durch Firma Steil in Köln

218 179-0 (Krupp, 5193)

28.11.72	Hamburg-Altona
30.09.73	Flensburg
29.05.94	Lübeck
07.07.04	z-Stellung
06.11.08	+
11.2008	Zerlegung durch Firma TSR in Magdeburg

218 180-8 (Krupp, 5194)

14.12.72	Hamburg-Altona
30.09.73	Flensburg
29.05.94	Lübeck
19.09.05	z-Stellung
01.03.06	+
08.03.06	Zerlegung durch Firma Steil in Köln

218 181-6 (Krupp, 5195)

20.12.72	Hamburg-Altona
30.09.73	Flensburg
25.05.94	Lübeck
09.11.97	Braunschweig
12.01.99	Stendal
08.12.00	Halberstadt
22.05.03	Hagen-Eckesey
14.12.03	Oberhausen
12.12.04	Lübeck
19.12.05	an DB AutoZug
03.12.09	z-Stellung
16.01.12	+
03.12	Zerlegung durch Firma TSR in Magdeburg

218 182-4 (Krupp, 5196)

12.01.73	Hamburg-Altona
30.09.73	Flensburg
24.05.94	Lübeck
02.06.96	Braunschweig
30.05.99	Lübeck
08.08.00	Rostock
10.06.01	Leipzig Hbf Süd
25.04.03	Hagen-Eckesey
13.06.03	Darmstadt
12.01.06	an DB AutoZug
18.05.08	z-Stellung
27.07.11	+
.11	Zerlegung durch Firma TSR in Magdeburg

218 183-2 (Krupp, 5197)

09.01.73	Hamburg-Altona
30.09.73	Flensburg
29.05.94	Lübeck
02.06.96	Braunschweig
30.05.99	Lübeck
01.07.00	Rostock
10.06.01	Leipzig Hbf Süd
04.05.03	Hagen-Eckesey
15.07.03	Darmstadt
12.01.06	an DB AutoZug
19.02.07	z-Stellung
27.07.11	+
.11	Zerlegung durch Firma TSR in Magdeburg

218 184-0 (Krupp, 5198)

05.02.73	Hamburg-Altona
30.09.73	Flensburg
29.05.94	Lübeck
02.06.96	Braunschweig
30.05.99	Lübeck
19.12.05	an DB AutoZug
05.04.09	z-Stellung
01.04.14	+, stationäre „Konferenzlok" im DB-Instandhaltungswerk Bremen

218 185-7 (Krupp, 5199)

21.02.73	Hamburg-Altona
01.11.73	Flensburg
01.09.93	Lübeck
02.06.96	Braunschweig
30.05.99	Lübeck
14.12.08	an DB AutoZug
19.12.09	z-Stellung
03.08.12	+
.12	Zerlegung durch Firma Scholz in Espenhain

218 186-5 (Krupp, 5200)

06.03.73	Hamburg-Altona
09.11.73	Flensburg
01.09.93	Lübeck
02.06.96	Braunschweig
30.05.99	Lübeck
20.07.04	z-Stellung
20.06.05	+
06.05	Zerlegung durch Firma TSR in Magdeburg

218 187-3 (Krupp, 5201)

13.03.73	Hamburg-Altona
22.11.73	Flensburg
01.09.93	Lübeck
02.06.96	Braunschweig
07.01.01	Regensburg
19.08.01	Halberstadt
30.04.03	Karlsruhe
12.02.06	z-Stellung (Brand)
17.10.07	+
17.10.07	Zerlegung durch Firma Steil in Trier

218 188-1/218 812-6 (Krupp, 5202)

27.03.73	Hamburg-Altona
01.02.76	Flensburg
01.09.93	Lübeck
02.06.96	Braunschweig
05.11.00	Regensburg
15.12.03	an DB Fernverkehr, Umbau in 218 812
18.05.04	i. D. Darmstadt
11.05.09	Frankfurt-Griesheim

Bild 171
Mit dem RE 450 (Prag –) Furth im Wald – Nürnberg durchfährt die Regensburger **218 201** am 11. Mai 2008 den Bahnhof Hartmannshof.

AUFNAHME: ANDREAS HARTMANN

218 189-9/218 813-4 (Krupp, 5203)

03.04.73	Hamburg-Altona
01.02.76	Flensburg
01.06.76	Hamburg-Altona
22.05.77	Flensburg
01.09.93	Lübeck
02.06.96	Braunschweig
05.11.00	Regensburg
15.12.03	an DB Fernverkehr, Umbau in 218 813
22.04.04	i. D. Darmstadt
11.05.09	Frankfurt-Griesheim

218 190-7 (Krupp, 5204)

16.04.73	Hamburg-Altona
22.05.77	Flensburg
01.09.93	Lübeck
24.09.95	Regensburg
02.06.96	Braunschweig
05.11.00	Regensburg
10.06.01	Trier
01.07.05	an DB AutoZug
06.02.10	z-Stellung
27.05.11	+
.11	Zerlegung durch Firma TSR in Magdeburg

218 191-5 (Krupp, 5205)

07.05.73	Hamburg-Altona
22.05.77	Flensburg
24.09.77	Hamburg-Altona
01.10.78	Flensburg
27.09.92	Lübeck
24.09.95	Regensburg
02.06.96	Braunschweig
05.11.00	Regensburg
09.03.04	Plochingen (S-Bahn Stuttgart)
07.04.17	z-Stellung
27.07.17	+
21.08.17	verk. an MZ-Eisenbahndienstleistungen „218 191“ NVR-Nr. 92 80 1218 191-5 D-MZE

218 192-3 (Krupp, 5206)

14.05.73	Hamburg-Altona
22.05.77	Flensburg
24.09.77	Hamburg-Altona
01.10.78	Flensburg
01.02.93	Lübeck
24.09.95	Regensburg
02.06.96	Braunschweig
05.11.00	Regensburg
15.12.08	an DB AutoZug
19.04.09	z-Stellung
17.02.10	+
16.02.10	Zerlegung durch Firma Steil in Köln

218 193-1 (Krupp, 5207)

17.05.73	Hamburg-Altona
22.05.77	Flensburg
24.09.77	Hamburg-Altona
01.10.78	Flensburg
01.02.93	Lübeck
24.09.95	Regensburg
24.05.98	Ulm
19.04.10	z-Stellung
10.05.11	+
.11	Zerlegung

218 194-9 (Krupp, 5208)

19.07.73	Hamburg-Altona
22.05.77	Flensburg
24.09.77	Hamburg-Altona
01.10.78	Flensburg
01.02.93	Lübeck
30.09.93	Regensburg
29.05.94	Lübeck
24.09.95	Regensburg
24.05.98	Ulm
17.12.09	z-Stellung
02.12.10	+
12.05.11	Zerlegung

218 195-6 (Krupp, 5209)

03.10.73	Hamburg-Altona
24.02.78	Lübeck
01.01.79	Flensburg
01.06.80	Lübeck
30.09.93	Regensburg
29.05.94	Lübeck
24.09.95	Regensburg
24.05.98	Ulm
18.01.05	z-Stellung
22.03.06	+
14.03.06	Zerlegung durch Firma Steil in Trier

218 196-4 (Krupp, 5210)

14.06.73	Hamburg-Altona
24.02.78	Lübeck
01.01.79	Flensburg
01.06.80	Lübeck
30.09.93	Regensburg
29.05.94	Lübeck
24.09.95	Regensburg
24.05.98	Ulm
02.12.10	z-Stellung
16.05.11	+
.11	Zerlegung

218 197-2 (Krupp, 5211)

21.06.73	Hamburg-Altona
24.02.78	Lübeck
12.01.79	Flensburg
01.06.80	Lübeck
12.09.06	z-Stellung
02.03.11	+
.11	Zerlegung durch Firma TSR in Magdeburg

218 198-0 (Krupp, 5212)

06.07.73	Hamburg-Altona
01.06.76	Regensburg
31.05.94	Haltingen
24.09.95	Karlsruhe
25.05.98	Lübeck
21.11.99	Mühldorf (Oberbay)
05.11.00	Kempten (Allgäu)
10.06.01	Darmstadt
17.04.05	z-Stellung

Bild 172
Die Strecke Nürnberg – Bayreuth bietet in der Hersbrucker Schweiz eine Fülle schöner Fotomotive. Hier ist allerdings eher der aus Kühlwagen bestehende, von **218 205** (Bw Regensburg) geführte Ganzzug von Interesse, der am 20. Oktober 1985 bei Reichenschwand in Richtung Nürnberg fahrend aufgenommen wurde.

AUFNAHME: FRITZ PORSTMANN, SAMMLUNG ANDREAS CHRISTOPHER

04.08.05	+
08.05	Zerlegung durch Firma TSR in Magdeburg

218 199-8 (Krupp, 5213)

10.12.73	Hamburg-Altona
17.07.75	Regensburg
25.09.94	Haltingen
29.05.99	Karlsruhe
15.04.07	Kempten (Allgäu)
12.01.09	z-Stellung
03.08.12	+
.12	Zerlegung durch Firma Scholz in Espenhain

218 200-4 (Krupp, 5214)

25.07.73	Hamburg-Altona
11.12.75	Regensburg
29.05.95	Karlsruhe
10.04.05	Kassel (Kurhessenbahn)
10.08.06	Mühldorf (Oberbay)
10.12.06	Kassel (Kurhessenbahn)
20.01.10	z-Stellung
23.11.11	+
.11	Zerlegung durch Firma TSR in Magdeburg

218 201-2 (Krupp, 5215)

01.08.73	Hamburg-Altona
11.12.75	Regensburg
29.05.95	Karlsruhe
14.11.07	Regensburg
20.12.08	Kempten (Allgäu)
27.02.09	z-Stellung
25.06.18	+
27.06.18	verk. an Eisenbahngesellschaft Potsdam (EGP) „218 201", NVR-Nr. 92 80 1218 201-2 D-EGP

218 202-0 (Krupp, 5216)

23.08.73	Hamburg-Altona
29.11.75	Regensburg
29.05.95	Braunschweig
21.07.95	Regensburg
30.05.99	Rostock Hbf
05.11.00	Stendal
29.05.01	Kempten (Allgäu)
05.05.09	z-Stellung

218 203-8 (Krupp, 5217)

28.08.73	Hamburg-Altona
17.07.75	Regensburg
29.05.95	Braunschweig
21.11.99	Mühldorf (Oberbay)
05.11.00	Regensburg
11.08.08	Kempten (Allgäu)
02.01.09	z-Stellung
01.06.16	+
27.04.16	verk. an ELBA-Logistik „218 203", NVR-Nr. 92 80 1218 203-8 D-ELBA

218 204-6 (Krupp, 5218)

11.09.73	Hamburg-Altona
17.07.75	Regensburg
29.05.95	Braunschweig
26.09.97	Ulm
23.07.09	z-Stellung

218 205-3 (Krupp, 5219)

18.09.73	Hamburg-Altona
03.08.75	Regensburg
29.05.95	Braunschweig
28.10.97	Haltingen
28.05.00	Karlsruhe
28.04.07	Kempten (Allgäu)
05.04.09	z-Stellung
22.10.18	+
28.11.18	verk. an Eisenbahngesellschaft Potsdam „218 205", NVR-Nr. 92 80 1218 205-3 D-EGP

218 206-1 (Krupp, 5220)

03.10.73	Hamburg-Altona
03.08.75	Regensburg
29.05.95	Braunschweig
30.05.99	Rostock Hbf
10.06.01	Trier
16.04.10	Schöllkrippen (Westfrankenbahn)
24.05.10	Mühldorf (Oberbay)
14.02.13	z-Stellung
18.05.13	+
06.13	Zerlegung durch Firma Scholz in Espenhain

218 207-9 (Krupp, 5221)

09.10.73	Hamburg-Altona
01.06.75	Regensburg
02.06.96	Karlsruhe
03.11.04	z-Stellung
10.03.06	+
10.03.06	Zerlegung durch Firma Steil in Trier

218 208-7 (Krupp, 5222)

28.10.73	Hamburg-Altona
19.09.75	Regensburg
29.05.95	Braunschweig
21.07.95	Regensburg
23.04.99	Rostock Hbf
10.06.01	Leipzig Hbf Süd
21.04.03	Stendal
15.12.03	Lübeck
29.11.06	z-Stellung
31.01.07	+
16.02.07	an DB Fahrwegdienste

218 209-5 (Krupp, 5223)

01.11.73	Hamburg-Altona
19.09.75	Regensburg
21.07.95	Braunschweig
21.11.99	Mühldorf (Oberbay)
28.05.00	Rostock Hbf
10.06.01	Leipzig Hbf Süd
21.04.03	Stendal
15.12.03	Lübeck
16.12.08	z-Stellung
21.03.12	+
03.12	Zerlegung durch Firma Scholz in Espenhain

Bild 173
Mit einen Eilzug nach Hof eilt **218 234** am 1. September 1988 durch den heute nicht mehr bestehenden Bahnhof Falls. Längst Geschichte ist die hier früher abzweigende, nur 5,3 km lange Nebenbahn nach Gefrees.

AUFNAHME: JOSEF HÖGEMANN

218 210-3 (Krupp, 5224)

19.11.73	Hamburg-Altona
11.10.75	Regensburg
01.08.99	Rostock Hbf
10.06.01	Leipzig Hbf Süd
21.04.03	Stendal
15.12.03	Lübeck
16.12.08	z-Stellung
22.03.12	+
03.12	Zerlegung durch Firma Scholz in Espenhain

218 211-1 (Krupp, 5225)

19.11.73	Hamburg-Altona
18.10.75	Regensburg
01.08.99	Rostock Hbf
10.06.01	Trier
12.12.04	Darmstadt
18.11.08	z-Stellung
26.04.10	+

218 212-9 (Krupp, 5226)

05.12.73	Hamburg-Altona
29.11.75	Regensburg
30.05.99	Rostock Hbf
10.06.01	Leipzig Hbf Süd
30.06.03	an DB Museum Nürnberg („Sonderzug nach Pankow")
16.12.03	+

218 213-7 (Krupp, 5227)

12.12.73	Hamburg-Altona
29.11.75	Regensburg
15.08.99	Rostock Hbf
10.06.01	Leipzig Hbf Süd
30.04.03	Hagen-Eckesey
14.12.03	Oberhausen
10.12.06	Regensburg
14.12.08	Niebüll
04.11.09	z-Stellung
25.01.12	+

218 214-5 (Krupp, 5228)

18.12.73	Hamburg-Altona
22.05.74	Regensburg
21.11.99	Kempten (Allgäu)
10.06.01	Ulm
20.12.08	Kempten (Allgäu)
25.02.10	z-Stellung
27.04.16	verk. an ELBA-Logistik „218 214", NVR-Nr. 92 80 218 214-5 D-ELBA

218 215-2 (Krupp, 5229)

09.01.74	Hamburg-Altona
22.05.74	Regensburg
30.05.99	Rostock Hbf
10.06.01	Darmstadt
11.05.09	Frankfurt-Griesheim
19.05.09	z-Stellung
04.12.09	+
04.12.09	Zerlegung durch Firma Steil in Trier

218 216-0 (Krupp, 5230)

16.01.74	Regensburg
21.11.99	Kempten (Allgäu)
10.04.01	Trier
16.04.10	Schöllkrippen (Westfrankenbahn)
25.05.10	Mühldorf (Oberbay)
15.02.13	z-Stellung
24.05.13	+
06.13	Zerlegung durch Firma Scholz in Espenhain

218 217-8 (Krupp, 5231)

03.02.74	Regensburg
30.09.01	Trier
31.01.10	z-Stellung
01.04.10	an DB Museum Koblenz

218 218-6 (Krupp, 5232)

31.01.74	Regensburg
12.06.95	Braunschweig
30.05.99	Rostock Hbf
05.11.00	Stendal
10.06.01	Halberstadt
11.02.02	Stendal
01.02.04	Braunschweig
19.03.06	Lübeck
28.11.08	Darmstadt
11.05.09	Frankfurt-Griesheim
09.03.10	z-Stellung
19.07.10	+
07.10	Zerlegung durch Firma Steil in Trier

218 219-4 (Krauss-Maffei, 19586)

31.07.72	Mühldorf (Oberbay)
01.08.76	Regensburg
02.06.96	Karlsruhe
08.12.07	Regensburg
10.07.08	Kempten (Allgäu)
26.07.08	z-Stellung
14.01.16	+, verk. an HEROS Helvetic Rolling Stock „218 219", NVR-Nr. 92 80 1218 219-4 D-HEROS

218 220-2 (Krauss-Maffei, 19587)

06.08.72	Mühldorf (Oberbay)
24.09.76	Regensburg
02.06.96	Karlsruhe
01.07.05	an DB AutoZug
01.11.07	z-Stellung

218 221-0 (Krauss-Maffei, 19588)

17.08.72	Mühldorf (Oberbay)
24.09.76	Regensburg
23.09.95	Kaiserslautern
02.12.96	Regensburg
28.05.00	Rostock Hbf

01.07.01 Lübeck
04.11.06 Braunschweig
30.04.07 Kassel (Kurhessenbahn)
22.01.08 z-Stellung
31.05.12 +
.12 Zerlegung durch Firma TSR in Magdeburg

218 222-8 (Krauss-Maffei, 19589)

29.08.72 Mühldorf (Oberbay)
24.09.76 Regensburg
30.09.93 Kempten (Allgäu)
24.04.95 Regensburg
25.09.95 Kempten (Allgäu)
01.02.96 Regensburg
04.06.97 Kempten (Allgäu)
15.04.03 Darmstadt
10.12.06 Kempten (Allgäu)
31.08.07 Ulm
02.04.08 z-Stellung
01.07.08 an DB Fahrwegdienste (z)
13.12.13 +
15.12.13 Zerlegung durch Firma Steil in Trier

218 223-6 (Krauss-Maffei, 19590)

28.09.72 Mühldorf (Oberbay)
24.09.76 Regensburg
30.09.93 Kempten (Allgäu)
25.08.95 Regensburg
25.09.95 Kempten (Allgäu)
12.01.09 z-Stellung

218 224-4 (Krauss-Maffei, 19591)

10.10.72 Mühldorf (Oberbay)
24.09.76 Regensburg
30.09.93 Kempten (Allgäu)
25.08.95 Regensburg
25.09.95 Kempten (Allgäu)
02.03.09 z-Stellung
11.10.18 verk. an Eisenbahngesellschaft Potsdam (EGP) „218 224“, NVR-Nr. 92 80 1218 224-4 D-EGP

218 225-1 (Krauss-Maffei, 19592)

26.10.72 Mühldorf (Oberbay)
24.09.76 Regensburg
30.09.93 Kempten (Allgäu)
25.08.95 Regensburg
25.09.95 Kempten (Allgäu)
08.04.05 Regensburg
31.12.06 z-Stellung
31.12.06 +
08.01.07 an DB Museum, Leihg. an TU Karlsruhe/Hist. Eisenbahn Mannheim e. V.

218 226-9/218 823-3 (Krauss-Maffei, 19593)

05.11.72 Mühldorf (Oberbay)
04.10.76 Regensburg
30.09.93 Kempten (Allgäu)
15.12.03 Darmstadt
11.12.05 an DB-Fernverkehr, Umbau in 218 823
08.03.06 i. D. Darmstadt
11.05.09 Frankfurt-Griesheim
20.08.12 z-Stellung
28.11.12 +
08.12 Zerlegung durch Firma Scholz in Espenhain

218 227-7 (Krauss-Maffei, 19594)

16.11.72 Mühldorf (Oberbay)
08.10.76 Regensburg
30.09.93 Kempten (Allgäu)
15.04.03 Darmstadt
01.07.05 an DB AutoZug
24.08.07 z-Stellung
01.09.07 +
2007 Zerlegung durch Firma Steil in Köln

218 228-5 (Krauss-Maffei, 19595)

13.12.72 Mühldorf (Oberbay)
15.10.76 Regensburg
30.09.93 Kempten (Allgäu)
15.04.03 Darmstadt
28.02.06 z-Stellung
21.07.06 +
07.06 Zerlegung durch Firma Steil in Trier

218 229-3 (Krauss-Maffei, 19596)

21.12.72 Mühldorf (Oberbay)
23.11.76 Regensburg
30.09.93 Kempten (Allgäu)
15.12.03 Darmstadt
01.04.07 Regensburg
20.12.07 z-Stellung
18.02.10 +
02.10 Zerlegung durch Firma Steil in Köln

218 230-1 (Krauss-Maffei, 19597)

08.01.73 Mühldorf (Oberbay)
28.11.76 Regensburg
30.09.93 Kempten (Allgäu)
05.04.04 z-Stellung
16.06.05 +
10.06.05 Zerlegung durch Firma Steil in Trier

218 231-9/218 822-5 (Krauss-Maffei, 19598)

22.01.73 Mühldorf (Oberbay)
07.11.76 Regensburg
30.09.93 Kempten (Allgäu)
15.12.04 an DB Fernverkehr, Umbau in 218 822
28.01.05 i. D. Darmstadt
11.05.09 Frankfurt-Griesheim
30.11.12 z-Stellung
30.04.13 +
02.13 Zerlegung durch Firma Scholz in Espenhain

218 232-7 (Krauss-Maffei, 19599)

07.02.73 Mühldorf (Oberbay)
03.12.76 Regensburg
30.09.93 Kempten (Allgäu)
15.12.03 Darmstadt
01.07.05 an DB AutoZug
01.08.07 z-Stellung
22.08.07 +
10.07 Zerlegung durch Firma Steil in Köln

218 233-5/218 824-1 (Krauss-Maffei, 19600)

15.02.73 Mühldorf (Oberbay)
16.02.73 Regensburg
19.01.74 Mühldorf (Oberbay)
14.12.76 Regensburg
07.10.93 Kempten (Allgäu)
22.12.06 an DB Fernverkehr, Umbau in 218 824
29.03.07 i. D. Berlin-Rummelsburg
20.09.07 Darmstadt
11.05.09 Frankfurt-Griesheim

218 234-3 (Krauss-Maffei, 19601)

05.03.73 Mühldorf (Oberbay)
14.12.76 Regensburg
30.09.93 Kempten (Allgäu)
09.12.07 Ulm
30.06.08 z-Stellung
01.07.08 an DB Fahrwegdienste (z)
09.12.13 +
09.12.13 Zerlegung durch Firma Steil in Trier

218 235-0 (Krauss-Maffei, 19602)

15.03.73 Mühldorf (Oberbay)
29.12.76 Regensburg
30.09.93 Kempten (Allgäu)
28.01.08 z-Stellung
13.08.08 +
12.08.08 Zerlegung durch Firma Steil in Köln

218 236-8 (Krauss-Maffei, 19603)

05.04.73 Mühldorf (Oberbay)
22.01.77 Regensburg
30.09.93 Kempten (Allgäu)
15.12.03 Darmstadt
17.04.05 z-Stellung
04.08.05 +
08.05 Zerlegung durch Firma Steil in Trier

218 237-6/218 825-8 (Krauss-Maffei, 19604)

12.04.73 Mühldorf (Oberbay)
22.01.77 Regensburg
30.09.93 Kempten (Allgäu)
30.06.04 Regensburg
22.12.06 an DB Fernverkehr, Umbau in 218 825
16.04.07 i. D. Darmstadt
11.05.09 Frankfurt-Griesheim

218 238-4 (Krauss-Maffei, 19605)

26.04.73 Mühldorf (Oberbay)
02.02.77 Regensburg
30.09.93 Kempten (Allgäu)
30.05.99 Karlsruhe
03.11.04 z-Stellung
14.03.06 +
14.03.06 Zerlegung durch Firma Steil in Trier

218 239-2 (Krauss-Maffei, 19606)

16.05.73 Mühldorf (Oberbay)
17.08.77 Regensburg
30.09.93 Kempten (Allgäu)
09.12.07 Ulm

30.06.08	z-Stellung
01.07.08	an DB Fahrwegdienste (z)
13.12.13	+
09.12.13	Zerlegung durch Firma Steil in Trier

218 240-0 (Krauss-Maffei, 19607)

07.06.73	Mühldorf (Oberbay)
14.08.77	Regensburg
30.09.93	Kempten (Allgäu)
30.06.08	z-Stellung
01.07.08	an DB Fahrwegdienste (z)
02.12.13	+
12.13	Zerlegung durch Firma Steil in Trier

218 241-8 (Krauss-Maffei, 19608)

19.06.73	Mühldorf (Oberbay)
22.05.82	Regensburg
30.09.93	Kempten (Allgäu)
17.09.08	Ulm
14.07.09	z-Stellung
01.06.16	+
27.04.16	verk. an ELBA Logistik „218 241", NVR-Nr. 92 80 1218 241-8 D-ELBA

218 242-6/218 820-9 (Krauss-Maffei, 19609)

05.07.73	Mühldorf (Oberbay)
14.02.78	Braunschweig
23.05.82	Flensburg
03.06.84	Lübeck
30.05.87	Braunschweig
13.01.99	Stendal
15.11.00	Halberstadt
06.05.03	z-Stellung
11.07.03	an DB Fernverkehr, Umbau in 218 820
29.11.03	i. D. Darmstadt
21.03.05	z-Stellung
11.07.05	+
11.07.05	Zerlegung durch Firma Steil in Trier

218 243-4 (Krauss-Maffei, 19610)

24.07.73	Mühldorf (Oberbay)
01.07.75	z-Stellung
16.12.75	+ (Totalschaden beim Unfall in Warngau am 08.06.75)

218 244-2 (Krauss-Maffei, 19611)

07.08.73	Mühldorf (Oberbay)
07.03.78	Braunschweig
23.05.82	Flensburg
03.06.84	Lübeck
30.05.87	Flensburg
31.05.92	Lübeck
24.10.96	Braunschweig
30.05.99	Regensburg
10.06.01	Darmstadt
02.06.02	Stendal
07.09.03	z-Stellung
08.12.05	+
12.05	Zerlegung durch Firma TSR in Magdeburg

218 245-9 (Krauss-Maffei, 19612)

30.08.73	Mühldorf (Oberbay)
07.03.78	Braunschweig
23.05.82	Flensburg
03.06.84	Lübeck
30.05.87	Braunschweig
07.01.01	Regensburg
09.06.05	Darmstadt
05.08.05	z-Stellung
06.12.06	+
12.06	Zerlegung durch Firma TSR in Magdeburg

218 246-7 (Krauss-Maffei, 19613)

25.09.73	Regensburg
09.08.74	Kempten (Allgäu)
04.06.75	Mühldorf (Oberbay)
31.03.78	Braunschweig
23.05.82	Flensburg
03.06.84	Lübeck
30.05.87	Braunschweig
07.01.01	Regensburg
19.08.01	Stendal
30.04.03	Karlsruhe
19.05.06	z-Stellung
22.08.07	+
22.08.07	Zerlegung durch Firma Steil in Köln

218 247-5 (Krauss-Maffei, 19614)

11.10.73	Regensburg
13.05.74	Kempten (Allgäu)
25.07.75	Mühldorf (Oberbay)
28.05.78	Braunschweig
05.02.84	Lübeck
30.05.87	Braunschweig
29.05.95	Hagen-Eckesey
14.12.03	Oberhausen
13.07.06	z-Stellung
16.02.10	+
02.10	Zerlegung durch Firma Steil in Köln

218 248-3 (Krauss-Maffei, 19615)

08.11.73	Regensburg
13.05.74	Kempten (Allgäu)
24.07.75	Mühldorf (Oberbay)
28.05.78	Braunschweig
05.02.84	Lübeck
30.05.87	Braunschweig
29.05.95	Hagen-Eckesey
06.06.99	Lübeck
02.06.06	z-Stellung
16.02.10	+
02.10	Zerlegung durch Firma Steil in Köln

218 249-1 (Henschel, 31727)

08.11.72	Kempten (Allgäu)
01.08.75	Mühldorf (Oberbay)
14.02.78	Hamburg-Altona
01.10.78	Lübeck
18.10.78	Braunschweig
05.02.84	Lübeck
30.05.87	Braunschweig
30.05.99	Stendal
10.06.01	Darmstadt
28.07.04	z-Stellung
31.10.06	+
08.11.06	an DB Fahrwegdienste

218 250-9 (Henschel, 31726)

29.10.72	Kempten (Allgäu)
11.08.75	Mühldorf (Oberbay)
14.02.78	Hamburg-Altona
27.09.78	Braunschweig
26.05.84	Lübeck
30.05.87	Braunschweig
10.06.01	Lübeck
15.11.04	z-Stellung
29.11.05	+
29.11.05	Zerlegung durch Firma TSR in Magdeburg

218 251-7 (Henschel, 31729)

20.11.72	Kempten (Allgäu)
08.08.75	Mühldorf (Oberbay)
18.01.78	Hamburg-Altona
01.10.78	Lübeck
07.10.78	Braunschweig
03.06.84	Lübeck
30.05.87	Braunschweig
30.05.99	Regensburg
30.09.01	Trier
18.12.03	z-Stellung
17.10.05	+
17.10.05	Zerlegung durch Firma Steil in Trier

218 252-5 (Henschel, 31728)

09.11.72	Kempten (Allgäu)
22.12.75	Mühldorf (Oberbay)
23.12.77	Hamburg-Altona
01.10.78	Lübeck
29.10.78	Braunschweig
03.06.84	Lübeck
27.09.87	Braunschweig
10.06.01	Lübeck
08.06.05	z-Stellung
08.10.07	+
.07	Zerlegung durch Firma Steil in Köln

218 253-3 (Henschel, 31731)

11.12.72	Kempten (Allgäu)
04.09.75	Mühldorf (Oberbay)
26.10.77	Hamburg-Altona
01.10.78	Lübeck
23.11.78	Braunschweig
03.06.84	Lübeck
27.09.87	Braunschweig
10.06.01	Lübeck
19.06.06	z-Stellung
24.09.08	+
09.08	Zerlegung durch Firma Steil in Köln

218 254-1 (Henschel, 31730)

12.12.72	Kempten (Allgäu)
06.11.75	Mühldorf (Oberbay)
23.12.77	Hamburg-Altona
01.10.78	Lübeck
09.11.78	Braunschweig
03.06.84	Lübeck
24.10.96	Braunschweig
30.05.99	Regensburg
29.11.05	z-Stellung
24.03.06	+
07.04.06	Zerlegung durch Firma Steil in Trier

Bild 174
In der Halle des Hamburger Hauptbahnhofs begegnet uns am 1. Februar 1984 die Braunschweiger **218 248** mit dem nur an Samstagen verkehrenden E 3205 nach Hannover über Soltau. Wenige Tage später wurde die Lok nach Lübeck umbeheimatet.

Aufnahme: Joachim Seyfert

218 255-8 (Henschel, 31733)

11.01.73	Kempten (Allgäu)
14.12.75	Mühldorf (Oberbay)
21.11.77	Hamburg-Altona
01.10.78	Flensburg
24.01.79	Braunschweig
03.06.84	Lübeck
29.05.88	Braunschweig
19.01.06	z-Stellung
23.10.11	+
10.11	Zerlegung durch Firma TSR in Magdeburg

218 256-6 (Henschel, 31732)

04.01.73	Kempten (Allgäu)
18.12.75	Mühldorf (Oberbay)
26.10.77	Hamburg-Altona
01.10.78	Flensburg
10.01.79	Braunschweig
03.06.84	Lübeck
19.05.07	Braunschweig
20.09.07	Lübeck
19.12.08	Kempten (Allgäu)
24.01.10	z-Stellung
03.06.10	+, verk. an HEROS Helvetic Rolling Stock,
15.06.10	verm. an Graz-Köflacher Bahn u. Busbetrieb (GKB)
25.11.15	verm. an ELBA Logistik
29.12.17	verk. an ELBA Logistik „218 256“, NVR-Nr. 92 80 1218 256-6 D-ELBA

218 257-4 (Henschel, 31735)

13.02.73	Kempten (Allgäu)
11.10.75	Mühldorf (Oberbay)
21.11.77	Hamburg-Altona
28.05.78	Lübeck
07.12.78	Braunschweig
03.06.84	Lübeck
10.01.07	z-Stellung
16.10.08	+
.08	Zerlegung durch Firma TSR in Magdeburg

218 258-2 (Henschel, 31734)

05.02.73	Kempten (Allgäu)
19.12.75	Mühldorf (Oberbay)
18.01.78	Hamburg-Altona
28.05.78	Lübeck
09.01.79	Braunschweig
03.06.84	Lübeck
28.01.03	z-Stellung
14.12.03	+
07.11.08	Zerlegung durch Firma TSR in Magdeburg

218 259-0 (Henschel, 31737)

13.03.73	Kempten (Allgäu)
16.01.76	Mühldorf (Oberbay)
26.09.77	Hamburg-Altona
28.05.78	Lübeck
10.12.78	Braunschweig
02.06.85	Lübeck
26.03.04	z-Stellung
10.11.08	+
10.08	Zerlegung durch Firma TSR in Magdeburg

218 260-6 (Henschel, 31736)

06.03.73	Kempten (Allgäu)
27.01.76	Mühldorf (Oberbay)
15.12.77	Braunschweig
02.06.85	Flensburg
01.06.92	Lübeck
01.07.08	Kempten (Allgäu)
31.07.09	z-Stellung
15.10.09	+
15.10.09	Zerlegung durch Firma Steil in Trier

218 261-6 (Henschel, 31739)

17.04.73	Kempten (Allgäu)
25.01.76	Mühldorf (Oberbay)
26.09.77	Braunschweig
02.06.85	Flensburg
31.05.92	Lübeck
12.11.08	z-Stellung
25.11.08	an Deutsche Bahn Gleisbau (DBG)

218 262-4 (Henschel, 31738)

29.03.73	Kempten (Allgäu)
25.01.76	Mühldorf (Oberbay)
26.09.77	Braunschweig
20.11.00	Halberstadt
11.02.02	Stendal
27.03.03	z-Stellung
09.03.04	+
23.06.04	Zerlegung durch Firma TSR in Magdeburg

218 263-2 (Henschel, 31741)

22.05.73	Kempten (Allgäu)
30.07.76	Mühldorf (Oberbay)
26.09.77	Braunschweig
05.11.00	Regensburg
02.02.06	z-Stellung
20.02.10	+
04.03.10	Zerlegung durch Firma Steil in Köln

218 264-0 (Henschel, 31740)

10.05.73	Kempten (Allgäu)
23.09.76	Mühldorf (Oberbay)

26.07.77	Braunschweig
05.11.00	Regensburg
30.09.01	Lübeck
31.12.04	z-Stellung
07.04.06	+
04.06	Zerlegung durch Firma TSR in Magdeburg

218 265-7 (Henschel, 31743)

14.06.73	Kempten (Allgäu)
23.09.76	Mühldorf (Oberbay)
16.06.77	Braunschweig
05.11.00	Regensburg
30.09.01	Lübeck
02.06.06	z-Stellung
01.08.12	+
.12	Zerlegung durch Firma Scholz in Espenhain

218 266-5 (Henschel, 31742)

13.06.73	Kempten (Allgäu)
29.09.76	Mühldorf (Oberbay)
16.06.77	Braunschweig
05.11.00	Regensburg
30.09.01	Lübeck
05.09.05	z-Stellung
02.03.06	+
08.03.06	Zerlegung durch Firma Steil in Köln

218 267-3 (Henschel, 31745)

16.07.73	Kempten (Allgäu)
23.09.76	Mühldorf (Oberbay)
12.05.77	Braunschweig
16.06.93	z-Stellung
30.11.93	+ (Unfall Berlin-Wannsee)
02.95	Zerlegung im AW Bremen-Sebaldsbrück

218 268-1/218 821-7 (Henschel, 31744)

03.07.73	Kempten (Allgäu)
23.09.76	Mühldorf (Oberbay)
14.01.77	Braunschweig
20.11.00	Halberstadt
15.12.02	Stendal
24.03.03	Halberstadt
06.05.03	z-Stellung
11.07.03	an DB Fernverkehr, Umbau in 218 821
29.11.03	i. D. Darmstadt
20.03.05	z-Stellung
07.07.05	+
11.07.05	Zerlegung durch Firma Steil in Trier

218 269-9 (Henschel, 31746)

17.07.73	Kempten (Allgäu)
25.09.76	Mühldorf (Oberbay)
19.12.76	Braunschweig
10.06.01	Darmstadt
22.03.07	z-Stellung
18.08.08	+
15.08.08	Zerlegung durch Firma Steil in Köln

218 270-7 (Henschel, 31747)

26.07.73	Kempten (Allgäu)
22.05.77	Braunschweig
20.11.00	Halberstadt
21.01.01	Regensburg
30.09.01	Trier
24.04.04	Lübeck
09.12.04	z-Stellung
05.02.08	+
.07	Zerlegung durch Firma TSR in Magdeburg

218 271-5 (Henschel, 31748)

01.08.73	Kempten (Allgäu)
16.05.77	Braunschweig
05.11.00	Regensburg
28.01.08	z-Stellung
15.07.13	+
15.07.13	Zerlegung durch Firma Scholz in Espenhain

218 272-3 (Henschel, 31749)

08.08.73	Kempten (Allgäu)
20.05.77	Braunschweig
15.11.00	Stendal
10.06.01	Darmstadt
19.10.04	z-Stellung
08.11.06	an DB Fahrwegdienste

218 273-1 (Henschel, 31750)

05.09.73	Kempten (Allgäu)
12.05.77	Braunschweig
10.06.01	Stendal
01.02.04	Braunschweig
16.09.05	z-Stellung
16.05.12	+
16.05.12	Zerlegung durch Firma Scholz in Espenhain

218 274-9 (Henschel, 31751)

11.09.73	Kempten (Allgäu)
16.05.77	Braunschweig
01.06.80	Karlsruhe
23.05.82	Haltingen
02.06.85	Braunschweig
10.06.01	Darmstadt
14.12.03	z-Stellung
13.07.04	+
17.07.04	Zerlegung durch Firma TSR in Magdeburg

218 275-6 (Henschel, 31752)

02.10.73	Kempten (Allgäu)
12.05.77	Braunschweig
01.06.80	Karlsruhe
07.02.82	Haltingen
02.06.85	Braunschweig
05.11.00	Regensburg
21.12.07	Darmstadt
22.01.08	z-Stellung
25.05.12	+
25.09.12	Zerlegung durch Firma Scholz in Espenhain

218 276-4 (Henschel, 31753)

04.10.73	Kempten (Allgäu)
01.08.76	Haltingen
18.12.76	Braunschweig
01.06.80	Karlsruhe
23.05.82	Haltingen
02.06.85	Braunschweig
05.11.00	Regensburg
05.12.07	z-Stellung
11.08.08	+
07.08.08	Zerlegung durch Firma Steil in Köln

218 277-2 (Henschel, 31754)

10.10.73	Kempten (Allgäu)
30.05.76	Haltingen
18.12.76	Braunschweig
01.06.80	Haltingen
29.05.88	Braunschweig
21.11.99	Mühldorf (Oberbay)
15.01.00	Braunschweig
05.11.00	Regensburg
10.06.01	Darmstadt
31.12.04	z-Stellung
31.12.06	an Deutsche Bahn Gleisbau (DBG)
11.07.17	verk. an Eisenbahngesellschaft Potsdam (EGP) „218 277“, NVR-Nr. 92 80 1218 277-2 D-EGP

218 278-0 (Henschel, 31755)

01.11.73	Kempten (Allgäu)
30.05.76	Haltingen
29.05.88	Braunschweig
28.05.00	Lübeck
06.01.07	z-Stellung
25.08.11	+
.11	Zerlegung durch Firma TSR in Magdeburg

218 279-8 (Henschel, 31756)

11.11.73	Kempten (Allgäu)
30.05.76	Haltingen
28.05.90	Flensburg
01.02.93	Lübeck
28.09.98	Ulm
18.01.05	z-Stellung
08.11.05	+
08.11.05	Zerlegung durch Firma TSR in Magdeburg

218 280-6 (Henschel, 31757)

09.12.73	Kempten (Allgäu)
15.09.75	Haltingen
28.05.90	Flensburg
01.02.93	Lübeck
28.09.98	Ulm
08.07.04	z-Stellung
10.11.05	+
10.11.05	Zerlegung durch Firma TSR in Magdeburg

218 281-4 (Henschel, 31758)

12.12.73	Kempten (Allgäu)
14.12.75	Haltingen
28.05.90	Flensburg
27.09.92	Lübeck
28.09.98	Ulm
18.01.05	z-Stellung
07.11.05	+

Bild 175
Östlich von Soltau (Han) überquert die Heidebahn Buchholz (Nordheide) – Soltau (Han) – Hannover die „Amerikalinie“ (Bremen –) Langwedel – Uelzen. Am 17. Februar 1994 ist die Braunschweiger **218 273** mit der Regionalbahn 8564 in Richtung Uelzen unterwegs und unterquert das Überführungsbauwerk der Heidebahn. Die Brücke hat Profilfreiheit für zwei Gleise, die hier wenige Jahre zuvor auch noch gelegen haben.

Aufnahme: Josef Högemann

07.11.05 Zerlegung durch Firma TSR in Magdeburg

218 282-2 (Henschel, 31759)

03.01.74 Kempten (Allgäu)
20.12.75 Haltingen
30.05.94 Lübeck
27.06.05 z-Stellung
01.03.06 +
10.03.06 Zerlegung durch Firma Steil in Köln

218 283-0 (Henschel, 31760)

10.01.74 Kempten (Allgäu)
08.11.75 Haltingen
01.10.94 Lübeck
09.12.04 z-Stellung
22.08.07 +
12.08.07 Zerlegung durch Firma Steil in Köln

218 284-8 (MaK, 2000096)

22.03.73 Regensburg
09.08.74 Kempten (Allgäu)
19.10.75 Haltingen
01.10.94 Lübeck
06.07.04 z-Stellung
04.03.10 +
21.03.10 Zerlegung durch Firma Steil in Köln

218 285-5 (MaK, 2000097)

01.04.73 Regensburg
19.12.75 Haltingen
01.10.94 Lübeck
28.09.98 Ulm
29.06.03 z
30.06.03 + (Unfall bei Schrozberg)
01.07.03 Zerlegung am Unfallort

218 286-3 (MaK, 2000098)

08.04.73 Regensburg
27.07.75 Haltingen
01.10.94 Lübeck
20.07.04 z-Stellung
01.08.12 +
.12 Zerlegung durch Firma Scholz in Espenhain

218 287-1 (MaK, 2000099)

11.04.73 Regensburg
01.02.75 Haltingen
27.05.90 Lübeck
27.03.05 z-Stellung
31.07.06 +
09.08.06 an Deutsche Bahn Gleisbau (DBG)

218 288-9 (MaK, 2000100)

07.05.73 Regensburg
01.02.75 Haltingen
01.06.93 Braunschweig
15.01.00 Mühldorf (Oberbay)
05.11.00 Regensburg
01.07.04 Darmstadt
07.03.06 z-Stellung
05.03.10 +
05.03.10 Zerlegung durch Firma Steil in Köln

218 289-7 (MaK, 2000101)

13.05.73 Regensburg
01.02.75 Haltingen
28.05.00 Karlsruhe
03.11.04 z-Stellung
10.03.06 +
10.03.06 Zerlegung durch Firma Steil in Trier

218 290-5 (MaK, 2000102)

27.05.73 Regensburg
06.06.76 Haltingen
03.02.82 Karlsruhe
27.05.90 Haltingen
14.06.02 Darmstadt
02.12.05 z-Stellung
23.08.07 +
08.07 Zerlegung durch Firma Steil in Köln

218 291-3 (MaK, 2000103)

07.06.73 Regensburg
29.05.76 Karlsruhe
26.09.82 Haltingen
25.09.83 Karlsruhe
27.05.90 Haltingen
25.09.98 Lübeck
25.02.06 z-Stellung
22.08.11 +
.11 Zerlegung durch Firma TSR in Magdeburg

218 292-1 (MaK, 2000104)

28.06.73 Regensburg
03.06.76 Karlsruhe
26.09.82 Haltingen
14.06.02 Darmstadt
15.03.04 Lübeck
11.12.05 Mühldorf (Oberbay)
15.01.07 Lübeck
26.04.07 z-Stellung
22.05.12 +
12.04.12 Zerlegung durch Firma Scholz in Espenhain

218 293-9 (MaK, 2000105)

09.07.73 Regensburg
29.05.76 Karlsruhe
27.05.90 Haltingen
14.06.02 Darmstadt
19.01.06 z-Stellung
24.07.06 +
24.07.06 Zerlegung durch Firma Steil in Trier

Bild 176
Das Erscheinungsbild des Bahnhofs Zeulenroda unt Bf hat sich in den vergangenen Jahren grundlegend geändert. Während das Empfangsgebäude bereits 2010 abgerissen wurde, überlebte die russische EZMG-Signaltechnik bis ins Jahr 2017. Mit ihrem Ende riss man auch das noch verbliebene Fahrdienstleiterstellwerk ab. Vor RE 4013 wartet die Regensburger **218 304** am 8. Oktober 2010 auf Fahrgäste.

AUFNAHME: FELIX SERAPHIN

Bild 177
Warten auf eine Kreuzung mit einem Gegenzug am 1. Oktober 1987 im Bahnhof Weidenbach an der weitgehend eingleisigen Hauptbahn München – Mühldorf (Oberbay). **218 320** vom Bw Mühldorf hat an diesem Tag einen der hier zahlreich verkehrenden Güterzüge in Richtung München am Haken.

AUFNAHME: CLAUS-JÜRGEN SCHULZE

218 294-7 (MaK, 2000106)

29.07.73	Regensburg
29.05.76	Karlsruhe
10.03.05	z-Stellung
02.12.05	+
20.03.06	Zerlegung durch Firma Steil in Trier

218 295-4 (MaK, 2000107)

13.08.73	Regensburg
29.05.76	Karlsruhe
03.11.04	z-Stellung
20.03.06	+
20.03.06	Zerlegung durch Firma Steil in Trier

218 296-2 (MaK, 2000108)

09.09.73	Regensburg
29.05.76	Karlsruhe
03.11.04	z-Stellung
15.03.06	+
15.03.06	Zerlegung durch Firma Steil in Trier

218 297-0 (MaK, 2000109)

27.09.73	Regensburg
16.12.76	Karlsruhe
27.05.79	Regensburg
01.06.80	Karlsruhe
08.12.05	z-Stellung
18.09.07	+
31.01.12	Zerlegung durch Firma TSR in Magdeburg

218 298-8 (MaK, 2000110)

22.10.73	Regensburg
01.06.80	Karlsruhe
10.05.06	z-Stellung
18.09.07	+
30.01.12	Zerlegung durch Firma TSR in Magdeburg

218 299-6 (Krupp, 5292)

10.04.74	Regensburg
01.06.80	Karlsruhe
04.04.07	z-Stellung
18.09.07	+
25.01.12	Zerlegung durch Firma TSR in Magdeburg

218 300-2 (Krupp, 5293)

09.05.74	Regensburg
01.06.85	Haltingen
01.11.93	Karlsruhe
10.03.05	z-Stellung
05.12.06	+

01.12 Zerlegung durch Firma TSR in Magdeburg

218 301-0 (Krupp, 5294)

21.05.74 Regensburg
01.06.85 Haltingen
10.09.93 Karlsruhe
10.02.05 z-Stellung
01.12.05 +
01.12.05 Zerlegung durch Firma Steil in Trier

218 302-8 (Krupp, 5295)

11.06.74 Regensburg
01.06.85 Haltingen
01.11.93 Karlsruhe
24.03.06 z-Stellung
10.11.06 +
10.11.06 Zerlegung durch Firma Steil in Köln

218 303-6/218 837-3 (Krupp, 5296)

17.07.74 Regensburg
01.06.85 Haltingen
29.11.93 Karlsruhe
05.11.00 Regensburg
24.04.05 Darmstadt
24.11.05 an DB Fernverkehr, Umbau in 218 837
21.01.06 i. D. Darmstadt
11.05.09 Frankfurt-Griesheim

218 304-4 (Krupp, 5297)

15.07.74 Regensburg
01.06.85 Haltingen
24.09.89 Karlsruhe
05.11.00 Regensburg
01.01.07 an Deutsche Bahn Gleisbau (DBG)

218 305-1/218 830-8 (Krupp, 5298)

04.08.74 Regensburg
01.06.85 Haltingen
04.11.93 Karlsruhe
29.05.94 Haltingen
25.05.98 Lübeck
21.11.99 Mühldorf (Oberbay)
05.11.00 Regensburg
30.09.01 Trier
05.02.05 an DB Fernverkehr, Umbau in 218 830
29.06.05 i. D. Darmstadt
11.05.09 Frankfurt-Griesheim

218 306-9 (Krupp, 5299)

06.08.74 Regensburg
31.05.94 Mühldorf (Oberbay)
04.10.94 Haltingen
26.05.98 Lübeck
21.11.99 Mühldorf
05.11.00 Regensburg
30.09.01 Trier
15.12.02 Karlsruhe
03.11.04 z-Stellung
10.04.06 +
10.04.06 Zerlegung durch Firma Steil in Trier

218 307-7 (Krupp, 5300)

27.08.74 Regensburg
31.05.94 Mühldorf (Oberbay)
15.06.95 Kempten (Allgäu)
25.09.95 Mühldorf (Oberbay)
30.05.99 Ulm
08.05.03 Stendal
11.12.05 Lübeck
01.12.08 an DB AutoZug

218 308-5 (Krupp, 5301)

12.09.74 Regensburg
24.09.83 Mühldorf (Oberbay)
05.11.00 Regensburg
09.06.05 Darmstadt
26.11.06 z-Stellung
09.07.14 +, verk. an HEROS Helvetic Rolling Stock „218 308“, NVR-Nr. 92 80 1218 308-5 D-HEROS

218 309-3 (Krupp, 5302)

30.10.74 Regensburg
23.05.82 Mühldorf (Oberbay)
05.11.00 Regensburg
29.11.05 z-Stellung
14.12.05 + (Brand in Nürnberg-Gostenhof)
05.12.07 Zerlegung im Werk Nürnberg West

218 310-1 (Krupp, 5303)

27.10.74 Regensburg
28.05.79 Mühldorf (Oberbay)
05.11.00 Regensburg
17.01.06 Darmstadt
25.01.06 z-Stellung
20.07.06 +
20.07.06 Zerlegung durch Firma Steil in Trier

218 311-9 (Krupp, 5304)

10.11.74 Regensburg
28.05.79 Mühldorf (Oberbay)
05.11.00 Regensburg
01.04.07 an DB AutoZug
09.02.17 z-Stellung
19.01.19 +
21.01.19 Zerlegung durch Firma Bender in Opladen

218 312-7 (Krupp, 5305)

27.11.74 Regensburg
28.05.79 Mühldorf (Oberbay)
03.04.01 Kempten (Allgäu)
08.05.02 Darmstadt
14.12.04 z-Stellung
10.08.10 +
10.08.10 Zerlegung durch Firma Scholz in Espenhain

218 313-5 (Krupp, 5306)

17.12.74 Regensburg
17.01.78 Mühldorf (Oberbay)
03.04.01 Kempten (Allgäu)
07.06.05 Regensburg
22.12.06 Kempten (Allgäu)
17.04.07 an DB AutoZug
09.02.17 z-Stellung

218 314-3 (Krupp, 5307)

15.01.75 Regensburg
20.12.77 Mühldorf (Oberbay)
03.04.01 Kempten (Allgäu)
10.01.08 an DB AutoZug
21.08.17 z-Stellung

218 315-0 (Krupp, 5308)

09.02.75 Regensburg
11.11.77 Mühldorf (Oberbay)
01.08.00 Lübeck
25.07.08 z-Stellung
31.10.08 an DB AutoZug

218 316-8 (Krupp, 5309)

03.02.75 Kaiserslautern
16.09.75 Regensburg
25.10.77 Mühldorf (Oberbay)
03.04.01 Kempten (Allgäu)
16.02.07 z-Stellung
29.10.07 +
10.07 Zerlegung durch Firma Steil in Köln

218 317-6/218 839-9 (Krupp, 5310)

04.03.75 Kaiserslautern
17.09.75 Regensburg
24.01.78 Mühldorf (Oberbay)
03.04.01 Kempten (Allgäu)
15.12.02 Darmstadt
01.01.06 an DB Fernverkehr, Umb. in 218 839
29.03.06 i. D. Berlin-Rummelsburg

218 318-4 (Krupp, 5311)

17.03.75 Kaiserslautern
29.05.76 Regensburg
14.12.77 Mühldorf (Oberbay)
03.04.01 Kempten (Allgäu)
01.09.03 Kaiserslautern
22.04.04 Trier
19.05.04 z-Stellung
11.10.05 +
11.10.05 Zerlegung durch Firma Steil in Trier

218 319-2 (Krupp, 5312)

24.03.75 Kaiserslautern
29.05.76 Regensburg
13.01.78 Mühldorf (Oberbay)
03.04.01 Kempten (Allgäu)
01.09.07 an DB AutoZug
09.02.17 z-Stellung
18.10.17 +
11.10.17 verk. an Railsystems RP „218 319“, NVR-Nr. 92 80 1218 319-2 D-RPRS

218 320-0 (Krupp, 5313)

14.04.75 Kaiserslautern
29.05.76 Regensburg
20.12.77 Mühldorf (Oberbay)
03.04.01 Kempten (Allgäu)
08.05.02 Darmstadt
01.04.04 an DB AutoZug
18.10.06 z-Stellung
11.05.12 +
05.12 Zerlegung durch Firma TSR in Magdeburg

218 321-8 (Krupp, 5314)

21.04.75	Kaiserslautern
29.05.76	Regensburg
17.11.77	Mühldorf (Oberbay)
10.04.01	Kempten (Allgäu)
03.06.01	Ulm
17.07.03	Stendal
11.01.06	Lübeck
01.12.08	an DB AutoZug

218 322-6 (Krupp, 5315)

14.05.75	Kaiserslautern
29.05.76	Regensburg
25.10.77	Mühldorf (Oberbay)
03.04.01	Kempten (Allgäu)
10.06.01	Ulm
13.08.03	Stendal
11.12.05	Lübeck
01.12.08	an DB AutoZug

218 323-4 (Krupp, 5316)

27.05.75	Hamburg-Altona
24.09.77	Lübeck
11.02.79	Flensburg
01.06.80	Lübeck
09.12.04	z-Stellung
19.07.17	+/Zerlegung im Werk Bremen

218 324-2 (Krupp, 5317)

09.06.75	Hamburg-Altona
24.09.77	Lübeck
11.02.79	Flensburg
01.06.80	Lübeck
22.07.06	Mühldorf (Oberbay)
20.05.07	Lübeck
15.12.08	Mühldorf (Oberbay)
01.11.09	Chemnitz (Erzgebirgsbahn)
15.06.10	Mühldorf
29.08.11	z-Stellung
30.04.14	+
05.14	Zerlegung durch Firma Scholz in Espenhain

218 325-9 (Krupp, 5318)

26.06.75	Hamburg-Altona
24.09.77	Lübeck
27.05.79	Flensburg
01.06.80	Lübeck
09.08.04	z-Stellung
24.01.08	+
.07	Zerlegung durch Firma TSR in Magdeburg

218 326-7 (Krupp, 5319)

14.07.75	Hamburg-Altona
24.09.77	Lübeck
27.05.79	Flensburg
01.06.80	Lübeck
15.12.08	Haltingen
01.05.11	Ulm

218 327-5 (Krupp, 5320)

27.07.75	Hamburg-Altona
24.09.77	Lübeck
27.05.79	Flensburg
01.06.80	Lübeck
10.01.07	z-Stellung
11.11.08	+
11.11.08	Zerlegung durch Firma TSR in Magdeburg

218 328-3 (Krupp, 5321)

18.09.75	Hamburg-Altona
24.09.77	Lübeck
23.03.04	z-Stellung
22.09.08	+
.08	Zerlegung durch Firma TSR in Magdeburg

218 329-1 (Krupp, 5322)

07.10.75	Hamburg-Altona
24.09.77	Lübeck
01.06.10	Kiel

218 330-9 (Krupp, 5323)

17.11.75	Hamburg-Altona
24.09.77	Lübeck
01.06.10	Kiel

218 331-7 (Krupp, 5324)

09.12.75	Hamburg-Altona
24.09.77	Lübeck
30.09.05	z-Stellung
03.11.06	+
11.06	Zerlegung durch Firma Steil in Köln

218 332-5 (Krupp, 5325)

12.01.76	Hamburg-Altona
26.10.77	Lübeck
31.12.04	z-Stellung
30.08.07	+
	Zerlegung durch Firma TSR in Magdeburg

218 333-3 (Krauss-Maffei, 19722)

04.07.75	Hamburg-Altona
26.10.77	Lübeck
19.12.08	Kempten (Allgäu)
27.01.10	Leipzig Süd
01.05.11	Kiel

218 334-1 (Krauss-Maffei, 19723)

27.07.75	Hamburg-Altona
28.11.77	Lübeck
09.12.04	z-Stellung
17.04.17	+

218 335-8 (Krauss-Maffei, 19724)

17.08.75	Hamburg-Altona
23.11.77	Lübeck
21.03.05	z-Stellung
29.08.07	+
.07	Zerlegung durch Firma TSR in Magdeburg

218 336-6 (Krauss-Maffei, 19725)

02.11.75	Hamburg-Altona
24.12.77	Lübeck
31.12.04	z-Stellung
28.01.08	+
.08	Zerlegung durch Firma TSR in Magdeburg

218 337-4 (Krauss-Maffei, 19726)

17.11.75	Hamburg-Altona
25.12.77	Lübeck
17.02.05	z-Stellung
30.11.05	+
30.11.05	Zerlegung durch Firma TSR in Magdeburg

218 338-2 (Krauss-Maffei, 19727)

03.12.75	Hamburg-Altona
18.01.78	Lübeck
18.02.05	z-Stellung
05.02.10	+, Leihgabe an Historische Eisenbahnfahrzeuge Lübeck e. V.

218 339-0 (Krauss-Maffei, 19728)

22.12.75	Hamburg-Altona
18.01.78	Lübeck
01.06.10	Kiel
07.04.15	z-Stellung
08.02.16	+
02.17	Zerlegung im Werk Bremen

218 340-8 (Krauss-Maffei, 19701)

10.04.74	Regensburg
05.12.75	Kempten (Allgäu)
23.09.76	Mühldorf (Oberbay)
03.04.01	Kempten (Allgäu)
08.04.05	Regensburg
19.12.07	an DB AutoZug
06.06.18	z-Stellung

218 341-6 (Krauss-Maffei, 19702)

02.05.74	Regensburg
25.07.75	Kempten (Allgäu)
02.10.76	Mühldorf (Oberbay)
03.04.01	Kempten (Allgäu)
19.01.06	Regensburg
29.12.07	z-Stellung
01.08.08	an DB AutoZug

218 342-4 (Krauss-Maffei, 19703)

30.05.74	Regensburg
15.07.75	Kempten (Allgäu)
12.10.76	Mühldorf (Oberbay)
03.04.01	Kempten (Allgäu)
10.01.08	an DB AutoZug
09.02.17	z-Stellung

218 343-2 (Krauss-Maffei, 19704)

19.06.74	Regensburg
07.08.75	Kempten (Allgäu)
29.09.76	Mühldorf (Oberbay)
10.06.01	Haltingen
02.01.04	Ulm

218 344-0 (Krauss-Maffei, 19705)

09.07.74	Regensburg
09.08.75	Kempten (Allgäu)
15.10.76	Mühldorf (Oberbay)
28.02.07	Kempten (Allgäu)
24.04.08	z-Stellung

Bild 178
Durch den ehemaligen Bahnhof Thalkirchdorf zwischen Immenstadt und Oberstaufen eilen **218 349** und eine unbekannte 218 am 14. Juli 1999 vor dem EC 166 in Richtung Lindau. Das frühere Stellwerk diente zuletzt als Schrankenposten.

AUFNAHME: JOSEF HÖGEMANN

01.08.08	an DB AutoZug

218 345-7 (Krauss-Maffei, 19706)

25.07.74	Regensburg
04.06.75	Kempten (Allgäu)
30.10.76	Mühldorf (Oberbay)
11.07.00	Lübeck
25.07.08	z-Stellung
01.08.08	an DB AutoZug

218 346-5 (Krauss-Maffei, 19707)

29.08.74	Regensburg
21.01.76	Kempten (Allgäu)
03.11.76	Mühldorf (Oberbay)
13.09.99	Kempten (Allgäu)
05.12.07	z-Stellung
29.01.16	+

218 347-3 (Krauss-Maffei, 19708)

12.09.74	Regensburg
23.01.76	Kempten (Allgäu)
12.12.76	Mühldorf (Oberbay)
13.09.00	Lübeck
12.01.09	z-Stellung
13.10.15	+
10.15	Zerlegung durch Firma Steil in Eschweiler

218 348-1 (Krauss-Maffei, 19709)

06.10.74	Regensburg
16.10.75	Kempten (Allgäu)
12.12.76	Mühldorf (Oberbay)
01.04.08	Kempten (Allgäu)
04.04.08	z-Stellung
29.09.09	+, Abgabe an Freunde Historische Eisenbahn, Mühldorf e. V.,
17.08.13	Denkmal im Bf Pfarrkirchen

218 349-9 (Krauss-Maffei, 19710)

29.10.74	Regensburg
23.10.75	Kempten (Allgäu)
29.12.76	Mühldorf (Oberbay)
09.10.00	Lübeck
27.04.07	Braunschweig
19.05.07	Lübeck
12.01.09	z-Stellung
20.08.15	+
17.08.15	Zerlegung durch Firma Steil in Eschweiler

218 350-7 (Krauss-Maffei, 19711)

27.11.74	Regensburg
17.12.75	Kempten (Allgäu)
19.01.77	Mühldorf (Oberbay)
29.01.09	z-Stellung
27.01.16	+

218 351-5 (Krauss-Maffei, 19712)

04.12.74	Regensburg
13.12.75	Kempten (Allgäu)
17.01.77	Mühldorf (Oberbay)
10.06.05	Oberhausen
10.12.06	Ulm
23.10.07	z-Stellung
14.07.14	+

218 352-3 (Krauss-Maffei, 19713)

09.01.75	Regensburg
18.12.75	Kempten (Allgäu)
27.11.76	Mühldorf (Oberbay)
15.01.07	Lübeck
11.12.07	z-Stellung
24.09.08	+
09.08	Zerlegung durch Firma Steil in Köln

218 353-1 (Krauss-Maffei, 19714)

05.02.75	Kempten (Allgäu)
02.02.77	Mühldorf (Oberbay)
07.07.06	z-Stellung
19.08.15	+
18.08.15	Zerlegung durch Firma Steil in Eschweiler

218 354-9 (Krauss-Maffei, 19715)

24.02.75	Kempten (Allgäu)
08.02.77	Mühldorf (Oberbay)
04.11.08	z-Stellung
22.12.11	+
01.12	Zerlegung durch Firma TSR in Magdeburg

218 355-6 (Krauss-Maffei, 19716)

10.03.75	Kempten (Allgäu)
16.06.77	Mühldorf (Oberbay)
10.06.01	Ulm
27.06.03	Halberstadt
01.07.03	Stendal
12.12.04	Lübeck
16.05.06	z-Stellung
12.10.15	+
09.15	Zerlegung durch Firma Steil in Eschweiler

218 356-4 (Krauss-Maffei, 19717)

25.03.75	Kempten (Allgäu)
25.09.77	Mühldorf (Oberbay)
10.06.01	Ulm
12.09.03	Stendal
12.12.04	Lübeck
11.12.05	Mühldorf (Oberbay)
18.03.15	z-Stellung
26.07.17	+
28.07.17	verk. an Railsystems RP „218 356“, NVR-Nr. 92 80 1218 356-4 D-RPRS

218 357-2/218 832-4 (Krauss-Maffei, 19718)

09.04.75	Kempten (Allgäu)
25.09.77	Mühldorf (Oberbay)
10.06.01	Ulm
18.09.05	an DB Fernverkehr, Umb. in 218 832
22.11.05	i. D. Berlin-Rummelsburg

218 358-0 (Krauss-Maffei, 19719)

23.04.75	Kempten (Allgäu)
25.09.77	Mühldorf (Oberbay)
30.12.08	z-Stellung
01.10.11	+
21.11.11	Zerlegung durch Firma TSR in Magdeburg

218 359-8 (Krauss-Maffei, 19720)

06.05.75	Kempten (Allgäu)
04.10.78	Mühldorf (Oberbay)
13.01.00	Regensburg
19.12.07	an DB AutoZug
09.02.17	z-Stellung

218 360-6 (Krauss-Maffei, 19721)

03.06.75	Kempten (Allgäu)
12.03.78	Mühldorf (Oberbay)
10.06.01	Ulm
11.10.08	Mühldorf (Oberbay)
11.05.09	Schöllkrippen (Westfrankenbahn)
15.07.09	Mühldorf (Oberbay)
26.01.11	Kempten (Allgäu)
15.04.11	Mühldorf (Oberbay)
11.07.13	z-Stellung
28.10.13	+
.13	Zerlegung durch Firma Scholz in Espenhain

218 361-4 (Henschel, 31819)

24.04.74	Kaiserslautern
30.09.79	Krefeld
23.02.80	Kaiserslautern
31.10.03	z-Stellung
17.02.10	+
02.10	Zerlegung durch Firma Steil in Köln

218 362-2 (Henschel, 31820)

15.05.74	Kaiserslautern
22.04.04	Trier
01.07.05	an DB AutoZug
09.02.17	z-Stellung

218 363-0 (Henschel, 31821)

09.06.74	Kaiserslautern
13.12.03	Trier
07.11.04	Lübeck
11.12.05	Mühldorf (Oberbay)
01.03.07	an DB AutoZug
14.06.17	z-Stellung

218 364-8 (Henschel, 31822)

07.07.74	Kaiserslautern
15.12.03	Trier
07.11.04	Lübeck
11.12.05	Mühldorf (Oberbay)
01.03.07	an DB AutoZug
09.02.17	z-Stellung
18.01.19	Zerlegung durch Firma Bender in Opladen

218 365-5 (Henschel, 31823)

15.07.74	Kaiserslautern
22.02.80	Krefeld
14.07.80	Kaiserslautern
12.06.04	Trier
12.12.04	Lübeck
06.01.06	z-Stellung
01.08.08	an DB AutoZug
24.04.09	z-Stellung
24.11.11	+
11.11	Zerlegung durch Firma TSR in Magdeburg

218 366-3 (Henschel, 31824)

13.08.74	Kaiserslautern
15.12.02	Trier
12.12.04	Darmstadt
04.04.08	Kempten (Allgäu)
07.05.08	z-Stellung
01.08.08	an DB AutoZug

218 367-1/218 834-0 (Henschel, 31825)

04.09.74	Kaiserslautern
15.12.02	Trier
24.04.04	Lübeck
21.10.05	an DB-Fernverkehr, Umbau in 218 834
28.12.05	i. D. Berlin-Rummelsburg

218 368-9 (Henschel, 31826)

17.09.74	Kaiserslautern
15.12.02	Trier
01.03.05	z-Stellung
11.10.05	+ (Unfall)
11.10.05	Zerlegung durch Firma Steil in Trier

218 369-7 (Henschel, 31827)

09.10.74	Kaiserslautern
15.12.02	Trier
12.12.04	Darmstadt
28.02.07	Kempten (Allgäu)
13.03.07	Darmstadt
25.02.08	z-Stellung
01.08.08	an DB AutoZug

218 370-5/218 835-7 (Henschel, 31828)

22.10.74	Kaiserslautern
15.12.02	Trier
24.04.04	Lübeck

Bild 179 – Der von der Kaiserslauterer **218 363** geführte Eilzug 2927 Saarbrücken – Karlsruhe über Landau (Pfalz) trifft am 17. Juli 1982 im südpfälzischen Bahnknoten Pirmasens Nord ein. Vieles von dem, was auf dem Bild zu sehen ist, findet man hier heute nicht mehr. So ist die Baureihe 218 schon vor Jahren aus der Südpfalz verschwunden, und auch die Formsignale sind mittlerweile der elektronischen Sicherungstechnik gewichen. Der Güterverkehr ist ebenfalls nicht mehr existent. AUFNAHME: BERND MELCHER

Bild 180
Die Urlauber-IC von Köln nach Seebad Heringsdorf waren jahrelang eine Planleistung der Baureihe 218. Am Abend des 31. Juli 2009 erreicht **218 374** (DB AutoZug) mit dem IC 1814 das Seebad Heringsdorf. Am nächsten Morgen wird mit IC 1815 die Rückfahrt angetreten.

AUFNAHME: ULRICH WEHMEYER

14.10.05 an DB-Fernverkehr, Umbau in 218 835-7
10.12.05 i. D. Berlin-Rummelsburg

218 371-3 (Henschel, 31829)
10.11.74 Kaiserslautern
15.12.02 Trier
24.04.04 Lübeck
05.02.07 an DB AutoZug
09.02.17 z-Stellung

218 372-1 (Henschel, 31830)
05.12.74 Kaiserslautern
15.12.02 Trier
12.12.04 Darmstadt
01.01.06 Schöllkrippen (Westfrankenbahn)
01.03.07 an DB AutoZug, Niebüll
09.02.17 z-Stellung

218 373-9/218 838-1 (Henschel, 31831)
19.12.74 Kaiserslautern
09.08.00 Kempten (Allgäu)
24.04.05 Darmstadt
11.12.05 an DB-Fernverkehr, Umbau in 218 838-1
29.01.07 i. D. Darmstadt
11.05.09 Frankfurt-Griesheim

218 374-7 (Henschel, 31832)
06.02.75 Kaiserslautern
09.06.00 Lübeck
12.05.06 Mühldorf (Oberbay)
01.01.07 Kempten (Allgäu)
07.06.07 z-Stellung
01.08.08 an DB AutoZug
30.06.12 z-Stellung
11.04.13 +
02.13 Zerlegung durch Firma Scholz in Espenhain

218 375-4 (Henschel, 31833)
19.02.75 Kaiserslautern
11.05.00 Lübeck
25.03.04 + (Unfall)
24.03.04 Zerlegung in Lübeck Gbf

218 376-2 (Henschel, 31834)
03.03.75 Kaiserslautern
29.05.00 Kempten (Allgäu)
10.01.08 an DB AutoZug
07.04.17 z
06.02.19 verk. an Railsystems RP „218 376“, NVR-Nr. 92 80 1218 376-2 D-RPRS

218 377-0 (Henschel, 31835)
19.03.75 Kaiserslautern
28.05.00 Lübeck
02.06.06 z-Stellung
10.02.16 +

218 378-8 (Henschel, 31836)
13.04.75 Kaiserslautern
28.05.00 Lübeck
01.08.08 an DB AutoZug
09.04.09 z-Stellung
21.08.15 +
08.15 Zerlegung durch Firma Steil in Eschweiler

218 379-6 (Henschel, 31837)
05.05.75 Kaiserslautern
28.05.00 Lübeck
01.09.07 an DB AutoZug

218 380-4 (Henschel, 31838)
26.05.75 Kaiserslautern
28.05.00 Lübeck
01.05.08 an DB AutoZug

218 381-2 (Henschel, 31839)
10.06.75 Kaiserslautern
29.05.00 Kempten (Allgäu)
10.01.08 an DB AutoZug
17.03.17 z-Stellung
06.02.19 verk. an Railsystems RP „218 381“, NVR-Nr. 92 80 1218 381-2 D-RPRS

218 382-0 (Henschel, 31840)
03.07.75 Kaiserslautern
28.05.89 Regensburg
31.05.94 Mühldorf (Oberbay)
12.06.95 Kempten (Allgäu)
08.05.02 Darmstadt
14.12.04 z-Stellung
12.08.10 +
12.08.10 Zerlegung durch Firma Scholz in Espenhain

218 383-8/218 833-2 (Henschel, 31841)
03.08.75 Kaiserslautern
28.05.89 Regensburg
29.05.94 Mühldorf (Oberbay)
28.05.95 Kempten (Allgäu)
25.11.99 Mühldorf (Oberbay)
24.11.00 Lübeck
01.09.05 +
08.09.05 an DB Fernverkehr, Umbau in 218 833
29.11.05 i. D. Darmstadt
11.05.09 Frankfurt-Griesheim

218 384-6 (Henschel, 31842)
02.09.75 Kaiserslautern
15.05.97 Regensburg
03.06.97 Mühldorf (Oberbay)
07.05.06 z-Stellung
23.01.08 +
.07 Zerlegung durch Firma TSR in Magdeburg

218 385-3 (Henschel, 31843)
28.09.75 Kaiserslautern
17.01.97 Regensburg
16.01.08 Kempten (Allgäu)
27.02.08 z-Stellung
01.08.08 an DB AutoZug

218 386-1 (Henschel, 31844)
09.10.75 Kaiserslautern
06.02.97 Regensburg

Bild 181
Der Bahnhof Memmingen in den siebziger Jahren: Alles ist sauber und gepflegt! Das mechanische Stellwerk ist noch in Betrieb, und die Post wird mit der Eisenbahn befördert. Indes erreicht **218 392** (Bw Kempten/Allgäu) am 11. Mai 1977 mit einem Eilzug Gleis 1.

AUFNAHME: ROLF WIESEMEYER

26.09.99	Kaiserslautern
28.05.00	Rostock Hbf
30.06.00	Lübeck
01.08.08	an DB AutoZug
09.02.17	z-Stellung

218 387-9 (Henschel, 31845)

13.11.75	Kaiserslautern
20.12.96	Regensburg
11.01.08	Kassel (Kurhessenbahn)

218 388-7/218 836-5 (Henschel, 31846)

10.12.75	Kaiserslautern
30.05.91	Regensburg
29.05.94	Mühldorf (Oberbay)
24.09.94	Haltingen
15.12.02	Ulm
01.07.05	an DB Fernverkehr, Umb. in 218 836
23.01.06	i. D. Berlin-Rummelsburg

218 389-5 (MaK, 2000111)

08.05.75	Kempten (Allgäu)
18.02.78	Mühldorf (Oberbay)
24.09.94	Haltingen
15.12.02	Ulm
12.04.08	z-Stellung
01.10.08	an DB AutoZug

218 390-3 (MaK, 2000112)

14.05.75	Kempten (Allgäu)
31.08.78	Mühldorf (Oberbay)
30.05.99	Karlsruhe
08.12.07	Kempten (Allgäu)
27.01.10	Leipzig Hbf Süd
21.03.11	Ulm
06.06.11	Leipzig Hbf Süd
27.09.13	+, verk.an Mitteldeutsche Eisenbahn (MEG) „304“ NVR-Nr. 92 80 1218 390-3 D-MEG

218 391-1 (MaK, 2000113)

11.06.75	Kempten (Allgäu)
09.02.78	Mühldorf (Oberbay)
30.05.99	Karlsruhe
03.11.04	z-Stellung
31.07.06	+
09.08.06	an Deutsche Bahn Gleisbau (DBG)

218 392-9 (MaK, 2000114)

29.06.75	Kempten (Allgäu)
16.07.77	Mühldorf (Oberbay)
30.05.99	Karlsruhe
17.03.10	z-Stellung
13.09.10	an DB Netz

218 393-7 (MaK, 2000115)

29.07.75	Kempten (Allgäu)
17.08.77	Mühldorf (Oberbay)
30.05.99	Karlsruhe
27.11.07	Kempten (Allgäu)
12.01.10	z-Stellung
03.02.16	+

218 394-5/218 831-6 (MaK, 2000116)

08.09.75	Kempten (Allgäu)
18.02.78	Mühldorf (Oberbay)
25.09.83	Kempten (Allgäu)
30.05.87	Haltingen
24.09.89	Karlsruhe
12.12.04	z-Stellung
17.02.05	an DB Fernverkehr, Umb. in 218 831
10.03.05	i. D. Berlin-Rummelsburg

Bild 182
Am 20. September 2002 ist die Leipziger **218 409** mit der Regionalbahn 37089 in Heudeber-Danstedt eingetroffen. Die Bahnstation verlor infolge der Deutschen Teilung erheblich an Bedeutung. Von der einstmals bis Vienenburg weiterführenden Hauptbahn blieb nur das Teilstück bis Wasserleben erhalten, um die Osterwieck-Wasserlebener Eisenbahn auch weiterhin erreichen zu können. Zum Zeitpunkt der Aufnahme gab es bis Osterwieck noch Schienenpersonenverkehr.

AUFNAHME: ULRICH WEHMEYER

218 395-2 (MaK, 2000117)

05.10.75 Kempten (Allgäu)
16.03.78 Mühldorf (Oberbay)
25.09.83 Kempten (Allgäu)
30.05.87 Haltingen
01.09.93 Karlsruhe
26.06.06 Lübeck
04.09.07 z-Stellung
30.11.11 +
12.11 Zerl. durch Fa. TSR in Magdeburg

218 396-0 (MaK, 2000118)

03.11.75 Kempten (Allgäu)
22.09.77 Mühldorf (Oberbay)
25.09.83 Kempten (Allgäu)
29.05.88 Haltingen
10.01.14 Braunschweig
07.04.15 z-Stellung
01.04.17 +
08.03.17 verk. an Brohltal Schmalspureisenbahn Betriebsgesellschaft „218 396", NVR-Nr. 92 80 1218 396-0 D-BEG

218 397-8 (MaK, 2000119)

07.12.75 Kempten (Allgäu)
06.10.78 Mühldorf (Oberbay)
25.09.83 Kempten (Allgäu)
29.05.88 Haltingen
01.12.08 an DB AutoZug

218 398-6 (MaK, 2000120)

11.01.76 Kempten (Allgäu)
16.06.77 Mühldorf (Oberbay)
22.09.82 Kempten (Allgäu)
08.05.02 Darmstadt
14.07.04 z-Stellung
16.08.10 +
16.08.10 Zerlegung durch Firma Scholz in Espenhain

218 399-4, Umbau aus 215 112 (Krupp 1975/5401)

30.08.75 Kempten (Allgäu)
11.08.77 Mühldorf (Oberbay)
28.05.79 Kempten (Allgäu)
10.06.01 Lübeck
19.12.08 Kempten (Allgäu)
27.01.10 Leipzig Hbf Süd
10.02.10 Lübeck
01.06.10 Kiel
29.08.10 z-Stellung
14.10.10 an DB Systemtechnik Minden
19.12.14 verk. an ELBA Logistik „218 399", NVR-Nr. 92 80 1218 399-4 D-ELBA

218 400-0 (Krupp, 5366)

09.02.76 Kempten (Allgäu)
30.09.93 Regensburg
18.04.95 Kempten (Allgäu)
02.06.97 Ulm
10.06.01 Mühldorf (Oberbay)
04.05.17 z-Stellung
26.07.17 +
28.07.17 verk. an Railsystems RP „218 400", NVR-Nr. 92 80 1218 400-0 D-RPRS

218 401-8 (Krupp, 5367)

09.03.76 Kempten (Allgäu)
30.09.93 Regensburg
20.01.95 Kempten (Allgäu)
03.06.97 Ulm
10.06.01 Mühldorf (Oberbay)

218 402-6 (Krupp, 5368)

05.04.76 Kempten (Allgäu)
30.09.93 Regensburg
18.04.95 Kempten (Allgäu)
03.06.97 Ulm
10.06.01 Mühldorf (Oberbay)
05.05.17 z-Stellung
27.09.17 +
28.09.17 verk. an Railsystems RP, „218 402", NVR-Nr. 92 80 1218 402-6 D-RPRS

218 403-4 (Krupp, 5369)

03.05.76 Kempten (Allgäu)
30.09.93 Regensburg
02.05.95 Kempten (Allgäu)
03.06.97 Ulm
10.06.01 Mühldorf (Oberbay)

218 404-2 (Krupp, 5370)

08.06.76 Kempten (Allgäu)
30.09.93 Regensburg
02.05.95 Kempten (Allgäu)
03.06.97 Ulm
10.06.01 Mühldorf (Oberbay)

218 405-9 (Krupp, 5371)

05.07.76 Kempten (Allgäu)
30.09.93 Regensburg
25.09.97 Ulm
30.05.99 Regensburg
10.06.01 Mühldorf (Oberbay)
23.04.15 z-Stellung

218 406-7 (Krupp, 5372)

03.08.76 Kempten (Allgäu)
30.09.93 Regensburg
10.06.01 Stendal
15.12.02 Halberstadt
19.06.03 Ulm

218 407-5 (Krupp 5373)

06.09.76 Kempten (Allgäu)
30.09.93 Regensburg
15.12.02 Lübeck
01.06.10 Kiel
23.02.18 z-Stellung
22.05.19 verk. an RIS Sachsen „218 407", NVR-Nr. 92 80 1218 407-5 D-RIS

218 408-3 (Krupp, 5374)

06.10.76 Kempten (Allgäu)
30.09.93 Regensburg
01.02.96 Kempten (Allgäu)
03.06.97 Regensburg
26.05.00 Kaiserslautern
12.06.04 Trier
15.04.11 Kaiserslautern
11.12.11 Ulm
11.01.12 Kaiserslautern
13.05.16 z-Stellung

218 409-1 (Krupp, 5375)

31.10.76 Kempten (Allgäu)
30.09.93 Regensburg
30.09.01 Leipzig Hbf Süd
11.08.03 Ulm

218 410-9 (Krupp, 5376)

06.12.76 Kempten (Allgäu)
30.09.93 Regensburg
30.09.01 Leipzig Hbf Süd
04.08.03 Ulm
10.12.17 Kempten (Allgäu)

218 411-7 (Krupp, 5377)

29.12.76 Kempten (Allgäu)
30.09.93 Regensburg
03.12.96 Kaiserslautern
12.06.04 Trier
15.04.11 Kaiserslautern
13.12.14 Kempten (Allgäu)

218 412-5 (Krupp, 5378)

31.01.77 Kempten (Allgäu)
30.09.93 Regensburg
28.01.97 Kaiserslautern
12.06.04 Trier
09.05.11 Kaiserslautern
15.12.14 Ulm
01.06.17 z-Stellung

218 413-3 (Krupp, 5379)

28.02.77 Kempten (Allgäu)
30.09.93 Regensburg
15.12.02 Lübeck
01.06.10 Kiel

218 414-1 (Krupp, 5380)

31.03.77 Kempten (Allgäu)
30.09.93 Regensburg
12.01.97 Kaiserslautern
12.06.04 Trier
15.04.11 Kaiserslautern
13.12.14 Kempten (Allgäu)
14.12.18 Mühldorf (Oberbay)

218 415-8 (Krupp, 5381)

01.05.77 Kempten (Allgäu)
30.09.93 Regensburg
29.10.96 Kaiserslautern
15.12.02 Darmstadt
11.05.09 Frankfurt-Griesheim
20.12.14 Kempten (Allgäu)

218 416-6 (Krupp, 5382)

01.06.77 Kempten (Allgäu)
30.09.93 Regensburg
11.09.00 Mühldorf (Oberbay)

218 417-4 (Krupp, 5383)

28.06.77 Kempten (Allgäu)
30.09.93 Regensburg
04.12.96 Kaiserslautern

Bild 183 – Bei Oberstaufen begegnet uns am 23. April 1981 der D 362 nach Genf, bespannt mit den Kemptener Lokomotiven **218 425** und **218 477**. Die Landschaft wirkt noch recht winterlich, doch der Frühling ist nicht mehr fern. AUFNAHME: LUDWIG ROTTHOWE

15.12.02 Darmstadt
11.05.09 Frankfurt-Griesheim
18.06.15 Ulm

218 418-2 (Krupp, 5384)
25.07.77 Kempten (Allgäu)
30.09.93 Regensburg
19.04.00 Kaiserslautern
20.11.00 Ulm
10.06.01 Mühldorf (Oberbay)

218 419-0 (Krupp, 5385)
07.09.77 Kempten (Allgäu)
30.09.93 Regensburg
30.05.99 Stendal
23.11.99 Kempten (Allgäu)
03.04.01 Mühldorf (Oberbay)

218 420-8 (Krupp, 5386)
10.10.77 Regensburg
26.09.97 Ulm
20.11.00 Kaiserslautern
15.12.02 Darmstadt
11.05.09 Frankfurt-Griesheim
26.08.14 Kempten (Allgäu)

218 421-6 (Krupp, 5387)
08.11.77 Regensburg
28.06.00 Mühldorf (Oberbay)

218 422-4 (Krupp, 5388)
13.12.77 Regensburg
26.09.97 Ulm
10.06.01 Mühldorf (Oberbay)

218 423-2 (Krupp, 5389)
09.01.78 Regensburg
25.09.00 Mühldorf (Oberbay)

218 424-0 (Krupp, 5390)
14.02.78 Kempten (Allgäu)
06.06.00 Kaiserslautern
12.06.04 Trier
15.04.11 Kaiserslautern
15.12.14 Kempten (Allgäu)

218 425-7 (Krupp, 5391)
13.03.78 Kempten (Allgäu)
06.06.00 Kaiserslautern
12.06.04 Trier
15.04.11 Kaiserslautern
13.12.14 Kempten (Allgäu)

218 426-5 (Krupp, 5392)
11.04.78 Kempten (Allgäu)
03.04.01 Mühldorf (Oberbay)

218 427-3 (Krupp, 5393)
18.05.78 Lübeck
28.03.00 Kaiserslautern
05.11.00 Lübeck
29.06.01 Stendal
15.12.02 Halberstadt
19.06.03 Ulm

218 428-1 (Krupp, 5394)
13.06.78 Lübeck
19.10.00 Mühldorf (Oberbay)

218 429-0 (Krupp, 5395)
13.07.78 Lübeck
26.05.00 Kaiserslautern
15.12.02 Darmstadt
11.05.09 Frankfurt-Griesheim
20.12.14 Kempten (Allgäu)
20.12.18 Mühldorf (Oberbay)

218 430-7/210 430-5 (Krupp, 5396)
13.08.78 Lübeck
18.09.96 bis 05.12.98: Einsatz als 210 430
01.09.07 Kempten (Allgäu)
31.05.09 Trier
16.04.10 Schöllkrippen (Westfrankenbahn)
25.05.10 Mühldorf (Oberbay)
14.07.10 Chemnitz (Erzgebirgsbahn)
01.04.11 Mühldorf (Oberbay)
14.12.17 Schöllkrippen (Westfrankenbahn)
14.04.18 Mühldorf (Oberbay)

218 431-5/210 431-3 (Krupp, 5397)
13.09.78 Lübeck
24.09.96 bis 30.12.98: Einsatz als 210 431
28.07.00 Kempten (Allgäu)
03.04.01 Mühldorf (Oberbay)
10.06.01 Stendal
12.12.04 Lübeck
16.12.08 Ulm
30.01.18 Stuttgart
18.10.18 Ulm

218 432-3/210 432-1 (Krupp, 5398)
16.10.78 Lübeck
26.09.96 bis 11.11.98: Einsatz als 210 432
26.10.00 Mühldorf (Oberbay)
10.06.01 Stendal
12.12.04 Lübeck
13.12.08 Ulm

218 433-1/210 433-9 (Krupp, 5399)

08.11.78	Lübeck
13.09.96	bis 29.10.98: Einsatz als 210 433
08.11.00	Mühldorf (Oberbay)
10.06.01	Stendal
12.12.04	Lübeck
05.12.08	Mühldorf (Oberbay)

218 434-9/210 434-7 (Krupp, 5400)

13.12.78	Lübeck
27.09.96	bis 28.12.98: Einsatz als 210 434
16.12.08	Ulm

218 435-6 (Henschel, 32029)

09.03.76	Kempten (Allgäu)
05.11.00	Stendal
10.06.01	Halberstadt
15.12.02	Stendal
12.12.04	Lübeck
19.12.08	Kempten (Allgäu)
13.12.14	Ulm

218 436-4 (Henschel, 32030)

08.04.76	Kempten (Allgäu)
05.11.00	Stendal
10.06.01	Halberstadt
15.12.02	Stendal
12.09.03	Ulm

218 437-2 (Henschel, 32031)

13.06.76	Kempten (Allgäu)
18.10.00	Stendal
23.03.01	Mühldorf (Oberbay)
02.01.14	z-Stellung
23.04.14	+
04.14	Zerl. durch Fa. Scholz in Espenhain

218 438-0 (Henschel, 32032)

11.07.76	Kempten (Allgäu)
01.11.00	Stendal
10.06.01	Halberstadt
01.06.02	Stendal
14.12.03	Ulm

218 439-8 (Henschel, 32033)

08.09.76	Kempten (Allgäu)
03.04.01	Mühldorf (Oberbay)
15.12.02	Ulm
26.04.19	verk. an Railsystems RP „218 439“, NVR-Nr. 92 80 1218 439-8 D-RPRS

218 440-6 (Henschel, 32034)

29.09.76	Kempten (Allgäu)
05.11.00	Stendal
14.03.01	Mühldorf (Oberbay)
19.05.15	z-Stellung
29.05.19	Zerl. durch Fa. Bender in Opladen

218 441-4 (Henschel, 32035)

10.10.76	Kempten (Allgäu)
19.02.99	z-Stellung (Unfall in Immenstadt)
19.12.03	+ (Zerlegung im Werk Bremen)

218 441^{II}, Umbau aus 215 022 (Krupp, 5043)

31.03.00	AW Bremen, Versuchsträger
01.08.03	verk. an Transnet Service-Gesellschaft
10.09	Abgabe an DB-Werk Bremen
11.10	Zerlegung durch Fa. Steil in Köln

218 442-2 (Henschel, 32036)

09.12.76	Kempten (Allgäu)
05.07.00	Kaiserslautern
15.12.02	Darmstadt
11.05.09	Frankfurt-Griesheim
15.12.12	Ulm
25.04.16	z-Stellung

218 443-0 (Henschel, 32037)

13.01.77	Kempten (Allgäu)
03.04.01	Mühldorf (Oberbay)
15.12.02	Ulm

218 444-8 (Henschel, 32038)

21.02.77	Kempten (Allgäu)
03.04.01	Mühldorf (Oberbay)
18.03.15	z-Stellung
27.07.18	+, verk. an PRESS, NVR-Nr. 92 80 1218 444-8 D-PRESS

218 445-5 (Henschel, 32039)

12.04.77	Kempten (Allgäu)
03.04.01	Mühldorf (Oberbay)
27.01.15	z-Stellung
18.03.15	+

218 446-3 (Henschel, 32040)

10.05.77	Kempten (Allgäu)
15.05.00	Kaiserslautern
15.12.02	Darmstadt
11.05.09	Frankfurt-Griesheim
15.01.15	Kempten (Allgäu)

218 447-1 (Henschel, 32041)

20.06.77	Kempten (Allgäu)
18.12.00	Stendal
10.06.01	Halberstadt
01.07.03	Stendal
01.02.04	Braunschweig
06.07.14	z-Stellung
20.05.17	+
31.05.17	verk. an Railsystems RP „218 447“, NVR-Nr. 92 80 1218 447-1 D-RPRS

218 448-9 (Henschel, 32042)

14.07.77	Kempten (Allgäu)
05.02.01	Stendal
01.02.04	Braunschweig
06.07.14	z-Stellung
27.07.18	+, verk. an PRESS, NVR-Nr. 92 80 1218 448-9 D-PRESS

218 449-7 (Henschel, 32043)

10.08.77	Kempten (Allgäu)
03.04.01	Mühldorf (Oberbay)
10.06.01	Stendal
15.01.04	Darmstadt
11.05.09	Frankfurt-Griesheim
17.12.12	Oberhausen
09.01.13	Köln-Deutzerfeld
30.01.14	z-Stellung
08.07.14	+
01.08.14	an DB Bahnbau Gruppe

218 450-5 (Henschel, 32044)

11.09.77	Kempten (Allgäu)
09.04.01	Mühldorf (Oberbay)
10.06.01	Stendal
10.06.02	Halberstadt
01.07.03	Stendal
01.02.04	Braunschweig
03.09.15	z-Stellung
07.04.16	+, verk. an Lappwaldbahn
12.16	verk. an Lappwaldbahn Cargo „218 450“, NVR-Nr. 92 80 1218 450-5 D-LWC

218 451-3 (Henschel, 32045)

16.10.77	Kempten (Allgäu)
03.04.01	Mühldorf (Oberbay)
10.06.01	Stendal
01.02.04	Braunschweig
11.12.09	Lübeck
03.03.10	Braunschweig
03.09.15	z-Stellung
07.04.16	+, verk. an Lappwaldbahn
12.16	verk. an Lappwaldbahn Cargo „218 451“, NVR-Nr. 92 80 1218 451-3 D-LWC

218 452-1 (Henschel, 32046)

08.12.77	Regensburg
10.06.01	Stendal
01.02.04	Braunschweig
08.09.15	Mühldorf (Oberbay)

218 453-9 (Henschel, 32047)

18.01.78	Regensburg
05.11.00	Stendal
10.06.01	Halberstadt
01.07.03	Stendal
12.12.04	Lübeck
01.06.10	Kiel

218 454-7 (Henschel, 32048)

14.02.78	Kempten (Allgäu)
01.06.85	Regensburg
10.06.01	Stendal
12.12.05	Lübeck
15.12.08	Kempten (Allgäu)
23.12.13	Mühldorf (Oberbay)
09.12.18	z-Stellung

218 455-4 (Henschel, 32049)

06.04.78	Kempten (Allgäu)
05.02.01	Stendal
01.02.04	Braunschweig
22.04.15	z-Stellung
08.06.16	+, verk. an EfW-Verkehrsges., NVR-Nr. 92 80 1218 455-4 D-EFW

218 456-2/210 456-0 (Henschel, 32050)

22.05.78	Lübeck
24.09.96	bis 11.11.98: Einsatz als 210 456
16.12.08	Ulm

Bild 184
Mit einem Regionalexpress nach Bad Harzburg hat **218 474** am 9. August 2008 den ehemaligen Bahnhof Oker Ost durchfahren. Er diente früher als Güterbahnhof der Bleihütte Oker und der Zinkhütte Harlingerode. Reststoffhalden begleiten die eingleisige Hauptbahn in diesem Bereich noch heute.

AUFNAHME: JOSEF HÖGEMANN

218 457-0/210 457-8 (Henschel, 32051)

13.06.78	Lübeck
19.09.96	bis 14.10.98: Einsatz als 210 457
10.12.06	Kempten (Allgäu)
16.01.15	z-Stellung
19.12.18	verk. an AIXrail „218 457", NVR-Nr. 92 80 1218 457-0 D-AIX

218 458-8/210 458-6 (Henschel, 32052)

10.07.78	Lübeck
17.09.96	bis 24.09.98: Einsatz als 210 458
20.07.00	Mühldorf (Oberbay)
10.06.01	Stendal
12.12.04	Lübeck
19.12.08	Kempten (Allgäu)
27.01.15	z-Stellung
05.09.17	+
01.19	verk. an PRESS NVR-Nr. 92 80 1218 458-8 D-PRESS

218 459-6/210 459-4 (Henschel, 32053)

17.08.78	Lübeck
19.09.96	bis 26.10.98: Einsatz als 210 459
22.07.06	Mühldorf (Oberbay)
15.01.07	Lübeck
04.05.07	Kempten (Allgäu)
20.05.07	Lübeck
15.12.07	Kempten (Allgäu)
22.08.13	z-Stellung
06.03.14	+

218 460-4/210 460-2 (Henschel, 32054)

13.09.78	Lübeck
25.09.96	bis 19.10.98: Einsatz als 210 460
15.12.07	Kempten (Allgäu)
19.12.13	Oberhausen
23.01.14	Köln-Deutzerfeld
15.06.15	Kiel
02.07.15	Schöllkrippen (Westfrankenbahn)
02.03.17	Mühldorf (Oberbay)
19.04.17	Schöllkrippen (Westfrankenbahn)

218 461-2/210 461-0 (Henschel, 32055)

26.10.78	Lübeck
20.09.96	bis 28.12.98: Einsatz als 210 461
15.12.07	Kempten (Allgäu)
28.05.15	z-Stellung
05.09.17	+

218 462-0/210 462-8 (Henschel, 32056)

04.12.78	Lübeck
17.09.96	bis 10.01.99: Einsatz als 210 462
15.12.07	Kempten (Allgäu)
27.11.14	z-Stellung

218 463-8 (Krauss-Maffei, 19778)

05.04.76	Kempten (Allgäu)
10.06.01	Stendal
12.12.04	Lübeck
01.01.07	Mühldorf (Oberbay)

218 464-6 (Krauss-Maffei, 19779)

11.05.76	Kempten (Allgäu)
16.07.04	Braunschweig
01.11.07	Lübeck
19.12.08	Kempten (Allgäu)
11.12.11	Kiel
01.04.12	Ulm

218 465-3 (Krauss-Maffei, 19780)

03.06.76	Kempten (Allgäu)
04.11.01	Ulm
11.12.01	Stendal
12.12.04	Lübeck
01.01.07	Mühldorf (Oberbay)
26.12.10	Kiel
14.07.11	Mühldorf (Oberbay)

218 466-1 (Krauss-Maffei, 19781)

11.07.76	Kempten (Allgäu)
04.11.01	Ulm
11.12.01	Halberstadt
01.07.03	Stendal
12.12.04	Lübeck
01.01.07	Mühldorf (Oberbay)
13.07.17	z-Stellung
18.08.18	+
02.10.18	verk. an Railsystems RP „218 466", NVR-Nr. 92 80 1218 466-1 D-RPRS

218 467-9 (Krauss-Maffei, 19782)

08.08.76	Kempten (Allgäu)
26.08.15	z-Stellung
20.04.16	+, verk. an Mitteldeutsche Eisenbahn (MEG) „305", NVR-Nr. 92 80 1218 467-9 D-MEG

218 468-7 (Krauss-Maffei, 19783)

27.09.76	Kempten (Allgäu)
04.03.10	Leipzig Hbf Süd
06.12.12	z-Stellung
13.11.18	verk. an RIS Sachsen „218 468", NVR-Nr. 92 80 1218 468-7 D-RISS

218 469-5 (Krauss-Maffei, 19784)

26.10.76	Kempten (Allgäu)
28.05.15	z-Stellung
25.02.16	+
28.02.16	verk. an Railsystems RP „218 469", NVR-Nr. 92 80 1218 469-5 D-RPRS

218 470-3 (Krauss-Maffei, 19785)

23.11.76	Kempten (Allgäu)
16.07.04	Braunschweig
29.12.14	Kiel

218 471-1 (Krauss-Maffei, 19786)

20.12.76	Kempten (Allgäu)
23.01.15	z-Stellung
20.11.15	an DB Netz

218 472-9 (Krauss-Maffei, 19787)

21.02.77	Kempten (Allgäu)
21.02.15	z-Stellung
01.10.16	+, verk. an Railsystems RP
.17	verk. an Power Rail „218 472" NVR-Nr. 92 80 1218 472-9 D-POWER

218 473-7 (Krauss-Maffei, 19788)

25.04.77	Kempten (Allgäu)
16.07.04	Braunschweig
15.03.05	Lübeck

01.11.07 Braunschweig
29.12.14 Kiel

218 474-5 (Krauss-Maffei, 19789)

04.05.77 Mühldorf (Oberbay)
28.05.79 Kempten (Allgäu)
16.07.04 Braunschweig
09.11.04 Lübeck
19.12.07 Braunschweig
24.07.15 Hamburg-Ohlsdorf (S-Bahn Hamb.)

218 475-2 (Krauss-Maffei, 19790)

02.06.77 Mühldorf (Oberbay)
16.06.77 Kempten (Allgäu)
19.09.82 Karlsruhe
25.09.83 Kempten (Allgäu)
19.11.13 z-Stellung
05.02.14 +
12.13 Zerlegung durch Firma Steil in Trier

218 476-0 (Krauss-Maffei, 19791)

06.07.77 Mühldorf (Oberbay)
28.05.79 Kempten (Allgäu)
20.09.82 Karlsruhe
14.12.09 Frankfurt-Griesheim
08.08.11 Kempten (Allgäu)
11.12.11 Ulm

218 477-8 (Krauss-Maffei, 19792)

03.08.77 Mühldorf (Oberbay)
11.08.77 Kempten (Allgäu)
23.05.82 Karlsruhe
07.12.09 Frankfurt-Griesheim
11.09.12 z-Stellung
27.02.13 an DB Netz

218 478-6 (Krauss-Maffei, 19793)

03.10.77 Regensburg
23.05.82 Karlsruhe
21.04.11 Frankfurt-Griesheim
18.10.13 z-Stellung
28.04.14 +
04.14 Zerlegung durch Firma Scholz in Espenhain

218 479-4 (Krauss-Maffei, 19794)

08.11.77 Regensburg
23.05.82 Karlsruhe
17.08.93 Haltingen
28.05.00 Karlsruhe
13.12.09 Frankfurt-Griesheim
08.01.13 Mühldorf (Oberbay)
20.06.13 z-Stellung
28.10.13 +
09.13 Zerlegung durch Firma Scholz in Espenhain

218 480-2 (Krauss-Maffei, 19795)

13.12.77 Regensburg
23.05.82 Karlsruhe
01.10.93 Haltingen
15.12.02 Ulm
18.08.06 Karlsruhe
26.12.10 Kiel
04.03.11 Karlsruhe
07.04.15 z-Stellung
01.05.16 +
03.05.16 verk. an Railsystems RP „218 480“ NVR-Nr. 92 80 1218 480-2 D-RPRS

218 481-0 (Krauss-Maffei, 19796)

12.01.78 Regensburg
23.05.82 Karlsruhe
07.10.93 Haltingen
15.12.02 Darmstadt
12.12.05 Karlsruhe
19.08.11 Ulm

218 482-8 (Krauss-Maffei, 19797)

07.02.78 Kempten (Allgäu)
23.05.82 Karlsruhe
18.10.93 Haltingen
15.12.02 Darmstadt
16.07.04 z-Stellung (Brandschaden)
01.02.16 +

218 483-6 (Krauss-Maffei, 19798)

09.03.78 Kempten (Allgäu)
23.05.82 Karlsruhe
04.11.93 Haltingen
15.12.02 Darmstadt
12.12.05 Karlsruhe

218 484-4 (Krauss-Maffei, 19799)

06.04.78 Kempten (Allgäu)
23.05.82 Karlsruhe
25.11.93 Haltingen
15.12.02 Darmstadt
12.12.05 Karlsruhe
11.09.18 Niebüll
14.12.18 Karlsruhe

218 485-1 (Krauss-Maffei, 19800)

08.05.78 Lübeck
19.12.08 Kempten (Allgäu)
19.10.12 z-Stellung
19.12.18 verk. an AIXrail „218 485“, NVR-Nr. 92 80 1218 485-1 D-AIX

218 486-9 (Krauss-Maffei, 19801)

19.06.78 Lübeck
19.12.08 Kempten (Allgäu)
16.12.14 Plochingen (S-Bahn Stuttgart)

218 487-7 (Krauss-Maffei, 19802)

06.07.78 Lübeck
01.10.08 Ulm

218 488-5 (Krauss-Maffei, 19803)

08.08.78 Lübeck
15.12.07 Kempten (Allgäu)
27.07.15 Leipzig Hbf Süd
04.09.17 z-Stellung
01.08.18 +
02.10.18 verk. an Railsystems RP „218 488“, NVR-Nr. 92 80 1218 488-5 D-RPRS

218 489-3 (Krauss-Maffei, 19804)

05.10.78 Lübeck
09.12.07 Kempten (Allgäu)
09.04.15 z-Stellung
05.09.17 +
03.12.18 verk. an Railsystems RP „218 489“, NVR-Nr. 92 80 1218 489-3 D-RPRS

218 490-1 (MaK, 2000121)

19.11.78 Lübeck
03.02.09 Trier
25.05.09 Kempten (Allgäu)
23.01.15 z-Stellung
01.08.16 +
22.07.16 verk. an Railsystems RP „218 490“, NVR-Nr. 92 80 1218 490-1 D-RPRS

218 491-9 (MaK, 2000122)

10.12.78 Lübeck
19.05.00 Regensburg
15.12.02 Lübeck
16.12.08 Ulm

218 492-7 (MaK, 2000123)

21.12.78 Lübeck
15.12.07 Kempten (Allgäu)
28.05.15 z-Stellung
03.12.18 +
03.12.18 verk. an Railsystems RP „218 492“, NVR-Nr. 92 80 1218 492-7 D-RPRS

218 493-5 (MaK, 2000124)

08.01.79 Lübeck
09.12.07 Kempten (Allgäu)
28.07.15 Ulm
07.04.17 z-Stellung

218 494-3 (MaK, 2000125)

14.02.79 Lübeck
16.12.08 Ulm

218 495-0 (MaK, 2000126)

18.03.79 Lübeck
16.12.08 Ulm

218 496-8 (MaK, 2000127)

10.04.79 Lübeck
28.05.00 Regensburg
08.01.02 Stendal
14.12.03 Ulm
10.12.17 Kempten (Allgäu)

218 497-6 (MaK, 2000128)

17.05.79 Lübeck
28.05.00 Kaiserslautern
15.12.02 Darmstadt
11.05.09 Frankfurt-Griesheim
15.01.15 Kempten (Allgäu)

218 498-4 (MaK, 2000129)

11.06.79 Lübeck
26.05.00 Kaiserslautern
15.12.02 Darmstadt
11.05.09 Frankfurt-Griesheim
26.01.13 Mühldorf (Oberbay)

218 499-2 (MaK, 2000130)

21.06.79 Lübeck
16.12.08 Ulm ❑

6 Heimatdienststellen der 218-Serienlokomotiven

6.1 Einsätze in den alten Bundesländern

Bundesbahndirektion München

Bw Kempten (Allgäu)

(ab 1. Januar 1994 Bh Kempten (Allgäu), ab Januar 1999 Werk Kempten (Allgäu))

Die Beheimatung der Baureihe 210 ab Oktober 1970 in Kempten (Allgäu) machte den Weg frei für die Verwendung moderner elektrisch beheizter Reisezugwagen der Schweizerischen Bundesbahnen (SBB) im grenzüberschreitenden Fernreisezugverkehr. Der Einsatz der neuen Gasturbinenlokomotiven ging vor allem zu Lasten der damals noch in größerer Zahl in Kempten (Allgäu) beheimateten Lokomotiven der Baureihe 221, deren vollständiges Ausscheiden aber erst die Baureihe 218 möglich machen sollte.

Erste 218 in Kempten (Allgäu) war die am 29. Oktober 1972 abgenommene 218 250, die zunächst für die Personalschulung verwendet wurde. Ihr folgten bis zum Jahresende die Lokomotiven 218 249 und 218 251 – 254. Im Lauf des Folgejahres wurde der Bestand mit Zugang der ebenfalls fabrikneuen 218 255 – 281 weiter aufgestockt. Die Neuzugänge ermöglichten nicht nur den schrittweisen Verzicht auf die Baureihe 221, sondern auch die weitgehende Abgabe der seit 1971 in Kempten (Allgäu) beheimateten Baureihe 216.

Weitere 218 folgten im Jahr 1974 mit Übernahme der fabrikneuen 218 282 und 283 ab Werk sowie 218 246, 247, 248 und 284 vom Bw Regensburg, bevor im Jahr 1975 die Lokomotiven 218 353 – 360, 389 – 397 und 399 (ab Werk) sowie 218 340 – 345 und 348 – 352 (Bw Regensburg) den Bestand noch einmal verstärkten.

Die inzwischen recht hohe Zahl an Lokomotiven der Baureihe 218 führte bis Mitte 1975 zu einem vollständigen Abzug der Baureihen 216 und 221 aus Kempten (Allgäu). Im Umlauf 532.003 wurden ab dem 1. Dezember 1975 planmäßig 22 Lokomotiven benötigt, die mit Personalen der Heimatdienststelle sowie der Einsatz-Bw bzw. Außenstellen Augsburg, Buchloe, Ingolstadt, Lindau, Nördlingen und Ulm besetzt waren. Dienstags bis freitags lag die durchschnittliche Laufleistung bei 480 km/LpT (min. 169 km/max. 768 km). Befahren wurden folgende Strecken im Reisezug- und Güterverkehr:

KBS 730	Ulm – Lindau;
KBS 750	Ulm – Friedrichshafen;
KBS 751	Aulendorf – Kißlegg;
KBS 873	Ingolstadt – Regensburg;
KBS 900	Augsburg – München;
KBS 900/910	Ulm – Neuoffingen – Ingolstadt;
KBS 960	Augsburg – Geltendorf – Weilheim (Oberbay) – Garmisch-Partenkirchen;
KBS 974	Immenstadt – Oberstdorf;
KBS 975	Ulm – Memmingen – Kempten (Allgäu);
KBS 980	München – Kempten (Allgäu) – Lindau.

Besonders zu erwähnen ist die planmäßige Bespannung des Zugpaars TEE 66/67 „Bavaria" München – Zürich u. z, wobei i. d. R. eine Lok in ozeanblau/beiger Farbgebung zum Einsatz kam. An-

Bild 185 – Mit einem Nahgüterzug aus Kempten ist **218 275** am 10. Oktober 1973 in Reutte in Tirol eingetroffen. Rechts im Bild ist der 2.048 m hohe Säuling im Grenzgebiet zu Deutschland zu sehen, einer der markantesten Berge des Allgäus. Aufnahme: Claus-Jürgen Schulze

Bild 186
In den Abendstunden des 6. August 1975 ist die Kemptener **218 359** bei Bühl (Alpsee) mit einem Nahverkehrszug aus vierachsigen Umbauwagen auf dem Weg nach Lindau. Über das malerisch gelegene Gewässer reicht der Blick weit nach Südosten bis zu den Allgäuer Alpen.

Bild 187
Wer schon einmal Urlaub am Ammersee gemacht hat, wird vielleicht auch die Schorndorfer St.-Anna-Kirche auf der kleinen Anhöhe oberhalb der Ammerseebahn besucht haben. In den frühen Morgenstunden des 6. Dezember 1978 – dem Nikolaustag – passiert eine Kemptener 218 mit einem Zug in Richtung Geltendorf das sehenswerte Gotteshaus.

AUFNAHMEN (2): ROLF WIESEMEYER

sonsten lag der internationale Fernreisezugverkehr auf den Strecken des Allgäus wie schon zuvor weitgehend in den Händen der Gasturbinenloks der Baureihe 210.

Eine weitere Lok wurde im Dienstplan 532.003a beschäftigt und legte dabei Mo-Fr vor Güterzügen zwischen Kempten (Allgäu) und Lindau-Reutin sowie auf der Württembergischen Südbahn 392 km/LpT zurück.

Auch wenn inzwischen bereits erste Abgänge zu verzeichnen waren, hatte sich am 1. Januar 1976 die stattliche Zahl von 50 Lokomotiven in Kempten (Allgäu) versammelt:

218	259	260	261	262	263	264	265	266	267	268
	269	270	271	272	273	274	275	276	277	278
	279	340	341	342	343	344	345	348	349	350
	351	352	353	354	355	356	357	358	359	360
	389	390	391	392	393	394	395	396	397	399

Im März 1978 kam es zum Bruch einer Turbinenlaufscheibe bei der 210 003, so dass bis zur Klärung der Ursache alle Gasturbinentriebwerke bis auf Weiteres stillgelegt werden mussten. Die dadurch verringerte Leistung der Baureihe 210 machte bei den schweren Schnellzügen den Einsatz einer zusätzlichen 218 notwendig. Ende Dezember 1978 wurde nach einem Turbinenbrand ein generelles Einsatzverbot für die Gasturbinen ausgesprochen, so dass aufgrund des winterbedingt erhöhten Energiebedarfs nunmehr alle schweren Schnellzüge mit zwei Lokomotiven zu bespannen waren. Da auch nicht mit einer Wiederinbetriebnahme der Gasturbinen zu rechnen war, beantragte das Bw Kempten (Allgäu) daraufhin bei der BD München, einen Teil der durchs Allgäu verkehrenden Schnellzüge zukünftig nur noch mit einer Lok der Baureihe 218 bespannen zu dürfen und gleichzeitig die Fahrzeiten zu strecken. Dieses scheiterte jedoch am Veto des Präsidenten der BD München, Dr.-Ing. Alfons Thoma. Er argumentierte wie folgt: *„In der Relation München – Zürich gibt es keine Autobahn, und unsere Züge sind gut besetzt. Wir müssen diese Kunden behalten, eher noch neue hinzugewinnen und müssen daher auch attraktive Fahrzeiten anbieten.“*

Bild 188 – Der heilklimatische Kur- und Kneippkurort Oberstdorf im bayerischen Landkreis Oberallgäu ist ein beliebtes Ferienziel. Im Winter locken vor allem die alpinen Skigebiete an Nebelhorn, Söllereck und Fellhorn, wobei die Bahn nach wie vor bei der An- und Abreise gerne genutzt wird. Am 19. Januar 1978 verlässt **218 435** mit dem N 5755 vor der Kulisse des Allgäuer Hauptkamms den Bahnhof. AUFNAHME: CLAUS-JÜRGEN SCHULZE

Während des Winterfahrplans 1981/1982 setzte das Bw Kempten (Allgäu) in drei Umläufen insgesamt 49 Maschinen ein. Hinzu kamen einige Sonderdienste im Wintersportverkehr mit Leistungen Augsburg/Ulm – Oberstdorf und Augsburg – Mittenwald. Der Laufplan 01 enthielt Schnellzüge und Eilzüge vornehmlich auf nicht elektrifizierten Strecken im östlichen Württemberg und in Südbayern mit einer Tagesdurchschnittsleistung von 508 km/LpT. Bemerkenswert war der Durchlauf des Zugpaars E 2262/2263 München Hbf – Neustadt (Schwarzw) mit einer Tagesleistung von 769 km. Zum Einsatz gelangten die Lokomotiven auch auf österreichischem Gebiet mit dem Zugpaar 5455/5488 Kempten (Allgäu) – Garmisch u. z. über die Außenfernbahn. Auch einige Güterzugleistungen standen auf dem Programm:

Dg 57664 Neu Ulm 10.47 – 12.27 Memmingen
Ng 62277 Kempten (Allgäu) 16.58 – 19.10 Augsburg
Ng 63466 Augsburg 7.41 – 12.09 Lindau-Reutin
Ng 64474 Augsburg 17.05 – 19.45 Kempten (Allgäu)

Im Laufplan 02 kamen sieben Lokomotiven vor Eilzügen zum Einsatz. Die durchschnittliche Laufleistung lag bei 583 km/LpT (min. 253 km, max. 896 km). Neben zahlreichen Leistungen zwischen Ulm und Friedrichshafen sowie auf der Bodenseegürtelbahn sind besonders die Zugpaare E 2952/2955, E 2590/2591 und der E 2793 zu erwähnen. Sie wurden zwischen Kempten (Allgäu) bzw. Friedrichshafen und Aschaffenburg bzw. Frankfurt (M) durchgehend mit Kemptener 218 bespannt. Der dritte eintägige Umlauf sah täglich wechselnde Leistungen im Güterzugdienst im Bereich des südwestlichen Münchner Direktionsbezirks vor.

Während des Sommerfahrplans 1984 wurden im Laufplan 36 insgesamt 44 Loks benötigt, die durchschnittlich 541 km/LpT zurücklegten (min. 202 km, max. 943 km). Daneben bestand noch ein eintägiger Umlauf mit einer Leistung von 546 km/LpT. Die wichtigsten Einsatzstrecken bzw. Streckenabschnitte waren:

KBS 730 Lindau – Friedrichshafen;
KBS 750 Ulm – Friedrichshafen;
KBS 970 Augsburg/München – Oberstdorf/Lindau;
KBS 975 Ulm – Kempten (Allgäu);
KBS 971 Kaufbeuren – Füssen.

Zu den interessanten Zugleistungen zählten u. a. D 1786/1787 Augsburg – Garmisch-Partenkirchen, D 2716/2717 und D 1416/1417 Augsburg – Mittenwald. Für Leistungen im Güterverkehr bestanden zwei weitere Umlaufpläne. Im Umlauf 38 wurde eine 218 mit durchschnittlichen 230 km/LpT eingesetzt. Bespannt wurden die nicht täglich verkehrenden Züge 57662 Neustadt (Donau) – Schongau, 58644 Neustadt (Donau) – Breitenbrunn (Schwab) und 57665 Augsburg – Ingolstadt. Ferner war die Lok Di-Fr als Leervorspann vor einem 628^0 (N 5103) zwischen Augsburg und Ingolstadt zu beobachten. Die 218 im Plan 39 erreichte durchschnittlich gerade einmal 180 km/LpT. Wichtigste Leistungen waren die ebenfalls nicht täglich verkehrenden Züge 58674 Breitenbrunn (Schwab) – Ingolstadt, 57660 Neustadt (Donau) – Großaltingen und 57663 Kaufering – Neustadt (Donau).

Im September 1984 war eine Braunschweiger 218^9 (ex 210) zusammen mit einem Messwagen des BZA München im Allgäu unterwegs. Dieses geschah in Hinblick auf eine mögliche Rückstationierung der Baureihe 218^9 nach Kempten (Allgäu). Doch dazu kam es nicht. Ansonsten blieb es in den folgenden Jahren bei nur wenigen Veränderungen. So zeigte sich der 43-tägige Hauptumlauf auch während des Winterfahrplans 1985/1986 weitgehend unverändert. Hinzugekommen waren einige Wendezugleistungen im Raum Augsburg, bedingt durch den Mangel an Triebwagen der Baureihe 627. Das Einsatzgebiet umgrenzte folgende Wendebahnhöfe: Simbach (Inn), Lenggries, Mittenwald, Füssen, Lindau, Konstanz, Basel Bad Bf, Titisee und Aschaffenburg.

Haupteinsatzgebiet waren die Strecken München/Augsburg – Lindau und Ulm – Memmingen – Oberstdorf. Folgende hochwertigen Reisezüge wurden in Doppeltraktion gefahren:

Bild 189 – Vor dem Wettersteingebirge mit der Alpspitze (links) und den Waxensteinen (rechts) rollt der mit **218 448** bespannte N 5455 am 30. Juni 1983 durch die Wiesen von Untergrainau in Richtung Garmisch. In Bildmitte das Höllental, das durch die wildromantische Höllentalklamm erreicht wird. Links ist ein Seilbahnmast der Osterfelderbahn erkennbar. Im Höllental wurde bis in die Zeit des Ersten Weltkriegs Erz abgebaut, vor allem Mangan. AUFNAHME: CLAUS-JÜRGEN SCHULZE

Bild 190 – Aufgrund steigungsreicher Streckenverhältnisse und fehlender Elektrifizierung wird die Allgäubahn von Güterzügen nur wenig befahren. Auch fehlt es hier an nennenswerten Frachtkunden. Glück hatte der Fotograf, als ihm am 19. April 1980 bei Bühl (Alpsee) die Kemptener **218 439** mit einem Kesselwagenzug vor die Linse kam. AUFNAHME: LUDWIG ROTTHOWE

Bild 191
Zwischen Crailsheim und Heilbronn waren Kemptener 218 nur gelegentlich in Sonderdiensten zu sehen. 1985 wurde nicht nur in Nürnberg „150 Jahre Deutsche Eisenbahnen" gefeiert, sondern an einem Märzwochenende auch in Heilbronn. In diesem Zusammenhang gab es Sonderfahrten nach Öhringen und Eppingen mit IC-Garnituren, hier zu sehen mit **218 404** bei einem Halt in Eschenau (b Heilbronn). Solche Züge waren damals das standardmäßige DB-Angebot bei solchen Bahnhofsfesten innerhalb der BD Stuttgart.

Aufnahme: Utz von Wagner

IC 162/163	München – Lindau/Lindau – München;
D 360	München – Lindau;
D 365	Lindau – München;
FD 712/713	Ulm – Kempten/Kempten (Allgäu) – Ulm;
FD 783	Augsburg – Immenstadt;
D 790	Friedrichshafen Stadt – Ulm;
D 960	Friedrichshafen Stadt – Ulm;
D 2712	Friedrichshafen Stadt – Ulm;
D 2713	Ulm – Friedrichshafen Stadt – Lindau.

Hinzu kamen Doppeltraktionen vor diversen Eil- und Nahverkehrszügen. Weitere interessante Bespannung gab es gemeinsam mit Lokomotiven fremder Dienststellen:

D 790	Lindau – Friedrichshafen (218 Kempten (Allgäu)/218 Haltingen)	So
D 2716	Weilheim – Geltendorf (218 Kempten (Allgäu)/111 München)	täglich
E 3148	Lindau – Friedrichshafen Stadt (218 Kempten (Allgäu)/215 Ulm)	täglich
E 3395	Radolfzell – Friedrichshafen Stadt (218 Kempten (Allgäu)/218 Haltingen)	täglich
E 3447	München Ost – Mühldorf (Oberbay) (218 Kempten (Allgäu)/ 2 × 218 Mühldorf (Oberbay))	Do
E 3794	Kempten (Allgäu) – Ulm (218 Kempten (Allgäu)/215 Ulm)	So
N 4097	Ulm – Günzburg (218 Kempten (Allgäu)/140)	So

Weit herum kamen die Kemptener 218 auch während des Winterfahrplans 1988/1989. Ihr Einsatzgebiet wurde durch die Orte München, Garmisch-Partenkirchen, Oberstdorf, Lindau, Schaffhausen, Freiburg (Breisgau), Ulm, Neustadt (Schwarzw), Aschaffenburg und Augsburg eingegrenzt. Im Laufplan 41 waren 39 Planmaschinen beschäftigt, die im Durchschnitt 620 km/LpT zurücklegten. Langläufe gab es vor den E 3211 Friedrichshafen – Aschaffenburg, E 3123 Aschaffenburg – Aalen, E 3125 Aschaffenburg – Friedrichshafen, E 3126 Aalen – Aschaffenburg, ferner vor den E 3362/3363 München – Neustadt (Schwarzw) (– Freiburg). Österreich wurde mit den Nahverkehrszügen N 5455/5458 sowie zusätzlich samstags mit E 5461/5460 über die KBS 973 erreicht. Mit dem Zugpaar N 4232/4235 Singen (Hohentwiel) –

Bild 192
218 446 durchfährt am 27. August 1988 mit dem N 5458 den früheren Haltepunkt Obergrainau an der Außerfernbahn und wird auf dem Weg ins Allgäu sogleich österreichisches Hoheitsgebiet erreichen.

Aufnahme: Wolf-Dietmar Loos

Bild 193 – 218 465 durcheilt am 1. August 1985 vor E 3390 den ehemaligen Haltepunkt Maurach-Birnau zu Füßen der Wallfahrtskirche Birnau am Ufer des Bodensees. Links im Hintergrund ist das Dorf Unteruhldingen zu erkennen, das durch seine Pfahlbauten bekannt ist. AUFNAHME: CLAUS-JÜRGEN SCHULZE

Schaffhausen kamen sie auch auf Schweizer Gebiet. An Wochenenden erreichten sie über die KBS 960 vor E 3657/3678 über Weilheim (Oberbay) die Stadt Garmisch-Partenkirchen.

Während des Sommerfahrplans 1989 bestand im Laufplan 40 Bedarf für 40 Lokomotiven, die eine durchschnittliche Leistung von 641 km/LpT erreichten. Die höchste Laufleistung lag bei 1.117 km/LpT. Einsatzstrecken waren:

- München/Augsburg – Kempten (Allgäu)/Memmingen – Lindau;
- Lindau – Singen (Hohentwiel);
- München – Freiburg (Breisgau);
- Ulm – Kempten (Allgäu) – Oberstdorf;
- Ulm – Friedrichshafen;
- Ulm – Crailsheim – Aschaffenburg;
- Crailsheim – Heilbronn;
- Buchloe – Füssen;
- Augsburg – Weilheim (Oberbay);
- Kaufering – Schongau;
- Kempten (Allgäu) – Reutte in Tirol;
- Singen (Hohentwiel) – Schaffhausen (Sa);
- Augsburg – Garmisch-Partenkirchen (Sa und So);
- Heilbronn – Nürnberg (So).

In den Nachtstunden wurde mit einem Güterzug Mühldorf (Oberbay) erreicht. Zurück ging es mit einem Güterzug zurück über München Ost nach Augsburg

Am 1. Oktober 1992 führte das Bw Kempten (Allgäu) folgende 218 im Bestand:

218	398	399	400	401	402	403	404	405	406	407
	408	409	410	411	412	413	414	415	416	417
	418	419	424	425	426	435	436	437	438	439
	440	441	442	443	444	445	446	447	448	449
	450	451	455	463	464	465	466	467	468	469
	470	471	472	473	474	475				

gesamt: 56 Lokomotiven

Planmäßig benötigt wurden während des Winterfahrplans 1992/1993 im Laufplan 41 Lokomotiven, die durchschnittlich 677 km/LpT (min. 258, max. 984 km) zurücklegten. Folgende Strecken wurden befahren:

KBS 731	Singen (Hohentwiel) – Friedrichshafen – Lindau: diverse Eilzüge;
KBS 751/731	Ulm – Friedrichshafen – Lindau: IR-Züge und einige Eilzüge;
KBS 757/786/788/802	Ulm – Aschaffenburg: vier Reisezugpaare
KBS 970	München – Lindau: vornehmlich Reisezüge;
KBS 971	Buchloe – Memmingen – Hergatz (– Lindau): vornehmlich Reisezüge;
KBS 974	Buchloe – Biesenhofen – Füssen: vier Reisezugpaare;
KBS 975	Ulm – Kempten (Allgäu): vornehmlich Reisezüge;
KBS 985	Augsburg – Weilheim (Oberbay): vornehmlich Reisezüge;
KBS 970/971/753/766 755/727.	München – Freiburg (Breisgau): Züge E 3210/3211/3950

Mit Beginn des Winterfahrplans 1999/2000 übernahm das Werk Kempten (Allgäu) diverse Mühldorfer Leistungen. Gleichzeitig wurden zwei Kemptener Plantage zwischen Ulm und Ellwangen sowie Oberstdorf und Sigmaringen an das Werk Ulm abgegeben. Ab dem 28. November 1999 ersetzten Kemptener 218 auf der Strecke München – Lenggries/Bayrischzell etwa ein Jahr lang in einem eigenen fünftägigen Umlauf die schadanfälligen Integral-Triebzüge der Bayerischen Oberlandbahn (BOB). Daher wurde der Lokbestand um die Lübecker 218 198 und 305 sowie die Stendaler 218 419 aufgestockt.

Mit Beginn des Sommerfahrplans 2000 zogen Kemptener 218 die lokbespannten Regionalbahnen auf der Maintalbahn Aschaf-

Bild 194 – Wenig Mühe hat **218 466** am 23. Juli 1991, den aus nur zwei Bm-Wagen bestehenden E 3736 (Immenstadt – Lindau) nach einem kurzen Halt in Oberstaufen wieder auf Tempo zu bringen.

Bild 195 – Wenige Tage später dröhnen **218 474** und **218 449** am 29. Juli 1991 mit dem EC 96 (München – Bern) durch den Bahnhof Harbartshofen in Richtung Lindau.

AUFNAHMEN (2): ALBERT SCHÖPPNER, ARCHIV JÖRG SAUTER

Bild 196
In der Nacht zum 12. Februar 1999 war im Allgäu reichlich Schnee gefallen. Doch kaum war das Schneefallgebiet abgezogen, folgte ein sonniger Wintermorgen. **218 205** ist an diesem Tag mit einer Regionalbahn in Richtung Kempten (Allgäu) unterwegs und begegnet uns bei Oberstaufen.

Aufnahme: Carsten Cox

fenburg – Miltenberg, während Ulmer 218 die RE zwischen Crailsheim und Aschaffenburg übernahmen. Im Gegenzug wurden zum 14. Dezember 2003 vier Kemptener 218 infolge der Übernahme von Zugleistungen im Raum Kempten (Allgäu) durch das Unternehmen Arriva (Arriva-Länder-Express/ALEX) frei, die nach Darmstadt abgegeben wurden.

Mit dem Fahrplanwechsel am 12. Dezember 2009 entfielen die Einsätze ab Nürnberg, die erst ein Jahr zuvor vom Werk Regensburg auf das Werk Kempten übertragen worden waren. Zuletzt wurden noch die Tschechien-Züge RE 350-353 Nürnberg – Prag im Bereich Nürnberg Hbf – Schwandorf – Furth im Wald bespannt. Eine zweite Lok war zu diesem Zeitpunkt noch im Raum Bayreuth mit der Traktion von RB-Leistungen beschäftigt. Ab dem 13. Dezember 2009 übernahm Arriva die Bespannung der Züge zwischen Nürnberg Hbf und Pilsen mit Siemens-Dieselloks der Baureihe 223, so dass auch auf die weitere Vorhaltung einer 218-Reserve in Nürnberg verzichtet werden konnte.

Während des Jahresfahrplans 2013 wurden montags bis freitags noch 14 Lokomotiven planmäßig benötigt (samstags zwölf, sonntags 13). Für diese Dienste standen dem Werk Kempten (Allgäu) per 1. Februar 2013 folgende 19 Maschinen zur Verfügung:

218 435	454	457	458	459	460	461	462	467	469
471	472	475	486	488	489	490	492	493	

Der Dienstplan WRM1 218 sah RB/RE-Einsätze im Wendezugdienst mit drei bis fünf Wagen auf den Strecken München – Buchloe – Kempten (Allgäu), München – Buchloe – Memmingen – Hergatz – Lindau, Ulm – Memmingen – Kempten (Allgäu) – Immenstadt – Oberstdorf, München – Buchloe – Füssen und Augsburg – Buchloe – Füssen vor.

In den folgenden Jahren verlor die Baureihe 218 in Kempten (Allgäu) zunehmend an Bedeutung. Bis 2016 reduzierte sich der Plandienst auf nur noch fünf Lokomotiven, die ausschließlich im Regionalverkehr aktiv waren. Übernommen wurden die Leistungen von der neuen Baureihe 245, die schon bald auch die letzten 218 in Kempten (Allgäu) ersetzen wird.

Fahrzeugengpässe im Allgäuer Dieselnetz zwangen DB Regio Allgäu-Schwaben auch im Jahr 2018 zum Einsatz lokbespannter Züge. Ab dem 23. Januar 2018 setzte das Werk Kempten eine 218 mit einer dreiteiligen Doppelstockgarnitur zwischen München, Kempten (Allgäu) und Lindau und an Wochenenden auch in Richtung Ulm ein. Der Laufplan WRM2 218 hatte bis zum 22. März 2018 Bestand. Aufgrund von Baumaßnahmen verkehrte ab diesem Zeitpunkt bis auf Weiteres eine Sandwichgarnitur mit 218 424 und 218 446 zwischen München Hbf, Buchloe und Kempten (Allgäu).

Mit Neuvergabe des Dieselnetzes „Augsburg I“ zum Fahrplanwechsel am 9. Dezember 2018 übernahm die Transdev-Tochter

Bild 197
Schwere Güterzüge waren auf der Allgäubahn bereits in den neunziger Jahren nur noch in Ausnahmefällen zu beobachten. Am 14. August 1999 ist es bei Stein nördlich von Immenstadt Aufgabe von **218 455** und **218 424**, mit vereinten Kräften den umgeleiteten TE 41243 von Lindau-Reutin nach Augsburg Gbf zu befördern.

Aufnahme: Albert Schöppner, Archiv Jörg Sauter

Bild 198 (oben)
An einem bitterkalten Februartag im Jahr 1999 eilt der EC 166 von Prag nach Zürich durch die verschneite Landschaft westlich von Röthenbach (Allgäu). Dieser Zug war eine Planleistung Kemptener 218.

AUFNAHME: UTZ VON WAGNER

Bild 199 (links)
Am 19. Juli 1999 wurde der nach Fahrplan über Memmingen geführte EC 92 (München – Zürich) aufgrund von Bauarbeiten über Kempten (Allgäu) umgeleitet. Bespannt mit **218 398** und einer weiteren 218 unterquert der Zug bei Heimhofen einen Wirtschaftsweg.

AUFNAHME: JOSEF HÖGEMANN

Bayerische Regiobahn (BRB) den Regionalverkehr der Relationen München – Füssen, Augsburg – Füssen und Augsburg – Landsberg (Lech) mit Triebzügen der Bauart Coradia LINT. Dadurch verlor das Werk Kempten (Allgäu) den größten Teil seiner 218-Planleistungen. Es verblieb lediglich ein Regionalexpresszugpaar München – Kempten (Allgäu).

Die Baureihe 218 in Kempten (Allgäu) (nur Serienlokomotiven)

	Zugang aus		Abgang an	
218 112	24.10.96	Lübeck	11.11.97	Lübeck
124	07.01.01	Braunschweig	14.04.03	Darmstadt
138	14.12.08	Regensburg	06.05.09	z
141	14.12.08	Regensburg	14.11.09	z
153	11.08.08	Regensburg	06.05.09	z
158	04.05.07	Lübeck	19.05.07	Lübeck
198	05.11.00	Mühldorf (Oberbay)	09.06.01	Darmstadt
199	15.04.07	Karlsruhe	12.01.09	z
201	20.12.08	Regensburg	27.02.09	z

	Zugang aus		Abgang an	
218 202	29.05.01	Stendal	05.05.09	z
203	11.08.08	Regensburg	02.01.09	z
205	28.04.07	Karlsruhe	05.04.09	z
214	21.11.99	Regensburg	09.06.01	Ulm
	20.12.08	Ulm	25.02.10	z
216	21.11.99	Regensburg	09.04.01	Trier
219	10.07.08	Regensburg	26.07.08	z
222	30.09.93	Regensburg 1	23.04.95	Regensburg
	25.09.95	Regensburg	31.01.96	Regensburg
	04.06.97	Regensburg	14.04.03	Darmstadt
	10.12.06	Darmstadt	30.08.07	Ulm
223	30.09.93	Regensburg 1	24.08.95	Regensburg
	25.09.95	Regensburg	01.02.09	z
224	30.09.93	Regensburg 1	24.08.95	Regensburg
	25.09.95	Regensburg	02.03.09	z
225	30.09.93	Regensburg 1	24.08.95	Regensburg
	25.09.95	Regensburg	07.04.05	Regensburg

Bild 200
Von 1954 bis 2003 verkehrte als sog. „Heckeneilzug" ein Eilzugpaar zwischen München und Freiburg (Breisgau). Die 379 km lange Strecke führte durch das Unterallgäu, Oberschwaben, das obere Donautal und die komplette Höllentalbahn durch den Schwarzwald. Das Zugpaar entstand auf Wunsch zahlreicher Hoteliers und erhielt 1997 den Namen „Kleber-Express" nach der Familie Kleber aus Bad Saulgau, die sich am stärksten für die Verbindung eingesetzt hatte. Bei Falkensteig schiebt 218 474 am 22. Oktober 2000 den RE 21208 talwärts über die Höllentalbahn nach Freiburg (Breisgau).

AUFNAHME: JÖRG SAUTER

	Zugang aus		Abgang an	
218 226	30.09.93	Regensburg 1	14.12.03	Darmstadt
227	30.09.93	Regensburg 1	14.04.03	Darmstadt
228	30.09.93	Regensburg 1	14.04.03	Darmstadt
229	30.09.93	Regensburg 1	14.12.03	Darmstadt
230	30.09.93	Regensburg 1	05.04.04	z
231	30.09.93	Regensburg 1	15.12.04	DB Fernverkehr
232	30.09.93	Regensburg 1	14.12.03	Darmstadt
233	07.10.93	Regensburg 1	23.12.06	DB Fernverkehr
234	30.09.93	Regensburg 1	08.12.07	Ulm
235	30.09.93	Regensburg 1	28.01.08	z
236	30.09.93	Regensburg 1	14.12.03	Darmstadt
237	30.09.93	Regensburg 1	29.06.04	Regensburg
238	30.09.93	Regensburg 1	29.05.99	Karlsruhe
239	30.09.93	Regensburg 1	08.12.07	Ulm
240	30.09.93	Regensburg 1	30.06.08	DB Fahrwegdienste
241	30.09.93	Regensburg 1	16.09.08	Ulm
246	09.08.74	Regensburg	03.06.75	Mühldorf (Oberbay)
247	13.05.74	Regensburg	24.07.75	Mühldorf (Oberbay)
248	13.05.74	Regensburg	23.07.75	Mühldorf (Oberbay)
249	08.11.72	Neulieferung	31.07.75	Mühldorf (Oberbay)
250	29.10.72	Neulieferung	10.08.75	Mühldorf (Oberbay)
251	20.11.72	Neulieferung	07.08.75	Mühldorf (Oberbay)
252	09.11.72	Neulieferung	21.12.75	Mühldorf (Oberbay)
253	11.12.72	Neulieferung	03.09.75	Mühldorf (Oberbay)
254	12.12.72	Neulieferung	05.11.75	Mühldorf (Oberbay)
255	11.01.73	Neulieferung	13.12.75	Mühldorf (Oberbay)
256	04.01.73	Neulieferung	17.12.75	Mühldorf (Oberbay)
	19.12.08	Lübeck	24.01.10	z
257	13.02.73	Neulieferung	10.10.75	Mühldorf (Oberbay)
258	05.02.73	Neulieferung	18.12.75	Mühldorf (Oberbay)
259	13.03.73	Neulieferung	15.01.76	Mühldorf (Oberbay)
260	06.03.73	Neulieferung	26.01.76	Mühldorf (Oberbay)
	01.07.08	Lübeck	31.07.09	z
261	17.04.73	Neulieferung	24.01.76	Mühldorf (Oberbay)
262	29.03.73	Neulieferung	24.01.76	Mühldorf (Oberbay)
263	22.05.73	Neulieferung	29.07.76	Mühldorf (Oberbay)
264	10.05.73	Neulieferung	22.09.76	Mühldorf (Oberbay)
265	14.06.73	Neulieferung	22.09.76	Mühldorf (Oberbay)
266	13.06.73	Neulieferung	28.09.76	Mühldorf (Oberbay)
267	16.07.73	Neulieferung	22.09.76	Mühldorf (Oberbay)
268	03.07.73	Neulieferung	22.09.76	Mühldorf (Oberbay)
269	17.07.73	Neulieferung	24.09.76	Mühldorf (Oberbay)

	Zugang aus		Abgang an	
218 270	26.07.73	Neulieferung	21.05.77	Braunschweig
271	01.08.73	Neulieferung	15.05.77	Braunschweig
272	08.08.73	Neulieferung	19.05.77	Braunschweig
273	05.09.73	Neulieferung	11.05.77	Braunschweig
274	11.09.73	Neulieferung	15.05.77	Braunschweig
275	02.10.73	Neulieferung	11.05.77	Braunschweig
276	04.10.73	Neulieferung	31.07.76	Haltingen
277	10.10.73	Neulieferung	29.05.76	Haltingen
278	01.11.73	Neulieferung	29.05.76	Haltingen
279	11.11.73	Neulieferung	29.05.76	Haltingen
280	09.12.73	Neulieferung	14.09.75	Haltingen
281	12.12.73	Neulieferung	13.12.75	Haltingen
282	03.01.74	Neulieferung	19.12.75	Haltingen
283	10.01.74	Neulieferung	07.11.75	Haltingen
284	09.08.74	Regensburg	18.10.75	Haltingen
307	15.06.95	Mühldorf (Oberbay)	24.09.95	Mühldorf (Oberbay)
312	03.04.01	Mühldorf (Oberbay)	07.05.02	Darmstadt
313	03.04.01	Mühldorf (Oberbay)	06.06.05	Regensburg
	22.12.06	Regensburg	01.04.07	DB Autozug
314	03.04.01	Mühldorf (Oberbay)	09.01.08	DB Autozug
316	03.04.01	Mühldorf (Oberbay)	16.02.07	z
317	03.04.01	Mühldorf (Oberbay)	14.12.02	Darmstadt
318	03.04.01	Mühldorf (Oberbay)	31.08.03	Kaiserslautern
319	03.04.01	Mühldorf (Oberbay)	01.09.07	DB Autozug
320	03.04.01	Mühldorf (Oberbay)	07.05.02	Darmstadt
321	03.04.01	Mühldorf (Oberbay)	09.06.01	Ulm
322	03.04.01	Mühldorf (Oberbay)	09.06.01	Ulm
333	19.12.08	Lübeck	26.01.10	Leipzig Hbf Süd
340	05.12.75	Regensburg	22.09.76	Mühldorf (Oberbay)
	03.04.01	Mühldorf (Oberbay)	07.04.05	Regensburg
341	25.07.75	Regensburg	01.10.76	Mühldorf (Oberbay)
	03.04.01	Mühldorf (Oberbay)	18.01.06	Regensburg
342	15.07.75	Regensburg	11.10.76	Mühldorf (Oberbay)
	03.04.01	Mühldorf (Oberbay)	09.01.08	DB Autozug
343	07.08.75	Regensburg	28.09.76	Mühldorf (Oberbay)
344	09.08.75	Regensburg	14.10.76	Mühldorf (Oberbay)
	28.02.07	Mühldorf (Oberbay)	31.07.08	DB Autozug
345	04.06.75	Regensburg	29.10.76	Mühldorf (Oberbay)
346	21.01.76	Regensburg	02.11.76	Mühldorf (Oberbay)
	13.09.99	Mühldorf (Oberbay)	05.12.07	z
347	23.01.76	Regensburg	11.12.76	Mühldorf (Oberbay)
348	16.10.75	Regensburg	11.12.76	Mühldorf (Oberbay)

Bild 201
Vier Jahre lang fuhr 218 473 in einer dunkelblauen Sonderlackierung. Sie wurde mit finanzieller Unterstützung durch den Modellbahnhersteller Märklin speziell für die Sonderzüge zum Musical „Ludwig II. – Sehnsucht nach dem Paradies“ gestaltet. Sofern hier keine Sonderzüge zu bespannen waren, fand die Lok im Plandienst Verwendung. An einem schönen Augusttag im Jahr 2003 verlässt sie mit einer Regionalbahn den Bahnhof Hergatz in Richtung Lindau.

AUFNAHME: STEFAN PONZLET

	Zugang	aus	Abgang	an
218 (348)	01.04.08	Mühldorf (Oberbay)	04.04.08	z
349	23.10.75	Regensburg	28.12.76	Mühldorf (Oberbay)
350	17.12.75	Regensburg	18.01.77	Mühldorf (Oberbay)
351	13.12.75	Regensburg	16.01.77	Mühldorf (Oberbay)
352	18.12.75	Regensburg	26.11.76	Mühldorf (Oberbay)
353	05.02.75	Neulieferung	01.02.77	Mühldorf (Oberbay)
354	24.02.75	Neulieferung	07.02.77	Mühldorf (Oberbay)
355	10.03.75	Neulieferung	15.06.77	Mühldorf (Oberbay)
356	25.03.75	Neulieferung	24.09.77	Mühldorf (Oberbay)
357	09.04.75	Neulieferung	24.09.77	Mühldorf (Oberbay)
358	23.04.75	Neulieferung	24.09.77	Mühldorf (Oberbay)
359	06.05.75	Neulieferung	03.10.78	Mühldorf (Oberbay)
360	03.06.75	Neulieferung	11.03.78	Mühldorf (Oberbay)
	26.01.11	Mühldorf (Oberbay)	14.04.11	Mühldorf (Oberbay)
369	28.02.07	Darmstadt	12.03.07	Darmstadt
373	09.08.00	Kaiserslautern	23.04.05	Darmstadt
374	01.01.07	Mühldorf (Oberbay)	31.07.08	DB Autozug
376	29.05.00	Kaiserslautern	31.07.08	DB Autozug
381	29.05.00	Kaiserslautern	09.01.08	DB Autozug
382	12.06.95	Mühldorf (Oberbay)	07.05.02	Darmstadt
383	28.05.95	Mühldorf (Oberbay)	24.11.99	Mühldorf (Oberbay)
385	16.01.08	Regensburg	31.07.08	DB Autozug
389	08.05.75	Neulieferung	17.02.78	Mühldorf (Oberbay)
390	14.05.75	Neulieferung	30.08.78	Mühldorf (Oberbay)
	08.12.07	Karlsruhe	26.01.10	Leipzig Hbf Süd
391	11.06.75	Neulieferung	08.02.78	Mühldorf (Oberbay)
392	29.06.75	Neulieferung	15.07.77	Mühldorf (Oberbay)
393	29.07.75	Neulieferung	16.08.77	Mühldorf (Oberbay)
	27.11.07	Karlsruhe	12.01.10	z
394	08.09.75	Neulieferung	17.02.78	Mühldorf (Oberbay)
	25.09.83	Mühldorf (Oberbay)	29.05.87	Haltingen
395	05.10.75	Neulieferung	15.03.78	Mühldorf (Oberbay)
	25.09.83	Mühldorf (Oberbay)	29.05.87	Haltingen
396	03.11.75	Neulieferung	21.09.77	Mühldorf (Oberbay)
	25.09.83	Mühldorf (Oberbay)	28.05.88	Haltingen
397	07.12.75	Neulieferung	05.10.78	Mühldorf (Oberbay)
	25.09.83	Mühldorf (Oberbay)	28.05.88	Haltingen
398	11.01.76	Neulieferung	15.06.77	Mühldorf (Oberbay)
	22.09.82	Mühldorf (Oberbay)	07.05.02	Darmstadt

	Zugang	aus	Abgang	an
218 399	30.08.75	Neulieferung	10.08.77	Mühldorf (Oberbay)
	28.05.79	Mühldorf (Oberbay)	09.06.01	Lübeck
	19.12.08	Lübeck	26.01.10	Leipzig Hbf Süd
400	09.02.76	Neulieferung	29.09.93	Regensburg 1
	18.04.95	Regensburg	01.06.97	Ulm
401	09.03.76	Neulieferung	29.09.93	Regensburg 1
	20.01.95	Regensburg	02.06.97	Ulm
402	05.04.76	Neulieferung	29.09.93	Regensburg 1
	18.04.95	Regensburg	02.06.97	Ulm
403	03.05.76	Neulieferung	29.09.93	Regensburg 1
	02.05.95	Regensburg	02.06.97	Ulm
404	08.06.76	Neulieferung	29.09.93	Regensburg 1
	02.05.95	Regensburg	02.06.97	Ulm
405	05.07.76	Neulieferung	29.09.93	Regensburg 1
406	03.08.76	Neulieferung	29.09.93	Regensburg 1
407	06.09.76	Neulieferung	29.09.93	Regensburg 1
408	06.10.76	Neulieferung	29.09.93	Regensburg 1
	01.02.96	Regensburg	02.06.97	Regensburg
409	31.10.76	Neulieferung	29.09.93	Regensburg 1
410	06.12.76	Neulieferung	29.09.93	Regensburg 1
411	29.12.76	Neulieferung	29.09.93	Regensburg 1
	13.12.14	Kaiserslautern		
412	31.01.77	Neulieferung	29.09.93	Regensburg 1
413	28.02.77	Neulieferung	29.09.93	Regensburg 1
414	31.03.77	Neulieferung	29.09.93	Regensburg 1
	13.12.14	Kaiserslautern	14.12.18	Mühldorf (Oberbay)
415	01.05.77	Neulieferung	29.09.93	Regensburg 1
	20.12.14	Ffm-Griesheim		
416	01.06.77	Neulieferung	29.09.93	Regensburg 1
417	28.06.77	Neulieferung	29.09.93	Regensburg 1
418	25.07.77	Neulieferung	29.09.93	Regensburg 1
419	07.09.77	Neulieferung	29.09.93	Regensburg
	23.11.99	Stendal	02.04.01	Mühldorf (Oberbay)
420	26.08.14	Ffm-Griesheim	27.12.18	Mühldorf (Oberbay)
424	14.02.78	Neulieferung	05.06.00	Kaiserslautern
	15.12.14	Kaiserslautern		
425	13.03.78	Neulieferung	05.06.00	Kaiserslautern
	13.12.14	Kaiserslautern		
426	11.04.78	Neulieferung	02.04.01	Mühldorf (Oberbay)

Bild 202
Bis 2008 verkehrte über viele Fahrplanperioden hinweg ein durchgehendes Zugpaar auf der Relation Augsburg – Geltendorf – Weilheim (Oberbay) – Mittenwald, das mit einer Kemptener 218 bespannt war. Am 25. Juli 2004 hat **218 475** solch einen Zug in den Grenzbahnhof gebracht. Die letzten Reisenden haben den Zug verlassen, der für die Rückfahrt vorbereitet wird.

AUFNAHME: ROLAND HERTWIG

	Zugang aus		Abgang an	
218 429	20.12.14	Ffm-Griesheim	20.12.18	Mühldorf (Oberbay)
430	01.09.07	Lübeck	30.05.09	Trier
431	28.07.00	Lübeck	02.04.01	Mühldorf (Oberbay)
435	09.03.76	Neulieferung	04.11.00	Stendal
	19.12.08	Lübeck	13.12.14	Ulm
436	08.04.76	Neulieferung	04.11.00	Stendal
437	13.06.76	Neulieferung	18.10.00	Stendal
438	11.07.76	Neulieferung	01.11.00	Stendal
218 439	08.09.76	Neulieferung	02.04.01	Mühldorf (Oberbay)
440	29.09.76	Neulieferung	04.11.00	Stendal
441	10.10.76	Neulieferung	19.02.99	z
442	09.12.76	Neulieferung	04.07.00	Kaiserslautern
443	13.01.77	Neulieferung	02.04.01	Mühldorf (Oberbay)
444	21.02.77	Neulieferung	02.04.01	Mühldorf (Oberbay)
445	12.04.77	Neulieferung	02.04.01	Mühldorf (Oberbay)
446	10.05.77	Neulieferung	14.05.00	Kaiserslautern

Bild 203 – Umleiterverkehr auf der Außerfernbahn Kempten – Garmisch-Partenkirchen: Da der Abschnitt Reutte in Tirol – Garmisch-Partenkirchen gesperrt war, musste das österreichische Zementwerk Vils in Tirol vorübergehend über München und Kempten (Allgäu) bedient werden. Am 25. Juli 2007 passiert **218 457** mit leeren Zementsilowagen (TEC 45189) Kirche und Friedhof von Vils in Tirol und wird in wenigen Augenblicken ihr Ziel erreichen. AUFNAHME: CLAUS-JÜRGEN SCHULZE

Bild 204
Nach der Aufgabe der 218-Beheimatung in Regensburg Ende 2008 fiel die Bespannung der RE-Züge Nürnberg – Furth im Wald (– Prag) für ein Jahr noch an das Werk Kempten, ehe das Unternehmen alex diese Leistungen übernahm. Mit einem Regionalexpress aus Furth im Wald rollt **218 492** am 16. August 2009 in den Bahnhof Schwandorf ein. Im Hintergrund die bekannte Kirche „Zu unserer Lieben Frau vom Kreuzberg".

AUFNAHME: ANDREAS HARTMANN

	Zugang aus		Abgang an	
218 (446)	15.01.15	Ffm-Griesheim		
447	20.06.77	Neulieferung	17.12.00	Stendal
448	14.07.77	Neulieferung	04.02.01	Stendal
449	10.08.77	Neulieferung	02.04.01	Mühldorf (Oberbay)
450	11.09.77	Neulieferung	02.04.01	Mühldorf (Oberbay)
451	16.10.77	Neulieferung	02.04.01	Mühldorf (Oberbay)
454	14.02.78	Neulieferung	31.05.85	Regensburg 1
	19.12.08	Lübeck	22.12.13	Mühldorf (Oberbay)
455	06.04.78	Neulieferung	04.02.01	Stendal
457	10.12.06	Lübeck	16.01.15	z
458	19.12.08	Lübeck	27.01.15	z
459	04.05.07	Lübeck	19.05.07	Lübeck
	15.12.07	Lübeck	22.08.13	z
460	15.12.07	Lübeck	18.12.13	Oberhausen
461	15.12.07	Lübeck	28.05.15	z
462	15.12.07	Lübeck	27.11.14	z
463	05.04.76	Neulieferung	11.06.01	Stendal
464	11.05.76	Neulieferung	15.07.04	Braunschweig
	19.12.08	Lübeck	10.12.11	Kiel
465	03.06.76	Neulieferung	03.11.01	Ulm
466	11.07.76	Neulieferung	03.11.01	Ulm
467	08.08.76	Neulieferung	26.08.15	z
468	27.09.76	Neulieferung	03.03.10	Leipzig Hbf Süd

	Zugang aus		Abgang an	
218 469	26.10.76	Neulieferung	28.05.15	z
470	23.11.76	Neulieferung	15.07.04	Braunschweig
471	20.12.76	Neulieferung	23.01.15	z
472	21.02.77	Neulieferung	21.02.15	z
473	25.04.77	Neulieferung	15.07.04	Braunschweig
474	28.05.79	Mühldorf (Oberbay)	15.07.04	Braunschweig
475	16.06.77	Mühldorf (Oberbay)	18.09.82	Karlsruhe 1
	23.09.83	Karlsruhe 1	19.11.13	z
476	28.05.79	Mühldorf (Oberbay)	18.09.82	Karlsruhe 1
	08.08.11	Ffm-Griesheim	10.12.11	Ulm
477	11.08.77	Mühldorf (Oberbay)	22.05.82	Karlsruhe 1
482	07.02.78	Neulieferung	22.05.82	Karlsruhe 1
483	09.03.78	Neulieferung	22.05.82	Karlsruhe 1
484	06.04.78	Neulieferung	22.05.82	Karlsruhe 1
485	19.12.08	Lübeck	19.10.12	z
486	19.12.08	Lübeck	15.12.14	Plochingen
488	15.12.07	Lübeck	27.07.15	Leipzig Hbf Süd
489	09.12.07	Lübeck	09.04.15	z
490	25.05.09	Trier	23.01.15	z
492	15.12.07	Lübeck	28.05.15	z
493	09.12.07	Lübeck	27.07.15	Ulm
496	10.12.16	Ulm		
497	15.01.15	Ffm-Griesheim		

Bild 205
Die für den ÖPNV in Bayern werbende **218 467** vom Werk Kempten passiert am 6. Juli 2014 das Einfahrsignal in Lindau-Aeschach mit dem Wochenend-Ausflugszug RE 57392 aus München. Die Lokomotive trug ihre blaue Vollreklame von Oktober 2013 bis August 2015.

AUFNAHME: FRANK WILHELM

Bild 206 – Die Oberhausener **218 141** erreicht am Sonntag, dem 1. August 2004, den Bahnhof Essen-Steele mit ihrem RE 10523 Borken (Westf) – Essen-Steele Ost. Im Vordergrund der Busbahnhof. AUFNAHME: STEFAN PONZLET

Ehemals Bundesbahndirektion Essen

Werk Oberhausen

Mit dem Fahrplanwechsel am 14. Dezember 2003 übernahm das Werk Oberhausen die 218-Bestände der Werke Köln-Deutzerfeld und Hagen (Westf). Vier Loks benötigte das Werk Essen für den RB-Verkehr Essen-Steele – Bottrop – Borken. Zwei bis drei weitere liefen für das Werk Düsseldorf ersatzweise in den Plänen der Baureihe 628 zwischen Düsseldorf, Krefeld und Kleve.

Während des Sommerfahrplans 2005 bestand Bedarf an fünf 218, von denen vier im Regionalverkehr zwischen Essen und Borken (Westf) benötigt wurden. Die fünfte bespannte vor allem im Wochenendverkehr Reisezüge nach Willingen. In der Regel ka-

Bild 207
Südlich des Bahnhofs Deuten an der Hauptbahn Dorsten – Borken (Westf) ist **218 213** am 23. April 2005 auf dem Weg ins Ruhrgebiet. Vor dem Einfahrtsignal führt ein Anschlussgleis auf ein Gelände der Bundeswehr.

AUFNAHME: JOSEF HÖGEMANN

Bild 208
Am 27. Februar 2004 schiebt **218 141** den RE 10518 aus dem Bahnhof Gladbeck West in Richtung Borken (Westf). Hagener 218 waren seit Mai 1998 im Wendezugdienst auf der Strecke Borken (Westf) – Essen – Wuppertal-Vohwinkel im Einsatz, bevor im Dezember 2003 im Bereich Essen – Wuppertal die Umstellung auf elektrischen Betrieb erfolgte. Fortan verkehrten sie – nun zum Werk Oberhausen gehörend– bis zur Übernahme durch die NordWestBahn (NWB) 2005 nur noch auf dem Abschnitt Borken (Westf) – Essen-Steele Ost.

AUFNAHME: STEFAN PONZLET

men weitere ein bis zwei Lokomotiven zwischen Düsseldorf und Kleve zum Einsatz, da nicht ausreichend einsatzfähige Triebzüge der Baureihe 628 vorhanden waren.

Am 10. Dezember 2006 kehrte letztmalig eine 218 aus dem Sauerland mit einem Reisezug (RE 29232) nach Hagen (Westf) zurück. Zu diesem Zeitpunkt waren die letzten sechs verbliebenen Oberhausener Loks bereits vergeben: 218 138, 141, 153 und 213 hatten beim Werk Regensburg neue Beschäftigung gefunden, während 218 351 nun in Ulm beheimatet war. 218 139 fand sich bei DB Fahrwegdienste wieder. Damit hatte sich die Baureihe 218 mit Ausnahme der Trierer RE-Leistungen über die Eifelstrecke nach Köln aus Nordrhein-Westfalen verabschiedet.

Im Dezember 2012 und im Oktober 2013 kam jeweils noch einmal eine 218 für wenige Tage nach Oberhausen. Einsätze dieser Lokomotiven und auch die Hintergründe der jeweils kurzzeitigen Beheimatung in Oberhausen sind nicht bekannt.

Die Baureihe 218 in Oberhausen (nur Serienlokomotiven)

	Zugang aus		Abgang an	
218 114	14.12.03	Köln-Deutzerfeld	18.01.05	z
116	14.12.03	Köln-Deutzerfeld	16.06.04	z
126	14.12.03	Hagen (Westf)	03.03.06	z
131	13.07.05	Trier	02.03.06	DB AutoZug
134	14.12.03	Hagen (Westf)	25.02.04	z
135	14.12.03	Hagen (Westf)	28.10.04	z
138	14.12.03	Hagen (Westf)	09.12.06	Regensburg
139	14.12.03	Hagen (Westf)	01.12.06	DB Services
141	14.12.03	Hagen (Westf)	09.12.06	Regensburg
143	14.12.03	Hagen (Westf)	02.08.04	z
146	14.12.03	Hagen (Westf)	25.02.04	z
148	14.12.03	Hagen (Westf)	06.01.04	z
149	14.12.03	Hagen (Westf)	09.07.04	z
150	14.12.03	Hagen (Westf)	13.02.04	z
218 153	14.12.03	Hagen (Westf)	09.12.06	Regensburg
157	14.12.03	Hagen (Westf)	11.12.04	Lübeck
181	14.12.03	Hagen (Westf)	11.12.04	Lübeck
213	14.12.03	Hagen (Westf)	09.12.06	Regensburg
247	14.12.03	Hagen (Westf)	13.07.06	z
351	10.06.05	Mühldorf (Oberbay)	09.12.06	Ulm
449	17.12.12	Ffm-Griesheim	08.01.13	Köln-Deutzerfeld
460	19.12.13	Kempten (Allgäu)	22.01.14	Köln-Deutzerfeld

Ehemals Bundesbahndirektion Frankfurt (M)

Werk Darmstadt

Die ersten Lokomotiven der Baureihe 218 im Planeinsatz im Odenwald sah man bereits ab dem 11. Januar 1999. Von diesem Tag an wurden die RE-Züge 3952-3959 Frankfurt (M) – Stuttgart bzw. Neckarelz zunächst mit Ulmer 218 anstelle wie bisher mit Darmstädter 215 bespannt. Der Grund war die Verwendung elektrisch beheizter Reisezugwagen. Der Ulmer 218-Planbedarf wurde entsprechend von 15 auf 17 Lokomotiven erhöht, während die freigesetzten Darmstädter 215 Leistungen der Baureihe 212 übernahmen.

Zweieinhalb Jahre später – am 10. Januar 2001 – erhielt das Werk Darmstadt die Stendaler 218 213 für Schulungszwecke. Das Ziel war, möglichst bald auf die Baureihe 215 und damit auf die Nutzung der Dampfheizung verzichten zu können. Folglich gingen dem Werk Darmstadt am 10. Juni 2001 die Lokomotiven 218 123, 125, 155, 198, 215, 244, 249, 269, 272 und 274 zu, während im Gegenzug auf einen Teil des 215-Bestandes verzichtet werden konnte. Die 218 lösten mit Beginn des Sommerfahr-

Bild 209
Einfahrt eines von der Darmstädter **218 226** geführten Regionalexpresses Stuttgart – Frankfurt (M) am 28. Februar 2004 in den 1.205 m langen Frau-Nauses-Tunnel zwischen dem Haltepunkt Hetschbach und dem Bahnhof Wiebelsbach-Heubach. Noch begleitet die Freileitung für Streckentelefon und Streckenblock die eingleisige Hauptbahn.

Aufnahme: Utz von Wagner

plans 2001 sieben der acht im RB-Verkehr auf den Odenwaldstrecken Darmstadt – Wiebelsbach-Heubach und Hanau – Eberbach eingesetzten 215 ab.

Im Jahr darauf – zum Sommerfahrplan 2002 – übernahmen aus Haltingen und Kempten (Allgäu) übernommene 218 die restlichen 215-Leistungen auf den Odenwaldstrecken und lösten die Baureihe 215 auch im Rodgau vollständig ab. Am 1. Juli 2002 verfügte das Werk Darmstadt über folgenden 218-Bestand:

218	123	125	155	198	215	249	269	272	274	277
	290	292	293	312	320	382	398			

gesamt: 17 Lokomotiven

Nach weiteren Zugängen im Dezember 2002 fielen sämtliche 218-Leistungen in Hessen, die zuvor das Werk Kaiserslautern gefahren hatte, an das Werk Darmstadt. Nochmals aufgestockt wurde der Bestand im April 2003, so dass auf die Baureihe 215 in Darmstadt vollständig verzichtet werden konnte. In einem 20-tägigen Umlauf wurden die Darmstädter 218 während des Jahresfahrplans 2004 auf folgenden Strecken eingesetzt:

- Darmstadt/Hanau – Wiebelsbach-Heubach – Erbach (Odenw);
- Darmstadt – Neu Isenburg – Dreieich-Buchschlag – Dreieich-Sprendlingen;
- Frankfurt (M) – Bad Vilbel – Glauburg-Stockheim;
- Frankfurt (M) – Wiesbaden – Limburg (Lahn);
- Frankfurt (M) – Eberbach.

Im einem zweiten Umlauf kamen sechs 218 mit ZWS auf folgenden Strecken zum Einsatz:

- Darmstadt Hbf – Dieburg;
- Frankfurt (M) – Dieburg;
- Frankfurt (M) – Bad Vilbel – Glauburg-Stockheim.

Währenddessen hatten die Darmstädter 218 mit dem Fahrplanwechsel im Dezember 2002 bereits die ersten Leistungen verloren. Ein Teil des Zugverkehrs auf der Strecke (Frankfurt/M Hbf) – Buchschlag-Sprendlingen – Dieburg hatten vier fabrikneu an das Werk Darmstadt gelieferte GTW 2/6-Triebzüge der Baureihe 646 übernommen. Ausgeglichen wurde der Verlust durch Leistungen, die zuvor das Werk Gießen mit der Baureihe 215 bespannt hatte.

Zwei Jahre später gingen am 12. Dezember 2004 sämtliche RB-Leistungen zwischen Limburg (Lahn) und Wiesbaden sowie zwischen Gießen und Koblenz an die vectus-Verkehrsgesellschaft verloren. Das neue Unternehmen hatte sich in einem Bieterverfahren gegen DB Regio durchsetzen können und trat mit fabrikneuen Triebzügen vom Typ LINT an. Zum Fahrplanwechsel am 11. Dezember 2005 verlor DB Regio und damit auch das Werk Darmstadt den gesamten Reisezugverkehr auf den Odenwaldstrecken Hanau – Wiebelsbach-Heubach – Erbach (Odenw) – Eberbach und Darmstadt – Wiebelsbach-Heubach an die VIAS-Verkehrsgesellschaft und deren fabrikneue Itino-Triebzüge.

Unter dem Eindruck des bevorstehenden Verlustes der Odenwaldleistungen hatte DB Regio schon zuvor die geplante Auflösung des Werks Darmstadt bekanntgegeben, zumal in naher Zukunft auch die verbliebenen Leistungen auf der Lahntalbahn zwischen Frankfurt (Main) und Gießen sowie auf der Vogelsbergbahn Fulda – Gießen entfallen sollten. Der zu diesem Zeitpunkt viel zu große Lokbestand wurde in nur kurzer Zeit durch zahlreiche Abgänge erheblich verringert.

Mit dem Fahrplanwechsel im Dezember 2006 gingen auch die Leistungen zwischen Aschaffenburg und Lauda verloren, die an die Baureihe 628 der Westfrankenbahn (WFB) fielen. Damit verblieben den Darmstädter 218 mit Beginn des Jahresfahrplans 2009 lediglich noch Planleistungen nördlich von Frankfurt (M). Folglich wurden die Darmstädter 218 nun von Frankfurt-Griesheim aus mit Doppelstockwendezügen auf der „Niddertalbahn“

Bild 210 – Wenige Sekunden noch, dann wird **218 317** am 21. April 2005 mit einer RB nach Koblenz im Weilburger Tunnel verschwunden sein. Hier fährt aber nicht nur die Eisenbahn durch den Berg. Um einen etwa 2 km langen Bogen der Lahn mit zwei Wehren zu umgehen, hat man in den Jahren zwischen 1844 und 1847 für die Schifffahrt einen separaten, 195 m langen Tunnel durch den Berg getrieben. Einen weiteren Tunnel gibt es für den Straßenverkehr. Alle drei bilden das sogenannte Weilburger Tunnelensemble. AUFNAHME: STEFAN PONZLET

Frankfurt (M) West – Bad Vilbel – Glauburg-Stockheim, zwischen Glauburg-Stockheim und Nidda sowie zwischen Nidda, Friedberg (Hess) und Frankfurt (M) aus eingesetzt. Zusätzlich verkehrten in den Hauptverkehrszeiten einige 218 vor n-Wagen-Zügen zur Verstärkung des Zugangebots. Für diese Leistungen bestanden ab Dezember 2007 drei Umlaufpläne für zusammen zehn Lokomotiven. An Wochenenden war der Dienst erheblich reduziert. Nicht benötigte Lokomotiven standen an diesen Tagen vor ihren Zuggarnituren entweder in Frankfurt-Griesheim oder in Glauburg-Stockheim. Mit dem Werk Darmstadt verbunden blieb das Einsatzgebiet in der Wetterau durch ein Regionalzugpaar Frankfurt (Main) – Ober Roden – Dieburg. Die „letzte Meile" bis Darmstadt wurde im Anschluss an die RB-Leistung ab Dieburg als Leerreisezugpaar zurückgelegt.

Mit Stilllegung des Werks Darmstadt wechselte der bereits stark reduzierte 218-Bestand am 10. Mai 2009 nach Frankfurt-Griesheim.

Die Baureihe 218 in Darmstadt (nur Serienlokomotiven)

	Zugang	aus	Abgang	an
218 101	15.12.05	Stendal	10.05.09	Ffm-Griesheim
102	17.12.08	Lübeck	10.05.09	Ffm-Griesheim
103	17.12.08	Lübeck	10.05.09	Ffm-Griesheim
108	17.12.08	Lübeck	10.05.09	Ffm-Griesheim
111	12.12.05	Stendal	10.05.09	Ffm-Griesheim
123	10.06.01	Regensburg	12.01.04	z
218 124	15.04.03	Kempten (Allgäu)	07.10.04	z
125	10.06.01	Halberstadt	15.07.04	z
128	01.04.08	Trier	10.05.09	Ffm-Griesheim
155	10.06.01	Regensburg	14.12.08	DB Autozug leihw
	03.04.09	DB AutoZug leihw	10.05.09	Ffm-Griesheim
159	15.12.02	Regensburg	15.12.03	DB Fernverkehr
182	13.06.03	Hagen	11.01.06	DB AutoZug
198	10.06.01	Kempten (Allgäu)	17.04.05	z
211	12.12.04	Trier	18.11.08	z
215	10.06.01	Rostock Hbf	10.05.09	Ffm-Griesheim
218	28.11.08	Lübeck	10.05.09	Ffm-Griesheim
222	15.04.03	Kempten (Allgäu)	09.12.06	Kempten (Allgäu)
226	15.12.03	Kempten (Allgäu)	11.12.05	DB Fernverkehr
227	15.04.03	Kempten (Allgäu)	30.06.05	DB AutoZug
228	15.04.03	Kempten (Allgäu)	28.02.06	z
229	15.12.03	Kempten (Allgäu)	31.03.07	Regensburg
232	15.12.03	Kempten (Allgäu)	30.06.05	DB AutoZug
236	15.12.03	Kempten (Allgäu)	17.04.05	z
244	10.06.01	Regensburg	01.06.02	Stendal
245	09.06.05	Regensburg	05.08.05	z
249	10.06.01	Stendal	14.05.04	z
269	10.06.01	Braunschweig	22.03.07	z
272	10.06.01	Stendal	19.10.04	z
274	10.06.01	Braunschweig	14.12.03	z
275	21.12.07	Regensburg	22.01.08	z

Bild 211
Bei Schönnen, zwischen den Bahnhöfen Erbach (Odenw) und Beerfelden-Hetzbach, rollt **218 446** am 2. April 2005 mit einem Regionalexpress nach Frankfurt (M) durch die beschauliche Landschaft des Odenwaldes.

AUFNAHME: JOSEF HÖGEMANN

Bild 212
Mit dem Steuerwagen voraus hat ein RE von Frankfurt (M) nach Stuttgart am 13. Oktober 2003 den 3.100 m langen Krähbergtunnel durchfahren. Nach weiteren 20 km Fahrt durch den südlichen Odenwald erreicht der von **218 125** geschobene Zug das Neckartal. Dort wird im Bahnhof Eberbach eine Ellok der Baureihe 143 die Traktion übernehmen.

AUFNAHME: UTZ VON WAGNER

Bild 213
Auf der Niddertalbahn von Bad Vilbel nach Stockheim konnte sich die Baureihe 218 recht lange vor Reisezügen halten. Zeitweise verkehrten stündlich mit 218 bespannte Doppelstock-Garnituren und im Berufsverkehr zusätzlich noch Züge mit n-Wagen. Hier ist **218 498** mit ihrem Doppelstockzug nach Frankfurt (M) am 7. Mai 2008 bei der Einfahrt in den früheren Bahnhof Glauberg zu sehen.

AUFNAHME: ANDREAS CHRISTOPHER

Bild 214 – Sonntagsruhe im Bahnhof Glauburg-Stockheim am 22. April 2006 mit den Darmstädter **218 308**, **446** und **269**. In einer Abstellgruppe, deren Gleise früher u. a. dem örtlichen Güterverkehr zur Verfügung standen, werden vorübergehend nicht genutzte Zuggarnituren abgestellt. Zwischen den Gleisen befinden sich Elektranten mit Anschlüssen für die Stromversorgung der Vorheizanlage der Diesselloks. AUFNAHME: ANDREAS HARTMANN

	Zugang aus		Abgang an	
218 277	10.06.01	Regensburg	31.12.04	z
288	01.07.04	Regensburg	07.03.06	z
290	14.06.02	Haltingen	02.12.05	z
292	14.06.02	Haltingen	14.03.04	Lübeck
293	14.06.02	Haltingen	19.01.06	z
303	27.04.05	Regensburg	24.11.05	DB Fernverkehr
308	09.06.05	Regensburg	26.11.06	z
310	17.01.06	Regensburg	25.01.06	z
312	08.05.02	Kempten (Allgäu)	14.12.04	z
317	15.12.02	Kempten (Allgäu)	31.12.05	DB Fernverkehr
320	08.05.02	Kempten (Allgäu)	31.03.04	DB AutoZug
366	12.12.04	Trier	03.04.08	Kempten (Allgäu)
369	12.12.04	Trier	27.02.07	Kempten (Allgäu)
	13.03.07	Kempten (Allgäu)	25.02.08	z DB AutoZug
372	12.12.04	Trier	31.12.05	Schöllkrippen WFB
373	24.04.05	Kempten (Allgäu)	11.12.05	DB Fernverkehr
382	08.05.02	Kempten (Allgäu)	31.12.04	z

	Zugang aus		Abgang an	
218 398	08.05.02	Kempten (Allgäu)	14.07.04	z
415	15.12.02	Kaiserslautern	10.05.09	Ffm-Griesheim
417	15.12.02	Kaiserslautern	10.05.09	Ffm-Griesheim
420	15.12.02	Kaiserslautern	10.05.09	Ffm-Griesheim
429	15.12.02	Kaiserslautern	10.05.09	Ffm-Griesheim
442	15.12.02	Kaiserslautern	10.05.09	Ffm-Griesheim
446	15.12.02	Kaiserslautern	10.05.09	Ffm-Griesheim
449	15.01.04	Stendal	10.05.09	Ffm-Griesheim
481	15.12.02	Haltingen	11.12.05	Karlsruhe
482	15.12.02	Haltingen	16.07.04	z
483	15.12.02	Haltingen	11.12.05	Karlsruhe
484	15.12.02	Haltingen	11.12.05	Karlsruhe
497	15.12.02	Kaiserslautern	10.05.09	Ffm-Griesheim
498	15.12.02	Kaiserslautern	10.05.09	Ffm-Griesheim

Anmerkung: Die im Werk Darmstadt betreuten 218^8 von DB Fernverkehr werden im Kapitel 7 vorgestellt.

Bild 215
Im Zuge des Ausbaus der Niddertalbahn Bad Vilbel – Stockheim wurde auch der Bahnhof Altenstadt modernisiert und verlor dabei seine Formsignale. Am 7. Mai 2008 ist **218 415** mit einer Regionalbahn nach Frankfurt (M) unterwegs.

AUFNAHME: ANDREAS CHRISTOPHER

Werk Frankfurt-Griesheim

Das Bw Frankfurt-Griesheim hatte die Deutsche Reichsbahn in den Jahren 1938/1939 für die Wartung ihrer neuer Schnelltriebwagen (SVT) errichtet. Doch die Anlage ging aufgrund der 1939 verfügten kriegsgedingten Treibstoffkontingentierung zunächst nicht in Betrieb. Erst nach dem Zweiten Weltkrieg wurde hier die planmäßige Unterhaltung von Dieseltriebwagen, später auch Diesellokomotiven mit entsprechender Werkstattkompetenz aufgenommen.

Mit Ausweitung des elektrischen Streckennetzes in Richtung Norden verlor Frankfurt-Griesheim in den sechziger Jahren seine Bedeutung für die Unterhaltung von Brennkraft-Triebfahrzeugen. Ersatzweise beheimatete das Bw ab Mai 1964 für drei Jahre Elloks der Baureihen E 10 und E 41. 1967 verlor es nicht nur seine Elloks, sondern auch seine Eigenständigkeit. Es war nun Teil des Bw 1 Frankfurt (M). Ab Mitte der siebziger Jahren wurde es Instandhaltungsstützpunkt für S-Bahn-Triebzüge.

Im Jahr 2000 erhielt Frankfurt-Griesheim erneut den Status einer eigenständigen Dienststelle. Genaugenommen beherbergt das Werk nun – nach dem Auszug der S-Bahn in die ehemalige Posthalle – zwei Dienststellen: Das Werk wird weiterhin hauptsächlich von DB Regio genutzt. Zusätzlich ist es seit 2000 ICE-Werk, da DB Fernverkehr einen Teil der Gleise für die Wartung und Instandhaltung von ICE-Zügen nutzt.

Im Zusammenhang mit der Auflösung des Werks Darmstadt übernahm das Werk Frankfurt-Griesheim Lokomotiven der Baureihe 218. Folgende Maschinen wurden am 11. Mai 2009 in den Fahrzeugbestand des Werks Frankfurt-Griesheim aufgenommen:

218 101 102 103 108 111 128 155 215 218 415
417 420 429 442 446 449 497 498
gesamt: 18 Lokomotiven

Zum Zeitpunkt der Übernahme wurden neun Lokomotiven planmäßig benötigt. Der Umlauf WR FA 218 für fünf mit ZWS ausgerüstete Maschinen vor jeweils vier Doppelstockwagen sah montags bis freitags ausschließlich Leistungen auf der Niddertalbahn zwischen Frankfurt (M) Hbf, Frankfurt (M) West, Bad Vilbel und Glauburg-Stockheim vor. Samstags waren vier Zuggarnituren ganztägig in Glauburg-Stockheim und eine in Frankfurt-Griesheim abgestellt, während an Sonntagen eine Lok mehrmals zwischen Glauburg-Stockheim und Bad Vilbel pendelte.

Der Umlauf WR FB 218 für vier Lokomotiven ohne ZWS sah ebenfalls Leistungen auf der Niddertalbahn vor, wobei ein Teil der aus n-Wagen bestehenden Wendezüge über Glauburg-Stockheim hinaus bis Nidda verkehrte. In der Hauptverkehrszeit wurden die Züge teilweise auch über Bad Vilbel – Friedberg (Hess) – Nidda geführt. An Wochenenden bestand Betriebsruhe. Sämtliche Zuggarnituren standen samstags und sonntags in Glauburg-Stockheim in der Abstellgruppe. Entfallen war das letzte mit einer 218 bespannte Zugpaar zwischen Frankfurt (M) und Dieburg, das nun mit einem Limburger 628 gefahren wurde.

Mit dem Fahrplanwechsel am 10. Dezember 2012 gingen zahlreiche 218-Leistungen in Griesheim an aus Erfurt übernommene Triebwagen der Baureihe 642 verloren. Anstelle von zuvor neun Planlokomotiven wurden nun nur noch vier benötigt, die im Umlauf WR FA 218 vor allem im Berufsverkehr vor RE-Zügen zwischen Frankfurt (M) Hbf, Frankfurt (M) West, Bad Vilbel und Glauburg-Stockheim zum Einsatz kamen. Weitere Leistungen sah der Dienstplan im RE-Verkehr zwischen Frankfurt (M) Hbf, Friedberg (Hess) und Nidda während der verkehrsstarken Tageszeiten vor. An Wochenenden herrschte Betriebsruhe. Die vier Lokomotiven standen samstags und sonntags mit ihren Doppelstockzügen in Glauburg-Stockheim.

Mit dem Fahrplanwechsel am 15. Dezember 2014 endete der Plandienst mit der Baureihe 218 in Frankfurt-Griesheim. Ersetzt

Bild 216 – 218 108 vom Werk Frankfurt-Griesheim verlässt am 25. Juli 2012 den Bahnhof Glauburg-Stockheim mit einem Berufsverstärkerzug nach Frankfurt (M). Die Berufsverstärkerzüge auf der Niddertalbahn werden heute mit der Baureihe 245 bespannt. AUFNAHME: DR. FRANK HALTER

Bild 217 – Eine Überführungsfahrt mit 14 (!) Doppelstockwagen sieht man nicht alle Tage. Der Fotograf war am 27. April 2013 zur Stelle, als der ungewöhnliche Zug mit **218 420** und einer weiteren unbekannten 218 durch Sarnau in Richtung Marburg (Lahn) fuhr. Eingereiht war auch eine Ellok der Baureihe 146. AUFNAHME: MANFRED RITTER

wurden die letzten vier Planmaschinen durch fabrikneue Lokomotiven der Baureihe 245. Am letzten Betriebstag waren 218 415, 417, 429 und 497 im Einsatz.

Die Baureihe 218 in Frankfurt-Griesheim

	Zugang	aus	Abgang	an
218 101	11.05.09	Darmstadt	14.07.09	z
102	11.05.09	Darmstadt	29.01.13	S-Bahn Rhein-Main
103	11.05.09	Darmstadt	27.04.10	z
108	11.05.09	Darmstadt	17.01.13	Mühldorf (Oberbay)
111	11.05.09	Darmstadt	27.05.10	z
128	11.05.09	Darmstadt	03.02.10	Lübeck
155	11.05.09	Darmstadt	03.11.09	z
215	11.05.09	Darmstadt	19.05.09	z
218	11.05.09	Darmstadt	09.03.10	z
415	11.05.09	Darmstadt	19.12.14	Kempten (Allgäu)
218 417	11.05.09	Darmstadt	17.06.15	Ulm
420	11.05.09	Darmstadt	25.08.14	Kempten (Allgäu)
429	11.05.09	Darmstadt	19.12.14	Kempten (Allgäu)
442	11.05.09	Darmstadt	14.12.12	Ulm
446	11.05.09	Darmstadt	14.01.15	Kempten (Allgäu)
449	11.05.09	Darmstadt	16.12.12	Oberhausen
476	14.12.09	Karlsruhe	07.08.11	Kempten (Allgäu)
477	07.12.09	Karlsruhe	11.09.12	z
478	21.04.11	Karlsruhe	18.10.13	z
479	13.12.09	Karlsruhe	07.01.13	Mühldorf (Oberbay)
497	11.05.09	Darmstadt	14.01.15	Kempten (Allgäu)
498	11.05.09	Darmstadt	25.01.13	Mühldorf (Oberbay)

Anmerkung: Die im Werk Frankfurt-Griesheim betreuten 218^8 von DB Fernverkehr werden im Kapitel 7 vorgestellt.

Bild 218
Die Züge der Niddertalbahn fahren zum Großteil ab Glauburg-Stockheim über Bad Vilbel hinaus bis Frankfurt (M) Hbf durch. Am 28. Oktober 2010 eilt **218 415** mit einem solchen Zug ohne Halt durch Bad Vilbel Süd, denn auf der zweigleisigen Main-Weser-Bahn verkehren die Züge als RE mit nur wenigen Zwischenhalten. Inzwischen hat sich im Zuge des viergleisigen Ausbaus der Main-Weser-Bahn die Situation hier grundlegend geändert.

AUFNAHME: ANDREAS CHRISTOPHER

Bild 219 – Östlich des längst aufgelassenen Haltepunkts Siethwende (zwischen Glückstadt und Elmshorn) eilt die Flensburger **218 110** am 25. August 1971 mit dem D 673 durch die Elbmarschen in die letzte Gerade vor dem Bahnhof Elmshorn. AUFNAHME: ULRICH BUDDE

Bundesbahndirektion Hamburg

Bw Flensburg

Die Ablösung der gegen Ende der sechziger Jahre beim Bw Flensburg noch zahlreich eingesetzten Dampflokomotiven der Baureihen 050-053 sollte nach dem Willen der OBL West in Abstimmung mit der BD Hamburg möglichst bald durch fabrikneue Diesellokomotiven der Baureihe 215 erfolgen. Die HVB in Frankfurt (M) stimmte dem Vorhaben zu, und bereits zum Sommerfahrplan 1970 standen dem Bw Flensburg die ersten beiden fabrikneuen 215 zur Verfügung. Ihnen folgten rasch weitere, so dass ab Januar 1971 auf den weiteren Einsatz von Dampflokomotiven verzichtet werden konnte.

Zu diesem Zeitpunkt warf die neue Baureihe 218 bereits ihre Schatten voraus. Sie konnte nicht nur mit einer höheren Leistung aufwarten, sondern verfügte auch über eine elektrische Zugheizung. Für den umfangreichen Hauptbahnbetrieb auf den Strecken Schleswig-Holsteins mit zum Teil internationalem Fernreisezugverkehr war die 218 die bessere Wahl, und so verzichtete die OBL West auf eine weitere Verstärkung des 215-Bestandes.

Am 28. April 1971 erhielt das Bw Flensburg mit 218 101 die erste 218-Serienlok. Neben einer gründlichen Unterweisung der Triebfahrzeugführer auch im Hinblick auf die Handhabung der elektrischen Zugheizung mussten vor allem auch die Mitarbeiter der Flensburger Werkstatt mit den neuen Maschinen vertraut gemacht werden. Der 218 101 folgten rasch weitere Lokomotiven aus der ersten Bauserie, so dass am Jahresende 1971 folgende Lokomotiven in den Bestandslisten zu finden waren:

218	101	102	103	107	108	109	110	111	112	113
	114	115	116	117	118	119	120	121	122	123
	124	125	126							

gesamt: 23 Lokomotiven

Während des Winterfahrplans 1971/1972 setzte das Bw Flensburg im Umlauf 16 vier 218 mit einer durchschnittlichen Kilometerleistung von 707 km/LpT ein. Bespannt wurden fast ausschließlich hochwertige Fernreisezüge ab Hamburg-Altona nach Flensburg, Kiel und Westerland (Sylt). Weitere 218 kamen gemeinsam mit Lokomotiven der Baureihe 215 in einem 16-tägigen Mischplan (Umlauf 22) zum Einsatz, der neben Reisezugleistungen auch zahlreiche Güterzugdienste vorsah.

Weitere 218 erhielt das Bw Flensburg im folgenden Jahr aus Regensburg und Hamburg-Altona, während gleichzeitig der 215-Bestand zurückgefahren wurde. Bis Ende 1972 hatten sich bereits 30 Lokomotiven der Baureihe 218 im hohen Norden versammelt. Doch damit nicht genug: Schon 1973 kamen weitere 218 hinzu, die zuvor beim Bw Hamburg-Altona beheimatet waren. Sie verdrängten u. a. schrittweise die Baureihe 211, deren Bestand bis zum Sommerfahrplan 1974 vollständig aufgelöst wurde. Für das Bw Flensburg ergab sich durch die große Zahl der hier beheimateten 218 die Möglichkeit zur Erstellung umfangreicher Dienstpläne mit nur einer Diesellokbaureihe, auch wenn so mancher etwas kurz geratene Zug dadurch deutlich übermotorisiert war.

Folgende 218 waren am 1. Juli 1976 in Flensburg beheimatet:

218	101	102	103	104	105	106	107	108	109	110
	111	112	113	114	115	116	117	118	119	120
	121	122	123	124	125	126	127	128	129	174
	175	176	177	178	179	180	181	182	183	184
	185	186	187	188						

gesamt: 44 Lokomotiven

Während des Winterfahrplans 1977/1978 benötigte das Bw Flensburg 36 Planlokomotiven, die dienstags bis freitags auf eine durchschnittliche Laufleistung von 603 km/LpT kamen. Der Spitzenwert mit 948 km wurde an Tag 2 erreicht, der geringste Wert mit 384 km an Tag 10. Hinzu kamen fünf Sonderloks u. a. für Züge

Bild 220
Zu den ersten Leistungen der neu angelieferten Serien-218 des Bw Flensburg gehörte der Ferneilzug E 1571 (Westerland (Sylt) – Hamburg – Kassel – Gießen – Trier). Am 25. August 1971 ist er mit **218 103** bespannt und nähert sich in voller Fahrt dem Bahnhof Krempe.

AUFNAHME: ULRICH BUDDE

Bild 221
Erst ein paar Tage sind seit der großen „Schnee-Katastrophe" vom Februar 1979 vergangen, als **218 113** am 25. des Monats in Flensburg vor dem E 2873 auf Ausfahrt wartet. Die Lok wird den Zug auf seiner ersten Etappe über Eckernförde bis Kiel befördern. Es wird einige Zeit dauern, bis die schmutzigen Schneemassen weggetaut sein werden.

AUFNAHME: WOLF-DIETMAR LOOS

der Bundeswehr. Neben Flensburger Personalen waren in den Dienstplan 15 auch Triebfahrzeugführer der Bw bzw. Bw-Außenstellen Hamburg-Altona, Hamburg Hbf, Husum, Itzehoe (Meldestelle), Kiel und Neumünster eingebunden.

Das Einsatzgebiet der Lokomotiven erstreckte sich über den gesamten Raum Schleswig-Holstein, wobei der Schwerpunkt im Personen- und Güterverkehr auf den von Hamburg ausgehenden Hauptbahnen nach Flensburg/Padborg, Kiel und Westerland (Sylt) lag. Befahren wurden aber auch weniger bedeutende Strecken, wie Lüneburg – Büchen – Lübeck – Kiel, Kiel – Flensburg, Ascheberg – Neumünster und Neumünster – Bad Oldesloe. Auch auf der Nebenbahn Wilster – Brunsbüttel gehörten sie vor schweren Güterzügen zum Betriebsalltag. Südlichster Wendepunkt war die niedersächsische Landeshauptstadt Hannover, dorthin gelangten sie vor Eil- und Nahverkehrzügen über Buchholz (Nordheide) – Soltau (Han). Auf der Marschbahn bespannte das Bw Flensburg hochwertige Reisezüge teilweise in Doppeltraktion, um die früheren kurzen Fahrzeiten aus den Zeiten der Altonaer 012 wieder zu erreichen, ferner, um genügend Energie zur Versorgung der langen Reisezüge über die Zugsammelschiene liefern zu können.

Während des Sommerfahrplans 1978 erreichte der Planbedarf 41 Loks, die montags bis freitags durchschnittlich 601 km/LpT zurücklegten. Hinzu kamen drei Sonderloks an Wochenenden. Zu diesem Zeitpunkt waren die Flensburger 218 hoch ausgelastet, u. a. dadurch, dass vor schweren Zügen immer häufiger Doppeltraktionen erforderlich waren. Mit Beginn des Sommerfahrplans 1979 kam es dadurch sogar zu einem Lokmangel, so dass zeitweise auf Lübecker 218 zurückgegriffen werden musste. Nach weiteren Zugängen erreichte der Flensburger 218-Bestand Ende 1980 die stattliche Zahl von 59 Lokomotiven.

Während des Winterfahrplans 1981/1982 liefen die Flensburger 218 in einem 42-tägigen Umlaufplan bei einer durchschnittlichen Laufleistung von 608 km/LpT (min. 360 km/max. 958 km). Südlichster Wendebahnhof war Bad Harzburg, der von Kiel aus mit dem E 3217 erreicht wurde. Dieser Zug erhielt zwischen

Bild 222 – Als die Reisezugwagen noch nicht klimatisiert waren, reichte in der Regel auch bei langen und schweren Reisezügen eine Lok. Mit den acht Wagen des D 331 „Nordpfeil" nach Frederikshavn (DK) passiert **218 113** am 28. August 1981 in voller Fahrt die heute längst nicht mehr vorhandene Blockstelle Quarnstedt zwischen den Bahnhöfen Wrist und Brokstedt.

Bild 223 – Mit „militärischem Gerät" im vorderen Zugteil ist **218 177** am 28. August 1981 vor dem Dg 45703 bei Quarnstedt auf dem Weg in Richtung Süden. Heute ist die Strecke Hamburg – Neumünster – Flensburg (– Dänemark) durchgehend elektrifiziert und mit Reise- und Güterzügen dicht belegt. AUFNAHMEN (2): ULRICH BUDDE

Bild 224 – Als Schleswig-Holstein noch „218-Land“ war: Auf der noch nicht elektrifizierten Strecke Neumünster – Hamburg schleppt **218 169** am 31. März 1982 bei Wrist einen Ganzzug aus Fal-Wagen in Richtung Hamburg. AUFNAHME: JÜRGEN HÖRSTEL

Braunschweig und Bad Harzburg zusätzlich eine 216 als Heizlok, da der Einsatz der elektrischen Zugheizung in diesem Streckenbereich zu Störungen an den Signalanlagen geführt hatte. Auffällig war die hohe Zahl der an Freitagen gefahrenen „Bundeswehr-IC“, für deren Bespannung an Wochenenden allein elf Lokomotiven benötigt wurden.

Aufgrund hoher Schadstände kam es Anfang der achtziger Jahre wiederholt zu einem Mangel an betriebsbereiten Lokomotiven. Braunschweiger und Karlsruher 218 leisteten zunächst als Leihlokomotiven Hilfsdienste, bevor zum Sommerfahrplan 1982 der Bestand durch Zugänge aus Braunschweig, Haltingen und Karlsruhe aufgestockt werden konnte. Folglich lag der Planbedarf während des Sommerfahrplans 1984 sogar bei 48 Lokomotiven, die durchschnittlich 629 km/LpT erreichten (min. 303 km, max. 1.058 km). Bis auf die Strecken Hamburg-Harburg – Cuxhaven und Hamburg – Lübeck und einige unbedeutendere Nebenbahnen wurden nun alle nicht elektrifizierten Strecken der BD Hamburg befahren.

Mit nach wie vor hohen Kilometerleistungen waren die Flensburger 218 auch während des Winterfahrplans 1985/1986 unterwegs. 47 Maschinen kamen dienstags bis freitags auf eine Leistung von durchschnittlich 607 km/LpT. Weitere sieben Loks standen für den regen Wochenendreiseverkehr (u. a. Bundeswehr) zur Verfügung. Mit Güterzügen nach Padborg wurde nach wie vor

Bild 225
Mit einem langen Röhrenzug in Richtung Dänemark fährt **218 109** am 3. August 1982 durch den Bahnhof Schleswig.

AUFNAHME: BERND MELCHER

Bild 226
Ein schönes Motiv auf der Insel Sylt bietet sich von der Böschungskante beim Naturschutzgebiet Nösse mit Blick auf das Wattenmeer, wenn der Zug – vom Festland kommend – den Hindenburgdamm verlässt und in einem Rechtsbogen in den Morsumer Einschnitt einfährt. Am Abend des 18. Juli 1986 erreichen **218 115** und **218 155** mit IC 696 „Deichgraf“ (München – Stuttgart – Westerland/Sylt) die Insel.

AUFNAHME: AXEL-REINER DUPKE

dänisches Gebiet erreicht. Mehrmals täglich wurden in Flensburg Fernreisezüge an die Dänische Staatsbahn übergeben bzw. von ihr übernommen. Auf den Kursbuchstrecken 120 (Hamburg – Westerland/Sylt) und 130 (Hamburg – Kiel) war die Zahl der Doppeltraktionen weiterhin recht hoch, wobei vor einigen Zügen Flensburger und Lübecker 218 gemeinsam zu beobachten waren, darunter die Schnellzüge D 631/634 (Hamburg-Altona – Westerland (Sylt) – Hamburg-Altona) und D 694/695 (Hamburg-Altona – Kiel – Hamburg-Altona).

Auch während des folgenden Sommerfahrplans 1986 standen die Flensburger 218 praktisch rund um die Uhr im Einsatz. 49 Planlokomotiven erreichten durchschnittlich 645 km/LpT. Bemerkenswert war in diesem Jahr der 290 km lange Durchlauf einer Flensburger 218 vor dem D 1333 im Abschnitt Westerland (Sylt) – Büchen. Nach Süden hin erreichten die Lokomotiven Lüneburg und Maschen Rbf. Die Leistungen nach Hannover und weiter ins nördliche Harzvorland hatten inzwischen Brauschweiger 218 übernommen.

Während des Winterfahrplans 1986/1987 ging der Planbedarf saisonbedingt auf 46 Maschinen zurück, ohne dass sich Wesentliches am Einsatzgebiet änderte. Eine Fahrplanperiode später wurden täglich sogar beachtliche 50 Planlokomotiven benötigt. Daneben bestand ein weiterer neuntägiger Umlaufplan mit täglich wechselnden Leistungen, wobei lediglich an Freitagen, bedingt durch den Bundeswehr-Verkehr, alle Maschinen benötigt wurden. An Dienstagen hingegen war lediglich eine der neun Sonderlokomotiven kurzzeitig mit einem Güterzugpaar zwischen Flensburg-Weiche und Padborg beschäftigt. Erstmals seit 1979 waren die Lokomotiven auch wieder planmäßig auf der Vogelfluglinie unterwegs. Bespannt wurden montags bis samstags die Schnellzüge D 231 und D 373. Eine interessante Leistung waren die Kohlenzüge zum Zementwerk Lägerdorf. Befördert wurden sie ab Itzehoe jeweils mit zwei Lokomotiven der Baureihe 218 an der Zugspitze und einer 212 am Zugschluss.

Auch während der folgenden Fahrplanperioden bewegten sich die Leistungen der Flensburger 218 auf hohem Niveau. Während

Bild 227
Aus nördlicher Richtung kommend, nähert sich in Höhe der S-Bahn-Haltestelle Diebsteich **218 188** Anfang der achtziger Jahre mit einem Reisezug dem Bahnhof Hamburg-Altona. Die Stützmauer ist bis heute geblieben, und auch das große Haus links steht noch. Längst verschwunden ist hingegen die markante, fünf Gleise überspannende Signalbrücke.

AUFNAHME: JOHNFRIED GRAUE

Bild 228
Im Bahnhof Heide (Holst) steht **218 160** am 22. Juli 1989 mit dem Postzug Expr 14231 von Husum nach Hamburg bereit.

Bild 229
Ebenfalls am 22. Juli 1989 sind die Flensburger **218 163** und **218 179** für die Bespannung des IC 573 (Westerland/Sylt – Basel SBB) eingeteilt, mit dem sie vor wenigen Augenblicken den Bahnhof Heide (Holst) verlassen haben.

AUFNAHMEN (2): ALBERT SCHÖPPNER, ARCHIV JÖRG SAUTER

des Sommerfahrplans 1989 liefen 49 Maschinen im Umlauf 11 mit einer durchschnittlichen Laufleistung von 693 km/LpT. Das Einsatzgebiet lag weiterhin fast ausschließlich in Schleswig-Holstein, wobei auf den Strecken nach Kiel und Westerland (Sylt) nach wie vor zahlreiche Züge in Doppeltraktion unterwegs waren. Vor dem IC 35 Hamburg – Puttgarden fuhr eine Flensburger 218 als Vorspann vor einer Lübecker 218. Neben dem Hauptumlauf bestand der Umlauf 12 mit Beschäftigung für sieben Sonderlokomotiven, die hauptsächlich im Wochenendreisezugverkehr (Bundeswehr) zwischen Hamburg und Westerland (Sylt) sowie Flensburg benötigt wurden.

Im Jahr darauf verloren die Flensburger 218 zum Sommerfahrplan 1990 ihre Leistungen zwischen Hamburg und Büchen an die Baureihe 132 der Deutschen Reichsbahn. Eingesetzt wurden im Laufplan 11 nun nur noch 47 Lokomotiven mit einer durchschnittlichen Laufleistung von 671 km/LpT (min. 330 km, max. 1033 km). Elf weitere standen für Programmverkehre und Sonderreisezüge zur Verfügung. Doch bereits während der laufenden Sommerfahrplanperiode 1990 stieg der Bedarf wieder an und erreichte u. a. bedingt durch den sommerlichen Bädersonderverkehr und erhöhtes Reisendenaufkommen im Verkehr mit der (noch) DDR den Rekordwert von insgesamt 61 Planlokomotiven. Folgende Strecken wurden damals planmäßig befahren:

- Hamburg – Lübeck – Puttgarden;
- Lüneburg – Lübeck – Kiel;
- Hamburg – Kiel;
- Kiel – Flensburg;
- Maschen – Hamburg – Flensburg;
- Hamburg – Westerland (Sylt);
- Hamburg – Cuxhaven;
- Wilster – Brunsbüttel;
- Hamburg – Ludwigslust – Wittenberge (neu);
- Lübeck – Bad Kleinen (neu).

In der Nacht vom 5. auf den 6. Juni 1990 kam es auf dem Gelände des Bw Flensburg zu einem schweren Rangierunfall. Ein Trieb-

Bild 230
Bei einem Besuch im Bw Flensburg im Juli 1991 konnten die verfüllte Drehscheibengrube und ein provisorisch darüber verlegtes Gleis angetroffen werden. Im Jahr zuvor war versehentlich ein Reisezugwagen in die Grube gedrückt worden und hatte die Drehscheibe unbrauchbar gemacht. Die Bergung der eingeschlossenen Loks erfolgte umständlich mit Hilfe des auf dem verdichteten Sand liegenden Gleisjochs. Repariert wurde die Drehscheibe nicht mehr. Links neben dem Schuppen stehen **218 154** und **218 168**, im Schuppenstand 3 ist noch schemenhaft **218 281** zu erkennen.

AUFNAHME: STEFAN PONZLET

fahrzeugführer auf einer Lok der Baureihe 360 hatte offenbar eine Rangieranweisung missverstanden und eine Reisezuggarnitur über die Wagenreinigungsbühne hinaus bis in die Drehscheibengrube gedrückt. Dabei wurde die querstehende Drehbühne erheblich beschädigt, wodurch fünf Lokomotiven der Baureihe 218, zwei 212 und eine 360 auf ihren Ständen eingeschlossen waren. Glücklicherweise konnte zur Bergung des Reisezugwagens kurzfristig auf einen zufällig anwesenden dänischen Kranzug zurückgegriffen werden, doch an die blockierten Lokomotiven kam er nicht heran. Folglich musste die Drehscheibengrube zur Bergung der für den Wochenendverkehr dringend benötigten 218 mit Kies und Sand verfüllt werden, nachdem man zuvor die Drehbühne ausgebaut hatte. Auf den verdichteten Untergrund legten Gleisbauer ein provisorisches Gleisjoch und konnten bis auf eine 218 und die 360 alle anderen Lokomotiven bergen.

Die BD Hamburg nahm den Vorfall zum Anlass, die Drehscheibe nicht wieder in Betrieb zu nehmen, obwohl bauartgleicher Ersatz im stillgelegten Bw Buchholz (Nordheide) vorhanden gewesen wäre und der Königsstuhl die Havarie unbeschädigt überstanden hatte. Folglich konnte ein großer Teil des Lokschuppens nun nicht mehr genutzt werden. Die BD Hamburg begründete ihr Vorgehen mit vorliegenden Elektrifizierungsbeschlüssen für die Strecken Hamburg – Flensburg bzw. – Kiel.

Mitte des Jahres 1990 erreichte der Flensburger 218-Bestand mit 75 Lokomotiven seinen absoluten Höchststand. Zwei Jahre später erweiterte sich das Einsatzgebiet der Flensburger 218 sogar bis Mecklenburg-Vorpommern. Vor dem Schnellzugpaar D 438/439 erreichten sie Wittenberge, während sie im Güterzugdienst in Bad Kleinen und Ludwigslust wendeten. Während des Sommerfahrplans 1992 kamen vier 218 im Umlauf 16/17 gemeinsam mit zwei Erprobungslokomotiven vom Typ MaK-DE 1024 (DB-Baureihe 240) vorwiegend auf der Marschbahn zum Einsatz. Die sechsachsigen, für 160 km/h zugelassenen und mit einer Motorleistung von 2.650 kW versehenen Lokomotiven hätten u. a. die 218-Doppeltraktionen auf der Marschbahn überflüssig machen können. Doch aus Sicht der DB bestand für die leistungsfähigen Maschinen kein Bedarf, da nun einerseits genügend dieselelektrische Lokomotiven der Reichsbahnbaureihe 232 verfügbar waren und andererseits auch die Elektrifizierung weiterer norddeutscher Hauptbahnen zu erwarten war.

Zum Sommerfahrplan 1993 wurde der 218-Dienst der Bw Flensburg und Lübeck im Hinblick auf die kommenden Elektrifizierungsmaßnahmen in Schleswig-Holstein und der damit verbundenen Auflösung des Bw Flensburg umstrukturiert. Der Hauptplan in Flensburg wurde in einem ersten Schritt auf nur noch 39 Umlauftage reduziert. Im Zuge der Gründung der DB AG zum 1. Januar 1994 kam es wenig später zu größeren Veränderungen in der Organisationsstruktur. Es erfolgte die Gliederung des Unternehmens in Geschäfts- und Regionalbereiche. Das bisher eigenständige Bw Flensburg wurde dem Regionalbereich Neumünster zugeschlagen und die Werkstätten als Niederlassung Flensburg in den Geschäftsbereich Werke eingegliedert. Der Bereich Traktion hingegen mit Triebfahrzeugen und Triebfahrzeugführern war nunmehr dem Betriebshof Kiel als Zweigniederlassung bzw. Einsatzstelle zugeordnet.

Mit Beginn des Winterfahrplans 1995 wurden die verbliebenen Lokomotiven 218 101 – 123 und 167 – 175 nach Lübeck umbeheimatet, während 218 124 und 125 in Braunschweig eine neue Heimat fanden. 218 126 übernahm der Bh Hagen (Westf). Damit fand nach mehr als 25 Jahren die Beheimatung der Baureihe 218 im hohen Norden ihr Ende.

Die Baureihe 218 in Flensburg

	Zugang aus		Abgang an	
218 101	28.04.71	Neulieferung	23.09.95	Lübeck
102	05.05.71	Neulieferung	23.09.95	Lübeck
103	10.05.71	Neulieferung	23.09.95	Lübeck
104	17.05.71	Neulieferung	21.06.71	Regensburg
	11.08.72	Hamburg-Altona	23.09.95	Lübeck
105	16.06.72	Regensburg	23.09.95	Lübeck
106	11.09.72	Hamburg-Altona	23.09.95	Lübeck
107	15.06.71	Neulieferung	23.09.95	Lübeck
108	23.06.71	Neulieferung	23.09.95	Lübeck
109	28.06.71	Neulieferung	23.09.95	Lübeck
110	06.07.71	Neulieferung	23.09.95	Lübeck
111	13.07.71	Neulieferung	23.09.95	Lübeck
112	26.07.71	Neulieferung	23.09.95	Lübeck
113	02.08.71	Neulieferung	23.09.95	Lübeck
114	17.08.71	Neulieferung	23.09.95	Lübeck
115	30.08.71	Neulieferung	23.09.95	Lübeck
116	06.09.71	Neulieferung	23.09.95	Lübeck
117	15.09.71	Neulieferung	23.09.95	Lübeck
118	04.10.71	Neulieferung	23.09.95	Lübeck
119	05.10.71	Neulieferung	23.09.95	Lübeck
120	11.10.71	Neulieferung	23.09.95	Lübeck
121	26.10.71	Neulieferung	23.09.95	Lübeck

Bild 231
Die Blockstelle Padenstedt zwischen den Bahnhöfen Neumünster und Brokstedt ist längst dem Abrissbagger zum Opfer gefallen. Am 10. April 1990 zeigt das Blocksignal freie Fahrt, als **218 123** mit einem langen Güterzug in Richtung Hamburg unterwegs ist.

	Zugang aus		Abgang an	
218 122	17.11.71	Neulieferung	23.09.95	Lübeck
123	01.12.71	Neulieferung	23.09.95	Lübeck
124	09.12.71	Neulieferung	16.01.72	Hamburg-Altona
	16.09.72	Hamburg-Altona	23.09.95	Braunschweig
125	20.12.71	Neulieferung	23.09.95	Braunschweig
126	29.12.71	Neulieferung	16.01.72	Hamburg-Altona
	27.09.72	Hamburg-Altona	23.09.95	Hagen (Westf)
127	27.09.72	Hamburg-Altona	30.06.95	z
128	01.11.72	Hamburg-Altona	23.09.77	Hagen-Eckesey
129	04.12.72	Hamburg-Altona	04.10.77	Hagen-Eckesey
130	31.12.72	Hamburg-Altona	27.05.73	Hagen-Eckesey

	Zugang aus		Abgang an	
218 131	19.01.73	Hamburg-Altona	11.03.73	Hagen-Eckesey
132	16.01.73	Hamburg-Altona	27.05.73	Hagen-Eckesey
133	15.02.73	Hamburg-Altona	28.05.73	Hagen-Eckesey
153	16.09.82	Haltingen	01.06.85	Hagen 1
	27.05.90	Hagen 1	31.03.93	Lübeck
154	16.09.82	Haltingen	01.06.85	Hagen 1
	27.05.90	Hagen 1	07.01.95	Lübeck
155	23.05.82	Haltingen	07.01.95	Lübeck
156	23.05.82	Haltingen	31.03.93	Lübeck
157	23.05.82	Haltingen	31.03.93	Lübeck
158	23.05.82	Haltingen	31.03.93	Lübeck

Bild 232 – Bei Boklund nördlich von Rendsburg begegnet uns am 28. Juli 1993 der IR 2074 nach Flensburg. Bald werden **218 182** und eine Schwestermaschine ihre Heimatdienststelle Flensburg verlassen müssen. Sie werden nach der Elektrifizierung der Strecken Hamburg – Neumünster – Flensburg und Neumünster – Kiel nicht mehr benötigt.

AUFNAHMEN (2): JOSEF HÖGEMANN

	Zugang aus		Abgang an	
218 159	23.05.82	Haltingen	31.03.93	Lübeck
160	23.05.82	Karlsruhe	31.03.93	Lübeck
161	23.05.82	Karlsruhe	31.03.93	Lübeck
162	23.05.82	Karlsruhe	31.03.93	Lübeck
163	01.06.80	Karlsruhe	07.01.95	Lübeck
164	01.06.80	Karlsruhe	07.01.95	Lübeck
165	01.06.80	Karlsruhe	07.01.95	Lübeck
166	01.06.80	Karlsruhe	07.01.95	Lübeck
167	01.06.80	Karlsruhe	23.09.95	Lübeck
168	01.06.80	Karlsruhe	23.09.95	Lübeck
169	01.06.80	Haltingen	23.09.95	Lübeck
170	25.09.77	Haltingen	23.09.95	Lübeck
171	12.03.73	Hamburg-Altona	30.05.75	Haltingen
	25.09.77	Haltingen	23.09.95	Lübeck
172	02.08.73	Hamburg-Altona	30.05.75	Haltingen
	25.09.77	Haltingen	22.09.95	Lübeck
173	04.06.73	Hamburg-Altona	13.08.75	Haltingen
	25.09.77	Haltingen	23.09.95	Lübeck
174	26.08.73	Hamburg-Altona	13.08.75	Haltingen
	30.05.76	Haltingen	23.09.95	Lübeck
175	01.06.75	Hamburg-Altona	23.09.95	Lübeck
176	01.06.75	Hamburg-Altona	28.05.94	Lübeck
177	31.08.73	Hamburg-Altona	28.05.94	Lübeck
178	30.09.73	Hamburg-Altona	28.05.94	Lübeck
179	30.09.73	Hamburg-Altona	28.05.94	Lübeck
180	30.09.73	Hamburg-Altona	28.05.94	Lübeck
181	30.09.73	Hamburg-Altona	28.05.94	Lübeck
182	30.09.73	Hamburg-Altona	28.05.94	Lübeck
183	30.09.73	Hamburg-Altona	28.05.94	Lübeck
184	30.09.73	Hamburg-Altona	28.05.94	Lübeck
185	01.11.73	Hamburg-Altona	31.08.93	Lübeck
186	09.11.73	Hamburg-Altona	31.08.93	Lübeck
187	22.11.73	Hamburg-Altona	31.08.93	Lübeck

	Zugang aus		Abgang an	
218 188	01.02.76	Hamburg-Altona	31.08.93	Lübeck
189	01.02.76	Hamburg-Altona	31.05.76	Hamburg-Altona
	22.05.77	Hamburg-Altona	31.08.93	Lübeck
190	22.05.77	Hamburg-Altona	31.08.93	Lübeck
191	22.05.77	Hamburg-Altona	23.09.77	Hamburg-Altona
	01.10.78	Hamburg-Altona	26.09.92	Lübeck
192	22.05.77	Hamburg-Altona	23.09.77	Hamburg-Altona
	01.10.78	Hamburg-Altona	31.01.93	Lübeck
193	22.05.77	Hamburg-Altona	23.09.77	Hamburg-Altona
	01.10.78	Hamburg-Altona	31.01.93	Lübeck
194	22.05.77	Hamburg-Altona	23.09.77	Hamburg-Altona
	01.10.78	Hamburg-Altona	31.01.93	Lübeck
195	01.01.79	Lübeck	31.05.80	Lübeck
196	01.01.79	Lübeck	31.05.80	Lübeck
197	12.01.79	Lübeck	31.05.80	Lübeck
242	23.05.82	Braunschweig 1	02.06.84	Lübeck
244	23.05.82	Braunschweig 1	02.06.84	Lübeck
	30.05.87	Lübeck	30.05.92	Lübeck
245	23.05.82	Braunschweig 1	02.06.84	Lübeck
246	23.05.82	Braunschweig 1	02.06.84	Lübeck
255	01.10.78	Hamburg-Altona	23.01.79	Braunschweig
256	01.10.78	Hamburg-Altona	09.01.79	Braunschweig
260	02.06.85	Braunschweig 1	30.05.92	Lübeck
261	02.06.85	Braunschweig 1	30.05.92	Lübeck
279	28.05.90	Haltingen	31.01.93	Lübeck
280	28.05.90	Haltingen	31.01.93	Lübeck
281	28.05.90	Haltingen	26.09.92	Lübeck
323	11.02.79	Lübeck	31.05.80	Lübeck
324	11.02.79	Lübeck	31.05.80	Lübeck
325	27.05.79	Lübeck	31.05.80	Lübeck
326	27.05.79	Lübeck	31.05.80	Lübeck
327	27.05.79	Lübeck	31.05.80	Lübeck

Bild 233 – An einem Sommertag des Jahres 1992 warten die Flensburger **218 111**, **121** und **122** vor und neben dem vierständigen Ringschuppen des Bw Westerland (Sylt) auf ihren Einsatz. Das Bw liegt zwischen der Abstellanlage in Tinnum und dem Kopfbahnhof Westerland, dem heute nördlichsten Bahnhof Deutschlands. Dahinter der 1927 gleichzeitig mit den übrigen Bahnanlagen Westerlands erbaute Wasserturm. Dieser dient nach der 1984 erfolgten Stilllegung seit 1992 als Wohnhaus eines Privatmanns. AUFN.: ADOLF WAGNER (†), SLG. PETER GROßE

Bw Hamburg-Altona

Das Bw Hamburg-Altona erhielt seine ersten Lokomotiven der Baureihe 218 ab Januar 1972. Neben den fabrikneuen 218 127 – 134 wurden bis zum Beginn des Sommerfahrplans 1972 die Flensburger 218 124 und 126 sowie die Regensburger 218 104 und 106 in den Bestand übernommen. Sie ersetzen die letzten Lokomotiven der Baureihe 220, die an das Bw Lübeck gingen. Weitere fabrikneue Zugänge (218 171 – 174) folgten bis zum Beginn des Winterfahrplans 1972, so dass auch auf die letzten ölgefeuerten Dampflokomotiven der Baureihe 012 verzichtet werden konnte.

Im täglichen Betrieb vor schweren Reisezügen erwies sich die Baureihe 218 gegenüber den zuvor eingesetzten Dampflokomotiven als nicht genügend leistungsfähig. Folglich mussten die Fahrzeiten gestreckt und lange Züge in Doppeltraktion gefahren werden. Während des Winterfahrplans 1974/1975 beispielsweise waren die Zugpaare D 532/533 und D 820/821 Hamburg-Altona – Westerland (Sylt) jeweils mit zwei Lokomotiven bespannt.

Eingesetzt wurden die Altonaer 218 im Reisezugdienst und in geringerem Umfang auch im Güterverkehr vor allem auf der Marschbahn von Hamburg nach Westerland (Sylt). Ferner bespannten sie Autozüge zwischen Niebüll und Westerland (Sylt). Einzelne Leistungen führten die Altonaer 218 auch auf die Strecken Hamburg – Kiel und Husum – Rendsburg – Kiel.

Im Laufe der Zeit wechselte der Lokbestand nahezu ständig. Zahlreichen Neuzugängen stand eine ähnliche Vielzahl von Abgängen gegenüber, so dass die Liste der in Hamburg-Altona beheimaten 218 trotz der nur relativ kurzen Einsatzzeit überraschend lang ist.

Folgende 218 waren am 1. Juni 1976 in Hamburg-Altona beheimatet:

218	189	190	191	192	193	194	195	196	197	323
	324	325	326	327	328	329	330	331	332	333
	334	335	336	337	338	339				

gesamt: 26 Lokomotiven

Die Aufnahme des elektrischen Betriebes auf der Strecke Braunschweig – Helmstedt konnte nicht wie vorgesehen mit Beginn des Winterfahrplans 1976/1977 erfolgen, da Grundstückseigentümer den Bau einer Hochspannungsleitung zu einem neuen Unterwerk deutlich verzögert hatten. Folglich mussten im Güterverkehr auf Braunschweiger 216 und im Reisezugverkehr auf Hamburger und Flensburger 218 zurückgegriffen werden. Letztere bespannten schwere Reisezüge durchweg in Doppeltraktion, da die Fahrpläne des grenzüberschreitenden Verkehrs bereits auf Grundlage des elektrischen Betriebes erstellt worden waren. Die Anbindung der Hamburger Maschinen an das Heimat-Bw erfolgte mit den Eilzügen über Buchholz (Nordheide) – Soltau (Han).

Im Laufe des Jahres 1977 gab das Bw Hamburg-Altona aus Rationalisierungsgründen alle 218 nach Flensburg und Lübeck ab, ohne dass sich an den Leistungen Grundlegendes veränderte. Während des Winterfahrplans 1976/1977 hatten noch ein zehntägiger sowie ein weiterer eintägiger Umlauf bestanden. Letzterer enthielt ausschließlich Nahverkehrsleistungen zwischen Hamburg Hbf und Bad Oldesloe, die zuvor eine Lok der Baureihe 220 gefahren hatte.

Die Baureihe 218 in Hamburg-Altona

	Zugang aus		Abgang an	
218 104	27.05.72	Regensburg	10.08.72	Flensburg
106	27.05.72	Regensburg	10.09.72	Flensburg
124	17.01.72	Flensburg	15.09.72	Flensburg
126	17.01.72	Flensburg	26.09.72	Flensburg

Bild 234 – Nicht weniger als elf 218 stehen am 17. April 1981 im großen Ringlokschuppen des Bw Hamburg-Altona, davon sind hier sechs im Bild zu sehen. Stationiert war die Baureihe allerdings nur bis Mai 1978 in Hamburg-Altona, so dass hier mit Ausnahme der Braunschweiger **218 242** nun Flensburger Maschinen zu finden sind. Deren Haupteinsatzgebiete hatten sich mit der Umbeheimatung nach Flensburg nicht geändert. Wie in den Jahren zuvor wurden vorrangig die Hauptbahnen nach Westerland (Sylt) und Flensburg befahren. Aufn. Stefan Ponzlet

Bild 235
Am 30. November 1975 wartet **218 324** mit einer Schwesterlok im Bw Hamburg-Altona auf ihren nächsten Einsatz. Sie gehörte zu einer Gruppe von 69 bereits in Ozeanblau-Beige ausgelieferten Loks der Baureihe 218, die in den Jahren 1975 und 1976 mit einem ozeanblauen Dach ausgeliefert worden sind.

AUFNAHME: ULRICH BUDDE

	Zugang aus		Abgang an	
218 127	19.01.72	Neulieferung	26.09.72	Flensburg
128	30.01.72	Neulieferung	31.10.72	Flensburg
129	16.02.72	Neulieferung	03.12.72	Flensburg
130	21.02.72	Neulieferung	30.12.72	Flensburg
131	20.03.72	Neulieferung	18.01.73	Flensburg
132	09.04.72	Neulieferung	15.01.73	Flensburg
133	23.04.72	Neulieferung	14.02.73	Flensburg
134	23.05.72	Neulieferung	31.10.72	Hagen-Eckesey
171	30.07.72	Neulieferung	11.03.73	Flensburg
172	07.08.72	Neulieferung	01.08.73	Flensburg
173	28.08.72	Neulieferung	03.06.73	Flensburg
174	11.09.72	Neulieferung	25.08.73	Flensburg
175	04.10.72	Neulieferung	31.05.73	Flensburg
176	10.10.72	Neulieferung	31.05.73	Flensburg
177	31.10.72	Neulieferung	30.08.73	Flensburg
178	06.11.72	Neulieferung	29.09.73	Flensburg
179	28.11.72	Neulieferung	29.09.73	Flensburg
180	14.12.72	Neulieferung	29.09.73	Flensburg
181	20.12.72	Neulieferung	29.09.73	Flensburg
182	12.01.73	Neulieferung	29.09.73	Flensburg
183	09.01.73	Neulieferung	29.09.73	Flensburg
184	05.02.73	Neulieferung	29.09.73	Flensburg
185	21.02.73	Neulieferung	31.10.73	Flensburg
186	06.03.73	Regensburg	08.11.73	Flensburg
187	13.03.73	Neulieferung	21.11.73	Flensburg
188	27.03.73	Neulieferung	31.01.76	Flensburg
189	03.04.73	Neulieferung	31.01.76	Flensburg
	01.06.76	Flensburg	21.05.77	Flensburg
190	16.04.73	Neulieferung	21.05.77	Flensburg
191	08.05.73	Neulieferung	21.05.77	Flensburg
	24.09.77	Flensburg	30.09.78	Flensburg
192	14.05.73	Neulieferung	21.05.77	Flensburg
	24.09.77	Flensburg	30.09.78	Flensburg
193	17.05.73	Neulieferung	21.05.77	Flensburg
	24.09.77	Flensburg	30.09.78	Flensburg
194	19.07.73	Neulieferung	21.05.77	Flensburg
	24.09.77	Flensburg	30.09.78	Flensburg
195	03.10.73	Neulieferung	23.02.78	Lübeck
196	14.06.73	Neulieferung	23.02.78	Lübeck
197	21.06.73	Neulieferung	23.02.78	Lübeck
198	06.07.73	Neulieferung	31.05.76	Regensburg
199	10.12.73	Neulieferung	16.07.75	Regensburg
200	25.07.73	Neulieferung	10.12.75	Regensburg

	Zugang aus		Abgang an	
218 201	01.08.73	Neulieferung	10.12.75	Regensburg
202	23.08.73	Regensburg	28.11.75	Regensburg
203	28.08.73	Neulieferung	16.07.75	Regensburg
204	11.09.73	Neulieferung	16.07.75	Regensburg
205	18.09.73	Neulieferung	02.08.75	Regensburg
206	03.10.73	Neulieferung	02.08.75	Regensburg
207	10.10.73	Neulieferung	31.05.75	Regensburg
208	28.10.73	Neulieferung	18.09.75	Regensburg
209	01.11.73	Neulieferung	18.09.75	Regensburg
210	19.11.73	Neulieferung	10.10.75	Regensburg
211	19.11.73	Neulieferung	17.10.75	Regensburg
212	05.12.73	Neulieferung	28.11.75	Regensburg
213	12.12.73	Neulieferung	28.11.75	Regensburg
214	18.12.73	Neulieferung	21.05.74	Regensburg
215	09.01.74	Neulieferung	21.05.74	Regensburg
249	14.02.78	Mühldorf (Oberbay)	30.09.78	Lübeck
250	14.02.78	Mühldorf (Oberbay)	26.09.78	Braunschweig
251	18.01.78	Mühldorf (Oberbay)	30.09.78	Lübeck
252	23.12.77	Mühldorf (Oberbay)	30.09.78	Lübeck
253	26.10.77	Mühldorf (Oberbay)	30.09.78	Lübeck
254	23.12.77	Mühldorf (Oberbay)	30.09.78	Lübeck
255	21.11.77	Mühldorf (Oberbay)	30.09.78	Flensburg
256	26.10.77	Mühldorf (Oberbay)	30.09.78	Flensburg
257	21.11.77	Mühldorf (Oberbay)	27.05.78	Lübeck
258	18.01.78	Mühldorf (Oberbay)	27.05.78	Lübeck
259	26.09.77	Mühldorf (Oberbay)	27.05.78	Lübeck
323	27.05.75	Neulieferung	23.09.77	Lübeck
324	09.06.75	Neulieferung	23.09.77	Lübeck
325	26.06.75	Neulieferung	23.09.77	Lübeck
326	14.07.75	Regensburg	23.09.77	Lübeck
327	27.07.75	Neulieferung	23.09.77	Lübeck
328	18.09.75	Neulieferung	23.09.77	Lübeck
329	07.10.75	Neulieferung	23.09.77	Lübeck
330	17.11.75	Neulieferung	23.09.77	Lübeck
331	09.12.75	Neulieferung	23.09.77	Lübeck
332	12.01.76	Neulieferung	25.10.77	Lübeck
333	04.07.75	Neulieferung	25.10.77	Lübeck
334	27.07.75	Neulieferung	27.11.77	Lübeck
335	17.08.75	Neulieferung	22.11.77	Lübeck
336	02.11.75	Neulieferung	23.12.77	Lübeck
337	17.11.75	Neulieferung	24.12.77	Lübeck
338	03.12.75	Neulieferung	17.01.78	Lübeck
339	22.12.75	Neulieferung	17.01.78	Lübeck

Bild 236
Mit dem E 2105 nach Hamburg-Altona überquert **218 106** am 27. September 1972 den Nord-Ostsee-Kanal bei Hochdonn. Weithin sichtbar erhebt sich die markante Hochbrücke über den Wiesen der Wilster Marsch. Ein Jahr zuvor war dieser Zug noch eine Planleistung der ebenfalls in Hamburg-Altona beheimateten sechsachsigen 230 001 (ex DB V 300 001).

Bild 237 (oben)
Im Sommer 1972 waren die hochwertigen Reisezüge auf der Marschbahn noch den Altonaer 012 vorbehalten. Die Baureihe 218 musste sich zunächst vor den windanfälligen Autozügen im Sylt-Verkehr beweisen, die ebenfalls hohe Ansprüche an die Traktion stellten. Am 28. September 1972 begegnet uns **218 133** auf dem Hindenburgdamm.

Bild 238 (links)
218 202 auf AW-Probefahrt, aufgenommen im Bahnhof Bremen-Sebaldsbrück am 14. August 1973. Hinten am Prüfzug die bereits wenige Tage zuvor abgenommene **218 201**.

Aufnahmen (3): Ulrich Budde

Bild 239 – Einen weiten Laufweg über Köln und Frankfurt (M) bis nach Passau hat der IC 2327 vor sich, der – von der Kieler **218 333** geschoben – vor wenigen Augenblicken in Burg (Fehmarn) gestartet ist und nun über die Fehmarnsundbrücke südwärts in Richtung Lübeck rollt. Die Aufnahme entstand am 13. Mai 2016. AUFNAHME: JÜRGEN HÖRSTEL

Werk Kiel

Am 2. Juni 2010 nahm die DB Regio-Tochter Regionalbahn Schleswig-Holstein (RBSH) in Kiel eine neue Werkstatt für die Unterhaltung von Dieseltriebzügen der Baureihe 648 (LINT 41) in Betrieb. Gleichzeitig wurde das Werk Lübeck aufgegeben, das bislang u. a. für deren Unterhaltung zuständig gewesen war. Übernommen wurden auch die letzten fünf Lübecker 218, für die zuletzt noch ein zweitägiger Umlauf mit Leistungen vor RE-Zügen zwischen Hamburg, Lübeck und Kiel bestanden hatte.

Ab Kiel bespannte die Baureihe 218 auch weiterhin einige RE-Züge zwischen Kiel und Lübeck bzw. Flensburg. Ferner kam sie in den Sommermonaten u. a. vor dem „Strand-Express" Hamburg – Puttgarden und den IC-Zügen 2220/2021 und 2327 zwischen Hamburg Hbf und Burg (Fehmarn) zum Einsatz.

Während des Sommerfahrplans 2013 bestanden folgende Planleistungen (Umlauf wrA0 218):

Tag 1 Kiel Hbf – RE 21497 – Hamburg Hbf – RE 21496 – Kiel Hbf (Mo-Do) bzw. RE 21492 – Kiel Hbf;

Tag 2 Kiel Hbf – RE 21499 – Hamburg Hbf – RE 21494 – Kiel Hbf.

Auch im Jahr 2018 bestand noch ein zweitägiger Umlauf mit Leistungen im Nahverkehr zwischen Lübeck Hbf und Kiel Hbf sowie Lübeck Hbf und Hamburg Hbf. Zusätzlich wurde eine Lok von Ende März bis Anfang November an Wochenenden vor einem IC-Zugpaar Köln – Burg (Fehmarn), dem „Hamburger Strand Express" Hamburg Hbf – Puttgarden und einem Nahverkehrszugpaar der Relation Hamburg Hbf – Ahrensburg eingesetzt.

Seit dem Fahrplanwechsel am 8. Dezember 2018 benötigte das Werk Kiel lediglich noch montags bis freitags eine Planlok für die Bespannung eines RE-Zugpaares Lübeck – Kiel. Die wenigen derzeit noch in Kiel beheimateten 218 finden zusätzlich noch gelegentlich als Triebzugersatz oder im Sonderverkehr Verwendung. In den Wintermonaten werden sie mitunter auch als Schneepfluglokomotiven genutzt – teilweise fernab ihrer Kieler Heimat. So weilten z.B. 218 413 von Herbst 2014 bis Frühjahr 2015 sowie 218 329 von Herbst 2017 bis Frühjahr 2018 leihweise als Winter-Reserveloks für DB Netz in Villingen (Schwarzw).

Die Baureihe 218 in Kiel

	Zugang aus		Abgang an	
218 104	09.03.10	Lübeck	24.05.11	z
106	15.09.09	Lübeck	09.09.10	z
130	05.06.10	Karlsruhe	30.06.10	Karlsruhe
329	01.06.10	Lübeck		
330	01.06.10	Lübeck		
333	01.05.11	Leipzig Hbf Süd		
339	01.06.10	Lübeck	07.04.15	z
399	01.06.10	Lübeck	14.10.10	ST Minden
407	01.06.10	Lübeck	23.02.18	z
413	01.06.10	Lübeck		
460	15.06.15	Köln-Deutzerfeld	02.07.15	Schöllkrippen WFB
464	11.12.11	Kempten (Allgäu)	31.03.12	Ulm
465	26.12.10	Mühldorf (Oberbay)	13.07.11	Mühldorf (Oberbay)
470	29.12.14	Braunschweig		
473	29.12.14	Braunschweig		
480	26.12.10	Karlsruhe	03.03.11	Karlsruhe

Bild 240 – Neben Triebzügen der Bauart LINT 41 (Baureihe 648) sind auf der Vogelfluglinie immer noch Doppelstockzüge mit der Baureihe 218 unterwegs: Saisonal verkehrt der „Strandexpress“ von Hamburg nach Puttgarden, hier am 22. Mai 2016 mit **218 329** vor RE 21450 bei Seekamp AUFNAHME: JÜRGEN HÖRSTEL

Bild 241 – Gelegentlich verleiht das Werk Kiel seine 218 auch an andere DB-Unternehmen. So war **218 329** von November 2017 bis Mai 2018 an DB Regio Südbaden ausgeliehen und übernahm von Villingen (Schwarzw) aus verschiedene Sonderdienste. Damit kam auch erstmals eine der drei Kieler 218 mit CAT-Motor (218 329, 330 und 339) im Süden Deutschlands zum Einsatz. In der Nacht des 23. November 2017 zieht die Lok auf der Mauchachbrücke bei Unadingen einen Dosto-Wagenpark der Schwarzwaldbahn als Lr 70761 nach Villingen (Schwarzw), der baustellenbedingt von Freiburg aus über die Höllentalbahn überführt werden musste. AUFNAHME: CHRISTIAN WOLF

Bild 242
Neben umfangreichen Aufgaben im Reisezugverkehr gab es für die Lübecker 218 auch eine Reihe von Diensten vor schweren Güterzügen. Ein solch kurzer, gemischter Güterzug, wie ihn die mit Pielstick-Motor ausgestattete **218 332** am 5. Mai 1978 bei Reinfeld am Haken hatte, war dabei fast schon die Ausnahme.

Bw Lübeck

(ab 1. Januar 1994 Est Lübeck des Betriebshofs Hamburg Hbf)

Das Bw Lübeck war seit 1964 mit der V 160 vertraut, doch hielt die Baureihe 218 als jüngstes Mitglied der V 160-Familie erst mit Beginn des Winterfahrplans 1977/1978 dort Einzug. Die aus Hamburg-Altona übernommenen Lokomotiven 218 323 – 331 ersetzten die Baureihe 220 vor einem großen Teil der Nahverkehrszüge auf der Strecke Hamburg – Lübeck, nachdem es immer wieder zu Radreifenproblemen bei der Baureihe 220 gekommen war. Des Weiteren verdrängten sie einen Teil der bislang in einen 16-tägigen Umlauf eingebundenen Lokomotiven der Baureihe 221. Nunmehr bestanden ein fünftägiger 221-Plan und ein weiterer neuntägiger Mischplan für die Baureihen 218 und 221.

Mit dem Zugang weiterer 218 (218 332 – 339) aus Hamburg-Altona bis Januar 1978 konnte der Anteil der 221-Leistungen im Lübecker 218/221-Mischplan nach und nach gegen Null gefahren werden. Damit war eine freizügige Verwendung elektrisch beheizten Wagenmaterials möglich. Nach einer weiteren Verstärkung des Lokbestandes durch die fabrikneuen 218 427 und 456 im Mai 1978 und Ertüchtigung der Signaltechnik auf der Vogelfluglinie für die

Bild 243 – Südlich der Trave in Lübeck-Genin kommen die Strecken aus Bad Kleinen, Büchen und Hamburg zusammen. Hier sehen wir **218 327** am 31. März 1978 mit dem E 3040 aus Hamburg. AUFNAHMEN (2): ULRICH BUDDE

Bild 244 – Vor dem nur an Freitagen verkehrenden Bundeswehr-D-Zug 1846 (Kiel – Düsseldorf) begegnet uns am 26. August 1984 bei Wahlstorf die mit Schneeräumern ausgestattete **218 459** vom Bw Lübeck.
AUFNAHME: JOSEF HÖGEMANN

Nutzung der elektrischen Zugheizung konnte auf den planmäßigen Einsatz der Baureihe 221 in Lübeck vollständig verzichtet werden. Nach einer weiteren Verstärkung des Lokbestands verfügte das Bw Lübeck am 1. Januar 1980 über folgende 218:

218	328	329	330	331	332	333	334	335	336	337
	338	339	427	428	429	430	431	432	433	434
	456	457	458	459	460	461	462	485	486	487
	488	489	490	491	492	493				

gesamt: 36 Lokomotiven

Während der Winterfahrplanperiode 1982/1983 setzte das Bw Lübeck 32 Maschinen planmäßig ein, die eine durchschnittliche Laufleistung von 553 km/LpT erreichten. An Freitagen waren sechs weitere 218 planmäßig für die Bespannung diverser Bundeswehr-IC notwendig. Während des Winterfahrplans 1985/1986 wurden bereits 46 Lokomotiven mit einer Tagesdurchschnittsleistung von 564 km/LpT benötigt, die vornehmlich auf den Strecken Hamburg – Lübeck – Puttgarden und Hamburg – Büchen vor Reise- und Güterzügen zu beobachten waren. Die BD Hannover erreichten sie mit dem E 3217 Kiel – Bad Harzburg. Die Rückleistung erfolgte an Arbeitstagen mit den Nahverkehrszügen 6324/4906 über Hildesheim/Hannover – Soltau (Han). An Wochenenden bespannten sie den ebenfalls über Soltau (Han) geführten E 3206. Bemerkenswert war der Lr 31504 aus dem IC 1504 von Cuxhaven über die Unterelbebahn mit Kopfmachen in Hamburg-Harburg nach Hamburg-Langenfelde. Gemeinsame Leistungen mit Flensburger 218 in Doppeltraktion gab es vor folgenden Zügen:

D 631/697	Hamburg – Westerland (Sylt)	täglich;
D 694/695	Hamburg – Kiel	täglich;
D 333	Hamburg – Neumünster	täglich.

Unverändert häufig wurde weiterhin auf der Vogelfluglinie in Doppeltraktion gefahren.

Mit Einführung des Stundentakts Hamburg – Lübeck bei gleichzeitiger Erhöhung der Streckenhöchstgeschwindigkeit auf 140 km/h stieg der Lokbedarf. Zum Sommerfahrplan 1986 stellten die Fahrplangestalter für diese Strecke einen eigenen Umlaufplan auf, der nun vornehmlich Leistungen in Doppeltraktion vorsah. Im Lübecker Hauptumlauf ergaben sich mit Beginn des Winterfahrplans 1986/1987 einige Veränderungen. Bei einem Bedarf von 46 Lokomotiven (Durchschnittslaufleistung 570 km/LpT) kam es vermehrt zu Einsätzen auf der Marschbahn, und zwar hauptsächlich im Güterverkehr sowie im Autoreisezugverkehr Niebüll – Westerland (Sylt). Den Hannoveraner Direktionsbezirk erreichten die Lübecker 218 mit den Reisezügen E 3209 (Kiel – Kassel) und E 3228 (Kreiensen – Kiel). Im Güterverkehr wurden Mo – Fr innerhalb der BD Hannover u. a. folgende Leistungen erbracht:

Gag 58473	Münchehof (Harz) 9.52 – 10.35 Salzgitter Bad;
Ng 64065	Oker 15.19 – 16.16 Braunschweig;
Üg 67211	Seesen 7.30 – 7.40 Münchehof (Harz);
Üg 67233	Langelsheim 14.16 – 14.53 Oker.

Weitere sechs Lokomotiven wurden im Rail-Ship-Verkehr sowie für die Bespannung nicht täglich verkehrender Güterzüge auf der Vogelfluglinie benötigt.

Nach wie vor weit herum kamen die Lübecker an Wochenenden während der Sommerfahrplanperiode 1987. Den E 3209 Kiel – Braunschweig – Kreiensen – Kassel bespannten sie im Abschnitt Kiel – Göttingen. Rückleistung war der E 3553 Göttingen – Braunschweig. Unter der Woche beförderten Lübecker 218 den E 3209 nur bis Bad Harzburg. Während des Winterfahrplans 1987/1988 bestand beim Bw Lübeck ein 37-tägiger Hauptumlauf

Bild 245 – Der mit **218 258** bespannte E 3229 mit dem bemerkenswerten Laufweg Flensburg – Kiel – Lübeck – Lüneburg – Uelzen – Braunschweig – Kreiensen hat am 23. August 1984 den teilweise zurückgebauten Bahnhof Ascheberg erreicht. Das links am Stellwerk entlangführende Gleis gehörte zur eingleisigen Hauptbahn nach Neumünster, die seit vielen Jahren stillgelegt ist. AUFNAHME: JOSEF HÖGEMANN

mit einer Durchschnittslaufleistung von 605 km/LpT (max. 879, Mo sogar 923 km). In einem weiteren Umlauf wurden drei Lokomotiven vor täglich wechselnden Zügen eingesetzt.

Mit Beginn des Sommerfahrplans 1988 entfielen die Eilzüge zwischen Kiel und dem Nordharz. Nach wie vor wurde aber Hannover Hbf mit den Zügen E 3341/3340 und E 3351/ 3348 über die Heidebahn angefahren. Der Hauptplan sah nun nur noch 34 Maschinen bei einer durchschnittlichen Laufleistung von 653 km/ LpT vor (max. 882 km, Mo sogar 1.002 km). Haupteinsatzgebiet waren weiterhin die Strecken Hamburg – Lübeck – Puttgarden und Hamburg – Büchen. Ferner wurden einige Leistungen auf den Strecken Hamburg – Kiel, Neumünster – Bad Oldesloe und Lüneburg – Lübeck – Kiel – Flensburg gefahren. Zusätzlich gab es einen viertägigen Umlauf mit Wendezugleistungen auf der S-Bahn-Strecke Pinneberg – Elmshorn und Nahverkehrszüge von und nach Itzehoe. Dieser Plan sah eine Durchschnittsleistung von 527 km/LpT vor (max. 680 km, Mo 722 km).

Hingewiesen werden soll an dieser Stelle auf einige interessante Übergaben der Lübecker 218 zur bzw. auf der Insel Sylt aus dem Laufplan 11:

Üg 69996 W (Sa) Keitum 16.00 – 16.07 Westerland (Sylt);
Üg 69999 W (Sa) Westerland (Sylt) 17.51 – 18.37 Niebüll;
Üg 69993 W (Sa) Westerland (Sylt) 7.32 – 8.35 Morsum;
Üg 69992 W (Sa) Morsum 8.56 – 9.22 Westerland (Sylt).

Des Weiteren verkehrten einige Güterzüge zwischen Itzehoe und Brunsbüttel.

Während des Winterfahrplans 1989/1990 kamen im Hauptumlauf 31 Lokomotiven mit einer durchschnittlichen Laufleistung von 636 km/LpT zum Einsatz. In einem weiteren dreitägigen Umlauf wurden S-Bahn-Leistungen zwischen Pinneberg und Elmshorn mit einer Durchschnittsleistung von 534 km/LpT gefahren. Neu erschließen konnten sich die Lübecker 218 mit Beginn des Sommerfahrplans 1990 die Strecken (Hamburg –) Büchen – Schwerin und Lübeck – Schwerin. Bespannt wurden hier D 1433 (Hamburg – Schwerin), E 2034/2035 (Lübeck – Schwerin u. z.) und D 1432 (Schwerin – Hamburg) an einem Plantag. Eingesetzt wurden im Hauptumlauf damals 35 Maschinen mit durchschnittlichen 635 km/LpT (max. 1.063 km, min. 140 km).

Im Hinblick auf die kommenden Elektrifizierungsmaßnahmen in Schleswig-Holstein wurden die 218-Bestände der Bw Flensburg und Lübeck zum Sommerfahrplan 1993 umstrukturiert und in diesem Zusammenhang die Auflösung des Bw Flensburg geplant. Der Lübecker Planbedarf wurde von 38 auf 46 Maschinen erhöht, wobei vor allem die Leistungen auf der Marschbahn auf Kosten des Bw Flensburg erheblich intensiviert wurden. Weitere 218 hielt das Bw als Reserve für die drei als MaK-DE 1024 bezeichneten Prototypen der Baureihe 240 vor. Die sechsachsigen und für 160 km/h zugelassenen Loks verfügten über einen 2.650 kW starken Dieselmotor, der über einen Generator die Energie für die Drehstrommotoren lieferte. Der dreitägige Umlauf der DE 1024 sah ausschließlich IC-Leistungen zwischen Hamburg und Westerland (Sylt) sowie Kiel vor. Rückfallebene bei Ausfällen der recht störanfälligen 240 war die Baureihe 218 in Doppeltraktion.

Die mit einem GTO-Umrüster ausgerüstete 218 497 wurde vom 11. bis zum 17. März 1993 in Franken und in der Oberpfalz erprobt. Sie fuhr täglich zweimal mit einem 14-Wagen-Zug von Nürnberg über Schwandorf nach Regensburg und von dort auf direktem Weg zurück nach Nürnberg. Dabei sollte der Nachweis erbracht werden, dass eine so ausgerüstete Lok auch vollklimatisierte Züge befördern kann.

Infolge der Bahnreform wurde Lübeck 1994 zu einer Einsatzstelle des Betriebshofes Hamburg Hbf, ohne dass es zu nennens-

Bild 246 – 218 162 und **218 123** haben am 28. August 1993 mit dem IC 633 die Insel Sylt verlassen, das Signal der Blockstelle Hindenburgdamm zeigt freie Fahrt in Richtung Hamburg. Bei Gleisbauarbeiten ausgebaute Betonschwellen dienen dem Schutz des Bahndamms vor Sturmfluten.

Bild 247 – Auf der noch nicht elektrifizierten Berliner Stadtbahn haben **218 456** und **218 429** am 24. September 1994 im Ostbahnhof ihre Fahrt mit IC 534 begonnen und rollen nun westwärts entlang der S-Bahn-Station Jannowitzbrücke. Damals wurde praktisch überall in Berlin gebaut. AUFNAHMEN (2): JÜRGEN HÖRSTEL

Bild 248
Die ersten IC-Züge nach der Wende zwischen Westdeutschland und Berlin mussten bis zur Elektrifizierung der Ausbaustrecken noch mit Diesellokomotiven bespannt werden. Die Lübecker **218 433** und **218 160** sind am 3. Mai 1994 mit IC 505 an der Blockstelle Parey auf der Strecke Berlin – Brandenburg – Magdeburg westwärts unterwegs.

AUFNAHME: JÜRGEN HÖRSTEL

werten Veränderungen im Betriebsmaschinendienst kam. Der ab Sommer 1994 aufgenommene Berlin-IC-Verkehr mit 218 in Doppeltraktion anstelle der bisher eingesetzten Lokomotiven der Baureihe 229 verlief nicht problemlos. Immer wieder kam es zu erheblichen Verspätungen. Die Lokomotiven kamen auch vor IC-Zügen Berlin – Magdeburg über Potsdam/Brandenburg dreimal täglich nach Sachsen-Anhalt. Mit Beginn des Winterfahrplans 1994/1995 stieg der Bedarf im Berlin-Verkehr auf neun 218-Pärchen an, nachdem die Reisezeiten im Interesse einer besseren Pünktlichkeit um 40 min gestreckt worden waren. Dadurch verschoben bzw. verkürzten sich die Wendezeiten in Berlin, sodass eine weitere Zugeinheit mit 2 × 218 benötigt wurde.

Der aufgrund von Anwohnerklagen und diversen Bauverzögerungen nicht haltbare Termin für die Aufnahme des elektrischen Betriebes zwischen Hamburg und Berlin Ende September 1996 veranlasste die DB, kurzfristig zwölf Lübecker 218 auf eine Höchstgeschwindigkeit von 160 km/h umzurüsten. Auf diese Weise sollten die bereits für den elektrischen Betrieb berechneten Fahrzeiten eingehalten werden. Die Wahl fiel auf die Lübecker 218 430 – 434 und 456 – 462, die unter Beibehaltung der alten Ordnungsnummern die Baureihenbezeichnung 210 erhielten. Die interessante Betriebsabwicklung des Berlin-Verkehrs ist in Kapitel 3.2 beschrieben. Das Intermezzo endete mit Beginn des Sommerfahrplans 1997. Die Lokomotiven wurden später wieder in 218 umgezeichnet.

Mit Beginn des Winterfahrplans 1995/1996 verfügte die Est Lübeck über den größten 218-Bestand aller DB-Dienststellen. 126 Maschinen (!) hatten sich hier nach weitgehender Auflösung des Flensburger Bestandes eingefunden. Im Jahr darauf liefen die Lübecker 218 ab Ende September 1997 in insgesamt vier Um-

Bild 249 – Ein Schnellzug aus Hamburg, nach dem Sonnenstand zu urteilen vermutlich der D 2235 (Hamburg – Rostock), erreicht am 13. Mai 1994 den Lübecker Hauptbahnhof mit gleich drei 218. Bekannt ist leider nur die Zuglok 218 177, die zu diesem Zeitpunkt noch für wenige Tage in Flensburg beheimatet war, zum 29. Mai 1994 dann aber zum Bw Lübeck kam.
AUFNAHME: STEFAN PONZLET

Bild 250 – Blick auf die Westseite des Bahnhofs Lübeck am 14. April 1995. Die Lübecker **218 178** und eine Schwesterlokomotive verlassen mit IR 2236 die Bahnhofshalle der Hansestadt und passieren das markante Fahrdienstleiterstellwerk.

laufplänen. Fünf Lokomotiven legten werktäglich durchschnittlich 916 km/LpT zurück, während an Sonntagen 862 km/LpT erreicht wurden. Sie bespannten ausschließlich Reisezüge zwischen Kiel, Lübeck, Hamburg und Rostock. Weitere 33 Lokomotiven erbrachten durchschnittlich 714 km/LpT im Gesamtbereich von Schleswig-Holstein, wobei fast ausschließlich Reisezüge von der Regionalbahn bis zum hochwertigen EC bespannt wurden. Einige wenige Güterzugleistungen sah der Dienstplan auf der Marschbahn vor. Der dritte Laufplan für 24 Lokomotiven mit durchschnittlich 624 km/LpT hatte seinen Leistungsschwerpunkt auf der Strecke Hamburg – Lübeck. Weitere Wendebahnhöfe waren Puttgarden, Neustadt (Holstein), Maschen Rbf und Cuxhaven.

Auf der Unterelbebahn zwischen Hamburg bzw. Maschen Rbf und Cuxhaven wurden neben zahlreichen Reisezügen auch einige Nahgüterzüge bespannt. Weitere fünf Lokomotiven benötigte die Est. Lübeck für den im Ausbau begriffenen Streckenabschnitt Hamburg – Büchen mit je nach Baufortschritt häufig wechselnden Betriebszuständen.

Die Aufnahme des elektrischen Betriebes zwischen Elmshorn und Itzehoe zum Sommerfahrplan 1998 ermöglichte die Freistellung von vier 218 der Unterhaltungsdienststelle Hamburg-Wilhelmsburg.

2004 wurde die Lokleitung der Einsatzstelle Lübeck geschlossen. Die Disposition der Lübecker 218 erfolgte nun durch das

Bild 251
Der umfangreiche Reisezugverkehr auf der Hauptbahn Hamburg – Lübeck lag jahrelang in Händen Lübecker 218. Am 14. April 1995 hat **218 190** vor RE 3032 den Bahnhof Ahrensburg in Richtung Hamburg verlassen und unterquert eine Fußgängerbrücke westlich des Ortes.

Aufnahmen (2): Josef Högemann

Bild 252 – Zwei Lübecker 218 überqueren am 5. April 1996 mit RE 3733 nach Hamburg-Altona die Hochbrücke über den Nord-Ostsee-Kanal bei Hochdonn. Das riesige Bauwerk mit seinen langen Rampen entstand in den Jahren 1913 bis 1920 als Ersatz für eine Drehbrücke, die sich weiter südlich bei Taterpfahl befand.

Werk Kiel. In Lübeck verblieben aber noch Wartung und Instandhaltung der Lokomotiven. Im selben Jahr erfolgte die Übernahme der Autozugleistungen nach Sylt durch die Baureihe 215[9]. Weitere 218 wurden mit Übernahme des Regionalverkehrs auf der Marschbahn durch die NordOstseeBahn (NOB) Mitte Dezember 2005 freigesetzt. Hier verblieben den 218 lediglich die IC.

Am 18. Mai 2006 begann der Einsatz von Doppelstockwagen zwischen Hamburg und Lübeck. Der dafür notwendige Bestand an Lokomotiven mit ZWS/ZDS und Rechnern für TAV und FIS wurde um die Lokomotiven 218 102, 103, 104, 105, 106, 107, 407, 413, 431, 432, 433, 435, 454 und 459 auf 14 aufgestockt. Weiterhin werkstattmäßig in Lübeck betreut wurden zehn Maschinen des Werks Braunschweig, die in einem achttägigen Umlauf auf der Unterelbebahn Hamburg – Cuxhaven ihren Dienst versahen. Es handelte sich um die Lokomotiven 218 108, 208, 209, 210, 218, 379, 380, 386, 473 und 474.

Mit Aufnahme des elektrischen Betriebs auf der Strecke Hamburg – Lübeck – Travemünde zum Fahrplanwechsel am 14. Dezember 2008 und zeitgleicher Abgabe der Fernverkehrszüge auf der Marschbahn an DB AutoZug (Werk Niebüll) wurden mit einem Schlag 32 Lübecker 218 frei und auf andere Dienststellen verteilt. Nicht mehr zur Verfügung stand nun die in Lübeck beheimatete Reserve- bzw. Schneepfluglok 218 261 für Dienste im östlichen Sauerland. Sie war in den Wintermonaten der vergangenen

Bild 253
Der Schrankenposten 131 bei Weddingstedt ist längst dem technischen Fortschritt gewichen. Am 6. April 1996 eilt hier RE 3708 von Hamburg-Altona nach Westerland (Sylt) mit gleich zwei Lokomotiven der Baureihe 218 gen Norden.

AUFNAHMEN (2): JOSEF HÖGEMANN

Bild 254
Mit einem Regionalexpress aus Travemünde eilt die „Schnellfahrlok“ **210 460** am 10. Oktober 1997 nahe der S-Bahn-Haltestelle Hamburg-Berliner Tor ihrem Ziel Hamburg Hbf entgegen.

AUFNAHME: ROLAND HERTWIG

Jahre regelmäßig in Bestwig anzutreffen. Ersetzt wurde sie in ihrer Funktion zunächst durch 218 184 und ab Mitte Januar 2009 dann durch 218 190 von DB AutoZug.

Der Einsatzstelle Lübeck verblieben 218 104, 106, 329, 330, 339, 407, 413 und 453, von denen noch fünf planmäßig eingesetzt wurden. In einem viertägigen und einem eintägigen Umlauf vor Wendezügen pendelten die Lokomotiven überwiegend im RE-Verkehr zwischen Kiel, Lübeck und Hamburg sowie zwischen Lübeck und Bad Kleinen. An Tag 1 des viertägigen Umlaufs wurden ausschließlich Leistungen zwischen Kiel und Flensburg erbracht. Ferner gab es am Plantag 2 eine morgendliche Fahrt zwischen Lübeck und Lüneburg. Während der eintägige Plan auch an Wochenenden Bestand hatte, wurden samstags und sonntags im viertägigen Umlauf nur zwei Maschinen benötigt.

Bild 255 – Wie alle anderen IC/EC-Züge nach Westerland (Sylt) war auch der EC 178 „Carl Maria von Weber“ aus Prag ab Hamburg-Altona planmäßig mit zwei Lübecker 218 bespannt. Kurz vor Erreichen ihres Ziels durchfahren **218 171** und **218 493** am 29. April 1999 den Bahnhof Klanxbüll. AUFNAHME: DR. FRANK HALTER

Bild 256
Am 9. Mai 2001 verlässt **218 260** den damals noch nicht modernisierten Bahnhof Schönberg (Meckl) mit dem RE 33042 (Rostock – Lübeck).

AUFNAHME: STEFAN PONZLET

Seit dem Fahrplanwechsel im Dezember 2009 wurden nur noch zwei Lokomotiven planmäßig eingesetzt. Sie bespannten folgende Züge:

Tag 1 Kiel Hbf – RE 21807 – Lübeck Hbf – RE 21599 – Hamburg Hbf – RE 21596 – Lübeck Hbf – RE 21828 – Kiel;
Tag 2 Kiel Hbf – RE 21805 – Lübeck Hbf – RE 21597 – Hamburg Hbf – RE 21594 – Lübeck Hbf – RE 21828 – Kiel.

Vorübergehend bestanden noch zwei weitere Wendezugumläufe als Ersatz für die Baureihe 648. In einem zweitägigen Umlauf pendelten zwei Loks neunmal zwischen Lübeck und Kiel, in einem weiteren eintägigen Umlauf wurde ein Zugpaar zwischen Kiel und Flensburg gefahren. Des Weiteren gab es häufig Dienste im Sonderreisezugverkehr. Am 10. Februar 2010 erhielt Lübeck vorübergehend leihweise 218 333 und 339, da bei den 25 neu an das Werk Kiel gelieferten 648^3 beim Hersteller Alstom in Salzgitter die Turbolader getauscht werden mussten.

Mit Abgabe der letzten Lübecker 218 nach Kiel im Zusammenhang mit der endgültigen Schließung der Hamburger Einsatzstelle Lübeck endete mit Beginn des Sommerfahrplans 2010 die mehr als drei Jahrzehnte währende 218-Beheimatung in der Marzipanstadt.

Die Baureihe 218 in Lübeck

	Zugang aus		Abgang an	
218 101	24.09.95	Flensburg	27.09.98	Stendal
102	24.09.95	Flensburg	27.09.98	Stendal
	11.12.05	Stendal	16.12.08	Darmstadt
103	24.09.95	Flensburg	27.09.98	Stendal
	11.12.05	Stendal	16.12.08	Darmstadt
104	24.09.95	Flensburg	27.09.98	Stendal
	11.12.05	Stendal	08.03.10	Kiel
105	24.09.95	Flensburg	27.09.98	Stendal
	11.12.05	Stendal	14.12.08	Schöllkrippen WFB
106	24.09.95	Flensburg	27.09.98	Stendal
	17.08.05	Stendal	14.09.09	Kiel
107	24.09.95	Flensburg	27.09.98	Stendal
	11.12.05	Stendal	10.04.08	z
108	24.09.95	Flensburg	27.09.98	Stendal
	04.04.06	Braunschweig	16.12.08	Darmstadt
218 109	24.09.95	Flensburg	27.09.98	Stendal
110	24.09.95	Flensburg	27.09.98	Stendal
111	24.09.95	Flensburg	27.09.98	Stendal
112	24.09.95	Flensburg	23.10.96	Kempten (Allgäu)
	12.11.97	Kempten (Allgäu)	07.07.04	z
113	24.09.95	Flensburg	27.09.98	Stendal
114	24.09.95	Flensburg	27.09.98	Stendal
115	24.09.95	Flensburg	27.09.98	Stendal
116	24.09.95	Flensburg	27.09.98	Stendal
117	24.09.95	Flensburg	03.11.06	Braunschweig
	17.01.07	Braunschweig	13.12.08	DB AutoZug
118	24.09.95	Flensburg	27.09.98	Stendal
119	24.09.95	Flensburg	22.05.98	Hagen (Westf)
	07.01.01	Braunschweig	16.02.06	z
120	24.09.95	Flensburg	22.05.98	Hagen (Westf)
	07.01.01	Braunschweig	01.03.05	z
121	24.09.95	Flensburg	22.05.98	Hagen (Westf)
	07.01.01	Braunschweig	16.04.05	z
122	24.09.95	Flensburg	22.05.98	Hagen (Westf)
123	24.09.95	Flensburg	31.10.96	Regensburg
128	04.02.10	Ffm-Griesheim	26.05.10	z
151	30.05.94	Hagen (Westf)	31.05.97	Ulm
152	29.05.94	Hagen (Westf)	31.05.97	Ulm
153	01.04.93	Flensburg	31.05.97	Ulm
154	08.01.95	Flensburg	31.05.97	Ulm
	30.05.99	Ulm	13.01.03	z
155	08.01.95	Flensburg	31.05.97	Ulm
156	01.04.93	Flensburg	31.05.97	Ulm
157	01.04.93	Flensburg	31.05.97	Ulm
	12.12.04	Oberhausen	18.12.05	DB AutoZug
158	01.04.93	Flensburg	31.05.97	Ulm
	26.10.05	Braunschweig	03.05.07	Kempten (Allgäu)
	20.05.07	Kempten (Allgäu)	23.03.09	z
159	01.04.93	Flensburg	30.05.97	Ulm
160	01.04.93	Flensburg	31.05.97	Ulm
161	01.04.93	Flensburg	31.05.97	Ulm
162	01.04.93	Flensburg	30.05.97	Ulm
163	08.01.95	Flensburg	30.05.97	Ulm

Bild 257 (links)
Begegnung zweier Diesellokgenerationen von DR und DB im Werk Rostock Hbf am 10. März 2002. 219 013 stand in Rostock mit einem Wagenzug als Triebzugreserve zur Verfügung, rechts daneben die Lübecker **218 179**.

AUFNAHME: ULRICH WEHMEYER

Bild 258 (unten)
Wenige Monate vor Übernahme des Regionalverkehrs auf der Marschbahn Hamburg – Westerland (Sylt) durch die NordOstseeBahn (NOB) lag der Verkehr noch in der Hand der Lübecker 218. Am 5. März 2005 rollt eine Doppelgarnitur mit n-Wagen über die Hochbrücke Hochdonn in Richtung Hamburg.

AUFNAHME: JÜRGEN HÖRSTEL

Bild 259
Bei den IC nach Westerland (Sylt) erfolgte der Lokwechsel einige Jahre lang in Hamburg Hbf. Am 12. März 2006 haben **218 347** und **218 489** mit dem IC 2170 „Wattenmeer“ (Frankfurt/M –Westerland/ Sylt) ihre Fahrt in den hohen Norden angetreten und durchfahren Hamburg-Sternschanze. Auch wenn der Frühling nicht mehr fern ist, haben Schnee und Eis die Stadt Hamburg noch fest im Griff.

AUFNAHME: ULRICH WEHMEYER

Bild 260
Am 5. August 2008 steht **218 106** mit einem RE nach Lübeck abfahrbereit im Hamburger Hauptbahnhof, daneben ein ICE-T nach Berlin.

AUFNAHME: JÜRGEN HÖRSTEL

	Zugang aus		Abgang an	
218 164	08.01.95	Flensburg	31.05.97	Ulm
165	08.01.95	Flensburg	31.05.97	Ulm
166	08.01.95	Flensburg	31.05.97	Ulm
167	24.09.95	Flensburg	30.05.97	Ulm
168	24.09.95	Flensburg	30.05.97	Ulm
169	24.09.95	Flensburg	16.02.06	z
170	24.09.95	Flensburg	06.01.06	z
171	24.09.95	Flensburg	18.06.04	z
172	23.09.95	Flensburg	14.11.03	z
173	24.09.95	Flensburg	14.11.03	z
174	24.09.95	Flensburg	30.12.04	z
175	24.09.95	Flensburg	31.12.06	z
176	29.05.94	Flensburg	31.12.06	z
177	29.05.94	Flensburg	10.12.05	Mühldorf (Oberbay)
	15.01.07	Mühldorf (Oberbay)	16.01.07	z
178	29.05.94	Flensburg	31.12.06	z
179	29.05.94	Flensburg	07.07.04	z
180	29.05.94	Flensburg	19.09.05	z
181	25.05.94	Flensburg	08.11.97	Braunschweig
	12.12.04	Oberhausen	18.12.05	DB AutoZug
182	24.05.94	Flensburg	01.06.96	Braunschweig
	30.05.99	Braunschweig	07.08.00	Rostock Hbf
183	29.05.94	Flensburg	01.06.96	Braunschweig
	30.05.99	Braunschweig	30.06.00	Rostock Hbf
184	29.05.94	Flensburg	01.06.96	Braunschweig
	30.05.99	Braunschweig	18.12.05	DB AutoZug
185	01.09.93	Flensburg	01.06.96	Braunschweig
	30.05.99	Braunschweig	18.12.09	DB AutoZug
186	01.09.93	Flensburg	01.06.96	Braunschweig
	30.05.99	Braunschweig	20.07.04	z
187	01.09.93	Flensburg	01.06.96	Braunschweig
188	01.09.93	Flensburg	01.06.96	Braunschweig
189	01.09.93	Flensburg	01.06.96	Braunschweig
190	01.09.93	Flensburg	23.09.95	Regensburg
191	27.09.92	Flensburg	23.09.95	Regensburg
192	01.02.93	Flensburg	23.09.95	Regensburg
193	01.02.93	Flensburg	23.09.95	Regensburg
194	01.02.93	Flensburg	29.09.93	Regensburg
	29.05.94	Regensburg	23.09.95	Regensburg
195	24.02.78	Hamburg-Altona	31.12.78	Flensburg
	01.06.80	Flensburg	29.09.93	Regensburg
	29.05.94	Regensburg	23.09.95	Regensburg

	Zugang aus		Abgang an	
218 196	24.02.78	Hamburg-Altona	31.12.78	Flensburg
	01.06.80	Flensburg	29.09.93	Regensburg
	29.05.94	Regensburg	23.09.95	Regensburg
197	24.02.78	Hamburg-Altona	11.01.79	Flensburg
	01.06.80	Flensburg	12.09.06	z
198	25.05.98	Karlsruhe	20.11.99	Mühldorf (Oberbay)
208	15.12.03	Stendal	29.11.06	z
209	15.12.03	Stendal	16.12.08	z
210	15.12.03	Stendal	16.12.08	z
218	19.03.06	Braunschweig	27.11.08	Darmstadt
221	01.07.00	Rostock Hbf	03.11.06	Braunschweig
242	03.06.84	Flensburg	29.05.87	Braunschweig 1
244	03.06.84	Flensburg	29.05.87	Flensburg
	31.05.92	Flensburg	23.10.96	Braunschweig
245	03.06.84	Flensburg	29.05.87	Braunschweig 1
246	03.06.84	Flensburg	29.05.87	Braunschweig 1
247	05.02.84	Braunschweig 1	29.05.87	Braunschweig 1
248	05.02.84	Braunschweig 1	29.05.87	Braunschweig 1
	06.06.99	Hagen (Westf)	02.06.06	z
249	01.10.78	Hamburg-Altona	17.10.78	Braunschweig
	05.02.84	Braunschweig 1	29.05.87	Braunschweig 1
250	26.05.84	Braunschweig 1	29.05.87	Braunschweig 1
	10.06.01	Braunschweig	15.11.04	z
251	01.10.78	Hamburg-Altona	06.10.78	Braunschweig
	03.06.84	Braunschweig 1	29.05.87	Braunschweig 1
252	01.10.78	Hamburg-Altona	28.10.78	Braunschweig
	03.06.84	Braunschweig 1	26.09.87	Braunschweig 1
	10.06.01	Braunschweig	08.06.05	z
253	01.10.78	Hamburg-Altona	22.11.78	Braunschweig
	03.06.84	Braunschweig 1	26.09.87	Braunschweig 1
	10.06.01	Braunschweig	19.06.06	z
254	01.10.78	Hamburg-Altona	08.11.78	Braunschweig
	03.06.84	Braunschweig 1	23.10.96	Braunschweig
255	03.06.84	Braunschweig 1	28.05.88	Braunschweig 1
256	03.06.84	Braunschweig 1	18.05.07	Braunschweig
	20.09.07	Braunschweig	18.12.08	Kempten (Allgäu)
257	28.05.78	Hamburg-Altona	06.12.78	Braunschweig
	03.06.84	Braunschweig 1	10.01.07	z
258	28.05.78	Hamburg-Altona	08.01.79	Braunschweig
	03.06.84	Braunschweig 1	28.01.03	z
259	28.05.78	Hamburg-Altona	09.12.78	Braunschweig
	02.06.85	Braunschweig 1	26.03.04	z

Bild 261 – Am 22. April 2009 erwarten vor dem Hintergrund des Großen Plöner Sees nicht nur der Fotograf und dessen Ehefrau die Lübecker **218 104** mit dem RE 21627 nach Lübeck, sondern auch eine Reihe von Schülerinnen. AUFNAHME: WOLF-DIETMAR LOOS

	Zugang aus		Abgang an	
218 260	31.05.92	Flensburg	30.06.08	Kempten (Allgäu)
261	31.05.92	Flensburg	12.11.08	z
264	30.09.01	Regensburg	31.12.04	z
265	30.09.01	Regensburg	02.06.06	z
266	30.09.01	Regensburg	05.09.05	z
270	24.04.04	Trier	09.12.04	z
278	28.05.00	Braunschweig	06.01.07	z
279	01.02.93	Flensburg	27.09.98	Ulm
280	01.02.93	Flensburg	27.09.98	Ulm
281	27.09.92	Flensburg	27.09.98	Ulm
282	30.05.94	Haltingen	27.06.05	z
283	01.10.94	Haltingen	09.12.04	z
284	01.10.94	Haltingen	06.07.04	z
285	01.10.94	Haltingen	27.09.98	Ulm
286	01.10.94	Haltingen	20.07.04	z
287	27.05.90	Haltingen	21.03.05	z
291	25.09.98	Haltingen	25.02.06	z
292	15.03.04	Darmstadt	10.12.05	Mühldorf (Oberbay)
	15.01.07	Mühldorf (Oberbay)	26.04.07	z
305	25.05.98	Haltingen	20.11.99	Mühldorf (Oberbay)
306	26.05.98	Haltingen	20.11.99	Mühldorf (Oberbay)
307	11.12.05	Stendal	30.11.08	DB AutoZug
315	01.08.00	Mühldorf (Oberbay)	31.07.08	DB AutoZug
321	11.01.06	Stendal	30.11.08	DB AutoZug
322	11.12.05	Stendal	30.11.08	DB AutoZug
323	24.09.77	Hamburg-Altona	10.02.79	Flensburg
	01.06.80	Flensburg	09.12.04	z
324	24.09.77	Hamburg-Altona	10.02.79	Flensburg
	01.06.80	Flensburg	21.07.06	Mühldorf (Oberbay)
	20.05.07	Mühldorf (Oberbay)	14.12.08	Mühldorf (Oberbay)
325	24.09.77	Hamburg-Altona	26.05.79	Flensburg

	Zugang aus		Abgang an	
218 (325)	01.06.80	Flensburg	09.08.04	z
326	24.09.77	Hamburg-Altona	26.05.79	Flensburg
	01.06.80	Flensburg	14.12.08	Haltingen
327	24.09.77	Hamburg-Altona	26.05.79	Flensburg
	01.06.80	Flensburg	10.01.07	z
328	24.09.77	Hamburg-Altona	23.03.04	z
329	24.09.77	Hamburg-Altona	31.05.10	Kiel
330	24.09.77	Hamburg-Altona	31.05.10	Kiel
331	24.09.77	Hamburg-Altona	30.09.05	z
332	26.10.77	Hamburg-Altona	31.12.04	z
333	26.10.77	Hamburg-Altona	18.12.08	Kempten (Allgäu)
	10.02.10	Leipzig Hbf Süd lw	29.03.10	Leipzig Hbf Süd
334	28.11.77	Hamburg-Altona	09.12.04	z
335	23.11.77	Hamburg-Altona	21.03.05	z
336	24.12.77	Hamburg-Altona	31.12.04	z
337	25. 12.77	Hamburg-Altona	17.02.05	z
338	18.01.78	Hamburg-Altona	18.02.05	z
339	18.01.78	Hamburg-Altona	31.05.10	Kiel
345	11.07.00	Mühldorf (Oberbay)	31.07.08	DB AutoZug
347	13.09.00	Mühldorf (Oberbay)	12.01.09	z
349	09.10.00	Mühldorf (Oberbay)	26.04.07	Braunschweig
	19.05.07	Braunschweig	12.01.09	z
352	15.01.07	Mühldorf (Oberbay)	11.12.07	z
355	12.12.04	Stendal	16.05.06	z
356	12.12.04	Stendal	10.12.05	Mühldorf (Oberbay)
363	07.11.04	Trier	10.12.05	Mühldorf (Oberbay)
364	07.11.04	Trier	10.12.05	Mühldorf (Oberbay)
365	12.12.04	Trier	31.07.08	DB AutoZug
367	24.04.04	Trier	30.09.05	DB Fernverkehr
370	24.04.04	Trier	30.09.05	DB Fernverkehr
371	24.04.04	Trier	04.01.07	DB AutoZug

Bild 262 – Stark modernisiert präsentiert sich der Lübecker Hauptbahnhof an Ostern 2008, als **218 435** mit einer Garnitur aus Doppelstockwagen auf Ausfahrt wartet. Lange wird es nicht mehr dauern, dann wird der Verkehr nach Hamburg mit elektrischer Traktion erfolgen.
AUFNAHME: ROLAND KELLER

	Zugang aus		Abgang an	
218 374	09.06.00	Kaiserslautern	11.05.06	Mühldorf (Oberbay)
375	11.05.00	Kaiserslautern	12.01.03	z
377	28.05.00	Kaiserslautern	02.06.06	z
378	28.05.00	Kaiserslautern	31.07.08	DB AutoZug
379	28.05.00	Kaiserslautern	31.07.08	DB AutoZug
380	28.05.00	Kaiserslautern	30.04.08	DB AutoZug
383	24.11.00	Mühldorf (Oberbay)	31.08.05	DB Fernverkehr
386	30.06.00	Rostock Hbf	31.07.08	DB AutoZug
395	26.06.06	Karlsruhe	04.09.07	z
399	10.06.01	Kempten (Allgäu)	18.12.08	Kempten (Allgäu)
	10.02.10	Leipzig Hbf Süd	31.05.10	Kiel
407	15.12.02	Regensburg	31.05.10	Kiel
413	15.12.02	Regensburg	31.05.10	Kiel
427	18.05.78	Neulieferung	27.03.00	Kaiserslautern
	05.11.00	Kaiserslautern	28.06.01	Stendal
428	13.06.78	Neulieferung	18.10.00	Mühldorf (Oberbay)
429	13.07.78	Neulieferung	25.05.00	Kaiserslautern
430	13.08.78	Neulieferung	31.08.07	Kempten (Allgäu)
431	13.09.78	Neulieferung	27.07.00	Kempten (Allgäu)
	12.12.04	Stendal	15.12.08	Ulm
432	16.10.78	Neulieferung	25.10.00	Mühldorf (Oberbay)
	12.12.04	Stendal	12.12.08	Ulm
433	08.11.78	Neulieferung	07.11.00	Mühldorf (Oberbay)
	12.12.04	Stendal	04.12.08	Mühldorf (Oberbay)
434	13.12.78	Neulieferung	15.12.08	Ulm
435	12.12.04	Stendal	18.12.08	Kempten (Allgäu)
451	11.12.09	Braunschweig	02.03.10	Braunschweig
453	12.12.04	Stendal	31.05.10	Kiel
454	12.12.04	Stendal	18.12.08	Kempten (Allgäu)
456	22.05.78	Neulieferung	15.12.08	Ulm
457	13.06.78	Neulieferung	09.12.06	Kempten (Allgäu)

	Zugang aus		Abgang an	
218 458	10.07.78	Neulieferung	19.07.00	Mühldorf (Oberbay)
	12.12.04	Stendal	18.12.08	Kempten (Allgäu)
459	17.08.78	Neulieferung	21.07.06	Mühldorf (Oberbay)
	15.01.07	Mühldorf (Oberbay)	03.05.07	Kempten (Allgäu)
	20.05.07	Kempten (Allgäu)	14.12.07	Kempten (Allgäu)
460	13.09.78	Neulieferung	14.12.07	Kempten (Allgäu)
461	26.10.78	Neulieferung	14.12.07	Kempten (Allgäu)
462	04.12.78	Neulieferung	14.12.07	Kempten (Allgäu)
463	12.12.04	Stendal	31.12.06	Mühldorf (Oberbay)
464	01.11.07	Braunschweig	18.12.08	Kempten (Allgäu)
465	12.12.04	Stendal	31.12.06	Mühldorf (Oberbay)
466	12.12.04	Stendal	31.12.06	Mühldorf (Oberbay)
473	15.03.05	Braunschweig	31.10.07	Braunschweig
474	09.11.04	Braunschweig	18.12.07	Braunschweig
485	08.05.78	Neulieferung	18.12.08	Kempten (Allgäu)
486	19.06.78	Neulieferung	18.12.08	Kempten (Allgäu)
487	06.07.78	Neulieferung	30.09.08	Ulm
488	08.08.78	Neulieferung	14.12.07	Kempten (Allgäu)
489	05.10.78	Neulieferung	08.12.07	Kempten (Allgäu)
490	19.11.78	Neulieferung	02.02.09	Trier
491	10.12.78	Neulieferung	18.05.00	Regensburg
	15.12.02	Regensburg	15.12.08	Ulm
492	21.12.78	Neulieferung	14.12.07	Kempten (Allgäu)
493	08.01.79	Neulieferung	08.12.07	Kempten (Allgäu)
494	14.02.79	Neulieferung	15.12.08	Ulm
495	18.03.79	Neulieferung	15.12.08	Ulm
496	10.04.79	Neulieferung	27.05.00	Regensburg
497	17.05.79	Neulieferung	24.05.00	Kaiserslautern
498	11.06.79	Neulieferung	25.05.00	Kaiserslautern
499	21.06.79	Neulieferung	15.12.08	Ulm

Bild 263
Blick auf den Güterbahnhof von Bad Harzburg. Dort erledigt die Braunschweiger **218 265** im Juni 1977 – wenige Tage nach ihrer Umbeheimatung aus Mühldorf (Oberbay) – den Ortsgüterdienst und wird später mit einer Übergabe zunächst nach Oker und dann weiter nach Braunschweig Rbf fahren. Damals spielte in der Harzregion der Einzelwagenverkehr noch eine nennenswerte Rolle. Heute befindet sich hier eine moderne Bahn-Ladestelle des Bad Harzburger Diabaswerks Huneberg.

Aufnahme: Wolf-Dietmar Loos

Bundesbahndirektion Hannover

Bw Braunschweig

(ab 1. Juli 1964 Bw Braunschweig 1,
vom 1. Januar 1977 bis 31. Dezember 1982 Bw Braunschweig,
vom 1. Januar 1983 bis 31. Dezember 1993 Bw Braunschweig 1,
ab 1. Januar 1994 Bh Braunschweig,
ab Januar 1999 Werk Braunschweig)

Die ersten drei Lokomotiven der Baureihe 218 (218 269, 276 und 277) gingen dem Bw Braunschweig 1 Mitte Dezember 1976 aus Haltingen und Mühldorf (Oberbay) zu. Benötigt wurden sie als Ersatz für die häufig überforderten Lokomotiven der Baureihe 216 vor allem im Schnellzugverkehr zwischen Hannover und Oebisfelde. Auch sollten die mit elektrischer Zugheizung versehenen Maschinen die schrittweise Abkehr von der klassischen Dampfheizung einleiten.

Nach entsprechender Personalschulung übernahmen die Neuzugänge zunächst vorwiegend Leistungen im Güterverkehr zwischen den hannoverschen Güterbahnhöfen und dem Grenzbahnhof Oebisfelde (DR), da die vorgesehenen Einsatzstrecken noch nicht für den Betrieb elektrisch beheizter Züge ertüchtigt waren. Dieses erfolgte bis zum Sommerfahrplan 1977, so dass nach weiteren Zugängen (218 267 – 268 und 270 – 275) u. a. der Schnellzugverkehr zwischen Hannover und Oebisfelde (DR) planmäßig mit der Baureihe 218 abgewickelt werden konnte.

Nach einer weiteren Verstärkung des Lokbestandes in der zweiten Jahreshälfte 1977 wurden auch einige überregionale Reisezüge zwischen Braunschweig und Kreiensen auf die Baureihe 218 umgestellt. Weitere Maschinen folgten im Laufe des Jahres 1978, so dass per 1. Januar 1979 folgender Bestand buchmäßig erfasst war:

218	242	244	245	246	247	248	249	250	251	252
	253	254	255	257	259	260	261	262	263	264
	265	266	267	268	269	270	271	272	273	274
	275	276	277							
	gesamt: 33 Lokomotiven									

Während des Sommerfahrplans 1980 benötigte das Bw Braunschweig dienstags bis freitags im Laufplan 04.01 planmäßig 24 Loks, die eine durchschnittliche Laufleistung von 376 km/LpT (min. 244 km, max. 564 km) erreichten. Befahren wurden folgende Strecken:

- Braunschweig – Bad Harzburg;
- Goslar – Langelsheim – Kreiensen;
- Göttingen – Northeim (Han) – Herzberg (Harz) – Walkenried – Ellrich (DR/DB-Übergang);
- Hannover – Fallersleben – Wolfsburg – Oebisfelde (DR);
- Hannover – Hildesheim – Goslar – Oker – Bad Harzburg;
- Hannover – Schwarmstedt – Soltau (Han) – Buchholz (Nordheide) – Hamburg-Altona;
- Lehrte – Hannover-Linden – Seelze.

Mit Beginn des Winterfahrplans 1983/1984 übernahm das Bw Braunschweig 1 die Kemptener 218⁹ (ex Baureihe 210) und setzte sie zusammen mit seinen Serien-218 vorwiegend auf den von Hannover ausgehenden Strecken nach Bad Harzburg, Oebisfelde (DR) und Soltau (Han) bzw. Hamburg-Altona ein. Im Gegenzug erfolgte die Umbeheimatung mehrerer Serien-218 nach Lübeck. Auf der Berlin-Lehrter Bahn sah der Dienstplan die Traktion der Schnellzüge D 440 – 443, 446 und 447 vor, daneben zahlreiche Güterzüge zwischen den hannoverschen Güterbahnhöfen und Fallersleben VW sowie Oebisfelde (DR). Auf der Heidebahn über Soltau (Han) verkehrten E 3200 tgl., E 3203 tgl., E 3204/3205 Sa, E 3206/3207 tgl. (Sa) und N 4906/1917 W (aS) durchgehend mit 218 bis Hamburg-Altona.

Von den Oldenburger Lokomotiven der Baureihe 220 hatten Braunschweiger 218 die Eilzüge E 3229/3238 Bad Harzburg – Braunschweig – Gifhorn – Uelzen – Kiel u. z. übernommen, ferner die Züge E 3150 und N 4137 zwischen Kiel und Lübeck. In Doppeltraktion verkehrten montags bis freitags umlaufbedingt E 3205 zwischen Soltau (Han) und Hannover, N 6330 Hannover – Walsrode sowie an Samstagen der E 3168 Bad Harzburg – Hildesheim. Zwei Braunschweiger 218 kamen planmäßig ab Göttingen zum Einsatz – sie bespannten Güterzüge zwischen Northeim (Han) und Ellrich (DR/DB-Übergang) sowie im Raum Göttingen – Bodenfelde – Northeim (Han). Auch im Rübenverkehr des

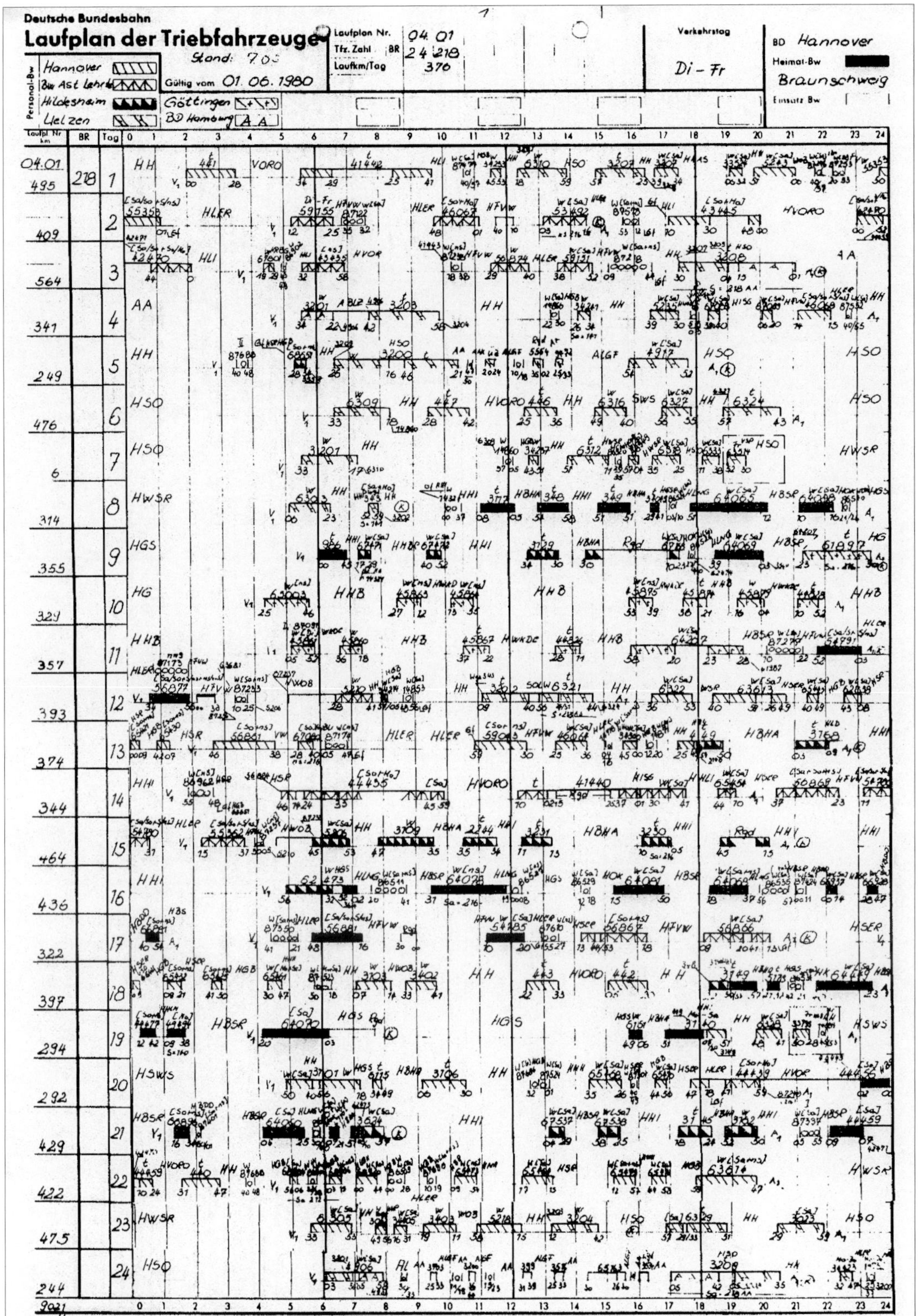

Bild 264
Laufplan 04.01 des Bw Braunschweig vom Sommer 1980 für 24 Lokomotiven der Baureihe 218.

Abkürzungen:
AA – Hamburg-Altona
ABLZ – Buchholz (Nordheide)
ALGF – Hamburg-Langenfeld
HBSR – Braunschweig Rbf
HFVW – Fallersleben VW
HGB – Hannover Hauptgüterbf
HG – Göttingen
HGS – Goslar
HH – Hannover
HHA – Bad Harzburg
HHAS – Haste
HHB – Herzberg
HHI – Hildesheim
HISG – Isenbüttel-Gifhorn
HK – Kreiensen
HLER – Lehrte
HLI – Hannover-Linden
HLNG – Langelsheim
HOK – Oker
HSER – Seelze Rbf
HSO – Soltau (Han)
HVOR – Vorsfelde
HWKD – Walkenried
HWKDE – Ellrich
HWOB – Wolfsburg
HSWR – Walsrode
VORO – Oebisfelde

Sammlung Hans-Jürgen Wenzel

nördlichen Harzvorlandes machten sich Braunschweiger 218 in den Herbstmonaten nützlich und unterstützten dabei die Baureihen 212 und 216.

Mit Beginn des Sommerfahrplans 1984 kam es zu einer Erweiterung des Einsatzgebiets bis in den hohen Norden. Waren die Braunschweiger 218 bislang im Reisezugverkehr überwiegend auf den Strecken Hannover – Oebisfelde (DR), Hannover – Bad Harzburg, Hannover – Soltau (Han) – Buchholz (Nordheide) – Hamburg-Altona sowie Bad Harzburg – Braunschweig – Uelzen – Kiel im Reisezugverkehr zu beobachten, so erreichten sie an Sonntagen nunmehr sogar die Insel Sylt vor den Zügen D 733, D 736 und E 3154. Der Grund dafür war der Rückzug der Baureihe 220 aus Lübeck. Im September 1984 kam vorübergehend eine Braunschweiger 218^9 zusammen mit einem Messwagen des BZA München im Allgäu zum Einsatz. Dieses geschah im Hinblick auf eine mögliche Rückumbeheimatung der Baureihe 218^9 nach Kempten (Allgäu).

Während des Sommerfahrplans 1985 bestand Bedarf für nur noch 18 Lokomotiven bei einer durchschnittlichen Leistung von 511 km/LpT. Entfallen waren diverse Leistungen im Güterverkehr, u. a. auf der Südharzstrecke. Einsatzschwerpunkte waren weiterhin die Berlin-Lehrter Bahn zwischen Hannover und Oebisfelde (DR) sowie die Strecken Hannover – Hildesheim – Goslar – Bad Harzburg und Hannover – Soltau (Han) – Hamburg-Altona. Westlichs-

Bild 265
Vor einem schweren Güterzug nach Ellrich (DR) müht sich **218 255** am 17. Februar 1983 über die Steigung bei Osterhagen. Der Einsatz Braunschweiger 218 blieb hier allerdings nur ein Intermezzo. Schon bald übernahm die Baureihe 216 wieder den Durchgangsgüterverkehr auf der Südharzstrecke.

AUFNAHME: JOSEF HÖGEMANN

Bild 266
Einsam in den Feldern zwischen Baddeckenstedt und Salzgitter-Ringelheim lag die Blockstelle Klein-Elbe. Als **218 268** am 10. November 1983 mit einer bunten Wagengarnitur als E 3109 nach Bad Harzburg unterwegs ist, sind die Signale bereits entfernt. Die benachbarten Bahnübergänge hatte die DB zuvor mit automatischer Sicherungstechnik ausgerüstet.

Bild 267
Mit einem Kalkzug aus Münchehof (Harz) hat **218 270** am 24. April 1984 den Bahnhof Neuekrug-Hahausen durchfahren und befährt nun die damals noch zweigleisige Strecke in Richtung Salzgitter-Ringelheim. Das zweite Gleispaar links führt über Langelsheim nach Goslar und Vienenburg.

AUFNAHMEN (2): JÜRGEN HÖRSTEL

Bild 268 – 218 269 und eine Schwesterlok verlassen am 12. Juni 1984 den Harz mit einem Eilzug in Richtung Hannover. Die Aufnahme entstand in Höhe des früheren Bahnhofs Grauhof, wo sich einst die Strecken Hildesheim – Goslar und Langelsheim – Vienenburg höhengleich kreuzten. AUFNAHME: ROLF WIESEMEYER

ter Wendebahnhof war Bremen Rbf, der von Soltau (Han) aus mit einem Güterzugpaar angefahren wurde. Ähnlich sah es auch während des Winterfahrplans 1985/1986 aus, als erneut 18 Planlokomotiven benötigt wurden, die eine Tagesdurchschnittsleistung pro Laufplantag von 501 km erreichten. Neu waren einzelne Güterzugleistungen in den Räumen Hamburg und Lübeck.

Deutlich erweitert wurde das Einsatzgebiet der Braunschweiger 218 mit Beginn des Winterfahrplans 1987/1988. Nunmehr beförderten sie auch einen Teil der zuvor mit der Baureihe 216 bespannten Reisezüge auf der Unterelbebahn (Hamburg Hbf –) Hamburg-Harburg – Cuxhaven sowie zwischen Bremerhaven und Stade über Bremervörde. Auch ein Güterzugpaar Bremen Rbf – Cuxhaven war hinzugekommen. Folgende Strecken wurden planmäßig befahren:

KBS 110 Hamburg Hbf – Hamburg-Harburg – Stade – Cuxhaven (Pv);
KBS 111 Stade – Bremervörde – Bremerhaven Hbf – Bremerhaven-Lehe (Pv);

Bild 269
Die weitgehend eingleisige Hauptbahn Kiel – Lübeck führt durch die landschaftlich schöne Holsteinische Schweiz. Gleich drei Dienststellen setzten hier vor allem im Eilzugverkehr die Baureihe 218 ein. Neben Flensburger und Lübecker Maschinen waren auch Braunschweiger 218 mit von der Partie. Am 26. August 1984 nähert sich **218 258** mit E 3079 von Kiel kommend dem Bahnhof Ascheberg.

AUFNAHME: JOSEF HÖGEMANN

Bild 270
Der schwere Kalkzug 58473 (Münchehof – Beddingen) erforderte am 14. Mai 1985 eine Doppeltraktion aus **218 260** und **218 261**. Er begegnet uns im Bahnhof Neuekrug-Hahausen, der kurz zuvor einen Großteil seiner Gleise verloren hat.

AUFNAHME: JÜRGEN HÖRSTEL

Bild 271
Die Eilzüge auf der Heidebahn Hannover-Langenhagen – Soltau (Han) – Buchholz (Nordheide) zählten jahrelang zum Programm der Braunschweiger 218. Zu sehen ist hier der E 3200 mit **218 270** auf dem Weg in Richtung Hamburg. Bei Wolterdingen geht es am 13. August 1985 in gemächlichem Tempo durch die schöne Heidelandschaft.

AUFNAHME: JOSEF HÖGEMANN

KBS 130 Hamburg-Altona – Neumünster – Kiel Hbf (Pv);
KBS 155 Braunschweig Hbf – Gifhorn – Uelzen (Pv);
KBS 159 Lüneburg – Büchen (Pv + Gv) – Kiel Hbf (Pv);
KBS 160 Hannover Hbf / Hgbf – Walsrode (Pv + Gv) – Soltau (Han) – Hamburg-Altona (Pv + Lr);
KBS 165 Soltau (Han) – Munster (Oertze) (Pv + Militärverk.);
KBS 192 Hamburg Hbf – Hamburg Hgbf – Büchen (Gv + Lr);
KBS 210 Bremen Hbf – Bremen Rbf – Bremerhaven-Lehe (Gv);
KBS 214 Bremerhaven – Cuxhaven (Pv);
KBS 220 Braunschweig Rbf – Fallersleben – Vorsfelde Gbf – Oebisfelde (Gv);
KBS 220 Seelze Rbf – Hannover Hgbf (Gv) – Hannover Hbf – Fallersleben VW – Vorsfelde Gbf – Oebisfelde (Pv + Gv);
KBS 230 Helmstedt – Braunschweig Rbf – Beddingen (Gv);
KBS 235 Braunschweig Hbf/Rbf – Vienenburg – Bad Harzburg (Pv und Gv);
KBS 235 Vienenburg – Oker – Goslar (Pv + Gv) – Kreiensen (Pv);
KBS 240 Hannover Hbf – Lehrte – Hildesheim Hbf – Goslar – Bad Harzburg (Pv);
KBS 240 Lehrte – Algermissen (Gv);
KBS 253 Hildesheim Gbf – Großdüngen – Bad Salzdetfurth (Gv);
KBS 265 Braunschweig Hbf – Hildesheim Hbf – Hameln (Pv).

Während des Winterfahrplans 1989/1990 lag der Planbedarf bei 30 Lokomotiven, die im Laufplan 81 eine durchschnittliche Laufleistung von 497 km/LpT erreichten. Einsatzschwerpunkte waren nach wie vor die Strecken Hannover/Seelze – Oebisfelde (DR), Hannover – Bad Harzburg und Hannover – Soltau (Han). Eingesetzt wurden sie ferner in den Relationen Bremen – Langwedel – Uelzen, Helmstedt – Jerxheim – Braunschweig, Wolfsburg – Braunschweig, Uelzen – Braunschweig, Braunschweig – Kreiensen, Bremerhaven – Cuxhaven, Hamburg – Hamburg-Harburg –

Bild 272
Mit einem Durchgangsgüterzug nach Seelze Rbf verlässt **218 277** am 3. Dezember 1989 den Bahnhof Oebisfelde. Das Vorsignal des Bahnhofs Vorsfelde zeigt freie Fahrt. Über das Brückentragwerk rechts führte einst die Nebenbahn Oebisfelde – Schandelah (– Braunschweig), die später mit einem neuen Gleisbogen an den Bahnhof Vorsfelde angebunden wurde.

Bild 273
Mit dem schweren D 443 nach Dresden eilt **218 265** am 22. September 1988 durch den Bahnhof Dollbergen. Die Berlin-Lehrter Bahn verkam nach dem Zweiten Weltkrieg zu einer zweitklassigen Hauptbahn. Erst nach der Wende konnte sie ihre alte Bedeutung im schellen Reisezugverkehr zurückgewinnen.

Aufnahmen (2): Josef Högemann

Cuxhaven, Bremerhaven – Bremervörde – Stade, Lüneburg – Büchen, Northeim (Han) – Ellrich, Ottbergen – Northeim (Han), Bielefeld – Paderborn – Altenbeken, Paderborn – Kreiensen, Paderborn – Hamm Rbf, Helmstedt – Grasleben und Braunschweig – Hameln – Bielefeld. Ihr nördliches Einsatzgebiet um Bremerhaven und Cuxhaven war mit Güterzügen Bremen – Bremerhaven bzw. Cuxhaven – Bremen angebunden. Göttingen erreichten die Braunschweiger 218 nur an Sonntagen mit den Zugpaaren 3629/3353 und 3550/3555. Neu hinzugekommen war der in der Nacht von Sonntag auf Montag verkehrende Bundeswehr-IC 945 zwischen Uelzen und Munster (Oertze), den zuvor eine Braunschweiger 212 bespannt hatte. Besonders zu erwähnen sind auch die Übergaben 66971/66970/66979/66978 zwischen Helmstedt und Grasleben zur Bedienung des Salzbergwerks in Grasleben.

Veränderungen ergaben sich mit Beginn des Sommerfahrplans 1991. Die über Oldenburg (Oldb) und Leer (Ostfriesl) verkehrenden IR 2244, 2245, 2140 und 2141 erforderten nunmehr Lokomotiven mit elektrischer Zugheizung, so dass hier anstelle der Oldenburger 216 Braunschweiger 218 eingesetzt werden mussten. Vor den Zügen D 2040, D 2041 und D 2048 pendelte zwischen Hannover und Magdeburg eine weitere 218 und erreichte eine Tageslaufleistung von 680 km. Weitere Schnellzugleistungen mit Braunschweiger 218 (D 2240 und 2241) sah der Sommerfahrplan 1991 zwischen Hannover und Bad Harzburg vor. Nach Abzug der Osnabrücker 624 von der KBS 165 Langwedel – Soltau (Han) – Uelzen kamen auf dieser Strecke neben 216 nun vermehrt auch Braunschweiger 218 zum Einsatz. Neu waren die Bespannung des E 5413 auf der elektrifizierten Hauptbahn Bremerhaven – Bremen sowie der Einsatz vor Entlastungsschnellzügen (häufig in Doppeltraktion) über Magdeburg nach Berlin.

Des Weiteren wurden folgende Strecken befahren:

- (Bremen –) Langwedel – Soltau (Han) – Uelzen (u. a. Bundeswehr-IC 944/945);
- Soltau (Han) – Hannover – Bad Harzburg (u. a. Bundeswehr-IC 940/941);
- Hannover – Wolfsburg – Oebisfelde (DR);

Bild 274 – Von der heutigen Schnellfahrstrecke Oebisfelde – Stendal – Berlin war 1991 im Bereich der Blockstelle 101 bei Hottendorf noch nichts zu sehen. Neu auf der alten Berlin-Lehrter Bahn waren Einsätze Braunschweiger 218 im Schnellzugverkehr bis Stendal, so wie am 30. Mai 1991, als **218 263** mit dem schweren D 442 gen Westen durch die einsame Landschaft eilte.
AUFNAHME: JÜRGEN HÖRSTEL

- Braunschweig – Gifhorn – Uelzen;
- Braunschweig – Seesen – Kreiensen;
- Hamburg – Cuxhaven;
- Bremen – Cuxhaven.

Ab Sommer 1992 entfiel die Bespannung der IR zwischen Oldenburg (Olbg) und Leer (Ostfriesl) nach Aufnahme des elektrischen Betriebes. Rückläufig war der 218-Einsatz auch zwischen Bremen und Uelzen. Hier verkehrten nun überwiegend Oldenburger 216. Benötigt wurden nun nur noch 27 Lokomotiven, die dienstags bis freitags eine durchschnittliche Laufleistung von 571 km/LpT erreichten.

Ab Winterfahrplan 1993/1994 erreichten Braunschweiger 218 im nach Norden ausgedehnten Interregio-Netz täglich die Hafenstädte Cuxhaven und Wilhelmshaven. Erreicht wurde das neue Einsatzgebiet über die KBS 115/116 Braunschweig – Uelzen – Bremen. Zu Beginn des Jahres 1994 kam es zu weiteren Änderungen im Betrieb der Braunschweiger 218. Durch die Aufnahme des elektrischen Betriebes zwischen Helmstedt und Magdeburg, dem Entfall der IR-Bespannung über Oebisfelde und der Aufnahme des Interregio-Verkehrs zwischen Oldenburg (Oldb) und Wilhelmshaven verließen die Lokomotiven den Bereich der BD Hannover nun planmäßig nicht mehr. Ansonsten blieb das Einsatzgebiet im Wesentlichen unverändert.

Mitte April 1995 übernahmen Braunschweiger 218 die „Rollende Raststätte“ zwischen Lehrte und Berlin-Grunewald. Dieser zweimal täglich pendelnde Autoreisezug war als Alternative für Autofahrer zur Umgehung der besonders stauanfälligen Autobahn

Bild 275
Aus Uelzen kommend, nähert sich **218 273** am 17. Februar 1994 dem Bahnhof Soltau (Han). Im Hintergrund ist die Brücke der Strecke nach Lüneburg/Winsen der Osthannoverschen Eisenbahnen (OHE) zu sehen. Gut erkennbar ist auch die Trasse des früheren zweiten Gleises, und zum Aufnahmezeitpunkt zeichnet sich bereits ab, dass die „Amerika-Linie“ im Zusammenhang mit dem Seehafen-Hinterland-Verkehr zukünftig wieder an Bedeutung gewinnen wird.

AUFNAHME: JOSEF HÖGEMANN

Bild 276 – Nur kurze Zeit währte der Versuch, zur (geringen) Entlastung der Autobahn A 2 eine „Rollende Raststätte" zwischen Lehrte bei Hannover und Berlin anzubieten. Baubedingt befahren **218 246** und **218 249** am 3. Mai 1995 mit dem AZ 10902 nach Lehrte nicht die direkte Verbindung über Brandenburg – Magdeburg, sondern werden über Güterglück umgeleitet, hier zu sehen bei der Durchfahrt durch den Bahnhof Prödel. AUFNAHME: JÜRGEN HÖRSTEL

A 2 gedacht. Die in Doppeltraktion geführten Züge fuhren auf fast der gesamten Strecke unter Fahrdraht und wurden über Güterglück geführt. Der Grund für den Einsatz der Baureihe 218 war die fehlende Oberleitung in Berlin-Grunewald. Kurz darauf wurden die steilstreckenfähigen Braunschweiger 218 als Rückfallebene für die Rübelandbahn bestimmt. Sie hatten sich nach erfolgreichen Probefahrten vor Reise- und Güterzügen zwischen Blankenburg und Königshütte als geeigneter Ersatz für die ehemaligen DR-Lokomotiven der Baureihe 228 erwiesen.

Mit Beginn des Sommerfahrplans 1996 erhielt Braunschweig als Ersatz für Lokomotiven der Baureihe 216 und zur Ausdehnung des Einsatzgebietes bis Halberstadt nach vollzogenem Lückenschluss zwischen Vienenburg und Stapelburg acht 218 aus Lübeck und drei weitere aus Regensburg. Von Magdeburg aus gelangten die Braunschweiger 218 nunmehr im Wendezugdienst über Oebisfelde bis Wolfsburg und über Güsten bis Sangerhausen. Erneut ausgedehnt wurde der 218-Dienst mit Übernahme der RE zwischen Hamburg Hbf und Cuxhaven, die zuvor Lübecker 218 bespannt hatten. Das Einsatzgebiet der Braunschweiger 218 umfasste somit das gesamte niedersächsische Gebiet östlich einer Linie Wilhelmshaven – Oldenburg (Oldb) – Bremen – Hannover – Goslar – Bad Harzburg.

Mit Beginn des Winterfahrplans 2000/2001 wurden zahlreiche 218 aus Braunschweig abgezogen und durch neu zugeteilte Osnabrücker 624 ersetzt, bevor sich das Werk Braunschweig im Jahr darauf von seinem gesamten 218-Bestand trennte. Die zwischen Hamburg Hbf und Cuxhaven bzw. Bremerhaven gefahrenen Leistungen gingen mit den Lokomotiven 218 250, 252, 253 und 255 an

Bild 277
Mit dem IR 2981 „Brocken" (Bremen – Bad Harzburg) durchfährt **218 152** am 9. August 2000 den Bahnhof Derneburg. Daneben steht die Werklok HAW 1 der Harzer Achsenwerke (heute HAW Linings GmbH) mit einigen Kesselwagen, die sie ins Werk nach Bornum nehmen wird.

AUFNAHME: KLAUS LIER

das Werk Lübeck. Die übrigen im östlichen Niedersachsen und in Sachsen-Anhalt eingesetzten 218 273 und 218 901 – 908 übernahm das Werk Stendal, das aus Gründen der Arbeitsplatzsicherung nun auch für die werkstattmäßige Betreuung der Loks zuständig war. Die verbliebenen 218-Leistungen im Raum Hannover/Braunschweig teilten sich nun die Werke Halberstadt und Stendal.

Vier Jahre später wurde Braunschweig per 1. Februar 2004 erneut Heimatdienststelle für die Baureihe 218, wobei die Unterhaltung zunächst in Stendal verblieb. Der Bestand an Serien-218 sah zu diesem Zeitpunkt wie folgt aus:

218 115z 158 218 273 447 448 450 451 452 455

Hinzu kamen noch die 218 902 und 218 906 aus der Unterbaureihe 218^9 (Umbau ex Baureihe 210). Planmäßig eingesetzt wurden die Lokomotiven lediglich noch von Hannover aus im Reisezugverkehr nach Bad Harzburg und Soltau (Han). Während des Jahresfahrplans 2005 – gültig ab dem 12. Dezember 2004 – bestand ein Bedarf für sieben 218, die montags bis freitags durchschnittlich 380 km/LpT zurücklegten. An Samstagen wurden vier Maschinen benötigt, an Sonntagen nur drei. Ihre Heimatdienststelle Braunschweig erreichten sie mit dem Zugpaar RB 24639/24662, während das Zugpaar RB 36971/36976 die Anbindung an die Werkstatt in Stendal sicherstellte. Letztere wurde im Dezember 2005 geschlossen, so dass Braunschweig die Unterhaltung seiner 218 wieder in eigene Hände legte.

Mit dem Jahresfahrplanwechsel im Dezember 2005 entfiel die Bespannung der RE-Züge auf der Heidebahn zwischen Hannover und Soltau (Han) infolge der Umstellung auf Triebzüge der Baureihe 614. Für die 218 verblieben lediglich die Wendezüge zwischen Hannover und Bad Harzburg über Goslar, für deren Bespannung fünf Lokomotiven benötigt wurden. Die Anbindung des Einsatzgebiets Hannover an das Heimatwerk erfolgte weiterhin vor RE-Zügen Hannover – Braunschweig bzw. Braunschweig – Hannover.

Während des Jahresfahrplans 2014 benötigte das Werk Braunschweig – wie bereits in den Jahren zuvor – an Werktagen weiterhin fünf Loks, die im Umlauf SRH1 218 eine durchschnittliche Laufleistung von 407 km/LpT erbrachten. An Wochenenden lag der Bedarf bei nur drei Maschinen. Vor fünfteiligen n-Wagen-Garnituren kamen sie nach wie vor im RE-Verkehr Hannover Hbf – Hildesheim – Salzgitter-Ringelheim – Goslar – Bad Harzburg zum Einsatz. Die Anbindung an das Werk Braunschweig erfolgte montags bis freitags vor dem Regelzugpaar RE 14852/14853.
Das Einsatzende der Baureihe 218 beim Werk Braunschweig kam zum 13. Dezember 2014. An diesem Tag waren die Lokomotiven 218 396, 470, 473 und 451 letztmalig vor RE-Zügen zwischen Hannover Hbf und Bad Harzburg im Einsatz. Mit dem Fahrplanwechsel wurden sie durch neue Dieseltriebzüge der Bauart LINT 54 (Baureihe 622) der Netinera-Tochter Erixx abgelöst. Die vier zuletzt eingesetzten 218 396, 451, 455 und 474 verblieben jedoch noch bis April bzw. September 2015 als Betriebsreserve in Braunschweig.

Die Baureihe 218 in Braunschweig (nur Serienlokomotiven)

	Zugang aus		Abgang an	
218 108	25.02.04	Stendal	03.04.06	Lübeck
117	04.11.06	Lübeck	16.01.07	Lübeck
119	19.12.99	Hagen (Westf)	06.01.01	Lübeck
120	19.12.99	Hagen (Westf)	06.01.01	Lübeck
121	19.12.99	Hagen (Westf)	06.01.01	Lübeck
124	24.09.95	Flensburg	06.01.01	Kempten (Allgäu)
125	24.09.95	Flensburg	11.01.99	Stendal
147	01.12.93	Hagen 1	26.05.98	Hagen (Westf)
151	21.11.99	Stendal	19.11.00	Halberstadt
218 152	21.11.99	Stendal	14.11.00	Stendal
153	26.09.97	Ulm	12.01.99	Stendal
158	21.11.99	Stendal	14.11.00	Stendal
	01.02.04	Stendal	25.10.05	Lübeck
181	09.11.97	Lübeck	11.01.99	Stendal
182	02.06.96	Lübeck	29.05.99	Lübeck
183	02.06.96	Lübeck	29.05.99	Lübeck
184	02.06.96	Lübeck	29.05.99	Lübeck
185	02.06.96	Lübeck	29.05.99	Lübeck
186	02.06.96	Lübeck	29.05.99	Lübeck
187	02.06.96	Lübeck	06.01.01	Regensburg
188	02.06.96	Lübeck	04.11.00	Regensburg
189	02.06.96	Regensburg	04.11.00	Regensburg
190	02.06.96	Regensburg	04.11.00	Regensburg
191	02.06.96	Regensburg	04.11.00	Regensburg
192	02.06.96	Regensburg	04.11.00	Regensburg
202	29.05.95	Regensburg	20.07.95	Regensburg
203	29.05.95	Regensburg	20.11.99	Mühldorf (Oberbay)
204	29.05.95	Regensburg	25.09.97	Ulm
205	29.05.95	Regensburg	27.10.97	Haltingen
206	29.05.95	Regensburg	29.05.99	Rostock Hbf
208	29.05.95	Regensburg	20.07.95	Regensburg
209	21.07.95	Regensburg	20.11.99	Mühldorf (Oberbay)
218	12.06.95	Regensburg	29.05.99	Rostock Hbf
	01.02.04	Stendal	18.03.06	Lübeck
221	04.11.06	Lübeck	29.04.07	Kassel KHB
242	14.02.78	Mühldorf (Oberbay)	22.05.83	Flensburg
	30.05.87	Lübeck	12.01.99	Stendal
244	07.03.78	Mühldorf (Oberbay)	22.05.82	Flensburg
	24.10.96	Lübeck	29.05.99	Regensburg
245	07.03.78	Mühldorf (Oberbay)	22.05.82	Flensburg
	30.05.87	Lübeck	06.01.01	Regensburg
246	31.03.78	Mühldorf (Oberbay)	22.05.82	Flensburg
	30.05.87	Lübeck	06.01.01	Regensburg
247	28.05.78	Mühldorf (Oberbay)	04.02.84	Lübeck
	30.05.87	Lübeck	28.05.95	Hagen (Westf)
248	28.05.78	Mühldorf (Oberbay)	04.02.84	Lübeck
	30.05.87	Lübeck	28.05.95	Hagen (Westf)
249	18.10.78	Lübeck	04.02.84	Lübeck
	30.05.87	Lübeck	29.05.99	Stendal
250	27.09.78	Hamburg-Altona	25.05.84	Lübeck
	30.05.87	Lübeck	09.06.01	Lübeck
251	07.10.78	Lübeck	02.06.84	Lübeck
	30.05.87	Lübeck	29.05.99	Regensburg
252	29.10.78	Lübeck	02.06.84	Lübeck
	27.09.87	Lübeck	09.06.01	Lübeck
253	23.11.78	Lübeck	02.06.84	Lübeck
	27.09.87	Lübeck	09.06.01	Lübeck
254	09.11.78	Lübeck	02.06.84	Lübeck
	24.10.96	Lübeck	29.05.99	Regensburg
255	24.01.79	Flensburg	02.06.84	Lübeck
	29.05.88	Lübeck	19.01.06	z
256	10.01.79	Flensburg	02.06.84	Lübeck
257	07.12.78	Lübeck	02.06.84	Lübeck
258	09.01.79	Lübeck	02.06.84	Lübeck
259	10.12.78	Lübeck	01.06.85	Lübeck
260	15.12.77	Mühldorf (Oberbay)	01.06.85	Flensburg
261	26.09.77	Mühldorf (Oberbay)	01.06.85	Flensburg
262	26.09.77	Mühldorf (Oberbay)	19.11.00	Halberstadt
263	26.09.77	Mühldorf (Oberbay)	04.11.00	Regensburg
264	26.07.77	Mühldorf (Oberbay)	04.11.00	Regensburg
265	16.06.77	Mühldorf (Oberbay)	04.11.00	Regensburg
266	16.06.77	Mühldorf (Oberbay)	04.11.00	Regensburg
267	12.05.77	Mühldorf (Oberbay)	16.06.93	z

Bild 278 – Im Jahr 2010 war die Bespannung der RE-Züge zwischen Hannover und Bad Harzburg noch immer fest in der Hand der Braunschweiger 218. Am 23. Mai verlässt **218 451** mit RE 14307 den Bahnhof Baddeckenstedt in Richtung Salzgitter-Ringelheim. Bis 2001 produzierte hier eine Zuckerfabrik, zum Zeitpunkt der Aufnahme waren deren Baulichkeiten jedoch bereits vollständig abgerissen. AUFNAHME: ANDREAS MÖLDER

Bild 279
Am 5. März 2013 passiert **218 455** das Signal der Blockstelle Othfresen auf dem Weg nach Bad Harzburg. Hier gab es einmal einen Bahnhof mit umfangreichen Gleisanlagen, dessen Existenz dem Erzbergbau in dieser Region geschuldet war.

AUFNAHME: JOSEF HÖGEMANN

Bild 280
Im Vorfeld des Einsatzendes der Baureihe 218 beim Werk Braunschweig verkehrte am 25. Mai 2014 ein Sonderzug mit **218 447** als „Stahlstadtexpress“ über die sonst nur von Güterzügen befahrenen Strecken der Verkehrsbetriebe Peine-Salzgitter (VPS). Bei Salzgitter-Hallendorf, wo VPS- und DB-Strecken nebeneinander verlaufen, kam es zu einer (nicht zufälligen) Parallelfahrt mit dem planmäßigen 628 von Salzgitter-Lebenstedt nach Braunschweig.

AUFNAHME: JÜRGEN HÖRSTEL

Bild 281
Am 3. Oktober 2014 durchfährt **218 474** mit RE 14065 Hannover – Bad Harzburg das frühere Werksgelände der ehemaligen Zinkhütte Harlingerode. Von 1948 bis 1970 war sie die größte und modernste Zinkhütte Deutschland, bevor im Jahr 2000 der Betrieb aus wirtschaftlichen Gründen eingestellt wurde.

AUFNAHME: ANDREAS HARTMANN

	Zugang aus		Abgang an	
218 268	14.01.77	Mühldorf (Oberbay)	19.11.00	Halberstadt
269	19.12.76	Mühldorf (Oberbay)	09.06.01	Darmstadt
270	22.05.77	Kempten (Allgäu)	19.11.00	Halberstadt
271	16.05.77	Kempten (Allgäu)	04.11.00	Regensburg
272	20.05.77	Kempten (Allgäu)	14.11.00	Stendal
273	12.05.77	Kempten (Allgäu)	09.06.01	Stendal
	01.02.04	Stendal	16.09.05	z
274	16.05.77	Kempten (Allgäu)	31.05.80	Karlsruhe
	02.06.85	Haltingen	09.06.01	Darmstadt
275	12.05.77	Kempten (Allgäu)	31.05.80	Karlsruhe
	02.06.85	Haltingen	04.11.00	Regensburg
276	18.12.76	Haltingen	31.05.80	Karlsruhe
	02.06.85	Haltingen	04.11.00	Regensburg
277	18.12.76	Haltingen	31.05.80	Haltingen
	29.05.88	Haltingen	20.11.99	Mühldorf (Oberbay)
	15.01.00	Mühldorf (Oberbay)	04.11.00	Regensburg
278	29.05.88	Haltingen	27.05.00	Lübeck

	Zugang aus		Abgang an	
218 288	01.06.93	Haltingen	14.01.00	Mühldorf (Oberbay)
349	27.04.07	Lübeck	18.05.07	Lübeck
396	10.01.14	Haltingen	07.04.15	z
447	01.02.04	Stendal	06.07.14	z
448	01.02.04	Stendal	06.07.14	z
450	01.02.04	Stendal	03.09.15	z
451	01.02.04	Stendal	10.12.09	Lübeck lw
	03.03.10	Lübeck lw	03.09.15	z
452	01.02.04	Stendal	07.09.15	Mühldorf (Oberbay)
455	01.02.04	Stendal	22.04.15	z
464	16.07.04	Kempten (Allgäu)	31.10.07	Lübeck
470	16.07.04	Kempten (Allgäu)	28.12.14	Kiel
473	16.07.04	Kempten (Allgäu)	14.03.05	Lübeck
	01.11.07	Lübeck	28.12.14	Kiel
474	16.07.04	Kempten (Allgäu)	08.11.04	Lübeck
	19.12.07	Lübeck	23.07.15	HH-Ohlsdorf (S-Bahn-Hamburg)

Bild 282 – Nachdem der westliche Teil der Schwarzwaldbahn von Offenburg bis Villingen (Schwarzw) seit September 1975 elektrisch betrieben werden konnte und das Bw Villingen (Schwarzw) seine 220 nach Lübeck und Oldenburg (Oldb) abgegeben hatte, kamen auf den noch nicht elektrifizierten Abschnitten der Schwarzwald- und Gäubahn in verstärktem Umfang 218 der Bw Haltingen und Karlsruhe zum Einsatz. **218 159** des Bw Haltingen rollt am 30. Januar 1976 mit einem Güterzug den gerne als „Hattinger Buckel" bezeichneten Abschnitt Hattingen – Engen der Schwarzwaldbahn hinab. Die Aufnahme entstand einen Kilometer nördlich des aufgelassenen Haltepunkts Talmühle. Die im Januar 1972 abgelieferte 218 159 ist heute noch als Schlepplok 218 810 bei DB Fernverkehr im Einsatz.

Bundesbahndirektion Karlsruhe

Bw Haltingen

(ab 1. Januar 1994 Bh Haltingen,
ab 1. Januar 1999 Werk Haltingen)

Die BD Karlsruhe hatte dem Bw Haltingen ab 1970 Lokomotiven der Baureihe 215 zugewiesen, um die damals vor allem auf der Hochrheinstrecke und im Bodenseegebiet noch zahlreich eingesetzten Dampflokomotiven der Baureihen 050-053 des Bw Radolfzell ablösen zu können. Doch die mit Dampfheizkesseln versehene Baureihe 215 war nur eine Zwischenlösung, denn mit zunehmender Verwendung elektrisch beheizter Reisezugwagen erfolgte schon fünf Jahre später innerhalb kurzer Zeit die Ablösung durch Diesellokomotiven der Baureihe 218.

Als erste traf am 9. September 1974 die zuvor beim Bw Kaiserslautern beheimatete 218 156 in Haltingen ein, der noch im selben Monat 218 155 und 218 157 folgten. Weitere vier Kaiserslauterer Maschinen mit den Betriebsnummern 218 158, 159, 169 und 170 erreichten Haltingen im November und Dezember 1974, bevor 1975 weitere Zugänge – vor allem aus Kempten (Allgäu) – die vollständige Auflösung des Haltinger 215-Bestandes möglich machten. Das Einsatzgebiet der Haltinger 218 deckte sich in sei-

Bild 283
218 171 war nur etwas länger als zwei Jahre beim Bw Haltingen beheimatet. Neben ihren klassischen Einsatzstrecken entlang des Hochrheins und des Bodensees kamen Haltinger 218 auch häufig auf der Schwarzwaldbahn und der Gäubahn zum Einsatz. Auch ein Einsatz auf der Murgtalbahn wäre möglich gewesen, wie die Anschrift „Auf Steilstrecken zugelassen" verrät. Am 30. Januar 1976 leistet die Lok einer Villinger 221 vor dem eindrucksvoll langen D 384 (Neapel – Rom – Mailand – Zürich – Stuttgart) auf der südlichen Rampe der Schwarzwaldbahn von Engen nach Hattingen Vorspann.

Aufnahmen (2): Matthias Maier

Bild 284
Bei Süßenmühle am Überlinger See – dem nordwestlichen Ausläufer des Bodensees – rollt **218 155** am 16. Oktober 1976 mit dem E 2164 in Richtung Radolfzell. In diesem Bereich bleibt zwischen Seeufer und Felswand nur wenig Raum für Straße und Bahn.

Bild 285
In gemächlichem Tempo poltert **218 281** am 7. März 1977 mit einem Eilzug über die Rheinbrücke in Konstanz und wird in Kürze den Endpunkt der Reise – den Bahnhof Konstanz – erreicht haben. Noch ist Vorsaison, die Fahnenmasten rechts im Bild sind noch nicht mit den Fahnen aller Herren Länder bestückt.

AUFNAHMEN (2): CLAUS-JÜRGEN SCHULZE

nen Grundzügen mit dem der Baureihe 215 und reichte nach Osten über Waldshut und Singen (Hohentwiel) bis Lindau und Konstanz. Von Singen (Hohentwiel) und Friedrichshafen aus wurden Donaueschingen, Rottweil, Titisee und Ulm erreicht. Mit der Elektrifizierung der Gäubahn zwischen Horb und Singen (Hohentwiel) entfielen ab 1977 die Leistungen auf der Gäubahn.

Während des Sommerfahrplans 1978 bestanden für die Haltinger 218 zwei Umlaufpläne. Im 13-tägigen Hauptumlauf 05.02 wurden vorwiegend Reise- und Güterzüge auf der Hochrheinstrecke und im Bodenseegebiet bis Friedrichshafen und Lindau bespannt, wobei dienstags bis freitags eine durchschnittliche Laufleistung von 387 km/LpT erreicht wurde. Mit nur 134 km recht mager war die Laufleistung am Tag 9, während die am Tag 7 eingesetzte Lok immerhin 781 km zurücklegte. Der zweite Umlauf 05.01 für zwei Maschinen enthielt neben diversen Güterzugleistungen zwischen Basel Bad Rbf, Radolfzell und Singen (Hohentwiel) zahlreiche Wendezugleistungen auf der Kurzstrecke Basel Bad Bf – Rheinfelden (Baden). Die durchschnittliche Laufleistung lag dienstags bis freitags bei 325 km/LpT.

In den folgenden Jahren blieben Einsatzgebiet und Leistungsumfang der Haltinger 218 ohne größere Veränderungen. So wurden während der Sommerfahrplanperiode 1982 insgesamt 14 Maschinen planmäßig benötigt, die eine durchschnittliche Laufleistung von 413 km/LpT erreichten (min. 168 km bzw. max. 746 km). Das Haupteinsatzgebiet der mit Haltinger und Radolfzeller Personalen besetzten Lokomotiven waren weiterhin die Hochrheinstrecke Basel – Singen (Hohentwiel) und die sich anschließende Bodenseegürtelbahn bis Friedrichshafen und Lindau. Über Friedrichshafen wurde mit einigen wenigen Zügen Ulm angefahren. Zwei Jahre später (Sommer 1984) lag der Lokbedarf bei nur noch 13 Maschinen. Einige Leistungen waren entfallen, u. a. wurde Ulm nur noch freitags bis sonntags mit E 3148 aus Friedrichshafen erreicht.

Im Lokbestand war es im Laufe der Zeit zu einigen Veränderungen gekommen. Sämtliche 218 der ersten Bauserie hatte das

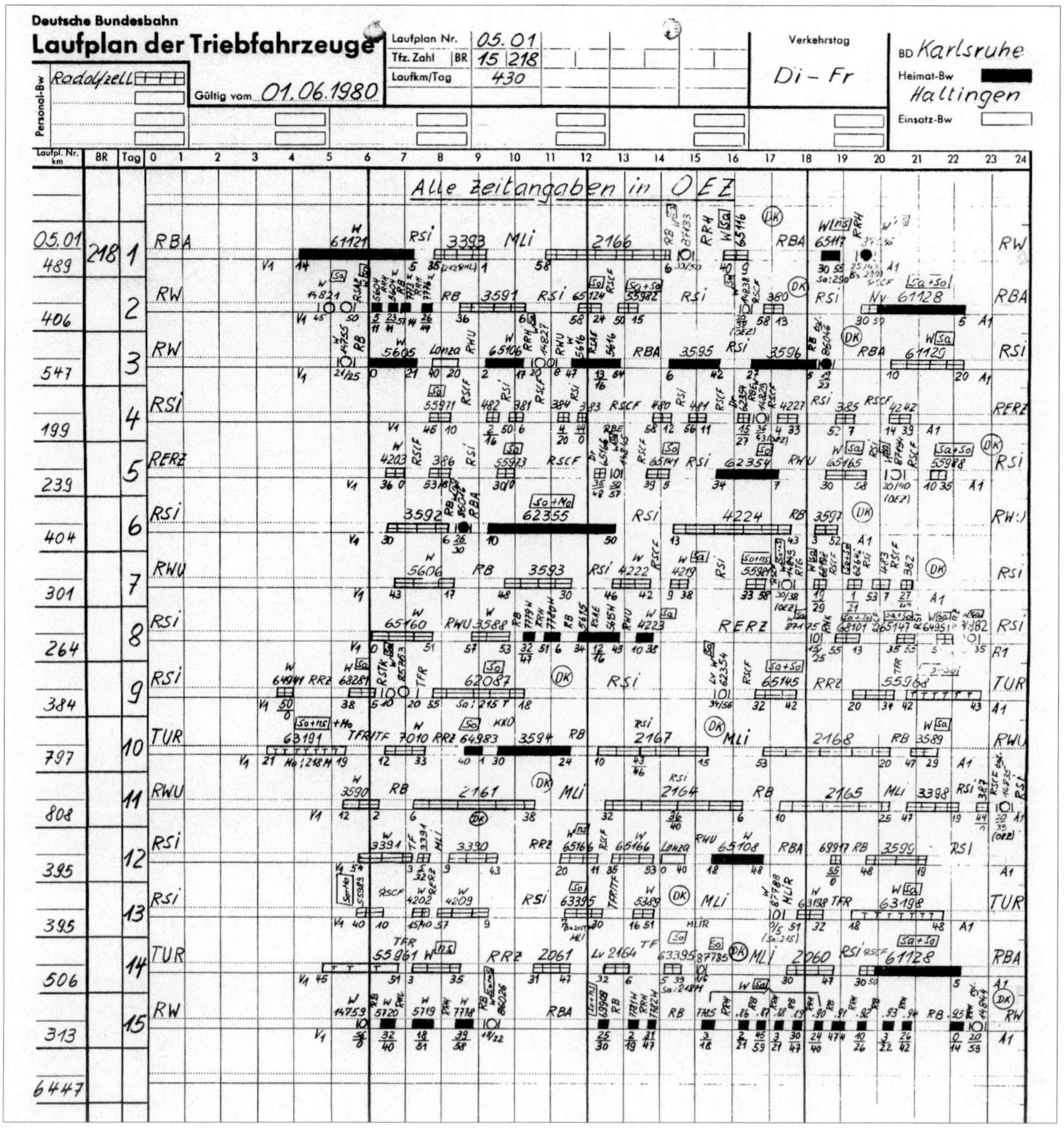

Bild 286
Umlaufplan 05.01 des Bw Haltingen vom Sommer 1980 für 15 Lokomotiven der Baureihe 218.

Abkürzungen:
RB – Basel Badischer Bahnhof
RBA – Basel Bad Rbf Gruppe A
RBER – Bad Beringen
RERZ – Erzingen (Baden)
RHL – Haltingen
RLI – Lindau
RRH – Rheinfelden (Baden)
RRZ – Radolfzell
RSAE – Bad Säckingen
RSCF – Schaffhausen
RSI – Singen (Hohentwiel)
RSTK – Stockach
RW – Weil am Rhein
RWU – Waldshut
TF – Friedrichshafen Stadt
TFR – Friedrichshafen Rbf
TUR – Ulm Rbf

Sammlung Hans-Jürgen Wenzel

Bild 287 – Die chemische Aufwuchsbekämpfung bei der Eisenbahn ist heute ein sehr umstrittenes Thema, da die glyphosathaltigen Mittel unter Verdacht stehen, krebserregend zu sein. Als die Haltinger **218 158** am 12. Juli 1977 bei Hinterzarten einen Spritzzug über die Höllentalbahn nach Titisee führt, ist das Umweltbewusstsein noch weit weniger stark ausgeprägt als heute. Aufnahme: Zeno Pillmann

Bild 288
Einfahrt eines Nahverkehrszuges mit **218 277** in den Bahnhof Markdorf (Baden) am 8. Juni 1982. In diesem Bereich verläuft die eingleisige Bodensee-Gürtelbahn weit abseits des Gewässers und erreicht das Seeufer erst wieder in Höhe des Haltepunkts Birach-Maurach am Überlinger See.

AUFNAHME: ROLAND KELLER

Bild 289
Am 16. Mai 1985 begegnet uns **218 284** mit dem E 2164 aus Friedrichshafen auf der Bodensee-Gürtelbahn bei Birnau. Die Rokoko-Wallfahrtskirche Birnau hoch über der Bahnlinie und den angrenzenden Weinbergen zieht schon aus der Ferne die Blicke auf sich.

AUFNAHME: CLAUS-JÜRGEN SCHULZE

Bild 290
Die an das Bw Karlsruhe verliehene Haltinger **218 301** bespannt am 10. November 1986 einen Rübenzug von Ludwigshafen Gbf nach Grünstadt, aufgenommen bei der Durchfahrt durch den Bahnhof Weisenheim (Sand) an der eingleisigen Hauptbahn Frankenthal – Freinsheim.

AUFNAHME: ANDREAS ROSSEL

Bild 291
Wegen einer Fahrzeugstörung musste **218 304** am 21. August 1986 dem als Lt 28774 über die hintere Höllentalbahn und die Dreiseenbahn nach Seebrugg verkehrenden **601 011** zu Hilfe kommen, aufgenommen im Bahnhof Titisee an der Höllentalbahn.

AUFNAHME: JÜRGEN HÖRSTEL

Bw Haltingen nach Flensburg oder Hagen-Eckesey abgegeben und durch neuere Maschinen ersetzt. Durchschnittlich führte die Dienststelle 20 bis 22 Lokomotiven im Bestand. Am 1. Januar 1988 beispielsweise waren folgende Lokomotiven in Haltingen beheimatet:

218 278 279 280 281 282 283 284 285 286 287
288 289 292 300 301 302 303 304 305 394
395
gesamt: 21 Lokomotiven

Mit Beginn des Winterfahrplans 1991/1992 konnte ein neues Einsatzgebiet hinzugewonnen werden. Auf der KBS 729 Freiburg (Breisgau) – Breisach pendelte nun bis Mitte 1997 eine 218 mit einem Wendezug anstelle einer Lok der Baureihe 212. Der Loktausch mit dem Heimat-Bw erfolgte mit einem nächtlichen Güterzug von Montag auf Dienstag. Ende Mai 1996 kam mit der Strecke Freiburg (Breisgau) – Elzach ein weiteres Tätigkeitsfeld hinzu. Aus diesem Anlass wurde der Haltinger Bestand um drei Maschinen aufgestockt. Damit hatte der Haltinger 218-Dienst seinen Zenit erreicht.

Mit Beginn des Sommerfahrplans 2000 konnte Haltingen auf drei 218 verzichten, nachdem Triebzüge der Baureihe 611 einen Teil der Leistungen zwischen Basel Bad Bf und Lindau übernommen hatten. Zwei Jahre später gingen dort auch die restlichen Reisezugleistungen verloren, nachdem mit Beginn des Sommerfahr-

Bild 292 – Neben der Bodenseegürtelbahn war auch die Hochrheinbahn zwischen Basel Bad Bf und Singen (Hohentwiel) an der Schweizer Grenze das Haupteinsatzgebiet der Haltinger 218. Zwischen Erzingen (Baden) und Thayngen führt die DB-Strecke über Schweizer Gebiet. Kurz vor Rheinfelden durcheilt **218 289** am 31. März 1990 mit dem E 3508 (Konstanz – Basel Bad Bf) den Haltepunkt Beuggen.
AUFNAHME: BERND MAGIERA

Bild 293 – Am 31. März 1990 kommt **218 280** mit N 5628 (Waldshut – Basel Bad Bf) aus dem Rappensteiner Tunnel zwischen Laufenburg (Baden) Ost und Laufenburg (Baden) gefahren. Seinerzeit verlief die Hochrheinstrecke zwischen Murg (Baden) und Laufenburg (Baden) Ost noch eingleisig. Erst im Herbst 2000 wurde hier der zweigleisige Zugbetrieb aufgenommen, wofür auch der aus dem Jahr 1856 stammende Tunnel unter Beibehaltung seines historischen Erscheinungsbildes aufwendig umgebaut werden musste. AUFNAHME: BERND MAGIERA

Bild 294 – 218 290 – zum Zeitpunkt der Aufnahme bereits die letzte purpurrote 218 in Haltingen – verlässt am 14. Juni 1992 mit einem Eilzug nach Singen (Hohentwiel) den Bahnhof Waldshut an der Hochrheinstrecke. AUFNAHME: ANDREAS ROSSEL

Bild 295
Auf der Fahrt der Breisacher Bahn von Freiburg (Breisgau) nach Breisach am Rhein passiert die Haltinger **218 291** mit SE 5576 am 25. April 1997 das Einfahrsignal und die Brücke über den Mühlenbach von Gottenheim. Der Ort ist auch über die Kaiserstuhlbahn (Endingen – Riegel-Ort) angebunden. Gottenheims Lage zwischen Kaiserstuhl und Tuniberg im wärmsten Gebiet Deutschlands prädestiniert den Ort für den Weinbau. Schon die Römer bauten hier Obst und Wein an.

AUFNAHME: PETER GROßE

Bild 296
Während der Einsatz der Haltinger 218 auf der Breisacher Bahn bereits Ende Mai 1997 auf die RegioShuttle der Breisgau-S-Bahn (BSB) überging, folgte die Elztalbahn (Freiburg –) Denzlingen – Waldkirch – Elzach erst Ende 2002. Zwischen Buchholz (Baden) und Denzlingen rollt **218 293** am 14. Juli 2000 mit ihrem Regionalzug gen Freiburg (Breisgau).

AUFNAHME: CHRISTIAN WOLF

plans 2002 Triebwagen der Baureihe 641 alle lokbespannten Züge abgelöst hatten. Es verblieben vier Planlokomotiven: eine für Güterzugleistungen zwischen Basel Bad Bf und Singen (Hohentwiel) und drei weitere für den Reisezugdienst zwischen Freiburg (Breisgau) und Elzach.

Mit Inkrafttreten des Jahresfahrplans 2003 übernahmen RegioShuttle der Breisgau-S-Bahn den Reisezugverkehr zwischen Freiburg (Breisgau) und Elzach, so dass die Loks 218 388, 389 und 480 nach Ulm sowie 218 481 – 484 nach Darmstadt abgegeben werden konnten. Für Arbeitszugdienste – u.a. im Zusammenhang mit dem Ausbau der NBS/ABS Karlsruhe – Freiburg (Breisgau) – Basel, aber auch als Schneeflugreserve in Villingen (Schwarzw), verblieben vorläufig 218 343, 396 und 397 in Haltingen, 2008 ersetzte 218 326 die 218 397.

In den folgenden Jahren waren weiterhin drei 218 als Betriebsreserve beim Werk Haltingen beheimatet. Eingesetzt wurden die Lokomotiven vor allem im Arbeitszug- und Winterdienst im gesamten Raum Baden-Württemberg. Überraschend kehrten die Haltinger 218 am 8. November 2010 noch einmal in den Plandienst zurück. Mit einem vierteiligen Wendezug aus n-Wagen kamen die Loks wechselweise in einem eintägigen Umlauf mit RB-Zügen auf der Hochrheinstrecke zwischen Basel Bad Bf und Lauchringen zum Einsatz und lösten eine Doppeleinheit Haltinger 641 ab. Der Grund für die zunächst bis zum Fahrplanwechsel 2010/2011 befristete Maßnahme war der hohe Schadstand bei den neuen Triebwagen. Der versuchsweise Einsatz Ludwigshafener 628 zur Verstärkung des 641-Bestandes scheiterte, da die noch aus Bundesbahnzeiten stammenden Triebzüge die knappen Fahrzeiten auf der Hochrheinstrecke nicht halten konnten. Der vorübergehende Einsatz der 218 endete im Dezember 2010.

Letztmalig planmäßig zum Einsatz kamen die Haltinger 218 gemeinsam mit Ulmer 218 von Mai bis Oktober 2013 im Rahmen einer größeren Baumaßnahme auf der Hochrheinstrecke zwischen Erzingen (Baden) und Schaffhausen (zweigleisiger Ausbau und Elektrifizierung). Als 611-Ersatz pendelten die Loks mit einer n-Wagengarnitur zwischen Basel Bad Bf und Erzingen (Ba-

Bild 297 – Nach Ende 2002 hielt sich beim Werk Haltingen noch mehr als zehn Jahre ein winziger 218-Bestand von maximal drei Lokomotiven für verschiedene Sonderdienste im südwestdeutschen Raum. Am 25. April 2011 dröhnen **218 343** und **218 326** mit dem wegen Bauarbeiten über Singen (Hohentwiel) umgeleiteten Autoreisezug AZ 1379 (Hamburg-Altona – Lörrach) bei Beuggen über die Hochrheinstrecke. AUFNAHME: CHRISTIAN WOLF

den). Nach Abschluss der Baumaßnahmen gab es nur noch sporadische Einsätze als Ersatzfahrzeuge für ausgefallene Triebzüge oder vor Sonderzügen, bevor 218 343 und 218 396 Anfang 2014 als letzte das Werk Haltingen verließen.

Die Baureihe 218 in Haltingen

	Zugang aus		Abgang an	
218 150	17.12.76	Karlsruhe	01.06.85	Hagen 1
151	10.11.77	Karlsruhe	09.11.77	Hagen 1
152	23.05.82	Karlsruhe 1	01.06.85	Hagen 1
153	23.05.82	Karlsruhe 1	15.09.82	Flensburg
154	23.05.82	Karlsruhe 1	15.09.82	Flensburg
155	23.09.74	Karlsruhe	22.05.82	Flensburg
156	09.09.74	Kaiserslautern	22.05.82	Flensburg
157	24.09.74	Kaiserslautern	22.05.82	Flensburg
158	10.12.74	Kaiserslautern	22.05.82	Flensburg
159	10.12.74	Kaiserslautern	22.05.82	Flensburg
169	24.12.74	Kaiserslautern	31.05.80	Flensburg
170	23.11.74	Kaiserslautern	24.09.77	Flensburg
171	31.05.75	Flensburg	24.09.77	Flensburg
172	31.05.75	Flensburg	24.09.77	Flensburg
173	14.08.75	Flensburg	24.09.77	Flensburg
174	14.08.75	Flensburg	29.05.76	Flensburg
198	31.05.94	Regensburg	23.09.95	Karlsruhe
199	25.09.94	Regensburg	28.05.99	Karlsruhe
205	28.10.97	Braunschweig	27.05.00	Karlsruhe
274	23.05.82	Karlsruhe 1	01.06.85	Braunschweig 1
275	07.02.82	Karlsruhe 1	01.06.85	Braunschweig 1
276	01.08.76	Kempten (Allgäu)	17.12.76	Braunschweig 1
277	30.05.76	Kempten (Allgäu)	17.12.76	Braunschweig 1
	01.06.80	Braunschweig 1	28.05.88	Braunschweig 1
278	30.05.76	Kempten (Allgäu)	28.05.88	Braunschweig 1
279	30.05.76	Kempten (Allgäu)	27.05.90	Flensburg
280	15.09.75	Kempten (Allgäu)	27.05.90	Flensburg
281	14.12.75	Kempten (Allgäu)	27.05.90	Flensburg
282	20.12.75	Kempten (Allgäu)	29.05.94	Lübeck
218 283	08.11.75	Kempten (Allgäu)	30.05.94	Lübeck
284	19.10.75	Kempten (Allgäu)	30.05.94	Lübeck
285	19.12.75	Kempten (Allgäu)	30.09.94	Lübeck
286	27.07.75	Kempten (Allgäu)	30.09.94	Lübeck
287	01.02.75	Regensburg	26.05.90	Lübeck
288	01.02.75	Regensburg	31.05.93	Braunschweig 1
289	01.02.75	Regensburg	27.05.00	Karlsruhe
290	06.06.76	Regensburg	02.02.82	Karlsruhe 1
	27.05.90	Karlsruhe 1	13.06.02	Darmstadt
291	26.09.82	Karlsruhe 1	24.09.83	Karlsruhe 1
	27.05.90	Karlsruhe 1	24.09.98	Lübeck
292	26.09.82	Karlsruhe 1	13.06.02	Darmstadt
293	27.05.90	Karlsruhe 1	13.06.02	Darmstadt
300	01.06.85	Regensburg	31.10.93	Karlsruhe 1
301	01.06.85	Regensburg	09.09.93	Karlsruhe 1
302	01.06.85	Regensburg	31.10.93	Karlsruhe 1
303	01.06.85	Regensburg	28.11.93	Karlsruhe 1
304	01.06.85	Regensburg	23.09.89	Karlsruhe 1
305	01.06.85	Regensburg	03.11.93	Karlsruhe 1
	29.05.94	Karlsruhe	24.05.98	Lübeck
306	04.10.94	Mühldorf (Oberbay)	25.05.98	Lübeck
326	15.12.08	Lübeck	30.04.11	Ulm
343	10.06.01	Mühldorf (Oberbay)	01.01.14	Ulm
388	24.09.94	Mühldorf (Oberbay)	14.12.02	Ulm
389	24.09.94	Mühldorf (Oberbay)	14.12.02	Ulm
394	30.05.87	Kempten (Allgäu)	23.09.89	Karlsruhe 1
395	30.05.87	Kempten (Allgäu)	31.08.93	Karlsruhe 1
396	29.05.88	Kempten (Allgäu)	09.01.14	Braunschweig
397	29.05.88	Kempten (Allgäu)	30.11.08	DB AutoZug
479	17.08.93	Karlsruhe 1	27.05.00	Karlsruhe
480	10.09.93	Karlsruhe 1	14.12.02	Ulm
481	07.10.93	Karlsruhe 1	14.12.02	Darmstadt
482	18.10.93	Karlsruhe 1	14.12.02	Darmstadt
483	04.11.93	Karlsruhe 1	14.12.02	Darmstadt
484	25.11.93	Karlsruhe 1	14.12.02	Darmstadt

Bw Karlsruhe

(vom 1. Januar 1982 bis 31. Dezember 1993 Bw Karlsruhe 1,
ab 1. Januar 1994 Bh Karlsruhe,
ab 1. Januar 1999 Werk Karlsruhe)

1966 hatten Karlsruher Diesellokomotiven der Baureihe V 100^{23} mit hydrodynamischer Bremse (ab 1968: Baureihe 213) die Aufgabe des planmäßigen Dampfbetriebs auf der Murgtalbahn Rastatt – Freudenstadt ermöglicht. Doch deren begrenzte Zugkraft erlaubte auf den Steilstreckenabschnitten nur maximale Anhängelasten bis 150 t, so dass schwere Züge ab Baiersbronn in Doppeltraktion, teilweise sogar noch zusätzlich mit einer Drucklok, gefahren werden mussten. Dieses änderte sich erst 1972 mit Zuweisung von sieben für den Steilstreckendienst zugelassenen Lokomotiven der Baureihe 218. Sie waren in der Lage, in den Steilstreckenbereichen Lasten bis 225 t zu befördern. Damit konnte auf das Nachschieben vollständig verzichtet werden.

Aus laufender Fertigung der ersten Bauserie erhielt das Bw Karlsruhe ab Februar 1972 die Lokomotiven 218 160 – 167. Ihnen folgte im Februar des folgenden Jahres 218 168 vom Bw Regensburg. Während des Winterfahrplans 1973/1974 bestand Bedarf an sieben Lokomotiven, die dienstags bis freitags eine Laufleistung von 270 km/LpT erreichten (min. 96 km, max. 384 km). Dieser relativ geringe Wert ist darauf zurückzuführen, dass die Lokomotiven ausschließlich zwischen Karlsruhe bzw. Rastatt und Freudenstadt vor Reise- und Güterzügen mit teilweise längeren, umlaufbedingten Standzeiten zum Einsatz kamen.

Im Sommer 1974 wuchs der Bestand um weitere Maschinen. Aus Kaiserslautern übernommen wurden 218 150 – 155, wobei letztere schon knapp einen Monat später nach Haltingen wechselte. Mit den Neuzugängen verbunden war auch eine Erweiterung des Einsatzgebietes. Über Freudenstadt hinaus gab es nun einzelne Leistungen im Güterverkehr bis Horb. Dennoch blieb es bei zunächst sieben Planlokomotiven, die mit Personalen aus Karlsruhe und Freudenstadt besetzt waren. Eine besondere Aufgabe übernahm am 1. April 1976 die Lok 218 160: Sie bespannte einen Sicherheitsvorzug anlässlich eines Staatsbesuchs des ägyptischen Staatspräsidenten Sadat.

Nach Zugängen aus Braunschweig und Regensburg (Lokomotiven der 2. Bauserie) zwischen 1976 und 1980 wuchs der Karlsruher 218-Bestand deutlich an, während im Gegenzug einige älte-

Bild 298
Am 18. Februar 1973 hatte der Winter im Nordschwarzwald kräftig zugeschlagen. Doch wie hier in Freudenstadt-Stadt stand damals noch genügend Personal zur Verfügung, um Weichen und Signale gangbar zu halten. Während die Karlsruher **218 161** mit dem E 3930 in die Steilstrecke Richtung Baiersbronn einfährt, geht dem Bahnarbeiter auch beim Schneeräumen die Pfeife nicht aus.

Bild 299
Nach heftigen Schneefällen am 18. Februar 1973 musste auch der Schneepflug ran. Auf das Freiwerden der Strecke wartend, ergab sich für die Lokmannschaft der **218 160** wie auch für die Schneepflugbesatzung in Freudenstadt-Stadt eine willkommene kleine Pause.

Aufnahmen (2): Wolf-Dietmar Loos

Bild 300 – Bei Halbmeil-St. Roman im schönen Kinzigtal zwischen Freudenstadt und Hausach rollt **218 298** am 15. Mai 1982 mit dem N 3688 talwärts durch die frühlingshafte Landschaft. Damals konnten vierachsige Umbauwagen noch häufig in den Nahverkehrszügen angetroffen werden. AUFNAHME: JOACHIM SEYFERTH

re Lokomotiven nach Flensburg und Haltingen abgegeben wurden. Am dem 1. November 1980 waren folgende Maschinen im Bestand:

218 152 153 154 160 161 162 274 275 276 291
292 293 294 295 296 297 298 299
gesamt: 18 Lokomotiven

Über den Einsatzschwerpunkt Murgtalbahn hinaus hatten sich die Karlsruher 218 weitere Strecken erobert. Planmäßig erreichten sie nun Bretten, Horb und Mannheim. Und auch das französische Lauterbourg (SNCF) wurde über Wörth (Rhein) angefahren. Während des Sommerfahrplans 1982 setzte Karlsruhe planmäßig 14 Maschinen ein, die mit einer durchschnittlichen Laufleistung von nur 273 km/LpT (min. 162 km, max. 405 km) nach wie vor vornehmlich auf Kurzstrecken unterwegs waren.

Auch während des Sommerfahrplans 1989 waren die Karlsruher 218 diejenigen mit den geringsten Laufleistungen im gesamten Bereich der Deutschen Bundesbahn. Eingesetzt wurden jetzt nur noch zwölf Planlokomotiven, die bis auf das Zugpaar

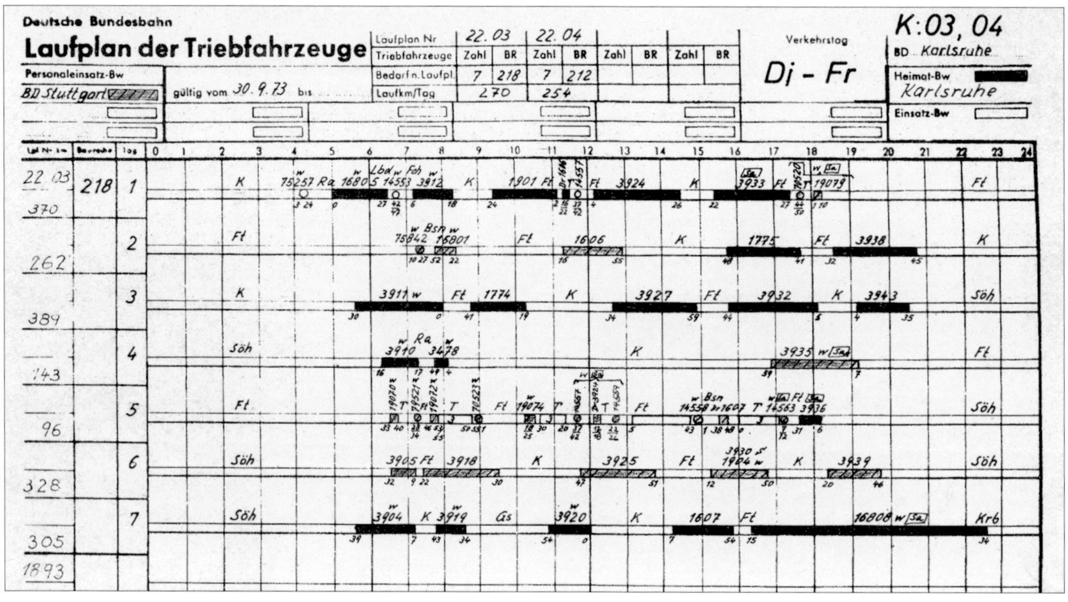

Bild 301
Umlaufplan 22.03 des Bw Karlsruhe für sieben Lokomotiven der Baureihe 218 im Winterfahrplan 1973/1974.

Abkürzungen:
Bsn – Baiersbronn
Gs – Gernsbach
Ft – Freudenstadt
K – Karlsruhe Hbf
Krb – Karlsruhe Rbf
Ra – Rastatt
Söh – Schönmünzach

SAMMLUNG HORST KIDERLEN

Bild 302 – Mit einem Eilzug trifft **218 152** am 22. Februar 1982 in Dornstetten (Strecke Eutingen – Freudenstadt) ein. Den Bahnhof sucht man heute vergebens. Er wurde im Zusammenhang mit der Elektrifizierung und der Umstellung auf S-Bahn-Betrieb aufgegeben und in einen Haltepunkt umgewandelt.

Bild 303 – Als **218 276** am 24. Februar 1982 den Bahnhof Weisenbach mit einem Nahverkehrszug verlässt, ahnte sicher noch niemand, welchen Wandel die Murgtalbahn 20 Jahre später erleben würde. Damals bestanden neben einem dichten Nahverkehrsangebot Direktverbindungen per Kurswagen nach Berlin, Dortmund und Hamburg-Altona. Ein solches Angebot sollte es nach der Umstellung auf den Stadtbahnbetrieb nicht mehr geben. AUFNAHMEN (2): BERND MELCHER

Bild 304
Über 30 Jahre, von 1972 bis 2004, bestimmte die Baureihe 218 das Bild der Zugförderung auf der Murgtalbahn (Karlsruhe –) Rastatt – Freudenstadt. Am 3. Januar 1985 verlässt **218 480** mit dem Nahverkehrszug 5930 nach Karlsruhe den Bahnhof Forbach-Gausbach.

AUFNAHME: MATTHIAS MAIER

Bild 305 – Im Bahnhof Steinsfurt neigt sich am 22. November 1986 die Zeit der Zuckerrübenzüge ihrem Ende entgegen. Aber noch werden große Mengen der süßen Frucht per Bahn abgefahren. Und an diesem Tag war ausnahmsweise keine Ulmer 215 vor dem Kraichgauer Rübenzug zu sehen, sondern die an das Bw Karlsruhe ausgeliehene Hagener **218 132**.
AUFNAHME: ANDREAS ROSSEL

Bild 306
Ein Abraumzug des Stuttgarter S-Bahn-Baus, bespannt mit **218 294** vom Bw Karlsruhe, durchfährt am 3. Juli 1987 den Bahnhof Bellheim an der Strecke Schifferstadt – Germersheim – Wörth (Rhein). Der lange Zug des Bauunternehmens Schauffele hat eine ordentliche Last, so dass die Lok voll gefordert ist.

Bild 307
Am 13. August 1988 war die Kornwestheimer Museumslok E 94 279 mit einem Sonderzug zum Seenachtsfest in Konstanz unterwegs. Der fahrdrahtlose Streckenabschnitt Tübingen – Horb wurde mit Hilfe der Vorspannlok **218 299** überwunden. Aufgenommen wurde der Zug während eines Zwischenhalts im Bahnhof Rottenburg (Neckar).

Aufnahmen (2): Andreas Rossel

N 5932/5933 alle Reisezüge zwischen Karlsruhe und Freudenstadt bespannten. Ihren südlichsten Wendepunkt erreichten sie mit dem Güterzug 69078 in Horb. Des Weiteren kamen die Lokomotiven vor Nahgüterzügen und Übergaben auf der Strecke Karlsruhe – Speyer – Ludwigshafen (Rhein) zum Einsatz, ferner mit dem Zugpaar N 7685/7688 bis Eppingen.

Mit Beginn des Winterfahrplans 1989/1990 übernahmen Karlsruher 218 Wendezugleistungen zwischen Germersheim und Bruchsal sowie zwischen Ludwigshafen (Rhein) und Wörth (Rhein). Kaum verändert hatte sich hingegen das übrige Einsatzgebiet mit Leistungen auf der Murgtalbahn und auf der Strecke Karlsruhe – Speyer – Ludwigshafen (Rhein) – Mannheim. Weiterhin planmäßig erreicht wurden Eppingen und Horb. Der Großteil des 218-Einsatzes entfiel auf den Reisezugverkehr. Nur relativ wenige Güterzüge waren mit Karlsruher 218 bespannt, darunter einige Güterzüge auf der Murgtalbahn und weiter bis Horb sowie zwischen Ludwigshafen (Rhein) BASF und Ludwigshafen (Rhein)-Oggersheim.

Auch während des Sommerfahrplans 1992 blieben die Karlsruher 218 Schlusslicht hinsichtlich ihrer Laufleistung. Eingesetzt wurden elf Maschinen, die durchschnittlich 314 km/LpT erreichten (min. 135 km, max. 480 km). Der Grund für die schwache Kilometerleistung war nach wie vor ihr Haupteinsatzgebiet, die vergleichsweise kurze Murgtalbahn. Ansonsten bespannten die Lokomotiven nur noch die BASF-Züge N 6704-6407 und den N 6482 sowie einige Güterzüge auf den KBS 670/677 zwischen Ludwigshafen (Rhein) und Wörth (Rhein).

Mit Beginn des Sommerfahrplans 1995 übernahmen 218 des Bh Karlsruhe zwei Plantage von der Baureihe 212. Entsprechend wurde der Lokbestand um die Regensburger 218 200 und 218 201 aufgestockt. Fünf Jahre später, mit Beginn des Sommerfahrplans 2000, kamen erneut vier Plantage hinzu, ohne jedoch den Lokbestand nennenswert zu erhöhen. Übernommen wurden Leistungen von der Baureihe 628 auf den Strecken Ludwigshafen (Rhein) – Mannheim – Heilbronn (drei Loks) und Worms – Bobenheim (eine Lok). Mit dem folgenden Winterfahrplan 2000/2001 entfie-

Bild 308 (links)
Die Karlsruher **218 476** und die Kemptener **218 473** sind am 25. Oktober 1989 mit einem Versuchszug auf den Pfälzer Strecken unterwegs und haben den Bahnhof Germersheim erreicht. Hinter den beiden Reisezugwagen hängt ein italienischer Pendolino-Triebzug. Getestet wird die Neigetechnik, die später in den DB-Triebzügen der Baureihe 610 Anwendung finden soll.

Bild 309 (unten)
Rübenzüge waren das „Schwerlastprogramm" der Karlsruher 218, die sie zur Zuckerfabrik nach Neu-Offstein beförderten. Zu sehen ist hier der Ng 65752, der mit **218 290** und **218 393** soeben den Bahnhof Freinsheim durchfahren hat, aufgenommen am 21. Oktober 1989.

Bild 310 (links)
218 297 und eine orientrote Schwesterlok sind am 6. Oktober 1990 mit einer Übergabe nach Grünstadt unterwegs und durchfahren hier den Bahnhof Weisenheim (Sand). An diesem Tag sind vornehmlich Silowagen für den Zuckerversand aus Neu-Offstein eingestellt.

AUFNAHMEN (3): ANDREAS ROSSEL

len alle 611-Leistungen auf den Strecken Heidelberg – Neckarelz – Heilbronn und Heidelberg – Meckesheim – Heilbronn. DB Regio ersetzte die schadanfälligen Triebzüge durch lokbespannte Züge aus n-Wagen mit Karlsruher 218. Im Gegenzug gingen zwei Plantage auf den Strecken Worms – Bensheim und Ludwigshafen (Rhein) – Frankenthal – Ramsen auf Karlsruher 628 über.

Mit Unterstützung der Landkreise Rastatt und Freudenstadt pachtete die Albtal-Verkehrs-Gesellschaft (AVG) im Jahr 2000 die Infrastruktur der Murgtalbahn, um sie für den seit Jahren geplanten Stadtbahnbetrieb zu ertüchtigen. Es folgten die Elektrifizierung mit 15 kV/16,7 Hz Bahnstrom sowie der zweigleisige Ausbau zwischen Kuppenheim und Bad Rotenfels. Ferner wurden Brücken und Tunnel saniert, Kreuzungsbahnhöfe neu geschaffen bzw. reaktiviert sowie 14 zusätzliche Haltepunkte errichtet. Am 15. Juni 2002 begann der Stadtbahnbetrieb zunächst im unteren Murgtal zwischen Rastatt und Raumünzach, bevor er am 20. Mai 2004 bis Freudenstadt Hbf ausgedehnt werden konnte. Damit hatte die Baureihe 218 im Murgtal ausgedient. Und da es keine anderweitigen Einsatzmöglichkeiten für die Lokomotiven gab, wurden im November 2004 sieben Maschinen von der Ausbesserung zurückgestellt.

Ab dem 28. Mai 2006 benötigte Karlsruhe noch immer elf Planlokomotiven. Davon waren zehn vor n-Wagenzügen auf folgenden Strecken im Einsatz:

- Mannheim – Heidelberg – Sinsheim (Elsenz) – Heilbronn (Plantage 1 – 4 und 10);
- Mannheim-Friedrichsfeld – Heidelberg Hbf (Plantage 3 und 5);
- Ludwigshafen (Rhein) – Heidelberg/Heilbronn (Plantage 1 und 10);
- Mannheim – Heidelberg – Steinsfurt – Eppingen (Plantage 5 und 6);
- Ludwigshafen (Rhein) BASF – Germersheim (Plantage 6, 7 und 9);
- Ludwigshafen (Rhein) – Germersheim – Wörth (Rhein) (Plantage 7 und 9);
- Ludwigshafen (Rhein) – Kaiserslautern (Plantage 7, 9 und 10)
- Karlsruhe – Landau (Pfalz) – Neustadt (Weinstr) (Plantag 8).

Ein weiterer, eintägiger Plan enthielt RB-Leistungen zwischen Neustadt (Weinstr), Bad Dürkheim und Freinsheim. Im Güterver-

Bild 311
Oberhalb der Ortschaft Langenbrand müht sich **218 482** mit dem E 3703 über die Steigung in Richtung Freudenstadt. Eingestellt in den Zug sind Kurswagen aus Hamburg. Heute wird die Murgtalbahn von der Albtal-Verkehrsgesellschaft (AVG) mit Zweisystemstadtbahnwagen betrieben, nachdem die Strecke bis 2004 durchgehend auf elektrischen Betrieb umgestellt wurde.

Aufnahme: Josef Högemann

Bild 312
Als **218 301** am 13. August 2000 mit RE 28019 in den Bahnhof Kuppenheim an der Murgtalbahn einfährt, ist vom bevorstehenden Ausbau der Strecke für das Karlsruher Stadtbahnsystem noch nichts zu sehen. Noch ist der Personenverkehr auf der Strecke fest in der Hand der Karlsruher 218.

Aufnahme: Jörg Sauter

Bild 313
218 476 rollt am 2. März 1997 talwärts in den Bahnhof Forbach-Gausbach. Nach einem kurzen Halt geht die Fahrt von dort das Murgtal hinab nach Rastatt und weiter nach Karlsruhe Hbf.

Aufnahme: Andreas Rossel

Bild 314
Unterwegs auf der Steilstrecke der Murgtalbahn zwischen Baiersbronn und Freudenstadt Stadt: Lautstark kämpft sich **218 220** am 3. Oktober 1997 die Steigung hinauf.

Aufnahme: Jörg Sauter

Bild 315 – Mit dem RE 4842 hat **218 392** am 27. Juli 2008 den Bahnhof Hoffenheim verlassen, der zum Aufnahmezeitpunkt noch mit mechanischer Sicherungstechnik ausgestattet ist. Heute ist die Strecke elektrifiziert (S-Bahn-Netz Rhein-Neckar), und es verkehren hier moderne Triebzüge der Baureihe 425. AUFNAHME: ANDREAS ROSSEL

kehr bespannten Karlsruher 218 in den Nachtstunden lediglich eine Leistung zwischen Mannheim Rbf und Einsiedlerhof.

Mit dem Zugang von weiteren Triebzügen der Baureihe 628 Ende Januar/Anfang Februar 2007 im Werk Ludwigshafen (Rhein) entfielen im BASF-Verkehr nahezu alle lokbespannten Züge. Es verblieb lediglich je ein Zug in den Morgen- und Abendstunden, bevor ab dem 9. Dezember 2007 nach weiteren Triebzugzugängen auch diese aufgegeben wurden. Es verblieben lediglich fünf Planlokomotiven, die mit n-Wagen in einem viertägigen Umlauf eine durchschnittliche Laufleistung von 434 km/LpT erreichten und an Werktagen zwischen Mannheim, Eppingen, Heilbronn und Heidelberg zum Einsatz kamen. Die fünfte Lok lief in einem eintägigen Umlauf und bespannte einen RE von Heilbronn nach Mannheim. Anschließend fuhr sie als Lz ins Werk Ludwigshafen (Rhein) und stand dort bis zum Nachmittag als Betriebsreserve zur Verfügung. Gegen 16.00 Uhr kehrte sie als Lz nach Mannheim zurück und bespannte einen RE nach Heilbronn. An Wochenenden pendelten drei Maschinen vor Reisezügen zwischen Mannheim und Heilbronn. Neben den fünf Planmaschinen standen weitere zwei 218 als Abschlepploks zur Verfügung, eine im Werk Ludwigshafen (Rhein) für defekte S-Bahn-Triebzüge der Baureihe 425, die zweite in Freudenstadt für defekte AVG-Stadtbahnzüge bzw. im Winter für Schneepflugeinsätze. Zu diesem Zeitpunkt verfügte Karlsruhe noch über zehn betriebsfähige 218.

Mit dem Fahrplanwechsel am 12. Dezember 2006 verloren die Karlsruher 218 auch ihre Leistungen auf den für den Stadtbahnbetrieb elektrifizierten Strecken Neckargemünd – Sinsheim – Bad Friedrichshall-Jagstfeld und Steinsfurt – Eppingen. Damit hatten die Karlsruher 218 ihre Existenzgrundlage verloren, da lediglich noch wenige Leistungen im Reisezugverkehr zwischen Mannheim, Heidelberg und Heilbronn verblieben waren.

Ab März 2010 kam eine der verbliebenen Karlsruher Reservemaschinen überraschenderweise wieder regelmäßig im Reisezugverkehr zum Einsatz. Sie ersetzte mit einer Wendezuggarnitur aus n-Wagen einen Kaiserslauterer 642 im RE-Verkehr zwischen Karlsruhe, Landau (Pfalz) und Neustadt (Weinstraße). Anfang 2011 waren lediglich noch 218 130, 478, 481, 483 und 484 im Bestand, von denen noch zwei regelmäßig eingesetzt wurden. Eine Lok bespannte Regionalbahnen zwischen Ludwigshafen (Rhein) BASF und Kaiserslautern, die zweite – als 642-Ersatz – Regionalbahnen zwischen Karlsruhe und Neustadt (Weinstraße). Eine weitere Lok stand weiterhin als S-Bahn-Abschlepplok im Werk Ludwigshafen (Rhein), während die vierte 218 seit dem 10. November 2010 als Schneepfluglok in Freudenstadt vorgehalten wurde. Letztere kehrte erst am 4. April 2012 wieder nach Karlsruhe zurück. Auch in den Folgejahren verblieben einige 218 im Karlsruher Bestand. Im Frühjahr 2019 wurden für Reservedienste nur noch 218 483 und 218 484 vorgehalten, von denen letztere von September bis Dezember 2018 vorübergehend an das Werk Niebüll ausgeliehen war.

Die Baureihe 218 in Karlsruhe

	Zugang aus		**Abgang an**	
218 130	15.12.02	Trier	04.06.10	Kiel
	01.07.10	Kiel	25.03.11	z
150	14.05.74	Kaiserslautern	16.12.76	Haltingen
151	20.07.74	Kaiserslautern	09.11.77	Haltingen
152	28.05.74	Kaiserslautern	22.05.82	Haltingen
153	22.04.74	Kaiserslautern	22.05.82	Haltingen
154	19.08.74	Kaiserslautern	22.05.82	Haltingen
155	26.08.74	Kaiserslautern	22.09.74	Haltingen
160	03.02.72	Neulieferung	22.05.82	Flensburg
161	08.02.72	Neulieferung	22.05.82	Flensburg

	Zugang aus		Abgang an	
218 162	15.03.72	Neulieferung	22.05.82	Flensburg
163	02.03.72	Neulieferung	31.05.80	Flensburg
164	24.04.72	Neulieferung	31.05.80	Flensburg
165	12.04.72	Neulieferung	31.05.80	Flensburg
166	29.03.72	Neulieferung	31.05.80	Flensburg
167	13.04.72	Neulieferung	31.05.80	Flensburg
168	21.02.73	Regensburg	31.05.80	Flensburg
187	30.04.03	Halberstadt	12.02.06	z
198	24.09.95	Haltingen	24.05.98	Lübeck
199	29.05.99	Haltingen	14.04.07	Kempten (Allgäu)
200	29.05.95	Regensburg	09.04.05	Kassel KHB
201	29.05.95	Regensburg	13.11.07	Regensburg
205	28.05.00	Haltingen	27.04.07	Kempten (Allgäu)
207	02.06.96	Regensburg	03.11.04	z
219	02.06.96	Regensburg	07.12.07	Regensburg
220	02.06.96	Regensburg	30.06.05	DB Autozug
238	30.05.99	Kempten (Allgäu)	03.11.04	z
246	30.04.03	Stendal	19.05.06	z
274	01.06.80	Braunschweig	22.05.82	Haltingen
275	01.06.80	Braunschweig	06.02.82	Haltingen
276	01.06.80	Braunschweig	22.05.82	Haltingen
289	28.05.00	Haltingen	03.11.04	z
290	03.02.82	Haltingen	26.05.90	Haltingen
291	29.05.76	Regensburg	25.09.82	Haltingen
	25.09.83	Haltingen	26.05.90	Haltingen
292	03.06.76	Regensburg	25.09.82	Haltingen
293	29.05.76	Regensburg	26.05.90	Haltingen
294	29.05.76	Regensburg	10.03.05	z
295	29.05.76	Regensburg	03.11.04	z
296	29.05.76	Regensburg	03.11.04	z
297	16.12.76	Regensburg	26.05.79	Regensburg
	01.06.80	Regensburg	08.12.05	z

	Zugang aus		Abgang an	
218 298	01.06.80	Regensburg	10.05.06	z
299	01.06.80	Regensburg	04.04.07	z
300	01.11.93	Haltingen	10.03.05	z
301	10.09.93	Haltingen	10.02.05	z
302	01.11.93	Haltingen	24.03.06	z
303	29.11.93	Haltingen	04.11.00	Regensburg
304	24.09.89	Haltingen	04.11.00	Regensburg
305	04.11.93	Haltingen	28.05.94	Haltingen
306	15.12.02	Trier	03.11.04	z
390	30.05.99	Mühldorf (Oberbay)	07.12.07	Kempten (Allgäu)
391	30.05.99	Mühldorf (Oberbay)	03.11.04	z
392	30.05.99	Mühldorf (Oberbay)	17.03.10	z
393	30.05.99	Mühldorf (Oberbay)	26.11.07	Kempten (Allgäu)
394	24.09.89	Kempten (Allgäu)	15.02.05	DB Fernverkehr
395	01.09.93	Haltingen	25.06.06	Lübeck
475	19.09.82	Kempten (Allgäu)	24.09.83	Kempten (Allgäu)
476	19.09.82	Kempten (Allgäu)	13.12.09	Ffm-Griesheim
477	23.05.82	Kempten (Allgäu)	06.12.09	Ffm-Griesheim
478	23.05.82	Regensburg	20.04.11	Ffm-Griesheim
479	23.05.82	Regensburg	16.08.93	Haltingen
	28.05.00	Haltingen	12.12.09	Ffm-Griesheim
480	23.05.82	Regensburg	09.09.93	Haltingen
	18.08.06	Ulm	25.12.10	Kiel
	04.03.11	Kiel	07.04.15	z
481	23.05.82	Regensburg	06.10.93	Haltingen
	12.12.05	Darmstadt	18.08.11	Ulm
482	23.05.82	Kempten (Allgäu)	17.10.93	Haltingen
483	23.05.82	Kempten (Allgäu)	03.11.93	Haltingen
	12.12.05	Darmstadt		
484	23.05.82	Kempten (Allgäu)	24.11.93	Haltingen
	12.12.05	Darmstadt	11.09.18	Niebüll lw
	15.12.18	Niebüll lw		

Bild 316 – Infolge der Baupanne am neuen Rastatter Tunnel wurde der BTE-Autoreisezug zwischen Hamburg-Altona und Lörrach im September 2017 nachts über die Murgtalbahn sowie die Kinzigtalbahn umgeleitet. Die noch für Sonderdienste in Karlsruhe vorgehaltene **218 483** kehrte damit wieder in ein langjähriges Einsatzgebiet der Karlsruher 218 zurück. In den frühen Morgenstunden des 23. September 2017 zieht die Lok zusammen mit der Ellok 182 536 den DPF 1795 bei Röt in Richtung Freudenstadt. AUFNAHME: CHRISTIAN WOLF

Bild 317
Die Beheimatung der Baureihe 218 beim Werk Köln-Deutzerfeld war eine kurze Episode. Im Dezember 2002 stehen die aus Hagen (Westf) übernommenen **218 129** und **218 133** abgestellt im Werk Köln-Deutzerfeld.

AUFNAHME: MANFRED TRAUBE

Bundesbahndirektion Köln

Werk Köln-Deutzerfeld

Am 15. Dezember 2002 übernahm DB Regio Rheinland von DB Regio Rhein-Ruhr die Loks 218 129 und 218 133, um damit einen Bespannungsengpass auf der Eifelstrecke aufzulösen. Die Beheimatung erfolgte beim Werk Köln-Deutzerfeld. In einem eintägigen Umlauf wurde Mo-Fr das Zugpaar RE 11400/11415 zwischen Köln Messe/Deutz und Gerolstein bespannt, so dass eine Tageslaufleistung von lediglich 230 km erreicht wurde. Über die Wochenenden stand die Lok in Gerolstein, während die Reservelok in Köln-Deutzerfeld anzutreffen war. Mit Beginn des Jahresfahrplans am 13. Dezember 2003 endete dieser eintägige Plandienst auf der Eifelstrecke, nachdem es zuvor noch zu einem Tausch der Loks gekommen war. Die zuletzt hier eingesetzten 218 114 und 218 116 wurden tags darauf nach Oberhausen umbeheimatet.

Anfang 2013 kam es erneut zur kurzzeitigen Beheimatung einer 218 in Köln-Deutzerfeld, als für diverse Reservedienste 218 449 hierher versetzt wurde. Anfang 2014 wurde sie durch 218 460 abgelöst, die noch bis Juni 2015 in Köln-Deutzerfeld verblieb.

Die Baureihe 218 in Köln-Deutzerfeld

	Zugang aus		Abgang an	
218 114	13.06.03	Halberstadt	13.12.03	Oberhausen
218 116	13.06.03	Halberstadt	13.12.03	Oberhausen
129	15.12.02	Hagen (Westf)	12.09.03	z
133	15.12.02	Hagen (Westf)	23.07.03	z
449	09.01.13	Oberhausen	29.01.14	z
460	23.01.14	Oberhausen	14.06.15	Kiel

Bw Krefeld

Innerhalb der BD Köln gab es bis weit in die siebziger Jahre hinein keine Streckendieselloks mit elektrischer Zugheizung. Das überregionale Eisenbahnnetz war bereits seit Jahren elektrifiziert, eine Ausnahme bildete lediglich die Verbindung Krefeld – Kleve – Nijmegen (NL) – Arnhem (NL). Die wenigen hier verkehrenden internationalen Reisezüge führten dampfbeheiztes Wagenmaterial, darunter auch das Zugpaar D 216/217 „Austria-Express".

Mit Beginn des Sommerfahrplans 1977 sollten auch hier nur noch elektrisch beheizte Reisezugwagen im hochwertigen Reisezugverkehr verwendet werden. Die Bespannung der internationalen Züge auf dieser Strecke mit Krefelder 215 war nun nicht mehr möglich, so dass Hagener 218 die Traktion der Züge D 216/217 „Austria-Express", D/E 416/417 und E 2424/2425 übernehmen mussten. Die restlichen Züge auf dieser Strecke oblagen zunächst weiterhin der mit Dampfheizung ausgestattete Baureihe 215. Die später erweiterten Einsätze der Baureihe 218 in Krefeld waren in

Bild 318
Auch beim Bw Krefeld blieb die Baureihe 218 nur eine Randerscheinung, die von September 1979 bis September 1980 währte. Eine der wenigen 218, die je in Krefeld beheimatete waren, ist **218 131**, die hier am 19. März 1988 als Lok des Bw Hagen 1 im Bahnhof Kleve den E 3373 nach Neuss bereitgestellt hat. Auch in ihrer kurzen Krefelder Einsatzzeit war sie bereits auf der Strecke Krefeld – Kleve im Einsatz gewesen. Rechts im Bild steht die Krefelder 215 030 – eine der drei 215 mit E-Heizung, die im Herbst 1980 die Baureihe 218 in Krefeld abgelöst hatten.

AUFNAHME: GÉRARD VAN TEEFFELEN

die Umlaufpläne des Bw Hagen-Eckesey integriert. Während des Sommerfahrplans 1979 wurden planmäßig vier Lokomotiven benötigt, die eine durchschnittliche Laufleistung von 718 km/LpT erreichten. Die Zuführung an Plantag 1 erfolgte mit E 3190 Warburg (Westf) – Mönchengladbach und weiter mit D 841 Mönchengladbach – Krefeld, die Rückführung ab Krefeld mit D 840 bis Mönchengladbach und weiter mit E 3181 bis Winterberg. Neben zahlreichen Reisezügen auf der Hauptbahn Krefeld – Kranenburg – Arnhem (NL) gab es verschiedene Kurzstreckenleistungen im Güterverkehr im Bereich Krefeld/Hohenbudberg.

Die BD Essen hatte zuvor wiederholt die Verlegung des Fernreisezugverkehrs auf die rechte Rheinseite über Wesel – Emmerich ins Spiel gebracht, doch dagegen wehrte sich die BD Köln. Sie wollte die internationalen Züge über Krefeld – Kleve – Nijmegen (NL) nicht verlieren und beantragte bei der Zentralen Transportleitung (ZTL) in Mainz die Beheimatung der Baureihe 218 in Krefeld zur Abdeckung der erforderlichen Umlauftage. Es verstrichen mehrere Fahrplanperioden, bevor mit Beginn des Winterfahrplans 1979/1980 die Loks 218 128, 129, 130 und 131 vom Bw Hagen-Eckesey nach Krefeld umgesetzt wurden. Bei Lokengpässen bestand die Möglichkeit, auf die strategischen Lokreserven des Bw Kaiserslautern zurückzugreifen. Davon machte das Bw Krefeld auch umgehend Gebrauch, um eine Reservemaschine parat zu haben. Vom 30. September 1979 an stand der niederrheinischen Dienststelle zunächst 218 361 zur Verfügung. Sie wurde am 22. Februar 1980 gegen 218 365 getauscht, bevor mit Beginn des Sommerfahrplans 1980 nach Zugang der Hagener 218 132 auf eine eigene Betriebsreserve zurückgegriffen werden konnte. Dennoch wurde 218 365 erst am 13. Juli 1980 nach Kaiserslautern rücküberführt.

Ein langes Leben war der Baureihe 218 beim Bw Krefeld nicht beschieden, denn der Betrieb mit den wenigen Lokomotiven war wirtschaftlich nicht vertretbar. Für eine weitere Aufstockung des Bestandes fehlten geeignete Strecken sowie elektrisch zu beheizendes Wagenmaterial. Folglich wurden die wenigen Krefelder 218 mit Beginn des Winterfahrplans 1980/1981 an das Bw Hagen-Eckesey zurückgegeben und durch die Ulmer 215 030 – 032 ersetzt, die als einzige 215 über eine elektrische Zugheizung verfügten. Die übrigen Züge stellte die BD Köln wieder auf die klassische Dampfheizung um und bespannte sie wie zuvor mit der Baureihe 215.

Besonders zuverlässig waren die drei 215 mit ihrer elektrischen Zugheizung nicht. Folglich mussten immer wieder Hagener 218 einspringen. Erst mit Beginn des Sommerfahrplans 1988 löste sich das Traktionsproblem, als die internationalen Züge – wie schon längere Zeit immer wieder diskutiert – auf die rechte Rheinseite über Wesel – Emmerich verlegt wurden. Damit endeten in Krefeld die Einsätze der Baureihe 218 ebenso wie die der Baureihe 215 mit elektrischer Zugheizung.

Die Baureihe 218 in Krefeld

	Zugang aus		Abgang an	
218 128	30.09.79	Hagen-Eckesey	27.09.80	Hagen-Eckesey
129	30.09.79	Hagen-Eckesey	27.09.80	Hagen-Eckesey
130	30.09.79	Hagen-Eckesey	27.09.80	Hagen-Eckesey
131	30.09.79	Hagen-Eckesey	27.09.80	Hagen-Eckesey
132	01.06.80	Hagen-Eckesey	27.09.80	Hagen-Eckesey
361	30.09.79	Kaiserslautern	22.02.80	Kaiserslautern
365	22.02.80	Kaiserslautern	13.07.80	Kaiserslautern

Bundesbahndirektion Mainz/Saarbrücken

Bw Kaiserslautern

(ab 1. Januar 1994 Bh Kaiserslautern,
ab. 1. Januar 1999 Werk Kaiserslautern)

Im Sommer 1967 hatte das Bw Kaiserslautern vom Bw Limburg (Lahn) V 200^0 erhalten, die vorwiegend auf den Strecken Kaiserslautern – Frankfurt (M), Kaiserslautern – Bingerbrück, Kaiserslautern – Karlsruhe und Bingerbrück – Türkismühle – Neunkirchen (Saar) – Saarbrücken im Reisezugverkehr zum Einsatz kamen. Im Laufe der folgenden Jahre blieben Einsatzstrecken und Leistungsumfang der V 200^0 weitgehend unverändert, bevor mit Auflösung

Bild 319 – Der starke Pendlerverkehr vom und zum Ludwigshafener BASF-Werk erforderte stets lange Zuggarnituren. Am 25. Mai 1976 verlässt **218 368** vom Bw Kaiserslautern mit dem N 6703 den Bahnhof Speyer. AUFNAHME: WOLF-DIETMAR LOOS

Bild 320
Ein Ganzzug, beladen mit Tübbingen für den Schacht- oder Tunnelbau, rollt am 16. Januar 1981 durch Saarbrücken. Zuglok ist die Kaiserslauterer **218 377**. Rechts die Anlagen des Bw Saarbrücken Hbf.

AUFNAHME: GEORG DOLLWET

Bild 321
Begegnungen purpurroter DB-Dieselloks verschiedener Baureihen des Bw Kaiserslautern waren Ende 1983 schon nicht mehr allzu häufig. Am 13. Dezember wartet 212 327 vor dem N 5326 in Bad Kreuznach auf Anschlussreisende aus dem von **218 368** geführten E 3282.

AUFNAHME: DR. FRANK HALTER

der BD Mainz und Zuordnung des Bw Kaiserslautern zur BD Saarbrücken die Baureihe 218 die Nachfolge der V 200^0 antrat.

Als erste traf am 13. März 1973 die Hagener 218 156 in Kaiserslautern ein, die zunächst zur Personalschulung in den Plänen der Baureihe 220 eingesetzt wurde. Wenige Wochen später folgten 218 151 – 155, 157 – 159 und 169 – 170, so dass rechtzeitig mit Beginn des Sommerfahrplans am 3. Juni 1973 genügend 218 zur Verfügung standen, um vollständig auf die V 200^0 (seit 1968 Baureihe 220) verzichten zu können.

Im Jahr 1974 gingen dem Bw Kaiserslautern mit 218 361 – 373 dann 13 fabrikneue 218 der 3. Bauserie zu, während im Gegenzug die älteren, gebraucht übernommenen Loks 218 150 – 159, 169 und 170 an die BD Karlsruhe (Bw Haltingen und Bw Karlsruhe) weitergereicht wurden. Die BD Karlsruhe wiederum gab daraufhin zehn Loks der Baureihe 215 an das Bw Aschaffenburg ab, welche dort zur Einstellung des restlichen Dampfbetriebs führten.

Im Jahr darauf kam es zu einer weiteren Aufstockung des 218-Bestandes u. a. mit dem Ziel, auf die Baureihe 023 in der Pfalz und im Saarland verzichten zu können. Fabrikneu trafen im Laufe des Jahres die Lokomotiven 218 316 – 322 und 218 374 – 388 in Kaiserslautern ein, von denen 218 316 und 218 317 aber schon wenige Monate später nach Regensburg weitergegeben wurden.

Folgende 218 führte das Bw Kaiserslautern am 1. Januar 1980 in den Bestandslisten:

218	362	363	364	365	366	367	368	369	370	371
	372	373	374	375	376	377	378	379	380	381
	382	383	384	385	386	387	388			

gesamt: 27 Lokomotiven

Während des Sommerfahrplans 1980 bestand planmäßiger Bedarf für 18 Lokomotiven, die im Umlauf 01 des Bw Kaiserslautern eine durchschnittliche Laufleistung von 599 km/LpT erreichten und mit Personalen des Heimat-Bw sowie der Einsatzstellen Bingerbrück, Landau (Pfalz), Saarbrücken und St. Wendel besetzt wurden. Folgende Strecken wurden befahren:

Bild 322 – 1985 war es in Simmern recht ruhig geworden, nachdem sich im Jahr zuvor der Schienenpersonenverkehr mit der Betriebseinstellung zwischen Langenlonsheim und Simmern fast vollständig aus dem Hunsrück zurückgezogen hatte. Am 23. Mai herrschte jedoch noch einmal viel Betrieb, als neben einem im Sonderverkehr eingesetzten Triebzug der Baureihe 601 auch noch **218 383** beim Zusammenstellen von Rohholzzügen zu beobachten war. AUFNAHME: GEORG DOLLWET

Bild 323 – Nahverkehrszüge mit Umbauwagen sind uns eher mit den Baureihen 211 und 212 in Erinnerung als mit der Baureihe 218. Umlaufbedingt kam es im Winterfahrplan 1985/1986 jedoch zu einer derartigen Bespannung des E 3256 mit **218 374**, aufgenommen am 13. Februar 1986 auf der Nahebahn in Münster-Sarmsheim. AUFNAHME: DR. FRANK HALTER

Bild 324 – 218 387 wurde 2008 nach Übergabe an die Kurhessenbahn im purpurroten Farbschema lackiert, obwohl sie im Jahr 1975 in Ozeanblau-Beige in Dienst gestellt worden war. In ihrem ursprünglichen Farbkleid befördert sie am 17. Juli 1985 gemeinsam mit der Schwesterlok **218 369** bei Bad Münster am Stein den Dg 58558 von Stromberg nach Dillingen.
AUFNAHME: DR. FRANK HALTER

- Bad Münster am Stein – Türkismühle – Neunkirchen (Saar) – Saarbrücken Hbf;
- Bingerbrück – Bad Kreuznach;
- Homburg (Saar) Hbf – Zweibrücken Hbf;
- Kaiserslautern Hbf – Landstuhl – Kusel;
- Kaiserslautern Hbf – Neustadt (Weinstr) Hbf – Landau (Pfalz) Hbf – Karlsruhe Hbf;
- Kaiserslautern Hbf – Bad Kreuznach – Mainz Hbf – Frankfurt (M) Hbf;
- Kaiserslautern Hbf – Pirmasens Hbf;
- Landau (Pfalz) Hbf – Pirmasens Nord – Zweibrücken Hbf;
- Ludwigshafen (Rhein) Hbf – Wörth (Rhein);
- Neustadt (Weinstr) Hbf – Ludwigshafen (Rhein) Hbf/ Mannheim Hbf;
- Wörth (Rhein) – Berg (Pfalz).

In den folgenden Jahren blieb der 218-Bestand in Kaiserslautern – von wenigen Umbeheimatungen abgesehen – weitgehend konstant. Eingesetzt wurden die Lokomotiven nunmehr fast ausschließlich im Reisezugverkehr. Während des Winterfahrplans 1984/1985 beispielsweise war das „Opel-Zugpaar" Einsiedlerhof – Rüsselsheim Opelwerk – Einsiedlerhof die einzige nennenswerte Leistung im Güterverkehr. Planmäßig bestand zu diesem Zeitpunkt Bedarf für 17 Maschinen mit einer durchschnittlichen Laufleistung von 499 km/LpT.

Während des Winterfahrplans 1988/1989 wurden im Umlauf 22 insgesamt 18 Planlokomotiven mit einer Durchschnittslaufleistung von 557 km/LpT (max. 746 km, min. 198 km) benötigt. Leicht verändert hatte sich das Einsatzgebiet mit vermehrten Zugleistungen im Raum Saarbrücken.

- Bingerbrück – Kaiserslautern Hbf – Pirmasens Hbf;
- Bingerbrück/Bad Kreuznach – Türkismühle – Saarbrücken Hbf;
- Bingerbrück/Bad Kreuznach – Mainz Hbf – Frankfurt (M) Hbf;
- Kaiserslautern Hbf – Neustadt (Weinstr) Hbf – Karlsruhe Hbf;
- Kaiserslautern Hbf – Homburg (Saar) Hbf – Saarbrücken Hbf;
- Saarbrücken Hbf – Rohrbach (Saar) – Pirmasens Nord – Karlsruhe Hbf;
- Kaiserslautern Hbf – Neustadt (Weinstr) Hbf – Ludwigshafen (Rhein) Hbf;
- Saarbrücken Hbf – Forbach (SNCF);
- Saarbrücken Hbf – Lebach;
- Saarbrücken Hbf – Saarhölzbach;
- Kaiserslautern Hbf – Landstuhl – Kusel.

In der Zeit vom 12. bis zum 19. September 1990 hatten die 218 des Bw Kaiserslautern eine besondere Aufgabe, als sie Teil der „Operation Lindwurm" wurden. Bei dieser Operation überführte die US-Army unter massiven Sicherheitsvorkehrungen an Land und in der Luft 102.000 mit Nervengiften gefüllte Artilleriegranaten aus einem Militärdepot in der Nähe von Clausen (Rheinland-Pfalz) nach Nordenham. Von dort wurden die Granaten per Schiff zur Vernichtung in das Johnston-Atoll im Pazifik gebracht. Der erste Teil des Weges bis zum Miesau Army Depot wurde vorab auf der Straße zurückgelegt. Ab Miesau wurde die Schiene genutzt, wobei die Züge auf dem gesamten Laufweg (unter Umfahrung des dicht besiedelten Ruhrgebietes) über Ludwigshafen (Rhein), Worms, Darmstadt, Aschaffenburg, Gießen, Kassel, Löhne (Westf) und Bremen bis Nordenham mit zwei Loks der

Bild 325
Lange Zeit bespannten 218 des Bw Kaiserslautern die Eilzüge auf der Nahestrecke in der Relation Frankfurt (M) – Saarbrücken. Am 27. März 1989 überquert **218 364** mit dem E 3360 die markante Rheinbrücke bei Mainz Süd auf dem Weg in Richtung Saarbrücken.

AUFNAHME: ANDREAS DUMJAHN

Baureihe 218 bespannt waren. Jeder Granatenzug führte mehrere Begleitwagen mit Soldaten, Bahnpolizisten und Feuerwehrleuten mit. Je zwei Granatenzüge und ein Begleitzug – ebenfalls mit 218-Doppeltraktion und weiterem Sicherungspersonal – fuhren im Blockabstand hintereinander. Auch wenn ein Teil des Kaiserslauterner 218-Bestandes für Militärtransporte bereitgehalten wurde, konnte das Bw Kaiserslautern diese Aufgabe nicht alleine stemmen. Daher mussten Leihlokomotiven der BD Karlsruhe, Nürnberg und München Unterstützung leisten.

Ab 1993 machte sich langsam, aber sicher die Konkurrenz neuer Nahverkehrstriebzüge der Baureihe 628[4] bemerkbar. Zwar kamen während des Winterfahrplans 1993/1994 im Laufplan 21 noch immer 16 Planlokomotiven zum Einsatz, doch verkehrten auf der Nahestrecke besonders an Wochenenden deutlich weniger lokbespannte Züge als zuvor. Dafür waren einige Güterzüge hinzugekommen. Gefahren wurden folgende Leistungen im Güterverkehr:

47520	Saarbrücken Rbf – Forbach (SNCF);
47663	Forbach (SNCF) – Saarbrücken Rbf;
57506	Rüsselsheim Opelwerk – Einsiedlerhof;
57507	Einsiedlerhof – Rüsselsheim Opelwerk;
62232	Frankfurt (M) Hgbf – Mainz Hbf;
62531	Wiesbaden Hbf – Frankfurt (M) Außenbahnhof;
64314	Frankfurt (M) Hgbf – Mainz Hbf;
64316	Frankfurt (M) Hgbf – Mainz Hbf;
66261	Bingerbrück – Mainz Hbf;
66268	Mainz Hbf – Bingerbrück;
67142	Einsiedlerhof – Pirmasens Nord;
67144	Kaiserslautern – Pirmasens Hbf

Mit Einführung des Rheinland-Pfalz-Takts im Jahr 1994 nahm die Zahl der Reisenden auf einigen Strecken erheblich zu, so dass die Kapazitäten der eingesetzten Fahrzeuge teilweise nicht mehr ausreichten. Auf der KBS 661 Mainz – Alzey mussten bereits zum Sommerfahrplan 1995 einige 628-Kurse durch lokbespannte Wendezüge ersetzt werden, die mit 218 des Betriebshofs Kaiserslautern bespannt wurden. Infolgedessen stieg der Planbedarf leicht an. Während des Sommerfahrplans 1996 erreichte der Planbedarf wieder 19 Lokomotiven, die mit einer durchschnittlichen Laufleistung von 539 km/LpT vorwiegend auf der Nahestrecke zum Einsatz kamen. Hier wurden nahezu alle durchgehenden Züge zwischen Saarbrücken Hbf und Mainz Hbf bzw. Frankfurt (M) Hbf mit 218 bespannt. In Doppeltraktion gefahren wurden Mo-Fr der RE 3427 zwischen Saarbrücken Hbf und Frankfurt (M) Hbf sowie sonntags der RE 3431 zwischen Saarbrücken Hbf und Mainz Hbf. Weitere Leistungen – vor allem im Berufs- und Schülerverkehr – sah der Dienstplan zwischen Mainz Hbf und Alzey sowie zwischen Alzey und Worms Hbf vor, ferner die BASF-

Bild 326
Mit dem D 254 passiert **218 384** am 9. April 1989 das nördliche Stellwerk des Bahnhofs Gensingen-Horrweiler zwischen Gau Algesheim und Bad Kreuznach.

AUFNAHME: ANDREAS ROSSEL

Bild 327 – Die Kaiserslauterer **218 364** war die letzte purpurrote 218 des Bw Kaiserslautern. Eigentlich sollte sie 1986 bei einem AW-Aufenthalt in Bremen einen neuen Anstrich in Orientrot erhalten. Weil jedoch wegen einer Schiffshavarie an der Rheinbrücke die Strecke Karlsruhe –Wörth (Rhein) gesperrt war und alle verfügbaren Lokomotiven der Baureihe 218 für den Umleiterverkehr benötigt wurden, kam sie kurzfristig ohne Neulackierung zurück nach Kaiserslautern. Hier sehen wir sie am 10. März 1989 vor dem N 4239 nach Pirmasens Hbf beim Verlassen des Bahnhofs Pirmasens Nord. AUFNAHME: ANDREAS ROSSEL

Bild 328 – Die Nahebahn zählt zweifellos zu den schönsten deutschen Eisenbahnlinien. Einen besonders attraktiven Blick auf Fluss und Bahn hat man bei Frauenberg, wo uns am 8. Mai 1989 der von **218 377** geführte, in Richtung Saarbrücken fahrende N 5318 begegnet. AUFNAHME: JÜRGEN HÖRSTEL

Bild 329
Mit dem E 3272 durchfährt **218 370** am 18. März 1990 den Haltepunkt Laubenheim (Nahe) an der Hauptbahn Bingen (Rhein) – Bad Kreuznach.

AUFNAHME: ANDREAS ROSSEL

Bild 330
Am 1. Juli 1990 befördert **218 364** bei Münster-Sarmsheim einen schweren Militärzug durch das Nahetal. Militärtransporte – vor allem auch für die amerikanischen Streitkräfte – waren im gesamten rheinland-pfälzischen Raum bis in die Zeit des Mauerfalls Ende 1989 recht häufig zu beobachten.

AUFNAHME: ANDREAS DUMJAHN

Züge von und nach Wörth (Rhein), Neustadt (Weinstraße) Hbf und Kaiserslautern Hbf. Im Güterverkehr wurden weiterhin die Opel-Ganzzüge 57507 Einsiedlerhof – Rüsselsheim-Opelwerk und 57506 Rüsselsheim-Opelwerk – Einsiedlerhof gefahren. Weitere Leistungen erfolgten vor den Übergaben 66270 Koblenz-Lützel – Stromberg (Hunsrück) und 66271 Stromberg (Hunsrück) – Bingerbrück – Mainz. Während der mehrstündigen Pause in Stromberg (Hunsrück) erfolgte bedarfsweise die Bedienung der Hunsrück-Höhenbahn über Simmern bis Morbach.

Mit Beginn des Sommerfahrplans 1997 bespannten 218 des Bw Kaiserslautern den Rheintal-Express auf der Strecke Karlsruhe Hbf – Bad Münster – Koblenz Hbf. Übernommen wurde auch die Traktion von Güterzügen zwischen Bad Kreuznach und Fischbach-Weierbach.

Ende Mai 2000 ging der Planbedarf der Baureihe 218 von bisher 22 auf 15 Maschinen zurück, nachdem der Reisezugverkehr zwischen Bingen (Rhein) und Pirmasens Hbf auf Triebzüge der Baureihe 643 (Talent) umgestellt worden war. Letztere wiederum setzten mehrere 628 frei, die sowohl auf der Nahestrecke als auch auf der Alsenzbahn weitere lokbespannte Züge ersetzten und zwischen Landstuhl und Kusel sogar gleich drei Lokomotiven der Baureihe 218 arbeitslos werden ließen. Folglich konnte mit Beginn des Sommerfahrplans 2000 der 218-Einsatzbestand durch Abgabe einiger Lokomotiven an andere Dienststellen leicht reduziert werden. Folgende 218 führte das Werk Kaiserslautern am 1. Juni 2000 in seinen Bestandslisten:

218	361	362	363	364	365	366	367	368	369	370
	371	372	373	374	408	411	412	414	415	417
	418	427	429	446	497	498				

gesamt: 26 Lokomotiven

Mit Beginn des Sommerfahrplans 2001 setzte das Werk Kaiserslautern insgesamt sechs 218 mit ZWS-Ausstattung vor Doppelstock-Wendezügen auf der Strecke Frankfurt (M) Hbf – Bad Vilbel – Stockheim (Oberhess) ein. Abgelöst wurden die bisher hier

Bild 331 – Über Jahrzehnte gehörte die Baureihe 218 zum gewohnten Bild auf der Nahebahn zwischen Bingen (Rhein) und Saarbrücken. Tagaus, tagein sah man sie am Rotenfels bei Bad Münster am Stein, der höchsten Steilwand nördlich der Alpen. Am 7. Oktober 1993 begegnet uns **218 364** mit einem Eilzug vor dem markanten Gebirgszug.

Aufnahme: Dr. Frank Halter

eingesetzten Gießener 215. Weitere drei ZWS-218 liefen vor Doppelstockwendezügen auf der Strecke Mainz Hbf – Alzey – Worms – Ludwigshafen (Rhein) Hbf. Elf 218 ohne ZWS waren weiterhin planmäßig auf den Strecken Frankfurt (M) Hbf – Mainz Hbf – Kaiserslautern Hbf, Mainz Hbf/Bingen (Rhein) – Saarbrücken Hbf und Saarbrücken Hbf – Lebach im Einsatz. Einziger Güterzug im 218-Plan war der „Opel-Zug" 62824/62825 Einsiedlerhof – Rüsselsheim über die Alsenzbahn.

Das Werk Kaiserslautern erhielt 2002 zahlreiche neue Triebzüge der Baureihe 612. Diese ersetzten mit dem Fahrplanwechsel im Dezember 2002 einen großen Teil der bisher mit 218 bespannten Reisezüge. Die Lokomotiven 218 366 – 372 wechselten nach Trier, um dort Lokomotiven der Baureihe 215 abzulösen. 218 412, 417, 420, 429, 442, 446, 497 und 498 übernahm das Werk Darmstadt, wo alle Darmstädter 215 und auch ein Teil der Gießener 215 ersetzt wurden. Die letzten sieben Kaiserslauterer Lokomotiven (218 365, 408, 411, 412, 414, 424 und 425) wechselten am 11. Juni 2004 nach Trier. Lediglich die z-Lok 218 361 (z am 31. Oktober 2003, ab 26. April 2004 abgestellt im Werk Bremen) blieb buchmäßig im Bestand.

Am 14. April 2011 erhielt das Werk Kaiserslautern nach knapp siebenjähriger Pause erneut Lokomotiven der Baureihe 218. Aus Trier übernommen wurden 218 408, 411, 412, 414, 424 und 425 mitsamt deren Einsatzgebiet Mainz Hbf – Alzey – Worms. Die Unterhaltung der Lokomotiven erfolgte nunmehr durch das Werk Frankfurt-Griesheim.

Während des Jahresfahrplans 2013 wurden im Umlauf SRS1 noch drei 218 planmäßig benötigt. Montags bis freitags bespannten sie Doppelstock-Wendezüge (RE) zwischen Mainz Hbf, Alzey und Worms. An Wochenenden stand der „Weinstraßen-Express" Koblenz Hbf – Wissembourg (SNCF) auf dem Programm, der mit Ablauf der Saison letztmalig am 12. Oktober 2014 verkehrte. Mit dem Fahrplanwechsel am 13. Dezember 2014 erfolgte die endgültige Ablösung der letzten 218 beim Werk Kaiserslautern durch Triebzüge vom Typ LINT 54 bzw. LINT 81 der Netinera-Tochter vlexx.

Die Baureihe 218 in Kaiserslautern

	Zugang aus		Abgang an	
218 150	28.05.73	Hagen-Eckesey	13.05.74	Karlsruhe
151	03.06.73	Regensburg	19.07.74	Karlsruhe
152	01.06.73	Regensburg	27.05.74	Karlsruhe
153	31.05.73	Regensburg	21.07.74	Karlsruhe
154	03.06.73	Regensburg	18.08.74	Karlsruhe
155	30.05.73	Hagen-Eckesey	25.08.74	Karlsruhe
156	12.03.73	Hagen-Eckesey	08.09.74	Haltingen
157	29.05.73	Hagen-Eckesey	23.09.74	Haltingen
158	29.05.73	Hagen-Eckesey	09.12.74	Haltingen
159	28.05.73	Hagen-Eckesey	09.12.74	Haltingen
169	03.06.73	Regensburg	23.12.74	Haltingen
170	03.06.73	Regensburg	22.11.74	Haltingen
221	23.09.95	Regensburg	01.12.96	Regensburg
316	03.02.75	Neulieferung	15.09.75	Regensburg
317	04.03.75	Neulieferung	16.09.75	Regensburg
318	17.03.75	Neulieferung	28.05.76	Regensburg
	01.09.03	Kempten (Allgäu)	21.04.04	Trier
319	24.03.75	Neulieferung	28.05.76	Regensburg
320	14.04.75	Neulieferung	28.05.76	Regensburg
321	21.04.75	Neulieferung	28.05.76	Regensburg
322	14.05.75	Neulieferung	28.05.76	Regensburg
361	24.04.74	Neulieferung	29.09.79	Krefeld
	23.02.80	Krefeld	31.10.03	z

Bild 332 – 218 373 verlässt am 6. August 1997 mit einem Regionalexpress in Richtung Saarbrücken den 219 m langen Gefallener-Fels-Tunnel bei Idar-Oberstein, um sogleich ein weiteres Mal die Nahe zu überqueren. AUFNAHME: ROLAND HERTWIG

		Zugang aus		Abgang an
218 362	15.05.74	Neulieferung	21.04.04	Trier
363	09.06.74	Neulieferung	12.12.03	Trier
364	07.07.74	Neulieferung	14.12.03	Trier
365	15.07.74	Neulieferung	21.02.80	Krefeld
	14.07.80	Krefeld	11.06.04	Trier
366	13.08.74	Neulieferung	14.12.02	Trier
367	04.09.74	Neulieferung	14.12.02	Trier
368	17.09.74	Neulieferung	14.12.02	Trier
369	09.10.74	Neulieferung	14.12.02	Trier
370	22.10.74	Neulieferung	14.12.02	Trier
371	10.11.74	Neulieferung	14.12.02	Trier
372	05.12.74	Neulieferung	14.12.02	Trier
373	19.12.74	Neulieferung	08.08.00	Kempten (Allgäu)
374	06.02.75	Neulieferung	08.06.00	Lübeck
375	19.02.75	Neulieferung	10.05.00	Lübeck
376	03.03.75	Neulieferung	28.05.00	Kempten (Allgäu)
377	19.03.75	Neulieferung	27.05.00	Lübeck
378	13.04.75	Neulieferung	27.05.00	Lübeck
379	05.05.75	Neulieferung	27.05.00	Lübeck
380	26.05.75	Neulieferung	27.05.00	Lübeck
381	10.06.75	Neulieferung	28.05.00	Kempten (Allgäu)
382	03.07.75	Neulieferung	27.05.89	Regensburg 1
383	03.08.75	Neulieferung	27.05.89	Regensburg 1
384	02.09.75	Neulieferung	14.05.97	Regensburg
385	28.09.75	Neulieferung	16.01.97	Regensburg
386	09.10.75	Neulieferung	05.02.97	Regensburg
	26.09.99	Regensburg	27.05.00	Rostock Hbf
387	13.11.75	Neulieferung	19.12.96	Regensburg
388	10.12.75	Neulieferung	29.05.91	Regensburg 1
408	26.05.00	Regensburg	11.06.04	Trier
	15.04.11	Trier	10.12.11	Ulm
	11.01.12	Ulm	13.05.16	z
411	03.12.96	Regensburg	11.06.04	Trier
	15.04.11	Trier	12.12.14	Kempten (Allgäu)
412	28.01.97	Regensburg	11.06.04	Trier
	09.05.11	Trier	14.12.14	Ulm
414	12.01.97	Regensburg	11.06.04	Trier
	15.04.11	Trier	12.12.14	Kempten (Allgäu)

Bild 333 – Mit einem Doppelstock-Wendezug aus Bad Dürkheim kommend, fährt die Kaiserslauterer **218 411** am 15. Mai 1999 in den Bahnhof Neustadt (Weinstr) mit seinem markanten Reiterstellwerk ein. AUFNAHME: JÖRG SAUTER

Bild 334 – Am 10. März 2002 begegnet uns im Abendlicht **218 425** bei Gau Algesheim mit dem RE 23007 nach Mainz Hbf.

	Zugang aus		Abgang an	
218 415	29.10.96	Regensburg	14.12.02	Darmstadt
417	04.12.96	Regensburg	14.12.02	Darmstadt
418	19.04.00	Regensburg	19.11.00	Ulm
420	20.11.00	Ulm	14.12.02	Darmstadt
424	06.06.00	Kempten (Allgäu)	11.06.04	Trier
	15.04.11	Trier	12.12.14	Kempten (Allgäu)
425	06.06.00	Kempten (Allgäu)	11.06.04	Trier
218 (425)	15.04.11	Trier	12.12.14	Kempten (Allgäu)
427	28.03.00	Lübeck	04.11.00	Lübeck
429	26.05.00	Lübeck	14.12.02	Darmstadt
442	05.07.00	Kempten (Allgäu)	14.12.02	Darmstadt
446	15.05.00	Kempten (Allgäu)	14.12.02	Darmstadt
497	25.05.00	Lübeck	14.12.02	Darmstadt
498	26.05.00	Lübeck	14.12.02	Darmstadt

Bild 335 – Im Rheinhessischen zwischen Alzey und Mainz begegnet uns im vorfrühlingshaften April 2011 bei Wörrstadt eine Kaiserslauterer 218 mit einem Doppelstockzug auf der Fahrt nach Mainz Hbf. AUFNAHMEN (2): ANDREAS ROSSEL

Bild 336 – Am 19. April 1976 verlässt die Mühldorfer **218 224** mit dem E 3541 den Kopfbahnhof Schliersee in Richtung Bayrischzell. Hier hat sich seither vieles verändert. Heute findet man in Schliersee nur noch drei Bahnsteiggleise mit Prellbock, eine Umfahrmöglichkeit besteht nicht mehr. Auch der im Hintergrund sichtbare Lokschuppen ist Geschichte und schon vor Jahren abgerissen worden. AUFNAHME: CLAUS-JÜRGEN SCHULZE

Bundesbahndirektion München/ Südostbayernbahn (SOB)

Bw Mühldorf (Oberbay)

(ab 1. Januar 1994 Bh Mühldorf (Oberbay), ab Januar 1999 Werk Mühldorf (Oberbay))

Das Bw Mühldorf (Oberbay) beheimatet seit Dezember 1964 Lokomotiven aus der V 160-Familie. Insgesamt 22 Maschinen der späteren Baureihe 216 wurden hier bis September 1969 stationiert und auf den Strecken rund um Mühldorf (Oberbay) im Reisezug- und Güterverkehr eingesetzt. Des Weiteren kamen sie auch zwischen München, Bayrischzell, Geltendorf und Lenggries vor Reisezügen zum Einsatz. Diese Dienste übernahm ab März 1970 nach und nach die Baureihe 215, die sich aber ebenfalls nur einige Jahre in Mühldorf (Oberbay) halten konnte. Sie musste bis 1975 Lokomotiven der Baureihe 218 weichen, die in den Jahren 1972 (218 219 – 229) und 1973 (218 230 – 245) in größerer Zahl fabrikneu in Mühldorf (Oberbay) eintrafen.

Während des Sommerfahrplans 1975 standen 21 Lokomotiven planmäßig im Einsatz und erreichten eine durchschnittliche Laufleistung von 416 km/LpT. Befahren wurden folgende Strecken vorwiegend vor Reisezügen:

- Holzkirchen – Lenggries;
- Landshut (Bay) – Plattling;
- Mühldorf (Oberbay) – Burghausen (Oberbay);
- Mühldorf (Oberbay) – Freilassing – Salzburg;
- Mühldorf (Oberbay) – Landshut (Bay);
- Mühldorf (Oberbay) – Rosenheim;
- München – Holzkirchen – Bayrischzell;
- München – Mühldorf (Oberbay) – Simbach (Inn);
- Plattling – Bayerisch Eisenstein;
- Regensburg – Plattling.

In den Jahren 1975 und 1976 wurde der 218-Bestand durch die Übernahme der Kemptener 218 249 – 266 und 340 – 349 weiter aufgestockt, während im Gegenzug diverse ältere 218 an das Bw Regensburg abgegeben wurden. Folgende 218 waren am 1. Oktober 1976 in Mühldorf (Oberbay) beheimatet:

218	226	227	228	229	230	231	232	233	234	235
	236	237	238	239	240	241	242	244	245	246
	247	248	249	250	251	252	253	254	255	256
	257	258	259	260	261	262	263	264	265	266
	267	268	269	340	342					

gesamt: 45 Lokomotiven

Mit Beginn des Sommerfahrplans 1976 wurden 32 Loks in zwei Umläufen eingesetzt. Im Umlauf 503.01 waren 22 Maschinen beschäftigt. Besetzt waren sie mit Personalen des Heimat-Bw Mühldorf (Oberbay) und der Einsatzstellen Kempten (Allgäu), Landshut (Bay), München Hbf und München Ost und erreichten durchschnittlich 378 km/LpT. Der Umlauf 503.2 für zehn fast ausschließlich vor Güterzügen eingesetzte Loks war deutlich weniger kilometerintensiv, bedingt durch zahlreiche Kurzstreckenfahrten zwischen Mühldorf (Oberbay) und den Chemiestandorten an den Strecken nach Burghausen (Oberbay) und Traunstein. Mit Personalen der Einsatzstellen Buchloe, Landshut (Bay) und München Ost sowie der Heimatdienststelle Mühldorf (Oberbay) besetzt, erreichten sie im Durchschnitt lediglich 260 km/LpT.

In den folgenden Jahren pendelte sich der 218-Bestand über eine lange Zeit hinweg bei rund 40 Lokomotiven ein, deren Einsatzgebiet sich nur wenig veränderte. So bestanden auch während des Sommerfahrplans 1983 zwei Umlaufpläne für die Baureihe 218. Im Umlauf 503.01 wurden nach wie vor 25 Lokomotiven benötigt, die eine durchschnittliche Laufleistung von 434 km/LpT erreichten (min. 204 km, max. 687 km). Ein Teil der Reisezüge wurde als Wendezüge gefahren, vor allem zwischen München und Bayrischzell. An Samstagen lag der Bedarf bei 23 Maschi-

Bild 337
Einfahrt des E 3437 (München Hbf – Bayrischzell) mit **218 230** in den Bahnhof Fischbachau am 19. April 1976. Schon damals waren hier keine Zugkreuzungen mehr möglich. Heute gibt es hier nur noch einen Haltepunkt.

AUFNAHME: CLAUS-JÜRGEN SCHULZE

Bild 338
In den siebziger Jahren waren die durchgehenden Reisezüge zwischen Mühldorf (Oberbay) und Salzburg (ÖBB) mit Mühldorfer 218 bespannt. Am 8. Januar 1977 erreicht **218 241** mit ihrem Eilzug den Bahnhof Freilassing und begegnet 160 003, die am Ablaufberg Dienst verrichtet.

AUFNAHME: FRITZ PORSTMANN, SAMMLUNG ANDREAS CHRISTOPHER

Bild 339
218 340 fährt am 22. Mai 1979 mit einem Eilzug in den Bahnhof Altötting ein. Bahnhofsgebäude und Umfeld machen auch heute – wie damals zu Bundesbahnzeiten – fast immer einen gepflegten Eindruck. Interessant auch die Mode der damaligen Zeit.

AUFNAHME: ROLF WIESEMEYER

Bild 340
Zwischen dem Haltepunkt Geitau und dem früheren Bahnhof Fischbachau begegnet uns an einem sonnigen Apriltag im Jahr 1976 nahe dem Ausflugslokal „Krugalm“ der E 3542 mit **218 245**. Dieser Zug war damals einer der wenigen ohne Steuerwagen, so dass Fotos mit führender Lok in beiden Richtungen möglich waren. Im Kopfbahnhof Schliersee musste die Lok die Zuggarnitur vor der Weiterfahrt nach München umfahren.

Bild 341
Vor dem E 3590 nach München Hbf erwartet **218 254** am 15. Mai 1976 im Bahnhof Lenggries den Abfahrtauftrag. In Schaftlach wird der Zugteil aus Tegernsee angehängt werden. Auf dem Gelände rechts im Bildhintergrund befindet sich heute die Werkstätte der Bayerischen Oberlandbahn (BOB).

Aufnahmen (2):
Claus-Jürgen Schulze

nen, an Sonntagen sogar nur bei 19. Der zweite Umlauf 503.2 beschäftigte nur noch sechs Lokomotiven vor allem mit Güterzugleistungen, teilweise auch in Doppeltraktion. Die durchschnittliche Laufleistung lag aufgrund der vielen Kurzstreckenfahrten bei nur 257 km (min. 132 km, max. 414 km).

Auch während des Winterfahrplans 1984/1985 bestanden weiterhin zwei Umläufe, wobei die Gesamtlaufleistung aller in Mühldorf (Oberbay) beheimateten 218 – wie schon in den Jahren zuvor – erneut leicht rückläufig war. Der 24-tägige Hauptumlauf sah mit Ausnahme der Strecke Mühldorf (Oberbay) – Passau Reisezugleistungen auf allen von Mühldorf (Oberbay) ausgehenden Strecken vor, ferner zwischen München und Lenggries bzw. Bayrischzell. Hinzu kamen Güterzüge vornehmlich zwischen Mühldorf (Oberbay) und dem Chemiedreieck um Burghausen (Oberbay) und Trostberg sowie nach Landshut (Bay). Der zweite viertägige Umlauf beschäftigte die drei vorübergehend heizungslosen 218 316, 317 und 320 sowie eine „normale“ 218 mit Güterzügen rund um Mühldorf (Oberbay).

Weitgehend unverändert blieb der Umfang der Mühldorfer Leistungen während des Winterfahrplans 1988/1989. Im Hauptplan 51 waren 26 Lokomotiven mit einer durchschnittlichen Laufleistung von 496 km/LpT vor allem im Reisezugverkehr im südostbayerischen Raum sowie südlich von München aktiv. Sie befuhren hauptsächlich die Strecken München – Mühldorf (Oberbay) – Simbach (Inn), Mühldorf (Oberbay) – Burghausen (Oberbay), München – Holzkirchen – Bayrischzell/Lenggries und Landshut (Bay) – Mühldorf (Oberbay) – Freilassing. Mit dem E 3451 wurde planmäßig Salzburg erreicht. Eine weitere 218 übernahm im österreichischen Braunau am Inn den Güterzug 45328 nach Simbach (Inn). Ausschließlich Güterzüge zwischen Landshut (Bay) und dem Wackerwerk/Marathon bei Burghausen (Oberbay) sah der Umlauf 52 für zwei 218 vor, während im Laufplan 53 eine 218 gemeinsam mit einer 212 im Zementverkehr zwischen Rosenheim und dem Zementwerk Rohrdorf aktiv war.

Der Winterfahrplan 1992/1993 mit vier Umläufen für insgesamt 33 Lokomotiven dokumentiert einmal mehr das über die Jahre hin-

Bild 342 – 218 348 schiebt den E 3541 am 4. Juni 1983 entlang des Schliersees dem Bahnhof Fischhausen-Neuhaus entgegen. Auch hier gibt es heute nur noch einen Haltepunkt. AUFNAHME: CLAUS-JÜRGEN SCHULZE

weg kaum veränderte Einsatzgebiet der Mühldorfer 218. Im 26-tägigen Hauptplan 51 wurden durchschnittlich 526 km/LpT erreicht (min. 156 km, max. 903 km). Im Plan 52 bestand Bedarf für zwei Maschinen in Doppeltraktion (durchschnittlich 308 km/LpT), im Plan 58 für einen Tag mit 232 km/LpT und im Plan 59 für bis zu vier Zusatzloks (Di = 2, Mi = 1, Fr = 4, Sa = 1 Lok). Befahren wurden folgende Strecken:

KBS 940 München – Mühldorf (Oberbay);
KBS 941 Mühldorf (Oberbay) – Simbach (Inn);
KBS 942 (Mühldorf –) Tüßling – Burghausen (Oberbay);
KBS 943 Mühldorf (Oberbay) – Freilassing;
KBS 945 Mühldorf (Oberbay) – Landshut (Bay);
KBS 946 Mühldorf (Oberbay) – Passau;
KBS 956 München – Lenggries.

Hinzugewonnen hatten die Mühldorfer 218 die seit dem Sommerfahrplan 1992 zwischen Passau und Pfarrkichen an Wochenenden verkehrenden Touristikzüge FD 1921 „Rottaler Bäderdreieck“ und

Bild 343 – Unweit des ehemaligen Haltepunkts Taibrechting zwischen Neumarkt-Sankt Veit und Rohrbach (Oberbay) begegnet uns am 14. März 1993 ein langer Ganzzug aus Schüttgutwagen, dem **218 353** und **218 390** vorgespannt sind. Der Winter ist auf dem Rückzug, die wenigen Schneereste werden bald dem Frühling weichen. AUFNAHME: KLAUS J. RATZINGER

FD 1926/1927 „Rottaler Land“. Diese hochwertigen Leistungen mit modernstem IC-Wagenmaterial blieben der Baureihe 218 auch erhalten, als der Regelverkehr zwischen Mühldorf (Oberbay) und Pfarrkirchen zum Winterfahrplan 1994/1995 auf die Baureihe 628 umgestellt wurde. Neben diesen hochwertigen Zügen kamen ab 1993 in größerem Umfang Leistungen auf der Allgäustrecke hinzu (EC/IC München – Lindau und München – Oberstdorf), ferner RE/RB-Leistungen im Allgäu-Schwaben-Takt.

Mit Beginn des Winterfahrplans 2000/2001 wurden die im Güterverkehr eingesetzten Mühldorfer 218 weitgehend durch die Baureihe 217 ersetzt. Letztere war seit dem 5. November 2000 mit 13 Loks (217 003 sowie 217 011 – 022) in Mühldorf (Oberbay) beheimatet. Ab dem Sommerfahrplan 2001 wurde die Strecke (Mühldorf –) Tüssling – Freilassing – Salzburg nicht mehr planmäßig von den 218 befahren, nachdem auch der letzte Wendezug durch Triebzüge der Baureihe 628 ersetzt worden war.

Während des Sommerfahrplans 2001 bestanden drei Umläufe für zusammen 24 Lokomotiven. Neben Einsätzen vor Doppelstock-Wendezügen zwischen Mühldorf (Oberbay) und München wurden die Maschinen vor hochwertigen Zügen im Allgäu in Doppeltraktion eingesetzt. Bespannt wurden zwischen München und Lindau EC 93, 94, 98, 99, 196 und 197. Zwischen Ulm und Lindau beförderten sie in Einfachtraktion IR 2366, IRE 33120, IRE 33142, IRE 32681, IR 2367 und IRE 32607. Auch zwischen Ulm und Friedrichshafen waren sie planmäßig zu beobachten (IR 714/715). Trotz des Zugangs von Lokomotiven der Baureihe 217 aus Regensburg waren einige 218-Leistungen im Güterverkehr verblieben, darunter die Kohleganzzüge von Landshut (Bay) nach Zolling (Kraftwerk Anglberg).

Im Jahr 2000 startete die DB die Aktion „Mittelstandsoffensive“. Das Ziel war es, Bahnlinien mit geringer Bedeutung in überschaubaren Netzen als Profitcenter möglichst wirtschaftlich und flexibel zu betreiben. Es erfolgte die Ausgliederung von insgesamt sechs Regionetzen, die unter dem Dach der DB RegioNetz vereint wurden. 2003 kam es zur Gründung der Südostbayernbahn (SOB), die nicht nur das Regionetz im Raum Mühldorf (Oberbay) übernahm, sondern auch das Werk Mühldorf (Oberbay). Folglich gehörten ihr auch alle in Mühldorf (Oberbay) beheimateten 218, die nun nicht mehr im Bestand von DB Regio geführt wurden.

Bild 344 (links)
In Dorfen Bahnhof wartet **218 349** am 22. April 1996 vor dem SE 3411 nach Mühldorf (Oberbay) auf einen Gegenzug. Die Strecke München – Mühldorf (Oberbay) ist trotz der inzwischen sehr starken Auslastung im Reisezug- und Güterverkehr nach wie vor in großen Teilen eingleisig.

AUFNAHME: CLAUS-JÜRGEN SCHULZE

Bild 345 (unten)
Kurz vor Immenstadt führt die Mühldorfer **218 308** den umgeleiteten ÖBB-Güterzug TE 41230 über die Allgäubahn in Richtung Lindau, 14. August 1999.

AUFNAHME: ALBERT SCHÖPPNER, ARCHIV JÖRG SAUTER

Bild 346 – Bei Bärenweiler zwischen Kißlegg und Hergatz begegnet uns am 15. September 2005 der mit **218 405** und **218 404** bespannte EC 196. Über die zur Elektrifizierung anstehende eingleisige Hauptbahn Buchloe – Memmingen – Kißlegg – Hergatz wird ein Großteil des Fernverkehrs zwischen München und der Schweiz geführt. AUFNAHME: CARSTEN COX

Für die Beförderung von IC-Zügen Nürnberg – Dresden hatte das Werk Mühldorf (Oberbay) zum Fahrplanwechsel im Dezember 2005 zusätzliche 218 aus Lübeck erhalten. Bespannt wurden die IC jedoch nur zwischen Nürnberg und Reichenbach (Vogtl). Lediglich an Freitagen fuhr ein Zug durchgängig bis Dresden. Mit dem Fahrplanwechsel im Dezember 2006 ersetzten für den Fernverkehr ertüchtigte Triebzüge der Baureihe 612 die im IC-Dienst Nürnberg – Reichenbach (Vogtl) – Dresden eingesetzten Mühldorfer 218. Es verblieben drei Umläufe für 17 Lokomotiven. Im Hauptplan liefen zwölf ZWS-taugliche 218, die in Doppeltraktion EC-Züge mit Wagenmaterial der SBB zwischen München und Lindau durch das Allgäu bespannten. Ferner beförderten sie Doppelstock-RE zwischen München und Mühldorf (Oberbay), wobei durchschnittlich 489 km/Umlauftag zurückgelegt wurden. Der zweite Umlauf für vier Lokomotiven enthielt RE-Leistungen zwischen München, Mühldorf (Oberbay) und Simbach (Inn) mit einer vergleichsweise geringen Laufleistung von durchschnittlich nur 187 km/LpT. Schließlich bestand ein dritter Umlauf für eine Lok mit einer Laufleistung von 170 km/h, die nur an Freitagen die Beförderung des Zugpaars RE 27056/27065 vorsah.

Die Mühldorfer 218 360 wurde am 13. Dezember 2011 leihweise nach Euskirchen beordert, um dort bis auf Weiteres als Schneepflugreserve zu verbleiben. Die Montage des Schneepflugs hatten wenige Tage zuvor Mitarbeiter des Werks Gremberg durchgeführt. Am 24. Februar 2012 wurde die Schneepflugreserve aus Euskirchen abgezogen und nach Mühldorf (Oberbay) rücküberführt. Doch schon am 30. März 2012 kehrte 218 360 erneut nach Nordrhein-Westfalen zurück und übernahm ab dem 2. April Leistungen aus dem Aachener 643^2-Plan zwischen Euskirchen, Köln und Overath. Vor einer Deutzerfelder n-Wagen-Wendezuggarnitur fuhr die vom Werk Köln-Deutzerfeld eingesetzte Lok folgende Züge:
RB 11400 Euskirchen – Köln-Deutz;
RB 11522 Köln Hbf – Overath;
RB 11511 Overath – Köln-Hansaring;
RB 11431 Köln-Deutz – Euskirchen.

Offiziell beendet wurde dieser Plandienst mit dem Fahrplanwechsel am 8. Dezember 2012. Tatsächlich aber war der letzte Zug mit einer Lok der Baureihe 218 bereits am 24. Oktober 2012 gefahren. 218 360 musste an diesem Tag wegen diverser Flachstellen auf die Deutzerfelder Unterflurdrehbank, wo größere Schäden an den Rädern festgestellt wurden, die weder in Gremberg noch in Oberhausen behoben werden konnten. Folglich wurde die Lok abgestellt und erst am 8. Dezember 2012 nach Mühldorf (Oberbay) zurücküberführt.

Im Laufe des Jahres 2016 wurde der 218-Einsatz zugunsten der neuen Baureihe 245 weiter reduziert. Es entfielen die zahlreichen Zustellfahrten zwischen München-Pasing und München Hbf.

Auch im Sommer 2018 war die Baureihe 218 in Mühldorf (Oberbay) noch aktiv. Folgende 218 standen dem Werk am 31. Juli zur Verfügung:

218	401	403	404	416	418	419	421	422	423	426
	428	430	433	436	452	454 (z)	463	465	498	

gesamt: 19 Lokomotiven

Im Regionalverkehr wurden planmäßig noch die folgenden Züge bespannt:

Mühldorf (Oberbay) – München

Mo-Do	27012 Mühldorf (Oberbay) 4.57 – 6.14 München Hbf
Mo-Do	27002 Simbach (Inn) 5.54 – 7.34 München Hbf
Mo-Do	27022 Mühldorf (Oberbay) 6.43 – 7.58 München Hbf
Mo-Do	27051 München Hbf 17.05 – 18.20 Mühldorf (Oberbay)
Mo-Do	27005 München Hbf 17.21 – 18.30 Mühldorf (Oberbay)
Fr	27057 München Hbf 18.06 – 19.19 Mühldorf (Oberbay)
Fr	27033 München Hbf 14.07 – 15.16 Mühldorf (Oberbay)
Fr	27046 Mühldorf (Oberbay) 15.38 – 16.56 München Hbf

Bild 347
Auf der Strecke München – Mühldorf (Oberbay) verkehren lange Doppelstockzüge zum Teil im „Sandwich-Betrieb“ wie hier die RB 27058. Am 18. Februar 2009 läuft **218 400** an der Zugspitze und verlässt gerade den Bahnhof Dorfen in Richtung München.

AUFNAHME: CHRISTIAN GERBER

Bild 348
Am 28. März 2010 eilte **218 402** einer liegengebliebenen Stopfmaschine zu Hilfe. Die Maschine stand zwischen Schalchen und Trostberg kurz vor dem ehemaligen Hp. Mussenmühle am Alzkanal. Die Abschlepplok musste von Garching aus auf Sicht bis zum Havaristen vorfahren.

AUFNAHME: MATTHIAS MICHAELIS

Bild 349
Mit einem Regionalexpress Landshut (Bay) – Mühldorf (Oberbay) nach Salzburg (ÖBB) rollt **218 444** am 21. Mai 2011 in Garching an den Bahnsteig. Damals verkehrte mit der Baureihe 218 auf dieser Hauptbahn lediglich ein lokbespanntes Reisezugpaar. Rechts daneben steht 294 695 mit dem bekannten „Flascherlzug“ (Carbidflaschenwagen) nach Trostberg zur Abfahrt bereit und wird den Bahnhof Garching nach der Ausfahrt des RE verlassen.

AUFNAHME: GEORG DOLLWET

Bild 350
218 402 verlässt am 3. Dezember 2010 mit einen Pilgersonderzug von Altötting nach Basel den Bahnhof Mühldorf (Oberbay) und passiert dabei die zwischen 1509 und 1518 errichtete spätgotische Hallenkirche St. Laurentius im Ortsteil Altmühldorf. Heute verhindern Lärmschutzwände dem Bahnreisenden den Blick auf das Gotteshaus.

AUFNAHME: MATTHIAS MICHAELIS

Mühldorf (Oberbay) – Landshut (Bay)

tgl.	27132 Mühldorf (Oberbay) 6.33 – 7.23 Landshut (Bay)
tgl.	27145 Landshut (Bay) 13.36 – 15.28 Mühldorf (Oberbay)
Fr	mit Zugnummernwechsel dann weiter nach München Hbf als RB 27046

Nicht mehr befahren wurde seit dem Fahrplanwechsel auch die in Umstellung auf elektrischen Betrieb befindliche Strecke Buchloe – Memmingen – Hergatz. Dort verkehrten zuletzt im Auftrag von DB Fernverkehr Mühldorfer 218 im EC-Verkehr München – Lindau (– Zürich). Diese Züge werden nun übergangsweise bis Dezember 2020 über Kempten (Allgäu) geführt, wobei weiterhin Mühldorfer 218 die Traktion übernehmen.

Die Baureihe 218 in Mühldorf (Oberbay) (nur Serienlokomotiven)

	Zugang aus		Abgang an	
218 108	18.01.13	Ffm-Griesheim	18.10.13	z
136	25.05.10	Schöllkrippen WFB	14.02.13	z
177	11.12.05	Lübeck	14.01.07	Lübeck
198	21.11.99	Lübeck	04.11.00	Kempten (Allgäu)
200	10.08.06	Kassel KHB	09.12.06	Kassel KHB
203	21.11.99	Braunschweig	04.11.00	Regensburg
206	25.05.10	Schöllkrippen WFB	14.02.13	z
209	21.11.99	Braunschweig	27.05.00	Rostock Hbf
216	25.05.10	Schöllkrippen WFB	15.02.13	z
219	31.07.72	Neulieferung	31.07.76	Regensburg
220	06.08.72	Neulieferung	23.09.76	Regensburg
221	17.08.72	Neulieferung	23.09.76	Regensburg
222	29.08.72	Neulieferung	23.09.76	Regensburg
223	28.09.72	Neulieferung	23.09.76	Regensburg
224	10.10.72	Neulieferung	23.09.76	Regensburg
225	26.10.72	Neulieferung	23.09.76	Regensburg
226	05.11.72	Neulieferung	03.10.76	Regensburg
227	16.11.72	Neulieferung	07.10.76	Regensburg
228	13.12.72	Neulieferung	14.10.76	Regensburg
229	21.12.72	Neulieferung	22.11.76	Regensburg
230	08.01.73	Neulieferung	27.11.76	Regensburg
231	22.01.73	Neulieferung	06.11.76	Regensburg
232	07.02.73	Neulieferung	02.12.76	Regensburg
233	15.02.73	Neulieferung	16.02.73	Regensburg
	19.01.74	Regensburg	13.12.76	Regensburg
234	05.03.73	Neulieferung	13.12.76	Regensburg
235	15.03.73	Neulieferung	28.12.76	Regensburg
218 236	05.04.73	Neulieferung	21.01.77	Regensburg
237	12.04.73	Neulieferung	21.01.77	Regensburg
238	26.04.73	Neulieferung	01.02.77	Regensburg
239	16.05.73	Neulieferung	16.08.77	Regensburg
240	07.06.73	Neulieferung	13.08.77	Regensburg
241	19.06.73	Neulieferung	21.05.82	Regensburg 1
242	05.07.73	Neulieferung	13.02.78	Braunschweig
243	24.07.73	Neulieferung	01.07.75	z
244	07.08.73	Neulieferung	06.03.78	Braunschweig
245	30.08.73	Neulieferung	06.03.78	Braunschweig
246	04.06.75	Kempten (Allgäu)	30.03.78	Braunschweig
247	25.07.75	Kempten (Allgäu)	27.05.78	Braunschweig
248	24.07.75	Kempten (Allgäu)	27.05.78	Braunschweig
249	01.08.75	Kempten (Allgäu)	13.02.78	Hamburg-Altona
250	11.08.75	Kempten (Allgäu)	13.02.78	Hamburg-Altona
251	08.08.75	Kempten (Allgäu)	17.01.78	Hamburg-Altona
252	22.12.75	Kempten (Allgäu)	22.12.77	Hamburg-Altona
253	04.09.75	Kempten (Allgäu)	25.10.77	Hamburg-Altona
254	06.11.75	Kempten (Allgäu)	22.12.77	Hamburg-Altona
255	14.12.75	Kempten (Allgäu)	20.11.77	Hamburg-Altona
256	18.12.75	Kempten (Allgäu)	25.10.77	Hamburg-Altona
257	11.10.75	Kempten (Allgäu)	20.11.77	Hamburg-Altona
258	19.12.75	Kempten (Allgäu)	17.01.78	Hamburg-Altona
259	16.01.76	Kempten (Allgäu)	25.09.77	Hamburg-Altona
260	27.01.76	Kempten (Allgäu)	14.12.77	Braunschweig
261	25.01.76	Kempten (Allgäu)	25.09.77	Braunschweig
262	25.01.76	Kempten (Allgäu)	25.09.77	Braunschweig
263	30.07.76	Kempten (Allgäu)	25.09.77	Braunschweig
264	23.09.76	Kempten (Allgäu)	25.07.77	Braunschweig
265	23.09.76	Kempten (Allgäu)	15.06.77	Braunschweig
266	29.09.76	Kempten (Allgäu)	15.06.77	Braunschweig
267	23.09.76	Kempten (Allgäu)	11.05.77	Braunschweig
268	23.09.76	Kempten (Allgäu)	13.01.77	Braunschweig
269	25.09.76	Kempten (Allgäu)	18.12.76	Braunschweig
277	21.11.99	Braunschweig	14.01.00	Braunschweig
288	15.01.00	Braunschweig	04.11.00	Regensburg
292	11.12.05	Lübeck	14.01.07	Lübeck
305	21.11.99	Lübeck	04.11.00	Regensburg
306	31.05.94	Regensburg	03.10.94	Haltingen
	21.11.99	Lübeck	04.11.00	Regensburg
307	31.05.94	Regensburg	14.06.95	Kempten (Allgäu)
	25.09.95	Kempten (Allgäu)	29.05.99	Ulm

Bild 351 (oben)
Die Strecke Freilassing – Mühldorf (Oberbay) – München ist Teil der Magistrale für Europa, die von Paris nach Bratislava und Budapest führen soll (TEN-Projekt Nr. 17). Daher soll sie zweigleisig ausgebaut und elektrifiziert werden. Wenn, wie hier am 26. Oktober 2013, Fernzüge über diese Strecke umgeleitet werden müssen, ist derzeit noch Dieselvorspann erforderlich. Hier verlassen **218 402** und **218 426** den Bahnhof Dorfen mit einem EC in Richtung München.

AUFNAHME: CHRISTIAN GERBER

Bild 352 (links)
218 356 befährt am 6. September 2008 mit dem aus IC-Kurswagen des IC „Rottaler Land" bestehenden RE 27004 (Passau Hbf – Mühldorf/Oberbay) die Brücke über den Zellerbach, unmittelbar vor dem Bahnhof Fürstenzell gelegen.

AUFNAHME: GERHARD BAUER

	Zugang aus		Abgang an	
218 308	24.09.83	Regensburg 1	04.11.00	Regensburg
309	23.05.82	Regensburg 1	04.11.00	Regensburg
310	28.05.79	Regensburg	04.11.00	Regensburg
311	28.05.79	Regensburg	04.11.00	Regensburg
312	28.05.79	Regensburg	02.04.01	Kempten (Allgäu)
313	17.01.78	Regensburg	02.04.01	Kempten (Allgäu)
314	20.12.77	Regensburg	02.04.01	Kempten (Allgäu)
315	11.11.77	Regensburg	31.07.00	Lübeck
316	25.10.77	Regensburg	02.04.01	Kempten (Allgäu)
317	24.01.78	Regensburg	02.04.01	Kempten (Allgäu)
318	14.12.77	Regensburg	02.04.01	Kempten (Allgäu)
319	13.01.78	Regensburg	02.04.01	Kempten (Allgäu)
320	20.12.77	Regensburg	02.04.01	Kempten (Allgäu)
321	17.11.77	Regensburg	02.04.01	Kempten (Allgäu)
322	25.10.77	Regensburg	02.04.01	Kempten (Allgäu)
324	22.07.06	Lübeck	19.05.07	Lübeck
	15.12.08	Lübeck	31.10.09	Chemnitz EGB

	Zugang aus		Abgang an	
218 (324)	14.06.10	Chemnitz EGB	29.08.11	z
340	23.09.76	Kempten (Allgäu)	02.04.01	Kempten (Allgäu)
341	02.10.76	Kempten (Allgäu)	02.04.01	Kempten (Allgäu)
342	12.10.76	Kempten (Allgäu)	02.04.01	Kempten (Allgäu)
343	29.09.76	Kempten (Allgäu)	09.06.01	Haltingen
344	15.10.76	Kempten (Allgäu)	27.02.07	Kempten (Allgäu)
345	30.10.76	Kempten (Allgäu)	10.07.00	Lübeck
346	03.11.76	Kempten (Allgäu)	12.09.99	Kempten (Allgäu)
347	12.12.76	Kempten (Allgäu)	12.09.00	Lübeck
348	12.12.76	Kempten (Allgäu)	31.03.08	Kempten (Allgäu)
349	29.12.76	Kempten (Allgäu)	08.10.00	Lübeck
350	19.01.77	Kempten (Allgäu)	29.01.09	z
351	17.01.77	Kempten (Allgäu)	09.06.05	Oberhausen
352	27.11.76	Kempten (Allgäu)	14.01.07	Lübeck
353	02.02.77	Kempten (Allgäu)	07.07.06	z
354	08.02.77	Kempten (Allgäu)	04.11.08	z
355	16.06.77	Kempten (Allgäu)	09.06.01	Ulm

Bild 353 – Zu den Starleistungen der Mühldorfer 218 zählen bis heute die EC-Züge der Relation München Hbf – Lindau Hbf (– Zürich HB/Basel SBB), die schon seit vielen Jahren aus SBB-Wagenmaterial gebildet werden. Am 30. Mai 2009 zieht ein 218-Pärchen zwischen Immenstadt und Oberstaufen einen EC entlang des Alpsees von München nach Lindau.

Bild 354 – In der Gegenrichtung schlängelt sich am 8. Dezember 2016 bei Oberthalhofen ein EC von Lindau nach München durch die malerische Allgäulandschaft. Die SBB-Wagen für den EC-Verkehr haben inzwischen ein Redesign erhalten, und auch einer der eleganten 1.-Klasse-Panoramawagen läuft planmäßig im Zugverband mit. AUFNAHMEN (2): CHARLY KISSEL

Bild 355
Langsam dringt die Sonne durch den herbstlichen Hochnebel, als **218 454** und eine unbekannte Schwesterlok am 29. August 2014 mit dem EC 196 (München – Zürich) bei München-Laim heranrollen. Im Vordergrund die „schlanke Bahn" mit gekappten Gleisen, die allmählich unter üppigem Bewuchs verschwinden.

AUFNAHME: MANFRED KNAPPE

	Zugang aus		Abgang an	
218 356	25.09.77	Kempten (Allgäu)	09.06.01	Ulm
	11.12.05	Lübeck	18.03.15	z
357	25.09.77	Kempten (Allgäu)	09.06.01	Ulm
358	25.09.77	Kempten (Allgäu)	20.12.08	z
359	04.10.78	Kempten (Allgäu)	12,01.00	Regensburg
360	12.03.78	Kempten (Allgäu)	09.06.01	Ulm
	11.10.08	Ulm	10.05.09	Schöllkrippen WFB lw
	15.07.09	Schöllkrippen WFB lw	25.01.11	Kempten (Allgäu)
	15.04.11	Kempten (Allgäu)	11.07.13	z
363	11.12.05	Lübeck	01.03.07	DB Autozug
364	11.12.05	Lübeck	01.03.07	DB Autozug
374	12.05.06	Lübeck	31.12.06	Kempten (Allgäu)
382	31.05.94	Regensburg	11.06.95	Kempten (Allgäu)
383	29.05.94	Regensburg	27.05.95	Kempten (Allgäu)
	25.11.99	Kempten (Allgäu)	23.11.00	Lübeck
384	03.06.97	Regensburg	04.05.04	z
388	29.05.94	Regensburg	23.09.94	Haltingen
389	18.02.78	Kempten (Allgäu)	23.09.94	Haltingen
390	31.08.78	Kempten (Allgäu)	29.05.99	Karlsruhe
391	09.02.78	Kempten (Allgäu)	29.05.99	Karlsruhe
392	16.07.77	Kempten (Allgäu)	29.05.99	Karlsruhe
393	17.08.77	Kempten (Allgäu)	29.05.99	Karlsruhe
394	18.02.78	Kempten (Allgäu)	24.09.83	Kempten (Allgäu)
395	16.03.78	Kempten (Allgäu)	24.09.83	Kempten (Allgäu)
396	22.09.77	Kempten (Allgäu)	24.09.83	Kempten (Allgäu)
397	06.10.78	Kempten (Allgäu)	24.09.83	Kempten (Allgäu)
398	16.06.77	Kempten (Allgäu)	21.09.82	Kempten (Allgäu)
399	11.08.77	Kempten (Allgäu)	27.05.79	Kempten (Allgäu)
400	10.06.01	Ulm	04.05.17	z
401	10.06.01	Ulm		
402	10.06.01	Ulm	04.05.17	z
403	10.06.01	Ulm		
404	10.06.01	Ulm		
405	10.06.01	Regensburg	23.04.15	z
414	14.12.18	Kempten (Allgäu)		
416	11.09.00	Regensburg		
418	10.06.01	Ulm		

	Zugang aus		Abgang an	
218 419	03.04.01	Kempten (Allgäu)		
420	27.12.18	Kempten (Allgäu)		
421	28.06.00	Regensburg		
422	10.06.01	Ulm		
423	25.09.00	Regensburg		
426	03.04.01	Kempten (Allgäu)		
428	19.10.00	Lübeck		
429	20.12.18	Kempten (Allgäu)		
430	25.05.10	Schöllkrippen WFB	13.07.10	Chemnitz EGB
	01.04.11	Chemnitz EGB	14.12.17	Schöllkrippen WFB
	14.04.18	Schöllkrippen WFB		
431	03.04.01	Kempten (Allgäu)	09.06.01	an Stendal
432	26.10.00	Lübeck	09.06.01	an Stendal
433	08.11.00	Lübeck	09.06.01	an Stendal
437	23.03.01	Stendal	02.01.14	z
439	03.04.01	Kempten (Allgäu)	14.12.02	Ulm
440	14.03.01	Stendal	19.05.15	z
443	03.04.01	Kempten (Allgäu)	14.12.02	Ulm
444	03.04.01	Kempten (Allgäu)	18.03.15	z
445	03.04.01	Kempten (Allgäu)	27.01.15	z
449	03.04.01	Kempten (Allgäu)	09.06.01	Stendal
450	03.04.01	Kempten (Allgäu)	09.06.01	Stendal
451	03.04.01	Kempten (Allgäu)	09.06.01	Stendal
452	08.09.15	Braunschweig		
454	23.12.13	Kempten (Allgäu)	09.12.18	z
458	20.07.00	Lübeck	09.06.01	Stendal
459	22.07.06	Lübeck	14.01.07	Lübeck
460	02.03.17	Schöllkrippen WFB	18.04.17	Schöllkrippen WFB
463	01.01.07	Lübeck		
465	01.01.07	Lübeck	25.12.10	Kiel
	14.07.11	Kiel		
466	01.01.07	Lübeck	13.07.17	z
474	04.05.77	Neulieferung	27.05.79	Kempten (Allgäu)
475	02.06.77	Neulieferung	15.06.77	Kempten (Allgäu)
476	06.07.77	Neulieferung	27.05.79	Kempten (Allgäu)
477	03.08.77	Neulieferung	10.08.77	Kempten (Allgäu)
479	08.01.13	Ffm-Griesheim	20.06.13	z
498	26.01.13	Ffm-Griesheim		

Bundesbahndirektion Regensburg/Nürnberg

Bw Regensburg

(vom 1. Januar 1982 bis 31. Dezember 1993 Bw Regensburg 1,
ab 1. Januar 1994 Bh Regensburg,
ab Januar 1999 Werk Regensburg)

Zum Vergleich der elektrischen Heizsysteme der Baureihen 217 und 218 hatte die Deutsche Bundesbahn 1968/1969 den Bw Hagen-Eckesey und Regensburg je sechs Vorserienlokomotiven beider Baureihen zugeteilt, um sie unter realistischen Alltagsbedingungen in teilweise gemeinsamen Umläufen zu testen. Wie in Band 2 der V 160-Trilogie bereits näher beschrieben, bespannten die Regensburger Vorserienmaschinen (218^0) ab dem Sommerfahrplan 1969 vor allem Eil- und Schnellzüge auf der Strecke Regensburg – Hof. Damals bestand hier noch ein beachtliches Fernreisezugangebot mit zum Teil schweren, grenzüberschreitenden Schnellzügen, die sich für einen Vergleich beider Baureihen geradezu anboten. Der Diesellokbetrieb ging vor allem zu Lasten der Hofer 01. Durchsetzen konnte sich letztlich die Baureihe 218 mit ihrem geringeren Unterhaltungsaufwand und der daraus resultierenden höheren Wirtschaftlichkeit.

Die Zuweisung der ersten 218-Serienlokomotiven erfolgte ab Mai 1971 mit dem Ziel, in Regensburg baldmöglichst auf die Baureihe 216 verzichten zu können. Während 218 105, 106 und 151 – 154 bis November 1971 fabrikneu in den Bestand aufgenommen wurden, kam 218 104 vom Bw Flensburg hinzu. Während des Sommerfahrplans 1971 bestand ein siebentägiger Umlauf für die Baureihe 218 (Vorserien- und Serienlokomotiven) mit einer durchschnittlichen Laufleistung (Di-Fr) von 709 km/LpT. Eingesetzt wurden die Loks vorwiegend auf den Strecken Nürnberg – Hof und Regensburg – Hof im schweren Reisezugverkehr.

Mit Beginn des Winterfahrplans 1971/1972 standen ausreichend Vorserien- und Serien-218 zur Verfügung, um auf die Baureihe 216 im Plandienst vollständig verzichten zu können. Während der folgenden Sommerfahrplanperiode 1972 wurden planmäßig elf 218 benötigt, die bei einer durchschnittlichen Laufleistung an Werktagen von 729 km/LpT vor allem auf den Strecken Nürnberg – Ansbach, Nürnberg – Marktredwitz – Hof, Nürnberg – Furth im Wald und Regensburg – Hof umfangreiche Dienste versahen. Zu Veränderungen im Lokbestand kam es in den Monaten Mai und Juni 1972 mit dem Zugang der fabrikneuen 218 168 – 170, während im Gegenzug 218 104 – 106 an die BD Hamburg abgegeben wurden. Zum 31. Dezember 1972 führte das Bw Regensburg folgende Serien-218 im Bestand:

218 151 152 153 154 168 169 170
gesamt: 7 Lokomotiven

Die vorgesehene Ablösung der letzten Schnellzugdampflokomotiven der Baureihe 001 beim Bw Hof erforderte die Beheimatung weiterer 218 beim Bw Regensburg. Rechtzeitig zum Beginn des Sommerfahrplans 1973 konnten die zuvor beim Bw Hagen-Eckesey beheimateten Vorserien-218 in den Bestand übernommen werden. Ferner trafen fabrikneu 218 284 – 290 in der Stadt an der Donau ein, während im Gegenzug 218 152 – 154 und 218 168 – 170 nach Karlsruhe und Kaiserslautern abgegeben wurden. Die Zuteilung der fabrikneuen 218 216 – 218, 299 – 312 und 340 – 352 sowie die Übernahme der 218 214 und 218 215 vom Bw Hamburg-Altona ermöglichte mit Beginn des Sommerfahrplans 1974 die vollständige Aufgabe des Dampflokeinsatzes in Hof. Gleichzeitig konnte der Dampfbetrieb der Bw Bayreuth (Est. Kirchenlaibach) und Schwandorf erheblich eingeschränkt werden.

Im Laufe der Jahre 1975 und 1976 gelangten weitere 218 in den Regensburger Bestand, so dass mit Beginn des Winterfahrplans 1975/1976 auf den Einsatz von Dampfloks in Oberfranken verzichtet werden konnte. Mit Beginn des Sommerfahrplans 1975 hatten Regensburger 218 mit dem Zugpaar D 2854 und E 3077 erste Leistungen auf der Strecke Nürnberg – Stuttgart hinzugewonnen, die zuvor Würzburger 220 gefahren hatten. Ab dem Sommerfahrplan 1977 wurden auf dieser Strecke auch die Villinger 221 abgelöst, beginnend mit dem Zugpaar DC 961 und D 754. Anzumerken ist, dass der D 754 aufgrund der knappen Fahrzeiten

Bild 356 – Abnahmeprobefahrt der **218 293** des Bw Regensburg auf der Schiefen Ebene bei Streitmühle am 6. Juli 1973. Das damals für die 218-Abnahme zuständige AW Nürnberg nutzte bei derartigen Fahrten als Anhängelast stets eine Garnitur ansonsten nicht mehr benötigter Heizwagen. AUFNAHME: PETER POHLHUIJS, SAMMLUNG ZENO PILLMANN

Bild 357 – Die Rampe bei Etzelwang im Verlauf der Strecke Hersbruck – Neukirchen (b. Sulzbach-Rosenberg) stellte stets erhöhte Anforderungen an die Triebfahrzeuge. Auch noch zur Zeit des Dieselbetriebes mussten hier schwere Güterzüge nachgeschoben werden. Am 28. Februar 1982 leistet **218 214** einem Kokszug Schubhilfe, hier zu sehen bei der Durchfahrt durch den Bahnhof Etzelwang. AUFNAHME: FRITZ PORSTMANN, SAMMLUNG ANDREAS CHRISTOPHER

Bild 358 – Östlich von Hartmannshof führt die Hauptbahn Nürnberg – Irrenlohe in langen Steigungen durch die waldreiche Fränkische Alb. In Höhe der Ortschaft Oed (Waigersdorf) begegnet uns am 21. August 1985 der E 3569 aus Nürnberg, der mit **218 200** bespannt ist. AUFNAHME: JOSEF HÖGEMANN

Bild 359
Die Maxhütte in Sulzbach-Rosenberg stellte im Jahr 2002 den Hochofenbetrieb ein. Bis dahin musste das Unternehmen regelmäßig u. a. mit Koks für den Verhüttungsprozess versorgt werden, dessen Anlieferung in Ganzzügen vor allem aus dem Ruhrgebiet erfolgte. Aufgrund der hohen Zuglasten war zwischen Hartmannshof und Etzelwang in der Regel Vorspann- oder Nachschub erforderlich. Am 27. Mai 1985 gibt **218 304** bei Lehenhammer ihr Bestes, unterstützt durch eine Lok der Baureihe 212 am Zugschluss. Die stillgelegte Maxhütte ist heute ein Industriedenkmal. Hier fanden einmal mehr als 9.000 Menschen einen Arbeitsplatz.

Bild 360
Güterzüge auf den Hauptbahnen Nürnberg – Marktredwitz – Schirnding und Nürnberg – Schwandorf – Furth im Wald wurden in den achtziger Jahren zumeist mit 218-Vorserienmaschinen und auch mit Lokomotiven der Baureihe 217 bespannt. Am 25. Mai 1985 zieht allerdings die Regensburger Serienlok **218 223** einen über Schirnding aus der Tschechoslowakei kommenden Durchgangsgüterzug, der auf dem Weg nach Nürnberg Rbf in wenigen Minuten den aufgelassenen Bahnhof Ranna durchfahren wird.

Aufnahmen (2): Josef Högemann

in Doppeltraktion geführt wurde. Seit dem Sommerfahrplan 1983 setzte auch die Ast. Aschaffenburg erstmals planmäßig Regensburger 218 ein.

Während des Sommerfahrplans 1983 wurden im Umlauf 420.01 insgesamt 43 Lokomotiven benötigt, die eine durchschnittliche Laufleistung von 993 km/LpT erreichten. Der Spitzenwert lag an Plantag 37 bei 1.084 km, der Minimalwert an Tag 42 bei 210 km. Wichtigste Einsatzstrecken waren die Relationen Nürnberg – Stuttgart/Heilbronn und Bamberg – Hof mit zahlreichen überregional verkehrenden Reisezügen. Umfangreich waren die Dienste aber auch auf den KBS 840 (Nürnberg – Marktredwitz – Schirnding), 850 (Regensburg – Hof) und 860 (Nürnberg – Schwandorf – Furth im Wald). Neben dem genannten 43-tägigen Umlauf bestand der zweitägige Umlauf 420.04 mit Leistungen auf der „Waldbahn" Plattling – Bayerisch Eisenstein.

Während des folgenden Winterfahrplans 1984/1985 erhöhte sich der Lokbedarf im Hauptumlauf auf 46 Lokomotiven, die eine durchschnittliche Laufleistung von 597 km/LpT erreichten. In einem zweiten Umlauf wurden weiterhin zwei Maschinen in der Ast. Plattling für den Dienst auf der Strecke nach Bayerisch Eisenstein benötigt. Schließlich gab es noch einen dreitägigen Mischplan für die Baureihen 218^0 und 217 mit ausschließlich Güterzugleistungen. Verringert hatten sich die 218-Leistungen zwischen Nürnberg und Stuttgart.

Im August und September 1990 weilten 218 306 und 420 zur Lokführerschulung in Reichenbach (Vogtl). Damit wurden Voraussetzungen geschaffen, Schnellzüge nunmehr durchgehend zwischen Nürnberg/Regensburg und Reichenbach (Vogtl) mit 218 zu bespannen. Ähnlich wurde auch mit der DR-Baureihe 132 verfahren, die nun auf bayerischen Strecken eingesetzt werden konnte.

Während des Winterfahrplans 1991/1992 bestanden zwei Umlaufpläne. Im Plan 71 wurden 14 Loks mit einer durchschnittlichen Laufleistung von 595 km/LpT eingesetzt, im Plan 73 weitere 30 mit einer durchschnittlichen Laufleistung von 647 km/LpT. Der 30-tägige Umlauf enthielt zahlreiche Leistungen ab Hof ins Netz der DR nach Gutenfürst, Plauen (Vogtl) und Reichenbach

Bild 361 – Mit einem internationalen Güterzug rollt eine Regensburger 218 am 26. Mai 1985 bei Rupprechtstegen durch das romantische Pegnitztal. Der Zug hat den Hufstätte-Tunnel durchfahren und wird sogleich den Rothenfels-Tunnel erreichen. Die geplante Elektrifizierung der Strecke wurde aufgrund der zahlreichen Tunnel und Brücken bislang immer wieder aufgeschoben. AUFNAHME: GEORG DOLLWET

Bild 362
Bis zur durchgehenden Elektrifizierung der Strecke Stuttgart – Nürnberg (1985 über Goldshöfe, 1996 über Schwäbisch Hall-Hessental) waren die durchgehenden Züge dieser Relation durchweg mit 218 des Bw Regensburg bespannt. So auch der D 495 (Straßburg – Hof), der am 6. Januar 1985 von **218 231** und **218 203** in Doppeltraktion von Stuttgart bis Hof befördert wird.

AUFNAHME: MATTHIAS MAIER

Bild 363
Mit einem Röhrenzug zum Bau einer Gaspipeline haben **218 227** und **218 321** (letztere vom Bw Mühldorf/Oberbay) am 28. September 1986 den Rothenfels-Tunnel durchfahren. Er ist im Pegnitztal einer von sieben Tunnel, die hier auf einer Streckenlänge von wenigen Kilometer dicht aufeinander folgen. Dazwischen wird auf Stahlbrücken mehrfach die Pegnitz überquert.

AUFNAHME: CLAUS-JÜRGEN SCHULZE

(Vogtl). Bespannt wurden sowohl Schnellzüge als auch Nahverkehrszüge, jedoch ausschließlich mit Serien-218. Für die Vorserienlokomotiven hatten die DR-Personale keine Ausbildung erhalten. Deren Einsatz beschränkte sich weitgehend auf den Umlaufplan 71 mit Leistungen östlich von Nürnberg. Mit 218 im Wendezugbetrieb wurde weiterhin die Nebenstrecke Fürth (Bay) – Cadolzburg befahren. Auch Leistungen auf der Strecke von Nürnberg über Crailsheim nach Stuttgart bzw. Heilbronn sowie Crailsheim und Aschaffenburg hatten weiterhin Bestand.

In den folgenden Jahren kamen nahezu mit jedem Fahrplanwechsel interessante neue Leistungen hinzu. Mit Beginn des Winterfahrplans 1993/1994 beispielsweise kamen die Regensburger 218 mit Kurswagen aus dem IR „Murgtal" erstmals bis in den nördlichen Schwarzwald nach Bad Wildbad. Die jeweils als Lz ab Stuttgart zugeführte Lokomotive übernahm ab Pforzheim das Zugpaar N 6077 und E 3022 mit den eingestellten Kurswagen. Mit dem „Güterzugfahrplanwechsel" am 10. Januar 1994 übernahmen Regensburger 218 auch zahlreiche Leistungen, die zuvor Hofer 211 gefahren hatten. Zu dieser Zeit bespannten Regensburger 218 nahezu alle IR-Züge im Raum Nürnberg/Regensburg und Reichenbach (Vogtl)/Zwickau. Des Weiteren erbrachten sie im Vogtland diverse Reisezugleistungen in den Relationen Hof –

Bild 364 – Zwischen Hof und Bad Steben waren Ende der achtziger Jahre vorwiegend Schienenbusse der Baureihe 798 im Einsatz. Am 4. Oktober 1988 befördert **218 211** einen der wenigen lokbespannten Züge dieser Strecke, aufgenommen in der östlichen Ausfahrt des Bahnhofs Selbitz. Die früher hier abzweigende Nebenbahn nach Münchberg wurde schon 1976 für den Personenverkehr bis Helmbrechts stillgelegt. AUFNAHME: ANDREAS ROSSEL

Bild 365 (links)
Am 22. Oktober 1989 ist **218 241** in Hof Hbf für die den Bahnsteig bevölkernden Eisenbahnfreunde eines Dampfsonderzuges eher uninteressant. Für den einen oder anderen ist die Diesellok vor dem Sieben-Wagen-Zug nach Reichenbach (Vogtl) offensichtlich dennoch ein lohnendes Fotomotiv.

AUFNAHME: ANDREAS ROSSEL

Bild 366 (unten)
Mit einem Postzug aus Hof rollt **218 225** am 27. August 1987 durch den langgezogenen Gleisbogen vor dem Bahnhof Marktschorgast, wo die Strecke heute nur noch eingleisig ist.

AUFNAHME: JOSEF HÖGEMANN

Bild 367
Auf der Nebenbahn von Hof nach Bad Steben gab es 1990 noch eine beachtliche Fahrzeugvielfalt. Neben Schienenbussen und Triebzügen der Baureihe 614 sah man im Reisezugverkehr auch die Baureihen 212 und 218. Am 26. Oktober 1990 ist **218 234** mit einem Nahverkehrszug aus Bad Steben in Marxgrün eingetroffen.

AUFNAHME: ANDREAS CHRISTOPHER

Bild 368 (oben)
Bis zum Ende des Kalten Krieges waren Militärübungen in Deutschland an der Tagesordnung. Am 30. August 1989 wird in Bad Kissingen „schweres Gerät“ der US-Streitkräfte verladen und in die Standorte zurückgefahren. **218 222** und **218 201** haben die Aufgabe, den Militärzug bis Gemünden (Main) zu befördern, wo eine Ellok den Zug übernimmt.

Aufnahme: Andreas Rossel

Bild 369
Im Fahrplanjahr 1991/1992 verkehrte der D 1465 (Stuttgart – Dresden) im Abschnitt Regensburg – Hof mit Regensburger 218. Bei Kirchenlamitz Ost begegnet uns der Schnellzug am 14. Mai 1992, geführt von **218 234**. Damals war die klassische mechanische Sicherungstechnik entlang der Naabtalbahn noch allgegenwärtig.

Aufnahme: Dr. Frank Halter

Reichenbach (Vogtl)/Plauen und Bad Brambach. Während des Winterfahrplans 1994/1995 kamen Regensburger 218 an Samstagen erstmals auch zwischen Schönberg (Vogtl) und Schleiz zum Einsatz und bespannten hier drei RB-Paare. Benötigt wurden während des Winterfahrplans 1994/1995 zur Abdeckung der umfangreichen Planleistungen insgesamt 35 Planlokomotiven.

Mit Beginn des Sommerfahrplans 1998 lösten Reichenbacher 232 und 234 einen Teil der Regensburger 218 auf der Strecke Reichenbach (Vogtl) – Hof – Regensburg/Nürnberg ab. Folglich wurden 218 151, 152, 154, und 193 – 196 nach Ulm umbeheimatet, um dort die Baureihe 215 im Raum Crailsheim abzulösen. Mit Beginn des Winterfahrplans 1999/2000 lösten Regensburger 218 Hofer 211/212 auf der Strecke Coburg – Rodach (b Coburg) vor Reisezügen ab. Der Grund für den Bespannungswechsel lag in der Energieversorgung des elektrisch beheizten Dreiwagen-Wendezuges. Die Achsgeneratoren der Reisezugwagen waren nicht imstande, die Batterien der Reisezugwagen ausreichend zu laden, bedingt durch teilweise lange Standzeiten und die relativ geringen Geschwindigkeiten der Züge. Doch die Nutzung der Zugsammelschiene für das elektrische Beheizen der Reisezugwagen führte sehr schnell zu Problemen mit diversen Einschaltkontakten an Bahnübergängen, so dass nach vier Tagen eine Triebzugeinheit der Baureihe 628[4] den Zugverkehr übernehmen musste. Da diese jedoch im Berufsverkehr völlig überlastet war, kam schon bald wieder die Baureihe 218 zum Einsatz. Man behalf sich damit, die Heizung beim Überfahren der betreffenden Kontakte vorübergehend auszuschalten.

Während des Sommerfahrplans 2000 wurden auf den Strecken Nürnberg – Bayreuth/Hof und Nürnberg – Furth im Wald vorübergehend zwei zusätzliche Umläufe mit der Baureihe 218 gefahren. Der Grund war der Ausfall von fünf Triebzügen der Baureihe 610 infolge anstehender Hauptuntersuchungen. Dabei kam es zu Verspätungen von bis zu 15 min, da die Baureihe 218 die Fahrzeiten der 610 erwartungsgemäß nicht halten konnte. Infolge Abgabe der Baureihe 217 nach Mühldorf (Oberbay) zum Winterfahrplanwechsel 2000/2001 wurde der Regensburger 218-Bestand nach vorangegangenen Abgaben an andere Werke durch

Bild 370 – Durch die herbstliche Hügellandschaft bei Jocketa eilt am 10. Oktober 1993 eine Regensburger 218 mit dem D 2661(München – Dresden) nach Norden. Die Lok blieb bis Reichenbach (Vogtl) am Zug.

zahlreiche Neuzugänge erneut aufgestockt, so dass am 31. Dezember 2000 folgende 218 in den Bestandslisten zu finden waren:

218	123	155	159	188	189	190	191	192	203	217
	244	254	263	264	265	266	271	275	276	277
	304	305	308	309	310	311	385	387	405	406
	407	409	410	413	452	454	491	496		

gesamt: 38 Lokomotiven

Erneut ausgeweitet wurde der Dienst mit der Baureihe 218 zu Beginn des Winterfahrplans 2000/2001. Von Nürnberg West und Würzburg aus befuhren die 218 nun vermehrt Nebenbahnen im Reisezugverkehr. Auf den Strecken Roth – Hilpoltstein, Ansbach – Steinach (b. Rothenburg o. d. T) – Bad Windsheim – Neustadt (Aisch), Steinach (b. Rothenburg o. d. T) – Rothenburg o. d. T. und Schweinfurt – Erlangen – Forchheim – Ebermannstadt ersetzten sie die Baureihe 212. Vermehrt anzutreffen war die Baureihe 218

Bild 371
Am 8. Oktober 1995 bespannt **218 411** den D 2654 von Hof nach Stuttgart und unterquert bei Schödlas eine Wegeüberführung aus den Anfangsjahren der Bahn. Die Lok verbrachte nur gut drei Jahre beim Bw Regensburg – sie war im September 1993 vom Bw Kempten (Allgäu) gekommen und wurde bereits im Dezember 1996 nach Kaiserslautern abgegeben.

AUFNAHMEN (2): JOSEF HÖGEMANN

auch auf der Strecke Würzburg – Wertheim – Miltenberg – Aschaffenburg.

In den folgenden Jahren verloren die Regensburger 218 zunehmend an Bedeutung. Im Laufe des Sommerfahrplans 2001 übernahmen Triebzüge der Baureihen 610 und 612 diverse Leistungen, so dass einige Loks nach Trier abgegeben werden konnten, darunter auch die purpurrot/elfenbein lackierte 218 217. Ab dem 15. Dezember 2002 wurden die Vorserien-218 in Regenburg planmäßig nicht mehr benötigt und schrittweise an andere Werke abgegeben. 218 191 rollte am 9. März 2004 zum S-Bahn-Werk Plochingen, wo man sie beidseitig mit Scharfenberg-Übergangskupplungen ausrüstete. Benötigt wurde sie dort als Schlepplok für schadhafte Triebzüge der Baureihen 420/421, 423/433, 425/435 und 426.

Während des Jahresfahrplans 2007 benötigte das Werk Regensburg nur noch zehn Planlokomotiven. Neun Lokomotiven (Sa und So sieben) bespannten RE-Züge auf der Naabtalbahn Regensburg – Hof sowie zwischen Nürnberg/Regensburg, Schwandorf und Furth im Wald. Auf letzterer Strecke zogen die Lokomotiven zwischen Schwandorf und Furth im Wald auch die beiden IC-Paare 452/453 und 454/455. Ferner beförderten Regensburger 218 ein Zugpaar zwischen Marktredwitz und Bayreuth, und mit den Zügen RE 4024/4025 sowie 4028/4021 erreichten sie auch weiterhin Leipzig über Hof und Gera. Die Lok aus dem 3. Umlauftag pendelte morgens in der Hauptverkehrszeit mehrmals zwischen Fürth (Bay) und Cadolzburg und beförderte nachmittags je ein Zugpaar von Nürnberg nach Simmelsdorf-Hüttenbach, Hersbruck (r Pegnitz) und Neuhaus (Pegnitz). Die 10. Lok war unter der Woche mit einem Zugpaar Marktredwitz – Bayreuth nur wenig beschäftigt. Freitags gab es eine zusätzliche Leistung von Marktredwitz nach Regensburg. Nach einem arbeitsfreien Samstag beförderte sie an Sonntagen RE-Züge von Regensburg über Hof und Gera nach Leipzig u. z. nach Regensburg, bevor sie am Abend nach Marktredwitz zurückkehrte. Eine 11. Sonderlok stand seit dem 10. Dezember 2006 dem Werk Hof als ständige Bereitschaft zur Verfügung.

Am 9. Dezember 2007 verloren die Regensburger 218 nahezu alle Planleistungen im Bereich Regensburg, nachdem die RE-Züge Regensburg – Marktredwitz bzw. Hof und Regensburg – Schwandorf – Furth im Wald nun durch das Unternehmen Arriva unter dem Namen „alex“ gefahren wurden. Nicht mehr mit 218 bespannt waren auch die RE-Züge 4024/4025 und 4028/4021

Bild 372
1995 liefen an der Murrbahn die Vorarbeiten zur Elektrifizierung. Als **218 423** am 10. März 1995 mit E 3100 (Nürnberg – Stuttgart) durch den Bahnhof Fichtenberg eilte, waren die ersten Fundamente für die Oberleitungsmasten bereits gesetzt.

AUFNAHME: JOSEF HÖGEMANN

Bild 373
An einem sonnigen Augusttag 2001 ist die rot/beige **218 217** mit einer Regionalbahn im schönen Naabtal in Richtung Regensburg unterwegs und erreicht die ersten Häuser der im Naturpark Oberpfälzer Wald gelegenen Kleinstadt Nabburg.

AUFNAHME: STEFAN PONZLET

Bild 374 – Nach dem Aus der ICE-TD der Baureihe 605 auf der Sachsen-Franken-Magistrale kamen zwischen Nürnberg und Dresden wieder lokbespannte Züge mit den Baureihen 232/-234 und später sogar 218 zum Einsatz. Am 23. September 2006 überqueren zwei 218 vor dem IC 2064 (Dresden – Nürnberg) das Elstertalviadukt. AUFNAHME: FELIX SERAPHIN

zwischen Leipzig, Gera, Hof und Regensburg. Sie wurden durch Hofer 612 ersetzt. Damit endete auch die planmäßige Einsatzzeit der Baureihe 218 auf dem ehemaligen Netz der DR.

Während des Jahresfahrplans 2008 wurden nur noch sechs Lokomotiven planmäßig benötigt, davon vier in Nürnberg. An Werktagen pendelte eine Lok in den Vormittagsstunden weiterhin vor vier n-Wagen zwischen Nürnberg und Cadolzburg. Nachmittags erreichte sie von Nürnberg aus je einmal Simmelsbach-Hüttendorf und Hersbruck (r Pegnitz). Die zweite Lok pendelte ebenfalls vormittags zwischen Nürnberg und Simmelsbach-Hüttendorf, während die dritte Planlok die RE 451-454 zwischen Nürnberg und Furth im Wald beförderte. Die vierte Lok diente als planmäßige Reservemaschine ohne Kilometerleistung, so dass im Tagesdurchschnitt lediglich 230 km/LpT erreicht wurden. An Wochenenden beschränkte sich der Dienst auf einen samstägigen Leerzug nach Neumarkt (Oberpf) und die anschließende RB 32139 nach Regensburg. Sonntags ging es vor RB 32160 nach Parsberg und anschließend als Lr zurück nach Nürnberg.

In einem weiteren eintägigen Umlauf beförderte die fünfte Planlok an Arbeitstagen ein Regionalzugpaar zwischen Marktredwitz und Bayreuth. An Wochenenden bespannte sie samstags eine RB von Regensburg nach Marktredwitz und kehrte sonntags ebenfalls vor einer RB nach Regensburg zurück. Schließlich war die sechste Regensburger Planlok an die DB Netz vermietet und stand dem Werk Hof für Hilfszugdienste bzw. in den Wintermonaten auch als Schneepflugreserve zur Verfügung.

Mit Beginn der Sommerferien 2008 gingen die Leistungen auf den Strecken nach Cadolzburg, Hersbruck (r Pegnitz) und Simmelsdorf-Hüttenbach (durch Werk Nürnberg West) verloren. Anstelle lokbespannter Züge verkehrten nun Nürnberger Triebzüge der Baureihe 648[3]. Es verblieben bis auf Weiteres die Leistungen nach Bayreuth, Furth im Wald und Marktredwitz. Ferner wurden je eine Maschine in Hof und Nürnberg West als Betriebsreserve vorgehalten.

Mit dem Fahrplanwechsel am 13. Dezember 2008 endete die Beheimatung der Baureihe 218 beim Werk Regensburg nach mehr als 40 Jahren. Es war zeitweise das größte 218-Bw der DB. Die Leistungen vor den „Tschechien-Zügen" übernahm zunächst noch das Werk Kempten und ab Ende 2009 das Unternehmen Arriva („alex"), während die Schülerzüge Bayreuth – Kirchenlaibach auf Triebzüge umgestellt wurden.

Die Baureihe 218 in Regensburg (nur Serienlokomotiven)

	Zugang	aus	Abgang	an
218 104	22.06.71	Flensburg	26.05.72	Hamburg-Altona
105	26.05.71	Neulieferung	15.06.72	Flensburg
106	02.06.71	Neulieferung	26.05.72	Hamburg-Altona
123	01.11.96	Lübeck	09.06.01	Darmstadt
138	10.12.06	Oberhausen	17.12.08	Kempten (Allgäu)
141	10.12.06	Oberhausen	18.12.08	Kempten (Allgäu)
151	30.09.71	Neulieferung	02.06.73	Kaiserslautern
	25.09.97	Ulm	24.05.98	Ulm
	21.01.01	Halberstadt	09.06.01	Trier
152	21.10.71	Neulieferung	31.05.73	Kaiserslautern
	25.09.97	Ulm	24.05.98	Ulm
153	18.10.71	Neulieferung	03.05.73	Kaiserslautern
	10.12.06	Oberhausen	10.08.08	Kempten (Allgäu)
154	03.11.71	Neulieferung	02.06.73	Kaiserslautern
	26.09.97	Ulm	23.05.98	Ulm
155	22.11.99	Ulm	09.06.01	Darmstadt
159	22.11.99	Ulm	14.12.02	Darmstadt
168	02.05.72	Neulieferung	20.02.73	Karlsruhe
169	04.05.72	Neulieferung	02.06.73	Kaiserslautern
170	29.05.72	Neulieferung	02.06.73	Kaiserslautern

Bild 375 – Der „Vier-Länder-Express“ verkehrte in den Jahren von 2003 bis 2007. Die 476 km lange Fahrt zwischen München und Leipzig führte dabei durch die vier Bundesländer Bayern, Sachsen, Thüringen und Sachsen-Anhalt, daher rührt auch der Name. Dieser Zug war einer der letzten diesellokbespannten Nahverkehrszüge in Mitteldeutschland. Die Regensburger **218 138** hat am 30. April 2007 mit dem RE 4021 (Leipzig – München) soeben den Vipsburg-Tunnel nahe Weida durchfahren. AUFNAHME: FELIX SERAPHIN

	Zugang aus		Abgang an	
218 187	07.01.01	Braunschweig	18.08.01	Halberstadt
188	05.11.00	Braunschweig	14.12.03	DB Fernverkehr
189	05.11.00	Braunschweig	14.12.03	DB Fernverkehr
190	05.11.00	Braunschweig	09.06.01	Trier
191	05.11.00	Braunschweig	08.03.04	S-Bahn Stuttgart (Plochingen)
192	24.09.95	Lübeck	01.06.96	Braunschweig
	05.11.00	Braunschweig	14.12.08	DB AutoZug
193	24.09.95	Lübeck	23.05.98	Ulm
194	30.09.93	Lübeck	28.05.94	Lübeck
	24.05.95	Lübeck	23.05.98	Ulm
195	30.09.93	Lübeck	28.05.94	Lübeck
	24.05.95	Lübeck	23.05.98	Ulm
196	30.09.93	Lübeck	28.05.94	Lübeck
	24.05.95	Lübeck	23.05.98	Ulm
198	01.06.76	Hamburg-Altona	30.05.94	Haltingen
199	17.07.75	Hamburg-Altona	25.09.94	Haltingen
200	11.12.75	Hamburg-Altona	28.05.95	Karlsruhe
201	11.12.75	Hamburg-Altona	28.05.95	Karlsruhe
	14.11.07	Karlsruhe	19.12.08	Kempten (Allgäu)
202	29.11.75	Hamburg-Altona	28.05.95	Braunschweig
	21.07.95	Braunschweig	29.05.99	Rostock Hbf
203	17.07.75	Hamburg-Altona	28.05.95	Braunschweig
	05.11.00	Mühldorf (Oberbay)	10.08.08	Kempten (Allgäu)
204	17.07.75	Hamburg-Altona	28.05.95	Braunschweig
205	03.08.75	Hamburg-Altona	28.05.95	Braunschweig
206	03.08.75	Hamburg-Altona	28.05.95	Braunschweig
207	01.06.75	Hamburg-Altona	01.06.96	Karlsruhe
208	19.09.75	Hamburg-Altona	28.05.95	Braunschweig
	21.07.95	Braunschweig	22.04.99	Rostock Hbf
209	19.09.75	Hamburg-Altona	20.07.95	Braunschweig

	Zugang aus		Abgang an	
210	11.10.75	Hamburg-Altona	31.07.99	Rostock Hbf
211	18.10.75	Hamburg-Altona	31.07.99	Rostock Hbf
212	29.11.75	Hamburg-Altona	29.05.99	Rostock Hbf
213	29.11.75	Hamburg-Altona	14.08.99	Rostock Hbf
	10.12.06	Oberhausen	14.12.08	DB AutoZug
214	22.05.74	Hamburg-Altona	20.11.99	Kempten (Allgäu)
215	22.05.74	Hamburg-Altona	29.05.99	Rostock Hbf
216	16.01.74	Neulieferung	20.11.99	Kempten (Allgäu)
217	03.02.74	Neulieferung	29.09.01	Trier
218	31.01.74	Neulieferung	11.06.95	Braunschweig
219	01.08.76	Mühldorf (Oberbay)	01.06.96	Karlsruhe
	08.12.07	Karlsruhe	09.07.08	Kempten (Allgäu)
220	24.09.76	Mühldorf (Oberbay)	01.06.96	Karlsruhe
221	24.09.76	Mühldorf (Oberbay)	22.09.95	Kaiserslautern
	02.12.96	Kaiserslautern	27.05.00	Rostock Hbf
222	24.09.76	Mühldorf (Oberbay)	29.09.93	Kempten (Allgäu)
	24.04.95	Kempten (Allgäu)	24.09.95	Kempten (Allgäu)
	01.02.96	Kempten (Allgäu)	03.06.97	Kempten (Allgäu)
223	24.09.76	Mühldorf (Oberbay)	29.09.93	Kempten (Allgäu)
	25.08.95	Kempten (Allgäu)	24.09.95	Kempten (Allgäu)
224	24.09.76	Mühldorf (Oberbay)	29.09.93	Kempten (Allgäu)
	25.08.95	Kempten (Allgäu)	24.09.95	Kempten (Allgäu)
225	24.09.76	Mühldorf (Oberbay)	29.09.93	Kempten (Allgäu)
	25.08.95	Kempten (Allgäu)	24.09.95	Kempten (Allgäu)
	08.04.05	Kempten (Allgäu)	31.12.06	z DB Museum
226	04.10.76	Mühldorf (Oberbay)	29.09.93	Kempten (Allgäu)
227	08.10.76	Mühldorf (Oberbay)	29.09.93	Kempten (Allgäu)
228	15.10.76	Mühldorf (Oberbay)	29.09.93	Kempten (Allgäu)
229	23.11.76	Mühldorf (Oberbay)	29.09.93	Kempten (Allgäu)
	01.04.07	Darmstadt	20.12.07	z
230	28.11.76	Mühldorf (Oberbay)	29.09.93	Kempten (Allgäu)

Bild 376
Die stillgelegten Anlagen der Maxhütte – benannt nach dem bayerischen König Maximilian II. Joseph – haben als Industriedenkmal bis heute überlebt. Das Werk war einmal ein wichtiger Arbeitgeber in der Region. Früher herrschte im Bahnhof Sulzbach-Rosenberg Hütte rund um die Uhr Hochbetrieb. Als **218 311** am 23. Mai 2006 mit einem Regionalexpress nach Schwandorf durch den Bahnhof rollt, war längst die große Stille eingekehrt.

AUFNAHME: GEORG DOLLWET

	Zugang aus		Abgang an	
218 231	07.11.76	Mühldorf (Oberbay)	29.09.93	Kempten (Allgäu)
232	03.12.76	Mühldorf (Oberbay)	29.09.93	Kempten (Allgäu)
233	16.02.73	Mühldorf (Oberbay)	18.01.74	Mühldorf (Oberbay)
	14.12.76	Mühldorf (Oberbay)	06.10.93	Kempten (Allgäu)
234	14.12.76	Mühldorf (Oberbay)	29.09.93	Kempten (Allgäu)
235	29.12.76	Mühldorf (Oberbay)	29.09.93	Kempten (Allgäu)
236	22.01.77	Mühldorf (Oberbay)	29.09.93	Kempten (Allgäu)
237	22.01.77	Mühldorf (Oberbay)	29.09.93	Kempten (Allgäu)
	30.06.04	Kempten (Allgäu)	31.12.06	DB Fernverkehr
238	02.02.77	Mühldorf (Oberbay)	29.09.93	Kempten (Allgäu)
239	17.08.77	Mühldorf (Oberbay)	29.09.93	Kempten (Allgäu)
240	14.08.77	Mühldorf (Oberbay)	29.09.93	Kempten (Allgäu)
241	22.05.82	Mühldorf (Oberbay)	29.09.93	Kempten (Allgäu)
244	30.05.99	Braunschweig	09.06.01	Darmstadt
245	07.01.01	Braunschweig	08.06.05	Darmstadt
246	25.09.73	Neulieferung	08.08.74	Kempten (Allgäu)
	07.01.01	Braunschweig	18.08.01	Stendal
247	11.10.73	Neulieferung	12.05.74	Kempten (Allgäu)
248	08.11.73	Neulieferung	12.05.74	Kempten (Allgäu)
251	30.05.99	Braunschweig	29.09.01	Trier
254	30.05.99	Braunschweig	29.11.05	z
263	05.11.00	Braunschweig	02.02.06	z, Esp. in Kempten
264	05.11.00	Braunschweig	29.09.01	Lübeck
265	05.11.00	Braunschweig	29.09.01	Lübeck
266	05.11.00	Braunschweig	29.09.01	Lübeck
270	21.01.01	Halberstadt	29.09.01	Trier
271	05.11.00	Braunschweig	28.01.08	z
275	05.11.00	Braunschweig	20.12.07	Darmstadt
276	05.11.00	Braunschweig	05.12.07	z
277	05.11.00	Braunschweig	09.06.01	Darmstadt
284	22.03.73	Neulieferung	08.08.74	Kempten (Allgäu)
285	01.04.73	Neulieferung	18.12.75	Haltingen
286	08.04.73	Neulieferung	26.07.75	Haltingen
287	11.04.73	Neulieferung	31.01.75	Haltingen
288	07.05.73	Neulieferung	31.01.75	Haltingen
	05.11.00	Mühldorf (Oberbay)	30.06.04	Darmstadt
289	13.05.73	Neulieferung	31.01.75	Haltingen
290	27.05.73	Neulieferung	05.06.76	Haltingen
218 291	07.06.73	Neulieferung	28.05.76	Karlsruhe
292	28.06.73	Neulieferung	02.06.76	Karlsruhe
293	09.07.73	Neulieferung	28.05.76	Karlsruhe
294	29.07.73	Neulieferung	28.05.76	Karlsruhe
295	13.08.73	Neulieferung	28.05.76	Karlsruhe
296	09.09.73	Neulieferung	28.05.76	Karlsruhe
297	27.09.73	Neulieferung	15.12.76	Karlsruhe
	27.05.79	Karlsruhe	31.05.80	Karlsruhe
298	22.10.73	Neulieferung	31.05.80	Karlsruhe
299	10.04.74	Neulieferung	31.05.80	Karlsruhe
300	09.05.74	Neulieferung	31.05.85	Haltingen
301	21.05.74	Neulieferung	31.05.85	Haltingen
302	11.06.74	Neulieferung	31.05.85	Haltingen
303	17.07.74	Neulieferung	31.05.85	Haltingen
	05.11.00	Karlsruhe	23.04.05	Darmstadt
304	15.07.74	Neulieferung	31.05.85	Haltingen
	05.11.00	Karlsruhe	31.12.06	DB Gleisbau
305	04.08.74	Neulieferung	31.05.85	Haltingen
	05.11.00	Mühldorf (Oberbay)	29.09.01	Trier
306	06.08.74	Neulieferung	30.05.94	Mühldorf (Oberbay)
	05.11.00	Mühldorf (Oberbay)	29.09.01	Trier
307	27.08.74	Neulieferung	30.05.94	Mühldorf (Oberbay)
308	12.09.74	Neulieferung	23.09.83	Mühldorf (Oberbay)
	05.11.00	Mühldorf (Oberbay)	08.06.05	Darmstadt
309	30.10.74	Neulieferung	22.05.82	Mühldorf (Oberbay)
	05.11.00	Mühldorf (Oberbay)	29.11.05	z
310	27.10.74	Neulieferung	27.05.79	Mühldorf (Oberbay)
	05.11.00	Mühldorf (Oberbay)	16.01.06	Darmstadt
311	10.11.74	Neulieferung	27.05.79	Mühldorf (Oberbay)
	05.11.00	Mühldorf (Oberbay)	31.03.07	DB AutoZug
312	27.11.74	Neulieferung	27.05.79	Mühldorf (Oberbay)
313	17.12.74	Neulieferung	16.01.78	Mühldorf (Oberbay)
	07.06.05	Kempten (Allgäu)	21.12.06	Kempten (Allgäu)
314	15.01.75	Neulieferung	19.12.77	Mühldorf (Oberbay)
315	09.02.75	Neulieferung	10.11.77	Mühldorf (Oberbay)
316	16.09.75	Kaiserslautern	24.10.77	Mühldorf (Oberbay)
317	17.09.75	Kaiserslautern	23.01.78	Mühldorf (Oberbay)
318	29.05.76	Kaiserslautern	13.12.77	Mühldorf (Oberbay)

Bild 377 – Der „Vier-Länder-Express" bediente auf seiner 476 km langen Fahrt zwischen Leipzig und München Orte wie Zeitz, Gera, Zeulenroda, Weida, Mehltheuer, Hof und Regensburg. An dieser Verkehrsleistung waren die Bundesländer Sachsen, Sachsen-Anhalt, Thüringen und Bayern beteiligt. **218 276** durchfährt am 10. September 2006 den ehemaligen innerdeutschen Grenzbahnhof Gutenfürst. AUFNAHME: FELIX SERAPHIN

	Zugang aus		Abgang an	
218 319	29.05.76	Kaiserslautern	12.01.78	Mühldorf (Oberbay)
320	29.05.76	Kaiserslautern	19.12.77	Mühldorf (Oberbay)
321	29.05.76	Kaiserslautern	16.11.77	Mühldorf (Oberbay)
322	29.05.76	Kaiserslautern	24.10.77	Mühldorf (Oberbay)
340	10.04.74	Neulieferung	04.12.75	Kempten (Allgäu)
	08.04.05	Kempten (Allgäu)	18.12.07	DB AutoZug
341	02.05.74	Neulieferung	24.07.75	Kempten (Allgäu)
	19.01.06	Kempten (Allgäu)	31.07.08	DB AutoZug
342	30.05.74	Neulieferung	14.07.75	Kempten (Allgäu)
343	19.06.74	Neulieferung	06.08.75	Kempten (Allgäu)
344	09.07.74	Neulieferung	08.08.75	Kempten (Allgäu)
345	25.07.74	Neulieferung	03.06.75	Kempten (Allgäu)
346	29.08.74	Neulieferung	20.01.76	Kempten (Allgäu)
347	12.09.74	Neulieferung	22.01.76	Kempten (Allgäu)
348	06.10.74	Neulieferung	15.10.75	Kempten (Allgäu)
349	29.10.74	Neulieferung	22.10.75	Kempten (Allgäu)
350	27.11.74	Neulieferung	16.12.75	Kempten (Allgäu)
351	03.12.74	Neulieferung	12.12.75	Kempten (Allgäu)
352	09.01.75	Neulieferung	17.12.75	Kempten (Allgäu)
359	13.01.00	Mühldorf (Oberbay)	18.12.07	DB AutoZug
382	28.05.89	Kaiserslautern	30.05.94	Mühldorf (Oberbay)
383	28.05.89	Kaiserslautern	28.05.94	Mühldorf (Oberbay)
384	15.05.97	Kaiserslautern	02.06.97	Mühldorf (Oberbay)
385	17.01.97	Kaiserslautern	15.01.08	Kempten (Allgäu)
386	06.02.97	Kaiserslautern	25.09.99	Kaiserslautern
387	20.12.96	Kaiserslautern	10.01.08	Kassel (KHB)
388	30.05.91	Kaiserslautern	28.05.94	Mühldorf (Oberbay)
400	30.09.93	Kempten (Allgäu)	17.04.95	Kempten (Allgäu)
401	30.09.93	Kempten (Allgäu)	19.01.95	Kempten (Allgäu)
402	30.09.93	Kempten (Allgäu)	17.04.95	Kempten (Allgäu)
403	30.09.93	Kempten (Allgäu)	01.05.95	Kempten (Allgäu)
218 404	30.09.93	Kempten (Allgäu)	01.05.95	Kempten (Allgäu)
405	30.09.93	Kempten (Allgäu)	24.09.97	Ulm
	30.05.99	Ulm	09.06.01	Mühldorf (Oberbay)
406	30.09.93	Kempten (Allgäu)	09.06.01	Stendal
407	30.09.93	Kempten (Allgäu)	14.12.02	Lübeck
408	30.09.93	Kempten (Allgäu)	31.01.96	Kempten (Allgäu)
	03.06.97	Kempten (Allgäu)	25.05.00	Kaiserslautern
409	30.09.93	Kempten (Allgäu)	29.09.01	Leipzig Hbf Süd
410	30.09.93	Kempten (Allgäu)	29.09.01	Leipzig Hbf Süd
411	30.09.93	Kempten (Allgäu)	02.12.96	Kaiserslautern
412	30.09.93	Kempten (Allgäu)	27.01.97	Kaiserslautern
413	30.09.93	Kempten (Allgäu)	14.12.02	Lübeck
414	30.09.93	Kempten (Allgäu)	11.01.97	Kaiserslautern
415	30.09.93	Kempten (Allgäu)	28.10.96	Kaiserslautern
416	30.09.93	Kempten (Allgäu)	10.09.00	Mühldorf (Oberbay)
417	30.09.93	Kempten (Allgäu)	03.12.96	Kaiserslautern
418	30.09.93	Kempten (Allgäu)	18.04.00	Kaiserslautern
419	30.09.93	Kempten (Allgäu)	29.05.99	Stendal
420	10.10.77	Neulieferung	25.09.97	Ulm
421	08.11.77	Neulieferung	27.06.00	Mühldorf (Oberbay)
422	13.12.77	Neulieferung	25.09.97	Ulm
423	09.01.78	Neulieferung	24.09.00	Mühldorf (Oberbay)
452	08.12.77	Neulieferung	09.06.01	Stendal
453	18.01.78	Neulieferung	04.11.00	Stendal
454	01.06.85	Kempten (Allgäu)	09.06.01	Stendal
478	03.10.77	Neulieferung	22.05.82	Karlsruhe 1
479	08.11.77	Neulieferung	22.05.82	Karlsruhe 1
480	13.12.77	Neulieferung	22.05.82	Karlsruhe 1
481	12.01.78	Neulieferung	22.05.82	Karlsruhe 1
491	19.05.00	Lübeck	14.12.02	Lübeck
496	28.05.00	Lübeck	07.01.02	Stendal

Bild 378 – Auf einer eisernen Plakette der filigranen Fußgängerüberführung in Laubenheim (Nahe) ist das Baujahr 1897 zu lesen. Zum Glück hat sie die mittlerweile erfolgte Modernisierung des gleichnamigen Haltepunkts unbeschadet überstanden und bildet am 20. Mai 2002 den passenden Rahmen für die Trierer **218 305** und den nur saisonal am Wochenende verkehrenden „Rheintal-Express".
AUFNAHME: DR. FRANK HALTER

Ehemals Bundesbahndirektion Saarbrücken

Werk Trier

Erst recht spät wurde Trier Heimatdienststelle der Baureihe 218. Im Sommer 2001 übernahm die dortige Werkstatt mehrere Lokomotiven aus Hagen (Westf), Regensburg und Rostock Hbf, um die Baureihe 215 zu ersetzen. Doch schauen wir zunächst ein paar Jahrzehnte zurück: Die ersten Lokomotiven aus der V 160-Familie hatte das frühere Bw Trier schon 1966 erhalten. Die ab 1968 als Baureihe 216 geführten Maschinen begannen damals in Trier die Dampflokomotiven der Baureihen 01 und 23 aus dem aktiven Dienst zu verdrängen. Aber auch im Güterverkehr waren sie schon bald auf allen von Trier ausgehenden Hauptbahnen zu beobachten. Nach Elektrifizierung der Moselstrecke sowie der Strecken nach Apach (SNCF) und Saarbrücken bis 1974 konzentrierte sich der Einsatz der Baureihe 216 auf die steigungsreiche Eifelstrecke und die Verbindung Ehrang – Igel – Wasserbillig (– Luxemburg).

Damals erwog die BD Saarbrücken den Austausch der nur 120 km/h schnellen 216 durch die für eine Höchstgeschwindigkeit von 140 km/h zugelassene Baureihe 215. Doch diese Pläne wurden sehr bald ad acta gelegt, denn die für deren Einsatz vorgesehene Eifelstrecke war für solche Geschwindigkeiten nicht ausgelegt. Dass die Baureihe 215 dennoch ab 1980 in der Eifel Fuß fassen konnte, ist auf einen Überhang an Lokomotiven dieser Baureihe im Zusammenhang mit der Umstellung der Rhein-Sieg-Strecke auf elektrischen Betrieb zurückzuführen. Da das Bw Köln Deutzerfeld schon damals die Baureihe 215 auf der Eifelstrecke einsetzte, schien es sinnvoll, diese Lokomotiven auch in Trier zu beheimaten.

Die in den neunziger Jahren forcierte Umstellung des Reisezugwagenparks auf elektrisch beheizte Fahrzeuge machte auch vor der Eifelstrecke nicht Halt. Für die mit Dampfheizkesseln ausgerüsteten Trierer 215 gab es angesichts dieser Entwicklung keine Zukunft mehr, sie wurden durch andernorts frei gewordene 218 verdrängt und bis 2003 vollständig durch diese ersetzt.

Die ersten zehn Lokomotiven mit den Betriebsnummern 218 128, 130, 131, 136, 137, 151, 190, 206 und 211 trafen am 10. Juni 2001 in Trier ein. Sie übernahmen schon wenig später erste Leistungen von der Baureihe 215. Ab dem 30. September 2001 bespannten Trierer 218 die Reisezüge auf der Strecke Boppard – Emmelshausen, bevor im Dezember 2002 auch auf der Lahntalbahn die Baureihe 215 ausgedient hatte. Zu diesem Zeitpunkt spielte die 215 auf der Eifelstrecke schon seit einiger Zeit keine Rolle mehr.

Ab dem 12. Januar 2004 wurden planmäßig neun Lokomotiven benötigt, die montags bis freitags tagesdurchschnittlich 376 km/LpT erreichten. Folgende Strecken wurden befahren:

Plantage 1-4	Koblenz – Limburg (Lahn) – Gießen;
Plantag 5	Koblenz – Limburg (Lahn) – Gießen und Koblenz – Trier – Saarbrücken;
Plantag 6	Saarbrücken – Türkismühle – Mainz – Frankfurt (M);
Plantag 7	Türkismühle – Saarbrücken und Saarbrücken – Trier – Koblenz;
Plantag 8	Koblenz – Remagen und Remagen – Ahrbrück;
Plantag 9	Koblenz – Boppard und Boppard – Emmelshausen.

Ab Ende 2005 waren Trierer 218 auch wieder in der Eifel aktiv, wie der ab dem 11. Dezember 2005 gültige Umlaufplan WRSB für fünf Planlokomotiven zeigt. An vier Umlauftagen wurden zahlreiche Regionalbahnen bis Gerolstein, teilweise auch bis Köln-Deutz bespannt. Der fünfte Umlauftag hingegen gehörte der Steilstrecke Boppard – Emmelshausen, wo der Gesamtverkehr

Bild 379
Mit der RB 11407 aus Köln trifft **218 270** am 25. März 2002 in Gerolstein ein. Damals stand die vollständige Umstellung des verbliebenen lokbespannten Reisezugverkehrs auf Triebzüge der Baureihen 612 und 628 bevor.

AUFNAHME: JOSEF HÖGEMANN

Bild 380
218 128 verlässt an einem Sommertag des Jahres 2004 mit dem morgendlichen Schülerzug RB 13608 (Merzig – Trier Hbf) den Bahnhof Serrig. Im Hintergrund grüßt hoch über dem Saartal die Klause bei Kastel. Dieser Zug war die einzige planmäßige Leistung der Trierer 218 auf der Saarstrecke. Die Zuführung nach Merzig erfolgte jeweils frühmorgens als Leerreisezug ab Trier.

Bild 381
Ab und an gibt es auch noch Winterwetter in der Eifel. Am 20. Februar 2005 hat **218 136** mit einem Regionalexpress von Trier nach Köln-Deutz den Bahnhof Schmidtheim erreicht. Noch ist hier im höchsten Bahnhof der Eifelbahn die alte Signaltechnik im Einsatz. Inzwischen sind mechanische Stellwerke und Formsignale zwischen Köln und Trier fast komplett verschwunden.

AUFNAHMEN (2): GEORG DOLLWET

Bild 382
Ein Leerzug mit **218 367** durchfährt am 15. April 2004 den Bahnhof Ensdorf (Saar). An diesem Tag war der Blick auf das Empfangsgebäude des Bahnhofs ausnahmsweise einmal frei, während hier ansonsten Züge aus dem Kohleverkehr der Grube Ensdorf abgestellt waren. Im Hintergrund das Kraftwerk Ensdorf mit dem alles überragenden Kühlturm.

AUFNAHME: JOSEF HÖGEMANN

auf dem Programm der Trierer 218 stand. Durchschnittlich wurden im Umlauf WRSB täglich 506 km/LpT erreicht. Weitere vier Planmaschinen mit ZWS kamen im Raum Mainz – Alzey/Worms vor Doppelstockwendezügen zum Einsatz. Die Anbindung an die Heimatdienststelle erfolgte über Koblenz und die Moselbahn. Erreicht wurden im Tagesdurchschnitt 258 km/LpT.

Mit dem Fahrplanwechsel im Dezember 2006 entfiel ein Umlauftag, der durch eine Dreifachgarnitur der Baureihe 628^4 ersetzt wurde. Ein Jahr später wurde die Umstellung wieder rückgängig gemacht, da die Triebzüge auf der steigungsreichen Eifelbahn kaum in der Lage waren, die Fahrzeiten zu halten, geschweige denn, Verspätungen herauszufahren. Folglich kamen ab Dezember 2007 wieder fünf 218 im RE-Verkehr zum Einsatz.

Von den sechs Trierer 218 mit ZWS, die im Tausch gegen Triebzüge der Bauart Talent (Baureihe 643) aus Kaiserslautern gekommen waren, kamen während des Jahresfahrplans 2008 planmäßig vier Maschinen zum Einsatz. Eingesetzt wurden sie durch das ehemalige Bw Mainz. Eine fünfte Lok stand für die Bespannung des Hilfszuges bzw. als Reservelok bereit. Zwei Maschinen (Tag 1 und 2) waren montags bis freitags mit Doppelstockwendezügen zwischen Mainz und Alzey bzw. Worms aktiv, nachdem die Leistungen nach Türkismühle im Dezember 2007 entfallen und an die Baureihe 628 des Werks Kaiserslautern gegangen waren. Die Lok des Plantages 3 beförderte in den Morgenstunden ein RE-Zugpaar Mainz – Alzey, bevor sie von einer Trierer 143 nach Koblenz geschleppt wurde. Von dort ging es dienstags und donnerstags mit einem Leerpark über die Moselstecke für Fristarbeiten ins Werk Trier. Die Rückleistung vor einer RB nach Koblenz wurde in der Regel mit einer anderen Maschine gefahren, die am vierten Umlauftag den Gesamtverkehr zwischen Boppard und Emmelshausen übernahm. Die Rückführung von Koblenz nach Mainz erfolgte zumeist montags bis donnerstags als Leerfahrt. An Wochenenden zwischen Mai und Oktober kamen die Lokomotiven der Plantage 1 und 3 jeweils vor Ausflugszügen zum Einsatz, u. a. vor dem „Weinstraßen-Express" von Koblenz über die linke Rheinstrecke und Bingen nach Wissembourg (SNCF).

Mit dem Fahrplanwechsel am 12. Dezember 2009 verlor die Baureihe 218 in Trier ihre Planleistungen auf der Eifelstrecke Köln – Trier, nachdem zahlreihe Triebzüge der Baureihe 628/928 aus Kiel und Dortmund an der Mosel eingetroffen waren. Damit war der Bereich Köln oder, besser gesagt, ganz Nordrhein-Westfalen frei von Lokomotiven der Baureihe 218. Es verblieben drei Maschinen bis auf Weiteres als Reservefahrzeuge in Trier für den Betrieb auf der Eifelstrecke. Erhalten blieb der Dienst mit Trierer 218 zunächst noch auf der Strecke Boppard – Emmelshausen. Eigentlich hätte Rhenus Veniro am 13. Dezember 2009 hier den Betrieb übernehmen sollen, doch konnten deren Fahrzeuge nicht rechtzeitig zugelassen werden. Ferner verblieben die Leistungen von Mainz nach Alzey und Worms. Die Unterhaltung der von Mainz aus eingesetzten Maschinen wurde dem Werk Frankfurt-Griesheim übertragen.

Ab dem 15. März 2010 bestand ein neuer eintägiger Umlauf (218 mit zwei n-Wagen) mit Pendelleistungen auf der Strecke Bonn – Remagen – Kreuzberg (Ahr) – Ahrbrück (Ahrtalbahn) als Ersatz für einen Triebzug der Baureihe 643. Gefahren wurden ausschließlich Leistungen außerhalb des 643-Taktfahrplans. Hintergrund waren notwendige Instandsetzungsmaßnahmen an den 643, die einen Fahrzeugengpass ausgelöst hatten. Dieser Ersatzverkehr endete am 11. Juni 2010. Letzte Lok im Ahrtal war 218 151.

Am 16. April 2011 endete der 218-Betrieb mit n-Wagen-Wendezügen zwischen Boppard und Emmelshausen endgültig. Zuletzt war hier vorwiegend 218 408 aktiv, die nach dem Einsatzende auf der Nebenbahn der Einsatzstelle Mainz zugeführt wurde. Diese war zwei Tage zuvor am, 14. April 2011, dem Werk Kaiserslautern zugeschlagen worden, wobei gleichzeitig auch die restlichen Trierer 218 (411, 412, 414, 424 und 425) nach Kaiserslautern umbeheimatet wurden. Damit endete der Dienst mit der Baureihe 218 beim Werk Trier. Es verblieb als Reservelok die 218 412 bis zum 8. Mai 2011.

Die Baureihe 218 in Trier

	Zugang aus		Abgang an	
218 128	10.06.01	Hagen (Westf)	31.03.08	Darmstadt
130	10.06.01	Hagen (Westf)	14.12.02	Karlsruhe
131	10.06.01	Hagen (Westf)	12.07.05	Oberhausen
136	10.06.01	Hagen (Westf)	15.04.10	Schöllkrippen/WFB
137	10.06.01	Hagen (Westf)	01.05.11	z
151	10.06.01	Regensburg	02.09.10	z
190	10.06.01	Regensburg	30.06.05	DB AutoZug
206	10.06.01	Rostock Hbf	15.04.10	Schöllkrippen/WFB
211	10.06.01	Rostock Hbf	11.12.04	Darmstadt
216	10.04.01	Kempten (Allgäu)	15.04.10	Schöllkrippen/WFB
217	30.09.01	Regensburg	31.01.10	z

Bild 383
Auf der Steilstrecke Boppard – Buchholz ist **218 412** am 10. April 2011 mit einer Regionalbahn nach Emmelshausen zwischen den beiden Tunneln Hinterburden 1 und 2 unterwegs. 2011 war das letzte Einsatzjahr der Trierer 218 auf der früher bis Simmern führenden Nebenbahn.

AUFNAHME: GEORG DOLLWET

	Zugang aus		Abgang an	
218 251	30.09.01	Regensburg	18.12.03	z
270	30.09.01	Regensburg	23.04.04	Lübeck
305	30.09.01	Regensburg	09.02.05	DB Fernverkehr
306	30.09.01	Regensburg	14.12.02	Karlsruhe
318	22.04.04	Kaiserslautern	19.05.04	z
362	22.04.04	Kaiserslautern	30.06.05	DB AutoZug
363	13.12.03	Kaiserslautern	06.11.04	Lübeck
364	15.12.03	Kaiserslautern	06.11.04	Lübeck
365	12.06.04	Kaiserslautern	11.12.04	Lübeck
366	15.12.02	Kaiserslautern	11.12.04	Darmstadt
367	15.12.02	Kaiserslautern	23.04.04	Lübeck
368	15.12.02	Kaiserslautern	01.03.05	z
218 369	15.12.02	Kaiserslautern	11.12.04	Darmstadt
370	15.12.02	Kaiserslautern	23.04.04	Lübeck
371	15.12.02	Kaiserslautern	23.04.04	Lübeck
372	15.12.02	Kaiserslautern	11.12.04	Darmstadt
408	12.06.04	Kaiserslautern	14.04.11	Kaiserslautern
411	12.06.04	Kaiserslautern	14.04.11	Kaiserslautern
412	12.06.04	Kaiserslautern	08.05.11	Kaiserslautern
414	12.06.04	Kaiserslautern	14.04.11	Kaiserslautern
424	12.06.04	Kaiserslautern	14.04.11	Kaiserslautern
425	12.06.04	Kaiserslautern	14.04.11	Kaiserslautern
430	31.05.09	Kempten (Allgäu)	15.04.10	Schöllkrippen/WFB
490	03.02.09	Lübeck	24.05.09	Kempten (Allgäu)

Bild 384 – 218 414 hat am 4. Juni 2010 den Bahnhof Boppard mit einer Regionalbahn nach Emmelshausen verlassen. Unmittelbar hinter dem Bahnhof geht es aus dem Rheintal hinaus steil bergan in den Hunsrück. Die Hunsrückbahn überwindet auf den ersten 6 km bis Buchholz einen Höhenunterschied von 336 m und zählt mit einer Steigung von 60,9 ‰ zu den steilsten Adhäsionsbahnen in Deutschland.
AUFNAHME: EGON PEMPELFORTH

Ehemals Bundesbahndirektion Stuttgart

Bh Ulm

(ab Januar 1999 Werk Ulm)

Das Bw Ulm war mit der V 160 (Baureihe 216) seit dem Jahr 1966 vertraut. Ihr folgten ab Ende Dezember 1968 die ersten Lokomotiven der Baureihe 215, die ihre Vorgängerinnen bis 1973 vollständig ablösten. Die Baureihe 215 bestimmte in den folgenden 30 Jahren das Betriebsgeschehen auf zahlreichen Haupt- und Nebenbahnen in einem großflächigen Raum, der im Norden bis nach Aschaffenburg, im Süden bis an den Bodensee, im Westen bis in den Schwarzwald und im Osten bis nach Nürnberg reichte.

Mit Beginn des Sommerfahrplans 1997 kam es beim Bh Lübeck zu einem Überhang an Lokomotiven der Baureihe 218, die u. a. auf der Vogelfluglinie und im Berlin-Verkehr nicht mehr benötigt wurden. Der Bh Ulm übernahm die freigewordenen Lübecker Lokomotiven 218 151–168 und gab im Gegenzug 15 Lokomotiven der Baureihe 215 nach Darmstadt ab. Weitere fünf 218 (400–404) kamen aus Kempten (Allgäu) hinzu. Die Neuzugänge übernahmen vor allem Reisezugdienste auf den Strecken Ulm – Aalen – Crailsheim, Crailsheim – Heilbronn, Crailsheim – Lauda und Lauda – Miltenberg – Aschaffenburg. Übernommen wurden auch die bisherigen 212-Leistungen auf der Teckbahn (Plochingen –) Wendlingen (Neckar) – Oberlenningen. Die zunächst dort eingesetzten Loks mit TB 10-Motoren mussten aufgrund massiver Anwohnerproteste jedoch schon bald gegen Lokomotiven mit leiseren TB 11-Motoren (218 204, 405 und 420) getauscht werden.

In den folgenden beiden Jahren kam es zu weiteren Neuzugängen, denen aber auch einige Abgänge entgegenstanden. Bereits mit Beginn des Sommerfahrplans 1998 konnte auf die Dienste der Baureihe 215 nördlich von Ulm weitgehend verzichtet werden. Ab dem 11. Januar 1999 bespannten Ulmer 218 erstmals die Züge RE 3952-3959 auf der Odenwaldstrecke. Der Ulmer Planbedarf stieg dadurch vorübergehend von 15 auf 17 Lokomotiven an. Die im Odenwald freigesetzten Darmstädter 215 übernahmen Leistungen der Baureihe 212. Am 31. Januar 1999 waren folgende Lokomotiven der Baureihe 218 in Ulm beheimatet:

218	151	152	154	155	156	157	158	159	160	161
	162	163	164	165	166	167	168	193	194	195
	196	204	279	280	281	285	400	401	402	403
	404	405	420	422						

gesamt: 34 Lokomotiven

Während des Winterfahrplans 1999/2000 wurden planmäßig 15 Lokomotiven benötigt, die durchschnittlich 483 km/LpT zurücklegten. Vier Jahre später waren es noch immer 14 Planlokomotiven. Entfallen waren inzwischen sämtliche Leistungen nördlich von Crailsheim sowie auf der Donautalbahn westlich von Munderkingen. Die Loks kamen in vier Umläufen auf folgenden Strecken zum Einsatz:

Viertägiger Umlauf TA (Durchschnittslaufleistung 584 km/LpT)

Ulm – Munderkingen
Ulm – Friedrichshafen
Ulm – Memmingen – Kempten (Allgäu)
Ulm – Dinkelscherben

Sechstägiger Umlauf TA (Durchschnittslaufleistung 550 km/LpT)

Ulm – Friedrichshafen – Lindau
Stuttgart – Ulm

Zweitägiger Umlauf TA (Durchschnittslaufleistung 216 km/LpT)

Ulm – Pforzheim
Pforzheim – Wendlingen (Neckar)
Wendlingen (Neckar) – Oberlenningen

Bild 385 – Als die Ulmer **218 160** am 30. Mai 2003 mit einer Regionalbahn Heilbronn – Schwäbisch Hall in Weinsberg an den Bahnsteig rollte, waren Schnellzüge und Durchgangsgüterzüge auf dieser Strecke längst Geschichte. Wenig später wurde der Streckenabschnitt Heilbronn – Öhringen für mehr als zwei Jahre gesperrt, um ihn für den Stadtbahnverkehr der Albtal-Verkehrsgesellschaft (AVG) zu ertüchtigen. AUFNAHME: UTZ VON WAGNER

Bild 386
Die Maintalbahn ist besonders im Abschnitt Miltenberg – Wertheim ein beliebtes Ziel für Eisenbahnfotografen. RE 19533 (Aschaffenburg-Crailsheim) erreicht am 17. Februar 2002 den idyllisch gelegenen Bahnhof Reistenhausen-Fechenbach. Bespannt ist der aus n-Wagen gebildete Zug mit **218 166.**

AUFNAHME: STEFAN PONZLET

Bild 387
Im Sommer 2004 gab es wieder einmal größere technische Probleme mit den Ulmer Neigetechnik-Triebzügen der Baureihe 611, weshalb gleich zwei Umläufe der Relationen Ulm – Neustadt (Schwarzw) und Neustadt (Schwarzw) – Rottweil vorübergehend lokbespannt mit der Baureihe 218 fahren mussten. Im Bahnhof Döggingen an der hinteren Höllentalbahn Neustadt (Schwarzw) – Donaueschingen begegnen sich am 22. August 2004 die Züge RE 31708 mit **218 204** nach Rottweil und RE 31711 mit **218 164** nach Neustadt (Schwarzw).

Bild 388
Bis Ende 2009 waren die Ulmer 218 planmäßig auch auf der Teckbahn (Plochingen –) Wendlingen – Oberlenningen unterwegs. Hier übernahmen die Loks sogar einige Güterzugleistungen. Besonders kurios war dabei die abendliche Übergabe CB 58100 von Oberlenningen nach Plochingen, die planmäßig auch die n-Wagen-Garnitur der letzten Reisezugleistung des Tages mit zurück nach Plochingen nahm. Am Abend des 14. Juli 2005 ist **218 165** mit diesem „GmP“ bei Owen unterhalb der Burg Teck unterwegs.

AUFNAHMEN (2): CHRISTIAN WOLF

Bild 389
Bauarbeiten auf der Gäubahn erforderten im Frühjahr 2010 die Umleitung von RE-Zügen über die eingleisige Hauptbahn Tübingen – Horb. Am 25. Mai 2010 ist **218 495** Zuglok eines umgeleiteten und in Richtung Tübingen fahrenden RE. Er begegnet uns mitsamt planmäßiger Ellok am Sulzauer Tunnel bei Bieringen (b. Horb).

Aufnahme: Andreas Rossel

Zweitägiger Umlauf TA (Durchschnittslaufleistung 573 km/LpT)
Ulm – Friedrichshafen – Lindau
Ulm – Crailsheim

Im August 2004 musste die Neigetechnik der u. a. im Donautal eingesetzten Triebzüge der Baureihe 611 abgeschaltet werden, nachdem man an einem Fahrzeug der Nachfolgebaureihe 612 bei einer Ultraschallprüfung einen Anriss an einer Radsatzwelle festgestellt hatte. Nachdem sich abzeichnete, dass bogenschnelles Fahren mit den Triebzügen erst nach dem Austausch der Achsen wieder möglich sein würde, wurden sie auf der Donautalbahn und darüber hinaus bis Neustadt (Schwarzw) und Rottweil durch 218 mit n-Wagen-Garnituren ersetzt. Diese Einsätze endeten am 9. Dezember 2007 nach Wiederzulassung der Neigetechnik bei der BR 611.

Mit Beginn des Jahresfahrplanwechsels am 9. Dezember 2009 entfielen die 218-Leistungen auf der Teckbahn. Hier übernahmen Ulmer RegioShuttle der Baureihe 650 den Betrieb. Sie hatten auch zuvor schon einen Teil der Leistungen gefahren. Zwischen dem 9. April und dem 27. Mai 2012 kam auf der Hochrheinstrecke vorübergehend noch einmal eine 218 vor Reisezügen zum Einsatz. Aufgrund von Bauarbeiten zwischen Erzingen (Baden) und Schaffhausen mit Schienenersatzverkehr pendelte 218 481 mit einer Wendezugarnitur aus Ulmer n-Wagen zwischen Basel Bad Bf und Erzingen (Baden) und ersetzte die ansonsten hier planmäßig eingesetzten 611. Dabei wurden Mo-Fr an Schultagen 608 km/ LpT zurückgelegt, Sa und So waren es nur 564 km/LpT.

Anfang 2013 verfügte das Werk Ulm über folgenden 218-Bestand:

218 326	343	406	409	410	427	431	432	434	436
438	439	442	443	456	464	476	481	487	491
494	495	496	499						

gesamt: 24 Lokomotiven

Bild 390
Sonntagsruhe im Werk Ulm am 30. August 2009. **218 193**, **494** und **432** warten im inzwischen abgerissenen Lokschuppen auf die nächsten Einsätze. Zeitweise waren in Ulm mehr als 30 Lokomotiven der Baureihe 218 beheimatet.

Aufnahme: Andreas Hartmann

Bild 391
218 456 und eine weitere 218 verlassen am 10. April 2011 mit einem EC nach Innsbruck den Bahnhof Aulendorf in Richtung Bodensee. Die Bahnhöfe der Württembergischen Südbahn werden sich in den kommenden Jahren durch die anstehende Elektrifizierung zwischen Ulm und Friedrichshafen stark verändern.

AUFNAHME: GEORG DOLLWET

Bild 392
Mit dem IC 119 (Münster – Innsbruck), der komplett aus ÖBB-Wagen gebildet ist, erreichen **218 456** und **218 494** am 26. Mai 2016 nach anstrengender Fahrt – u. a. über die Geislinger Steige – den Inselbahnhof Lindau, wo der Zug auf 1116 150 der ÖBB umgespannt wird.

AUFNAHME: MARTIN WEHMEYER

Eingesetzt wurden sie in vier Umläufen. Der Plan wrTA 218 für fünf Lokomotiven enthielt fast ausschließlich RE und IRE-Leistungen zwischen Ulm, Friedrichshafen und Lindau. Einige Züge verkehrten über Ulm hinaus bis Stuttgart Hbf. Der dreitägige Plan wrTB 218 sah ebenfalls diverse Reisezüge zwischen Ulm und Lindau vor, ferner auch ein Zugpaar nach Aalen. Zu größeren Abweichungen kam es an Freitagen und an Wochenenden. Freitags verkehrten zwei Zugpaare (RE 22336/22341 und RE 22340/22345) zwischen Ulm und Sigmaringen, während samstags und sonntags sogar Neustadt (Schwarzw) erreicht wurde.

Die Lok des Plantages 2 bespannte den Ausflugszug IRE 3220 Ulm – Sigmaringen – Donaueschingen – Neustadt (Schwarzw), gefolgt von der Zwischenleistung 22304/22311 Neustadt (Schwarzw) – Villingen (Schwarzw) – Rottweil u. z. Die Rückkehr nach Ulm erfolgte vor IRE 3215. Sonntags stand ferner das Ausflugszugpaar RE 57390/57391 Stuttgart Hbf – Ulm Hbf – Oberstdorf u. z. auf dem Programm.

Im Umlauf wrTC 218 wurden täglich fünf Lokomotiven benötigt, von denen je zwei in Doppeltraktion liefen. Bespannt wurden in Doppeltraktion die Züge IC 118/119 zwischen Ulm und Lindau, ferner IC 2012/2013 „Allgäu“ zwischen Stuttgart Hbf und Oberstdorf über Ulm. Mit nur einer Lok bespannt war das Zugpaar IC 2084/2085 „Königssee“ zwischen Augsburg Hbf und Oberstdorf. Der vierte Umlauf wrRX 218 für eine Lok war bis zum 5. Oktober 2013 befristet und sah erneute baustellenbedingte 611-Ersatzleistungen mit einer Wendezuggarnitur aus n-Wagen auf der Hochrheinstrecke zwischen Basel Bad Bf und Erzingen (Baden) vor. Gefahren wurden in der Regel vier Zugpaare. In diesem Laufplan verkehrte aber zumeist eine Haltinger 218, während Ulm die Wagengarnitur stellte.

Auch Anfang 2014 wurden die Ulmer 218 weiterhin schwerpunktmäßig im IRE- und RE-Verkehr zwischen Ulm und Lindau bzw. Friedrichshafen eingesetzt. Eine herausragende Leistung war die Beförderung des IC 1218 „Skiexpress Arlberg“, der von

Bild 393
Mit dem IC „Allgäu" 2013 (Magdeburg – Hannover – Köln – Stuttgart – Ulm – Oberstdorf) bezwingen **218 434** und eine weitere Ulmer 218 am 18. Januar 2017 in Höhe des Mühltalfelsens die Geislinger Steige. Die beiden Dieselloks haben den Zug in Stuttgart Hbf übernommen.

AUFNAHME: MANFRED KNAPPE

Ulm bis Lindau teilweise mit zwei 218 bespannt war. Dieser Zug verkehrte an Samstagen nur während der Wintersaison. Mit dem „Schnee-Express Allgäu" verkehrte samstags und sonntags ein weiterer Wintersportzug mit Ulmer 218 zwischen Stuttgart Hbf und Oberstdorf. Des Weiteren fand man Anfang 2014 folgende hochwertigen Züge mit 2 × 218 in den Ulmer Dienstplänen:

- IC 2012 und 2013 zwischen Ulm Hbf und Oberstdorf;
- IC 118 und 119 zwischen Ulm Hbf und Lindau;
- IC 2064 und 2065 zwischen Augsburg und Oberstdorf (1 × 218).

Auch in den folgenden Jahren blieben die Ulmer 218 im hochwertigen Reisezugverkehr aktiv. Während des Jahresfahrplans 2017 liefen sie in einem siebentägigen Umlauf für DB Fernverkehr:

- IC 118/119 Stuttgart Hbf – Lindau (2 × 218);
- IC 2012/2013 Stuttgart Hbf – Immenstadt (Doppeltraktion) – Oberstdorf (Einfachtraktion);
- IC 2084/2085 Augsburg Hbf – Oberstdorf.

Mit der Zuweisung einiger Lokomotiven der Baureihe 245 im Dezember 2017 erfolgte mit Beginn des Jahresfahrplans 2018 die sukzessive Ablösung der Baureihe 218 vor den RE/IRE-Zügen Ulm – Friedrichshafen – Lindau. Allerdings mussten die 218 häufig noch in den 245-Plänen aushelfen. Weiterhin verblieb der sechstägige Umlauf WFM4 218 mit Leistungen fast ausschließlich vor den bereits genannten Zügen des DB-Fernverkehrs. Ab dem 22. Januar 2018 kam eine weitere 218 aufgrund von Fahrzeugengpässen bei den Baureihen 611 und 612 zum Einsatz. Der eintägige, bis Ende April 2018 befristete Umlauf WRTC 218 sah Nahverkehrsleistungen mit n-Wagen ab Ulm nach Aalen und Neustadt (Schwarzw) vor. Von Mai bis Oktober wurden im Donautal zwei Zugpaare Ulm – Donaueschingen mit zusätzlichem Fahrradwagen gefahren. Auch Anfang 2019 hatte sich an der beschriebenen Einsatzsituation nicht viel geändert – lediglich das Zugpaar IC 118/119 entfiel ab März 2019 zwischen Stuttgart und Lindau wegen der Elektrifizierungsarbeiten auf der Südbahn Ulm – Friedrichshafen.

Bild 394 – Während die Ulmer 218 im Regionalverkehr in den letzten Jahren immer mehr Leistungen an die Baureihe 245 verloren hatten, gab es für sie im hochwertigen Fernverkehr am Bodensee und im Allgäu auch anno 2019 noch interessante Bespannnungsaufgaben, so etwa die IC zwischen Augsburg und Oberstdorf (Allgäu). **218 343** und **218 487** führen am 13. Februar 2018 bei Unterthalhofen den IC 2012 in Richtung Augsburg. AUFNAHME: FRANK WILHELM

Bild 395 – Im August 2018 wurden zahlreiche Züge über das Allgäu umgeleitet. Hintergrund waren Bauarbeiten am Arlbergpass in Österreich und eine damit verbundene Streckensperrung zwischen Ötztal in Tirol und Bludenz. Somit erhielt der Abschnitt Kempten (Allgäu) – Immenstadt – Lindau für einige Tage wieder Nachtreise- und überregionalen Güterverkehr. Zweimal wurde der Nachtzug NJ 464/466 (in Deutschland EN 79162) von Graz Hbf/Wien Hbf nach Zürich HB über das Allgäu umgeleitet. Bei Maria-Thann bespannen am frühen Morgen des 28. August 2018 die **218 494** und **218 491** den in Richtung München fahrenden Schnellzug. AUFNAHME: FELIX SERAPHIN

Bild 396 – Totgesagte leben länger! Mehrfach hatte man die Baureihe 218 von der Donautalbahn Ulm – Tuttlingen (– Donaueschingen – Neustadt/Schwarzw) verabschiedet, doch aufgrund von Triebzugmangel bzw. hohem Schadstand kam auch 2017 wieder eine 218 mit n-Wagen zum Einsatz. Am Nachmittag des 21. April 2017 ist **218 417** mit dem RE 22345 (Sigmaringen – Ulm) zwischen den Bahnhöfen Ehingen (Donau) und Allmendingen unterwegs. AUFNAHME: ANDREAS HARTMANN

Die Baureihe 218 in Ulm (nur Serienlokomotiven)

	Zugang aus		Abgang an	
218 122	30.05.99	Hagen (Westf)	18.01.05	z
151	01.06.97	Lübeck	24.09.97	Regensburg
	25.05.98	Regensburg	29.05.99	Stendal
152	01.06.97	Lübeck	25.09.97	Regensburg
	25.05.98	Regensburg	29.05.99	Stendal
153	01.06.97	Lübeck	25.09.97	Braunschweig
154	01.06.97	Lübeck	25.09.97	Regensburg
	24.05.98	Regensburg	29.05.99	Lübeck
155	01.06.97	Lübeck	21.11.99	Regensburg
156	01.06.97	Lübeck	14.07.09	z
157	31.05.97	Lübeck	29.05.99	Stendal
158	01.06.97	Lübeck	30.05.99	Stendal
159	31.05.97	Lübeck	21.11.99	Regensburg
160	01.06.97	Lübeck	30.06.05	DB AutoZug
161	01.06.97	Lübeck	23.08.09	z
162	31.05.97	Lübeck	30.06.05	DB AutoZug
163	31.05.97	Lübeck	23.07.09	z
164	01.06.97	Lübeck	15.12.09	z
165	01.06.97	Lübeck	12.02.09	z
166	01.06.97	Lübeck	02.11.09	z
167	31.05.97	Lübeck	08.07.04	z
168	31.05.97	Lübeck	30.06.05	DB AutoZug
193	24.05.98	Regensburg	19.04.10	z
194	24.05.98	Regensburg	17.12.09	z
195	24.05.98	Regensburg	18.01.05	z
196	24.05.98	Regensburg	05.12.10	z
204	26.09.97	Braunschweig	23.07.09	z
214	10.06.01	Kempten (Allgäu)	19.12.08	Kempten (Allgäu)
222	31.08.07	Kempten (Allgäu)	02.04.08	z
218 234	09.12.07	Kempten (Allgäu)	30.06.08	DB Fahrwegdienste
239	09.12.07	Kempten (Allgäu)	30.06.08	DB Fahrwegdienste
241	17.09.08	Kempten (Allgäu)	14.07.09	z
279	28.09.98	Lübeck	18.01.05	z
280	28.09.98	Lübeck	08.07.04	z
281	28.09.98	Lübeck	18.01.05	z
285	28.09.98	Lübeck	27.06.03	z
307	30.05.99	Mühldorf (Oberbay)	07.05.03	Stendal
321	10.06.01	Kempten (Allgäu)	16.07.03	Stendal
322	10.06.01	Kempten (Allgäu)	12.08.03	Stendal
326	01.05.11	Haltingen	30.04.19	z
343	02.01.04	Haltingen		
351	10.12.06	Oberhausen	23.10.07	z
355	10.06.01	Mühldorf (Oberbay)	26.06.03	Halberstadt
356	10.06.01	Mühldorf (Oberbay)	11.09.03	Stendal
357	10.06.01	Mühldorf (Oberbay)	30.09.05	DB Fernverkehr
360	10.06.01	Mühldorf (Oberbay)	10.10.08	Mühldorf (Oberbay)
388	15.12.02	Haltingen	15.12.05	DB Fernverkehr
389	15.12.02	Haltingen	30.09.08	DB AutoZug
390	21.03.11	Leipzig Hbf Süd	02.06.11	Leipzig Hbf Süd
400	02.06.97	Kempten (Allgäu)	09.06.01	Mühldorf (Oberbay)
401	03.06.97	Kempten (Allgäu)	09.06.01	Mühldorf (Oberbay)
402	03.06.97	Kempten (Allgäu)	09.06.01	Mühldorf (Oberbay)
403	03.06.97	Kempten (Allgäu)	09.06.01	Mühldorf (Oberbay)
404	03.06.97	Kempten (Allgäu)	09.06.01	Mühldorf (Oberbay)
405	25.09.97	Regensburg	29.05.99	Regensburg
406	19.06.03	Halberstadt		
408	11.12.11	Kaiserslautern	10.01.12	Kaiserslautern
409	11.08.03	Leipzig Hbf Süd		
410	04.08.03	Leipzig Hbf Süd	24.01.19	z

Bild 397
Am selben Tag wie auf Bild 396 (linke Seite) überquert **218 417** die Blaubrücke bei Blaubeuren mit dem RE 22336 (Ulm – Sigmaringen).

Aufnahme: Andreas Hartmann

	Zugang aus		Abgang an	
218 412	15.12.14	Kaiserslautern	01.06.17	z
417	18.06.15	Ffm-Griesheim		
418	20.11.00	Kaiserslautern	09.06.01	Mühldorf (Oberbay)
420	26.09.97	Regensburg	19.11.00	Kaiserslautern
422	26.09.97	Regensburg	09.06.01	Mühldorf (Oberbay)
427	19.06.03	Halberstadt		
431	16.12.08	Lübeck	29.01.18	Stuttgart
	18.10.18	Stuttgart		
432	13.12.08	Lübeck		
434	16.12.08	Lübeck		
435	13.12.14	Kempten (Allgäu)		
436	12.09.03	Stendal		
438	14.12.03	Stendal		
439	15.12.02	Mühldorf (Oberbay)	18.12.18	z
442	15.12.12	Ffm-Griesheim	25.04.16	z
218 443	15.12.02	Mühldorf (Oberbay)		
456	16.12.08	Lübeck		
464	01.04.12	Kiel	30.03.17	z
465	04.11.01	Kempten (Allgäu)	10.12.01	Stendal
466	04.11.01	Kempten (Allgäu)	10.12.01	Halberstadt
476	11.12.11	Kempten (Allgäu)		
480	15.12.02	Haltingen	17.08.06	Karlsruhe
481	19.08.11	Karlsruhe		
487	01.10.08	Lübeck		
491	16.12.08	Lübeck		
493	28.07.15	Kempten (Allgäu)	07.04.17	z
494	16.12.08	Lübeck		
495	16.12.08	Lübeck		
496	14.12.03	Stendal	09.12.16	Kempten (Allgäu)
499	16.12.08	Lübeck		

Bild 398 – Bedingt durch die Ausbau- und Elektrifizierungsarbeiten auf der Südbahn Ulm – Friedrichshafen waren die Ulmer 218 im Frühjahr 2019 noch einmal verstärkt im IRE-Verkehr nach Lindau im Bodensee anzutreffen, als die Züge nur den Abschnitt Aulendorf – Friedrichshafen – Lindau bedienen konnten. **218 432** passiert am 18. April 2019 mit ihrem IRE nach Lindau die alte Argenbrücke bei Langenargen, deren Tage wegen der bevorstehenden Elektrifizierung der Strecke bereits gezählt waren. Aufnahme: Frank Wilhelm

Bild 399 – Mit dem D 646 nach Kassel hat die Hagener **218 139** am 14. Oktober 1978 den ehemaligen Bahnhof Elleringhausen durchfahren. Noch geht es bergan, bevor wenig später im Elleringhäuser Tunnel – kurz vor Brilon Wald – der höchste Punkt der Oberen Ruhrtalbahn erreicht sein wird. AUFNAHME: JOSEF HÖGEMANN

Bundesbahndirektion Wuppertal / Essen
BD Wuppertal

Bw Hagen-Eckesey

(ab 1982 Bw Hagen (Westf) 1,
ab 1. Januar 1994 Bh Hagen (Westf),
ab Januar 1999 Werk Hagen (Westf))

Wie bereits in Band 2 der V 160-Trilogie ausführlich dargelegt, hatten die Bw Hagen-Eckesey und Regensburg zu Vergleichszwecken jeweils sechs Vorserienlokomotiven der Baureihen 217 und 218 erhalten. Die Hagener Maschinen bespannten ab August 1968 vornehmlich Reise- und Güterzüge zwischen Dortmund/Hamm (Westf)/Hagen (Westf) und Warburg (Westf) bzw. Kassel. Die markanten, teilweise lang anhaltenden Steigungen im Bereich des Eggegebirges zwischen Paderborn und Warburg (Westf) sowie der Wasserscheide zwischen Ruhr und Diemel bei Brilon Wald brachten die Lokomotiven immer wieder an ihre Belastungsgrenzen. Als der Baureihenvergleich Ende 1971 seinen Abschluss fand, gab es keinen eindeutigen Gewinner oder Verlierer. Beide hatten sich als gelungene Konstruktionen erwiesen. Dass sich die DB letztendlich gegen die technisch aufwendigere 217 mit ihrem zusätzlichen Heizdieselmotor entschied, hatte allein wirtschaftliche Gründe.

Die Serienfertigung der Baureihe 218 hatte bereits seit einiger Zeit begonnen, als 218 136 am 29. Juli 1971 zur Personalschulung in Hagen eintraf. Ihr folgten noch im selben Jahr die 218 137–146 und 155–157. Die Neuzugänge wurden kurzzeitig gemeinsam mit den 218-Vorserienloks eingesetzt, verdrängten aber schon wenig später die sechs Lokomotiven der Baureihe 217, die zwischen August 1971 und Februar 1972 nach Regensburg umgesetzt wurden. Auch auf die Baureihen 215 und 216 konnte im Zuge der im Jahr 1972 fortgeführten Auslieferung weiterer 218-Serienlokomotiven schon bald verzichtet werden. Bereits am 31. Januar 1972 verließ die letzte 216 das Bw Hagen-Eckesey, bevor am 10. November 1972 auch die letzte 215 aus den Bestandslisten gestrichen wurde. Folgende Serienlokomotiven der Baureihe 218 beheimatete das Bw Hagen-Eckesey am 1. Januar 1973:

218 134 135 136 137 138 139 140 141 142 143
144 145 146 147 148 149 150 155 156 157
158 159
gesamt: 22 Lokomotiven

Ende Mai/Anfang Juni 1973 verließen auch die Vorserien-218 das Bw Hagen-Eckesey. Damit gab es in Hagen mit den Serien-218 nur noch eine Bauart innerhalb der V 160-Familie. Eingesetzt wurden die Lokomotiven in den folgenden Jahren schwerpunktmäßig gemeinsam mit Kasseler 216 im Reise- und Güterverkehr auf der Oberen Ruhrtalbahn.

Der allgemeine Rückzug der Deutschen Bundesbahn aus dem ländlichen Raum hatte auch im Oberbergischen Land deutliche Spuren hinterlassen. Anfang der achtziger Jahre dachte man sogar ernsthaft darüber nach, die Strecke Köln – Overath – Dieringhausen – Gummersbach – Brügge (Westf) östlich von Overath stillzulegen, doch dieses war politisch nur schwer durchsetzbar. Anstelle des Rückzuges sollte nun die „City-Bahn" neue Akzente setzen, die bis auf einen Taktfahrplan aber nicht wirklich viel Neues zu bieten hatte. Anstatt moderne, wirtschaftliche Triebzüge zu beschaffen, erhielten alte Lokomotiven und Wagen ein neues

Bild 400 (rechts)
Von Schwerte kommend überquert die Oberen Ruhrtalbahn kurz vor Arnsberg die Ruhr. Dem Viadukt folgen unmittelbar der 277 m lange Schlossbergtunnel und der Bahnhof Arnsberg. Dort wird **218 132** am 12. September 1979 mit dem E 2329 nach Bad Wildungen einen planmäßigen Halt einlegen.

AUFNAHME: LUDWIG ROTTHOWE

Farbkleid, die dafür vorgesehenen n-Wagen (Silberlinge) zusätzlich eine Modernisierung der Inneneinrichtung.

Bespannt werden sollten die „neuen" Züge ausschließlich mit Lokomotiven der Baureihe 218, um sie elektrisch heizen zu können. Die BD Köln selbst verfügte über keine eigenen 218. Folglich musste sie auf zehn Lokomotiven der BD Essen/Bw Hagen 1 zurückgreifen, die im AW Bremen mit einer neuen Farbgebung in „Reinorange/Kieselgrau" passend zum Erscheinungsbild der im AW Hannover-Leinhausen modernisierten n-Wagen versehen wurden. Es handelte sich um folgende Lokomotiven:

218 134 135 137 140 142 143 144 145 146 148

Mit Beginn des Sommerfahrplans am 3. Juni 1984 wurde ein Taktverkehr mit der neuen Zuggattung „City-Bahn" zwischen Köln Hbf und Gummersbach eingeführt. Ein Teil dieser Züge verkehrte über Gummersbach hinaus bis Meinerzhagen. Bespannt waren sie zunächst noch mit Lokomotiven der Baureihe 215 vom Bw Köln 1.

Am 17. Juli 1984 verließ 218 137 als erste Lok im neuen Farbdesign „Reinorange/Kieselgrau" das AW Bremen und kam ab dem 3. September 1984 erstmals mit einer modernisierten City-Bahn-Zugeinheit zwischen Köln und Gummersbach bzw. Marienheide zum Einsatz.

Die übrigen Hagener 218 wurden während des Sommerfahrplans 1984 in einem 16-tägigen Umlauf eingesetzt und erreichten durchschnittlich 449 km/LpT (min. 145 km/max. 754 km). Der überwiegende Teil der Leistungen entfiel auf die Strecke Hagen (Westf) – Dortmund – Bestwig – Warburg (Westf). Weitere Züge bespannten Hagener 218 zwischen Bestwig und Winterberg (Westf). Jeweils ein Plantag sah Reisezugdienste auf den Strecken Krefeld – Kleve – Arnhem (NS) sowie Duisburg – Gelsenkirchen – Wanne-Eickel – Dorsten – Borken (Westf) vor. Des Weiteren wurden diverse Güterzüge zwischen Bochum-Langendreer und Bochum-Präsident bespannt.

Anfang Juni 1985 stellte die DB die Strecke Köln – Dieringhausen – Marienheide vollständig auf die neuen City-Bahn-Züge um, nachdem vier weitere Zuggarnituren das AW Hannover ver-

Bild 401 (unten)
Güterzugleistungen der Hagener 218 bis tief in den Westen des Ruhrgebiets waren zwar selten, kamen aber immer wieder vor. Am 16. April 1980 waren mit **218 140** und **218 133** sogar gleich zwei Lokomotiven nötig, um einen langen Kohlenzug an der Hütte Oberhausen (HOAG) vorbei in Richtung Oberhausen West Rbf zu schleppen. Beachtenswert und nicht alltäglich ist die Bauart der Oberleitung mit festen Quertraversen.

AUFNAHME: ULRICH BUDDE

Bild 402 – Blick vom Wasserturm des Bw Bestwig auf Lokschuppen und Drehscheibe im Jahr 1986. Anlässlich einer Ausstellung hat man Lokomotiven und Triebwagen fotogen in Szene gesetzt, darunter auch vier Diesellokomotiven der Baureihe 218 des Bw Hagen 1 Vom einstigen Bw Bestwig ist heute bis auf den Wasserturm nichts mehr übrig: Der stattliche Ringlokschuppen wurde Anfang 2017 abgerissen. AUFNAHME: MANFRED RITTER

Bild 403 – Nach dem Zweiten Weltkrieg spielte der Güterverkehr auf der Oberen Ruhrtalbahn nur noch eine untergeordnete Rolle. Einer der wenigen Güterzüge, die in den achtziger Jahren noch übriggeblieben waren, war ein Übergabezugpaar Bestwig – Marsberg und zurück. Mit der Rückleistung nach Bestwig begegnet uns **218 139** am 27. Oktober 1986 auf Höhe der Ortschaft Elleringhausen. AUFNAHME: JOSEF HÖGEMANN

Bild 404
Hin und wieder kam anstelle der planmäßigen Kasseler 216 eine Hagener 218 mit dem seit Anfang der achtziger Jahre nur noch zweimal wöchentlich ab Bestwig verkehrenden Übergabezugpaar nach Hallenberg. **218 153** hat am 27. Februar 1986 wenig Mühe mit ihrer leichten Fuhre, als sie bei Züschen in Richtung Bestwig unterwegs ist.

Bild 405
Ein langer Wintersportzug, geführt von **218 153**, schlängelt sich am 27. Februar 1986 durch den beschaulichen Ort Wulmeringhausen in Richtung Winterberg (Westf). Die Baureihe 218 war für den Wintersportverkehr aber eher die „zweite Wahl". Bevorzugt wurden Lokomotiven mit Dampfheizung. Während der oft stundenlangen Abstellzeiten war bei den Baureihen 215, 216 und 221 lediglich der Dampferzeuger aktiv, während bei der Baureihe 218 der Motor zur Stromerzeugung laufen musste (Lärmbelästigung).

AUFNAHMEN (2): JOSEF HÖGEMANN

lassen hatten und mit 218 140, 142–146 und 148 weitere umlackierte 218 zur Verfügung standen. Planmäßig benötigte das Bw Köln 1 zu diesem Zeitpunkt sieben Hagener 218, die durchschnittlich 462 km/LpT zurücklegten. Die Nachtabstellung der City-Bahn-Garnituren erfolgte mit fünf Zugeinheiten in Dieringhausen und mit einer in Köln Bbf. Die siebte Lok verband mit Leistungen zwischen Hagen (Westf) und Dieringhausen das Kölner Einsatzgebiet mit dem Heimat-Bw. Die Aggertalbahn wurde zum Vorbild für andere deutsche Strecken, denen ein ähnliches Konzept verordnet wurde. Allerdings blieben die in Reinorange/Kieselgrau lackierten Zuggarnituren in ihrer Art einmalig.

Die ab Köln teilweise sogar im Halbstundentakt verkehrenden City-Bahnen erwiesen sich als voller Erfolg. Lediglich zwischen Gummersbach und Meinerzhagen ließ die Zahl der Reisenden zu wünschen übrig, vor allem nachdem die in Marienheide abzweigende Nebenbahn nach Bergisch Born zum Sommerfahrplan 1985 stillgelegt worden war und zeitnahe Anschlüsse über Meinerzhagen hinaus in Richtung Brügge (Westf) bzw. Hagen (Westf) kaum noch vorhanden waren. Als zum Sommerfahrplan 1986 auch auf der Teilstrecke Brügge (Westf) – Meinerzhagen – Marienheide der Reisezugverkehr aufgegeben wurde, entfiel der Endpunkt der City-Bahn in Meinerzhagen und wurde nach Marienheide verlegt. Ein Jahr später endeten alle Züge der Aggertalbahn in Gummersbach, nachdem ab dem 1. Juni 1987 auch zwischen Gummersbach und Marienheide der Betrieb eingestellt worden war. Der Loktausch zwischen dem Aggertal und dem Heimat-Bw konnte jetzt nicht mehr über die Volmetalbahn erfolgen, sondern musste entweder als Lz, als Vorspann- oder als Zugleistung über Wuppertal durchgeführt werden.

Für die Hagener 218 bestanden während des Winterfahrplans 1987/1988 zwei Umläufe. Im dreizehntägigen Hauptplan wurden durchschnittlich 551 km/LpT erreicht (max. 734 km). Haupteinsatzgebiete waren weiterhin die KBS 350 Hagen (Westf) – Bestwig – Warburg (Westf) – Kassel, die KBS 355 Bestwig – Winterberg (Westf) und die KBS 470 Krefeld – Kleve – Nijmegen (NS). Der zweite Laufplan für sieben Lokomotiven in City-Bahn-

Bild 406 – Im Bahnhof Marienheide wartet am 23. Februar 1986 eine mit **218 148** bespannte City-Bahn nach Köln auf Ausfahrt. Noch konnte hier in Züge Richtung Remscheid/Wuppertal umgestiegen werden, bevor die hier abzweigende Wippertalbahn mit Beginn des Sommerfahrplans 1986 ihren Personenverkehr verlor. AUFNAHME: ZENO PILLMANN

Bild 407 – Ausbaumaßnahmen im Bereich der Hauptbahn Hamm (Westf) – Paderborn erforderten ab Mai 1993 über einen Zeitraum von einem Jahr die Umleitung der IR-Züge über Brackwede und die Sennebahn. Die Traktion übernahmen Hagener 218, wobei häufig auch Lokomotiven in der CityBahn-Lackierung zu beobachten waren. Am 31. Mai 1993 durchfährt **218 146** mit dem IR 2456 den Bahnhof Sennestadt. Die planmäßige Ellok der Baureihe 110 hängt am Schluss des Zuges. AUFNAHME: JOSEF HÖGEMANN

Bild 408 – Mit einem Sonderzug von Hallenberg nach Bad Ems durchfährt **218 136** am 28. Mai 1992 den Bahnhof Herzhausen am Edersee. Zu diesem Zeitpunkt wurde die Strecke Korbach – Frankenberg kaum noch genutzt, nachdem hier der Personenverkehr Ende Mai 1987 und der Güterverkehr 1991 eingestellt worden waren. Jahre später gelang es, die Strecke zu reaktivieren, und seit dem 14. September 2015 gibt es hier wieder planmäßigen Reisezugverkehr. Aufnahme: Manfred Ritter

Lackierung sah durchschnittlich 432 km/LpT vor (max. 536 km). Der Plantag 1 war dem Loktausch des Bw Köln 1 mit dem Heimat-Bw vorbehalten, die sechs anderen bewältigten den City-Bahn-Verkehr auf der Aggertalbahn. Sonntags gelangte eine der City-Bahn-Lokomotiven mit D 2743/2742 planmäßig über die Obere Ruhrtalbahn nach Kassel.

Ab dem Sommerfahrplan 1988 erreichte eine Hagener City-Bahn-Lok montags bis freitags planmäßig Kassel. Von Hagen (Westf) bis Warburg (Westf) wurde der E 3451 befördert, während die Weiterfahrt bis Kassel als Lz erfolgte. Von dort ging es vor dem E 3882 zurück nach Hagen (Westf).

Auch während des Winterfahrplans 1989/1990 bestanden weiterhin zwei Umlaufpläne. 13 Lokomotiven liefen im Laufplan 01 mit einer durchschnittlichen Laufleistung von 568 km/LpT schwerpunktmäßig auf den Strecken Hagen (Westf) – Bestwig – Kassel, Bestwig – Winterberg (Westf) und Krefeld – Kleve. Zu den wenigen Güterzügen zählten an Samstagen der Gag 58503 Meschede – Dortmund-Eving sowie das montags, mittwochs und freitags verkehrende Übergabezugpaar 69915/69916 Brilon Wald – Alme. Der Laufplan 02 beinhaltete weiterhin die City-Bahn-Leistungen Köln – Gummersbach mit sieben Planlokomotiven. Sie erreichten durchschnittlich 444 km/LpT. Außerhalb ihres Haupteinsatzgebiets waren die Loks vor E 3887/3884 Hagen (Westf) – Kassel und N 5422 Hagen (Westf) – Köln zu sehen.

Zum Sommerfahrplan 1991 endete der Einsatz der City-Bahn-Wagen im Aggertal. Die Wagengarnituren wurden ins Siegtal versetzt, nachdem man zwischen Köln und Au (Sieg) den S-Bahn-Verkehr eingeführt hatte. Da dort noch nicht alle Bahnsteige auf S-Bahn-Niveau hergerichtet waren, musste vorübergehend auf älteres Wagenmaterial zurückgegriffen werden. Und da dem Reisenden zumindest optisch etwas Neues geboten werden sollte, kam es dort zum Einsatz der mit der Baureihe 111 bespannten City-Bahn-Wagen. Auf der Aggertalbahn sah man hingegen nun Zuggarnituren in der neuen Farbgebung Lichtgrau/Minttürkis. Lediglich zwei Café-Wagen aus den City-Bahn-Zügen verblieben noch bis auf Weiteres dort. Auch die 218 in der Farbgebung „Reinorange/Kieselgrau" waren nun zunehmend auf anderen Strecken zu beobachten, so u. a. zwischen Krefeld und Kleve sowie zwischen Hagen (Westf) und Kassel. Im Zuge anstehender Untersuchungen erhielten die Lokomotiven nach und nach eine Neulackierung in Orientrot. Als letzte City-Bahn-218 verlor 218 135 im Herbst 1996 ihre reinorange/kieselgraue Farbgebung.

Zum Winterfahrplan 1992/1993 konnte der Dienst mit der 218 um zwei Umlauftage reduziert werden. Der Laufplan 01 für neun 218 mit einer Durchschnittsleistung von 726 km/LpT sah weiterhin die Obere Ruhrtalbahn als Haupteinsatzstrecke vor. Weitere Leistungen erfolgten zwischen Bestwig und Winterberg (Westf) sowie zwischen Warburg (Westf) und Altenbeken. Nicht mehr aktiv waren die Hagener 218 zwischen Krefeld und Kleve – diese Leistungen hatte die Baureihe 215 übernommen. In den Nächten erfolgte die Bespannung diverser Güterzüge, wobei planmäßig sogar Duisburg erreicht wurde. Der Laufplan 02 diente weiterhin der Bespannung der Reisezüge zwischen Köln und Gummersbach mit fünf Planlokomotiven, die sechste erbrachte Express- bzw. Güterzugleistungen im südlichen Ruhrgebiet, erreichte täglich aber auch einmal mit dem Zugpaar E 3881/3884 Kassel.

Ab dem Sommerfahrplan 1994 mussten ein Jahr lang alle Züge der IR-Linie Aachen – Chemnitz über Brackwede und die Sennebahn umgeleitet werden, um den Streckenabschnitt Hamm (Westf) – Soest – Paderborn für höhere Geschwindigkeiten ertüchtigen zu können. Die Lokomotiven dafür stellte der Bh Hagen (Westf). Zum Einsatz kamen häufig auch reinorange-kieselgrau

Bild 409 – Im Jahr 1998 war die Zeit der CityBahn im Aggertal längst vorüber, und man reiste wieder in klassischen n-Wagen (Silberlingen), die damals teilweise bereits modernisiert waren und eine mintgrüne Lackierung (neues Nahverkehrsdesign) trugen. Für die Traktion waren aber nach wie vor Hagener 218 zuständig. Am 22. September verlässt eine Regionalbahn nach Köln den Bahnhof Engelskirchen und überquert auf einer Stahlbrücke die Leppe, die an dieser Stelle in die Agger mündet.

lackierte 218 aus dem früheren City-Bahn-Betrieb Köln – Gummersbach.

Während des Winterfahrplans 1995/1996 benötigte der Bh Hagen (Westf) noch 16 Planloks, die durchschnittlich 622 km/LpT (min. 322, max. 904 km) zurücklegten. Mit den Strecken Köln – Gummersbach und Hagen (Westf) – Bestwig – Kassel war das Einsatzgebiet weitgehend umrissen. Zwei Plantage waren für Übergabezüge zwischen Hagen (Westf) bzw. Schwerte (Ruhr) und Bestwig vorgesehen, ansonsten wurden ausschließlich Reisezüge (überwiegend im Wendezugeinsatz) gefahren. Über folgenden 218-Bestand verfügte der Betriebshof Hagen am 1. Januar 1998:

218 126 128 129 130 131 132 133 134 135 136
137 138 139 140 141 142 143 144 145 146
148 149 150 247 248
gesamt: 25 Lokomotiven

Mit Beginn des Sommerfahrplans 1998 übernahm der Bh Hagen (Westf) die Loks 218 119–122 vom Bh Lübeck. Ferner verstärkte 218 147 aus Braunschweig den Bestand. Mit den Neuzugängen konnten die Loks der DB-Cargo-Baureihe 216 des Bh Oberhausen auf der S-Bahn-Strecke Bottrop – Essen – Wuppertal abgelöst werden. Der Planbedarf stieg damit auf 24 Planlokomotiven

Bild 410
Anschlussbedienungen mit der Baureihe 218 kamen nicht allzu häufig vor. Bei der Fa. Rhein-Kalk in Messinghausen war es jedoch einige Zeit lang gängige Praxis. Am 23. Oktober 1999 hat sich **218 140** vor zwei mit Kalk beladene Staubkesselwagen gesetzt, die sie im Bahnhof Messinghausen abstellen wird. Anschließend erfolgt die Zustellung einiger Leerwagen, bevor es als Üg zurück nach Bestwig geht.

Aufnahmen (2): Josef Högemann

Am 29. November 1999 wurden alle Reisezugleistungen zwischen Köln-Hansaring und Gummersbach auf Triebzüge der Baureihe 644 (Talent) umgestellt. Damit endete der seit 1984 mit Hagener 218 gefahrene lokbespannte Reisezugverkehr auf dieser Strecke. Der dadurch verringerte Lokbedarf führte zur Abgabe der 218 119, 120 und 121 nach Braunschweig.

Während des Winterfahrplans 2000/2001 bestand Bedarf für 17 Lokomotiven, die in vier Umläufen eingesetzt wurden. Der Plan IA für acht Maschinen vor jeweils drei n-Wagen sah die Beförderung von RE-Zügen auf der Strecke Hagen (Westf) – Bestwig – Kassel-Wilhelmshöhe (RE 17) vor, während der Umlauf IB für sieben weitere 218 die Beförderung von RE-Zügen zwischen Langenberg (Westf) und Borken (Westf) über Essen und Bottrop (RE 14) sowie von RB-Zügen zwischen Essen und Wuppertal Hbf (RB 49) regelte. Der eintägige Umlauf IC sah ebenfalls Leistungen auf der RE 14 vor vier n-Wagen vor. Die wenigen Einsätze im Güterverkehr waren im eintägigen Umlauf ID zusammengefasst. Befördert wurde u. a. ein Güterzugpaar auf der Oberen Ruhrtalbahn zwischen Schwerte (Ruhr) und Bestwig bzw. Messinghausen, das zuvor eine Hagener 212 bespannt hatte.

Der Sommerfahrplan 2001 leitete das baldige Ende der Baureihe 218 in Hagen (Westf) ein, als der Bedarf auf der Oberen Ruhrtalbahn auf vier Maschinen reduziert wurde. Die Leistungen der freiwerdenden Lokomotiven gingen auf Triebzüge der Baureihe 628^4 über, die ihrerseits in Dortmund durch die Baureihe 640 freigeworden waren. Bereits einen Monat zuvor war per 1. Mai 2001 die Vorhaltung von Poollokomotiven der Baureihe 215 der DB Regio Rheinland Köln für den Niersexpress (RE 10 Düsseldorf – Kleve) ausgelaufen. Um dort weiterhin den Ausfall von Dieseltriebzügen kompensieren zu können, wurden von DB Regio Rhein-Ruhr drei lokbespannte Züge mit der Baureihe 218 disponiert.

Mit dem Zugang der Regensburger Vorserien-218 Ende 2002/ Anfang 2003 konnte auf weitere 218-Serienlokomotiven verzichtet werden. Nach dem Zugang weiterer Vorserienlokomotiven erwarb DB Cargo zum 1. April 2003 die Lokomotiven 218 002-004. Mit Beginn des Jahresfahrplans 2004 verloren zahlreiche 218 ihre Beschäftigung. Verdrängt wurden sie auf der Strecke Krefeld – Kleve durch Doppeleinheiten Dortmunder 628^4. Auch die verbliebenen Reisezugleistungen auf der Strecke Hagen (Westf) – Warburg (Westf) – Kassel gingen zum selben Zeitpunkt verloren, nachdem hier die Triebzüge der Baureihen 612 und 628^4 den Gesamtverkehr übernommen hatten. Schließlich entfielen auch auf der Strecke Wuppertal Hbf – Essen – Bottrop – Borken (Westf) zahlreiche Leistungen mit Umstellung des Abschnitts Wuppertal Hbf – Essen auf elektrischen Betrieb. Statt bisher acht auf dieser Strecke eingesetzten 218 wurden nun lediglich noch vier Maschinen für den Restabschnitt Essen-Steele Ost – Essen Hbf – Bottrop – Borken (Westf) benötigt. Die für diesen Restbetrieb benötigten Lokomotiven übernahm Ende 2003 das Werk Oberhausen-Osterfeld Süd.

Die Baureihe 218 in Hagen (nur Serienlokomotiven)

	Zugang aus		Abgang an	
218 119	23.05.98	Lübeck	18.12.99	Braunschweig
120	23.05.98	Lübeck	18.12.99	Braunschweig
121	23.05.98	Lübeck	18.12.99	Braunschweig
122	23.05.98	Lübeck	29.05.99	Ulm
126	24.09.95	Flensburg	13.12.03	Oberhausen
128	24.09.77	Flensburg	29.09.79	Krefeld
	28.09.80	Krefeld	09.06.01	Trier
129	05.10.77	Flensburg	29.09.79	Krefeld
	28.09.80	Krefeld	14.12.02	Köln-Deutzerfeld
130	28.05.73	Flensburg	29.09.79	Krefeld
	28.09.80	Krefeld	09.06.01	Trier
131	12.03.73	Flensburg	29.09.79	Krefeld
	28.09.80	Krefeld	09.06.01	Trier
132	28.05.73	Flensburg	31.05.80	Krefeld
	28.09.80	Krefeld	04.12.02	z
133	29.05.73	Flensburg	14.12.02	Köln-Deutzerfeld
134	01.11.72	Hamburg-Altona	13.12.03	Oberhausen
135	06.06.72	Neulieferung	13.12.03	Oberhausen
136	29.07.71	Neulieferung	09.06.01	Trier

Bild 411 – Der RE 10223 (Borken – Langenberg) überquert am 7. April 2000 den stillgelegten unteren Bahnhofsteil von Hervest-Dorsten. Fast nichts auf diesem Bild ist heute noch existent bzw. in Betrieb: im Hintergrund das stillgelegte und teilweise abgebrochene Bergwerk Fürst Leopold, links das 2007 abgerissene Fahrdienstleiterstellwerk „Hdf". Davor erkennt man noch die heute ebenfalls nicht mehr vorhandenen Bahnsteigreste der früheren Haltestation Hervest-Dorsten der Strecke Wesel – Haltern am See (Teilstück der Venloer Bahn), deren Personenverkehr bereits 1962 endete. Auf dem Bahnhofsgelände siedeln sich heute neue Betriebe an. AUFNAHME: STEFAN PONZLET

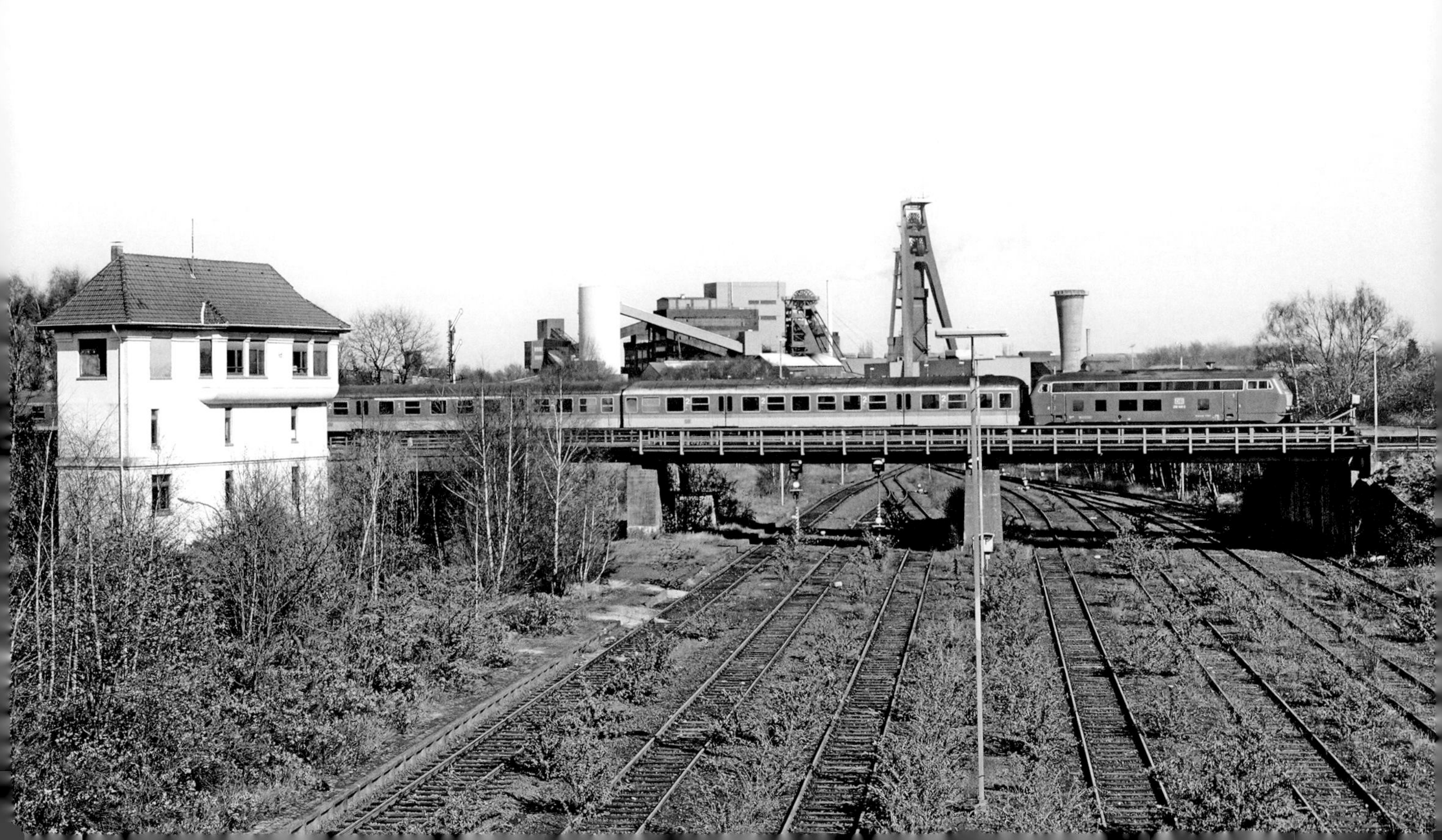

Bild 412 – Die orientrote Hagener **218 148** verlässt am 13. Juni 2003 mit RE 10527 (Kleve – Düsseldorf) den Bahnhof Kempen (Niederrhein). Zu diesem Zeitpunkt teilte sich die Baureihe 218 die Leistungen bereits mit Triebzügen der Baureihen 628[4] und 643.
AUFNAHME: STEFAN PONZLET

	Zugang aus		Abgang an	
218 137	11.08.71	Neulieferung	09.06.01	Trier
138	17.08.71	Neulieferung	13.12.03	Oberhausen
139	02.09.71	Neulieferung	13.12.03	Oberhausen
140	14.09.71	Neulieferung	04.12.02	z
141	03.10.71	Neulieferung	13.12.03	Oberhausen
142	19.10.71	Neulieferung	30.06.03	z
143	02.11.71	Neulieferung	13.12.03	Oberhausen
144	11.11.71	Neulieferung	30.06.03	z
145	02.12.71	Neulieferung	06.01.04	z
146	22.12.71	Neulieferung	13.12.03	Oberhausen
147	23.01.72	Neulieferung	30.11.93	Braunschweig
	27.05.98	Braunschweig	06.01.04	z
148	13.01.72	Neulieferung	13.12.03	Oberhausen
149	13.02.72	Neulieferung	13.12.03	Oberhausen
150	28.03.72	Neulieferung	27.05.73	Kaiserslautern
	02.06.85	Haltingen	13.12.03	Oberhausen
151	02.06.85	Haltingen	29.05.94	Lübeck
152	02.06.85	Haltingen	28.05.94	Lübeck
153	02.06.85	Flensburg	26.05.90	Flensburg
154	02.06.85	Flensburg	26.05.90	Flensburg
155	29.11.71	Neulieferung	29.05.73	Kaiserslautern
156	08.12.71	Neulieferung	11.03.73	Kaiserslautern
157	19.12.71	Neulieferung	28.05.73	Kaiserslautern
	22.05.03	Halberstadt	13.12.03	Oberhausen
158	11.01.72	Neulieferung	28.05.73	Kaiserslautern
159	26.01.72	Neulieferung	27.05.73	Kaiserslautern
181	22.05.03	Halberstadt	13.12.03	Oberhausen
182	25.04.03	Leipzig Süd	12.06.03	Darmstadt
183	04.05.03	Leipzig Süd	14.07.03	Darmstadt
213	30.04.03	Leipzig Süd	13.12.03	Oberhausen
247	29.05.95	Braunschweig	13.12.03	Oberhausen
248	29.05.95	Braunschweig	05.06.99	Lübeck

Kurhessenbahn

Am 1. Februar 2005 übernahm die DB RegioNetz-Tochter Kurhessenbahn (KHB) mit Sitz in Kassel die verkehrsrote Mühldorfer 218 200 für Güterzugleistungen auf ihrem Regionalnetz. Damit nahm das Werk Kassel nach längerer Pause wieder eine Streckendiesellok in den Unterhaltungsbestand. Bei umfangreicheren Arbeiten an der Lok musste allerdings das Werk Darmstadt eingeschaltet werden. Am 30. April 2007 kam die Braunschweiger 218 221 hinzu. Letztere rollte am 9. Dezember 2007 zur Untersuchung nach Bremen, kehrte aber aufgrund ihres schlechten Unterhaltungszustandes nicht wieder zurück und wurde z-gestellt. Als Ersatz erhielt die Kurhessenbahn die Regensburger 218 387.

Beide Lokomotiven sollten im Güterverkehr auf dem Netz der Kurhessenbahn genutzt werden, aber auch als Reservelokomotiven für ausgefallene Triebzüge oder für Sonderdienste verfügbar sein. Auch konzernweite Einsätze waren vorgesehen, wie beispielsweise vorübergehende Einsätze im Plandienst bei Fahrzeugmangel, bei Sonderleistungen im Personen- und Güterverkehr, oder aber auch vor umgeleiteten Zügen.

Am 9. August 2006 rollte 218 200 nach Mühldorf (Oberbay). Der Grund war der hohe Schadstand der Mühldorfer Lokomotiven. Kurz vor Ablauf ihrer Achtjahresfrist am 3. Dezember 2009 wurde 218 200 am 24. August ins Werk Bremen überführt. Bei der Befundung der Lok wurde dort ein größerer Schaden am Motor (TB 10) festgestellt, so dass angesichts des allgemeinen Überhangs an Lokomotiven der Baureihe 218 eine Aufarbeitung in Frage gestellt und die Lok schließlich nach langer Überlegung abgestellt wurde. Dafür erhielt bereits im März 2008 die 218 387 eine Hauptuntersuchung mit Neulackierung in Purpurrot, obwohl sie diese Farbgebung zuvor nie getragen hatte.

Ab dem 2. Januar 2011 kam 218 387 vor einem Wendezug aus drei n-Wagen planmäßig zum Einsatz und ersetzte zwischen Mar-

Bild 413
Im Februar 2005 übernahm die Kurhessenbahn (KHB) aus Kassel die Lokomotive **218 200**, um mit ihr Holztransporte abzuwickeln. Mit einem langen Holzzug von Erndtebrück nach Marburg (Lahn) fährt die Lok am 8. Juni 2007 in Buchenau an der Oberen Lahntalbahn ein.

AUFNAHME: JULIAN NOLTE

Bild 414
Um eine Lz-Fahrt einzusparen, wurde die purpurrote **218 387** der Kurhessenbahn einer planmäßigen Regionalbahn vorgespannt. An einem regnerischen Maitag im Jahr 2010 sehen wir das nicht alltägliche Gespann im Bahnhof Wetter (Hessen-Nassau).

Bild 415
Ein langer Holzzug aus Battenberg – bespannt mit **218 387** – erreicht im Mai 2010 den Bahnhof Frankenberg (Eder). Dort werden weitere mit Holz beladene Wagen aufgenommen, bevor es in entgegengesetzter Fahrtrichtung nach Marburg (Lahn) weitergeht, wo eine Ellok den Zug übernehmen wird.

AUFNAHMEN (2): MANFRED RITTER

Bild 416 – Als TEE 8 verkehrte am 20. November 2011 ein historischer Sonderzug von Koblenz nach Wernigerode. Ab Hildesheim übernahmen **218 387** der Kurhessenbahn und **218 105** der Westfrankenbahn die Traktion, während 103 184 am Zugschluss abgebügelt mitlief. Die Aufnahme entstand bei Abbenrode an der nach der Wende erbauten Neubaustrecke Vienenburg – Ilsenburg. AUFNAHME: JÜRGEN HÖRSTEL

burg (Lahn) und Erndtebrück vorübergehend einen Triebzug der Baureihe 628/928. Es folgten weitere Einsätze sowohl auf dem eigenen Netz als auch überregional. Zeitweise war sie auch an DB Regio und DB AutoZug vermietet.

Aufgrund von Bauarbeiten kam 218 387 zwischen dem 15. Mai und dem 31. August 2017 gemeinsam mit 218 460 der Westfrankenbahn vor dem IRE 18447 Hamburg – Berlin zum Einsatz, der zwischen Stendal und Rathenow über das nicht elektrifizierte Stammgleis der Berlin-Lehrter Bahn geführt werden musste. Im Frühjahr 2019 wurde die Lok schadhaft abgestellt. Ihre noch guten Drehgestelle wurden mit denen der 218 423 getauscht.

Die Baureihe 218 bei der Kurhessenbahn

	Zugang aus		Abgang an	
218 200	10.04.05	Karlsruhe	09.08.06	Mühldorf (Oberbay)
	10.12.06	Mühldorf (Oberbay)	20.01.10	z
221	30.04.07	Braunschweig	22.01.08	z
387	11.01.08	Regensburg		

Westfrankenbahn

Die 2006 gegründete Westfrankenbahn (WFB) ist ebenso wie die Kurhessenbahn oder die Südostbayernbahn als Tochter der Deutschen Bahn auf einem RegioNetz aktiv. Die von diesen Unternehmen genutzte Infrastruktur wird von der DB RegioNetz Infrastruktur GmbH unterhalten. Der Verkehr der RegioNetze wird von der DB RegioNetz Verkehrs GmbH koordiniert. Mit Gründung der WFB am 1. Januar 2006 wurde die Darmstädter 218 372 für Reservezwecke in den Bestand übernommen, wurde jedoch am 1. März 2007 an DB AutoZug veräußert. Am 15. Dezember 2008 übernahm das in Aschaffenburg ansässige Unternehmen die mit ZWS ausgestattete 218 105 aus dem weitgehend in Auflösung befindlichen Bestand des Werks Lübeck. Die Lokomotive war nicht nur für Dienste im eigenen Netz, sondern auch für konzernweite Einsätze vorgesehen. Dazu zählten Auftragsfahrten im Auftrag der DB Systemtechnik München u. a. mit Funkmesszügen ebenso wie vorübergehende Einsätze im Plandienst bei Fahrzeugmangel, Sonderleistungen im Personen- und Güterverkehr sowie auch Einsätze in Umleiterverkehren.

Im Januar 2009 erlitt 218 105 einen Frostschaden und wurde ins Werk Darmstadt überführt. Da eine Reparatur dort nicht möglich war, wurde die nicht mehr betriebsfähige Lok am 19. März 2009 nach Aschaffenburg zurückgebracht. Ersatzweise erhielt die WFB vom Werk Mühldorf (Oberbay) am 11. Mai 2009 die 218 360, während 218 105 in Mühldorf (Oberbay) umfangreich aufgearbeitet wurde und am 15. Juli 2009 im Rücktausch gegen 218 360 wieder nach Aschaffenburg zurückkehrte.

Die vorausgegangene gründliche Instandsetzung in Mühldorf (Oberbay) und der ohnehin recht gute Unterhaltungszustand der 218 105 veranlasste die WFB zu einer vorzeitigen Hauptuntersuchung, obwohl die Acht-Jahresfrist einen Einsatz bis zum 21. Oktober 2010 möglich gemacht hätte. Am 8. Dezember 2009 wurde sie ins Werk Bremen überführt. Dort erhielt sie im Rahmen einer Untersuchung IS 703 eine Neulackierung in den TEE-Farben Purpurrot-Elfenbein, da die Lok zukünftig auch mit den vier in Aschaffenburg beheimateten TEE-Wagen der Nostalgieabteilung DB Historische Verkehre „TEE Rheingold" im Sonderverkehr zum Einsatz kommen sollte. Am 16. April 2010 kehrte die Lok mit einem Umweg über Trier zurück, um von dort 218 430 nach Aschaffenburg zu überführen. Letztere sollte in Mühldorf (Oberbay) neue Radsätze bekommen.

Bild 417 – Das zehnjährige Bestehen der Kurhessenbahn wurde Anfang September 2012 mit einem großen Streckenfest gefeiert. Von Korbach nach Brilon Wald/Brilon Stadt und Wolfhagen verkehrten anstelle der planmäßig eingesetzten Triebzüge historische Zuggarnituren im Stil der früheren Bundesbahnzeit. Hinzu kamen Sonderzüge, die u. a. mit **218 105** der Westfrankenbahn bespannt waren. Am 2. September ist die Lok mit ihrem Zug aus Korbach in Volkmarsen eingetroffen und wird nach kurzem Aufenthalt nach Wolfhagen weiterfahren.

Bild 418 – Etwas bescheidener wurde der 10. Geburtstag der Westfrankenbahn gefeiert. Einen Tag lang pendelten anstelle der planmäßigen Triebzüge lokbespannte Züge zwischen Wertheim und Miltenberg. Am 1. Mai 2016 passiert **218 460** der Westfrankenbahn – noch im verkehrsroten Farbkleid – mit RE 23466 (Wertheim – Miltenberg) das kleine Örtchen Faulbach. Schon bald wird die Lok im Rahmen einer Hauptuntersuchung ein ozeanblau-beiges Farbkleid erhalten und den Namen „Conny“ erhalten. AUFNAHMEN (2): ANDREAS HARTMANN

Bild 419 – Seit Ende 2016 trägt **218 460** wieder die ozeanblau/beige Farbgebung. Hier zieht die Lok am 30. April 2017 den Sonderzug RE 23471 (Miltenberg – Wertheim) durch Collenberg anlässlich des Tages der offenen Tür bei der Westfrankenbahn. In Zeiten von akutem Personalmangel ist dies sicher nicht die schlechteste Art, Werbung für das eigene Unternehmen zu machen! AUFNAHME: ANDREAS HARTMANN

Ab dem 31. Januar 2011 fuhr die TEE-farbene 218 105 mit einem aus drei n-Wagen bestehenden Wendezug als Ersatz für einen 628 folgenden Umlauf: Miltenberg – RB 23312 – Aschaffenburg – RB 23307 – Miltenberg – RB 23345 – Wertheim – RB 23378 – Miltenberg – RB 23328 – Aschaffenburg – RE 4195 – Wertheim – RB 23466 – Miltenberg.

Diese Einsätze endeten am 12. April 2011, nachdem genügend 628/928 zur Verfügung standen. Weitere Einsätze folgten u. a. im Rahmen einer Vermietung an DB Regio auf den Strecken Bonn – Euskirchen und Frankfurt (M) – Glauburg-Stockheim. Im Februar 2013 erlitt die Lok einen schweren Motorschaden und wurde zunächst abgestellt. Erst im März 2014 erhielt sie einen Tauschmotor, war danach aber nur noch wenig im Einsatz. Seit dem 3. Mai 2016 befindet sich die Lok im Besitz der Eisenbahn-Betriebsgesellschaft Neckar-Schwarzwald-Alb (NeSA).

Am 2. Juli 2015 erwarb die Westfrankenbahn die Kieler 218 460, die sich nach einer Hauptuntersuchung im Werk Bremen nun wieder in ihrer ursprünglichen ozeanblau/beigen Farbgebung präsentiert und den Namen „Conny" trägt. Namensgeberin ist Conny Schneider von der Westfrankenbahn, die als Betriebswirtin und Mitarbeiterin im Controlling maßgeblich an der Anschaffung und Instandsetzung der Lok beteiligt war. Im Januar 2017 kam 218 460 erstmals wieder in den Planeinsatz und beförderte als Mietlok Reisezüge auf der Strecke Frankfurt (M) Hbf – Bad Vilbel – Glauburg-Stockheim. Der Grund dafür war der hohe Schadstand bei den Triebzügen der Baureihe 642. Im Februar 2017 beförderte die Lok im Auftrag von DB Systemtechnik München Funkmesszüge u. a. zwischen Limburg (Lahn) und Altenkirchen (Westerw), bevor sie ab Anfang März bis Anfang Mai 2017 von Mühldorf (Oberbay) aus erneut in den planmäßigen Reisezugdienst gelangte. Unter anderem kam sie auch vor EC-Zügen zwischen München und Lindau zum Einsatz.

Wenig später wurde 218 460 von DB Regio Schleswig-Holstein angemietet und beförderte gemeinsam mit 218 387 der Kurhessenbahn den IRE 18447 Hamburg – Berlin, der als Ersatz für den IRE 4273 wegen Bauarbeiten zwischen dem 15. Mai und dem 31. August 2017 ab Stendal bis Rathenow über das nicht elektrifizierte Gleis der Berlin-Lehrter Bahn geführt werden musste. Im Oktober und November 2017 überführte die Lok jeweils in den Nachtstunden Zuggarnituren der Schwarzwaldbahn zwischen Villingen (Schwarzw) und Neustadt (Schwarzw), die wegen Bauarbeiten zwischen Offenburg und Hausach nur über die Höllentalbahn das Heimatwerk Freiburg (Breisgau) erreichen konnten.

Zum Fahrplanwechsel am 10. Dezember 2017 wurde bei der Westfrankenbahn wegen Triebwagenmangels ein eintägiger Umlauf für eine lokbespannte Doppelstockgarnitur aufgestellt. Neben der eigenen 218 460 kam auch die Mühldorfer 218 430 zum Einsatz. Gefahren wurden bis Mitte April 2018 im Sandwichbetrieb Regionalbahnen zwischen Aschaffenburg und Miltenberg.

Die Baureihe 218 bei der Westfrankenbahn

	Zugang aus		Abgang an	
218 105	15.12.08	Lübeck	03.05.16	NeSA
360	11.05.09	Mühldorf (Oberbay)	14.07.09	Mühldorf (Oberbay)
372	01.01.06	Darmstadt	01.03.07	DB AutoZug
430	16.04.10	Trier	24.05.10	Mühldorf (Oberbay)
	14.12.17	Mühldorf (Oberbay)	13.04.18	Mühldorf (Oberbay)
460	02.07.15	Kiel	01.03.17	Mühldorf (Oberbay)
	19.04.17	Mühldorf (Oberbay)		

6.2 Einsätze in den neuen Bundesländern

Einsatzstelle Stendal

Die Unzuverlässigkeit der Baureihe 219 mit zeitmultiplexer Wendezugsteuerung (ZWS) bewog den GB Nahverkehr in der zweiten Hälfte der neunziger Jahre, in Sachsen-Anhalt zukünftig die Baureihe 218 anstelle der 219 einzusetzen und dort auch zu beheimaten. Aus Lübeck erhielt die Einsatzstelle Stendal mit Beginn des Winterfahrplans 1998/1999 die Lokomotiven 218 101–111, 113–116 und 118. Neben Lokomotiven der Baureihe 219, die in Cottbus, Görlitz, Erfurt und Saalfeld (Saale) eine neue Heimat fanden, wurden mit den 218 auch die letzten Stendaler Lokomotiven der Baureihe 202 ersetzt. Planmäßig benötigte die Einsatzstelle 13 der 16 zur Verfügung stehenden 218, die hauptsächlich auf den Strecken Wolfsburg – Rathenow, Braunschweig – Wolfsburg – Magdeburg – Aschersleben und Aschersleben – Köthen – Dessau zum Einsatz kamen.

Mit Beginn des Sommerfahrplans 1999 wurde der 218-Umlauf (Tagesdurchschnittsleistung 532 km/LpT) auf 15 Planlokomotive erweitert, nachdem mit 218 151–153, 157, 158, 181, 242 und 249 weitere acht Maschinen aus Braunschweig und Ulm in den Bestand aufgenommen wurden. Mit dem Zugpaar RE 36085/36090 erreichten sie nun erstmals ab Magdeburg auch die thüringische Landeshauptstadt Erfurt.

Mit Beginn des Winterfahrplans 2000/2001 erfolgte eine erneute Verstärkung des Lokbestands um weitere neun Maschinen. Zugeteilt wurden 218 aus Braunschweig, 218 202 und 218 218 aus Rostock, 218 435–438, 440 und 447 aus Kempten (Allgäu) und 453 aus Regensburg. Abgelöst werden konnte dadurch ein Großteil der Halberstädter 219, deren Bestand erst zum Sommerfahrplan 2000 erhöht worden war. Des Weiteren ersetzten sie vier für DB Regio zwischen Halle (Saale) und Halberstadt sowie Magdeburg und Sangerhausen vor RB-Zügen eingesetzte 232.

Im Herbst 2000 verlor Stendal im Zusammenhang mit der Beheimatung der Baureihe 218 in Halberstadt jedoch einen Teil seines Bestandes. Weitere Lokomotiven wurden zum Beginn des Sommerfahrplans 2001 dorthin abgegeben. Im Gegenzug waren aber auch zahlreiche Neuzugänge zu verzeichnen, so dass sich zum 1. Juni 2001 folgender Bestand ergab:

218	101	102	103	104	105	106	107	118	153	157
	158	218	249	272	435	436	438	447	448	453
	455									
	gesamt: 21 Lokomotiven									

Am 31. Januar 2003 endete die 218-Beheimatung in Halberstadt im Zuge der Auflösung des Werkes. Ein großer Teil des dortigen Lokbestandes wechselte nach Stendal. Auch die Dienstpläne wurden weitgehend unverändert übernommen. Während des Sommerfahrplans 2003 wurden bei einem Bestand von 35 Lokomotiven planmäßig 24 eingesetzt. Im Umlauf L 4 liefen 13 Maschinen in ehemaligen Braunschweiger Dienstplänen. Eingesetzt wurden sie im RB-Verkehr auf folgenden Strecken:

- Bremen – Langwedel – Soltau (Han) – Uelzen;
- Braunschweig – Gifhorn – Wittingen – Uelzen;
- Hannover – Bad Harzburg;
- Braunschweig – Wolfsburg – Stendal;
- Hannover – Oebisfelde – Stendal.

Weitere elf Lokomotiven wurden für den Umlauf L 8 benötigt. Sie kamen vor RE und RB auf folgenden Strecken zum Einsatz:

- Braunschweig – Wolfsburg – Oebisfelde – Stendal;
- Halberstadt – Blankenburg (Harz) – Elbingerode (Harz);
- Magdeburg – Halberstadt – Thale.

Bild 420 – Am 26. Mai 1999 begegnet uns östlich von Güsten die Stendaler **218 105** mit einer Regionalbahn nach Aschersleben. Sehenswert ist der Schrankenposten 26, dessen vorderer Gebäudeteil mit dem spitzen Dach aus der Anfangszeit der Bahn stammen dürfte. Der Kurbelbock hat inzwischen einen elektrischen Antrieb erhalten, so dass der Schrankenwärter nicht mehr im Freien bei Wind und Wetter die Schranke bedienen muss. AUFNAHME: JOSEF HÖGEMANN

Bild 421
Einfahrt für RE 36102 in den Bahnhof Köthen am 22. September 2001. Der mit **218 454** bespannte Zug verkehrt von Dessau nach Aschersleben.

Bild 422
Nach der Wende blieb im Bahnhof Güsten zunächst alles beim Alten, und selbst am 3. Oktober 2002 sah es hier noch immer fast so aus wie zu Zeiten der Deutschen Reichsbahn. Stark rückläufig war allerdings das Verkehrsaufkommen. Am Wiedervereinigungs-Feiertag sorgt **218 433** mit RB 36479 für kurze Zeit für etwas Leben auf den Gleisen, die in den Folgejahren bis auf einen kläglichen Rest zurückgebaut werden sollten.

AUFNAHMEN (2): ULRICH WEHMEYER

Bild 423
Die IC-Züge von und nach Munster (Oertze) dienten vorrangig Angehörigen der Bundeswehr für die schnelle An- und Abreise. **218 210** wartet am 25. April 2003 im Bahnhof Munster (Oertze) vor IC 2733 auf den Abfahrtauftrag. Die Diesellok wird den Zug bis Uelzen befördern, wo die Übernahme durch eine Ellok erfolgt.

AUFNAHME: JOSEF HÖGEMANN

Mit Beginn des Jahresfahrplans 2004 wurde der Dienst mit der 218 in Stendal deutlich reduziert. Neue, beim Werk Magdeburg beheimatete Triebzüge der Baureihe 642 ersetzten zahlreiche 218-Leistungen zwischen Magdeburg und Thale. Auch zwischen Magdeburg und Oebisfelde verkehrten nun die Magdeburger 642 anstelle der bisher lokbespannten Züge. Ferner wurden auch die letzten zwischen Dessau und Aschersleben eingesetzten 218 abgelöst. Die betreffenden Züge übernahm jeweils ein Triebzug der Baureihe 628. Der Rückzug der Baureihe 218 ließ den zuvor elf Tage umfassenden Braunschweiger Umlauf auf fünf Tage sinken. Abgelöst wurde die Baureihe 218 auch zwischen Bremen und Uelzen, wo im Raum Bielefeld/Paderborn freigewordene Triebzüge der Baureihen 614 und 624/634 ihre Nachfolge antraten. Folglich gab Stendal mit Beginn des Jahresfahrplans 2004 einen Teil seiner Lokomotiven an andere Werke ab. Weitere Maschinen wurden von der Ausbesserung zurückgestellt.

Vollständig beendet wurden zum Fahrplanwechsel 2005/2006 die 218-Dienste zwischen Halberstadt, Blankenburg (Harz) und Elbingerode (Harz) nach Einstellung des Reisezugverkehrs auf der Rübelandbahn (der Personenverkehr Halberstadt – Blankenburg/Harz ging an den Harz-Elbe-Express/HEX). Zuletzt waren hier 218 307 und 218 101 aktiv. Gleichzeitig endete auch der Einsatz der Magdeburger 642 zwischen Magdeburg und Thale. Ersetzt wurden sie durch neue LINT-Triebwagen der Connex-Tochter HEX. Die frei werdenden 642 wiederum machten es möglich, die 218 auch auf den Strecken bzw. Streckenabschnitten Stendal – Rathenow und Stendal – Oebisfelde (– Braunschweig) abzulösen. Somit konnte auf eine weitere Beheimatung der zuletzt allesamt mit ZWS ausgestatten 218 in Stendal verzichtet werden. Sie wurden nach Darmstadt und Lübeck abgegeben.

Hingewiesen werden soll an dieser Stelle auch auf die Beheimatung der Lokomotiven 218 901-908 (ex Gasturbinenlokomotiven der Baureihe 210) beim Werk Stendal (Einzelheiten dazu findet man in Band II der V 160-Trilogie).

Die Baureihe 218 in Stendal (nur Serienlokomotiven)

	Zugang aus		Abgang an	
218 101	28.09.98	Lübeck	14.11.00	Halberstadt
	02.04.01	Halberstadt	08.06.01	Halberstadt
	01.07.03	Halberstadt	14.12.05	Darmstadt
102	28.09.98	Lübeck	09.06.01	Halberstadt
	01.07.03	Halberstadt	10.12.05	Lübeck
103	28.09.98	Lübeck	09.06.01	Halberstadt
	01.07.03	Halberstadt	10.12.05	Lübeck
104	28.09.98	Lübeck	09.06.01	Halberstadt
	01.07.03	Halberstadt	10.12.05	Lübeck
105	28.09.98	Lübeck	09.06.01	Halberstadt
	01.07.03	Halberstadt	10.12.05	Lübeck
106	28.09.98	Lübeck	09.06.01	Halberstadt
	01.07.03	Halberstadt	16.08.05	Lübeck
107	28.09.98	Lübeck	09.06.01	Halberstadt
	01.07.03	Halberstadt	10.12.05	Lübeck
108	28.09.98	Lübeck	14.11.00	Halberstadt
	11.02.02	Halberstadt	24.02.04	Braunschweig
109	28.09.98	Lübeck	14.11.00	Halberstadt
110	28.09.98	Lübeck	14.11.00	Halberstadt
111	28.09.98	Lübeck	14.11.00	Halberstadt
	01.07.03	Halberstadt	11.12.05	Darmstadt
113	28.09.98	Lübeck	09.01.01	Halberstadt
	01.07.03	Halberstadt	08.12.03	z
114	28.09.98	Lübeck	09.01.01	Halberstadt
115	28.09.98	Lübeck	14.11.00	Halberstadt
	25.06.03	Halberstadt	13.12.03	z
116	28.09.98	Lübeck	09.01.01	Halberstadt
118	28.09.98	Lübeck	09.06.01	Halberstadt

	Zugang aus		Abgang an	
218 (118)	01.07.03	Halberstadt	13.01.04	z
125	12.09.99	Braunschweig	28.02.01	Halberstadt
151	30.05.99	Ulm	20.11.99	Braunschweig
152	30.05.99	Ulm	20.11.99	Braunschweig
	15.11.00	Braunschweig	28.02.01	Halberstadt
	10.06.01	Halberstadt	09.08.03	z
153	13.01.99	Braunschweig	14.11.00	Halberstadt
	11.12.00	Halberstadt	09.06.01	Halberstadt
157	30.05.99	Ulm	07.12.00	Halberstadt
	25.01.01	Halberstadt	10.02.02	Halberstadt
158	31.05.99	Ulm	20.11.99	Braunschweig
	15.11.00	Braunschweig	10.02.02	Halberstadt
	16.12.02	Halberstadt	31.01.04	Braunschweig
181	12.01.99	Braunschweig	07.12.00	Halberstadt
202	05.11.00	Rostock Hbf	28.05.01	Kempten (Allgäu)
208	21.04.03	Leipzig Hbf Süd	14.12.03	Lübeck
209	21.04.03	Leipzig Hbf Süd	14.12.03	Lübeck
210	21.04.03	Leipzig Hbf Süd	14.12.03	Lübeck
218	05.11.00	Rostock Hbf	09.06.01	Halberstadt
	11.02.02	Halberstadt	31.01.04	Braunschweig
242	13.01.99	Braunschweig	14.11.00	Halberstadt
244	02.06.02	Darmstadt	07.09.03	z
246	19.08.01	Regensburg	29.04.03	Karlsruhe
249	30.05.99	Braunschweig	09.06.01	Darmstadt
262	11.02.02	Halberstadt	27.03.03	z
268	15.12.02	Halberstadt	23.03.03	Halberstadt
272	15.11.00	Braunschweig	09.06.01	Darmstadt
273	10.06.01	Braunschweig	31.01.04	Braunschweig
307	08.05.03	Ulm	10.12.05	Lübeck
321	17.07.03	Ulm	10.01.06	Lübeck
322	13.08.03	Ulm	10.12.05	Lübeck
355	01.07.03	Halberstadt	11.12.04	Lübeck
356	12.09.03	Ulm	11.12.04	Lübeck
406	10.06.01	Regensburg	14.12.02	Halberstadt
419	30.05.99	Regensburg	22.11.99	Kempten (Allgäu)
427	29.06.01	Lübeck	14.12.02	Halberstadt
431	10.06.01	Mühldorf (Oberbay)	11.12.04	Lübeck
432	10.06.01	Mühldorf (Oberbay)	11.12.04	Lübeck
433	10.06.01	Mühldorf (Oberbay)	11.12.04	Lübeck
435	05.11.00	Kempten (Allgäu)	09.06.01	Halberstadt
	15.12.02	Halberstadt	11.12.04	Lübeck
436	05.11.00	Kempten (Allgäu)	09.06.01	Halberstadt
	15.12.02	Halberstadt	11.09.03	Ulm
437	18.10.00	Kempten (Allgäu)	22.03.01	Mühldorf (Oberbay)
438	01.11.00	Kempten (Allgäu)	09.06.01	Halberstadt
	01.06.02	Halberstadt	13.12.03	Ulm
440	05.11.00	Kempten (Allgäu)	13.03.01	Mühldorf (Oberbay)
447	18.12.00	Kempten (Allgäu)	09.06.01	Halberstadt
	01.07.03	Halberstadt	31.01.04	Braunschweig
448	05.02.01	Kempten (Allgäu)	31.01.04	Braunschweig
449	10.06.01	Mühldorf (Oberbay)	14.01.04	Darmstadt
450	10.06.01	Mühldorf (Oberbay)	09.06.02	Halberstadt
	01.07.03	Halberstadt	31.01.04	Braunschweig
451	10.06.01	Mühldorf (Oberbay)	31.01.04	Braunschweig
452	10.06.01	Regensburg	31.01.04	Braunschweig
453	05.11.00	Regensburg	09.06.01	Halberstadt
	01.07.03	Halberstadt	11.12.04	Lübeck
454	10.06.01	Regensburg	11.12.04	Lübeck
455	05.02.01	Kempten (Allgäu)	31.01.04	Braunschweig
458	10.06.01	Mühldorf (Oberbay)	11.12.04	Lübeck
463	12.06.01	Kempten (Allgäu)	11.12.04	Lübeck
465	11.12.01	Ulm	11.12.04	Lübeck
466	01.07.03	Halberstadt	11.12.04	Lübeck
496	08.01.02	Regensburg	13.12.03	Ulm

Bild 424
Nach der Wende waren Stendaler 218 eine Zeitlang auch im Nordharzgebiet Sachsen-Anhalts aktiv. Befahren wurde u. a. mit Wendezügen die Strecke Halberstadt – Thale, wie hier am 10. Dezember 2003 im Bahnhof Quedlinburg. Rechts wartet ein Triebzug der Baureihe 628 als Anschlusszug nach Frose über Gernrode und Ballenstedt. Diese Nebenbahn besteht heute nur noch zwischen Quedlinburg und Gernrode. Sie wurde auf 1.000 mm umgespurt und gehört heute zum Netz der Harzer Schmalspurbahnen (HSB).

Aufnahme: Jürgen Hörstel

Bild 425
Am 21. Mai 2004 rollt **218 322** mit einem RE aus Magdeburg durch den „botanischen Garten“ des Bahnhofs Thale. Diese wenig einladenden Zustände haben sich inzwischen glücklicherweise deutlich verbessert, und die lokbespannten Züge sind längst modernen Nahverkehrstriebzügen gewichen. Im Dezember 2018 hat die Tochter Abellio der Niederländischen Eisenbahn hier den Verkehr übernommen.

Bild 426
Das östliche Stellwerk des Güterbahnhofs Oschersleben und das Formsignal bilden im Mai 2004 das passende Motiv für **218 432** mit ihren RE auf dem Weg von Magdeburg nach Halberstadt. Inzwischen ist aber auch hier die Modernisierung und Verschlankung der Bahnanlagen angekommen.

Aufnahmen (2): Georg Dollwet

Bild 427 – Der beschauliche Ort Cranzahl liegt an der Strecke Flöha – Bärenstein – Chomutov (Komotau/CZ). Hier kann in Züge der schmalspurigen Fichtelbergbahn nach Oberwiesenthal umgestiegen werden. Am 23. April 2010 nähert sich **218 324** der Erzgebirgsbahn mit RB 30809 dem Umsteigebahnhof. Im Jahr 2010 gab es häufiger planmäßige Einsätze der Baureihe 218 im Reisezugdienst auf den Erzgebirgsstrecken. Grund war Fahrzeugmangel an Triebzügen der Baureihe 642.

Erzgebirgsbahn

Die DB RegioNetz-Tochter Erzgebirgsbahn (EGB) in Chemnitz besteht seit dem 1. Januar 2002 als eines von sechs RegioNetzen. Ihr von der DB RegioNetz Infrastruktur unterhaltenes Streckennetz mit 217 km Länge verbindet Bahnhöfe des Erzgebirges, der Landkreise Mittelsachsen und Zwickau mit der Stadt Chemnitz.

Am 1. September 2009 übernahm die EGB die Mühldorfer 218 324, deren Überführung in die sächsische Industriestadt jedoch erst am 4. Februar 2010 erfolgte. Benötigt wurde die Lok vor allem zur Beförderung von Sonderreisezügen sowie für Arbeits- bzw. Hilfszugdienste und Schneepflugeinsätze. Im Frühjahr 2010 kam sie häufig vor Fußballsonderzügen zum Einsatz und ersetzte ab dem 15. April 2010 mit einem Zug aus n-Wagen vorübergehend einen Triebzug der Baureihe 642 zwischen Chemnitz und Cranzahl. Doch ihrer neuen sächsischen Heimat blieb die Lok nur wenige Monate treu. Schon am 14. Juni 2010 kehrte sie nach Mühldorf (Oberbay) zurück, um dort wenig später – elf Monate vor Fristablauf – abgestellt zu werden. Als Ersatz für 218 324 wurde im Werk Mühldorf (Oberbay) die frühere Trierer 218 430 reaktiviert und am 14. Juli 2010 als „Lz" nach Chemnitz überstellt.

Doch auch diese Lok blieb nur für kurze Zeit im Erzgebirge. Schon am 31. März 2011 kehrte sie nach Mühldorf (Oberbay) zurück, nachdem sie zuletzt kaum noch genutzt worden war.

Die Baureihe 218 bei der Erzgebirgsbahn

	Zugang aus		Abgang an	
218 324	01.11.09	Mühldorf (Oberbay)	14.06.10	Mühldorf (Oberbay)
430	14.07.10	Mühldorf (Oberbay)	31.03.11	Mühldorf (Oberbay)

Bild 428
Einige Jahre lang nutzte man auf den Strecken der Erzgebirgsbahn zur Vegetationsbekämpfung ein in Zwickau aus einem alten Kesselwagen umgebautes Spritzfahrzeug. Als ArbZ 91851 (Flöha – Cranzahl) ist **218 430** der Erzgebirgsbahn am 26. Mai 2012 bei Waldkirchen auf der Zschopautalbahn unterwegs und überquert auf einer Fischbauchbrücke den namensgebenden Fluss.

AUFNAHMEN (2): FELIX SERAPHIN

Bild 429 – Vor einem Regionalexpress wartet die Leipziger **218 183** in den Abendstunden des 7. Dezember 2001 in der großen Empfangshalle des Leipziger Hauptbahnhofs – dem größten Kopfbahnhof Europas – auf den Abfahrtauftrag. AUFNAHME: CARSTEN COX

Werk Leipzig Hbf Süd

Zur Ablösung der Baureihe 219 auf der Strecke Chemnitz – Leipzig wurde dem Werk Leipzig Hbf Süd Anfang April 2001 die Darmstädter 218 272 leihweise zur Verfügung gestellt. Sie gelangte ab dem 9. April zum Zweck der Personalschulung in den Umlauf der Baureihe 219. Nach wenigen Wochen kehrte sie nach Darmstadt zurück, bevor das Werk Leipzig Hbf Süd am 10. Juni die Lokomotiven 218 182, 183, 208, 209, 210, 212 und 213 aus Rostock übernahm. Ab dem Sommerfahrplan 2001 bestand für die Baureihe 218 ein fünftägiger Umlauf mit einer durchschnittlichen Laufleistung von 550 km/LpT vor Reisezügen zwischen Leipzig und Chemnitz über Borna (b Leipzig) und Bad Lausick. Keine zwei Jahre später war es dann auch schon wieder vorbei mit den 218-Einsätzen. Ab dem 16. Februar 2003 benötigte DB Regio die Lokomotiven planmäßig nicht mehr, nachdem auf der Strecke Chemnitz – Leipzig u. a. Leipziger 612 die lokbespannten Züge abgelöst hatten. Als letzte waren hier 218 209 und 213 im Einsatz.

Bild 430
Nur kurze Zeit währte der Umlauf einer Leipziger 218 in die Lausitz vor RE 17265/RB 27912, ein von Berlin bis Zittau verlängertes Zugpaar ab Rathenow. Am 1. Mai 2002 hat **218 409** den Bahnhof Spremberg erreicht, dessen Gleisanlagen schon seit vielen Jahren bis auf das Nötigste zurückgebaut sind.

AUFNAHME: ULRICH WEHMEYER

Bild 431 – Die Elstertalbrücke ist nach der bekannten Göltzschtalbrücke die zweitgrößte Ziegelsteinbrücke der Welt. Sie trägt die Bahnstrecke Leipzig – Hof nahe dem sächsischen Jocketa im Vogtland und überspannt dabei das Tal der Weißen Elster und die Elstertalbahn Gera – Weischlitz. Am 22. Mai 2010 schiebt 218 390 den RE 3716 von Hof nach Reichenbach (Vogtl).
AUFNAHME: FELIX SERAPHIN

Es verblieb vorläufig eine selten genutzte 218-Betriebsreserve in Leipzig Hbf Süd, die restlichen Maschinen wurden abgestellt. Eine der wenigen noch erbrachten Leistungen war ein am 20. März 2003 im Auftrag von DB R & T eingelegter Sonderzug von Leipzig über Burgstädt nach Riesa mit der Lok 218 183.

Im April 2003 wechselten 218 208, 209 und 210 nach Stendal, während 218 182, 183 und 213 im April bzw. Mai 2003 in Hagen (Westf) eine neue Heimat fanden. 218 212 wanderte Ende Juni 2003 hingegen in den z-Bestand. Aktiv verblieben vorerst 218 409 und 410, die im September 2001 von Regensburg für den RE-Verkehr Cottbus – Görlitz nach Leipzig Hbf Süd überstellt worden waren. Sie verloren ihr Einsatzgebiet am 15. Februar 2002 nach Übernahme der Leistungen auf dieser Strecke durch das Unternehmen Connex. Beide Lokomotiven übernahmen vom selben Tag an Abnahmefahrten des Bombardier-Werks Görlitz und kamen mehr oder weniger regelmäßig vor neuen Doppelstockwagen zwischen Görlitz-Werkbahnhof und Arnsdorf (b. Dresden) zum Einsatz. Sie ersetzten hier zwei Lokomotiven der Baureihe 234.

Bild 432
Am 11. September 2010 erreicht **218 390** mit dem RE 3707 aus Leipzig auf dem Weg nach Hof den Bahnhof Reuth (b Plauen/Vogtl). Die historische Fußgängerbrücke gibt es heute leider nicht mehr, sie musste der Streckenelektrifizierung weichen.

AUFNAHME: ULRICH WEHMEYER

Bild 433 (oben)
In Erinnerung an den „Vier-Länder-Express“ verkehrte im Jahr 2010 nochmals ein lokbespannter RE zwischen Leipzig und Hof. Eigens dafür wurden 218 333, 390 und 468 nach Leipzig umbeheimatet. Bei Ruppertsgrün bespannen **218 390** und Schlusslok **218 468** am 3. Dezember 2010 den RE 3704 (Hof Hbf– Leipzig Hbf).

Bild 434 (links)
Mit 608 m Länge befindet sich Deutschlands längster Bahnsteig in Gößnitz an der Strecke Leipzig – Werdau. Ab 2020 will die DB AG den Bahnhof modernisieren und die Bahnsteige kürzen. Mit RE 3707 legen **218 468** und Schlusslok **218 390** am 3. Dezember 2010 einen Halt in Gößnitz ein.

Aufnahmen (2): Felix Seraphin

Überraschenderweise kehrte die Baureihe 218 Anfang des Jahres 2010 für kurze Zeit noch einmal nach Leipzig zurück. Am 27. Januar wurde 218 333 zum Werk Magdeburg-Buckau überführt, buchmäßig aber in Leipzig Hbf Süd beheimatet. Dort diente sie zunächst als Betriebsreserve vor allem für ausgefallene Triebzüge, wurde aber mangels Beschäftigung bereits im Februar 2010 leihweise nach Lübeck abgegeben. Ende März kam sie nach Leipzig zurück und übernahm am 13. April 2010 zunächst im Rahmen der Personalschulung die Beförderung des aus einer Wendezugeinheit (n-Wagen) gebildeten Zugpaars RE 3703/3712 auf der Strecke Leipzig – Reichenbach (Vogtl) – Hof, bevor ab dem 1. Mai 2010 der Plandienst mit folgendem eintägigen Umlauf aufgenommen wurde: Leipzig Hbf – RE 3701 – Hof Hbf – RE 3704 – Leipzig Hbf – RE 3707 – Hof Hbf – RE 3716 – Reichenbach (Vogtl) ob. Bf – RE 3715 – Hof Hbf – RE 3714 – Leipzig Hbf.

Diese Leistungen verkehrten zuvor mit Triebzügen der Baureihe 612 zwischen Leipzig Hbf und Reichenbach (Vogtl) ob. Bf, deren Laufweg man nun bis Hof Hbf verlängert hatte. Der Einsatz der 218 endete offiziell am 11. Dezember 2010, nachdem bereits einige Tage zuvor Dresdner 143 und Leipziger 612 die Zugläufe übernommen hatten. 218 333, 390 und 468 verblieben nach Aufgabe des Plandienstes noch eine Zeitlang als Betriebsreserve in Leipzig Hbf Süd und für Sonderdienste.

Die Baureihe 218 in Leipzig Hbf Süd

	Zugang aus		Abgang an	
218 182	10.06.01	Rostock Hbf	24.04.03	Hagen (Westf)
183	10.06.01	Rostock Hbf	03.05.03	Hagen (Westf)
208	10.06.01	Rostock Hbf	20.04.03	Stendal
209	10.06.01	Rostock Hbf	20.04.03	Stendal
210	10.06.01	Rostock Hbf	20.04.03	Stendal
212	10.06.01	Rostock Hbf	30.06.03	z
213	10.06.01	Rostock Hbf	29.04.03	Hagen (Westf)
333	27.01.10	Kempten (Allgäu)	09.02.10	Lübeck (leihweise)
	30.03.10	Lübeck	30.04.11	Kiel
390	27.01.10	Kempten (Allgäu)	20.03.11	Ulm
	06.06.11	Ulm	16.11.11	Halle P
409	30.09.01	Regensburg	10.08.03	Ulm
410	30.09.01	Regensburg	03.08.03	Ulm
468	04.03.10	Kempten (Allgäu)	06.12.12	z
488	28.07.15	Kempten (Allgäu)	04.09.17	z

Betriebshof Halberstadt

1996 hatte sich die Baureihe 218 nach erfolgreichen Probefahrten als geeignetes Ersatzfahrzeug für die bisher als Rübelandbahn-Betriebsreserve vorgehaltenen ex-DR-Lokomotiven der Baureihe 228 erwiesen. Als wenige Jahre später die Nachrüstung der zwischen Blankenburg (Harz) und Königshütte vor Reisezügen eingesetzten Elloks der Baureihe 251 mit automatischer Türschließeinrichtung gefordert wurde, entschied sich die DB AG zur Umstellung des Reisezugverkehrs auf Wendezugbetrieb mit Diesellokomotiven der Baureihe 218. Damit ließen sich nicht nur die Umrüstungskosten einsparen, sondern vielmehr ermöglichte der Diesellokeinsatz auch die Durchbindung der Züge von Elbingerode über Blankenburg hinaus bis Halberstadt und den Verzicht auf das zeitraubende Umsetzen im Kopfbahnhof Michaelstein. Der Abschnitt Elbingerode – Königshütte war zu diesem Zeitpunkt bereits für den Personenverkehr stillgelegt (seit dem 29. Mai 1999).

Die Umstellung des Reisezugverkehrs auf die Baureihe 218 erfolgte mit Beginn des Jahresfahrplans 2001, nachdem das Werk Halberstadt zuvor am 15. November 2000 die Lokomotiven 218 101, 108, 109, 110, 111, 115, 153 und 242 aus Stendal erhalten hatte. Weiteren Zuwachs erhielt das Werk Halberstadt am 20. November 2000 mit den Braunschweiger Loks 218 151, 262, 268 und 270. Der wenig später zum Fahrplanwechsel aufgenommene, durchgehende Wendezugbetrieb Halberstadt – Elbingerode sorgte für eine deutliche Verkürzung der Reisezeiten, doch die damit verbundenen Hoffnungen auf eine bessere Auslastung der Züge konnte nur bedingt erreicht werden.

Weitere 218 gingen dem Werk Halberstadt in der ersten Jahreshälfte 2001 zu, so dass zum 1. Juli 2001 folgende Lokomotiven in den Bestandslisten geführt wurden:

218	101	102	103	104	105	106	107	108	109	110
	111	113	114	115	116	118	153	218	242	262
	268	435	436	438	447	453				

gesamt: 26 Lokomotiven

Damit waren in Halberstadt die Voraussetzungen geschaffen, möglichst bald alle Lokomotiven der Baureihe 219 abstellen zu können. Die Sechsachser aus rumänischer Produktion hatten sich in der Vergangenheit als recht störanfällig erwiesen und galten daher als nicht besonders zuverlässig. Und da Lokomotiven der Baureihe 218 in ausreichender Zahl verfügbar waren und diese ohnehin schon zwischen Halberstadt und Elbingerode erfolgreich

Bild 435
Mit einer Regionalbahn nach Elbingerode hat die Halberstädter **218 103** am 22. Juli 2002 auf der Rübelandbahn im Harz den 307 m langen Krumme-Grube-Tunnel bei Neuwerk durchfahren und überquert nun den 29 m hohen Krocksteinviadukt. Es folgt der 90 m lange Nebelholz-Tunnel.

AUFNAHME: JOSEF HÖGEMANN

Bild 436 – Mit der RB 37660 begegnet **218 107** am 17. August 2002 im Bahnhof Rübeland den beiden 50-Hz-Elloks 171 010 und 171 011. Ende 2005 wurde der planmäßige Reisezugverkehr auf der Rübelandbahn aufgrund zu geringer Nachfrage eingestellt. Geblieben sind neben dem regen Güterverkehr gegentliche Sonderzugfahrten mit der Dampflok 95 1027.
AUFNAHME: JOSEF HÖGEMANN

Bild 437 – Ausgangs Bernburg (Saale) auf der Strecke von Köthen nach Güsten passiert **218 427** mit RE 36108 nach Aschersleben am 14. April 2003 das ehemalige Gebäude des VEB Autobahnkombinats in Bernburg-Waldau.
AUFNAHME: ULRICH WEHMEYER

Bild 438 – In Halberstadt-Spiegelsberge legt die zweitälteste Serien 218 am 2. Mai 2003 mit einer Regionalbahn von Halberstadt nach Elbingerode einen kurzen Halt ein. Sehenswert ist das sehr gut gepflegte Stellwerk des für den Güterverkehr nach wie vor wichtigen Kreuzungsbahnhofs. AUFNAHME: GEORG DOLLWET

eingesetzt wurden, lag es nahe, auf die Baureihe 219 im Harzvorland gänzlich zu verzichten. Eingesetzt wurde die Baureihe 218 auf folgenden Strecken:

- Dessau – Aschersleben;
- Halberstadt – Blankenburg – Elbingerode;
- Halle (Saale) – Halberstadt – Ilsenburg;
- Magdeburg – Halberstadt – Thale.

2002 war die Ablösung der Baureihe 219 soweit fortgeschritten, dass nur noch 219 165 und 197 aktiv waren. Sie blieben bis Dezember 2002 im Bestand. Ab dem Jahresfahrplan 2002 waren planmäßig zwölf 218 auf den genannten Strecken im Einsatz, die ab dem 31. Januar 2003 im Zusammenhang mit der Auflösung des Werks Halberstadt durch das Werk Stendal eingesetzt wurden. Die Werkstatt bestand noch bis zum 30. Juni des Jahres. An diesem Tag ging der bereits zuvor durch verschiedene Abgaben reduzierte 218-Restbestand mit Ausnahme von 218 242 und 268 buchmäßig nach Stendal. Die beiden letztgenannten Loks wechselten erst am 17. Juli 2003 zu DB Fernverkehr.

Die Baureihe 218 in Halberstadt

	Zugang aus		Abgang an	
218 101	15.11.00	Stendal	01.04.01	Stendal
	09.06.01	Stendal	30.06.03	Stendal
102	10.06.01	Stendal	30.06.03	Stendal
103	10.06.01	Stendal	30.06.03	Stendal
104	10.06.01	Stendal	30.06.03	Stendal
105	10.06.01	Stendal	30.06.03	Stendal
106	10.06.01	Stendal	30.06.03	Stendal
107	10.06.01	Stendal	30.06.03	Stendal
108	15.11.00	Stendal	10.02.02	Stendal
109	15.11.00	Stendal	06.05.03	z
110	15.11.00	Stendal	06.05.03	z

	Zugang aus		Abgang an	
218 111	15.11.00	Stendal	30.06.03	Stendal
113	10.01.01	Stendal	30.06.03	Stendal
114	10.01.01	Stendal	12.06.03	Köln-Deutzerfeld
115	15.11.00	Stendal	24.06.03	Stendal
116	10.01.01	Stendal	12.06.03	Köln-Deutzerfeld
118	10.06.01	Stendal	30.06.03	Stendal
125	01.03.01	Stendal	09.06.01	Darmstadt
151	20.11.00	Braunschweig	20.01.01	Regensburg
152	01.03.01	Stendal	09.06.01	Stendal
153	15.11.00	Stendal	10.12.00	Stendal
	10.06.01	Stendal	21.05.03	Hagen (Westf)
157	08.12.00	Stendal	24.01.01	Stendal
	11.02.02	Stendal	21.05.03	Hagen (Westf)
158	11.02.02	Stendal	15.12.02	Stendal
181	08.12.00	Stendal	21.05.03	Hagen (Westf)
187	19.08.01	Regensburg	29.04.03	Karlsruhe
218	10.06.01	Stendal	10.02.02	Stendal
242	15.11.00	Stendal	17.07.03	DB Fernverkehr
262	20.11.00	Braunschweig	10.02.02	Stendal
268	20.11.00	Braunschweig	14.12.02	Stendal
	24.03.03	Stendal	17.07.03	DB Fernverkehr
270	20.11.00	Braunschweig	20.01.01	Regensburg
355	27.06.03	Ulm	30.06.03	Stendal
406	15.12.02	Stendal	18.06.03	Ulm
427	15.12.02	Stendal	18.06.03	Ulm
435	10.06.01	Stendal	14.12.02	Stendal
436	10.06.01	Stendal	14.12.02	Stendal
438	10.06.01	Stendal	31.05.02	Stendal
447	10.06.01	Stendal	30.06.03	Stendal
450	10.06.02	Stendal	30.06.03	Stendal
453	10.06.01	Stendal	30.06.03	Stendal
466	11.12.01	Ulm	30.06.03	Stendal

Bild 439 – Der Einsatz der Baureihe 218 in Rostock blieb nur eine kurze Episode. Zur Ablösung der Baureihe 219 standen dem dortigen Werk zwischen 1999 und 2001 einige Maschinen u. a. für den Einsatz auf der Strecke Pasewalk – Güstrow – Bützow zur Verfügung. Am 7. Mai 2000 durchfährt **218 211** mit RE 33084 den ehemaligen Bahnhof Hohen Mistorf auf ihrem Weg nach Bützow.

Werk Rostock Hbf

Die Beheimatung der Baureihe 218 beim Werk Rostock Hbf blieb eine kurze Episode. Erste Lok dieser Baureihe war die am 23. April 1999 aus Regensburg übernommene und zunächst für die Personalschulung verwendete 218 208. Ihr folgten zum Fahrplanwechsel Ende Mai 1999 mit 218 202, 206, 212 und 218 sowie im August mit 218 210 und 218 211 weitere sechs Lokomotiven aus Braunschweig und Regensburg. Die Loks übernahmen Einsätze im Regionalverkehr auf den Strecken Rostock – Wismar und Bützow – Güstrow – Neubrandenburg – Pasewalk und lösten in diesen Diensten die Baureihe 232 ab. Verstärkt wurde der 218-Bestand im Laufe des Jahres 2000 durch fünf weitere Zugänge aus Lübeck, Kaiserslautern, Regensburg und Mühldorf (Oberbay): 218 182, 183, 209, 221 und 386 ermöglichten die Ablösung weiterer 232 auf der Strecke Lübeck – Bad Kleinen.

Bereits mit Beginn des Sommerfahrplans 2001 konnte auf die 218 in Rostock verzichtet werden, nachdem Triebzüge der Baureihe 628 und der Ostmecklenburgischen Eisenbahn (OME) sämtliche 218-Leistungen auf der Strecke Lübeck – Bad Kleinen – Bützow – Güstrow – Neubrandenburg – Pasewalk übernommen hatten. Abgelöst wurden Ende Mai 2001 auch die 218 zwischen Rostock und Wismar. Hier kamen nun Rostocker 642 zum Einsatz.

Die Baureihe 218 in Rostock Hbf

	Zugang aus		Abgang an	
218 182	08.08.00	Lübeck	09.06.01	Leipzig Hbf Süd
183	01.07.00	Lübeck	09.06.01	Leipzig Hbf Süd
202	30.05.99	Regensburg	04.11.00	Stendal
206	30.05.99	Braunschweig	09.06.01	Trier
208	23.04.99	Regensburg	09.06.01	Leipzig Hbf Süd
209	28.05.00	Mühldorf (Oberbay)	09.06.01	Leipzig Hbf Süd
210	01.08.99	Regensburg	09.06.01	Leipzig Hbf Süd
211	01.08.99	Regensburg	09.06.01	Trier
212	30.05.99	Regensburg	09.06.01	Leipzig Hbf Süd
213	15.08.99	Regensburg	09.06.01	Leipzig Hbf Süd
215	26.09.99	Regensburg	09.06.01	Darmstadt
218	30.05.99	Braunschweig	04.11.00	Stendal
221	28.05.00	Regensburg	30.06.00	Lübeck
386	28.05.00	Kaiserslautern	29.06.00	Lübeck

Bild 440
Am selben Tag begegnen sich im Bahnhof Teterow **218 208** vor RE 33082 (Pasewalk – Bützow) und ein Triebwagen vom Typ Talent der Ostmecklenburgischen Eisenbahn (OME). Sehenswert ist das in Klinkerbauweise errichtete Empfangsgebäude im Hintergrund.

AUFNAHMEN (2): STEFAN PONZLET

7 Die 218 bei DB-Töchtern, Privatbahnen und Museen

7.1 Die DB-Töchter

7.1.1 DB AutoZug/DB Fernverkehr

Die einzige feste Verbindung der nordfriesischen Insel Sylt mit dem Festland von Schleswig-Holstein ist der ausschließlich dem Eisenbahnverkehr dienende 11,3 km lange Hindenburgdamm. Der Name kam während der Feierlichkeiten zur Eröffnung des Dammes am 1. Juni 1927, an denen der damalige Reichspräsident Hindenburg teilnahm, spontan auf. Über den Hindenburgdamm verläuft die Strecke Niebüll – Westerland (Sylt). Auf dem Abschnitt Klanxbüll – Morsum wurde diese Strecke 1972 zweigleisig ausgebaut.

Ab 1951 verkehrten viermal täglich spezielle Autotransportzüge, die als Naheilzüge eingesetzt wurden. 1958 fuhren bereits bis zu zehn Autozüge täglich. 1964 kamen neue doppelstöckige Gliedertransportwagen (sogenannte „Westerlandeinheiten“) zum Einsatz, ab ca. Frühjahr 2001 tauchte der Begriff „SyltShuttle“ für diesen Autoverkehr zur Insel auf. Das Autoreisezuggeschäft unter der Marke „Autozug“ steuert die Gesellschaft bereits seit Anfang 1997. Vom 30. Mai 1999 an unterstand der gesamte Autoverlade-, EuroNight- und D-Nacht-Verkehr der DB AG der mit selbem Datum als Tochterunternehmen der DB Reise&Touristik – welche 2003 den Firmennamen in DB Fernverkehr (FV) änderte – gegründeten DB AutoZug mit Sitz in Dortmund, die auch die Schifffahrt und Inselbahn Wangerooge (SIW) als Eisenbahn-Verkehrsunternehmen in eigener Regie betrieb.

Um in Zukunft in einer Firma neben den Produkten des Tageslinienverkehrs (ICE/IC) auch die bislang wirtschaftlich eigenständig verantworteten Sparten der Inselverkehre sowie der Autozug- und Nachtreisezugverkehre gestalten und produzieren zu können, wurde DB AutoZug am 30. September 2013 aufgelöst und mit DB Fernverkehr verschmolzen. Der SyltShuttle wird seither unter „DB Fernverkehr – Inselverkehr Sylt“ betrieben. Die sonstigen Autoreisezüge sowie die Nachtzüge wurden im Dezember 2016 aufgegeben.

Die 218 im SyltShuttle-Verkehr

Die Traktion der Autotransportzüge, darunter auch die klassischen Autoreisezüge wie z. B. das Zugpaar D 1332/1333 Berlin – Niebüll – Westerland (Sylt) lag seit Beginn der Lieferung der Baureihe 218 nach Schleswig-Holstein bisher fest in der Hand dieser Lokomotiven. Im Zuge der Bahnreform wurden sie DB Regio zugeschlagen und mussten daher von DB AutoZug gemietet werden.

Aufgrund der ab der Jahrtausendwende stark zunehmenden Shuttle-Verkehre suchte die Gesellschaft nach Möglichkeiten, für diese Einsätze eigene Triebfahrzeuge einzusetzen. Da jedoch keine Lokomotiven der Baureihe 218 zur Verfügung standen (DB Regio stand noch „gut im Geschäft“), bot sich als schnelle Lösung die Übernahme von Lokomotiven der Baureihe 215 nach dem Muster des Deals von DB Regio – DB Cargo an. Im Jahr 2002 kaufte DB AutoZug daher 14 Lokomotiven der Baureihe 215 von DB Regio, die im Werk Bremen aufgearbeitet und als Baureihe 215^{9} in Dienst genommen wurden, um sofort den Transport der Autotransportzüge zwischen Niebüll und Westerland (Sylt) zu übernehmen. Die Baureihe 215^{9} ist jedoch stets nur als Übergangslösung betrachtet worden; mit dem Auslaufen ihrer

Bild 441 – Am 27. Juli 2010 verlassen **218 311** und **218 364** von DB AutoZug – beide mit dem SyltShuttle-Emblem versehen – mit einem Autozug den Bahnhof Westerland (Sylt). Hinter den Lokomotiven sieht man einen der Motorradtransportwagen der Gattung Bomd^{277}, die bis 2016 im Einsatz waren. Aufnahme: Roland Hertwig

Bild 442 – Am warmen 6. Mai 2016 sind die beiden Niebüller **218 340** und **218 321** gemeinsam mit dem SyltShuttle AS 1448 von Niebüll gen Insel Sylt unterwegs. Wie man sieht, funktioniert der gegenseitige Austausch der Loks zwischen den Diensten SyltShuttle/Fernverkehr. Nahe der Kreuzungs- und Ausweichstelle Lehnshallig (Höhe über NN: –3 m) passieren sie ein Rapsfeld samt Fotografen. AUFNAHME: ANDREAS HACKENJOS

Fristen wurden die Lokomotiven in mehreren Etappen bis 2008 abgestellt. Notabene, in der offiziellen Darstellung der DB AG im Internetbeitrag: Geschichte, Der SyltShuttle – von den Anfängen bis heute ... heißt es „... *03.11.2003: 14 eigene Loks der Baureihe 218 werden eingesetzt*".

Bereits zum 1. April 2004 hatte DB AutoZug mit 218 320 eine DB Regio-218 in den eigenen Bestand (Betreiberbezeichnung „Lotte") übernommen, die bis zum 22. Juni 2005 in Westerland (Sylt) und anschließend in dem am 23. Juni neu eröffneten Werk Niebüll (Instandsetzung und Waschanlage) beheimatet war. Ihre Einsätze blieben vorerst auf die Überführung von Leergarnituren auf der Verbindung Hamburg – Bremen – Dortmund beschränkt. Im Herbst 2005 kam sie von Karlsruhe aus an Wochenenden vor einem Nachtexpress-Zugpaar nach Lindau-Reutin zum Einsatz. Anschließend stand sie bis zu ihrer Abstellung im Oktober 2006 im SyltShuttle-Verkehr Niebüll – Westerland (Sylt) im Einsatz. Sie war eine der letzten Lokomotiven (und einzige von DB AutoZug) in der ozeanblau-beigen Lackierung und diente noch bis Frühjahr 2015 in Niebüll und im Werk Bremen als Ersatzteilspender. Bis zum Sommer 2006 verkehrte jedes Jahr ein Tagesautozugpaar AZ 1430/1431 von/nach Westerland (Sylt), die Traktion der letzten Fahrt oblag der 218 320 zusammen mit 218 362.

Im Fahrplanjahr 2007 stand, wie schon seit den Anfängen in den neunziger Jahren, zusätzlich zu den „normalen" IC-Leistungen auf der Marschbahn immer noch einer der „traditionellen" Autoreisezüge im Laufplan: Die früheren Zugpaare D 9790/9791 Stuttgart (Kornwestheim) – Frankfurt/M (Neu Isenburg) – Niebüll – Westerland (Sylt) fungierten nun unter AZ 1498/1499.

Zug-Nr	Verkehrstage	Verkehrszeitraum	Abfahrt	Ankunft
AZ 1498	Mittwoch	16.05.2007	18.03	08.21 Uhr
	Sonntag	27.05.2007	18.03	08.21 Uhr
	Mittwoch	23.05. bis 12.09.2007	18.03	07.51 Uhr
	Sonntag	13.05. bis 20.05.2007 und 03.06. bis 14.10.2007	18.03	07.51 Uhr
AZ 1499	Montag	14.05. bis 15.10.2007	19.39	08.45 Uhr
	Donnerstag	17.05. bis 13.09.2007	19.39	08.45 Uhr

In der ersten Jahreshälfte 2005 testete DB AutoZug verschiedene moderne Dieselloks mehrerer Hersteller und Bauarten, die als Ersatzbeschaffungen in Frage kämen. Die Testreihen eröffnete der „Blue Tiger" 330090 der Osthannoverschen Eisenbahnen (OHE), es folgten im April zwei Siemens-EuroRunner ER 20-007 und ER 20-010. Im Mai stand eine Class 66 (DE 61) der Häfen und Güterverkehr Köln (HGK) im Einsatz. Die Versuche endeten mit der Anmietung einer Vossloh G 2000. Eine Bestellung erfolgte jedoch erst 2014 (sieben Loks des Typs TRAXX DE ME, BR 245).

Beschaffung der Baureihe 218 von DB Regio

Vorerst begann DB AutoZug nach einer Interimslösung zu suchen. Nachdem zum Fahrplanwechsel ab 11. Dezember 2005 die Nord-Ostsee-Bahn (NOB) den bislang von der DB Regio betriebenen Schienenpersonennahverkehr (SPNV) auf der Marschbahn übernommen hatte und damit die Leistungen der 218 drastisch reduziert waren, wurden Kontakte zu DB Regio aufgenommen, um (ebenso wie zu gleicher Zeit DB Fernverkehr) eine Übernahme von Lokomotiven der Baureihe 218 zu prüfen. DB Regio war zur Abgabe überzähliger Maschinen der Bauserien 1 und 2 bereit, für deren Übernahme/Kauf die gleichen Bedingungen wie bei dem Wechsel der Lokomotiven des „Notfallkonzeptes Fernverkehr" (Baureihe 218[8]) galten, d.h. der Käufer musste zum Restwert, falls dieser bei Null lag, einen auszuhandelnden Betrag entrichten, es gab keine Abgabe zum symbolischen Preis von 1 €. Die angebotenen Maschinen besaßen zum Teil noch einige Jahre gültige Fristen, andere standen bereits zur Untersuchung oder Ausmusterung an. Sie brauchten nicht wie die 215[9] umgezeichnet zu werden, sie behielten sowohl den Heizgenerator als auch ihre bisherigen Triebfahrzeugnummern. Falls noch nicht vorhanden, wurden sie mit digitalem Zugbahnfunk GSM-R und Drehgestellen mit automatischen Bremsgestängestellern ausgerüstet. Dies betraf die 218 160 und 218 183, die Ende 2006 noch nicht damit ausgestattet waren. Außerdem erhielten sie den verkehrsroten Anstrich und an den rechten Führerhausseiten das bekannte Emblem, bestehend aus der Silhouette der Insel und dem zweizeiligen Schriftzug „DB AutoZug – SyltShuttle".

Zum 1. Juli und 12. Dezember 2005 nahm DB AutoZug 14 Maschinen in den Bestand. Eine 15. Lokomotive – die ursprünglich vorgesehene 218 230 – wurde wegen eines Motorschadens mit Kabelbrand bei DB Regio im Jahr 2004 nicht übernommen worden. Die 218 131 traf als Letzte erst im März 2006 ein. Einzige orientrote Lokomotive bei DB AutoZug war 218 157.

07/2005 **218** 160, 162, 168, 190, 220, 227, 232, 362
12/2005 **218** 131, 157, 181, 182, 183, 184

218 190 und 220 waren am 8. Juli 2005 die ersten 218 von DB AutoZug, die in Doppeltraktion einen SyltShuttle nach Westerland (Sylt) beförderten. In den Folgejahren vergrößerte sich der 218-Bestand bei DB AutoZug schrittweise weiter. Im Jahr 2007 wechselten neun Lokomotiven den Besitzer, erstmalig nun überwiegend solche der 3. Bauserie:
im 1. Halbjahr **218** 311, 313, 363, 364, 371
im 2. Halbjahr **218** 319, 340, 359, 379

Zwei Lokomotiven mit Fristablauf erhielten sofort eine Revision, 218 311 am 27. Juni (IS 700) und 218 364 am 21. November 2007 (IS 703). Zur Auswahl hatte DB Regio im Werk Bremen weitere acht z-gestellte Lübecker 218 im Angebot (Abstellungsgrund „Verkauf, Naturalausgleich").

Für das Jahr 2008 war wegen der Neustrukturierung sämtlicher IC mit Dieseltraktion in Schleswig-Holstein, Niedersachsen und Mecklenburg-Vorpommern, deren Bespannung bis dahin von DB Regio abgewickelt worden war, eine Aufstockung des Triebfahrzeugparks nötig geworden, da zusätzliche IC-Leistungen auf der Marschbahn sowie Saisonleistungen nach Puttgarden und Seebad Heringsdorf von DB AutoZug übernommen werden sollten. Zudem stand bei mehreren Lokomotiven der Fristablauf bevor. Der Niebüller 218-Bestand wurde in fünf Schritten mit der Übernahme von weiteren bei DB Regio überzähligen Maschinen verstärkt. Von den 27 im Werk Bremen ausgewählten Lokomotiven standen elf Maschinen auf z.

01/2008 **218** 314, 342, 372z, 376, 381
05/2008 **218** 380
08/2008 **218** 341z, 344z, 345z, 365z, 366z, 369z, 374z, 378, 385z, 386
10/2008 **218** 315z, 389z
12/2008 **218** 117, 155, 185, 192, 213, 307, 321, 322, 397

Die erst am 1. Januar 2006 von der Westfrankenbahn (WFB) mit Sitz in Aschaffenburg übernommene 218 372 ist in Schöllkrippen nicht „alt" geworden. In einer Aktennotiz vom Dezember 2006 heißt es: *„... wird die Lok ab 10.12.06 nicht mehr benötigt."* Nach Fristablauf am 10. Februar 2007 diente sie als Leihgabe der Lokführerschule Troisdorf. 218 155 weilte nur kurz in Niebüll, bereits am 2. April ging sie wieder zurück zu DB Regio Hessen (Werk Darmstadt).

Wegen des gestiegenen Bedarfs genehmigte man den Maschinen der 3. Bauserie wieder Hauptuntersuchungen nach § 32 EBO (seit 2004 waren solche nur noch bei der Bauserie 4 gestattet): Die neu übernommenen Lokomotiven 218 342, 372, 376, 380 und 386 kamen zusammen mit den in den Jahren 2005/2007 gekauften 218 319, 362, 371 und 379 sogleich zum Werk Bremen und erhielten 2008 Revisionen nach Schadgruppe IS 630 bzw. IS 700. Eine Ausnahme bildete lediglich die seit dem 6. Januar 2006 z-gestellte 218 365, denn sie wurde zum 10. September 2008 ohne Hauptuntersuchung wieder in den Einsatzbestand überführt, aber bereits ein halbes Jahr später, am 24. April 2009, endgültig abgestellt. Die neun anderen z-Lokomotiven wechselten zwar auch buchmäßig an den Übernahmeterminen 2008 in den Niebüller Bestand, standen dem Betriebsdienst aber erst ab 2009 zur Verfügung:

218 315	z von 25.07.08 bis 29.10.08	13.02.09 (IS 630)
341	z von 29.12.07 bis 07.07.09	09.07.09 (IS 630)
344	z von 24.04.08 bis 14.04.09	15.04.09 (IS 630)
345	z von 25.07.08 bis 02.02.09	03.02.09 (IS 630)
366	z von 07.05.08 bis 14.05.09	25.05.09 (IS 703)
369	z von 25.02.08 bis 16.02.09	19.03.09 (IS 630)
374	z von 07.06.07 bis 16.02.09	17.02.09 (IS 630)
385	z von 27.02.08 bis 25.02.09	26.02.09 (IS 703)
389	z von 12.04.08 bis 01.10.09	02.10.09 (IS 703)

Im Endergebnis konnte DB AutoZug von 2005 bis Anfang 2009 insgesamt 49 überzählige Diesellokomotiven der Baureihe 218 (Bauserien 1 bis 3) von DB Regio übernehmen.

Bis Ende 2010 waren 20 Maschinen bereits abgestellt oder ausgemustert, unter ihnen alle der 1. und 2. Bauserie. Insgesamt 30 Lokomotiven hatten eine Revision erhalten:

2007 **218** 311, 364
2008 **218** 319, 342, 362, 371, 372, 376, 379, 380, 386
2009 **218** 313, 314, 315, 341, 344, 345, 359, 363, 366, 369, 374, 381, 385, 389, 397
2010 **218** 307, 321, 322, 340

Der Einsatzbestand hatte sich damit bei ± 30 Lokomotiven der 3. Bauserie eingependelt. Diese waren bei DB AutoZug buchmäßig in einem Pool mit je 15 Maschinen zusammengefasst, von denen 218 307, 315, 321, 322, 341, 344, 345, 366, 369, 374, 379, 380, 385, 389 und 397 überwiegend für Einsätze in den IC-Verkehren Hamburg – Westerland (Sylt), Hamburg – Fehmarn-Burg, dem Bundeswehr IC Uelzen – Munster (Örtze) und den Saison-IC im Abschnitt Stralsund – Seebad Heringsdorf vorgehalten wurden. Dagegen sollten 218 311, 313, 314, 319, 340, 342, 359, 362, 363, 364, 371, 372, 376, 381 und 386 hauptsächlich den SyltShuttle Niebüll – Westerland (Sylt) übernehmen. Die Loks wurden in der Praxis allerdings „freihändig" in beiden Diensten eingesetzt.

In der Folge blieb diese Konstellation mit ± 1 bei 30 Maschinen für die nächsten Jahre bis zur Verschmelzung von DB AutoZug mit DB Fernverkehr am 30. September 2016 konstant. Bis dahin waren endgültig ausgemustert:

2007 **218** 227, 232
2010 **218** 117, 192
2011 **218** 160, 162, 168, 182, 183, 190, 365
2012 **218** 131, 181, 185, 213, 320
2013 **218** 157, 374
2014 **218** 184
2015 **218** 378

Der Stern der Baureihe 218 im SyltShuttle-Verkehr begann mit den sieben pünktlich zwischen September 2015 und Juni 2016 an DB Fernverkehr ausgelieferten Lokomotiven der Baureihe 245 zu sinken. Diese Lokomotiven – ausgerüstet mit größerem Tank sowie vier Dieselmotoren mit einer höheren Gesamtleistung von fast 2.400 kW leistungs- und traktionsstark – übernahmen sofort die Bespannung der SyltShuttle, so dass die Baureihe 218 im Autotransportverkehr immer mehr an Bedeutung verlor. Verblieben sind wenige Maschinen, die überwiegend als Reserve dienen. Im Herbst 2016 nahm zusätzlich der private Betreiber Railroad Development Corporation (RDC) unter der Marke „RDC Autozug Sylt" als zweiter Autotransportanbieter den regulären Betrieb mit vier gemieteten Diesellokomotiven des Typs ME 26 auf. Sie boten fünfmal täglich Fahrten (ab Niebüll 05.05, 12.35, 13.05, 13.30 und 14.05 Uhr) zur Insel und zurück an.

DB Fernverkehr setzte als Konsequenz am 9. Februar 2017 folgende elf Lokomotiven des Shuttle-Verkehrs außer Betrieb:
218 311 313 319 342 359 362 364 371 372 376
386

Bild 443 – 218 116 brummt am 20. September 1980 bei Morsum ihrem Ziel Westerland (Sylt) zu. Am Zughaken hat sie eine der „Westerlandeinheiten“: Hinter dem Portalwagen Lekks^{544} folgen eine neungliedrige doppelstöckige Autotransporteinheit Laaes^{549} und ein zweiter Lekks^{544}. Weiter ist hinter einem Portalwagen dann (vermutlich) eine fünfteilige Gruppe aus zweiteiligen Laess^{550}, die ebenfalls im Westerlandverkehr verwendet wurden, zu erkennen. Am Schluss laufen mehrere Res^{682} (für Lkw). AUFNAHME: VOLKER CREDÉ

Rückblick: Die 218 im Sylt-Autotransportverkehr zu Bundesbahn-Zeiten

Schon zu Zeiten der Deutschen Bundesbahn waren in den 218-Laufplänen bestimmte Tage für die Autotransporte Niebüll – Westerland (Sylt) eingeplant, die nach einer IC-Vor- oder Nachleistung vier bis fünf Fahrten mit Autotransportzügen vorsahen. Dies war z. B. im Laufplan 14 für 16 Loks mit ø 553 km/LpT des Bw Hamburg-Altona vom Sommer 1977 an den Tagen 8 und 9 der Fall: erste Leistung in Westerland (Sylt) vor E 2071 nach Hamburg-Altona und zurück mit E 3708. In den Nachmittags-/Abendstunden zweimal Niebüll und zurück mit Autotransporten. Am Tag 9 standen fünf Fahrten zur Insel und zurück an (die letzte bis Husum), nachmittags P 5741 (Husum – Hamburg-Altona) und D 674 (Frankfurt – Kassel – Westerland). Der Plan enthielt für bestimmte Tage und Monate Sonderleistungen, bei denen nur Inselverkehre mit maximal zehn Fahrten anstanden.

Im Laufplan 9 für 42 Loks mit ø 508 km/LpT des Bw Flensburg, gültig vom 27.01.1980 an, waren die Tage 8 bis 10 ausschließlich zur Traktion der Autozüge vorgesehen: an Tag 8 mit sieben Fahrten (273 km), an Tag 9 und 10 je sechs Fahrten (234 km). Ähnliche Leistungen erbrachte der Plan 11 für 46 Loks mit ø 627 km/LpT vom Sommer 1981, wo an den Tagen 34 bis 37 Einsätze für den Sylt-Verkehr anstanden. An diesen Tagen wurden vor Autotransportzügen 390, 356, 431 und 385 km erreicht. Auch der Sommerfahrplan 1988 hatte im Plan 11 für 49 Loks mit ø 676 km/LpT an den Tagen 13 bis 15 Einsätze nach Westerland (Sylt) und zurück, auch hier mit geringen Kilometerleistungen: Tag 13 bei fünf Fahrten 195 km, Tag 14 mit sechs Fahrten 234 km und Tag 15 mit sieben Fahrten 273 km.

Die ungefähre Durchschnittsleistung der Flensburger 218 im Sylt-Verkehr für die drei Tage im Januar 1980 läge bei 250 km/LpT, für die vier Tage des Sommers 1981 bei 390,5 km/LpT und für die drei Tage im Sommer 1988 bei 234 km/LpT. Hochgerechnet wären das im Schnitt Monatsleistungen von 7.500, 11.715 und 7.020 km.

Bild 444
Die Traktion der Autoreisezüge Berlin – Westerland (Sylt) lag noch bis Mai 1992 in der Hand von Flensburger 218. Hier sehen wir die **218 158** am 29. Juli 1989 bei der Einfahrt in den Bahnhof Meldorf. Hinter der Lok sind drei Autotransportwagen des Typs DDm der Deutschen Reichsbahn eingereiht, dahinter folgen DR-Reisezugwagen.

AUFNAHME: ALBERT SCHÖPPNER, ARCHIV JÖRG SAUTER

Bild 445 – Auch als Aushilfe im SyltShuttle-Verkehr Niebüll – Westerland (Sylt) waren und sind die 218^8 des Fernverkehrs-Notfallkonzepts gern gesehene Gäste. **218 822** (ex 218 231) und **218 366** vor AS 1431 am 10. August 2012 bei Keitum. AUFNAHME: ROLAND HERTWIG

Die letzten vier betriebsfähigen Shuttle-Lokomotiven 218 314, 340, 363 und 381 verkehrten nach wie vor in Doppeltraktion, zusammen mit den Fernverkehrsmaschinen vereinzelt noch bis Herbst 2017 in ihren Stammeinsätzen sowie im IC-Verkehr auf der Marschbahn. Am 24. April 2017 sah ihr Dienst so aus:

218 314 und 363	SyltShuttle
218 307 und 341	IC 2315
218 315 und 380	IC 2375/2374
218 340	IC 2311/2310
218 345 und 389	IC 2314/2073
218 366 und 397	IC 2072
218 322	Lz 77979 Hamburg-Eidelstedt – Niebüll
218 344	Lz 77977 Niebüll – Bremen-Sebaldsbrück
218 379	in Niebüll
218 321, 369, 381 und 385	im Werk Bremen

Vereinzelt konnten auch „fremde" Maschinen im SyltShuttle-Verkehr beobachtet werden, etwa die Karlsruher 218 484 im Sommer 2011. Lokomotiven des Notfallkonzepts der Baureihe 218^8 (Eigentum DB Fernverkehr und daher ohne Mietkosten) gaben mehrmals ein Gastspiel vor den SyltShuttle-Zügen, um einen Engpass zu überbrücken. Beobachtet wurden die Frankfurter 218 822 und 823 von September 2011 bis August 2012 sowie die Berliner 218 831 im Sommer 2012. Fast zwei Jahre, von 2013 bis Ende Januar 2015, hat die 218 836 in Niebüll verbracht. Ab September bis 19. November 2017 weilte die 218 833 aus Frankfurt-Griesheim als Aushilfe/Ersatz für inzwischen abgestellte Shuttle-218er, deren Ende nun ganz schnell kam. Bis Mitte 2018 waren die letzten vier Loks komplett abgestellt:

- 218 381 am 17. März 2017,
- 218 363 am 14. Juni 2017,
- 218 314 am 21. August 2017
- und als Letzte wegen Flachstellen die 218 340 am 6. März 2018 (Fristablauf war der 28. März 2018).

Damit schien der offizielle Einsatz der Baureihe 218 im SyltShuttle-Verkehr Geschichte zu sein. Die neue Baureihe 245 von DB Fernverkehr (DB-Pressedienst: „*... bislang werden zwei Lokomotiven für einen Autozug benötigt, künftig reicht eine einzige TRAXX-Lok, ab Mitte 2016 werden die neuen Maschinen die alten Loks der Baureihe 218 auf dieser Strecke vollständig ablösen*") und die vier ME 26 der RDC Autozug Sylt teilten sich den lukrativen Inselverkehr. Im Jahresfahrplan 2017/2018 waren bis zu 20 tägliche Fahrten ausgewiesen, wobei für die RDC sechs Fahrtenpaare an sieben Tagen vorgesehen waren. Im Laufe des Jahres 2018 ersetzte RDC die ME 26 durch zwei Lokomotiven des Typs Vectron DE (Baureihe 247^9).

Weil die Lokomotiven der Baureihe 245 noch nicht den erwarteten Zuverlässigkeitsgrad aufwiesen, konnte auf die Baureihe 218 im SyltShuttle-Verkehr doch noch nicht ganz verzichtet werden. Die beiden mit ZWS/ZDS ausgerüsteten 218 321 und 322 erhielten daraufhin im Jahr 2018 im Werk Bremen eine IS 630 (die 218 321 am 16. August, die 218 322 am 6. Juni) und können somit auch für den IC-Wendezugverkehr genutzt werden. Einen Monat später wurde auch die Führung der Shuttle-Züge mit nur einer Lok 245 aufgegeben und bis auf Weiteres die Doppeltraktion 245 + 245 wieder eingeführt.

Mitte 2018 traten Probleme bei den Motoren der von der NordOstseeBahn (NOB) übernommenen Baureihe 245^2 wie Öllecks, verstopfte Rußpartikelfilter aufgrund von Softwarefehlern und Kühlwasserverluste auf, die zu Ausfällen von Motoren und zu Verspätungen führten. Als Überbrückung kamen 245 von DB Regio und DB Fernverkehr leihweise im SPNV auf der Marschbahn zum Einsatz. Um den damit aufgetretenen Unterbestand im SyltShuttle-Verkehr in Niebüll zu beheben, wurden am 9. September 2018 die Ulmer 218 443, 491 und 494 sowie zwei Tage später die 218 825, 835 und 836 von DB Fernverkehr vorübergehend nach Niebüll umgesetzt.

Laufleistungen der 218 im SyltShuttle-Verkehr

Die monatlichen Laufleistungen der im SyltShuttle-Verkehr eingesetzten Lokomotiven lagen im Bereich unter 10.000 km. Die Streckenlänge von Niebüll nach Westerland (Sylt) beträgt 39 km. Ein (angenommener) siebentägiger Umlaufplan mit fünf Fahrten

Bild 446
Vor der Skyline aus Hotel- und Apartmenthäusern der Inselhauptstadt Westerland (Sylt) winden sich am Morgen des 7. August 2009 die Loks **218 190** und **218 131** mit einem SyltShuttle nach Niebüll durch die Gleisanlagen des Inselbahnhofs. Die St. Nicolai-Kirche duckt sich regelrecht vor dieser Kulisse. Links im Bild sind drei Reihen offensichtlich neuer Autotransportwagen zu sehen, rechts stehen zwei weitere 218 in Wartestellung.

AUFNAHME: MARKUS TIGGES

an Tag 1 (195 km), sieben Fahrten an Tag 2 (234 km) und jeden weiteren Tag eine Fahrt mehr bis zehn Fahrten an Tag 7 (390 km), ergeben rechnerisch 250,7 km/LpT oder monatlich 7.521 km.

Der Fahrplan von Mai bis Dezember 2006 sah in der Sommersaison folgende Hin- und Rückfahrten vor: an Werktagen 18/19, samstags 26 und an Sonn- und Feiertagen 24; in der Herbst- und Wintersaison immerhin noch an Werktagen 15/14, samstags 23/12 und sonn-/feiertags 21/13. Die Anzahl der Fahrten des SyltShuttle-Fahrplans, gültig von Dezember 2016 bis Dezember 2017, wies ähnlich viele Hin- und Rückfahrten aus: in der Sommersaison an Werktagen 18/19, samstags 26 und an Sonn- und Feiertagen 24; im Herbst und Winter immerhin noch an Werktagen 15/14, samstags 23/12 und sonn-/feiertags 21/13. Auf Grundlage der o. a. Fahrpläne und in der Annahme von zehn täglichen Fahrten (390 km/LpT) könnten bei angenommenen 27 Einsatztagen theoretisch monatlich 10.530 Laufkm pro Lok anfallen, durchschnittlich 315 km/ LpT.

Die Ermittlung der Monatsleistungen einiger SyltShuttle-218 anhand ihrer Gesamtlaufleistung seit der letzten Untersuchung nach § 32 EBO bis zum Abstelldatum [monatliche Laufkm seit Rev. = (km seit Rev. ÷ (Einsatztage × 30)] ergibt Durchschnittswerte zwischen rund 6.000 und 7.000 km – ein deutlicher Rückgang der Kilometerleistung in Diensten bei DB AutoZug im Vergleich zu denen einer vom Juli 1998 stammenden Aufstellung:

Tfz-Nr	Datum der letzten Unt.	km seit letzt. Unt.	ø km/ Monat	km seit Abnahme	ø km seit letzt. Unt.-Datum
218 313	29.04.2009	636.577	6.760	4.341.252	
218 314	21.08.2009	689.948	7.089	4.817.781	
218 340	29.04.2010	564.719	6.061	4.478.865	10.142, 02.1989
218 359	26.01.2009	583.866	5.988	4.396.224	10.913, 03.1990
218 363	18.06.2009	684.364	7.031	5.005.710	10.275, 11.1987
218 381	18.03.2009	659.518	6.776	5.084.515	

Einsatz und Laufleistungen der 218 im Fernverkehr

Die in Niebüll noch vorhandenen letzten 14 Lokomotiven von DB Fernverkehr werden auch weiterhin im IC-Verkehr nach Westerland (Sylt) unterwegs sein. Die in den Jahren 2016 bis 2018 erfolgten Hauptuntersuchungen dieser Lokomotiven des IC-Verkehrs deuten darauf hin:

2016 **218** 345 (15.10.), 366 (09.11.), 379 (09.08.), 380 (12.03.), 385 (21.12.)
2017 **218** 315 (03.03.), 321 (16.08.), 341 (03.11.), 344 (26.07.), 369 (06.07.), 389 (17.11.), 397 (03.03.)
2018 **218** 307 (07.09.), 322 (05.06.)

Die Laufkilometerleistung der von DB Fernverkehr genutzten Lokomotiven unterschied sich nur wenig von denen der Shuttle-Loks. Ihre Einsätze auf der Marschbahn bewegten sich im Grunde nur zwischen den Wendebahnhöfen Hamburg Hbf, Westerland (Sylt) und Itzehoe, an Werktagen zusätzlich mit einer Güterzugleistung nach Maschen Rbf. Abweichend davon erreichten die Loks freitags und sonntags am Laufplantag 7 mit der Traktion des Bundeswehr-IC-Paares 1931/1930 auch Uelzen und Munster (Örtze) in Niedersachsen.

In einem Laufplan für acht Triebfahrzeuge der Baureihe 218 mit durchschnittlich 277 km/LpT (max. 486 km, min. 238 km) vom Winterfahrplan 2013 pendelten die Maschinen täglich mehrmals zwischen Westerland (Sylt) und Hamburg Hbf bzw. Westerland (Sylt) und Itzehoe; Güterzugleistungen enthielt der Umlauf nicht. Die Laufleistungen hatten sich montags bis donnerstags zusätzlich um zwei bzw. vier Stillstandstage in Hamburg Hbf reduziert. An diesen Tagen wurden durchschnittlich 238 bzw. 307 km/Tag erreicht.

Bild 447
Da die Platzverhältnisse im Lokschuppen in Westerland (Sylt) sehr beengt waren und unnötige Rangierbewegungen erforderten, zogen die 218 von DB AutoZug am 23. Juni 2005 in die neu gebaute, moderne zweiständige Werkstatt mit Waschanlage zur Wartung und Instandsetzung nach Niebüll um. Am 17. Mai 2014 warten die **218 376** und drei weitere SyltShuttle-Loks auf neue Einsätze. Nach Verschmelzen von DB AutoZug mit DB Fernverkehr prangt als Eigentumsbezeichnung an der Halle heute das DB-Emblem.

AUFNAHME: PETER WEGNER

Laufpläne (Auszüge) für die 218 von DB AutoZug, Werk Niebüll, im Jahr 2009

Laufplan A1 für zehn Triebfahrzeuge der Baureihe 218 mit ø 368 Laufkm/LpT, gültig ab 4. April 2009 bis 25. Oktober 2009:

Montag:

Lkm	Tag	
571	1	Uelzen – Tfzf 79090 – Hamburg Hbf – 2076 – Westerland (Sylt) – 2077 – Hamburg Hbf
486	2	Hamburg Hbf – 2076 – Westerland (Sylt) – 2077 – Hamburg Hbf
491	3	Westerland (Sylt) – 2001 – Hamburg-Altona – Lr 2001 – Hamburg-Langenfelde – Tfzf 79091 – Hamburg Hbf – 2170 – Westerland (Sylt)
491	4	Westerland (Sylt) – 2001 – Hamburg-Altona – Lr 2001 – Hamburg-Langenfelde – Tfzf 79091 – Hamburg Hbf – 2170 – Westerland (Sylt)
346	5	Westerland (Sylt) – 2311 – Itzehoe – 2310 – Westerland (Sylt)
346	6	Westerland (Sylt) – 2311 – Itzehoe – 2310 – Westerland (Sylt)
243	7	Westerland (Sylt) – 2181 – Hamburg Hbf
243	8	Westerland (Sylt) – 2181 – Hamburg Hbf
526	9	Itzehoe – 2314 – Westerland (Sylt) – 2315 – Itzehoe – 53577 – Maschen Gbf – 53572 – Itzehoe
346	10	Itzehoe – 2314 – Westerland (Sylt) – 2315 – Itzehoe

Freitag:

Lkm	Tag	
243	1	Westerland (Sylt) – 2171 – Hamburg Hbf
243	2	Westerland (Sylt) – 2171 – Hamburg Hbf
346	3	Itzehoe – 2314 – Westerland (Sylt) – 2315 – Itzehoe
526	4	Itzehoe – 2314 – Westerland (Sylt) – 2315 – Itzehoe – 53577 – Maschen Gbf – 53572 – Itzehoe
486	5	Hamburg Hbf – 2076 – Westerland (Sylt) – 2077 – Hamburg Hbf
486	6	Hamburg Hbf – 2076 – Westerland (Sylt) – 2077 – Hamburg Hbf
480	7	Hamburg Hbf – Tfzf 79095 – Hamburg-Langenfelde – Lr 77739 – Uelzen Gbf – Lr 77739 – Munster (Örtze) – 1931 – Uelzen – Tfzf 79083 – Hamburg Hbf – 2170 – Westerland (Sylt)
243	8	Hamburg Hbf – 2170 – Westerland (Sylt)
346	9	Westerland (Sylt) – 2311 – Itzehoe – 2310 – Westerland (Sylt)
346	10	Westerland (Sylt) – 2311 – Itzehoe – 2310 – Westerland (Sylt)

Sonntag:

Lkm	Tag	
346	1	Westerland (Sylt) – 2311 – Itzehoe – 2310 – Westerland (Sylt)
346	2	Westerland (Sylt) – 2311 – Itzehoe – 2310 – Westerland (Sylt)
486	3	Westerland (Sylt) – 2171 – Hamburg Hbf – Tfzf 79096 – Itzehoe – 1808 – Westerland (Sylt)
486	4	Westerland (Sylt) – 2171 – Hamburg Hbf – Tfzf 79096 – Itzehoe – 1808 – Westerland (Sylt)
346	5	Itzehoe – 2314 – Westerland (Sylt) – 2315 – Itzehoe
346	6	Itzehoe – 2314 – Westerland (Sylt) – 2315 – Itzehoe
638	7	Hamburg Hbf – 2078 – Westerland (Sylt) – 2079 – Hamburg Hbf – Tfzf 79093 – Uelzen – 1930 – Munster (Örtze) – Lr 77770 – Uelzen
486	8	Hamburg Hbf – 2078 – Westerland (Sylt) – 2079 – Hamburg Hbf
243	9	Hamburg Hbf – 2170 – Westerland (Sylt)
243	10	Hamburg Hbf – 2170 – Westerland (Sylt)

Anmerkung: Tfzf ist die aktuelle Fachbezeichnung für Triebfahrzeugfahrt, früher „Lz".

Der **Laufplan A 2** des Werks Niebüll für eine 218 regelte den Einsatz nach Puttgarden bis 4. Oktober 2009. Von Montag bis Freitag fuhr die Lok von Hamburg Hbf nach Hamburg-Langenfelde und weiter als Lr 77728 nach Puttgarden sowie mit IC 2327 nach Hamburg Hbf zurück (308 km). Samstags kam das Zugpaar 2120/2121 (Hamburg Hbf – Puttgarden und zurück) als zusätzliche Leistung hinzu (616 km), das an Sonntagen mit ebenfalls 308 Kilometern die einzige Tagesleistung darstellte. Der Durchschnittswert lag bei 351 km/LpT. Im Laufplan A 2, gültig ab 4. bis 25. Oktober 2009, war die Lokomotive von Montag bis Freitag in Hamburg Hbf abgestellt, samstags und sonntags kamen mit dem Zugpaar 2120/2121 nur 308 km zustande, was einem Durchschnitt von 88 km/LpT entsprach.

Noch erheblich weniger Kilometer fielen im **Laufplan AB** für eine Lok 218 mit Leistungen zwischen Stralsund und Seebad Heringsdorf an. Montag bis Donnerstag abgestellt in Stralsund, am Freitag ging es mit IC 1863 nach Seebad Heringsdorf, am Samstag stand hier das Zugpaar 1815/1814 auf dem Programm, um schließlich am Sonntag mit IC 1819 nach Stralsund zurück und zur Abstellung ab Montag zu kommen. Die Durchschnittsleistung lag bei 59 km/LpT.

Bild 448
218 389 und eine Schwestermaschine – beide von DB Fernverkehr – treffen am 19. März 2016 mit dem IC 2310 im Bahnhof Keitum ein. Die Formsignale sind hier inzwischen Lichtsignalen gewichen.

AUFNAHME: ROLAND HERTWIG

Bild 449
Auch nach dem Erscheinen der neuen Loks der Baureihe 245 sind die 218-bespannten SyltShuttle zwischen Niebüll und Westerland (Sylt) noch nicht Vergangenheit. Auch am 17. Juni 2017 waren hier wieder 218 anzutreffen, denn an diesem Tag wurde 245 025 im IC-Dienst zwischen Hamburg und Westerland (Sylt) eingesetzt und stand den Autozügen nicht zur Verfügung. Mit dem langen AS 1455 beschleunigen **218 340** und die Kieler DB-Regio-Lok **218 470** aus dem Betriebsbahnhof Lehnshallig und brummen nun in Richtung Hindenburgdamm.

AUFNAHME: MALTE WERNING

Bild 450
Am 20. Dezember 2018 machte sich von Bremen-Sebaldsbrück ein Lokzug mit zehn 218 auf den Weg zur Abstellung nach Leipzig-Engelsdorf, einem neuen Abstellort des DB-Stillstandsmanagements, darunter sechs am 9. Februar 2017 z-gestellte SyltShuttle-Loks,. 218 311 und 364, gleichermaßen SyltShuttle, waren vor der Abfahrt ausgereiht und zur Verschrottung nach Opladen gebracht worden. Hier sehen wir, geführt von **218 466** (Railsystems RP), die Fuhre bei Bremen-Mahnsdorf. Die Delinquenten sind: **218 386**, **405**, **333**, **408**, **313**, **381**, **340**, **314**, **359** und **370**.

AUFNAHME: TORSTEN KLOSE

Bestandsübersicht der 218 von DB-AutoZug/DB Fernverkehr des Standortes Niebüll						
Tfz-Nr.	**Übernahme**	**von**	**z-Stellung**	**Abgang**	**km seit Abn.**	**Bemerkung**
218 117	14.12.2008	Lübeck	18.12.2009	19.11.2010		verkauft an HEROS
218 131	03.03.2006	Oberhausen	05.12.2009	16.01.2012	1.863.498*)	++ TSR Magdeburg.
218 155	15.12.2008	Darmstadt	leihweise	02.04.2009		verkauft an NeSA
218 157	19.12.2005	Lübeck	05.04.2009	01.09.2013	4.692.192	++ Scholz Espenhain
218 160	01.07.2005	Ulm	18.01.2007	27.07.2011	4.404.417	++ TSR Magdeburg
218 162	01.07.2005	Ulm	09.12.2009	27.05.2011	4.288.859	++ TSR Magdeburg
218 168	01.07.2005	Ulm	01.02.2007	27.07.2011	4.542.916	++ TSR Magdeburg
218 181	19.12.2005	Lübeck	03.12.2009	16.01.2012	4.026.870	++ TSR Magdeburg
218 182	12.01.2006	Darmstadt	18.05.2008	27.07.2011	4.529.941	++ TSR Magdeburg
218 183	12.01.2006	Darmstadt	19.02.2007	27.07.2011	4.557.693	++ TSR Magdeburg
218 184	19.12.2005	Lübeck	05.04.2009	01.04.2014		verkauft an Werk Bremen
218 185	14.12.2008	Lübeck	19.12.2009	03.08.2012		++ Scholz Espenhain
218 190	01.07.2005	Trier	06.02.2010	27.05.2011	4.841.738	++ TSR Magdeburg
218 192	15.12.2008	Regensburg	19.04.2009	17.02.2010		++ Steil Köln
218 213	15.12.2008	Regensburg	04.11.2009	25.01.2012		Verbleib?
218 220	01.07.2005	Karlsruhe	01.11.2007		3.334.279	SSM Chemnitz
218 227	01.07.2005	Darmstadt	24.08.2007	01.09.2007	5.505.586	++ Steil Köln
218 232	01.07.2005	Darmstadt	01.08.2007	22.08.2007	4.925.263	++ Steil Köln
218 307	01.12.2008	Lübeck				Fernverkehr
218 311	01.04.2007	Regensburg	09.02.2017	21.01.2019	3.552.881	SyltShuttle, ++ Bender Opladen
218 313	17.04.2007	Kempten	09.02.2017		4.341.252	SyltShuttle
218 314	10.01.2008	Kempten	21.08.2017		4.817.781	SyltShuttle
218 315	31.10.2008	Lübeck				Fernverkehr
218 319	01.09.2007	Kempten	09.02.2017	18.10.2017	4.606.723	verkauft an Railsystems RP
218 320	01.04.2004	Darmstadt	18.10.2006	11.05.2012		++ TSR Magdeburg.
218 321	01.12.2008	Lübeck				Fernverkehr
218 322	01.12.2008	Lübeck				Fernverkehr
218 340	19.12.2007	Regensburg	06.06.2018		4.478.865	SyltShuttle
218 341	01.08.2008	Regensburg				Fernverkehr
218 342	10.01.2008	Kempten	09.02.2017		5.280.802	SyltShuttle
218 344	01.08.2008	Kempten				Fernverkehr
218 345	01.08.2008	Lübeck				Fernverkehr
218 359	19.12.2007	Regensburg	09.02.2017		4.396.224	SyltShuttle
218 362	01.07.2005	Trier	09.02.2017		5.204.262	SyltShuttle
218 363	01.03.2007	Mühldorf	14.06.2017		5.005.710	SyltShuttle
218 364	01.03.2007	Mühldorf	09.02.2017	18.01.2019	2.746.323	SyltShuttle, ++ Bender Opladen
218 365	01.08.2008	Lübeck	24.09.2009	24.11.2011		++ TSR Magdeburg.
218 366	01.08.2008	Kempten				Fernverkehr
218 369	01.08.2008	Darmstadt				Fernverkehr
218 371	05.02.2007	Lübeck	09.02.2017		5.117.977	SyltShuttle
218 372	01.03.2007	Schöllkrippen	09.02.2017		3.696.057	SyltShuttle
218 374	01.08.2008	Kempten	30.06.2012	11.04.2013		++ Scholz Espenhain
218 376	10.01.2008	Kempten	09.02.2017		4.852.923	SyltShuttle
218 378	01.08.2008	Lübeck	09.04.2009	21.08.2015		++ Steil Eschweiler
218 379	01.09.2007	Lübeck				Fernverkehr
218 380	01.05.2008	Lübeck				Fernverkehr
218 381	10.01.2008	Kempten	17.03.2017		5.084.515	SyltShuttle
218 385	01.08.2008	Kempten				Fernverkehr
218 386	01.08.2008	Lübeck	09.02.2017		1.928.484*)	SyltShuttle
218 389	01.10.2008	Ulm				Fernverkehr
218 397	01.12.2008	Haltingen				Fernverkehr

Anmerkung: *) Gesamt-Laufkilometer der 218 131 und 386 wegen fehlender Unterhaltungsabschnitte nicht ermittelbar

Bei der Ermittlung der Monatslaufleistungen einiger der Fernverkehrs-218 soll mangels neuer Werte eine Auswertung nach oben dargestellter Methode [monatliche Lauf-km seit Rev. = (km seit Rev. ÷ (Einsatztage × 30)] herhalten (Stichtag 1. Januar 2018). Die so errechneten Durchschnittswerte liegen zwischen rund 7.000 und knapp 9.000 km und sind ebenfalls rückläufig gegenüber denen einer aus den Jahren 1988/1994 stammenden Aufstellung:

Tfz-Nr	Datum der letzten Unt.	km seit letzt. Unt.	ø km/ Monat	km seit Abnahme	ø km seit letzt. Unt.-Datum
218 307	10.06.2010	629.672	8.734	5.581.886	10.857, 05.1994
218 315	21.08.2009	689.948	7.484	4.817.781	10.200, 02.1989
218 322	23.03.2010	620.396	7.208	4.579.085	10.357, 12.1994
218 380*	10.10.2008	822.206	9.036	*4.082.033*	15.297, 07.1988

*) Laufkm wegen fehlendem 3. Unterhaltungsabschnitt hochgerechnet

Bild 451 – Am schneereichen 17. Februar 2010 hat sich **218 835** (ex 218 370) in Berlin-Lichtenberg an die Leergarnitur des CNL 1246 „Capella“ aus München gesetzt, um diese zum Werk von Talgo Deutschland an der Warschauer Straße zu bringen, wo tagsüber die Versorgung der Wagen erledigt wurde. AUFNAHME: SEBASTIAN SCHRADER

7.1.2 DB Fernverkehr, Baureihe 218[8]

Aufbauend auf den Erfahrungen der Triebfahrzeugverkäufe zwischen den Konzerntöchtern DB Cargo – DB Fernverkehr (BR 216 als 226) und DB Regio – DB Cargo (BR 215 als 225) nahm DB Fernverkehr (FV) bereits Anfang 2003 Kontakte mit DB Regio auf, um eine Übernahme von Lokomotiven der Baureihe 218 für Abschleppdienste als Ersatz der abgängigen 226 zu prüfen. DB Regio war zur Abgabe überzähliger Maschinen der Bauserien (BS) 1 bis 3 grundsätzlich bereit. Die Einzelheiten (Anzahl, Preis, Ausrüstung, Unterhaltungszustand) hatten die beteiligten Technik- und Finanzressorts zu regeln. Allerdings waren die Zeiten der früher oft praktizierten Abgabe von Triebfahrzeugen zum symbolischen Wert von 1 € vorbei. Die Kostenrechner prüften die von den Technikern als geeignet gehaltenen Triebfahrzeuge auf das Vorhandensein von Restbuchwerten und wie hoch diese zu bewerten seien. Lagen sie bei Null, musste der Preis ausgehandelt werden, ansonsten waren die Restbuchwerte fällig, so die Forderung von DB Regio.

Obwohl buchungstechnische Trennungen in den Systemen der beiden Unternehmen diesmal keine große Rolle spielten, wurde *zur Abgrenzung von den Fahrzeugen der DB Regio* die Unterbaureihe 218[8] generiert (im Grunde wäre das bei den 216 auch möglich gewesen). Die neuen Fahrzeugnummern setzen sich wie folgt zusammen: Die erste Stelle der Ordnungsnummer kennzeichnet die Unterbaureihe (8), in der nächstfolgenden Ziffer ist die Bauserie der Lokomotive erkennbar, anschließend folgt eine laufende Nummer von Null bis Neun (218 810 bzw. 218 839). Eine elfte Lok der Bauserie 3 hätte das System allerdings gesprengt.

Bei der Anbringung der neuen Triebfahrzeugnummern kam es intern anfangs zu Kommunikationsirritationen: Offenbar legte man die Bezeichnung *„Baureihe 218[8]“* so aus, die erste Stelle der Ordnungsnummer in 8 unter Beibehaltung der zweiten und dritten Stelle zu ändern. Als 218 357 im September 2005 zur IS 703 im Werk Bremen einrückte, vermerkte der *Fertigungszettel Baureihe DL 218 357-2* unter Sonstige auszuführende Arbeiten u. a. *„Umzeichnung der Fahrzeug-Nr. 218 857-1“*. So sah das auch der Fertigungszettel der 218 370 vor, die als 218 870 bezeichnet werden sollte.

Daraufhin verfasste DB Fernverkehr ein erläuterndes Schreiben an alle Beteiligten folgenden Wortlautes:

DB Mobility
Fernverkehr

Gemäß bes. Verteiler *Aktenzeichen …*

Umzeichnung Tfz 218 DB Fernverkehr *08.11.2005*

Sehr geehrte Damen und Herren,
DB Fernverkehr beabsichtigt, insgesamt 14 Triebfahrzeuge der Baureihe 218 in den aktiven Anlagenbestand zu übernehmen. Einige Fahrzeuge wurden bereits übernommen.

Alle Fahrzeuge erhalten zur Abgrenzung von den Fahrzeugen der DB Regio die neue Baureihe 218.8 sowie neue Fahrzeugnummern. Die Fahrzeuge der DB Fernverkehr wurden wie folgt umgerüstet:
- *Einbau einer verstärkten Zug- Stoßeinrichtung Typ 445*
- *genereller Einbau einer K 32 Vorwärmanlage*
- *Ausrüstung mit Notkupplung zum Abschleppen von ICE (jedoch nicht fest angebaut).*

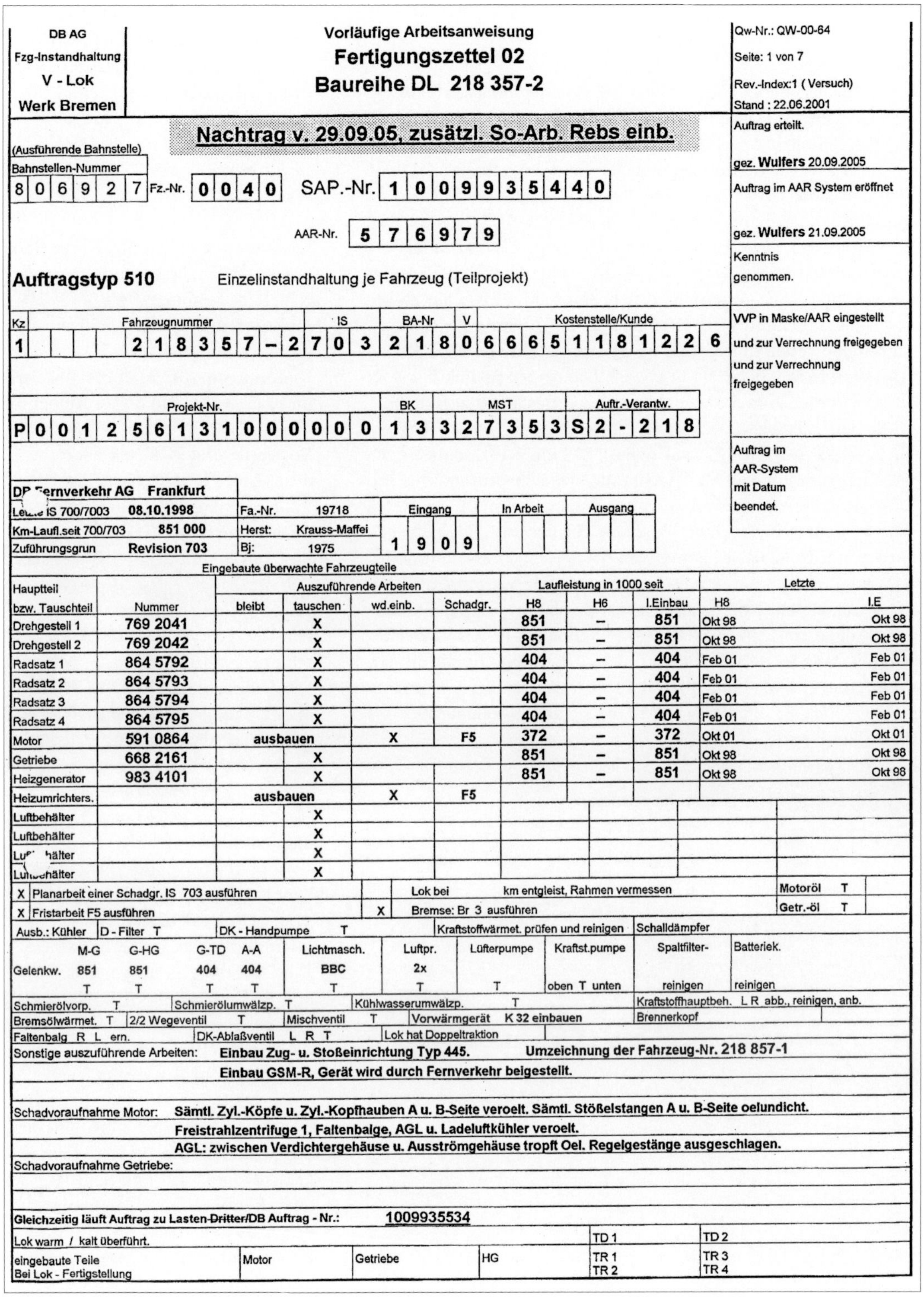

DB AG
Fzg-Instandhaltung
V - Lok
Werk Bremen

Vorläufige Arbeitsanweisung
Fertigungszettel 02
Baureihe DL 218 357-2

Qw-Nr.: QW-00-64
Seite: 1 von 7
Rev.-Index:1 (Versuch)
Stand : 22.06.2001

Nachtrag v. 29.09.05, zusätzl. So-Arb. Rebs einb.

Auftrag erteilt.
gez. **Wulfers** 20.09.2005
Auftrag im AAR System eröffnet
gez. **Wulfers** 21.09.2005
Kenntnis genommen.

(Ausführende Bahnstelle)
Bahnstellen-Nummer 8 0 6 9 2 7 Fz.-Nr. 0 0 4 0 SAP.-Nr. 1 0 0 9 9 3 5 4 4 0
AAR-Nr. 5 7 6 9 7 9

Auftragstyp 510 Einzelinstandhaltung je Fahrzeug (Teilprojekt)

Kz	Fahrzeugnummer	IS	BA-Nr	V	Kostenstelle/Kunde
1	2 1 8 3 5 7 – 2	7 0 3	2 1 8	0	6 6 6 5 1 1 8 1 2 2 6

VVP in Maske/AAR eingestellt und zur Verrechnung freigegeben und zur Verrechnung freigegeben

Projekt-Nr.	BK	MST	Auftr.-Verantw.
P 0 0 1 2 5 6 1 3 1 0 0 0 0 0 0	1 3	3 2 7 3 5 3	S 2 - 2 1 8

Auftrag im AAR-System mit Datum beendet.

DB Fernverkehr AG Frankfurt
Letzte IS 700/7003 **08.10.1998** | Fa.-Nr. 19718
Km-Laufl.seit 700/703 **851 000** | Herst: Krauss-Maffei
Zuführungsgrun **Revision 703** | Bj: 1975

Eingang	In Arbeit	Ausgang
1 9 0 9		

Eingebaute überwachte Fahrzeugteile

Hauptteil bzw. Tauschteil	Nummer	Auszuführende Arbeiten: bleibt	tauschen	wd.einb.	Schadgr.	Laufleistung in 1000 seit: H8	H6	I.Einbau	Letzte: H8	I.E
Drehgestell 1	769 2041		X			851	–	851	Okt 98	Okt 98
Drehgestell 2	769 2042		X			851	–	851	Okt 98	Okt 98
Radsatz 1	864 5792		X			404	–	404	Feb 01	Feb 01
Radsatz 2	864 5793		X			404	–	404	Feb 01	Feb 01
Radsatz 3	864 5794		X			404	–	404	Feb 01	Feb 01
Radsatz 4	864 5795		X			404	–	404	Feb 01	Feb 01
Motor	591 0864	ausbauen		X	F5	372	–	372	Okt 01	Okt 01
Getriebe	668 2161		X			851	–	851	Okt 98	Okt 98
Heizgenerator	983 4101		X			851	–	851	Okt 98	Okt 98
Heizumrichters.		ausbauen		X	F5					
Luftbehälter			X							
Luftbehälter			X							
Luftbehälter			X							
Luftbehälter			X							

X Planarbeit einer Schadgr. IS 703 ausführen | Lok bei km entgleist, Rahmen vermessen | Motoröl T
X Fristarbeit F5 ausführen | X Bremse: Br 3 ausführen | Getr.-öl T

Ausb.: Kühler | D - Filter T | DK - Handpumpe T | Kraftstoffwärmet. prüfen und reinigen | Schalldämpfer

Gelenkw.	M-G 851 T	G-HG 851 T	G-TD 404 T	A-A 404 T	Lichtmasch. BBC T	Luftpr. 2x T	Lüfterpumpe T	Kraftst.pumpe oben T unten	Spaltfilter- reinigen	Batteriek. reinigen

Schmierölvorp. T | Schmierölumwälzp. T | Kühlwasserumwälzp. T | Kraftstoffhauptbeh. L R abb., reinigen, anb.
Bremsölwärmet. T | 2/2 Wegeventil T | Mischventil T | Vorwärmgerät K 32 einbauen | Brennerkopf
Faltenbalg R L ern. | DK-Ablaßventil L R T | Lok hat Doppeltraktion

Sonstige auszuführende Arbeiten: **Einbau Zug- u. Stoßeinrichtung Typ 445. Umzeichnung der Fahrzeug-Nr. 218 857-1**
Einbau GSM-R, Gerät wird durch Fernverkehr beigestellt.

Schadvoraufnahme Motor: **Sämtl. Zyl.-Köpfe u. Zyl.-Kopfhauben A u. B-Seite veroelt. Sämtl. Stößelstangen A u. B-Seite oelundicht.**
Freistrahlzentrifuge 1, Faltenbalge, AGL u. Ladeluftkühler veroelt.
AGL: zwischen Verdichtergehäuse u. Ausströmgehäuse tropft Oel. Regelgestänge ausgeschlagen.

Schadvoraufnahme Getriebe:

Gleichzeitig läuft Auftrag zu Lasten ~~Dritter~~/DB Auftrag - Nr.: 1009935534

Lok warm / kalt überführt. | TD 1 | TD 2
eingebaute Teile Bei Lok - Fertigstellung | Motor | Getriebe | HG | TR 1 TR 2 | TR 3 TR 4

Bild 452
Ungenaue Verständigung/Unterrichtung der einzelnen Arbeitsgruppen in Verwaltung und Fertigung führten anfangs dazu, die Baureihenbezeichnung 218[8] so zu verstehen, dass nur die erste Ziffer der bisherigen Ordnungsnummer durch die „8" ersetzt werden sollte. Die fehlerhafte Tfz-Nummer 218 857-1 ist nicht durch falsches Erkennen der „357" entstanden, da die Kontrollziffer „1" richtig ist.

SAMMLUNG PETER GROSSE

Mit der Umnummerung ist auch eine Unterscheidungsmöglichkeit bzw. Differenzierung anhand der Baureihe bzw. fortlaufende Nummernfolge (218.8) bezüglich der Gültigkeit verschiedener Maßnahmen (z. B. IW-P) für die Tfz Baureihe 218.8 bzw. 218 möglich. Auch ist anhand dieser Merkmale eine sofortige Unterscheidung bezüglich des vorgesehenen Einsatzes (Regeleinsatz bzw. Abschlepploks) möglich.

alt 218 159-2 Baureihe 218	*neu 218 810-0 Baureihe 218.8*
alt 218 188-1 Baureihe 218	*neu 218 812-6 Baureihe 218.8*
alt 218 189-9 Baureihe 218	*neu 218 813-4 Baureihe 218.8*
alt 218 231-9 Baureihe 218	*neu 218 822-5 Baureihe 218.8*
alt 218 305-1 Baureihe 218	*neu 218 830-8 Baureihe 218.8*
alt 218 394-5 Baureihe 218	*neu 218 831-6 Baureihe 218.8*
alt 218 357-2 Baureihe 218	*neu 218 832-4 Baureihe 218.8*
alt 218 383-8 Baureihe 218	*neu 218 833-2 Baureihe 218.8*
alt 218 367-1 Baureihe 218	*neu 218 834-0 Baureihe 218.8*
alt 218 370-5 Baureihe 218	*neu 218 835-7 Baureihe 218.8*

gez. Unterschrift

Auswahl und Beschaffung der 218 von DB Regio

Die Teilnehmer der beiden Unternehmen tagten in der Zentrale in Frankfurt (M), zeitweise im Beisein von Fachkollegen der DB Systemtechnik Minden (Westf) und der Fahrzeuginstandhaltung Werk Bremen. Die Verhandlungen endeten mit einer Vereinbarung über eine Abgabe von 14 Loks der Baureihe 218 für das „Notfallkonzept Fernverkehr". Zum 11. Juli und 15. Dezember 2003 übernahm FV zunächst folgende sechs Maschinen von DB Regio:

Juli	**218**	242, 268
Dezember	**218**	159, 173, 188, 189

218 159 hatte bereits „Erfahrung" als Abschlepplok in Hamburg-Ohlsdorf gehabt. Da sich bei 218 173 ein schwerer Rahmenbruch herausgestellt hatte, diente sie als Ersatzteilspender und wurde nicht aufgearbeitet, die vorgesehene Fahrzeugnummer 218 811 blieb unbesetzt. Buchmäßig geführt als 218 173 (PT-MB7) in Frankfurt wurde sie nach den Unterlagen von DB Fernverkehr am 21. März 2005 als z-Lok ausgemustert. Die 218 242 und 268, beide noch mit Fristen bis April bzw. Mai 2005 (jedoch bei DB Regio, VB Elbe-Saale, Werk Halberstadt seit 6. Mai 2003 auf z), kamen nach Umbau im Werk Bremen als 218 820 und 821, ausgerüstet mit den Scharfenberg-Übergangskupplungen von 226 135 und 146, am 3. November 2003 in Dienst. Die beiden Spenderloks der BR 226 wurden zum 5. Dezember in den z-Bestand überführt.

Ab Mitte Januar 2004 begann im Werk Bremen der Umbau von 218 159, 188 und 189 (in 218 810, 812 und 813), so dass nach deren Fertigstellung ab Mai zwei Drittel des 226-Bestands bis Juli 2004 ausgemustert werden konnte. Wegen der nicht besetzten 218 811 fehlte eine sechste Maschine für den im „Doppelpack" geplanten Einsatz der Lokomotiven bei den Standorten Frankfurt (M), Köln und Berlin, wo die Leistung zweier Maschinen für einen Abschleppvorgang benötigt wird. Bis dahin waren gemeinsame Einsätze von 226 mit 218^8 keine Seltenheit (226 130 zusammen mit 218 810 im Juli 2004 auf der NBS Köln – Frankfurt/M). Aus diesem Grund übernahm DB Fernverkehr im Dezember 2004 218 231 (REV 8. Juli 1999) und reihte sie am 29. Januar 2005 als 218 822 in ihren Bestand ein.

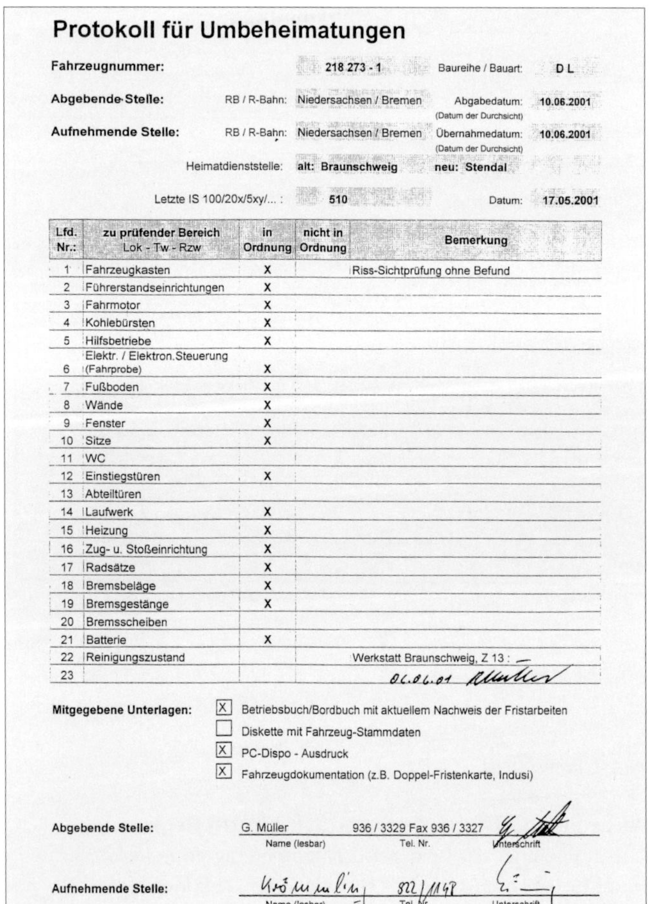

Protokoll für Umbeheimatungen

Fahrzeugnummer: 218 273 - 1 — Baureihe / Bauart: D L

Abgebende Stelle: RB / R-Bahn: Niedersachsen / Bremen — Abgabedatum: 10.06.2001 (Datum der Durchsicht)

Aufnehmende Stelle: RB / R-Bahn: Niedersachsen / Bremen — Übernahmedatum: 10.06.2001 (Datum der Durchsicht)

Heimatdienststelle: alt: Braunschweig — neu: Stendal

Letzte IS 100/20x/5xy/... : 510 — Datum: 17.05.2001

Lfd. Nr.:	zu prüfender Bereich Lok - Tw - Rzw	in Ordnung	nicht in Ordnung	Bemerkung
1	Fahrzeugkasten	X		Riss-Sichtprüfung ohne Befund
2	Führerstandseinrichtungen	X		
3	Fahrmotor	X		
4	Kohlebürsten	X		
5	Hilfsbetriebe	X		
6	Elektr. / Elektron.Steuerung (Fahrprobe)	X		
7	Fußboden	X		
8	Wände	X		
9	Fenster	X		
10	Sitze	X		
11	WC			
12	Einstiegstüren	X		
13	Abteiltüren			
14	Laufwerk	X		
15	Heizung	X		
16	Zug- u. Stoßeinrichtung	X		
17	Radsätze	X		
18	Bremsbeläge	X		
19	Bremsgestänge	X		
20	Bremsscheiben			
21	Batterie	X		
22	Reinigungszustand			Werkstatt Braunschweig, Z 13 : —
23				

Mitgegebene Unterlagen:
- [X] Betriebsbuch/Bordbuch mit aktuellem Nachweis der Fristarbeiten
- [ ] Diskette mit Fahrzeug-Stammdaten
- [X] PC-Dispo - Ausdruck
- [X] Fahrzeugdokumentation (z.B. Doppel-Fristenkarte, Indusi)

Abgebende Stelle: G. Müller — 936 / 3329 Fax 936 / 3327
Name (lesbar) — Tel. Nr. — Unterschrift

Aufnehmende Stelle:
Name (lesbar) — Tel. Nr. — Unterschrift

Bild 453 – Für Standortwechsel/Umbeheimatungen hatte die DB AG dieses Formular aufgelegt, in welchem auch der ordnungsmäßige Zustand des Triebfahrzeugs dokumentiert werden musste. Die Abgabe/Umbeheimatung der 218 237 von DB Regio zu DB Fernverkehr ist rechts dargestellt. SAMMLUNG PETER GROSSE

Inzwischen musste auch Ersatz für 218 820 und 821 gefunden werden, da deren Achtjahresfristen 2005 abliefen und die Lokomotiven daraufhin am 7. Juli 2005 ausschieden. DB Fernverkehr orderte deshalb weitere zehn Lokomotiven (plus zwei zu den acht vereinbarten Käufen):

02/2005	**218**	305, 394z
Herbst 2005	**218**	357, 367, 370, 383
Winter 2005	**218**	303, 317, 373, 388

Erstmals kamen damit 218 der Bauserie 3 in den Bestand, die von nun an Triebfahrzeugnummern aus dem Nummernkreis 218 830ff erhielten, beginnend mit 218 830. Die Vergabe der neuen Nummern orientierte sich nicht an den Fahrzeugnummern der übernommenen DB-Regio-218, sondern nach der Reihenfolge der Lieferungen. Aus 218 305, 394, 357, 383, 367, 370, 388, 303, 373 und 317 wurden in dieser Reihenfolge 218 830–839.

Die 218 830 erhielt beim Umbau am 24. Juni 2005 sowohl das Vorwärmgerät K 32 als auch die Zug- und Stoßeinrichtung 445 der z-Lok 218 820. Auch 218 831, deren Spenderlok 218 305 seit 12. Dezember 2004 auf z stand, fährt seit dem 8. März 2005 mit „altgebrauchten" Teilen ausgemusterter 218^8: Die Zug- und Stoßeinrichtung Typ 445 und das Vorwärmgerät K 32 stammen von der 218 821, ihr Motor von 218 823. Der Konformitätsnachweis für 218 834 datiert auf den 15. Dezember 2005, ihre (Umbau-)IS 703 erfolgte am 28. Dezember 2005, die neue Fahrzeugnummer wurde erst am 3. März 2006 am Fahrzeug angebracht. Der Umbau der 218 373 in 218 838 (IS 703 vom 15. Oktober 2006 bis 29. Januar 2007) währte wegen eines gleichzeitig zu behebenden Unfallschadens länger als üblich.

Als Sicherheitsreserve erhöhte DB Fernverkehr seinen 218^8-Bestand um zwei zusätzliche Maschinen der Bauserie 2. Diese beiden Neuzugänge 218 233 und 237 vom Dezember 2006 schlossen sich nummernmäßig als 218 824 und 825 hinter 218 823 an. Nach deren Auslieferung im April 2007 hatte die 218^8-Flotte von DB Fernverkehr mit 17 aktiven Maschinen ihren Höchststand erreicht. Insgesamt waren 20 Maschinen übernommen worden, davon sind die (nicht umgebaute) 218 173 sowie die 218 820 und 821 seit Mitte Juli 2005 bereits ausgemustert. Nach dem Abgang von 218 822 und 823 am 30. April 2013 bzw. 28. November 2012 reduzierte sich der Einsatzbestand auf 15 Lokomotiven.

Der Wechsel der Lokomotiven vom bisherigen Eigentümer DB Regio auf den neuen Eigner DB Fernverkehr lief sowohl buchungstechnisch als auch urkundlich problemlos ab: In den elektronischen Unterlagen erfolgte der Betreiberwechsel mit Eintrag der neuen (Fernverkehrs-) Fahrzeugnummer unter „Umbuchung neues Konto", für den Schriftverkehr mit einem 1994 eingeführten „Protokoll für Umbeheimatungen", das den früheren Vordruck 993 19 (bzw. 991 30) „Standorte und Laufkilometer" im Betriebsbuch ersetzt. Der Wechsel von 218 237 von Regensburg nach Frankfurt (M) liest sich so:

Abgebende Stelle	DB Regio Ostbayern	Abgabedatum 01.12.2006
Aufnehmende Stelle	DB Fernverkehr	Übernahmedatum 03.01.2007
Heimatdienststelle	alt: Regensburg	neu: Frankfurt (M)

Einsatz und Verbleib der 218^8 bei FV

Von den insgesamt 19 zur Baureihe 218^8 umgebauten Loks 218 810, 812, 813, 820–825 und 830–839 sind 218 824, 831, 832, 834, 835, 836 und 839 der Fernverkehrsniederlassung Ost in Berlin für Abschleppdienste, u. a. im neuen Berliner Nord-Süd-Fernbahntunnel, zugeteilt. Dieser viergleisige Tunnel mit einer Länge von 3.586 m ist zum Fahrplanwechsel am 28. Mai 2006 zusammen mit der Nord-Süd-Fernbahn und dem neuen Berliner Hauptbahnhof in Betrieb genommen worden. Er führt von Berlin-Moa-

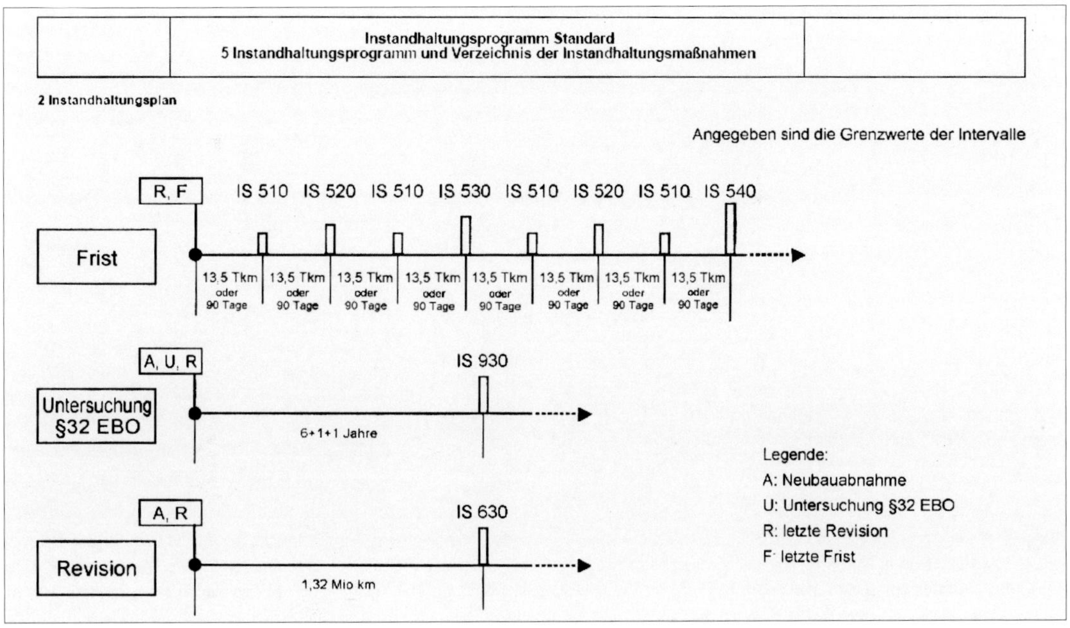

Bild 454
Revisionsplan für die Abschlepplokomotiven der Baureihe 218^8.

GRAFIK: DB FERNVERKEHR, SAMMLUNG PETER GROSSE

bit nördlich des Hauptbahnhofs bis südlich des U-Bahnhofs Gleisdreieck in Kreuzberg. Als zuständige Werkstatt für die Lokomotiven, mit Ausnahme der 218 824 (siehe unten), wurde das Werk Berlin-Rummelsburg bestimmt.

Die Loks 218 810, 812, 813, 820–825, 830, 833, 837 und 838 werden bei der Fernverkehrsniederlassung Mitte in Frankfurt (M) vorgehalten, anfangs unterhaltungsmäßig bei der Werkstatt Darmstadt, nach deren Auflösung ab 11. Mai 2009 buchmäßig in Frankfurt-Griesheim geführt. Als zuständige Werkstatt für 218 823–825 und 837 war (irrtümlich?) Regensburg eingetragen, eine werkstattmäßige Zuweisung nach Regensburg ist allerdings in keinem der eingesehenen Betriebsbücher nachgewiesen. Laut Betriebsbuch von 218 824 war diese jedoch nach ihrer Umzeichnung vorerst vom 31. März bis zum 19. September 2007 in Berlin-Rummelsburg stationiert. Erst nach erfolgter IS 703 (19. September bis 16. November 2007) wird sie in Frankfurt (M) nachgewiesen. Am 31. Dezember 2012 endete die Beheimatung der Fernverkehrslokomotiven.

Zunächst nur für den Havariefall auf der Schnellfahrstrecke Köln-Rhein/Main vorgesehen (wechselweise Troisdorf, Limburg Süd, Wiesbaden Hbf oder Frankfurt/M Hbf), wählte man als Einsatzstandorte strategisch günstig gelegene Knotenpunkte des Fernverkehrsnetzes: Berlin-Grunewald, Berlin-Moabit Gbf, Frankfurt (M) Hbf, Hannover Hbf, Köln Bbf, Leipzig Hbf, Mannheim, München, Nürnberg Hbf und Stuttgart. Von den Standorten Limburg Süd, Troisdorf und Berlin-Moabit wurden die Maschinen zum Teil verlegt, um sie freizügiger im Fernverkehrsnetz einsetzen zu können (von Moabit im Juli 2007 nach Leipzig Hbf, von Troisdorf nach Köln Bbf) oder abgezogen (Ende 2010 von Wiesbaden und Limburg Süd). Die Loks in Nürnberg und München werden zum Abschleppen von ICE- und IC/EC-Zügen auf der Neubau- bzw. Ausbaustrecke Nürnberg – Ingolstadt – München vorgehalten.

Von diesen Orten aus können die 218^8 im Notfall nicht nur für Abschlepp-, sondern auch für Zugdienste wie Wagenüberführungen für DB Fernverkehr oder bei Ausfall einer Planlokomotive des Fernverkehrs einspringen. Von Vorteil dabei ist, dass für solche Aushilfen keine Mietkosten anfallen, da beide – Helfer und Havarist – demselben Konzernbereich angehören.

Um Stillstandschäden zu vermeiden, müssen die Maschinen ab und zu Bewegungsfahrten unternehmen. Das können kurze Abstellplatzwechsel, etwa vom Stellplatz in Frankfurt (M) Hbf zum Werk Frankfurt-Griesheim, aber auch über längere Strecken sein. So absolvierten 218 813 und 833 am 25. Dezember 2010 ihre Bewegungsfahrt von Köln Bbf nach Aachen Hbf und zurück. Bei dieser Gelegenheit werden sie gelegentlich auch in lockerer Folge zwischen den Einsatzstellen durchgetauscht. Ansonsten stehen die Maschinen ihrem vorgesehenen Zweck gemäß an den Standorten in Bereitschaft „ihre Fristen ab". Ähnlich wie bei Feuerwehr oder der Alarmrotte der Luftwaffe müssen die Loks je Standort mit einem Triebfahrzeugführer (die Tf der Abschlepplokomotiven sind Personale des Fernverkehrs) von 5.00 bis 23.00 Uhr ständig in (Zweischichten-) Rufbereitschaft stehen, die ihren Platz nur im Notfall und nur für kurze Zeit verlassen dürfen – Pausenräume und Sanitäranlagen sind jeweils in der Nähe der Abstellplätze zu erreichen. Bei Arbeitszeitunterbrechungen soll sich der Tf in der Transportleitung ab- und anmelden.

Die Laufkilometer werden im Rahmen eines Instandhaltungs- oder Revisionsplanes wie folgt ermittelt: Nach einer Revision/Untersuchung nach § 32 EBO ist nach 90 Tagen oder 13.500 km eine IS 510 erforderlich. Mit jedem Einsatztag wird das erlaubte Kilometerkontingent von 13.500 km um die zurückgelegten Kilometer reduziert, die vorgegebenen 90 Kalendertage zählen täglich automatisch zurück. Bei Stillstand der Lokomotive reduzieren sich nur die Kalendertage um die Anzahl des Stillstands ohne Abzug beim Kilometerkonto. Bei Ablauf einer dieser Vorgaben ist eine nächste Frist fällig. Beispiel: Eine 218 mit 13.500 km auf ihrem „Konto", aber nur noch 79 Kalendertagen, hatte somit vor elf Tagen Frist gehabt und ist seitdem keinen Kilometer gefahren.

Eine Ermittlung der durchschnittlichen Laufleistung von 13 Abschleppploks (218 810 und 812 mit IS 630 im Herbst 2017 ausgenommen) ergab anhand der erreichten Kilometer von letzter Untersuchung bis Ende 2017 Werte von 1.140 km pro Monat oder 38 km/Tag.

Der Frankfurter Laufplan JF, gültig vom 15. Dezember 2013 für täglich ein Triebfahrzeug der Baureihe 218^8, belegt das recht augenscheinlich:

JF F1 218	Tag1 Reserve	Kassel-Wilhelmshöhe	06.00 bis 22.00 Uhr
JF F2 218	Tag 1 Reserve	Frankfurt (M) Hbf	06.00 bis 22.00 Uhr
	Tag 2 Reserve	Frankfurt (M) Hbf	06.00 bis 22.00 Uhr
JF H1 218	Tag 1 Reserve	Hannover Hbf	06.00 bis 22.00 Uhr
JF K1 218	Tag 1 Reserve	Köln Bbf	05.00 bis 23.00 Uhr
	Tag 2 Reserve	Köln Bbf	05.00 bis 23.00 Uhr
JF N1 218	Tag 1 Reserve	Nürnberg Hbf	06.00 bis 22.00 Uhr
	Tag 2 Reserve	Nürnberg Hbf	06.00 bis 22.00 Uhr
JF T1 218	Tag 1 Reserve	Stuttgart Hbf	06.00 bis 22.00 Uhr

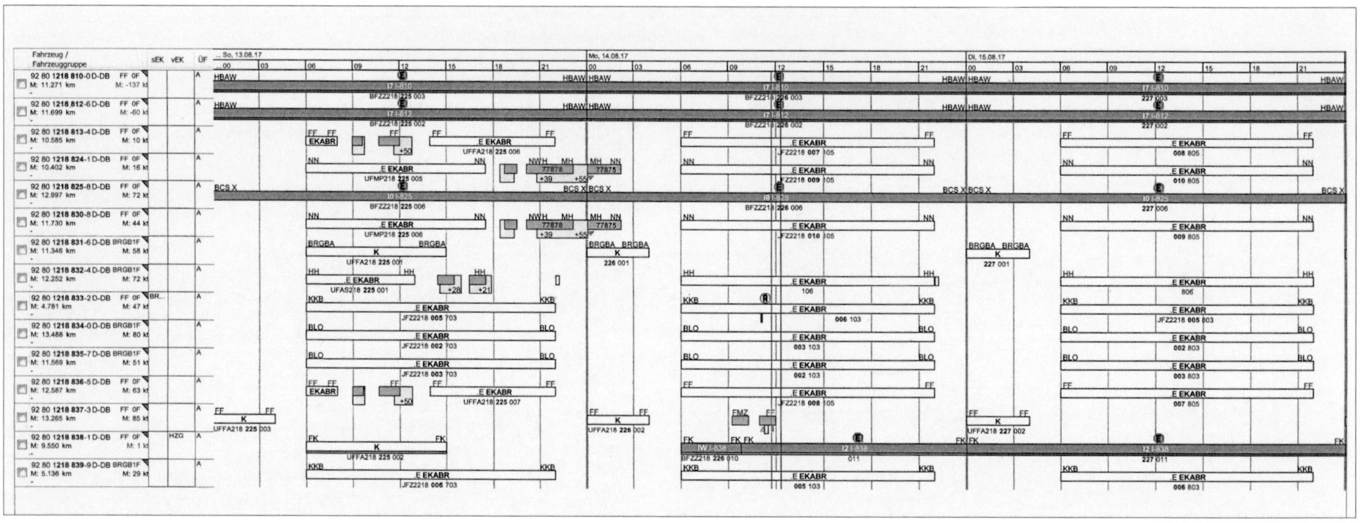

Bild 455 – Die Disposition und Einsatzplanung der Fahrzeuge kann heute durch moderne informationstechnische Systeme in Echtzeit geliefert werden. Schauen wir uns die beiden 218 824 und 830 an: Stationiert in Nürnberg, brachten sie am Sonntag gegen 20.00 Uhr den Zug 77878 von Würzburg nach München und um 00.00 Uhr den 77875 nach Nürnberg. Die 218 824 mit 10.402 km auf ihrem „Konto" muss nach 16 Tagen zur IS 530, während 218 830 mit 11.730 km weitere 44 Tage laufen kann. Im Werk Bremen stehen 218 810 und 218 812 zur IS 630, die 218 825 in Cottbus zu einer IS 0xx, während die 218 838 mit nur noch einem Tag Laufzeit am Montag in Kassel zur IS 530 muss. DB Fernverkehr, Sammlung Peter Große

Der Berliner Laufplan WF B2 218, gültig vom 15. Dezember 2013 für täglich drei Loks der Baureihe 218⁸, sah ähnliche Leistungen vor:

Tag 1 u. 2	Lo 77833	Rummelsburg – Grunewald	03.31 bis 03.52 Uhr
	Reserve	Berlin-Grunewald	05.00 bis 23.00 Uhr
	Lo 77834	Grunewald – Rummelsburg	23.24 bis 01.30 Uhr
Tag 3	Reserve	Leipzig Hbf	05.00 bis 22.00 Uhr

Im Berliner Laufplan WF B1 218, gültig ab dem 15.12.13, für täglich zwei 218 standen Pendelfahrten ins Talgowerk an. Diese Fahrten waren für die Überführungen des Metropolitan und der Auto- und Nachtzüge der Talgo Deutschland GmbH ins Talgowerk Berlin (gelegen im historischen Berlin Wriezener Bahnhof) und zurück zum Abgangsbahnhof eingelegt. Die Maschinen waren von Montag bis Freitag an Tag 1 mit bis zu 14 Fahrten unterwegs. Ausgehend von Berlin-Rummelsburg wurde zum Talgowerk und zurück nach Berlin-Lichtenberg gefahren. Zwischen diesen beiden Stellen pendelten die 218⁸ auf den 4,7 km mit Zu- und Abführen von Leergarnituren. Die Trassen waren so angelegt, dass sie die S-Bahn nicht behindern, da deren Trasse gekreuzt wurde.

Tag 1

Lo 77850	Rummelsbg. – Talgowerk	03.15 – 04.02 Uhr	
NA 78491	Talgowerk – Lichtenbg.	04.29 – 04.47 Uhr	+ 101 GA, Lr für 1005
40809	Lichtenbg. – Talgowerk	09.00 – 09.10 Uhr	Lr aus 1259
Lo 77851	Talgowerk – Lichtenbg.	09.39 – 10.06 Uhr	
40802	Lichtenbg. – Talgowerk	10.40 – 10.50 Uhr	Lr aus 1246 u. 451
Lo 77849	Talgowerk – Lichtenbg.	11.29 – 11.47 Uhr	Bedarf
40801	Lichtenbg. – Talgowerk	12.40 – 12.50 Uhr	Bedarfs-Lr aus 451
40800	Talgowerk – Lichtenbg.	17.39 – 18.05 Uhr	Lr für 1247 u. 450
Lo 77848	Lichtenbg. – Talgowerk	19.40 – 19.50 Uhr	
40810	Talgowerk – Lichtenbg.	20.29 – 20.47 Uhr	Lr für 1258
NA 78490	Lichtenbg. – Talgowerk	22.12 – 22.22 Uhr	+ 101 GC, Lr aus 1008
Lo 77855	Talgowerk – Rummelsbg.	22:47 – 23:56 Uhr	Mo-Do
Lo 77853	Talgowerk – Lichtenbg.	22:47 – 23:05 Uhr	Fr
NA 78492	Lichtenbg. – Rummelsbg.	23:32 – 23:42 Uhr	Fr, + 101 GC aus 1004

Tag 2

Kalt Berlin-Rummelsburg

Bild 456
Bevor Talgo Deutschland angemietete bzw. eigene Lokomotiven für die Überführungen von Leerwagen-Garnituren zwischen dem Talgowerk am Bf Warschauer Straße und Berlin-Lichtenberg einsetzte, oblag diese Aufgabe einige Jahre lang einer 218⁸ von DB Fernverkehr. Am 13. Juni 2015 zeigt sich von der Warschauer Brücke aus die **218 835** (ex 218 370) mit einer Talgo-Garnitur der RZD bereit zur Abfahrt nach Berlin-Lichtenberg.

Aufnahme: Sebastian Schrader

Bild 457
Für GSM-R-Funkmessfahrten im Frankfurter S-Bahn-Tunnel waren am 2. September 2011 die beiden **218 823** (ex 218 226) und **218 822** (ex 218 231) zuständig, die hier kurz vor der Abfahrt der letzten planmäßigen S-Bahn im Tiefbahnhof stehen, um anschließend als TbZ 48123 nach Hanau durch den Frankfurter Untergrund zu fahren. Aufgrund geringerer Geschwindigkeit können solche Messfahrten nur nachts stattfinden.

Bild 458
218 825 (ex 218 237) musste am 5. Januar 2010 den liegengebliebenen 401 056/556 aus dem Bahnhof Frankfurt (M) Flughafen-Fernbf abschleppen. Der Einfachheit halber übernahm die Lok auch gleich den Transport ins ICE-Werk nach München und überquert hier als LICE-A 78844 die Brücke von Frankfurt (M) Süd nach Frankfurt (M) Ost.

Aufnahmen (2): Mathias Oestreich

An Samstagen begann der Tag 1 im Talgowerk mit NA 78493 um 02.53 Uhr, es folgten die Einsätze aus obigem Plan von 40809 bis 40810, und mit Lo 77856 um 22.15 Uhr endete der Dienst in Berlin-Rummelsburg, Tag 2 wie oben.

Zeichenerklärung
NA: Nutzlok (nur Ausnahmefall)
Lo: Lokzug (einzeln fahrende Lokomotiven)
Lr: Leerreisezug
GA: geschleppt an der Zugspitze
GC: geschleppt am Zugende

1003, 1004, 1005 und 1008: Zugnummern für den Metropolitan
1246, 1247, 1258 und 1259 sowie 450 und 451: Auto- und Nachtreisezüge

Da nicht jeder Einsatz aufgeführt werden kann (und auch nicht bekannt ist), folgt eine kurze Auswahl einiger Einsätze sowohl als Abschlepp- als auch als Aushilfslok:

- **218 810/830** hatten am 2. Juni 2014 den 411 054 auf dem Weg von Lichtenfels nach Nürnberg im Schlepp; am 18. November 2017 überführten die beiden den schadhaften 406 003 von Aachen nach Köln.
- **218 812** brachte am 17. September 2004 einen der jeweils im Frühling und Herbst verkehrenden Pilgerzüge (Dz 91050 Hamburg – Bitburg-Erdorf zum Eifelstern nach Bitburg.
- **218 813/823** zogen am 27. Januar 2009 den defekten 402 016 nach Köln.
- **218 823** konnte man in mehreren Bundesländern sehen: Am 23. Januar 2008 war sie mit dem mit direkter Wendezugsteuerung ausgestatten Funkmesswagen 63 80 99-92 014-9 (Dienst mzf[316]) zu Funkversorgungsmessungen in Hessen unterwegs. Ihr Weg führte sie von Hanau über Babenhausen (Hess) und Dieburg nach Aschaffenburg u. z. sowie von Hanau über Babenhausen (Hess) nach Wiebelsbach-Heubach u. z. Im Winter 2010/2011 war sie mit dem Meininger Schneepflug auf der Frankenwaldbahn im Einsatz. Wegen hohen Schadstands der

Bild 459 (oben)
Aufgrund von Oberleitungsarbeiten im Elbtal mussten im März 2015 zeitweise alle Züge auf der KBS 241 Dieselvorspann erhalten. Am 25. März 2015 hat **218 834** (ex 218 367) diesen Dienst vor EC 378 bei Krippen, einem Ortsteil des Kneippkurortes Bad Schandau im Elbsandsteingebirge, übernommen. Hinter der 218 läuft abgebügelt die ČD-Zuglok 371 004 mit.

AUFNAHME: INGO WLODASCH

Bild 460 (links)
218 831 (ex 218 394) führt am 26. September 2017 den Rübenzug GC 43181 (Bayernhafen Regensburg – Lindau-Reutin – Frauenfeld/CH) durch Bad Schussenried an der Südbahn Ulm – Friedrichshafen. Die 218⁸ war zu diesem Zeitpunkt von DB Fernverkehr an DB Cargo ausgeliehen.

AUFNAHME: CHRISTIAN ZIMMER

Kemptner 218 stand sie von Februar bis 2. April 2011 bei DB Regio Südbayern im RB-Einsatz; am 17. Juni 2011 fungierte sie als Zuglokomotive des Bundeswehr-IC 1227 Munster (Oertze) – Köln Hbf.

- Als Ende Oktober 2008 die ICE-T-Züge der Baureihe 411 wegen Problemen mit den Radsatzwellen aus dem Verkehr gezogen wurden, war **218 831** ab Oktober 2008 in Leipzig Hbf vor Ersatzzügen und als Rangierlok mit dem Zu- und Abführen von Wagengarnituren vom und zum Bahnsteig im Einsatz.
- Als von November 2014 bis März 2016 die Oberleitung einschließlich der Bahnstromleitung und Kabeltröge im Elbtal zwischen Königstein (Sächs Schweiz) und Bad Schandau erneuert wurden und stromlos geschaltet waren, verkehrten alle Reise- und Güterzüge mit Dieselvorspann. Bei den Zugpaaren EC 170/171 (Prag – Berlin), EC 172/173 (Budapest – Hamburg), EC 174/175 (Prag – Berlin – Hamburg) und EC 378/379 (Prag – Kiel) leisteten im März 2016 die **218 831** und **218 834** (die beiden trugen zeitweise weiße Puffertellerringe) sowie **218 838** den planmäßigen Zuglokomotiven der ČD-Reihe 371 Vorspann.

Infolge der Sperrung der Rheintalbahn im Sommer 2017 wegen einer Gleisabsenkung in der Nähe von Rastatt waren massive Umleitungen erforderlich geworden, größtenteils auch über nicht elektrifizierte Streckenabschnitte. Auch hier konnte auf die Loks der Baureihe 218⁸ zurückgegriffen werden. Züge der Relation Mannheim Rbf – Chiasso erhielten Dieselvorspann mit 2 × 218 von Ulm Rbf über Friedrichshafen nach Singen (Hohentwiel). Während der Sperrung standen für die Bespannung der Umleitergüterzüge u. a. vier Lokomotiven der Baureihe 218 zur Verfügung. Neben der Mühldorfer 218 463 und der Ulmer 218 326 waren mit **218 831** und **218 837** auch zwei Maschinen des Fernverkehrs im Einsatz.

Bild 461 – Am 26. August 2017 bespannen **218 834** (ex 218 367) und **218 831** (ex 218 394) gemeinsam in leihweisen Diensten von DB Cargo den „Rastatt-Umleiter“ EZ 46644 (Mannheim Rbf – Chiasso Smistamento) von Ulm Rbf bis Singen (Hohentwiel). Ab dort übernimmt die im Zug mitlaufende 185 110 die Beförderung bis zur italienischen Grenze. Die Aufnahme entstand bei Bad Schussenried an der Südbahn Ulm – Friedrichshafen: AUFNAHME: CHRISTIAN ZIMMER

Die Zukunft der Baureihe 218^8 bei FV

Von den 15 Maschinen laufen jeweils vier Lokomotiven mit letzter Revision aus den Jahren 2013, 2014 und 2015. Die drei 218^8 der 1. Bauserie haben gar erst 2016 (218 813) und 2017 (218 810 und 812) erneut eine Achtjahresfrist IS 630 im Werk Bremen erhalten. Nach Aussagen von DB Fernverkehr haben einige Maschinen gute Chancen, am Ende des laufenden Unterhaltungsabschnitts erneut einer Revision unterzogen zu werden. Allerdings mit einem Wermutstropfen, denn die neue Bombardier TRAXX DE ME (Baureihe 245) steht bereits als Ablösung „ante portas“: Ab 2019 wird der neue, zwölfteilige ICE 4 auch auf der SFS Köln – Rhein/Main (KRM) eingesetzt. Dieser kann nicht wie z. B. eine Doppeleinheit ICE 3 getrennt werden, so dass die Baureihe 218^8 beim Abschleppen an ihre Grenzen stößt. Im Vergleich der Leermassen ist der ICE 4 mit 675 t gegenüber einem ICE 1 mit 741 t leichter, letzterer verkehrt auf der KRM jedoch nicht. Tests mit 2 × 218^8 haben ergeben, dass – selbst im Langsamgang – die niedrigste Dauerfahrgeschwindigkeit (18 km/h) zu hoch ist. Dies bedeutet, die Öltemperatur des Getriebes steigt bis zum Abschalten der Leistung an. Ebenso wurde keine akzeptable Endgeschwindigkeit erreicht. Dagegen erfüllte die Baureihe 245 (in Einzeltraktion) alle geforderten Parameter, weshalb DB Fernverkehr aus dem Rahmenvertrag mit Bombardier zwei Lokomotiven (245 028 und 029) für KRM bestellt hat. Gegenüber den ersten 15 Loks wurde die Leistung der Dieselmotoren von ca. 560 auf 600 kW und das Fassungsvermögen der Kraftstoffbehälter von 2.700 auf 4.000 l erhöht, als Zusatzausrüstung haben sie eine Feuerlöschanlage erhalten.

Neben diesen beiden Lokomotiven erhält DB Fernverkehr drei weitere zusätzlich mit dem Zugbeeinflussungssystem *European Train Control System* (ETCS) ausgerüstete Lokomotiven der Baureihe 245 für das Verkehrsprojekt Deutsche Einheit Nr. 8, Schnellfahrtstrecke Berlin – München (VDE 8). Sie sind für die Standorte Nürnberg, Erfurt und Leipzig vorgesehen. Bis zu ihrer Lieferung hat DB Fernverkehr drei Lokomotiven der Baureihe 285 der Eisenbahn-Bau- und Betriebsgesellschaft Preßnitztalbahn (PRESS) angemietet. Zusätzlich sind für die neue SFS Stuttgart – Ulm zwei Lokomotiven als Abschlepploks ab 2022 bestellt.

Da auf der VDE 8 nur Triebfahrzeuge mit ETCS (ICE 1, ICE 3, ICE-S, ICE-T, Schlepploks 245 und 285, FTZ-182 506, 182, 193, 189 und TRAXX für den Güterverkehr sowie diverse Bahndienstfahrzeuge der DB Netz Instandhaltung) zugelassen sind, wird die Baureihe 218^8 aus technischen, finanziellen und zulassungsaffinen Gründen nicht damit ausgerüstet werden.

Fahrzeugbestand der Baureihe 218^8 von DB Fernverkehr

218 alt/neu	Übernahme	Umb von	Umb bis	letzte Rev.	Bem.
159/810	15.12.03	26.01.04	25.03.04	24.08.17	
188/812	15.12.03	26.01.04	18.05.04	26.09.17	
189/813	15.12.03	26.01.04	22.04.04	31.05.16	
242/820	11.07.03	18.07.03	29.11.03	02.12.03	z 21.03.05, + 11.07.05
268/821	11.07.03	18.07.03	29.11.03	02.12.03	z 20.03.05, + 11.07.05
231/822	15.12.04	16.12.04	28.01.05	18.07.07	z 30.11.12, + 30.04.13
226/823	11.12.05	13.12.05	08.03.06	07.03.07	z 20.08.12, + 28.11.12
233/824	22.12.06	01.01.07	30.03.07	15.10.15	
237/825	22.12.06	04.01.07	16.04.07	10.08.15	
305/830	05.02.05	11.02.05	29.06.05	03.03.15	
394/831	16.02.05	21.02.05	10.03.05	18.02.14	
357/832	18.09.05	19.09.05	22.11.05	18.12.13	
383/833	08.09.05	09.09.05	29.11.05	27.09.13	
367/834	21.10.05	31.10.05	28.12.05	16.05.13	
370/835	14.10.05	17.10.05	10.12.05	08.05.13	
388/836	01.07.05	16.11.05	23.01.06	09.06.15	
303/837	24.11.05	28.11.05	21.01.06	21.03.14	
373/838	11.12.05	15.10.06	29.01.07	08.12.14	
317/839	01.01.06	30.01.06	29.03.06	14.05.14	

Bild 462 – 218 191 diente der S-Bahn Stuttgart von 2004 bis 2015 als Abschlepplok. Hierfür besaß sie – wie das Bild vom 17. August 2014 zeigt – eine Kupplung zum Abschleppen der Triebwagen. Rechts unter dem Führerhaus sowie auch an der Stirnseite unter dem DB-Emblem kann man den Schriftzug „S-Bahn Stuttgart" lesen, AUFNAHME: CHRISTIAN GERBER

Abschlepplokomotiven bei DB Regio

In den Werken von DB Regio mit überwiegender Beheimatung von Triebzügen – beispielsweise bei den S-Bahnen – werden für Rangierarbeiten in den Werkstätten bisweilen mit meist nur einseitiger Übergangskupplung ausgerüstete Brennkrafttriebfahrzeuge vorgehalten. Notfalls können diese kurzfristig für Hilfsdienste à la 218^8 herangezogen werden. Beliebt sind auch Kleinlokomotiven der Leistungsgruppe III (Baureihen 333/335), die mit Schraubenkupplungen ausgestattet sind, auf die Adapter zur Scharfenbergkupplung der S-Bahn-Triebzüge aufgesetzt werden können und z. B. in Frankfurt-Griesheim bis zur Ankunft der ersten ICE-Triebzüge der Baureihen 406 und 415 ab 2001 im Verschub der 420 gute Dienste leisteten.

Bild 463
2015 trat **218 486** bei der S-Bahn Stuttgart die Nachfolge der 218 191 an und übernimmt seither Abschleppfahrten für die im Werk Plochingen stationierten Elektrotriebzüge. Bei Grünholz zwischen Sulz (Neckar) und Oberdorf (Neckar) überführt die Lok am 2. September 2017 zwei Triebzüge der Baureihen 425 und 426 über die Gäubahn. Im Zug werden auch zwei Elloks der Baureihe 112^1 mitgeschleppt.

AUFNAHME: CHRISTIAN WOLF

Bild 464 – Die Abschlepplok **218 474** der S-Bahn Hamburg hat am 25. August 2017 den Triebzug 474 402 aus dem S-Bahn-Werk Hamburg-Ohlsdorf nach Hamburg-Blankenese gebracht. Im Anschluss fuhr die Lok ohne den S-Bahn-Triebzug ins Kehrgleis und zog von dort einen anderen 474 zurück ins S-Bahn Werk. AUFNAHME: LARS BRÜGGEMANN

Die Darmstädter **218 228** (letzte Untersuchung 25. Juli 1999) stand bis zu ihrer z-Stellung am 28. Februar 2006 für Abschlepp- bzw. Rangierdienste im Bereich der S-Bahn Rhein-Main zur Verfügung. Die im Dezember 2012 in Frankfurt-Griesheim abgestellte **218 102** erhielt nach ihrer Reaktivierung am 30. Januar 2013 eine Scharfenberg-Übergangskupplung und diente dann als S-Bahn-Abschlepplok. Obwohl sie erst am 12. Mai 2011 im Werk Bremen eine IS 630 erhalten hatte, wurde sie bereits am 21. Januar 2014 abgestellt und im Juni 2014 ausgemustert.

Die S-Bahn-Werkstatt Plochingen erhielt am 9. März 2004 die **218 191** für den Einsatz im S-Bahn-Bereich Stuttgart für Schlepp- und Rangierarbeiten der Triebzüge 420/421, 423/433, 425/435, 426 und 430/431. Sie verrichtete diesen Dienst letztmalig am 13. August 2015, als sie von einer Reparatur im Werk Ulm nach Plochingen zurückkehrte. Seitdem kam sie nicht mehr zum Einsatz, alle notwendigen Abschleppeinsätze werden seit dieser Zeit von der Kemptner **218 486** erledigt, die nach einer IS 930 in Mühldorf (Oberbay) vom 2. Juni bis 13. Juli 2015 nach Plochingen kam (buchmäßig ab 16. Dezember 2014). Am 7. April 2017 wurde die bestens gepflegte 218 191 als letzte betriebsbereite 218[1] der DB Regio AG z-gestellt (letzte Untersuchung 12. Mai 2009) und am 27. Juli 2017 an Manuel Zimmermann Eisenbahndienstleistungen in Hellenhahn verkauft.

Um bei künftigen Überführungsfahrten der S-Bahn-Züge nicht mehr auf Dritte angewiesen zu sein, hat sich die S-Bahn Hamburg GmbH eine eigene Diesellok der Baureihe 218 beschafft. Seit dem 24. Juli 2015 steht dem Werk Hamburg-Ohlsdorf die Braunschweiger **218 474** (letzte HU 15. Januar 2013) – ausgerüstet mit Scharfenberg-Übergangskupplung – für Überführungsfahrten von S-Bahn-Zügen zur Verfügung. Am 20. September 2016 überführte sie anlässlich des Festes „150 Jahre Hafenbahn“ den Traditionszug 470 128 des Vereins Historische S-Bahn e. V. zu einer Veranstaltung der Hamburg Port Authority (HPA) über die Güterumgehungsbahn in den Hamburger Hafen. Bedingt durch Bauarbeiten war im August 2017 die S-Bahn-Strecke Altona – Wedel am Lessingtunnel vom restlichen S-Bahn-Netz abgetrennt. Die einzige Verbindung zum S-Bahn-Netz bestand über eine Verbindungskurve ohne Stromschiene. Die Überführungen von S-Bahn-ET vom Wedeler Streckenast in das S-Bahn-Werk Hamburg-Ohlsdorf übernahm die 218 474 über Gleise außerhalb des S-Bahn-Netzes von Hamburg-Eidelstedt und die Verbindungskurve von Stellingen nach Bahrenfeld bis Blankenese.

Ab 30. Januar 2018 verfügte auch das Werk Stuttgart mit **218 431** (IS 930 am 27. Dezember 2016) vorübergehend über eine Abschlepplokomotive mit Scharfenberg-Übergangskupplung, die vorzugsweise für Schlepp- und Rangierarbeiten der Triebzüge Talent 2 (Baureihe 3442) vorgehalten wurde. Die aus Ulm kommende Maschine hatte ihren ersten Einsatz am 15. Januar, als sie einen defekten Talent 2 aus Freudenstadt zur Reparatur zum Werk Stuttgart bringen musste. Auch kurze Zeit später, am 23. Januar, kam sie erneut zum Hilfseinsatz, nachdem sich der 3442 208 wegen eines Oberleitungsschadens im Schanztunnel auf der Murrbahn zwischen Fichtenberg und Fornsbach den Stromabnehmer abgerissen hatte. Als Lr 70156 Heilbronn – Stuttgart brachte die 218 den Triebzug zurück. Am 18. Oktober 2018 kehrte die Lok in ihr Heimatwerk Ulm zurück.

Vereinzelt können kurzfristig Lokomotiven der Baureihe 218 mit einer Scharfenberg-Übergangskupplung ausgerüstet werden. Am 24. März 2017 hatte die Ulmer **218 491** zum Spatenstich der Elektrifizierung der Strecke Lindau – Geltendorf (– München) einen SBB-Neigezug RABe 503 (ETR 610) von Ulm durch das Illertal nach Memmingen geschleppt.

Bild 465 – 2006 erwarb das Unternehmen DB Fahrwegdienste (FWD) die Lokomotiven **218 272** und **218 249**, die bis heute vor allem in der Baustellenlogistik eingesetzt werden. Während eines längerfristigen Abraumverkehrs im Schweizer Kanton Schaffhausen treffen sich die beiden Maschinen am 12. Juni 2009 im Bahnhof Wilchingen-Hallau (CH) an der Hochrheinstrecke zwischen Schaffhausen und Erzingen (Baden). AUFNAHME: CHRISTIAN WOLF

7.1.3 DB Fahrwegdienste (FWD)

Die Wurzeln der heutigen FWD liegen bei den früheren örtlichen Bahnmeistereien (Bm), die innerhalb ihres Streckenbereichs (Rottenbezirks) für die betriebssichere Instandhaltung und Pflege der Eisenbahnanlagen verantwortlich waren. Ihre Zuständigkeit erstreckte sich auf Bahndämme, Einschnitte, Kunstbauten wie Brücken und Tunnel, Entwässerungsanlagen, Bahnübergänge und insbesondere den Oberbau. Diese Aufgaben der Bahnmeistereien gingen später an die Gleisbauhöfe über oder wurden an Fremdfirmen vergeben. Unter der Regie der DB AG wurden diese in Instandhaltungsbezirke der Netz- und Bauniederlassungen umgewandelt. Daraus entwickelte sich ein neues (Dienstleistungs-)Unternehmen, das – von DB Services betreut – mit einigen Freischneidern und einem Zweiwegebagger seine Arbeit aufnahm.

Die heutige DB Fahrwegdienste wurde 2002 als Tochtergesellschaft von DB Netz mit Verwaltungssitz in Berlin sowie zwei Niederlassungen als Logistikzentren in Hannover und Karlsruhe gegründet, Karlsruhe ist gleichzeitig das Zentrum Logistik & Technik. Im März 2006 erfolgte die Trennung der Technik aus der Logistik, die nun als Servicecenter Technik (SCT) geführt wird, was etwa der früheren C-Gruppe entspricht. Der logistische Teil ist als Zentrale Leitstelle (ZLS) – ähnlich einer Lokleitung – für Triebfahrzeuge und Personal verantwortlich. Die Vorhaltung einer eigenen Werkstatt war nicht vorgesehen, Leistungen werden bei den vorhandenen Werkstätten von DB Regio und DB Cargo eingekauft. Darüber hinaus verfügt FWD über eine Ausbildungsstätte in Neudietendorf bei Erfurt, wo in Zusammenarbeit mit DB Training Personal für den Einsatz von automatischen Warnsystemen (AWS) qualifiziert und fortgebildet wird. 2006 wurden neben der Geschäftsleitung mit Sitz in Berlin analog der DB-Netzstruktur in Berlin sieben regionale Niederlassungen in Berlin, Hannover, Duisburg, Frankfurt (M), Karlsruhe, München und Leipzig aufgebaut. Im Jahr 2010 erhielt das Unternehmen die Zulassung als Eisenbahn-Verkehrsunternehmen (EVU).

Heute gilt das 100%ige Tochterunternehmen von DB Netz als eines der größten Unternehmen für Gleisbaustellensicherung in Deutschland, verantwortlich für mehr als 60.000 Gleiskm mit über 75.000 Weichen und Kreuzungen. In jedem Jahr werden mehr als 100.000 Baustellen betreut. Rund 2.900 Beschäftigte erwirtschaften einen Umsatz von 300 Mio. €.

Aufgaben der FWD

Das Unternehmen offeriert neben der Sicherung von Mitarbeitern vor den Gefahren aus dem Eisenbahnbetrieb deutschlandweit auch die Baustellenlogistik sowie Pflege der Vegetation entlang des Schienennetzes, wobei auch Förster und Ingenieure beschäftigt sind. Viele dieser Arbeiten lesen sich wie dem Pflichtenheft einer Bahnmeisterei entnommen.

- **Fahrwegpflege:** Vegetationspflege mit besonderer Rücksicht auf Belange des Naturschutzes, landschaftspflegerische Begleitmaßnahmen, Schienen- und Weichenpflege, Winterdienst am Fahrweg, Baufeldfreimachung, Felsberäumung (steinschlaggefährdete Felshänge von losem Gestein räumen) und Felssicherung, Abriss- und Rückbaumaßnahmen.
- **Baustellenservice:** Die Sicherungsmaßnahmen reichen von konventioneller Sicherung durch Sicherungs- und Absperrposten über kabelbasierte automatische und funkbasierte mobile Warnsysteme (AWS).
- **Logistik:** Die Leistungspalette umfasst u. a. das Erarbeiten von Logistikkonzepten. Gestellen von Arbeitszuglokomotiven

und/oder Triebfahrzeugführern, Rangierbegleitern und Lotsen; Organisieren von nicht geplanten Sonderverkehren; Zuführen/Abholen von Baumaschinen und Leerwagen, Materialtransport zur Baustelle und als Entsorgungsfachbetrieb den Abtransport und die sachgemäße Verwertung der anfallenden Altmaterialien.

Triebfahrzeuge der FWD

Für die beschriebenen Arbeiten stehen der FWD mehrere verschiedene Triebfahrzeuge zur Verfügung. Als erste eigene Lok wurde am 22. Februar 2002 eine Rangierlok vom Typ V 60 D (106 560^{II}) der Bahnreinigungsgesellschaft (BRG) Leipzig gekauft und als 346 560 übernommen. Sie blieb ein Einzelgänger und wurde 2009 an Cargo Logistik Rail-Service in Barleben weiterverkauft.

2006 erhielt FWD zwei in Cottbus abgestellte Kleinlokomotiven der Baureihe 365 nach Revision mit neuem Motor (Cat 3412E DI-TTA) und einer 10 bar-Hauptluftbehälterleitung, die als 363 144 und 623 in den Bestand genommen wurden. Als dritte Lok kam 2010 die 363 836 dazu, die seither als Leihlok bei DB AutoZug in München Ost die Wagen für die Autozüge bereitstellte. Ebenfalls in München befanden sich seit etwa 2008 auch die 363 144 und 363 623.

Vertraglich auf den 1. Juli 2008 festgelegt, wurden von Railion Deutschland zwölf Lokomotiven der Baureihe 212 übernommen, die mit ihrer Leistung von 990 kW sowohl den Rangier- als auch den leichten Streckendienst abdecken können. Nach Revision und Remotorisierung (MTU 4000 R41) sowie weiteren Sonderarbeiten kamen sie bis 2009 wieder in den aktiven Betrieb. Eine Lokomotive (212 274) wurde nach einem Unfall am 31. Dezember 2013 ausgemustert und dient dem Werk Cottbus als Ersatzteilspender (siehe auch EK-Buch „Die Baureihe V 100").

Nicht unerwähnt bleiben sollen vier buchmäßig zum 1. Januar 2010 von DB Cargo gekaufte Elloks der Baureihe 140. Zwei Loks mit gültigen Fristen (140 808 und 855) waren für die schweren Arbeits- und Materialzüge gedacht, die bisher von gemieteten Lokomotiven der Baureihe 143 bespannt wurden. Anfang Februar wurden sie nach Hannover zur Personalschulung von Triebfahrzeugführern des Unternehmens gebracht. 140 872 und 873 dienten bis Dezember 2013 als Ersatzteilspender für die beiden Betriebslokomotiven.

Beschaffung der Baureihe 218 von DB Regio

Um auch im Logistikbereich über größere Strecken und mit größeren Lasten Fuß fassen zu können, handelte FWD mit DB Regio einen Vertrag zur Übernahme mehrerer Lokomotiven der Baureihe 218 für den schweren Streckendienst auf Hauptstrecken aus. Wie bei den Verkäufen an DB AutoZug und an DB Fernverkehr (218^{8}) machte DB Regio nur Angebote zur Abgabe von Lokomotiven der Bauserien 1 und 2.

Vom 16. bis zum 18. Mai 2006 untersuchten Techniker der FWD im DB Stillstandsmanagement (SSM) in Chemnitz die seit 2004 auf z stehenden 218 125, 249 und 272 und gaben eine Kaufoption auf die 218 249 und 272 ab. Nach der Kaufentscheidung überführte eine Mietlok des Uwe Adam Eisenbahn-Verkehrsunternehmens aus Eisenach am 8. November 2006 die beiden Maschinen für eine spätere Revision zum Werk Bremen, wo sie vorerst abgestellt wurden.

Für die Möglichkeit einer Übernahme der im Werk Oberhausen stehenden 218 139 (REV am 15. Mai 2001, Motor MTU 12 V 956 TB 10, Getriebe MTU K 252 SUBB) nahm das Unternehmen am 30. November 2006 Kontakt mit DB Regio NRW Oberhausen auf, wo der Plandienst mit der Baureihe 218 zum Fahrplanwechsel im Dezember 2006 endete. Von DB Regio kam die Zusage, die Lokomotive mit neuen „Füßen" (Räder und Drehgestelle) auszurüsten. Am 15. Februar 2007 besichtigten Vertreter von FWD in Oberhausen die Lokomotive. Nach einem Drehgestelltausch (REV-Datum 18. Januar 2007) im Werk Oberhausen-Osterfeld Süd und einer Probefahrt Oberhausen-Osterfeld – Wesel – Emmerich am 26. Februar 2007 erfolgte ihre Überführung nach Hannover. Die Lok hatte noch Restrevisionsleistung und sollte sofort nach Fertigstellung in Sonderdienste (meist Schotterzüge) der FWD von Hannover aus eingesetzt werden.

Am 9. Januar 2007 wurden im Regio Werk Lübeck die 218 365 und 208 als mögliche Kaufobjekte begutachtet. Wegen größerer Schäden und als Lok der 3. Bauserie kam die 218 365 nicht in Frage, während die 218 208 der 2. Bauserie (REV am 28. November 2001, Motor MTU 12 V 956 TB 11, Getriebe Voith L 820 brs) von FWD erworben wurde. Nach einigen nötigen Instandhaltungsarbeiten, u. a. der Motorinstandsetzung und einer Probefahrt am 29. März 2007 von Lübeck nach Bad Oldesloe durch FWD-Personale, rollte sie einen Tag später in Richtung Hannover ab. DB Regio buchte die Lokomotive als *„Umfirmierung DB Services"* aus ihren Listen. Anfang 2007 befanden sich somit vier Lokomotiven der Baureihe 218 im Bestand der FWD: 218 139 und 208 einsatzfähig in Hannover sowie 218 249 und 272 fällig zur Revision im Werk Bremen.

Nachdem die zwischen den beteiligten Partnern (FWD, DB Systemtechnik, den Werken Cottbus, Bremen, MTU und Voith) geführten Besprechungen über Konstruktion, Materialbeschaffung usw. abgeschlossen und die Kosten ermittelt waren, begann das Werk Bremen mit der Revision. Die notwendigen Arbeiten für die beiden Lokomotiven hatte die FWD Logistik bereits im November 2006 festgelegt. Für den Einsatz in Baustellenabschnitten sollten die beiden über einen Hilfsdiesel mit 28 kVA einen Schweißtrafo und eine Baustellenausleuchtung betreiben können. Dies hatte zur Folge, dass die elektrische Zugheizung einschließlich des Generators ausgebaut werden mussten. Für die technische Planung wurden DB Systemtechnik Fahrzeuge sowie Technik Zentrale Fahrzeuge Cottbus und Leipzig zuständig. Die Ausführung erfolgte durch die DB Fahrzeuginstandhaltung, Werk Bremen. Folgende Arbeiten wurden ausgeführt:

- Einbau Hilfsdieselmotor mit 28 kVA;
- Einbau Notstromaggregat SAB mit Cummins-Motor und Drehstromaggregat;
- Leroy Somer 35 kVa (Einsatz eines Schweißtrafos in Baustellen);
- zentrale Baustellenausleuchtung;
- Ausbau der elektrischen Zugheizung einschließlich des Generators;
- Einbau eines Materialschrankes am Platz der E- Heizung.

Weitere Sonderarbeiten waren:

- Ersatz des Webasto-Vorwärm- und -Warmhaltegeräts DBW 2075 durch die Bauart Hagenuk K 32;
- Faxgeräte inklusive Spannungsversorgung auf beiden Führerständen;
- Softstarter zur Begrenzung von Anlaufströmen;
- GSM-R-Funk;
- EBuLa zum Empfang von Einsatzleistungen;
- Tages- bzw. Gesamtfahrkilometeranzeige;
- Ausrüstung mit Fernlicht;
- Ausrüstung mit Bremsgestängesteller (ABGS);
- Spurkranzschmiereinrichtung der Bauart Rebs;
- Mehrkammer-Motorölnachfüllbehälter;
- Kühlsystem mit Korrosions- und Gefrierschutzkonzentrat;
- Ausbau der Hilfsfahrschalter, der Türblockierung und der mechanischen Anlassschütze.

Bild 466 – Am 20. Mai 2014 fanden auf der Schwarzwaldbahn GSM-R-Messfahrten mit 114 501 von DB Systemtechnik statt, bei denen auf einem K-Wagen zwei GSM-R-Antennen montiert waren. Da am Folgetag in Offenburg Gbf weitere Fahrten stattfanden, wurde die in Villingen (Schwarzw) abgestellte **218 249** der FWD kurzerhand als Zuglok eingesetzt. Hier sehen wir den Zug als Mess ST 92223 auf der Fahrt von Immendingen nach Offenburg bei Unterkirnach, rund 7 km von Villingen-Schwenningen entfernt. AUFNAHME: ANDREAS HACKENJOS

Die Loks 218 139 und 208 jedoch behielten für mögliche Einsätzeim Reisezugdienst die elektrische Heizung und den Generator. Nach Fertigstellung der Revision und erfolgter Abnahme verließ 218 249 am 24. Juli 2007 das Werk Bremen in Richtung Einsatzstelle Hannover. Ihr folgte am 4. September 2007 die Lok 218 272 nach Karlsruhe. Alle vier Lokomotiven haben auch Schweizer Zulassung (CH im Länderraster).

Zwischenzeitlich wurden Werkstätten gesucht, die für eine mögliche Zuführung zu Inspektionen und Instandsetzungen in Frage kämen. Für den Raum Hannover war das Werk Seelze für die Baureihe 212 und das Werk Braunschweig für die Baureihe 218 vorgesehen, für den Raum Karlsruhe das Werk Mühldorf (Oberbay). Diese Werke wurden von Mitarbeitern des Servicecenter Technik zur Unterweisung der dortigen Personale besucht. Von

Bild 467
Für vier ursprünglich für DB Fahrwegdienste (FWD) bestimmte Lokomotiven der Baureihe 218 – **218 222**, **234**, **239** und **240** – bedeutete die Überführung zum Empfänger Theo Steil Schrott- und Metallgroßhandel in Trier am 2. Dezember 2013 die letzte Fahrt. Als Zuglok der Fuhre, der auch die ausgedienten Elloks 140 872 und 873 der FWD beigestellt waren, fungierte die FWD-eigene **218 139**. Hier sehen wir das Gespann bei Dillingen (Saar) an der KBS 685.

AUFNAHME: ERHARD PITZIUS

DB Regio konnte das Instandhaltungsregelwerk der Baureihe 218 (planmäßige Arbeiten der betriebsnahen Instandhaltung) übernommen werden. Für schnelle Reparaturen in den Einsatzgebieten wird ein mobiler Werkstattwagen, besetzt mit einem Monteur, vorgehalten.

Im Vorgriff auf steigende Verkehrsleistungen stockte FWD am 1. Juli 2008 ihre 218-Flotte um vier weitere Lokomotiven auf nunmehr acht auf. Die Ulmer 218 222, 234 und 239 sowie 218 240 aus Kempten (Allgäu) wurden mit Restbuchwert Null (der Restwert entspricht einem angenommenen Verkaufserlös oder ggf. auch dem Schrottwert) von DB Regio gekauft und in der FWD-eigenen ehemaligen 628-Halle in Karlsruhe im Petergraben abgestellt, um sie in absehbarer Zeit einer Revision zuzuführen und sie im Bauzugdienst einzusetzen. Mit dieser Beschaffung erhoffte man sich, neue Einsätze akquirieren zu können.

Nach einer Entscheidung des DB-Konzerns von 2010 durften ab sofort bedarfsbedingt aber nur noch 218 der 3. und 4. Bauserie instandgesetzt werden. Den Grund hierfür boten die Achslagerdrehgestelle der Lokomotiven der Bauserien 1 und 2, während die Loks der Bauserien 3 und 4 mit Drehgestellen mit Megifedern ausgerüstet waren. Damit war eine Aufarbeitung der vier in Karlsruhe abgestellten Maschinen nicht mehr zu vertreten, zumal auch keine Leistungen für sie eingekauft werden konnten. Die Lokomotiven standen noch bis 2013 für potentielle Käufer abgestellt, wurden dann aber am 13. Dezember 2013 endgültig ausgemustert und der Zerlegung zugeführt. Die 218 139 brachte ihre Schwestern am 2. Dezember 2013 in einem Lokzug von Karlsruhe aus zur Firma Steil nach Trier, wo sie noch im selben Monat zerlegt wurden: 218 222 am 15. Dezember, sowie 218 234, 239 und 240 am 9. Dezember 2013.

Bild 468 (rechts)
Anlässlich der Ausbau- und Elektrifizierungsarbeiten an der DB-Hochrheinstrecke im Kanton Schaffhausen (Abschnitt Schaffhausen – Erzingen/Baden) ist am 24. April 2012 im Bahnhof Wilchingen-Hallau auf der Hochrheinbahn neben der FWD-eigenen 212 034 (im Hintergrund) auch **218 139** im Einsatz. Die 218 bespannt einen mit Langschienen beladenen Bauzug.

AUFNAHME: WALTER RUETSCH

Bild 469 (unten)
218 208 von FWD zieht am 29. Mai 2017 einen Bauzug aus Res-Wagen durch Chemnitz.

AUFNAHME: FELIX SERAPHIN

Bild 470
Hier hilft **218 249** am 25. Mai 2016 als Bauzuglok auf der Strecke von Mücka nach Niesky beim Bau der sogenannten „Niederschlesischen Magistrale“ Görlitz – Niesky – Hoyerswerda aus. In Niesky werden neue Bahnsteige mit Aufzug, in Lohsa, Uhyst, Klitten, Mücka und Petershain Bahnsteige in beide Fahrtrichtungen hergerichtet. In Horka kreuzen sich seit jeher die Ost-West-Verbindung, über die man im Westen bis in den Großraum Halle/Leipzig und im Osten bis Breslau gelangt, mit der Nord-Süd-Achse von Berlin über Cottbus nach Görlitz.

AUFNAHME: HANS BACKES

Bild 471
Beim Ausbau des Knotens Magdeburg wurden auch die 218 der FWD eingesetzt. Die veränderten Verkehrsströme und erhöhten Zuggeschwindigkeiten machten die Modernisierung der Infrastruktur notwendig (Bauphase 3: September 2015 bis Mai 2019). Bauschutt und Altschotter werden in die umliegenden nahen Bahnhöfe abtransportiert. Am 19. Februar 2018 ist 218 272 in Magdeburg Hbf mit einem Leerzug nach Königsborn unterwegs.

AUFNAHME: RALF SCHLÜTER

Damit musste die FWD neue Wege suchen, um die sich anbahnende Lücke bei der Baureihe 218 zu schließen. Die Situation stellte sich Ende 2017 so dar:

- **218 139**, inzwischen letzte Maschine der 1. Bauserie mit dem ältesten Motor MTU 12 V 956 TB 10, wurde am 4. August 2017 wegen anstehenden Revisionsablaufs dem Werk Bremen zugeführt. Nach Entscheidung von DB Netze Fahrwegdienste (Berlin) erhielt sie keine weitere Revision, wurde am 11. August z-gestellt und zum Verkauf angeboten. Dieser erfolgte am 31. Januar 2018, Käufer war die Eisenbahnlogistik (ELV) Vienenburg.
- **218 208** hat am 20. Februar 2018 im Werk Mühldorf (Oberbay) noch eine IS 930 erhalten und kann bis zu ihrer Laufkilometergrenze im Einsatz bleiben.
- **218 249** und **218 272** stehen gut im Rennen, beide mit letzter Revision im Jahr 2015.

Ein Versuch der FWD, vier Lokomotiven der Bauserie 4 aus dem Bestand von DB Regio zu übernehmen, um den Fuhrpark in fünf Jahren austauschen zu können, schlug fehl. Die dafür vorgesehenen 218 458, 461 und 488 aus Kempten (Allgäu) sowie die in Leipzig zu Heizdiensten abgestellte 218 489 sollten mit einem Caterpillar-Motor remotorisiert und modernisiert werden. Eine Abordnung von FWD-Technikern aus Karlsruhe begutachtete im Werk Bremen die vier Maschinen. Die Vorschläge, eigene Fahrzeuge zu beschaffen und damit eine Chance auf Verjüngung und Stabilisierung des 218-Lokparks über acht Jahre zu erhalten, fanden in Berlin kein Gehör. Um den entstandenen Minderbestand bei den 218 auszugleichen, setzt die FWD-Zentrale auf Rahmenverträge für eine fallweise längerfristige Anmietung von Lokomotiven des Typs G 1206 aus dem Pool von northrail.

Nach obiger Konzernvorgabe sind die Loks der Baureihe 218 aus den Bauserien 1 und 2 Auslaufmodelle. Bei der FWD dagegen rechnet man nicht vor 2023/2024 mit dem Ende dieser 218, für sie soll es bei Fristablauf noch Untersuchungen nach IS 930 geben. Zur Baureihe 218 in Doppelbespannung mit der Baureihe 212 gibt es zur Zeit laut FWD keine Alternative, wenn Motorleistungen bis zu 3.000 kW verlangt werden. Und auch die unverwüstliche 212 mit einem Durchschnittsalter von über 55 Jahren ist mit elf Maschinen im achten/neunten Jahr mit einer Laufzeitgrenze von 18 Jahren immer noch unentbehrlich und weiterhin in Betrieb.

Einsätze der FWD-Triebfahrzeuge

Die Einsätze der Lokomotiven des Unternehmens erstrecken sich über das gesamte Bundesgebiet einschließlich der grenznahen Schweiz. Hierbei erreichen die 218 (zusammen mit den 212) während Hochbauphasen hohe Laufkilometerwerte, z. B. in einem fünftägigen Umlaufplan mit einem Durchschnitt von 220 km/LpT, vorwiegend bei diesen Aufgaben:

- Ab- und Zufuhr von Schotter,
- Transport von Gleisbaumaschinen,
- herbstliche Schienenpflege,
- regelmäßiges Schottern des Gleisbettes,
- Bespannung der Unkrautvernichtungs-/Unkrautspritzzüge*,
- Bereitstellung von Schneepflügen für Winterdienste,
- Überführung und Vermietung von Triebfahrzeugen.

*) korrekte Bezeichnung „Züge zur Belüftung und Entwässerung des Bahnkörpers durch chemische Aufwuchsbekämpfung"

Seit dem Winter 2011/2012 haben die FWD einen mehrjährigen Vertrag zur Abwicklung des Winterdienstes auf der Frankenwaldbahn erhalten. Jeweils von September bis April hat mindestens eine 218 die Aufgabe als Schneepfluglok in Kronach übernommen. Mit je einem Schneepflug ohne eigenen Antrieb der Bauart en 850 (Beilhack) und 855 (Meiningen) vorn und hinten stehen sie dort für mögliche Einsätze bereit. Die Frankenwaldbahn konnte nun aufgrund des „Sandwichbetriebes" in beiden Richtungen geräumt werden. Vorgesehen sind für die beiden Kronacher Schneepflüge ausschließlich Fahrten auf der Strecke Lichtenfels – Kronach – Probstzella. Da die Einsatzbereitschaft für den Winterdienst erst im November beginnt, wird in den Zwischenmonaten das Personal der Schneeräumfahrzeuge ausgebildet und geschult. Bei Bedarf übernahmen die 218 als Stillstandsüberbrückung auch die Schienenpflege oder die EC-/IC-Hilfseinsätze. Für den Kronacher Winterdienst werden alle vier 218 der FWD herangezogen, oft auch zwei Lokomotiven gleichzeitig.

Kurze Erläuterung einer Räumfahrt:

1. *Schneeräumfahrten verkehren als sogenannte Sperrfahrten. Das heißt, das Streckengleis, auf dem sich die Fahrt derzeit befindet, beispielsweise zwischen zwei Bahnhöfen, ist für die Dauer der Fahrt gesperrt.*
2. *Die Schneeräumfahrt besteht in der Regel aus drei Mitarbeitern:*
   - *dem Triebfahrzeugführer, der für das Führen der Lokomotive verantwortlich ist,*
   - *dem Bediener des Schneepfluges,*
   - *einem ortskundigen Mitarbeiter, der gefährdete Stellen (Bahnsteige, Brücken, Signale, etc.) kennt, an denen die Pflugscharen zu heben sind, um Beschädigungen durch die gesenkte Pflugschar zu vermeiden. Diese Stellen sind gekennzeichnet durch die Signale „Ne 7a – Pflugschar heben" und „Ne 7b – Pflugschar senken".*

Die herbstliche Schienenpflege („Putzfahrten") ist ebenfalls fest im Arbeitsprogramm der FWD verankert, die vornehmlich Aufgabe der Baureihe 212 ist. Hierbei erreichen die mehrere Monate pausenlos in Betrieb stehenden Lokomotiven erstaunliche Laufleistungen von mehr als 1.000 km am Tag (im Durchschnitt 450 km/LpT).

Regelmäßig vertreten die 218 der FWD auch die Lokomotiven der Netzinstandhaltung als Zuglok des RAILab 2 (Rollendes Analyse- und Inspektions-Labor). Als die Erweiterung und Elektrifizierung der S-Bahn Rhein-Neckar um die Abschnitte Germersheim – Graben-Neudorf für S-Bahn-Züge und Karlsruher Stadtbahnwagen anstanden, hatte 218 249 im Juni 2010 die Traktion der zwei RAILab-Wagen übernommen; im Frühjahr 2014 war die 218 272 mit ebendieser Formation bei Messfahrten im Fichtelgebirge im Einsatz.

Außerdem kümmert sich das auch als Entsorgungsfachbetrieb zertifizierte Unternehmen um den Abtransport und die sachgemäße Verwertung der an einer Baustelle anfallenden Materialien. So erfolgten zum Beispiel 80 % der Transporte aus dem Stadtzentrum rund um die Großbaustelle des neuen Stuttgarter Hauptbahnhofs ausschließlich per Schiene. Für diese logistische Meisterleistung wurde das Unternehmen 2016 mit dem DB Award ausgezeichnet (Zitat auf der Internetseite von DB Netze, DB Fahrwegdienste GmbH).

Jede einzelne Leistung der FWD-218er aufzuzählen/zu zeigen ist nicht möglich, es sollen hier jedoch beispielhaft für jede Lok einige markante Einsätze – ohne Anspruch auf Vollständigkeit – aufgeführt werden:

218 139 und ihre Schwesterlok **218 208** waren wegen akuten Fahrzeugmangels an einsatzfähigen Triebzügen der Baureihe 644 von DB Regio NRW am 30. Dezember 2010 angemietet worden. Ab dem 6. (218 139) bzw. dem 31. Januar 2011 waren sie im 644-Ersatzverkehr mit Wendezügen auf der Voreifel- und Erfttalbahn (RB 23) Bonn – Euskirchen – Bad Münstereifel unterwegs. Hier beförderten sie in zwei Umläufen K 2 und K 3 von Montag bis Freitag in der Hauptverkehrszeit 14 RB-Züge zwischen Bonn Hbf und Euskirchen, wobei sie 451 km/Tag im Plan K 2 und mit 12½ Stunden Einsatz im Plan K 3 sogar 744 km/Tag zurücklegten. Ihre Einsätze endeten im Januar 2012 (siehe auch Kap. 8 Einsätze im Ausland).

218 208 war im Dezember 2007 im Bauzugdienst zwischen Stralsund und Mukran zu sehen; im Juni 2009 rollte sie mit einem Bauzug auf der KBS 613 durch Eichenberg; im Doppel mit 218 249 war sie mit einer Fuhre mit Altschotter im herbstgefärbten Oktober 2010 in Brandenburg eingesetzt; am 13. September war sie 2014 auf der Unstrutbahn unterwegs, um im Fahrzeugwerk Karsdorf Flachwagen abzuholen.

218 249 war im April 2010 im Allgäu zu sehen; im August 2015 hatte sie im Tal der Beke, einem Nebenfluss der Lippe, die Traktion der Bunkerzüge (Transport von Ausbruchmaterial aus einem Tunnel) zwischen der Baustelle und dem Lagerplatz in Himmighausen übernommen; im August 2017 beschäftigte sie sich in der Berliner Wuhlheide.

218 272 war am 5. November 2011 mit einem Gleisbauzug in Peine zu sehen, am 11. Januar 2015 in Weimar und im August 2016 in Bienenbüttel inmitten der Lüneburger Heide im Norden des Landkreises Uelzen anzutreffen.

Fahrzeugbestand der Baureihe 218 von DB Fahrwegdienste

Tfz-Nr.	Übernahme	FWD i.D.	letzte Rev.	Bemerkung
218 139	01.12.06	01.12.06	11.08.09	31.01.2018 verk. an ELV
218 208	16.02.07	30.03.07	22.02.18	IS 930
218 249	08.11.06	25.07.07	10.08.15	
218 272	08.11.06	05.09.07	22.09.15	

Bild 472 – Die Deutsche Bahn Gleisbau (DBG) – heute zur DB Bahnbau Gruppe gehörend – disponiert ihren Fuhrpark teilweise von Duisburg-Wedau aus. Am 22. März 2009 stehen die beiden DBG-Loks **218 261** und **218 287** einträchtig nebeneinander und warten auf ihren nächsten Einsatz. 218 261 trägt zum Aufnahmezeitpunkt noch den verkehrsroten Anstrich. Das blaue Logo an den Seitenwänden und im Frontbalken sind dem damals neuen DBG-Zeichen in roter Schrift gewichen. AUFNAHME: MALTE WERNING

7.1.4 DB Bahnbau Gruppe

Die DB Bahnbau Gruppe (BBG) mit Sitz in Berlin ist am 1. Januar 2010 durch Verschmelzung der Unternehmen DB Bahnbau (DBB), Deutsche Gleis- und Tiefbau (DGT), Deutsche Bahn Gleisbau (DBG) sowie Ingenieur-, Brücken- und Tiefbau (Ibb) entstanden. Bei ihrer Gründung war sie eine Tochtergesellschaft von DB Netz. Seit dem 1. Januar 2016 ist sie ein 100 %iges Tochterunternehmen der DB AG, untersteht also direkt der Konzernmutter. In der DB Bahnbau Gruppe sind alle Unternehmen des DB-Konzerns zusammengefasst, die Bauleistungen an der Eisenbahninfrastruktur in Deutschland und im Ausland erbringen. Mit 3.000 Beschäftigten und 400 Instandhaltungsfahrzeugen ist die DB Bahnbau Gruppe an rund 40 Standorten rund um die Uhr bundesweit im Einsatz.

Dieser Zusammenschluss war bereits 1999 von den Vorständen von DB AG und DB Netz beabsichtigt, mit dem die rund 7.000 Beschäftigten des Geschäftsbereichs (GB) Bahnbau auf die bestehenden Tochtergesellschaften übergeleitet oder zum GB Netz versetzt werden sollten. Es war vorgesehen, 3.200 Mitarbeiter zum GB Netz zu versetzen, 1.300 Beschäftigte zur DBG sowie weitere 650 zur DGT überzuleiten. 1.800 Beschäftigte sollten zur Deutsche Verkehrsdienstleistungs- und Management (dvm) mit dem Aufgabenbereich Beräumung von Bahnanlagen wechseln.

Ihre Wurzeln hat die heutige DB Bahnbau Gruppe in den früheren Gleisbauhöfen (Gbl), die als technisch spezialisierte Dienststellen des Außendienstes mit eigenen Kolonnen für den gesamten Bereich ihres Direktionsbezirks für die betriebssichere Unterhaltung der Eisenbahninfrastruktur sowohl im Neubau als auch in der Sanierung und Instandsetzung von Gleisanlagen verantwortlich waren. Einige dieser Tätigkeiten waren (und sind heute noch) gefragt:

- Durchführen von Oberbauarbeiten und Verlegen von Schwellen und Schienen;
- Einschottern und Stopfen von Gleisen und Herstellen von Laschenverbindungen, Montieren und Verlegen von Weichen;
- selbständiges Durchführen der Arbeiten auf der Grundlage von technischen Unterlagen und von Arbeitsaufträgen allein und in Kooperation mit anderen;
- Abstimmen mit den am Bau Beteiligten, Einrichten von Baustellen;
- Durchführen von qualitätssichernden Maßnahmen, Berechnen der erbrachten Leistung und Übergeben der geräumten Baustelle.

Die Gbl wurden in „Bau- und Fertigungsbetriebe Oberbau“ (BFO) umgewandelt. Die beiden für das Thema (Baureihe 218) relevanten Gleisbauhöfe mit Niederlassungen in Duisburg-Wedau und Augsburg-Oberhausen nannten sich bis zum 31. Dezember 1990 „Betrieb für Oberbauinstandhaltung (BFO)“. Daraus entwickelten sich im Zuge der Bahnreform neugeschaffene, selbständige Geschäftsbereiche und Niederlassungen,

Deutsche Bahn Gleisbau (DBG)

Eine 100 %ige Tochter der DB Netz mit etwa 560 Mitarbeitern entstand. Zum Geschäftsbereich gehörten unter anderem auch die Deutsche Gleis- und Tiefbau (DGT), ein 1994 als Baugesellschaft der DB AG für den Streckenneu-/Ausbau gegründetes Unternehmen, das vornehmlich in den neuen Bundesländern (mit 2 × 232, 4 × 710 und einer Kö II) operiert, der Signal-Telekommunikations- und Elektro(neu)bau (STE) sowie der Ingenieurbau.

Das Aufgabengebiet der DBG umfasst alle Standard- und Spezialarbeiten im Gleisoberbau wie Bauproduktion, Großinstand-

Bild 473
218 287 wartet am 4. Dezember 2011 in Hannover Hbf auf neue Arbeit. Inzwischen dient diese Lok bei der DB Bahnbau Gruppe nur noch als Ersatzteilspender und steht abgestellt im Gleisbauhof Augsburg, noch immer trägt sie den gelben Lokkasten mit silbergrauen Dachanstrich. Kurios ist die auch an den Fronten angebrachte zwölfstellige Fahrzeugregisternummer.

AUFNAHME: PETER GROẞE

setzung und Oberbauschweißungen. Ihr Fuhrpark besteht in der Hauptsache aus Gleisbaumaschinen wie Stopfmaschinen, Gleisbaukränen, Gleismessfahrzeugen und Schwerkleinwagen (Skl). Für den Transport von Baumaschinen und Baumaterial, zur Versorgung der Baustellen sowie für Rangierdienste hält die DBG zahlreiche Diesellokomotiven der Baureihen 203 und 212 sowie Kleinlokomotiven der Leistungsgruppe III (Baureihen 333 und 335) im Bestand.

Im Jahr 2006 hat die DBG ihren Lokomotivpark um drei Großdiesellokomotiven der Baureihe 218 von DB Regio verstärkt: Am 9. August wechselten 218 287 und 391 sowie im Dezember 218 304 in den Baudienst. Zusammen mit letzterer Lok wurden auch 218 125 und 277 als Ersatzteilspender übernommen, alle Maschinen unter der Abgangsart „Naturalausgleich“. Als vierte und fünfte Maschine verstärkten nach zwei bzw. weiteren sechs Jahren 218 261 und (am 1. August 2014) 218 449 den 218-Lokpark. Die Einsatzloks erhielten beim OMB Ostmecklenburgische Bahnwerk in Neustrelitz neue Hauptuntersuchungen (mit Ausnahme von 218 261). Dabei bekamen 218 287, 304 und 391 einen Neuanstrich in den damaligen Hausfarben der DBG: Aufbauten Goldgelb (RAL 1004), Frontbalken Himmelblau (RAL 5015), Rahmen und Fahrwerk Tiefschwarz (RAL 9005) und Dach Silbergrau (RAL 7001). Im Laufe der Zeit änderte sich das Erscheinungsbild der Lokomotiven:

- **218 287** lief noch 2009 mit dem alten blauen DBG-Logo zwischen zwei blauen „Stummel-Warnstreifen“ an den Fronten, der Rahmen war tiefschwarz. 2011 hatte sie an den Fronten keine Warnstreifen mehr, dafür mittig den Text „Bahnbau Gruppe“ in Rot, darunter in Weiß unterlegt „Ihr integrierter Bahn-Infrastruktur Dienstleister“. Bei ihr ist die zwölfstellige NVR-Nummer (National Vehicle Register) 92 80 1218 287-1 nicht nur am Rahmen, sondern (etwas gewöhnungsbedürftig) auch unterhalb der rechten Führerhausfenster angebracht.
- **218 304** lief 2017 noch ohne Frontwarnstreifen mit neuen Logos der Bahnbau Gruppe, Rahmen und Fahrwerk waren tiefschwarz.
- **218 391** hatte 2008 das gleiche Outfit wie ihre Schwesterlok 218 287; 2009 war aus den blauen „Stummeln“ ein schmaler blauer Warnstreifen geworden. Später wurde das DBG-Logo durch das neue *Bahnbau Gruppe* in Rot in der Mitte des Warnstreifens an den Fronten ersetzt. Im Jahr 2015 tauchte das bekannte DB-Emblem wieder auf, eingerahmt von weißen Frontwarnstreifen. Die Eigentumsbezeichnung Bahnbau Gruppe ist als Schriftzug an die rechte Seite im unteren Rand in Höhe der Führerhausfenster gerückt.
- **218 449** erschien von Anfang an in Goldgelb mit weißen Balken an den Fronten wie später bei 218 391, in deren Mitte das DB-Emblem prangt; ein Hinweis auf den Bahnbau fehlt.

Zunächst in Augsburg-Oberhausen beheimatet, sind die Loks seit dem 1. Januar 2012 in Duisburg-Wedau stationiert. Sie kommen bundesweit mit Überführungen von Gleisbauzügen und Baumaschinen im Bauzug-/Baustellendienst zum Einsatz. 218 391 war 2013/2014 mehrmals vertretungsweise vor den Alex-Zügen der Länderbahn von und nach Oberstdorf im Einsatz.

Die Ersatzteilspender 218 125 (15. Juli 2004 z) und 218 277 (14. Dezember 2004 z) waren am 28. Februar 2005 von Darmstadt zur Abstellung/Vermarktung nach Chemnitz überführt und zum Jahreswechsel 2006/2007 an die DBG verkauft worden, wo sie bis 2017 als Ersatzteilspender in Augsburg dienten. Inzwischen erneut abgestellt, diesmal beim Stillstandsmanagement in Mukran, tauchten sie in der DB-Angebotsliste von zu verkaufenden Triebfahrzeugen auf. Die 218 125 war für einen Betrag von 39.500 € und die 218 277 für 75.000 € zu haben. Als Käufer griff die Eisenbahngesellschaft Potsdam (EGP) zu und ließ die Loks von der eigenen 140 857 am 6. April 2017 nach Wittenberge zu ihrer Werkstatt überführen.

Fahrzeugbestand der Baureihe 218 der DB Bahnbau Gruppe

Tfz-Nr.	Übernahme	DBG i.D.	letzte Rev.	Bemerkung
218 261	25.11.08	19.10.10	19.10.10	Verkehrsrot, Anfang 2019 in HU in Cottbus
218 287	09.08.06	29.10.06	29.10.06	FAL 29.09.14, Esp.
218 304	31.12.06	01.01.07	06.08.15	
218 391	09.08.06	14.06.07	28.07.15	
218 449	01.08.14	09.12.14	09.12.14	

Bild 474 – Ende 2013 sprang **218 391** der DB Bahnbau Gruppe vor den alex-Zügen zwischen Immenstadt und Oberstdorf ein, um hier eine ausgefallene Planlok der Reihe 2143 der Stauden-Verkehrsgesellschaft zu vertreten. Auf der Fahrt nach Oberstdorf hat die Lok mit ihrem Zug am 11. Dezember 2013 soeben Altstädten hinter sich gelassen.
Aufnahme: Frank Wilhelm

Bild 475 – Aufgrund der angespannten Fahrzeugsituation im Syltverkehr seit Ende des Jahres 2018 half auch die **218 449** der DB Bahnbau Gruppe ab Januar 2019 aus, die Lage zu entspannen. Hier sehen wir sie zusammen mit **218 369** am 1. Januar 2019 beim Ansetzen an einen beladenen Autotransportzug in Westerland (Sylt). Aufnahme: Hans Hilger

Bild 476 – 218 392 ist seit Juli 2011 in gelber Lackierung bei DB Netz Instandhaltung im Einsatz. Am 8. August 2012 überführt sie in Schallstadt einen Messtriebwagen der SBB nach Basel. Zum Aufnahmezeitpunkt besaß die Lok noch nicht die erst später angebrachten Zusatzausrüstungen wie Steckdosen für Messkabel und das Kameraauge in der Dachvoute zur Streckenbeobachtung (vgl. Bild 477 auf S. 312). AUFNAHME: CHRISTIAN WOLF

7.1.5 DB Netz, DB Netze Fahrweg

DB Netz entstand im Zuge der zweiten Stufe der Bahnreform als eine hundertprozentige Tochter der Deutschen Bahn und betreibt als Eisenbahn-Infrastrukturunternehmen (EIU) ca. 88 % des deutschen Schienennetzes. Die DB Netze Fahrweg unter dem Dach von DB Netz ist u. a. für die Instandhaltung und Instandsetzung des Schienennetzes sowie der Schieneninfrastruktur und Sicherungstechnik verantwortlich. Zur Instandhaltung unterhält das Unternehmen Bahndiensttriebfahrzeuge, z. B. Instandhaltungsfahrzeuge für Oberleitung, Messzüge oder Züge für Notfalltechnik, Tunnelinspektion und Schneeräumtechnik. Zur Instandsetzung und Korrektur von Gleislagen werden Gleisbau-, Schleif- sowie Fräsmaschinen vorgehalten, alle Fahrzeuge sind dem Maschinenpool von DB Netz zugeordnet. Viele dieser Aufgaben werden von spezialisierten Bereichen wie der Fahrwegmessung in Minden (Westf) vorgenommen, denen die dafür vorgesehenen Triebfahrzeuge aus dem Maschinenpool zugewiesen werden.

DB Netz Instandhaltung Minden(Westf)

Aus dem Maschinenpool von DB Netz waren DB Netz Instandhaltung insgesamt drei von DB Regio im Werk Bremen übernommene Lokomotiven der Baureihe 218 zugeteilt worden, alle hatten bereits die neue Farbgebung: Der Lokkasten erstrahlt in Goldgelb (RAL 1004), das Dach, der Rahmen und die Warnstreifen an den Fronten sind basaltgrau (RAL 7012), das Fahrwerk tiefschwarz (RAL 9005) lackiert. Des Weiteren wurden sie mit LED-Scheinwerfern, Fernlicht und Alufenstern ausgerüstet und befinden sich mit Ausnahme des ausgebauten Nahverkehrpakets im Originalzustand.

Die Karlsruher **218 392**, die seit 17. März 2010 im Werk Bremen als z-Lok stand, wurde nach ihrer Reaktivierung am 13. September 2010 an DB Netz-Maschinenpool verkauft. Nach ihrer IS 630 am 13. Juli 2011 steht sie der Fahrwegmessung in Minden (Westf) zur Verfügung.

Mit der **218 477** vom Werk Frankfurt-Griesheim erhöhte sich im September 2012 der 218-Bestand des DB Netz-Maschinenpools um eine zweite Lokomotive. Nach einer IS 630 vom 11. September 2012 bis zum 27. Februar 2013 kam sie zur Verstärkung der 218 392 nach Minden (Westf). Beide Maschinen besitzen als Zusatzausrüstung im Dach rechts des oberen Spitzenlichtes eine Kamera zur Strecken- und Fahrdrahtaufzeichnung. Bei 218 477 fallen am Dach über den Scheibenwischern zwei Platten wie „Augenklappen“ auf, die zur Halterung für eine Blitzbeleuchtung dienen, wenn Kameras in dem „Auge“ angeschlossen sind.

Als letzte Neuerwerbung ist die **218 471** des Werkes Kempten (Allgäu) zu nennen. Die Maschine, seit dem 23. Januar 2015 z-gestellt, rollte am 8. April 2015 nach Bremen zur weiteren Verwendung ab. Diese bestand aus der Ausmusterung bzw. dem Verkauf zum 20. November 2015 an DB Netz. Da sie noch Fristen bis März 2019 besaß, erhielt sie in Bremen eine IS 030 mit Neulackierung im Schema der beiden Schwestermaschinen.

Die Loks werden bundesweit für die Bespannung von Gleismess- und Schienenprüfzügen sowie Überführung/Bereitstellung von zahlreichen Messwagen (Funk-/Schallmesswagen) für DB Netz eingesetzt. **218 392** wird in Minden (Westf) gewöhnlich der Bespannung des Schienenprüfzuges 1 (SPZ 1) für die Ultraschallschienen- und Oberleitungsfunktionsprüfung zugeteilt. Nachdem der vorhandene Schienenprüfzug 719[1]/720[1] wegen seiner stillgelegten Antriebsanlage lange Zeit mit zwei Diesellokomotiven der Baureihe 203 bespannt war, sind die zwei Endwagen 719 101 und

Bild 477 – Zahlreiche zusätzliche Steckdosen zur Aufnahme von Messkabeln zeichnen die Lokomotiven 218 392 und 218 477 von DB Netz Instandhaltung aus. Detailansicht der Front von **218 392** am 31. August 2013 in Duisburg-Wedau. AUFNAHME: MALTE WERNING

Bild 478 – Seitliche Anschriften an der **218 392** der DB Netz Instandhaltung in Seelze, aufgenommen am 29. April 2012.

102 im Jahr 2013 abgestellt und 2014 verschrottet worden; mit dem Mittelwagen 720 101 wurde ein neuer Schienenprüfzug gebildet.

Für die Gleisgeometrieprüfung (Spurweite, gegenseitige Höhenlage, Verwindung, horizontale und vertikale Ausrichtung) und Erfassung des Schienenverschleißes der beiden Schienen wird seit 2003 ein Gleismessfahrzeug RAILab 1 (Rollendes Analyse- und Inspektions-Labor) eingesetzt – eine Weiterentwicklung der 1988 konzipierten Oberbau-Messwagen-Einheit (OMWE) –, das erstmals die geometrischen und fahrdynamischen Messgrößen gemeinsam und bei jeweils zulässiger V_{max} (bis 250 km/h) zu messen gestattet. Für dessen Bespannung ist meist 218 477 zuständig. Im Dezember 2006 wurde die OMWE zu einem RAILab 2 umgebaut, mit einem speziell aus einem IR-Wagen umgebauten Steuerwagen.

Die dritte Maschine – 218 471 – wird vom zentralen Streckenmanagement des Maschinenpools Berlin bedarfsmäßig eingesetzt. Ihre Hauptaufgaben sind Regelüberführungs- und Messfahrten, etwa als Zuglok vor dem Funkmesszug mit Messsteuer- und Funkmesswagen mit direkter Wendezugsteuerung für Funkversorgungsmessungen entlang von Schienenwegen und für Messung der GSM-Versorgungspegel oder vor dem Schallmesszug, bestehend aus dem Schallmesswagen, einem Steuerstandwagen und einem Abstandswagen zur Messung des Rollgeräusches bei der Fahrt auf unterschiedlichen Schienenfahrflächenqualitäten. Bedarfsmäßig wird sie auch zur Traktion der RAILab-und SPZ-Einheiten herangezogen.

Die Zukunft der Baureihe 218 bei DB Netz

DB Netz beabsichtigt, in den nächsten Jahren seine Fahrzeugflotte zu modernisieren. Auf Grundlage eines einheitlichen Basisfahrzeuges sollen mittels modularer Aufbauten unterschiedliche Betreiberanforderungen berücksichtigt werden (Multifunktionales Instandhaltungsfahrzeug Streckeninfrastruktur, MISS). Im Einzelnen betrifft dies:

- Fahrweginstandhaltung;
- Tunnelinspektion;
- Oberleitungsinspektion und -entstörung;
- Instandhaltung Leit- und Sicherungstechnik;
- Fahrwegmessung (Oberleitung, Gleisgeometrie, Schienenprüfung etc.).

Bild 479
Am 25. Februar 2016 ist **218 477** von DB Netz Instandhaltung auf den Personengleisen der viergleisigen Strecke Hannover – Wunstorf unterwegs nach Minden (Westf) und passiert gerade in Richtung Seelze das Gaskraftwerk Hannover-Herrenhausen im Stadtteil Leinhausen, dessen Block B durch seine zylindrische Bauweise auffällt. Deutlich erkennbar sind an der Lok die Steckbleche zur Aufnahme einer Blitzbeleuchtung sowie das zusätzlich in der Dachvoute eingefügte „Kameraauge".

AUFNAHMEN (2): WERNER NIMNTZ

Bild 480
DB Netz Instandhaltung setzt neben 218 392 auch **218 477** regelmäßig vor Messzügen ein. Am 8. Juni 2017 war die Maschine in Sachsen unterwegs und befuhr mehrere Strecken der Regio Infra Service Sachsen (RISS). Als NbZ 94324 überführt sie soeben den Messzug mit dem RAILab1-Messwagen von Chemnitz Hbf nach Chemnitz Süd. Von dort geht es als Messfahrt nach Stollberg (Sachs).

AUFNAHME: FELIX SERAPHIN

Die Fahrzeuge für Schienenprüfung und Gleisgeometriemessung werden zweiteilig sein, das Fahrzeug für die Oberleitungsprüfung ist als Solotriebfahrzeug vorgesehen. Entsprechend ihrem Einsatzgebiet sind als Zusatzausrüstungen Steilstreckentauglichkeit und Ausrüstung ETCS Level 2 vorgesehen.

Mit diesen Triebfahrzeugen heißt es wohl Abschied nehmen von lokbespannten Einheiten, da die Messeinrichtungen, für deren Unterbringung bisher separate Wagen herhalten mussten, dann in den neuen Messtriebwagen (MTW) integriert sind. Da die beiden 218 392 und 471 im Jahr 2019 an ihre Fristen stießen, war für sie noch eine Untersuchung nach § 32 EBO vorgesehen. Sollten die bestellten MTW zügig angeliefert werden, besteht wenig Hoffnung auf eine erneute Untersuchung, selbst ein Verbleib der 218 477 ist nicht garantiert.

Fahrzeugbestand der Baureihe 218 bei DB Netz

Tfz-Nr.	Übernahme	i.D.	letzte Rev.	Bemerkung
218 392	13.09.10	13.07.11	13.07.11	Netz-Nr. 218 501
218 471	20.11.15	.16	08.03.12	Netz-Nr. 218 503
218 477	11.09.12	11.09.12	27.02.13	Netz-Nr. 218 502

Bild 481 – 218 471 von DB Netz Instandhaltung überquert am 20. Oktober 2017 mit dem Gefahrgut-Ausbildungszug von DB Netz die Spreebrücke des Berliner Außenrings im Ortsteil Köpenick. AUFNAHME: SEBASTIAN SCHRADER

Bild 482
218 399 von DB Systemtechnik Minden rückt am 25. Juli 2011 mit dem schweizerischen RABe 511 001 aus dem alten Lokschuppen in Berlin-Grunewald zur nächsten Zulassungsfahrt aus.

7.1.6 DB Systemtechnik Minden

DB Systemtechnik (ST) Minden ist eine Tochtergesellschaft der DB AG und blickt als Nachfolgeunternehmen der ehemaligen Bundesbahn-Versuchsämter (VersÄ) Minden und München – aufgegangen in den Bundesbahn-Zentralämtern (BZA) und zuletzt seit dem 1. Januar 2002 als Forschungs- und Technologiezentrum der DB AG bezeichnet – auf eine lange technische Tradition zurück. Die wesentliche Aufgabe der früheren Technikzentren der Deutschen Reichsbahn bzw. der Deutschen Bundesbahn war die Entwicklung und Erprobung von Eisenbahnfahrzeugen. Heute ist die DB Systemtechnik das europaweit führende Kompetenzzentrum für Bahntechnik. Sie befasst sich mit zahlreichen Ingenieurdienstleistungen aus allen Richtungen des Bahnbereichs. Dazu zählen Dienstleistungen im Bereich der Fahrzeugtechnik, der Infrastruktur, der Instandhaltung und der Konstruktion. DB Systemtechnik Minden wurde zum 1. September 2011 in eine eigenständige GmbH ausgegliedert

Am 7. Oktober 2010 erhielt ST Minden eine erste 218, um hier die wegen Fristablaufs am 21. Januar 2011 ausscheidende Lokomotive 217 001 als Zuglok vor Messzügen zu ersetzen. Es handelte sich dabei um die seit dem 28. August 2010 auf z abgestellte Kieler 218 399, ein Neuaufbau der Unfalllok 215 112 bei Krupp in Essen und im AW Nürnberg. Die Maschine erhielt im Werk Bremen vom 14. Oktober 2010 bis zum 21. April 2011 eine IS 630, wobei sie außer Einbau von ZWS/ZDW und einem neuen verkehrsroten Anstrich auch zusätzliche Steckdosen an den Stirnfronten zur Aufnahme von Messkabeln bekam.

Ein erster größerer Einsatz fand Mitte Juli 2011 statt, als sie den Schweizer Doppelstocktriebzug RABe 511 001 „Regio Dosto" des Schweizer Herstellers Stadler Rail auf dem Weg nach Berlin-Grunewald im Schlepp hatte. Das Fahrzeug war auf Zulassungsfahrten für noch nicht gelieferte Fahrzeuge dieses Typs an die Ostdeutsche Eisenbahn (ODEG) unterwegs. Diese Fahrten fanden an mehreren Tagen von Berlin-Grunewald aus statt, wo der Zug im alten Lokschuppen untergebracht war, u. a. auf der Strecke Nauen – Friesack – Neustadt (Dosse) bis Mitte August 2011. Hierfür war 218 399 mit einer speziellen Abschlepp-Übergangskupplung ausschließlich für den An- und Abtransport des RABe ausgerüstet. Dieser Fahrzeugtyp, bis 2010 als „Stadler DOSTO" bezeichnet, wird seither unter der Bezeichnung „Stadler KISS" (**k**omfortabler **i**nnovativer **s**purtstarker **S**-Bahn-Zug) geführt.

Bild 483 – Detailaufnahme der Übergangskupplung von **218 399**, aufgenommen am 31. Mai 2011. AUFNAHMEN (2): INGO WLODASCH

218 399 stand bis Mitte 2013 bundesweit fast ausschließlich der Systemtechnik oder mit Überführungen von Fahrzeugen zu Versuchszwecken im Einsatz: Vom 10. bis zum 12. Juni im Raum Weimar mit dem GSM-R-Funkmesswagen; bis zum 17. Juni war sie rund um München zu sehen. Am 24. Juni erlitt sie bei einer Fahrt nach Kempten (Allgäu) einen Motorschaden, und nach einem erfolglosen Reparaturversuch wurde sie am 5. Dezember 2013 von 218 428 nach München-Freimann geschleppt und dort abgestellt. Nach ihrer Ausmusterung am 18. Dezember 2014 befindet sie sich nach Motortausch im Werk Bremen und anschließendem Verkauf seit dem 19. Dezember 2014 im Eigentum der ELBA Logistik aus Backnang.

Fahrzeugbestand der Baureihe 218 bei DB Systemtechnik Minden

Tfz-Nr.	Übernahme	i.D.	letzte Rev.	Bemerkung
218 399	07.10.10	07.10.10	14.04.11	19.12.14 verkauft an ELBA

7.2 Die Baureihe 218 bei Privatbahnen

7.2.1 Allgemeines

Betrachtet man den heutigen Lokpark deutscher Privatbahnen, findet man in ihm zahlreiche 218-Serienlokomotiven, die zuvor im Dienste der DB AG standen. Es dauerte allerdings bis 2016, bis Privatbahnen, bei denen die DB nicht Mitgesellschafter ist, ausgemusterte Lokomotiven dieser Baureihe von der DB kaufen konnten. Zuvor hatte es einen Verkaufsstopp der DB für leistungsstarke Lokomotiven gegeben, um der Konkurrenz das Leben zu erschweren. Zum Stichtag 30. Juni 2019 befanden sich folgende 46 Serien-218 bei Privatbahnen:

92 80 1218 105-5 D-NESA	NeSA „218 105-5“
92 80 1218 117-0 D-ELBA	ELBA „218 117-0“
92 80 1218 125-3 D-EGP	EGP 218 125-3
92 80 1218 139-4 D-ELV	ELV „218 139-4“
92 80 1218 155-0 D-NESA	NeSA „218 155-0“
92 80 1218 163-4 D-TFT	Train4Train „218 163-4“
92 80 1218 191-5 D-MZE	MZ „218 191-1“
92 80 1218 201-2 D-EGP	EGP „218 201-2“
92 80 1218 203-8 D-ELBA	ELBA „218 203-8“
92 80 1218 214-5 D-ELBA	ELBA „218 214-5“
92 80 1218 219-4 D-HEROS	HEROS „218 219-4“
92 80 1218 224-4 D-EGP	EGP „218 224-4“
92 80 1218 241-8 D-ELBA	ELBA „218 241-8“
92 80 1218 256-6 D-ELBA	ELBA „218 256-6“
92 80 1218 277-2 D-EGP	EGP „218 277-2“
92 80 1218 308-5 D-HEROS	HEROS „218 308-5“
92 80 1218 319-2 D-RPRS	Railsystems „218 319-2“
92 80 1218 356-4 D-RPRS	Railsystems „218 356-4“
92 80 1218 376-2 D-RPRS	Railsystems “218 376-2“
92 80 1218 381-2 D-RPRS	Railsystems “218 381-2“
92 80 1218 390-3 D-MEG	MEG „304”, 218 390-3“
92 80 1218 396-0 D-BEG	BSEG „218 396-0“
92 80 1218 399-4 D-ELBA	ELBA „218 399-4“
92 80 1218 400-0 D-RPRS	Railsystems „218 400-0“
92 80 1218 402-6 D-RPRS	Railsystems „218 402-6“
92 80 1218 407-5 D-RIS	RIS Sachsen „218 407-5“
92 80 1218 439-8 D-RPRS	Railsystems „218 439-8“
92 80 1218 444-8 D-PRESS	PRESS
92 80 1218 447-1 D-RPRS	Railsystems „218 447-1“
92 80 1218 448-9 D-PRESS	PRESS
92 80 1218 450-5 D-LWC	LWC „218 450-5“
92 80 1218 451-3 D-LWC	LWC „218 451-3“
92 80 1218 455-4 D-EFW	EfW „218 455-4“
92 80 1218 457-0 D-AIX	AIXrail „218 457-0“
92 80 1218 458-8 D-PRESS	PRESS
92 80 1218 466-1 D-RPRS	Railsystems „218 466-1“
92 80 1218 467-9 D-MEG	MEG „305”, „218 467-9“
92 80 1218 468-7 D-RIS	RIS Sachsen „218 468-7“
92 80 1218 469-5 D-RPRS	Railsystems „218 469-5“
92 80 1218 472-9 D-POWER	Power Rail „218 472-9“
92 80 1218 480-2 D-RPRS	Railsystems „218 480-2“
92 80 1218 485-1 D-AIX	AIXrail „218 485-1“
92 80 1218 488-5 D-RPRS	Railsystems „218 488-5“
92 80 1218 489-3 D-RPRS	Railsystems „218 489-3“
92 80 1218 490-1 D-RPRS	Railsystems „218 490-1“
92 80 1218 492-7 D-RPRS	Railsystems „218 492-7“

Bild 484 – Als diese Aufnahme am 9. Juni 2010 im Werk Mühldorf (Oberbay) der Südostbayernbahn entstand, wurde die HEROS-Lok **218 256** (rechts) gerade auf ihren Einsatz bei der Graz-Köflacher Bahn (GKB) in Österreich vorbereitet. Die links neben ihr stehende **218 105** (links) gehörte zu diesem Zeitpunkt der Westfrankenbahn. Heute gehören beide 218 deutschen Privatbahnen (218 105 der NeSA und 218 256 der ELBA Logistik), besaßen 2019 aber noch dieselben Farbgebungen. AUFNAHME: MATTHIAS MICHAELIS

7.2.2 Einsätze bei Privatbahnen

AIXrail

AIXrail ist am 4. September 2013 in Aachen gegründet worden. Das Unternehmen bietet Güterverkehrsleistungen im Spot-Verkehr und Letzte-Meile-Transporte sowie Überführungsfahrten und Bauzugleistungen an. Ferner werden sporadisch Personensonderzüge traktioniert, und man ist in der Lokvermietung tätig. So sind z. B. AIXrail-Lokomotiven der Baureihen 362 und 363 an DB Regio NRW vermietet. Neben vier Lokomotiven dieser Baureihen verfügt das Unternehmen über die Lokomotiven 142 159, 211 125, 211 345 sowie 225 073. Seit dem 19. Dezember 2018 gehören nun auch zwei Loks der Baureihe 218 zum Bestand, von denen bis zum Redaktionsschluss des Buches im Februar 2019 aber noch keine aufgearbeitet und in Betrieb genommen war.

218 457-0 (Henschel, 32051)

16.01.15 Z-Stellung bei der DB AG
19.12.18 verk. an AIXrail „218 457-0“,
NVR-Nr. 92 80 1218 457-0 D-AIX

218 485-1 (Krauss-Maffei, 19800)

19.10.12 Z-Stellung bei der DB AG
19.12.18 verk. an AIXrail „218 485-1“,
NVR-Nr. 92 80 1218 485-1 D-AIX

Brohltal-Schmalspureisenbahn Betriebsgesellschaft

Das Unternehmen ist am 30. März 1992 vom Verein Interessengemeinschaft Brohltal-Schmalspureisenbahn e. V. (IBS) gegründet worden und ist für den Betrieb auf der Strecke der Brohltal-Eisenbahn zuständig. Seit einigen Jahren ist das Unternehmen aber auch auf DB-Gleisen tätig, zunächst nur im Arbeitszugdienst, seit 2004 aber auch im Güterverkehr. Dabei werden hauptsächlich Aluminiumzüge von Spellen nach Koblenz und regionale Güterverkehre im Großraum Koblenz gefahren. Lange Zeit nutzte das Unternehmen für den Aluminiumverkehr eine ehemalige DB-Lok der Baureihe 220. Als diese schadhaft wurde, kamen neben der unternehmenseigenen 295 Mietloks der Baureihen 216 und 225 zum Einsatz, bevor 2017 die Lok 218 396 erworben wurde. Sie trägt die Farbgebung der Brohltal-Eisenbahn: Elfenbein RAL 1014/Smaragdgrün RAL 6001, die sie bei ihrer Hauptuntersuchung im Werk Bremen erhielt.

218 396-0 (MaK, 2000118)

07.04.15 +
08.03.17 verk. an Brohltal Schmalspureisenbahn Betriebs-Ges.,
NVR-Nr. 92 80 1218 396-0 D-BEG,
Inbetriebnahme nach HU im Werk Bremen am 22.12.2017

EfW-Verkehrsgesellschaft

Die EfW-Verkehrsgesellschaft (EfW) ist ein Eisenbahn-Verkehrsunternehmen (EVU) mit Sitz in Köln und wurde am 22. Dezember 2000 gegründet. Seit dem 29. Juni 2001 verfügt es über die Zulassung als öffentliches EVU für den Personen- und Güterverkehr durch das Land Nordrhein-Westfalen. Als Schwerpunkt erbringt die EfW Traktionsleistungen im Bau- und Sonderzugverkehr. Die EfW bietet aber auch Transportleistungen und die Gestellung von Loks (inklusive Personal) an. Eine eigene Fahrzeugwerkstatt besitzt die EfW nicht. Die Wartung und Reparatur der Fahrzeuge finden fast ausschließlich in DB-Werken statt. Zum Lokbestand gehören ehemalige DB-Lokomotiven der Baureihen 211, 212, 218, 221 und 225. Die Baureihe 218 ist mit der 218 455 vertreten. Die Lok trägt bei der EfW eine purpurrote DB-Farbgebung.

Bild 485 – Am 25. Januar 2018, als diese Aufnahme der **218 396** entstand, war diese erst knapp einen Monat lang für die Brohltal Schmalspureisenbahn Betriebsgesellschaft im Einsatz. Wie alle Dieselloks des Unternehmens trägt sie eine Farbgebung in Elfenbein-Smaragdgrün. AUFNAHME: MARTIN WALTER

218 455-4 (Henschel, 32049)

30.12.14 Z-Stellung
08.06.16 +, verk. an EfW-Verkehrsgesellschaft,
NVR-Nr. 92 80 1218 455-4 D-EFW

Eisenbahn-Bau- und Betriebsgesellschaft Preßnitztalbahn (PRESS)

Die Eisenbahn-Bau- und Betriebsgesellschaft Preßnitztalbahn wurde im Jahr 2000 in Jöhstadt (Sachsen) gegründet. Sie hat sich inzwischen zu einem EVU mit rund 200 Mitarbeitern entwickelt, das sich zahlreiche Geschäftsfelder erschlossen hat. Der Schwerpunkt liegt im Güterverkehr. Hier sind z. B. die Beförderung von Wagengruppen und Ganzzügen, internationale Transporte in Kooperation mit ausländischen EVU sowie Gefahrgut- und Abfalltransporte zu nennen. Transportiert werden Holz, Papier, Baustoffe, Stahl, Kohle, chemische Erzeugnisse, Getreide, Dünger und Container. Seit ihrer Gründung ist die PRESS in der Baulogistik tätig. So ist die PRESS u. a. seit 2010 im Rahmenvertrag mit DB Netz für Ver- und Entsorgungstransporte zu den Baumaßnahmen eingebunden.

Ein weiteres Geschäftsfeld ist der SPNV. Seit 2008 betreibt die PRESS die Rügensche BäderBahn (RüBB) mit ihrer Schmalspurstrecke Lauterbach-Mole – Göhren und der Werkstatt in Putbus. Seit Dezember 2009 ist die PRESS auch für den SPNV auf der Normalspurstrecke Bergen auf Rügen – Lauterbach-Mole zuständig. Neben den planmäßigen Reisezügen fährt die PRESS – in Kooperation mit Vereinen – Sonderzüge mit historischem Fahrzeugmaterial. Hierbei kommen ihre Dampfloks 01 0509 und 86 1333 sowie die Diesellok 112 565 (V 100 DR) zum Einsatz.

Die PRESS betreibt auch zwei Anschlussbahnen, die in Lübbenau Süd und Espenhain zu finden sind. In letzterer wird die dortige Werkstatt von der PRESS betrieben.

Für die zahlreichen Aufgaben steht ein umfangreicher Lokpark zur Verfügung, der mehr als 60 Fahrzeuge umfasst. Hierzu gehören seit 2018 auch drei Dieselloks der Baureihe 218, von denen bis zum Redaktionsschluss des Buches im Februar 2019 aber noch keine aufgearbeitet und in Betrieb genommen worden war.

218 444-8 (Henschel, 32038)

18.03.15 Z-Stellung bei der DB AG
27.07.18 +, verk. an PRESS,
NVR-Nr. 92 80 1218 444-8 D-PRESS

218 448-9 (Henschel, 32042)

06.07.14 Z-Stellung bei der DB AG
27.07.18 +, verk. an PRESS,
NVR-Nr. 92 80 1218 448-9 D-PRESS

218 458-8 (Henschel, 32052)

27.01.15 Z-Stellung bei der DB AG
05.09.17 +
01.19 verk. an PRESS
NVR-Nr. 92 80 1218 458-8 D-PRESS

Eisenbahngesellschaft Potsdam (EGP)

Die EGP mit Sitz in Potsdam wurde am 10. Februar 2005 gegründet. Die EVU-Lizenz erhielt das Unternehmen bereits am 11. April 2005. Nachdem der Schwerpunkt der Tätigkeit anfangs bei Rangierdiensten und dem regionalen Güterverkehr in Brandenburg und Mecklenburg-Vorpommern lag, kamen ab 2006 zunehmend Ferngüterzüge hinzu. Diese werden hauptsächlich von Elloks der EGP gezogen. Die Güterverkehrsleistungen erstrecken sich heute von Ganzzugverkehren über Arbeitszugleistungen, Gefahrguttransporten und Rangierleistungen bis hin zur Betreuung

Bild 486 – Alle Diesellokomotiven der EfW-Verkehrsgesellschaft tragen eine purpurrote Bundesbahn-Farbgebung, so auch **218 455**, die hier am 29. April 2018 gemeinsam mit 215 021 einen Arbeitszug auf der Schwarzwaldbahn bei Gutach bespannt. AUFNAHME: CHRISTIAN WOLF

Bild 487 – Die Eisenbahngesellschaft Potsdam (EGP) hat Ende Februar 2019 mit der frisch hauptuntersuchten **218 201** erstmals auch eine Serien-218 in Betrieb genommen. Auch sie trägt nun das blaue EGP-Design. Am 4. April 2019 führt sie gemeinsam mit der EGP-225 002 zwischen Pechbrunn und Wiesau einen Autozug von Glauchau nach München-Milbertshofen.
AUFNAHME: MICHAEL GARRI

Bild 488 – Anfang 2018 übernahm die Eisenbahnlogistik Vienenburg (ELV) von DB Fahrwegdienste die Lok **218 139** und versetzte sie wieder weitgehend in ihr ursprüngliches purpurrotes Erscheinungsbild zurück. Nach wie vor verfügt die Maschine noch über den klassischen TB 10-Motor. Bei Schladen (Harz) kehrt die Lok am 1. Juni 2019 mit einem Sonderzug von Bad Harzburg nach Braunschweig zurück.
AUFNAHME: YANNICK KRUSE

von Anschlussbahnen. Ab 2010 war die EGP auch im Personenverkehr aktiv, erst als Mitgesellschafter der Städtebahn beim SPNV in Sachsen, ab 2012 in Eigenregie beim SPNV in der Prignitz. Seit 2014 hat die Schwestergesellschaft HANSeatische Eisenbahn (HANS) sukzessive die Personenverkehrsaktivitäten der EGP übernommen. Hauptgesellschafter beider Unternehmen ist die ENON Gesellschaft. Die EGP ist Gesellschafter der Schienenfahrzeugbau Wittenberge (SFW) mit Werkstätten in Wittenberge, Meyenburg und Eberswalde. Durch die SFW werden die EGP-Fahrzeuge gewartet. Sie führt aber auch Leistungen für Dritte durch.

Zusätzlich verfügt die ENON über die Baltic Port Services GmbH, eine Werkstatt in Mukran für die Instandhaltung und Wartung von Schienenfahrzeugen und Wagen, welche sich auf die Umspurung von Wagen spezialisiert hat.

Zum umfangreichen Fahrzeugbestand der EGP gehören neben der Vorserienlok 218 002 (nun 225 802) auch vier Serien-218: 125, 201, 224 und 277. 218 125 dient derzeit allerdings nur als Ersatzteilspender. 218 201 hat bei ihrer Hauptuntersuchung 2019 die EGP-Farbgebung Blau/Grau erhalten.

218 125-3 (Krupp, 5146)

15.07.04	Z-Stellung bei der DB AG
31.12.06	+, Ersatzteilspender für die Deutsche Bahn Gleisbau
11.07.17	verk. an Eisenbahngesellschaft Potsdam „218 125-3“, NVR-Nr. 92 80 1218 125-3 D-EGP

218 201-2 (Krupp, 5215)

27.02.09	Z-Stellung bei der DB AG
25.06.18	+
27.06.18	verk. an Eisenbahngesellschaft Potsdam „218 201-2“, NVR-Nr. 92 80 1218 201-2 D-EGP

218 224-4 (Krauss-Maffei, 19591)

02.03.09	Z-Stellung bei der DB AG
21.10.18	+
11.10.18	verk. an Eisenbahnges. Potsdam „218 224-4“, NVR-Nr. 92 80 1218 224-4 D-EGP

218 277-2 (Henschel, 31478)

14.12.04	Z-Stellung bei der DB AG
31.12.06	+, verk. an Deutsche Bahn Gleisbau (DBG) „218 277-2“
11.07.17	verk. an Eisenbahngesellschaft Potsdam „218 277-2“, NVR-Nr. 92 80 1218 277-2 D-EGP

Eisenbahnlogistik Vienenburg – Rainer Mühlberg (ELV)

Die ELV ist seit 2007 überwiegend im Arbeitszugdienst tätig. Seit 2015 führt sie auch Autozugverkehre zu allen norddeutschen Häfen durch. Überführungen und Sonderreisezüge sind weitere Betätigungsfelder. Neben Lokomotiven der Baureihen 140 und 211 steht dem Unternehmen seit Januar 2018 auch die Lok 218 139 zur Verfügung, die von DB Fahrwegdienste übernommen wurde. Sie erhielt bei der anschließenden Hauptuntersuchung ihre ursprüngliche Farbgebung in Purpurrot zurück.

218 139-4 (Henschel, 31541)

01.12.06	+, verk. an DB Services
13.01.18	verk. an ELV Rainer Mühlberg „218 139-4“, NVR-Nr. 92 80 1218 139-4 D-ELV

ELBA Logistik

Die ELBA Logistik wurde am 25. Februar 2004 gegründet, ist ein Teil der Eisenmann-Gruppe aus Backnang und innerhalb dieser Gruppe vor allem für die Belieferung von Bahnbaustellen zuständig. Ferner bietet sie die Gestellung von Triebfahrzeugführern und Traktion an. Auch führt sie für die Spedition Kübler Schwertransporte durch. Zum Lokbestand gehören sechs Lokomotiven der Baureihe 218, von denen die 218 203 allerdings nur als Ersatzteilspender dient. Bei 218 399 handelt es sich um die Lok, die aus Teilen der verunglückten 215 112 neu gebaut worden war. Die Loks 218 117 und 256 waren zunächst von der HEROS Rail Rent gemietet und sind am Jahresende 2017 von ELBA gekauft worden. Sie tragen aber noch die rot/silberne Farbgebung von HEROS. Die 218 399 ist Verkehrsrot, 218 214 ist Gelb.

218 117-0 (Krupp, 5138)

18.12.09	Z-Stellung bei der DB AG
19.11.10	+
19.11.10	verk. an HEROS Helvetic Rolling Stock
16.06.17	verm. an ELBA Logistik
29.12.17	verk. an ELBA Logistik „218 117-0“, NVR-Nr. 92 80 1218 117-0 D-ELBA

218 203-8 (Krupp, 5217)

01.02.09	Z-Stellung bei der DB AG
27.04.16	verk. an ELBA-Logistik, NVR-Nr. 92 80 1218 203-8 D-ELBA

Bild 489
218 256 befindet sich seit dem 29. Dezember 2017 im Eigentum der ELBA Logistik, trägt aber noch die Farbgebung des vorherigen Eigentümers HEROS Rail Rent. Am 11. März 2018 ist sie mit einem kurzen Arbeitszug auf der Höllentalbahn im Bahnhof Hinterzarten beschäftigt.

AUFNAHME: CHRISTIAN WOLF

Bild 490 – Auch der Exot **218 399** gehört seit dem 19. Dezember 2014 der ELBA Logistik. Am 11. April 2018 stand für die Lok ein Arbeitszugeinsatz auf der Höllentalbahn unweit des ehemaligen Bahnhofs Posthalde auf dem Programm. AUFN.: CHRISTIAN WOLF

218 214-5 (Krupp, 5228)

13.02.10 Z-Stellung bei der DB AG
01.06.16 +
27.04.16 verk. an ELBA Logistik „218 214-5", NVR-Nr. 92 80 1218 214-5 D-ELBA

218 241-8 (Krauss-Maffei, 19608)

12.02.09 Z-Stellung bei der DB AG
27.04.16 verk. an ELBA Logistik „218 241-8", NVR-Nr. 92 80 1218 241-8 D-ELBA

218 256-6 (Henschel, 31733)

24.01.10 Z-Stellung bei der DB AG
03.06.10 +, verk. an HEROS,
25.11.15 verm. an ELBA Logistik
29.12.17 verk. an ELBA Logistik „218 256", NVR-Nr. 92 80 1218 256-6 D-ELBA

218 399-4 (Krupp, 5401)

19.12.14 verk. an ELBA Logistik, NVR-Nr. 92 80 1218 399-4 D-ELBA

HEROS Rail Rent

Die HEROS Helvetic Rolling Stock in Rheinfelden/CH wurde 2009 gegründet und besteht aus drei Einzelunternehmen, die den Verkauf von Schienenfahrzeugen innerhalb und außerhalb Europas abwickeln sowie die Vermietung und das Leasing mit gebrauchtem Rollmaterial betreiben. Die HEROS Helvetic Rolling Stock zeichnet dabei für die Vermarktung innerhalb Europas und der Türkei verantwortlich, die HEROS America Middle East Asia GmbH ist für Fahrzeuglösungen weltweit (ohne Europa und die Türkei) zuständig. Die in Fürth ansässige HEROS Rail Rent ist

Bild 491 – Die Lokomotiven von HEROS Rail Rent sind schon bei verschiedenen Privatbahnen in Deutschland und Österreich tätig gewesen. Am 10. Juni 2016 ist **218 117** leihweise bei Railsystems RP im Einsatz und bespannt zusammen mit der Railsystems-Lok **218 469** bei Emleben nahe Gotha einen Kesselwagenzug nach Großkorbetha. AUFNAHME: MARTIN WALTER

Bild 492
Vor der modernen Werkstatt der Lappwaldbahn Cargo in Weferlingen legten am 14. Juni 2018 (v. l. n. r.) PB 06 (Typ Class 66), **218 451** und 225 101 eine Pause ein.

AUFNAHME: ROLAND HERTWIG

der Ansprechpartner für die Vermietung von Schienenfahrzeugen. Die HEROS verfügt über einen Bestand von ca. 150 Fahrzeugen. Darunter befinden sich auch Lokomotiven der Baureihe 218, wobei es durch den Verkauf und Ankauf von Loks Veränderungen ergibt. Die ersten beiden 218 erhielt HEROS schon 2010. Das war eine Besonderheit, denn zu jener Zeit verkaufte DB Regio 218 nur an DB-Tochterunternehmen. Da die DB bis 2014 Geschäftsanteile an der HEROS Helvetic Rolling Stock hielt, konnte HEROS die Loks bekommen.

218 117-0 (Krupp, 5138)

18.12.09	Z-Stellung bei der DB AG
19.11.10	+
19.11.10	verk. an HEROS Helvetic Rolling Stock
	12.12.10 – 19.09.11 verm. an Graz-Köflacher Bahn u. Busbetrieb
16.06.17	verm. an ELBA Logistik
29.12.17	von HEROS Rail Rent verk. an ELBA Logistik „218 117-0“

218 219-4 (Krauss-Maffei, 19586)

26.07.08	Z-Stellung bei der DB AG
2017	verk. an HEROS Helvetic Rolling Stock

218 256-6 (Henschel, 31733)

24.01.10	Z-Stellung bei der DB AG
03.06.10	+, verk. an HEROS Helvetic Rolling Stock,
	15.06.10 – 11.11.11 verm. an Graz-Köflacher Bahn u. Busbetrieb
25.11.15	verm. an ELBA Logistik
29.12.17	von HEROS Rail Rent verk. an ELBA Logistik

218 308-5 (Krupp, 5301)

17.01.06	Z-Stellung bei der DB AG
09.07.14	+, verk. an HEROS Helvetic Rolling Stock

LWC Lappwaldbahn Cargo

Die LWC Lappwaldbahn Cargo mit Sitz in Braunschweig ist aus der DZ Rail hervorgegangen und am 12. Januar 2015 in das Handelsregister eingetragen worden. Sie gehört zur Lappwaldbahn-Gruppe, zu der noch die LWS Lappwaldbahn Service, die Lappwaldbahn Instandhaltung und die LWG Lappwaldbahn Gleisbau gehören. Die LWS ist Eigentümerin der ehemaligen TWE-Strecken Ibbenbüren – Brochterbeck – Lengerich – Versmold und Brochterbeck – Hafen Dörenthe sowie der Holzbachtalbahn Altenkirchen (Westerw) – Selters (Westerw). Von DB Netz hat sie die Strecken Helmstedt – Grasleben und Weferlingen – Emden (Kr Haldensleben) gepachtet. Ferner betreibt sie die Eisenbahninfrastrukturen der Strecken Emden (Kr Haldensleben) – Süplingen – Haldensleben, Süplingen – Dönstedt und der Anschlussbahn Weferlingen – Grasleben.

Neben Rangierdiensten und Arbeitszugeinsätzen befördert die Lappwaldbahn Cargo Güterzüge auf den Strecken der LWS und darüber hinaus auf DB- und OHE-Gleisen. Dabei handelt es sich überwiegend um Schüttgut- und Baulogistik-Züge. Für den Streckendienst stehen der LWC neben zwei Loks der Baureihe 225 auch zwei der Baureihe 218 zur Verfügung. Die Loks sind von der ursprünglichen Lappwaldbahn (LWB) gekauft und nach deren Insolvenz im Dezember 2016 von der LWC übernommen worden. Sie tragen eine verkehrsrote Farbgebung.

218 450-5 (Henschel, 32044)

31.12.14	Z-Stellung bei der DB AG
07.04.16	+, verk. an Lappwaldbahn,
12.16	verk. an Lappwaldbahn Cargo,
	NVR-Nr. 92 80 1218 450-5 D-LWC

218 451-3 (Henschel, 32045)

30.12.14	Z-Stellung bei der DB AG
07.04.16	+, verk. an Lappwaldbahn,
12.16	verk. an Lappwaldbahn Cargo,
	NVR-Nr. 92 80 1218 451-3 D-LWC

Mitteldeutsche Eisenbahn MEG)

Die MEG ist 1998 als gemeinsames Tochterunternehmen von DB Cargo (80 % der Anteile) und Transpetrol (20 % der Anteile) gegründet worden, um die Anschlussbahnen der Dow Chemical-Werke in Schkopau und Böhlen zu betreiben. Im Jahr 2000 kam auch noch die Anschlussbahn der Rüdersdorfer Zementwerke (heute Cemex Zement Rüdersdorf) hinzu. Von Rüdersdorf fährt die MEG-Zementganzzüge nach Rostock-Seehafen und zum Bayernhafen Regensburg. Der überregionale Verkehr wurde in den letzten Jahren ausgebaut. Daher beschaffte die MEG Elloks und Großdieselloks. Zum Bestand gehören auch zwei Lokomotiven der Baureihe 218. Die verkehrsroten und mit MEG-Logos beklebten Loks bespannen bundesweit bevorzugt Messzüge und übernehmen Überführungsfahrten.

218 390-3 (Mak, 2000112)

27.09.13	+, verk. an MEG „304“ NVR-Nr. 92 80 1218 390-3 D-MEG

218 467-9 (Krauss-Maffei, 19782)

20.04.16	+, verk. an MEG „305“ NVR-Nr. 92 80 1218 467-9 D-MEG

MZ Eisenbahndienstleistungen

Dieses Unternehmen wurde von Manuel Zimmermann am 1. Juli 2009 in Hellenhahn (Westerwald) gegründet und bietet die Gestellung von Triebfahrzeugpersonal sowie die Ausbildung und Prüfung im Eisenbahnbetrieb an. Als erstes Fahrzeug beschaffte das Unternehmen 2017 die langjährige Abschlepplok 218 191 der S-Bahn Stuttgart.

218 191-5 (Krupp, 5205)

27.07.17	Z-Stellung bei der DB AG
21.08.17	verk. an MZ-Eisenbahndienstleistungen NVR-Nr. 92 80 1218 191-5 D-MZE

NeSA Eisenbahn-Betriebsgesellschaft Neckar-Schwarzwald-Alb

Am 21. Oktober 1998 gründeten neun Personen aus dem Umfeld der Eisenbahnfreunde Zollernbahn e. V. (EFZ) in Tübingen die Eisenbahn-Betriebs-Gesellschaft Neckar-Schwarzwald-Alb (NeSA). Am 29. April 1999 erfolgte die Zulassung als EVU für den Personen- und Güterverkehr. Die NeSA wurde aber nicht nur als EVU für die Museumsfahrten der EFZ gegründet, sondern wollte auch

Bild 493 (links)
Die MEG-Lok **218 390** (MEG 304) zieht am 14. März 2013 den Messzug DbZ 92083 durch Robschütz (Strecke Nossen – Meißen). Am Zugschluss läuft 229 120 mit.

Bild 494 (unten)
Am 17. Oktober 2017 ist es die Aufgabe der MEG-Loks **218 467** (MEG 305; rechts) und **218 390** (MEG 304; links), fünf ausrangierte Lokomotiven der Baureihe 215⁹ vom DB-Stillstandsmanagement Chemnitz zum DB-Stillstandsmanagement Hamm (Westfalen) zu überführen. Hier passiert die Fuhre die Brücke bei Frohburg in Sachsen.

AUFNAHMEN (2): FELIX SERAPHIN

Bild 495
So sieht die ehemalige Plochinger Abschlepplok **218 191** der S-Bahn-Stuttgart nach ihrer Übernahme durch die MZ-Eisenbahndienstleistungen aus. Am 18. Dezember 2018 ist sie im Bw Siegen anzutreffen.

AUFNAHME: DR. ROLF LÖTTGERS

eigene Verkehre durchführen. Nachdem zunächst Triebfahrzeuge gemietet wurden, verfügt das Unternehmen seit November 2000 über eigene Diesellokomotiven (Baureihen 211, 213 und 312). Im März 2007 erfolgte der Umzug des Unternehmens nach Rottweil. Zum Fahrzeugpark gehören inzwischen auch zwei Dieselloks der Baureihe 218, die 2016/2017 erworben wurden. Das Haupteinsatzgebiet beider Loks sind bundesweite Überführungsfahrten von Bau- und Schienenschleifzügen sowie Arbeitszugleistungen, jedoch werden sie auch für Sonderfahrten der EFZ genutzt. 218 105 trägt noch die TEE-Farbgebung Purpurrot/Beige, die sie 2010 bei der Westfrankenbahn erhalten hatte, 218 155 wurde hingegen im klassischen Bundesbahn-Purpurrot lackiert, so dass beide Loks optisch auch gut zu den EFZ-Sonderzügen passen.

218 105-5 (Krupp, 5126)

03.05.16	verk. an NeSA „218 105-5“, NVR-Nr. 92 80 1218 105-5 D-NESA

218 155-0 (Krauss-Maffei, 19531)

17.08.17	Z-Stellung bei der DB AG
08.17	verk. an NeSA, i.D. seit 29.03.18, NVR-Nr. 92 80 1218 155-0 D-NESA

Bild 496 – Am 5. Mai 2018 verlässt die frisch hauptuntersuchte NeSA-Lok **218 155** mit einem Arbeitszug den Kehretunnel auf der Steilstrecke der Höllentalbahn oberhalb des Bahnhofs Hirschsprung. Die Lok hat im Zuge ihrer Aufarbeitung wieder ihre purpurrote Ursprungslackierung zurückerhalten. AUFNAHME: CHRISTIAN WOLF

Bild 497 – Am 21. März 2018 verlässt die ozeanblau-beige **218 472** der Power Rail mit dem Bauzug 92575 den noch mit alter Signaltechnik ausgerüsteten Bahnhof Köthen in Richtung Bernburg (Saale). AUFNAHME: FELIX SERAPHIN

Power Rail GmbH (PR)

Power Rail wurde am 15. Dezember 2004 in Hohendodeleben nahe Magdeburg gegründet. Im Jahr 2007 erfolgte die Zulassung als EVU für den Personen- und Güterverkehr. Das Unternehmen hat sich auf das Erbringen von Arbeitszugleistungen, Baustofftransporte und die Baustellenlogistik spezialisiert. Seit 2017 besitzt es die Lok 218 472, welche die Farbgebung Ozeanblau-Beige (wie bei der Auslieferung) trägt.

218 472-9 (Krauss-Maffei, 19787)

21.02.15	Z-Stellung bei der DB AG
01.10.16	+, verk. an Railsystems RP,
.17	verk. an Power Rail „218 472“ NVR-Nr. 92 80 1218 472-9 D-POWER

Railsystems RP

Die Firma Railsystems RP mit Sitz in Gotha firmiert seit dem 6. Juli 2009 unter dem jetzigen Namen. Sie befasst sich mit der Gestellung von Lokomotiven, Wagen, Oberleitungsbaufahrzeugen, Oberleitungsinstandhaltungstechnik und Personalen. Zur Unterbringung der Fahrzeuge, für Wartungs-, Reparatur- und Umbauarbeiten hat das Unternehmen im März 2012 das ehemalige Bw Gotha der DB übernommen. Railsystems RP bietet auch Dritten Umbauten an, z. B. den Einbau von PZB 90, Funkausrüstung oder Abgasreinigungsanlagen.

Der Lokpark von Railsystems RP wird vor allem für Arbeitszugdienste mit dem Schwerpunkt beim Oberleitungsbau und der Oberleitungsinstandsetzung eingesetzt. Ferner versieht das Unternehmen im Auftrag von DB Fernverkehr den Rangierdienst in Leipzig Hbf. Die Railsystems-RP-Fahrzeuge sehen hervorragend gepflegt aus und tragen zum großen Teil historische Farbgebungen. Zum umfangreichen Fahrzeugpark gehören auch 15 Lokomotiven der Baureihe 218. Die Loks 218 447, 480 und 490 erhielten bei ihrer Aufarbeitung durch Railsystems RP ihre Ursprungsfarbgebung Ozeanblau-Beige zurück. 218 402 ist nun orientrot. 218 469 hingegen trägt weiterhin eine verkehrsrote Farbgebung, aber auf den Seitenwänden Technikbilder und an den Fronten einen goldenen Balken. Besonders ungewöhnlich ist das einseitig an den Führerständen angebrachte Pin-up-Girl „Betty Boom“ auf einem haifischähnlichen Torpedo. Diese Verzierung erinnert an ähnliche Verzierungen der US-amerikanischen Bomber und Jagdflugzeuge des Zweiten Weltkriegs (Nose Art).

Die im Oktober 2018 beschafften 218 466 und 218 488 wurden nach der Übernahme in der verkehrsroten Farbgebung weiterverwendet. Im Dezember 2018 gesellten sich noch 218 489 und 492 hinzu, im April 2019 auch 218 439.

Dank der interessanten Farbgebungen und der hervorragenden Pflege werden die RSRP-Loks gerne vor Sonderzügen eingesetzt. Darüber hinaus gelangte 218 447 ab dem 5. Mai 2018 sogar wieder in den planmäßigen Reisezugdienst. Hierbei durfte sie monatelang im Wechsel mit 218 469 im Auftrag der Stauden-Verkehrs-Gesellschaft alex-Züge im Bereich Immenstadt – Oberstdorf bespannen. 218 480 und 218 490 wurden Anfang Oktober 2018 von DB Fernverkehr für den Einsatz im Sylt-Verkehr angemietet. Dieser Sylt-Einsatz war bei Redaktionsschluss Ende April 2019 noch nicht beendet. Allerdings kamen bei Fristarbeiten der beiden Loks auch andere RSRP-Loks im Sylt-Verkehr zum Einsatz, so beispielsweise die orientrote 218 402, die im Frühjahr 2019 zeitweilig auch bei der Südostbayernbahn aushalf und dadurch auch vor EC-Zügen der Relation München – Lindau zu sehen war.

Bild 498
218 402 erhielt bei der Aufarbeitung durch Railsystems RP wieder ihre orientrote Farbgebung zurück, die sie bei der DB AG schon einmal zwischen 1996 und 2004 getragen hatte.

Bild 499 (rechts)
218 469 von Railsystems RP trägt eine verkehrsrote Farbgebung, die aber markante Verzierungen aufweist. Über einem goldenen Streifen thront das Pin-up-Girl „Betty Boom“. Hier sieht man die Lok gemeinsam mit der von HEROS gemieteten **218 117** am 3. März 2017 im Bahnhof Emleben.

AUFNAHMEN (2): MARTIN WALTER

Bild 500 (unten)
Die Hauptaufgabe der 218 von Railsystems RP besteht in der Bespannung von Arbeitszügen. Am 30. Juli 2018 holte **218 480** einen aus den Niederlanden kommenden Arbeitszug der Eiffage Rail im Grenzbahnhof Bad Bentheim ab. Hier ist der Zug bei Schüttorf zu sehen.

AUFNAHME: ROLAND HERTWIG

218 319-2 (Krupp, 5312)

04.08.16 Z-Stellung
07.04.17 +
11.10.17 verk. an Railsystems RP, NVR-Nr. 92 80 1218 319-2 D-RPRS

218 356-4 (Krauss-Maffei, 19717)

18.03.15 Z-Stellung
01.08.17 +
28.07.17 verk. an Railsystems RP, NVR-Nr. 92 80 1218 356-4 D-RPRS

218 376-2 (Henschel, 31834)

07.04.17 +
06.02.19 verk. an Railsystems RP „218 376-2“, NVR-Nr. 92 80 1218 376-2 D-RPRS

218 381-2 (Henschel, 31839)

17.03.17 Z-Stellung
06.02.19 verk. an Railsystems RP „218 381-2“, NVR-Nr. 92 80 1218 381-2 D-RPRS

218 400-0 (Krupp, 5366)

04.05.17 Z-Stellung
01.08.17 +
28.07.17 verk. an Railsystems RP, NVR-Nr. 92 80 1218 400-0 D-RPRS

218 402-6 (Krupp, 5368)

05.05.17 +
28.09.17 verk. an Railsystems RP, Inbetriebnahme nach HU am 10.05.18, NVR-Nr. 92 80 1218 402-6 D-RPRS

218 439-8 (Henschel, 32033)

26.04.19 verk. an Railsystems RP, NVR-Nr. 92 80 1218 439-8 D-RPRS

218 447-1 (Henschel, 32041)

26.06.14 Z-Stellung
19.12.14 +
31.05.17 verk. an Railsystems RP, NVR-Nr. 92 80 1218 447-1 D-RPRS

218 466-1 (Krauss-Maffei, 19781)

13.07.17 Z-Stellung
18.08.18 +
02.10.18 verk. an Railsystems RP „218 466-1“, NVR-Nr. 92 80 1218 466-1 D-RPRS

218 469-5 (Krauss-Maffei, 19784)

25.02.16 +
28.02.16 verk. an Railsystems RP, NVR-Nr. 92 80 1218 469-5 D-RPRS

218 480-2 (Krauss-Maffei, 19795)

28.01.15 Z-Stellung
01.05.16 +
03.05.16 verk. an Railsystems RP, NVR-Nr. 92 80 1218 480-2 D-RPRS

218 488-5 (Krauss-Maffei, 19803)

04.09.17 Z-Stellung
01.08.18 +
02.10.18 verk. an Railsystems RP „218 488-5“, NVR-Nr. 92 80 1218 488-5 D-RPRS

Bild 501 – Die ozeanblau-beige **218 447** von Railsystems RP wurde ab dem 5. Mai 2018 als erste Privatbahn-218 wieder im planmäßigen Reisezugverkehr eingesetzt. Hier ist sie am 8. Mai 2018 mit einem alex-Zug bei Blaiach auf dem Weg von Immenstadt nach Oberstdorf anzutreffen. AUFNAHME: MARKUS DUFFNER

Bild 502 – Am 28. Juni 2019 wurde die Aufarbeitung der ehemaligen DB-Lok **218 468** der RIS Sachsen in der WLE-Werkstatt in Lippstadt beendet. Die Lok trägt nun eine Farbgebung in den RIS-Unternehmensfarben. Das Foto zeigt sie am 29. Juni 2019 in ihrer neuen Heimat Chemnitz AUFNAHME: FELIX SERAPHIN

218 489-3 (Krauss-Maffei, 19804)

09.04.15	Z-Stellung
05.09.17	+
03.12.18	verk. an Railsystems RP „218 489-3", NVR-Nr. 92 80 1218 489-3 D-RPRS

218 490-1 (MaK, 2000121)

23.01.15	Z-Stellung
01.08.16	+
22.07.16	verk. an Railsystems RP, „218 490-1", NVR-Nr. 92 80 1218 490-1 D-RPRS

218 492-7 (MaK, 2000123)

28.05.15	Z-Stellung
03.12.18	verk. an Railsystems RP „218 492-7", NVR-Nr. 92 80 1218 492-7 D-RPRS

Regio Infra Service Sachsen

Die Regio Infra Service Sachsen (RIS) ist am 5. Juli 2001 als Eisenbahn-Infrastrukturunternehmen für die Eisenbahnstrecken des „Chemnitzer Modells" gegründet worden. Im Jahr 2002 wurden die Strecken Stollberg (Sachs) – St. Egidien, Hainichen – Niederwiesa und Stollberg (Sachs) – Chemnitz Süd gepachtet. Später kamen noch die Strecken Nossen – Freiberg (Sachs), Neuoelsnitz – Lugau und Zwotental – Adorf (Vogtl) hinzu. Auf dem Abschnitt Stollberg (Sachs) – Abzweig Altchemnitz hat die RIS die Betriebsführung. Seit dem 6. Dezember 2006 ist die RIS auch als Eisenbahn-Verkehrsunternehmen zugelassen. Es bietet u. a. Last-Mile-Verkehre, Bauzuglogistik, Fahrzeugüberführungen sowie Schneeräumfahrten an. Sonderüberführungen von Schienenfahrzeugen und die Traktionsgestellung für DB Notfalltechnik runden das Leistungsbild ab. Zum Lokbestand gehören Loks der Baureihen 202, 203 und 345. Für deren Wartung steht eine Halle des ehemaligen Raw Chemnitz zur Verfügung. Seit dem 13. November 2018 verfügt die RIS auch über 218 468. Sie wurde Ende Juni 2019 hauptuntersucht und erhielt eine Neulackierung in den RIS-Farben Grau, Grün und Weiß. Die Lokomotive soll hauptsächlich im Güterverkehr eingesetzt werden, aber auch für Charterfahrten zur Verfügung stehen.

Zur kurzfristigen Ersatzteilgewinnung während der Aufarbeitung der 218 468 erwarb RIS im Mai 2019 kurzerhand auch die Lok 218 407 als Teilespender. Da der Gesamtzustand dieser Lok aber insgesamt gut ist, sollte diese mittelfristig wieder komplettiert und ebenfalls betriebsfähig aufgearbeitet werden.

218 407-5 (Krupp, 5373)

23.02.18	Z-Stellung bei der DB AG
22.05.19	verkauft an RIS Sachsen „218 407-5", NVR-Nr. 92 80 1218 407-5 D-RIS

218 468-7 (Krauss-Maffei, 19783)

06.12.12	Z-Stellung bei der DB AG
13.11.18	verkauft an RIS Sachsen „218 468-7", NVR-Nr. 92 80 1218 468-7 D-RIS

Train4Train

Das in Bodenwerder ansässige Unternehmen bietet in erster Linie Aus- und Fortbildungslehrgänge für Bahnbedienstete an. Dazu gehört auch Fahrsimulatortraining. Ferner fahren Triebfahrzeugführer des Unternehmens für verschiedene EVU. Seit 2018 hat Train4Train mit der 218 003 eine erste eigene Lok zur Verfügung. Mit ihr werden Überführungsfahrten und Güterzüge in ganz Deutschland gefahren. Am Jahresende 2018 wurde mit 218 163 auch eine Serienlok der Baureihe 218 erworben.

218 163-4 (Krauss-Maffei, 19539)

23.07.09	Z-Stellung
01.12.18	+
24.12.18	verk. an Train4Train „218 163-4", NVR-Nr. 92 80 1218 163-4 D-TFT

7.3 Museumslokomotiven

Insgesamt sieben Lokomotiven der Baureihe 218 werden derzeit museal aufbewahrt, davon ist keine betriebsfähig.

DB Museum

Das DB Museum übernahm am 1. Juli 2003 die 218 212. Am 3. Oktober 2003 sollte die Lok einen Sonderzug von Berlin-Friedrichstraße nach Magdeburg zu den zentralen Feiern zum Tag der Deutschen Einheit bespannen. Die Lok und Reisezugwagen dieses Zuges wurden zum „Sonderzug nach Pankow" umgestaltet. Die Lok wurde dazu mit Zeichnungen von Rock-Star Udo Lindenberg versehen. Dieser nutzte den Sonderzug im Frühjahr 2004 für eine Tournee durch Deutschland. Am 19. Juli 2005 erfolgte die Z-Stellung der Lok aufgrund eines Motorschadens. Zunächst stand sie im ehemaligen Bw Bielefeld abgestellt. Im März 2007 kam sie als Schulungsobjekt zum DB-Schulungszentrum in Troisdorf. Im August 2009 gelangte sie zur Westfrankenbahn (WFB). Da diese eine Wiederinbetriebnahme der Lok erwog, wurde die 218 212 ins Werk Mühldorf der Südostbayernbahn geschafft. Die Aufarbeitung zerschlug sich allerdings, so dass die Lok am 11. Mai 2012 zur WFB zurückkehrte. Sie steht nun im Bahnhof Amorbach abgestellt.

Die 218 217 hatte von ihrer Ablieferung bis 2002 die TEE-Farbgebung Creme/Purpurrot getragen. Daher sollte sie nach ihrer Ausmusterung erhalten bleiben. Die Ausmusterung erfolgte am 1. April 2010. Da besaß die Lok aber schon acht Jahre lang eine verkehrsrote Farbgebung. Sie wurde zunächst dem DB Museum Koblenz zur Verfügung gestellt, das sie u. a. zum Vorheizen von Reisezugwagen nutzte. Die letzten Jahre hat sie allerdings am Museumsstandort Nürnberg verbracht.

218 212-9 (Krupp, 5226)

30.06.03 +, Abgabe an DB Museum

218 217-8 (Krupp, 5231)

01.04.10 +, Abgabe an DB Museum

DB Museum Koblenz

Das DB Museum Koblenz ist am 21. April 2001 als erster Außenstandort des Verkehrsmuseums in Nürnberg eröffnet worden. Es wird im Rahmen der Stiftung Bahn-Sozialwerk (BSW) von ehrenamtlichen Mitarbeitern geführt und hat seinen Ursprung in der BSW-Gruppe zur Erhaltung historischer Eisenbahnfahrzeuge Koblenz. Das DB Museum Koblenz befindet sich auf dem Areal des früheren Bw Koblenz-Lützel. Es umfasste einen Ringlokschuppen mit Doppeldrehscheibe für die Güterzugloks sowie eine Halle für die Güterwagenausbesserung. Während die Reste des Lokschuppens Anfang der achtziger Jahre beseitigt worden sind, ist die Güterwagenausbesserung bis 1995 fortgeführt worden. Die Halle beherbergt heute die ältesten Fahrzeuge des DB Museums Koblenz, vornehmlich Elektro- und Dampflokomotiven sowie Salonwagen aus der Vorkriegszeit. In der Halle sind zudem der Zugsimulator ZUSI mit einem Führerstandsnachbau sowie eine Stellwerkssammlung untergebracht. In den angrenzenden Museumsräumen befinden sich ein kleines Museumskino, diverse Sonderausstellungen und eine Modellsammlung.

Im Freigelände finden sich hauptsächlich Fahrzeuge aus der Zeit nach dem Zweiten Weltkrieg. Die Fahrzeugsammlung umfasst inzwischen weit über 30 Lokomotiven und Wagen. Die Schwerpunkte der Ausstellung sind die elektrische Zugförderung und das Reisen mit der Bahn. Zur Präsentation dienen nicht nur die Vorbilder, sondern auch Bilddokumente und Modelle. Im Freigelände befinden sich eine 5-Zoll-Eisenbahn mit Personenbe-

Bild 503 – 218 212 des DB Museums trägt seit 2003 die Beschriftung „Sonderzug nach Pankow" mit Motiven des Rocksängers und Künstlers Udo Lindenberg. 2012 befand sich die Lok vorübergehend in Mühldorf (Oberbayern), wo dieses Foto entstand. Heute ist die Maschine als Denkmal bei der Westfrankenbahn im Bahnhof Amorbach im Odenwald aufgestellt.
AUFNAHME: CHRISTIAN GERBER

Bild 504
Am 25. August 2012 beteiligte sich das DB Museum Koblenz u. a. mit den Diesellokomotiven 217 014, **218 217** und 290 001 an einer Ausstellung im Rheinischen Industriebahn-Museum im ehemaligen Bw Köln-Nippes.

AUFNAHME: ROLAND HERTWIG

förderung und eine 110 m² große LGB Gartenbahnanlage. Unter den Exponaten befinden sich derzeit vier Vertreter der V 160-Familie. Es handelt sich um die 215 049, 216 067, 217 014 und 218 137. Sie zeigen nicht nur die unterschiedliche Technik dieser Baureihen, sondern auch verschiedene Farbgebungen. 215 049 ist verkehrsrot, 216 067 purpurrot, 217 014 trägt weiterhin die Farbgebung Ozeanblau/Beige, die sie in den letzten Einsatzjahren besessen hat, während sich 218 137 in der CityBahn-Lackierung Reinorange/Kieselgrau präsentiert, die nur zehn Loks ihrer Baureihe vorübergehend getragen haben. Die Lok war in insgesamt vier verschiedenen Farbgebungen unterwegs: 1971 – 1984: Purpurrot, 1984 – 1994: Reinorange/Kieselgrau, 1994 – 2002: Orientrot, 2002 – 2012: Verkehrsrot, seit 2012 wieder Reinorange/Kieselgrau. Ihre Ausmusterung bei DB Regio erfolgte am 24. August 2011. Danach gelangte sie in das DB Museum Koblenz, in dem schon bald mit der Umlackierung begonnen wurde. Am 29. September 2012 wurde die Lok im CityBahn-Look der Öffentlichkeit präsentiert.

218 137-8 (Henschel, 31539)

01.05.11	Z-Stellung
24.08.11	+, Abgabe an DB Museum Koblenz

Bild 505 – 218 137 hat im DB Museum Koblenz-Lützel ihre CityBahn-Lackierung zurückerhalten, in der sie von 1984 bis 1994 unterwegs war. Am 30. September 2012 war ihr Lack noch ganz frisch.
AUFNAHME: MATTHIAS MICHAELIS

Bild 506
Im Jahr 2013 wurde **218 348** in Mühldorf (Oberbay) optisch weitgehend in den Ursprungszustand zurückversetzt. Den gelb hervorgehobenen Anbau-Schneeräumer hatte sie allerdings bei ihrer Auslieferung noch nicht. Am 16. August 2013 verlässt die frisch lackierte Lok die Mühldorfer Werkstatt.

Aufnahme: Matthias Michaelis

Freunde Historischer Eisenbahn Mühldorf e. V.

Am 7. August 2003 wurde der Verein gegründet, um das vom Abriss bedrohte Stellwerk Mfw (Mühldorf Fahrdienstleiter West) zu retten und zu sanieren. In ihm sollte ein kleines Museum zur Geschichte der Eisenbahn im Raum Mühldorf am Inn eingerichtet werden. Verschiedene Loks sollten die Sammlung ergänzen. Von einem Industriebetrieb in Kastl (Oberbay) wurde eine Dampfspeicherlok zur Verfügung gestellt. Von der Südostbayernbahn (SOB) konnte per Leihvertrag 2010 die 218 348 als Dauerleihgabe übernommen werden. In vielen Arbeitsstunden wurden Blech-, Schweiß- und Schleifarbeiten etc. durchgeführt, bevor die Lok ihre purpurrote Ursprungslackierung zurückerhielt. Am 17. August 2013 wurde die Lok zusammen mit einem Steuerwagen auf einem Stumpfgleis im Bahnhof Pfarrkirchen an der Rottalbahn ausgestellt. Hier sollte im Steuerwagen ein Cafe geschaffen werden. Da sich das Projekt zerschlagen hat, wurden die Fahrzeuge nach Mühldorf (Oberbay) abgezogen. Dort steht 218 348 nun öffentlich unzugänglich abgestellt.

218 348-1 (Krauss-Maffei 19709)

04.04.08	Z-Stellung
29.09.09	+
2010	Abgabe an Freunde Hist. Eisenbahn Mühldorf e. V.

Historische Eisenbahnfahrzeuge Lübeck e. V. (HEL)

Die Ursprünge des HEL gehen auf das Jahr 1984 zurück, als die BSW Gruppe „V 200 007" im Bahnbetriebswerk Lübeck gegründet wurde, um die namensgebende V 200 des Verkehrsmuseums Nürnberg in Lübeck zu pflegen und für Sonderfahrten/Ausstellungen zu unterhalten. Seit 2005 arbeiten die Hobbyeisenbahner unter dem jetzigen Vereinsnamen. Im Laufe der Zeit vergrößerte sich der Fahrzeugbestand. Zur V 200 007 gesellten sich noch die Lokomotiven V 160 003, 218 338 und Köf 6268, der Triebzug 628/928 201 sowie mehrere Reisezugwagen. Da die V 200 007 im Juni 2018 Fristablauf hatte, werden die Sonderfahrten des Vereins nun mit dem 628/928 201 unternommen, der farblich in den Ursprungszustand zurückversetzt worden ist.

Von den einst 50 Lokomotiven der Baureihe 218 mit einem Pielstick-Motor ist die 218 338 die letzte Lok, in der dieser Motor noch eingebaut ist. Daher hat der HEL die Lok nach ihrer Z-Stellung in Lübeck am 30. Januar 2005 als Leihgabe übernommen und ist bestrebt, die Lok mittel- bis langfristig wieder in Betrieb zu nehmen.

218 338-2 (Krauss-Maffei, 19727)

30.01.05	Z-Stellung
05.02.10	+, Leihgabe an Historische Eisenbahnfahrzeuge Lübeck e. V.

Bild 507
Als letztes Exemplar ihrer Baureihe besitzt 218 338 auch heute noch ihren Pielstick-Motor. Seit 2005 befindet sich die Lok in der Obhut des Vereins Historische Eisenbahnfahrzeuge Lübeck e.V., der die Lok mittel- bis langfristig wieder aufarbeiten will. Die Aufnahme zeigt die Lok noch im Planbetrieb am 14. April 1995 in Hamburg-Haselbrook.

Aufnahme: Josef Högemann

Bild 508
Seit dem 18. Mai 2007 ist **218 225** bei der Historischen Eisenbahn Mannheim e. V. ausgestellt. Hier sieht man sie auf dem Vereinsgelände, einer ehemaligen Fahrleitungsmeisterei.

AUFNAHME: PETER STYLOW

Historische Eisenbahn Mannheim e. V.

Der Verein wurde Ende 2000 gegründet und hat sein Domizil in der ehemaligen Fahrleitungsmeisterei in Mannheim-Friedrichsfeld. Ein Vereinsziel ist der Aufbau einer Fahrzeugsammlung. So betreut der Verein zum Beispiel die Höllentalbahn-Ellok E 244 31, die als Leihgabe des DB Museums an die Universität Karlsruhe und von dieser nach Mannheim weitergereicht worden ist. Seit dem 18. Mai 2007 gehört auch 218 225 zur Fahrzeugsammlung in Mannheim. Auch sie ist eine Leihgabe des DB Museums an die Universität Karlsruhe. Sie trägt noch die verkehrsrote Farbgebung, mit der sie zuletzt für DB Regio unterwegs war. Ansonsten verfügt der Verein neben einem Esslinger-Triebwagen vor allem über Rangierloks in verschiedenen Leistungsklassen, von der Kö I über die Köf II und Köf III bis hin zur V 20 und V 36. Auf dem Vereinsgelände betreibt er eine Feldbahnanlage.

218 225-1 (Krauss-Maffei, 19592)

04.12.06	Z-Stellung
08.01.07	+, Übergabe an DB Museum,
18.05.07	Leihgabe an Universität Karlsruhe, ausgestellt bei der Historische Eisenbahn Mannheim

DB Fahrzeuginstandhaltung, Werk Bremen

Das Werk Bremen der DB Fahrzeuginstandhaltung GmbH feierte 2014 sein 100-jähriges Bestehen. Da es immerhin rund 40 seiner 100 Jahre für die Instandhaltung der Baureihe 218 verantwortlich war, lag es nahe, eine Lok dieser Baureihe als Denkmalslok aufzustellen. Die Wahl fiel auf 218 184. Zahlreiche Mitarbeiter des Werkes opferten fast ein Jahr lang einen großen Teil ihrer Freizeit, um die Lokomotive äußerlich in ihren Ablieferungszustand des Jahres 1973 zu versetzen. Am 15. Mai 2014 wurde das Schmuck-

Bild 509 – Von außen sieht **218 184**, die im Werk Bremen der DB Fahrzeuginstandhaltung als Konferenzraum aufgestellt ist, wie eine normale Diesellok aus. Am 25. April 2014 steht sie auf dem Freigelände des Werks. AUFNAHME: CHRISTIAN GERBER

stück der Öffentlichkeit präsentiert. Der Clou: Der Motorraum wurde komplett entkernt und zu einem ansprechenden Konferenzraum ausgebaut, der Platz für 20 Personen bietet. Hier können nun Konferenzen, Präsentationen oder auch kleinere Besprechungen abgehalten werden. Auch können Gäste in dem einmaligen Ambiente einer Lokomotive empfangen werden.

218 184-0 (Krupp, 5198)

05.04.09	Z-Stellung
01.04.14	+, „Konferenzlok" im Werk Bremen

Verein zur Erhaltung historischer Lokomotiven e. V. (VzEhL)

2008 haben einige DB-Mitarbeiter aus Euskirchen bei der DB Regio AG in Frankfurt angefragt, ob ein eingetragener Verein, ausschließlich bestehend aus Mitarbeitern der DB, eine Großdiesellok überlassen bekommen könne. Nachdem sie eine positive Antwort erhalte hatten, wurde im Juli 2009 in Euskirchen der „Verein zur Erhaltung von historischen Lokomotiven e. V." gegründet. Er suchte sich im DB-Werk Bremen-Sebaldsbrück unter den dort abgestellten Schrottlokomotiven ein gut erhaltenes Exemplar aus. Die Wahl fiel auf 218 128, die noch über einen funktionstüchtigen Motor des Typs MTU 12V 956 TB 10 verfügte. Am 3. August 2010 wurde die Lok an den Verein übergeben. Sie wurde zunächst in das Südwestfälische Eisenbahnmuseum Siegen gebracht, in dem die Aufarbeitung der Lok erfolgte. Sie wurde dabei in Ozeanblau/Beige lackiert. Im Juni 2015 konnte die Lok in die alte Lokhalle in Euskirchen umziehen, deren Anfänge in das Jahr 1885 zurückreichen. Sie war Teil des Bahnbetriebswerkes Euskirchen, das am 1. Juni 1966 Außenstelle des Bw Köln-Eifeltor und 1976 Außenstelle des Bw Köln-Nippes wurde. Mit der Umstellung des Personenverkehrs rund um Euskirchen auf Triebwagen wurde die Lokhalle arbeitslos. Sie steht seit 2011 unter Denkmalschutz und ist seit 2013 vom Verein gemietet. Hier findet man neben der 218 128 auch noch die 111 003 und die Köf 323 617.

Bild 510 – So sieht das Innere der „Konferenzlok" **218 184** im DB-Werk Bremen aus. AUFNAHME: CHRISTIAN GERBER

218 128-7 (Krupp, 5149)

20.12.09	Z-Stellung
27.05.10	+
03.08.10	Übergabe an „Verein zur Erhaltung historischer Lokomotiven"
20.08.10	Überführung zum Standort Siegen
06.15	Überführung zum Standort Euskirchen

Bild 511 – Während ihrer Aufarbeitung im Bw Siegen wurde **218 128** des Vereins zur Erhaltung historischer Lokomotiven e. V. in Ozeanblau/Beige lackiert. Am 22. Juni 2012 präsentiert sie sich vor dem dortigen Lokschuppen. Die Maschine ist nicht mehr betriebsfähig (keine gültigen Einsatzfristen), aber noch voll funktionsbereit. AUFNAHME: MATTHIAS MICHAELIS

8 Einsatz im Ausland

„Deutsche Lokomotiven, sowohl aus Neubau als auch als Altgebrauchte, waren – und sind es noch – bei unseren Nachbarbahnen und privaten Eisenbahn-Verkehrsunternehmen sehr beliebt und begehrt“, so schrieben wir in Band 1 unserer V 160-Trilogie. An der Baureihe 218 ist das Interesse bei historischen Eisenbahnen (Museen) und privaten EVU gegenüber früher sogar noch gestiegen, zumal die DB AG ihre Zurückhaltung (Verkaufsverbot) bei Verkäufen von Streckenlokomotiven einer stärkeren Leistungsklasse seit Mitte 2011 aufgehoben hat.

Ausländische Käufer fanden sich für die 218 bisher noch nicht, denn einerseits sind schnelllaufende Motoren im Ausland relativ unbekannt bzw. -beliebt, andererseits werden bevorzugt Elloks beschafft. Befassen wir uns daher mit den Lokeinsätzen der Baureihe 218, die im Grenzverkehr in die Netze unserer Nachbarbahnen hinein- oder hindurchführten und den Loks, die sich mit kurzzeitigen Prüf- und Vorstellungsfahrten dort aufhielten.

Jedes Eisenbahnfahrzeug im Grenzverkehr benötigt zum Verkehren im Nachbarland eine besondere Vereinbarung/Zulassung. Hierzu heißt es bei der Union internationale des chemins de fer (Internationaler Eisenbahnverband mit Sitz in Paris), UIC: *„Triebfahrzeuge, die den verbindlichen UIC-Vorschriften und speziellen Vereinbarungen über die gegenseitige Benutzung im grenzüberschreitenden Verkehr zwischen verschiedenen Bahnen entsprechen, erhalten den UIC-Raster ...“* Dabei ist es unerheblich, ob die Zulassung (im Raster) noch angeschrieben ist, der Eintrag ist im Betriebsbuch der Lok hinterlegt.

8.1 Dänemark

Die 23 neugelieferten Flensburger 218 erreichten bereits 1971 auf der Strecke Flensburg – Fredericia im Übergabe- und Güterverkehr regelmäßig im Grenzbahnhof Padborg (Pattburg) das Gebiet der Dänischen Staatsbahnen (Danske Statsbaner DSB). Der Flensburger Laufplan 15 für 16 Triebfahrzeuge der Baureihen 218/215 mit ø 434 Laufkm/Tag, gültig vom 26. September 1971 an, sah an Tag 15 Leistungen nach Padborg vor: Die Lok erreichte – von Neumünster kommend – mit dem Zug 17334 Flensburg-Weiche um 4.58 Uhr. Anschließend pendelte sie ab 5.55 Uhr mit

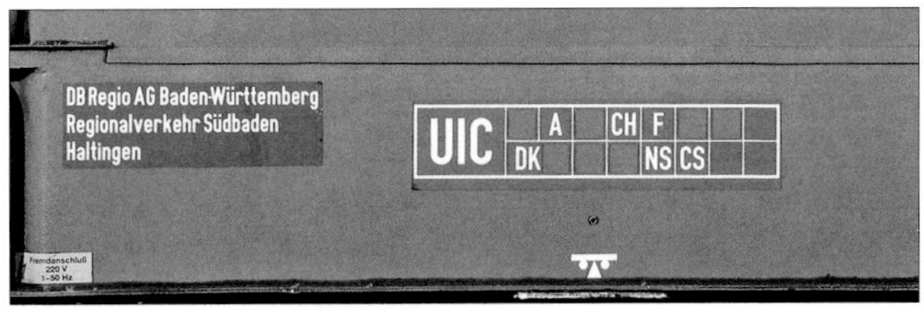

Bild 512 – UIC-Raster der Haltinger **218 397**, bei der interessanterweise die Zulassung für Deutschland offen ist. In Österreich, der Schweiz, Frankreich, Dänemark, den Niederlanden und in der Tschechischen Republik hat sie die Zulassung. AUFN.: REINHARD REISS

den Üg-Paaren 17508/17509 und 17513/17514 Flensburg-Weiche – Padborg (rund 8 km) sowie dem Zugpaar 75788/75807. Die letzte Fahrt endete um 16.10 Uhr in Flensburg. Den Tagesabschluss bildeten die Fahrten von Flensburg-Weiche mit 5217 nach Hamburg-Eidelstedt, gegen 20.00 Uhr weiter mit einer Üg nach Schleswig und mit 17329 zurück. An diesem Tag legte die Lok nach Umlaufplan 481 km zurück.

8.2 Belgien

Grenzverkehr

Ein recht dichtes Streckennetz umschließt den Raum Aachen im Dreiländereck von Bundesrepublik Deutschland, Belgien und den Niederlanden. Eine Grenze liegt zwischen Walheim (Aachen) und Raeren. Die Eisenbahnverbindung zwischen den beiden Orten, Teil der sogenannten Vennbahn, war nach dem Krieg grenzüberschreitend eine reine Güterzugstrecke. Bis Ende der achtziger Jahre verkehrten hier einmal pro Tag kurze Übergaben mit meist nur Stückgutwagen. Bei stetig abnehmendem Güterverkehr nutzten bis zur Einstellung des Gesamtverkehrs Raeren – Surbrodt am 30. Juni 1989 diesen Grenzübergang und die belgischen Vennbahnstrecke bis Sourbrodt fast ausschließlich schwere Militärzüge als Zufahrt zum Militärübungsplatz von Elsenborg.

Am 2. Juni 1990, als der touristische Zugverkehr (Eupen) – Raeren – Weywertz – (Büllingen) durch die belgische Vennbahn

Bild 513
Zur Eröffnung des touristischen Zugverkehrs auf der Vennbahn am 2. Juni 1990 war der historische Rheingold von Raeren nach Büllingen unterwegs. Geführt wurde der Zug von der mit einer Tafel mit dem Emblem der Vennbahn und der Aufschrift „1885 – 1990; 2.6.1990“ geschmückten **218 148**. Am Zugschluss befindet sich die Vennbahn-eigene ex-SNCB-Lok 5541. Das Bild entstand bei der Ausfahrt aus Monschau.

AUFNAHME: WERNER CONSTEN

Bild 514
Auf der Fahrt zu einer Präsentation nach Lüttich, auf der der ICE-V wegen des anderen Spannungssystems nicht mit eigener Kraft unterwegs sein konnte, übernahm am 17. Juni 1988 die Hagener **218 139** die Traktion. Die Aufnahme zeigt den Zug in Lüttich-Guillemins.

AUFNAHME: WERNER CONSTEN

V.o.E. eröffnet wurde, kam der historische Rheingoldzug mit **218 148** und der SNCB-55.201.001 der Vennbahn als Zug- und Schublok. Damit kam erstmals die Baureihe 218 auf dem Reststück der Vennbahn zum Einsatz. Beide Maschinen trugen ein Schild mit dem Emblem der Vennbahn und dem Zusatz *„1885 – 1990; 2.6.1990"*. Ab Raeren fuhr diese Komposition mit der ex-SNCB-Lok 5541 am Zugschluss, zweimal bis Monschau und einmal bis Büllingen.

Sondereinsätze

150. Jubiläum der Eisenbahn in der Provinz Liège (Lüttich)

Am 17. Juni 1988 kam der InterCityExperimental (auch ICE/V – „V" für Versuch) 410 001/002 zu einer Präsentation nach Belgien. Mit der im Rahmen der ICE-Weltrekordfahrt am 1. Mai 1988 erreichten Höchstgeschwindigkeit von 406,9 km/h war er bis zum Dezember 1989 das schnellste Rad-Schiene-Fahrzeug der Welt. Anlass des Besuchs waren die dreitägigen Feiern *„150 Jahre Eisenbahn in Liège"* inklusive Ausstellung in Liège-Guillemins, wo auch ein TGV-A zu besichtigen war. Die **218 139** zog den ICE ab Aachen Hbf bis Lüttich und zurück über die Hauptlinie KBS 37.

Züge für Europa

Im Rahmen einer Ausstellung „Züge für Europa" im Mai 1991 in Brüssel hatte die Deutsche Bundesbahn einen ihrer Hochgeschwindigkeitszüge ICE 1 nach Brüssel geschickt. Die Überführung der Einheit von Aachen nach Brüssel Süd oblag den beiden Kemptener Lokomotiven **218 426** und **218 446**. Einer der Lokführer der 218, Bernhard Sikora, Lehrlokführer der DB, hat uns seine Erinnerungen an diese Überführung niedergeschrieben: *„Ich habe damals sehr viel Dienst dieser Art gemacht, hinzu kamen auch einige Rundfunk- und Fernsehberichte sowie Begleitfahrten von Persönlichkeiten. Was mir von dieser Tour in Erinnerung geblieben ist, war der schlechte Zustand der Gleise auf dem Brüsseler Ring, wo der belgische Lotse vor einer Weiche 40 km/h anwies und wir beim Durchfahren das Gefühl hatten, jetzt zu entgleisen, so dass ich den Zug stark herabbremste, worauf sich der Lotse sehr aufregte. Der Leiter dieser Aktion, Herr Landes vom*

Bild 515 – Am 3. Mai 1991 entfliehen **218 426** und **218 446** vor dem Überführungszug einem Gewitter bei der Durchfahrt in Eppegem, südlich von Mechelen. Im Schlepp führen beide Lokomotiven die zehnteilige ICE-1-Komposition, bestehend aus 401 018 + 802 825 + 802 617 + 803 015 + 804 004 (BordRestaurant) + 801 018 + 801 024 + 801 412 + 801 812 + 401 518. Der Zug wurde von Aachen Hbf über Lüttich, Leuven und Mechelen nach Brüssel Süd befördert. AUFNAHME: CARLO HERTOGS

Bild 516
Während des Aufenthaltes bei der Eurailspeed-Ausstellung blieben **218 419** und **218 466** als Energielieferanten für den ausgestellten ICE 1 in Schaarbeek. Am 29. April 1992 bot sich dabei dem Fotografen die Gelegenheit für diesen Schnappschuss. Die SNCF-66410 hatte zusammen mit der Schwestermaschine 66413 den damaligen Weltrekord-TGV nach Brüssel gebracht.

AUFNAHME: CARLO HERTOGS

BZA München hing schon ganz blass in einer Ecke des Führerstandes … Während der Ausstellung des Zuges waren die Toiletten von drei Wagen des ICE zur Besichtigung geöffnet, was die Besucher sehr zum Benutzen dieser animierte. Schlimm war nur, dass die Absaugvorrichtung nicht funktionierte, weil das Vakuumsystem nicht arbeitete; das hatte man bei der Planung nicht bedacht. So liefen die Toiletten natürlich nach einiger Zeit über und ergossen sich in den Gang des Wagens. Nach einer Reinigung wurden sie dann verschlossen.“

Eurailspeed in Bruxelles (Brüssel) 1992

Als „Eurailspeed“ wurde eine Serie von Kongressen zum Eisenbahn-Hochgeschwindigkeitsverkehr (HGV) bezeichnet, die zwischen 1992 und 2005 an verschiedenen Orten in Europa stattfanden. Vom 27. bis zum 29. April 1992 veranstaltete die UIC ihren ersten internationalen Kongress für Hochgeschwindigkeitszüge unter diesem Namen. Man wollte der Öffentlichkeit und den Medien den erreichten Stand des HGV demonstrieren und ihnen die weitere Notwendigkeit des Ausbaus transeuropäischer HGV-Systeme klarmachen. Als Veranstaltungsort hatte man Brüssel ausgewählt. Die Konferenz fand im Kongresszentrum in der Nähe des Bahnhofs Brüssel Central statt; im Bahnhof Schaarbeek wurde gleichzeitig eine außergewöhnliche Ausstellung verschiedener europäischer Hochgeschwindigkeitszüge organisiert. Darunter befanden sich u. a. der französische Rekordhalter (515,3 km/h) TGV 325 und der deutsche ICE 1 (401 054/554). Diesen hatten die beiden Kemptener **218 419** und **218 466** nach Brüssel-Schaarbeek gebracht, der TGV war von zwei Diesellokomotiven der SNCF-Reihe BB 6600 (66410 und 66413) des Depots Mohon zur Ausstellung überführt worden.

8.3 Frankreich

Grenzverkehr

In Frankreich war die Baureihenfamilie V 160 seit Jahren in den Ausführungen als 216 und 215 im Verkehr über den Grenzbahnhof Perl (Mosel) nach Apach bekannt, so dass mit dem Auftau-

Bild 517
Bis zur Betriebsaufnahme des „Vlexx“ im Jahr 2014 kam die Baureihe 218 jeden Sonntag in der Ausflugssaison mit dem „Weinstraßen-Express“ und dem „Elsass-Express“ nach Wissembourg. Am Wochenende 23./24. Juni 2017 wurden anlässlich der Jubiläumsfestlichkeiten „20 Jahre Wiedereröffnung des SPNV Winden (Pfalz) – Wissembourg“ die Planzüge durch 218 mit n-Wagen ersetzt. Hier sehen wir die Karlsruher **218 484** mit ihrem Sonderzug am 25. Juni 2017 bei der Ausfahrt aus Wissembourg mit Ziel Winden (Pfalz).

AUFNAHME: ALEXANDER WINKLER

chen der Baureihe 218 keine neuen Zulassungsverfahren mehr nötig wurden. Die Baureihe 218 gelangte dagegen meist im Personenverkehr auf das Netz der SNCF über Saarbrücken – Forbach und ins Elsass über Karpweyer – Wissembourg (Weißenburg), wo die Strecken aus Neustadt (Weinstraße) und Haguenau (Elsass) zusammentreffen, sowie von Wörth (Rhein) über den Grenzübergang Berg (Pfalz) – Lauterbourg (Lauterburg).

Grenzübergang Forbach: Im Fahrplanjahr Winter 1988/89 hatten 218 aus Kaiserslautern Leistungen Saarbrücken Hbf – Forbach im Plan. Im Winterfahrplan 1993/1994 waren Leistungen im Güterzugverkehr dazugekommen: Das Zugpaar 47520 Saarbrücken Rbf – Forbach sowie 47663 Forbach – Saarbrücken Hbf. Den Grenzübergang Forbach benutzten 1996 auch verschiedene, mit der Baureihe 218 bespannte Urlauberzüge der französischen Streitkräfte von/nach Landau (Pfalz) bzw. Speyer

Grenzübergang Wissembourg: Der grenzüberschreitende Abschnitt Winden (Pfalz) – Wissembourg der Bahnstrecke Neustadt (Weinstr) – Wissembourg, auch „Pfälzische Maximiliansbahn" oder „Maxbahn" genannt, verlor bedingt durch die Zugehörigkeit des Elsass zu Frankreich dauerhaft an Bedeutung; der Personenverkehr kam dort 1975 zum Erliegen. Im März 1997 erfolgte die Reaktivierung des Abschnitts Winden (Pfalz) – Wissembourg (KBS 679), dessen Verkehr in den Folgejahren bis Neustadt (Weinstr) durchgebunden wurde. Trierer 218 kamen im Jahresfahrplan 2008 mit den an Sonn- und Feiertagen von Mai bis Oktober verkehrenden Ausflugszügen wie dem „Elsass-Express" Mainz – Wissembourg oder dem „Weinstraßen-Express" Koblenz – Wissembourg bis Frankreich. Diese Leistung übernahmen nach Abgabe der Trierer 218 im November 2011 nach Kaiserslautern bis zur Einstellung des „Weinstraßen-Express" Loks aus Kaiserslautern. In der Herbstsaison 2012 z. B. war die **218 408** mit RE 18826, im Mai 2013 die **218 425** mit dem „Weinstraßen-Express" mit jeweils drei Doppelstockwagen unterwegs.

Am Wochenende des 24./25. Juni 2017 wurde in der Gemeinde Kapsweyer das 20-jährige Bestehen der Wiedereröffnung des Schienenpersonennahverkehrs auf der grenzüberschreitenden Strecke Wissembourg – Winden (Pfalz) gefeiert. Zu den Feiern sandte DB Regio Rhein/Neckar einen mit der **218 484** bespannten Sonderzug.

Grenzübergang Lauterbourg: Auf der Bahnstrecke Ludwigshafen (Rhein) – Speyer – Gernsheim – Wörth (Rhein) – Berg verkehrten 1982 einige Nahverkehrszüge mit Dieselloks der Baureihe 218. Am 5. Mai 1982 hatte z. B. die **218 482** den N 6759 am Zughaken. Von 1999 bis Ende 2002 verkehrten an Sonn- und Feiertagen von April bis Oktober auf der KBS-Strecke 677.1 Ausflugszüge (Bienwaldexpress), die von Wörth (Rhein) bis Lauterbourg ohne Zwischenhalt fuhren. Dieses Angebot umfasste insgesamt vier Zugpaare, hier war auch die Baureihe 218 anzutreffen.

Messfahrten

Im Sommer 1977 hielten sich **218 376** und **218 379** des Bw Kaiserslautern für mehrere Monate bei der Forschungseinrichtung der SNCF (vergleichbar mit den Bundesbahn-Versuchsanstalten) in Vitry-sur-Seine auf. 218 376 und 379 absolvierten vom 14. Juni bis zum 8. Juli 1977 und erneut vom 27. September bis zum 25. November 1977 Testfahrten mit automatischen Kupplungen.

8.4 Fürstentum Liechtenstein

Eine einzige Eisenbahnlinie führt durch das Fürstentum Liechtenstein: Die eingleisige, elektrifizierte Hauptbahn Feldkirch – Buchs SG. Diese verläuft von Feldkirch in Vorarlberg ca. 1 km parallel zur Lindauer Strecke, um nach Umrundung des Ardetzenberges im Rheintal und Überquerung der Illnach die Grenze nach Liechtenstein zu überqueren. Anschließend geht es über Schaan in Richtung Rhein, wo die Mitte der Rheinbrücke die Grenze zwischen dem Fürstentum und der Schweiz markiert. Diesen Umweg über Liechtenstein mussten die beiden an der Fahrzeugausstellung der 1.000-Jahrfeier von Höchst St. Margrethen im Jahr 1980 teilnehmenden DB-Loks 111 095 und **218 454** nehmen, weil die Nutzung der Rheinbrücke zwischen Bregenz und St. Margrethen aus Belastungsgründen nicht möglich war. Die 218 war somit Gast auf dem Schienennetz dreier Nachbarländer (Österreich, Liechtenstein, Schweiz), und dies dürfte der einzige Besuch einer 218 in Liechtenstein gewesen sein.

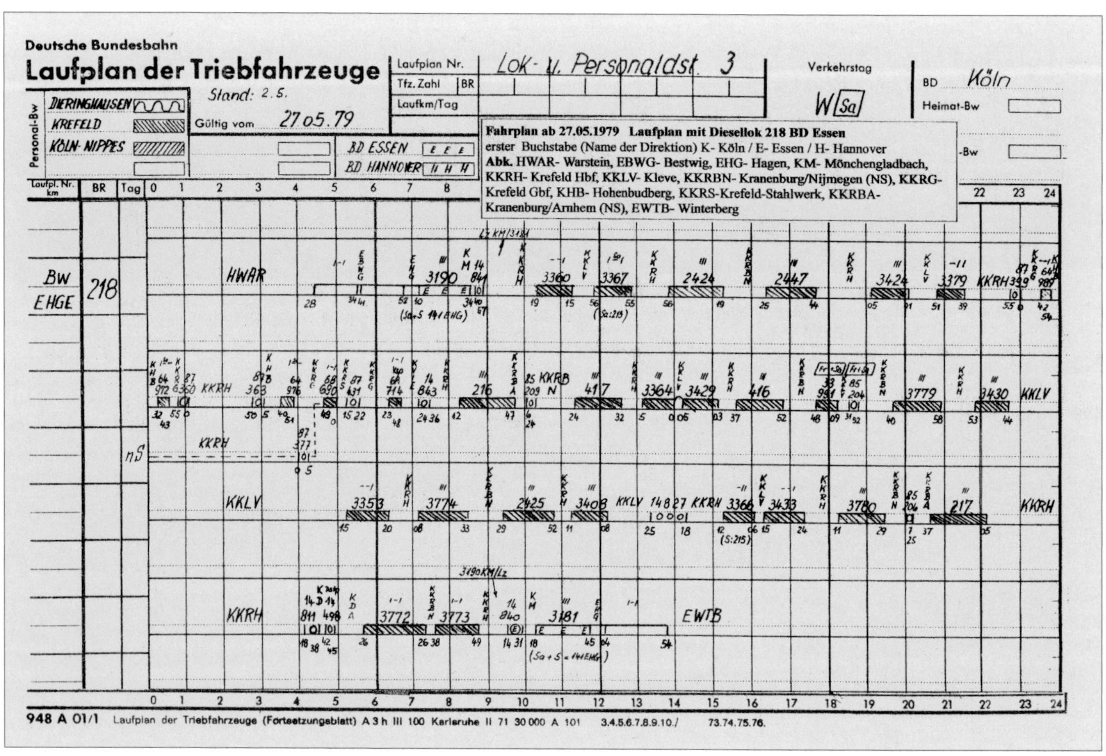

Bild 518
218-Umlauf des Bw Hagen-Eckesey vom 27. Mai 1979 mit zahlreichen Zugleistungen in die Niederlande.

SAMMLUNG HANS BACKES

Bild 519 – Wegen des Fahrtrichtungswechsels der durchgehenden Züge in Arnheim liefen die 218 bis Arnheim, wo eine NS-Ellok die Weiterbeförderung übernahm. Am 24. Mai 1985 hatte die Hagener **218 146** den D 216 (Klagenfurt – Amsterdam) von Krefeld bis Arnheim gebracht. Sie löst sich gerade vom Wagenpark und überlässt ihn jetzt der NS-Lok. Die frisch lackierte Lok (U 3.0 im Mai 1985) wurde vom Bw Krefeld aus einige Zeit nach Holland eingesetzt. AUFNAHME: HENK BOUMAN

8.5 Niederlande

Bei den Niederländischen Eisenbahnen (Nederlandse Spoorwegen, NS) war die Baureihenfamilie V 160 der Deutschen Bundesbahn von 1967 bis 1991 über die Grenzübergänge Kranenburg – Nijmegen (– Arnheim) und Bentheim – Oldenzaal und mit Sondereinsätzen über Emmerich – Zevenaar (– Arnheim) auch noch 2010 präsent.

Mit Beginn des Sommerfahrplans am 22. Mai 1977 verloren die Krefelder 215 die hochwertigen Reisezugleistungen auf der Hauptbahn KBS 470 (Köln –) Krefeld – Kleve – Kranenburg (– Nijmegen – Arnheim) an die Baureihe 218. Zum einen wurde das internationale Zugpaar D 216/217 „Austria-Express“ (Klagenfurt – München – Kleve – Nijmegen – Amsterdam) von Köln aus linksrheinisch über die KBS 470 (Köln – Neuss – Krefeld – Kempen – Geldern – Kevelaer – Goch – Kleve – Kranenburg/Grenze) – Nijmegen – Arnhem nach Amsterdam geleitet, zum anderen bestanden die Wagengarnituren des „Austria-Express“ aus modernen „Eurofima“-Wagen der ÖBB mit elektrischer Heizung, weshalb die Baureihe 218 die Traktion übernehmen musste. Der „Austria-Express“ blieb die Starleistung im Holland-Verkehr.

Im Mai 1987 fuhr der „Austria-Express“ letztmalig über Krefeld – Kleve – Nijmegen – Arnhem, ihn ersetzte auf der KBS 470 das Zugpaar D 414/415 Köln – Amsterdam. Die 218 kamen dann noch ein Jahr planmäßig nach Nijmegen und Arnhem. Mit Ablauf des Winterfahrplans 1987/1988 fuhren am 28. Mai 1988 zum letzten Mal internationale D-Züge über diese Strecke, da der Verkehr ab Sommerfahrplan 1988 auf die rechte Rheinseite über Wesel – Emmerich verlegt wurde. Am letzten Betriebstag des bestehenden Durchgangsverkehrs beförderte die CityBahn-**218 135** noch den E 3780 aus Koblenz nach Nijmegen. Damit war das Ende der direkten Verbindung Amsterdam – Nijmegen – Köln und der Einsätze der Baureihe 218 besiegelt. Das Jahr 1991 brachte das Ende für den grenzüberschreitenden Verkehr zwischen Kleve und Nijmegen. Am 1. Juni fuhr zwischen Kleve und Nijmegen der letzte Reisezug. Nachdem die Reisegeschwindigkeit im Jahr 1989 gesenkt worden war, erfolgte die Einstellung des Zugverkehres am 27. September 1991. Seither verkehren nur Draisinen auf diesem Abschnitt. Man denkt aber über eine Reaktivierung des SPNV nach.

Sondereinsätze

Ausstellung Utrecht

Anlässlich des 150. Jubiläums der Eisenbahn in den Niederlanden wurde vom 22. Juni bis zum 6. August 1989 auf einem ungenutzten Gleisgelände in den Jaarbeurs, einem Komplex für Großveranstaltungen gegenüber dem Hauptbahnhof von Utrecht CS, eine große Ausstellung zum Thema *„Treinendoor de Tijd“* (Züge durch die Zeit) veranstaltet. Bei dieser Ausstellung war vom 2. bis zum 4. August der ICE-V der Deutschen Bundesbahn vertreten, der am 1. Mai 1988 mit 406,9 km/h den deutschen Geschwindigkeitsrekord für Schienenfahrzeuge aufgestellt hatte. Er war im Schlepp der Hagener **218 138** nach Utrecht angereist.

Fahrzeugschau Arnhem

Am 19. Oktober 1991 waren **218 417** und **218 418**, die am Vortag einen ICE von einer Fahrzeugvorstellung anlässlich einer Konferenz über Hochgeschwindigkeitsverkehr (HGV) aus Polen rückgeführt hatten (siehe dort), erneut mit einem ICE unterwegs. Dieses Mal hatten sie den 401 008/508 im Schlepp, den sie in Emmerich abgeholt hatten und zu einer Fahrzeugschau nach Arnhem bringen sollten.

Bild 520 (oben)
Eine Sonderleistung führte **218 138** am 4. August 1989 anlässlich der Feier „150 Jahre Eisenbahnen in den Niederlanden" von Emmerich über Arnhem bis Utrecht, wohin sie den ICE-V Experimental brachte, der drei Tage in Utrecht ausgestellt wurde. Die Aufnahme zeigt die Lok und den Triebzug auf der Rückfahrt nach Emmerich bei Arnheim am 6. August 1989.

AUFNAHME: RENÉ WOUTERS

Bild 521 (links)
Der erste modernisierte NS-Triebzug ICM (Intercitymaterieel) 4203 absolvierte am 7. August 1998 Probefahrten zwischen Emmerich und Zevenaar. Die Regensburger **218 423** hatte dabei die Aufgabe, den Triebzug und die beiden Messwagen für die nächste Probefahrt nach Emmerich zurückzuschleppen.

AUFNAHME: ALEX WOUTERS

Sonderfahrt Amsterdam

Am 25. März 2005 (Karfreitag) wurde bei einer Sonderfahrt der TEE „Rembrandt" auf seiner klassischen Strecke mit historischem Wagenmaterial von Köln nach Amsterdam geführt. Die Ellok 103 113 beförderte den Zug bis Emmerich, und die „Udo Lindenberg"-**218 212** („Sonderzug nach Pankow") fuhr den Sieben-Wagen-Zug weiter nach Amsterdam Hbf.

Messfahrten Zevenaar

Im August 1998 fanden Probe- und Messfahrten mit dem ersten fertiggestellten ICMm-4-Triebzug 4203 statt, der ein Redesign bei NedTrain in Haarlem erhalten hatte. Wegen der Übergänge an den Wagenfronten werden sie auch als „Koploper" bezeichnet. Die Probefahrten wurden zwischen Emmerich und Zevenaar durchgeführt. Aus diesem Anlass kam die Regensburger **218 423** mit zwei Messwagen der Fahrwegmessung Minden (Westf) in den Niederlanden zum Einsatz, sie hatte die Aufgabe, den Zug für die nächste Probefahrt nach Emmerich zurückzubringen.

8.6 Österreich

Einsatz im Grenzverkehr

Freilassing – Salzburg: Von 1975 bis 2014 gelangten 218 mit Zügen des Nahverkehrs von Landshut (Bay) über Mühldorf (Oberbay) und Freilassing grenzüberschreitend bis nach Salzburg. Zuletzt wurden die Züge aus Doppelstock-Wendezügen gebildet. Die Staatsgrenze liegt in der Flussmitte der Saalachbrücke.

Bei Streckensperrungen der Strecke Rosenheim – Salzburg wegen dringender Bauarbeiten müssen die internationalen Reisezüge des Fernverkehrs, oft auch Güterzüge von und nach München via Mühldorf (Oberbay) – Salzburg umgeleitet werden. Hier zwei Beispiele: Vom 6. auf den 7. November 1982 wurde die Strecke Freilassing – Rosenheim wegen zweier Brückensprengungen gesperrt. In dieser Zeit wurden 22 Reisezüge der Relation Salzburg-München über die Route Mühldorf (Oberbay) – München Ostbahnhof geführt, wobei auf dem nicht elektrifizierten,

Bild 522
Im grenzüberschreitenden Regionalverkehr gelangten die Lokomotiven der Baureihe 218 jahrelang auch nach Salzburg. Am 7. November 2013 passierte die Mühldorfer **218 466** mit einer Doppelstockgarnitur als RB 27085 von Landshut (Bay) die zwischen Freilassing und Salzburg-Liefering gelegene deutsch-österreichische Grenzbrücke über die Saalach. Mittlerweile hat sich die Szene in diesem Bereich aufgrund des dreigleisigen Streckenausbaus massiv verändert.

AUFNAHME: ALEXANDER BINDER

eingleisigen Streckenabschnitt die Baureihe 218 zum Einsatz kam wie etwa **218 354** + **218 322** + 1044.37 mit dem Ex 264 „Mozart. In der Zeit zwischen dem 24. März und dem 19. Mai 1996 wurden im Abschnitt Freilassing – Teisendorf umfangreiche Gleisbauarbeiten durchgeführt, die an Wochenenden zeitweise Streckensperrungen erforderlich machten. Während dieser Zeit wurden neben Schnellzügen vor allem Güterzüge der Relation Salzburg – München über die genannte Strecke geführt. Hier sah man den EC 114 „Blauer Enzian" mit abgebügelter 1044.016 und den **218 322** und **218 349** als Zuglokomotiven.

Kiefersfelden – Kufstein: Diesellokomotiven sind im Grenzbahnhof Kufstein selten: Am 28. Juni 1987 jedoch hatte die Mühldorfer **218 391** einen Generator-Stator-Transport von Traunstein nach Venedig als Sonderfahrt mit Lademaßüberschreitung (LÜ) bis Kufstein gebracht (als Stator bezeichnet man den feststehenden, unbeweglichen Teil eines Generators).

Lindau-Reutin – Lochau-Hörbanz: Im Sommer 1977 verkehrte ein Verwaltungssonderzug der BD Stuttgart als Werbefahrt in den Bodenseeraum mit dem Ziel Bregenz, zu der Vertreter von Behörden, Industrie und Konsulaten vom Präsidenten der BD Stuttgart eingeladen worden waren. Der Zug bestand aus einem Aussichtswagen, zwei Speisewagen und zwei Wagen 1. Klasse und wurde von **218 463** nach Bregenz gebracht. Von Juni 1996 bis Mai 1998 (jeweils Fahrplanwechsel) wurde das Zugpaar D 361/360 Zürich – München ohne Lokwechsel in Lindau mit der Baureihe 218 bis Bregenz geführt (mit ÖBB-Personal aus Wolfurt).

Salzburg – Hallein: Hallein liegt circa 15 km südlich von Salzburg an der Salzach und ist die zweitgrößte Stadt im Bundesland Salzburg. Auf der Westbahnstrecke von Salzburg nach Hallein verkehrte ab 1. März 1993 dreimal wöchentlich (Mo, Mi, Fr) ein Gaskesselzug von Gablingen über Salzburg nach Hallein u.z., der mit einer 218 im Durchlauf bespannt war, mangels Typenkenntnis der ÖBB-Lokführer mit DB-Personal und ÖBB-Lotse. Um in Zukunft die Lotsen auf österreichischem Gebiet einzusparen, wurden Triebfahrzeugführer der ÖBB auf dieser Baureihe geschult. Am 30. April 1993 war als Zuglok **218 359** im Einsatz. Von Juni 1994 bis Mai 1995 verkehrte der Chemiekesselwagenganzzug nur noch montags und donnerstags, im Sommer 1996 nur montags, für den nun mit der 218 vertrautes und geschultes ÖBB-Personal aus Salzburg zum Einsatz kam. Die Zuführung der Lok nach Hallein erfolgte immer als Lokzug.

Simbach (Inn) – Braunau am Inn: Seit 1978 bestand (bis mindestens 1984) eine Kurswagenverbindung Linz – München u. z. auf der mehr als 30 km kürzeren Route via Simbach (Inn) – Braunau am Inn mit den E 720/3480 bzw. 3485/721, bei der auf der Ost-West-Route trotz durchgehendem Dieselbetrieb die Fahrzeiten der Schnellzüge über Salzburg unterboten wurden. Am 17. Juli 1984 hatte **218 342** mit ÖBB-Kurswagen unmittelbar hinter der Lok den E 3485 befördert. Der Mühldorfer Umlauf sah im Winterfahrplan 1988/1989 die Beförderung eines Güterzuges 45328 Braunau am Inn – Simbach (Inn) vor.

Einsatz in Oberösterreich über Simbach (Inn)

Für Ausflugs- und Pilgerfahrten mit der Eisenbahn ins Nachbarland Österreich wurden/werden meist der Grenzübergang Simbach (Inn) – Braunau am Inn und die anschließende eingleisige, nicht elektrifizierte Hauptbahn in Oberösterreich genutzt. Beliebte Ziele sind z. B. die Europäische Kulturhauptstadt Linz, die Wallfahrtsorte Basilika Maria Puchheim in Attnang-Puchheim oder Maria Schauersberg in Thalheim bei Wels sowie die Schlösser und Kirchen dieser Stadt. Bis zum 6. Mai 1994 existierte sogar eine Kurswagenverbindung München – Mühldorf (Oberbay) – Ried im Innkreis – Linz. Ab dem 9. Dezember 2008 wurde eine neue, tägliche Direktverbindung von Garsten über Linz, Wels, Ried im Innkreis, Braunau am Inn und Mühldorf (Oberbay) nach München und am Abend wieder zurück eingerichtet. Diese wurde mit dem Fahrplanwechsel 2013 eingestellt. Die Traktion dieser Fahrten lag fest in der Hand der Mühldorfer 218, die im Winterfahrplan 1988/1989 sogar planmäßig mit vereinzelten Güterzug-Sonderleistungen über Mühldorf (Oberbay) – Simbach (Inn) und weiter ab Braunau am Inn auf der Innkreisbahn über Ried im Innkreis Wels erreichten. Dort wurden die Züge von den ÖBB weiterbefördert, die 218 übernahmen als Rückleistung einen Güterzug 45328 nach Mühldorf (Oberbay). Bekannt ist im Jahr 2006 eine durchgehende Verbindung von Mühldorf (Oberbay) bis Braunau am Inn und zurück mit dem RB-Zugpaar 27108/27119.

Für die IGE Bahntouristik verkehrte am 3. Juni 1990 ein Sonderzug 17411 von München über Salzburg – Altnang-Puchheim – Simbach (Inn) nach München. Dieser Zug sollte auf den DB-Strecken von der Dampflok 23 105 geführt werden und auf ÖBB-Strecken Vorspann durch 41 018 der „IG 41 018" erhalten. Wegen Ausfalls der 23 105 wurde ab München als Ersatz **218 353** gestellt. Ab Salzburg übernahm 41 018 den Zug, und ab Attnang-Puchheim fungierte 218 353, die als Lz nachgeführt worden war, als Schublok im Innviertel.

Bild 523
Hier sehen wir die Mühldorfer **218 405** am 23. Mai 2009 mit dem Filzenexpress auf dem Weg nach Linz bei der Ausfahrt aus Braunau am Inn. Am Bahnsteig warten ein ÖBB-Dieseltriebwagen der Reihe 5047 und eine Diesellok der Reihe 2016 auf ihre nächsten Einsätze.

AUFNAHME: REINHARD REISS

Aufgrund von Nachschulungen von ÖBB-Triebfahrzeugführern kam am 10. Mai 1993 die Lok **218 320** vor 1044 012 mit E 1660 im oberösterreichischen Raum in Wels zum Einsatz.

Regelmäßig organisierten die Gemeinden entlang des „Filzenexpress", wie die Züge auf der Strecke Wasserburg am Inn – Ebersberg genannt werden, Sonderfahrten. Der „Filzenexpress" verdankt seinen Namen den früheren Hochmooren des Ebrachtals, die auch als Filz bezeichnet wurden. Ziel des Sonderzuges am 23. Mai 2009 war die Europäische Kulturhauptstadt Linz. Da im Bahnhof Ebersberg ein Umsetzen nicht möglich war, wurde der Zug im Abschnitt Mühldorf (Oberbay) – Ebersberg mit zwei Lokomotiven der Baureihe 218 im Sandwich-Verfahren bespannt. Auf dem restlichen Laufweg von Mühldorf (Oberbay) über Simbach (Inn) – Braunau am Inn nach Linz und zurück führte die **218 405** den 6-Wagen-Zug.

Linz konnte als Ziel von Sonderzügen natürlich auch auf dem direkten Weg erreicht werden: Ein Sonderzug einer privaten Reisegruppe aus der Nähe von Rosenheim, die eine Tagesfahrt nach Linz gebucht hatte, nahm nicht die Route über Simbach (Inn) auf der Dieselstrecke, sondern fuhr über Salzburg und Attnang-Puchheim, wo **218 360** von einer ÖBB-Lok abgelöst wurde.

Einsatz auf der Außerfernbahn

Die Außerfernbahn verläuft als durchgehend eingleisige, grenzüberschreitende Nebenbahn von Kempten (Allgäu) über Pfronten und Reutte in Tirol nach Garmisch-Partenkirchen. Sie verbindet das Außerfern mit der Mittenwaldbahn und der Strecke München – Garmisch-Partenkirchen. Die Betriebsführung unterliegt auf der gesamten Strecke der DB AG, für den Verkehr von und nach Deutschland gelten alle DB-Angebote. Die Unterhaltung der Infrastruktur auf dem österreichischen Abschnitt unterliegt den ÖBB. Wegen Mängeln im Unterbau wurde am 16. Juli 2015 die Streckenklasse zwischen Durach und Pfronten-Steinach und damit verbunden auch die Radsatzlast reduziert. Im Fall einer Sperrung der östlichen Anbindung ist Güterverkehr nach Vils und Reutte in Tirol auf der Schiene mit Diesellokomotiven nicht mehr möglich. Inzwischen hat man auch den touristischen Wert der

Bild 524 – Auch auf dem österreichischen Abschnitt der Außerfernbahn, der beidseitig nur über deutsches Staatsgebiet erreichbar ist, war die Baureihe 218 jahrelang planmäßig anzutreffen. Seit 1989 – nach dem Ende der durchgehend bis Garmisch-Partenkirchen mit Dieselloks bespannten Eilzüge – konnte die 218 nur noch gelegentlich mit dem grenzüberschreitenden Güterzug als Ersatz für die Baureihe 211 in Tirol beobachtet werden. So auch am 19. August 1993, als **218 401** (Bw Kempten) mit dem G 77457 bei Reutte in Tirol unterwegs war. Wenige Wochen später endete der grenzüberschreitende Güterverkehr der DB im Außerfern, und seither sind hier ÖBB-Diesellokomotiven im Einsatz. AUFNAHME: ALEXANDER BINDER

Bahnlinie erkannt, immerhin verbindet die Außerfernbahn einige wichtige touristische Regionen in Bayern und Tirol.

Personenverkehr

Erste Einsätze der Baureihe 218 über die Außerfernbahn Kempten (Allgäu) – Pfronten-Steinach – Reutte in Tirol – Garmisch-Partenkirchen (KBS 973) sind im Winterfahrplan 1973/1974 bekannt. Während der Fahrplanjahre 1981–1989 erreichten Kemptener 218 planmäßig mit Nahverkehrszügen der Zugnummernreihe 54xx und zusätzlich samstags mit E 5461/5460 österreichisches Gebiet, im Fahrplanjahr 1985 mit dem Zugpaar N 5455/5458 auch bis und ab Garmisch-Partenkirchen sowie mit N 5463/E 780 bis und ab Reutte in Tirol, wobei oft auch eine Kurswagengruppe mitgeführt wurde. Definitiv beendet wurde der planmäßige 218-Einsatz mit durchgehenden Reisezügen im Außerfern zum Fahrplanwechsel im Mai 1989.

Inzwischen wird die Strecke von diversen Reiseunternehmen und Privaten für Sonderfahrten genutzt. Ab der Wintersaison 1973/1974 wurden die Reisebürosonderzüge von Dortmund nach Seefeld in Tirol über Kempten(Allgäu) und Reutte in Tirol mit der Baureihe 218 geführt. Am 5. April 2003 veranstaltete die private Eisenbahn Service Gesellschaft (ESG) eine Hochzeitsfahrt von Augsburg über München, Garmisch-Partenkirchen und Reutte in Tirol nach Kempten (Allgäu) u.z. Vor dem aus sechs Wagen bestehenden Zug kam die **218 464** zum Einsatz. Da bei ihr nach kurzer Fahrt aber ein Defekt an der Zugheizung auftrat, stellte DB Regio zusätzlich **218 232** zur Verfügung, deren zusätzliche Leistung auf der steigungsreichen Außerfernbahn (Steigung zwischen der Haltestelle Bad Kreckelmoos und dem Katzenbergtunnel 37,5 ‰) sehr willkommen war.

Güterverkehr

Bedient wurde Reutte in Tirol mit dem Güterzugpaar 77452/77453 Hall in Tirol – Reutte in Tirol; das planmäßig mit einer ÖBB-1044 bespannt wurde. Aus Kempten (Allgäu) brachte eine DB-218 den Güterzug 77457, mitgeführt wurde dabei einer der letzten Güterzuggepäckwagen Pwgs^{041} der Deutschen Bundesbahn. Der Großteil des Güteraufkommens wurde im Abschnitt Vils – Reutte in Tirol aufgebracht, das restliche Aufkommen kam aus Vils, wo viel Holz verladen wurde, sowie vom dortigen Zementwerk. Im Sommerfahrplan 1989 erreichte eine Lok mit Üg 69721 von Kempten (Allgäu) den Bahnhof Pfronten-Steinach. Dort übernahm sie anschließend das Üg-Zugpaar 77457/77458 nach Reutte in Tirol. Nach Schließung aller noch vorhandenen Wagenladungstarifpunkte auf der deutschen Seite im September 1991 wurde nur mehr der österreichische Abschnitt bedient. Der wichtigste und einzige Frachtkunde mit Gleisanschluss blieb das Zementwerk in Vils. Der durchgehende Güterzug Kempten (Allgäu) – Pfronten-Steinach – Vils mit einer 218 wurde Ende September 1993 eingestellt, seither übernehmen ÖBB-Dieselloks die Bedienung des kurzen, nicht elektrifizierten Abschnittes Vils – Reutte in Tirol. Ab März 2004 befuhren allerdings für rund zwei Jahre Braunkohlenstaubzüge der Mittelweserbahn von Frechen kommend den Abschnitt Kempten (Allgäu) – Vils.

Einsatz bei Jubiläen und Ausstellungen

Aus Anlass der Eröffnung des neuen Bahnhofs Wolfurt wurde am 15. und 16. Mai 1982 ein „Tag der offenen Tür“ veranstaltet. Das damit verbundene umfangreiche Rahmenprogramm beinhaltete eine Fahrzeugschau, an der auch die Lokomotive **218 414** des Bw Kempten zu sehen war. Auch bei den Festlichkeiten zum 100-jährigen Bestehen der Arlbergbahn am 22./23. September 1984 nahm als Gast aus Deutschland die Kemptener **218 467** teil. Die Arlbergbahn verbindet die Bundesländer Tirol und Vorarlberg, sie ist die einzige Ost-West-Bahnverbindung in den Alpen von internationaler Bedeutung.

Aus Anlass der 125-Jahr-Feiern der Vorarlbergbahn, welche die Strecken Bludenz – Bregenz – Lindau, Feldkirch – Buchs SG und die Zweigstrecke Lauterach (Vorarlberg) – St. Margrethen SG mit einer Gesamtlänge von ca. 90 km umfasst, fanden am Wochenende 13./14. September 1997 die Jubiläumsfeierlichkeiten im ganzen Land Vorarlberg und im Fürstentum Liechtenstein mit Fahrzeugschauen in den Werkstätten Bludenz und Feldkirch statt. In Bregenz diente u. a. die Lokomotive **218 398** der DB als Schauobjekt.

Am 18./19. Juni 1988 gedachten ÖBB und Eisenbahngewerkschaft mit verschiedenen Veranstaltungen des 75-jährigen Bestehens der Außerfernbahn Garmisch-Partenkirchen – Vils-Grenze. In Reutte in Tirol fand eine Fahrzeugschau statt, die DB stellte hierbei u. a. **218 466** aus.

Klimakammer Wien-Arsenal

Das Österreichische Forschungs- und Prüfzentrum Arsenal in Wien hat sich durch eine der größten Klimakammern weltweit einen Namen gemacht. Auf dem Gelände des Wiener Arsenals wurde am 22. Juni 1961 die erste wärme- und kältetechnische Versuchsanlage für Eisenbahnfahrzeuge, die „Klimakammer Wien“, feierlich in Betrieb genommen. Als eine gemeinsame Gründung des Forschungs- und Versuchsamtes ORE, des Internationalen Eisenbahnverbandes UIC und des damaligen österreichischen Bundesministeriums für Bauten und Technik entsprang die Anlage einem gemeinsamen Interesse der europäischen Bahnverwaltungen. Durch heizungs- und klimatechnische Untersuchungen an Schienenfahrzeugen unter extremen Witterungsbedingungen sollte die Basis für nachhaltige Verbesserungen sowohl im Fahrgastkomfort als auch im Bereich der Sicherheit und Zuverlässigkeit des Rollmateriales geschaffen werden.

Die Anlage in Arsenal stand für klimatechnische Untersuchunqen den Eisenbahnen weltweit zur Verfügung. So überführte z. B. auch die Deutsche Bundesbahn am 7. September 1980 einen ihrer neuen Hamburger S-Bahn-Züge der Baureihe 472 in die ORE-Versuchsanlage nach Wien. Die Traktion von Passau nach Wien übernahm dabei die Regensburger **218 304**. Die Garnitur setzte sich folgendermaßen zusammen: Zuglok + Trafowagen 99 33 001 + Messwagen 99 40 017 + Messgerätewagen 99 40 018 + 472 029/473 029/472 529 + Wohnwagen.

Anfang 1981 weilten auch **218 108** und 221 145 mit einem Bahndienstwohnwagen in der Forschungsanstalt des Wiener Arsenals. Um technische Probleme der Baureihen 218 und 221 im Güterzugdienst im Winterbetrieb mit seinen langen Stehzeiten zu beseitigen, waren die Lokomotiven mit Kühlwasser-Warmhalteeinrichtungen nachgerüstet worden, die nun zur Prüfung im Arsenal anstanden. Am 15. Februar machte sich das Gespann wieder auf den Rückweg nach Deutschland.

Graz-Köflacher Bahn und Busbetrieb (GKB)

Die GKB ist ein österreichisches Unternehmen, dessen Anfänge auf das Jahr 1855 zurückgehen. Um die in den weststeirischen Kohlerevieren abgebaute Braunkohle schneller abtransportieren zu können, wurde in der zweiten Hälfte des 19. Jahrhunderts der Bau einer Eisenbahnlinie von Graz nach Köflach beschlossen. Am 26. August 1855 erhielt die damalige „Voitsberger-Köflacher-Maria-Lankowitzer Steinkohlengewerkschaft“ das kaiserliche Privileg zum Bau und Betrieb einer „Locomotiv-Eisenbahn“. Nach einer Umbenennung in die „Graz-Köflacher Eisenbahn- und Bergbau-Gesellschaft“ wurde die Bahnlinie am 3. April 1860 eröffnet. Ihre 1860 eröffnete Strecke Graz – Lieboch – Köflach in der Steiermark diente anfangs aber vor allem dem Zweck, Kohle aus dem Voitsberg-Köflacher Revier in die steirische Landeshauptstadt zu bringen. Der Personenverkehr spielte demgegenüber vorerst noch kaum eine Rolle. Am 9. April 1873 kam die 50,9 km lange Stichstrecke Lieboch – Wies-Eibiswald (Wieserbahn) und 1932 die 1907 eröffnete Strecke Pölfing–Brunn – Leibnitz (Sulmtalbahn) hinzu. Mit einer Streckenlänge von mehr als 100 km wurde die GKB die größte Privatbahn Österreichs. Nach der Abspaltung des Bereiches Bergbau 1998 firmierte die GKB vorerst unter dem Namen Graz-Köflacher-Eisenbahn. 2004 wurde dann von der GKB eine Firmennamensänderung auf Graz-Köflacher Bahn und Busbetrieb vollzogen, wodurch die vertraute, traditionelle Abkürzung wieder Sinn ergab. Die Sulmtalbahn ist allerdings inzwischen bis auf einen 4,7 km langen Restabschnitt stillgelegt und abgetragen worden. Auf den 92 km langen Stammstrecken wurde im Dezember 2007 der S-Bahn-Betrieb eingeführt.

Für den Probeeinsatz im schweren Güterverkehr hatte die GKB im Juni 2010 die Lok **218 256** angemietet, was vorerst für sechs Monate geplant war. Der Vertragspartner der GKB war HEROS Rail. Die Lok wurde aber nicht nur im Güterverkehr eingesetzt, sondern sie fuhr auch lokbespannte Personenzüge als Ersatz für GTW-Triebzüge, die noch auf die Zulassung für die ÖBB-Infrastruktur warteten. Generell sollten gebrauchte Dieselloks auch für einen zukünftigen Einsatz im Netz der GKB getestet werden. Benötigt wurden die Lokomotiven insbesondere aufgrund von Reparaturen an den GKB-eigenen Dieselloks DH 1500 bzw. DH 1700, um den Verkehr aufrecht zu erhalten. Auf der Homepage der GKB hieß es entsprechend:

„Die beiden „Baureihe 218“ sind im Eigentum der privaten Firma HML Rail Netherlands GmbH und wurden von der GKB zur Erprobung für den schweren Güterverkehr angemietet bzw. im Personenverkehr mit den Doppelstockwagen eingesetzt.“

218 256 war am 1. Juni 2010 im Werk Bremen im Rahmen einer IS 030 für den Österreich-Einsatz vorbereitet worden, u. a. hatte sie den österreichischen Bündelfunk und einen neuen Anstrich in den GKB-Farben Karminrot (RAL 3002), Anthrazitgrau (RAL 7016) und Silbergrau (RAL 7001) erhalten. An der roten Front und den roten Seiten unterhalb der Führerhausfenster war jeweils das GKB-Emblem (rot auf weißen Grund) angebracht. An der silbernen Front und den silbernen Seiten des Führerhauses prangte das Logo von HEROS (weißes H auf blauem Grund). Am 8. Juni 2010 erfolgte die Überführung zum Werk Mühldorf (Oberbay), wo die Schulung des GKB-Ausbildungslokführers begann. Am 11. Juni 2010 wurde die Lok als SLz 98019 über Passau – Wels – Selzthal nach Graz überführt. Es folgten Schulungsfahrten mit Zügen des Personen- und Güterverkehrs.

Einsätze im Personenverkehr mit den 218 vor Zügen von Graz nach Köflach gab es nur ganz selten, nämlich nur dann, wenn eine Stammlok der Reihe 1500 ausgefallen war. Am 18. Juni 2010 wurde 218 256 erstmalig im S-Bahn-Dienst mit Doppelstockwagen zwischen Graz und Köflach eingesetzt. Da sie nicht die erforderliche Türsteuerung für die Doppelstockwagen besaß, musste allerdings immer ein weiterer Lokführer im Steuerwagen mitfahren, der für die Türbedienung zuständig war. Ansonsten fuhr sie ab Dezember 2010 zwischen Graz und Wies-Eibiswald mit den Doppelstockwagen auf der neuen Koralmstrecke, da die GTW-Triebzüge im ersten Jahr dort noch keine Zulassung erhalten hatten.

Einsätze im Güterverkehr mit den Loks der Baureihe 218 wurden vorzugsweise auf der Strecke Graz Köflacher Bahnhof – Wies-Eibiswald durchgeführt, da auf dem Ast Graz – Köflach schon damals sehr wenig Güterverkehr stattfand. Geplant war kurzzeitig auch der Abraumtransport der Koralmbahn-Baustelle durch die 218.

218 256 war noch kein halbes Jahr im S-Bahn-Verkehr im Einsatz, als sie am 4. November durch eine Flankenfahrt einer Rangierabteilung im Graz Köflacher Bahnhof aus dem Gleis an einen Abspannmast geworfen wurde, der ein völliges Umfallen verhinderte. Die erlittenen Schäden an einem Drehgestell machten eine Reparatur in Deutschland erforderlich, und die Lok musste zur Ausbesserung ins Werk Bremen geschickt werden (siehe Kapitel 9). Als Ersatz orderte die GKB bei HEROS Rail eine zusätzliche Lokomotive der Baureihe 218 – **218 117** –, welche im Werk Bremen am 10. Dezember 2010 eine Hauptuntersuchung IS 630 und die für den Einsatz in Österreich nötige Betriebsausrüstung sowie die GKB-Farbgebung erhielt. Am 12. Dezember 2010 erfolgte die Überführung nach Graz, wo ihre GKB-Beschriftung komplettiert werden sollte. Anschließend wurde die Lokomotive in das Probefahrtenprogramm der Koralmzüge (Graz – Werndorf – Wies-Eibiswald) eingebunden, um die neuen Verkehre auf der Koralmbahn damit abzuwickeln, was ursprünglich allerdings nie geplant war. Sie pendelte am 12./13. Dezember mit den Zugpaaren R 4369/4374 und R 4382/4377 zwischen Graz und Wies-Eibiswald, noch ohne die beiden Embleme GKB und HEROS. Einen Tag später begann der Einsatz im neuen Reisezugverkehr auf dem Abschnitt Werndorf – Wettmannstätten.

Die **Koralmbahn** ist das größte Projekt zum Ausbau des österreichischen Eisenbahnnetzes. Die Zentralräume Graz und Klagenfurt sind bisher mittels Eisenbahn nur umständlich über Bruck an der Mur verbunden. Die Koralmbahn soll erstmals eine direkte Verbindung zwischen der Steiermark und Kärnten durch das Bergmassiv der Koralpe ermöglichen und die Fahrtzeit von Graz nach Klagenfurt von gegenwärtig drei auf eine Stunde verkürzen. Sie wird für bis zu 250 km/h ausgelegt und ist nach der Westbahn die zweitschnellste Eisenbahnstrecke Österreichs und somit auch eine Hochleistungsstrecke.

Zum Fahrplanwechsel am 12. Dezember 2010 wurde der erste Teilabschnitt der Koralmbahn zwischen Werndorf und Wettmannstätten eröffnet und als Linie S 6 in das Netz der S-Bahn Steiermark integriert. Seitdem wird die S 6 Graz – Wies-Eibiswald statt wie bisher über Lieboch über einen Teil der Südbahn (Graz – Werndorf) und einen Teil der neuen Koralmbahn (Werndorf – Wettmannstätten) geführt. Die S 61 verkehrt weiterhin zwischen Graz und Wies-Eibiswald über den Bahnkontenpunkt Lieboch. Auf der neuen S 6 wollte die GKB im Nahverkehr Doppelstockwagen mit Dieselloktraktion der Reihe 1500 sowie den im Jahr 2010 zeitgerecht vor der Betriebsaufnahme gelieferten neuen dieselelektrischen Gelenktriebzügen der Bauart Stadler GTW 2/8 einsetzen. Diese Triebzüge durften aber wegen noch nicht abgeschlossenem Zulassungsverfahren auf ÖBB-Strecken nicht verkehren. Technische Probleme der GTW ließen lediglich eine Teilzulassung für den Betrieb auf den EVU-eigenen Strecken Graz – Köflach und Lieboch – Wies-Eibiswald zu. Da das Bewilligungsverfahren bis Ende November 2010 noch nicht abgeschlossen war, richtete die GKB bis auf Weiteres einen Ersatzverkehr mit lokbespannten GKB-Doppelstock-Wendezügen ein.

Bespannt waren diese Züge mit angemieteten Lokomotiven der EVU RTS (2016 905–907), LTE (2016 903–904), Adria Transport (2016 920), der Siemens-ER 20-2007 sowie den beiden HEROS-Loks 218 117 und (ab März 2011) 218 256. Mangels Kompatibilität der Steuerungselektronik konnte mit diesen Triebfahrzeugen nicht im Wendezugbetrieb gefahren werden, daher mussten die Loks in den Endbahnhöfen umsetzen und zusätzlich auf den Steuerwagen ein Beimann (in vielen Fällen eine Triebfahrzeugführernachwuchskraft) eingesetzt werden, der die Türsteuerung bediente.

218 256 kehrte nach ihrer viermonatigen Aufarbeitung (IS 630 am 18. März 2011) am 23. März.2011 wieder nach Graz zurück. Sie wurde in St. Michael noch gedreht, damit das Logo der GKB

Bild 525
218 256 mit dem aus vier Doppelstockwagen bestehenden R 8419 auf ihrem ersten Einsatz im Personenzugverkehr bei der GKB am 18. Juni 2010 von Graz nach Köflach. Das Logo der Vermieterfirma HEROS HML Rail Netherlands auf der Stirnseite der Lok entspricht noch der ersten, größeren Ausführung.

Bild 526
Die Anmietung der 218 256 und 218 117 von HEROS erfolgte mit der Absicht, leistungsstarke Diesellokomotiven im Güterverkehr einsetzen zu können. Das Bild zeigt **218 256** mit dem aus Wies-Eibiswald kommenden, gut ausgelasteten VG 71380 am 13. Juli 2010 im Vorbahnhof zum Graz Köflacher Bahnhof. Hier wartet der Zug die Kreuzung mit dem aus zwei Triebzügen der GKB-Baureihe VT 70 bestehenden R 8569 ab.

Bild 527
Hier sehen wir **218 117** am 13. Dezember 2010 auf dem am Vortag eröffneten ersten Teilabschnitt der Koralmbahn auf der S 6 zwischen Werndorf und Wettmannstätten. Sie nähert sich mit R 4374 der Haltestelle Gussendorf im Laßnitztal im weststeirischen Hügelland. Die Gemeinde ist seit 2015 im Rahmen einer Gemeindestrukturreform zusammengeschlossen mit Unterbergla und heißt heute Groß Sankt Florian. Die Lok war erst am 12. Dezember in Graz eingetroffen und ist noch ohne GKB- und Heros-Embleme

AUFNAHMEN (3): DIETMAR ZEHETNER

Bild 528 – Ab dem Nachmittag des 9. November 2011 ersetzten die neuen GTW 2/8 – nun mit kompletter Zulassung ausgestattet – sukzessive die aus GKB-Doppelstockwagen und Leihlokomotiven gebildeten S-Bahn-Züge, die über den Abschnitt der neuen Koralmbahn verkehrten. Einer der letzten mit **218 256** bespannten Züge war der nach Wies-Eibiswald verkehrende R 4369, der am 9. November beim Halt im Bahnhof Hengsberg fotografiert werden konnte. Im Hintergrund ist der ca. 1.700 m lange Hengsbergtunnel, das Kernstück im Teilabschnitt Werndorf – Wettmannstätten der Koralmbahn, zu sehen. AUFNAHME: DIETMAR ZEHETNER

für die vorgesehenen Einsätze zur „richtigen Seite" zeigte. Nun kamen zeitweilig beide 218 zeitgleich in der Steiermark zum Einsatz. Sie trugen zwar an den Stirnseiten keine Betriebsnummern, konnten aber optisch wegen des Anbauschneepfluges der 218 256 unterschieden werden, welcher der 218 117 erst anlässlich eines Werkstattaufenthalts im Juni 2011 montiert wurde. Aufgrund erhöhten Lokomotivbedarfs und einiger Ausfälle bei den Loks der Reihe 2016 (Bü-Unfälle) blieb 218 117 (deren Einsatz ursprünglich nur bis zur Rückkehr der 218 256 geplant war) weiter bei der GKB im Einsatz. Im August 2011 erlitt 218 117 einen schweren Motorschaden und wurde am 15. September 2011 zum DB-Werk Bremen überführt.

Geplante ÖBB-Diesel-Wendezüge mit DB-218?

Bei der Präsentation der neuen Wendezug-Wagen in der ÖBB-Hauptwerkstätte St. Pölten am 7. März 1996 wurde nicht ganz zufällig die Diesellokomotive 2043.062 als Triebfahrzeug eingesetzt. Bei ihr handelt es sich um den Versuchsträger mit Caterpillar-Motor, mit dem nach relativ geringfügiger Adaption die Möglichkeit bestand, die Wendezugtraktion auch mit einer Diesellokomotive vorzuführen. Tatsächlich wurden bei den ÖBB zu jener Zeit Überlegungen angestellt, die Wendezuggarnituren, die zum Betrieb mit der Reihe 1142 gebaut wurden, auch mit Dieselloks einzusetzen. Allerdings gab es Stimmen, die sich auf die ganz hervorragenden betrieblichen und wirtschaftlichen Erfahrungen mit den ehemaligen DB-Lokomotiven der Reihe 2048 (ex DB-211) bezogen und hier entsprechende weitere Überlegungen anregten. Es war bekannt, dass die DB AG seinerzeit im Zuge der Redimensionierung ihres Lokomotivparks Dieseltriebfahrzeuge der Baureihe 218 freisetzte. Diese Bauart erschien für die vorgesehenen Zwecke bei den ÖBB sowohl von der Leistungs- und Geschwindigkeitscharakteristik als auch von der problemlosen Herrichtung für den angedachten Wendezugeinsatz her durchaus geeignet. Auch bei den Gestehungskosten wäre eine 218-Beschaffung jeder anderen Lösung weit überlegen gewesen.

Ende Oktober 2011 erhielt die GKB die endgültige Betriebsgenehmigung für die Stadler-GTW, so dass ab dem Fahrplanwechsel im Dezember 2011 der Verkehr auf der S 6 in den folgenden Wochen sukzessive auf die neuen Fahrzeuge umgestellt werden konnte. Damit wurden die geliehenen Triebfahrzeuge entbehrlich und konnten an die Eigentümer retourniert werden. Somit bestand auch für die beiden 218 kein Bedarf mehr. Da zudem 218 256 am 11. November 2011 nach einem Motorschaden zur Reparatur abgestellt und die Leasingverträge nicht verlängert wurden, erfolgte im Herbst 2011 die Rückgabe beider Lokomotiven, womit der Einsatz der Baureihe 218 bei der GKB endete.

Sondereinsätze

150 Jahre GKB

Anlässlich des 150-Jahr-Jubiläums am 3. April 2010 wurde für die Mitarbeiter und Pensionäre der GKB ein Sonderzug zwischen Graz Köflacher Bahnhof und Köflach eingesetzt. Gezogen wurde der Zug von der ebenfalls 150 Jahre alten GKB-Dampflok 671. Die offiziellen Feiern mit Festakt, einem Feldpostamt und einer Leistungsschau des Bundesheeres, der Präsentation des neuen GTW-Triebzuges, einer StEF-Modellbahn, einer GKB-Fahrzeugschau und abschließendem Feuerwerk fanden am 16. Oktober 2010 im Technischen Eisenbahnmuseum Lieboch mit Sonderzügen ab Graz und Köflach nach Lieboch zum Fahrpreis 150 Cent statt. Auch die **218 256** nahm an den Feiern teil, sie bespannte den Sonderzug (Wien-Meidling –) Graz – Lieboch. Zudem war sie Zuglok der Pendelfahrten der Sonderzüge Lieboch – Preding-Wieselsdorf und Lieboch – Söding-Mooskirchen.

8.7 Polen

Ausstellung in Warschau

Vom 15. bis zum 18. Oktober 1991 fand in Warschau eine Konferenz zum Thema Hochgeschwindigkeitsverkehr (HGV) statt, an der neben den Repräsentanten der teilnehmenden Eisenbahnen auch Vertreter der Herstellerfirmen eingeladen waren. Man wollte der Öffentlichkeit und den Medien den erreichten Stand des HGV demonstrieren und ihnen die weitere Notwendigkeit des Ausbaus transeuropäischer HGV-Systeme klarmachen. Im Gegensatz zu einer ähnlichen Veranstaltung im Juli 1991 in Berlin, wo Hochgeschwindigkeitszüge von fünf europäischen Eisenbahnunternehmen auf dem Bahnhof Berlin-Lichtenberg gezeigt wurden, hatten lediglich die SNCF ihren Weltrekordzug TGV 325, der am 16. Mai 1990 auf der Neubaustrecke zwischen Paris und Le Mans mit 515,3 km/h einen Weltrekord aufgestellt hatte, und die DB eine Garnitur des ICE 1 (401 059/559) nach Warschau mitgebracht.

Da im Bereich der DR und zwischen Lehrte und Oebisfelde damals noch kein Fahrdraht hing, musste der ICE von Diesellokomotiven befördert werden. Diese Aufgabe hatten **218 417** und **218 418** des Bw Kempten bis Frankfurt (Oder) in Doppeltraktion übernommen. Die Zugsicherungssysteme der beiden Bahnverwaltungen DB und DR waren kompatibel, gebremst wurde der ICE konventionell durch die mit den Dieselloks verbundene Hauptluftleitung. Die Fahrt begann am 15. Oktober in Lehrte. Eingereiht war zusätzlich ein Schlafwagen für das Bordpersonal und die Kollegen der Crew des Standdienstes während der Ausstellung. Die Weiterfahrt verlief zunächst bis Oebisfelde, wo der Zug zur Aufnahme der Lotsen für die Weiterfahrt pausierte. Nach deren Eintreffen setzte sich die Fahrt des Dsts 80401 über Stendal und via Hohen-Neuendorf West und Berlin fort bis Frankfurt (Oder). Hier übernahm eine polnische Ellok der PKP-Reihe EU07 den Zug bis Warszawa-Grochów, die Überführung nach Warszawa-Zachodnia (Warschau West) am frühen Morgen des 16. Oktober erledigte die Diesellok SM42-631. ICE und TGV wurden anschließend zur Besichtigung für das interessierte Publikum freigegeben. Anschließend wurden die Ausstellungszüge in den Abstellbahnhof rangiert und nachts von polnischem Militär bewacht. Auch am folgenden Tag standen beide Züge wieder für das Publikum bereit, ehe sie sich am Abend des 17. auf die Rückreise begaben. Einer der Lokführer der 218 war der schon erwähnte Bernhard Sikora, er erinnert sich:

„Anfang Oktober 1991 erhielten wir mit drei Ausbildern den Auftrag zur Überführung eines ICE 1 zu einer Konferenz über Hochgeschwindigkeitszüge nach Warschau. Die Reise begann mit einer Gastfahrt nach Hamburg, wo wir einen Zug mit 14 Wagen übernahmen. Am nächsten Morgen machten wir uns mit dem 401 um 5.00 Uhr auf den Weg nach Lehrte, wo zwei Loks der Baureihe 218 in Doppeltraktion, die 417 und die 418 des Bw Kempten, mit einem bewirtschafteten Schlafwagen auf uns warteten. Die beiden 218 sollten drei Wagen des ICE während der Ausstellung mit Strom versorgen. Da aber der vom Heizgenerator der 218 erzeugte Strom nicht kompatibel mit der Stromversorgung des ICE ist, waren die beiden Loks besonders präpariert zum Versorgen der Wagen. Daher reisten auch zwei Werkmeister des Bw Kempten mit sowie für den 401 drei Mitarbeiter der Herstellerfirmen. Auch ein Lokführer des Bw Braunschweig war für die Fahrt vorgesehen, der sich mit mir die Fahrzeit teilen sollte.

Dann begann die Reise nach Fahrplan mit 90 km/h (der 401 galt als Lademaßüberschreitung) über Wolfsburg, Oebisfelde, wo wir einen Lotsen bekamen, und Berlin bis Frankfurt/Oder, wo wir gegen 17.00 Uhr eintrafen. Nun wurden die 218 restauriert, Tanken, Sand nehmen und den Zug wieder bespannen. Gegen 18.30 Uhr kam ein polnischer Lokführer, dem wir mit Hand- und Zeichengebärden entlocken konnten, er sei der Lotse für die Weiterfahrt. Wir dachten schon, das wird schwierig, da er kein Wort Deutsch sprechen konnte oder wollte.

Schon auf der Oderbrücke der erste Schock: Ein grünes Signal und trotzdem eine Zwangsbremse, der Lotse sagte nur Ah! Elektromagneta! Na, das wird eine Höllenfahrt bis Warschau, dachten wir. Hinter der Oderbrücke ging es in einen großen Güterbahnhof [Anm. d. Verf.: (Frankfurt (Oder)-Oderbrücke ist der Grenzbahnhof zur Abfertigung des Güterverkehrs], *wo der Polnische Zoll auf uns wartete. Schnell waren wir kontrolliert, aber, was wir nicht sahen, dass die Zöllner auch in den verschlossenen ICE wollten. Als sich die Türen nicht öffneten, war schnell eine Brechstange zur Hand und schon war ein Schaden von rund 10.000 DM am Zug angerichtet. Nachdem wir alles geklärt hatten und auch die Tür wieder mit Gewalt geschlossen war, warteten wir auf die Dinge, die nun kommen sollten; der polnische Lotse war mittlerweile auch verschwunden.*

Nach einigen Minuten setzte sich eine polnische E-Lok vor den Zug, und wir bekamen Bescheid, dass die Weiterfahrt nun im Schlepp bis Warschau ging. Nach dem Umrüsten der 218 auf Schleppfahrt ging es los, und wir konnten nach einem Bierchen im

Bild 529
So sieht eine Lokstirnfront aus, die eine Nacht lang im Regen hinter einer Gleichstrom-Ellok mit Metallschleifstück des Stromabnehmers lief. Auch die nachfolgenden Fahrzeuge waren damit „geschmückt". Am 17. Oktober 1991 stehen **218 417**, **218 418** sowie 401 059/559 im Bahnhof Warszawa-Zachodnia (Warschau West) für eine Ausstellung bereit. Für die Außenreinigung rückte kurz darauf das Reinigungspersonal mit langen Besen und Wassereimern an. Sie haben es zwar geschafft, den arg verschmutzten Fahrzeugen wieder ein manierliches Äußeres zurückzugeben, aber die Zeitdauer hierfür war nicht zu unterschätzen.

AUFNAHME: MARTIN WELZEL

Schlafwagen endlich zur Ruhe gehen. Am Morgen gegen 8.30 Uhr trafen wir in Warschau ein und stellten fest, dass der Abrieb des Stromabnehmers der polnischen Lok überall auf der Stirnseite des 401 Einbrandstellen hinterlassen hatte, die wir jetzt notdürftig mit Wasser und Bürste zu beseitigen versuchten. Einige Zeit nach der Ankunft wurden wir zum Bahnsteig rangiert, und der Zug wurde zum Besichtigen fertig gemacht. Auf dem Nebengleis stand der TGV, der bereits am Tag vorher eingetroffen war. Ab 10.00 Uhr war dann Publikumsverkehr, und die beiden 218 hatten den ganzen Tag die Motoren laufen zur Stromversorgung, was erstaunlicherweise auch gut funktionierte.

Am Abend um 17.00 Uhr wurden beide Züge in den Abstellbahnhof rangiert, und es stellte sich ein polnischer Lehrlokführer zu unserer Betreuung ein. So ähnlich verlief auch der zweite Tag, nur, dass schon um 15.00 Uhr Feierabend war. Der Betreuer zeigte uns nun etwas von Warschau, und abends gingen wir alle zusammen in ein Restaurant zum Essen.

Am nächsten Morgen wurden wir wieder von einer E-Lok bis zum Grenzbahnhof geschleppt, danach setzten wir die Fahrt mit eigener Kraft fort, wobei in Frankfurt (Oder) wieder getankt wurde und ein Lotse zustieg. Die Weiterfahrt endete erst einmal in Wustermark. Hier stellte ein Streckendispatcher fest, dass wir keine weitere Fahrerlaubnis hätten. Natürlich war um 17.00 Uhr keiner mehr zu erreichen, um eine Fahranweisung auszustellen. So standen wir vom Abend bis zum nächsten Morgen bis 9.00 Uhr in Wustermark herum. Zum Glück war der Lotse in der Nähe zu Hause und besorgte uns um 6.00 Uhr Frühstück. Dermaßen gestärkt, setzten wir die Reise fort und trafen am frühen Nachmittag dann in Lehrte ein. Der 401 wurde abgekuppelt und nach Hamburg überführt."

Geplante Projekte

Die DB AG schien über weitere Verbindungen zwischen polnischen Städten und Berlin nachzudenken. Auf einer Expertentagung am 16. Oktober 2008 in Słubice (bis 1945 ein Stadtteil von Frankfurt an der Oder) setzten sich Politiker und Bahnmanager für RE-Linien zwischen beiden Ländern ein und stellten Überlegungen für vier Verbindungen vor. Diese könnten Berlin mit Gdansk (Danzig), Bydgoszcz (Bromberg), Poznań (Posen) und Wrocław (Breslau) verbinden. Vertreter der Euroregion „Pomerania" favorisierten zudem eine Verbindung von Hamburg nach Szczecin (Stettin). Ab Februar 2009 gab es zu diesen Projekten Gespräche mit Vertretern der DB AG und der PKP, in Brüssel hatten auch für Regionalpolitik zuständige EU-Kommissare sowie deutsche und polnische Europaabgeordnete Unterstützung zugesagt. Die technische Umsetzung war nicht das Problem, es ging nur noch um die Finanzierung.

Von Seiten der DB AG traf man schon Vorsorge und sah prophylaktisch drei Diesellokomotiven der Baureihe 218 (die **218 203**, **218 223** und **218 275**) für eine Verwendung in diesen Verkehren vor. Sie erhielten in den Bestandslisten einen Vermerk *„reserviert für DB Regio Polen-Projekt"*. Der Plan zerschlug sich jedoch, die 218 203 dienst seit Juni 2016 der ELBA Logistik als Ersatzteilspender, 218 223 rostet seitdem still vor sich hin, und 218 275 wurde am 25. Mai 2012 ausgemustert.

8.8 Schweiz

Grenzverkehr

Die Strecke der Hochrheinbahn von Basel über Waldshut, Schaffhausen und Singen (Hohentwiel) nach Konstanz durchquert zwischen Trasadingen und Thayngen den Schweizer Kanton Schaffhausen. Somit kamen die Ulmer und Haltinger Lokomotiven der Baureihe 218 auch zwangsläufig in bzw. durch die Schweiz. Selbst die 218 des Bw Kempten (Allgäu) kamen 1988/1989 über die KBS 730 (Lindau – Basel) mit dem Zugpaar N 4232/4235 Singen (Hohentwiel) – Schaffhausen auf Schweizer Gebiet.

Einsätze im Baudienst

Bauarbeiten im Schweizer Streckennetz: Im April 2009 hatte DB Fahrwegdienste (FWD) im Ausschreibungsverfahren einen Zwei-Jahres-Vertrag für den Abtransport von Bodenaushub im Kanton Schaffhausen (Schweiz) gewonnen. Das Vorhaben umfasste eine zweite Durchmesserlinie (DML) für den Züricher Hauptbahnhof von Zürich-Oerlikon durch den Weinbergtunnel zum Bahnhof Löwenstraße und weiter nach Zürich Altstetten. Die sieben täglichen Zugpaare starteten in Zürich, wo große Mengen an Aushubmaterial bei der Tunnelbaustelle anfielen. Auf dem elektrifizierten Abschnitt Zürich – Winterthur (Spitzkehre) und Winterthur – Bülach – Schaffhausen (CH) wurde meist mit Ae 6/6-Vorspann der SBB gefahren. Der weitere Laufweg von Schaffhausen nach Wilchingen-Hallau als Teil der Hochrheinbahn Singen – Basel war damals noch nicht elektrifiziert. Da die SBB nicht über ausreichend starke Diesellokomotiven verfügten, übernahmen in Schaffhausen (CH) dann die 218 der FWD die Züge (am Einsatz beteiligt waren alle vier Maschinen **218 139**, **208**, **249** und **272**) und brachten sie

Bild 530
218 139 von DB Fahrwegdienste begegnet am 24. April 2013 in Beringen Bad Bf an der Hochrheinbahn mit einem Arbeitszug am Haken der Em 3/3 18822 (ex SBB) des DSF Verein Depot und Schienenfahrzeuge Frick (CH), die ebenfalls im Baudienst im Klettgau unterwegs ist.

AUFNAHME: WALTER RUETSCH

Bild 531 – Der beim Bau der zweiten Durchmesserlinie in Zürich anfallende Aushub wurde 2009/2010 zur Verfüllung eines Steinbruchs von Zürich aus nach Wilchingen-Hallau an der DB-Hochrheinstrecke gefahren. Dabei kamen überwiegend die 218 der FWD zum Einsatz. Am 16. Februar 2010 legen sich **218 272** und die Haltinger **218 343** mit DGS 88298 (Schaffhausen – Wilchingen-Hallau) bei Neunkirch mit seinem markanten Obertor in die Kurve. Heute ist die Strecke an dieser Stelle zweigleisig und elektrifiziert, linkerhand verläuft heute die neutrassierte Landstraße. AUFNAHME: ANDREAS HACKENJOS

im Sandwichverfahren nach Wilchingen-Hallau zur Entladung in den Aushubdeponien des dortigen Kieswerkes der Hablützel AG. Das Einsatzgebiet der 218 befand sich ausschließlich auf Schweizer Territorium im Kanton Schaffhausen. Mit von der Partie war dabei auch die Haltinger **218 343**, die im Februar 2010 zusammen mit 218 272 die Traktion übernommen hatte. Im September des Vorjahres war die Kemptener **218 333** mit der FWD-218 249 mit dieser Tour zugange. Während der gesamten Einsatzzeit fungierte das Werk Haltingen als Außenstelle der FWD, wo anstehende Fristarbeiten usw. erledigt werden konnten.

Die DB AG baute von März bis Ende 2013 an der Hochrheinbahn die Strecke im Klettgau zwischen Erzingen (Baden) und Beringen Bad Bf auf einer Länge von 12,5 km zweigleisig aus. Gleichzeitig erfolgte die Ausrüstung der 18 km langen Strecke zwischen Erzingen (Baden) und Schaffhausen mit Oberleitung nach Schweizer Norm sowie deutscher und Schweizer Zugsicherung. Zusätzlich wurde ein neuer, barrierefreier Haltepunkt Beringerfeld SH (das Kürzel für den Kanton Schaffhausen) errichtet. Auch hier waren alle vier FWD-218 während der gesamten Bauzeit eingesetzt. Vom 31. Mai bis zum 1. Juni 2013 war **218 139** in Tag- und Nachtschicht auf der Hochrheinbahn im Einsatz, wo im Bahnhof Wilchingen-Hallau im durchgehenden Hauptgleis zwei Weichen für die künftige Güter- und Rübenverladung verschoben und zusätzlich zwischen Erzingen (Baden) und Beringen Bad Bf Stopfarbeiten an Weichen und Gleisen durchgeführt werden mussten

Einsatz bei Ausstellungen und Jubiläen

An einer Fahrzeugausstellung in St. Margrethen (SBB) anlässlich der 1.000-Jahr-Feier von Höchst St. Margrethen im Jahr 1980 nahmen auch 111 095 und **218 454** teil. Da die Benutzung der kurzen Strecke Bregenz – St. Margrethen aus Belastungsgründen der Rheinbrücke nicht möglich war, musste der Lokzug über die 18 km lange Strecke Feldkirch – Buchs (SG) nach St. Margrethen geführt werden. Die Bahnstrecke führt nach ca. 8 km über die Grenze nach Liechtenstein und erreicht auf der Mitte der Rheinbrücke die Grenze zur Schweiz.

In St. Gallen fand zum 50. Jubiläum der Eisenbahn- und Modellbaufreunde St. Gallen (EMF) im Oktober 1989 begleitend zu der EMF-Modellbahnausstellung auf dem Freigeländes des Bahnhofs St. Gallen-St. Fiden eine Ausstellung von Fahrzeugen der SBB, der BT (Bodensee-Toggenburg-Bahn; seit 2001 Schweizerische Südostbahn/SOB), den ÖBB und der DB statt. Als Vertreter der DB waren die Münchener 120 134 und die Regensburger **218 217** nach Rohrschach überführt worden.

8.9 Tschechoslowakei/ Tschechische Republik (ab 1993)

Grenzverkehr

Der Personen- und Güterverkehr zwischen Deutschland und der Tschechoslowakei wurde bis 1990 nur über die KBS 840 (Nürnberg – Marktredwitz –) Schirnding – Cheb (Eger) – Praha hl.n. (Prag Hbf) und/oder über die KBS 860 (Nürnberg – Schwandorf –) Furth im Wald – Česká Kubice (Böhmisch Kubitzen) – Praha hl.n. (Prag Hbf) abgewickelt. Über letzteren lief bis etwa 1993 überwiegend der Güterverkehr ins Nachbarland. Der Regensburger Laufplan 03 für 19 Loks der Baureihe 218 vom 13. Januar 1975 nennt u. a. die Traktion der Güterzüge 55114 und 44107 (mit Schub einer ČSD-Lok) von Furth i. W. in die Tschechoslowakei und zurück. Im Allgemeinen gehörte die Beförderung von Güter-

Bild 532 – Die Regensburger **218 205** überquert am 12. Juli 1983 mit D 468 (Praha hl.n – München Hbf) bei Km 184,1 gerade die Landesgrenze bei Furth im Wald, wo ein Signal Lf 1 eine vorübergehende Langsamfahrstelle anzeigt. Auf dem Gleisabschnitt der ČSD sind 80 km/h erlaubt, wie das tschechische Signal zeigt, die aufgrund der Signale Lf 7 (Geschwindigkeitssignal) und Lf 2 (Anfangsscheibe) jedoch auf 50 km/h herabgesetzt sind. Anders als an der innerdeutschen Grenze waren hier die Sperranlagen gegen Fluchtversuche nach Westen von der eigentlichen Grenzlinie zurückversetzt, weshalb die von bayerischem Boden aus sichtbaren Grenzanlagen – scheinbar – harmlos aussahen. AUFNAHME: ANDREAS TSCHARN

zügen der Nummernkreise 43xxx/44xxx/47xxx/49xxx/85xxx zu den Aufgaben der 218, aufgrund hoher Lasten oft in Doppeltraktion auch mit der Baureihe 217. Mit marginalen Abweichungen in einigen Fahrplanperioden existierten diese Leistungen noch im Sommerfahrplan 1992.

Einige hochwertige Reisezüge über den Grenzübergang Furth i.W. verzeichnen die Laufpläne des Bw Regensburg bereits ab Mai 1972. Das Saisonzugpaar D 1265/1264 Nürnberg – Praha hl.n. (Vorgänger der D 265/264), die D 469/468 München – Praha hl.n. und die D 369/368 Zürich – Praha hl.n. (der Vorgänger des EC 167/166 „Albert Einstein“) nahmen diesen Laufweg, ebenso die täglichen D-Zugpaare D 459/458 München – Praha hl.n., wo in Česká Kubice eine ČSD-Maschine die Weiterführung übernahm. Zum Fahrplanwechsel im Mai 1993 verkehrten ab Nürnberg die IC 168/169 „Franz Kafka“ und ab München die EC 166/167 „Albert Einstein“ (inzwischen als IR eingestuft).

Bereits ab 1972 waren die Regensburger 218 mit Güterzügen über Schirnding nach Cheb ins Nachbarland unterwegs. Im Personaldienstplan der BD Nürnberg vom 28. Mai 1972 an waren 218-Einsätze des Bw Regensburg (mit Beimann) für folgende Züge auf der Strecke Nürnberg – Schirnding festgelegt: 5859/19576, 76215/5524, 25033/5033, 19580/76219 und 5810/5808.

Im Laufplan 70 für 35 Loks 218 des Bw Regensburg vom 29. Mai 1994 an standen die täglich verkehrenden Zugpaare D 259/258 Nürnberg – Praha hl.n. [über Karlovy Vary (Karlsbad)], D 353/352 Frankfurt (M) Hbf – Praha hl.n., D 357/356 Stuttgart – Praha hl.n. und als Starleistung das EC-Zugpaar 51/50 Dortmund Hbf – Praha hl.n. „Karlstejn“ (Karlstein), das in Doppeltraktion gefahren wurde, auf dem Programm. 2002 stellte die DB AG den Fernverkehr auf dem deutschen Streckenabschnitt ein.

Dazu hatten die 218 neben den Zugpaaren E 7380–7385 zwischen Arzberg (Oberfr) und Cheb (Eger) diverse Güterzüge nach und von Cheb (Eger) zu bringen, darunter u. a. die Züge 43119 (218 + ČD-Lok), 43173, 47112, 44163 oder 88619 (2 × 218). Bis mindestens 1997 waren die 218 im grenzüberschreitenden Güterverkehr tätig (so z. B. mit dem Kohlenzug TDg 44172).

8.10 Ungarn

Der Schienfahrzeughersteller Bombardier hatte 2006 eine Ausschreibung für Vorortverkehre in Ungarn an Stadler verloren und suchte nun nach neuen Wegen, im ungarischen Markt Fuß zu fassen. Für den Sommer 2006 war als Werbung des Herstellers eine Präsentation eines DB-Doppelstock-Wendezuges geplant. Probleme der Ungarischen Staatsbahnen (Magyar Államvasutak Rt./MÁV), geeignete Strecken für das größere Lichtraumprofil der Doppelstockwagen zu finden, verzögerten die Veranstaltung auf den Herbst.

Am 23. Oktober 2006 machten sich zwei Lübecker 218 (**218 431** und **218 432**) mit einer dreiteiligen Cottbuser Doppelstockwagengarnitur als SLP 95761 über Passau, Wien, Hegyeshalom (Straß-Sommerein) und Györ (Raab) auf die Reise nach Budapest. Die Fahrzeuge sollten für zwei Wochen mit öffentlichen Test- und Vorführfahrten im Netz der MÁV auf einer Vielzahl von Strecken dem Publikum gezeigt werden. Da die Firma Bombardier nach dem erfolgreichen Verkauf von zehn elektrischen Triebzügen des Typs „Talent“ nunmehr solche Fahrzeuge an die MÁV zu verkaufen gedachte, wurde die dreiteilige Garnitur noch bis Mitte November im Rahmen diverser Umläufe des landesweiten Nahverkehrs auf ihre Einsatzfähigkeit in Ungarn getestet.

Unmittelbar nach der Ankunft des Zuges am 24. Oktober erfolgte ein kurzes Genehmigungsverfahren, die Pressevorstellung fand am 27. Oktober im Bahnhof Budapest Nyugati pályaudvar (Westbahnhof) – dem zweitgrößten Fernbahnhof von Budapest – statt, mit anschließender Pressefahrt ins rund 24 km entfernte Göd am linken Donauufer nordöstlich der ungarischen Hauptstadt. Kurz danach begannen die ersten beiden öffentlichen Fahrten über die KBS 70 von Budapest Nyugati pu nach Vác (Waitzen) und Szob (Zopp an der Donau), direkt an der Staatsgrenze zur Slowakei und zurück.

Aufgrund des Fehlens der ungarischen Zugsicherung der beiden 218 wurde die für ungarische Verhältnisse nicht alltägliche

Zugkomposition von den zwei deutschen Triebfahrzeugführern im Wechsel gefahren, den notwendigen Beimann mit Streckenkenntnis und als Dolmetscher stellte die MÁV. Interessanterweise konnte die Einheit als Wendezug verkehren, obwohl weder die Doppelstockwagen noch die Baureihe 218 zuvor für den Betrieb in Ungarn zugelassen waren. Als Planlok wurde nur 218 431 eingesetzt, 218 432 stand für den Notfall als Reserve in Budapest Nyugati pu in Bereitschaft.

Während der 18-tägigen öffentlichen Vorstellung war die Garnitur in den regulären Fahrplan der MÁV eingebunden, es wurden Vorort-, Fernverkehrs- und Schnellzugverbindungen im ganzen Land betrieben. Die Fahrten begannen im Oktober jeweils in Budapest Nyugati pu:

- **28. Oktober:** An diesem Samstag ging es auf der hoch frequentierten Vorortstrecke KBS 100a mit Regionalzügen über Cegléd und weiter auf der KBS 140 ins 190 km entfernte Szeged (Segedin) am Unterlauf der Theiß, der drittgrößten Stadt Ungarns an der Südgrenze nahe dem Dreiländereck mit Serbien und Rumänien.
- **29. Oktober:** An diesem Sonntag pendelte die Einheit im Taktfahrplan auf der stark befahrenen Vorortstrecke KBS 70 mit Regionalzügen (2140, 2115, 2142, 2155, 2154, 2143) nach Szob, die zwischen Budapest Nyugati pu und Vác als D-Zug ohne Zwischenhalte fuhren.
- **30./31 Oktober:** An den beiden letzten Tagen im Monat standen Pendelfahrten mit Vorortzügen (Zugnummern 26xx) über die KBS 100a nach Monor auf dem Programm mit einer Tagesleistung von lediglich 222 km bei einer Dienstzeit von 9,10 h bzw. 8,16 h.

Ab dem 1. November 2006 begannen die Einsätze der Dosto-Einheit jeweils ab Budapest Déli pályaudvar (Südbahnhof).

- **1./2. November:** RB-Leistungen (Zugnummern 48xx und 94xx) auf der KBS 1 zwischen Budapest und Tatabánya (Totiserkolonie). Am frühen Nachmittag wurde der Einsatz ins 130 km entfernte Győr ausgeweitet inklusive einer Füllleistung Győr – Rajka (Ragendorf), dem Grenzort zur Slowakei und Österreich an der Bahnstrecke Hegyeshalom – Bratislava-Petržalka. Diese Zusatzfahrt fand jedoch nur am 1. November statt.
- **3. November:** Vormittags gab es zwei Fahrten nach Pusztascabolcs südlich von Budapest u.z., einem Eisenbahnknotenpunkt auf der Hauptstrecke Budapest – Pécs. Wie am Vortag führte die Nachmittagsfahrt von Budapest Déli pu zu einem anderen Ziel, nämlich nach Sárbogárd (Bochart) in der Pannonischen Tiefebene, etwa 35 km östlich des Balaton (Plattensee) und 24 km westlich der Donau.
- **4. November:** Über die KBS 30a ging es im Eil- und D-Zugdienst via Székesfehérvár (Stuhlweißenburg) weiter auf der eingleisigen, nicht elektrifizierten Balaton-Nordstrecke (KBS 29) nach Tapolca (Toppoltz) nahe dem Balaton (insgesamt 184 km). Eine zweite Tour führte – bei Székesfehérvár – abzweigend über die KBS 20 über Veszprém (Weißbrunn) und Celldömölk (Kleinmariazell) nach Szombathely (Steinamanger) in der Nähe der österreichischen Grenze. An diesem Verkehrsknoten treffen neun verschiedene Eisenbahnlinien zusammen.
- **5. November:** Nach Übernachtung in Szombathely trat 218 431 mit ihren Dostos um 6.15 Uhr den Rückweg über die 232 km lange Strecke nach Budapest Déli pu an. Am Mittag begann die nächste Fahrt, wieder abzweigend bei Székesfehérvár, diesmal über die KBS 30 am Südufer des Balaton entlang ins 154 km entfernte Nagykanizsa (Großkirchen), das

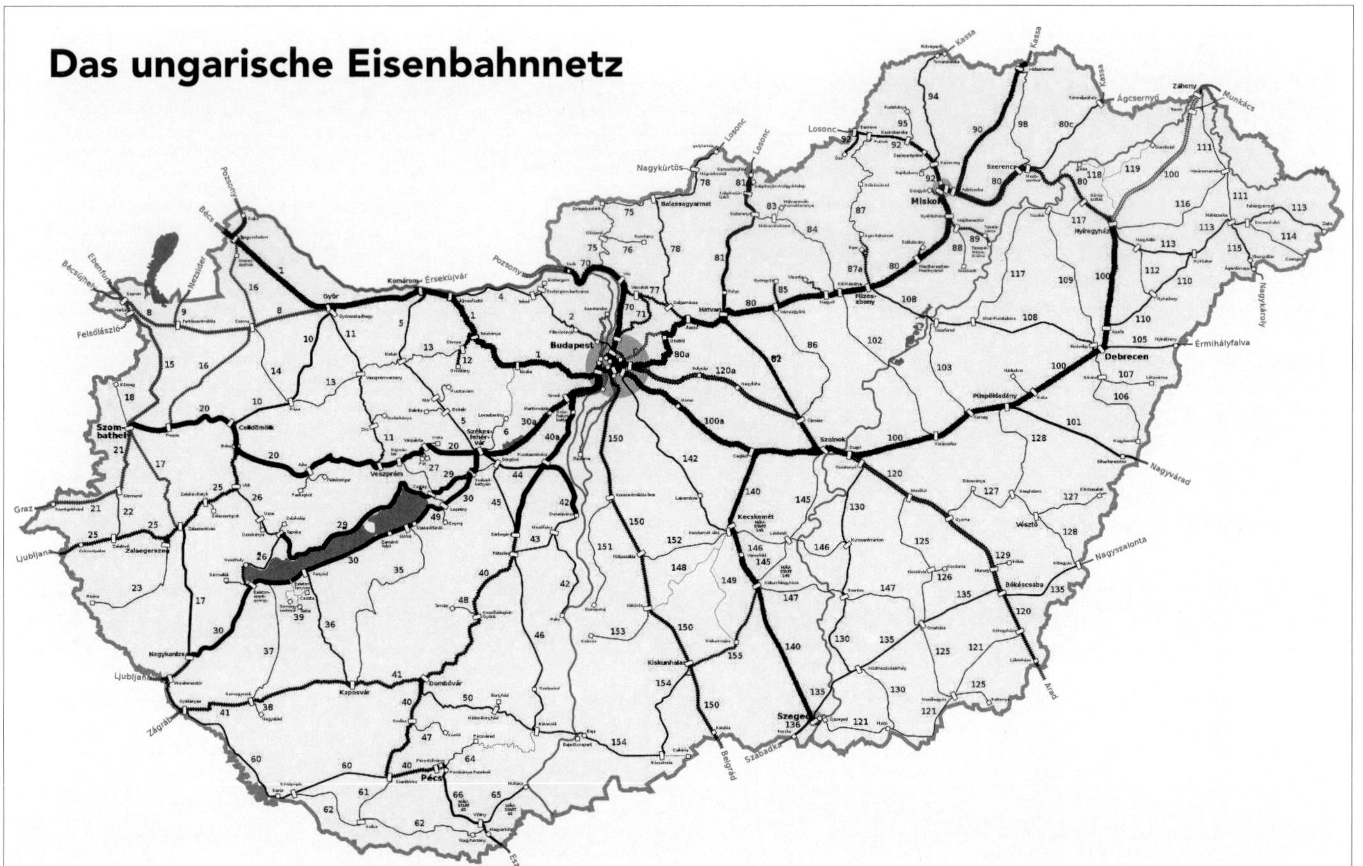

Bild 533 – Die Eisenbahnlinien des ca. 8.000 km umfassenden Streckennetzes der MÁV laufen sternförmig auf die zentral gelegene Hauptstadt zu. Die Einsätze der 218 431 mit ihren Doppelstockwagen konzentrierten sich auf die Verkehre um die Wirtschafts- und Industriestandorte sowie die Grenzregion zu Österreich oder Kecskemét in der großen ungarischen Tiefebene, Debrecen, Miskolc und Szeged und natürlich auf die Ausflugsziele rund um den Balaton. KARTE: SABINE RESSEL

Bild 534
Am 27. Oktober 2006 begannen am Nachmittag nach der Pressefahrt zwei Vorführfahrten der Lübecker **218 431** mit ihrem Doppelstock-Wendezug für das allgemeine Publikum nach Znob. Hier sehen wir den Zug bei der Einfahrt in den Bahnhof Verőce (Werowitz an der Donau). Hier befand sich ein ehemaliger römischer Brückenkopf zur Überwachung eines Donauübergangs am pannonischen Limes. Am Rande der Siedlung befinden sich noch Überreste eines römischen Wachturms.

etwa 15 km von der kroatischen Grenze entfernt liegt. Die Rückleistung endete um 21.28 Uhr in Székesfehérvár, wo übernachtet wurde. Székesfehérvár wird in Ungarn auch „Stadt der Könige" genannt, weil sie im Mittelalter neben Budapest die Krönungsstadt der ungarischen Könige war.

- **6. November:** Der Plan sah vier Pendelfahrten Székesfehérvár – Budapest Déli pu mit einer Tageslaufleistung von 469 km vor, Beginn um 4.30 Uhr, Dienstende um 19.48 Uhr in Budapest Déli pu.
- **7. November:** An diesem Tag waren laut Umlauf eine Tour von 87 km nach Dunaújváros (Neustadt an der Donau) und eine weitere mit 183 km nach Tapolca (und zurück) angesetzt.
- **8. November:** Dienstbeginn war wieder im Bahnhof Budapest Nyugati pu, laut Plan wurden dieselben Ziele wie die des 27. Oktobers angefahren, allerdings öfter: Dreimal nach Vác u. z., anschließend eine Tour nach Szob u. z. Der Dienst endete um 18.43 Uhr in Budapest Nyugati pu.

Bild 535 – Am Morgen des 28. Oktober 2006 steht **218 431** zur Abfahrt ins 190 km entfernte Szeged im Kopfbahnhof Budapest Nyugati – einem der drei großen internationalen Bahnhöfe in Ungarns Hauptstadt Budapest – bereit. Aus architektonischer Sicht gilt er als der interessanteste Bahnhofsbau der Stadt. Auffällig ist die große Glasfassade mit den drei weit ausladenden Eingangstüren. Dahinter befindet sich die aus Stahl und Glas errichtete Mittelhalle des bekannten Architekten Gustave Eiffel. Aufnahmen (2): Zoltán Czifra

Bild 536
Am 4. November 2006 sehen wir den Wendezug mit **218 431** von der Rückfahrt aus Tapolca kommend kurz nach 11 Uhr bei Einfahrt in Budapest Déli pu. Auf dem Nebenbahnsteig wartet die MÁV-Ellok V 43 1181 vor einem Personenzug auf die Abfahrt nach Székesfehérvár. Um 12.30 Uhr wird für die DB-Diesellok die nächste Fahrt nach Szombathely beginnen.

- **9. November:** Nachdem die Leerwagengarnitur nach Szolnok (Sollnock) überführt worden war, begannen ab 4.45 Uhr drei Pendelfahrten Szolnok – Hatvan (Hottwan) u. z., wobei nach der Tageslaufleistung von 440 km eine Übernachtung in Hatvan eingeplant war.
- **10. November:** Wieder startete der Zug um 4.45 Uhr mit der Fahrt von Hatvan nach Somoskőújfalu, gelegen in einem engen Tal des Landschaftsschutzgebiets Karancs-Medves nördlich von Salgótarján und zurück, anschließend gab es zwei Fahrten nach Salgótarján külső im Norden Ungarns nahe der slowakischen Grenze. Diese Linie war nach Übernahme der gescheiterten Magyar Északi Vasút (Ungarische Nordbahn) vor 150 Jahren die erste Strecke der Ungarischen Staatsbahn.
- **11. November:** Von Hatvan aus gab es eine Fahrt auf der KBS 80 ins 115 km entfernte Miskolc Tiszaipályaudvar (Theißbahnhof). Anschließend fanden vom Bahnhof Miskolc-Gömöri pályaudvar aus Pendelfahrten mit Nahverkehrszügen der Zugnummernreihe 54xx auf der KBS 92 nach Ózd über

Bild 537 – Unmittelbar nach Abfahrt in Budapest Déli pu hat **218 431** auf der Fahrt nach Tapolca am 7. November 2006 in einem Tunnel den Gellértberg unterquert und wird in wenigen Minuten den Bahnhof Budapest Kelenföldi vasútállomás erreichen. Der 360 m lange Tunnel wurde 1860 eröffnet und erst 1950 zweigleisig ausgebaut. Hier traf 1895 Erzherzog Ladislaus Philipp von Österreich nach seinem Jagdunfall in Arad ein, an dem er drei Tage später verstarb. Aufnahmen (2): Zoltán Czifra

Bild 538
Hier sehen wir den Zug mit **218 431** am 12. November 2006 in Ózd vor dem 5415 nach Miskolc. Die Reisenden, ob groß oder klein, interessieren sich offensichtlich für den unerwarteten Gast, der auch einige Fotografen angelockt hat. Nebenan steht der InterPici Bzmot 406 nach Bánréve. InterPici war eine Zuggattung im nationalen Verkehr unterhalb der InterCity-Verbindungen mit lokbespannten Zügen, die u. a. aus Bzmot-Triebwagen gebildet waren. Der Name war gleichzeitig ein Wortspiel – das ungarische Wort pici bedeutet in Deutsch winzig.

AUFNAHME: PHILIP WORMALD

Bánréve, dem Grenzbahnhof zur Slowakei, sowie vom Theißbahnhof aus auf der KBS 90 nach Hidasnémeti im Norden Ungarns mit Übergang nach Košice (Kaschau) in der Slowakei statt. Die Bahnstrecke Miskolc – Košice ist heute Teil einer überregionalen Fernverbindung von der ungarischen Hauptstadt in die Ostslowakei und weiter nach Polen.

- **12. November:** Es wurde je eine Fahrt von Miskolc Theißbahnhof nach Ózd und Hatvan u.z. absolviert.
- **13. November:** An diesem Tag erbrachte die 218 mit 792 km die höchste Tagesleitung ihres Ungarn-Einsatzes: Der Dienst begann um 4.10 Uhr im Theißbahnhof mit einer Fahrt nach Nyíregyháza (Birkenkirchen), nicht weit von der slowakischen, der rumänischen und der ukrainischen Grenze entfernt. Es folgten je eine Pendelfahrt ins 169 km entfernte Szolnok und in das nähere Szerencs (Serentsch). Als letztes Ziel stand Debrecen im östlichen Teil Ungarns auf dem Programm, etwa 30 km westlich der Grenze zu Rumänien gelegen, das um 19.11 Uhr erreicht wurde.

Obwohl die Öffentlichkeit im Allgemeinen die Doppelstockwagen bevorzugte, die moderner als die ungarischen Standardfahrzeuge sind, gab es einige Unstimmigkeiten, als der Zug auf Strecken mit hohem Fahrgastaufkommen eingesetzt wurde, wobei allgemein bekannt war, dass drei Wagen nicht ausreichen würden – wie z. B. bei einem Schnellzug von Szeged an der Theiß nach Budapest.

218 431 erreichte in den 18 Tagen in Ungarn eine Laufleistung von 7.555 km (min 222 km/max 792 km), das sind ø 419,7 km/Tag, die denen bei DB Regio erreichten Werten zumindest gleichkamen. Leistungen über 400 km/Tag erreichten sie an folgenden Tagen:

01. November	491 km	Dienstbeginn 09.35	Dienstende 21.08 Uhr
03. November	428 km	Dienstbeginn 05.40	Dienstende 17.28 Uhr
04. November	598 km	Dienstbeginn 07.05	Dienstende 21.37 Uhr
05. November	604 km	Dienstbeginn 06.55	Dienstende 21.28 Uhr
06. November	469 km	Dienstbeginn 04.30	Dienstende 19.48 Uhr
07. November	540 km	Dienstbeginn 06.30	Dienstende 20.33 Uhr
09. November	440 km	Dienstbeginn 04.45	Dienstende 20.55 Uhr
13. November	792 km	Dienstbeginn 04.10	Dienstende 22.03 Uhr

Die Kommentare in den ungarischen Foren waren überwiegend positiv, hier ein Auszug: Péter H. meint „*... bis zu diesem Zeitpunkt bestand ein allgemeines Dosto-Verbot auf ungarischen Strecken. Man hielt dieses Prinzip für die MÁV unannehmbar, weshalb Ungarn auch vor 30 Jahren keinen einzigen Doppelstockwagen aus der ehemaligen DDR erworben hatte ... Die Wagen sind relativ gut, wenn ich sie mit den üblichen Zügen bei uns vergleiche. Die 1. Klasse ist auch sehr komfortabel, und der geschlossene Abort ist ein Exot bei uns im Nahverkehr*“.

Es werden 13 Jahre vergangen sein, wenn die Ungarn demnächst auch in Doppelstockzügen werden reisen können: Im April 2017 haben MÁV-START Zrt. und Stadler einen Rahmenvertrag über den Kauf von 40 elektrischen, sechsteiligen Doppelstocktriebzügen unterschrieben.

8.11 Slowakei

Im Anschluss an die öffentlichen Tests in Ungarn machte der Doppelstock-Wendezug mit **218 431** und **218 432** am 14. November 2006 einen Abstecher in die Slowakei nach Bratislava-Petržalka (Pressburg-Engerau). Hier hatte die Slowakische Eisenbahn (Železničná spoločnosť Slovensko/ŽSR) für den 15. November eine Präsentationsfahrt in das 224 km entfernte Vrútky (Ruttek) in der Mittelslowakei organisiert, einem bedeutenden Eisenbahnknoten, ursprünglich der Knoten der Kaschau – Oderberger Bahn (Košice – Bohumín) und der heutigen Strecke Salgótarján – Vrútky.

Die ŽSR hatte eine Ausschreibung für die Lieferung von Doppelstock-Wendezügen für den Vorstadtbetrieb um Bratislava und Košice vorbereitet, daher sollte die Präsentation des deutschen Wendezuges den zukünftigen Betrieb anschaulich machen. Die ŽSR erwogen den Kauf von 21 Steuerwagen und 51 Zwischenwagen, die Traktion sollte durch elektrische Lokomotiven der Reihen 163, 263 und 363 bereitgestellt werden. Insgesamt war der Umbau von 23 Loks geplant, um einen Wendezugbetrieb zu ermöglichen.

Am Abend des 15. November 2006 kehrte der Transport als SLP 95760, ab Bratislava-Petržalka gezogen von der österreichischen 1116 234, über Kittsee – Parndorf – Wien und Passau nach Deutschland zurück.

❑

Die 218-Serienloks in Farbe

Bild 539 – Die bei Krauss-Maffei gefertigte **218 246** war für das Bw Regensburg bestimmt. Am 9. September 1973 verließ sie die Werkhallen und wurde auf der Strecke München – Rosenheim – Kufstein einer Probefahrt unterzogen. In Oberaudorf wartet die fabrikneue Lok auf die Rückfahrt nach München.
AUFNAHME: WERKFOTO KRAUS-MAFFEI, SAMMLUNG HELGE HUFSCHLÄGER

Bild 540 – Mit dem D 2329 (Amsterdam – Bad Wildungen) begegnet uns die Hagener **218 143** am 2. November 1984 auf der Oberen Ruhrtalbahn nahe der Ortschaft Antfeld. Solche Zugläufe sucht man in den Fahrplänen heute vergebens.
AUFNAHME: JOSEF HÖGEMANN

Bild 541 – Abgestellt im Bahnhof Bayrischzell wartet die Mühldorfer **218 245** am 19. April 1976 mit der Wagengarnitur des E 3542 auf die am späteren Nachmittag erfolgende Rückfahrt nach München Hbf. Der Bergrücken im Hintergrund gehört zum beliebten Skigebiet Sudelfeld. AUFNAHME: CLAUS-JÜRGEN SCHULZE

Bild 542 – Am 21. Juni 1986 wartet **218 306** (Bw Regensburg) im Bahnhof Bayerisch Eisenstein vor einem Nahverkehrszug auf die Ausfahrt nach Plattling. Hinter dem Zug erkennt man einen Prellbock, der das Streckenende bildet. Der dahinter liegende Grenzzaun zur Tschechoslowakei ist auf dem Bild nicht zu erkennen. Das braune Gebäude im Hintergrund gehört zum tschechoslowakischen Teil des Bahnhofs und ist wegen der Grenze von Deutschland aus nicht erreichbar. Seit 1991 hat sich viel verändert: Der Grenzzaun ist beseitigt worden, die gesamte Bahnhofsanlage dient nun als Umsteigebahnhof für Reisende, die aus Richtung Plattling ankommen und in Richtung Pilsen (Plzeň) weiterfahren möchten. AUFNAHME: ROLAND HERTWIG

Bild 543 – Am 24. September 1982 war der aus Straßburg kommende E 2061 mit der Kemptener **218 902** (ex 210 002) und (ab Kehl) mit der Karlsruher **218 292** als Vorspannlok in Friedrichshafen-Stadt eingetroffen. Die Vorspannlok wird gerade abgekuppelt. Das Zugpaar 2060/2061 verkehrte (mit Kurswagen Paris – Innsbruck) mit unterschiedlichen Wagenparks, sowohl, was die Anzahl als auch, was die Gattungen betraf. An diesem Tag bestand der Zug aus drei B10c10ux der SNCF und einem ABmz 39-40 der ÖBB. 218 292 gehörte ab dem Folgetag zum Bestand des Bw Haltingen. AUFNAHME: PETER GROßE

Bild 544 – Nach einem heftigen Gewitter rauscht die Regensburger **218 198** am 16. Juni 1985 mit dem D 250 (Prag – Stuttgart) durch den Bahnhof Hersbruck (rechts der Pegnitz). Auf Gleis 1 wartet die Vorserien-**218 011** mit einem Nahverkehrszug nach Nürnberg Hbf auf den Fahrbefehl. AUFNAHME: ROLF WIESEMEYER

Bild 545 – Zu den Prototypen klimatisierter 2.-Klasse-Wagen gehörte auch der Bvmz[237] mit der Nummer 21-73 001, der hier – nicht seiner geplanten Nutzung entsprechend – am 13. April 1988 hinter der Lok im E 3140 von Bad Harzburg nach Hannover eingereiht ist. Die Aufnahme der Braunschweiger **218 247** entstand beim Halt in Baddeckenstedt.

AUFNAHME: JÜRGEN HÖRSTEL

Bild 546 – Die Strecke (Bamberg –) Lichtenfels – Neuenmarkt-Wirsberg – Hof zählte jahrelang zu den Stammstrecken der Regensburger 218. Ende Mai 1973 hatten sie hier die letzten Schnellzugdampflokomotiven der Baureihe 001 abgelöst. Am 17. August 1987 eilt **218 225** mit dem E 3784 durch den heute nicht mehr vorhandenen Bahnhof Falls. Hier begann die längst abgebaute, landschaftlich schöne Nebenbahn nach Gefrees.

AUFNAHME: JOSEF HÖGEMANN

Bild 547 – Mit dem historischen „Orient-Express" rollen die Flensburger **218 118** und **218 121** am 12. Juli 1986 über die Nordrampe der Rendsburger Hochbrücke in Richtung Hamburg.
AUFNAHME: CARSTEN COX

Bild 548 – Der E 3781 mit **218 241** (Bw Regensburg 1) nach Hof passiert am 23. August 1987 nahe der Ortschaft Höflas das Einfahrtsignal des Bahnhofs Falls. In diesem Bereich ist die Strecke seit den sechziger Jahren nur noch eingleisig. Fernreisezugverkehr gibt es hier nicht mehr. Den Regionalverkehr haben moderne Nahverkehrstriebzüge übernommen.
AUFNAHME: JOSEF HÖGEMANN

Bild 549 – Trotz des beim Bw Kaiserslautern lange Zeit recht hohen Bestandes an purpurroten 218 war es in den achtziger Jahren keinesfalls selbstverständlich, vor dem Kalkzug zwischen Stromberg (Hunsrück) und Dillingen noch zwei „rote" zu erwischen. Am 12. April 1986 hatte der Fotograf Glück, als ihm der Kalkzug mit **218 371** und **218 375** bei Langenlonsheim begegnete. AUFNAHME: DR. FRANK HALTER

Bild 550 – 218 394 (Bh Karlsruhe) hat am 14. April 1996 mit IR 2113 den Bahnhof Schönmünzach im Murgtal verlassen. Von Freudenstadt kommend, wird der Zug bis Karlsruhe mit der Baureihe 218 bespannt, wo er – um zwei zusätzliche Wagen ergänzt – mit einer Lok der Baureihe 111 nach Dortmund weiterfahren wird. AUFNAHME: ANDREAS ROSSEL

Bild 551 – Nach Einstellung des Personenverkehrs im Jahr 1984 behielt die Hunsrückbahn zwischen Langenlonsheim und Simmern durch den Kalkverkehr von Stromberg (Hunsrück) zur Dillinger Hütte eine überregionale Bedeutung im Güterverkehr. Am 28. März 1991 begegnet uns im Bahnhof Schweppenhausen **218 364** vom Bw Kaiserslautern mit dem Dg 58558.
AUFNAHME: DR. FRANK HALTER

Bild 552 – Ausfahrt des aus DR-Wagen gebildeten D 2604 (München – Leipzig) mit der Regensburger **218 206** am 27. März 1992 aus dem Bahnhof Marktredwitz in Richtung Hof.
AUFNAHME: ANDREAS ROSSEL

Bild 553 – Zwischen Immensen-Arbke und Dollbergen ist eine Braunschweiger 218 am 3. Dezember 1989 mit einem Nahverkehrszug in Richtung Wolfsburg unterwegs. Wenige Tage zuvor fiel die Grenze zwischen Ost und West, und nun wird es nicht mehr lange dauern, bis der Ausbau der alten Berlin-Lehrter Bahn in eine Hochgeschwindigkeitsstrecke erfolgen wird. AUFNAHME: JOSEF HÖGEMANN

Bild 554 – Im letzten Licht des 28. November 2016 eilt ein IC nach Westerland (Sylt) mit zwei 218 bei Bargum dem nächsten Halt in Niebüll entgegen. AUFNAHME: JÜRGEN HÖRSTEL

Bild 555 – 218 396 vom Bh Haltingen eilt am 14. Oktober 1996 mit dem französischen Militärschnellzug Dm 38616 durch den Bahnhof Hausen i. Tal in Richtung Sigmaringen. Hoch über dem Donautal thront die Burg Werenwag. Aufnahme: Carsten Cox

Bild 556 – Am 20. April 1996 passieren **218 168** und **218 181** mit ihrem Autozug nach Niebüll die noch mit Formsignalen versehene Blockstelle Hindenburgdamm. Kurz darauf wurde sie durch einen automatischen Streckenblock ersetzt. Aufnahme: Jürgen Hörstel

Bild 557 – Das neue Produkt „CityBahn" war als Rettungsanker für die in Teilen stilllegungsbedrohte Aggertalbahn gedacht. Alte Fahrzeuge in neuem Aussehen und ein verbesserter Fahrplan sollten dem Fahrgastschwund im Oberbergischen Land Einhalt gebieten und verlorene Kunden zurückholen. Ein Teil der Züge verkehrte sogar über Gummersbach hinaus bis Meinerzhagen. Am 29. April 1987 kehrt die Hagener **218 145** mit der CityBahn 6405 aus Meinerzhagen zurück und erreicht die Ortschaft Kotthausen.

Bild 558 – Hoch im Norden eilt am 25. Juli 1993 bei Schuby die Flensburger **218 178** mit dem IR 2074 in Richtung Flensburg. Nicht mehr lange, dann werden hier Elloks die Traktion der Züge auf der Strecke Hamburg – Flensburg bzw. – Kiel übernehmen. Für das Bw Flensburg bedeutete die Elektrifizierung das Aus. Aufnahmen (2): Josef Högemann

Bild 559 – Ein farblicher Sonderling war die Regensburger **218 217**, die am 19. August 1988 vor E 3030 den Bahnhof Neustadt (Waldnaab) in Richtung Hof verlässt. Die damals noch mit Formsignalen gesicherte Bahnstation war Ausgangspunkt der Nebenbahnen nach Flossenbürg und Eslarn im Oberpfälzer Wald. AUFNAHME: JOSEF HÖGEMANN

Bild 560 – Der Sauerland-Schnellzug D 2741 (Köln – Willingen) ist am 11. Mai 2001 mit der Hagener **218 128** bespannt. Sogleich wird er in den Elleringhauser Tunnel einfahren und in wenigen Minuten Brilon Wald erreichen. Das saisonale D-Zugpaar (D 2741/2740 bzw. D 2641/2640) brachte über Jahre hinweg freitags von April bis November trinkfeste Gäste aus dem Ruhrgebiet und dem Rheinland für ein Wochenende in die Partyhochburg Willingen. AUFNAHME: STEFAN PONZLET

Bild 561 – Der 17. Februar 1991 erstrahlte das Sauerland in herrlichem Sonnenschein. Damals konnte man noch an bestimmten Wochenenden mit Wintersportsonderzügen die Skigebiete um Willingen, Winterberg (Westf) und Usseln erreichen. Einer dieser Züge, bespannt mit der Hagener **218 146**, hat gerade Winterberg (Westf) verlassen und rollt nun über Silbach hinunter ins Negertal in Richtung Bestwig. Der „Winterberg Express" bestand aus belgischem Wagenmaterial und führte einen Gesellschaftswagen mit. AUFNAHME: HENK BOUMAN

Bild 562
Auch im Jahr 2005 waren Darmstädter 218 auf den Odenwaldstrecken Darmstadt/Hanau – Ebersbach im Reisezugverkehr noch recht aktiv. Am 28. Februar 2005 verlässt die RB 36483 den Bahnhof Höchst (Odenw), der sich noch ganz im Stil der alten Bundesbahn mit Formsignalen und Freileitung für Telefon und Streckenblock präsentiert. Ein solches Foto kann heute nicht mehr gemacht werden, da sich im Bereich des Fotostandpunkts, jedoch zehn Meter tiefer, die Ortsumgehung von Höchst befindet.

AUFNAHME: ANDREAS ROSSEL

Bild 563 – Noch in den achtziger Jahren brachte die Eisenbahn bei entsprechender Schneelage ganze Heerscharen von Wintersportfreunden in die Skigebiete. Winterberg (Westf) wurde mitunter von bis zu sieben Sonderzügen an Wochenenden angefahren. Am 1. Februar 1987 haben die Hagener **218 138** und **218 140** mit ihrem langen Zug Silbach durchfahren und werden in Kürze in Winterberg (Westf) eintreffen. AUFNAHME: EGON PEMPELFORTH

Bild 564 – In der Nacht zum 11. Februar 1999 war Schnee gefallen und hatte das Allgäu in eine traumhafte Märchenlandschaft verwandelt. Glück für den Fotografen, dem bei Oberstaufen 218 449 und eine weitere Kemptener 218 mit einem umgeleiteten Güterzug vor die Linse kam. AUFNAHME: CARSTEN COX

Bild 565 – Bei Heimhofen rollt am 25. Juli 1999 der EC 98 in Richtung Bodensee. Planmäßig hätte der Zug über Memmingen fahren müssen, doch infolge Bauarbeiten lief der gesamte EC-Verkehr zwischen der bayerischen Landeshauptstadt München und der Schweiz für einige Tage über Kempten. AUFNAHME: JOSEF HÖGEMANN

Bild 566 – Im August 2008 wurden mehrere ÖBB-Züge wegen der Sperrung der Arlbergstrecke durch das Allgäu umgeleitet. Im schönsten Morgenlicht des 21. August begegnete dem Fotografen ein mit **218 430** und einer weitere 218 bespannter Autozug bei Heimhofen. AUFNAHME: JÜRGEN HÖRSTEL

Bild 567 – Die Allgäubahn zählt zweifelsohne zu den schönsten Bahnlinien Deutschlands. Den Weg über Kempten nehmen jedoch nur noch wenige Fernzüge. So der EC 166, der uns am 18. Juli 1999 bei Harbartshofen mit zwei orientroten 218 auf dem Weg in Richtung Lindau begegnet.

Bild 568 – Am 18. Juli 1999 überquert eine Darmstädter 218 den Kurzes-Tal-Viadukt zwischen dem Haltepunkt Hesseneck-Kailbach und dem Bahnhof Eberbach (Neckar) in der Nähe der Ortschaft Friedrichsdorf, einem Ortsteil von Eberbach. Die malerisch in die Landschaft eingebettete Brücke überspannt das gleichnamige Seitental der Itter.

AUFNAHMEN (2): JOSEF HÖGEMANN

Bild 569 – Auch wenn **218 366** zum Aufnahmezeitpunkt bereits seit zwei Jahren zum Werk Trier gehörte, so befuhr sie doch am 24. Oktober 2004 als ehemalige Kaiserslauterner Lok die Nahebahn bei Langenlonsheim. Ihre langjährige Stammstrecke zeigt sich im schönsten Herbstgewand. AUFNAHME: DR. FRANK HALTER

Bild 570 – Mit einem langen Leerzug aus modernisiertem IC-Wagenmaterial passiert die Hagener **218 126** am 9. November 2003 ein altes Bahnwärterhaus am ehemaligen Bahnhof Elleringhausen. In Brilon Wald wird sich die Lok an das andere Zugende setzen und nach Korbach weiterfahren. AUFNAHME: JOSEF HÖGEMANN

Bild 571 – Stimmungsvoll geht die Zeit der Braunschweiger 218 ihrem Ende entgegen: Als die heute bei der Lappwaldbahn aktive **218 451** am 3. Oktober 2014 mit einem Regionalexpress den Bahnhof Bad Harzburg mit seiner markanten Signalbrücke erreicht, steht die Ablösung der lokbespannten Züge durch moderne Nahverkehrstriebwagen des Unternehmens erixx kurz bevor.
AUFNAHME: ANDREAS HARTMANN

Bild 572 – Eine Darmstädter 218 hat am 8. Mai 2002 in Eberbach (Neckar) einen Regionalexpress aus Stuttgart übernommen. Über die landschaftlich sehr schöne Odenwaldbahn geht es nun in nördliche Richtung über Erbach und Hanau nach Frankfurt (M). Dabei werden mehrere große Viadukte befahren, u.a. der Himbächel-Viadukt bei Hetzbach.
AUFNAHME: UTZ VON WAGNER

Bild 573 – Vor den als Denkmal erhaltenen Anlagen der Maxhütte in Sulzbach-Rosenberg eilt **218 459** am 12. April 2009 mit RE 452 aus Prag ihrem Ziel Nürnberg Hbf entgegen. Die Lok hat den Zug in Furth im Wald von der ČD übernommen. AUFNAHME: ANDREAS HARTMANN

Bild 574 – Die östliche Einfahrt des Bahnhofes Visselhövede der Strecke (Bremen –) Langwedel – Uelzen, auch als „Amerikalinie" bekannt, ist noch ganz die alte Eisenbahn! Am 19. September 2000 fährt die Braunschweiger **218 276** mit der RB 25834 nach Bremen in den früheren Knotenpunkt mit den hier abgehenden Nebenbahnen nach Rotenburg (Wümme) und Walsrode ein. AUFNAHME: STEFAN PONZLET

Bild 575 – Mit dem neuen DB-Touristikzug fand am 10. März 1996 eine Sonderfahrt nach Wernigerode statt. Zur Abstellung und Reinigung wurde der mit den Regensburger **218 418** und **218 416** bespannte Zug zwischenzeitlich nach Magdeburg gefahren. Auf der Rückfahrt nach Wernigerode begegnet er uns im Bahnhof Nienhagen nördlich von Halberstadt.

Bild 576 – Immer wieder ein schönes Motiv: **218 379** und **218 363** (beide Werk Lübeck) passieren am 18. Juli 2005 mit dem IC 2315 den beschaulichen Husumer Hafen.

Aufnahmen (2): Jürgen Hörstel

Bild 577 – Der Bahnhof Kothmaißling an der Strecke Furth im Wald – Cham – Schwandorf ist wegen der hier noch vorhandenen mechanischen Sicherungstechnik nach wie vor mit Bahnpersonal besetzt. Hier finden regelmäßig Zugkreuzungen statt. Am 14. Oktober 2007 rollt der aus sieben tschechischen Reisezugwagen einschließlich Speisewagen bestehende RE 454 „Franz Kafka" (Prag – Nürnberg) in flotter Fahrt durch den gepflegt wirkenden Bahnhof. Bespannt ist der Zug mit **218 153** und **218 229** vom Werk Regensburg. AUFNAHME: ULRICH WEHMEYER

Bild 578 – Aufgrund von Lokmangel war ein Umlauf des SyltShuttles am Vormittag des 17. Juli 2014 vorübergehend nur mit einer 218 bespannt. Der Zug hat soeben mit **218 371** den Hindenburgdamm verlassen und wird in Klanxbüll einen Gegenzug vorbeilassen. Das Verkehrsaufkommen von der Insel in Richtung Festland ist in den frühen Morgenstunden zumeist gering, so dass zahlreiche Autozugwagen leer bleiben. AUFNAHME: JOSEF HÖGEMANN

Bild 579 – Gleich drei 218 (**218 359**, **371** und **342**) sind am 17. Juli 2015 einem SyltShuttle-Zug vorgespannt, der soeben die Insel Sylt erreicht. Es folgt der Bahnhof Morsum, wo die Strecke eingleisig wird. AUFNAHME: GEORG DOLLWET

Bild 580 – Begegnung zweier Sylt-Shuttle-Autozüge bei Morsum auf Sylt: **218 363** und eine Schwesterlok bringen Besucher auf die Insel, während der Gegenzug mit **218 376** an der Spitze gen Festland unterwegs ist (30. August 2010). AUFNAHME: JÜRGEN HÖRSTEL

Bild 581 – Anlässlich des Streckenfestes der Kurhessenbahn am 24. Oktober 2010 war 218 105 der Westfrankenbahn in Nordhessen zu Gast. Unter anderem bespannte sie den TEE 23696 (Marburg – Frankenberg/Eder), hier zu sehen bei der Durchfahrt in Sarnau. AUFNAHME: ANDREAS HARTMANN

Bild 582 – Auf der Fahrt nach Füssen schlängelt sich die Kemptener Werbelok **218 467** am 29. September 2014 mit ihrer Regionalbahn durch die liebliche Allgäulandschaft. Heute ist auf der Strecke (Augsburg –) Buchloe – Füssen die Bayerische Regiobahn unterwegs, und auch 218 467 hat ihre blaue Vollreklame inzwischen verloren. Sie ist heute (in Verkehrsrot) bei der Mitteldeutschen Eisenbahn (MEG) im Einsatz. AUFNAHME: DANIEL SAUER

Bild 583 – Hinter Fürstenzell begegnet uns am 25. April 2009 die Mühldorfer **218 400** mit dem IC „Rottaler Land“. In vielfach engen Gleisbögen – erkennbar am Verlauf der rechts im Hintergrund sichtbaren Telefonfreileitung – steigt die landschaftlich ausgesprochen schöne Rottalbahn bis zum ehemaligen Bahnhof Pfenningbach auf 421 m ü.NN, bevor es ins Inntal hinab geht. Schon von weitem war die wummernde und dröhnende Diesellok zu hören. AUFNAHME: GERHARD BAUER

Bild 584 – Die Elbtalstrecke Dresden – Děčín wurde Anfang 2015 umfangreich modernisiert. Neben eingleisigem Betrieb und Totalsperrungen gab es in der Vergangenheit auch schon tageweise eine Abschaltung der Oberleitung. Um dennoch den internationalen Fernverkehr am Laufen zu halten, holte man am 25. März 2015 extra **218 834** (ex 218 367) von DB Fernverkehr aus Berlin. In Dresden Hbf leistet die Maschine der 371 002 mit dem EN 477 (Berlin Hbf – Budapest-Keleti pu) Vorspann bis Bad Schandau Ost. AUFNAHME: FELIX SERAPHIN

Bild 585 – Kurz vor dem Ziel überquert **218 324** der Erzgebirgsbahn am 23. April 2010 mit der RB 30809 (Chemnitz Hbf – Cranzahl) das Sehmatal mit seinem namensgebenden Fluss, der Sehma. Von Cranzahl ausgehend, kann man noch heute während der Wandersaison per Eisenbahn über den Erzgebirgskamm bis ins tschechische Komotau (Chomutov) reisen.
AUFNAHME: FELIX SERAPHIN

Bild 586 – Im April 2010 wurden an der Strecke Cölbe – Frankenberg (Eder) neue Betonschwellen angeliefert, die u. a. im Bereich Münchhausen-Simtshausen entladen wurden. Im Einsatz war **218 139** der DB Fahrwegdienste, die heute – wieder in Purpurrot lackiert – dem privaten EVU Eisenbahnlogistik Vienenburg (ELV) gehört. AUFNAHME: MANFRED RITTER

Bild 587 – Mit einem schweren Holzganzzug in Richtung Marburg (Lahn) rollt **218 387** der Kurhessenbahn an einem wolkigen Maitag 2010 durch den Bahnhof Sarnau. Neben der Kurhessenbahn waren und sind in der Holzlogistik und um das Edertal auch private EVU aktiv.
Aufnahme: Manfred Ritter

Bild 588 – Am 9. Februar 2018 hat RB 23310 (Miltenberg – Aschaffenburg) seinen Zielbahnhof erreicht und wird gleich in die Abstellung wegsetzen. Triebzugmangel bei der Westfrankenbahn hatte für ein unerwartetes Comeback der Baureihe 218 auf der Maintalbahn gesorgt, wobei auch die WFB-eigene **218 460** „Conny“ zum Einsatz kam.
Aufnahme: Andreas Hartmann

Bild 589 – Mit dem Schienenprüfzug 1 (SPZ 1) ist **218 392** der DB Netz Instandhaltung am 14. April 2014 am Abzweig Saaleck bei Großheringen in Richtung Erfurt unterwegs.
AUFNAHME: UDO STEINWASSER

Bild 590 – Die Aller in Niedersachsen führte im Sommer 2013 extremes Hochwasser. Problemlos konnte jedoch **218 391** der DB Bahnbau Gruppe am 7. Juni 2013 mit ihrem Bauzug 92785 (Augsburg – Hamburg-Eidelstedt) über die Vorflutbrücken zwischen Wahnebergen und Verden (Aller) an der Strecke Hannover – Bremen rollen. AUFNAHME: JÜRGEN HÖRSTEL

Bild 591 – Mit dem in der Regel dreimal wöchentlich verkehrenden Aluminiumganzzug aus Spelle ist die „neue" Lok **218 396** der Brohltal Schmalspureisenbahn Betriebsgesellschaft am 9. Mai 2018 auf der Güterzugstrecke Duisburg – Gremberg am Block Ratingen südwärts unterwegs. Sie wurde kurz vor Weihnachten 2017 durch das DB-Instandhaltungswerk Bremen an den neuen Eigentümer ausgeliefert. AUFNAHME: MARTIN WEHMEYER

Bild 592 – In den Jahren 2018 und 2019 setzte die Staudenverkehrs-Gesellschaft (SVG), die im Auftrag der Länderbahn mit eigenem Personal die alex-Züge zwischen Immenstadt und Oberstdorf bespannt, die angemietete **218 447** von Railsystems RP aus Gotha ein. Hintergrund waren diverse Schäden an den zwei eigenen ehemaligen ÖBB-Loks der Reihe 2143. Mit dem ALX 84158 von München Hbf nach Oberstdorf passiert die Maschine am 21. August 2018 die Kirche von Altstädten. Im Hintergrund erhebt sich der Grünten. AUFN.: FELIX SERAPHIN

Bild 593 – 218 105 der Eisenbahn-Betriebsgesellschaft Neckar-Schwarzwald-Alb (NeSA) ist leicht an ihrer TEE-Farbgebung zu erkennen. Am 6. April 2018 war sie gemeinsam mit der Kieler **218 329** (Leihlok für DB Netz in Villingen) anlässlich von Bauarbeiten vor einem Schotterzug auf der Höllentalbahn unterwegs. Hier überquert der Zug das Ravennaviadukt bei Höllsteig.

Bild 594 – Die EfW-Verkehrsgesellschaft hat ihre Diesellokomotiven in purpurroter Farbgebung lackieren lassen, so auch **218 455** und 215 021, die am 29. April 2018 einen Arbeitszug auf der Schwarzwaldbahn bespannten. Hier passiert der Zug das idyllische Gutachtal unterhalb von Hornberg. AUFNAHMEN (2): CHRISTIAN WOLF

Bild 595 – 218 469 von Railsystems RP und die angemietete **218 117** der HEROS Rail Rent verlassen am 20. Mai 2016 den Bahnhof Emleben mit einem leeren Mineralölzug nach Großkorbetha. Das Tanklager in Emleben beschert der Nebenbahn Gotha – Gräfenroda auf dem kurzen Restabschnitt zwischen Gotha und Emleben noch regelmäßigen Güterverkehr.
AUFNAHME: GEORG DOLLWET

Bild 596 – Erst wenige Tage war die im Werk Bremen aufgearbeitete **218 451** im Bestand der Lappwaldbahn Cargo (LWS), als sie noch ohne Firmenwerbung mehrere schwere Schotterzüge von den Steinwerken Dönstedt bei Haldensleben nach Ibbenbüren beförderte. Der Schotter wurde für die Ertüchtigung der TWE-Strecke Ibbenbüren – Brochterbeck – Dörenthe benötigt. Am regnerischen 24. November 2017 sehen wir einen Leerzug in Höhe des Haltepunkts Ibbenbüren Aasee auf dem Weg zurück nach Dönstedt. AUFNAHME: JOSEF HÖGEMANN

Bild 597 – Dank ihres gepflegten Aussehens sind die 218 von Railsystems RP auch begehrte Zugloks bei Sonderfahrten. Am 2. Juni 2018 bespannt **218 480** einen Sonderzug des Eisenbahnmuseums Schwarzenberg nach Saal an der Donau, aufgenommen bei Wunsiedel.
AUFNAHME: ACHIM ENDER

Bild 598 – Die wieder orientrot lackierte **218 402** hatte die Ehre, unmittelbar nach ihrer Wiederinbetriebnahme durch Railsystems RP an den Schwarzenberger Eisenbahntagen 2018 teilnehmen zu können. Auf der Rücküberführung nahm sie die Arnstädter Museumsloks 44 0093 und 118 005 mit. Hier ist die illustre Fuhre in Wiesenburg (Sachsen) zu sehen.
AUFNAHME: FELIX SERAPHIN

Bild 599 – Eine 218 aus Deutschland im Einsatz in der Steiermark! Der 22. April 2011 war ein wunderschöner, lauer Frühlingstag. Die an die GKB vermietete **218 256** rollt – vorbei an blühenden Obstgärten – mit ihrer S-Bahn 5501 von Graz Hbf nach Wies-Eibiswald. Die Bahnstrecke beschreibt hier, ausgangs von Deutschlandsberg, dessen mächtige Burg im Hintergrund erkennbar ist, ein „U", um an Höhe zu gewinnen. Die Reisenden können hier oben eine schöne Aussicht genießen. AUFNAHME: MATTHIAS MICHAELIS

Bild 600 – Von 1977 bis 1987 fuhr das Nachtzugpaar D 216/D 217 „Austria-Express" von Klagenfurt nach Amsterdam über die Strecke Krefeld – Kleve – Nijmegen – Arnheim. Da die Wagengarnituren des Zuges aus modernen „Eurofima"-Wagen der ÖBB mit elektrischer Heizung bestehen, musste die Baureihe 215 der Baureihe 218 weichen. Am 19. Mai 1987 wurde die CityBahn-**218 143** mit dem D 216 bei einem kurzen Aufenthalt in Nijmegen aufgenommen. AUFNAHME: HENK BOUMANN

Bild 601 – Um den beim Bau der Durchmesserlinie Zürich anfallenden Aushub nach Wilchingen-Hallau im Klettgau zu schaffen, fuhr DB Fahrwegdienste (FWD) ab Schaffhausen Aushubzüge im Sandwich-Verfahren mit zwei Loks der Baureihe 218. Am Zielort wurde mit dem Material ein Steinbruch verfüllt. Am 16. Februar 2010 haben **218 272** (FWD) und **218 343** (DB Regio, Werk Haltingen) mit dem DGS 88296 (Schaffhausen – Wilchingen-Hallau) gerade das Einfahrsignal des Bahnhofs Neunkirch passiert. AUFNAHME: ANDREAS HACKENJOS

Bild 602 – Am 10. November 2006 war ein DB-Doppelstockzug mit **218 431** planmäßig im Pendelverkehr auf der KBS 81 Hatvan – Salgótarján (im Norden Ungarns nahe der slowakischen Grenze) unterwegs. Hier verlässt das Gespann als Lokalzug 5812 bei schönem Herbstwetter den Bahnhof Kisterenye, der noch „altmodische“ Signale besitzt. Kisterenye liegt in malerischer Umgebung am nördlichen Fuße des Mátra-Gebirges. Die Stadt verfügt über bergbauliche Traditionen und über Bräuche der Paloczen. AUFNAHME: PHILIP WARMOLD

9 Unfälle

In den (alten) Betriebsbüchern der 216-Familie waren Unfälle im Teil „Ausgeführte Arbeiten; Beobachtungen“ an der Schadgruppenbezeichnung B 09/IS 090 usw. auszumachen. Detailliertere Angaben fand man im „Auftragszettel für Brennkraftlokomotiven“ der AW (heute „Fertigungszettel 02 Baureihe DL …“), wo als Zuführungsgrund z. B. „Entgleisung mit 20 km/h“ genannt war. Die Betriebsbücher in dieser Form sind nicht mehr vorhanden, beginnend etwa ab Mitte/Ende der achtziger Jahre sind sie „vereinfacht“, ältere Unterlagen entfernt und nach Aufteilung der Lokomotiven auf die einzelnen Geschäftsbereiche 1998 zum Teil neu erstellt worden. Man findet heute allenfalls im Zusatzheft, einer Art Sammelsurium-Ordner, alte Originale – falls sie in die neuen Bücher übernommen wurden.

Da nur wenige Originalbücher zum Auswerten der frühen Zeiträume zur Verfügung standen, hat uns eine Aufstellung von Veränderungsnachweisen und Fristenplänen der AW Bremen und Nürnberg von ca. Mitte der achtziger Jahre bis 2002 geholfen, diese Auswertung zu fertigen. Recherchen im Internet und in Zeitungsartikeln ergänzten die Tabellen. Natürlich ließen sich nur „an der Oberfläche kratzen“ und leider oft nur nackte Untersuchungsdaten ohne nähere Unfallgründe oder -orte darstellen.

Für die Baureihe V 160/216 hatten wir berichtet, dass 36 % der 224 Maschinen ihre Einsatzzeit nicht ohne Unfallschäden überstanden hatte. Nach Recherchen in den Unterlagen der Baureihe 215 ergab sich eine Quote von etwa 45 % der 150 Lokomotiven mit mehr oder weniger großen Blessuren (siehe „Die V 160-Fami-

218 150	08.04.1986	06.05.1986	HBX	3.0	REV
	08.10.1991	01.11.1991	HBX	0.9	Entgleisung mit 25 km/h
	09.11.1995	02.02.1996	HBX	3.0/704	REV
	09.01.2001	19.01.2001	HBX	030	Motortausch
	26.03.2001	30.03.2001	HBX	030	Motor, TD
	09.04.2002	14.06.2002	HBX	030	Rahmenarbeiten, seitliche Abstützung
	29.11.2002	28.01.2003	HBX	030	DK-Anlage (Sand im Tank)
218 151	19.08.1985	12.09.1985	HBX	3.0	REV
	19.09.1994	18.11.1994	HBX	3.0	REV
	26.09.2001	12.10.2001	HBX	030	Einbau PZB 90
	25.07.2002	24.09.2002	HBX	600	REV, Rahmenarbeiten, Umbau von TB10 auf TB11
218 152	16.09.1985	10.10.1985	HBX	3.0	REV
	19.06.1995	08.08.1995	HBX	3.0	REV
	12.12.2001	30.01.2002	HBX	030	Rahmenrissprüfung, Anstrich verkehrsrot
218 153	19.03.1985	16.04.1985	HBX	3.0	REV
	26.02.1991	04.03.1991	HBX	0.3	Motor (Ladeluftsammelleitung)
	12.08.1992	14.08.1992	HBX	0.3	Ladeluftsammelleitung
	13.09.1993	20.10.1993	HBX	3.0	REV
	11.12.2000	19.01.2001	HBX	600	REV, Störung ZEV (HU)
	27.01.2003	01.04.2003	HBX	030	Drehmomentstütze, Anstrich Nahverkehrsrot, GSM-R
218 154	08.10.1985	01.11.1985	HBX	3.0	REV
	14.03.1991	28.03.1991	HBX	0.3	Späne im Getriebe
	15.11.1993	23.12.1993	HBX	3.0	REV
	15.11.2001	21.12.2001	HBX	600	REV, Rahmenarbeiten, Anstrich verkehrsrot
	22.11.2002		HBX	090	Schwere Entgleisung mit 100 km/h (Anm.: offenbar zusammen mit 218 430)
218 155	21.10.1985	14.11.1985	HBX	3.0	REV
	17.01.1990	25.01.1990	HBX	0.3	Späne im Getriebe
	04.05.1990	22.05.1990	HBX	0.9	Auffahrunfall
	13.06.1990	16.06.1990	HBX	0.3	Antrieb Lüfterpumpe
	03.09.1991	30.04.1992	HBX	LfD	Unfall Dritte, Lkw
	06.12.1993	17.01.1994	HBX	3.0	REV
	02.02.1994	16.02.1994	HBX	0.3	Getriebe
	15.05.1995	23.05.1995	HBX	0.3	Getriebe
	02.10.2001	07.11.2001	HBX	600	REV
	05.07.2002	19.07.2002	HBX	030	Motor (Kühlwasserverlust, Motor stellt ab, Gewährleistung?)
	01.10.2002	15.11.2002	HBX	GEW	Drehmomentstützenarm, Kühlwasserverlust
218 156	29.04.1985	15.05.1985	HBX	2.0	REV
	30.09.1988	11.11.1988	HBX	0.3	Kabelbrand
	02.08.1989	17.08.1989	HBX	0.3	Motorarbeiten, Späne im Getriebe
	05.01.1993	08.02.1993	HBX	3.0	REV
	18.09.1995	15.12.1995	HBX	0.3/030	E-Anlage
	15.12.2000	26.01.2001	HBX	600	REV, PZB 90
218 157	30.09.1985	15.10.1985	HBX	2.0	REV
	07.06.1988	09.06.1988	HBX	0.3	Motor-Ansaugschacht
	15.09.1988	20.09.1988	HBX	0.5	Radsatz 2
	21.06.1993	29.07.1993	HBX	3.0	REV
	25.01.2001	26.02.2001	HBX	600	REV
218 158	06.11.1985	22.11.1985	HBX	2.0	REV
	26.04.1988	03.05.1988	HBX	0.3	Motorarbeiten, Späne im Getriebe
	21.06.1988	26. KW/88	HBX	0.3	Späne im Getriebe
	09.08.1991	12.09.1991	HBX	0.3	Späne im Getriebe
	09.08.1993	15.09.1993	HBX	3.0	REV
	15.02.2001	28.03.2001	HBX	600	REV, PZB 90
218 159	06.01.1986	31.01.1986	HBX	3.0	REV
	18.04.1989	21.04.1989	HBX	0.3	Motor (Ladeluftsammelleitung)
	29.04.1991	14.05.1991	HBX	0.3	Motor
	04.07.1991	12.07.1991	HBX	0.3	Späne im Getriebe (Filteranlage)
	03.09.1991	26.09.1991	HBX	0.3	Späne im Getriebe
	01.06.1993	05.07.1993	HBX	3.0	REV

Bild 603
Auszug der Ein- und Ausgangsübersicht der AW Bremen und Nürnberg für die Lokomotiven 218 150 – 159.

AUFSTELLUNG: NORBERT LIPPEK

lie, Bände 1 und 2"). Auch bei den 399 Lokomotiven der Baureihe 218 hat es einige zum Teil schwere Unfälle mit Verletzten und Toten gegeben, über die hier berichtet werden soll.

Bei insgesamt 232 Serienlokomotiven der Baureihe 218 (ohne 218^0 und 218^9) haben wir 367 Unfälle ermittelt, was einem Anteil von 58 % des Gesamtbestands entspricht. Verteilt man die Zahl der Unfälle auf die Gesamtzahl der Baureihe, wären 92 % der Loks in einen Unfall verwickelt gewesen.

Etliche Loks kamen mit leichten Schäden und wenigen Tagen Reparaturaufenthalt davon, bei anderen führte der Unfall – nach Entscheidung von höherer Stelle – bis hin zur Ausmusterung. Sehr oft hatten Aufstöße und Flankenfahrten nachfolgende Entgleisung oder gar Brandausbruch zur Folge. Ins Auge fallen die Unfälle an Bahnübergängen zu Lasten Dritter (0.9/LfD), die oft langwierige versicherungstechnische Verhandlungen nach sich zogen, während derer die Arbeiten an den Loks ruhten. Die vielfältigen Brandursachen (Motorraum, Getriebe, Drehgestelle, Batterie, E-Anlage, Kabelbrand) verhießen den Maschinen eine relativ lange Ausbesserungsstandzeit (0.3/030), u. a. auch wegen Dioxin-Entsorgung, so dass die Loks dem Betrieb für einen längeren Zeitraum auch nicht zur Verfügung standen. Viele Maschinen mussten zwei- bis dreimal, 218 143 sogar siebenmal wegen einer Unfallausbesserung eine Werkstatt aufsuchen. Die bei den meisten Auffahrunfällen angegebene Auffahrgeschwindigkeit von 20 km/h dürfte wohl ein „Standardwert" zur Beurteilung und Schätzung der voraussichtlichen Kosten gewesen sein …

9.1 Unfälle der 218-Serienloks

218 103 stand vom 30. September 1988 bis zum 16. Januar 1989 wegen eines Kabelbrandes im AW Bremen; zwei Monate danach musste sie wegen eines Auffahrunfalls mit Blechschäden das AW erneut aufsuchen. Nach einem Aufenthalt vom 13. März bis zum 11. April 1989 verließ die Lok nach einer U 3.9 das Werk in orientrotem Anstrich.

218 104 hatte im Oktober 1981 einen Zusammenstoß mit 218 122 mit 24 km/h; im Jahr 1987 weilte sie vom 5. bis zum 18. August wegen einer Unfallausbesserung LfD (Leistung für Dritte) im AW Bremen.

218 105 entgleiste am 5. Dezember 1973 im Bahnhof Hamburg-Horn wegen falscher Weichenstellung. Aufgrund von Brandschäden in der elektrischen Anklage war sie vom 10. April bis zum 29. Mai 1991 zur B 0.3 ins AW Bremen und wenig später aufgrund einer Entgleisung mit 25 km/h vom 17. September bis zum 2. Oktober 1991 erneut in Bremen (U 0.9).

218 106 hatte kurz nacheinander zwei Entgleisungen, die erste mit 5 km/h und Schäden an der E-Anlage beseitigte das AW Bremen vom 18. Juni bis zur 27. KW (Kalenderwoche) 1987; im Sommer 1988 war sie mit 25 km/h entgleist und kam für einige Tage (10. – 18. August) erneut nach Bremen (U 0.9).

218 108 stand wegen Behebung von Brandschäden vom 3. Juli bis zum 3. September 1998 im AW Bremen (IS 030).

218 111: Am 19. Dezember 1984 hatte bei der Fahrt über den Hindenburgdamm nach Westerland (Sylt) auslaufendes Öl den Motor in Brand gesetzt und einen Sachschaden von 100.000 DM verursacht. Ein Auffahrunfall in Stendal 2003 hatte einen Aufenthalt in Bremen (IS 090) vom 11. Dezember 2003 bis zum 18. März 2004 zur Folge.

218 113: Nach einem Bü-Unfall mit einem Pkw wurde die Maschine mit Brandschäden vom 18. August 1994 bis zum 23. Mai 1995 in Bremen wieder aufgearbeitet (LfD). Im Herbst 2002 war sie in eine Drehscheibe gefahren, wobei die Drehmomentstütze in Mitleidenschaft gezogen wurde; die fällige IS 090 währte vom 4. September 2002 bis zum 8. Januar 2003.

218 115: Bei dieser Lok sind drei Unfälle zu verzeichnen: 1991 eine Entgleisung mit 25 km/h mit Aufenthalt im AW Bremen vom 7. Oktober bis zum 5. Dezember, 1993 eine Flankenfahrt (B 0.9 vom 29. April bis 14. Mai) und 1998 ein Bü-Unfall mit einem Traktor (in Doppeltraktion mit 218 429) sowie anschließender B 0.9/IS 090 vom 4. bis zum 20. Mai.

218 116: Auf einer Fahrt über den Hindenburgdamm nach Westerland (Sylt) am 27. Februar 1985 setzte eine gebrochene Gelenkwelle des Getriebes die Lok außer Gefecht. Ein Auffahrunfall im Sommer 1994 zwang sie einige Tage zur U 0.9 nach Bremen (3. – 16. August).

218 117: Bei ihr ist eine Entgleisung im Sommer 1990 mit 25 km/h notiert, die Schäden wurden vom 4. Mai bis zum 13. Juni in Bremen mit B 0.9 gerichtet.

218 118 hatte im Winter 1987 eine Entgleisung mit 20 km/h und kam ein paar Tage (2. – 11. Dezember) zur U 0.9 ins AW Bremen.

218 120 hatte Anfang 1987 eine Entgleisung mit 50 km/h (U 0.9 28. Januar – 6. Februar) und vier Monate später eine Flankenfahrt (U 0.9 27. Mai – 16. Juni). Nach einem Bü-Unfall mit einem Pkw weilte sie vom 17. Januar bis zum 14. Juni 2002 in Bremen (LfD).

218 121 weilte nach einer Entgleisung vom 11. bis zum 20. Dezember 1990 zu einer B 0.9 im AW Bremen.

218 122: Neben ihrem Zusammenstoß im Oktober 1981 mit 218 104 vermerkt ihr Betriebsbuch drei weitere Unfälle: Eine Entgleisung Ende 1987 mit 20 km/h mit Aufenthalt vom 2. bis zum 13. November in Bremen. Im Frühjahr 1990 entgleiste sie nach einer Flankenfahrt und Unfall mit einem Baum, die nötige Reparatur (B 0.9) erfolgte in Bremen vom 14. März bis zum 5. April. Und schließlich musste 1999 in Bremen vom 25. Februar bis zum 28. April ein Unfallschaden am Führerstand 1 behoben werden.

218 123 hielt sich nach einer Entgleisung mit 24 km/h vom 19. März bis zum 5. April 1990 zu einer B 0.9 im AW Bremen auf. Während einer Standzeit vom 1. Juli bis zum 26. August 1997 erhielt sie eine Revision mit Unfallausbesserung B 3.9/IS 783.

218 124: Die Flensburger 218er fielen durch relativ viele Entgleisungen ein wenig aus dem Rahmen. 218 124 war Anfang des Jahres 1987 mit 17 km/h entgleist und stand vom 20. Januar bis zur 5. KW 1987 zu einer U 0.9 im AW Bremen.

218 125 wurde am 18. September 1992 im Bahnhof Neumünster von 218 127 gerammt, die vor D 1783 mit 15 km/h frontal gegen die im Einfahrgleis stehende 218 125 gefahren war, wobei die Führerstände (Fst) 1 beider Loks abknickten. Der Fahrdienstleiter hatte 218 125 übersehen und das Gleis wieder freigegeben. Sie stand vom 21. September 1992 bis zum 19. November 1993 zur Reparatur B 0.9 in Bremen, wobei Fst 1 und Lokkasten bis Anfang des DB-Emblems einen halbseitigen Neuanstrich erhielten.

218 126: Ein Auffahrunfall mit Schäden am Fst 1 erforderte einen AW-Aufenthalt (U 0.9) in Bremen (27. März – 29. Juni 1984).

Bild 604
Das Bild zeigt **218 127** am 30. Juni 1995 in Dauenhof an der Strecke Neumünster – Hamburg zwischen Wrist und Elmshorn bei der Überführung mit Schrittgeschwindigkeit nach dem schweren Unfall bei Horst.

AUFNAHME: WERNER CONSTEN

218 127 war am 18. September 1992 in Neumünster mit 218 125 kollidiert und erlitt Schäden am Fst 1, deren Behebung mit Schadgruppe B 0.9 bis zum 3. Mai 1994 dauerte. Drei Jahre später hatte diese Maschine erneut einen Auffahrunfall: Am 29. Juni 1995 fuhr sie mit dem 40 min verspäteten RE 3581 mit hoher Geschwindigkeit auf den vor dem Esig Bf Horst (Holstein) stehenden Dg 45725 auf. Durch die Wucht des Aufpralls begrub die Diesellok die letzten Wagen des Dg unter sich und stellte sich quer. Zwei der vier Silberlinge des RE entgleisten und stellten sich ebenfalls quer, wobei 23 Personen zum Teil schwer verletzt wurden. Die Lok wurde nach buchmäßigem Wechsel am 24. September nach Lübeck am 1. Oktober 1995 im AW Bremen z-gestellt und am 30. November ausgemustert.

218 129 weilte infolge einer Entgleisung mit 25 km/h vom 14. Januar bis zum 7. Februar 1986 zur U 0.9 im AW Bremen.

218 131 stand nach einem Bü-Unfall mit einem Lkw vom 9. Juli 1999 bis zum 24. Februar 2000 zur Unfallausbesserung (LfD) in Bremen.

218 133: Eine Entgleisung mit 15 km/h erforderte einen nur kurzen, vom 5. bis zum 16. Juli 1984 währenden U 0.9-Aufenthalt im AW Bremen.

218 134 verbrachte nach einem Auffahrunfall die Aufarbeitung (LfD) vom 12. April bis zum 14. Juni 1990 im AW Bremen.

218 135: Für sie sind drei unfallbedingte AW-Aufenthalte bekannt: Im 2. Quartal 1994 hatte sie einen Bü-Unfall mit einer Teermaschine, wonach sie vom 11. April bis zum 3. Mai nach Bremen kam. Ein Kabelbrand im Schaltschrank des Fst 1 zwang vom 9. April bis zum 12. Dezember 2002 zu einer IS 030 in Bremen. Nach einem weiteren Bü-Unfall mit einem Lkw kam sie mit eingedrücktem Führerhaus 1 am 24. März 2003 zur Unfallausbesserung (LfD) ins Werk Bremen.

218 136 hatte nach einer Entgleisung einen nur kurzen Aufenthalt in Bremen vom 21. bis zum 30. Juni 1995. Nach einem Bü-Unfall mit einem Pkw erhielt sie im Werk Bremen außer der Schadensbehebung vom 18. Dezember 2001 bis zum 19. März 2002 eine zusätzliche Untersuchung nach IS 600.

218 137 erhielt nach einer Unfallausbesserung mit Revision (U 3.9) vom 18. Juni bis zum 17. Juli 1984 im AW Bremen als erste 218 den CityBahn-Anstrich in Reinorange/Kieselgrau. 1991 stand sie vom 17. Mai bis zum 18. Juli im AW Bremen zur Behebung eines LfD-Schadens.

218 138: Zwei AW-Aufenthalte infolge Bü-Unfällen mit Dritten sind den Unterlagen dieser Lok zu entnehmen: Ein leichter Schaden von 1987 (mit einem Pkw) erforderte acht Tage (13. – 21. August) Ausbesserung, nach einem Unfall mit einem Lkw von 1990 weilte sie vom 20. November bis zum 7. Dezember in Bremen.

218 139 musste wegen einer Flankenfahrt vom 8. bis zum 22. September 1987 zur U 0.9 nach Bremen.

218 141: Zusammen mit einer Revision B 3.9 behob das AW Bremen Schäden eines Auffahrunfalls (24. Januar – 21. April 1994). Nach einem erneuten Aufstoß fehlte die Lok dem Betriebsmaschinendienst lediglich zwei Wochen (IS 090 vom 16. bis zum 31. Juli 1996).

218 143 war mit sieben Unfällen ein echter Pechvogel: Nach einem Auffahrunfall mit 40 km/h erhielt sie im AW Bremen vom 2. August bis zum 12. November 1978 eine U 0.9. Ein Jahr später ist in ihren Papieren eine (Unfall) U 0 vom 17. bis zum 28. Oktober 1979 dokumentiert. Ein loser Radreifen brachte sie im April 1982 im Bw Düren zur Entgleisung. Ein erneuter Auffahrunfall mit 30 km/h hatte einen Aufenthalt (U 0.9) im AW Nürnberg vom 30. September 1983 bis zum 29. Februar 1984 zur Folge. Nach einem Zusammenstoß mit einem Bagger musste sie für zehn Monate wieder nach Nürnberg, wo sie vom 29. April 1993 bis zum 22. Februar 1994 instandgesetzt wurde (LfD). Und schließlich hatte sie am 26. April 2000 in Bad Ems einen Bü-Unfall mit einem Pkw.

218 144: In ihrem Betriebsbuch sind bei „Ausgeführte Arbeiten; Beobachtungen" zwei Aufenthalte im AW Bremen mit Schadgruppe U 0.9 vermerkt: Im Jahr 1975 hatte sie eine Entgleisung mit 35 km/h, bei der am rechten Hauptluftbehälter der Ablasshahn abgerissen und der Behälter leicht eingedrückt wurden. Innerhalb von 14 Tagen (4. – 27. Juli) waren die Schäden behoben. Über die Ursache der zweiten U 0.9 von 1981 (22. Juni bis 6. Juli) ist nichts erwähnt, es steht dort lediglich: *„alle Unfallschäden beseitigt"*.

218 145: Nach Brandschäden im Motorraum stand die Lok vom 23. November 1998 bis zum 23. Februar 1999 im AW Bremen (IS 030). Nach einem Bü-Unfall vor RE 12101 mit einem Lkw bei Marsberg/Westheim am 26. November desselben Jahres war die Lok bis zum 1. Quartal 2001 außer Gefecht gesetzt. Sie lief am 10. Dezember 1999 im AW Bremen ein, Arbeitsbeginn war nach Klärung der Versicherungsfragen erst am 27. Oktober 2000, die Fertigstellung erfolgte schließlich am 27. März 2001.

218 147 hatte einen Zusammenstoß mit einem Bagger und musste vom 27. September bis zum 18. Oktober 1993 zu einer Reparatur (LfD) nach Bremen.

218 148 erlitt im Frühjahr 1986 Sturmschäden, die das AW Bremen vom 27. März bis zum 4. April beseitigte (U 0.9).

218 149 war ebenfalls im Frühjahr 1986 in den Niederlanden in einen Bü-Unfall mit einem Lkw verwickelt. Die Lok konnte gleichzeitig mit 218 148 in Bremen beobachtet werden, ihre Reparatur (LfD) dauerte vom 21. März bis zum 30. April. Ein Auffahrunfall mit einer Lok der Baureihe 215 im Sommer 1988 bedingte eine U 0.9-Reparatur vom 19. Juli bis zum 16. Februar 1989 in Bremen. Ein dritter „Besuch" dort aufgrund einer Flankenfahrt ohne Entgleisung war vom 9. Juli bis zum 19. Oktober 1999 fällig.

218 150 war im Herbst 1991 entgleist; die fällige B 0.9 erledigte das AW Bremen vom 8. Oktober bis zum 1. November.

218 153 stand am 7. Oktober 1972 zur Neubeblechung des Führerstandes nach einem Unfall im AW Nürnberg.

218 154: Am 27. Oktober 2002 verkehrte RE 35600 Lübeck – Kiel nicht als Wendezug, sondern mit 218 430 und 218 154 vor dem Steuerwagen. Als der Zug im Kührener Wald bei Preetz mit 100 km/h auf einen ins Gleis gestürzten Baum auffuhr, entgleiste die Zuglok 218 154 und überschlug sich dabei seitlich. Die zweite Lok und der Steuerwagen des Wagenparks waren ebenfalls entgleist, letzterer mit einem Drehgestell. Die Unfalllok traf am 22. November im Werk Bremen ein, wo sie am 13. Januar 2003 auf z-gestellt und am 19. August 2004 ausgemustert wurde.

218 155 hatte vom 4. bis zum 22. Mai 1990 wegen eines Auffahrunfalls einen Aufenthalt zur B 0.9 in Bremen. Ein Bü-Unfall mit einem Lkw zwang sie vom 3. September 1991 bis zum 30. April 1994 zur Ausbesserung (LfD) ins AW Bremen.

218 156 hatte im Herbst 1988 einen Kabelbrand, dessen Schäden das AW Bremen vom 30. September bis zum 11. November mit einer U 0.3 behob.

218 157 stieß am 15. September 1980 in Singen (Hohentwiel) mit 218 284 zusammen.

218 159 fuhr am 3. September 1994 in eine Rinderherde, wobei der Fst 2 stark beschädigt wurde. Mit einer B 0.9 (LfD) im AW Bremen vom 19. September bis zum 19. Oktober wurde der Schaden behoben. Nach einem Auffahrunfall traf sie am 10. Juni 1996 im AW Bremen zur Reparatur (IS 090) des Fst 1 ein. Diese Arbeiten dauerten bis zum 11. November 1996.

218 161 stand vom 20. März bis zum 17. April 1998 mit Brandschäden an Heizgenerator und Heizumrichterschrank im AW Bremen (IS 030).

218 162 wurde nach einem Kabelbrand im Fst 2 vom 23. August bis zum 4. November 1988 im AW Bremen repariert (U 0.3). Nach einer Entgleisung während einer Rangierfahrt in Niebüll am 27. Februar 2009 wurde sie am 9. Dezember auf z gestellt und am 27. Mai 2011 ausgemustert.

218 163 stand vom 15. Januar bis zur 5. KW 1988 mit Brandschäden im AW Bremen (IS 030).

218 165: Die Schäden einer Entgleisung Ende Oktober 1986 behob das AW Bremen vom 6. bis zum 18. November mittels U 0.9. Infolge unzeitiger Weichenstellung entgleiste die Lok zusammen mit 218 331 am 18. September 1994 in Westerland (Sylt) als Lr 34901 erneut und musste vom 23. September bis zum 23. November 1994 nach Bremen zur B 0.9. Nach einer Flankenfahrt mit leichten Rahmenschäden hielt sie sich vom 17. Februar bis zum 27. April 2004 zur IS 030 abermals im Werk Bremen auf, wobei sie auch mit GSM-R ausgerüstet wurde.

218 167 erhielt anlässlich einer Reparatur von Brandschäden im Schaltschrank des Fst 1 vom 27. April bis zum 24. Oktober 2001 in Bremen eine IS 630 mit neuem Anstrich in Verkehrsrot .

Bild 605
Nach der Bergung wurde die am 27. Oktober 2002 bei Preetz verunglückte **218 154** mit Schrittgeschwindigkeit und auf Hilfsdrehgestellen laufend nach Kiel gebracht. Hier konnte sie der Fotograf am 30. Oktober 2002 antreffen. Deutlich sind die Schäden nach der „Rolle seitwärts" zu erkennen. Erst am 22. November traf sie dann im Werk Bremen ein.

AUFNAHME: OLAF HAMELAU

218 168 hatte nach einem Auffahrunfall einen kurzen Besuch zur B 0.9 in Bremen (11. – 17. September 1991).

218 169 prallte am 19. Februar 1975 als Zuglok des E 2165 im Bahnhof Thayngen der Strecke Singen (Hohentwiel) – Schaffhausen auf die im Gleisprofil des Eilzuges stehende 215 109 und stieß diese um. Grund war eine vom Tf der 215 falsch interpretierte Signalstellung. Die Trümmer dieses Unfalls wurden kurz darauf von dem auf dem Gegengleis einfahrenden N 4242 mit 215 140 gestreift. Der Lokführer der 218 wurde im Führerstand eingeklemmt, ansonsten entstand hoher Sachschaden. Am 11. Juni 1976 war die Lok in Laufenburg Ost mit 218 269 erneut in eine Flankenfahrt verwickelt. Anfang 1992 hatte sie eine Entgleisung mit 25 km/h, deren Schäden mittels B 0.9 vom 30. Januar bis zum 8. Februar behoben wurden.

218 170 musste viermal wegen Unfallschäden das AW Bremen aufsuchen: Nach einer Flankenfahrt wurde sie vom 9. Februar bis zum 5. April 1990 mit Revision U 3.9 instandgesetzt. Ende 1990 rückte sie wegen Brandschäden vom 26. November 1990 bis zum 25. Februar 1991 erneut in Bremen ein. Nach einem Auffahrunfall mit Schäden am Fst 1 dauerte die U 0.9 vom 22. Oktober 1992 bis 18. Januar 1993. Beim vierten Fall handelte es sich wieder um Brandschäden, deren Behebung (B 0.9) 15 Monate in Anspruch nahm (14. Mai 1993 – 24. Oktober 1994).

218 171 hatte am 21. September 2003 Brandschäden im Getrieberaum erlitten, woraufhin sie am 18. November 2003 zur Dioxin-Entsorgung im Werk Bremen eintraf. Sie wurde jedoch nicht mehr repariert, sondern am 18. Juni 2004 auf z gestellt und am 12. November 2005 ausgemustert.

218 172 weilte wegen Brandschäden vom 16. bis zum 28. Juni 1996 im AW Bremen (B 0.3). Nach einem Rangierunfall im Werk Bremen mit 218 173 und Rahmenriss wurde sie am 26. Juli 2004 z-gestellt.

218 173 hielt sich nach einem Auffahrunfall am Fst 2 vom 22. Oktober bis zum 27. November 1992 zur B 0.9 im AW Bremen auf. Nach Abgabe an DB Fernverkehr geschah der Rangierunfall mit 218 172 im Werk Bremen, worauf man sie am 14. November 2003 z-stellte; der geplante Umbau in 218 811 unterblieb.

218 174 musste im Jahr 1992 zweimal das AW Bremen aufsuchen: infolge einer Flankenfahrt vom 29. Januar bis zum 14. Februar sowie nach einer Entgleisung mit 25 km/h vom 3. bis zum 11. September, beide Male zur B 0.9.

218 175: Nach einem am 18. Februar 1985 in Husum aufgetretenen Schwelbrand stand die Lok vom 20. Februar bis zum 28. Juni 1975 zur U 0.9 im AW Bremen.

218 177 musste nach Überfahren eines Prellbocks vom 12. März bis 4. Mai 1990 zur U 0.9 ins AW Bremen. Am 18. Juli 2004 kam es auf der Strecke Preetz – Ascheburg zu einem Bü-Unfall.

218 179 traf am 11. September 2003 mit Brandschäden im Motorraum im Werk Bremen ein. Das Fertigstellungsdatum fehlt.

218 180 stand nach einem Unfall mit Schäden am Triebdrehgestell 1 zur Schadensbehebung (IS 090) vom 26. April bis zum 14. Juni 1996 im Werk Bremen.

218 181: Nach einem Unfall (mit Dritten) war ein Aufenthalt im AW Bremen vom 7. Februar bis zum 1. März 1985 erforderlich.

Bild 606 – Nach der Entgleisung aufgrund des Zusammenpralls mit 215 109 in Thayngen am 19. Februar 1975 benötigt **218 169** u. a. Hilfsdrehgestelle. Die Aufräumarbeiten verzögerten sich, da auch die umgekippte 215 geborgen werden musste. Am 9. April 1975 waren die Arbeiten für die Rollfähigkeit noch nicht abgeschlossen. Das hintere TD der Lok ist bereits mit einem Radsatz und einem Hilfsgestell aufgegleist, während das vordere TD völlig fehlt und das Hilfsdrehgestell noch nicht im Gleis steht. AUFN.: REINHARD MEIER

218 182 musste im November 1983 nach einem Bü-Unfall mit einem Pkw zur Behebung des Schadens (LfD) das AW Bremen aufsuchen, wo sie am 29. November eintraf – ein Fertigstellungstermin ist nicht eingetragen. Am 21. März 1987 prallte sie im Bahnhof Kremperheide auf eine im Gleis liegende Propangasflasche und erlitt dabei Brandschäden, die als Ausbesserung (LfD) vom 26. März bis zum 8. Mai 1987 in Bremen behoben wurden.

218 183 stand nach einem Bü-Unfall (Dritte) mit einem Pkw vom 23. Mai bis zum 3. August 2001 zur Reparatur im Werk Bremen.

218 185 entgleiste am 30. Dezember 1978 bei Maasbüll mit einem Schneepflug. Im Frühjahr 1987 hatte die Lok eine Flankenfahrt und musste zur U 0.9 nach Bremen (27. Mai – 10. Juni 1987). Fünf Jahre später war sie erneut in eine Flankenfahrt mit Entgleisung verwickelt; die erforderliche B 0.9 dauerte vom 26. Mai bis zum 22. Juni 1992.

218 186: Nach einem Bü-Unfall mit einem Lkw erhielt sie vom 20. März bis zum 27. Mai 1986 eine Reparatur (LfD) im AW Bremen. Im selben Jahr entgleiste sie mit 35 km/h und stand vom 3. bis zum 18. September zur U 0.9 wiederum im AW Bremen.

218 187: Bei ihr war die Drehgestell-Auflage am Rahmen gerissen, was eine B 0.3 vom 14. Mai bis zum 3. Juli 1991 im AW Bremen zur Folge hatte. Auch soll diese Lok einen Brandschaden gehabt haben.

218 188 stand nach einem Bü-Unfall (Dritte) mit einem Pkw vom 1. bis zum 21. Dezember 1983 zur (LfD-)Reparatur in Bremen.

218 189 war wegen einer Entgleisung mit 25 km/h vom 14. bis zum 21. Februar 1989 zur Reparatur im AW Bremen (U 0.9). Nach einem Aufprall mit Fst 2 auf einen Prellbock musste sie das AW vom 17. Mai bis zum 8. Oktober 1999 erneut aufsuchen. Die Schäden eines Bü-Unfalls mit einem Traktor wurden im Rahmen einer IS 703 (LfD) in der Zeit vom 27. Juli bis zum 4. Oktober 2000 in Bremen behoben.

218 190 überfuhr am 10. Juli 1981 vor einem Nahverkehrszug in Glückstadt einen Prellbock.

218 191 stand nach einer Entgleisung vom 8. bis zum 19. März 1999 zur IS 090 im Werk Bremen.

218 192 musste nach einer Entgleisung vom 17. bis zum 29. November 1983 ins AW Bremen (U 0.9).

218 195: Während der Schneekatastrophe 1978/1979 wurde am 29. Dezember 1978 in Flensburg ein aus 3 × 218 und zwei n-Wagen im Sandwichverfahren bestehender Hilfszug zur Bergung von Reisenden in nördlich und südlich Riesebys festgefahrenen Zügen zusammengestellt. Auf dem Rückweg entgleiste zwischen Flensburg und Winderatt die führende 218 195 und wurde zurückgelassen, während der Rest des Zuges die Passagiere nach Sörup brachte. Ein zur Bergung der entgleisten 218 in Marsch gesetzter Hilfszug mit Schneepflug wurde zwischen Maasbüll und Winderatt in einer Schneewehe aus den Schienen gedrückt, um 180° gedreht und an die Seite der Lok geschleudert. Die Strecke konnte erst am 5. Januar 1979 wieder freigegeben werden, nachdem die Lok von Bundeswehrsoldaten freigeschaufelt und mit einem Kran wieder ins Gleis gebracht worden war. Die Fahrgäste des Bergungszuges (in Sörup) sowie in Winderatt und Rieseby wurden am 2. Januar 1979 mit Hubschraubern evakuiert.

218 197: Auf der Fahrt mit RB 24441 entgleiste die Lok am 18. Juni 2006 in Hamburg-Rahlstedt beim Überfahren eines unbekannten Gegenstandes auf dem Gleis und stellte sich quer; der Tf und ein Reisender wurden leicht verletzt. Nach Begutachtung des Schadens wurde sie am 12. September z-gestellt und nach fünf Jahren am 2. März 2011 ausgemustert.

218 198: Die Behebung eines Kabelbrandes im Fst 2 der Lok erforderte eine Standzeit im Werk Bremen vom 29. Oktober 1997 bis zum 27. März 1998 (IS 030).

218 199: Nach einer Entgleisung im Sommer 1984 mit ca. 110 km/h wurde die Lok dem AW Nürnberg zugeführt. Im Auftragszettel stand u. a. *„... alle HBT auf festen Sitz überprüfen, Drehzapfen vermessen und auf Unfallschäden untersuchen, weitere erkennbare Unfallschäden beseitigen“*. Die erforderliche U 0.9 dauerte vom 12. Juni bis zum 18. Juli 1984. Nach einem Schwelbrand in Weiden (Oberpf) am 21. November 1988 wurde der Brandschaden im AW Nürnberg vom 24. November 1988 bis zum 30. Januar 1989 wieder behoben (U 0.3). Nach einer Entgleisung am 24. Juni 2007 in Lindau und anschließender Instandsetzung der Bremseinrichtung an Radsatz 2 und Erneuerung der Sandrohre in der Werkstatt Kempten stellte diese fest: *„Fahrzeug muss nicht instandgesetzt werden.“*

218 200: Nach einem Schwelbrand in Weiden (Oberpf) am 21. November 1988 wurde der Brandschaden im AW Nürnberg vom 24. November 1988 bis zum 30. Januar 1989 behoben (U 0.3).

218 201: Wegen falscher Weichenstellung fuhr der Nt 6513 (614 015/914 008/614 016) am 31. Juli 1984 im Bf Neubäu, gelegen an der Strecke Schwandorf – Cham, auf die 218 201 des dort wartenden Dg 44132 auf, wobei acht Reisende leicht verletzt wurden. In den Jahren 1993 und 1995 stand die Lok zweimal nach Entgleisungen in Bremen zur Schadensbehebung (12. – 31. März 1993 sowie 13. Juli – 2. August 1995).

218 202 hatte 1998 erst eine Entgleisung mit 15 km/h; die Folge war ein AW-Aufenthalt vom 6. Februar bis zum 26. März 1998 (IS 090). Nur drei Monate später musste das Werk Bremen an ihr Brandschäden an den Drehgestellen beheben (IS 030 vom 17. Juni bis zum 16. Juli).

218 204 musste vom 5. bis zum 9. Februar 1990 das AW Bremen wegen eines Auffahrunfalls aufsuchen.

218 206 erhielt vom 5. August bis zum 26. September 1996 nach einem Auffahrunfall in Bremen eine B 0.9.

218 210: Auch für sie war ein Auffahrunfall der Grund einer B 0.9 in Bremen vom 15. August bis zum 1. November 1995.

218 216 kam wegen Brandschäden an den Triebdrehgestellen (TD) 1 und 2 ins Werk Bremen (IS 030 vom 5. Juni bis zum 21. August 1997).

218 217 stieß am 14. November 2000 in Bayreuth vor RB 70399 bei einem Bü-Unfall mit einem Pkw zusammen.

218 218 wurde im Sommer 2003 bei einem Bü-Unfall mit einem Traktor schwer beschädigt. Der Werkaufenthalt zog sich wegen der Klärung der Schadens- und Kostenfrage vom 14. Juli 2003 bis zum 12. Januar 2004 hin.

218 220: Nach einem Auffahrunfall mit Entgleisung Ende 1992 behob das AW Bremen die Schäden vom 8. Januar bis zum 4. August 1993 (B 0.9).

218 223: Die Behebung erheblicher Brandschäden (IS 030) nahm 14 Monate (11. Januar 1996 – 19. März 1997) in Anspruch.

218 224: Bei ihr sind je zwei Entgleisungen und Auffahrunfälle bekannt: Im Sommer 1988 war sie mit 35 – 40 km/h entgleist und stand zur U 0.9 vom 17. August bis zum 16. September im AW Nürnberg. Zwei Jahre danach war sie nach einem Aufprall auf einen Baum im Gleis erneut in Nürnberg; die B 0.9 dauerte vom 8. Februar bis zum 30. März 1990. Am 24. Oktober 1994 fuhr sie als Hilfszuglok auf einen liegengebliebenen Güterzug bei Wildpoldsried (Landkreis Oberallgäu) auf; der Aufprall hatte einen AW-Aufenthalt in Bremen vom 14. November 1994 bis zum 13. Januar 1996 (B 0.9) zur Folge. Nach einer Entgleisung verbrachte sie die erforderliche Reparaturzeit vom 15. Januar bis zum 20. Februar 2002 im Werk Bremen.

218 227 weilte wegen „Aufstoß Dritte“ vom 16. bis zum 23. Oktober 1990 im AW Nürnberg.

218 230 stand mit Brandschäden an der E-Anlage vom 18. April bis zum 17. Mai 1994 zur IS 090 im AW Bremen.

218 232 musste nach einem Aufstoß vom 3. November bis zum 9. Dezember 1998 zur IS 090 ins Werk Bremen.

218 234: Ein Aufstoß hatte eine Standzeit zur U 0.9 vom 9. November 1988 bis zum 3. Februar 1989 im AW Nürnberg zur Folge. Für eine weitere U 0.9 vom 25. August bis zum 26. September 1989 fehlt in den Nürnberger Unterlagen die Begründung.

218 238 und 218 243: Am 8. Juni 1975 stießen 218 238 vor E 3594 und 218 243 vor E 3591 bei Warngau mit hoher Geschwindigkeit frontal zusammen und lösten eine der schwersten Eisenbahn-Katastrophen der DB aus. 41 getötete Fahrgäste und Eisenbahner – darunter auch beide Lokführer – sowie 122 Verletzte waren die Folge. Der Unfall ereignete sich auf der eingleisigen Strecke Holzkirchen – Lenggries. Auf dieser Strecke gab es keinen Streckenblock. Eine fiktive Kreuzung auf freier Strecke zwischen Warngau und Schaftlach (eine sogenannte Luftkreuzung) regelte die Zugfolge, bei der sich die beiden Fahrdienstleiter verständigen mussten, wer welchen Zug auf die Strecke lassen durfte. Die Unglücksursache war menschliches Versagen. Beide Lokomotiven wurden um fast ein Drittel zusammengestaucht und verkeilten sich. Der erste Wagen des E 3594 stieg nach links über die Lok und blieb zerstört auf der Seite liegen. Auch der zweite Wagen kletterte auf die Lok auf, wobei der vordere Wagenteil zerstört wurde. Unter den Hilfskräften befand sich auch die Berufsfeuerwehr München. Beide Loks transportierte man ins AW Bremen, wo die 218 238 mit nachgefertigten Großteilen und Resten der 218 243 unter der Schadgruppe U 4 bis zum 17. Mai 1976 wieder aufgearbeitet wurde.

218 239 musste nach einem Aufstoß mit 20 km/h vom 4. Dezember 2001 bis zum 21. Januar 2002 zur IS 090 ins Werk Bremen.

218 240: Bei dieser Lok sind innerhalb zweier Jahre drei AW-Besuche (B 0.9) in Nürnberg fällig geworden: Nach einem Aufstoß vom 5. bis zum 29. Dezember 1988, nach einem „Baum im Gleis" vom 8. Februar bis zum 30. März 1990 und nach erneutem Aufstoß vom 10. bis zum 31. Juli 1990.

218 241: Nach Brandschäden an einem Triebdrehgestell (TD) erhielt die Lok vom 14. März bis zum 3. Juni 1994 im AW Bremen eine B 3.0 mit Versuchsgrundanstrich.

218 244 musste wegen eines Auffahrunfalls für zwei Monate vom 25. Mai bis zum 26. Juli 1994 das AW Bremen aufsuchen.

218 245: Nach einer Entgleisung in Sachsen-Anhalt erhielt die Lok vom 5. bis zum 23. März 1990 im AW Bremen eine B 0.9 (LfD).

218 247 war im Juni 1994 in eine Drehscheibengrube gefahren, was einen Aufenthalt zur IS 090 im AW Bremen vom 17. bis zum 29. Juni zur Folge hatte.

218 248: Auf der Fahrt vor E 6321 (Soltau/Han – Hannover) kam es am 6. Juni 1982 in Hodenhagen zu einem Bü-Unfall mit einem Pkw. Die Bremer Unterlagen nennen weitere U 0.9-Arbeiten an der Lok: Anfang 1984 eine Entgleisung mit 30 km/h, behoben vom 9. bis zum 17. Februar; 1985 Brandschäden am Motor, behoben vom 26. Juni bis zum 21. August; 1987 eine Flankenfahrt, behoben vom 14. April bis zum 8. Mai, und schließlich noch einen Auffahrunfall 1991, behoben vom 10. Dezember 1991 bis zum 28. Februar 1992.

218 249 erfasste am 28. Februar 1995 bei Lehrte vor E 3405 an einem Bü einen Pkw. Am 5. Mai 2012 entgleiste sie bei Bauarbeiten in der Ausfahrt Schaffhausen (CH) in Richtung Beringen Bad Bf, wo die Streckengleise nach Erzingen (Baden) komplett erneuert wurden. Mit Hilfe des aus Wanne-Eickel angeforderten Notfallkranes „Goliath" der DB Netz Notfalltechnik wurde sie wieder aufgegleist. Die Aufgleisarbeiten begannen am 6. Mai, wobei aus Sicherheitsgründen für das Heben mit dem Kran das benachbarte Gleis Neuhausen – Schaffhausen gesperrt und dessen Oberleitung stromlos geschaltet werden mussten.

218 250 erhielt nach einer Entgleisung mit 25 km/h vom 4. bis zum 17. August 1988 im AW Bremen eine U 0.9.

218 253: Am 16. April 1992 kam es zu einem Bü-Unfall bei Bissendorf, bei dem die Lok einen mit 20 t Autoaußenspiegeln beladenen Lastwagen erfasste und ihn ca. 20 m neben sich her schob. Es entstand Sachschaden von mehreren hunderttausend DM. Die Reparatur im AW Bremen lief als Schadgruppe LfD vom 24. April bis zum 22. Mai 1992. Ein nicht näher bekannter Unfall wurde im Zusammenhang mit einer B 3.9/IS 783 vom 25. November 1997 bis zum 30. Januar 1998 in Bremen behoben. Schließlich kam es im Herbst 2002 erneut zu einem LfD-Unfall mit einem Unimog, dessen Behebung vom 18. Oktober bis zum 23. November dauerte.

218 254 hatte am 13. November 1981 in Hannover Hbf vor E 6327 (Soltau (Han) – Hameln) eine Flankenfahrt mit einer Rangierabteilung, die leichte Streifschäden seitlich und einen abgerissenen Puffer hinterließ. Am 14. November rückte sie in die Werkstatt des Bw Seelze ein. Ein festes Radsatzlager führte bei Bargteheide am 11. Januar 1990 zu einem Brand.

218 256: Nach einem Auffahrunfall „Dritte" stand die Lok zur LfD-Reparatur vom 28. April bis zum 6. Juni 1986 im AW Bremen. Ein Brandschaden in der E-Anlage (ein TD und ein Steuerkabel hatten gebrannt) wurde vom 22. Juni bis zum 4. August 1989 mit Schadgruppe U 0.3 behoben. Ein weiterer Unfall „Dritte" (Gullydeckel) erforderte vom 19. August bis zum 17. September 1991 einen Aufenthalt in Bremen. Am 4. November 2010 um ca. 1.00 Uhr morgens war bei Rangierarbeiten am Graz Köflacher Bahnhof eine Güterwagengruppe wegen eines Zughakenrisses entrollt und in die Flanke der gerade einfahrenden 218 256 gefahren. Die Lok entgleiste und kippte um, wobei ein Abspannmast der Oberleitung den Sturz bremste. Bei dem Unfall waren der Treibstofftank aufgerissen und ca. 500 l Diesel ausgelaufen. Die Berufsfeuerwehr Graz

Bild 607
Während ihres Leiheinsatzes bei der GKB in Österreich war die HEROS-**218 256** am 4. November 2010 im Graz Köflacher Bahnhof in eine Flankenfahrt verwickelt. Die Aufnahme zeigt die Lok, wie sie sich in starker Schräglage nach der Flankenfahrt befand. Ein Abspannmast der von Graz Hauptbahnhof kommenden und hier endenden Oberleitung hatte ein völliges Umkippen der Lok verhindert.

Aufnahme: Dietmar Zehetner

Bild 608
Am 16. Januar 1983, einen Tag nach der Flankenfahrt mit IC 576 „Kaiserstuhl" (Basel SBB – Bremen) in Hannover Hbf, steht **218 263** mit den für die V 160-Familie typischen Führerhausabknicken (sozusagen an der „Sollbruchstelle") im nahegelegenen Bw Hannover Hbf und harrt kommender Dinge.

Aufnahme: Jürgen Hörstel

Bild 609
Nach ihrem Zusammenstoß mit 229 113 am 9. April 1993 bei Berlin-Wannsee stand **218 267** zusammen mit einer Reihe Loks der Baureihe 212 seit 1993 auf den Schrottgleisen des AW Bremen und wartete nach der Entscheidung „Ausmusterung" auf die Zerlegung, die allerdings erst im Februar 1995 „vor Ort" erfolgte.

Aufnahme: Sammlung Werner Brutzer

rückte mit vier Fahrzeugen und insgesamt 15 Mann aus, wobei sie auch von der Freiwilligen Feuerwehr Graz mit drei Mann unterstützt wurde. Bereits ausgetretener Treibstoff konnte gebunden werden. Der restliche Treibstoff wurde in geeigneten Behältern aufgefangen. Mit Hilfe von Ketten-/Hubzügen konnte die Lok aufgerichtet und anschließend mit Hydraulikgeräten wieder eingegleist werden. Eine schwere Beschädigung eines Drehgestells machte die Lok jedoch betriebsuntauglich. In der GKB-Werkstätte wurde sie wieder rollfähig hergerichtet und am 25. November 2010 im Verband von Güterzügen ins DB-Instandhaltungswerk Bremen-Sebaldsbrück geschickt.

218 259 war an einem Bü mit einem Lkw zusammengestoßen (Unfall Dritte) und musste vom 28. Mai bis zum 24. September 1998 zur Schadensbehebung IS 090 nach Bremen.

218 260 hatte 1989 eine Flankenfahrt, für die Schadensbehebung U 09 weilte sie 16 Tage (23. Oktober – 8. November) im AW Bremen. Im Verlauf einer IS 703 vom 18. Juni bis zum 3. August 2001 wurden auch verdeckte Unfallschäden beseitigt.

218 261 traf am 29. November 2002 mit Brandschäden im Maschinenraum im Werk Bremen ein (das Ausgangsdatum ist nicht eingetragen).

218 263: In Hannover Hbf hatte die Lok am 15. Januar 1983 vor der Leergarnitur des N 3205 aus Soltau (Han) mit IC 576 eine Flankenfahrt mit 25 km/h. Der Lokführer der 218 hatte ein Gleissperrsignal übersehen. Es gab 14 Verletzte und 800.000 DM Sachschaden. Im Sommer 2001 kam es zu einem Bü-Unfall mit einem Lkw, der einen AW-Aufenthalt vom 18. Juni bis zum 21. September 2001 (LfD) nötig machte.

218 264: Die Behebung eines Auffahrunfalls mit 20 km/h bescherte der Lok eine längere Standzeit für eine U 0.9 im AW Bremen (4. Oktober 1983 – 13. April 1984).

Bild 610 – Nach ihrem Aufstoß in Bissendorf wurden 218 269 und 218 271 zur Wiederherrichtung ins AW Bremen geschleppt. Am 12. März 1980 sind bei **218 269** am Fst 1 die Markierung für das Abschneiden des abgeknickten Teils angebracht und neue Kabelstränge vorbereitet worden.

Bild 611 – Währenddessen sind diese Arbeiten bei **218 271** bereits soweit erledigt, dass der Lokkasten für den Anbau eines neuen Führerstands vorbereitet ist.

Aufnahmen (2): Martin Wehmeyer

218 266 hatte 1994 an einem Bü einen „Auffahrunfall Dritte", den Schaden behob das Werk Bremen mit einer Schadgruppe LfD vom 9. Juni bis zum 2. September. Im Jahr 1997 erhielt die Lok vom 15. Juli bis zum 26. September im Rahmen einer 3.9/IS 783 (Revision mit Unfallausbesserung) auch einen Motor TB 11 neu.

218 267 stieß am 9. April 1993 bei der Traktion des D 10545 (Hannover – Berlin) bei Berlin-Wannsee frontal mit dem im selben Gleis entgegenkommenden IC 995 „Leo von Klenze", geführt von 229 113, zusammen. Bei dem Unfall kamen drei Personen ums Leben. Die 218 kam mit Schäden an Fst 1 und 2 am 16. April ins AW Bremen zur Aufarbeitung „LfD", wurde aber nach Begutachtung am 30. November 1993 ausgemustert.

218 269 und 271 waren am 11. Juni 1976 in Laufenburg Ost mit 218 169 in eine Flankenfahrt verwickelt. Am Abend des 17. Januar 1980 fuhr 218 269 mit N 6239 bei der Einfahrt in Bissendorf wegen falscher Weichenstellung in das falsche Gleis. Dort stieß sie mit ca. 25 km/h frontal mit der Zuglok **218 271** des Ng 63614 zusammen, der hier auf Kreuzung wartete. Dabei wurden 13 Personen verletzt, es entstand ein Sachschaden von ca. 800.000 DM. Der Lokführer der 218 269 musste von der Feuerwehr aus dem Führerhaus seiner Lok befreit werden, der Lokführer des Ng konnte vor dem Aufprall abspringen. Die Wagen des mit etwa 30 bis 40 Reisenden besetzten Personenzuges blieben in den Gleisen stehen. Zwei der Güterwagen des stehenden Zuges wurden stark ineinandergeschoben und teilweise aus den Schienen gehoben.

218 270: Im Bahnhof Walsrode entgleiste am 26. Januar 1981 eine Rangierabteilung wegen unzeitgemäßer Weichenstellung und stieß gegen 218 270.

218 271 hatte im Herbst 1986 einen weiteren Auffahrunfall mit 20 km/h und musste vom 29. Oktober bis zum 12. Dezember zur U 0.9 nach Bremen.

218 272 hatte im April 1996 Brandschäden erlitten und wurde ins Werk Bremen gebracht, wo sie am 2. Mai eintraf. Da ihre Fristen abliefen, konnten die Schäden mit einer gleichzeitig erfolgten Revision verbucht werden. Da Brandschäden im Allgemeinen lange Standzeiten erfordern, dauerte die Fertigstellung der Lok (Schadgruppe B 3.9/IS 783) bis zum 30. April 1997.

218 274: Nach einer Flankenfahrt bekam die Lok vom 16. November bis zum 31. Dezember 1998 im Werk Bremen eine IS 790 und gleichzeitig einen Motor TB 11 neu.

218 277: Nach einem Auffahrunfall (Flankenfahrt), an dem Dritte beteiligt waren, rückte die Lok am 13. Juni 1996 im Werk Bremen ein. Nach Regelung des Unfallhergangs und Schadensregulierung mit dem Verursacher konnten am 29. Oktober 1996 die Arbeiten beginnen, die sich bis zum 26. August 1997 hinzogen (Schadgruppe IS 783/LfD).

218 278 stieß am 5. Mai 1989 auf einem Bü bei Mellendorf mit einem Pkw zusammen.

218 280: Ein Auffahr-Unfallschaden mit Entgleisung 1994 konnte in Bremen rasch ausgebessert werden (B 0.9 vom 4. bis zum 10. Oktober). Am 26. April 1995 entgleiste die Lok in Waldshut mit einem Drehgestell an einer Weiche, die nicht grenzzeichenfrei war.

218 282 war Anfang 2002 an einem Bü mit einem Kleinbagger kollidiert und kam zur LfD-Ausbesserung ins Werk Bremen. Nach einem Aufenthalt vom 22. Februar bis zum 27. Mai war der Schaden behoben und die Lok mit verkehrsrotem Anstrich versehen worden.

218 283: Die Schäden eines Auffahrunfalls mit Entgleisung hatte das Werk Bremen mit einer B 0.9 vom 21. Juni bis zum 17. August 1995 ausgebessert.

218 284 stieß am 6. September 1978 bei Oberlauchringen an einem Bü mit einem Mistwagen zusammen. Zwei Jahre später kollidierte sie am 15. September 1980 im Bahnhof Singen (Hohentwiel) mit 218 157. Im Rahmen einer B 3.9/IS 790 vom 2. April bis zum 15. September 1997 mit Einbau eines Motors TB 11 neu wurden gleichzeitig Brandschäden behoben. Am 5. Oktober 2003 geriet sie in Weddingstedt wegen eines Lagerschadens am Heizgenerator in Brand.

218 285: Nach zwei Unfällen in den Jahren 1989 (Entgleisung mit 20 km/h und U 0.9 vom 16. August bis zum 5. September) sowie 1995 (Auffahrunfall mit B 0.9 vom 4. bis zum 13. Juni) kam es am 11. Juni 2003 auf der Taubertalbahn auf einem eingleisigen Streckenabschnitt zwischen den Bahnhöfen Schrozberg und Niederstetten zu einem Frontalzusammenstoß des RE 19533 (628 285) mit dem Gegenzug RE 19534 (218 285). Auslöser war eine Störung an einem Vorsignalwiederholer, die vom Fahrdienstleiter in Niederstetten als Störung an einem Bü fehlinterpretiert und deshalb der Verkehr im Zugmeldeverfahren abgewickelt worden war. Der Fahrdienstleiter in Schrozberg ließ den lokbespannten RE 19534 zu früh auf den Streckenabschnitt in Richtung Niederstetten fahren, obwohl sich darin noch der RE 19533 aus Richtung Aschaffenburg befand. Weil wegen des Zugmeldeverfahrens der Streckenblock außer Betrieb war, war es möglich, dass beide Züge in diesen Streckenabschnitt einfahren konnten. Die beiden Züge kollidierten auf einem Bahndamm in einem unübersichtlichen Bogen mit einer Geschwindigkeit von 60 km/h und 83 km/h. Der Triebzug entgleiste und kippte zur Seite. Die Diesellok wurde nach rechts aus dem Gleis gedrückt und stürzte 8 m tief die Böschung hinunter, wo sie etwa 30 m vom Gleis entfernt liegen blieb. Sechs Menschen, darunter die beiden Lokführer, wurden getötet und 25 weitere Menschen verletzt. Die 218 wurde am 27. Juni ausgemustert und noch am Unfallort zerlegt.

218 286: In Ludwigshafen (Bodensee) kam es am 8. Oktober 1977 bei der Einfahrt aus Überlingen, die in einem unübersichtlichen Gleisbogen liegt, während aufgehobener Signalabhängigkeit infolge falscher Weichenstellung zu einem Zusammenprall der Haltinger 218 286 vor E 2166 (Lindau – Freiburg) mit einer Doppeleinheit 795/995 (Nto 7041), wobei 25 Personen zum Teil schwer verletzt wurden. Nach einem Auffahrunfall mit 25 km/h kam die Lok vom 16. August bis zum 16. September 1993 zu einer B 0.9 ins AW Bremen.

218 287 traf am 19. September 1991 wegen Brandschäden am TD 2 im AW Bremen ein und wartete auf eine Entscheidung der BD Hamburg. Nach positivem Bescheid konnte die B 0.3 am 6. Mai 1992 abgeschlossen werden.

218 290: Während des Sturms „Lothar" an Weihnachten 1999 fiel ein vom Sturm entwurzelter Baum auf die Lok. Die Behebung der Sturmschäden erledigte das Werk Bremen in der Zeit vom 5. Januar bis zum 30. März 2001.

218 291 hielt sich nach schwerem Aufstoß vom 4. August 1982 bis zum 3. Februar 1983 im AW Nürnberg auf. Ein zweiter Aufstoß zwang sie vom 15. November 1988 bis zum 1. März 1989 zur U 0.9 nach Nürnberg. Kleinere Unfallschäden an den TD wurden mittels einer IS 030 vom 17. bis zum 27 April 2007 durch das Werk Bremen beseitigt.

218 293: Nach einem Aufstoß mit ca. 80 km/h, verursacht durch „Dritte", regelte das AW Bremen die Angelegenheit innerhalb von nur 14 Tagen (LfD vom 1. bis zum 15. März 1990). Eine Flankenfahrt mit Entgleisung erforderte eine Standzeit in Bremen vom 13. Juli bis zum 4. August 1993 (B 0.9).

218 295: Bei dieser Lok verzeichnen die Unterlagen einen Auffahrunfall 1990 mit einem Werkaufenthalt in Bremen vom 2. Mai bis zum 9. November sowie eine Flankenfahrt 1996, wonach sie vom 23. Februar bis zum 1. August eine IS 090 bekam.

218 296 kam im Sommer 1997 nach Brandschäden an Wand, Motor und Getriebe am 24. Juli ins Werk Bremen, das sie bis 22. Dezember desselben Jahres nach Behebung mit neuer Revision (B 3.9/IS 783) verlassen konnte.

218 298 hatte am 5. Oktober 1975 bei Döhlau (Kreis Hof) einen Aufprall auf eine Viehherde und entgleiste.

218 299: Eine Entgleisung wurde vom AW Nürnberg in der Zeit vom 2. November bis zum 30. Dezember 1988 (U 0.9) behoben.

218 303: Das AW Bremen reparierte (für das AW Nürnberg) die Schäden eines Auffahrunfalls der Lok mit 15 km/h vom 15. März bis zum 10. April 1989 (U 0.9).

218 307 musste vom 5. bis zum 21. Februar 1990 wegen eines Unfalls mit einem Pkw das AW Bremen aufsuchen. Am 16. April 2008 geriet sie bei Hattstedt in der Nähe von Husum in Brand.

218 309 wurde beim Brand des Ringlokschuppens in Nürnberg-Gostenhof im Oktober 2006 halb zerstört und am 5. Dezember 2007 noch an Ort und Stelle zerlegt.

218 310 war am 14. Dezember 2005 in Regensburg entgleist und wurde zur Reparatur nach Darmstadt überwiesen. Diese wurde abgelehnt und die Lok am 25. Januar 2006 z-gestellt.

218 312: Nach einer Entgleisung erhielt die Lok vom 8. bis zum 16. November 1982 im AW Nürnberg eine U 0.9. Nach einem Auffahrunfall mit Schäden am Fst 1 wurde der Lok eine Revision B 3.9/IS 790 genehmigt, die vom 13. Mai bis zum 29. August 1997 dauerte.

218 313: Nach einer Entgleisung erhielt die Lok vom 9. bis zum 17. Mai 1994 eine B 0.9 im AW Bremen.

Bild 612
Nach Räumung der Unfallstelle am Bahnübergang beim aufgelassenen Bahnhof Ruderatshofen (KBS 970) brachte der Kemptener Hilfszug die am 9. Juni 2006 mit einem Lkw zusammengestoßene und dabei in Brand geratene **218 316** nach Kempten (Allgäu). Hier sehen wir sie am 15. Juni 2006 mit Brandschäden hinter dem Hilfszug am Ende des Hilfszuggleises 52a im Werk Kempten abgestellt. Das Gebäude dahinter ist das frühere Sozialgebäude (Übernachtung), in dem sich heute die Bundespolizeiinspektion Kempten befindet.

AUFNAHME: ERNST ULRICH

218 315 stand nach einem Unfall seit Juni 2016 zur Instandsetzung im Werk Bremen, nach einer gleichzeitig ausgeführten IS 630 konnte sie das Werk am 3. März 2017 wieder verlassen.

218 316 hatte am 22. Dezember 1994 in Lenggries einen Bü-Unfall mit einem Pkw. Bei einem schweren Bü-Unfall am 9. Juni 2006 bei Ruderatshofen an der Allgäubahn rammte die Lok vor RE 32736 (München – Lindau) ein trotz Rotlichts den Bahnübergang überquerendes, 40 t schweres Lkw-Gespann und riss es 140 m mit. Der Laster wurde völlig zerstört und fing Feuer, das auch die entgleiste Zuglok erfasste. Der Lkw-Fahrer und der Lokführer erlitten einen Schock, zwei Zuginsassen wurden leicht verletzt. Es entstand ein Sachschaden von 1,2 Mio. €, der die z-Stellung der Lok am 16. Februar 2007 zur Folge hatte. Weil die Bahnstrecke von Kaufbeuren nach Kempten für den Rest des Tages gesperrt war, wurden einige Züge des Fernverkehrs über Memmingen umgeleitet. Als sehr schwierig erwies sich die Bergung der zerfetzten Fahrzeugwracks, das mit einem Autokran von der Gleisanlage abtransportiert werden musste.

218 317 hatte am 13. September 1978 in Mühldorf (Oberbay) eine schwere Entgleisung (TD 1) mit 25 km/h.

218 323: Nach einer Flankenfahrt im April 1987 wurde der Schaden vom 14. bis zum 30. April 1987 in Bremen behoben. Am 24. April 1990 geriet die Lok infolge eines Heißläufers bei Büchen in Brand.

218 324: Ein Unfall, verschuldet durch Dritte, konnte vom 6. bis zum 26. Juni 1984 behoben werden. Nach einem erneuten Unfall mit Dritten im Februar 2002 „verpasste" das Werk Bremen der Lok im Rahmen der IS 090 (18. Februar bis 14. März 2002) gleichzeitig den verkehrsroten Anstrich.

218 325 entgleiste am 7. Oktober 1986 in Hamburg-Rothenburgsort zusammen mit fünf Wagen ihres Güterzuges mit 25 km/h. Die Schäden behob das AW Bremen vom 13. bis zum 24. Oktober. Wegen eines Auffahrunfalls Anfang 1994 musste das AW Bremen vom 17. Januar bis zum 7. Februar mit einer Schadgruppe B 0.9 die Schäden „ausbügeln".

218 330 war am 4. April 2014 mit RE 21492 von Hamburg gerade auf Gleis 5 in Lübeck zum Stehen gekommen, als Flammen und dichter Rauch aus der Lok quollen. Als Ursache wurde ein technischer Defekt vermutet. Die sofort alarmierte Feuerwehr hatte mit einem Großaufgebot das Feuer bereits nach 30 min unter Kontrolle. Die 218 wurde Ende September nach Bremen gebracht.

218 331 weilte vom 19. August bis zum 19. Dezember 1991 mit Brandschäden am Heizgenerator im AW Bremen. Nach der Entgleisung zusammen mit 218 165 (siehe dort) musste sie zur B 0.9 vom 23. September bis zum 9. Dezember 1994 wiederum das AW aufsuchen.

218 332 stand seit dem Eintreffen im AW Bremen am 22. Oktober 1991 wegen Brandschäden am Motor abgestellt und wartete auf Entsorgung. Die Arbeiten (B 0.3) zogen sich bis ins nächste Jahr hin; am 21. März 1992 konnte die Lok das Werk wieder verlassen.

218 333 war 1988 nach einer Flankenfahrt mit dem 4. Radsatz entgleist und musste vom 12. Februar bis zum 25. April 1988 zur U 0.9 das AW Bremen aufsuchen.

218 334: Das AW Bremen beseitigte an der Lok vom 20. Januar bis zum 27. Mai 1992 Brandschäden am TD 2.

218 335 musste wegen Brandschäden im Motorraum vom 3. Juni bis zum 15. Dezember 1992 zur U 0.9 nach Bremen. Fünf Jahre später hatte sie am 1. März 1997 in Hamburg-Rahlstedt einen Bü-Unfall mit einem Pkw.

218 342 stand nach einem Bü-Unfall mit einem Lkw vom 19. November bis zum 10. Dezember 1993 zur B 0.3 im AW Bremen.

218 344 stand ebenfalls nach einem Aufstoß mit einem Lkw vom 10. Juni bis zum 20. Juli 1993 im AW Bremen (Schadgruppe LfD).

218 345 stand nach einem Aufstoß (Dritte) vom 24. Oktober 1988 bis zum 26. Januar 1989 zur U 0.9 im AW Nürnberg.

218 349 stand nach einem Aufstoß (Dritte) vom 9. März bis zum 4. April 1979 im AW Nürnberg.

218 352: Nach einer Entgleisung mit 21 km/h wegen eines Unfalls mit Dritten erhielt die Lok vom 18. Februar bis zum 5. März 1999 eine Reparatur (LfD) im Werk Bremen.

218 354: Nach einem Auffahrunfall mit ca. 20 km/h und Schäden am Fst 1 dauerte die Ausbesserung B 0.9 im AW Bremen vom 22. Oktober 1992 bis zum 23. März 1993.

218 355 musste nach einem Bü-Unfall mit einem Bagger vom 20. März bis zum 30. Mai 2002 wegen der LfD-Ausbesserung nach Bremen.

218 356 war bei einem Bü-Unfall mit einem Lkw mit 21 km/h entgleist; die Schäden beseitigte das AW Bremen mit Schadgruppe B 0.3 vom 19. November 1993 bis zum 20. Januar 1994. Wegen einer weiteren Entgleisung stand die Lok vom 30. März bis zum 12. April 1995 zur B 0.9 in Bremen. Schäden am Fst 1 nach einem Auffahrunfall mit ca. 20 km/h wurden vom 13. Mai bis zum 5. November 1997 in Bremen behoben. Am 14. April 2014 hatte sie einen Brand im Maschinenraum.

218 357: Notiz im Betriebsbuch der Lok: *Am 7. September 1982 entgleiste um 8.24 Uhr im Bf München Hbf im Bezirk Bw München 1 auf der Weiche 9 das Triebfahrzeug 218 357 mit dem östlichen Drehgestell. Ursache: Vorzeitiges Umstellen der Weiche durch das WW. Sachschaden Lok ca. 150,– DM, Oberbau 2.000,– DM.*

218 359: Nach einem Bü-Unfall mit einem Lkw bei Warngau am 22. Dezember 1999 erhielt die Lok in der Zeit vom 13. Januar bis zum 8. August 2000 eine Revision IS 703/LfD mit Einbau eines neuen, abgasoptierten Motors TB 11 (neu).

218 361 kam nach einem Aufstoß mit 20 km/h vom 9. bis zum 23. Mai 2001 zur Reparatur zum Werk Bremen.

218 363 war schon einmal am 16. März 2010 im Bahnhof Niebüll entgleist und hatte fünf Jahre später bei einem Rangierunfall am 20. März 2015 erneut eine Entgleisung in Niebüll mit einem Drehgestell, und zwar direkt auf der Weiche der Anschlussgrenze DB Netz/DB AutoZug bei Km 198.8. Aufgrund der Bergungsarbeiten musste der SyltShuttle von und nach Sylt eingestellt werden. Der Personenverkehr von Hamburg nach Westerland (Sylt) war von der Gleissperrung nicht betroffen.

218 367: Eine Entgleisung machte vom 3. bis zum 20. Januar 1994 einen Aufenthalt in Bremen (B 0.9) erforderlich. 1997 prall-

Bild 613
Am 29. März 2012 steht **218 374** in langer Reihe mit anderen Mitgliedern der V 160-Familie – zu erkennen ist 225 008 – auf dem Schrottgleis im Gelände des Werkes Bremen mit unbestimmter Aussicht: Arbeitsaufnahme oder zum Verwerter? Die Entscheidung folgte dann mit der z-Stellung am 22. Juli 2012, der Ausmusterung am 11. April 2013 sowie der Zerlegung bei der Firma Scholz in Espenhain. Die Lok war beim Rangieren im Bahnhof Westerland (Sylt) auf einen Autotransportwagen aufgefahren.

AUFNAHME: ANDREAS NATOR

te die Lok an einem Bü mit ca. 40 km/h auf einen Sattelschlepper. Die Behebung des Schadens erfolgte vom 25. August bis zum 22. Oktober 1997 (LfD) durch das Werk Bremen.

218 368: Ein Kabelbrand im Sommer 1994 machte einen Aufenthalt in Bremen erforderlich (B 0.3 vom 31. Juli bis zum 15. September). Wegen eines Unfalls mit einem Lkw war ein Aufenthalt in Bremen vom 2. Juni 2003 bis zum 9. Januar 2004 nötig, bei dem u. a. Rahmenarbeiten gerichtet werden mussten (LfD).

218 369 musste wegen einer Flankenfahrt vom 7. Mai bis zum 18. August 1997 das Werk Bremen zur B 0.9 aufsuchen. Bei Löschversuchen wegen eines Kabelbrands am 25. Juni 2011 zwischen St. Michaelisdonn und Meldorf wurde der Lokführer mit Verdacht auf Rauchvergiftung ärztlich behandelt.

218 370 stand nach einem Zusammenstoß mit einem Pkw und Entgleisung (TD 1) vom 4. Februar bis zum 6. November 2002 zur Reparatur (LfD) im Werk Bremen.

218 371: Wegen einer Entgleisung musste die Lok für einige Tage nach Bremen (3. – 20. Januar 1994).

218 373 musste wegen Brandschäden im Sommer 1995 für einige Tage nach Bremen (B 0.3 vom 23. August bis zum 5. September). Beim Umbau der Lok in 218 838 (IS 703 vom 15. Oktober 2006 bis 29. Januar 2007) wurde gleichzeitig ein Unfallschaden unbekannter Art behoben.

218 374 stand nach einem Aufstoß vom 20. November bis zum 13. Dezember 1990 zur B 0.9 im AW Nürnberg zur B 0.9. Am 17. Februar 2009 verließ sie das Werk Bremen nach einer IS 630 mit Unfallausbesserung. 2012 fuhr die Lok beim Rangieren im Bahnhof Westerland (Sylt) auf einen SyltShuttle-Autotransportwagen auf, wobei dessen Unterdeck komplett gestaucht und die Puffer seitlich weggespreizt wurden, während das Oberdeck in die Lokfront prallte. Da der Tf von der hinteren Lok aus steuerte, kam er nicht zu Schaden. Der Rahmen der 218 erlitt keine sichtbaren Schäden, ist somit wohl massiver als die Rahmen der Autotransportwagen, die daraufhin verstärkt wurden.

218 375 war am 3. November 2002 auf der KBS 145 Lübeck – Kiel vor dem Bahnhof Pansdorf (Kreis Ostholstein) mit einer auf den Schienen stehenden Gleisstopfmaschine kollidiert. Zwei der sechs Wagen und die Lok des RE 35294 sprangen aus den Gleisen und verkeilten sich ineinander, wobei die Lok Feuer fing. Der mit einem Arbeiter besetzte Bauzug wurden völlig zerstört und 15 Menschen zum Teil schwer verletzt. Die 218 wurde am 12. Januar 2003 z-gestellt und am 25. März 2003 ausgemustert.

218 378: Wegen einer Entgleisung mit 32 km/h stand die Lok für einige Tage zur U 0.9 in Bremen (16. – 29. November 1989).

218 380: Nach einem Bü-Unfall mit einem Lkw stand die Lok vom 8. Oktober 1998 bis zum 4. Februar 1999 (LfD) in Bremen.

218 382 und 383 entgleisten am 18. Februar 1999 im Bf Immenstadt bei der Flankenfahrt mit 218 441 (siehe dort). Nach einer B 0.9 im AW Bremen vom 15. März bis zum 1. Juni 1999 kam 218 382 wieder in Betrieb.

218 384: Infolge eines Dammrutsches entgleiste die Lok am 16. August 1980 vor einem Güterzug in der Einfahrt des Bahnhofs Schopp (Strecke Kaiserslautern – Pirmasens) und fiel die Böschung hinunter in die Moosalb; nach einer U 3.9 im AW Nürnberg konnte sie das Werk am 11. Dezember 1980 verlassen. Im Januar 1997 hatte sie einen Bü-Unfall (mit Pkw), den das Werk Bremen vom 7. Februar bis zum 26. März 1997 im Rahmen einer B 0.9 behob. Am 16. Oktober 2003 kam es erneut zu einem Bü-Unfall mit einem Pkw, als sie mit RE 31463 von Marktl nach Simbach am Inn unterwegs war. Ein weiterer Bü-Unfall mit einem Pkw in Mühldorf (Oberbay) am 3. Mai 2006 führte zu ihrer z-Stellung.

218 389: Eine Entgleisung im 2. Quartal 1989 mit 26 km/h erforderte einen kurzzeitigen Aufenthalt im AW Nürnberg (U 0.9 vom 2. bis zum 19. Mai).

218 396 war 1995 im Bw Haltingen von den Hebeböcken in die Arbeitsgrube gefallen. Ein dort gerade arbeitender Mitarbeiter kam mit dem Schrecken davon. Die folgende B 0.9 dauerte im Werk Bremen vom 4. Mai bis zum 9. August.

218 397: Nach einem Bü-Unfall mit einem Lkw stand die Lok für ein halbes Jahr (LfD vom 26. März bis zum 7. September 1992) im AW Bremen. Wegen einer Entgleisung weilte sie vom 3. Februar bis zum 23. März 1995 zur B 0.9 in Bremen.

218 399 kollidierte am 11. Oktober 1980 an einem Bü bei Kleinaitingen auf der Strecke Augsburg – Buchloe mit einem Pkw.

218 400 stand vom 9. Oktober bis zum 19. November 1990 zur B 0.9 (Aufstoß Dritte) im AW Nürnberg. Im August 2009 kollidierte sie hinter dem (geschobenen) E 3776 (Ulm – Memmingen) an einem Bü bei Memmingen-Steinheim mit einem Kleintransporter, der trotz funktionierenden Rotlichts den BÜ überquerte. Alle drei Wagen des Zuges entgleisten, zwei davon stürzten um. Es gab zwei Tote und 40 zum Teil schwerverletzte Personen.

218 401 war 1993 nach einem Bü-Unfall entgleist; ihr Reparatur-Aufenthalt in Bremen dauerte vom 15. Juni bis zum 20. Juli 1993.

218 404: Nach Flankenfahrt und Entgleisung war 1993 ein Aufenthalt zur B 0.9 in Bremen erforderlich (13. Juli – 20. August). Ein Bü-Unfall mit Lkw 1999 zwang die Lok erneut zu einer Reparatur in Bremen, diese (LfD) dauerte vom 24. Februar bis zum 23. April.

218 406 geriet am 19. Juni 2017 im Bahnhof Langenargen zwischen Lindau und Friedrichshafen in Brand.

218 407 kam nach einem Bü-Unfall mit Brandschäden am Fst 2 am 17. Juli 1998 ins Werk Bremen, die das Werk im Zusammenhang mit einer Revision B 2.9 (LfD) bis zum 9. Juni 1999 behob.

218 414 stand nach einem Unfall mit Dritten (Flankenfahrt) vom 16. November bis zum 4. Dezember 1992 in Reparatur.

218 415: Nach einer Flankenfahrt erhielt die Lok vom 26. Oktober bis zum 16. Dezember 1998 eine Revision IS 790 in Bremen.

218 416: In den Unterlagen des AW Nürnberg ist der Eingang der Lok am 19. Dezember 1990 zu einer B 0.9 wegen eines Aufstoßes mit Beteiligung Dritter (Bü-Unfall?) verzeichnet, jedoch kein Fertigstellungsdatum.

218 417: Nach einer Entgleisung stand die Lok vom 22. Februar bis zum 21. April 1993 zur B 0.9 im AW Bremen.

218 418: Nach einem Brand im Kabelbaum im Januar 2015 kam die Lok im Dezember 2015 wieder in Dienst.

218 419: Auch hier ist ein Bü-Unfall mit einem Lkw die Ursache eines außerplanmäßigen Besuchs des AW Bremen. Mit der Behebung der Schäden (LfD vom 17. April 1990 bis zum 23. Januar 1991) erhielt die Lok auch eine Fristverlängerung. Vom 4. Februar bis zum 7. Juni 1999 weilte sie wegen Brandschäden nach fester Bremse abermals in Bremen.

218 420 hatte vom 10. Juli bis zum 1. August 1990 einen Aufenthalt im AW Nürnberg wegen eines Aufstoßes.

218 422: Am 4. Mai 2013 hatten ein RE und ein Sonderzug am Bü nahe Oberstaufen zeitgleich einen (leeren) Pkw erfasst, der wegen einer Panne stehengeblieben war und zwischen den beiden Zügen eingeklemmt und zerstört wurde. Verletzt wurde glücklicherweise niemand.

218 423: Ein durch eine Flankenfahrt (rechts) verursachter Schaden an den TD konnte in Bremen vom 25. September bis zum 25. Oktober 2011 (IS 090) behoben werden.

218 424 prallte am 20. September 1978 vor einem Kesselwagenzug an einem Bü in Straß nordöstlich von Burgheim mit einem Tank-Lkw zusammen und geriet in Brand. Die Aufstoß- und Brandschäden behob das AW Bremen vom 27. Oktober 1978 bis zum 15. März 1979 mit einer U 0.9 (LfD).

218 425 entgleiste am 26. Dezember 1999 als Zuglok des RE 21213 („Kleber-Express“ Freiburg – München) aufgrund umgestürzter Bäume (Sturmtief „Lothar“) in einem dichtbewaldeten Gebiet bei Hausen vor Wald zwischen Neustadt (Schwarzw) und Donaueschingen und stürzte die Böschung hinunter. Auch die Wagen entgleisten, blieben aber im Gleisbett stehen, niemand wurde verletzt. Die Rettung der Fahrgäste und die Bergung der Lok erwiesen sich an der nur schwer zugänglichen Unfallstelle schwierig. Ein erster Bergungsversuch kurz vor Silvester 1999 schlug wegen zu weichen Untergrundes fehl. Daraufhin wurde die Lok zur Freimachung des Streckenprofils 2 m weiter abwärts geschoben. Sie konnte erst am 14. Januar 2000 geborgen werden und traf am 31. Januar im Werk Bremen ein, wo die Sturm- und Entgleisungsschäden mittels einer Unfallinstandsetzung IS 783/790 mit gleichzeitigem Einbau von FMZ, GTO-Wechselrichter und neuem verkehrsroten Anstrich bis zum 26. Mai 2000 behoben wurden.

Bild 614
Am 26. Dezember 1999 prallte **218 425** während des Orkans „Lothar“ in einem Waldstück bei Hausen vor Wald an der hinteren Höllentalbahn Neustadt (Schwarzwald) – Donaueschingen auf umgestürzte Bäume und rutschte eine Böschung hinab. Während die Strecke am 8. Januar 2000 wieder befahren werden konnte, lag die Lok zu diesem Zeitpunkt noch nicht geborgen neben dem Streckengleis.

AUFNAHME: CHRISTIAN WOLF

Bild 615 – Die Bergung der am 18. Februar 1999 in Immenstadt verunglückten **218 441**, für die starkes Gerät angefordert worden war, wurden durch starken Schneefall behindert. Zwei Kranwagen der DB Netz Notfalltechnik haben die umgestürzte 218 aufgerichtet und heben die an den Seilen der Krantraversen hängende Lok gemeinsam auf das Nebengleis, wo sie lauffähig hergerichtet werden sollte. AUFNAHME: WERNER BRUTZER

218 426 stand vom 25. Februar bis zum 13. April 1993 im AW Nürnberg zur B 2.9 (REV und Aufstoßreparatur).

218 428 überrollte am 10. Dezember 1992 in Bad Oldesloe vor EC 181 mit 120 km/h eine Gleisbaurotte, die infolge nicht abgegebenen Warnsignals eines privaten Sicherungspostens das Gleis nicht geräumt hatte. Der Unfall forderte sieben Tote und einen Schwerverletzten. Wegen Brandschäden im Motorraum hielt sich die Maschine vom 4. Februar bis zum 7. Juni 1999 zur IS 030 im Werk Bremen auf.

218 429 war zweimal in Unfälle mit Dritten verwickelt: beim ersten zusammen mit 218 115 in Doppeltraktion im April 1998 bei einem Bü-Unfall mit einem Traktor – die hierbei entstandenen Schäden (LfD) behob man in Bremen vom 4. Mai bis zum 3. November. Mitte 2001 ereignete sich der zweite Bü-Unfall mit einem Pkw, wonach sie vom 16. Juli bis zum 7. September abgestellt in Bremen stand. Im Rahmen der Schadensbehebung (LfD) wurde die Lok auch mit TAV ausgerüstet.

218 430: Nach einer schweren Entgleisung im Oktober 2002 mit 100 km/h infolge Aufpralls auf einen von Orkan „Jeanette" entwurzelten Baum wurden die Schäden an der Lok vom 22. November 2002 bis zum 24. Januar 2003 mit einer IS 090 in Bremen behoben. Im Mai 2008 hatte sie in Memmingen erneut einen Unfall, der vom 26. Mai bis zum 5. August im Werk Bremen behoben wurde.

218 432 entgleiste am 29. Mai 1991 auf einer Gleissperre in Hamburg Hbf und prallte gegen einen Oberleitungsmast; der Aufenthalt zur Reparatur im AW Bremen dauerte vom 4. Juni bis zum 29. August 1991. Ein Brandschaden an der Batterie konnte in Bremen vom 3. bis zum 14. Januar 1994 mittels Ausbesserung B 0.3 beseitigt werden.

218 434: Schäden einer Entgleisung mit 20 km/h behob das AW Bremen vom 9. bis zum 27. Juli 1990.

218 435 erfasste an Silvester 2013 vor RE 57412 an einem Bü in Sontheim (Strecke Mindelheim – Memmingen) mit 120 km/h einen mit zwei Personen besetzten Pkw, dessen Insassen tödlich verletzt wurden. Die Bahnstrecke zwischen Mindelheim und Memmingen musste für mehrere Stunden gesperrt werden.

218 437: Brandschäden in der E-Anlage und einem Triebdrehgestell behob das Werk Bremen mit einer B 0.3 vom 14. März bis zum 3. Mai 1994. Unfallschäden durch einen Bagger setzte das Werk Bremen vom 6. März bis zum 15. Juni 1995 instand.

218 440: Auch bei ihr musste das Werk Bremen 1994 Brandschäden in der E-Anlage mit einer Schadgruppe B 0.3 beheben (18. April – 29. Juni).

218 441: Bei der Ausfahrt des IC 714 „Allgäu" (Oberstdorf – Dortmund) aus Immenstadt gerieten am 18. Februar 1999 wegen einer unter dem Zug umgestellten Weiche die letzten drei Wagen auf das Gegengleis und kollidierten mit dem einfahrenden IR 2166 (Regensburg – Oberstdorf), wobei die Zuglok des IR – 218 441 – umkippte und sämtliche sieben Wagen des Zuges entgleisten, aber auf dem Gleisbett stehen blieben. Drei Personen kamen zu Tode, 49 Menschen wurden in beiden Zügen verletzt, 26 davon schwer. 218 441 erlitt Totalschaden, während die beiden Lokomotiven des IC – 218 382 und 383 – nur leichte Schäden davontrugen. Mit noch verwendbaren Teilen der 218 441 wurde die 215 022 als 218 441^{II} wieder aufgebaut (siehe auch Kapitel 10.4).

218 442: Zusammen mit der Behebung der Schäden eines Auffahrunfalls vom 26. September bis zum 25. Oktober 1989 erhielt sie auch eine Revision nach Schadgruppe U 2.9 (in Bremen im Auftrag des AW Nürnberg).

218 445: In den Unterlagen dieser Lok sind zwei AW-Aufenthalte wegen Unfällen mit Dritten dokumentiert: Eine U 0.9 im AW Nürnberg nach einem Aufstoß wurde vom 19. Oktober 1988 bis zum 4. Januar 1989 als LfD abgerechnet. Ebenso ein Unfall mit

Pkw und anschließender Entgleisung, deren Schäden vom Werk Bremen vom 11. Januar bis zum 9. Februar 2001 beseitigt wurden.

218 446: Schäden einer Entgleisung mit 18 km/h behob das Werk Bremen vom 15. Mai bis zum 15. Juni 2000 (IS 925).

218 447: Entgleisungsschäden behob das AW Bremen vom 18. Mai bis zum 2. Juni 1994 (B 0.9).

218 449: Nach einer Flankenfahrt ohne Entgleisung war die Lok vom 15. Mai bis zum 11. Juni 2002 im Werk Bremen (IS 090).

218 453: Bei dieser Lok wurden anlässlich einer Hauptuntersuchung IS 783 vom 20. Januar bis zum 29. Februar 2000 im Werk Bremen gleichzeitig Sturmschäden beseitigt. Am 17. Juli 2011 erlitt sie in Hamburg einen Brandschaden.

218 455: Im Zusammenhang mit einer Revision B 2.9 vom 2. Juni bis zum 11. November 1992 behob das AW Bremen auch Brandschäden am TD 2.

218 456 traf am 26. Juni 1995 mit Brandschäden in Bremen ein, die Arbeiten begannen jedoch erst am 16. November und dauerten bis zum 15. April 1996.

218 457 erhielt nach einer Flankenfahrt vom 29. Januar bis zum 3. März 1992 eine Revision (B 3.9) und zwei Jahre später wegen erneuter Flankenfahrt vom 21. März bis zum 29. April 1994 eine B 0.9 – beide Male im AW Bremen.

218 458 musste 1990 wegen eines Auffahrunfalls mit 20 km/h für einen Monat in die Bremer Werkstatt (U 0.9 vom 12. Juni bis zum 13. Juli).

218 459 weilte vom 19. Oktober bis zum 20. Dezember 1990 zu einer B 0.9 infolge eines Auffahrunfalls im AW Bremen.

218 465: Zur Behebung von Brandschäden plus Revision B 3.0/IS 704 hielt sich die Lok vom 10. Mai 1995 bis zum 12. März 1996 im Werk Bremen auf.

218 467 erfasste am 7. Juli 1990 als Zuglok des E 3507 an einem Bü bei Hermaringen einen Pkw. Neun Jahre später – am 12. Mai 1999 – hatte sie wieder einen Zusammenstoß mit einem Pkw, diesmal vor RE 3675 bei Illertissen.

218 475 stieß im Sommer 1989 bei der Fahrt mit N 5508 von Pfronten-Steinach nach Kempten (Allgäu) auf der Außerfernbahn in Zollhaus-Petersthal am Bü Bahnweg mit einem Lieferwagen zusammen. Im März 1993 erlitt sie einen Motorbrand und musste vom 29. März bis zum 16. Juli zu einer Ausbesserung U 0.3 das AW Bremen aufsuchen. Auch dieser Schaden wurde instandgesetzt.

218 476 war am 18. Oktober 1988 in Gaggenau vor E 3703 von einer Rangierabteilung gerammt worden. Nach dem Eintreffen am 15. November im AW Nürnberg fiel am 27. Januar 1989 die Entscheidung, die Lok in Bremen aufarbeiten zu lassen; die U 0.9 fand dort vom 30. Januar bis zum 1. August 1989 statt.

218 480 stand nach einem Bü-Unfall (Dritte) vom 15. August bis zum 26. September 1990 im AW Nürnberg zur Reparatur.

218 481 erhielt nach einer Entgleisung mit 24 km/h vom 18. Mai bis zum 7. Oktober 1993 im AW Bremen im Rahmen einer B 0.9 zusätzlich die Sonderarbeit „Fahren ohne Zub".

218 482: Das Werk Bremen behob mit einer B 0.3/IS 030 vom 25. Mai bis zum 12. Juni 1998 einen Brandschaden im Heizumrichterschrank und Heizgenerator, der auf Gewährleistung lief (letzte B 3.0/IS 703 am 6. März 1998). Die Unterlagen tragen den Vermerk: *„Castor-Lok, Strahlung messen"*. Am 10. März 2004 traf die Lok mit einem am 3. März in Eberbach aufgetretenen Brandschaden am Fst 2 in Bremen ein. Sie wurde nicht mehr aufgearbeitet, am 16. Juli z-gestellt und nach Nutzung als Ersatzteilspender am 1. Februar 2016 offiziell ausgemustert.

218 486 kollidierte am 24. Mai 1980 vor E 3067 an einem Bü bei Bad Oldesloe mit einem Pkw. Ein festes Radsatzlager führte am 23. Januar 1990 bei Hamburg-Bergedorf zu einem Brand.

218 487: Nach einem Bü-Unfall mit einem Pkw im März 1993 stand die Lok vom 5. April bis zum 11. Mai zur Reparatur mit Revision B 3.0 im AW Bremen. Ende 1995 war sie in Brand geraten und rollte am 14. November nach Bremen ab; dort wurde am 25. März 1996 mit ihrer Instandsetzung begonnen, die bis zum 6. Juni 1996 währte. Einen weiteren Brandschaden verzeichnen ihre Unterlagen am 9. Juli 2011 in Immenstadt.

218 488 fuhr am 16. April 1983 als Lz in Bad Oldesloe in das mit E 3092 (Hamburg – Lübeck) besetzte Gleis und rammte dessen (schiebende) 220 040. Beide Loks entgleisten und wurden im Bereich der Führerstände beschädigt. 15 Reisende und die beiden Lokführer wurden verletzt, für die 220 bedeutete der Unfall die Ausmusterung. 218 488 rückte am 20. April zur U 0.9 im AW Bremen ein.

218 491 war am 23. März 2004 mit einem Brandschaden in Bremen zur IS 030 eingetroffen mit dem Vermerk im Auftragszettel: *„Brandursache ermitteln"*. Ein Ausgangsdatum fehlt.

218 493: Bei einem Unfall (Dritte) im Jahr 1988 war der Kraftstoffbehälter aufgerissen, die LfD-Reparatur in Bremen beanspruchte nur wenige Tage vom 22. bis zum 31. August.

218 494: Bei dieser Lok sind drei Brandschäden bekannt, die jeweils einen Besuch in Bremen nötig machten: 1988 im Motorraum, behoben per U 0.3 vom 25. Oktober bis zum 25. November; bei 1996 aufgetretenen Brandschäden dauerte die Regulierung länger als ein halbes Jahr (30. Juli 1996 – 5. Februar 1997); die Brandschäden im Motorraum von 2001 wurden zusammen mit einer IS 783 (mit Einbau eines MTU 4000-Motors) binnen drei Monaten (30. Mai – 20. August) behoben.

218 497 hatte eine erste Kollision im Jahr 1987 – einen Auffahrunfall, der schnell behoben war (6. – 29. April). 1991 wurden in der Zeit vom 21. Juni bis zum 11. September Unfall-Brandschäden beseitigt (B 0.9). Im Jahr 1992 hatte die Lok einen Auffahrunfall mit 20 km/h mit AW-Aufenthalt in Bremen vom 17. September bis zum 16. Oktober.

218 498: Eine Flankenfahrt mit Entgleisung erforderte einen kurzen Werkstattaufenthalt in Bremen (4. – 26. Juli 1989). Nachdem sie im Mai 1994 in eine Drehscheibengrube gefahren war, reichten dem AW Bremen für eine B 0.9 nur fünf Tage (16. – 20. Mai).

218 499: Diese Lok hatte im September 1986 in Lübeck mit 30 km/h einen Prellbock überfahren und war dabei entgleist. Das AW Bremen besserte die Schäden vom 24. September bis zum 3. Oktober mit einer U 0.9 aus.

❏

10 Die Diesellok-Ausbesserung

10.1 Vorbemerkungen

In den Bänden 1 und 2 der V 160-Trilogie sind die Schritte der Instandhaltung schon umfassend beschrieben worden. Um eine Wiederholung weitgehend zu vermeiden, wird in diesem Band nur eine kurze Zusammenfassung geliefert.

Für Hauptuntersuchungen und größere Reparaturen, die nicht in den Heimatwerken durchgeführt werden können, suchen die 218 Instandsetzungswerke auf. Wenn sie diese wieder verlassen, befinden sich in den Lokomotiven häufig andere Hauptbauteile als vor dem Eintreffen im Werk, denn viele Hauptbauteile wie z. B. Radsätze, Drehgestelle, Dieselmotoren, Getriebe und Gelenkwellen werden getauscht. Damit kann die Standzeit der Lokomotiven im Werk deutlich niedriger ausfallen als bei Aufarbeitung der ausgebauten Teile. Eine Hauptuntersuchung kann auf diese Weise in wenigen Wochen durchgeführt werden. Um die Loks bei Bedarfsausbesserungen nicht länger als nötig dem Dienst zu entziehen, werden viele Arbeiten der Instandsetzungswerke in die Heimatwerke verlagert. Dazu gehört der Tausch von Hauptbauteilen. Die Instandsetzungswerke werden dadurch entlastet, sind aber weiterhin für die Aufarbeitung der getauschten Bauteile zuständig.

10.2 Ausbesserungswerke

Für die Ausbesserung der V 160-Famile war zunächst nur das Ausbesserungswerk (AW) Nürnberg zuständig. Dieses AW hat im Juli 2012 seinen 100. Geburtstag gefeiert. Es war ab 1952 für die Abnahme und Unterhaltung von Klein- und Dieselloks zuständig und somit auch für die ersten Loks der V 160-Familie. Ab 1966 begann jedoch die schrittweise Abgabe der Unterhaltung der V 160-Familie an das AW Bremen. Zunächst wurden alle in Bw der Oberbetriebsleitung (OBL) West stationierten Loks der V 160-Familie dem AW Bremen zugeschlagen. Ab November 1991 wurde die Instandhaltung der Baureihe 215 schrittweise vom AW Nürnberg zum AW Bremen verlagert: Zusätzlich wurden ab November 1991 alle Bedarfsausbesserungen (B 0.3 und 0.9) an den Baureihen 217 und 218 zum AW Bremen verlagert. Im Laufe des Jahres 1993 wurde auch die Hälfte aller Revisionen an Loks der Baureihen 217 und 218 vom AW Bremen übernommen. Bis Ende 1993 wurde die Diesellokausbesserung in Nürnberg beendet. Heute ist das Werk Nürnberg Teil der DB Fahrzeuginstandhaltung. Seine Kernkompetenz liegt in der schweren Instandhaltung von Hochgeschwindigkeitstriebzügen (ICE). Daneben ist es aber auch mit der Unterhaltung anderer Elektrotriebzüge beschäftigt.

Das AW Bremen hat 2014 seinen 100. Geburtstag gefeiert. Aus diesem Anlass wurde 218 184 auf dem Werkgelände als Denkmal aufgestellt. Sie wird dort zugleich als Konferenzraum genutzt (vgl. Bilder 509/510 auf den Seiten 331/332).

Zum Jahresende 1961 nahm das AW Bremen die Ausbesserung von Kleinlokomotiven auf, für die es schon zwischen 1946 und 1951 zuständig gewesen war. Es folgten Loks der Baureihe V 100 aus norddeutschen Bw und ab März 1966 schließlich auch die Loks der V 160-Familie der OBL West. Es dauerte aber noch bis Mitte der siebziger Jahre, bis die 216-Unterhaltung komplett nach Bremen verlagert worden war. Ab November 1991 wurde dem AW schrittweise auch die Unterhaltung der süddeutschen 215, 217 und 218 übertragen. Ab Ende 1993 war es allein für die Instandhaltung der V 160-Familie zuständig. Das Werk Bremen ist heute Teil der DB Fahrzeuginstandhaltung. Seine Kernkompetenz liegt in der Instandhaltung von Großdieselmotoren und kompletten Antriebssystemen für Verbrennungs-Triebzüge. Dazu besitzt es einen Motorenprüfstand. Auf ihm wird jeder aufgearbeitete Motor geprüft, damit eventuell noch vorhandene Fehler vor dem Einbau in das Fahrzeug beseitigt werden können. Eine weitere Kernkompetenz des Werks Bremen liegt weiterhin im Bereich der Revision von Diesellokomotiven. Daher findet man in Bremen – wie seit Jahrzehnten – alle für die DB AG laufenden Mitglieder der V 160-Familie, heute also fast ausschließlich die Lokomotiven der Baureihe 218. Das Werk Bremen bietet seine Dienste aber auch Dritten an. Daher findet man seit Jahren Privatbahn-Dieselloks im Werk, auch solche der Baureihe 218. Die Diesellok-Ausbesserung im Werk Bremen wird im Jahr 2019 auslaufen und komplett ins Werk Cottbus verlagert. In Bremen verbleibt aber weiterhin die Motorenaufarbeitung.

Außer in den AW Nürnberg und Bremen waren DB-Loks der V 160-Familie zeitweilig auch in anderen AW anzutreffen. Ab 1999 erhielten alle Lokomotiven eine PZB 90-Ausrüstung. Diese wurde zum Teil auch im Werk Stendal (ex Raw) eingebaut.

10.3 Instandhaltungsstufen

Seit 1999 tragen die an den Lokomotiven durchgeführten Untersuchungen die nachfolgend aufgeführten Bezeichnungen, wobei IS generell „Instandhaltungsstufe“ bedeutet:

Schadensreparaturen/Kleinarbeiten

IS 020	Außerplanmäßige Instandsetzung leichter Schäden
IS 030	Bedarfsreparatur, auch Lackarbeiten
IS 031	Mobile Reparatur
IS 040	Reparatur von Schäden durch Dritte
IS 043	Behebung von Graffiti-Schäden
IS 050	Unterflurdrehbank-Arbeiten an Radsätzen (UFD)
IS 090	Instandsetzung von schweren Unfallschäden mit Wert > 5.000 €
IS 951	Außenreinigung
IS 956	Innenreinigung, Reinigung der Laufwerke und Maschinenanlage
IS 970	Vorräte ergänzen (bspw. Tanken von Kraftstoffen)

Zuginspektionen

IS 100	Laufwerkskontrolle
IS 200	Allgemeine Nachschau

Revisionen

IS 600	EBO-Untersuchung mit vermindertem Aufwand (z. B. erste Revision nach Neu- oder Umbau)
IS 630	Zustandsbezogene Hauptuntersuchung mit erforderlichen Mindestarbeiten (Arbeitsumfang nach Auftrag des Kunden)
IS 660	Letzte Revision (Auslaufuntersuchung) vor der Ausmusterung
IS 693	Revision mit Beseitigung von Unfallschäden
IS 700	Revision ohne Anstricherneuerung

Bild 616
Im Mai 1980 weilte **218 265** zu einer Bedarfsausbesserung im AW Bremen, da ihre Gelenkwellen getauscht werden mussten. Diese liegen schon vor der Lok zum Einbau bereit.

Bild 617
Auch bei der zum Aufnahmezeitpunkt erst vier Jahre alten **218 339** waren im Mai 1980 nur Bedarfsausbesserungen auszuführen. Zumindest die Drehgestelle wurden getauscht, eventuell auch der neben der Lok stehende Behr-Kühler in V-Form.

Aufnahmen (2): Martin Wehmeyer

IS 703 Revision mit Anstricherneuerung (Neulack)
IS 770 Vereinfachte Revision (inklusive IS 560)
IS 783 Revision mit umfangreicher Instandsetzung und Anstricherneuerung (Neulack)
IS 790 Revision mit umfangreicher Reparatur von schweren Unfallschäden (IS 090) ohne Anstricherneuerung
IS 793 Revision mit umfangreicher Reparatur von schweren Unfallschäden (IS 090) mit Anstricherneuerung (Neulack)

Abnahme/große Instandsetzung/Sonderarbeiten
IS 803 Grundinstandsetzung mit Neulackierung
IS 880 Fahrzeugumbau
IS 910 Abnahme neuer Fahrzeuge
IS 921 Gewährleistungsarbeiten durch Hersteller (Durchsicht)
IS 924 Probezerlegung
IS 925 Sonderarbeiten
IS 926 Umbauten oder Herrichtung für Versuchsfahrten
IS 930 sehr vereinfachte Auslaufuntersuchung, die im Heimat-Werk ausgeführt werden kann (der Laufkilometerstand bleibt dabei unverändert)
IS 941 Ausmusterung, Verschrottung

Fristarbeiten
Die im Heimatwerk durchzuführenden Fristarbeiten F 1 bis F 6 sind im Nummernkreis IS 510 bis IS 550 sowie die Bremsarbeiten Br 1 bis Br 3 bei IS 560 bis IS 590 eingereiht. Die Extrabezeichnungen IS 935 und IS 936 sind für die kleine Frist (drei Monate) bzw. große Frist (sechs Monate) der Indusi und des Zugbahnfunks (ZBF) vorgesehen.

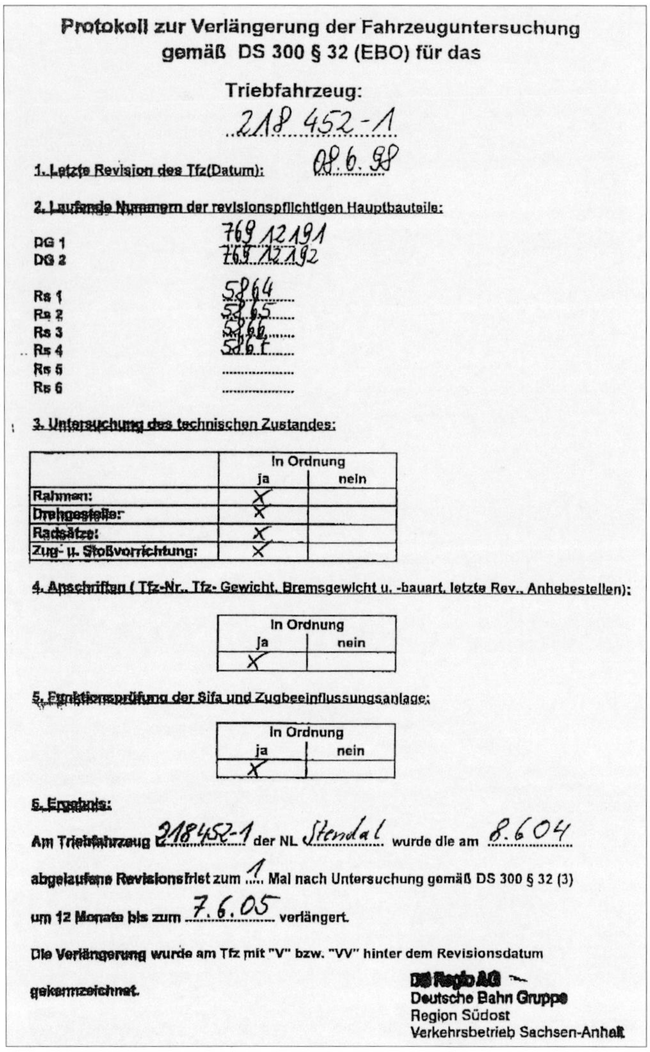

Protokoll zur Verlängerung der Fahrzeuguntersuchung gemäß DS 300 § 32 (EBO) für das

Triebfahrzeug:

218 452-1

1. Letzte Revision des Tfz(Datum): 08.6.98

2. Laufende Nummern der revisionspflichtigen Hauptbauteile:

DG 1 769 12191
DG 2 769 12192

Rs 1 5864
Rs 2 5865
Rs 3 5866
Rs 4 5867
Rs 5 ....
Rs 6 ....

3. Untersuchung des technischen Zustandes:

	In Ordnung ja	In Ordnung nein
Rahmen:	X	
Drehgestelle:	X	
Radsätze:	X	
Zug- u. Stoßvorrichtung:	X	

4. Anschriften (Tfz-Nr., Tfz- Gewicht, Bremsgewicht u. -bauart, letzte Rev., Anhebestellen):

In Ordnung ja	In Ordnung nein
X	

5. Funktionsprüfung der Sifa und Zugbeeinflussungsanlage:

In Ordnung ja	In Ordnung nein
X	

6. Ergebnis:

Am Triebfahrzeug 218452-1 der NL Stendal wurde die am 8.6.04 abgelaufene Revisionsfrist zum 1 Mal nach Untersuchung gemäß DS 300 § 32 (3) um 12 Monate bis zum 7.6.05 verlängert.

Die Verlängerung wurde am Tfz mit "V" bzw. "VV" hinter dem Revisionsdatum gekennzeichnet.

DB Regio AG
Deutsche Bahn Gruppe
Region Südost
Verkehrsbetrieb Sachsen-Anhalt

Bild 618 – Beispiel für eine Fristverlängerung um ein Jahr, die in der Heimatdienststelle Stendal an 218 452 ausgeführt worden ist. SAMMLUNG PETER GROßE

Die Zuführung der Lokomotiven zu den Instandsetzungswerken kann aus mehreren Gründen erfolgen:

- Die in der Eisenbahn-Bau- und Betriebsordnung (EBO) gesetzlich festgesetzte Zeitfrist zwischen zwei Untersuchungen ist abgelaufen. Diese Frist beträgt zur Zeit sechs Jahre. Sie kann zweimal um ein Jahr verlängert werden, wenn es der Zustand des Fahrzeugs zulässt.
- Zusätzlich hat die DB Laufkilometer-Grenzwerte festgelegt, nach denen die Lokomotiven zur Untersuchung der sicherheitsrelevanten Teile ein Werk aufsuchen müssen.
- Falls zwischen den Untersuchungsfristen Schäden an den Lokomotiven auftreten, die von den Heimatwerken nicht repariert werden können, werden die Fahrzeuge ebenfalls den Instandsetzungswerken zugeführt.

10.4 Innovationen aus Bremen: 218 441^{II} und 218 500

Ab Ende der neunziger Jahre ging bei der DB der Bedarf an Lokomotiven der V 160-Familie stark zurück, da der Nahverkehr in zunehmendem Maße auf Triebzüge umgestellt wurde. Dies hatte einerseits zur Folge, dass kontinuierlich Lokomotiven der V 160-Familie ausgemustert wurden und gleichzeitig das für die Unterhaltung dieser Baureihenfamilie zuständige Werk Bremen immer weniger Arbeit hatte. Bei Privatbahnen gab es großes Interesse an den ausgemusterten Loks. Diese Bahngesellschaften hätten die Loks – zumindest zum Teil – in Bremen aufarbeiten und instand halten lassen, was dort Arbeitsplätze gesichert hätte. Aufgrund eines im Jahr 1996 durch den DB-Vorstand verordneten Verkaufsverbotes für Streckenloks mussten die Maschinen jedoch verschrottet werden.

Als der damalige Bahnchef Mehdorn im Frühjahr 2001 das Werk Bremen der DB Fahrzeuginstandhaltung besuchte, schlug die Werkleitung vor, die letzten beiden Bauserien der Baureihe 218 umfassend zu modernisieren, da absehbar wäre, dass diese Bauserien noch länger benötigt würden. Solch ein Modernisierungsprogramm würde rund 200 Mitarbeiter des Werkes langfristig beschäftigen. Am 14. September 2001 erhielt das Werk grünes Licht dafür, eine Lok als Baumusterlok umzubauen. Zu jener Zeit stand die 218 441 im Werk Bremen, die bei einem Unfall am 18. Januar 1999 in Immenstadt schwere Schäden davongetragen hatte. Die Lok war z-gestellt, aber noch nicht ausgemustert. Eine Frontpartie der Lok war beim Unfall unbeschädigt geblieben – diese wurde vom Rest der Lok abgetrennt und diente fortan in Bremen als Versuchsobjekt für die Gestaltung des Führerstandes der zu modernisierenden 218. So wurde ein Einheitsführerstand eingebaut und die Stirnwand mit einer Zugzielanzeige versehen. Auf dem Versuchsobjekt wurde die fiktive Betriebsnummer „218 500“ angebracht.

Bild 619
DB Regio hat inzwischen den größten Teil seiner 218 ausgemustert. Einige Loks werden Dritten zum Kauf angeboten, andere Exemplare dienen als Ersatzteilspender für den Betriebsbestand. So waren in den letzten Jahren in Bremen immer zahlreiche ausgemusterte Loks dieser Baureihe zu finden, wie hier am 20. Juni 2006.

AUFNAHME: JÜRGEN HÖRSTEL

Gemeinsam mit dem Forschungs- und Technologiezentrum (FTZ) Minden wurde geplant, welche Komponenten in die Baumusterlok eingebaut und welche bestehenden Teile verbessert werden sollten. Zu den Veränderungen sollten u. a. gehören:

- MTU-Motor 4000 R40 (er war neu auf dem Markt und bot die seinerzeit besten Abgaswerte);
- ZWS, ZDS, FMZ und TAV (hiermit war die Lok mit allen Wagengarnituren einsetzbar);
- Einheitsführertisch der Bauart Wittenberge mit Impulssteuerung;
- Zentrale Energieversorgungs-Einheit;
- Bordelektronik mit Selbstdiagnosesystem;
- neue Anzeigegeräte;
- digitale Zugzielanzeige und LED-Leuchten auf den Stirnseiten;
- bessere Schalldämmung und Optimierung des Getriebes;
- Modifizierung der Drehgestelle und Einbau schlankerer Gelenkwellen (damit war die Heraufsetzung der Höchstgeschwindigkeit auf 160 km/h möglich);
- Vergrößerung des Tanks von 3.500 auf 4.560 l zur Erzielung einer größeren Reichweite;
- Einbau einer neuen REBS-Spurkranzschmierung;
- Einbau eines neuen Luftpressers, wie er in der Baureihe 612 zu finden ist;
- Verwendung von Gel anstelle von Säure in den Starterbatterien;
- Verlegung der Scheibenwischerarme nach unten, um dem Lokführer bessere Sicht zu bieten;
- Verbesserung der Trocknungsanlage für den Bremssand.

Bild 620 – Die beim Unfall Anfang 1999 unversehrt gebliebene Frontpartie der originalen **218 441** wurde vom restlichen Lokkasten abgetrennt und diente dem Instandsetzungswerk Bremen als Versuchsobjekt für die Gestaltung eines innovativen Führerstandes. Mit der fiktiven Betriebsnummer „218 500" versehen, ist dieses Versuchsobjekt noch heute in Bremen vorhanden. AUFNAHME: JÜRGEN HÖRSTEL

Diese Vorgaben wurden bei der Baumusterlok umgesetzt. Für diese nutzte das Werk Bremen allerdings nicht Rahmen und Lokkasten der Unfallok 218 441, sondern der ausgemusterten 215 022, da diese Lok unbeschädigt in Bremen stand. Die Reste der 218 441 wurden – als „215 022" deklariert – verschrottet. Die echte 215 022 trug nun die Betriebsnummer 218 441, wobei sie im nachfolgenden Text als 218 441^{II} bezeichnet wird, um Verwechslungen mit der echten 218 441 zu vermeiden. Die modernisierte Lok wurde am 25. April 2002 vorläufig abgenommen und zur Erprobung zum FTZ Minden überführt. Vom 26. April 2002 an wurden einen Monat lang Versuchsfahrten nach Nienburg, Rotenburg (Wümme), Verden und Bremen unternommen. Anfang Juni 2002

Bild 621 – Ab Ende April 2002 unternahm **218 441^{II}** erste Messfahrten in Niedersachsen, hier aufgenommen in Tostedt. Gut zu sehen sind auf der Aufnahme die anfangs noch mittig parallel auf dem Abgasschalldämpfer angeordneten Abgashutzen (nähere Einzelheiten hierzu siehe S. 416/417). Am 27. Mai 2003 ordnete Bahnchef Mehdorn die sofortige Beendigung der Versuche mit der Lokomotive an. Ende 2010 wurde sie schließlich verschrottet. AUFNAHME: DIERK LAWRENZ

Bild 622 – Der Verkauf der **218 441^{II}** an die Transnet Service-Gesellschaft im Sommer 2003 verlängerte deren Fortbestand zwar um sieben Jahre, führte aber zu keinen weiteren Einsätzen dieser Lokomotive. Am 17. Oktober 2006 präsentierte sie sich mit Transnet-Emblemen im Werk Bremen. AUFNAHME: JENS KOLBE

wurde die Lok nach Kempten (Allgäu) überstellt, wo sich Versuchsfahrten des FTZ München nach Kaufbeuren, Buchloe und Kaufering anschlossen. Gleichzeitig liefen schon Planungen für die Modernisierung weiterer Lokomotiven an. So hatte man vor, die z-gestellten 215 093, 095, 038 und 116 (in dieser Reihenfolge) zu modernisieren und mit den Betriebsnummern 218 502 – 505 wieder in Betrieb zu nehmen. Für die Baumusterlok 218 441^{II} war eine Umzeichnung in 218 501 vorgesehen. Im September 2002 sollte 218 441^{II} auf der Schienenfahrzeugmesse InnoTrans in Berlin ausgestellt werden. Allerdings nahm sie die DB kurzfristig aus dem Programm. Offiziell wurde dies mit zu hohen Überführungskosten begründet. Es liegt aber nahe, dass solch eine Lok Begehrlichkeiten von Privatbahnen geweckt hätte, die aufgrund des Verkaufsverbotes nicht befriedigt werden konnten. Auf der InnoTrans wurden somit nur der innovative Führerstand „218 500“ sowie ein modifiziertes 218-Drehgestell gezeigt.

Da die Lok bei den Versuchsfahrten im Allgäu zu geringe Leistung gezeigt hatte, wurden der Motor gegen einen MTU-Motor des Typs 4000 R 41 getauscht und die Kühlung verbessert. Ab Anfang 2003 wurden Versuchsfahrten mit der umgebauten Lok durchgeführt, die wiederum im Allgäu stattfanden. Nach zweimonatigem störungsfreien Lauf sorgten kleinere Defekte für die Unterbrechung der Tests. Diese wurden auch nicht wieder aufgenommen, da Bahnchef Mehdorn am 27. Mai 2003 verfügte, dass die Arbeiten an der Lokomotive zu beenden seien. Er war zu der Überzeugung gekommen, dass es sich nicht lohne, an 30 Jahre alten Lokomotiven so umfangreiche Modernisierungen durchzuführen. Diese einsame Entscheidung schockierte die Belegschaft des Werks Bremen, da sie durch die Absage der 218-Modernisierung zahlreiche Arbeitsplätze gefährdet sah. Aus Verärgerung wurde die Arbeit niedergelegt und ein Trauermarsch zum Bremer Hauptbahnhof unternommen, an dem rund 700 Beschäftigte teilnahmen.

Um die Lok vor der Verschrottung zu retten, kaufte die damalige Eisenbahnergewerkschaft Transnet die Lok. Für den symbolischen Preis von 1 € ging sie am 1. August 2003 in das Eigentum der Transnet Service-Gesellschaft (TSG) in Berlin über, die für die Umschulungs- und Qualifizierungsmaßnahmen von DB-Mitarbeitern zuständig war. Am 19. Dezember 2003 wurde die 218 441^{II} bei der DB ausgemustert. Einen Monat später wurde sie von ihrem Standplatz in Kempten (Allgäu) nach Bremen geschleppt. Dort wurde die Lok versteckt untergestellt und die Identität durch die Änderung der Betriebsnummer in 215 022 verschleiert. Man wollte im Werk Bremen auf diese Weise verbergen, dass mit der Lok 218 441^{II} nun eine Fremdlok auf dem Gelände langfristig untergebracht war. Nur kurzzeitig, bei Besichtigungen durch das EBA, mutierte die Lok wieder zur 218 441^{II}. Die TSG bemühte sich, eine EBA-Abnahme der Lok zu erreichen, um diese einsetzen zu können. Als sich abzeichnete, dass das Zulassungsverfahren zwei Jahre dauern und rund 1 Mio. € kosten könnte, wurde davon Abstand genommen.

Anfang 2009 meldete die TSG Insolvenz an. Im Liquidationsverfahren übereignete die TSG im Oktober 2009 die 218 441^{II} dem Werk Bremen. Die Werkleitung in Bremen wollte die Lok als Gewährleistungslok einsetzen, so wie das Werk Meiningen zu diesem Zwecke die 50 3501 und das Werk Dessau seinerzeit die 110 511 nutzte. Dazu hätte allerdings die Zulassung der Lok weiterverfolgt werden müssen. Dies lehnte der Leiter der Fahrzeuginstandhaltung aus Kostengründen ab, ließ die Lok ausschlachten und im November 2010 von der Firma Theo Steil im Hafen Köln-Poll verschrotten.

Trotz tiefer Enttäuschung blieben die Mitarbeiter des Werkes Bremen kreativ. Als sich das 100. Jubiläum ihres Werkes im Jahr 2014 näherte, gestalteten sie die ausgemusterte 218 184 zu einer „Konferenzlok“ um. Über dieses ungewöhnliche Projekt wurde bereits im Kapitel 7 berichtet. ❑

11 Ein Blick in Betriebsbücher

In dem Betriebsbuch einer Lok konnte man früher deren Lebenslauf gut verfolgen. Dies soll in diesem Kapitel an einigen Beispielen gezeigt werden. In heutigen Betriebsbüchern sind zahlreiche Blätter, die keine Relevanz mehr haben, beseitigt worden. Nun müssen die Betriebsbücher in erster Linie aktuell gültige Abnahme- und Zulassungsbescheinigungen enthalten.

Beginnen wir mit einem Blick in das Betriebsbuch der 218 146. Schon vor der Fertigstellung dieser Lok wurden ihre Hauptbauteile bei deren Herstellern abgenommen. Im **Bild 623** sieht man, dass der Motor und das Getriebe bei der Firma MTU in Friedrichshafen abgenommen wurden. Die Abnahme der Triebdrehgestelle und Radsätze erfolgte bei Henschel in Kassel, die der Achsantriebe bei Gmeinder in Mosbach.

Auf diesem Ausschnitt nicht zu sehen, aber der Vollständigkeit halber erwähnt, seien noch folgende vorgezogene Abnahmen:

- Heizgenerator: AEG in Berlin;
- Luftpresser: Knorr in München;
- Luftbehälter: Klausdorf in Nürnberg-Fischbach;
- Batterie: Hoppecke in München;
- Vorheizgerät: Webasto in Stockdorf;
- Kühler: Voith in Heidenheim;
- Lichtanlassmaschine: BBC in Mannheim.

Alle abgenommenen Teile wurden zum Hersteller der Lok – in diesem Fall Henschel in Kassel – gebracht und dort in die in Fertigung befindliche Lok eingebaut. Nach ihrer Fertigstellung wurde sie in das AW Bremen überführt. Dort erfolgte am 22. Dezember 1971 die Abnahme. Zunächst wurde die Lok gewogen. Wie man auf **Bild 624** sieht, wog sie mit vollen Vorräten 79.170 kg. Ihr Gewicht war aber ungleichmäßig auf die Achsen verteilt. Achse 2 musste mit 20.210 kg den größten Anteil übernehmen, Achse 4 mit 19.310 kg den geringsten. Ferner sieht man, dass die Achsen links und rechts unterschiedlich belastet waren.

Die Abnahmefahrt führte von Bremen-Sebaldsbrück nach Uelzen u. z. (**Bild 625**), wobei eine Last von 615 t mitgenommen wurde. Die erreichten Geschwindigkeiten, die Umschaltpunkte des Getriebes, die im Getriebe- und Motoröl sowie im Kühlwasser auftretenden Temperaturen und die gemessenen Lautstärken gaben keinen Anlass zur Bemängelung. Anders sah es bei Fertigungsmängeln aus. Hier war die Frostschutzhupe unwirksam. Die elektrische Zugheizung funktionierte nicht, weil Leitungen vertauscht waren, die Webasto-Anlage nicht, weil ein Relais verschmort war. Ein Sicherheitsventil musste richtig eingestellt und eine undichte Hauptluftleitung abgedichtet werden. Dies alles waren Mängel, die nicht schwerwiegend waren und kurzfristig behoben werden konnten. Daher wurde die Lok durch die DB abgenommen und am 23. Dezember 1971 dem Bw Hagen-Eckesey zugeführt.

Bei der Abnahme wurden auch Geräuschmessungen vorgenommen. Sie zeigten, dass die Baureihe 218 – ebenso wie die Schwesterbaureihen der V 160-Familie – deutlich leiser waren als ihre Vorgängerinnen in Form der Baureihen 220 und 221. Folgende Werte (in Dezibel/dB) wurden gemessen:

Führerstandsmitte bei geschlossenem Fenster	Führerstand 1	Führerstand 2
Leerlauf	78	83
Volllast	83	85
15 cm außerhalb der Seitenfenster bei Volllast	89	84
15 m neben der Lok 1,6 m über SO	86	86

Die Lokomotive erhielt nun die Bescheinigung über die Endabnahme sowie die Urkunde über die Indienststellung.

Der Bogen „Standorte und Laufkilometer“ (**Bild 626**) zeigt die Einsatzorte der Lok. Die betrachtete 218 146 ist nicht weit umhergekommen: Mit Ausnahme der letzten zwei Monate vor ihrer z-Stellung am 25. Februar 2004 war sie immer in Hagen-Eckesey stationiert. Durchschnittlich hat die Lok 110.000 km/Jahr zurückgelegt und somit Ende 1980 erstmals die 1-Mio.-km-Marke bewältigt hatte. Insgesamt sind bis zur Ausmusterung ca. 2,8 Mio. km zusammengekommen.

Während zu Bundesbahn-Zeiten auf diesem Formblatt noch Heimat-Bw und Unterhaltungswerke getrennte Spalten hatten,

Abnahmenachweis
für Teile neuer Brennkrafttriebfahrzeuge

Folgende Teile sind in das Fahrzeug Betriebs-Nummer 218 146 – 9 eingebaut und abgenommen worden:

Gegenstand		Lieferer	Vertrag	Bauart [Type]	Fabrik-Nummer	Abnahme ausgeführt in	am
Brennkraftmaschine	1	MTU	31.2810	MA12 V956 TB10	59o 255	F-hafen	
	2						
Getriebe	1	MTU	31.2824	K252 SUBB	252 o62	F-hafen	
	2						
Triebdrehgestell	1	Henschel	31.2822	218	31 548/1	Kassel	
	2				31 548/2		
Laufdrehgestell	1						
	2						
Radsatz	1	Henschel	4.4361.1.3027	218	141 21	Kassel	
	2				141 22		
	3				141 23		
	4				141 24		
	5						
	6						
Achsantrieb	1	Gmeinder	31.2825	GM 200 EVD/300	1o 25	Mosbach	
	2				1o26		
	3				1o 27		
	4				1o 28		
	5						

Bild 623
Abnahmenachweis verschiedener Bauteile der 218 146.

SAMMLUNG CHRISTIAN GERBER

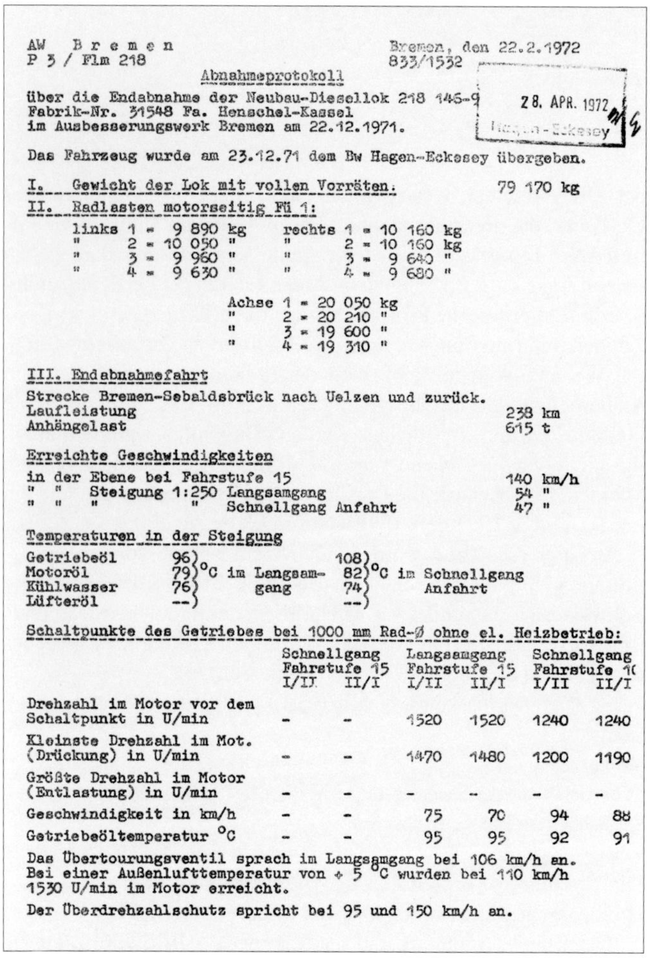

AW Bremen
P 3 / Flm 218

Bremen, den 22.2.1972
833/1532

28. APR. 1972
Hagen-Eckesey

Abnahmeprotokoll

über die Endabnahme der Neubau-Diesellok 218 146-9
Fabrik-Nr. 31548 Fa. Henschel-Kassel
im Ausbesserungswerk Bremen am 22.12.1971.

Das Fahrzeug wurde am 23.12.71 dem Bw Hagen-Eckesey übergeben.

I. Gewicht der Lok mit vollen Vorräten: 79 170 kg

II. Radlasten motorseitig Fü 1:

links 1 = 9 890 kg rechts 1 = 10 160 kg
" 2 = 10 050 " " 2 = 10 160 kg
" 3 = 9 960 " " 3 = 9 640 "
" 4 = 9 630 " " 4 = 9 680 "

Achse 1 = 20 050 kg
" 2 = 20 210 "
" 3 = 19 600 "
" 4 = 19 310 "

III. Endabnahmefahrt

Strecke Bremen-Sebaldsbrück nach Uelzen und zurück.
Laufleistung 238 km
Anhängelast 615 t

Erreichte Geschwindigkeiten

in der Ebene bei Fahrstufe 15 140 km/h
" " Steigung 1:250 Langsamgang 54 "
" " " Schnellgang Anfahrt 47 "

Temperaturen in der Steigung

Getriebeöl 96), Motoröl 79), Kühlwasser 76), Lüfteröl --) °C im Langsamgang
108), 82), 74), --) °C im Schnellgang Anfahrt

Schaltpunkte des Getriebes bei 1000 mm Rad-Ø ohne el. Heizbetrieb:

	Schnellgang Fahrstufe 15 I/II	II/I	Langsamgang Fahrstufe 15 I/II	II/I	Schnellgang Fahrstufe 1(I/II	II/I
Drehzahl im Motor vor dem Schaltpunkt in U/min	-	-	1520	1520	1240	1240
Kleinste Drehzahl im Mot. (Drückung) in U/min	-	-	1470	1480	1200	1190
Größte Drehzahl im Motor (Entlastung) in U/min	-	-	-	-	-	-
Geschwindigkeit in km/h	-	-	75	70	94	88
Getriebeöltemperatur °C	-	-	95	95	92	91

Das Übertourungsventil sprach im Langsamgang bei 106 km/h an.
Bei einer Außenlufttemperatur von + 5 °C wurden bei 110 km/h 1530 U/min im Motor erreicht.
Der Überdrehzahlschutz spricht bei 95 und 150 km/h an.

Bild 624 – Ausschnitt aus dem Abnahmeprotokoll der Lokomotive 218 146.

Deutsche Bundesbahn

Bescheinigung über die Endabnahme eines Triebfahrzeugs

Der/Die Brennkraftlokomotive (Fahrzeugart) Betriebs-Nr.: 218 146-9
Höchstgeschwindigkeit 140 km/h

mit Brennkraftmaschinen-Antrieb durch Dieselmotor / hydraulischer / mechanischer Kraftübertragung

ist einschließlich der Ausrüstungsteile gemäß § 2, 32 und 33 der Eisenbahn-Bau- und Betriebsordnung geprüft, abgenommen und für betriebssicher befunden worden.

Lieferer des Fahrzeugteils Rheinstahl AG Transporttechnik in Kassel
Vertrag 31.2822 vom 9.12.1969 Baujahr 1971 Fabr.-Nr. 31 548
Lieferer des elektrischen Teils Siemens in Erlangen
Vertrag 31.2833 Baujahr Fabr.-Nr.

Das Fahrzeug ist mit den vorgeschriebenen Anschriften versehen.
Das Fahrzeug entspricht den Bestimmungen der Eisenbahn-Bau- und Betriebsordnung.
Das Fahrzeug hat am 21. 12. 1971 eine Lastprobefahrt von Bremen-Sebaldsbrück bis Uelzen und zurück anstandslos zurückgelegt, es kann daher in Betrieb genommen werden.

Der Tag der Abnahme ist der 22. 12. 1971
Zusatz: /

Dauer der Gewährleistung für das Fahrzeug: 1 Jahr; Ende: 22. 12. 1972
Dauer der Gewährleistung für den Anstrich: 2 Jahre; Ende: 22. 12. 1973
Sonderangaben zur Gewährleistung sind auf der Rückseite aufgeführt.

Bremen, den 22. 12. 1971
Der abnehmende Beamte des Abnahmewerkes/Maschinenamtes

1) Nichtzutreffendes streichen
2) Fahrzeugart nach § 1 Abs. 6

Urkunde über die Indienststellung

Das obige Fahrzeug wird in den Bestand der Bundesbahndirektion Wuppertal aufgenommen und beim Heimat-Bahnbetriebswerk Hagen-Eckesey in Dienst gestellt.

Wuppertal, den 23. Dez. 1971.

Deutsche Bundesbahn
Bundesbahndirektion Wuppertal

Bild 625 – Bescheinigung der Endabnahme und Indienststellung der 218 146.

wurden diese Dienststellen zu DB-AG-Zeiten in einer Spalte aufgeführt (**Bild 627**). Verwunderlich ist, dass in der Kopfzeile dieser Spalte noch die Bezeichnungen AW/Bw aufgeführt waren, die es zu dieser Zeit nicht mehr gab. Die in dieser Spalte eingetragenen Bezeichnungen spiegeln die ständige Umorganisation und die Umbenennungen der Dienststellen bei der DB AG wider. Schauen wir uns diese Angaben näher an (der Auszug stammt aus dem Betriebsbuch der 218 273): Hier wird angegeben, dass die Lok vom 6. November 1997 bis zum 10. Juni 2001 vom „Nahverkehr Niedersachsen-Bremen" eingesetzt wurde. Dass das Werk Braunschweig für die Wartung der 218 273 zuständig war, wird nicht erwähnt. Vom 10. Juni 2001 bis zum 9. Juli 2003 gehörte die Lok immer noch dem Nahverkehr Niedersachsen-Bremen (NSB), wurde aber von der Einsatzstelle Stendal (LS) eingesetzt. Noch erstaunlicher ist der Eintrag für den Zeitraum vom 16. November 2003 bis zum 31. Januar 2004: Verkehrsbetrieb Niedersachsen-Bremen (VB NSB), Betriebshof Kiel (Schleswig-Holstein!), Einsatzstelle

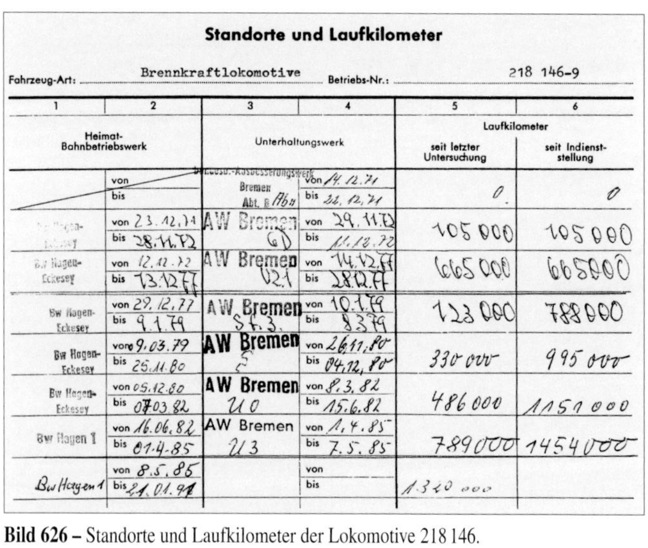

Standorte und Laufkilometer

Fahrzeug-Art: Brennkraftlokomotive Betriebs-Nr.: 218 146-9

Heimat-Bahnbetriebswerk		Unterhaltungswerk		Laufkilometer seit letzter Untersuchung	Laufkilometer seit Indienststellung
	von / bis	Bremen Abt.	von 14.12.71 bis 22.12.71	0	0
Bw Hagen-Eckesey	von 23.12.71 bis 28.11.72	AW Bremen	von 29.11.72 bis 11.12.72	105 000	105 000
Bw Hagen-Eckesey	von 12.12.72 bis 13.12.77	AW Bremen	von 14.12.77 bis 28.12.77	665 000	665 000
Bw Hagen-Eckesey	von 29.12.77 bis 9.1.79	AW Bremen	von 10.1.79 bis 8.3.79	123 000	788 000
Bw Hagen-Eckesey	von 9.03.79 bis 25.11.80	AW Bremen	von 26.11.80 bis 04.12.80	330 000	995 000
Bw Hagen-Eckesey	von 05.12.80 bis 07.03.82	AW Bremen	von 8.3.82 bis 15.6.82	486 000	1 151 000
Bw Hagen 1	von 16.06.82 bis 01.4.85	AW Bremen	von 1.4.85 bis 7.5.85	789 000	1 454 000
Bw Hagen 1	von 8.5.85 bis 21.01.91		von / bis	1 320 000	

Bild 626 – Standorte und Laufkilometer der Lokomotive 218 146.

Sammlung Christian Gerber (3)

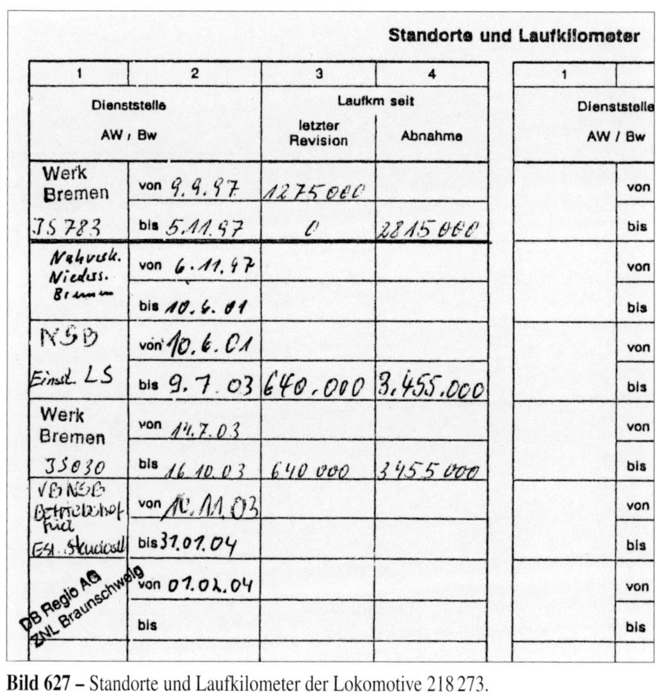

Standorte und Laufkilometer

Dienststelle AW / Bw		Laufkm seit letzter Revision	Laufkm seit Abnahme
Werk Bremen	von 9.9.97	1 275 000	
TS 783	bis 5.11.97	0	2 815 000
Nahverk. Nieders. Bremen	von 6.11.97		
	bis 10.6.01		
NSB	von 10.6.01		
Einst. LS	bis 9.7.03	640.000	3.455.000
Werk Bremen	von 14.7.03		
35030	bis 16.10.03	640 000	3 455 000
VB NSB Betriebshof Kiel	von 16.11.03		
Est. Stendal	bis 31.01.04		
DB Regio AG ZNL Braunschweig	von 01.02.04		
	bis		

Bild 627 – Standorte und Laufkilometer der Lokomotive 218 273.

Sammlung Peter Große

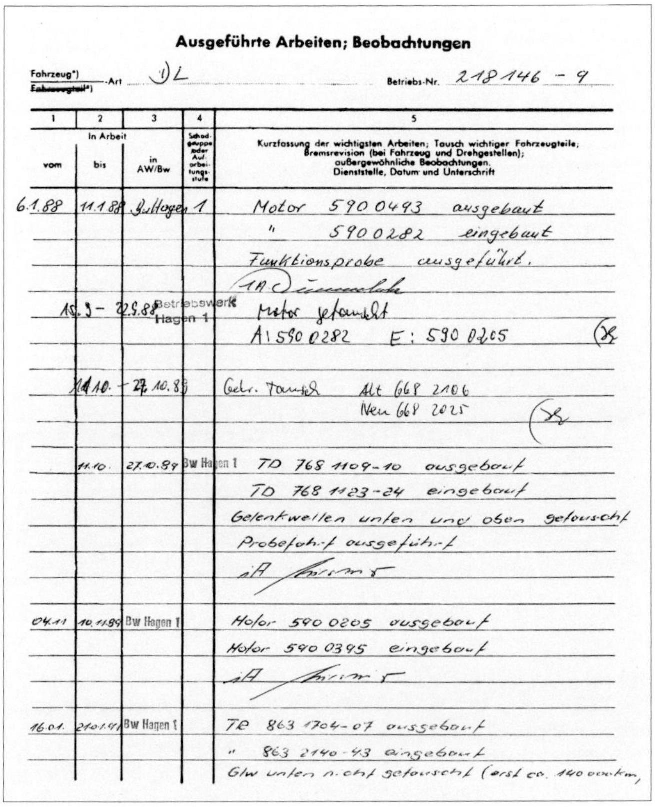

Ausgeführte Arbeiten; Beobachtungen

Fahrzeug*)-Art DL Betriebs-Nr. 218 146 - 9

1	2	3	4	5
In Arbeit vom	bis	in AW/Bw	Schadgruppe oder Aufarbeitungsstufe	Kurzfassung der wichtigsten Arbeiten; Tausch wichtiger Fahrzeugteile; Bremsrevision (bei Fahrzeug und Drehgestellen); außergewöhnliche Beobachtungen. Dienststelle, Datum und Unterschrift
6.1.88	11.1.88	Bw Hagen	1	Motor 590 0493 ausgebaut
				" 590 0282 eingebaut
				Funktionsprobe ausgeführt.
				[illegible]
18.3-	29.8.88	Betriebswerk Hagen 1		Motor getauscht
				A: 590 0282 E: 590 0205
14.10.	27.10.88			Getr. Tausch Alt 668 2106 Neu 668 2025
11.10.	27.10.89	Bw Hagen 1		TD 768 1109-10 ausgebaut
				TD 768 1123-24 eingebaut
				Gelenkwellen unten und oben getauscht
				Probefahrt ausgeführt
				i.A. [illegible]
04.11	10.11.89	Bw Hagen 1		Motor 590 0205 ausgebaut
				Motor 590 0395 eingebaut
				i.A. [illegible]
16.01.	21.01.91	Bw Hagen 1		TD 863 1704-07 ausgebaut
				" 863 2140-43 eingebaut
				Glw unten nicht getauscht (erst ca. 140 000 km)

Bild 628 – Ausgeführte Arbeiten an der Lokomotive 218 146.

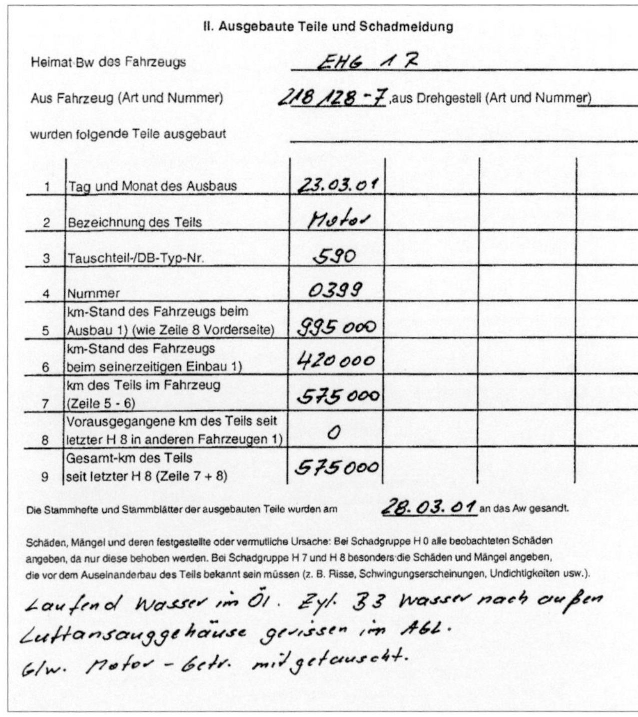

II. Ausgebaute Teile und Schadmeldung

Heimat-Bw des Fahrzeugs: EHG 1 R

Aus Fahrzeug (Art und Nummer): 218 128-7, aus Drehgestell (Art und Nummer)

wurden folgende Teile ausgebaut

1	Tag und Monat des Ausbaus	23.03.01
2	Bezeichnung des Teils	Motor
3	Tauschteil-/DB-Typ-Nr.	590
4	Nummer	0399
5	km-Stand des Fahrzeugs beim Ausbau 1) (wie Zeile 8 Vorderseite)	995 000
6	km-Stand des Fahrzeugs beim seinerzeitigen Einbau 1)	420 000
7	km des Teils im Fahrzeug (Zeile 5 - 6)	575 000
8	Vorausgegangene km des Teils seit letzter H 8 in anderen Fahrzeugen 1)	0
9	Gesamt-km des Teils seit letzter H 8 (Zeile 7 + 8)	575 000

Die Stammhefte und Stammblätter der ausgebauten Teile wurden am 28.03.01 an das Aw gesandt.

Schäden, Mängel und deren festgestellte oder vermutliche Ursache: Bei Schadgruppe H 0 alle beobachteten Schäden angeben, da nur diese behoben werden. Bei Schadgruppe H 7 und H 8 besonders die Schäden und Mängel angeben, die vor dem Auseinanderbau des Teils bekannt sein müssen (z. B. Risse, Schwingungserscheinungen, Undichtigkeiten usw.).

Laufend Wasser im Öl. Zyl. B3 Wasser nach außen Luftansauggehäuse gerissen im AbL.
Glw. Motor - Getr. mitgetauscht.

Bild 629 – Schadmeldung für einen Motor des MTU-Typs 12V 956 TB 10.

Stendal (Sachsen-Anhalt!). Die nachfolgende Stationierung (ab 1. Februar 2004) sieht direkt wieder übersichtlich aus: DB Regio AG, Zentralniederlassung Braunschweig. Die Lok hat bis zu ihrer z-Stellung im September 2005 rund 3,5 Mio km zurückgelegt – eine stolze Leistung!

Im Betriebsbuch wurden die größeren Arbeiten aufgeführt, die an der Lok vorgenommen worden sind. Dabei fällt im Betriebsbuch der 218 146 (**Bild 628**) auf, dass im Zeitraum vom 6. Januar 1988 bis zum 10. November 1989 dreimal der Motor getauscht wurde. Es handelte sich jeweils um Motoren des Typs MTU 12V 956 TB 10, die zu jener Zeit wohl Probleme bereiteten. Ferner mussten in diesem Zeitraum das Getriebe und ein Triebdrehgestell getauscht werden.

Warum ein Motor getauscht wurde, zeigt **Bild 629** aus dem Betriebsbuch der 218 128. Hier wurde der Motor (MTU 12V 956 TB 10) primär ausgebaut, da er den Kilometergrenzwert erreicht hatte. Im AW sollte auch gleich überprüft werden, warum sich laufend Wasser im Öl befand. Auch musste das gerissene Luftansauggehäuse des Abgasturboladers repariert werden.

Die Seite „Bauartänderungen" (**Bild 630**) verdeutlicht, wie viele Bauartänderungen an der Lok 218 128 allein beim Aufenthalt im Werk Bremen vom 2. April bis zum 21. Mai 2002 vorgenommen worden sind. Dazu gehörte u. a. die Ausstattung der Lok mit einem Nahverkehrspaket. Bemerkenswert ist, dass die Umlackierung der Lok in Verkehrsrot als Bauartänderung aufgeführt ist.

Das „Stammblatt für die Brennkraftmaschine" (**Bild 631**) zeigt, in welchen Lokomotiven der Motor 590 0483, der mit 218 273 ausgeliefert worden war, im Zeitraum vom 27. Juni 1989 bis zum 2. September 2004 eingebaut war. Es handelte sich um einen Motor des Typs MTU 12 V 956 TB 10, dessen Typenangabe auf dem Blatt unvollständig ist. Wie man sieht, wurde er in diesem Zeitraum nicht nur in Lokomotiven der Baureihe 218 (128, 160, 187 und 251), sondern auch in 215 071 genutzt.

Das Blatt „Verwendung für die Brennkraftmaschine" (**Bild 632**) zeigt einen interessanten Lebenslauf: Der Motor 590 0211 war 1970 von MAN gebaut worden und gehörte zum Typ V6V 23/23 TL, der nach der Gründung von MTU als 12V 956 TB 10 bezeichnet wurde. Er war mit der 215 074 ausgeliefert worden und hat in den Baureihen 210 (210 006), 215 (215 073, 074 und 082), 218-Vorserie (218 006) und 218-Serie (218 146, 149, 193, 246 und 266) Verwendung gefunden. Im November 1985 ist er von MAN-Abgasturbolader auf solche von MTU umgerüstet worden. 1989 ist eine Zylinderreihenabschaltung eingebaut worden.

Die ersten 218 sind mit Triebdrehgestellen ausgeliefert worden, die von der Firma Krupp entwickelt worden waren. Die glei-

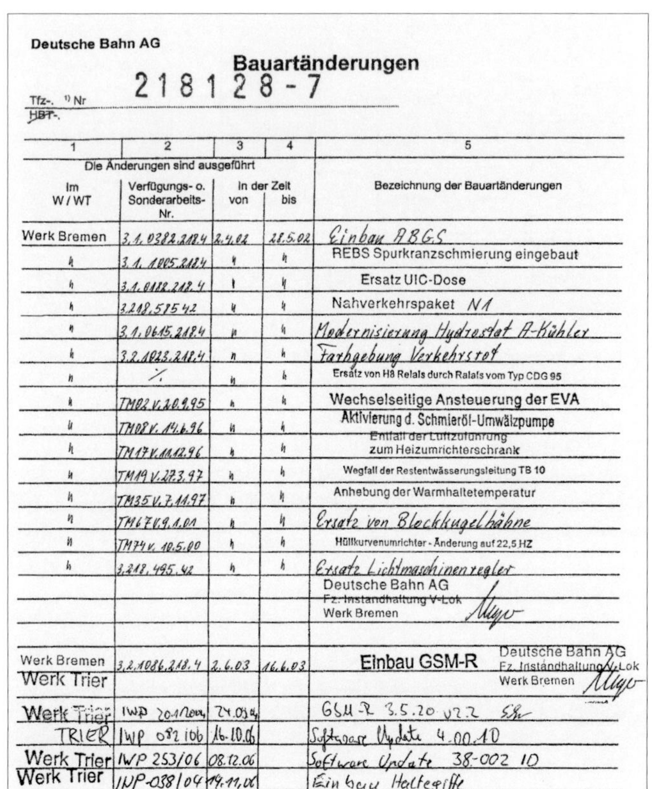

Deutsche Bahn AG

Bauartänderungen

Tfz.-1) Nr 218 128 - 7

1	2	3	4	5
Die Änderungen sind ausgeführt: im W/WT	Verfügungs- o. Sonderarbeits-Nr.	in der Zeit von	bis	Bezeichnung der Bauartänderungen
Werk Bremen	3.1.0382.218.4	2.4.02	21.5.02	Einbau ABGS
"	3.1.1005.218.4	"	"	REBS Spurkranzschmierung eingebaut
"	3.1.0188.218.4	"	"	Ersatz UIC-Dose
"	3.218.575 42	"	"	Nahverkehrspaket N1
"	3.1.0615.218.4	"	"	Modernisierung Hydrostat A-Kühler
"	3.2.1023.218.4	"	"	Farbgebung Verkehrsrot
"	./.	"	"	Ersatz von H8 Relais durch Relais vom Typ CDG 95
"	TM02 V. 20.9.95	"	"	Wechselseitige Ansteuerung der EVA
"	TM08 V. 14.6.96	"	"	Aktivierung d. Schmieröl-Umwälzpumpe
"	TM17 V. 11.12.96	"	"	Entfall der Luftzuführung zum Heizumrichterschrank
"	TM19 V. 27.3.97	"	"	Wegfall der Restentwässerungsleitung TB 10
"	TM35 V. 7.11.97	"	"	Anhebung der Warmhaltetemperatur
"	TM67 V. 9.1.01	"	"	Ersatz von Blockkugelhähne
"	TM74 V. 10.5.00	"	"	Hilfskurvenumrichter - Änderung auf 22,5 HZ
"	3.218.495.42	"	"	Ersatz Lichtmaschinenregler
				Deutsche Bahn AG Fz.-Instandhaltung V-Lok Werk Bremen [signature]
Werk Bremen	3.2.1086.218.4	2.6.03	16.6.03	Einbau GSM-R Deutsche Bahn AG Fz. Instandhaltung V-Lok Werk Bremen [signature]
Werk Trier				
Werk Trier	IWP 20.4.../..	24.03.04		GSM-R 3.5.20 v2.2 [signature]
TRIER	IWP 082 106	16.10.06		Software Update 4.00.10
Werk Trier	IWP 253/06	08.12.06		Software Update 38-002 10
Werk Trier	IWP-038/04	14.11.06		Einbau Haltegriffe

Bild 630 – Bauartänderungen an der Lokomotive 218 128.

SAMMLUNG CHRISTIAN GERBER (3)

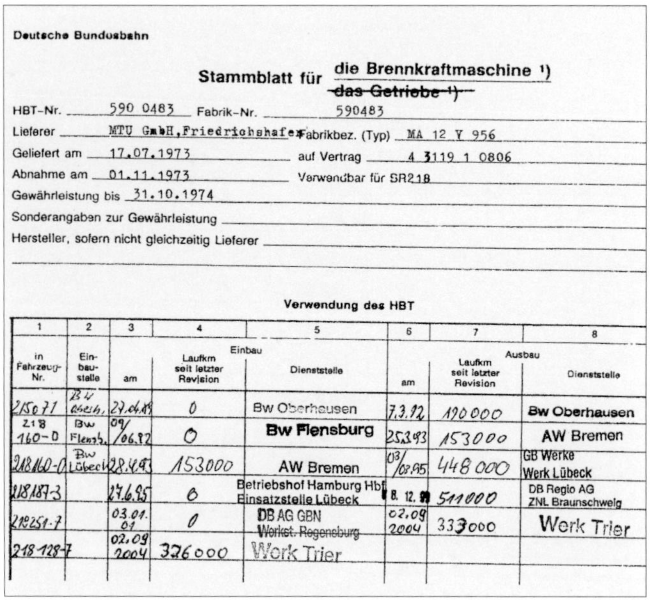

Deutsche Bundesbahn

Stammblatt für die Brennkraftmaschine ¹) ~~das Getriebe ¹)~~

HBT-Nr. 590 0483 Fabrik-Nr. 590483
Lieferer MTU GmbH, Friedrichshafen Fabrikbez. (Typ) MA 12 V 956
Geliefert am 17.07.1973 auf Vertrag 4 3119 1 0806
Abnahme am 01.11.1973 Verwendbar für BR218
Gewährleistung bis 31.10.1974
Sonderangaben zur Gewährleistung
Hersteller, sofern nicht gleichzeitig Lieferer

Verwendung des HBT

1	2	3	4	5	6	7	8
	Einbau				Ausbau		
in Fahrzeug-Nr.	Einbau-stelle	am	Laufkm seit letzter Revision	Dienststelle	am	Laufkm seit letzter Revision	Dienststelle
215 071	BW Oberh.	27.04.89	0	Bw Oberhausen	7.3.92	190000	Bw Oberhausen
218 160-0	Bw Flensb.	09/06.92	0	Bw Flensburg	25.3.93	153000	AW Bremen
218 160-0	Bw Lübeck	28.4.93	153000	AW Bremen	03/08.95	448 000	GB Werke Werk Lübeck
218 187-3		27.6.95	0	Betriebshof Hamburg Hbf Einsatzstelle Lübeck	8. 12. 99	511000	DB Regio AG ZNL Braunschweig
218 251-7		03.01.01	0	DB AG GBN Werkst. Regensburg	02.09 2004	333000	Werk Trier
218 128-7		02.09 2004	326000	Work Trier			

Bild 631 – Nutzung des Motors 590 483 vom MTU-Typ 12V 956 TB 10 im Zeitraum von April 1989 bis September 2004.

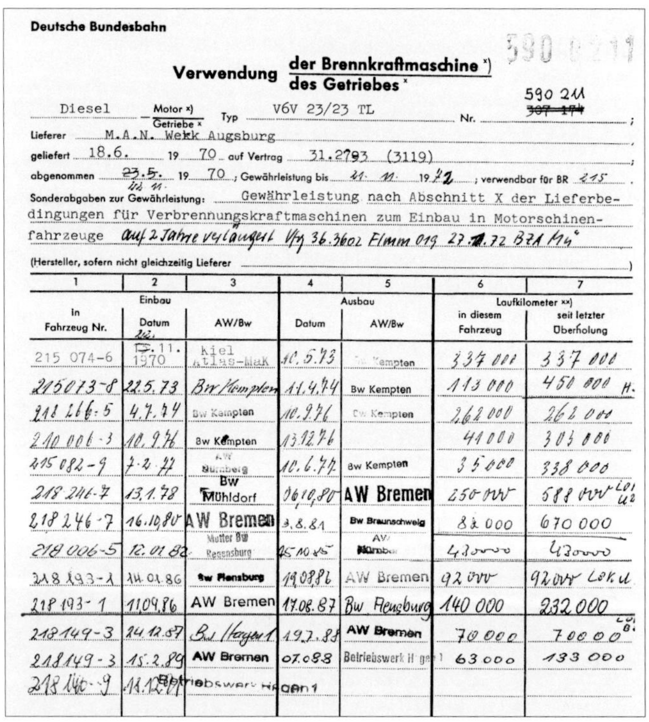

Deutsche Bundesbahn 590 0211

Verwendung der Brennkraftmaschine *) des Getriebes *

Diesel Motor *) / Getriebe * Typ V6V 23/23 TL Nr. 590 211 ~~307 174~~;
Lieferer M.A.N. Werk Augsburg
geliefert 18.6. 19 70 auf Vertrag 31.2793 (3119)
abgenommen ~~23.5.~~ 11.11. 19 70; Gewährleistung bis 11. 11. 19 72; verwendbar für BR 215.
Sonderabgaben zur Gewährleistung: Gewährleistung nach Abschnitt X der Lieferbedingungen für Verbrennungskraftmaschinen zum Einbau in Motorschienenfahrzeuge auf 2 Jahre verlängert Vfg 36.3602 Flmm 019 27.11.72 BZA Mü
(Hersteller, sofern nicht gleichzeitig Lieferer)

1	2	3	4	5	6	7
	Einbau		Ausbau		Laufkilometer **)	
in Fahrzeug Nr.	Datum	AW/Bw	Datum	AW/Bw	in diesem Fahrzeug	seit letzter Überholung
215 074-6	22.11. 1970	Kiel Atlas-MaK	10.5.73	Bw Kempten	337 000	337 000
215 073-8	22.5.73	Bw Kempten	11.4.74	Bw Kempten	113 000	450 000 H.
218 266-5	4.7.74	Bw Kempten	10.9.76	Bw Kempten	262 000	262 000
210 006-3	10.9.76	Bw Kempten	13.12.76		41 000	303 000
215 082-9	7.2.77	AW Nürnberg	10.6.77	Bw Kempten	35 000	338 000
218 246-7	13.1.78	Bw Mühldorf	06.10.80	AW Bremen	250 000	588 000 L01 U2
218 246-7	16.10.80	AW Bremen	3.8.81	Bw Braunschweig	82 000	670 000
218 006-5	12.01.82	Mutter Bw Regensburg	25.10.85	AW Nürnberg	430000	430000
218 193-1	14.01.86	Bw Flensburg	19.08.86	AW Bremen	92 000	92 000 Lok.U
218 193-1	11.09.86	AW Bremen	17.08.87	Bw Flensburg	140 000	232 000
218 149-3	24.12.87	Bw Hagen 1	19.7.88	AW Bremen	70 000	70 000 L0 B
218 149-3	15.2.89	AW Bremen	07.0.88	Betriebswerk Hagen 1	63 000	133 000
218 146-9	11.12.01	Betriebswerk Hagen 1				

Bild 632 – Nutzung des Motors 590 211 vom MAN-Typ V6V 23/23 TL im Zeitraum von November 1970 bis Dezember 2001.

chen Triebdrehgestelle wurden auch in der Baureihe 215 genutzt, so dass nach Belieben zwischen diesen Baureihen getauscht werden konnte, wovon – wie man in **Bild 633** sieht – Gebrauch gemacht worden ist. Das mit der 215 134 ausgelieferte Triebdrehgestell 768 1183 hat noch in 215 020, 021 und 037 sowie in 218 145, 146, 160, 193, 197 und 206 Dienst verrichtet.

Kommen wir am Ende zum letzten Blatt im Betriebsbuch der 218 146. Die Lok war im Februar 2004 z-gestellt worden. Nun stand die Verschrottung vor der Tür (**Bild 634**). Dazu wurde die Lok zunächst im März 2005 von Oberhausen-Osterfeld Süd zum Werk Bremen überführt, wo noch brauchbare Teile entnommen werden sollten, bevor die letzte Fahrt zum Schrotthändler nach Magdeburg durchgeführt wurde. Beim folgenden Blatt verwundert, dass als Eigentümer der Lok „Railion Deutschland AG" angegeben ist. Da die Lok zuletzt dem Railion-Werk Oberhausen zugeteilt

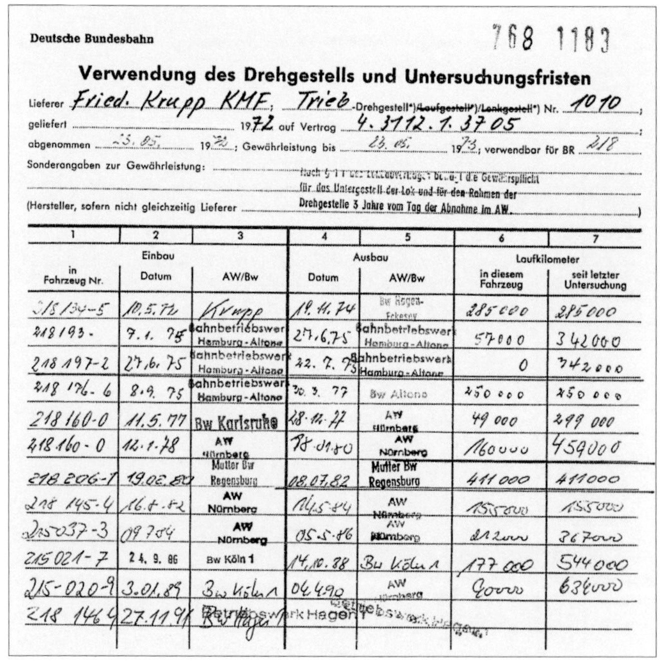

Deutsche Bundesbahn 768 1183

Verwendung des Drehgestells und Untersuchungsfristen

Lieferer Fried. Krupp KMF; Trieb-Drehgestell*)/~~Laufgestell*)~~/~~Lenkgestell*)~~ Nr. 1010;
geliefert 1972 auf Vertrag 4.3112.1.3705;
abgenommen 23.05. 1972; Gewährleistung bis 23.05. 1973; verwendbar für BR 218
Sonderangaben zur Gewährleistung: nach § 11 der Lieferbedingungen beträgt die Gewährspflicht für das Untergestell der Lok und für den Rahmen der Drehgestelle 3 Jahre vom Tag der Abnahme im AW.
(Hersteller, sofern nicht gleichzeitig Lieferer)

1	2	3	4	5	6	7
	Einbau		Ausbau		Laufkilometer	
in Fahrzeug Nr.	Datum	AW/Bw	Datum	AW/Bw	in diesem Fahrzeug	seit letzter Untersuchung
215 134-5	10.5.72	Krupp	19.11.74	Bw Hagen-Eckesey	285 000	285 000
218 193-	7.1.75	Bahnbetriebswerk Hamburg-Altona	27.6.75	Bahnbetriebswerk Hamburg-Altona	57 000	342 000
218 197-2	27.6.75	Bahnbetriebswerk Hamburg-Altona	22.7.75	Bahnbetriebswerk Hamburg-Altona	0	342 000
218 176-6	8.9.75	Bahnbetriebswerk Hamburg-Altona	30.3.77	Bw Altona	250 000	250 000
218 160-0	11.5.77	Bw Karlsruhe	28.12.77	AW Nürnberg	49 000	299 000
218 160-0	12.1.78	AW Nürnberg	28.01.80	AW Nürnberg	160 000	459 000
218 206-1	19.02.80	Mutter Bw Regensburg	08.07.82	Mutter Bw Regensburg	411 000	411 000
218 145-4	16.8.82	AW Nürnberg	14.5.84	AW Nürnberg	155 000	155 000
215 037-3	09.7.84	AW Nürnberg	05.5.86	AW Nürnberg	212 000	367 000
215 021-7	24.9.86	Bw Köln 1	14.10.88	Bw Köln 1	177 000	544 000
215-020-9	3.01.89	Bw Köln 1	04.4.90	AW Nürnberg	90 000	634 000
218 146-9	27.11.91	Betriebswerk Hagen 1				

Bild 633 – Nutzung des Triebdrehgestells 768 1183 von Krupp im Zeitraum von Mai 1972 bis November 1991. SAMMLUNG CHRISTIAN GERBER (3)

Railion Deutschland AG

Lauffähigkeitsbescheinigung
für Fahrten
ohne Personenbeförderung

für

Fahrzeugart: V-Lok
Eigentümer: Railion Deutschland AG
Fahrzeug Nr.: 218 146-9 Bauart: BR 218
Hersteller: .... Fabrik-Nr.:
Baujahr: .... Antriebsleistung: .... kW
Zugelassene Höchstgeschwindigkeit: 140 km/h
Bauartzulassung des EBA vom: .... Az:

Aufgrund § 32 der Eisenbahn Bau- und Betriebsordnung wird für das oben bezeichnete Fahrzeug die Betriebserlaubnis für den Verkehr auf dem Streckennetz der Eisenbahnen des Bundes und/oder der folgenden Bahnen erteilt:*)

zeitlich begrenzt bis: 20.03.2005
nur für den Bereich von: Oberhausen-Osterfeld nach: Bremen
ohne eigene Kraft für die Fahrt zugelassene Höchstgeschwindigkeit 60 km/h
Bremse nicht wirksam

Oberhausen den, (Ort) 09.03.2005 (Datum)

Der Prüfer

Railion
Railion Deutschland AG Instandhaltung West Servicestelle Oberhausen Cheruskerstr. 25 · D-46117 Oberhausen

(Unterschrift, Funktion) (OE) (NL) Oberhausen (Rufnummer)

Bild 634 – Lauffähigkeitsbescheinigung für die vorletzte Fahrt der 218 146. SAMMLUNG RALF SCHLÜTER

war, hat möglicherweise der Mitarbeiter, der das Blatt ausgefüllt hat, die Begriffe „Eigentümer" und „Besitzer" verwechselt. Da die Bremse der Lok schon nicht mehr wirksam war, konnte die Überführungsfahrt nur mit einer Höchstgeschwindigkeit von 60 km/h erfolgen. ❑

12 Projekte für Nachfolgebaureihen

Es ist wenig bekannt, dass während der Auslieferung der V 160-Familie von der deutschen Lokomotivindustrie diverse Loktypen für die DB entwickelt worden sind, die nicht realisiert wurden. Diese sollen kurz vorgestellt werden.

12.1 Das MaK-Projekt G 2200 BB als Güterzugvariante der V 160

Die Maschinenbau Kiel (MaK) entwickelte in den sechziger Jahren im Auftrag der DB die Baureihe V 90 und baute 1964 die ersten zehn Vorserienloks, denen 1965 noch zehn weitere folgen sollten. Erste Fahrversuche mit V 90 001 zeigten bei deren Höchstgeschwindigkeit von 70 km/h hervorragende Laufeigenschaften. Dies veranlasste die Firma MaK, zu testen, ob die Laufeigenschaften der Drehgestelle auch bei höheren Geschwindigkeiten gut waren, um die Drehgestelle noch für andere Loktypen nutzen zu können. Dazu wurden mit V 90 001 am 20. Oktober und am 5. November 1964 Messfahrten auf dem Streckenabschnitt Staffelstein – Breitengüßbach der Strecke Lichtenfels – Bamberg durchgeführt. Die Lok musste dazu allerdings mit ausgebauten Gelenkwellen gezogen werden, da anderenfalls ihr Getriebe übertourt wäre. Bei einer Geschwindigkeit von 120 km/h zeigten die Drehgestelle noch befriedigende Laufeigenschaften. Daraus schloss MaK, dass die Drehgestelle mit leicht geänderter Federung auch für Geschwindigkeiten über 120 km/h geeignet wären. MaK entwickelte daher die Drehgestelle weiter, so dass sie für eine Höchstgeschwindigkeit von 160 km/h zugelassen werden konnten. Nach dem Test der Drehgestelle in 216 184 fanden sie in der Baureihe 210, den Vorserienlokomotiven der Baureihe 217 sowie in den Lokomotiven der Baureihe 218 ab der 3. Bauserie Verwendung.

MaK war aber nicht nur von der Qualität der V 90-Drehgestelle überzeugt, sondern auch vom Gesamtaufbau dieser Baureihe. Daher entwickelte sie aus der Baureihe V 90 eine Güterzug-Diesellok größerer Leistung (2.200 PS), die sie als G 2200 BB bezeichnete. Sie zeichnete sich durch folgende Merkmale aus:

- einfacher und robuster Lokrahmen mit durchlaufenden Profilträgern;
- nicht mittragende Aufbauten;
- halbmittig angeordnetes Führerhaus mit zwei diagonal gegenüberliegend angeordneten Führerständen;
- gegenüber dem Führerhaus eingezogene Vorbauten, dadurch frei begehbarer Umlauf;
- Schiebetüren für die Motorkammer.

Es handelte sich praktisch um eine verlängerte V 90 mit einer Länge von 14.800 mm über Puffer und einem Drehzapfenabstand von 7.500 mm. Sie sollte mit dem MaK-Motor V 12 M282 AK ausgestattet werden, wurde aber alternativ auch mit dem Daimler-Benz-Motor MB 839 Bb und dem Maybach-Motor MD 870 1B angeboten. Als Getriebe sollte der Typ L 821 rs von Voith dienen, der auch in der Baureihe V 160 genutzt wurde.

Die Firma MaK legte der DB im Dezember 1964 den Entwurf der G 2200 BB vor und schlug vor, diese Type als Güterzugvariante der Baureihe V 160 zu beschaffen. Sie wäre dank des einfacheren Aufbaus und der fehlenden Dampfheizung in der Anschaffung und Wartung deutlich billiger als eine V 160. Die DB nahm dieses Angebot jedoch nicht an, sondern beschaffte weiter Lokomotiven der V 160-Familie, da diese als Mehrzweckloks für den Personen- und Güterverkehr universell einsetzbar waren.

Die Firma MaK gab aber nicht auf: Vielmehr entwickelte sie ihren Typ G 2200 BB zur Mehrzwecklokomotive G 2500 BB weiter und legte deren Entwurf im Juli 1965 der DB vor.

12.2 Das MaK-Projekt G 2500 BB als Konkurrenz zur 218

Die Vorüberlegungen

1965 liefen bei der DB und der Firma Krupp die Planungen für die spätere Baureihe 218 (seinerzeit unter der Arbeitsbezeichnung V 163 geführt). Hier ging es um die Beschaffung einer großen Zahl an Lokomotiven. An diesem Geschäft wollte auch die Firma MaK teilhaben. Daher präsentierte die Kieler Lokfabrik einen Al-

Bild 635 Erster Designentwurf der von MaK projektierten G 2500 BB.

Zeichnung: MaK, Sammlung Stefan Lauscher

Bild 636
Holzmodell des weiterentwickelten Typs G 2500 BB. Beim Betrachten dieses Modells fallen Ähnlichkeiten mit dem MaK-Typ G 2000-3 BB auf, der ab 2003 für Privatbahnen gebaut wurde.

AUFNAHME: MAK, SAMMLUNG STEFAN LAUSCHER

ternativentwurf für eine 2.500 PS-Lok mit elektrischer Zugheizanlage. In ihrem Entwurf einer G 2500 BB vom Juli 1965 gab sie zu bedenken: *„Zu einem Zeitpunkt, da eine Entwicklung in Angriff genommen wird, liegt der Gedanke nahe, auch den Fahrzeugteil der Lokomotive auf Möglichkeiten zur Verminderung des Anschaffungs- und Unterhaltungsaufwandes zu untersuchen. Wenn man bedenkt, daß die Beschaffung von mehreren hundert Fahrzeugen dieser einen Type erforderlich ist und die Entwicklung der V 160 in ihrem Fahrzeugteil nahezu acht Jahre zurückliegt, scheint die Suche nach neuen Lösungen gerechtfertigt, die den heutigen Stand der Technik und die Erfahrungen mit anderen Triebfahrzeugen berücksichtigen. Ausgehend von der schweren Rangierlok V 90, die vom Bundesbahn-Zentralamt München und der MaK Maschinenbau Kiel GmbH gemeinsam entwickelt wurde und als Beispiel für eine sehr einfache, robuste, wartungsarme und preiswerte Lokomotive gelten kann, legt die MaK hiermit einen neuen Vorschlag für die Gestaltung des Fahrzeugteiles einer zukünftigen V 163 vor, der, abgewandelt für die Erfordernisse einer Streckenlokomotive, die Erfahrungen bei der Konstruktion der V 90 einer weiteren Loktype der DB nutzbar machen will.*

Es sprechen einige gewichtige Gründe dafür, die schwere Rangierlokomotive V 90 als Ausgangspunkt für eine solche Lösung heranzuziehen:

- *Die Achslasten beider Loktypen betragen 20 t.*
- *Das Laufwerk der V 90 hat bei Schnellfahrversuchen bis 125 km/h seine grundsätzliche Eignung für höhere Geschwindigkeiten bewiesen.*
- *Laufwerk, Federung, Rahmen und Aufbauten sind robust und einfach ausgeführt und berücksichtigen die in jüngster Zeit immer dringlicher gestellte Forderung nach geringem Wartungs- und Unterhaltungsaufwand.*
- *Der Neuentwurf des Fahrzeugteils der V 160 kann von einer vorhandenen und bereits bewährten Ausführung ausgehen und vermeidet damit das mit einer völligen Neukonstruktion verbundene Risiko.“*

Einige technische Daten der projektierten G 2500 BB	
Länge über Puffer:	15.000 mm
Gesamtachsstand:	10.500 mm
Drehzapfenabstand:	8.000 mm
Drehgestellachsstand:	2.500 mm
größte Höhe:	4.260 mm
größte Breite:	3.100 mm
Treibraddurchmesser:	1.100 mm
Gewicht mit ⅔ Vorräten:	80 t
Achslast mit vollen Vorräten:	20 t
Motorleistung bei 1.600 min^{-1}:	2.500 PS
größte zulässige Geschwindigkeit	
im Schnellgang	125 (140) km/h
im Langsamgang	80 km/h
Dieselkraftstoff-Vorrat:	2 800 l
Sandvorrat:	200 kg
elektrische Zugheizung:	16 ⅔ Hz; 360 KVA

Beschreibung der G 2500 BB

Die Maschinenanlage entsprach in Grundzügen dem Krupp-Entwurf der V 163. Ein 2.500-PS-Motor von MAN oder Maybach-Mercedes-Benz sollte über ein Voith-Getriebe L 820 brs und Gelenkwellen die vier Achsen antreiben. Allerdings sollte zwischen dem Motor und dem Getriebe keine Gelenkwelle, sondern eine neuartige gummielastische Kupplung der Firma Metzler sitzen, die ausreichenden Axial- und Radialversatz bei extrem kurzer Baulänge zuließ. Weitere Baugruppen entsprachen denen der V 160-Familie: Voith-Getriebe mit einer hydraulischen Bremskupplung und einem für die Abführung der Bremswärme dimensionierten Getriebeölwärmetauscher; Kühlanlage von Voith, Heizgenerator von BBC, Vorwärmgerät von Hagenuk.

Gänzlich anders waren jedoch der Rahmen und das Fahrwerk. Da die V 90 als Vorbild diente, hatte die von MaK projektierte Lok einen stabilen Rahmen, der die Maschinenanlage und die Aufbauten tragen sollte. Die Fahrzeuge der V 160-Familie hingegen hatten einen Lokkasten, der zur Stabilität beitrug. In diesem Lokkasten waren die Hauptbauteile untergebracht und konnten durch Seitengänge innerhalb des Lokkastens erreicht werden. Beim MaK-Entwurf hingegen waren die Hauptbauteile unter Verkleidungen untergebracht und konnten über Seitengänge außerhalb der Verkleidungen erreicht werden. Durch Schiebe- und. Drehtüren sowie Klappen waren alle Teile der Ausrüstung bequem zu erreichen.

Die Lok wurde wahlweise mit zwei Endführerhäusern oder einem Mittelführerhaus angeboten. Ein Mittelführerhaus wäre beim Einsatz der Lok im Güterverkehr günstig gewesen, da es das Rangieren erleichtert hätte.

Die beiden Endführerhäuser sollten als fertig vormontierte Baugruppe auf dem Lokrahmen befestigt werden. Das Betreten sollte vom seitlichen Umlauf aus erfolgen. Diese Anordnung bot einige Vorteile:

- keine Tür vom Führerstand in den Maschinenraum, dadurch bessere Abschirmung gegen Maschinengeräusche;
- Öffnen und Schließen der Tür von einem sicheren Standplatz aus;
- ungehinderter Fluchtweg im Gefahrfall;
- kein Platzverlust im Führerhaus, da die Türen nach außen geöffnet wurden;
- keine Beeinträchtigung der Seitenfenstergröße durch die Tür.

Ein weiterer Unterschied bestand darin, dass die G 2500 BB die Drehgestelle der V 90 in modifizierter Form erhalten sollte, während für die V 163 ursprünglich die Krupp-Seriendrehgestelle der V 160 vorgesehen waren. Die V 90-Drehgestelle zeichneten sich durch einen Drehgestellrahmen in robuster Kastenträgerbauweise, verschleiß- und wartungsfreie Megi-Achsfedern, Achslager mit Zylinderrollenlagern sowie verschleiß- und wartungsfreie Kastenabstützung aus. Die Drehgestelle konnten wahlweise mit Klotz- oder Scheibenbremsen ausgerüstet werden.

Entwicklungsgeschichte der G 2500 BB

Anfang 1966 standen die Chancen für den Bau eines Prototyps nicht schlecht. Die Hauptverwaltung der Bundesbahn favorisierte die zweimotorige Baureihe V 162 als V 160-Variante mit elektrischer Zugheizanlage. Das BZA München befürwortete den Bau der einmotorigen Baureihe V 163, weil sie geringere Anschaffungs- und Wartungskosten erwartete. Da zu diesem Zeitpunkt schon rund 6 Mio. DM Entwicklungskosten in die V 160-Familie geflossen waren, zögerte die HVB, noch Geld in die Entwicklung der V 163 zu stecken. Da bot MaK dem BZA München an, die Komponenten für die geplante V 163 in einem G 2500 BB-Prototypen zu testen. Dies hätte bei der DB das Entwicklungskonto der V 163 entlastet und der Firma MaK die Möglichkeit gegeben, ihr Projekt zu präsentieren. Die DB signalisierte, dass sie bereit wäre, bis zu fünf Prototypen zu mieten. Allerdings wäre eine Serienbeschaffung in absehbarer Zukunft nicht möglich, da zunächst der V 160-Familie der Vortritt gegeben werde. Da durch die Mieteinnahmen der Loks deren Entwicklungskosten nicht wieder hereingeholt werden konnten, entschied die MaK-Geschäftsführung, das Projekt G 2500 BB so lange auf Eis zu legen, bis sich Verkaufsmöglichkeiten für den Loktyp ergeben würden.

Es sollte noch über 30 Jahre dauern, bis das Konzept wieder aus der Schublade geholt wurde. Im Jahre 2000 präsentierte das Kieler Werk – nun als Vossloh Schienenfahrzeugtechnik firmierend – ihren Loktyp G 2000 BB. Von diesem wurden immerhin mehr als 100 Exemplare gefertigt. Er enthält zwar komplett neue Baugruppen, es wurde aber das alte Bauprinzip verwirklicht (stabiler Rahmen, Endführerstände und seitliche Umläufe).

Da MaK insgesamt 135 Loks der Baureihe 218 fertigen durfte, war sie auch ohne G 2500 BB gut am Bau der DB-Loks beteiligt.

12.3 Projekte zur Ergänzung der V 160-Familie

Nachdem die DB Mitte der fünfziger Jahre die Baureihe V 320 nicht in ihr Dieselloktypenprogramm aufgenommen hatte, wurde das Projekt „Diesellokomotiven mit höherer Leistung" zunächst nur halbherzig verfolgt. Dies war auch der Grund dafür, dass die Firma Henschel die V 320 auf eigene Rechnung gebaut hatte. Für die DB war zunächst die Beschaffung von Dieselloks mittlerer Leistung wichtiger, und so wurden die verschiedenen Vertreter der V 160-Familie entwickelt. Erst in den Jahren 1967 bis 1969 wendete sich die DB wieder leistungsstärkeren Dieselloks zu.

Mit einer Verfügung (Verfg v. 25.8.67 – 23.232 Flm/K 83) gab die Hauptverwaltung der Bundesbahn (HVB) den Bedarf an Diesellokomotiven mit höherer Leistung und elektrischer Zugheizeinrichtung für den Einsatz im Reise- und Güterzugdienst mit 60 bis 80 Stück bekannt. Für diese Loks hatte die HVB (Verfügung vom 2. Juli 1968 – 23.232 Flm/K 84) folgendes Betriebsprogramm vorgesehen: Sie sollten unter anderem in Doppeltraktion Züge mit möglichst hoher Geschwindigkeit (mindestens 140 km/h) und einer Beschleunigungsreserve von 3 kg/t bei 140 km/h in der Ebene befördern können; als Anhängelast sollten max. 600 t zugrunde liegen.

Aus diesen Bedingungen errechnete das Bundesbahn-Zentralamt (BZA) München, dass die Leistung der Lok mindestens 3.340 PS betragen müsse. Es lud die Firmen Krauss-Maffei, Rheinstahl-Henschel und BBC zur Projektierung einer vierachsigen einmotorigen 3.340-PS-Lokomotive ein. Bedingung war, dass aus der Teilnahme an der Projektierung keine Ansprüche gegen die DB auf Abschluss eines Entwicklungsvertrages oder auf Gewährung einer Vergütung abgeleitet würden. Falls ein Projekt von der DB ausgewählt würde, stellte sie allerdings eine Beteiligung an den Projektierungskosten im Rahmen des Entwicklungsvertrages in Aussicht. Die gegebenenfalls entwickelte Lokomotive sollte bei anderen Firmen für die DB nachgebaut werden können. Alle drei Firmen erklärten sich unter diesen Voraussetzungen zur Mitarbeit bereit. Die nicht angeschriebene Firma MaK bat – auch ohne schriftliche Aufforderung – ebenfalls, ein Projekt vorlegen zu dürfen. Diesem Ersuchen wurde entsprochen.

Die gewünschten Projektvorschläge wurden von den vier Firmen vorgelegt und blieben unberücksichtigt. Die DB hatte nämlich inzwischen ihre Vorstellungen abermals geändert. Sie beschloss im Februar 1969 ein „Leitprogramm des Betriebs für Geschwindigkeitserhöhungen auf Hauptbahnen". Darin äußerte sie die Absicht, auf mehr als 30 % der nichtelektrifizierten Schnellzugstrecken die Höchstgeschwindigkeit auf 160 km/h anzuheben. Außerdem sollten in absehbarer Zeit auch auf diesen Strecken voll klimatisierte Reisezugwagen zu befördern sein, deren elektrische Energieversorgung über die Zugsammelschiene der Lok erfolgen sollte. Beides stellte an die Brennkraftmaschinen-Leistung des Triebfahrzeugs erheblich höhere Anforderungen als zuvor. Aus diesem Leitprogramm resultierten zwei Verfügungen der HVB. In der ersten (Verfügung vom 14. März 1969 – 23.232 Flm/K 83) gab die HVB für Diesellokomotiven die Notwendigkeit der Geschwindigkeitserhöhung auf 160 km/h bekannt und verfügte, die in Entwicklung befindliche Baureihe 210 konstruktiv auf eine Höchstgeschwindigkeit von 160 km/h auszurichten. Entsprechend wurde für die Diesellok mit höherer Leistung die Höchstgeschwindigkeit von 160 km/h festgelegt (Verfg. vom 4. Juli 1969 – 23.232 Flm/K 84). Der Fachausschuss für Schienenfahrzeuge mit Brennkraftmaschinen ermittelte aus diesen Verfügungen folgende Konsequenzen:

1. Für die Entwicklung einer vierachsigen, einmotorigen 3.340 PS-Lok ist kein Einsatzfeld mehr gegeben; sie ist merk-

lich leistungsschwächer als die Baureihe 210 und erfordert zudem überwiegend Großbauteile neuer Bauart.

2. Für die Beförderung schneller, klimatisierter Reisezüge mit Lasten über 300 t und schneller Güterzüge über 500 t kommt als Regelbespannung nur eine sechsachsige 5.000-PS-Lok in Frage. Denn selbst wenn im Reisezugdienst die Traktionsleistung einer Lokomotive für die Beförderung größerer Anhängelasten mit geringerer Geschwindigkeit ausreicht, z. B. bei einer 218 für 500 t mit 100 km/h in 2 ‰ Steigung oder bei einer 210 für 400 t mit 140 km/h in 2 ‰ Steigung, so können von dieser einen Lokomotive bei einer möglichen Leistungsabgabe an die Zugsammelschiene von maximal 360 kW nur sieben klimatisierte Reisezugwagen bzw. nur sechs Wagen dieser Art und ein Speisewagen übernommen werden. Bei einer 5.000 PS-Lok besteht dieses Problem nicht.
3. Eine sechsachsige 5.000 PS-Lok mit zwei 2.500 PS-Maschinenanlagen mit einer maximalen Leistungsabgabe von je 360 kW an die Zugsammelschiene kann bei Auslegung auf 160 km/h Höchstgeschwindigkeit im Schnellgang und 100 km/h im Langsamgang praktisch alle auf nicht elektrifizierten Strecken im Reise- und Güterzugdienst anfallenden Zugförderungsaufgaben in Einfachtraktion übernehmen.
4. Zwei auf 160 km/h umgestellte 218 (gleicher Fahrzeugteil wie Baureihe 210) mit je einer 2.500 PS-Maschinenanlage könnten diese Aufgaben in Doppeltraktion wegen ihres Mehrgewichtes von 158 gegenüber 126 t nicht gleich gut und wegen ihres höheren Preises von 2,8 gegenüber 2,4 Mio. DM sowie zweifellos auch höherer Unterhaltungskosten nicht so wirtschaftlich erfüllen.
5. Doppeltraktion mit zwei vierachsigen einmotorigen 3.340 PS-Loks oder mit noch leistungsstärkeren 210 steigert zwar die Traktionsleistung, ist aber sowohl vom Beschaffungspreis (3,2 bis 3,6 Mio. DM) als auch von den Unterhaltungskosten her als Regelbespannung nicht zu vertreten. Dies schließt Doppeltraktion in Ausnahmefällen nicht aus.

Der Fachausschuss unterstützte daher den Antrag des BZA München auf Entwicklung und Bau von sechsachsigen, zweimotorigen dieselhydraulischen 5.000 PS- Lokomotiven. Es habe keinen Sinn, ausschließlich Triebfahrzeuge zu bauen, die weniger Leistung als die Ellok-Baureihe 141 hätten. Wenn man trotz ständig steigender Anforderung an Zugkraft und Geschwindigkeit im Schienenverkehr auf dem Dieselloksektor mit den Serienloks 215 und 218 in der Masse nur Streckenlokomotiven beschaffe, die leistungsschwächer als die 220 seien, dann wäre dies ein Vorgang, für den es auf keinem anderen Verkehrssektor eine Parallele gäbe. Bei den Elloks habe man nicht gezögert, von vier auf sechs Achsen überzugehen, als mehr Leistung gefordert wurde. Mit dem Übergang auf sechs Treibachsen zögen die Dieselloks nur nach. Wichtig sei die Möglichkeit, ohne Vorauslok sofort mit einer Null-Serie von 20 Loks beginnen zu können, da nur bekannte Hauptbauteile verwendet würden. Diese Lok würde eine echte Mehrzwecklok für den Reise- und Güterzugverkehr sein. Die Verwendung vorhandener Motor- und Getriebebauarten und anderer bewährter Bauteile erspare lange Erprobungszeiten und aufwendige Umstellungen in den AW und Bw; schließlich werde sich auch das Lokpersonal umso leichter auf die neue Lokbauart einstellen, wenn es wesentliche Bedienungsgewohnheiten von den schon vorhandenen Lokbauarten übernehmen könne.

Mit der HVB-Verfügung 23.232 Flm/K 84 vom 4. Juli 1969 wurde das BZA München beauftragt, kurzfristig eine sechsachsige Diesellokomotive mit 2 × 2.500 PS-Maschinenanlagen, elektrischer Zugheizeinrichtung, höchstens 21 t Achslast und 160 km/h Höchstgeschwindigkeit alternativ mit hydraulischer und elektrischer Kraftübertragung zu projektieren. Nach Aufstellung der erforderlichen Richtlinien für diese Projektierung wurden dieselben Firmen zur Projektierung eingeladen wie bei der 3.340 PS-Lok. Sie hatten nur rund drei Monate Zeit für die Erstellung von Entwürfen, denn am 30. Oktober 1969 war Abgabetermin.

1. Eingereichte Projekte

Krauss-Maffei bot ein Projekt für eine zweimotorige dieselhydraulische C'C'-Lokomotive mit 5.000 PS an. Die Firma beschrieb vier mögliche Gesamtanordnungen der Hauptbaugruppen und erläuterte die ausgewählte Anordnung überzeugend.

Henschel bot zwei Projekte für eine zweimotorige dieselhydraulische C'C'-Lokomotive mit 5.000 PS an, nämlich ein Grundangebot und eine Alternative.

BBC bot in Zusammenarbeit mit Henschel eine zweimotorige dieselelektrische Co'Co'-Lokomotive mit 5.000 PS, Drehstrom-Kraftübertragung und Heizstromentnahme aus den Traktionsgeneratoren an. Der Lokkasten und das Laufwerk entsprachen den dieselhydraulischen Henschel-Projekten.

MaK bot in Anlehnung an eine ins Ausland gelieferte, leistungsschwächere, zweimotorige, sechsachsige, dieselhydraulische MaK-Lokomotive eine zweimotorige dieselhydraulische C'C'-Lokomotive mit 5.000 PS an. Zusätzlich reichte MaK ein auf der Baureihe 210 aufbauendes Projekt für eine vierachsige 4.500 PS-Lokomotive mit einem 3.340 PS-Dieselmotor, einer 1.150 PS-Gasturbine und hydraulischer Kraftübertragung ein.

Die Sichtung der eingereichten Vorschläge zeigte, dass eine sechsachsige 5.000 PS-Lok mit Druckluftscheibenbremsen und dynamischer Bremse mit einer Achslast von höchstens 21 t realisierbar war.

Würdigung der Projekte durch das BZA München

Gelenkwellenantrieb der dieselhydraulischen 5.000 PS-Lok
Alle vorliegenden Erfahrungen mit dieselhydraulischen Lokomotiven mit Gelenkwellenantrieb sprechen dafür, einem Antrieb, bei dem der Turbogetriebeabtrieb zwischen zwei möglichst naheliegenden Radsätzen eintaucht und diese nach beiden Seiten antreibt (Krauss-Maffei- und Henschel-Projekt), den Vorzug zu geben gegenüber einem Antrieb, bei dem das Turbogetriebe mit einseitigem Abtrieb am Ende eines längeren Wellenstranges (Henschel-Alternative) oder am Ende einer langen Gelenkwelle (MaK-Vorschlag) angeordnet ist. Im ersteren Falle befindet sich das Turbogetriebe beim Schleudern der Treibräder mehr oder weniger in Schwingungsknoten des die Radsätze verbindenden Wellenstranges und wird deshalb nur wenig in Mitleidenschaft gezogen. Im zweiten Falle schwingt der Sekundärteil des Turbogetriebes seinerseits ungleich stärker gegen die schleudernden Radsätze.

Gesamtanordnung der dieselhydraulischen 5.000 PS-Lok
Bei einem Vergleich des Krauss-Maffei-Projekts mit dem Henschel-Grundangebot sprechen die weitestgehende Verwendung von Hauptbauteilen der Baureihe 218, die logische Zuordnung von Turbogetriebe und Kühlergruppe bzw. von Heizgenerator und Umrichter sowie die geschickte Überlappung der beiden Maschinenanlagen in Lokmitte für das Krauss-Maffei-Projekt.

Dieselelektrische 5.000 PS-Lok
Das BBC-Henschel-Projekt mit einem den dieselhydraulischen Henschel-Projekten verwandten Fahrzeugteil erscheint auf lange Sicht gesehen die interessanteste Lösung. Die vorgesehene neue Drehstrom-Kraftübertragungstechnik mit einem Wechselrichter pro Fahrmotor überzeugt. Für die Belüftung der elektrischen Hauptbauteile ist ein klareres Konzept erarbeitet. Bei grundsätzlichem Gleichstand mit den dieselhydraulischen Projekten bezüg-

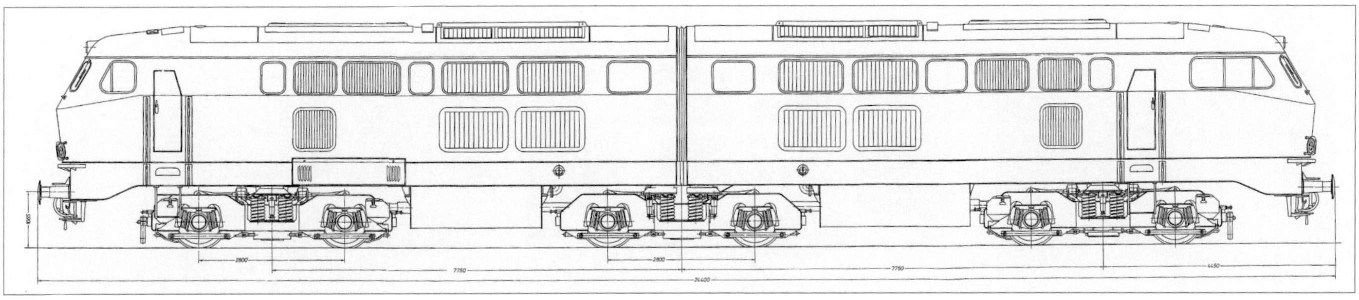

Bild 637 – Skizze der von MaK projektierten Baureihe 209. Die Gelenk-Doppeldiesellok hätte es auf eine LüP von 24.400 mm gebracht. ZEICHNUNG: MAK, SAMMLUNG STEFAN LAUSCHER

lich Gewicht und Beschaffungspreis bietet das dieselelektrische Projekt durch den Zusammenbau von Drehstrom-Generator und Dieselmotor und den Entfall zusätzlicher Heizgeneratoren sehr kompakte Primärantriebssysteme. Durch den Entfall der Drehmomentverteilung über Gelenkwellen und Vorgelegeachstriebe auf die einzelnen Radsätze und von zusätzlichen Kreisläufen für die dynamische Bremse gibt es auch ein einfacheres Sekundärsystem. Ferner verspricht die Drehstromübertragung einen optimalen Wirkungsgradverlauf über den gesamten Geschwindigkeitsbereich bei Volllast und bei Teillasten. Die zur Verfügung stehende Dieselmotorleistung wird bei allen Betriebseinsätzen durch die gegebene Freiheit in der Aufteilung dieser Leistung für die Traktion und die Zugsammelschiene optimal genutzt. Schleifringlose Drehstrom-Asynchron-Fahrmotoren sind gegenüber der hydraulischen Kraftübertragung von Vorteil. Es ist aber ein Nachteil, dass erst noch Versuchsloks gebaut und getestet werden müssen und danach eine Betriebserprobung nötig ist, bevor Serienloks gebaut werden können.

MaK-Projekt mit 4.500 PS

Dieser Entwurf konnte das BZA nicht überzeugen, weil das Gesamtgewicht falsch berechnet war und das BZA davon ausging, dass ein Gesamtgewicht von 84 t nicht realisierbar war.

Nach dieser Würdigung hatte der Krauss-Maffei-Vorschlag die „Nase vorn". Daraufhin hat MaK einen weiteren Vorschlag nachgereicht, der sich erheblich von den übrigen Vorschlägen unterschied.

Das MaK-Projekt G 5000 BB/Baureihe 209

Die Firma MaK stellte bei diesem Projekt eine Doppellokomotive vor, die aus zwei Loks der Baureihe 218 bestand, die per Gelenk verbunden waren. Im Vergleich zur 218-Doppeltraktion hatte sie aber zwei Führerstände und ein Drehgestell weniger. Dieses Vorgehen brachte viele Vorteile gegenüber einer 218-Doppeltraktion, die folgendermaßen hervorgehoben wurden:

- Zwei 218 wiegen zusammen 158 t, bei eine 209 sind es nur 123 t. Das Mehrgewicht von 35 t vermindert bei der Doppeltraktion die Traktionsleistung am Zughaken, was sich besonders in der Beschleunigung auswirkt.
- Zwei 218 erfordern einen höheren Kapitaldienst, höhere Unterhaltungskosten und größeren Aufwand für den Vorbereitungs- und Abschlussdienst gegenüber einer 209, sodass der Betrieb in Doppeltraktion zwangsläufig unwirtschaftlicher werden muss.
- Lokomotiven mit Doppeltraktion sind bei Fahrten vom und zum Zug, sonstigen Rangierbewegungen usw. betrieblich schwieriger zu handhaben.

Die Vorteile einer Doppellok mit drei zweiachsigen Drehgestellen gegenüber einer Lok mit zwei dreiachsigen Drehgestellen wurden auch hervorgehoben:

- Der Oberbau wird durch den großen Anteil der vollabgefederten Massen geschont. Beim Bogenlauf sind die auftretenden Quer- und Richtkräfte deutlich geringer. Dies mindert nicht nur den Verschleiß beim Oberbau, sondern auch den bei den Spurkränzen. Eine Gelenklok kann kleinere Gleisbögen befahren, die projektierte 209 solche mit einem Radius von 100 m.
- Durch den kurzen Drehzapfenabstand (2 × 7.750 mm) ist der Ausdrehwinkel der Drehgestelle im Bogen gering. Dadurch ist die Beanspruchung der Flexicoil-Federn gering, ebenso der Kardanfehlerwinkel in den Gelenkwellen.
- Durch die Übernahme fast aller Hauptbaugruppen von der 218 ergeben sich gewichtige Vorteile. Die Doppellok kann in kurzer Zeit und mit geringen Kosten entwickelt werden. Es besteht ein geringes technisches Risiko einer Fehlentwicklung. Es wird kein Prototyp zur Erprobung benötigt. Da die Motorenanlagen, hydraulischen Getriebe, Kühlanlagen, Heizgeneratoren, Lichtanlassmaschinen und viele andere Komponenten baugleich mit denen der Baureihe 218 sind, sind sie freizügig tauschbar, preiswert in der Beschaffung und Unterhaltung.

Die geplante Baureihe 209 hat zwei MTU-Motoren 12 V 956 TB 10 mit einer Leistung von je 2.500 PS, zusammen also 5.000 PS. Sie sind außer für die Traktion auch für die Energieversorgung des Zuges zuständig, wofür 650 kVA bereitgestellt werden (bei der 218 sind es 360 kVA). Der geteilte Lokkasten verfügt über eine Gelenkverbindung und stützt sich auf drei zweiachsige Drehgestelle ab. Der Antrieb von jeweils drei Achsen (zwei Achsen der Enddrehgestelle und eine Achse des Mitteldrehgestells) erfolgt vom Turbogetriebeabtrieb aus über einen durchgehenden Gelenkwellenstrang. Die Übertragung der Zug- und Bremskräfte erfolgt vom Drehgestell auf den Lokkasten über einen in das Drehgestell eintauchenden Drehzapfenturm. Beim mittleren Drehgestell ist der Drehzapfenturm an einer Lokkastenhälfte angeschlossen. Die Übertragung der Zug- und Bremskräfte zum anderen Lokkastenteil erfolgt über das Kastengelenk. Die Lok ist sowohl für den schnellen Reisezugdienst (V_{max} = 160 km/h) als auch für den schweren Güterzugdienst (V_{max} = 100 km/h) ausgelegt.

Die Industrie wurde jedoch enttäuscht, denn die DB gab 1970 bekannt, dass sie keinen Bedarf für solche Lokomotiven habe. Dieses Verhalten der DB stieß bei der Industrie auf Unverständnis. Aus dem Antwortschreiben der MaK an die DB sei nachfolgend zitiert.

„1. Im Jahre 1968 hat die DB die Projektierung einer vierachsigen Diesellokomotive mit 3.300 PS Motorleistung in Auftrag gegeben. Unter Hinweis auf die gestiegenen Anforderungen des Zugförderungsdienstes (Geschwindigkeiten, Zuggewichte, Energieversorgung der Reisezugwagen) schloß sich 1969 ein weiteres Projekt für eine sechsachsige Lokomotive mit 2 × 2.500 PS = 5.000 PS Motorleistung an. Die deutsche Lokomotivindustrie sowie die Elektrofirmen haben im Glauben an die spätere Verwirklichung des Projekts für den von der DB

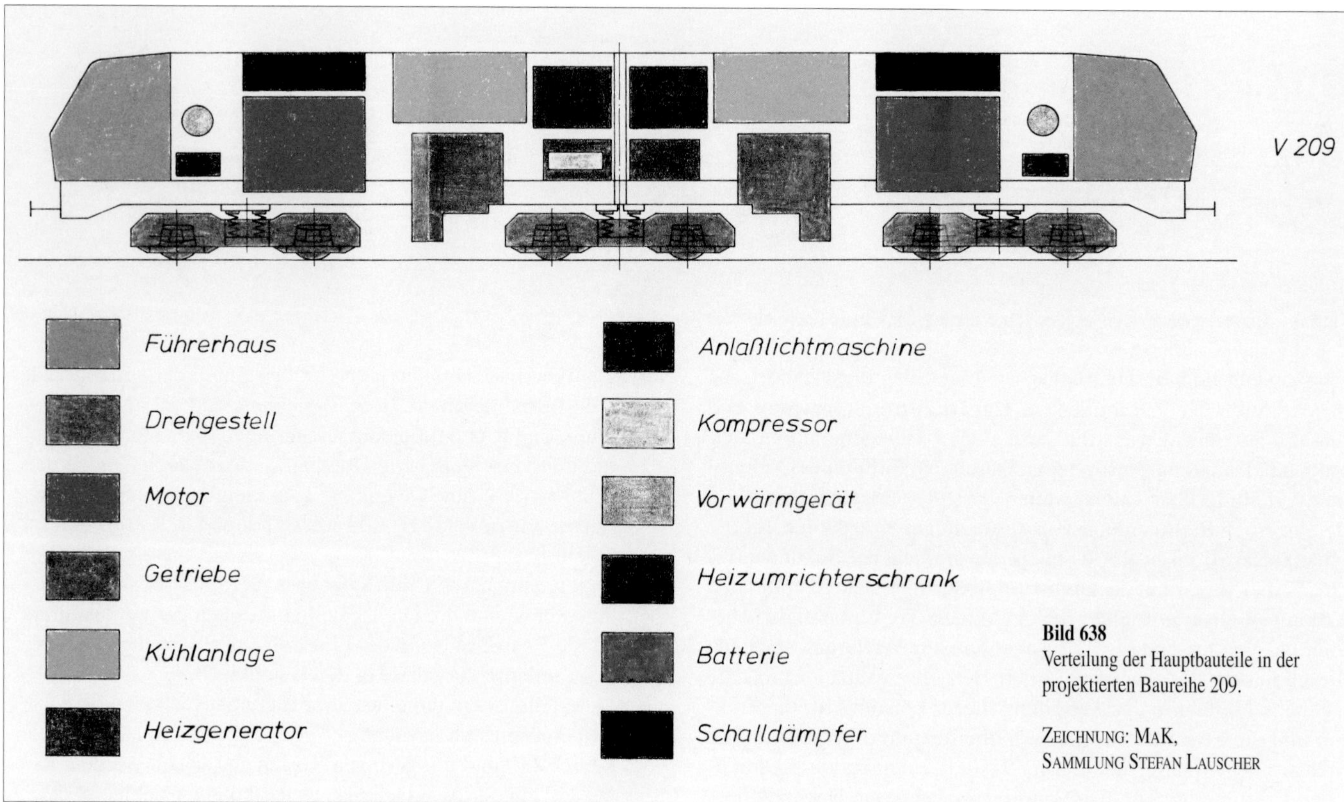

Bild 638
Verteilung der Hauptbauteile in der projektierten Baureihe 209.

ZEICHNUNG: MAK, SAMMLUNG STEFAN LAUSCHER

verfügten Planungsauftrag monatelang Spitzenkräfte für die Projektierungsarbeiten eingesetzt. Die dabei entstandenen Kosten dürften mit 1 Million DM nicht zu gering angesetzt sein. Besonders eingehend hat sich MaK als spezielle Diesellokomotivfabrik diesem Projekt gewidmet und nicht weniger als drei vollständige Studien vorgelegt. Angesichts dieses Engagements, für das keine Gegenleistung erfolgte, ist es unverständlich, daß heute nach 1 ½ Jahren noch keine Stellungnahme zu den eingereichten Arbeiten vorliegt, woraus geschlossen werden kann, daß das Projekt nicht weiter verfolgt wird. Die Begründung, daß es bei der DB für eine leistungsstarke Diesellokomotive wegen weiterer Elektrifizierungsvorhaben kein ausreichendes Einsatzfeld mehr gibt, kann nicht überzeugen. Vielmehr muß der Eindruck entstehen, daß es eine Diesellokomotive höherer Leistung deshalb nicht geben soll, weil sie weiteren Elektrifizierungsvorhaben die betriebliche und wirtschaftliche Grundlage entziehen würde.
Warum hat die DB im Jahre 1969 die Ausarbeitung von Projektstudien für eine leistungsstarke Diesellokomotive bei der Industrie veranlaßt, wenn kein entsprechender Bedarf dahintersteht, zumal doch sicherlich zuverlässige Bedarfsanalysen vorausgegangen sind?

2. *Nach offiziellen Angaben der Deutschen Bundesbahn wird die Elektrifizierung bei der DB nach der Umstellung von ca. 3.000 km Ergänzungsstrecken mit insgesamt etwa 11.500 km Streckenlänge ihren Abschluß gefunden haben. Bei etwa 30.000 km Gesamtlänge des Schienennetzes und etwa 10.000 km Streckenlänge von Nebenbahnen verbleiben demnach noch über 8.000 km Hauptbahnen für die Dieseltraktion.*

3. *Von Landespolitikern wird die Elektrifizierung als dringendste Maßnahme für die Verbesserung der Verkehrsinfrastruktur gefordert. Als Beispiel sei das Land Schleswig-Holstein angeführt. In regelmäßigen Abständen kann man in der Regionalpresse die Forderung nach Umstellung der Strecken Hamburg – Lübeck – Puttgarden, Hamburg – Kiel/Flensburg und Hamburg – Westerland lesen, obwohl von der Bundesbahndirektion Hamburg ebenso deutlich auf die damit in Zusammenhang stehende Wirtschaftlichkeitsfrage verwiesen wird. Die genannten Strecken rechtfertigen von der Belastung her eine solche Maßnahme wirtschaftlich nicht. Dagegen könnten bei Einsatz vergleichsweise kleiner Investitionsmittel die Voraussetzungen für ein wesentlich verbessertes Leistungsangebot geschaffen werden: Ausbau der Hauptstrecken für 160 km/h Höchstgeschwindigkeit, Beschaffung leistungsstarker Diesellokomotiven und ggf. zweigleisiger Ausbau der Vogelfluglinie. In anderen Bundesländern liegen die Verhältnisse ähnlich. Es ist zu fragen, warum die Landesregierungen, die oft freigebig zinsgünstige Darlehen für die Elektrifizierung bereitgestellt haben, nicht eine ähnliche Finanzierungshilfe für den Streckenausbau und die Steigerung der Leistungsfähigkeit durch leistungsstärkere Diesellokomotiven gewähren.*
Wird die DB als nach wirtschaftlichen Gesichtspunkten geführtes Unternehmen in diesen Fällen nicht deutlicher sagen müssen, daß die Verbesserung des Leistungsangebots durch leistungsstärkere Diesellokomotiven schneller und rationeller erfolgen kann?

4. *Die Diesellokomotiven der DB erreichen heute nicht mehr die hohen Tages-Laufleistungen wie noch vor 5 oder 10 Jahren. Aber noch gibt es im Bundesgebiet größere zusammenhängende Bezirke, die ausschließlich der Dieseltraktion vorbehalten sind (z. B. Schleswig-Holstein, Raum Bremen – Emden – Münster, Rheinland-Pfalz, Baden-Württemberg, München – Lindau, Nord- und Ostbayern) und wo wirtschaftliche Lokumläufe geplant und durchgeführt werden können. Werden diese zusammenhängenden Bezirke durch weitere Streckenelektrifizierungen zerschnitten, muß das zu einem Absinken der Rentabilität der vorhandenen Diesellokomotiven führen. Leistungsverbesserungen in diesen Bezirken sollten also generell durch leistungsstärkere Diesellokomotiven verwirklicht werden, da nur so die Gesamtwirtschaftlichkeit des Dieselbetriebes erhalten und verbessert werden kann.*
Wird das mit der Auflösung von zusammenhängenden Dieselbezirken zwangsläufig verbundene Absinken der Rentabilität

des vorhandenen Dieselbetriebs bei einer Wirtschaftlichkeitsberechnung für die Elektrifizierungen berücksichtigt?

5. *Die Leistungsfähigkeit des Dieselbetriebes wird heute weitgehend von der Triebfahrzeugleistung, nicht von der Strecke, bestimmt, während beim elektrischen Betrieb bei einem Überangebot an Triebfahrzeugleistung die Gegebenheiten der Strecke die Leistungsfähigkeit begrenzen. Die Konsequenz aus dieser Erkenntnis heißt: Leistungssteigerung auf elektrifizierten Strecken durch Streckenausbau, auf Dieselstrecken durch leistungsstärkere Triebfahrzeuge.*
6. *Für eine Diesellokomotive höherer Leistung besteht angeblich kein ausreichendes Einsatzfeld in Umläufen mit hohem Ausnutzungsgrad. Angesichts der geringeren Ausnutzung der installierten Leistung bei elektrischen Lokomotiven gegenüber Diesellokomotiven kann dieses Argument nicht überzeugen. Eine V 209 mit 2 × 2.500 PS Maschinenanlage entwickelt am Treibradumfang bei einer Leistungsabgabe von 650 KVA an die Zugsammelschiene bei 150 km/h eine Zugkraft von 5,5 t gegenüber 7,4 t bei der E 110, bei 100 km/h eine Zugkraft von 8,2 t gegenüber 8,5 t bei der E 141.*
   Von den vorhandenen Diesellokbauarten kommt keine in ihrer Leistung auch nur annähernd an die schwächste Serien-Ellok E 141 heran. Die Folge davon ist, daß Diesellokomotiven im Durchschnitt spezifisch höher beansprucht werden als elektrische Lokomotiven, was sich zwangsläufig auf die Betriebszuverlässigkeit und die Unterhaltungskosten auswirken muß.
7. *Aus der Sicht eines Wirtschaftsunternehmens führen diese Überlegungen zu der Überzeugung, daß eine Diesellokomotive mit einer der E 141 entsprechenden Traktionsleistung bei der DB ein ausreichendes Einsatzfeld für nennenswerte Stückzahlen findet,*
   a) um auf den noch nicht elektrifizierten Strecken die zulässigen Geschwindigkeiten ausfahren zu können und das Leistungsangebot entsprechend dem Leitprogramm der DB zu verbessern, ohne hohe Investitionen einzusetzen, die für dringendere Aufgaben in Anspruch genommen werden müssen,
   b) um die mittlere Auslastung der Diesellokomotiven zu senken und so zu höheren störungsfreien Laufleistungen, niedrigeren Unterhaltungskosten und einem insgesamt wirtschaftlicheren Betrieb zu kommen, und
   c) um den einmal eingeschlagenen Weg beim Strukturwandel konsequent im Interesse eines möglichst sparsamen und gezielten Einsatzes der Investitionsmittel und eines optimalen Rationalisierungseffektes zu Ende zu führen. Doppeltraktion als Regelfall scheidet aus betrieblichen und wirtschaftlichen Gründen aus.“

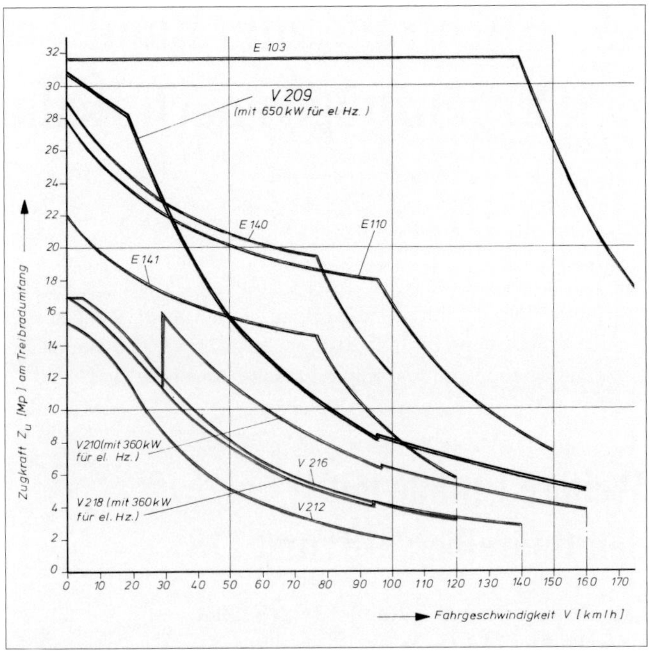

Bild 639 – Z-V-Vergleichsdiagramm der Baureihe 209 mit verschiedenen Elektro- und Diesellok-Baureihen der Deutschen Bundesbahn SAMMLUNG STEFAN LAUSCHER

Trotz der Anregungen der Industrie hat es zu Bundesbahnzeiten keine Nachfolgebaureihe für die Baureihe 218 mehr gegeben. Bei schweren Zügen behalf sich die DB mit dem Einsatz von Doppeltraktionen. Nach der Wiedervereinigung Deutschlands hatte die neue DB AG eine große Zahl an leistungsstarken Dieselloks aus dem früheren DR-Bestand zur Verfügung, so dass eine Neubeschaffung von Diesellokomotiven nicht nötig war. Nach der Jahrtausendwende wurde der Nahverkehr in großem Maße auf Triebzüge umgestellt, wodurch der Bedarf an Diesellokomotiven sank. Erst 2010, als alle Bundes- und Reichsbahn-Diesellokbaureihen im Bestand der DB AG schon ein beträchtliches Alter erreicht hatten, gab es Neubeschaffungen. Nun lieferte Voith die neuen Baureihen 261 und 265 für den Rangier- und leichten Güterzugdienst aus. Für den schweren Güterzugdienst wurden Lokomotiven des EMD-Typs JT 42 CWRM von der DB-Tochtergesellschaft Euro Cargo Rail gemietet. DB Regio und DB Fernverkehr beschafften ab 2012 Lokomotiven der Baureihe 245 für den schweren Nahverkehr bzw. Autotransport nach Sylt. Sie entzogen etlichen Lokomotiven der Baureihe 218 die Arbeit. ❑

13 Nachträge zum Band 2 sowie Ergänzungen nach Redaktionsschluss

Nach Drucklegung des Bands 2 der V 160-Trilogie sowie nach Redaktionsschluss des vorliegenden Bands 3 im Mai 2019 haben sich bis zur Drucklegung im Juni 2019 noch Nachträge und Ergänzungen ergeben, die in diesem Kapitel zusammengefasst sind.

Weitere Unfälle mit den Baureihen 218⁰ und 218⁹

Ergänzung zu Band 2, Kapitel 16 „Unfälle", Unterkapitel 16.4 (S. 387)

Im Band 2 der V 160-Trilogie waren bereits einige Unfälle der Vorserien-218 (Baureihe 218^0) erfasst worden. Nach Erscheinen jenes Bandes und im Zuge der Recherchen für den vorliegenden Band 3 sind für die Baureihen 218^0 und 218^9 (ex Gasturbinen-210) noch ein paar weitere Unfallereignisse bekannt geworden:

218 003 überfuhr am 5. November 1981 eine Schutzweiche im Bahnhof Sünching und stürzte über die Böschung.

218 005 weilte nach einem Brandschaden im HU-Schrank vom 7. Juli bis zum 7. Oktober 1997 zur IS 090 im Werk Bremen.

218 007 wurde nach einem Auffahrunfall im AW Bremen mittels U 0.9 vom 3. Februar bis zum 23. März 1989 als Aushilfe für das AW Nürnberg wiederhergestellt.

218 008 geriet am 15. April 1986 in Ebensfeld vor D 2450 in Brand. Während einer fälligen B 3.0 im Werk Bremen vom 19. Juni bis zum 17. November 1995 wurde ein erneuter Brandschaden entdeckt und beseitigt.

218 009 stand wegen einer Flankenfahrt mit Entgleisung vom 17. Oktober 1991 bis zum 21. Februar 1992 zur U 0.9 im AW Bremen (diese Unfallreparatur war bereits im Band 2 aufgeführt, der Unfallgrund damals aber noch nicht bekannt).

218 011: Das AW Bremen behob am Fst 1 im Rahmen einer IS 790 vom 3. April bis zum 10. Juli 1998 Brandschäden.

218 012: Nach einem Auffahrunfall mit 20 km/h behob das AW Bremen den Schaden vom 3. bis zum 10. September 1991.

218 902 musste wegen eines Auffahrunfalls mit 23 km/h vom 7. Mai bis zum 21. Juni 1991 zur Reparatur (B 0.9) nach Bremen. In der Eingangsuntersuchung bei der Aufnahme im Werk Bremen am 25. März 1998 stand der handschriftliche Vermerk „sehr schlechter Zustand". Am 17. Oktober 1998 verließ die 218^9 nach einer B 3.9/IS 790 das Werk wieder.

218 903 weilte nach einer Flankenfahrt vom 26. Juni bis zum 17. Oktober 1995 zur Aufarbeitung in Bremen (B 0.9).

218 906: Auch bei dieser Lok wurde vom 24. Januar bis zum 13. März 2002 ein Auffahrunfall behoben (IS 090).

218 908: Am Abend des 27. Oktober 1997 stieß 218 908 als Zuglok der RB 3638 mit etwa 60 km/h an einem Bü zwischen Bissendorf und Langenhagen-Kaltenweide mit einem Lkw zusammen. Dessen Fahrer wollte seinen Lastzug wenden, um die Ladung – auf Betonschwellen montierte Schienen – zu einer nahegelegenen DB-Baustelle zu bringen. Dabei wurden 16 Reisende verletzt, drei davon schwer. Der Sattelzug wurde zerschmettert, wobei die geladenen Gleisjoche in die Seite der 218 schlugen und sie schwer beschädigten. Es entstand ein Schaden von ca. 1,3 Mio. DM. Das Werk Bremen reparierte die Schäden an der Lok vom 31. Oktober 1997 bis zum 12. Januar 1999 im Rahmen einer IS 090 (LfD). Am 24. August 2000 erlitt sie zwischen Bad Harzburg und Schladen erneut einen nicht näher bekannten Schaden.

Weitere Hutzen-/Dachvarianten

Ergänzung zu Kapitel 2 „Die Technik der 218-Serienlokomotiven", Unterkapitel 2.3.6 (S. 40/41) sowie Unterkapitel 2.5 (S. 44–48)

In diesem Buch sind im Unterkapitel 2.3.6. auf den Seiten 40/41 die verschiedenen Anordnungen der Abgasöffnungen/-hutzen dargestellt, auch werden auf den Seiten 44–48 insgesamt 17 verschiedene Dachvarianten gezeigt. Wie sich erst nach Redaktionsschluss herausstellte, gab es aber noch eine weitere Variante der Abgasöffnungen/-hutzen, die weitestgehend unbekannt ist, da sie nur kurzzeitig existierte und letztlich nur zwei Loks der Baureihe 218 betraf. Für jede dieser beiden Loks ergab sich dabei eine nochmals andere Dachvariante, so dass die Anzahl der verschiedenen 218-Dachvarianten auf insgesamt 19 steigt:

Als **218 485** im Jahr 1999 als erste 218 den damals neuen MTU-Motor 16V 4000 R40 erhielt, wurden bei ihr die Abgashutzen anfangs noch mittig parallel auf dem Abgasschalldämpfer montiert. Diese Ausführung besaß anfangs auch der Versuchsträger **218 441^{II}**. Beide Loks unterschieden sich jedoch nochmals in ihrem Dachaufbau, denn 218 485 besaß die Behr-Lüfteranlage in V-Form, während 218 441^{II} eine Behr-Lüfteranlage in A-Form trug, die noch von der Spenderlok 215 022 herrührte.

Die mittig parallele Hutzenanordnung besaß übrigens auch 216 032 der Firma H. F. Wiebe, die sie bei einer Remotorosierung mit einem 2.000-PS-Caterpillar-Motor vom Typ 3516 DZTA erhielt. Während die Abgashutzenanordnung bei 218 441^{II} und 218 485 später an die anderen 218 angeglichen wurden, verfügt die Wiebe-216 032 auch heute noch über die parallel mittig angeordneten Abgashutzen.

Aktuelle Ergänzungen bis Juni 2019

Railsystems-218 bei DB Fernverkehr und Südostbayernbahn (SOB)

Der schon in der Chronik (Kapitel 4) für 2018 beschriebene Lokmangel in Niebüll hielt auch 2019 weiter an. Wie schon im Vorjahr wurden daher einerseits 218 anderer DB-Dienststellen oder

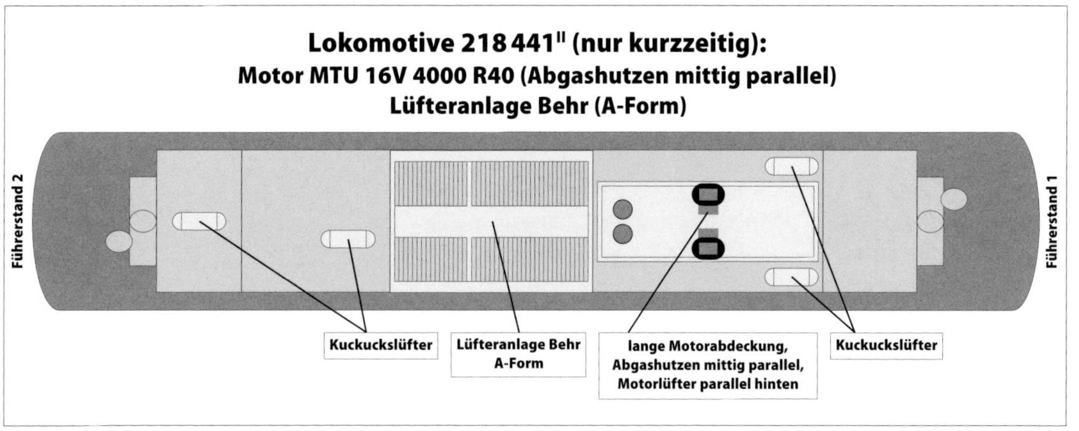

Bild 640
Die anfängliche Dachvariante der Lokomotive **218 441II** mit Motor MTU 16 V 4000 R 40, Behr-Lüfteranlage in A-Form und mittig parallel angeordneten Abgashutzen auf dem Abgasschalldämpfer.

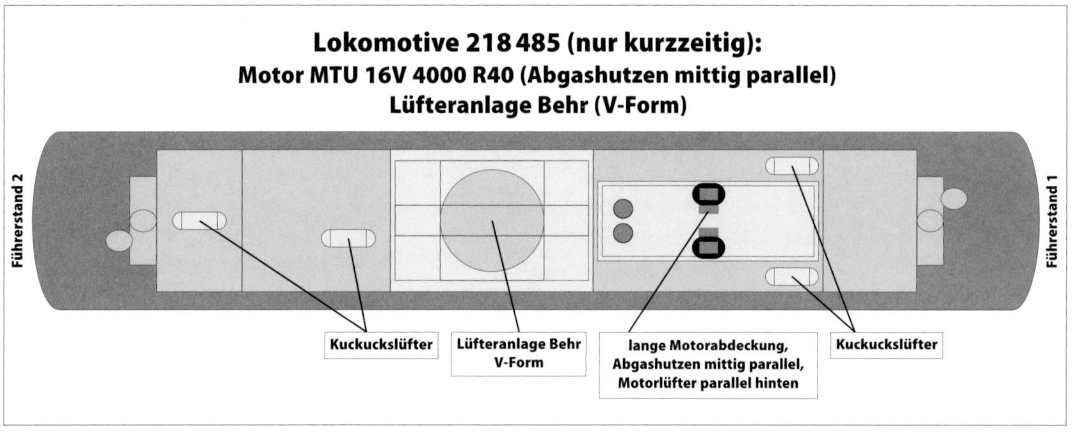

Bild 641
Auch **218 485** besaß als erste mit dem MTU 16 V 4000 R 40 remotorisierte 218 anfangs mittig parallel angeordnete Abgashutzen. Im Gegensatz zur 218 441II hatte sie aber eine Behr-Lüfteranlage in V-Form

ZEICHNUNGEN (2): CHRISTIAN WOLF

-Tochterunternehmen vorübergehend nach Niebüll beordert (z. B. 218 460 der Westfrankenbahn), zum Teil aber auch wiederum 218 von Railsystems RP angemietet. Seit Oktober 2018 waren die Railsystems-Loks **218 480** und **218 490** (Farbgebung Ozeanblau/Beige) fast durchgängig in Niebüll. Ab dem 18. April 2019 kam neben der verkehrsroten **218 488** auch die orientrote **218 402** für rund vier Wochen im Sylt-Verkehr zum Einsatz. Letztere Lok kam in den letzten Monaten viel in Deutschland umher: Die seit Mitte Dezember 2018 von der DB gemietete Lok war zunächst für die Südostbayernbahn tätig. Dabei wurde sie drei Monate lang überwiegend vor EC-Zügen zwischen München und Lindau eingesetzt. Nach dem oben erwähnten Einsatz auf Sylt in den Monaten April und Mai 2019 nahm sie – zusammen mit 218 460 der Westfrankenbahn (Ozeanblau/Beige) – am 25. Mai 2019 an den Feiern der SOB zum 25. Jubiläum des Liniensterns Mühldorf teil. Eine Woche später weilte 218 402 erneut in Niebüll.

Viele Einsätze für 218 460 der Westfrankenbahn

Auch **218 460** der Westfrankenbahn war im Frühjahr 2019 viel unterwegs. Bis zum 27. März war sie für die Südostbayernbahn in Mühldorf (Oberbay) tätig, wobei sie zum Teil gemeinsam mit der 218 402 EC-Züge zwischen München und Lindau bespannte. Vom 12. bis zum 17. April stand ein Einsatz für DB Fernverkehr in Niebüll auf dem Programm. Vom 20. bis zum 23. April absolvierte sie verschiedene Fahrten ab Karlsruhe (Beförderung eines umgeleiteten BTE-Nachtzuges von Singen (Hohentwiel) nach Basel Bad Bf, Überführung einer Lok der Baureihe 101 auf derselben Route und Überführung einer schadhaften IC 2-Garnitur von Karlsruhe nach Nürnberg. Am 25. Mai nahm sie – wie oben erwähnt – an den Feiern der SOB im Linienstern Mühldorf teil.

Letzte 218 im Instandhaltungswerk Bremen

Im Werk Bremen der DB Fahrzeuginstandhaltung endete im Frühjahr 2019 die Instandhaltung von Dieselloks. Diese wurde nun komplett ins Werk Cottbus verlagert. **218 390** (MEG-Lok 304) erhielt dort als erste 218 ihre Hauptuntersuchung, die am 23. April 2019 beendet wurde. In Arbeit befand sich in Cottbus derweil **218 261** der DB Bahnbau Gruppe, die nach ihrer Ferstigstellung eine gelbe Lackierung mit lichtgrauen Kontrastbalken (analog 225 010 und 218 449) tragen wird.

In jener Zeit weilte **218 105** der Eisenbahn-Betriebsgesellschaft Neckar-Schwarzwald-Alb (NeSA) noch im Werk Bremen, wo sie die letzte 218 war, an der noch eine Hauptuntersuchung durchgeführt wurde. In Bremen verbleibt nun noch die Instandhaltung von Motoren und Powerpacks. Um Platz zu schaffen, wurden viele in Bremen abgestellte Loks der Baureihe 218 zum Stillstandsmanagement in Leipzig-Engelsdorf abgefahren.

Änderungen im Stillstandsmanagement

Mit Auflösung des Stillstandsmanagements in Hamm (Westf) ab Anfang 2019 wurden die dort abgestellten 218 ebenfalls nach Leipzig-Engelsdorf geschafft, so dass hier im Juni mehr als 30 Loks dieser Baureihe versammelt waren. Im Jahresverlauf gab es weitere Zugänge, denn etliche 218 hatten 2019 Fristablauf. Dies war z. B. bei **218 499** – der letztgebauten 218 – am 20. Juni 2019 der Fall. Zuvor hatten mit der Ulmer Lok noch zwei Abschiedsfahrten stattgefunden: am 6. April 2019 durch Oberschwaben sowie am 18. Mai 2019 durch den Nordschwarzwald.

❑

14 Schlussbemerkungen

Die Baureihe 218 ist die letzte von der Deutschen Bundesbahn entwickelte Großdiesellok-Baureihe. In ihre Entwicklung flossen daher alle Erfahrungen ein, die mit ihren Vorgängerinnen innerhalb von 15 Jahren gemacht wurden:

- Von der Baureihe 216 wurde die Grundkonzeption übernommen. Daher ist die 218 eine einmotorige Lok mit einer Traktionsleistung von ca. 2.000 PS. Das Lauf- und Triebwerk sowie die äußere Form konnten weitgehend übernommen werden.
- Von der Baureihe 217 hat sie den verlängerten Lokkasten mit den zwei durchgehenden Seitengängen, das Grundprinzip der elektrischen Zugheizeinrichtung für $16\frac{2}{3}$ Hz und 1.000 V mit schnell drehendem Drehstromgenerator und Thyristor-Umrichter, das Zwei-Wandler-Getriebe, die Motordrehzahlregelung und die Warmhalteeinrichtung mit Gleichrichtergerät für den Anschluss an das 220-V-Ortsnetz.
- Von der Baureihe 219 stammt der Antrieb des Heizgenerators durch den Fahrdieselmotor mit einem primärseitigen Getriebehilfsabtrieb und eine dem Generator vorgeschaltete, schwingungstrennende hydraulische Kupplung.
- Von der Baureihe 210 übernahm man die fortentwickelte elektrische Zugheizeinrichtung für eine Leistungsabgabe von 400 kVA an eine Zugsammelschiene mit achtpoligem Drehstromgenerator und Thyristor-Umrichter mit der Möglichkeit des Parallelbetriebs zweier Umrichter bei Doppeltraktion.
- Von der Baureihe 215 hat sie die hydrodynamische Bremse, die für eine Höchstgeschwindigkeit von 140 km/h nötig ist.
- Von den 218-Vorserienlokomotiven stammen der 2.500 PS-Motor, die Dachkühlergruppe mit von unten zugänglichem Lüfterantrieb und die elektrische Ausrüstung.

Da man von allen Vorgängern bewährte Teile übernahm, war absehbar, dass die 218 eine gute und zuverlässige Maschine werden würde. Dies trat nach der Überwindung von Kinderkrankheiten an den Motoren auch ein. Die Baureihe 218 stellte die Krönung der V 160-Familie dar und wurde daher in größerer Stückzahl als alle übrigen Familienmitglieder gebaut. Bei ihrer Beschaffung war die DB noch von einer Lebensdauer der Lokomotiven von 30 Jahren ausgegangen. Die 218 hat aber bei der DB alle anderen Baureihen der V 160-Familie überdauert und ist – trotz eines Alters von mehr als 40 Jahren – in einigen Bereichen Deutschlands bis heute noch im DB-Einsatz zu erleben. Etliche Exemplare sind inzwischen auch an Privatbahnen verkauft und von diesen aufgearbeitet worden. Zumindest diese Exemplare werden voraussichtlich ihr 50. Betriebsjahr überschreiten. Wir werden uns also noch einige Zeit an diesen Lokomotiven erfreuen können. ❑

Bild 642
218 460 „Conny" der Westfrankenbahn unter dem Sternbild des „Großen Wagens", aufgenommen am 12. Oktober 2017 bei Löffingen an der hinteren Höllentalbahn Neustadt (Schwarzw) – Donaueschingen.

AUFNAHME: CHRISTIAN WOLF

15 Quellen und Literaturhinweise

15.1 Beschreibungen, Bedienungsanweisungen und Dienstvorschriften

- DB Training, Teilnehmerhandbuch, Version 1.2, Tf3585 Technik der Diesellokomotiven (Grundlagen)
- DB, BZA München: Zugförderungsvorschrift. Dienst auf Brennkrafttriebfahrzeugen. DV 948 B/3. Gültig vom 1.6.1965 an.
- DB, BZA München: Merkbuch für die Schienenfahrzeuge der Deutschen Bundesbahn. Brennkrafttriebfahrzeuge. DV 939 C. Gültig vom 1. Januar 1970 an
- DB, Beschreibung des 2500 PS-12-Zylinder-M.A.N.-Dieselmotors V6V 23/23 TL. DV 987/13
- DB, Arbeitsmappe für die Aus- und Fortbildung von Triebfahrzeugführern auf Brennkraftlokomotiven der Baureihe 218. Stand: Juni 1978
- DB: Arbeitsmappe für die Ausbildung von Triebfahrzeugführern, Werkführern und Werkstättenarbeitern in den Grundlagen der Lokomotivtechnik, Stand 1980
- DB: Arbeitsmappe Grundlagen der Lokomotivtechnik, Technik der Brennkrafttriebfahrzeuge – Streckenlokomotiven. DV 129/7 142, Stand Januar 1984
- DB, BZA München: Beschreibung der Diesellokomotive Baureihe 218. DS 987/305. Gültig vom 1. März 1980 an
- DB Regio AG. Triebfahrzeuge bedienen. Baureihe 218 Bedienungsanweisung. Richtlinie 493.0218. Stand 1. März 2007
- DB Regio AG. Abfertigungsverfahren TAV und SAT. Richtlinie 494.0251
- DB: Baureihe 218 Bedienen lernen (Fahrzeugbeschreibung). Gültig ab 11.12.2016
- DB, Beschreibung der Wendezugeinrichtung Bauart BBC. DV 971/III. Gültig vom 1. September 1975 an

15.2 Andere amtliche Unterlagen

- DB BZA München. Technische Mitteilungen BZA von 1977 bis 1987
- GDL Die Lokomotivtechnik. Sonderausgabe 8. Die Diesellokomotive 218. Frankfurt am Main. Juli 1973
- Deutsche Bundesbahn. Kursbuch. Ausgaben 1975 bis 1991/1992
- Betriebsbücher
- Buchfahrpläne
- Laufpläne

15.3 Unveröffentlichte Unterlagen

- MaK: Die dieselhydraulische Lokomotive Typ G 2500 BB der MaK. Kiel 1965
- MaK: Projektstudie für eine Diesellokomotive höherer Leistung für die DB Typ G 3300 BB. Kiel 1968
- MaK: Projektstudie für eine Diesellokomotive höherer Leistung für die DB Typ G 5000 BB. Kiel 1969
- MaK: Fragen zum Projekt Diesellokomotiven höherer Leistung der DB (V 209), Kiel 1971

15.4 Sonstige Veröffentlichungen

Bücher/Zeitschriften

- Englmann/Ludwig: Handbuch der Dieseltriebfahrzeuge der Deutschen Bundesbahn. Frankfurt (M). 1. Auflage 1963, desgl.: 2. Auflage 1966
- Fürst: Die Lokomotivbaureihe 218 der DB für mittelschweren Reise- und Güterzugdienst; in: Die Bundesbahn 3/4 1972 – März 1972.
- GDL: Handbuch der Dieseltriebfahrzeuge der Deutschen Bundesbahn, Frankfurt am Main, 3. Auflage 1975
- Glatte: Diesellokomotiven deutscher Eisenbahnen. Düsseldorf 1980
- Hamelau: Die Diesellok Baureihe 218. Unterwegs in Schleswig-Holstein. Erfurt 2012
- Janikowski: Die V 160-Typenreihe; in: Eisenbahnen und Museen, DGEG-Reihe Folge 36 (1987).
- Voith: Voith Turbogetriebe 1930-1985. Band 1 Lokgetriebe. Heidenheim 2002
- Werning/Burow: Baureihe V 160. Die Diesellok-Familie der Bundesbahn Reihen 210, 215, 216, 217, 218, 219, 225. München 2014
- Wouters. Het grensbaanvak Nijmegen – Kleve 1957 – 1991. Treinen in Beeld 6. Herausgeber Uquilair B. V. Rosmalen, Niederlande 2013

Einzelmeldungen, Beiträge in Zeitschriften, Webseiten

- Eisenbahn-Kurier
- Eisenbahn-Journal
- Lok-Report
- Lokrundschau
- Drehscheibe
- Bahn-Report
- Eisenbahn Österreich
- Schienenverkehr aktuell
- www.drehscheibe-online.de
- www.eisenbahn-kurier.de
- www.inselbahn.de
- www.revisionsdaten.de

Archive

- Deutsches Museum München
- Technische Informationsbibliothek Hannover
- Verkehrsarchiv des DB Museums Nürnberg

16 Anhang

Bauartänderungen

Triebfahrzeuge mit ihrer langen Nutzungszeit unterliegen einer dauernden Anpassung an den Stand der Technik, die einer Verbesserung der Konstruktion, Leistung und/oder von Instandhaltungsmaßnahmen dienen. Solche Bauartänderungen werden als Sonderarbeiten neben den Unterhaltungsarbeiten in den Ausbesserungs-/Fahrzeuginstandhaltungswerken und in den Betriebswerken/Werkstätten der Deutschen Bundesbahn/DB AG ausgeführt. Alle Triebfahrzeuge müssen sich im Zuge der technischen Entwicklung zahlreichen Änderungen unterwerfen, wobei manche dieser Bauartänderungen bei mehreren Baureihen auftauchen, etwa der Einbau von Grenzwertgebern, Zugfunk, Türblockierung, etc.

In den Betriebsbüchern sind diese Arbeiten zum Teil auf den Seiten „Bauartänderungen" (Vordruck 993 21) als Sonder-, Änderungs- oder Normungsarbeiten unter Angabe des Veranlassers (mit dessen Aktenzeichen, der Verfügungs- oder Sonderarbeits-Nummer) oder auf den Seiten „Ausgeführte Arbeiten und Kosten" zu finden. Bis zur Gründung der DB AG fand man auf diesen Seiten etwa alle zwei Jahre vier bis elf Einträge, und das zwölf Jahre lang. In den Folgejahren wurden vermehrt mehrere Sonderarbeiten im Rahmen einer Untersuchung im Block nachgewiesen. Nachzulesen bei der 218 813, wo auf einer Seite im Vierjahresrhythmus drei Einträge mit insgesamt 25 Sonderarbeiten dargestellt sind. Wie bereits in Band 1 erwähnt, wurden auch die hier aufgeführten Arbeiten nicht an allen Lokomotiven durchgeführt.

16.1 Sonder-/Änderungsarbeiten Baureihe 218

Zeitraum	ausgeführte Arbeiten
1973/1977	Zugbahnfunk-Grundausrüstung 2: Elektrische Verkabelung und Einbau der UIC-Lautsprechereinrichtung (plus Kopfschutz am Bediengerät)
1974	Grenzwertgeber
1974	Handbremse auf 20 km/h eingestellt
1974	Automatische Kupplung (AK) Ausbaustufe I
1975	Luke in der Untergestell-Motorwanne für mittigen Ölsumpfablass des Motors MA 12 V 956 TB 10/TB 11 angebracht
1975	Ausbau des Tiefenfilters und Anbringen einer Abdeckung an DL 218
1976	Heizleistung auf 400 kVA eingestellt
1977	Anbau eines Zuschaltventils an den Lüfterregler der Kühlanlage
1977	Druckschalter 1,0 bar in Kraftstoffanlagen
1977	Behr-Kühlanlage mit Ölsaugbehälter ausgerüstet
1977	Änderung der Öldrucküberwachung durch Ausbau der Membrandruckwächter
1977/1978	ZBF-Vollausrüstung eingebaut
1977/1979	Einbau einer Gleichspannungsüberwachungseinrichtung
1978	Erhöhung der V_{max} im Langsamgang auf 100 km/h, K-M-Schutzgerät höher eingestellt, Geschwindigkeitsschilder ausgewechselt
1978/1981	ersatzloser Ausbau des Gasabscheiders in der Kraftstoffleitung
1979	Drehmomentstütze für Diesellokomotiven 218, 2. – 4. Bauserie
1979	Überprüfung der hydrodynamischen Bremse
1979	Öltemperaturüberwachung des hydraulischen Getriebes
1979	Gelenkwellen-Zapfenkreuzgarnituren für Baureihe 218
1979/1980	Einbau von Jalousie-Absperrhähnen
1979/1980	Frostbohrung in die Wasserregulierventile der Klimatoren angebracht
1980	Diebstahlsicherung der Handlampen in beiden Fst eingebaut
1980	Auskleidung Führertisch- und Fußnischen mit PUR-Schaummatten
1980/1981	Anschlag für Bremskupplungshalter
1981	Änderung der Anspeisung des Vorwärmgerätes bei BR 218
1981	Getriebeöl-Wärmetauscher für Baureihe 218
1981/1982	Umbau der 21-poligen Kupplungsdose der Heizkupplung
1981/1987	Ergänzung des Stirnwandaufstiegs zum Kuppeln des ZBF-Kabels
1982	Ersetzen des 63 °C-Thermoelements im Dreifach-Lüfterregler durch eine Verschlussschraube
1982/1983	Befestigung und Umrüstung der Führersitze auf Bremshey FA 404
1983	beiderseitige Ausrüstung der Lok mit Anbauschneepflügen
1984	Änderung der Behr-V-Kühlanlage
1984	Abgasschalldämpfer für MTU 12 V 965 TB 10 Turbolader AGL 340
1984	Schaltungsänderung der Anzeige „Hohe Abbremsung"
1984/1989	Verbesserung der Abgasführung durch Anbau von Abgashutzen
1985	Änderung der Schmieröldruckwächter an Dieselmotoren: Änderung der Anzeige Motoröldruck
1985	Abbau des Handhebels bzw. Betätigungsgestänges des Ölablasshahns
1985	Lauf der Kühlwasserpumpe: Schaltungsänderung im Webastogerät
1985	Durchsteuerung der Anzeige „Hohe Abbremsung", Erhaltungsänderung
1986	Ausrüstung Füllstandsanzeige an Sandkästen
1986	Einbau von Laufrosten im linken Maschinengang
1986/1989	Maßnahmen zur Senkung der Radsatzrollenlagerschäden durch Stromdurchgang
1987	Einbau Motorvorratsölbehälter (200 l)
1987	Einbau Bremszusatzwärmetauscher
1987	Angleichung der Schutzgeräte Typ S6 G10 W1 an die Ausführung in Lok Baureihe 218, 4. Bauserie
1987/1989	Änderung der Schaltung des elektronischen Gleitschutzes
1987/1989	Kühlwasser-Überlaufleitung in Motorwanne (Bilge) verlegt
1987/1989	Fernüberwachung des Warmhaltebetriebes bei V-Lok über ZBF
1988/1989	Verbesserung der Führerraumheizung
1988	Anbauschneepflug abbauen (218 317)
1989	Verminderung der Maschinenraumverschmutzung
1989/1990	Verzicht auf Anhebung der Motordrehzahl beim Anfahren
1990	Lauf der Kühlwasserumwälzpumpe – Schaltungsänderung im Steuergerät
1990	Änderung der Schaltung des elektronischen Gleitschutzes
1990/1991	Verliersicherung für Abgashutzen
1990/1998	Verbesserung/Umbau der Führerraumheizung
1990/1996	Ausrüstung mit Türblockierung ab Vmax = 0 km/h
1992	Eckschranktür im Führerstand 2 für Buchfahrplanablage
1992/1993	Änderung der Buchfahrplanhalter
1992/1993	Umbau der Energieversorgung (Zugheizung) von einem Hüllkurven-Umrichter auf einen Umrichter mit GTO-Thyristoren

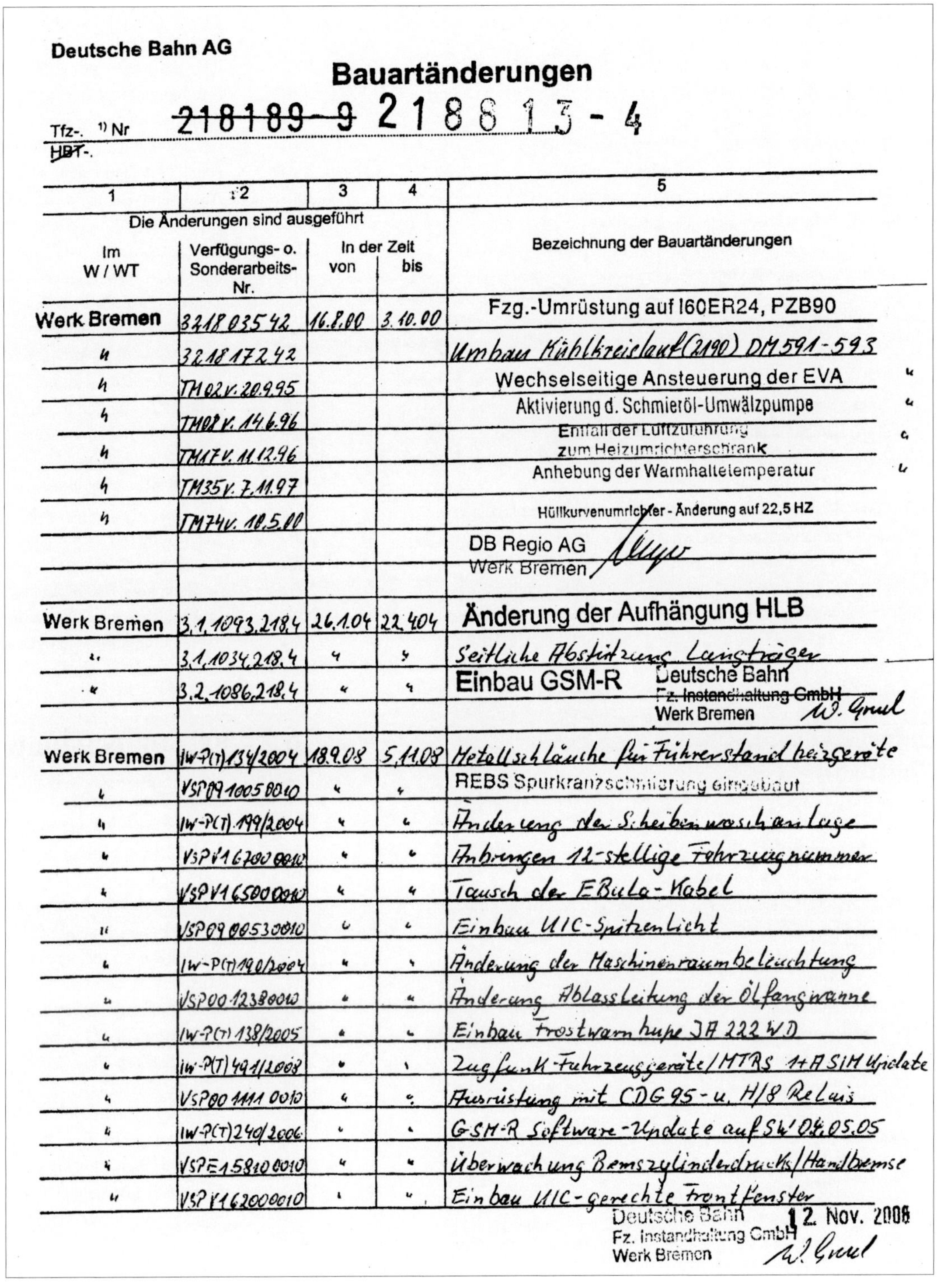

Deutsche Bahn AG

Bauartänderungen

Tfz-. [1] Nr ~~218189-9~~ 218813-4
~~HBT~~-.

1	2	3	4	5
Die Änderungen sind ausgeführt				
Im W / WT	Verfügungs- o. Sonderarbeits-Nr.	In der Zeit von	bis	Bezeichnung der Bauartänderungen
Werk Bremen	3218 035 42	16.8.00	3.10.00	Fzg.-Umrüstung auf I60ER24, PZB90
"	3218 172 42			Umbau Kühlkreislauf (2190) DM 591-593
"	TM02 v. 20.9.95			Wechselseitige Ansteuerung der EVA "
"	TM08 v. 14.6.96			Aktivierung d. Schmieröl-Umwälzpumpe "
"	TM17 v. 11.12.96			Entfall der Luftzuführung zum Heizumrichterschrank "
"	TM35 v. 7.11.97			Anhebung der Warmhaltetemperatur "
"	TM74 v. 10.5.00			Hüllkurvenumrichter - Änderung auf 22,5 HZ
				DB Regio AG Werk Bremen [Unterschrift]
Werk Bremen	3.1.1093.218.4	26.1.04	22.4.04	Änderung der Aufhängung HLB
"	3.1.1034.218.4	"	"	Seitliche Abstützung Langträger
"	3.2.1086.218.4	"	"	Einbau GSM-R Deutsche Bahn ~~Fz. Instandhaltung GmbH~~ Werk Bremen [Unterschrift]
Werk Bremen	IW-P(T) 134/2004	18.9.08	5.11.08	Metallschläuche für Führerstandheizgeräte
"	VSP 09 1005 0010	"	"	REBS Spurkranzschmierung eingebaut
"	IW-P(T) 199/2004	"	"	Änderung der Scheibenwaschanlage
"	VSP V1 6700 0010	"	"	Anbringen 12-stellige Fahrzeugnummer
"	VSP V1 6500 0010	"	"	Tausch der EBuLa-Kabel
"	VSP 09 0053 0010	"	"	Einbau UIC-Spitzenlicht
"	IW-P(T) 190/2004	"	"	Änderung der Maschinenraumbeleuchtung
"	VSP 00 1238 0010	"	"	Änderung Ablassleitung der Ölfangwanne
"	IW-P(T) 138/2005	"	"	Einbau Frostwarnhupe JA 222 WD
"	IW-P(T) 491/2008	"	"	Zugfunk-Fahrzeuggeräte/MTRS 1+ASIM Update
"	VSP 00 1111 0010	"	"	Ausrüstung mit CDG 95- u. H/8 Relais
"	IW-P(T) 240/2006	"	"	GSM-R Software-Update auf SW 04.05.05
"	VSP E1 5810 0010	"	"	Überwachung Bremszylinderdruck/Handbremse
"	VSP V1 6200 0010	"	"	Einbau UIC-gerechte Frontfenster

Deutsche Bahn 12. Nov. 2008
Fz. Instandhaltung GmbH
Werk Bremen [Unterschrift]

Bild 643
Bei drei Aufenthalten im Werk Bremen innerhalb von acht Jahren sind an **218 813** (ex 218 189) insgesamt 23 Sonderarbeiten ausgeführt worden, die en bloc auf einer Seite im Betriebsbuch nachgewiesen sind.

SAMMLUNG PETER GROSSE

Zeitraum	ausgeführte Arbeiten
1993	Ausrüstung mit ZBF-Zusatzgerät für Frostwarnung
1993	Anbau eines Halters für den Kondensatauffangbehälter
1993/1996	Fahren ohne Zub
1995	Einbau Multiplexsteuerung
1995	Gewährleistung der wechselseitigen Ansteuerung der EVA (Eingabe/Verarbeitung/Ausgabe) von Loks mit GTO-/Hüllkurven-Umrichtern
1996	Erhöhung der V_{max} auf 160 km/h (BR 210[4])
1996	neue Korrosionsschutzöle im Kühlkreislauf
1996	Abschaltmöglichkeit Türblockierung ab V_{max} = 0 km/h – 1
1996	Prüflehre für Motordrehzahlregler
1996	Ausrüstung mit UIC-Leitung
1996	Schaltknebel für Türfreigabe
1996	Montage der Kühlerlüfterpumpe auf dem Strömungsgetriebe

Zeitraum	ausgeführte Arbeiten
1996	Kennzeichnung der Trennstelle Batterieminus/Fahrzeugmasse
1996/2000	Aktivierung der elektrischen Schmieröl-Umwälzpumpe
1996/2000	Entfall der Luftzuführung zum Heizumrichterschrank
1996/2001	Ausrüstung mit frequenzmultiplexer Zugsteuerung (FMZ)
1996/2002	Ausrüstung mit zeitmultiplexer Wendezugsteuerung (ZWS)
1996/2002	Ausrüstung mit zeitmultiplexer Doppeltraktionssteuerung (ZDS)
1997	Entfall der Abgasschalldämpferentwässerung an Baureihe 218 mit TB 11
1997	Entfall elektrischer Batterielüfter
1997	Ausrüstung mit zweiter UIC-Dose
1997	Einbau Diodenblöcke für Ansteuerung der EVA
1997/1998	Startblockierung Voith-Stufengetriebe in Mittelstellung
1997/2002	Remotorisierung Caterpillar-Motor (Musterlok 218 112)

Zeitraum	ausgeführte Arbeiten
1998	Markierungsband für Fremdstromkabel
1998	Spurkranzschmieranlage Vogel SP-8 eingebaut
1998/1999	Ersatz UIC-Dose (2. Dose)
1998/1999	Realisierung EBuLa
1998/1999	Rückbau auf V_{max} 140 km/h (ex BR 210[4])
1998/2000	Wechselseitige Ansteuerung der EVA
1998/2000	Anhebung der Warmhaltetemperatur
1998/2000	Remotorisierung MTU 12 V 4000
1998/2001	Fahrzeugumrüstung auf I 60 ER 24, System PZB 90
1998/2007	Asbestsanierung
1999	Ausrüstung mit Fahrgastinformationssystem (FIS)
1999	Fahrzeugtransponder eingebaut
2000/2002	Einbau Mesa 2002
2000/2001	Heizumrichter Frequenzänderung von 16 ⅔ Hz auf 22½ Hz
2000/2003	Nahverkehrspaket N 1
2000/2007	Umbau Kühlkreislauf der Diesel-Motoren HBT-Typ 591-593
2001/2004	Ausrüstung für das technikbasierte Abfertigungsverfahren TAV (Baumusterlok 218 411)
2001/2007	Einbau automatischer Bremsgestängesteller (ABGS)
2001/2008	neue Vorwärm- und Warmhalteanlage Hagenuk Faiveley 1
2002	Softwaretausch PZB 90 V 1.6
2002	Serienumrüstung mit „Mesa 23" Zugfunkanlage
2002	Ausrüstung mit Ölunfalltaschen
2002/2005	Änderung der Aufhängung Hauptluftbehälter (HLB)
2002/2005	Rückrüsten Not-WC
2002/2007	Maschinenraumlüfter in Drehstromtechnik
2002/2008	REBS Spurkranzschmierung eingebaut
2003	Einbau einer Führerstandssprechstelle
2003/2006	Einbau GSM-R
2003/2007	Einbau einer Filteranlage vor Heizgeneratorkupplung
2003/2007	Ersatz Steckverbindung ZEV-Steuerkabel, 3. + 4. BS
2003/2008	Einbau verbessertes UIC-Spitzenlicht, 3. + 4. BS
2004	Anbau von Kupplergriffen
2004	Nachrüsten TAV mit einem zweiten 3/2-Wegeventil
2004/2005	seitliche Abstützung Langträger
2004/2008	Änderung der Scheibenwaschanlage
2004/2008	Änderung der Maschinenraumbeleuchtung auf Tasterbetätigung
2004/2008	Änderung der Ablassleitung der Ölfangwanne
2005	geräuschdämmende Maßnahmen (Fst 1, Ansauggeräuschdämpfer)
2005	Vorrüsten auf EBuLa
2005	Kantenschutz GSM-R
2005/2006	Zug- und Stoßvorrichtung Typ 445 eingebaut
2005/2007	Nachrüstung eines Anschlages für Bedienhebel an der KWS-Dose
2005/2007	Ersatz Lichtmaschinenregler
2005/2007	Anbau von Be- und Entlüftungsventil mit Kippsicherung an die Kraftstoffbehälter
2005/2007	Instandsetzung der EBuLa-Bordgeräte in Kompaktbauform
2005/2008	Metallschläuche zum Anschluss der Führerstandsheizgeräte
2005/2008	Einbau Frostwarnhupe JA 222 WD
2006	Hilfsfahrschalter
2006	Einbau von Diodenklemmen in Vorwärmanlage K 32
2006	Einführung Betriebsprogramm 2.0 I 60 E
2006	SAT (Selbstabfertigungsverfahren durch den Lokführer)
2006	Ersatz der FIS-Rechner „C1" durch „URK 2"
2006	Fahrgastinformationssystem FT 95 der Firma GSP
2006	Einbau neuer Seitenfenster
2006/2007	Modernisierung der Hydrostatanlage von Behr V-Lüfteranlage
2006/2007	Bestückung mit Handfeuerlöschern
2006/2007	GSM-R Freischaltung Roaming
2006/2008	GSM-R Zugfunkgeräte MTRS 1+A Software-Update 04.00.10a
2006/2014	Überwachung des Bremszylinderdrucks und der vollständig gelösten Handbremse
2006/2014	Temperaturgeführte Batterieladung bei Fremdeinspeisung
2007	PZB Software-Update 04.022 ER 24
2007	Prüfung und Instandsetzung des Längsträgers
2007	FMZ: Berichtigung Verdrahtungsfehler im Frontstecker
2007	Inbetriebnahme EBuLa-Funk
2007	Handlampe und Notausstiegsleiter
2007	Ausrüstung Baureihe 218[8] mit Radvorlegern
2007/2008	Einbau von UIC-gerechten Frontfenstern
2007/2014	Ausrüstung mit CDG 95 und H/8 Relais
2008	Austausch Wahlschalter Türfreigabe
2008	Zeitbegrenzer für Frostwarnhupe
2008	Befestigung der Fangseile für Spurhalter
2008	Anbringen der 12-stelligen Fahrzeugnummer
2008	Tausch der EBuLa-Kabel
2008	GSM-R Zugfunkgeräte MTRS Software-Update 04.05.05
2008	Einbau Lufttrocknungsanlage (LTA)
2008/2011	LED-Beleuchtung
2009	Oberflächenversiegelung des Fahrzeuganstrichs
2009	FIS: Ansage Ausstiegsseite
2009	Ausrüstung mit Zusatzscheinwerfern für Fernlicht
2009	ZEV Baureihe 218 asynchroner Parallelbetrieb
2012	Änderung der Halteranschrift
2012	Einbau eines zusätzlichen Sicherheitsventils
2014	Dieseldurchlaufmesser

16.2 Versuchsarbeiten Baureihe 218

Zeitraum	ausgeführte Arbeiten
1983	Erweiterung der Laufkilometerrichtwerte für Gelenkwellen der DL 218 mit Rilsan-beschichteten Schiebestücken und rollengelagerten Kreuz-Gelenken (rote Glw) von 500.000 auf 800.000 km + 20 % (218 273)
1983	Pinsch-Bawag Lichtmaschinenregler eingebaut (218 394)
1983	Änderung der Schaltung des elektronischen Gleitschutzes (218 303)
1985	Weiterführung des Versuches bis 1 Mio. km + 10 %
1986	Versuchsarbeit 371 (Pleuelschrauben 218 430)
1987	Versuchsarbeit 406 (Motorölbehälter 218 263, 218 497)
1989	Versuch Wasserlack (218 315)
1992	thyristorgesteuerte Heizungsanlage (GTO-EVA) in 218 494 und 218 497
1995	Versuchsarbeit Heizung (218 312)
1997	Versuchs-Lüfteranlage (218 477), Einbau EBuLa, Versuch (218 210)
1999	Versuchsfilter (218 497)
2002	Einbau Versuchsmessanlage (218 399)

16.3 Sonderarbeiten an Hauptbauteilen

16.3.1 Triebdrehgestell TD 768/769

Zeitraum	ausgeführte Arbeiten
1983/1986	Verstärkung der Triebdrehgestellrahmen
1986	Einbau Füllstandsanzeige für Sandkästen
1994	Maßnahmen zur Senkung der Radsatzrollenlagerschäden TD 768

Zeitraum	ausgeführte Arbeiten
	Versuch: Drehmomentlager: Bimetalllager der Firma Gugler, Genf
2003	Einbau automatischer Bremsgestängesteller in TD 768 und 769

16.3.2 MTU MA 12 V 956 TB 10/ MTU 12 V 956 TB 10

Zeitraum	ausgeführte Arbeiten
1975	Ölwannenbefestigungsschrauben mit Hilfen eingebaut
1975	Überdruckventil in der Ölwanne getauscht
1978	Nachrüsten mit Radiallager
1979	Verbesserung des Temperaturniveaus im Kühlkreislauf
1981	Einbau einer Zylinder-Reihenabschaltung an Dieselmotoren
1983	Schmierölfilter
1983	Erhöhung des Schmieröldrucks auf 6,5 bar
1984	Umbau Öldruckwächter TB 10
1987	Umrüsten von Dieselmotoren 956 TB 10 auf Abgaslader AGL 340
1995	Siebsternfiltereinsatz für Ölkreislauf
1997	Austausch der DK-Schlauchleitungen an den Einspritzpumpen
1998	neue Einstellung der Einspritzpumpen

16.3.3 MTU 12 V 956 TB 11/ MTU 12/16 V 652 TB 11

Zeitraum	ausgeführte Arbeiten
1979	Schwingmetall-Kupplung 1301
1983	Schmierölfilter
1986	Versuchsarbeit 371 (Pleuelschrauben)
1996	Abgasoptimierung
1997	Austausch der DK-Schlauchleitungen an den Einspritzpumpen
1997	Dehnschrauben für Befestigungsflansch der Einspritzdüsen
1997/1998	neue Einstellung der Kraftstoff-Einspritzpumpe

16.3.4 MTU 12 V 4000 R 40/R 41

Zeitraum	ausgeführte Arbeiten
2005	Motorverkabelung: Tausch Kabelbaum W 3
2007	Kantenschutz für den Kabelstrang der Motorsteuerung
2007	veränderte Ansteuerung der Kraftstoff-Förderpumpe
2008	Einbau MBV

16.3.5 Getriebe L 820 brs

Zeitraum	ausgeführte Arbeiten
1982	Leckölanschluss
1997	Umölung von Strömungsgetrieben von Esso Torque Fluid N 45 auf SGL 18

16.3.6 Getriebe K 252 SUBB

Zeitraum	ausgeführte Arbeiten
1977	Leckölanschluss für Behr-Lüfteranlage
1979	H-Bremse auf Ventilsteuerung umgebaut
1980	Umbau der H-Bremse auf Bremskraftsteuerung mit Bremsdruckventil
1981	hydraulische Bremskraftsteuerung
1989	Leckölrückführung der Lüfterpumpe
1992	Nacharbeit: S 1 Lager mit C 4 Luft, Lagersitz auf Keilwelle nach n5
1997	Umölung von Strömungsgetrieben von Esso Torque Fluid N 45 auf SGL 18
1999/2000	Verstärkung am Kolben des Rückschlagventils der hydrodynamischen Bremse
2008	Änderung der Entlüftung für Strömungsgetriebe mit Gussgehäuse

❑

Band 1 und 2 der Trilogie über die Baureihe V 160

Josef Högemann
Roland Hertwig
Peter Große
Die V 160-Familie – Band 1
„Lollo" und Serien-V 160
[2015] · 210 x 297 mm
392 Seiten · 608 Abbildungen
€ 49,90 · Bestellnr. 6012
ISBN 978-3-8446-6012-8

Josef Högemann
Roland Hertwig
Peter Große
Die V 160-Familie – Band 2
Die Baureihen 210, 215, 217, 218^0 und 219
[2017] · 210 x 297 mm
400 Seiten · 552 Abbildungen
€ 49,90 · Bestellnr. 6013
ISBN 978-3-8446-6013-5

In **Band 1** wird umfassend die technische Entwicklung der V 160-Prototypen und ihre Weiterentwicklung zu deren Serienlokomotiven dargestellt. Auch die schon kurz nach der Inbetriebnahme der Baureihe V 160 entstandenen weiteren Ableger der V 160-Baureihenfamilie werden ausführlich beschrieben.

In **Band 2** des insgesamt dreibändigen Werkes werden die Baureihen 215/225, V 162/217, 218^0 und V 169/219 in bewährter Form umfassend dargestellt. Dabei wird besonders auf die Gründe für die Weiterentwicklung der V 160, die Technik und den Einsatz der Maschinen eingegangen. Zahlreiche Fotos, zum Teil in Farbe, zeigen die Einsätze der Fahrzeuge bei der DB, bei Privatbahnen und im Ausland. Einleitend vorgestellt wird in diesem Band auch die Baureihe 210, die nach dem Ausbau der Gasturbine in der Baureihe 218^9 aufging.

Aufnahme von Ulrich Budde aus „Die V 160-Familie – Band 2"

EK-Verlag GmbH | Lörracher Str. 16 | 79115 Freiburg
Tel. 07 61 / 70 310 - 0 | Fax 07 61 / 70 310 - 50 | service@eisenbahn-kurier.de | www.EKshop.de